LEXIKON DER BIOLOGIE
2

HERDER
LEXIKON DER BIOLOGIE

Zweiter Band
bimolekulare Lipidschicht
bis Disyringa

Spektrum Akademischer Verlag
Heidelberg · Berlin · Oxford

Redaktion:
Udo Becker
Sabine Ganter
Christian Just
Rolf Sauermost (Projektleitung)

Fachberater:
Arno Bogenrieder, Professor für Geobotanik an der Universität Freiburg
Klaus-Günter Collatz, Professor für Zoologie an der Universität Freiburg
Hans Kössel, Professor für Molekularbiologie an der Universität Freiburg
Günther Osche, Professor für Zoologie an der Universität Freiburg

Autoren:
Arnheim, Dr. Katharina (K.A.)
Becker-Follmann, Johannes (J.B.-F.)
Bensel, Joachim (J.Be.)
Bergfeld, Dr. Rainer (R.B.)
Bogenrieder, Prof. Dr. Arno (A.B.)
Bohrmann, Dr. Johannes (J.B.)
Breuer, Dr. habil. Reinhard
Bürger, Dr. Renate (R.Bü.)
Collatz, Prof. Dr. Klaus-Günter (K.-G.C.)
Duell-Pfaff, Dr. Nixe (N.D.)
Emschermann, Dr. Peter (P.E.)
Eser, Prof. Dr. Albin
Fäßler, Peter (P.F.)
Fehrenbach, Heinz (H.F.)
Franzen, Dr. Jens Lorenz (J.F.)
Gack, Dr. Claudia (C.G.)
Ganter, Sabine (S.G.)
Gärtner, Dr. Wolfgang (W.G.)
Geinitz, Christian (Ch.G.)
Genaust, Dr. Helmut
Götting, Prof. Dr. Klaus-Jürgen (K.-J.G.)
Gottwald, Prof. Dr. Björn A.
Grasser, Dr. Klaus (K.G.)
Grieß, Eike (E.G.)
Grüttner, Dr. Astrid (A.G.)
Hassenstein, Prof. Dr. Bernhard (B.H.)
Haug-Schnabel, Dr. habil. Gabriele (G.H.-S.)
Hemminger, Dr. habil. Hansjörg (H.H.)
Herbstritt, Lydia (L.H.)
Hobom, Dr. Barbara
Hohl, Dr. Michael (M.H.)
Huber, Christoph (Ch.H.)
Hug, Agnes (A.H.)
Jahn, Prof. Dr. Theo (T.J.)
Jendritzky, Dr. Gerd (G.J.)

Jendrsczok, Dr. Christine (Ch.J.)
Kaspar, Dr. Robert
Kirkilionis, Dr. Evelin (E.K.)
Klein-Hollerbach, Dr. Richard (R.K.)
König, Susanne
Körner, Dr. Helge (H.Kör.)
Kössel, Prof. Dr. Hans (H.K.)
Kühnle, Ralph (R.Kü.)
Kuss, Prof. Dr. Siegfried (S.K.)
Kyrieleis, Armin (A.K.)
Lange, Prof. Dr. Herbert (H.L.)
Lay, Martin (M.L.)
Lechner, Brigitte (B.Le.)
Liedvogel, Dr. habil. Bodo (B.L.)
Littke, Dr. habil. Walter (W.L.)
Lützenkirchen, Dr. Günter (G.L.)
Maier, Dr. Rainer (R.M.)
Maier, Dr. habil. Uwe (U.M.)
Markus, Dr. Mario (M.M.)
Mehler, Ludwig (L.M.)
Meineke, Sigrid (S.M.)
Mohr, Prof. Dr. Hans
Mosbrugger, Prof. Dr. Volker (V.M.)
Mühlhäusler, Andrea (A.M.)
Müller, Wolfgang Harry (W.H.M.)
Murmann-Kristen Luise (L.Mu.)
Neub, Dr. Martin (M.N.)
Neumann, Prof. Dr. Herbert (H.N.)
Nübler-Jung, Dr. habil. Katharina (K.N.)
Osche, Prof. Dr. Günther (G.O.)
Paulus, Prof. Dr. Hannes (H.P.)
Pfaff, Dr. Winfried (W.P.)
Ramstetter, Dr. Elisabeth (E.F.)
Riedl, Prof. Dr. Rupert
Sachße, Dr. Hanns (H.S.)
Sander, Prof. Dr. Klaus (K.S.)

Sauer, Prof. Dr. Peter (P.S.)
Scherer, Prof. Dr. Georg
Schindler, Dr. Franz (F.S.)
Schindler, Thomas (T.S.)
Schipperges, Prof. Dr. Dr. Heinrich
Schley, Yvonne (Y.S.)
Schmitt, Dr. habil. Michael (M.S.)
Schön, Prof. Dr. Georg (G.S.)
Schwarz, Dr. Elisabeth (E.S.)
Sitte, Prof. Dr. Peter
Spatz, Prof. Dr. Hanns-Christof
Ssymank, Dr. Axel (A.S.)
Starck, Matthias (M.St.)
Steffny, Herbert (H.St.)
Streit, Prof. Dr. Bruno (B.S.)
Strittmatter, Dr. Günter (G.St.)
Theopold, Dr. Ulrich (U.T.)
Uhl, Gabriele (G.U.)
Vollmer, Prof. Dr. Dr. Gerhard
Wagner, Prof. Dr. Edgar (E.W.)
Wagner, Prof. Dr. Hildebert
Wandtner, Dr. Reinhard
Warnke-Grüttner, Dr. Raimund (R.W.)
Wegener, Dr. Dorothee (D.W.)
Welker, Prof. Dr. Michael
Weygoldt, Prof. Dr. Peter (P.W.)
Wilmanns, Prof. Dr. Otti
Wilps, Dr. Hans (H.W.)
Winkler-Oswatitsch, Dr. Ruthild (R.W.-O.)
Wirth, Dr. Ulrich (U.W.)
Wirth, Dr. habil. Volkmar (V.W.)
Wuketits, Dozent Dr. Franz M.
Wülker, Prof. Dr. Wolfgang (W.W.)
Zeltz, Patric (P.Z.)
Zissler, Dr. Dieter (D.Z.)

Grafik:
Hermann Bausch
Rüdiger Hartmann
Klaus Hemmann
Manfred Himmler
Martin Lay
Richard Schmid
Melanie Waigand-Brauner

Die Deutsche Bibliothek – CIP-Einheitsaufnahme

Herder-Lexikon der Biologie / [Red.: Udo Becker ... Rolf Sauermost (Projektleitung). Autoren: Arnheim, Katharina ... Grafik: Hermann Bausch ...]. – Heidelberg ; Berlin ; Oxford : Spektrum, Akad. Verl.
  ISBN 3-86025-156-2
NE: Sauermost, Rolf [Hrsg.]; Lexikon der Biologie
  2. Bimolekulare Lipidschicht bis Disyringa. – 1994

Alle Rechte vorbehalten – Printed in Germany
© Spektrum Akademischer Verlag GmbH, Heidelberg · Berlin · Oxford 1994
Die Originalausgabe erschien in den Jahren 1983–1987 im Verlag Herder GmbH & Co. KG, Freiburg i. Br.
Bildtafeln: © Focus International Book Production, Stockholm, und Spektrum Akademischer Verlag Heidelberg
Satz: Freiburger Graphische Betriebe (Band 1–9), G. Scheydecker (Ergänzungsband 1994), Freiburg i. Br.
Druck und Weiterverarbeitung: Freiburger Graphische Betriebe
ISBN 3-86025-156-2

bimolekulare Lipidschicht w [v. *bi-, gr. liparos = fett], *Lipid-Bilayer,* wichtige Strukturkomponente einer jeden Elementarmembran; das Grundkonzept einer b.n L. wurde bereits 1925 von E. Gorter u. M. Grendel erstellt. Alle wesentl. Membranmodelle beruhen auf der Annahme einer b.n L. als Diffusionsbarriere zw. den zu trennenden Kompartimenten. Die am Aufbau einer b.n L. beteiligten komplexen Membranlipide sind ↗ amphipathische Moleküle, deren polare Kopfgruppen jeweils nach außen hin orientiert sind, während die hydrophoben Fettsäureschwänze das Innere einer b.n L. erfüllen. ↗ Membran.

bimolekulare Reaktion [v. *bi-], chem. Reaktion, die als Folge eines Zusammenstoßes zweier Teilchen zustande kommt; läuft nach einem Zeitgesetz 2. Ordnung ab; z.B. (schemat.): AB + CD → AD + BC.

binäre Nomenklatur w [v. lat. binarius = zwei enthaltend, nomenclatura = Namensverzeichnis], von C. v. Linné 1758 mit der X. Auflage seiner „Systema naturae" allgemein eingeführte Methode zur wiss. Benennung der Organismen. Sie besagt, daß einem Substantiv als Gattungsnamen ein zweites Wort, vielfach ein Adjektiv, als Artnamen angefügt wird. Die Benennung erfolgt lateinisch od. latinisiert nach international vereinbarten Nomenklaturregeln. Gattungs- u. Artnamen werden durch den Namen des Erstbeschreibers, meist in abgekürzter Form (z.B. L. für Linné), sowie das Publikationsdatum ergänzt. So lautet der wiss. Name der Weinbergschnecke: *Helix pomatia* L. 1758. Im alltägl. Gebrauch werden der Name des Erstbeschreibers häufig u. das Publikationsdatum fast immer weggelassen.

Bindegewebe, morpholog. Sammelbegriff für funktionell sehr verschiedene, nicht homologe tier. Füll-, Speicher-, Einbau- u. Stützgewebe, denen gemeinsam ist, daß ihre meist verzweigten Zellen ein weitmaschiges Gitterwerk mit großen Interzellularräumen bilden. Der extrazelluläre Raum kann v. Interzellularflüssigkeit, Grundsubstanz unterschiedl. Zs. (Mucopolysaccharide, Glykoproteine) u. Proteinfasern (Kollagen, Elastin) erfüllt sein. B. werden bei allen Vielzellern, v. den Schwämmen aufwärts, ausgebildet u. erreichen bei den Wirbeltieren die größte Typenvielfalt. Bei den letzteren sind sie überwiegend mesodermaler Herkunft, können aber grundsätzlich jedem Keimblatt entstammen. Je nach Funktion unterscheidet man folgende B.arten: embryonale B. (Mesenchym), gallertige B., faserige B., reticuläre B. und Fettgewebe, geformte Stützgewebe (Knorpel, Knochen, Chordagewebe), Mesogloea, flüssige B. (Blut, Lymphe) und Glia-Gewebe. Die Übergänge zw. manchen dieser Typen sind fließend. – *Mesenchym* ist ein transitorisches, zellreiches embryonales Bildungsgewebe aus undifferenzierten Zellen, dessen Interzellularraum flüssigkeitserfüllt ist und aus dem im Laufe der Embryonalentwicklung alle endgültigen B. ebenso wie Muskulatur u. vielerlei Organe hervorgehen können. Fälschlicherweise wird das ähnlich gebaute, aber hochspezialisierte Speicher- u. Stoffwechselgewebe vieler acoelomater wirbelloser Tiere (Plattwürmer) oft auch als Mesenchym bezeichnet („Mesenchymtiere"). Richtiger sollte man hier neutral von lockerem B. oder Parenchym sprechen. Dem Mesenchym ähnlich, aber zellärmer u. reicher an quellungsfähiger Interzellularsubstanz mit spärlich eingelagerten Kollagenfibrillen ist das *gallertige B.* etwa der Nabelschnur der Säuger *(Whartonsche Sulz),* das morphologisch überleitet zu einer Vielzahl *faseriger B.* mit überwiegend mechan. Funktionen. Bei diesen treten die Zellen funktionell in den Hintergrund gegenüber der von ihnen sezernierten Fasersubstanz. Vor allem die Fasertextur zweier Strukturproteine *(Kollagen* u. *Elastin)* bestimmt ihre Eigenschaften, wobei Fibrillenbündel aus Kollagen, eines an Glycin, Prolin u. Hydroxyprolin reichen fibrillären Proteins, eine hohe Reißfestigkeit bei geringer Elastizität gewährleisten, während vernetzte Gespinste od. gummiartige Membranen aus Elastin, eines ebenfalls fibrillären, an Glycin, Valin und Lysin reichen, bisher nur bei Chordatieren gefundenen Proteins mit einer Dehnungsfähigkeit bis 160%, die elast. Komponente bilden. *Lockere B.* (Unterhaut-B., Einbaugewebe v. Gefäßen u. Organen) erhalten durch einen Filz in allen Richtungen verlaufender, gewellter Kollagenfasern (Leder), deren Wellen v. elast. Fasernetzen umsponnen u. fixiert werden, eine große Strukturelastizität u. hohe Reißfestigkeit in allen Richtungen, vergleichbar einem Lastexgewebe. Die wenig zahlr. Zellen *(Fibrocyten)* liegen den Fibrillenbündeln angeschmiegt in deren Zwischenräumen. Im *straffen B.* (Sehnen, Bänder, Faszien u. Organkapseln) verlaufen die Kollagenfasern, seltener elast. Fasern (elast. Sehnen, Nackenband der Wiederkäuer) in Hauptzugrichtung in straffen Längsbündeln; die Zellen *(Flügelzellen)* sind in Längsreihen zw. den Faserbündeln angeordnet. *Geformte B.* und *Stützgewebe* bilden bei allen Mehrzellergruppen mit Endoskeletten (Chordaten, Mollusken) die geformten Skelettstücke. *Knorpel* (Kopfkapsel v. Tintenfischen, Skelette von Cyclostomaten u. Fischen, Gelenküberzüge, Rippenknorpel u.a.) ist ein biegungs- u. druckelast. B.

bi- [v. lat. bis = zweimal, doppelt], in Zss.: doppel-, zwei-.

Bindegewebe

Seine blasenförm. Zellen *(Chondrocyten)* liegen ohne Kontakt zueinander in isolierten Gruppen *(Chondrone* od. *Territorien)* in Grundsubstanz eingebettet u. sind v. Wicklungen kollagener Fasern umsponnen, die als Trajektorien in die gallertige interterritoriale Substanz ausstrahlen u. einander in scherengitterartig gekreuzten Bündeln durchflechten, wodurch Druck- u. Biegungsbeanspruchung in Zugspannungen umgewandelt werden. Im *hyalinen Knorpel* sind die Fasern v. Grundsubstanz durchtränkt u. mikroskopisch nicht sichtbar (maskiert). Im *elastischen Knorpel* erhöhen eingelagerte elast. Fasernetze die Biegungselastizität (Ohrknorpel, Kehldeckel), während im zug- u. druckbeanspruchten *Faserknorpel* (Zwischenwirbelscheiben, Menisken) ein Faserfilz die Grundsubstanz fast ganz verdrängt. Knorpelgewebe, namentlich Faserknorpel, sind zellarm u. frei v. Blutgefäßen. Ihre Ernährung erfolgt ausschl. durch Diffusion (bradytrophe Gewebe). Verkalkung u. Entquellung des Knorpels (↗Asbestfaserung) führen als Altersveränderung zu Elastizitätsverlust. Im *Knochengewebe,* als tragende Skelettsubstanz auf die Wirbeltiere beschränkt, bleibt das zelluläre Maschenwerk der B.-Zellen erhalten. Seine Festigkeit erhält es durch geschichtete straffe Lagen v. Kollagenfasern, die das interzelluläre Lückenwerk erfüllen u. deren einzelne Fibrillen durch aufgelagerte Hydroxylapatitkriställchen zu einem starren organo-mineralischen Konglomerat verbacken werden. Gewöhnlich als *Geflechtknochen* geringerer innerer Ordnung angelegt, wandelt sich das Knochengewebe im Laufe der Entwicklung unter Belastung in *Lamellenknochen* um, in dem Zellen u. Faserzüge abwechselnd mit dünnen Schichten v. Grundsubstanz (Kittsubstanz) in konzentr. Lamellenfolgen (Osteone) die Knochen-Blutgefäße umgeben u. so ein entspr. dem Gefäßverlauf verzweigtes Röhrensystem *(Haverssche Systeme)* als Grundstruktur des Knochens aufbauen. Die Knochenzellen *(Osteocyten)* stehen über feine Plasmaausläufer *(Knochenkanälchen)* quer durch die Lamellen miteinander u. mit Blutgefäßen in Kontakt u. erhalten dem Knochen so zeitlebens den Charakter eines stoffwechselaktiven Gewebes, das entspr. äußeren Belastungen einem ständigen Abbau durch Abbauzellen *(Osteoklasten)* u. Umbau durch Knochenbildungszellen *(Osteoblasten)* unterliegt. Eine Sonderform des Knochens ist das *Zahnbein (Dentin),* das, selbst zellfrei, v. Plasmafortsätzen *(Tomessche Fasern)* der Zahnbeinbildner *(Odontoblasten)* radiär durchzogen wird. Den B.-Typen mit primär mechan. Funktionen steht die Gruppe der *reticulären* B. und ihrer Abkömmlinge gegenüber. Morphologisch dem Mesenchym am nächsten, bilden ihre verzweigten Zellen *(Reticulocyten)* einen weitmaschigen Zellschwamm (z. B. Lymphknoten, Milz, Knochenmark), in dessen Lücken Flüssigkeit u. freie Zellen ungehindert zirkulieren können. Die Reticulocyten sind v. einem Netzwerk reticulärer Fäserchen (feine Kollagenfäserchen mit Umhüllung aus Polysacchariden) dicht umsponnen, die dem zellulären Raumgitter eine elast. Stabilität verleihen. Die Reticulocyten besitzen die Fähigkeit zur ↗Phagocytose (Abwehrfunktionen, Blutzellabbau), stehen vielfach mit Gefäßendothelien in enger Verbindung (↗reticuloendotheliales System) u. können sich großenteils aus dem Zellverband lösen u. zu Wanderzellen werden (rote u. weiße Blutkörperchen, Plasmazellen, Makrophagen, Mastzellen) u. so zur Entstehung der *flüssigen B.* (Blut, Lymphe) beitragen. Durch intrazelluläre Fettspeicherung kann reticuläres B. reversibel in *Fettgewebe* übergehen, das sowohl als Wasser- (Wüstentiere) u. Energiespeicher als auch der Wärmeisolation (Unterhautfettgewebe) u. Druckpolsterung (Fußsohlenfett) dienen kann. Im *weißen* (univakuolären) *Fett* sind die Zellen v. je einer großen Fettvakuole erfüllt, die Plasma u. Kern bis auf einen schmalen peripheren Saum verdrängt u. die Zellen blasig aufbläht, während die Zellen des ↗braunen Fetts zahlr. kleine Fettvakuolen in ihrem schaumig erscheinenden Plasma enthalten. I. w. S. auch der Typenvielfalt der B. zuzurechnen sind die Mesogloea der Schwämme u. Hohltiere, das Chordagewebe der Chordaten u. ähnl. Stützgewebe u. die Neuroglia. Die *Mesogloea* stellt ein ausschl. ektodermales, zellfreies od. extrem zellarmes gallertiges Stützgewebe dar, in dessen Matrix aus sauren Mucopolysacchariden ein Filz kollagenähnlicher Fibrillen eingebettet ist. Die *Neuroglia* ist ein in allen höher differenzierten Nervensystemen im Tierreich ausgebildetes Isolations-, Stütz- u. Ernährungsgewebe, das die Zwischenräume zw. Nervenzellen u. deren Fortsätzen lückenlos füllt. Überwiegend ektodermaler, nur in Ausnahmefällen mesodermaler (Mikroglia) Herkunft, ist es namentlich bei Wirbeltieren in großer Vielgestaltigkeit ausgebildet u. kann als Auskleidung v. Hohlräumen im Zentralnervensystem epithelialen Charakter annehmen *(Ependym).* Das *Chordagewebe* schließlich, umgeben v. einer straffen Faserscheide das entodermale embryonale Stützskelett der Chordatiere, besteht aus prallen, turgeszenten, ohne Interzellularraum epithelartig aneinandergrenzenden

BINDEGEWEBE

Bindegewebe sind zumeist netzartige, lockere Zellverbände aus verzweigten Zellen, in deren Maschenwerk je nach Funktion Gewebsflüssigkeit und Blutzellen frei zirkulieren oder deren weite Interzellularräume von gallertiger Interzellularsubstanz (Mucopolysaccharide) und Faserproteinen (Kollagen und Elastin) erfüllt sein können, die von den Bindegewebszellen sezerniert werden und dem Gewebsverband je nach relativer Zusammensetzung Elastizität oder Festigkeit gegenüber Zug-, Druck- oder Biegungsbeanspruchung verleihen. In manchen Bindegeweben verlieren die Zellen sekundär den Kontakt zueinander (Knorpel), oder sie blähen sich zu prallen Riesenzellen auf (Fettspeicherzellen, Turgorzellen des Chordagewebes), so daß der Interzellularraum verdrängt wird. Die Gliazellen schließlich, das Bindegewebe des Zentralnervensystems, umhüllen mit ihren Fortsätzen als Nähr- und Isolationszellen die Zellen des Zentralnervensystems und füllen alle Gewebslücken zwischen diesen aus.

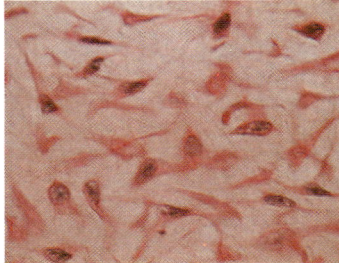

Mesenchym, ein Embryonalgewebe, aus dessen zellreichem und faserfreiem Maschenwerk alle endgültigen Gewebe eines Organismus hervorgehen.

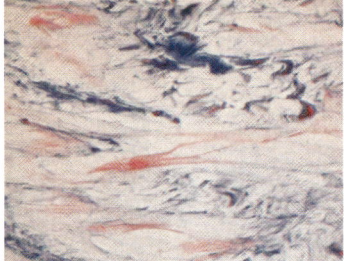

Gallertiges Bindegewebe der Nabelschnur; faserarm, aber reich an gallertiger Grundsubstanz, stellt dieses weitmaschige Zellnetz ein sehr quellungsfähiges Gewebe dar.

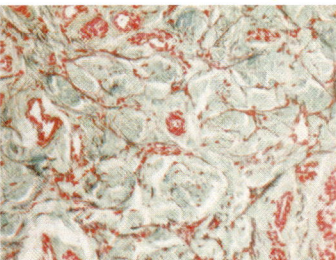

Lockeres Bindegewebe (Unterhautbindegewebe), ein zellarmer Filz aus Kollagenfaserbündeln (grün), die von elastischen Fasernetzen (braun) umsponnen sind. Kleine Bindegewebszellen liegen am Rande der Bündel (rot).

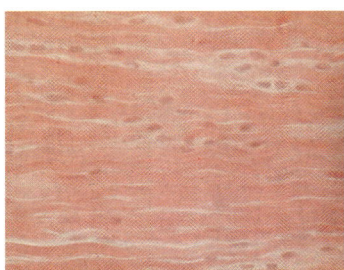

Straffes Bindegewebe, Längsschnitt einer Sehne. Zwischen den gewellten Kollagenfaserbündeln die Sehnenzellen (Flügelzellen).

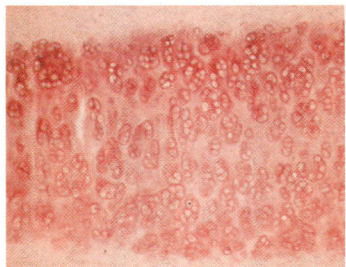

Hyaliner Knorpel der Nasenscheidewand; isolierte Zellgruppen (Chondrone), eingebettet in Knorpelgrundsubstanz. Kollagenfaserzüge sind von Grundsubstanz durchtränkt und „maskiert".

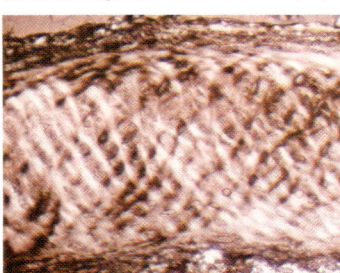

Hyaliner Knorpel in polarisiertem Licht; das Scherengitter der maskierten Faserzüge wird sichtbar.

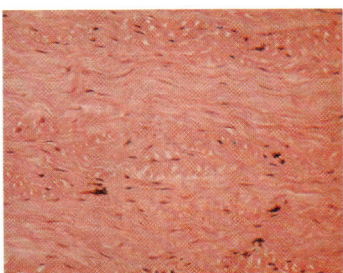

Faserknorpel, ein zellarmes Geflecht dichter, sich kreuzender Kollagenfaserschichten, in seinen mechanischen Eigenschaften dem Knochen vergleichbar.

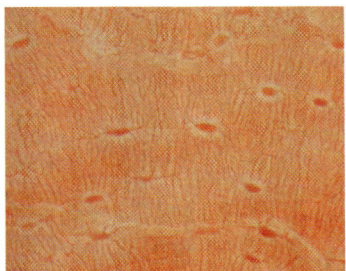

Lamellenknochen, Ausschnitt aus einem Osteon; zwischen den konzentrischen Knochenlamellen liegen die „spinnenbeinigen" Knochenzellen (Osteocyten), die durch „Knochenkanälchen" in Verbindung stehen.

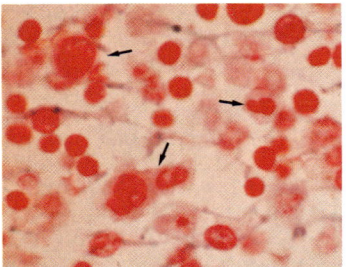

Reticuläres Bindegewebe aus dem Randbereich eines Lymphknotens. Die Zellen, von Reticulinfasern umsponnen (blau), bilden einen elastischen Gewebsschwamm, in dessen Lücken Lymphocyten (→) frei zirkulieren.

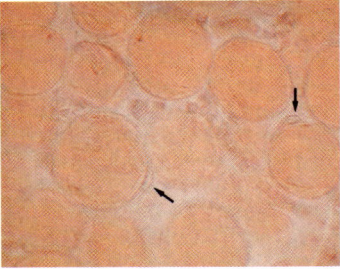

Fettgewebe; die Zellen sind prall erfüllt von Fettvakuolen. Plasma und Kerne (→) sind bis auf einen schmalen Randsaum verdrängt. Zwischen den Fettzellen Blutkapillaren mit Erythrocyten. Gefrierschnitt.

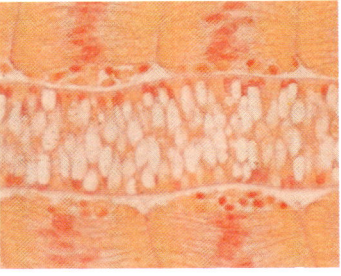

Chordagewebe aus einer Molchlarve; die prallen Zellen verleihen der von einer straffen Faserscheide umgebenen Chorda elastische Steifheit. Beidseits Myoblasten-(Muskelbildungszell-)Pakete der Rumpfmuskulatur.

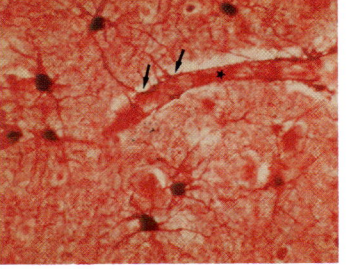

Astroglia aus dem Großhirn; die Fortsätze der Astrogliazellen, eines von vielen Glia-Zelltypen, bilden mit ihren Endfüßchen (→) einen dichten Wandbelag auf Blutkapillaren (*) (Blut-Hirn-Schranke).

Bindegewebsknochen

Blasenzellen. Ihm in der Struktur ähnlich ist der *Parenchymknorpel (chondroides Gewebe)* vieler Wirbelloser (z. B. Radulapolster der Weichtiere, Tentakelstützen der Borstenwürmer). Den drei letztgenannten Gewebstypen fehlt der sonst für B. typische weite Interzellularraum. B 3.   P. E.

Bindegewebsknochen, *Belegknochen, Hautknochen, desmale Knochen,* meist als ↗Deckknochen bezeichnete Skelettelemente der Wirbeltiere. B. entstehen durch direkte (desmale) Verknöcherung im Bindegewebe der Haut u. liegen daher allg. in der Körperperipherie, wie der Hautknochenpanzer der †*Ostracodermi* u. dessen phylogenet. Derivate, z. B. am ↗Schädel (Dermatocranium) od. die ↗Bauchrippen. B. werden als Dermalskelett, Hautskelett od. „Exoskelett" bezeichnet u. vom „Endoskelett" i. e. S. getrennt. ↗Knochen.

Bindeglieder, *connecting links,* fossile od. rezente Arten od. Gruppen, die in bestimmten Eigenschaften eine vermittelnde „Zwischenstellung" zw. sonst weit getrennten Organisationstypen darstellen. Beispiele: *Archaeopteryx* mit Reptilien- u. Vogelmerkmalen (↗additive Typogenese), Kloakentiere *(Monotremata)* als Vertreter mit „Reptilien-" u. Säugetiermerkmalen u. Stummelfüßer *(Onychophora)* mit Anneliden- u. Arthropodenmerkmalen. ↗missing links.

Bindehaut, *Conjunctiva,* unverhorntes, mehrschicht. Plattenepithel, das die Innenwand der Augenlider auskleidet u. an deren oberen bzw. unteren Umschlagfalten auf die Vorderfläche des Augapfels übergeht u. auf diesem bis zum Rand der Hornhaut reicht.

Bindenschwein, *Sus scrofa vittatus,* in O-Asien lebende U.-Art des europäisch-asiat. ↗Wildschweins *(Sus scrofa)* mit weißem Streifen v. der Wange zum Hals. Das B. gilt als Stammform des südchines. Hausschweins.

Bindereaktion, allg. Reaktion, die zur Bindung einer (meist niedermolekularen) Verbindung an eine andere (meist hochmolekulare) Verbindung führt, z. B. Bindung v. Substrat an aktives Zentrum eines Enzyms oder eines Hormons an Rezeptor; speziell die Bindung v. ↗Aminoacyl-t-RNA an Ribosomen in Anwesenheit des entspr. (zum Anticodon der t-RNA komplementären) Trinucleotids als Codon. Diese B. wurde 1964 v. M. W. Nirenberg u. P. Leder zur Ermittlung der genet. Codes eingeführt.

Bindestelle, *Bindungsstelle,* allg. Stelle einer (meist höhermolekularen) Verbindung (Enzym, Ribosom, Zellwand usw.), an die eine zweite (meist niedermolekulare) Verbindung (Substrat, Aminoacyl-t-RNA, Hormon usw.) angelagert u. bei Substraten

Bindungsenergie

Durchschnittliche Bindungsenergien einiger Bindungen

C–H	413,24 kJ/mol
C–Cl	334,94 kJ/mol
N–H	391,05 kJ/mol
O–H	460,55 kJ/mol
C–O	355,88 kJ/mol
C=O	745,25 kJ/mol
C–C	345,83 kJ/mol
C=C	610,44 kJ/mol
C≡C	835,69 kJ/mol

Bingelkraut *(Mercurialis)*

Bindenschwein *(Sus scrofa vittatus)*

auch umgesetzt werden kann. Wichtige B.n sind die ↗A-Bindungsstelle u. die ↗P-Bindungsstelle des Ribosoms. ↗Bindereaktion.

Bindung, 1) die ↗chemische Bindung; 2) in biol. Systemen speziell die B. von Kohlendioxid, Stickstoff, Schwefel durch die entspr. Assimilationsvorgänge. ↗Assimilation. 3) Auch spezielle Beziehungen v. Tieren zu Strukturen ihrer Umwelt werden oft als B. bezeichnet, so z. B. „Biotop-B." od. B. an einen Nistplatz od. einen bestimmten Ort (Ortstreue), Ausrichtung des Kontaktverhaltens u. anderer, damit verbundener Verhaltensweisen auf bestimmte, individuell bekannte soziale Partner, wobei diese Ausrichtung sich nur langsam od. gar nicht ändern läßt. B. setzt also persönl. Kennen anderer Individuen u. damit einen Lernprozeß voraus. Dieser kann sehr schnell erfolgen u. durch angeborene Dispositionen vorbereitet sein (↗Prägung); er kann auch aus normalen Lernschritten bestehen. Wichtig sind z. B. die *Eltern-B.* v. Jungtieren u. umgekehrt die B. der Eltern an ihre Jungen, ebenso die sexuelle *Paar-B.,* die bis zur Dauerehe gehen kann. Es gibt jedoch auch mehr zufällige, schwächere B.en zu vertrauten Sozialpartnern.

Bindungsenergie, Energie, die aufgewendet werden muß, um eine ↗chem. Bindung zu spalten, od. die frei wird, wenn diese Bindung geknüpft wird.

Bingelkraut, *Mercurialis,* Gatt. der Wolfsmilchgewächse mit unscheinbaren, grünl., diklinen Blüten, zweihäusig. Das Wald-B. *(M. perennis)* ist bestandbildend in krautreichen Nadelmisch- u. Laubwäldern, von S-Skandinavien bis zu den Mittelmeerländern; der Stengel ist unverzweigt u. im unteren Teil rund. Einjähriges B. *(M. annua),* wärme- u. lichtliebendes Gartenunkraut, aus S-Europa stammend, heute in fast ganz Europa verbreitet; der Stengel ist verzweigt u. 4kantig. Am Einjährigen B. entdeckte der dt. Botaniker R. J. Camerarius (1665–1721) 1694 die Sexualität der Pflanzen.

Binnenatmer, die ↗Enteropneusten.

Binnengewässer, alle Gewässer des Festlands (Flüsse u. Seen), im Ggs. zum Meer.

binokulares Sehen [v. lat. bini = je zwei, ocularis = die Augen betreffend], gleichzeitig. Betrachten mit beiden Augen ermöglicht es, einen räuml. Tiefeneindruck zu gewinnen u. Entfernungen abzuschätzen. Der Grund liegt darin, daß jedes Auge einen Gegenstand aus einem anderen Blickwinkel wahrnimmt, wodurch die Abbildungen auf der Netzhaut geringfügig gegeneinander verschoben sind. Diese Verschiebungen werden neural gegeneinander verrechnet u. zu einem räuml. Eindruck vereinigt (binokulare Fusion). Räuml. Sehen mit einem Auge ist nur bei einem direkten Vergleich mit bekannten Größen od. Entfernungen möglich.

Binse, *Juncus,* Gatt. der Binsengewächse, mit etwa 200 Arten weltweit u. 28 Arten in Dtl. verbreitet. B.n wachsen allg. an feuchten Standorten (Flachmoore, Sümpfe u. stehende Gewässer). Die meist stengelähnl., seltener flachen Blattspreiten sind im Ggs. zu denen der Hainsimsen, der anderen großen Gatt. der Binsengewächse, kahl u. nicht zottig behaart. Häufig sind die Spreiten durch Querwände unterteilt; die Blattscheide ist meist offen. Einer sog. Spirre entspricht der Aufbau des Blütenstands, der jedoch kopfig zusammengezogen sein kann. Wichtige heimische B.n: Die kleine einjähr. Kröten-B. *(J. bufonius)* ist in feuchten Pioniergesellschaften verbreitet *(Isoeto-Nanojuncetea*-Charakterart); an solchen Stellen kommt sie in den gemäßigten Gebieten der Nord- u. Südhalbkugel vor. Die Sparrige B. *(J. squarrosus)* fällt durch den nestartig ausgebreiteten Wuchs der starren Grundblätter auf; sie kommt gern im Übergangsbereich zw. Quell- u. Flachmoor der subatlant. Silicatgebirge v. Europa bis Grönland vor. Die Zarte B. *(J. tenuis)* – kenntlich an den die Blüten überragenden Hochblättern – wächst bevorzugt auf frischen Waldwegen; sie wurde 1824 aus Amerika eingeschleppt u. breitet sich in den gemäßigten Gebieten Europas aus. Die Dreiblatt-B. *(J. trifidus),* mit einem sehr armblütigen Blütenstand, ist eine zirkumpolar verbreitete Art der alpinen Magerrasen. Die Knäuel-B. *(J. conglomeratus)* u. die ähnl. Flatter-B. *(J. effusus)* sind Stör- u. Vernässungszeiger of staunasser Standorte. Die Knäuel-B. kommt in Europa, die Flatter-B. in den kaltgemäßigten Zonen der Erde vor. Die Glanzfrüchtige B. *(J. articulatus)* findet man häufig an moorigen, gestörten Stellen der Nordhalbkugel. Die Meerstrand-B. *(J. maritimus),* eine Pflanze salzhalt. Schlickböden der ganzen warmgemäßigten Zone, wird gern zur Herstellung v. Flechtarbeiten benutzt. Die Bez. Binse wird auch für ↗Sauergräser u. ↗Blasenbinsengewächse benutzt.

Binsenartige, *Juncales,* Ord. der *Commelinidae* mit 2 Fam., den ↗Binsengewächsen *(Juncaceae)* u. den *Thurniaceae.* Die B.n schließen an die Lilienartigen an, mit denen sie den allg. Blütenbau gemeinsam haben. Die *Thurniaceae* mit nur 1 Gatt., die nur im weiteren Guayanagebiet vorkommen, stehen den Binsengewächsen systematisch sehr nahe, werden aber häufig wegen anatom. Besonderheiten (z. B. Einlagerung v. Silicatkörnern in die Blattepidermis) abgetrennt.

Binsengewächse
Wichtige Gattungen:
↗Binse *(Juncus)*
Disticha
↗Hainsimse *(Luzula)*
Palmietschilf *(Prionium)*

Flatterbinse *(Juncus effusus)*

Binturong *(Arctictis binturong)*

bi- [v. lat. bis = zweimal, doppelt], in Zss.: doppel-, zwei-.

bio- [v. gr. bios = Leben], in Zss.: mit Leben zusammenhängend.

Binsengewächse, *Juncaceae,* Fam. der Binsenartigen, mit 9 Gatt. (vgl. Tab.) u. ca. 400 Arten weltweit verbreitet, hpts. jedoch in kaltgemäßigten u. montanen Gebieten. Die meist mehrjähr. Kräuter bilden häufig Rhizome od. Ausläufer. Bei den B.n gibt es neben Laubblättern mit grasart. od. stielrunden Blattspreiten stark reduzierte Niederblätter, beide jeweils zweizeilig angeordnet. Die Blattscheiden sind oft stengelartig rund. Die windbestäubten Blüten mit der ↗Blütenformel P3 + 3 A3 + 3 G(3) bleiben unscheinbar trockenhäutig. Sie stehen einzeln od. in Köpfchen bzw. Spirren. Neben der grasart. Binsen u. Hainsimsen weist die Fam. auch stark abweichende Gatt. auf: die Gatt. *Disticha* mit zweihäusigen Polsterpflanzen u. die Gatt. *Prionium,* deren einzige, in S-Afrika vorkommende Art, das Palmietschilf *(P. serratum),* Schopfbäume mit bis zu 2 m hohen Stämmen bildet. An seiner Spitze steht der rispige Blütenstand, dessen Blüten zu den Lilienartigen überleiten. Aus den Blättern des Palmietschilfs wird eine kräftige Faser gewonnen. Auch einige ↗Binsen werden genutzt.

Binsenginster, *Spartium juncum,* ↗Hülsenfrüchtler.

Binsenhühner, *Heliornithidae,* Fam. der ↗Kranichvögel.

Binturong *m, Bärenmarder, Marderbär, Arctictis binturong,* nachtaktive Schleichkatze Indiens u. S-Chinas; wegen seines bärenähnl. Aussehens wurde der B. früher zu den Kleinbären gerechnet; heute stellt man ihn in die Verwandtschaft der ↗Palmenroller. Kopfrumpflänge 90–100 cm; einziges höheres Säugetier der Alten Welt mit einem (bis 80 cm langen) Greifschwanz.

Binuclearia *w* [v. *bi-, lat. nucleus = Kern], Gatt. der ↗Ulotrichaceae.

Bioakkumulierung *w* [v. *bio-, lat. accumulare = anhäufen], Anreicherung v. Schadstoffen in Organismen nach Aufnahme aus der unbelebten Welt. ↗Akkumulierung.

Bioakustik *w* [v. *bio-, gr. akoustikos = das Gehör betreffend], Wissenschaftszweig, der die tier. Lautäußerungen mit den Mitteln der Akustik untersucht; wichtigste Instrumente sind elektron. Aufzeich-

Bioastronautik

bio- [v. gr. bios = Leben], in Zss.: mit Leben zusammenhängend.

nungs- u. Auswertungsgeräte (Frequenzfilter, Analysen durch EDV) u. Sonagraph, mit dessen Hilfe *Sonagramme* erstellt werden. Untersuchungsobjekt de- B. sind v. a. Vögel u. Insekten.

Bioastronautik *w* [v. *bio-, gr. astron = Gestirn, nautikē = Schiffahrtskunde], umfaßt alle technolog. Aspekte, die zur Erhaltung des Lebens unter Raumfahrtbedingungen notwendig sind; als Erweiterung u. Ergänzung zur Raumfahrtmedizin aufzufassen.

Biochemie *w* [v *bio-], *biologische Chemie, physiologische Chemie,* eine Forschungsrichtung, die sich zur Untersuchung u. Aufklärung der Lebenserscheinungen chem. Methoden bedient. B. ist eine Grenz-Wiss. zw. Biologie, Chemie u. Medizin (findet hier wichtige Anwendung), weshalb keine Abgrenzung zur Molekularbiologie möglich ist. Neben der Ermittlung v. Struktur u. Funktion einzelner Zellbestandteile werden heute vor allem die chem. Prozesse des Zellgeschehens, wie Baustoffwechsel, Energiestoffwechsel u. deren Zyklen u. Regulationsmechanismen (durch bestimmte Stoffwechselprodukte u. Hormone), sowie die Wirkungsweise der Erbfaktoren untersucht, wobei dem Studium der Enzyme, Hormone, Nucleinsäuren, Viren u. Membranen besondere Bedeutung zukommt.

biochemische Genetik, *molekulare Genetik,* ein Hauptgebiet der Genetik, in dem die Wirkungsweise der Gene mit Hilfe biochem. Methoden untersucht wird.

biochemische Oszillationen, zeitl. und räuml. Oszillationen (Schwingungen) in homogenen biochem. Lösungssystemen. Bestuntersuchtes Beispiel einer b. O. ist

Historischer Abriß der Biochemie

1773 Isolierung von Harnstoff *(Rouelle).*
1774 Entdeckung des Sauerstoffs u. Nachweis, daß er von Tieren verbraucht u. von Pflanzen ausgeschieden wird *(Priestley).*
1786 Isolierung von Glycerin, Citronensäure, Apfelsäure, Milchsäure u. Harnsäure aus nat. Quellen *(Scheele).*
1815 Bruttoreaktion der alkoholischen Gärung *(Gay-Lussac).*
1828 Synthese des Harnstoffs *(Wöhler).*
1837 Enzymatische Spaltung von Amygdalin *(Liebig u. Wöhler);* der Gärungsprozeß wird als katalytischer Prozeß postuliert *(Berzelius).*
1862 Stärke als Produkt der Photosynthese *(Sachs).*
1869 Entdeckung der Nucleinsäuren *(Miescher).*
1886 Entdeckung der Cytochrome (Histohämatine) durch McMunn.
1890 Das erste kristallisierte Protein: Eieralbumin *(Hofmeister).*
1893 Klassifizierung von Fermenten als Katalysatoren *(Ostwald).*
1897 Zellfreie Gärung *(Buchner).*
1901 Isolierung des ersten Hormons: Adrenalin *(Takamine, Aldrich, Abel).*
1902 Charakterisierung der Proteine als Polypeptide *(Hofmeister, Fischer).*
1903 Der Begriff Biochemie wird geprägt *(Neuberg).*
1905 Die β-Oxidation der Fettsäuren *(Knoop).*
1911 Prägung des Begriffs Vitamin *(Funk).*
1912 Erstes Gärungsschema *(Neuberg).*
Dehydrierungstheorie der biologischen Oxidation *(Wieland).*
1913 Isolierung von Chlorophyll *(Willstätter, Stoll).*
1922 Isoprenregel als Bauprinzip von Naturstoffen *(Ružička).*
1926 Urease als erstes kristallisiertes Enzym *(Sumner).*
Isolierung des ersten Vitamins: Thiamin *(Jansen, Donath).*
1929 Entdeckung von ATP u. Kreatinphosphat *(Fiske, Subarow, Lohmann).*
1933 Entdeckung des Harnstoffzyklus *(Krebs, Henseleit).*
Intermediärprodukte der Glykolyse *(Embden, Meyerhof).*
1934 Isolierung von Steroidhormonen *(Butenandt, Doisy, Reichstein).*
1935 Tabakmosaikvirus als erstes kristallisiertes Virus *(Stanley).*
1936 Entdeckung des Zusammenhangs zwischen Vitaminen u. Coenzymen *(v. Euler, Theorell, Warburg).*
1937 Formulierung des Citronensäurezyklus *(Krebs, Knoop, Martius).*
1940 ATP als Energieüberträger der Zelle *(Lipmann).*
Ein-Gen-Ein-Enzym-Hypothese *(Beadle, Tatum).*
1944 DNA als Träger der genetischen Information nachgewiesen durch Transformationsversuche *(Avery, McLeod, McCarty).*
1948 Isolierung von Coenzym A *(Lipmann, Kaplan).*
1950 Mitochondrien als Kompartiment, in dem der Citronensäurezyklus, der oxidative Fettsäureabbau u. die oxidative Phosphorylierung ablaufen *(Kennedy, Lehninger).*
1951 Bedeutung von Coenzym A für den Fettsäure-Stoffwechsel *(Lynen).*
Die α-Helix der Proteine *(Pauling, Corey).*
1952 Ribosomen als Ort der Proteinsynthese *(Zamecnik).*
1953 Ermittlung der Aminosäuresequenz des Insulins *(Sanger).*
Doppelhelix-Struktur von DNA *(Watson, Crick).*
1954 Formulierung der photosynthetischen Reaktionen: Calvin-Zyklus u. photosynthetische Phosphorylierung *(Calvin, Arnon).*
1958 Infektiosität von Virus-Nucleinsäure *(Gierer, Schramm).*
1960 Dreidimensionale Proteinstrukturen von Myoglobin u. Hämoglobin *(Kendrew, Perutz).*
1961 Operon-Modell zur Regulation von Genaktivitäten *(Jacob, Monod).*
Chemiosmotische Hypothese der Atmungskettenphosphorylierung *(Mitchell).*
1965 Erste Sequenzermittlung einer t-RNA *(Holley, Zachau).*
1966 Ermittlung des genetischen Codes *(Nirenberg, Khorana).*
Erste In-vitro-Synthese von infektiöser Phagen-RNA *(Spiegelmann, Weissmann).*
1969 Erste Synthese eines Enzyms: Ribonuclease *(Merrifield).*
1970 Erste Synthese eines Gens *(Khorana).* Entdeckung und Charakterisierung der ersten Restriktionsendonucleasen *(Arber, Nathans, Smith).*
1972 Entwicklung von Methoden zur In-vitro-Rekombination von DNA *(Berg).*
1973 Sequenzierung der RNA des Phagen M S2 *(Fiers).*
1974 Dreidimensionale Struktur einer t-RNA *(Rich, Klug).*
1976 Entwicklung von Methoden zur DNA-Sequenzierung *(Maxam und Gilbert, Sanger);* vollständige Sequenzierung von DNA des Phagen ΦX 174
1977 Entdeckung von Mosaikgenen *(Chambon, Leder, Sharp, Tonegawa).*
Seit 1977 rasche Entwicklung der biochemischen Genetik und modernen Gentechnologie; Klonierung von Insulin- und Interferon-Genen.
1981 Vollständige Sequenzierung der menschlichen mitochondrialen DNA *(Sanger).*

die sog. *Belousov-Zhabotinsky-Reaktion.* Je nach Versuchsbedingungen können sowohl zeitl. als auch räuml. Oszillationen beobachtet werden. Die durch Cer-Ionen katalysierte Decarboxylierung v. Malonsäure durch Bromat in schwefelsaurer Lösung führt zu Oszillationen im Redoxzustand des Rückkopplungssystems, die z. B. durch Zugabe des Redox-Indikators Ferroin (rot-blau) sichtbar werden. Der Rückkopplungscharakter des Reaktionssystems ist aufgeklärt und konnte durch Computersimulation bestätigt werden. B. O. stellen Modellsysteme für die Analyse der ↗biologischen Uhr dar. ↗biologische Oszillationen, ↗Chronobiologie.

biochemische Reaktionskette [v. *bio-], Abfolge mehrerer enzymatisch katalysierter chem. Reaktionen, die in der lebenden Zelle den Aufbau (Anabolismus) od. Abbau (Katabolismus) einer Substanz bewirkt.

biochemischer Sauerstoffbedarf, *biologischer Sauerstoffbedarf,* Abk. *BSB* (engl. *BOD*), Maß für die Belastung v. Abwasser durch biologisch abbaubare organ. Stoffe. Es wird meist der BSB$_5$ bestimmt, d. h. die Menge des gelösten, freien Sauerstoffs (O$_2$/l), die unter festgelegten Bedingungen in 5 Tagen (bei 20° C) durch Mikroorganismen (in gas- u. lichtdichten Reaktionsgefäßen) verbraucht wird. Eine Kläranlage mit biol. Reinigungsstufen vermindert den BSB$_5$ um mehr als 90%. Störungen der BSB-Bestimmungen treten durch toxische Stoffe od. andere Bedingungen ein, die den Stoffwechsel der Mikroorganismen hemmen.

Biochorion *s* [v. *bio-, gr. chōrion = Platz], Konzentrationsstelle v. Individuen innerhalb eines bestimmten Biotops. Es befinden sich dort optimale Bedingungen für bestimmte Arten. Typische B.en in einem Biotop sind z. B. Baumstümpfe, Aas, tier. Exkremente od. Pilze.

Biochrome [Mz.; v. *bio-, gr. chrōma = Farbe], die ↗Pigmentfarbstoffe.

Biochron *s* [v. *bio-, gr. chronos = Zeit], (H. S. Williams 1901), die ↗Biozone.

Biochronologie *w* [v. *bio-, spätgr. chronologia = Zeitrechnung], ↗Geochronologie.

Biodegradation *w* [v. *bio-, lat. degradatio = Herabstufung], der biol. ↗Abbau.

Biodynamik *w* [v. *bio-, gr. dynamis = Kraft], 1) ältere, von E. Haeckel geprägte Bez. für die Physiologie i. w. S.; 2) beschäftigt sich als Teilgebiet der Physiologie mit der Auswirkung von physikal. Einflüssen wie Beschleunigung, Stoß, Schwerelosigkeit u. Erschütterung auf den Organismus. In diesem Sinne hat die B. Bedeutung bei der Weltraumfahrt.

Bioelektrizität [v. *bio-, gr. ēlektron = Bernstein], die Funktionsgrundlage v. Sinnes-, Nerven- u. Muskelzellen beruht auf der Erzeugung, Weiterleitung u. Verarbeitung v. elektr. Impulsen, die Information enthalten. Durch bes. Permeabilitäts- u. Transporteigenschaften der Membranen wird eine ungleiche Ionenverteilung u. damit Ladungsverteilung zw. Zellinnerem u. umgebenden Medien aufrechterhalten, die zu einem Membranpotential (↗Ruhepotential) in Höhe von −60 bis −90 mV führt. Dieses Potential stellt ein elektrochem. Gleichgewicht zw. dem intra- u. extrazellulären ionalen Konzentrations- u. Ladungsunterschied dar. Zur Weiterleitung u. Verarbeitung v. Information über das „Nachrichtennetz" Nervensystem werden Potentiale, bestimmten Gesetzmäßigkeiten folgend, entlang der Membranen ab- u. aufgebaut (↗Aktionspotential). Diese Potentialänderungen lassen sich einzeln registrieren, können aber auch v. Organen als Summenpotentiale gemessen (abgeleitet) werden. So werden z. B. im Elektrokardiogramm (EKG) die Aktivitäten der einzelnen Erregungszentren als Summenpotentiale aufgezeichnet, wobei Fehler od. patholog. Veränderungen des betreffenden Organs erkannt werden können. Eine andere Form der B. stellen die in den ↗elektrischen Organen einiger Süß- u. Salzwasserfische auftretenden elektr. Erscheinungen dar. Diese können Spannungen v. wenigen mV bis ca. 800 V bei Stromstärken v. wenigen bis 50 Ampere erzeugen. Die mehr od. weniger regelmäßigen gleichzeitigen Entladungen werden nervös gesteuert u. stehen bei den schwach elektrischen Fischen (Echte Rochen, Nilhecht, Messerfische) im Dienste der Orientierung; bei den stark elektrischen Fischen (Zitterrochen, Zitterwels, Zitteraal) dienen sie darüber hinaus der Feindabwehr u. dem Beutefang.

Bioelektronik [v. *bio-, gr. ēlektron = Bernstein], moderne Forschungsrichtung, die versucht, Bauelemente der Mikroelektronik mit biol. Systemen zu verknüpfen. Eines der Ziele der B. ist z. B., die „Pakkungsdichte" v. Mikroelektronik-Bausteinen, die 1983 bei ca. 1 Mill. Transistoren/cm^2 Chipfläche liegt und auch in Zukunft mit Silicium-Chips aus physikal. Gründen um nicht mehr als den Faktor 50 vergrößert werden kann, dadurch um weitere zwei Zehnerpotenzen über diese Grenze hinaus zu steigern, daß die Elektronik-Bausteine nicht mehr auf Silicium-Chips, sondern in Proteinmoleküle „verpackt" werden. Eine weiteres Aufgabenfeld ist die Entwicklung v. *Biosensoren,* eine Kopplung v. Biomolekülen (z. B. Enzymen) u. Signalumformern. Der Signalumformer mißt dabei z. B. die Konzentration

bio- [v. gr. bios = Leben], in Zss.: mit Leben zusammenhängend.

Bioelemente

bio- [v. gr. bios = Leben], in Zss.: mit Leben zusammenhängend.

Bioelemente

Relative Häufigkeit (Atomzahlen in %) einiger chemischer Elemente in der Erdkruste

O	62,5
Si	21,2
Al	6,47
Na	2,64
Ca	1,94
Fe	1,92
Mg	1,84
P	1,42
C	0,08
N	0,0001

Relative Häufigkeit (Atomzahlen in %) einiger chemischer Elemente im menschlichen Körper

H	60,3
O	25,5
C	10,5
N	2,42
Na	0,73
Ca	0,226
P	0,134
S	0,132
K	0,036
Cl	0,032

des Endprodukts der vom Enzym katalysierten Reaktion; das entspr. elektr. Signal wird dann v. einem Computer analysiert u. ausgewertet. Solche Biosensoren konnten bereits zur Messung toxischer Substanzen u. zur Bestimmung v. Säuregraden eingesetzt werden. Nach dem Vorbild der Botenmoleküle, wie Hormone u. Neurotransmitter, könnten Biosensoren od. „Biochips" mit Botenmolekül-Funktion einmal große Bedeutung in der Medizin erlangen, indem sie detaillierte Informationen über die im Innern lebender Organismen ablaufenden Vorgänge vermitteln u. z. T. auch gezielt in die physiol. Vorgänge selbst eingreifen. Möglichkeiten u. Grenzen zukünftiger B. sind z. Z. noch nicht abschätzbar.

Bioelemente [v. *bio-], diejenigen chem. Elemente, die am Aufbau der Körpersubstanz v. Lebewesen beteiligt sind. In großen Mengen nötig sind die sog. *Makronährelemente* C, O, H, N, S, P, K, Ca, Mg, zu denen bei Mensch u. Tier auch Na u. Cl gerechnet werden müssen. Zu den in geringen Mengen notwendigen, aber dennoch unentbehrl. *Mikronährelementen* od. *Spurenelementen* gehören Fe, Mn, Zn, Cu, Mo, Co sowie F, I, Se, Si bei Mensch u. Tier u. Cl u. B bei Pflanzen. Nur für bestimmte höhere Pflanzen essentiell sind Na, Se, Si u. Al. Ein Vergleich der B. mit den Elementen der Erdkruste zeigt starke qualitative wie quantitative Divergenz.

Bioenergetik w [v. *bio-, gr. energētikos = wirksam, kräftig], Teilgebiet der Biophysik, das sich mit den thermodynam. Gesetzmäßigkeiten bei Stoffumwandlungen innerhalb lebender Systeme (z. B. der Zelle) beschäftigt; in der B. wird z. B. nach der Richtung v. der Energiebilanz enzymat. Reaktionen in der Zelle gesucht. ↗ chemisches Gleichgewicht.

Bioenergie w [v. *bio-, gr. energeia = Wirksamkeit], Energie aus ↗ Biomasse, die in rezenter Zeit durch lebende Systeme, Pflanzen, Tiere, Mikroorganismen, gebildet wurde. Als Energieträger (Brennstoff) können entweder die Biomasse selbst od. die durch biol. Umwandlungen *(Biokonversion)* gewonnenen Produkte wie Äthanol, Methan, Wasserstoff u. Kohlenwasserstoffe genutzt werden. Grundlage der B. ist fast ausschl. die indirekte Nutzung der Sonnenenergie. Im Vordergrund steht dabei die durch die Photosynthese v. grünen Pflanzen u. Mikroorganismen gebildete Biomasse, bes. in Form v. Pflanzen u. Pflanzenprodukten u. den Abfallstoffen. Es wird geschätzt, daß in der EG durch die Verwertung industrieller u. landw. Abfälle theoretisch ca. 50 Mill. Tonnen „Rohöleinheiten" jährlich ersetzt u. in Zukunft etwa 10% des Gesamtenergiebedarfs durch B. gedeckt werden könnten. Die Bedeutung der B. aus Biomasse liegt nicht nur im Einsparen v. fossilen Energieträgern (Kohle, Erdöl, Erdgas), sondern auch in der Verwertung v. Abfallstoffen u. damit auch im Umweltschutz u. dem Wiedererlangen des ökolog. Gleichgewichts. In Entwicklungsländern wird außerdem eine bessere Selbstversorgung mit Brennstoffen geschaffen. Eine sehr alte, weit verbreitete Methode der Biomasse-Umwandlung ist die Erzeugung v. ↗ Biogas (Methan, ↗ methanbildende Bakterien) durch eine anaerobe Zersetzung organ. Stoffe aus Pflanzen u. Tieren. In China sind z. Z. ca. 7,5 Mill. Biogasanlagen in Betrieb. Im großen Umfang wird auch Äthanol als Zusatz zu Kraftstoffen (Gasohol) durch Vergärung v. zuckerhaltigen Produkten od. verzuckerter Stärke u. Cellulose gewonnen. Die biol. Produktion v. molekularem Wasserstoff (H_2) durch lebende Zellen od. künstl. biol. Systeme wird z. Z. intensiv geprüft (↗ photobiologische Wasserstoffbildung). Der Anbau v. Pflanzen, z. B. *Euphorbia*-Arten, Guayule (*Parthenium argentatum*), *Copaifera*, Jojoba, od. die Kultur v. Algen (z. B. *Botryococcus*) mit erdölähnl. Inhaltsstoffen könnte in Zukunft auch große Bedeutung erlangen.

Lit.: *Bachofen, R.*: Biomasse. München 1981. Bio-Energie. Unerschöpfliche Quelle aus lebenden Systemen. Stuttgart 1978.

Bioethik

Der Unterschied von Moral und Ethik

Während die *Moral* einen konkreten Kodex sittlichen Verhaltens aufstellt und uns zu dessen Einhaltung ermuntert, ist es die Aufgabe der *Ethik,* die Voraussetzungen und die Natur moralischer Verbindlichkeiten überhaupt kritisch zu erforschen. In diesem Sinne ist Ethik als philosophische Disziplin zu verstehen, die keine Handlungsanweisungen zu entwickeln hat, sondern schon bestehende moralische Gebote auf ihre Grundlagen und ihre formale Konsistenz hin untersucht. Sie unterscheidet sich damit auch grundlegend von jeder theologischen Ethik, die ja ihre Basis, nämlich die göttliche Offenbarung, als gegeben voraussetzt und ihren Zweck darin sieht, die entsprechenden Konsequenzen zu formulieren.

Urteile über das eigene Verhalten und das anderer Personen werden niemals ausschließlich nach dem Kriterium der sachlichen Richtigkeit gefällt, sondern stets auch unter einem Gesichtspunkt, den wir als „sittliche Richtigkeit" bezeichnen können. Während jedoch die Richtlinien für Sachentscheidungen objektiv, also mit wissenschaftlichen Methoden geprüft werden können und hier die Bewährung durch den *Erfolg* eine entscheidende Rolle spielt, wird die Begründung einer sittlichen Entscheidung stets auf einen Punkt hinauslaufen, an dem eine Prämisse gesetzt werden muß, deren Gültigkeit nicht „nachgewiesen" werden kann. Nicht im Widerspruch dazu, sondern gerade wegen dieses Umstandes ist es ein Charakteristikum moralischer Gebote, seien sie von einer Religion oder von einer Ideologie aufgestellt, daß sie mit dem Anspruch *unbedingter* Gültigkeit auftreten. Der auf das Leben in der Gemeinschaft angewiesene Mensch erwartet zu Recht, daß die Grundlinien des Verhaltens seines Nachbarn *vorhersehbar* sind, und daher empfindet er auch berechtigterweise jede kontingente Einstellung zu moralischen Fragen als verwerflich.

Dennoch aber ist es eine intellektuelle Simplizität, jenen Absolutheitsanspruch sittlicher Vorschriften als solchen bestehen zu lassen und kritiklos hinzunehmen. Der Zweifel an der Unbedingtheit der Moral ist dementsprechend sehr früh in der Geschichte der Ethik aufgetreten, nicht zuletzt deshalb, weil die Begründungsfrage bereits angesichts der Tatsache virulent wird, daß wir empirisch einen *Pluralismus* moralischer Systeme feststellen; wenn gleichzeitig die christliche und die mohammedanische Moral, die Moral der Toleranz, der Humanität und jene des Kommunismus oder des Nationalsozialismus die Forderung aufstellen, alleine gültig zu sein, so entsteht für die Ethik das schwierige Problem, eine Instanz zu finden, die jenseits dieser Widersprüche vermitteln kann. Denn wenn auch der Zweifel an absolutistischen Ansprüchen gerechtfertigt ist, muß er letztlich zu einem Zweifel an der Moral überhaupt führen, da er in die Konsequenz führt, die man als „Relativität aller Werte" bezeichnet hat. So gibt es denn auch neben der Tradition des Relativismus zwei große Traditionen der *Begründung* moralischen und sittlichen Verhaltens.

Die eine dieser Traditionen geht auf Platon zurück und läßt sich unter dem Sammelbegriff *idealistische Ethik* zusammenfassen. Sie beruht auf der Vorstellung, daß sittliches Verhalten dann vorliege, wenn es in Übereinstimmung mit dem idealen Sittengesetz steht, welches selbst wiederum aus dem Wesen oder der Idee des Guten, der Gerechtigkeit, der Tugend usw. gebildet wird. In diesem Sinne ist beispielsweise die Idee des Guten nicht aus empirischer Anschauung ableitbar, sondern ein hinter allen sittlichen Handlungen stehendes Gesetz, das deren Sittlichkeit in „idealer" Weise darstellt und von der konkreten Existenz moralischen Verhaltens unabhängig ist. Damit wird das ideale Sittengesetz zu einer *verbindlichen Norm* – so wie das „ideale Dreieck" zwar niemals realisiert wird, als Idee jedoch für jedes reale Dreieck formgebend ist. Diese formgebende Kraft ist von der physischen Welt *unabhängig* und daher metaphysisch. Zu einer in gewissen Teilen ähnlichen Auffassung innerhalb dieser Tradition gelangte Immanuel Kant, der seine Ethik auf die Vorstellung gründete, daß der Mensch in zwei metaphysisch verschiedenen Welten lebt: in der natürlichen Welt, in welcher die Objekte dem Kausalgesetz unterliegen, und in der Welt des vernunftbegabten Subjektes (in welchem Sinne er auch „Ding an sich" ist), einer Welt, in der *freies* Handeln möglich ist, das nicht der empirischen Kausalität unterliegt. Aufgabe der Ethik ist nach Kant, die metaphysischen Prinzipien zu formulieren, die der sittlichen bzw. moralischen Erfahrung zugrunde liegen, so wie z. B. das Apriori der Kausalität unserer Erfahrung von Ursache und Wirkung zugrunde liegt. So wie Platons ideales Sittengesetz sind Kants metaphysische Prinzipien die *apriorischen* Verbindlichkeiten jeder moralischen Verhaltensweise.

Grundsätzlich davon zu unterscheiden ist die auf Aristoteles zurückgehende Tradition der *naturalistischen Ethik*. Alle in diesen Bereich gehörenden Theorien bilden den Gegenstand der *Bioethik*. Sie unterscheiden sich von der idealistischen Ethik vor allem dadurch, daß ihnen die Anschauung zugrunde liegt, die Basis und die Voraussetzungen moralischen Verhaltens seien mit naturwissenschaftlichen Methoden begründbar. Zunächst mußte freilich dieses Programm einer Zurückführung sittlicher Normen auf die Biologie (im weitesten Sinne) insofern utopisch erscheinen, als das empirische biologische Wissen selbst in der Antike, im Mittelalter, ja noch in der Renaissance weitgehend lückenhaft war und an eine einigermaßen glaubhafte Herleitung der Moral kaum zu denken war. Dazu kam der Umstand, daß andererseits die idealistischen Konzepte bereits ein so hohes Maß formaler Konsistenz erreicht hatten, daß die empirischen Begründungsversuche dagegen mehr als dürftig schienen, besonders auch, weil vor allem im Lichte der Kantschen Ethik jeder solche Versuch vom Ansatz her als *radikal* falsch angesehen wird (bis heute). Diese philosophische Ablehnung der Möglichkeit einer Bioethik kann jedoch die Tatsache nicht aus der Welt schaffen, daß der Mensch ein Naturphänomen ist und dem-

Bioethik

zufolge die Grundzüge seines Verhaltens von den Gesetzen dieser Natur nicht völlig losgelöst werden können. Darauf beruht zunächst die grundsätzliche „Berechtigung" einer naturalistischen Ethik.

Die entscheidende Wende in dieser Tradition trat ein, als mit Charles Darwin die *Evolutionstheorie* auf eine naturwissenschaftliche Grundlage gestellt werden konnte. Das Konzept der natürlichen Zuchtwahl ließ nicht nur die Anpassung von Körperstrukturen verständlich werden, sondern zeigte auch, wie bereits Darwin selbst wußte, daß ebenso die Grundausstattung des Verhaltens von Organismen aus selektierenden Evolutionsmechanismen hervorgeht. Später hat die vergleichende Verhaltensforschung diese Tatsache in großem Umfang empirisch bestätigt (Konrad Lorenz). Das im evolutionären Sinne „moralische" Verhalten wäre demnach jenes, das den Bestand des Individuums, der Gruppe, der Art usw. bis zum Lebendigen überhaupt erhält und fördert.

Die Evolutionstheorie als Wende von der Entwicklung der Bioethik

Bevor nun aber die Möglichkeiten und Grenzen dieses *evolutionären* Begründungsversuches der Ethik darzustellen sind, soll ein kleiner Exkurs darauf hinweisen, daß auch genuin philosophische Varianten der naturalistischen Ethik existieren. Hierher gehört die Auffassung des *Hedonismus*, derzufolge nur jenes Verhalten „wertvoll" ist, das besonders körperliche, Lust erzeugt. Diese doch recht primitive biologistische Interpretation der Moral ist in der Antike z. B. von Aristippos vertreten worden. Demgegenüber beurteilt der *Eudämonismus* (gr. eudaimonia = Glückseligkeit) jenes Verhalten als sittlich, welches den Zustand einer allgemeinen Zufriedenheit und Harmonie fördert, z. B. von Epikur vertreten. Diese Theorien, in deren Mittelpunkt das *individuelle Wohl* steht, bildeten die Grundlage für jene Richtung der modernen naturalistischen Ethik, die man unter dem Begriff des *Utilitarismus* zusammenfaßt. Grundlage und Rechtfertigung des moralischen Verhaltens ist demnach die Befriedigung der unmittelbaren psychischen Bedürfnisse des Einzelnen und der Gemeinschaft, „das größte Glück der größten Zahl", wie es Jeremy Bentham nannte. Damit verwandt ist die Theorie des *Pragmatismus* (John Dewey) oder des *Psychologismus* (David Hume). Gemeinsam ist all diesen Vorstellungen, daß sie im Sinne einer Bioethik eher bescheidene Ansprüche an die Sittlichkeit des Verhaltens stellen, da sie lediglich eine Art „Physiologie der Moral" darstellen, mit der alleine auch der Biologe nicht einverstanden sein kann, wenn er nicht in einem extrem reduktionistischen Sinne den Menschen als einen Apparat betrachtet, für den es *ausreicht,* wenn der Sollwert seiner unmittelbaren Bedürfnisse aufrechterhalten wird. Eine solche Ethik ist insofern nicht einmal „naturalistisch", weil sie gerade die *Natur* des Menschen nicht ausreichend erkennt.

Die Rolle des Hedonismus und des Eudämonismus

Das individuelle Wohl als Grundlage

Unter den Auspizien dessen, was wir heute über die Evolution der Organismen, über das Verhalten des Menschen und über den Zusammenhang von Natur und Kultur wissen, ist die Bioethik viel eher im Sinne einer evolutionären Ethik aufzufassen, die den Menschen im Gesamtzusammenhang der Entwicklung des Lebendigen sieht. Die Behauptung, das Verhalten, die Denk- und Urteilskategorien des Menschen seien vom Erbe seiner biologischen Geschichte völlig gelöst und das Produkt ausschließlich sozialer Lernprozesse, beruht sowohl auf einem ideologischen Vorurteil als auch auf sachlicher Unkenntnis und ist nicht nur von der Ethologie, sondern auch von der Kinderpsychologie hinreichend widerlegt worden (Jean Piaget).

Wenn in diesem evolutionären Ansatz die Frage nach den Ursprüngen des „biologisch richtigen Verhaltens" gestellt wird, so bietet sich als naheliegender Gegenstand dieser Untersuchung zunächst das Sozialverhalten von Tieren an. Lassen sich in den Strukturen dieses Sozialverhaltens, besonders bei höheren Wirbeltieren, Gesetzmäßigkeiten finden, die einer Erklärung durch die Evolutionstheorie zugänglich sind, so ist es Aufgabe der Bioethik herauszufinden, inwiefern solche Gesetze auch für den Menschen gelten und ob sie auch hier als Rahmenbedingungen moralischen Verhaltens fungieren können. Die wertende Deutung etwa egoistischen oder altruistischen Verhaltens wird auf diese Weise aus den empirischen Erkenntnissen von den menschlichen vergleichbaren Sozialsystemen abgeleitet. Dieser Aufgabe widmet sich neuerdings besonders eine als *Soziobiologie* bezeichnete Disziplin (z. B. E. O. Wilson), deren Fragestellung und Methode jenen der Ethologie eng verwandt sind. Für die Bioethik ist diese Disziplin insofern von Interesse, als zahlreiche ihrer Vertreter die Überzeugung geäußert haben, daß die Analyse tierischen Sozialverhaltens jene Grundgesetze sichtbar machen würde, welche die Basis für eine naturalistische Ethik darstellen.

Die besondere Rolle der Soziobiologie

Die Annahme, daß tierisches und menschliches Verhalten genetisch bedingt sind.

Die Soziobiologie beruht auf der Annahme, daß nicht nur tierisches, sondern auch menschliches Verhalten weitestgehend *genetisch* determiniert sei und sich daher zum größten Teil aus den Theorien der Genetik und Populationsdynamik erklären und verstehen ließe. Um die Erklärungsmo-

delle rechnerisch bewältigen zu können, wird das Gen so definiert, als ob es die Einheit des Erbgutes wäre, die der unmittelbaren Selektion im Sinne einer Kosten-Nutzen-Rechnung unterliegt. Im Zentrum der soziobiologischen Modelle stehen die Phänomene des *Egoismus* und des *Altruismus*. Das Gen habe die „eigennützige" Tendenz, sich in seiner Population möglichst rasch und möglichst zahlreich auszubreiten, weshalb auch scheinbar altruistische Verhaltensweisen dem „Egoismus der Gene" (R. Dawkins) dienten; so würde es nur selbstlos *erscheinen,* wenn z. B. ein Vogel beim Herannahen eines Feindes einen Warnruf ausstößt und damit seine Sippe zur Flucht veranlaßt. Denn obwohl er damit zwar die Aufmerksamkeit des Feindes zunächst auf sich zieht, rettet er damit gleichzeitig eine viel größere Zahl seiner Gene, wenn Dutzende seine Gene tragender Verwandten verschont bleiben (= Sippenselektion, inclusive fitness).
Von solchen Überlegungen ausgehend kommt die Soziobiologie zu der Vorstellung, daß auch das „altruistische Verhalten" des Menschen eine (gen-)egoistische Grundlage hat. An dieser Begründung einer Bioethik ist die berechtigte Kritik geübt worden, daß schon in ihren Grundlagen mindestens folgende beiden groben Irrtümer enthalten sein: Erstens werden die Begriffe „egoistisch" und „altruistisch" in einem völlig unüblichen Sinne verwendet, weil sie nicht die *Absicht,* sondern das *Ergebnis* einer Handlung bewerten; ein Kind, das einem anderen die Schokolade stiehlt, würde demnach altruistisch handeln, weil es bei diesem die Entstehung von Karies verzögert. Zweitens ist die soziobiologische Definition des Gen-Begriffes empirisch falsch, weil die molekularbiologische Forschung längst gezeigt hat, daß es sich dabei nicht um voneinander unabhängige

Egoismus und Altruismus im Zentrum der soziobiologischen Modelle

Die Position des Menschen in der Geschichte des Lebendigen

„Einheiten" handelt, sondern um ein noch großteils unaufgeklärtes *System* vielfältiger Wechselabhängigkeiten. Das „egoistische Gen" der Soziobiologen ist weder „selbstsüchtig" im Sinne der Ethik noch ein Gen im Sinne der Genetik (Gunther Stent).
Anders als dieser extrem reduktionistisch-biologische Versuch hat eine evolutionäre Ethik heute die Aufgabe, die Position des Menschen in der Geschichte des Lebendigen zu erforschen und vor allem die über den Menschen hinausreichenden Gesetze der Biosphäre zu berücksichtigen. Das *Dilemma* aller bisherigen Ethik wird offenkundig angesichts der weltweiten Zerstörung natürlicher Lebensräume und angesichts der kollektiven Desorientierung in Fragen persönlicher, kollektiver und politischer Moral, soweit diese überhaupt noch vorhanden sind und nicht einem ideologisch verordneten Relativismus weichen mußten, der nicht die versprochene Toleranz und Humanität brachte, sondern den Menschen in eine Form der *Inhumanität* führte, die ihn das Wesentlichste vergessen ließ: seine von der Natur ererbten Rechte und seine der Natur schuldigen Pflichten.

Lit.: *Aristoteles:* Ethica Nicomachea. Opera, Vol. II. *Dawkins, R.:* Das egoistische Gen. Berlin 1978. *Gehlen, A.:* Moral und Hypermoral. Frankfurt/M. 1969. *Kaltenbrunner, G.-K.* (Hg.): Überleben und Ethik. Freiburg 1976. *Kaspar, R.:* Von der Kunst des Sehens. Gestaltwahrnehmung, Ästhetik und Ethik. In: Herder-Initiative, Bd. 55. Freiburg 1983. *Lorenz, K.:* Das sogenannte Böse. Wien 1963. *Maihofer, W.:* Naturrecht als Existenzrecht. Frankfurt/M. 1963. *Moore, G. E.:* Principia Ethica. Stuttgart 1970. *Piaget, J.:* Das moralische Urteil beim Kinde. Frankfurt/M. 1976. *Wickler, W. u. Seibt, U.:* Das Prinzip Eigennutz. Hamburg 1977. *Wilson, E. O.:* Sociobiology. The New Synthesis. Cambridge, Mass. 1975. *Wolf, E.:* Das Problem der Naturrechtslehre. Karlsruhe 1964.

Robert Kaspar

Biofazies *w* [v. *bio-, lat. facies = Gesicht], die Ausprägung v. Gesteinen durch bes. Fossilzusammensetzung, z. B. marine benthonische Lebensgemeinschaften, die durch abgestorbenes Nekton u. Plankton angereichert sind.
Biofeedback *s* [-fidbäk; v. *bio-, engl. feedback = Rückkopplung], allg. Selbststeuerung biol. Systeme durch Rückkopplung auf allen Ebenen der Organisation v. Grundstoffwechsel bis zu Ökosystemen; speziell in der Humanphysiologie eingesetzt als therapeut. Methode, bei der normalerweise unterbewußte Körperfunktionen wie Hauttemp., Herzschlag od. Gehirnwellen mittels eines geeigneten Meßgeräts sichtbar gemacht werden. Die unterbe-

wußten Vorgänge können so bewußt wahrgenommen werden. Durch Training lassen sich die sonst autonomen, nicht dem Willen unterliegenden Körperfunktionen manipulieren. Als nicht pharmakolog. Methode ist das therapeut. u. prophylakt. Potential des B. sehr groß, z. B. bei der Rehabilitation gelähmter Patienten, bei der Behandlung der Epilepsie sowie v. Herzrhythmusstörungen u. Verkrampfungen. Durch unseriöse Berichterstattung besteht allerdings die Gefahr, daß falsche Erwartungen geweckt werden, die nicht erfüllt werden können.
Biofilter [v. *bio-], *Biowäscher,* 1) Sand- od. Flüssigkeitsfilter mit aeroben Mikroorganismen (meist Bodenbakterien)

bio- [v. gr. bios = Leben], in Zss.: mit Leben zusammenhängend.

Biogas

zur biol. Reinigung übelriechender Gase u. Abluftgemische; die Schad- u. Geruchsstoffe werden an der festen od. in der flüssigen Phase absorbiert u. dort v. den Mikroorganismen abgebaut; angewandt in Tierzüchtereien, in der Industrie, in Tierkörperverwertungsstellen u. in Zukunft vielleicht auch zur Reinigung v. schwefelhaltigen Kraftwerksabgasen. 2) in ↗Kläranlagen der Mikroorganismenaufwuchs des Tropfkörpers.

Biogas, *Faulgas, Sumpfgas,* Bez. für das bei der anaeroben Zersetzung organ. Stoffe (Abwasserschlamm, Stalldung, Stroh, Gras u. a. ↗Biomasse) entstehende Gasgemisch, das vorwiegend aus Methan (ca. 70%) u. Kohlendioxid (ca. 30%) sowie Spuren v. Stickstoff, Schwefelwasserstoff u. Wasserstoff besteht (↗methanbildende Bakterien); B. ist sehr gut als Heizgas geeignet. ↗Bioenergie.

biogen [v. *biogen], von biol. Systemen abstammend od. durch solche bedingt; Ggs.: abiogen.

biogene Amine, Amine des Zellstoffwechsels, die sich meist v. Aminosäuren durch Decarboxylierung (u. Folgereaktionen, wie Methylierungen) ableiten; sie sind weit verbreitet u. üben in der Zelle z. T. sehr unterschiedl. Funktionen aus, z. B. als Bestandteile v. Ribosomen (Cadaverin, Putrescin), v. Sperma (Spermin, Spermidin), v. Phosphatiden (Äthanolamin), v. Vitaminen u. Coenzymen (Propanolamin als Bestandteil v. Vitamin B_{12}, Cysteamin u. β-Alanin als Bestandteil v. Coenzym A), als Ganglienblocker im Gehirn (γ-Aminobuttersäure), als Gewebshormone (Histamin, Tyramin, Dopamin, Tryptamin, Serotamin). Manche b. A. sind die Vorstufen von Alkaloiden und werden daher auch als *Protoalkaloide* bezeichnet.

biogene Salze [v. *biogen], lebensnotwendige gelöste Salze, z. B. bei Pflanzen die Grundnährstoffe N, P, K, Ca, S, Mg u. Spurenelemente, z. B. Fe, Mn, Cu, Zn, B. ↗Bioelemente.

biogene Schichtung [v. *biogen], lagenweiser Wechsel in Biolithen (↗biogenes Sediment), der durch die Organismen selbst u. nicht durch Umwelteinwirkungen begründet ist.

Biogenese *w* [v. *bio-, gr. genesis = Entstehung], *Biogenie,* Entstehung u. Entwicklung v. Lebewesen; beinhaltet die individuelle Entwicklung eines Organismus *(Ontogenese, Ontogenie)* u. die stammesgeschichtl. Entwicklung *(Phylogenese, Phylogenie).*

biogenes Sediment *s* [v. *biogen, lat. sedimentum = Bodensatz], *organogenes Sediment, Biolith,* Absatzgestein, das sich aus tier. (zoogenen) oder pflanzl. (phyto-

biogen [v. gr. bios = Leben, gennan = erzeugen].

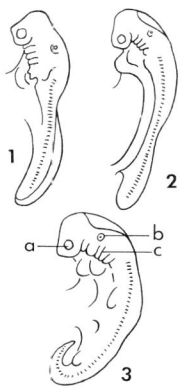

Biogenetische Grundregel

Embryonen von **1** Hai, **2** Schaf, **3** Mensch mit ähnl. Anlage von **a** Auge, **b** Ohr, **c** Kiemen. Mensch u. z. B. Schaf durchlaufen Entwicklungsstadien, die dem Hai-Embryo (1) entsprechen (homolog sind).

biogene Amine

Einige biogene Amine (in Klammern) u. die entspr. Aminosäuren, von denen sie sich durch Decarboxylierung ableiten.

Lysin (Cadaverin)
Ornithin (Putrescin)
Methionin (Spermidin, Spermin)
Arginin (Agmatin)
Serin (Äthanolamin)
Threonin (Propanolamin)
Cystein (Cysteamin)
Asparaginsäure (β-Alanin)
Glutaminsäure (γ-Aminobuttersäure)
Histidin (Histamin)
Tyrosin (Tyramin)
3,4-Dihydroxyphenylalanin (Dopamin)
Tryptophan (Tryptamin)
5-Hydroxytryptophan (Serotonin)

genen) Resten aufbaut; brennbares b. S. nannte Potonié *Kaustobiolith,* unbrennbares *Akaustobiolith.*

Biogenetische Grundregel *w* [v. *bio-, gr. genesis = Entwicklung], *Biogenetisches Grundgesetz, Biogenetische Regel,* ein von E. Haeckel (1866) postuliertes Naturgesetz („Biogenetisches Grundgesetz"): „Die Entwicklung des Einzelwesens (Ontogenie) ist die kurze Wiederholung (Rekapitulation) seiner Stammesgeschichte (Phylogenie)"; oder, wie Haeckel 1903 selbst formulierte: „Keimesgeschichte ist ein Auszug der Stammesgeschichte." Die B. G., von der es viele Ausnahmen gibt, fußt auf Erscheinungen wie dem Auftreten v. Kiemenspalten bei Säugerembryonen und v. embryonalen Zahnanlagen bei Bartenwalen. Rekapitulierte Strukturen erfüllen vermutlich als „Interphäne" (R. Riedl) in der Ontogenie wesentl. Funktionen, die ihre Rückbildung in der Evolution verhindert haben. B 13.

Biogeochemie *w* [v. *bio-, gr. gē = Erde], chemische Analysen von erzanzeigenden Pflanzen zum Aufsuchen von Erzlagerstätten.

Biogeographie *w* [v. *bio-, gr. gē = Erde, graphein = schreiben], Lehre v. der Verbreitung der Pflanzen u. Tiere auf der Erde. Die ↗*Pflanzengeographie* untersucht die Kennzeichen, Ursachen u. Gesetzmäßigkeiten der Verbreitung der Pflanzen auf der Erdoberfläche. Sie gliedert sich in verschiedene Arbeitsgebiete: die Arealkunde, die ökolog. Pflanzengeographie od. Vegetationskunde u. die genet. Pflanzengeographie od. Vegetationsgeschichte. Die ↗*Tiergeographie* wird seit Hesse (1924) unterschieden in die ökologische und die historische Tiergeographie. Den method. Ausgangspunkt der Tiergeographie bildet die Erfassung des Artenbestandes der Erde (Faunistik) u. die Arealkunde (Chorologie). Deren Ergebnisse zu erklären, stellt das Ziel der kausalen Tiergeographie und der Verbreitungsgeschichte dar, wodurch Rückschlüsse auch auf ökolog. Bedingungen früherer Zeitalter ermöglicht werden. – Die ökologische Tiergeographie zeigt die Bedingtheit der Arealgestaltung einer Verwandtschaftsgruppe v. den ökologischen Faktoren auf, die historische Tiergeographie v. den historischen Faktoren. Als solche kommen Veränderungen der Kontinente u. sie verbindender „Landbrücken" in Frage. So hat das Absinken des Meeresspiegels während der Eiszeiten „Landbrücken" zw. den Britischen Inseln u. dem kontinentalen Europa od. die Beringbrücke zw. Alaska u. Eurasien entstehen lassen, was die Ausbreitung bestimmter Pflanzen- und Tiergruppen ermöglichte. Auch die

BIOGENETISCHE GRUNDREGEL

In der Keimentwicklung (Ontogenie) werden bestimmte Organisationszüge von Ahnenstadien aus der Stammesentwicklung (Phylogenie) vorübergehend „wiederholt" (rekapituliert). Zum Beispiel besitzen auf einer frühen ontogenetischen Entwicklungsstufe (gemeinsames Schema unten) nicht nur Fische und Amphibien, sondern auch Vögel und Säugetiere Kiemenbögen und zum Teil sogar Kiemenspalten. Diese entwickeln sich aber anschließend nicht zu einem Kiemenapparat, sondern werden mit Ausnahme einiger Drüsenanlagen zurückgebildet. Das Auftreten solcher Strukturen stellt einen „Umweg" in der Keimentwicklung dar, der in seiner Ausgestaltung historisch bedingt, aber vermutlich keineswegs überflüssig ist; er dürfte vielmehr unentbehrliche Enwicklungsfunktionen erfüllen.

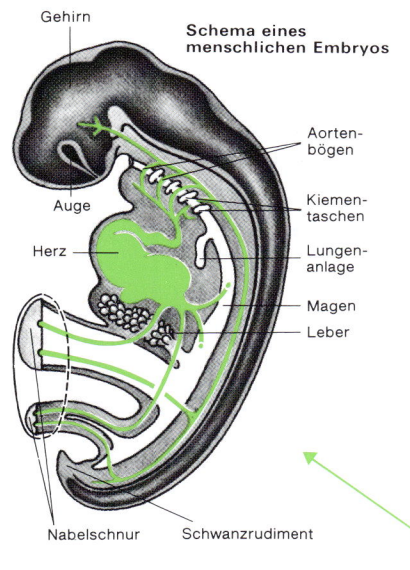

Ein besonders prägnantes Beispiel für „Relikte" aus Ahnenstadien sind die *Kiemenbögen* und *Kiementaschen* bei Säugerembryonen. Abb. oben zeigt einen 4 mm langen, ca. 1 Monat alten *menschlichen Embryo* (Schema) mit inneren Organen, Blutgefäßsystem und der Anlage von „Kiemenbögen". Man sieht, daß den „Kiemenbögen" Blutgefäßbögen zugeordnet sind. Zum Vergleich sind in Abb. unten die entsprechenden Strukturen bei einem Hai wiedergegeben.

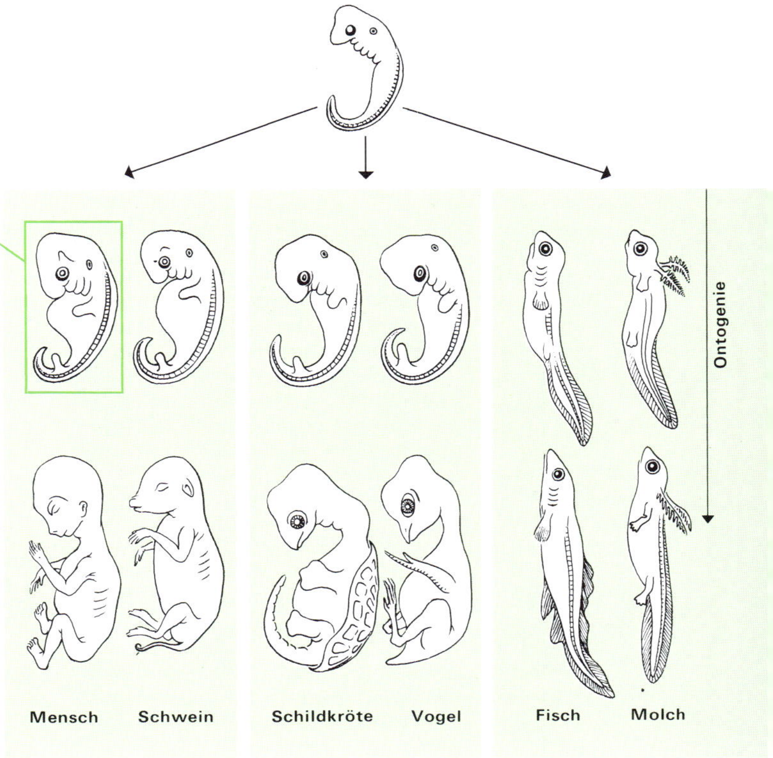

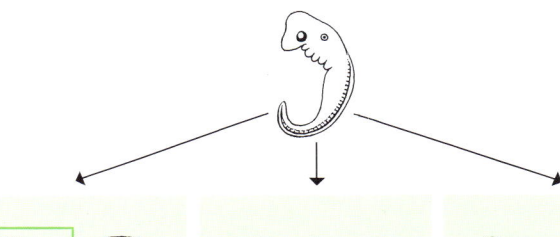

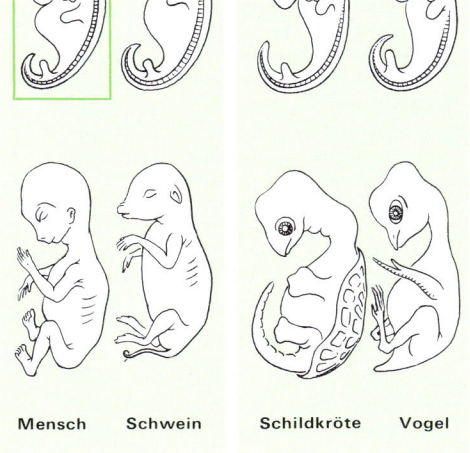

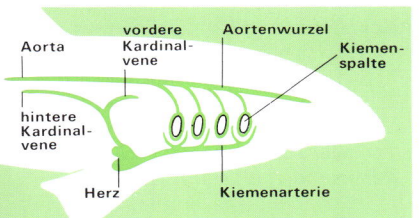

„Kontinentalverschiebung" hat Einfluß auf das Verbreitungsbild mancher Gruppen.
Lit.: *Freitag, H.:* Einführung in die Biogeographie von Mitteleuropa. Stuttgart 1962. *Hesse, R.:* Tiergeographie auf ökologischer Grundlage. Jena 1924. *Illies, J.:* Tiergeographie. Braunschweig ²1972. *de Lattin, G.:* Grundriß der Zoogeographie. Jena 1967. *Müller, P.:* Biogeographie. Stuttgart 1980. *Walter, H.:* Vegetation und Klimazonen. Stuttgart ⁴1979.

biogeographische Regeln ↗ Clines.
Biogeozönose w [v. *bio-, gr. gē = Erde, koinos = allgemein], das ↗ Ökosystem.
Bioglyphe w [v. *bio-, gr. glyphē = Einkerbung, Schriftzeichen], fossile Lebensspur, im Ggs. zur mechanisch erzeugten Marke (Mechanoglyphe).
Bioindikatoren [Mz.; v. *bio-, lat. indicare = anzeigen], Organismen, bei denen eine Korrelation besteht zw. dem Grad der Belastung der Umwelt mit bestimmten Schadstoffen u. dem Ausmaß der Schädigung. Vögel sind z. B. wegen ihrer Stellung in der Nahrungskette gute B. für persistente Schadstoffe (z. B. ↗ Chlorkohlenwasserstoffe), die sie im Fettgewebe u. Dotter anreichern. Zur Bioindikation von Luftverunreinigungen sind in den letzten Jahren häufig Flechten herangezogen worden. Die meisten epiphyt. Flechten sind relativ empfindlich gegenüber den weit verbreiteten sauren Luftverunreinigungen, bes. Schwefeldioxid, was eine Verarmung der Flechtenflora an den Bäumen in luftverschmutzten Gebieten zur Folge hat. Die einzelnen Arten sind unterschiedlich stark sensitiv. Aus dem Auftreten bzw. Verschwinden bestimmter Arten, ihrem Entwicklungszustand, ihrer Frequenz sowie der Artenzahl lassen sich Rückschlüsse auf die relative Belastung mit Luftverunreinigungen ziehen, ebenso aus dem numer. Wert des sog. Index of Atmospheric Purity (IAP), der mehrere Kriterien berücksich-

bio- [v. gr. bios = Leben], in Zss.: mit Leben zusammenhängend.

Biokatalysatoren

bio- [v. gr. bios = Leben], in Zss.: mit Leben zusammenhängend.

biolog- [v. gr. bios = Leben, logos = Kunde], in Zss.: die Wissenschaft vom Leben betreffend.

tigt. Der jeweilige Zustand der Flechtenvegetation kann mit Hilfe v. Karten dargestellt werden, aus denen meist Zonen verschieden guten Ep phytenbewuchses ersichtlich sind (B Flechten I). Diese Zonen spiegeln Räume unterschiedlich starker, komplexer Belastungen wider. Da Schwefeldioxid eine der weitestverbreiteten u. quantitativ eine der bedeutendsten Schadstoffkomponenten darstellt u. zugleich für Flechten bes. gefährlich ist, kann mit Hilfe der Flechtenflora u. -vegetation eine ungefähre quantitative Aussage über die Belastung der Luft mit Schwefeldioxid gemacht werden. Eine bes. einfache Methode ist die Verwendung v. Indikatorarten, deren Verschwinden das Überschreiten bestimmter mittlerer Schwefeldioxid-Belastungen anzeigt. Hierbei sind jedoch mehrere Kautelen zu beachten, da z. B. Standortsfaktoren, wie pH-Wert u. Pufferkapazität des Substrats od. klimatische Faktoren, die Schwefeldioxid-Resistenz der Flechten u. damit auch ihre Indikation beeinflussen. Durch ihre sehr große Fähigkeit, Ionen aus ihrer Umgebung aufzunehmen u. in ihren Lagern anzureichern, enthalten Flechten in Städten u. Industriegebieten hohe Gehalte an Schwermetallen u. anderen Elementen. Die Korrelation mit bestimmten Immissionswerten ist jedoch problematisch.

Biokatalysatoren [Mz.; v. *bio-, gr. katalysis = Auflösung], die ↗Enzyme.

Biokatalyse w [v. *bio-, gr. katalysis = Auflösung], Herabsetzung der Anregungsenergie (↗Aktivierungsenergie) u. somit Erhöhung der Geschwindigkeit biochem. Reaktionen mit Hilfe v. ↗Enzymen.

Bioklimatologie w [v. *bio-, gr. klima = Witterung, logos = Kunde], ↗Biometeorologie.

Biokonversion w [v. *bio-, lat. conversio = Umkehrung], **1)** die ↗Biotransformation. **2)** Umwandlung v. Energieformen durch ganze Organismen od. isolierte Enzymsysteme; i. e. S. bes. die Verfahren, mit deren Hilfe die in der organ. Substanz (Biomasse) gespeicherte Sonnenenergie durch den Stoffwechsel v. Mikroorganismen in andere Produkte, hauptsächlich Energieträger (z. B. Alkohol, Methan, H_2), umgewandelt wird. ↗Bioenergie. ↗Methanbildung.

Biokybernetik w [v. *bio-, gr. kybernētēs = Steuermann], Teilgebiet der ↗Kybernetik, das sich mit der Analyse v. Steuerungs- u. Regelungsprozessen in biol. Systemen beschäftigt (↗Bionik). Der Begriff Kybernetik wurde 1948 von N. Wiener (1894–1964) eingeführt für die Wiss., die sich mit der Struktur, den Relationen u. dem Verhalten dynam. Systeme befaßt.

Bioleaching s [baiolitsching; engl., v. *bio-, engl. leach = auslaugen], ↗mikrobielle Laugung, ↗Laugung.

Biolith m [v. *bio-, gr. lithos = Stein], das ↗biogene Sediment.

Biologie w [v. *biolog-], Naturwiss. von den Lebenserscheinungen und ihren Gesetzmäßigkeiten. Der Begriff B. erschien gelegentlich schon am Ende des 18. Jh. in der Lit. und trug dazu bei, die alte Bezeichnung „Naturgeschichte" (bzw. Naturschichte der 3 Reiche, nämlich Mineralogie, Botanik u. Zoologie) abzulösen. Bewußt eingeführt wurde er v. ↗Burdach um 1800 u. unabhängig davon v. ↗Lamarck 1802. Burdach faßte damit die Wissenschaft v. den Lebenserscheinungen des Menschen (Morphologie, Physiologie, Psychologie) zusammen, Lamarck verstand darunter die gesamte Wissenschaft von den lebenden Körpern. Eine umfassende Abgrenzung u. Begriffsbestimmung erarbeitete ↗Treviranus: „Die Gegenstände unserer Nachforschungen werden die verschiedenen Formen und Erscheinungen des Lebens sein, die Bedingungen und Gesetze, unter welchen dieser Zustand stattfindet, und die Ursachen, wodurch derselbe bewirkt wird. Die Wissenschaft, die sich mit diesen Gegenständen beschäftigt, werden wir mit dem Namen Biologie oder Lebenslehre bezeichnen" (Biologie oder Philosophie der lebenden Natur für Naturforscher u. Ärzte, 1802). Zunächst wurde B. hauptsächlich im Sinne v. Physiologie der Tiere verwandt, erst in der Mitte des 19. Jh. bezeichnete der Begriff sowohl botanische als auch zoologische Wissenschaften. Bis zum Beginn des 20. Jh. war der Rahmen der B. nicht eindeutig umgrenzt, zeitweilig wurde er auch synonym mit dem Begriff „Ökologie" benutzt, wogegen sich insbes. ↗Haeckel, der den Namen „Ökologie" in seiner heute verwandten Form einführte, wandte. Die heutige B. wird in eine Reihe v. Einzeldisziplinen unterteilt, die z. T. die beiden großen klassischen Teilwissenschaften Botanik u. Zoologie, die lange Zeit parallel und praktisch ohne Bezug nebeneinander existierten, übergreifen. Insbes. die Lehre an den Universitäten bemüht sich heute mehr und mehr um die Vermittlung einer „Allgemeinen Biologie", in welcher Zoologie und Botanik integriert sind. B 15–17.

Lit.: *Jahn, I., Löther, R., Senglaub, K.* (Hg.): Geschichte der Biologie. Jena 1982. *K.-G. C.*

biologisch-dynamische Wirtschaftsweise, eine Methode des ↗alternativen Landbaus, die von R. Steiner begründet wurde.

biologische Abwasserreinigung ↗Kläranlage, ↗Selbstreinigung v. Gewässern.

biologische Chemie, die ↗Biochemie.

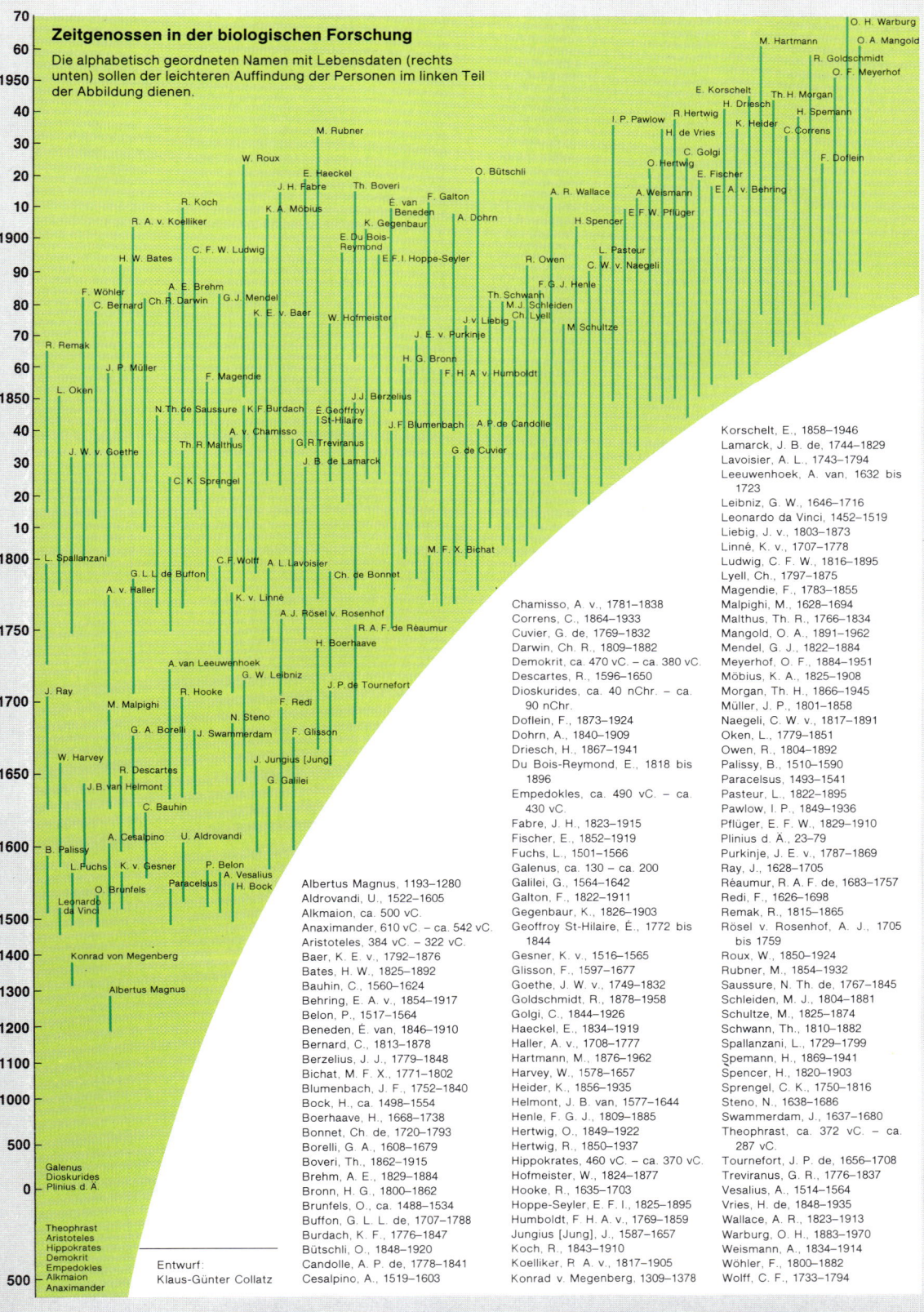

Daten zur Geschichte der Biologie

Disziplinen

Jahr	Disziplin
1948	Biologische Kybernetik, N. Wiener, C. E. Shannon
ca. 1910	Mikrobiologie, R. Koch, F. R. Schaudinn
1900	Genetik, C. E. Correns, H. M. de Vries, E. v. Tschermak
ca. 1900	Entwicklungsmechanik, W. Roux
1899	Entwicklungsphysiologie, H. A. E. Driesch
1885	Limnologie, F. Junge
1863	Beginn der Cytologie, Protoplasmatheorie, M. Schultze
ca. 1858–1868	Vererbungswissenschaft
1840	Lehre vom allgemeinen Kreislauf der Stoffe in der Natur, J. v. Liebig
ca. 1820–1827	Vergleichende Anatomie
ca. 1815	Paläozoologie, G. de Cuvier
1807–1818	Idealistische Morphologie
1799	Vergleichende Anatomie als zoologische Disziplin (G. de Cuvier)
ca. 1797	Beginn der experimentellen Tierphysiologie, M. F. X. Bichat
1777	Biogeographie, E. W. A. Zimmermann
ca. 1686	Beginn der Tier- und Pflanzensystematik, J. Ray
ca. 1670–1710	Mikroskopische Anatomie der Tiere und Pflanzen
ca. 1669	Paläontologie, N. Steno (De solido intra solidum naturaliter contento dissertationis prodomus)
ca. 1650 (bis 19. Jh.)	Vitalismus ↔ Mechanismus
ca. 1650	parasitologische Studien
ca. 1640	Morphologie der Pflanzen, J. Jungius
ca. 1622–1642	Begründung der Muskelphysiologie, G. A. Borelli
ca. 1602–1690	Mechanistische Betrachtungsweise und Experimente, Iatrochemie und -physik
ca. 1600–1619	erste vergleichende embryologische Untersuchungen an Säugern, Reptilien, Knorpelfischen, H. Fabricius ab Aquapendente
1600	Pflanzenmorphologie, Botanisches System, Prinzipien der Klassifikation, J. Jungius
1570	Beginn der Pflanzenphysiologie, B. Palissy
ca. 1550–1610	"Väter der Zoologie"
1551–1555	"Zoographen" P. Belon, G. Rondelet (Histoire naturelle des Poisons, 1551 Belon; L'Histoire de la Nature des Oyseaux, 1555 Belon; Libri de piscibus marinis 1553 Rondelet; Universae aquatilium historiae 1555 Rondelet)
ca. 1540	Vergleichende Anatomie, P. Belon
ca. 1525–1610	Tierbücher, Enzyklopädien
ca. 1500–1580	Illustrierte Kräuterbücher, Herbarien
1500–1580	"Väter der Botanik"
ca. 1450–1570	Bau des menschlichen Körpers, Anatomie, Physiologie
ca. 1450–1550	Beginn der naturwissenschaftlichen Abbildungen
ca. 200–400	Anatomie, Medizin
ca. 20–80 n. C.	Naturgeschichte
ca. 680–200 v. C.	Zoologie/Botanik als selbständige Wissenschaften. Griechische Naturphilosophie, Medizin und Biologie

Entdeckungen (Theorien)

Jahr	Entdeckung
1948	Informationstheorie, C. E. Shannon, N. Wiener
1941	Ein-Gen-ein-Enzym-Hypothese, G. W. Beadle, E. L. Tatum
1932	Harnstoffzyklus, H. A. Krebs, K. Henseleit
1930	Theorie der Antikörperbildung, F. Haurowitz, F. Breinl
1929	Sexualhormone, Reindarstellung, A. F. J. Butenandt
1921	Insulin, Ch. H. Best
ca. 1905	Zellatmung, O. H. Warburg
1900	Wiederentdeckung der Mendelschen Regeln, C. E. Correns, H. M. de Vries, E. v. Tschermak
1899	Adrenalin (erstes Hormon) isoliert, J. J. Abel
1894	Pithecanthropus erectus (Java), E. Dubois
1890	Reifeteilung (Ascaris), O. Hertwig
1884	Beobachtung der Chromosomenteilung, É. van Beneden
1880	"omnis nucleus e nucleo", W. Flemming
1874	Gastraea-Theorie, E. Haeckel
1866	Biogenetische Grundregel, E. Haeckel
1861	Endgültige Widerlegung der Urzeugung, L. Pasteur
1866	Mendelsche Regeln, G. Mendel
1860	"Weber-Fechnersches Gesetz" (Beginn der Psychophysik)
1856	Erster fossiler Mensch (Neandertaler) gefunden, J. C. Fuhlrott
1855	Glykogenbildung in der Leber, C. Bernard
1849	Nervenprozesse als elektrische Ströme, E. H. Du Bois-Reymond
1845	"omne vivum ex ovo", K. Th. E. v. Siebold
1845	Protozoen sind Einzeller, K. Th. E. v. Siebold
1839	Zellentheorie, Th. Schwann
1838	Ausgrabungen prähistorischer Äxte in Nordfrankreich, J. Boucher de Perthes
1830–1832	"Pariser Akademiestreit" (É. Geoffroy St-Hilaire – G. de Cuvier)
1828	Chorda dorsalis, K. E. v. Baer
1826	Osmose, H. Dutrochet
–1828	
1827	Säugerei ("ex ovo evolvitur, nullum ex mero liquore formativo"), K. E. v. Baer
1822	erstes Dinosaurier-Skelett, G. A. Mantell
1804	Assimilation von CO_2 (Pflanzen), N. Th. de Saussure
1786	Zwischenkieferknochen des menschlichen Schädels, J. W. v. Goethe
1771	Untersuchungen zur Elektrizität der Nerven, L. Galvani
ca. 1750	Tierkörper aus "organischen Molekülen", G. L. v. Buffon
1735	"natürliches" (enkaptisches) System, C. v. Linné
ca. 1700	"natura non facit saltus", G. W. Leibniz
1694	Sexualität der Pflanzen, R. J. Camerarius
ca. 1680	Säugerspermien, A. van Leeuwenhoek
ca. 1600	Rolle des Wassers in der Pflanzenernährung, J. E. Helmont
ca. 1550	Notwendigkeit der Düngung, B. Palissy
1953	Chemischer Bau der DNA, F. H. C. Crick, J. D. Watson (Watson-Crick-Modell)
1942	aktivierte Essigsäure, F. Lynen
1940	Citronensäurezyklus, H. A. Krebs
ca. 1930	Gentheorie, R. Goldschmidt
1929	ATP identifiziert, K. Lohmann
1926	Reindarstellung des ersten Enzyms (Urease), J. B. Sumner
ca. 1905	Chlorophyll, R. Willstätter
1905	β-Oxidation der Fettsäuren, F. Knoop
1901	Blutgruppen (des Menschen), K. Landsteiner
1894	Isodynamiegesetz, M. Rubner
1894	Schlüssel-Schloß-Prinzip der Enzym-Substratwirkung, E. Fischer
1892	Keimplasma-Theorie, A. F. L. Weismann
1884	Befruchtung (Pollenkern – Eizelle), E. A. Strasburger
1881	Coelomtheorie, O. u. R. Hertwig
1875	Befruchtungsvorgang (am Seeigelei), O. Hertwig
1869	Entdeckung der Nucleinsäuren, J. F. Miescher
1862	Bilanzgleichung der Photosynthese, J. Sachs
–1864	
1860	Analyse des Stickstoffkreislaufs, J. Sachs
1857	"Sarcosomen" (Mitochondrien) im Muskel, R. A. v. Koelliker
1855	"omnis cellula e cellula", R. Virchow
1849	Entstehung des Embryos der Phanerogamen, Generationswechsel, W. Hofmeister
1848	Homologietheorem, R. Owen
1845	3 Keimblätter, R. Remak
1841	Säugerei und Spermatozoen sind Einzellen, R. A. v. Koelliker
1838	Zellbildungstheorie für Pflanzen, M. Schleiden
1835	Pepsin als erstes Magen-"Ferment" extrahiert, Th. Schwann
1833	"Diastase" erstes "Ferment", aus keimender Gerste extrahiert, A. Payen
1831	pflanzlicher Nucleus und Nucleolus, R. Brown
1828	Harnstoffsynthese, F. Wöhler
1824	tierischer Nucleus und Nucleolus, P. Prévost
1821	Generationswechsel (der Tunikaten), A. v. Chamisso
ca. 1783	Verdauungsversuche, L. Spallanzani
1774	Bei der Atmung wird O_2 verbraucht, A. L. Lavoisier
1759	Hühnchenentwicklung im Ei, C. F. Wolff
1744	Regenerationsversuche (Hydra), A. Trembley
1740	Parthenogenese (an Blattläusen), Ch. de Bonnet
1714	Notwendigkeit der Salzaufnahme für das Pflanzenwachstum, J. Woodward
1682	einkeimblättrige, zweikeimblättrige Pflanzen, J. Ray
1672	Reizbarkeitstheorie, F. Glisson
1668	"ex ovo omnia", "omne vivum ex ovo", F. Redi
1628	Blutkreislauf, W. Harvey

Begriffe

Jahr	Begriff
1925	Makromolekül, H. Staudinger
ca. 1920	Organisationszentrum, H. Spemann, H. Mangold
1918	Appetenz, L. C. Craig
1917	Bakteriophagen, F. H. d'Hérelle
1912	Vitamine, C. Funk
1911	Ethologie (als Begründung der Verhaltensforschung), O. Heinroth
1910	Phosphorylierung, C. Neuberg
1909	Gen, Genotypus, Phänotypus, W. L. Johannsen
1908	Biotop, F. Dahl
1905	Hormon, E. H. Starling
1905	"Genetik" im heutigen Sinn, W. Bateson
1904	"bedingter – unbedingter Reflex", I. P. Pawlow
1903	Mutation, H. M. de Vries
1903	Biochemie, C. Neuberg
1897	Photosynthese, W. Pfeffer
1897	Coenzyme, G. Bertrand
1895	Virus, M. W. Beijerinckh
1889	Nucleinsäure, R. Altmann
1889	Darwinismus, A. R. Wallace
1888	Chromosom, W. v. Waldeyer-Hartz
1888	Centrosom, Th. Boveri
1887	Reduktionsteilung, A. F. L. Weismann
1887	Plankton, V. Hensen
1882	Cytoplasma, E. A. Strasburger
1882	Mitose, W. Flemming
1879	Chromatin, W. Flemming
1878	Symbiose, H. A. de Bary
1877	Enzym, W. Kühne
1877	Biozönose, K. A. Möbius
1876	Paläarktische, Nearktische, Äthiopische, Orientalische, Australische, Neotropische Region, A. R. Wallace
1866	Ontogenie, Phylogenie, Ökologie, E. Haeckel
1865	rezessiv, G. Mendel
1864	"Survival of the fittest", H. Spencer
–1867	
1864	Evolution (i. S. v. Stammesentwicklung), H. Spencer
–1867	
1861	Mimikry, H. W. Bates
1859	Anpassung, "Kampf ums Dasein", Ch. Darwin
1855	innere Sekretion, C. Bernard
1853	Ektoderm, Entoderm, Mesoderm, G. J. Allman
ca. 1850	Keimblatt, K. E. v. Baer
ca. 1840	Tierphysiologie, K. E. v. Baer
1838	Protein, G. J. Mulder
1837	Protoplasma, J. E. v. Purkinje
1836	Katalyse, J. J. v. Berzelius
ca. 1830	Palynologie, A.-Th. Brongniart, G. Fischer v. Waldheim
1826	dominant, A. Sagéret
1813	Taxonomie, A. P. Candolle
1807	organische Stoffe, anorganische Stoffe, J. J. v. Berzelius
1805	Meiose, J. B. Farmer, R. T. Moore
1802	Biologie, J. B. de Lamarck, G. R. Treviranus
1800	Biologie, K. F. Burdach
1797	Gewebe, Organe, M. F. X. Bichat
ca. 1794	"Wirbeltiere" und "wirbellose Tiere", J. B. de Lamarck
ca. 1790	Vergleichende Morphologie, J. W. v. Goethe
1763	Infusorien, M. F. Ledermüller
1758	Mammalia, C. v. Linné
1700	Gattung, J. P. de Tournefort
1686	Definition der Art, J. Ray
1682	Gewebe (Pflanzen), N. Grew
1665	Zelle, R. Hooke
ca. 1650	Vergleichende Anatomie, T. Willis
1625	"microscopium" (Namengebung durch die Accademia dei Lincei – Rom für das v. C. Huygens beschriebene Instrument)

BIOLOGIE II–III

Veröffentlichungen

- 1948 Cybernetic or control and communication in the animal and the machine, N. Wiener
- 1910 Über bestimmte Bewegungen der Wirbeltiere (Beginn verhaltensphysiologischer Arbeiten), O. Heinroth
- 1889 Die Entwicklungsmechanik der Organismen, eine anatomische Wissenschaft der Zukunft, W. Roux
- 1885 Der Dorfteich als Lebensgemeinschaft (erste limnologische Monographie), F. Junge
- 1866 Generelle Morphologie, E. Haeckel
- 1859 On the origin of species, Ch. Darwin
- 1858 Die Cellularpathologie in ihrer Begründung auf physiologische und pathologische Gewebelehre, R. Virchow
- 1843 Die Thierchemie oder die organische Chemie in ihrer Anwendung auf Physiologie und Pathologie, J. v. Liebig
- 1840–1844 Birds of America, J. J. Audubon
- 1833–1841 Naturgeschichte für alle Stände, L. Oken
- 1831 Principles of Geology („Aktualitätsprinzip"), Ch. Lyell
- 1828 Über Entwicklungsgeschichte der Thiere, K. E. v. Baer
- 1809 Philosophie Zoologique, J. B. de Lamarck
- 1798 Essay on the principle of population, Th. R. Malthus
- 1790 Versuch, die Metamorphose der Pflanzen zu erklären, J. W. v. Goethe
- 1749–1788 Histoire naturelle (36 Bde.), G. L. L. de Buffon
- 1737–1738 Biblia naturae, J. Swammerdam, posthum v. H. Boerhaave (exakte Monographien insbes. über zahlreiche Insekten)
- 1734–1742 Mémoires pour servir à l'histoire naturelle des insectes, R. A. F. de Réaumur
- 1705 Metamorphosis insectorum Surinamensium, M. Sybilla Merian (prächtig illustrierte Monographie)
- 1700 Institutiones rei herbariae, J. P. de Tournefort (genaue Definitionen v. über 10000 Arten in 698 Gattungen)
- 1686–1704 Historia generalis, J. Ray
- 1680 De motu animalium, G. A. Borelli (posthum erschienenes grundlegendes Werk zur Bewegungs- u. Muskelphysiologie)
- 1675 Anatome plantarum, M. Malpighi
- 1628 De motu cordis et circulatione sanguinis, W. Harvey
- 1599–1603 Ornithologia, U. Aldrovandi
- 1596 De arte venandi cum avibus (Druck nach einer Handschrift ca. 1245 v. Friedrich II.)
- 1551–1558 Historia animalium, K. Gesner
- 1543 New Kreuterbuch, L. Fuchs
- ca. 1500 Tier- und Pflanzendarstellungen, A. Dürer (1478–1528)
- 1350 Puch der Natur, K. v. Megenberg (gedruckte Ausgaben: 1535/1862, Fr. Pfeiffer).

- 1953 Molecular Structure of Nucleic Acids, J. D. Watson, F. H. C. Crick
- 1948 The mathematical theory of communication, C. E. Shannon
- 1937 Vom Wesen der Ordnung im Zentralnervensystem, E. von Holst
- 1899 Die Welträthsel (Beginn der populärwiss. Literatur) (E. Haeckel)
- 1887–1909 Die natürlichen Pflanzenfamilien, A. Engler, K. Prantl
- 1866 Versuche über Pflanzenhybriden, G. Mendel
- 1864–1869 Illustriertes Thierleben, A. Brehm
- 1861 Entwicklungsgeschichte des Menschen und der höheren Tiere, R. A. V. Koelliker (erstes Lehrbuch der Embryologie auf der Grundlage der Zelltheorie)
- 1858 On the tendency of varieties to depart indefinitely from the original type, C. F. W. Wallace
- 1845–1852 Kosmos, A. v. Humboldt
- 1845–1848 Physikalischer Atlas, H. Berghaus (Tier- und Pflanzengeographie)
- 1837–1840 Handbuch der Physiologie des Menschen, J. P. Müller
- 1817 Le règne animal, G. de Cuvier
- 1810 Materialien zur Geschichte der Farbenlehre, J. W. v. Goethe
- 1799 Leçon d'anatomie comparée, G. de Cuvier
- 1793 Das entdeckte Geheimnis der Natur im Bau und in der Befruchtung der Blumen, Ch. K. Sprengel
- 1759 Theoria generationis, C. F. Wolff (Dissertation mit entscheidenden Beiträgen zur Kenntnis der epigenetischen Entwicklung v. Pflanzen u. Tieren)
- 1746–1761 Monatliche Insecten-Belustigungen, A. J. Rösel v. Rosenhof
- 1737–1825 Große Floren- und Faunenwerke, Expeditionsergebnisse, Biogeographie
- 1735 Systema naturae, K. v. Linné
- 1708 Institutiones medicae in usus annuae exercitationes domesticus (erstes Physiologielehrbuch für Studenten), H. Boerhaave
- 1694 De sexu plantarum epistola, R. J. Camerarius
- 1684 Les animaux vivants qui se trouvent dans les animaux vivants, F. Redi
- 1679 Der Raupen wunderbare Verwandlung, M. Sybilla Merian
- 1669 De Bombycis, M. Malpighi (erste Insektenmonographie)
- 1623 Pinax theatri botanici, C. Bauhin
- 1583 De plantis libri, A. Cesalpino
- 1543 De humani corporis fabrica, A. Vesalius
- 1551 Naturalis historiae opus novum, A. Lonicerus
- 1545 Thierbuch Alberti Magni von Art, Natur und Eygenschafft der Thiere (erste dtsch. gedruckte Ausgabe v. W. Ryff)
- 1539 New Kreutterbuch, H. Bock
- 1530 Herborum vivae eicones, –1536 O. Brunfels

Institutionen

- 1913 Kaiser-Wilhelm-Institute für Biologie in Berlin-Dahlem (C. E. Correns, H. Spemann, R. Goldschmidt, M. Hartmann, R. A. V.)
- 1906 Tropeninstitut in Hamburg
- 1901 Vogelwarte Rossitten (der deutschen Ornithologischen Gesellschaft), J. Thienemann (ab 1946 V. Radolfzell der Max-Planck-Gesellschaft)
- 1893 meeresbiologische Station Helgoland
- 1891 Biologische Station zu Plön (erste limnologische Station)
- 1882 meeresbiologische Station Banyuls-sur-Mer (Laboratoire-Arago)
- 1878 Gründung des G. Fischer Verlages in Jena (verlegte seinerzeit nahezu alle wichtigen deutschsprachigen biologischen Werke und Periodika)
- 1872 meeresbiologische Station Neapel (A. Dohrn)
- 1869 „Neue physiologische Anstalt" in Leipzig (C. F. W. Ludwig) (erstes tierphysiologisches Labor für Studenten)
- 1859 meeresbiologische Station Concarneau
- 1824–1845 Gründungen physiologischer Institute (Freiburg – 1824, Göttingen – 1836, Rostock – 1837, Breslau – 1839, Jena – 1845)
- 1810 Berliner Museum, W. v. Humboldt
- 1794 Musée national d'histoire naturelle in Paris, É. Geoffroy St-Hilaire, J. B. de Lamarck, G. de Cuvier, P. A. Latreille, M. F. X. Bichat
- 1759 British Museum in London (Einrichtung der Royal Society)
- 1751–1793 Naturforschende Gesellschaften (Nürnberg 1751, Berlin 1773, Jena 1793)
- 1687 Sacri Romani Imperii Academia Caesareo-Leopoldina Naturae curiosorum (s. 1652)
- 1666 Académie des sciences in Paris
- 1662 Royal Society in London
- 1652 Academia curiosorum (seit 1687 Sacri Romani Imperii Academia Caesareo-Leopoldina Naturae curiosorum)
- 1603 Accademia dei Lincei in Rom
- 1597 Jardin des Plantes in Paris (als Jardin du Roi gegr.)
- 1571 Florenzer Akademie
- ca. 1570–1600 Menagerien an Fürstenhöfen (Florenz, Wien, Augsburg, Paris)
- 1545 erster Botanischer Garten in Padua
- 1220 Medizinische Fakultät in Montpellier
- ca. 900 Ärzteschule in Salerno

Entwurf:
Klaus-Günter Collatz

- 1911 Kaiser-Wilhelm-Gesellschaft zur Förderung der Wissenschaften (seit 1948 Max-Planck-Gesellschaft)
- 1910 Vogelwarte Helgoland, H. Gätke
- ab 1910 Kaiser-Wilhelm-Institute in Berlin-Dahlem (1953 Eingliederung i. d. Max-Planck-Gesellschaft)
- 1907 Zoologischer Garten: Stellingen (Hagenbeck)
- 1899 meeresbiologische Station Monaco (ozeanographisches Institut und Museum)
- 1892 meeresbiologische Station Rovigno (zoologische Station des Berliner Aquariums)
- 1885 meeresbiologische Station Villafranca
- 1880 meeresbiologische Station Villefranche-sur-Mer
- 1875 meeresbiologische Station Triest (F. E. Schulze)
- 1872 meeresbiologische Station Roscoff
- 1863 meeresbiologische Station Arcachon
- 1846 Smithsonian Institution
- ca. 1824 Chemisches Laboratorium Gießen (J. v. Liebig) (erstes Unterrichtslabor für Studenten)
- 1822 Gesellschaft Deutscher Naturforscher und Ärzte, L. Oken
- 1817 Botanischer Garten in Buitenzorg (heute: Bogor, Westjava)

Erfindungen, Methoden

- 1944 Papierchromatographie, A. J. P. Martin, R. L. M. Synge
- 1937 Elektrophorese, A. W. K. Tiselius
- 1937 chemische Substanzen als Onkogene (Colchicin), A. F. Blakeslee
- 1935 radioaktive Isotope als Marker im Stoffwechsel, R. Schoenheimer
- 1931 Elektronenmikroskop, E. A. F. Ruska
- 1927 erste künstliche Mutation durch Röntgenstrahlen (Drosophila), H. J. Muller
- 1926 Ultrazentrifuge, Th. Svedberg
- 1923 Warburg-Apparatur, O. H. Warburg
- 1907 Taufliege Drosophila in die Genetik eingeführt, Th. H. Morgan
- 1906 Chromatographie (zuerst über Tonerde), M. Tswett
- 1904 Anfänge der Gewebszüchtung, R. G. Harrison
- 1887 Petri-Schale eingeführt (nach J. R. Petri, Assistent von R. Koch)
- 1887 Mikrophotographie, R. Neuhaus
- ca. 1885 statistische Methoden
- 1882 Agar-Agar in die Mikrobiologie eingeführt, R. Hesse
- 1881 Zellfärbung mit Methylenblau, P. Ehrlich
- 1864 Sterilisation (Pasteurisation), L. Pasteur
- 1863 Zellfärbung mit Hämatoxylin, W. von Waldeyer-Hartz
- 1862 Zellfärbung mit Anilinfarben, W. Benecke
- 1846 Kymographion (Einführung von Registrierapparaten), C. F. W. Ludwig
- 1780 Mikrotom, Adams und Mitarbeiter
- 1780 (Eis-)Kalorimeter, A. L. Lavoisier
- 1700 binäre Nomenklatur, J. P. de Tournefort
- ca. 1650 Alkoholkonservierung von Tieren, R. Boyle
- ca. 1590 erste Mikroskope

biolog- [v. gr. bios = Leben, logos = Kunde], in Zss.: die Wissenschaft vom Leben betreffend.

biologische Evolution, Veränderung des Eigenschaftsgefüges v. Lebewesen in der Generationenfolge, vollzieht sich in Populationen. Die Lebewesen sind durch Merkmale gekennzeichnet, die in der unbelebten Natur unbekannt sind. Zu diesen Merkmalen gehört u. a. ein genet. Programm, in dem Information akkumuliert werden kann, die v. Generation zu Generation weitergegeben wird. Bei dieser Informationsweitergabe wird das genet. Programm in jeder Generation repliziert, u. durch mehrere Mechanismen der geschlechtl. Fortpflanzung werden die verschiedenen genet. Programme kombiniert u. in Phänotypen übersetzt. Diese Phänotypen sind durch unterschiedl. ↗Adaptationswerte gekennzeichnet, wodurch es im Verlauf v. Generationen zur Veränderung in der Anpassung u. in der Mannigfaltigkeit kommt. Die b. E. wird durch Auslesevorgänge gesteuert. ↗Evolution.

biologische Halbwertszeit, ein Maß für die Geschwindigkeit der laufenden Erneuerung v. Baustoffen eines Organismus. Die b. H. ist diejenige Zeit, in der die Hälfte des vorhandenen Materials abgebaut u. durch neues Material ersetzt wird. Einzelne molekulare Komponenten eines Organs od. Organismus haben meist unterschiedl., für die jeweiligen Stoffe charakteristische b. H.en. Die b. H. beträgt z. B. für Serum- u. Leberproteine 7–10 Tage.

biologische Lichterzeugung, die ↗Biolumineszenz.

biologische Oszillationen [Mz.; v. *biolog-, lat. oscillatio = Schaukeln], in nahezu allen biol. Systemen vorkommende Oszillationen (Schwingungen) mit Periodenlängen im Sekunden- bis Minuten-Bereich, die durch die kinet. Eigenschaften zahlr. metabolischer Multienzymsysteme bedingt sind, z. B. bei der Dunkelreaktion der Photosynthese, der Aktivität der Glykolyse u. von Ionenbewegungen an der Mitochondrienmembran. Oszillatorische Vorgänge bei Membranpumpen sind v. grundlegender Bedeutung für die Kommunikation in biol. Systemen. Verantwortlich für Oszillationen ist die Rückkopplungsstruktur der Systeme. ↗biochemische Oszillationen.

biologische Oxidation, Stoffwechselreaktionen unter der direkten od. indirekten Wirkung des Luftsauerstoffs. ↗Atmungskette.

biologischer Artbegriff ↗Art.

biologischer Sauerstoffbedarf, der ↗biochemische Sauerstoffbedarf.

biologischer Wert, b. W. einer Mutation, herabgesetzte Lebenseignung (negativer b. W.) od. größere Vitalität (positiver b. W.) der mutierten Rasse gegenüber der Ausgangsrasse.

biologische Schädlingsbekämpfung, Verwendung v. Lebewesen zur Begrenzung bestimmter schädl. Tiere u. Pflanzen mit dem Ziel, die Schädlingspopulation so weit zu vermindern, daß die wirtschaftl. Schäden unbedeutend bleiben. Dies setzt eine genaue Kenntnis der Ansprüche u. Leistungen der Nützlinge voraus. Nützlinge sind Räuber, Schmarotzer od. Krankheitserreger der Schadorganismen wie Pilze, Bakterien, Viren, Rickettsien u. Schlupfwespen. Man unterscheidet verschiedene Anwendungsformen. 1) Einbürgerung neuer Nützlingsarten; sie vermag nur dann erfolgreich zu sein, wenn sich die Art vermehren u. ausbreiten kann; bekanntes Beispiel ist die Einführung eines austr. Marienkäfers (Rodolia cardinalis) in Kalifornien um 1880; er vernichtete dort die zuvor eingeschleppte austr. Wollschildlaus (Icerya purchasi), die enorme Schäden beim Citrusanbau verursacht hatte. 2) Förderung u. Erhaltung der natürl. Feinde durch Verbesserung ihrer Lebensbedingungen; dazu sollten v. a. Restbestände v. Naturlandschaft (z. B. Hecken um Felder) in der monotonen Kulturlandschaft erhalten bleiben. 3) Period. Freilassen v. Nutzorganismen zur Überbrückung problemat. Perioden im Jahr. 4) Selbstvernichtungsverfahren: die Fortpflanzungsfähigkeit eines Teils der Schädlingspopulation wird durch energiereiche Strahlung od. Chemikalien stark herabgesetzt, od. die Population wird mit Artgenossen verschiedener geogr. Herkunft versetzt, so daß es zu einer natürl. Unverträglichkeit kommt. Der große Vorteil der b.n S. liegt im Ggs. zur chem. Bekämpfung in dem selektiven Eingreifen, so daß in der Regel nur die Schadorganismen vermindert werden, die nützl. Organismen hingegen verschont bleiben. Die unerwünschten Nebenwirkungen, wie Entstehung resistenter Formen u. die Gefährdung der menschl. Gesundheit, entfallen ebenfalls. Auf lange Sicht ist diese Art der Schädlingsbekämpfung wesentlich kostengünstiger als die chem. Schädlingsbekämpfung. ↗Biotechnische Schädlingsbekämpfung.

biologische Selbstreinigung ↗Selbstreinigung von Gewässern.

biologisches Gleichgewicht, Zustand innerhalb einer Lebensgemeinschaft, bei dem die mengenmäßige Zusammensetzung der Arten relativ gleich bleibt. Es ist um so stabiler, je größer die Artenzahl ist u. je verzweigter die Nahrungsketten im Lebensraum sind; es ist um so labiler, je artenärmer die Biozönose ist u. je einseitiger die Nahrungsketten sind. ↗Biozönotisches Gleichgewicht.

biologisches Spektrum [v. *biolog-, lat.

spectrum = Schemen, Gesicht], *Biospektrum, Lebensformspektrum,* prozentuale Zusammensetzung der verschiedenen Lebensformen innerhalb der Pflanzen- od. Tierwelt eines Gebiets.

biologische Stationen ↗ Forschungsstationen.

biologische Uhr, *innere Uhr,* endogen physiolog. Oszillation *(physiologische Uhr),* die z. B. Blattbewegungen zeitlich festlegt u. die Tageslänge bei photoperiodischem Verhalten mißt. ↗ Chronobiologie.

biologische Verwitterung, alle v. Bodenorganismen od. Pflanzenwurzeln ausgehenden physikal. oder chem. Verwitterungsprozesse.

biologische Waffen, *B-Waffen,* Waffen, mit denen mikrobiol. u. andere biol. Agenzien zum Einsatz gebracht werden (Konvention v. 1972). Die biol. Wirkstoffe sind Viren, Bakterien, Rickettsien, Pilze u. deren toxische Substanzen, die nach kurzer Inkubationszeit Tod od. Krankheit bei Mensch, Tier u. Pflanze bewirken sollen u. eine hohe Resistenz gegen Medikamente, Desinfektionsmittel sowie äußere Einflüsse haben. 1972 wurde eine int. Konvention zum Verbot dieser Waffen u. zur Vernichtung vorhandener Bestände abgeschlossen. ↗ Bakteriologische Kampfstoffe.

biologische Wasseranalyse, Verfahren zur Bestimmung der Wassergüte, des Verschmutzungsgrades eines Gewässers; nach dem Vorkommen bestimmter Leitorganismen in der vorherrschenden Lebensgemeinschaft kann die Belastung mit organ. Stoffen ermittelt werden. ↗ Saprobiensystem.

biologische Wertigkeit, nach K. Thomas Anzahl der Gramm Körperprotein, die durch 100 g des betreffenden Nahrungsproteins ersetzt werden können. Die Tab. zeigt, daß die b. W. in weiten Grenzen schwankt u. daß tier. Protein eine höhere b. W. als pflanzl. Protein hat.

biologische Wertigkeit

100 g Nahrungsprotein ersetzen x g Körperprotein (KP)

Eier: 94 g KP
Kuhmilch: 86 g KP
Rindfleisch: 76 g KP
Kartoffeln: 60 g KP
Brot: 49 g KP
Bohnen: 32 g KP

Beispiele für einen guten Ergänzungswert: Getreide mit Fisch, Fleisch od. Milch; Hülsenfrüchte mit Milch, Weizen, Roggen; Kartoffeln mit Milch, Quark, Käse.

Biologismus – von den Wurzeln in der Renaissance zur Sozialbiologie von heute

Die historischen Wurzeln des Biologismus

Die umwälzende Entwicklung der Naturwissenschaften in der Neuzeit hat es mit sich gebracht, daß Konzepte naturwissenschaftlicher Forschung häufig auch auf andere Bereiche des Denkens und Wissens übertragen werden. Von Biologismus spricht man, wenn Phänomene eine Deutung durch *biologische* Tatsachen, Theorien und Modelle erfahren. In der Biologie ermittelte Gesetzlichkeiten werden dabei als einheitliche Gesetze der realen Welt verallgemeinert und gleichsam zu durchgehenden „Weltprinzipien" erhoben.

Historisch hat der Biologismus seine Wurzeln in der frühen Neuzeit. Bestimmte Weltdeutungen in der Renaissance lassen sich bereits als Biologismus im weitesten Sinn auffassen. Insbesondere für *Giordano Bruno* (1548–1600) ist das Universum in all seinen Sphären etwas Belebtes, ein großer Organismus, der sich in eine unendliche Mannigfaltigkeit von Einzeldingen entwickelt. Diese Vorstellung resultiert aus jener alten kosmischen Weltsicht, die zwischen belebter und unbelebter Materie noch keine Gegensätze kennt, in allen Bereichen der Wirklichkeit aber eine *biozentrierte* Betrachtungsweise zum Ausgangspunkt nimmt. Der Organismus repräsentiert gewissermaßen ein universelles Weltmodell.

Von Biologismus im engeren Sinn kann jedoch erst im 19. Jahrhundert die Rede sein. Maßgeblich für die Verbreitung biologistischer Ideen war eine Verallgemeinerung der *Selektionstheorie* Darwins. Zwar hatte Darwin selbst das Prinzip der natürlichen Auslese strikt naturwissenschaftlich verstanden und die von dem Philosophen *H. Spencer* (1820–1903) geprägte Formel vom „Überleben des Tüchtigsten" *(survival of the fittest)* ausdrücklich bloß als Metapher gebraucht, doch wurde seine Lehre bald als Weltanschauung vertreten *(Darwinismus),* die sich dann über Jahrzehnte vor allem als Deutung gesellschaftlicher und kultureller Zusammenhänge behaupten sollte. Der breitere Rahmen für den auf der Selektionstheorie beruhenden Biologismus ist der Evolutionismus, die Anschauung, die lineares Fortschrittsdenken im soziokulturellen Bereich an die Prinzipien der biologischen Evolution anbindet.

Der Biologismus in Geisteswissenschaften

In der zweiten Hälfte des 19. Jahrhunderts hat sich der Biologismus des Denkens in verschiedenen Distrikten der Wissenschaften vom Menschen bemächtigt. Biologistische Interpretationen fanden in der Soziologie, in der Kulturanthropologie, in der Geschichtsschreibung und in der Rechtswissenschaft starken Nachklang. Angespornt von den bahnbrechenden Erfolgen der Biologie übernahmen Historiker mehr und mehr das biologistische Modell in der Deutung der Menschheitsgeschichte. Die Menschheit als ein sich entwickelnder Organismus – diese Betrachtungsweise wurde im 19. Jahrhundert der Deutung der Menschheitsgeschichte vielfach vorangestellt. „Die neue Wertung und Zuordnung des Menschen seit dem 18. Jahrhundert", so charakterisiert der Medizinhistoriker *G. Mann* die allgemeine Situation, „seine Natur und Natürlichkeit, seine Naturgesetzlichkeit als Einzel- und Gesellschaftswesen werden vielfältig zu

Biologismus

fassen und von den verschiedensten Standorten zu beobachten versucht". Erst später allerdings wird für diese Betrachtungsweise der Ausdruck Biologismus verwendet. Es war der Philosoph *H. Rickert* (1863–1936), der diesen Begriff in seiner Abhandlung „Lebenswerte und Kulturwerte" (1911/12) eingeführt und beschrieben hat.

Im Sog der Selektionstheorie Darwins wurden die Umrisse einer „selektionistischen" Interpretation der Geschichte deutlich. Ein typischer Vertreter der selektionistischen Gesellschaftstheorie aus dem späten 19. Jahrhundert ist *Albert E. Schäffle* (1831–1903). In seinem von 1875 bis 1878 erschienenen vierbändigen Werk „Bau und Leben des socialen Körpers" überträgt er Darwins Selektionskonzept auf die Gesellschaft. Er sieht die Lehre von der sozialen Auslese als „oberste Socialtheorie", die systematische Analyse des „Gesellschaftskörpers" nimmt er am Leitfaden der „organischen Biologie" vor. Was in Schäffles biologistischer Gesellschaftstheorie zutage tritt, läßt sich als generelle Tendenz der Geschichtsforschung des 19. Jahrhunderts beschreiben: „Organismus, Evolution, auf- und absteigenden Fortschritt einschließend, allgemein oder darwinistisch bestimmt durch Vorstellungen vom Kampf ums Dasein, Selektion, durch Anpassung, Variabilität, die Rassenidee schließlich in vielfältiger Ausbildung, Milieu, Erblichkeit ... all das sind Stichwörter und Kristallisationskerne biologistischer Geschichtstheorie" (G. Mann).

Biologismus und eine selektionistische Interpretation der Geschichte

Besonderer Erwähnung bedarf in diesem Zusammenhang die *monistische* Philosophie des Zoologen *E. Haeckel* (1834 bis 1919), des streitbarsten Verfechters der Lehre Darwins auf dem europäischen Kontinent. Bei Haeckel ist der Biologismus auf die Spitze getrieben, die selektionistische Argumentation auf alle Aspekte der menschlichen Kultur und Gesellschaft ausgedehnt. Haeckels Buch „Die Lebenswunder" (1904) liefert ein beredtes Zeugnis für eine auf die Selektionstheorie reduzierte „biologische Philosophie" und ihre Anwendung auf Geschichte, Kultur, Gesellschaft und Moral. Haeckel zögerte nicht, das Selektionsprinzip zu einer *ethischen* Maxime zu verallgemeinern: Der Staat müsse die Möglichkeit haben, „lebensuntüchtiges" Leben auszusondern; auch die Todesstrafe dürfe – da sie selektiv wirksam sei – nicht abgeschafft werden; und nur, wenn der Staat aktiv in die Höherentwicklung der Menschheit eingreift, wäre die höchste Stufe der Kultur erreichbar (nach R. Winau).

Hatte noch *Thomas H. Huxley* (1825 bis 1895), einer der bedeutendsten Anhänger der Lehre Darwins, die Eigenständigkeit des Bereichs sittlichen Handelns gegenüber den Naturgesetzen betont, so wurde gegen Ende des 19. und zu Beginn des 20. Jahrhunderts – nicht zuletzt unter Haeckels Einfluß – das Selektionsprinzip buchstäblich in den Rang eines Moralprinzips erhoben. Beispielsweise forderte der Arzt *W. Schallmayer* (1857–1919) in seiner Schrift „Vererbung und Auslese im Lebenslauf der Völker" (1903) die Anwendung natürlicher Auslese zur Heilung von Schäden der menschlichen Gesellschaft. Alle sozialen Institutionen wären unter dem Aspekt eines (gesellschaftlichen) „Kampfes ums Dasein" zu betrachten, alle kulturellen Errungenschaften müßten als Ausrüstung zum sozialen Daseinskampf gesehen werden. Schließlich wäre das menschliche „Ehrbedürfnis" durch die natürliche Selektion im Keimplasma fixiert worden und sei somit die biologische Grundlage der Sittlichkeit.

Der Sozialdarwinismus als Fehlinterpretation

Solche und ähnliche Gedanken mündeten in den *Sozialdarwinismus,* der zwar Darwin seinen Namen verdankt, mit dessen Grundideen aber Darwin kaum etwas zu tun hat. Der Sozialdarwinismus ist das Ergebnis einer Fehlinterpretation der Formeln „Kampf ums Dasein" und „Überleben des Tüchtigsten" und einer vorschnellen Übertragung dieser Formeln auf die Bereiche menschlicher Kultur und Gesellschaft. Die von der sozialdarwinistischen Ideologie gelieferte „Begründung" rassenhygienischer Maßnahmen führte im *Nationalsozialismus* zu den denkbar schrecklichsten Konsequenzen. Kaum je zuvor ist eine naturwissenschaftliche Theorie, die Selektionstheorie, so gründlich mißverstanden und so verhängnisvoll auf den Menschen angewandt worden wie in den nationalsozialistischen Doktrinen. Die nationalsozialistischen Exzesse sind auch das eindrucksvollste wie erschütterndste Beispiel für die möglichen „praktischen" Konsequenzen eines Biologismus.

Der Biologismus und E. Haeckel

Lediglich eine Variante des theoretischen Biologismus und allenfalls naturphilosophisch von Belang ist hingegen der *Holismus* von *A. Meyer-Abich,* der ebenfalls in den dreißiger und vierziger Jahren unseres Jahrhunderts vielfach diskutiert wurde. Meyer-Abich ging es vor allem darum, die Prinzipien der Wissenschaften vom Anorganischen als jenen der Biologie abzuleiten und mithin ein biozentriertes Weltbild zu begründen. Seine Grundthese lautete: „Verglichen mit den physikalischen sind die biologischen Gesetze, Prinzipien und Axiome die universaleren und allgemeingültigeren, und es ist daher als die letzte

Aufgabe der theoretischen Biologie zu formulieren, die biologischen Axiome, Prinzipien und Gesetze auf eine solche Form zu bringen, daß die physikalischen Gesetze usw. durch simplifizierende Ableitung aus ihnen deduziert werden können." Meyer-Abich bezeichnete denn auch diese These als *biologistische*.

Insgesamt läßt sich also sagen, daß der Biologismus in der Geschichte einerseits durch den Versuch einer Übertragung biologischer Konzepte auf die Sozial- und Kulturwissenschaften, andererseits durch die Ausdehnung der Biologie auf die physikalischen Wissenschaften zur Geltung gebracht wurde. Während in neuerer Zeit letzteres kaum noch eine Rolle spielt, lebt die Idee einer biologischen Erklärung soziokultureller Phänomene fort. Insbesondere versucht heute die *Soziobiologie*, das Sozialverhalten des Menschen auf seine biologischen Wurzeln zurückzuführen und die *genetische Determination* auch spezifisch menschlicher Verhaltensweisen – mit ihren Ausdrücken in Kultur und Moralität – zu erweisen. Solange es sich dabei nur um den Versuch handelt, die biologischen *Vorbedingungen* soziokulturellen Handelns zu ergründen, ist das soziobiologische For-

Vom Biologismus zur Sozialbiologie

schungsprogramm sicher zu begrüßen. Zu einem einseitigen Biologismus ausarten muß die Soziobiologie aber dann, wenn sie ungeachtet der biologischen Wurzeln menschlichen Sozialverhaltens die Eigenständigkeit bzw. Eigendynamik soziokultureller Phänomene außer acht läßt. Viel eher wird man zugeben müssen, daß der Bereich menschlichen Sozialverhaltens durch das Zusammenwirken mehrerer Komponenten auf unterschiedlichen Ebenen bestimmt wird. Zweifelsohne kommt biologischen Gesetzlichkeiten dabei eine wichtige Rolle zu, sie als alleingültige Prinzipien zu deklarieren hieße aber, komplexe Phänomene kraß zu vereinfachen und erneut einem Biologismus den Weg zu ebnen.

Lit.: *Goll, R.:* Der Evolutionismus. München 1972. *Mann, G.* (Hg.): Biologismus im 19. Jahrhundert. Stuttgart 1973. *Mann, G.:* Biologie und Geschichte. In: Medizinhist. Journal 10, 1975. *Meyer, P.:* Soziobiologie und Soziologie. Darmstadt-Neuwied 1982. *Meyer-Abich, A.:* Ideen und Ideale der biologischen Erkenntnis. Leipzig 1934. *Oeser, E.:* System, Klassifikation, Evolution. Wien – Stuttgart 1974. *Peters, H. M.:* Historische, soziologische und erkenntniskritische Aspekte der Lehre Darwins. In: H.-G. Gadamer und P. Vogler (Hg.): Neue Anthropologie, Bd. 1, Stuttgart – München 1972. *Winau, R.:* Ernst Haeckels Vorstellungen von Wert und Werden menschlicher Rassen und Kulturen. In: Medizinhist. Journal 16, 1981.
Franz M. Wuketits

Biolumineszenz w [v. *bio-, lat. luminare = leuchten], *biologische Lichterzeugung*, Ausstrahlung v. sichtbarem Licht ohne Temperaturänderung (sog. „kaltes Leuchten") durch lebende Organismen (⌐*Leuchtorganismen*). Die Fähigkeit zur B. ist im Tier- u. Pflanzenreich weit verbreitet. Bakterien, sog. ⌐*Leuchtbakterien*, z. B. *Photobacterium phosphoreum*, *Pseudomonas lucifera* u. *Beneckea*, können lumineszieren u. sind für das Leuchten v. frischem Fleisch u. Fisch verantwortlich. Unter den Protozoen sind es v.a. Peridineen (Dinoflagellaten), die das *Meeresleuchten* verursachen, z.B. *Gonyaulax polyedra*, dessen Leuchtfähigkeit einer endogenen Rhythmik (⌐*Chronobiologie*) unterliegt. Bei Pilzen ist bes. der Hallimasch (*Armillaria mellea*) mit seinem leuchtenden Mycel bekannt. Von den Landtieren seien Leuchtkäfer, Hundert- u. Tausendfüßer, Gürtelwürmer u. Schnecken erwähnt. Neben den selbstleuchtenden Organismen gibt es marine Tiere (Tintenfische, Tiefseefische, Feuerwalzen), die durch Symbiose mit leuchtenden Bakterien die Fähigkeit zur B. besitzen (Fremdleuchten). – Biochemisch handelt es sich bei dem Leuchtvorgang um eine durch Leuchtenzyme (*Luciferasen*) katalysierte Oxidation unter Verbrauch v. Leuchtstoffen (*Luciferine* od. ein langkettiger aliphat. Aldehyd), wobei chem. Energie direkt in elektron. Anregungsenergie umgewandelt wird, die in Form v. sichtbarem Licht ausgestrahlt werden kann, wenn die Valenzelektronen in den Grundzustand zurückkehren. Die B.systeme verschiedener Organismen besitzen den gleichen fundamentalen Reaktionsmechanismus u. unterscheiden sich nur durch verschiedene Typen v. Leuchtenzymen. Das Leuchten kann in speziellen Leuchtzellen in einzelnen Leuchtgranula (*intrazelluläre B.*), in Leuchtgeweben (z.B. Fettkörper v. Insekten) od. in Leuchtorganen lokalisiert sein. Manche Leuchtorgane sind sehr kompliziert gebaut u. mit einer Reflektorschicht aus Guanin- u. Uratkristallen sowie einer Linse, manchmal sogar mit Lidern ausgestattet. Andere Organismen besitzen Leuchtdrüsen, die einen leuchtenden Schleim absondern (*extrazelluläre B.*). Die biol. Funktion der B. ist in vielen Fällen unbekannt. Bei einigen Organismen dient sie zur Erkennung v. Artgenossen, bei anderen zur Anlockung des Sexualpartners (Glühwürmchen), wieder anderen als Köder zum Nahrungserwerb, als Suchlichter zum Aufspüren v. Beute od. sogar zur Abschreckung v. Feinden durch Ausstoßen einer leuchtenden Substanz. B.-Reaktionen dienen in der *Luminometrie* zur Bestimmung kleinster Mengen an ATP, Sauerstoff, NAD(P) od. Ca^{2+}-Ionen. *E. F.*

$LH_2 + E$
$Mg \cdot ATP$
PP_i
$E\text{-}LH_2\text{-}AMP$
O_2
CO_2
$E\text{-}Produktkomplex^*$
$AMP \leftarrow\quad\rightarrow Licht$
$L + E$

Bioluminaszenz-System eines Leuchtkäfers

Reduziertes Luciferin (LH_2) u. Luciferase (E) bilden mit $Mg \cdot ATP$ unter Abspaltung v. Pyrophosphat (PP_i) einen Komplex (E-LH_2-AMP), welcher durch molekularen Sauerstoff (O_2) oxidiert wird u. in den angeregten Zustand übergeht (E-Produktkomplex*). Dabei wird CO_2 freigesetzt. Beim Übergang in den Grundzustand zerfällt der Komplex unter Emission v. Licht in Luciferase (E), Oxiluciferin (L) u. AMP.

Biom

Biom s [v. gr. bioein = leben], *Bioregion*, nach H. Walter „die Grundeinheit der großen ökolog. Systeme", entspricht einem großen Lebensraum mit dem gleichen Klimatyp, der dafür charakterist. Vegetation u. Fauna, wobei die Lebensform der jeweiligen Klimaxvegetation einheitlich ist. Man unterscheidet folgende B.e: Tundra, nördl. Coniferenwald-B.e, feucht-temperierte Coniferenwald-B.e, temperierte Laubwald-B.e, immergrüne, subtrop. Laubwald-B.e, temperierte Gras-B.e, trop. Savannen-B.e, Wüsten-B.e, Hartlaubgehölz-B.e, Pinon-Wacholder-B.e, trop. Regenwald-B.e, trop. Strauch- u. Laubwald-B.e, Zonierung der Gebirge.

Biomagnetismus m [v. *bio-, gr. magnētēs = Magnetstein], ↗Magnetbakterien.

Biomagnifikation w [v. *bio-, lat. magnificatio = Vergrößerung], Anreicherung v. Schadstoffen im Organismus nach Aufnahme aus den Nahrungsstoffen. ↗Akkumulierung.

Biomasse, 1) Gesamtmasse der in einem Lebensraum (Ökosystem) vorkommenden Lebewesen in Gramm Frisch- od. Trockengewicht pro m³ Volumen od. m² Oberfläche (↗Kohlenstoffäquivalent). 2) Die durch Photosynthese entstandenen Substanzen (↗Bruttophotosynthese); auf dem Festland ca. $1{,}7 \cdot 10^{11}$ t pro Jahr mit Energieinhalt (gespeicherte Sonnenenergie) von $3 \cdot 10^{21}$ Joule. 3) Gesamte Zellsubstanz v. Pflanzen, Tieren od. Mikroorganismen, die als Rohprodukt in der Biotechnologie verwertet wird. Neben der B.-Produktion in Land-, Forst- u. Fischwirtschaft, z. T. in besonderen B.-Farmen (Energie-, Algenfarmen), gewinnt die mikrobielle B.-Erzeugung immer stärker an Bedeutung, da sie unabhängig v. Klima, Wetter, technisch steuerbar u. im industriellen Maßstab ablaufen kann. Die Anzucht erfolgt sowohl photosynthetisch als auch im Dunkeln auf billigen Nährmedien (z. B. Abfallstoffen u. Rückständen aus anderen Produktionen). B. läßt sich direkt zur Wärmeerzeugung u. als Rohstoff (z. B. Zucker, Stärke, Lignin) od. als Lieferant verschiedener Naturstoffe nutzen. In chemisch-physikal. und biotechnolog. Verfahren können weitere wichtige Chemiegrundstoffe gewonnen werden (↗Biotechnologie). Eine B.-Produktion ist auch die Zucht v. Speisepilzen, die Herstellung v. Back- u. Bierhefe, die Kultur v. Mikroorganismen als Futtermittel (↗Einzellerproteine) od. die Massenzucht v. Bakterien für eine Impf- u. Immunserenherstellung. B. gewinnt zunehmend an Bedeutung als erneuerbarer Energieträger, aus dem durch chem. od. biol. Umwandlung auch flüssige od. gasförm. Brennstoffe hergestellt werden können (↗Bioenergie).

bio- [v. gr. bios = Leben], in Zss.: mit Leben zusammenhängend.

Biomasse

In einem Eichen-Hainbuchenwald erzeugte B.
(in t/ha u. Jahr)

grüne Pflanzen oberird.	275
Tiere (Säuger, Vögel, Insekten)	0,004
Bodenorganismen (Pflanzen u. Tiere)	1

Biomasse

Wichtige Brenn- und Kraftstoffe aus Biomasse:
Methanol
(Pyrolyse)
Methan
(Gärung)
Äthanol
(Gärung)
Kohlenwasserstoffe
(Hydrierung)
Synthesegas, H_2/CO
(Pyrolyse)
höhere Alkohole
(Gärung)

Biomechanik

Kräfte, die auf einen Körper (also auch auf Tiere, Pflanzen, Organe, Zellen) einwirken, werden in ihrer Summe als *Belastung* bezeichnet. Je nach der Wirkungsrichtung können Zug-, Druck-, Biege-, Knick-, Schub- u. Torsionsbelastung unterschieden werden. Die Gesamtheit aller äußeren u. inneren Auswirkungen, die diese Belastungen auf eine Struktur haben, wird als *Beanspruchung* bezeichnet. Dabei haben ebenfalls die Kräfte, die aber mit verschiedener Belastungsart (z. B. verschiedener Richtung) auf die Struktur einwirken, unterschiedl. Beanspruchung zur Folge. Eine Säule, auf die in zentraler Richtung der Längsachse Kräfte wirken, wird nur auf *Druck* (bei umgekehrter Kraftrichtung auf *Zug*) be-

Biomassenpyramide [v. *bio-], Abnahme der als Biomasse festgelegten organ. Substanz v. einem Glied der Nahrungskette zum nächsten bzw. von einer Trophiestufe zur nächsten. Bei Pflanzenfressern werden, grob geschätzt, 20% der aufgenommenen Nahrung als Biomasse festgelegt, bei Fleischfressern nur noch 10%. Ein großer Teil wird zur Energiegewinnung abgebaut u. veratmet, ein weiterer Teil ist nicht aufschließbar. Zum Beispiel ergeben 50 t Phytoplankton 10 t Zooplankton, diese 1 t Hering u. diese 100 kg Thunfisch.

Biomathematik, Teilgebiet der Mathematik, dessen Aufgabe die Behandlung biol. Probleme mit Hilfe mathemat. Methoden (Statistik, Formalismen, z. B. Gruppentheorie, Graphen- u. Automatentheorie, Informationstheorie) ist.

Biomechanik w [v. *bio-, gr. mēchanikos = kunstvoll], eine biol. Disziplin, die versucht, die Konstruktionen der belebten Welt mit techn. Begriffen zu analysieren u. zu beschreiben. Da Tiere u. Pflanzen denselben physikal. Gesetzen unterliegen wie unbelebte Körper, können sie modellhaft mit techn. Konstruktionen, die gleiche Funktionen erfüllen, verglichen u. die beiden zugrundeliegenden Konstruktionsprinzipien beschrieben werden. Eine zu strenge Betrachtungsweise führt dabei nicht zum Erfolg, da den Organismen Prinzipien des Lebendigen eigen sind, die techn. Geräten fehlen. So sind Lebewesen im Sinne des Ökonomieprinzips der Evolution immer massearm gebaut, energiesparend in Aufbau u. Unterhalt. Sie werden nicht aus vorgefertigten Einzelteilen zusammengesetzt, sondern entwickeln sich im Verlauf der Ontogenese (Individualentwicklung) aus Ei- u. Samenzelle. Die sie aufbauenden Konstruktionselemente müssen in jedem Organismus in loco von neuem entstehen. Vor allem können Lebewesen durch Modifikationen auf Belastungsänderungen reagieren, sind daher häufig in ihren statischen Konstruktionen eher als Regelsysteme zu verstehen denn als Maschine, die bei Änderung der Beanspruchung Funktionsausfälle zeigen. Schließlich sind Organismen nach ihrem Absterben vollständig „recyclierbar". Auch gibt es fast keine Struktur (Organ, Körperteil), der nur *eine* Funktion zugeordnet werden könnte. Tierkonstruktionen sind daher meist Kompromißlösungen zw. verschiedenen Aufgaben u. Funktionen, an deren Stelle in der Technik mehrere Apparate geschaffen worden wären. – Diese Eigenheiten machen es oft schwierig, Organismen auf techn. Konstruktionen zu reduzieren. Die Betrachtung beschränkt sich daher meist auf Teilsysteme u. Teilauf-

Biomechanik

gaben, die dann aber wiederum eine oft verblüffende Übereinstimmung mit techn. Konstruktionen zeigen. Das klass. Beispiel einer biomechan. Analyse ist die Untersuchung der *Oberschenkelknochen* des Menschen. Belastung erfolgt hier bes. auf Druck (Körpergewicht) u. Biegung (seitl. Insertion des Knochens am Becken). Das Knochenmaterial ist gegenüber Druck sehr belastungsfähig; es können daher lange schmale Knochen ausgebildet werden. Nur an den mit Knorpel ausgestatteten Gelenkstellen wird der Querschnitt des Knochenstabs verbreitert, da auf diese Art die Belastung (Druck = Kraft/Fläche) auf den druckempfindlicheren Knorpel gemindert wird. Die Biegebelastung stellt die weitaus größere Beanspruchung für den Knochen dar. Da sie aber nur in den Randbezirken auftritt u. die mittlere Zone (neutrale Faser) frei v. jeder Beanspruchung ist, kann der Oberschenkelknochen als Röhrenknochen ausgebildet werden. Dies stellt bei gleicher Belastbarkeit eine ganz wesentl. Einsparung an Material u. Gewicht dar, die auch ein leichter gebautes Bewegungssystem ermöglicht. Die auf den Knochen wirkenden Biegebelastungen werden durch eine Anzahl v. Zuggurtungen, dargestellt v. den Muskeln des Ober- u. Unterschenkels, reduziert. Diese haben auch die Aufgabe, die Bewegungsfreiheit in den Gelenken so weit einzuschränken, daß keine unkontrollierten Bewegungen entstehen können. Die stark beanspruchten Knochenenden zeigen ein System feiner *Knochenbälkchen,* die bogenförmig angeordnet im rechten Winkel aufeinander stehen. Die Knochenbälkchen (Spongiosa) verlaufen entlang den Zug- u. Druckspannungszügen, die im Knochen auftreten. Sie sind ein auf die Funktionen des Knochens angepaßtes Leichtbausystem, bei dem maximale Stabilität u. maximale Materialeinsparung erreicht wurden, indem statisch wichtige Elemente nur dort eingesetzt werden, wo eine entsprechende Beanspruchung vorliegt. – Die Konstruktion des *Säugerrumpfes* wird in der B. als Brückenkonstruktion beschrieben, deren Pfeiler (Extremitäten) allerdings nicht in der Erde verankert sein können. Sie muß also in der Art gebaut sein, daß die Pfeiler nur auf Druck belastet werden. Dies ist in Analogie zum Säugerrumpf nur bei einer Bogenbrücke der Fall, mit Druckbogen u. einem Zugband, das die Horizontalschubkomponenten abfängt. Beim Vergleich mit einem vierfüßigen Säugetier stellt sich die Wirbelsäule als Druckbogen dar, die Bauch- u. Rumpfwandmuskulatur aber als Zugbogen. Die Kombination der verschiedenen Teilsysteme kann zur Erstellung eines Modells der Statik eines vierfüßigen Säugetieres führen. – Weichtiere, denen eine Festkörperstütze fehlt, können als hydraulische Konstruktionen beschrieben werden (↗*Hydroskelett*). Physikal. Grundlagen für hydraul. Konstruktionen sind die Inkompressibilität v. Flüssigkeiten u. die Erscheinung, daß in einer Flüssigkeit, auf die man an irgendeiner Stelle einen Druck ausübt, sowohl im Innern als auch an den Gefäßwänden stets der gleiche Druck herrscht. Eine einfache hydraul. Tierkonstruktion kann man sich als einfachen Schlauch vorstellen, dessen Wandung aus einem Muskelmantel besteht u. dessen Höhlung mit einer Flüssigkeit gefüllt ist. Kontrahiert sich an einer Stelle dieses Schlauchs die Muskulatur, so bewirkt sie eine Druckänderung in der Flüssigkeitsfüllung, die sich durch den ganzen Organismus „fortpflanzt" u., da Flüssigkeiten volumenkonstant sind, an einer Stelle mit entspannter Muskulatur eine Dehnung bewirkt. Erfolgen die Kontraktionen in einem geregelten Zusammenspiel, so ist eine koordinierte Bewegung möglich. Dabei ist zu beachten, daß ein gewisser Anteil der Muskulatur immer in Tätigkeit sein muß, um die Körperform zu bewahren, wenn Änderungen nur an einer bestimmten Stelle erfolgen sollen. Mechanismen, die die Freiheiten der Formveränderung einschränken, sind Verspannungseinrichtungen od. die Unterteilung des Flüssigkeitsraums in mehrere unabhängig voneinander arbeitende Teilsysteme. Solch eine hydraul. Konstruktion, die im Querschnitt, durch muskularisierte Septen verspannt, nur einen begrenzten Bewegungsumfang aufweist u. durch diese zugleich in zahlr. unabhängig voneinander arbeitende Teilräume aufgegliedert wird, ist z. B. der Regenwurm *(Lumbricus terrestris).* – Viele Tiere können aber auch als kombinierte Konstruktionen, die sowohl ein Festkörper- als auch ein Hydro-lastet. Wird die Krafteinwirkung zur Seite verlagert, so treten *Biege*belastungen auf, die sich auf der der Krafteinwirkung abgewandten Seite als Zug-, auf der Seite der Krafteinwirkung als Druckbelastung darstellen lassen. Im Zwischenbereich ist eine belastungsfreie Zone (*neutrale Faser,* ☐ Biegefestigkeit bei Pflanzen). Biegung stellt für säulenförmige Körper eine starke Form der Beanspruchung dar (Fraktur der Extremitätenknochen), kann aber durch zwei Lösungen gemindert werden. Sie wird durch ein Gegengewicht zur primären Krafteinwirkung aufgehoben, wobei natürlich die Druckbelastung steigt, die aber für Säulen eine geringere Beanspruchung darstellt. In gleicher Weise können Biegebeanspruchungen durch die Anbringung eines Gegenzugs (Zuggurtung) gemindert werden. Diese Möglichkeit ist im Vergleich zur ersteren materialsparender u. damit auch ökonomischer. Die in einer derart belasteten Säule auftretenden Zug- u. Druckkräfte können in ihrem Verlauf innerhalb der Säule als Zug- u. Druckspannungszüge (Spannungstrajektorien) beschrieben werden. Wird das Festigungsmate-

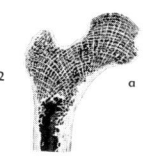
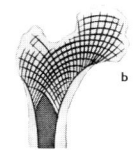

Biomechanik
1 Schnitt durch einen *Röhrenknochen,*
2a Schnitt durch das obere Ende des Oberschenkelknochens, dessen Knochenbälkchen (Spannungszüge) in Radien und Bögen entsprechend den Belastungslinien (Spannungstrajektorien) angeordnet sind;
2b Schema der Belastungslinien. Das *Knochenmaterial* weist eine Elastizität wie Eichenholz auf, eine Zugfestigkeit wie Kupfer, eine Druckfestigkeit, die noch die von Muschelkalk und Sandstein übertrifft, und eine statische Biegefestigkeit wie Flußstahl.

Biomechanik

rial entlang dieser Spannungstrajektorien angeordnet, so kann bei gleicher Belastungsfähigkeit eine weitere Materialeinsparung erreicht werden. Das gleiche Prinzip führt bei flächigen Körpern zur Ausbildung einer *Sandwichbauweise,* bei der Deck- u. Bodenplatte durch Stützträger miteinander verbunden sind, während die nicht belasteten Zwischenräume mit lokkerem Füllmaterial angefüllt sind, das andere Funktionen übernehmen kann.

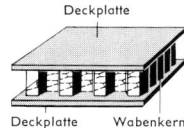

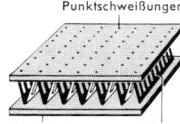

Die *Sandwichbauweise* ist gewichtssparend und festigkeitserhöhend. Sie wird in der Technik häufig in Form von schichtweise aufgebauten Platten (Verbundplattenbau) verwendet. Die Abb. zeigen zwei verschieden aufgebaute Strukturelemente. Auch die Schuppen der Schmetterlingsflügel sind nach dem *Sandwichprinzip* gebaut. Die untere Deckplatte (Grundplatte) besteht aus einer einfachen Membran, die obere aus Längsleisten, die je nach Typ gitterartig oder wellblechartig durch dünne, mit Ausschnitten versehene Membranen verbunden sind. Die beiden Platten werden durch bäumchenartige Trabekel auf Abstand gehalten.

skelett besitzen, beschrieben werden, z. B. viele Moostierchen u. Korallen. – Bei der *Bewegung* v. Tieren werden vom Tier erzeugte Kräfte auf das Medium übertragen. Nach dem Prinzip von „actio et reactio" wirken diese Kräfte auf das Tier zurück, verleihen ihm einen Impuls u. werden somit zur Lokomotion genutzt. Die Bewegung *in* einem Medium (Schwimmen, Fliegen) unterliegt dabei anderen Prinzipien als die Bewegung *auf* einem Medium (Laufen) und läßt sich durch die Gesetze der Hydro- bzw. Aerodynamik beschreiben. Ein in einem Medium bewegter Körper erzeugt zwei Kräfte, die auf ihn wirken: die Widerstandskraft u. die Auftriebskraft (⁊Auftrieb). Je nach Größe des Organismus, Zähigkeit (Viskosität) des Mediums u. der Bewegungsgeschwindigkeit überwiegen die Auftriebs- od. die Widerstandskräfte. Kleine Tiere in einem dichten Medium nutzen überwiegend die Widerstandskräfte, indem sie, wie z. B. die Wasserinsekten, mit den Beinen Ruderschläge nach hinten ausführen, die dann eine nach vorne gerichtete Widerstandskraft hervorrufen, die dem Körper einen Impuls erteilt u. die Fortbewegung bewirkt. Relativ große Tiere in einem dünnen Medium, z. B. Vögel, nutzen beim Fliegen mit hoher Anströmungsgeschwindigkeit dagegen die Auftriebskräfte. Auch die *Körperform* eines sich bewegenden Organismus stellt einen wichtigen Faktor in der Analyse dynam. Vorgänge dar, denn sie kann Widerstandskräfte hervorrufen, welche die vom Vortriebsorgan erzeugten Impulse reduzieren. Ein Körper mit großer Anströmfläche ruft große Druckwiderstände hervor u. meist auch starke Turbulenzen im Medium, die einen Großteil der Energie verbrauchen. Ein langer schmaler Gegenstand erzeugt dagegen kaum Druckwiderstände, sondern hpts. Reibungswiderstände mit dem ihn umströmenden Medium. Eine Optimierung der Körperform in Richtung auf minimale Widerstände kann also eine große Energieeinsparung bedeuten. So wurde z. B. bei vielen schnell schwimmenden Wassertieren unabhängig voneinander die Spindelform als strömungsgünstigste Körperform (z. B. Delphine, Thunfisch, Pinguine) „entwickelt". Gleichfalls haben biol. Mechanismen zur Verhinderung der energiezehrenden Strömungsturbulenzen einen stark positiven Selektionswert u. sind in den verschiedensten Tiergruppen entwickelt worden. Bekanntes Beispiel ist die Haut der Delphine, deren spezieller Aufbau aus gegeneinander verzapften Hautschichten, die zudem noch unterschiedl. Dichte besitzen, eine enorme Verminderung v. Turbulenzen bewirkt u. dadurch sehr hohe

Geschwindigkeiten erlaubt. Eine ähnl. Wirkung, die aber auf ganz andere Art erreicht wurde, wird u. a. von dem Gefieder der Pinguine u. dem Schleim der Fische vermutet.

Lit.: *Nachtigall, W.* (Hg.): Fortschritte der Zoologie. Bd. 24, Heft 2–3: Bewegungsphysiologie – Biomechanik. Stuttgart 1977. *Nachtigall, W.*: Biotechnik. Heidelberg 1971. *Otto, F.*: Natürliche Konstruktionen. Formen und Strukturen in Natur und Technik und ihre Entstehung. Stuttgart 1982. *Patzelt, O.*: Wachsen und Bauen. Konstruktionen in Natur und Technik. Hannover ²1974. M. St.

Biomedizin [v. *bio-], die ⁊Naturheilkunde.

Biomembran *w* [v. *bio-, lat. membrana = Häutchen], ⁊Membran.

Biometeorologie *w* [v. *bio-, gr. meteóros = in der Höhe, logos = Kunde], Teilgebiet der Meteorologie (Physik der Atmosphäre), das die Einflüsse v. Wetter, Witterung u. Klima *(Bioklimatologie)* auf den Menschen *(Humanbiometeorologie)* u. auf die Tier- u. Pflanzenwelt *(Agrarmeteorologie)* untersucht. Dazu werden physikalische Modelle, etwa über den Energie- u. Stoffaustausch, benutzt.

Biomethanisierung [v. *bio-], die bakterielle ⁊Methanbildung.

Biometrie *w* [v. *bio-, gr. metrein = messen], *Biometrik, Biostatistik,* Anwendung mathemat. Methoden (bes. der Statistik) zur quantitativen Erfassung der Variabilität lebender Organismen. Dabei werden zunächst Daten anhand v. Beobachtungen, Messungen, Auszählungen u. a. an Gruppen verwandter Lebewesen gewonnen (Stichprobe od. biostatistische Masse = Gesamtheit aller Einzelwerte). Die untersuchten veränderl. Größen werden als Variablen bezeichnet, z. B. Samenlänge innerhalb einer Bohnensorte, Anzahl der Samen pro Bohnenhülse. Ziel ist es, das in den Experimenten gewonnene Datenmaterial auf wenige wichtige Werte zu reduzieren, um so zu allgemeingültigen Aussagen über Ähnlichkeiten u. Unterschiede zw. Gruppen gleichartiger Organismen zu kommen. ⁊Anthropometrie.

Lit.: *Cavalli-Sforza, L.*: Biometrie. Stuttgart 1980.

Biomineralisation *w,* Aufbau fester mineral. Strukturen durch lebende Zellen; Kristalle verschiedener Mineralien, insbes. Calciumphosphat (Apatit), Calciumcarbonat u. Calciumoxalat, werden dabei auf wohlgeordnete Weise, in der Regel in Verbindung mit einer organ. Matrix (Kollagen, Proteoglycane), abgelagert. Die Produkte der B. können innerhalb od. außerhalb des Organismus angereichert werden. Im Tierreich entstehen durch B. Knochen, Zähne, Eierschalen, Muschelpanzer, Foraminiferenschalen, Kalknadeln, Korallenriffe u. ä., aber auch bei Pflanzen kann B. stattfinden (harte Zellwände der Gräser u. Schachtelhalme entstehen z. B. durch feste Kieselsäure). Krankhafte B. ist beim Menschen z. B. an der Entstehung v. Harnsteinen u. Gelenkverknöcherungen beteiligt.

Biomoleküle [v. *bio-], Moleküle, die als Stoffwechselprodukte in der lebenden Zelle vorkommen. Die wichtigsten niedermolekularen Klassen der B. sind Aminosäuren, Nucleotide, Zucker, Fettsäuren u. Lipide. Die wichtigsten hochmolekularen Klassen der B. sind die Proteine, Nucleinsäuren u. Polysaccharide. ↗Biopolymere.

Biomorphose w [v. *bio-, gr. morphōsis = Gestaltung], ↗Altern.

Biomphalaria w [v. lat. bi = zwei-, gr. omphalos = Nabel], Gatt. der Tellerschnekken mit flachem, oberseits eingesenktem Gehäuse v. etwa 1 cm ⌀; sie lebt auch in kleinsten Süßgewässern Afrikas, Madagaskars u. S-Amerikas, ist als Überträger der Bilharziose gefürchtet u. wird daher chemisch u. biologisch bekämpft.

Bionik w, ein 1958 von J. E. Steele geprägter Begriff für einen Wissenschaftszweig aus dem Bereich der Kybernetik, der v. lebenden Systemen ihre Problemlösungen abschaut u. diese dann in techn. Systemen verwirklicht; z. B. Überdachungskonstruktionen nach dem Bauprinzip v. Schneckenhäusern od. den Mikrostrukturen v. Kieselalgen od. Radiolarien, wie sie den freitragenden Raumkonstruktionen v. Buckminster Fuller (1895–1983) zugrundeliegen. ↗Biomechanik. ↗Biotechnik.

Lit.: *Büttner, O., Hampe, E.:* Analyse der natürlichen und gebauten Umwelt. Stuttgart 1977. *Heynert, H.:* Grundlagen der Bionik. Heidelberg 1976. *Patzelt, O.:* Wachsen und Bauen. Hannover ²1974. *Rechenberg, I.:* Optimierung technischer Systeme nach Prinzipien der biolog. Evolution. Stuttgart 1972.

Biontenwechsel m [v. gr. bioontes = die Lebenden], ↗Generationswechsel.

Biophagen [Mz.; v. *bio-, gr. phagein = verzehren], Tiere, die lebende organ. Substanz aufnehmen.

Biophotolyse w [v. *bio-, gr. phōs, Gen. phōtos = Licht, lyein = lösen], photosynthetische Wasserstoffproduktion (H_2) aus Wasser; Verfahren zur Gewinnung v. ↗Bioenergie. ↗photobiologische Wasserstoffbildung.

Biophylaxe w [v. *bio-, gr. phylaxis = Bewachung], *Bioprotektion, Lebensschutz,* umfaßt alle Maßnahmen zum Schutz v. Lebewesen u. ihrer Umwelt.

Biophysik w [v. *bio-, gr. physikē = Naturforschung], betreibt die physikal. Analyse v. grundlegenden strukturellen u. funktionellen Erscheinungen des lebenden Organismus. Die Erkenntnis, daß zur Erforschung biol. Phänomene auch Kenntnisse der Physik nötig sind, führte in diesem Jh. zur Konstituierung der B. als selbständiger Teildisziplin der Biologie. Ein Aspekt der B.

bio- [v. gr. bios = Leben], in Zss.: mit Leben zusammenhängend.

Biometrie

Statistische Mittelwerte von Größe u. Gewicht (mit Streugrenzen ± 2σ) für Knaben u. Mädchen verschiedenen Alters (Somatogramm). Somatogramme müssen v. Zeit zu Zeit modifiziert werden, um z. B. den Trend durch die ↗Akzeleration zu berücksichtigen.

Somatogramm für Knaben

Jahr	cm	2σ	kg	2σ
0	51	4	3,4	0,9
0,5	68	5	7,8	1,8
1	75	6	10,2	2,3
1,5	81	7	11,5	2,9
2	87	7	12,7	2,7
2,5	92	7	14,5	2,9
3	96	8	15,7	3,0
4	104	8	16,6	3,5
5	110	8	18,4	4,0
6	116	8	20,6	5,2
7	121	9	22,7	6,1
8	126	10	25,0	6,6
9	131	11	27,3	7,4
10	136	12	30,0	8,3
11	140	13	32,3	9,1
12	144	14	35,0	9,8
13	149	15	38,0	11,8
14	154	18	42,0	15,0
15	161	18	48,0	16,9
16	168	15	54,5	15,7
17	172	13	59,0	14,8

Somatogramm für Mädchen

Jahr	cm	2σ	kg	2σ
0	50	4	3,3	0,8
0,5	66	5	7,5	1,8
1	74	6	9,8	2,3
1,5	80	7	11,1	2,5
2	86	7	12,3	2,7
2,5	91	7	13,3	2,9
3	95	7	14,1	2,9
4	103	8	15,8	3,5
5	109	9	17,6	4,0
6	115	9	20,0	5,2
7	120	10	22,5	6,1
8	125	11	24,5	7,0
9	130	13	27,0	7,9
10	135	11	29,0	8,8
11	140	14	31,5	10,3
12	145	15	35,5	10,6
13	151	15	40,0	13,7
14	156	14	45,0	13,8
15	160	14	49,5	13,2
16	163	11	52,5	12,8
17	164	11	54,5	12,4

ist die Anwendung physikal. Methoden in der Biologie. So konnten durch den Einsatz des *Elektronenmikroskops* vertiefte Kenntnisse über lichtmikroskopisch nicht mehr auflösbare Objekte gewonnen werden; z. B. wurden der Bau v. Viren (v. a. Bakteriophagen) u. die Struktur v. Zellorganellen wie Mitochondrien u. Chloroplasten sichtbar gemacht. Mit Hilfe der *Röntgenstrukturanalyse* wurden u. a. Proteinstrukturen bestimmt u. so ein Beitrag zum Verständnis biol. Prozesse geleistet. Des weiteren ist die Erforschung der physikal. Vorgänge im lebenden Organismus eine Aufgabe der B., wobei nicht immer eine Abgrenzung zur Physiologie besteht. Im Rahmen der klass. experimentellen B., die Bereiche der Physik (Optik, Mechanik, Elektrizität usw.) in ihrer Erscheinung im lebenden Organismus beinhaltet, werden z. B. erforscht: die ↗Biomechanik v. Bewegungsabläufen (Fliegen, Schwimmen usw.), die Physiologie der Muskelkontraktion, die ↗Bioelektrizität, die Biomechanik des Blutkreislaufs u. der Flüssigkeitsströmungen in Pflanzen sowie die Schallrezeption. Mit Fortschreiten der Forschung in den molekularen Bereich der Lebensvorgänge entwickelte sich auch eine molekulare experimentelle B. Hier beschäftigt man sich mit der B. des Protoplasmas (Membranmodelle, Funktionsweise des Stofftransports durch biol. Membranen), Transduktionsmechanismen an Sinnes- u. Nervenzellen, der B. der Photosynthese u. a. Zur B. ist auch die *Strahlenbiologie* zu rechnen, deren Arbeitsfeld die Untersuchung der Wirkung v. Strahlen auf lebende Objekte ist. Dabei werden alle Arten v. elektromagnet. Strahlungen (v. den langwelligen Radio- u. Mikrowellen über das Infrarot, sichtbare Licht, Ultraviolett bis zu den kurzwelligen Röntgen- u. Gammastrahlen) sowie die Teilchenstrahlung (Alpha- u. Betastrahlung, künstlich erzeugte Elektronenstrahlen u. a.) berücksichtigt. Wichtig ist hier neben dem Einsatz v. Röntgen- u. Gammastrahlen bei der Krebsbekämpfung durch Wachstumshemmung (Strahlentherapie) die Untersuchung u. Nutzung der mutagenen Wirkung v. Strahlung. Ergänzend zur experimentellen B. ist es Aufgabe der theoretischen B., Modellvorstellungen zu biol. Phänomenen zu entwickeln u. eine Axiomatisierung der Biologie zu betreiben.

Lit.: *Glaser, R.:* Einführung in die Biophysik. Stuttgart ²1976. *Hoppe, W., Lohmann, W., Markl, H., Ziegler, H.* (Hg.): Biophysik. Berlin ²1982. *Laskowski, W., Pohlit, W.:* Biophysik. Eine Einführung für Biologen, Mediziner und Physiker. 2 Bde. Stuttgart 1974. *G. St.*

Biophytum s [v. *bio-, gr. phyton = Pflanze], Gatt. der ↗Sauerkleegewächse.

Biopolitologie *w* [v. *bio-, gr. polítēs = Bürger, logos = Kunde], engl. *biopolitics*, besonders in den USA vertretene Richtung der Politologie, die Ergebnisse der ↗ Soziobiologie aufzunehmen versucht. Die B. betont die stammesgeschichtlich geformten Aspekte menschl. Verhaltens im Ggs. zu den historisch-gesellschaftlich bestimmten Verhaltensweisen.

Biopolymere [Mz.; v. *bio-, gr. polymerḗs = vielteilig], *Biomakromoleküle*, natürlich vorkommende, v. lebenden Zellen durch *Polymerisation* (in der Regel Polykondensation) v. Grundbausteinen *(Monomere)* gebildete Kettenmoleküle; B. lassen sich chemisch wieder in ihre Grundbausteine zerlegen. Man unterscheidet zw. *periodisch* u. *aperiodisch* aufgebauten B.n. Zu den periodisch aufgebauten B.n gehören *Polysaccharide* wie Stärke, Glykogen u. Cellulose, die durch Verknüpfung gleicher Grundbausteine (bei den gen. Beispielen Glucose) entstehen. Aperiodisch aufgebaute B. setzen sich aus verschiedenen Grundbausteinen zusammen; so werden *Nucleinsäuren* aus vier sich jeweils in ihrem Basenanteil unterscheidenden Nucleotiden gebildet; zur Synthese v. *Proteinen* werden 20 verschiedene Aminosäuren benutzt. Durch die Verwendung mehrerer verschiedener Grundbausteine entstehen schriftartig aufgebaute Moleküle mit voneinander abweichenden Bausteinsequenzen; die in den Bausteinsequenzen (Primärstruktur) linear vorliegende Information ist die Grundlage v. unterschiedlichen räuml. Strukturen (Sekundär-, Tertiär- u. Quartärstruktur) der betreffenden B.; die Raumstruktur (Konformation) z.B. v. Enzymen ist ihrerseits für die Ausprägung der biol. Spezifität verantwortlich. – Die Synthese der B. gliedert sich in Kettenstart *(Initiation)*, Kettenverlängerung *(Elongation)* u. Kettenabbruch *(Termination)*. Während der Initiationsphase werden die erforderl. Komponenten zu einem Initiationskomplex zusammengefügt; die Elongationsphase besteht in der schrittweisen Übertragung aktivierter Grundbausteine auf die wachsende Kette der B.; während der Terminationsphase trennen sich die für die Polymerisation notwendigen Komponenten. Nach Beendigung der Polymerisation können B. (bes. Nucleinsäuren u. Proteine) noch auf vielfältige Weise modifiziert werden. Für die Biosynthese aperiodischer B. ist im Ggs. zu periodischen B.n außer dem Anknüpfungspunkt für das Kettenwachstum auch eine informationstragende Vorlage *(Matrize)* notwendig. Bei der Replikation v. DNA u. bei der Synthese v. RNA ist dies jeweils ein DNA-Strang; die Aminosäuresequenzen der Proteine bilden sich gemäß der in m-RNA festgelegten Nucleotidsequenzen nach den Regeln des genetischen Codes.

Bioprotektion *w* [v. *bio-, lat. protectio = Beschützung], ↗ Biophylaxe.

Biopterin *s* [v. *bio-, gr. pteron = Flügel], in kleinen Mengen weitverbreiteter gelber Naturstoff, der z.B. im Futtersaft der Bienenköniginnenlarven („Gelee royale") vorkommt, aber auch im Urin gefunden wird. Die reduzierte Form des B.s, das *Tetrahydro-B.*, dient als Wasserstoffdonator bei der Hydroxylierung v. Phenylalanin.

Bioreaktor *m* [v. *bio-, lat. re- = wieder, actio = Handlung], Tank (Fermenter), in dem Rohstoffe durch das Enzymsystem lebender Mikroorganismen od. durch isolierte Enzyme in erwünschte Produkte umgewandelt werden. ↗ Biotechnologie.

Biorhythmik *w* [v. *bio-, gr. rhythmikos = ebenmäßig]. Biol. Systeme zeigen Oszillationen auf allen Ebenen der Organisation, vom Stoffwechselweg bis zur Population und zum Ökosystem. Sofern die Vorgänge selbstgesteuert, d.h. endogener Natur sind, handelt es sich um Biorhythmen, die die Grundlage für die ↗ Chronobiologie v. Menschen, Tieren u. Pflanzen darstellen. Biol. Rhythmen werden nach der Länge ihrer Perioden klassifiziert: sie sind *tagesperiodisch, diurnal* od. *circadian*, wenn die Periode etwa 24 Stunden beträgt, *gezeitenabhängig* bei einer Periode von 12,8 Stunden, *lunar*, wenn sie 28 Tage, *semi-lunar*, wenn sie 14 bis 15 Tage, *annuell*, wenn sie ein Jahr beträgt.

Biorrhiza *w* [v. *bio-, gr. rhiza = Wurzel], Gatt. der ↗ Gallwespen.

Biosatellit *m* [v. *bio-, lat. satelles. Gen. satellitis = Trabant], künstl. Erdsatellit mit Versuchstieren u./od. -pflanzen an Bord zur Erforschung physiolog. Prozesse unter Weltraumbedingungen.

Biose *w* [v. *bio-], einfachster Zucker mit nur 2 Kohlenstoffatomen im Molekül; einziger Vertreter ist der Glykolaldehyd $CH_2OH-CHO$.

Biosensor *m* [v. *bio-, lat. sensus = Empfindung] ↗ Bioelektronik.

Bioseston *s* [v. *bio-, gr. sēstos = gesiebt, gesichtet], Sammel-Bez. für die im Wasser schwebenden Organismen

Biosoziologie *w* [v. *bio-, lat. socius = gemeinschaftlich, gr. logos = Kunde], in den USA entstandene Richtung der Soziologie, die ausgehend v. den Anschauungen der ↗ Soziobiologie versucht, stammesgeschichtlich geformte Aspekte menschl. Verhaltens stärker zu betonen.

Biospektrum *s* [v. *bio-, lat. spectrum = Schemen, Gesicht], das ↗ biologische Spektrum. [stalt, Art], die ↗ Art.

Biospezies *w* [v. *bio-, lat. species = Ge-

Biopterin

Biorhythmik
„Biorhythmik", als wissenschaftlich unhaltbare Hypothese, postuliert, daß zum Zeitpunkt der Geburt Oszillationen im 23- (physische Aktivität), 28- (Gefühlsleben) und 33-Tage-Takt (intellektuelle Leistung) starten, die über die „guten" und „schlechten" Tage des Menschen über Jahrzehnte hinweg entscheiden sollen.

---

bio- [v. gr. bios = Leben], in Zss.: mit Leben zusammenhängend.

Biosphäre w [v. *bio-, gr. sphaira = Kugel], der gesamte v. Organismen bewohnte Teil der Erde, also der bodennahe Luftraum, die dünne Schicht der Festlandoberfläche (bis einige m in den Boden), die Süßgewässer u. das Meer bis in die Tiefsee.

Bios-Stoffe [Mz.; v. *bio-], veraltete Bez. für Wirkstoffe für das Plasmawachstum bei Pflanzen, v. a. im Kambium, in Knospen u. bei Hefepilzen. Wirksame Substanzen sind *Meso-Inosit (Bios I), Biotin (Bios II)* u. *Pantothensäure (Bios III)*. Biosartig wirkt bei Pilzen auch Aneurin (Vitamin B_1).

Biostack-Programm [baiostäck-; v. *bio-, engl. stack = Stapel], Programm zur Erforschung der biol. Wirkung v. Weltraumstrahlung (kosm. Strahlung, Höhenstrahlung), entwickelt in Zusammenarbeit v. Wissenschaftlern (auch aus der BR Dtl.) der Gebiete Botanik, Zoologie, Medizin, Genetik, Biophysik u. Kernphysik.

Biostatika [Mz.; v. *bio-, gr. statikos = hemmend], Pflanzeninhaltsstoffe, die eine spezif. Krankheits- oder Schädlingsresistenz verleihen. Die chem. Zusammensetzung der B. ist unbekannt, die Probleme der Züchtung v. Nutzpflanzen mit hohem Anteil der B. noch nicht klar überschaubar (Schädigung v. Nachbarpflanzen, v. Konsumenten).

Biostratigraphie w [v. *bio-, lat. stratum = Schicht, gr. graphein = beschreiben], Zweig der ↗Stratigraphie.

Biostratonomie w [v. *bio-, lat. stratum = Schicht, gr. nomē = Verteilung], *Biostratinomie*, von J. Weigelt (1933) begr. Zweig der Paläontologie, der die Schicksale vorzeitl. Organismen v. Augenblick ihres Todes bis zu ihrer definitiven Einbettung in das Sediment zum Gegenstand hat, insbes. Fragen nach Todesursache u. Todesart, Verfrachtung, Umlagerung u. Veränderung der Leichen sowie nach der Umwelt.

Biosynthese w [v. *bio-, gr. synthesis = Zusammensetzung], der Aufbau v. organ. Stoffen u. Zellbestandteilen (z. B. v. Zuckern, Fetten, aber auch v. hochmolekularen Strukturen wie Nucleinsäuren u. Proteinen) im lebenden Organismus unter der Wirkung der entspr. Zellkomponenten (Gene, m-RNA, Enzyme, Ribosomen, Membransysteme von Mitochondrien und Chloroplasten) od. in zellfreien Systemen unter der Wirkung v. isolierten Zellkomponenten. Letzteres wird auch als *in-vitro-B.* bezeichnet im Ggs. zur *in-vivo-B.*, die in der intakten Zelle abläuft. Mehrere hintereinandergeschaltete biosynth. Reaktionsschritte beim Aufbau eines Endprodukts über mehrere Zwischenstufen werden als *B.kette* bezeichnet. Im Ggs. zu den B.n verlaufen die rein organisch-chem.

bio- [v. gr. bios = Leben], in Zss.: mit Leben zusammenhängend.

Biostack-Programm
Im Verlauf der B.-P.e I und II wurden an der Außenwand der Kommandokapseln der am. Raumfahrtunternehmen Apollo 16 bzw. 17 Bakterien, Eier v. Insekten u. Salinenkrebsen sowie Samen u. Keimwurzeln ausgewählter Pflanzen der Höhenstrahlung ausgesetzt. Dabei führte bes. die Einwirkung schwerer Atomkerne schon in geringer Dosis zur Inaktivierung der Bakterien bzw. zu Entwicklungsstörungen u. Mißbildungen bei den anderen mitgeführten Objekten.

biotechnische Schädlingsbekämpfung

Synthesen meist unter nicht zellähnl. Bedingungen (unphysiolog. Temperaturen u./od. pH-Werte, nichtwäßrige Lösungsmittel, zellfremde Ausgangs- und Zwischenprodukte usw.).

Biosynthesewege [Mz.; v. *bio-, gr. synthesis = Zusammensetzung], *Biosyntheseketten,* die in lebenden Zellen (in vivo) od. in zellfreien Systemen (in vitro) beim Aufbau verschiedener chem. Verbindungen (z. B. Aminosäuren, Fettsäuren, Nucleotide, Zucker) beschrittenen Stoffwechselwege. Die einzelnen Reaktionen der B. werden v. Enzymen katalysiert. Die Regulation der oft verzweigten B. kann auf vielfältige Weise erfolgen: Enzyme an entscheidenden Stellen der Reaktionskette können v. Endprodukten u./od. Zwischenprodukten der B., aber auch v. anderen Komponenten gehemmt od. stimuliert werden (↗Allosterie). Bei der Aufklärung der meist komplexen B. spielen sog. *Stoffwechselmutanten* v. Mikroorganismen eine entscheidende Rolle.

Biosystem s [v. *bio-, gr. systema = sinnvolles Ganzes], ↗Ökosystem.

Biotechnik w [v. *bio-, gr. technikos = die Kunst betreffend], untersucht als *B. i. e. S.* die Querbeziehungen zw. biol. und techn. Strukturen, um einerseits die an lebenden Systemen gewonnenen Erkenntnisse, z. B. über Bau, Funktion u. Zusammenwirken v. Organen usw., zur Problemlösung techn. Systeme anzuwenden (↗*Bionik*) u. andererseits die beim Studium techn. Elemente gemachten Erfahrungen zur Analyse u. adäquaten Beschreibung biol. Strukturen nutzbar zu machen (↗*Biomechanik*). B. *i. w. S.* umfaßt auch den Forschungsbereich der ↗*Biotechnologie*. ↗Kybernetik.

Lit.: *Bongers, G.* u. a.: Biotechnik. Streiflichter moderner Biologie. München 1974. *Nachtigall, W.*: Biotechnik. Heidelberg 1971. *Nachtigall, W.*: Phantasie der Schöpfung. Hamburg 1974.

biotechnische Schädlingsbekämpfung, Bekämpfung v. Schädlingen durch die Ausnutzung u. Zweckentfremdung der Reaktion v. Tieren auf physikal. u. chem. Reize. Das Ziel ist wie bei der ↗biologischen Schädlingsbekämpfung die Herabsetzung der Populationsdichte unter die Schadensschwelle. Zu den physikal. Reizen zählen Licht (z. B. gegen Vögel Aluminiumstreifen als Reflektoren) u. Schall (u. a. auch Ultraschall gegen Kleinsäuger). Die chem. Reizstoffe unterteilt man in 1) *Attractants,* Stoffe, die die Tiere zur Falle locken. 2) *Stimulantien,* Stoffe, die Biß, Einstich od. Eiablage veranlassen. 3) *Repellents,* Abweismittel, Stoffe, die v. den Tieren als unangenehm empfunden werden. 4) *Deterrents,* Abschreckmittel. 5) *Pheromone, Exohormone,* sehr spezifi-

Biotechnologie

sche Eigenlockstoffe, v. denen die Sexualhormone die größte Rolle spielen; diese Stoffe werden noch in sehr geringen Dosen auf einige km Entfernung wahrgenommen. 6) *Endohormone,* Stoffe, die v. a. für Insekten eingesetzt werden; Neotenin, das Juvenilhormon, verhindert die Verpuppung u. das Schlüpfen, u. Ecdyson, das Häutungshormon, läßt die Verpuppung u. das Schlüpfen sofort eintreten; diese Stoffe sind unspezifisch. 7) *Pflanzenhormone,* Stoffe, die die Zellstreckung u. die Zellteilung beeinflussen u. ein „Totwachsen" der Unkräuter bewirken; wegen der geringeren Abbaugeschwindigkeit werden nicht die organ. Pflanzenhormone verwendet, sondern chemisch ähnliche Hormonanaloga mit gleichen physiol. Wirkungen. Die Vorteile der b.n S. bestehen in den niedrigen Kosten u. der großen Spezifität, außerdem treten kaum schädl. Rückstände auf.

Biotechnologie *w* [v. *bio-, gr. technē = Kunst, logos = Kunde], anwendungsorientierte Teilgebiete der Mikrobiologie (einschl. der mikrobiellen Genetik) u. der Biochemie, die den Einsatz biol. Prozesse im Rahmen techn. Verfahren u. industrieller Produktion behandeln u. in enger Verbindung mit der techn. Chemie u. Verfahrenstechnik stehen. Ziel aller biotechnolog. Verfahren ist es, die ↗Biomasse-Produktion u./od. bestimmte stoffwechselphysiolog. Leistungen biol. Systeme zu optimieren u. unter ökonom. Gesichtspunkten zu nutzen. Wegen ihres schnellen Wachstums u. der vielfältigen Stoffwechselaktivitäten werden bevorzugt Mikroorganismen (Bakterien, Hefen u. a. Pilze) u. in begrenztem Umfang einzellige Algen eingesetzt. In Zukunft werden wahrscheinlich in verstärktem Maße auch Zellkulturen höherer Pflanzen u. Tiere verwendet. In den meisten Fällen erfolgt die Anzucht in Fermentern (↗Bioreaktor) in statischer Kultur. In vielen Verfahren lassen sich die ganzen Mikroorganismen od. nur die notwendigen Enzyme auch in Trägermaterial einschließen (immobilisieren). Biotechnolog. Verfahren wurden schon Jahrtausende vor Entdeckung der Mikroorganismen zur Herstellung u. Konservierung v. Nahrungsmitteln angewandt: Brotsäuerung, Herstellung v. alkohol. Getränken (↗alkoholische Gärung) u. Sauermilchprodukten. Mit Beginn der Produktion (im großtechn. Maßstab) v. Lösungsmitteln (Butanol u. Aceton) im 1. Weltkrieg u. bes. der Penicillinherstellung im 2. Weltkrieg nahm die B. einen großen Aufschwung. Neben der Produktion v. Naturstoffen, Nahrungsmitteln, pharmazeut. Produkten (Antibiotika) u. Grundstoffen aus Biomasse für die chem.

Biotechnologie
Produkte und Einsatzgebiete (Auswahl)

1. Nahrungs-, Futtermittel- u. Biomasseproduktion:
alkoholische Getränke
Sauermilchprodukte
Einzellerproteine

2. Produkte des Grundstoffwechsels (primäre Stoffwechselverbindungen oder Zellbestandteile):
Säuren
Lösungsmittel
Enzyme
Aminosäuren
Nucleotide (Aromastoffe)
Antigene (für Impfstoffe)
Vitamine
Lipide

3. Sekundäre Stoffwechselprodukte:
Antibiotika
Alkaloide
u. a. Pharmaprodukte

4. ↗Biotransformation

5. Produkte der ↗Gentechnologie

6. Umweltschutz und Landwirtschaft:
Kläranlagen
biol. Pflanzenschutzmittel
Wuchsstoffe
Abfallbeseitigung

7. Rohstofferschließung:
Biokonversion (Bioenergie)
mikrobielle Laugung
Tenside (Erdölförderung)

---

bio- [v. gr. bios = Leben], in Zss.: mit Leben zusammenhängend.

Industrie werden Mikroorganismen auch zur Modifizierung v. Stoffen eingesetzt (↗Biotransformation). Einen neuen Aufschwung erhielt die B. in den letzten Jahren durch die Notwendigkeit, neue, v. Erdöl unabhängige Ressourcen (Rohstoffquellen) zu erschließen sowie zum Umweltschutz die Masse an Müll u. industriellen Abfällen sinnvoll unter Wiedergewinnung v. Rohstoffen (Recycling) u. v. Bioenergie zu beseitigen. Eine Erzaufbereitung durch mikrobielle Laugung wird in einigen Ländern im großen Umfang durchgeführt. Vielversprechend sind auch Versuche, bestimmte Bakterien od. deren oberflächenaktive Stoffe (Tenside) zum verbesserten Herauslösen v. Erdöl einzusetzen. Auch „Kunststoffe" werden aus bakteriellen Stoffwechselprodukten gewonnen werden können. Biol. Pflanzenschutzmittel für die Landw. sind weitere umweltfreundl. Produkte, die sich biotechnologisch im industriellen Maßstab herstellen lassen. Die neuen molekularbiol. Methoden der Genübertragung u. Protoplastenfusion haben für die B. völlig neue Einsatzmöglichkeiten eröffnet (↗Gentechnologie). Durch das Zusammensetzen „synthetischer" Bakterien lassen sich auch besonders giftige Industrieabfälle od. andere umweltschädl. Stoffe abbauen. Gegenüber der synthet. Chemie haben die Produktionsverfahren in der B. eine Reihe v. Vorteilen: geringer Energieverbrauch (niedere Temperaturen); Wasser als Reaktionsmedium; vielfach einfache Ausgangsstoffe, wie billige Biomasse, Nebenprodukte od. Abfälle; relativ einfache Synthese vieler sehr komplizierter Substanzen u. Stereospezifität der Synthese; oft sehr hohe Ausbeute. ↗Biotechnik.

Lit.: *Bogen, H. J.:* Knaur's Buch der Biotechnik. München 1973. *Präve, P.,* u. a.: Handbuch der Biotechnologie. Wiesbaden 1982. *Rehm, H. J.:* Industrielle Mikrobiologie. Berlin ^{2}1980.   G. S.

Biotelemetrie *w* [v. *bio-, gr. tēle = weit, fern, metrein = messen], Funkübertragung biol. und med. Meßwerte (z. B. EKG, Temperatur, Blutdruck), die durch einen Biosensor in elektr. Signale umgewandelt worden sind; angewandt zunächst vor allem in der Luft- u. Raumfahrt; heute zunehmende Bedeutung auch für die Arbeits- und die Sportmedizin sowie für die Verhaltensforschung.

Biotest *m* [v. *bio-, engl. test = Prüfung], biol. Verfahren zum Nachweis u. zur quantitativen Bestimmung v. Wirkstoffen, wie Antibiotika, Phytohormone u. Vitamine. Als Testobjekte werden Pflanzen, Pflanzenteile, Mikroorganismen od. Gewebekulturen eingesetzt. An einen guten B. wird die Anforderung gestellt, daß er spezifisch u.

hochempfindlich auf die betreffende Substanz reagiert (dies wird z. B. mit Mangelmutanten v. Pflanzen erreicht). Modifizierende Umwelteinflüsse sollten durch kontrollierte, standardisierte Bedingungen ausgeschlossen werden.

Biotin s [v. *bio-], wurde als *Vitamin H* aus Leber bzw. Eigelb isoliert, zyklisches Derivat des Harnstoffs mit Thiophenring. Wird im Zellstoffwechsel als Coenzym kovalent über die Carboxylgruppe der Seitenkette mit ε-Aminogruppe eines Lysinrests an Enzyme (die sog. *B.-Enzyme*) gebunden; in dieser Form kann an ein Stickstoffatom des B.-Rests Kohlendioxid angelagert werden (aktiviertes Kohlendioxid), das dann bei zahlr. Carboxylierungsreaktionen (C_1-Stoffwechsel) eingreift.

biotisch [v. gr. biotos = Leben, Lebensart], bedingt od. beeinflußt v. Lebewesen; Ggs.: abiotisch.

biotische Faktoren [v. gr. biotos = Leben, Lebensart], Faktoren der lebenden Umwelt, z. B. die Nahrung, Konkurrenten, Feinde, Parasiten, Krankheitserreger. Ggs.: abiotische Faktoren.

biotisches Potential [v. gr. biotos = Leben, Lebensart], *Vermehrungspotential* (engl. intrinsic rate of natural increase), Maß der inneren Rate des natürl. Zuwachses, also ein Maß für die Wachstumsrate einer Population ohne limitierende Umweltfaktoren.

Biotop m [v. *biotop], der Lebensraum einer Lebensgemeinschaft aus Pflanzen u. Tieren mit seinen typ. Umweltbedingungen, z. B. Auenwälder, Trockenwiesen, Quellen u. Moore.

Biotopanpassung [v. *biotop], Anpassung an die jeweils im Biotop herrschenden Umweltfaktoren.

Biotopbindung [v. *biotop], *Biotopzugehörigkeit,* Bez. für die verschieden starke Bindung der Arten an einen Lebensraum. Entsprechend ihrem Grad der Bindung unterscheidet man treue, feste, holde, vage u. fremde Arten.

Biotopschutz [v. *biotop], ↗Artenschutz.

Biotopwahl [v. *biotop], ↗Habitatselektion.

Biotopwechsel [v. *biotop], durch Änderung der Umweltfaktoren hervorgerufenes Überwechseln v. Arten in einen anderen Biotop, in dem sie die erforderl. Umweltbedingungen vorfinden u. die Änderung dadurch für sie aufgehoben wird. Beispiel: die Fichte kommt in niederen Lagen in kühlen, feuchten Schluchten, in höheren Lagen auf Nordhängen u. gegen die Baumgrenze hin auf den wärmsten Südhängen vor.

Biotopzugehörigkeit [v. *biotop], die ↗Biotopbindung.

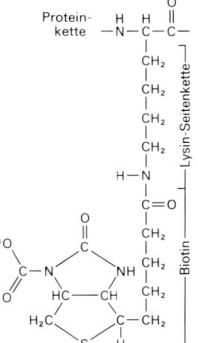

Biotin-Enzym

Carboxylierte Form eines Biotin-Enzyms; identisch mit der aktivierten Form des Kohlendioxids

Biotransformation

Wichtige Stoffklassen, bei deren biotechnologischer Herstellung Umwandlungs- od. Teilreaktionen durch Biotransformation erfolgen:

Antibiotika
Steroide und Sterine
Vitamine
Carotinoide
Prostaglandine
Aminosäuren

Biotransformations-Typen im Menschen zur Entgiftung v. Fremdstoffen:

Oxidation
Reduktion
Hydrolyse
Konjugation (kovalente Verknüpfung mit körpereigenen Verbindungen)

bio- [v. gr. bios = Leben], in Zss.: mit Leben zusammenhängend.

biotop [v. gr. bios = Leben, topos = Ort], in Zss.: Lebensraum.

Biotransformation w [v. *bio-, lat. transformatio = Umwandlung], *Biokonversion,* enzymat. Veränderung v. Substanzen. **1)** Biotechnologie: zur B. werden ganze lebende Zellen, fixierte Zellen u. isolierte freie od. trägergebundene Enzyme verwendet. Der Vorteil v. B.en gegenüber der chem. Katalyse liegt darin, daß in der Regel keine Nebenreaktionen ablaufen *(Reaktionsspezifität),* daß die Veränderung an spezif. Stellen des Substratmoleküls stattfindet *(Regiospezifität)* und daß in vielen Fällen bei Stereoisomeren nur eine Form umgewandelt wird *(Stereospezifität).* Es können dadurch Stoffumwandlungen ausgeführt werden, die chemisch sehr schwierig, in vielen Schritten od. überhaupt nicht möglich wären. Sehr wichtig ist auch, daß die B.en unter milden Reaktionsbedingungen ablaufen (relativ niedrige Temp., etwa neutraler pH-Wert). Heute wird bereits eine große Anzahl v. Substanzen aus vielen Stoffklassen industriell durch B.en hergestellt. **2)** Physiologie: im menschl. (u. tier.) Stoffwechsel die Veränderung v. niedermolekularen, körperfremden (giftigen) Stoffen zu wasserlösl., harnfähigen Verbindungen, um eine Ausscheidung zu ermöglichen. Die Umwandlung der „nicht normalen" Substanzen (z. B. Äthanol, Nicotin, Arzneimittel, Insektizide, Farbstoffe, Konservierungsmittel, aromat. Verbindungen aus geräucherten Nahrungsmitteln u. a. Stoffe) verläuft am glatten endoplasmat. Reticulum, v. a. in der Leber. In dieser chem. Modifikation kann: a) eine aktive Substanz zu einer inaktiven verändert werden, b) eine inaktive od. wenig aktive Substanz erst durch den Stoffwechsel in eine aktive bzw. stärker aktive Form überführt werden, c) das Umwandlungsprodukt einer aktiven Ausgangssubstanz weiterhin aktiv bleiben, d) eine schwach toxische Verbindung in ein stärker toxisches Stoffwechselprodukt umgewandelt werden. Die Funktion der B. im Menschen ist normalerweise ein Entgiftungsmechanismus, eine Inaktivierung u. Ausscheidung v. Fremdstoffen. In einigen Fällen werden jedoch bestimmte Substanzen, bes. Umweltgifte, erst in der Leber zu stark toxischen oder sogar krebserregenden Substanzen umgewandelt.

biotrop [v. *bio-, gr. tropē = Hinwendung], durch meteorolog. u. geophysikal. Reize auf einen Organismus einwirkend; b.e Faktoren sind ursächlich an Leistungsfähigkeit u. Verfassung v. Menschen, Tieren u. Pflanzen beteiligt.

Bioturbation w [v. *bio-, lat. turbatio = Verwirrung], Mischung v. Bodenmaterial durch Bodenorganismen. Wühlende u. grabende Bodentiere wie Mäuse, Maul-

Biotyp

bio- [v. gr. bios = Leben], in Zss.: mit Leben zusammenhängend.

biozöno- [v. gr. bios = Leben, koinonein = gemeinsam leben].

Biozide
Akarizide
Algizide
Bakterizide
Fasciolizide
Fungizide
Herbizide
Insektizide
Molluskizide
Nematizide
Rodentizide

würfe, Hamster u. Ziesel, aber auch Ameisen, Termiten u. Regenwürmer mischen u. zerkleinern Bodenteilchen. Teils transportieren sie Unterbodenmaterial nach oben u. wirken der Profildifferenzierung u. Nährstoffverlagerung entgegen; teils wird aber auch Oberbodenmaterial in tiefere Horizonte gebracht. Regenwürmer bringen in ihrem Darm Tonminerale u. Huminstoffe in engen Kontakt u. begünstigen die Bildung v. Ton-Humus-Komplexen. Intensive B. ist an günstige Luft-, Wasser- u. Nährstoffverhältnisse im Boden gebunden.

Biotyp *m* [v. *bio-, gr. typos = Muster], *Biotypus,* Bez. für sämtl. genotypisch gleichen Organismen einer Population, die durch Parthenogenese od. Selbstbefruchtung entstanden sind.

Biowäscher [v. *bio-], ↗Biofilter.

Biozelle [v. *bio-], durch bioelektrochem. Vorgänge im Stoffwechsel bestimmter Bakterien betriebene leistungsstarke elektr. Langzeitbatterie; wird u.a. für die elektr. Versorgung v. Satelliten verwendet.

Biozide [Mz.; v. *bio-, lat. -cida = Mörder], Umweltchemikalien, die zur Bekämpfung schädl. Lebewesen eingesetzt werden. Die primäre Wirkung vieler B. ist selektiv für einzelne Gruppen v. Lebewesen. Häufig jedoch können sich B., wie das DDT, über Nahrungsketten auch in anderen, v. den eigtl. Zielgruppen verschiedenen Arten anreichern u. so zur chron. oder akuten Gefährdung weiterer Gruppen einer Lebensgemeinschaft (Biozönose) führen. Aus diesem Grunde werden B. zunehmend restriktiv eingesetzt od. sogar – wie das DDT – weltweit der Anwendung entzogen. ↗Biologische Schädlingsbekämpfung, ↗biotechnische Schädlingsbekämpfung.

Biozone [v. *bio-, gr. zōnē = (Erd)Gürtel], *Biochron,* einige vertikale Gliederungseinheit der Biostratigraphie nach ausschließlich biol. Kriterien unter Vernachlässigung der Gesteinsmerkmale. Jede B. wird durch ausgewählte Organismen charakterisiert.

Biozönologie *w* [v. *biozöno-], ↗Biozönose.

Biozönose *w* [v. *biozöno-], eine meist durch bestimmte Charakterarten gekennzeichnete einheitl. Lebensgemeinschaft mit ihren Boden- u. Klimafaktoren. Ihre Glieder stehen in vielseitigen direkten od. indirekten Wechselbeziehungen zueinander, wodurch ein ökolog. Wirkungsgefüge der Arten resultiert, der sog. *biozönotische Konnex.* In einer B. herrscht im allg. das Prinzip der Selbstregulation. Die *Biozönotik (Biozönologie, Synökologie)* ist ein Teilgebiet der Ökologie, das die Wechselbeziehungen innerhalb der B. erforscht.

Ihre Ergebnisse finden z.B. Anwendung in der biol. Schädlingsbekämpfung, bei forst- u. agrarwirtschaftl. Maßnahmen u. in der Fischerei.

Biozönotik *w* [v. *biozöno-], ↗Biozönose.

biozönotische Ähnlichkeit [v. *biozöno-], ↗Stellenäquivalenz.

biozönotische Grundprinzipien [v. *biozöno-], formuliert von A. F. Thienemann. 1) Vielseitige Lebensbedingungen in einem Biotop ermöglichen hohe Artendichte der dazugehörigen Lebensgemeinschaft bei relativ geringer Individuenzahl der beteiligten Arten. 2) Einseitige Lebensbedingungen dagegen, v.a. solche, die durch die extrem starke od. extrem niedrige Entfaltung allg. wichtiger Umweltfaktoren ausgezeichnet sind, führen zu artenarmen Biozönosen, bei hoher Individuenzahl der beteiligten Arten.

biozönotisches Gleichgewicht [v. *biozöno-], Gleichgewichtszustand, d.h. eine gewisse Konstanz in der Individuendichte der einzelnen Arten einer Biozönose über längere Zeiträume hinweg, solange keine entscheidenden Umweltveränderungen eintreten. Das b. G. wird durch die Wechselbeziehungen der Glieder der Biozönose aufrechterhalten.

Biozyklen [Mz.; v. *bio-, gr. kyklos = Kreis], ↗Nahrungskette.

Bipalium *s,* Gatt. der ↗Tricladida.

Bipeden [Mz.; v. lat. bipes = zweifüßig], *Zweifüßer,* Organismen mit vier Extremitäten, die zum Laufen v.a. die beiden Hinterextremitäten benutzen (↗Bipedie). Hierzu gehören z.B. alle Vögel, manche Dinosaurier (Tyrannosaurus), Känguruhs u. der Mensch.

Bipedidae [Mz.; v. lat. bipes = zweifüßig], Fam. der ↗Doppelschleichen.

Bipedie *w* [v. lat. bipes = zweifüßig], *Zweifüßigkeit,* Fortbewegungsweise v. Wirbeltieren mit bevorzugtem od. ausschließlichem Gebrauch der hinteren Extremitäten; die Vorderextremitäten sind dabei oft schwächer entwickelt (z.B. Känguruh). ↗aufrechter Gang.

Bipinnaria *w* [v. lat. bi- = zwei, pinna = Flügel, Flosse), Larve der Seesterne; ↗Stachelhäuter.

bipolar [v. lat. bi- = zwei-, gr. polos = Pol], doppelpolig, zweipolig, Bot.: *polardiblastisch.*

bipolare Nervenzelle *w* [v. lat. bi- = zwei-, gr. polos = Pol], Bez. für eine ↗Nervenzelle mit zwei Fortsätzen; nach morpholog. Kriterien werden die Neuronen noch in multipolare u. pseudounipolare Nervenzellen unterschieden.

bipolare Verbreitung [v. lat. bi- = zwei-, gr. polos = Pol], eine Art der Verbreitung, bei der naheverwandte Taxa nur in den höheren Breiten der Nord- u. Südhalbkugel vorkommen; z. B. in der Antarktis *Empetrum rubrum* u. *Nothofagus*, in der Arktis *Empetrum nigrum* u. *Fagus*.

Birgus, Gatt. der Einsiedlerkrebse, mit *B. latro*, dem ↗ Palmendieb.

Birke, *Betula*, Gatt. der Birkengewächse, mit ca. 50 Arten auf der ganzen Nordhalbkugel verbreitet. Lichtbedürftige, anspruchslose Bäume u. Sträucher mit hüllenlosen ♀ Blüten u. häutig geflügeltem Nüßchen (Samara). Die Hänge-B. *(B. pendula, B. verrucosa,* B Europa IV), Alter bis ca. 120 Jahre, Höhe bis 28 m, mit kahlen Blättern u. warzigen Harzausscheidungen ist ein sandbevorzugendes, ausschlagsfähiges Pioniergehölz; sie kommt bes. auf Brandflächen, in Mooren u. an der Waldgrenze vor u. tritt nur in der N-Sowjetunion waldbildend auf, ist aber auch in Mischwäldern eingestreut. Die Moor-B. *(B. pubescens)* mit eiförm., unterseits flaum. Blättern wächst zerstreut in Mooren u. Bruchwäldern. Beide Arten haben eine weiße Ringelborke. Das kernlose weißlichrötl., mittelharte elast. *B.*nholz dient als Brenn-, Werk- u. Drechselholz, geschält auch als Sperrholz. Die gerbstoff- u. betulinhaltige *B.*nrinde wird zum hellen Gerben v. Juchtenleder u. für die *B.*nteer-Herstellung verwendet. Wegen ihrer Wasserbeständigkeit wird sie z. B. als Unterlage für Balken u. für Schuhe benutzt. Der Blutungssaft ist ein Getränk u. wird auch zu *B.*nwein vergoren. Die Blätter liefern einen harn- u. schweißtreibenden Tee u. dienen zum Färben v. Wolle („Schüttgrün/gelb"). Die Hänge-B. wird wegen ihrer Anspruchslosigkeit auch zur Aufforstung schlechter Böden eingesetzt. Die nur 30 bis 70 cm hohe Zwerg-B. *(B. nana)* der arktischen Strauchtundren, in eiszeitl. Ablagerungen als Bestandteil der sog. Dryasfluren oft nachgewiesen, ist heute ein seltenes Eiszeitrelikt in wenigen Mooren zw. Tundrengürtel u. Alpen (nach der ↗ Roten Liste „gefährdet").

Birkenblattroller, *Deporaus*, ↗ Blattroller.

Birken-Bruchwälder ↗ Betulion pubescentis.

Birken-Eichenwälder ↗ Quercetea roboripetraeae.

Birkengewächse, *Betulaceae,* Fam. der Buchenartigen mit 6 Gatt. (vgl. Tab.) u. ca. 170 Arten; laubwerfende Bäume u. Sträucher der nördl. gemäßigten Zone sowie der Anden u. Argentiniens mit einfachen wechselständ., meist gesägten Blättern. Die ↗ Blütenformel ist: P 2 + 2 A 2 + 2 bzw. G(2) od. stärker reduziert. Die Früchte sind meist windverbreitete geflügelte Nüßchen. Die B. haben eine Mykorrhiza (Pilzsym-

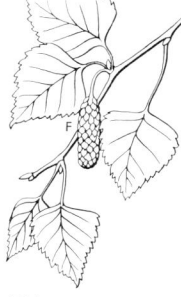

Birke
Hänge-Birke *(Betula pendula)*, Wuchs- u. Blattform, F = Fruchtkätzchen

Birkenspanner *(Biston betularia),* helle Normalform

Birkengewächse
Wichtige Gattungen:
↗ Birke *(Betula)*
↗ Erle *(Alnus)*
↗ Hasel *(Corylus)*
↗ Hainbuche *(Carpinus)*
↗ Hopfenbuche *(Ostrya)*

biose) u. zeichnen sich biochem. durch die lösl. Aminosäure Citrullin als transportable Stickstoffverbindung aus.

Birken-Kiefern-Zeit ↗ Allerödzeit.

Birkenmaus, *Sicista betulina*, Art der Hüpfmäuse, mit 5–7 cm Kopfrumpflänge kleiner als alle in Dtl. heimischen Echten Mäuse; dunkler Rückenstreifen. Von allen Säugetieren hält die B. mit bis zu 8 Monaten den längsten Winterschlaf. Hauptverbreitungsgebiete liegen in N- u. O-Europa; erst seit 1933 in Dtl. nachgewiesen (vermutlich Eiszeitrelikt), wo sie nach der ↗ Roten Liste heute zu den „vom Aussterben bedrohten" Arten zählt. [tis.

Birken-Moorwälder ↗ Betulion pubescens.

Birkenpilz, *Leccinum scabrum* Gray, ↗ Rauhfußröhrlinge. [↗ Milchlinge.

Birkenreizker, *Lactarius torminosus* Gray,

Birkenspanner, Astspanner, *Biston betularia,* dickleibiger, dicht beschuppter, spinnenartig wirkender ↗ Spanner mit schwarz punktierten u. gebänderten weißen Flügeln; Fühler des Männchens gekämmt; der ca. 50 mm spannende Falter fliegt von Mai bis Juli in Waldgebieten u. Gärten, ruht tags gerne an Baumstämmen, deren Flechtenbesatz od. Rindenfarbe (Birke) die Tiere der Normalform vorzüglich tarnt (↗ Mimese). Die in Industriegebieten seit Mitte des letzten Jh.s auftretende dunkle, genetisch dominante Mutante f. *carbonaria* (Paradebeispiel für ↗ Industriemelanismus) ist hingegen auf den durch Luftverschmutzung flechtenfreien Stämmen vor ihren Feinden (nachgewiesen z. B. an Vögeln) besser geschützt, so daß sie in diesen Regionen die hellen B. (f. *betularia*) verdrängte. Die je nach Futterpflanze bräunlich od. grün gefärbten, zweigähnl. Raupen leben an Laubhölzern; sie verpuppen sich fast ohne Gespinst im Boden.

Birkenspinner, Frühlingsspinner, Scheckflügel, *Endromidae,* mit nur einer paläarktisch verbreiteten Art, dem B. *(Endromis versicolora),* dessen Körper pelzartig braun behaart ist, Flügel zimtbraun, weiß gefleckt u. gebändert, Spannweite 70 mm, Fühler gekämmt; das kleinere Männchen tagaktiv, fliegt im März – Mai auf der Suche nach Weibchen in Birkenbeständen. Die grüne, unbehaarte Raupe mit weißen Schrägstreifen u. einem Höcker auf dem letzten Segment, frißt an Laubhölzern, v. a. an alten Birken; Verpuppung u. Überwinterung in einem schwarzen netzartigen Gespinst an der Erde.

Birken-Stieleichenwald, *Betulo-Quercetum roboris,* Assoz. der ↗ Quercetea roboripetraeae.

Birken-Traubeneichenwald, *Fago-Quercetum petraeae, Violo-Quercetum petraeae,* ↗ Quercetea robori-petraeae.

Birkenzeisig

Birkenzeisig, *Acanthis flammea,* ↗ Hänflinge.
Birkhuhn, *Lyrurus tetrix,* ↗ Rauhfußhühner.
Birnbaum, *Pyrus, Pirus,* Gatt. der Rosengewächse mit ca. 25 Arten v. Holzgewächsen; urspr. in gemäßigten Gebieten Eurasiens u. N-Afrikas, heute weltweit verbreitet. Blätter gegenständig, die meist weißen Blüten sind in Doldenrispen zusammengefaßt, Griffel an der Basis nicht verwachsen, Staubblätter mit purpurnen Beuteln Apfelfrucht (Kerngehäuse entspricht einer Sammelbalgfrucht, die v. fleischig gewordenen Blütenbechern u. unterem Teil der Kelchblätter umwachsen wird), Fruchtfleisch mit Steinzellen (B Kulturpflanzen VII). Tiefwurzler, wächst auf mäßig feuchten, tiefgründigen Ton-Lehmböden, aber auch auf steinigem Grund. Die Wildbirne *(Pyrus pyraster)* kommt selten in Wäldern W-Asiens u. Mitteleuropas vor; kugelige Früchte, dornig; wohl wichtigster v. vielen Vorfahren der Kulturbirne *(Pyrus communis),* Sammelart. Seit dem Neolithikum werden Früchte gesammelt, in Italien seit dem 2. Jt. v.Chr. in Kultur; heute kennt man über tausend Züchtungen dieses Edelobstes. Die Vermehrung erfolgt durch Pfropfen auf Quitte u. chines. Pyrusarten als Unterlage. Der Nährwert der Birne gleicht dem des Apfels; sie enthält aber weniger Säure u. viel mehr Zucker u. ist schlechter lagerungsfähig als der Apfel; Verarbeitung zu Obstwein, Konserven, Marmelade u. Dörrobst. Haupterzeugerland ist Frankreich, Jahresweltproduktion über 7 Mill. t. *B.holz* ist gut polierbar, weiß bis rötlichbraun, dicht u. hart, jedoch leicht zu bearbeiten; es wird u.a. in der Möbelindustrie als Furnier od. massiv verarbeitet; gebeizt als Ebenholzersatz.
Birnblattwespe, *Neurotoma saltuum,* ↗ Pamphiliidae. [cher.
Birnenblütenstecher, *Anthonomus,* ↗ Ste-
Birnengitterrost ↗ Gitterrost.
Birnenmoose, die ↗ Bryaceae.
Birnensägewespe, *Hoplocampa brevis,* ↗ Tenthredinidae.
Birnenschorf ↗ Kernobstschorf.
Bisam, der ↗ Moschus.
Bisamkraut, die ↗ Adoxa.
Bisamratte, *Ondatra zibethica,* eine urspr. in N-Amerika beheimatete Wühlmaus, die sich über weite Teile der Alten Welt ausgebreitet hat; Kopfrumpflänge 30–36 cm, Schwanzlänge 20–25 cm, Gewicht 600 bis 1500 g. Die heute in Mitteleuropa lebenden, sich noch immer ausbreitenden B.n stammen wahrscheinlich vo 5 im Jahr 1905 in der Nähe von Prag ausgesetzten Tieren ab; auch in Finnland (1922), Großbritannien (1927), Frankreich (1938) u. der Sowjetunion (1929/30) hat man B.n e ngeführt bzw. ausgesetzt, um sie wegen ihres weichen, kastanienbraunen Fells als Pelztiere zu nutzen. Da B.n bei gehäuftem Auftreten durch Unterwühlen v. Dämmen u. Deichen erhebl. Schaden anrichten, werden sie in manchen Gegenden ständig bekämpft. B.n sind am Wasser lebende Dämmerungs- u. Nachttiere, die sich v. Pflanzenteilen, gelegentlich auch v. Muscheln u. Wasserschnecken ernähren. An Uferböschungen bauen sie Erdhöhlen mit unter Wasser liegenden Eingängen, an flachen Gewässerufern Burgen aus Gräsern, Schilf u. Binsen mit Wohn- u. Vorratskammern, halten jedoch keinen Winterschlaf. Durch jährlich 3–4 Würfe mit je 5–8 Jungen können B.n sich stark vermehren. Bisamfleisch kommt in Amerika als „Sumpfkaninchen" in den Handel. Das aromatisch riechende Sekret einer Afterdrüse findet in der Parfumindustrie Verwendung. – Auf Neufundland beschränkt, lebt eine zweite Art, *O. obscura.* B Europa VII.
Bisamrüßler ↗ Desmane.
Bisamschwein ↗ Pekaris.
Bisamspitzmaus ↗ Desmane.
Bischoff, *Gottlieb Wilhelm,* dt. Botaniker, * 21. 5. 1797 Bad Dürkheim, † 11. 9. 1854 Heidelberg; seit 1839 Prof. in Heidelberg; Arbeiten über Systematik u. Fortpflanzung der Kryptogamen, unterschied erstmalig zw. Laub- u. Lebermoosen; schuf die Begriffe Antheridium u. Archegonium.
Bischofsmütze, 1) *Astrophytum,* Gatt. der ↗ Kakteengewächse. 2) *Gyromitra infula* Fr., ↗ Mützenlorcheln.
Bischofsmützen, *Mitridae,* Fam. der Giftzüngler, Meeresschnecken mit bis 18 cm hohem, ei- bis spindelförm. Gehäuse u. großer Endwindung. Zu den B. (vgl. Tab.) gehören ca. 500 Arten in trop. Flachwassergebieten u. Korallenriffen, wo sie sich v. Muscheln u. Würmern ernähren. Als B. im engeren Sinne wird *Mitra episcopalis* bezeichnet. [nige.
Bischofspfennige, die ↗ Bonifatiuspfen-
Biscutella w [v. lat. bi- = zwei-, lat. scutella = Schale, Schüssel (die Schote ist in zwei Lappen geteilt, die nebeneinanderstehenden Schüsseln gleichen)], das ↗ Brillenschötchen.
Bisexualität w [v. lat. bi- = zwei-, lat. sexualis = geschlechtlich], *Ambisexualität, Doppel- od. Zweigeschlechtlichkeit,* 1) in der Biol. Bez. für den getrenntgeschlechtl. Zustand v. Lebewesen, d.h. das Vorhandensein v. männl. u. weibl. Individuen *(bipolare Sexualität).* 2) in der Humanmedizin Bez. für das Nebeneinanderbestehen hetero- u. homosexueller Geschlechtstriebe bei einem Menschen.
bisexuelle Potenz w [v. lat. bi- = zwei-, lat. sexualis = geschlechtlich, lat. potentia =

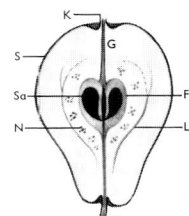
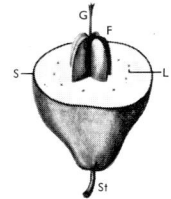

Birnbaum
Die *Birne* ist eine Scheinfrucht; oben Längsschnitt, unten Fruchtblätter, zur Hälfte freipräpariert. K Kelch, G Griffel, F Fruchtblätter, Sa Samen, L Leitbündel, S Schale, St Stiel, N Steinzellennester.

Bischofsmützen
Wichtige Gattungen:
Mitra
Pusia
Vexillum

Bisamratte *(Ondatra zibethica)*

Vermögen], **1)** die Fähigkeit der Eizellen bzw. Embryonen (evtl. aber auch schon geschlechtsreifer Tiere), sich unter dem Einfluß entsprechender Modifikatoren (Gene, Hormone, Außeneinflüsse) zum männl. *oder* weibl. Phänotyp zu entwickeln (↗ Geschlechtsbestimmung). **2)** Bei Urgeschlechtszellen die noch nicht festgelegte Fähigkeit zur Differenzierung in Spermien oder Eizellen (↗ Geschlechtsbestimmung).

Bison, *Buffalo, Bison bison,* Wildrind, größtes Säugetier des am. Erdteils; Kopfrumpflänge der Stiere bis 3 m bei einer Körperhöhe bis 1,90 m u. einem Gewicht bis 1000 kg; weibl. B.s sind um ca. ¼ kleiner u. leichter; dunkelrotbraunes Fell, kurze u. gedrungene Hörner; breiter Schädel, mächtige Schulterpartie u. Widerrist mit langer Behaarung (Mähne) betonen charakteristisch den Vorderkörper des B.s. Zwei U.-Arten: der Prärie-B. ernährt sich v. Gräsern u. Kräutern der Steppe, der Wald-B. auch v. Blättern u. Rinde der Bäume u. Sträucher. Während der Brunst (Mai–Sept.) vereinigen sich Bullen- u. Kuhgruppen zu Großherden. Der Begattung gehen kraftvolle Rangordnungskämpfe der Bullen voraus. Anschließend lösen sich die Großherden wieder in kleinere Gruppen auf. Tragzeit: 9 Monate; Lebensdauer: 20–25 Jahre. Dem B. nächstverwandt ist der eur. ↗ Wisent; beide lassen sich fruchtbar miteinander kreuzen u. werden daher auch als U.-Arten angesehen. – Vor der Besiedelung durch die Europäer durchzogen riesige B.-Herden die Prärien N-Amerikas. Um 1700 lebten v. Alaska bis N-Mexiko noch ca. 60 Millionen B.s; dies erklärt die zentrale Rolle, die der B. im Leben der Indianer („Indianerbüffel") seit jeher spielte. Im Zuge der Eroberung des am. Westens erfolgte die grausame Massenvernichtung der B.s zum Zweck des Aushungerns der Indianer u. zur Frischfleischversorgung beim Eisenbahnbau; 1889 lebten nur noch ca. 800 B.s. Schutzmaßnahmen u. Aussetzung v. in Gefangenschaft gezüchteten Tieren ließen den B.-Bestand in Kanada u. USA wieder auf etwa 30 000 Tiere anwachsen. B Nordamerika III. [ner.

Biston, Gatt. der ↗ Spanner, ↗ Birkenspan-

Bit [engl., Kurzw. aus binary digit = zweiwertige Ziffer], Kurzzeichen *bit*, Informationstheorie: kleinste Einheit od. Informationsquant bzw. Antwortform auf eine Frage: die Alternative Ja – Nein; aus dieser Zweier-Alternative leitet sich die Bez. für das Informationsquant ab: „binary digit", verkürzt zu bit. Ein bit ist die Menge an Information, die sich durch eine Ja-Nein-Entscheidung erfragen läßt; zwei Alternativen ≙ 1 bit = $\log_2 2 = 1$.

Bitheca *w* [v. lat. bi- = zwei-, gr. thēkē = Behälter], die kleinste der trimorphen Theken dendroider Graptolithen; v. Kozlowski (1938) als Sitz ♂ Zooide gedeutet.

Bithynia *w* [ben. nach der Landschaft im NW Kleinasiens], die ↗ Langfühlerschnekken.

Bitis, die ↗ Puffottern.

Bittacidae [Mz.; v. gr. bittakos, psittakos = Papagei], die ↗ Mückenhafte.

Bittereschengewächse, die ↗ Simaroubaceae.

Bitterfäule, pilzliche Lagerfäule v. Äpfeln, verursacht durch *Gloeosporium*-Arten; auf den Früchten entstehen braune, etwas eingesunkene Flecken (bis zu Pfenniggröße), die in Fäulnis übergehen; die Früchte schmecken bitter. Die Infektion erfolgt bereits vor der Ernte; an Zweigen u. Stamm können krebsartige Wunden auftreten; die Übertragung erfolgt durch Konidien aus Fruchtlagern (Acervuli); das Mycel überwintert an den Bäumen.

Bitterholz, das Holz von Quassia, ↗ Simaroubaceae.

Bitterklee, der ↗ Fieberklee.

Bitterkraut, *Picris,* Gatt. der Korbblütler, die mit über 40 Arten im Mittelmeergebiet, im gemäßigten Europa u. Asien sowie mit 4 Arten in Äthiopien beheimatet ist. In Dtl. zu finden ist das in fast ganz Europa u. Sibirien bis zum Altai-Gebirge verbreitete Gemeine B. *(P. hieracioides),* eine zwei- od., durch Bildung v. Wurzelknospen, mehrjährige, 30–90 cm hohe, Milchsaft führende, borstig behaarte u. sparrig verästelte Pflanze mit spindelförm., bitter schmekkender Wurzel (Name!) u. länglich-lanzettl., gezähnten Laubblättern. Die zw. Juli u. Okt. erscheinenden Blütenköpfe stehen in Trugdolden u. besitzen schwefel- bis goldgelbe, außen meist rot unterlaufene Blüten. Unterschiede in der Blütenanordnung, der Form der Hüllblätter sowie der Behaarung erlauben bei *P. hieracioides* eine Unterteilung in 5 U.-Arten. Standorte sind trockene bis mäßig feuchte Wiesen, Wegränder, Schotter, Dämme u. Buschsäume. Hier, sowie auf Äckern u. Brachen, ist auch der im Mittelmeerbecken bis zu den Kanar. Inseln u. SW-Asien heimische, in Mitteleuropa als Wanderpflanze lebende, selten eingebürgerte Wurmlattich *(P. echioides)* zu finden, der früher als Wurmmittel angewendet wurde.

Bitterling, *Blackstonia,* Gatt. der *Gentianaceae* mit 3–5 ziemlich veränderl. Arten, die fast ausschl. auf das Mittelmeergebiet beschränkt sind. Außer im Mittelmeergebiet noch in W-Europa u. S-Dtl. (oberrhein. Tiefebene) beheimatet sind die eng verwandten, nach der ↗ Roten Liste „stark gefährdeten" Arten *B. perfoliata (Chlora*

Bitterlinge

perfoliata), der Verwachsenblättrige od. Sommer-B., u. *B. acuminata (B. serotina),* der Spätblühende B. Die einjährigen, 10–40 cm hohen, aufrechten, bläulich bereiften Pflanzen besitzen eiförm. Blätter u. in einer Doldentraube stehende Blüten mit goldgelben, glockenförm. Kronen u. roten, hufeisenförm., papillösen Narben. Hauptunterscheidungsmerkmal der beiden bitter schmeckenden, ehemals offizinellen, das Glykosid *Gentiopikrin* enthaltenden Arten sind der Verwachsungsgrad der Stengelblätter u. die Blütezeit; *B. perfoliata* blüht v. Juni–Aug., *B. acuminata* v. Aug.–Okt. Beide sind in Zwergbinsenges. auf wechselfeuchten, meist kalkhalt., tonigen Böden an Wegen, in Magerrasen u. Kiesgruben sowie an Ufern zu finden.

Bitterlinge, *Acheilognathinae,* U.-Fam. der Weißfische mit 6 Gatt. u. ca. 40 Arten; meist kleine, hochrückige Süßwasserfische der gemäßigten Breiten Europas, Vorder- u. SO-Asiens. Bekanntester Vertreter ist der ca. 6 cm lange Europäische B. *(Rhodeus sericeus amarus.* B Fische XI) in kleinen bewachsenen Seen u. Wasserläufen Mittel- u. O-Europas mit bes. Brutpflegeverhalten. Das Weibchen bildet zur Laichzeit im Frühsommer eine lange Legeröhre aus, mit der es seine insgesamt 40–100 Eier in mehreren Schüben in den Kiemenraum v. Teich- od. Malermuscheln *(Anodonta* u. *Unio)* legt; nach jedem Laichakt stößt das im Hochzeitskleid prächtig gefärbte Männchen Spermazellen über die Atemöffnung der Muschel; nach 2–3 Wochen verlassen die sich aus den befruchteten Eiern entwickelnden Jungfische die schützende Muschel. Die südostasiat. U.-Art ist der Chinesische B. *(Rhodeus sericeus sericeus).*

Bittermandelöl, 1) *ätherisches B.,* echtes *B., natürliches B.,* äther. Öl aus Aprikosenkernen u. bitteren Mandeln, das Benzaldehyd (95%), Blausäure (2–4%), Mandelsäurenitril, Benzoin u. Aldehydharze enthält; ist wegen seines Blausäuregehalts giftig; kann nach Entfernen der Blausäure (mindestens 99% Benzaldehyd) als Duft- u. Aromastoff für Parfümerie u. Likörherstellung verwendet werden. **2)** *falsches B.,* Nitrobenzol, toxisch. **3)** *künstliches B.,* ↗ Benzaldehyd.

Bitternuß, *Carya,* Gatt. der ↗ Walnußgewächse.

Bitterschwamm, *Bitterpilz, Boletus calopus* Fr., ↗ Dickfußröhrlinge.

Bitterstoffe, bitterschmeckende Pflanzeninhaltsstoffe, v.a. aus Korbblütlern, Hanfgewächsen, Enziangewächsen u. Lippenblütlern. Extrakte dieser Pflanzen werden als *Bittermittel* (Amara) bezeichnet. Die B. gehören zu den Terpenen (z.B. Monoterpen-Derivate in Enziangewächsen, Diterpen-Derivate in Lippenblütlern), oft mit Lacton-Ring (z.B. Sesquiterpen-Lactone in Korbblütlern) u. sind vielfach glykosidisch gebunden *(Bitterstoffglykoside);* es läßt sich jedoch kein einheitl. Strukturmerkmal für ihre Wirkung als B. finden. B. lösen vorwiegend über Reflexe eine vermehrte Sekretion v. Magensaft u. Speichel aus u. werden daher zur Appetitanregung in Magenbitterlikören u.a. alkohol. Getränken verwendet. *Humulon* u. *Lupulon,* aus der Harzfraktion der Hopfendrüsen, werden als *Bittersäuren* bezeichnet. Bitterschmeckende Verbindungen mit anderen physiolog. Wirkungen, z.B. die Alkaloide Strychnin u. Chinin, werden nicht zu den B. gerechnet.

Bittium *s,* Gatt. der Nadelschnecken; *B. reticulatum* wird etwa 1 cm hoch u. 3 mm breit, ist turmförmig u. hat eine gegitterte Gehäuseoberfläche; die Art lebt in der Nordsee, im Mittelmeer u. Atlantik zw. Tangen u. Rotalgen u. ernährt sich v. letzteren sowie v. Kieselalgen.

Bitumen *s* [lat., = Erdpech; Mz.: Bitumina], natürl. brennbare Stoffe v. meist dunkler Farbe mit hohem Anteil an Kohlenwasserstoffen, entstanden aus fossilen Eiweiß- u. Fettsubstanzen überwiegend niederer Organismen. B. kommt in flüssigem (Erdöl) u. festem Zustand vor (Erdwachs, Erdpech, Erdharz, Ozokerit, Asphalt).

Bitunicatae [Mz.; v. lat. bi- = zwei-, tunicatus = mit Tunika bekleidet], Schlauchpilze mit einem bitunicaten (doppelwandigen) Ascus, der von 2 voneinander trennbaren Wandteilen umgeben ist, einer nicht elastischen *Exo-* u. einer *Endotunica,* die sich bei der Reife streckt. Durch den entstehenden Innendruck bricht die äußere Exotunica, u. die Ascosporen werden nach außen befördert. In der Untergruppe B. der U.-Kl. ↗ *Eutunicatae* wurden fr. die Ord. *Myriangiales, Dothiorales* u. *Pseudosphaeriales* zusammengefaßt. Ggs.: *Unitunicatae.*

Biuret-Reaktion *w,* Methode zur quantitativen Bestimmung v. Peptiden u. Proteinen; in stark alkal. Lösung bilden diese Moleküle mit Cu^{2+} (aus Kupfersulfat, $CuSO_4$) einen purpurfarbenen Komplex; die Intensität der Färbung wird im Photometer gemessen u. zur Berechnung der Menge an Peptid od. Protein in der Lösung herangezogen.

Bivalent *s* [v. lat. bi- = zwei-, valere = wert sein], zwei in der Prophase I der ↗ Meiose gepaarte homologe od. z.T. homologe Chromosomen. In der Regel werden bei Diploiden während der Meiose so viele B.e gebildet, wie im haploiden Genom Chromosomen vorliegen (Ausnahmen bei

---

Einige Bitterstoffe

Amarogentin (stärkster Bitterstoff) und *Gentiopikrosid* (Enzianwurzel und Blätter des Tausendgüldenkrauts)
Loganin (Bitterklee)
Cnicin (Benediktenkraut)
Absinthin und *Artabsin* (Wermut)
Lactucopicrin (Milchsaft des Giftlattichs)
Arnicin (Arnika)
Pikrocin (Safranbitter) (Krokusarten)
Pikrotoxin (Kokkulin) (Kokkelskörner)
Limonin (Zitronen)

Aneuploidie). Für den Zusammenhalt der Paarungspartner bis zur Anaphase I der Meiose ist Crossing over u. Chiasmabildung notwendig. Von *heteromorphen B.en* spricht man, wenn die gepaarten Chromosomen infolge v. Chromosomenmutationen nicht vollständig homolog sind. Ggs.: Univalent, Trivalent.

Bivalvia [Mz.; v. lat. bi- = zwei-, valvae = Türflügel], die ↗Muscheln.

bivoltin [v. lat. bi- = zweimal, volvere = durchleben], Bez. für Tiere, bes. Insekten, die 2 Generationen im Jahr durchlaufen können (d. h. keine obligatorische Diapause besitzen); ↗polyvoltin.

Bivonia *w*, Gatt. der Wurmschnecken, marine Vorderkiemer mit am Substrat angehefteter, unregelmäßig gewundener Schale. Die Dreikant-Wurmschnecke *(B. triquetra)* hat etwa 4 cm ⌀; sie lebt im Mittelmeer auf Hartböden u. ernährt sich v. Plankton, das sie mit einem Schleimnetz fängt.

Bixaceae [Mz.; karibisch biga = rot (nach dem Farbstoff der Samen)], Fam. der *Violales* mit nur einer Art *(Bixa orellana),* dem Orleanstrauch od. ↗Achote.

Bizeps *m* [v. lat. biceps = zweiköpfig], ↗Beugemuskeln.

BK-Virus, Abk. *BKV,* menschl. Papovavirus, das v. Patienten isoliert wurde, die nach Nierentransplantation unter immunsuppressiver Therapie standen. ↗Polyomaviren.

Black-box-Verfahren, eine Methode zur Untersuchung eines Systems *(Black-box),* dessen Elemente samt ihren Wechselwirkungen unbekannt sind. Feststellbar ist nur sein Verhalten, d. h. seine am Ausgang ablesbare Reaktion *(Output)* auf bekannte Eingangssignale *(Input).* Aus den Beziehungen zw. Eingangs- u. Ausgangssignalen läßt sich z. B. bei komplexen biol. Systemen oft mit großem Erfolg die Struktur der Black-box-Systeme erschließen, d. h. in kleinere Black-box-Systeme u. ihre Wechselwirkungen zerlegen.

Blackstonia *w* [bläk-; ben. nach dem engl. Botaniker J. Blackstone, † 1755], der ↗Bitterling.

Blähschlamm ↗Kläranlage.

Blähsucht, der ↗Meteorismus.

Blakeslea *w* [blei̯ks-; ben. nach dem am. Botaniker A. F. Blakeslee, 1874–1954], Gatt. der ↗Mucorales.

blanket bog [blänkit bog; v. engl. blanket = (Woll)decke, bog = Sumpf], Decken-Hochmoore, die v. a. im atlant. Raum verbreitet sind u. deren Oberfläche kaum in Schlenken u. Bulte gegliedert ist.

Blanus, die ↗Netzwühlen.

Blaps *w* [v. gr. blapsis = Beschädigung], Gatt. der ↗Schwarzkäfer.

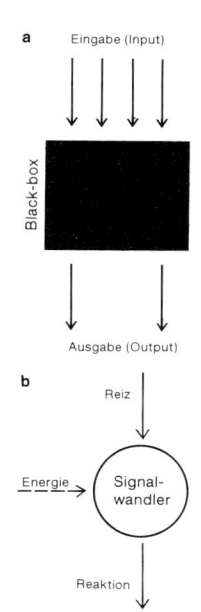

Black-box-Verfahren

Das Prinzip einer „Black-box" oder eines „schwarzen Kastens" (a) geht davon aus, daß sich die grundsätzlichen Zusammenhänge zwischen den eingegebenen Daten und den ausgehenden Reaktionen bestimmen lassen. Dabei werden in der Black-box die Signale umgewandelt (b). Sie können auf ihrem Weg auch verstärkt werden.

Blasenbinsengewächse

Blasenbinse *(Scheuchzeria palustris),* **a** mit Früchten, **b** blühend.

Bläschen ↗Vesikel.

Bläschenausschlag, 1) *Bläschenflechte,* der ↗Herpes. 2) Eine bei Rindern u. Pferden auftretende, gutartig verlaufende Geschlechtskrankheit; wird bei der Kopulation durch ein Virus übertragen; nach 3–6 Tagen Schwellung der äußeren Geschlechtsorgane u. Bläschenbildung auf der Eichel bzw. Scheidenschleimhaut; nach dem Viehseuchengesetz anzeigepflichtig.

Bläschendrüsen, *Glandulae vesiculosae,* paarige, schlauchförmige und stark geschlängelte Drüsen bei männl. Säugern (beim Menschen etwa 10–20 cm lang) zw. Harnblase u. Enddarm, die unmittelbar vor der Vereinigung der Samenleiter mit der Harnröhre in den ersteren einmünden u. ein fructosehaltiges, alkal. Sekret (Samenflüssigkeit) abgeben, das der Ernährung u. Aktivierung der Spermien dient. Entwicklungsgeschichtlich stellen die B. die Endabschnitte der ↗Wolffschen Gänge dar. Sie werden fälschlich oft als Samenblasen bezeichnet.

Blasenauge ↗Auge.

Blasenbinsengewächse, *Blumenbinsengewächse* oder *Blumensimsengewächse, Scheuchzeriaceae,* monotyp. Fam. der *Najadales,* einzige Art: Blasen- od. Blumenbinse *(Scheuchzeria palustris).* Das Vorkommen der Art ist auf Zwischenmoore u. Hochmoorschlenken der nördl. Halbkugel beschränkt *(Sch. p.* gilt als Charakterart des *Caricetum limosae).* In Dtl. ist sie selten u. gilt nach der ↗Roten Liste als „stark gefährdet". Die Pflanzen besitzen wechselständige linealische Blätter, die am Blattgrund scheidig vergrößert sind. An der Spitze des bis 20 cm hohen Stengels sitzt der traubige, mit großen Tragblättern versehene Blütenstand. Aus dem nur am Grund verwachsenen Fruchtknoten der gelbgrünen Blüte mit 3zähligen Blütenblattkreisen bildet sich ein aus mehreren Bälgen aufgebauter Fruchtstand. Diese Bälge sind charakteristisch aufgeblasen, platzen bei der Reife auf u. geben die Samen frei, die auf dem Wasser schwimmend verbreitet werden. Die am. Pflanzen unterscheiden sich etwas in der Fruchtform u. werden daher als *Scheuchzeria palustris* var. *americana* abgetrennt.

Blasenfarn, *Cystopteris,* Gatt. der Frauenfarngewächse mit 5 Arten; die büschel., mehrfach gefiederten Wedel tragen an der Unterseite die mit einem blasig-helmförm. Indusium bedeckten Sori. Wichtigste Art ist der fast weltweit verbreitete Zerbrechliche B. *(C. fragilis);* er wächst in frischen, beschatteten Kalkfelsspalten v. a. der montanen Stufe u. charakterisiert zus. mit dem Grünen Streifenfarn eine eigene As-

Blasenfüße

soz. *(Asplenio-Cystopteridetum)* der Felsspaltengesellschaften.

Blasenfüße, *Fransenflügler, Fransenfliegen, Gewitterfliegen, Thripse, Thysanoptera, Physopoda,* Ord. der Insekten mit unklaren systemat. Beziehungen; ca. 4000 Arten, in Mitteleuropa ca. 300 in 3 Fam., einige Arten kommen nur in Gewächshäusern vor. Die B. sind ca. 1–2 mm, in den Tropen bis 14 mm lange, abgeflachte, dunkel gefärbte Insekten mit Komplexaugen u. Ocellen. Die Mundwerkzeuge sind zum Saftsaugen aus Pflanzenteilen gebaut, die zwei Paar Flügel sind mit langen Fransen besetzt u. bei einigen Arten ganz zurückgebildet. An den Enden der Füße befinden sich neben zwei Krallen lappenförm., ausstülpbare Haftorgane („Blasen", Name), die mit einem klebr. Sekret benetzt werden können u. das Festhalten an glatten Flächen ermöglichen. Zur Fortpflanzung werden je nach Art entweder die Larven od. die Eier, aus denen dann sofort die Larven schlüpfen, v. Weibchen in pflanzl. Gewebe

Blasenfarn *(Cystopteris)*, links Einzelfieder mit Sori, vergrößert

Blasenfüße 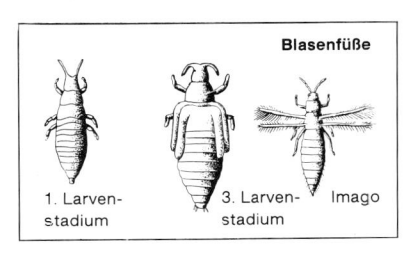
1. Larvenstadium
3. Larvenstadium
Imago

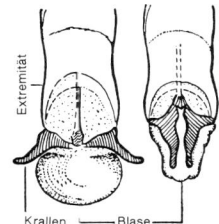

Krallen — Blase
Blasenfüße
Die Blase bei Blasenfüßern ist durch Blutdruck schwellbar, durch Krallenbeuger einziehbar.

gelegt od. auf die Blattunterseite geklebt. Die Verwandlung der Larven ist unvollkommen u. umfaßt bis zur Imago je nach Art 3 bis 4 Stadien, 2 ohne Flügelanlagen, 1 bzw. 2 Nymphenstadien. Zuweilen tritt Parthenogenese auf. Je nach Art werden im Jahr ein od. mehrere Generationen durchlaufen; die Überwinterung erfolgt meist im Boden als Imago. Die B. können als Pflanzensaftsauger u. Virusüberträger erhebl. Schaden verursachen. Einige Gatt., z. B. *Heliothrips* aus der Fam. *Thriptidae,* sind mit ihren Wirtspflanzen weltweit verschleppt worden. Einige Schädlinge mit ihren Wirtspflanzen: Gewächshausblasenfuß („Schwarze Fliege", *Heliothrips haemorrhoidalis*) an Citrusgewächsen, Kaffee, Baumwolle, Wein, Tabak, Kakao sowie an allen Gewächshauskulturen; Erbsenblasenfuß *(Kakothrips robustus),* an Leguminosen; Getreideblasenfuß *(Heliothrips cerealium).* Natürl. Feinde der B. sind viele räuber. oder parasit. Insekten.

Blasenkäfer, die ↗Ölkäfer.
Blasenkeim, die ↗Blastula.
Blasenkirsche, die ↗Judenkirsche.
Blasenläuse, *Eriosomatidae, Pemphigidae,* Fam. der Blattläuse mit meist vollständig ausgebildetem Generationswechsel. Den Haupt-(Winter-)wirt bilden Holzgewächse; hier leben die Geschlechtstiere u. die parthenogenetisch entstandenen Morphen meist in blasigen ↗Gallen. Die Neben-(Sommer-)wirte sind Wurzeln verschiedener Pflanzen. Die B. können Schäden an Kulturpflanzen verursachen. Ein bekannter Vertreter ist die Blutlaus od. Wollaus *(Eriosoma lanigerum)* mit rotbrauner Körperfarbe u. roter Hämolymphe, mit weißer Wachswolle bedeckt; die Heimat ist N-Amerika, in Mitteleuropa gibt es aus klimat. Gründen nur parthenogenet. Formen; sie verursacht durch Stich Wucherungen („Blutlauskrebs") an der Rinde v. a. von Kernobstbäumen. Vertreter der Gatt. *Pemphis* können Pappeln u. Korbblüter befallen; sie erzeugen die häufigen Blattstielgallen der Pappel.

Blasenrost, Pilzkrankheit, die durch den Befall mit Rostpilzen der Gatt. *Cronartium* hervorgerufen wird. ↗Kiefernrinden-B., Weymouthskiefern-B., ↗Säulenrost (der Schwarzen Johannisbeere).

Blasenschnecken, volkstüml. Bez. für einige nicht näher verwandte Schneckenfamilien. 1) ↗Apfelschnecken. 2) *Physidae* (Ord. ↗Wasserlungenschnecken), haben ein dünnschaliges, linksgewundenes, lang-eikegelförm. Gehäuse; im Süßwasser Mitteleuropas sind sie mit 3 Arten vertreten: die Quellen-B. *(Physa fontinalis),* etwa 1 cm hoch, bevorzugen klare, pflanzenreiche, ruhige Gewässer; die Spitzen- B. *(P. acuta)* kommen in warmen Quellen und Fabrikabwässern vor und die Moos-B. *(↗Aplexa hypnorum)* in Tümpeln u. Gräben. 3) *Bullidae* (Ord. ↗Kopfschildschnecken), Hinterkiemer mit bauchig-eiförm. Gehäuse, in das sie sich ganz zurückziehen können; in warmen Meeren.

Blasenspiere, *Physocarpus,* Gatt. der ↗Rosengewächse.
Blasenstäublinge, die ↗Physaraceae.
Blasenstrauch, *Colutea,* Gatt. der Schmetterlingsblütler, von S-Europa über Vorderasien bis zum Himalaya verbreitet, wild auch im südl. Oberrheingebiet; Blüten rotgelb, nickend, in 2–8 traubigen Blütenständen; die Frucht ist eine aufgeblasene Hülse (Anpassung an Windverbreitung); als Ziergehölz angepflanzt.

Früchte des Blasenstrauchs *(Colutea)*

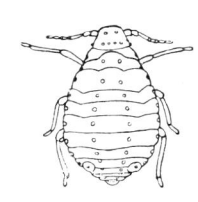

Blasentang, *Fucus,* Gatt. der ↗Fucales.
Blasentrüffel, *Geneaceae,* eine kleine u. unauffällige Fam. der Echten Trüffel; B. wachsen bes. in Eichen- u. Buchenwäldern; die Fruchtkörper sind rundlich knollig, innen u. außen warzig, mit etwa scheitelständ. Öffnung (od. mehreren), innen hohl. od. mit Wülsten u. Falten bei der Gatt. *Genea;* andere Gatt. haben mehr himbeerförm. Hohlkörper.

Blasenläuse
Ungeflügelte Form der B utlaus *(Eriosoma lanigerum)*

Blasenwurm, *Echinococcus granulosus,* ↗ Echinococcus.

Bläßhuhn s [v. ahd. blassa = weißer Stirnfleck, Blesse], ↗ Bleßhühner.

Blastaea w [v. gr. blastē = Keim, Sproß], hypothet. stammesgeschichtl. Ausgangsform der Metazoa. Aufgrund der Biogenetischen Grundregel in Anlehnung an das Blastula-Stadium der Ontogenie von E. Haeckel (1872, 1874) als einschichtige Zellhohlkugel mit intrazellulärer Verdauung angenommen. ↗ Gastraea-Theorie.

Blastem s [v. gr. blastēma = Keim, Sproß], 1) Ansammlung v. morpholog. undifferenzierten, multi- od. omnipotenten Zellen (bot.: *Meristem*). ↗ Regenerationsblastem. 2) Die Bez. „-blastem" wird neuerdings auch anstelle der Endsilbe -„derm" bei der Bez. der Keimblätter verwendet, z. B. Ektoblastem anstelle v. Ektoderm.

Blasticidine [Mz.; v. gr. blastē = Keim, Sproß, lat. -cida = Mörder], Gruppe v. ↗ Antibiotika aus *Streptomyces griseochromogenes,* die wegen ihres in der Struktur enthaltenen Cytosinrests zu den Nucleosidantibiotika gerechnet werden. Das relativ toxische *Blasticidin S* wird nur im Pflanzenschutz eingesetzt, bes. gegen Pilze wie den Erreger des Reisbrandes, *Piricularia oryzae;* die antibiot. Wirkung v. Blasticidin S beruht auf einer Hemmung der Peptidkettenverlängerung beim Translationsprozeß.

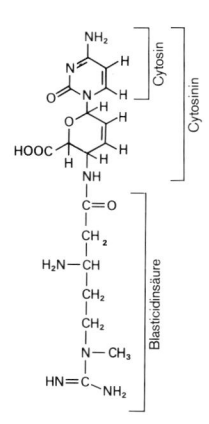

Blastocladiales [Mz.; v. *blasto-, gr. klados = Zweig], Ord. der *Chytridiomycetes,* meist saprobisch auf Insektenkadavern u. Pflanzenresten im Wasser u. Boden lebende Echte Pilze; einige Arten sind Parasiten v. Fadenwürmern, Pilzhyphen, Räderu. anderen Wassertieren. Die typische vegetative Form ist ein Thallus mit Rhizoiden. Die geschlechtl. Fortpflanzung erfolgt durch Verschmelzung v. begeißelten Isood. Anisogameten (Planogameten). Ein vollständiger Entwicklungsgang der makrozykl. Arten (z. B. *Allomyces arbuscula*) beginnt mit der Keimung einer anfangs diploiden Dauerspore. Nach der Reduktionsteilung entstehen terminal begeißelte, haploide Zoosporen; daraus entwickeln sich die haploiden Gametophyten; die einhäusigen Arten bilden ♀ und ♂ Gameten, die zur Planozygote verschmelzen u. zu diploiden Sporophyten heranwachsen. Der Sporophyt kann entweder diploide Zoosporen entlassen, aus denen neue Sporophyten entstehen, od. er bildet wieder Dauersporen aus. Bei den mikrozykl. Formen ist der Gametophyt, bei den aphasischen Arten jede Geschlechtlichkeit u. der Kernphasenwechsel unterdrückt, so daß nur diploide Zoosporen u. Sporophyten heranwachsen. Dieser stark verkürzte Entwicklungsgang tritt wahrscheinlich bei Vertretern v. *Coelomomyces* auf, die obligat parasitisch in Mückenlarven od. anderen Insekten mit einem zellwandlosen, dichotom verzweigten, coenocytischen Mycel ohne Rhizoide leben. Parasiten auf Pflanzen sind z. B. *Physoderma alfalfae,* die eine Gallenkrankheit auf kleeartigen Futterpflanzen hervorruft, u. *P. maydis,* der Erreger der Braunfleckenkrankheit des Maises. Die Gatt. *Physoderma* wurde fr. den *Chytridiales* zugeordnet, von deren epibiot. Formen sich wahrscheinlich alle 40–50 B.-Arten phylogenetisch ableiten.

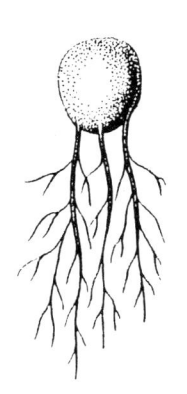

Blasticidin S

Blastocladiales

Blastocladiella, Saprophyt auf Tier- u. Pflanzenresten; typische vegetative Zelle mit verzweigten Rhizoiden

blasto- [v. gr. blastos = Keim, Trieb], in Zss.: Keim-.

Blastocoel s [v. *blasto-, gr. koilos = hohl], flüssigkeitsgefüllter Hohlraum der Blastula; das B. bleibt ggf. als primäre Leibeshöhle erhalten. ↗ Furchung.

Blastocyste w [v. *blasto-, gr. kystis = Blase], frühes Embryonalstadium der Säugetiere, bestehend aus einer Epithelblase *(Trophoblast),* der an einer Stelle innen ein Zellhaufen *(Embryoblast,* Embryonalknoten) angelagert ist. Der Embryoblast entspricht dem fortgeschrittenen Furchungsstadium (↗ Furchung), der Trophoblast ist ein Spezialorgan zur Einpflanzung in die mütterl. Uterusschleimhaut. ↗ Embryonalentwicklung (der Säugetiere).

Blastocyten [Mz.; v. *blasto-, gr. kytos = Hohlraum], noch nicht differenzierte (voll entwickelte) embryonale Zellen.

Blastoderm s [v. *blasto-, gr. derma = Haut], *Keimhaut,* die aus meist einer Zellschicht bestehende Wand der Blastula (↗ Furchung); die Bezeichnung B. wird v. a. für die Zellschicht verwendet, die nach Diskoidalfurchung (Vögel) od. superfizieller Furchung (Insekten) dem ungefurchten Restdotter aufliegt.

Blastodiskus m [v. *blasto-, gr. diskos = Scheibe], ↗ Keimscheibe.

Blastogenese w [v. *blasto-, gr. genesis = Entstehung], Entstehung neuer Tierindividuen durch Knospung od. Sprossung.

Blastoidea [Mz.; v. *blasto-, gr. eidos = Aussehen], *Knospenstrahler,* † paläozoische Gruppe kurzgestielter od. ungestielter „knospenförmiger" Pelmatozoen (Stachelhäuter) mit fünfstrahl. Symmetrie. Der Kelch besteht aus 13 Kalktäfelchen (3 Basalia, 5 Radialia, 5 Interradialia); Mundöffnung zentral, Afteröffnung – z. T. als Proboscis – exzentrisch. Die 5 Wassergefäßsystemfelder (Ambulacren) sind durch Atemöffnungen (Spiracula) mit faltenart. Einstülpungen der Kelchwand (Hydrospiren) verbunden u. von feinen Ärmchen (Brachiolen) umgeben. Verbreitung: Ordovizium bis Perm, Höhepunkt im Unterkarbon; in Europa allg. seltener als in N-Amerika. Mancherorts gesteinsbildend ist *Pentremites.*

Blastokinese

Blastokinese w [v. *blasto-, gr. kinēsis = Bewegung], zweiphas. Verlagerungsbewegungen des Keimstreifs im Ei bei niederen Insekten, bestehend aus einer Einrollbewegung *(Anatrepsis)*, bei der sich der Keimstreif verlängert u. sich dabei in den Dotter od. um diesen herum verlagert. Dieser Einrollbewegung folgt die Ausrollbewegung *(Katatrepsis)*, wobei sich der Keim verkürzt u. seine urspr. Lage wieder einnimmt; zw. diesen beiden Phasen erfolgt die Segmentierung des Keims.

Blastokoline [Mz.; v. *blasto-, gr. kōlon = Glied], ↗Keimungshemmstoffe.

Blastokonidie w [v. *blasto-, gr. konis = Staub], *Blastospore, blastische Konidie, Sproßkonidie*, eine Pilzkonidie, die durch Zellsprossung aus der Mutterzelle entsteht; meist runde od. ovale ↗Konidien (Hefen, *Cladosporium, Aspergillus, Penicillium, Verticillium*). Ggs.: Thallokonidie.

Blastomeren [Mz.; v. *blasto-, gr. meros = Glied], Furchungszellen, die bei den ersten mitot. Teilungen der befruchteten Eizelle entstehenden Tochterzellen. ↗Furchung.

Blastomyces m [v. *blasto-, gr. mykēs = Pilz], ↗Zymonema.

Blastomycetes [Mz.; v. *blasto-, gr. mykētes = Pilze], die ↗imperfekten Hefen.

Blastophaga w [v. *blasto-, gr. phagos = Fresser], Gatt. der ↗Feigenwespen, Bestäuberinsekt der Wildform des ↗Feigenbaums.

Blastophagus m [v. *blasto-, gr. phagos = Fresser], Gatt. der ↗Bastkäfer.

Blastoporus m [v. *blasto-, gr. poros = Öffnung, Loch], der ↗Urmund.

Blastospore w [v. *blasto-, gr. spora = Same], die ↗Blastokonidie.

Blastozoide [Mz.; v. *blasto-, gr. zōoeidēs = tierähnlich], 1) *Gonozoide*, medusenbildende Polypen der ↗Hydrozoa. 2) Generation der ↗Salpen.

Blastula w [v. *blasto-], *Blasenkeim*, frühes Entwicklungsstadium vielzell. Tiere (Metazoa), bei dem die Furchungszellen (Blastomeren) eine Blase bilden, die einen flüssigkeitserfüllten Hohlraum *(Blastocoel)* umschließt. ↗Embryonalentwicklung (der Tiere).

Blatt, neben Sproßachse u. Wurzel eines der drei Grundorgane der Sproßpflanzen (Kormophyten), das sich seitl. aus der Sproßachse ausgliedert. Im Verlaufe der Stammesgeschichte haben sich 2 B.typen entwickelt, das *Mikrophyll* u. das *Megaphyll (Makrophyll)*, das Mikrophyll bei den Bärlappen u. Schachtelhalmen, das Megaphyll bei den Farnen i. e. S. und bei den Samenpflanzen. Über die Entstehung dieser beiden B.typen bestehen gut begr. Vorstellungen (↗Telomtheorie, [B] Farnpflan-

blasto- [v. gr. blastos = Keim, Trieb], in Zss.: Keim-.

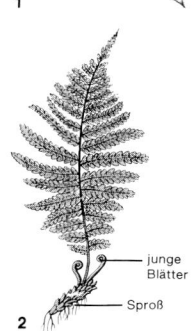

Blattypen
1 *Mikrophyll* beim Bärlapp, 2 *Megaphyll* beim Wurmfarn (stark verkleinert)

zen III). Das B. entwickelt sich dabei als Organ der Photosynthese u. damit verbunden als Organ des Lichteinfangs, des Gasaustauschs u. der kontrollierten Wasserdampfabgabe. Diese Funktionen bedingen den flächigen u. dünnen Bau des B.s. Im Verlauf der Stammesgeschichte wurden die Sporangienstände in den B.bereich einbezogen. Damit wurde die Ausbildung v. Sporangien zur Aufgabe v. Blättern, die dazu im weiteren Verlauf der Evolution eine weitgehende Spezialisierung erfuhren *(Sporophylle)*, od., wie bei den meisten Vertretern der Farnpflanzen i. e. S., ihre Photosynthese- und Ernährungsfunktion beibehielten *(Trophosporophylle)*. In dem Reich der Organismen werden serial angeordnete u. sich wiederholende Organe häufig im Zuge einer Funktionsaufteilung verschieden gestaltet. So ändert sich die B.form in Anpassung an verschiedene Umweltbedingungen (Licht, Feuchtigkeit, Tierfraß, Wind) nicht nur v. einer Pflanzenart zur anderen, sondern fast regelmäßig auch innerhalb eines einzelnen Individuums (Laubblätter, Staubblätter, Fruchtblätter, Blüten- u. Kelchblätter, Nieder- u. Hochblätter usw.).

Bau des B.s: Das Mikrophyll besitzt i. d. R. nur ein, höchstens ein einmal gabelig geteiltes Leitbündel u. ist heute auf wenige urspr. Formen der Pteridophyten (Nacktfarne, Bärlappe u. Schachtelhalme) beschränkt. Die B.epidermis mit Spaltöffnungen umgibt bei den meisten Arten ein wenig differenziertes Parenchymgewebe, das das Leitbündel einschließt. Nur in wenigen Fällen ist das *B.parenchym* in ein palisaden- und schwammparenchymähnliches Gewebe differenziert. Das Mikrophyll hat im allg. kleine Dimensionen, erreichte aber bei den Schuppenbäumen *(Lepidodendren)* des Karbons eine Größe v. bis zu 1 m Länge u. 10 cm Breite. Seine Organisation blieb aber primitiv. Bei den Keilblattgewächsen *(Sphenophyllales)*, einer fossilen Ord. der Schachtelhalmgewächse *(Equisetatae)*, waren mehrere einfache Mikrophylle zu einem flächigen u. mit vielen Gabelnerven versehenen B. verwachsen. Den Grundtyp des *Megaphylls* stellt das gefiederte Laub-B. dar. Alle anderen B.formen lassen sich phylogenet. und z. T. fossil belegt v. ihm ableiten. Äußerlich gliedert es sich in den B.grund, die Ansatzstelle des Laub-B.s an der Sproßachse, den B.stiel u. die in diesem Fall in Teilflächen (B.fiedern) aufgeteilte B.spreite. Der *B.grund* ist häufig nur eine gegenüber dem B.stiel etwas erweiterte Ansatzzone zur Sproßachse. Er kann aber auch an seinen Rändern zu basalen B.anhängen, den *Nebenblättern*, auswachsen, die besser *Stipeln* gen. wer-

Blatt

den, da sie bei weitem nicht immer laubartig, sondern auch als Schuppen, Dornen od. Drüsen ausgebildet werden. Die Stipeln setzen nicht nur seitl. an *(Lateralstipeln),* sondern vereinigen sich bei einigen Dikotyledonengruppen in der Mediane *(Axillar-* od. *Medianstipeln)* zu zungen-, kapuzen- od. manschettenförm. Gebilden. Der B.grund kann aber auch als verdicktes *B.polster* od. *B.gelenk (B.kissen)* entwickelt sein u. bei B.bewegungen mitwirken. Häufiger ist er stark verlängert u. umhüllt als *B.scheide* schützend die zugehörige Achselknospe, die interkalare Wachstumszone des nächst höheren Stengelabschnitts (z. B. bei den Süßgräsern) od. sogar die gesamte Gipfelknospe (z. B. bei einigen Schirmblütern). Der *B.stiel* bringt die B.spreite weg vom Stengel in eine günstige Stellung zum Licht. Seine meist zahlr. Leitbündel, die die B.spreite mit dem Leitbündelsystem der Sproßachse verbinden, sind im Querschnitt auf einem Kreis od. auf einem nach oben geöffneten Bogen angeordnet. Bei einigen Pflanzenarten ist der B.stiel flächig vergrößert u. übernimmt als *B.stielblatt* od. *Phyllodie* die Aufgaben der B.spreite, die selbst entweder reduziert ist (z. B. *Acacia-* u. Wegerich-Arten) od. wie bei der Venusfliegenfalle als Insektenfalle andere Spezialaufgaben übernommen hat. Bei einer Reihe v. Pflanzenarten u. -gruppen fehlt ein B.stiel, so bei vielen Monokotyledonen u. Nadelholzgewächsen *(sitzende Blätter).* Die *B.spreite (Lamina)* ist v. einem Leitbündelsystem durchzogen, das bei den Farnen i. e. S. und bei den Dikotyledonen i. d. R. netzartig verzweigt ist u. bei den Monokotyledonen im allg. parallel od. streifig angeordnet vorliegt. Die Nadelblätter der Nadelhölzer sind grundsätzl. dichotom-parallelnervig u. besitzen meist zwei Leitbündel (B Blatt II). Die Leitungsbahnen im B. werden auch *B.adern* od. nur *Adern* genannt. Sie sind unterschiedl. kräftig ausgebildet, u. gewöhnl. springen die starken Adern an der B.unterseite leistenartig vor, weshalb sie auch als *B.rippen* bezeichnet werden. Der in der Mediane der Spreite verlaufende Leitbündelstrang ist meist. bes. kräftig u. heißt *Mittel-* od. *Hauptrippe,* bei gefiederten Blättern *Spindel* od. *Rhachis.* Der innere Feinbau der B.spreite läßt sich am besten am B.querschnitt erläutern (räuml. Blockdiagramm: B Blatt I). Die obere *Epidermis* mit verhältnismäßig dicken Außenwänden u. dünn aufgelagerter Schicht aus Cutin, die *Cuticula,* geht am B.rand in die untere Epidermis mit weniger dicken Außenwänden u. dünnerer Cuticula über. I. d. R. liegen nur in der unteren Epidermis die *Spaltöffnungen (Stomata,* B Blatt I) (Ausnahmen vgl.

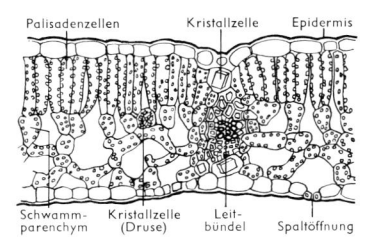

Tab.). Zwei chloroplastenhalt. *Schließzellen* regulieren die Öffnungsweite der Spaltöffnungen. Die obere u. untere Epidermis umschließen den parenchymat. Gewebekomplex, das *Mesophyll* des B.s, mit den darin eingebetteten Leitungsbahnen. Im typ. Fall ist das Mesophyll in ein- bis zweischichtiges *Palisadenparenchym* aus langgestreckten und chloroplastenreichen Zellen u. in ein lockeres *Schwammparenchym* aus vorwiegend unregelmäßig gestalteten, chloroplastenärmeren Zellen differenziert. Im Palisadenparenchym sind parallel zur Längsausdehnung der Zellen größere *Interzellularräume* ausgebildet, die sich an das umfangreiche Interzellularraumsystem des Schwammparenchyms anschließen. Über die Spaltöffnungen steht dieser Gasraum mit der Außenluft in Verbindung. Neben dem typ. *dorsiventral* od. *bifazial* organisierten Spreitenbau sind die Blätter vieler stark besonnter od. auf trockenen Standorten lebender Pflanzenarten, aber auch die Nadelblätter der Nadelhölzer u. die Blätter vieler untergetaucht lebender Wasserpflanzen *äquifazial* gebaut, d.h., bis auf die Leitbündel sind Ober- u. Unterseite im Querschnitt gleich. Eine Sonderung in ein Palisaden- u. Schwammparenchym ist undeutl. od. fehlt (B Blatt I). Daneben gibt es noch das *invers bifaziale* u. das *unifaziale* B. Bei letzterem entsteht die B.spreite nur aus der Unterseite der B.anlage. Der Leitbündelbau im B. entspricht dem des Stengels. Betrachtet man das B. als seitl. Ausstülpung der Sproßachse, so liegt entsprechend dem Innen u. Außen bei der Achse der Holzteil oben u. der Siebteil unten. I. d. R. sind die B.leitbündel kollateral geschlossen, d.h., Sieb- u. Holzteil liegen ohne Trennung durch ein Kambium eng aneinander. Allerdings sind sie lückenlos v. einer parenchymat. Scheide umgeben. Die größeren Leitbündel sind zudem mit Sklerenchymscheiden versehen, deren Fasern bei manchen Pflanzenarten genutzt werden (*Pflanzenfasern,* *B.fasern*). In dem Maße, wie sich die Adern in der B.spreite mehr u. mehr verzweigen, vereinfacht sich ihr Bau. Eine Reihe v. Pflanzenarten zeigt an ihren Blättern Auswüchse. Lassen diese sich aus Epidermiszellen ableiten,

Querschnitt durch ein Buchenblatt

Blatt

Annähernde Verteilung der Spaltöffnungen bei einigen Laubblättern

(Spaltöffnungen pro mm^2, O. = Oberseite, U. = Unterseite)

Holzpflanzen
Robinie
(U. = 350–500)
Apfelbaum
(U. = 250)
Ölbaum (immergrün)
(U. = 625)
Gummibaum (immergrün) (U. = 200)

Kräuter
Erbse (O. = 100, U. = 220)
Weißer Senf
(O. = 80–150, U. = 270–360)
Mais (O. = 95, U. = 160)
Rübsen (O. = 370, U. = 730)
Sonnenblume
(O. = 200, U. = 250)

BLATT I

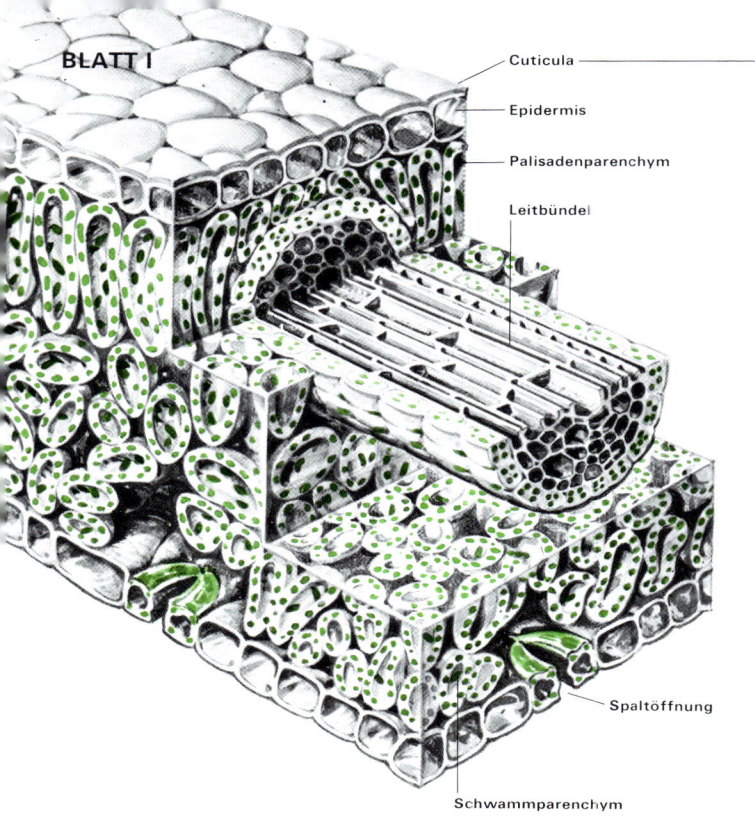

Labels (oberes Diagramm): Cuticula, Epidermis, Palisadenparenchym, Leitbündel, Spaltöffnung, Schwammparenchym

optische Darstellung einiger Epidermiszellen

Aufbau eines Laubblattes

Die Blätter der bedecktsamigen Pflanzen besitzen allgemein eine unterschiedliche Gewebeausbildung auf ihrer Ober- und Unterseite. Unter der oberen Epidermis liegt eine meist zweireihige Zellschicht aus langgestreckten Zellen, die mit einer Schmalseite an die Epidermis anstoßen, das *Palisadenparenchym*. Diese Zellen sind sehr chloroplastenreich; sie sind die Hauptorte der Assimilation. Darunter schließt das *Schwammparenchym* an. Dessen Zellen sind unregelmäßig gestaltet, sie besitzen wenig Chloroplasten und liegen in einem lockeren Verband. Diese Zellen können Wasser und Reservestoffe speichern. Das reich mit Zwischenräumen (Intercellularen) durchsetzte Schwammparenchym erlaubt auch den mit der Assimilation verbundenen Gasaustausch über die Spaltöffnungen; es hat also die Aufgabe eines Durchlüftungsgewebes. Leitbündel durchziehen das Blatt in engeren Abständen. Palisaden- und Schwammparenchym sind nach außen von einem einschichtigen Abschlußgewebe, der *Epidermis*, abgedeckt. Die chloroplastenfreien Epidermiszellen schließen fugenlos, häufig ineinander verzahnt, aneinander. Sie verhindern die Wasserabgabe aus dem wasserreichen Parenchymgewebe. Eine auf die Epidermis aufgelagerte Wachsschicht *(Cuticula)* gibt noch einen zusätzlichen Schutz. Die Wasserabgabe (in Dampfphase) und der Gasaustausch erfolgen über die auf der Blattunterseite verstreut liegenden *Spaltöffnungen*.

Spaltöffnung

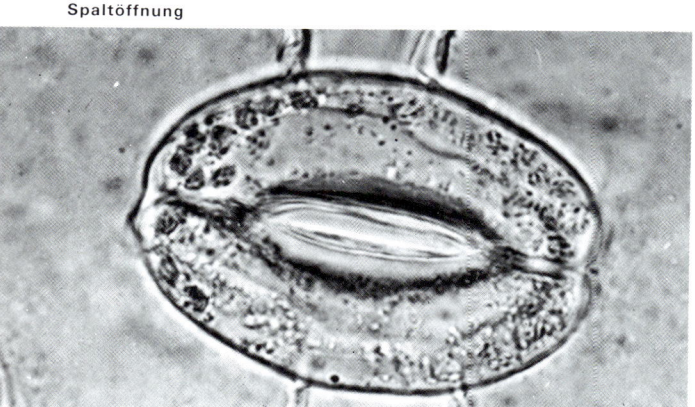

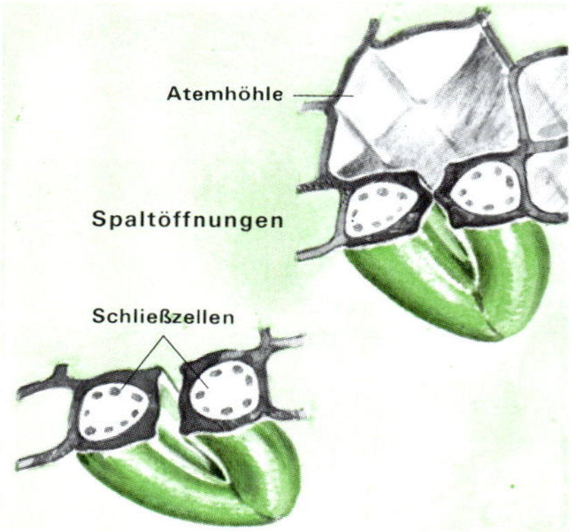

Labels: Atemhöhle, Spaltöffnungen, Schließzellen

Die Nadelblätter der Nadelholzbäume sind so gebaut, daß eine möglichst geringe Wasserabgabe über die Blattfläche erfolgen kann. Die Wasserabgabe erfolgt ausschließlich über die Spaltöffnungen. Die Blattspreite ist rückgebildet, unter dem epidermalen Abschlußgewebe liegen ein oder zwei weitere Zellschichten, deren Wände extrem verdickt sind *(Hypodermis)*. Sie haben gleichermaßen die Funktion einer Abschlußschicht. Die Spaltöffnungen liegen in der Epidermis eingesenkt. Die Ausbildung der inneren Gewebe ist auf der Ober- und Unterseite gleichförmig. Die Zellen des chloroplastenreichen Palisadengewebes weisen im Querschnitt ins Zellinnere vorspringende Zellwände auf *(Armpalisaden)*. Der zentrale Teil des Blattes wird von einem chloroplastenfreien parenchymatischen Gewebe eingenommen *(Transfusionsgewebe)*, in dem zwei Leitbündel verlaufen. Das Palisadengewebe wird von zwei oder mehr *Harzkanälen* durchzogen. Diese sind innen von Drüsenzellen ausgekleidet, die das Harz in den freien Harzkanal abscheiden.

Drüsenzellen

Schnitt durch einen Harzkanal

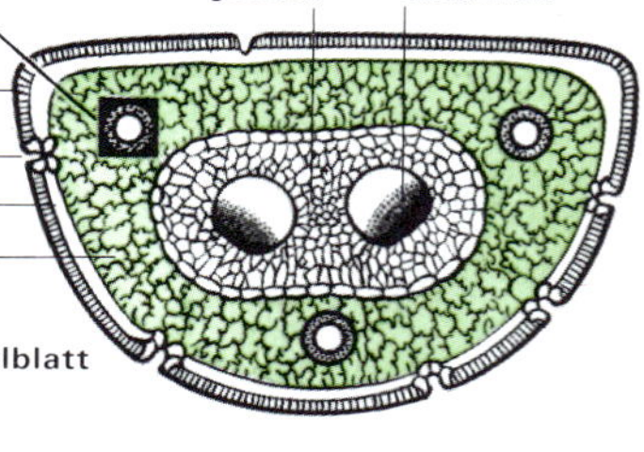

Die *Spaltöffnungen* bestehen aus zwei schlauchförmigen Schließzellen, die mit ihren Längsseiten aneinanderliegen, aber nicht verwachsen sind. An dieser Stelle können unter bestimmten Bedingungen die Zellen auseinanderweichen und einen Spalt frei werden lassen, durch den regulierbar Gas und Wasser aus- oder eintreten können. Die Schließzellen entstehen in jungen Blättern durch Teilungen aus Epidermiszellen. Sie sind die einzigen epidermalen Zellen, die Chloroplasten besitzen.

Labels (Querschnitt): Transfusionsgewebe, Leitbündel, Epidermis, Spaltöffnung, Hypodermis, Palisadenparenchym

Querschnitt durch ein Nadelblatt

BLATT II

Auf der Blattoberfläche vieler krautiger Pflanzen gehen aus Epidermiszellen mehrzellige *Drüsenhaare* oder *-schuppen* hervor. Diese Drüsen scheiden Wasser, vielfach mit darin gelösten Stoffen, wie Salze oder auch ätherische Öle, aus. Einfache, vierzellige Drüsenhaare werden auf den Blättern der *Bohne (Phaseolus vulgaris)* ausgebildet. Bei dem Drüsenhaar des *Salbeis (Salvia pratensis)* wird das Sekret von der Drüsenzelle in den Zwischenraum zwischen Zellwand und Cuticula ausgeschieden. Letztere zerplatzt schließlich und läßt das Sekret frei.
Die insektenfangenden Pflanzen, wie z. B. das *Fettkraut (Pinguicula vulgaris)*, scheiden über köpfchenartige Drüsen zuckerhaltiges Wasser oder Verdauungsenzyme aus.

Blüte

Blatt mit zahlreichen Tentakeln

Drüsenzellen

Tracheiden

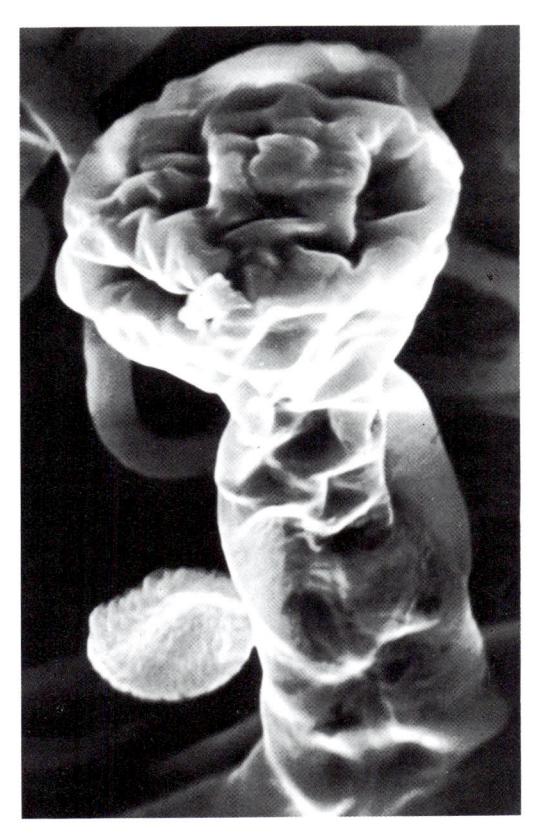

Tentakel

Drosera rotundifolia

Drüsenhaar von Phaseolus | Verdauungsdrüse von Pinguicula | Drüsenhaar von Salvia

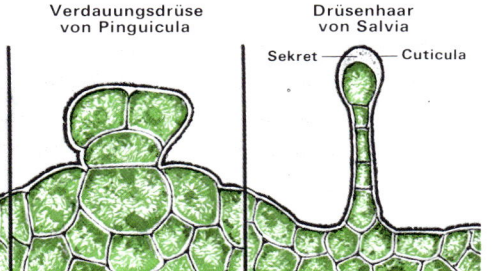

Sekret — Cuticula

Der *Sonnentau (Drosera rotundifolia)* ist eine insektenfangende Pflanze. Den gefangenen Tieren entziehen sie Eiweißstoffe und Mineralsalze, die sie ihrem Stoffwechsel zuführen. Die Insekten werden angelockt durch zuckerreiche Sekrete, die von Drüsenzellen (Photo unten) auf den löffelförmigen Tentakel ausgeschieden werden. Die Blattoberseite des Sonnentaus ist mit derartigen Tentakeln dicht besetzt. Ein angelocktes kleines Insekt bleibt an dem Tentakel kleben, dieser krümmt sich danach zur Blattmitte ein, benachbarte Tentakel folgen dieser Bewegung. Das Insekt wird bis auf den Chitinpanzer aufgelöst und von der Pflanze verdaut.
Der zuckerhaltige Anlockstoff wird in den Drüsenzellen der Tentakel von *Dictyosomen* in bläschenartigen Vesikeln zur Cytoplasmagrenzschicht transportiert und dort ausgeschieden.

Bei vielen kleinen krautigen Pflanzen kann eine Wasserabgabe auch ohne Transpiration erfolgen. So beobachtet man an warmen Sommertagen in den Morgenstunden z. B. an den Blattspitzen des *Frauenmantels (Alchemilla)* Wassertropfen (Photo unten). Dieses Wasser wird durch Wurzeldruck über Wasserspalten *(Hydathoden)* ausgeschieden. Dieser Vorgang, auch als *Guttation* bezeichnet, ermöglicht der Pflanze auch bei fehlender Transpiration (bei 100% Luftfeuchtigkeit) mineralische Nährstoffe zu transportieren. Vielfach tritt das Wasser aus funktionslosen Spaltöffnungen aus, so z. B. bei den *Primeln (Primula)*. Das Wasser gelangt von den Tracheiden über ein lockeres parenchymatisches Gewebe zu den Hydathoden.

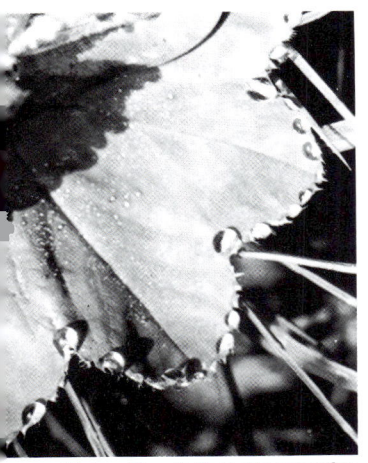

Hydathode von Primula

Spaltöffnung
Epidermis
Tracheiden

Alchemilla mit Guttationstropfen

BLATT III

Blattformen

1 Bauhinie *(Bauhinia)*, zweilappig, herzförmig; **2** Nieswurz *(Helleborus)*, fußförmig gefiedert; **3** Fingerkraut *(Potentilla)*, fünfzählig gefingert; **4** Platane *(Platanus)*, gelappt; **5** Edelkastanie *(Castanea)*, länglich elliptisch, gesägt; **6** Schiefblatt *(Begonia)*, asymmetrisch; **7** Möhre *(Daucus)*, mehrfach gefiedert; **8** Oleander *(Nerium)*, lanzettlich, ganzrandig; **9** Germer *(Veratrum)*, länglich elliptisch, parallelnervig; **10** Eiche *(Quercus)*, gebuchtet; **11** Fichte *(Picea)*, nadelförmig; **12** Lebensbaum *(Thuja)*, schuppenförmig; **13** *Heliamphora*, für Insektenfang umgebildetes Schlauchblatt.

so sind es *Haarbildungen,* die als tote Gebilde windstille Räume zum Transpirationsschutz schaffen od. als lebende Strukturen z. B. *Drüsenhaare* bilden. *Emergenzen* gehen aus der Epidermis u. darunter liegendem Parenchymgewebe hervor u. sind oft kompliziert gebaute Strukturen, wie das Postament der Brennessel-Brennhaare, die Tentakel des Sonnentaus od. Stacheln ([B] Blatt II).

Ontogenetische Entwicklung des B.s: Die junge *B.anlage (B.primordium)* am Vegetationskegel ist zunächst ein ungegliederter Höcker od. Wulst. Schon sehr früh gliedert sie sich in eine *Ober-B.-* und eine *Unter-B.*-Anlage. Aus dem Ober-B. entwickeln sich die B.spreite u. der B.stiel, aus dem Unter-B. der B.grund mit der Stipeln. Die Vergrößerung des Ober-B.s erfolgt nur kurze Zeit durch ein Spitzenwachstum (*akroplastes* Wachstum). Bis auf die Farnpflanzen u. die Cycadeen u. einige wenige Samenpflanzen, bei denen die Blätter rein akroplast wachsen, erlischt die Tätigkeit des Spitzenmeristems sehr schnell, u. eine basale od. ein bis mehrere interkalare Meristemzonen werden tätig (*basiplastes* Wachstum). Das Breitenwachstum der B.spreite geht v. dem *Rand-* od. *Marginalmeristem* aus, das bei den meisten Pflanzengruppen aus subepidermalen, bei den Farnpflanzen u. den Gräsern oberflächlich liegenden Randzellen besteht. Zellteilungen in der B.fläche ergänzen oft dieses Randwachstum der Spreite. Bei gefiederten, gefingerten od. gelappten B.spreiten ist das Randwachstum ungleichmäßig, d. h., bestimmte Zonen bleiben gegenüber stark wachsenden schon sehr früh zurück. Auch der häufig unregelmäßige B.rand entsteht durch unterschiedlich langandauerndes Wachstum der einzelnen B.randbereiche. Durch diese unterschiedl. Wachstumsaktivität entstehen die verschiedenen B.formen.

B.formen ([B] Blatt III): Man unterscheidet *einfache* u. *zusammengesetzte* Blätter, wobei letztere eine in Teilblättchen aufgelöste Spreite besitzen. Je nach Beschaffenheit des B.randes unterteilt man die B.formen weiter. So ist ein B. *ganzrandig* bei glattem B.rand, *gesägt,* wenn Randspitzen mit ihren Kanten senkrecht zusam-

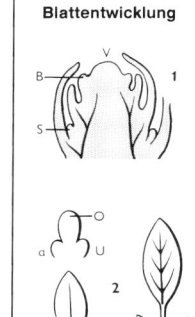

Blattentwicklung

1 Sproßscheitel mit Vegetationspunkt V, Blattanlage B und Seitenzweiganlage S; **2** Entstehung v. Nebenblättern u. Stiel aus Unter- (U) und Oberblatt (O) der Blattanlage 2a; **3** Bildung verschieden gestalteter Blätter aus der Blattanlage 3a durch besondere Wachstumszonen (b–f)

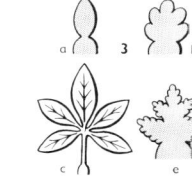

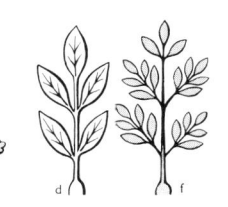

menstoßen, *doppelt gesägt,* wenn große mit kleinen Spitzen abwechseln, *gezähnt,* wenn die Spitzen durch gerundete Einschnitte getrennt sind, *gekerbt,* wenn rundl. Vorsprünge spitz aufeinander zustoßen, u. *gebuchtet,* wenn Vorsprünge u. Einschnitte abgerundet sind. Bei tiefer reichenden Einschnitten in die B.spreite bezeichnet man ein B. als *fiederspaltig,* wenn die Einschnitte paarweise aufeinander zulaufen u. nicht sehr tief reichen, als *fiederteilig,* wenn die paarweise ausgebildeten Einschnitte die Mittelrippe beinahe erreichen, als *handförmig gelappt,* wenn die Einschnitte auf den Grund der B.spreite zulaufen, u. als *gelappt,* wenn die Spreite durch spitzwinkelige Einschnitte breitere u. abgerundete Abschnitte aufweist. Bei den *zusammengesetzten* Blättern heißt das B. *gefiedert,* wenn die Teilblättchen *(Fiedern)* mehr od. weniger paarweise an einer verlängerten Spindel deutl. voneinander getrennt ansetzen. Da die Fiedern selbst wiederum gefiedert sein können, unterscheidet man noch *ein-* bis *mehrfach gefiederte* Blätter. Ein B. heißt *gefingert,* wenn die Fiedern an einem Punkt, also an einer stark gestauchten Spindel, ansetzen. Ist der Spreitengrund quer verlängert u. gehen v. dieser Querverlängerung Fiederchen aus, so heißt das B. *fußförmig gefiedert.* Von der B.spreitenform leiten sich die Beschreibungen *nadel-, lanzett-, spatel-, ei-, pfeilförmig* u. *linealisch* ab. Das *Nadel-B.* der Nadelhölzer scheint auf den ersten Blick ein Mikrophyll zu sein, doch belegen Fossilfunde, daß es sich v. größeren, gabelig geteilten Blättern mit Gabelnervatur durch Reduktion ableitet. Die kleinflächige Nadelform ist eine Anpassung an das trockenere Klima der Neuzeit u. an das ererbte, weniger gut leitende Holz aus engen Tracheiden.

B.folge: Die ersten Blätter einer Sproßpflanze sind die *Keimblätter (Kotyledonen),* die schon am Embryo angelegt sind. Bei den Gymnospermen finden wir häufig mehrere, bei den dikotylen Angiospermen 2 und bei den monokotylen Angiospermen 1 Keimblatt ([B] Bedecktsamer II). Die Keimblätter sind i. d. R. einfacher gebaut als die Laubblätter u. werden normalerweise bald abgeworfen. Den Keimblättern folgen dann die Laubblätter, die häufig alle gleich gestaltet sind. Jedoch gibt es nicht wenige Fälle, in denen die ersten Laubblätter anders, meist einfacher gestaltet sind als die später ausgebildeten Laubblätter. Erstere heißen dann *Primärblätter* u. bei sehr stark abweichender Gestalt *Niederblätter,* letztere *Folgeblätter.* Erfolgt die Ausbildung der vollen B.form recht spät, so spricht man von *Jugend-* u. *Altersblättern.* Den Laubblättern können sich als Überleitung zu den Blüten wiederum anders gestaltete *Hochblätter* anschließen. In diesen Zshg. sind auch die *Knospenschuppen* einzuordnen. Dagegen haben ↗ Anisophyllie u. ↗ Heterophyllie nichts mit der B.folge zu tun.

Metamorphosen des B.s: In zahlr. Fällen ist das B. sowohl in seiner äußeren Gestalt als auch im anatom. Feinbau derart durchgreifend abgewandelt, daß es nicht sofort

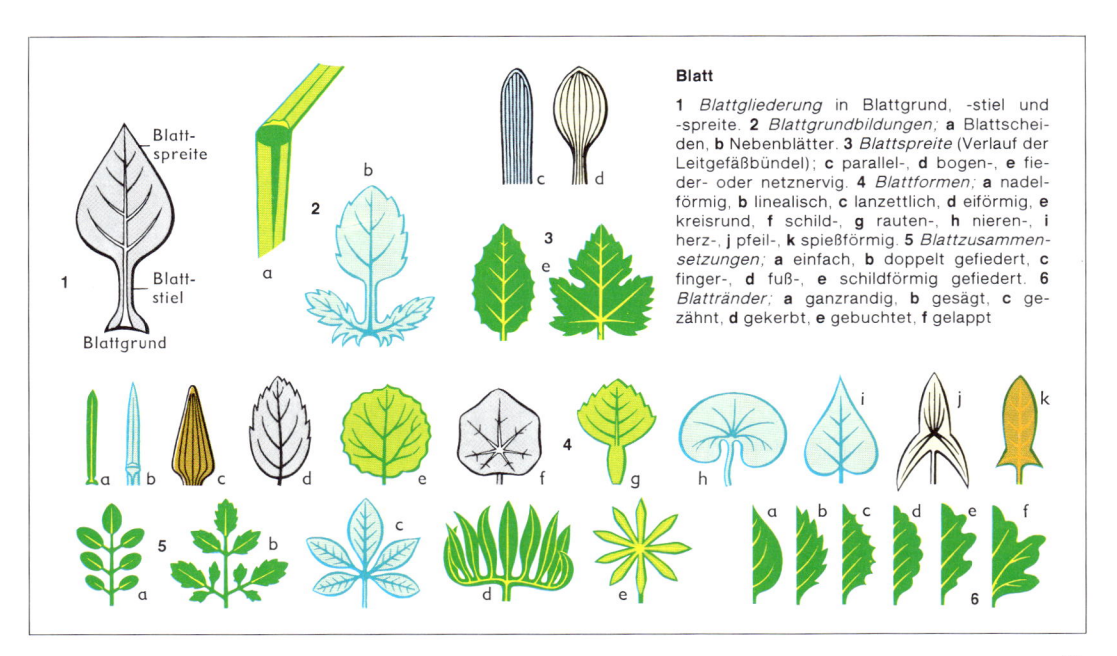

Blatt
1 *Blattgliederung* in Blattgrund, -stiel und -spreite. **2** *Blattgrundbildungen;* **a** Blattscheiden, **b** Nebenblätter. **3** *Blattspreite* (Verlauf der Leitgefäßbündel); **c** parallel-, **d** bogen-, **e** fieder- oder netznervig. **4** *Blattformen;* **a** nadelförmig, **b** linealisch, **c** lanzettlich, **d** eiförmig, **e** kreisrund, **f** schild-, **g** rauten-, **h** nieren-, **i** herz-, **j** pfeil-, **k** spießförmig. **5** *Blattzusammensetzungen;* **a** einfach, **b** doppelt gefiedert, **c** finger-, **d** fuß-, **e** schildförmig gefiedert. **6** *Blattränder;* **a** ganzrandig, **b** gesägt, **c** gezähnt, **d** gekerbt, **e** gebuchtet, **f** gelappt

Blatta

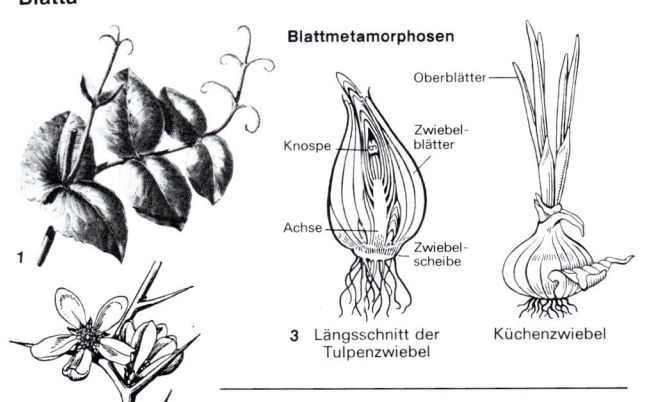

Beispiele für Blattranken, Blattdornen, Zwiebeln: **1** *Blattranke* der Erbse. **2** *Blattdorn* bei *Citrus trifoliata*. **3** *Zwiebeln:* Zwiebeln als *Speicherorgane* v. Stauden sind weit verbreitet, v. a. bei den Einkeimblättrigen, z. B. bei vielen Liliengewächsen *(Liliaceae)*. Zwiebeln sind gestauchte Sproßachsen, bei denen durch starkes primäres Dickenwachstum die Achse zum breiten *Zwiebelboden (Zwiebelscheibe)* wird, von dem nach oben die Blätter, nach unten die sproßbürtigen Wurzeln ausgehen. Bei den *Schuppenzwiebeln*, z. B. beim Türkenbund *(Lilium martagon)*, sind die Blätter als fleischige Niederblätter differenziert. Bei den *Schalenzwiebeln* dagegen, z. B. bei Tulpe *(Tulipa)* und Küchenzwiebel *(Allium cepa)*, greifen die dem Unterblatt entsprechenden und als Speicherorgane dienenden Teile der Blätter schalenförmig ineinander. Das Oberblatt dieser Blätter bildet eine grüne, assimilierende Spreite, die am Ende der Vegetationsperiode abstirbt. Tochterzwiebeln, wie z. B. beim Knoblauch *(Allium sativum)*, entstehen durch Austreiben der Achselknospen der unteren Blätter.

Blattmetamorphosen — Oberblätter, Knospe, Zwiebelblätter, Achse, Zwiebelscheibe. **3** Längsschnitt der Tulpenzwiebel. Küchenzwiebel

als B. zu erkennen ist. Nur die ↗Homologie-Kriterien bei einer vergleichenden Betrachtung lassen die derart umgewandelten Strukturen als *Metamorphosen* v. Blättern od. B.teilen erkennen. Der Strukturwandel ist natürl. von einem nicht minderen Funktionswandel begleitet. So sind Blätter od. auch Nebenblätter häufiger zu *Dornen* geworden (Kakteen, Robinie). Bei einigen Kletterpflanzen beobachtet man die Umwandlung v. Blättern od. B.teilen in *Ranken* (Erbse). Bei vielen Monokotylen sind sie zu Speicherorganen verändert *(Zwiebeln)*. Andere Beispiele sind die zu Insektenfallen abgewandelten Blätter vieler ↗carnivorer Pflanzen (☐) od. die zu trockenhäut. Schuppen umgebildeten Knospenschuppen. Auch die Blütenorgane bes. der Angiospermen, die *Kelch-, Blütenkron-, Staub-* u. *Fruchtblätter*, sind hier einzuordnen. B 40–42. *H. L.*

Blatta *w* [lat., = Schabe], Gatt. der ↗Hausschaben.

Blattabacterium *s*, Gatt. der ↗Rickettsien.

Blattachsel, der Winkel zw. Sproßachse u. Blattstiel bzw. Blatt.

Blattadern, *Blattnerven*, Leitungsbahnen im ↗Blatt.

Blattälchen *s*, *Aphelenchoides*, Gatt. der ↗Tylenchida.

Blattanlage, *Blattprimordium*, kleine höcker- od. wulstart. Erhebungen seitl. des Sproßvegetationspunkts; entstehen durch perikline Teilungen der unter dem Dermatogen liegenden Tunica-Zellschicht, die sich sonst nur antiklin teilt. Der dadurch bedingten Aufwölbung folgt das sich spä-

Blattanlagen am Sproßvegetationspunkt — Vegetationskegel, Blattanlagen, Blattanlage, Blattmeristem

Die Samenpflanzen wachsen mit einem *Vegetationskegel*, aus dessen äußeren Zellschichten die Blattanlagen differenziert werden.

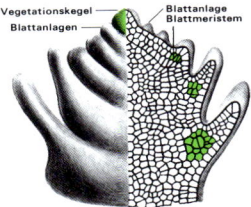

ter zur Epidermis ausdifferenzierende Dermatogen mit vermehrter antikliner Zellteilung. ↗Blatt, ☐ 42.

Blattanordnung ↗Blattstellung.

Blattariae [Mz.; v. lat. blattarius = Schaben-], die ↗Schaben.

Blattbeine, *Blattfüße*, breite, flächig gebaute Beine der Blattfußkrebse *(Phyllopoda)* u. Kiemenfußkrebse *(Anostraca)*. ☐ Anostraca.

Blattbewegungen, Bewegungen v. Laubblättern bei Pflanzen, die entweder autonom od. von Außenfaktoren induziert sind. Autonom sind die Schlafbewegungen od. nyktinast. Bewegungen v. Pflanzen, die ihre Blätter bei Tag heben u. bei Nacht senken. Die Bewegungen bestehen auch unter konstanten Bedingungen v. Licht u. Temp. fort u. sind Ausdruck einer ererbten endogenen Rhythmik od. ↗biologischen Uhr. Sie beruhen auf Turgoränderungen spezieller Zellen der Blattgelenke (Pulvini). ↗Chronobiologie.

Blattbrand, Sammelbez. für Blattschädigungen, bei denen ausgedehnte braune Flecken auftreten: Bei Treibhausgurken verursacht der Pilz *Corynospora melonis* auf den Blättern bräunl., eckige, v. den Nerven begrenzte Flecken mit schwarzen Pilzhyphen; die Blätter fallen ab, u. die Früchte verfaulen. B. des Steinobstes ↗Rindenbrand; Erreger des B.s (od. Blattdürre) v. Schwertlilien u. Narzissen ist der Pilz *Heterosporium gracile (Didymella macrospora)*.

Blattbräune, Pflanzenkrankheit, bei der die Blätter unter Bräunung vorzeitig absterben; Erreger sind verschiedene Pilze. 1) B. der Süßkirsche *(Blattseuche)* wird durch *Gnomonia erythrostoma* verursacht; die Blätter, auf denen erst helle, später braune Flecken auftreten, rollen sich ein u. sterben ab; sie bleiben jedoch über den Winter mit den Erregern am Baum, so daß im Frühjahr eine Neuinfektion der Blätter u. Blüten erfolgen kann; junge befallene Früchte verkrüppeln; Bekämpfung hpts. durch Vernichtung der befallenen Blätter. 2) B. der Quitte u. Birne wird durch *Entomosporium maculatum (Diplocarpon soraueri)* verursacht; auf den Blättern (seltener Früchten) entstehen fliegenschmutzart., bräunl., krustige Flecken; die Bekämpfung kann durch Kupfermittel erfolgen. 3) Erreger der Rüben-B. ist *Pleospora (Clasterosporium) putrefaciens;* anfangs treten auf den Blättern helle, später schwarzbraune Flecken auf, die schließlich die ganze Blattspreite bedecken; auf den Flecken bildet sich ein olivgrüner Konidienbelag; je nach Witterung vertrocknen od. verfaulen die Blätter.

Blättchenschnecken, *Lamellarioidea*, eine

Überfam. der Mittelschnecken, mit spiral. oder kappenförm. Gehäuse, das teilweise od. ganz vom Mantel bedeckt wird; ein Deckel fehlt. Hierher gehören folgende Familien: 1) Die B. i. e. S. *(Lamellariidae)* haben ein dünnschal., ohrförm., ungenabeltes Gehäuse, das, v. dicken Mantelrand wenigstens z.T. eingehüllt wird; sie leben an und zw. Seescheiden od. Polypenstöckchen, v. denen sie sich ernähren; ihre Entwicklung durchläuft eine bes. Larvenform *(Echinospira)* mit einer zusätzl. Außenhülle, die oft bestachelt ist. Die Gatt. *Lamellaria* ist weit verbreitet; *Velutina* kommt in nördl. Meeren vor. 2) Die ↗ Kerfenschnecken *(Eratoidae),* die manchmal auch zu den Kaurischnecken gerechnet werden. 3) Die *Pseudosacculidae* und 4) die *Ctenosculidae* leben im Pazifik parasitisch in Seescheiden u. Stachelhäutern u. sind stark umgestaltet.

Blattdorn, Blatt od. Blatteil, das zu einem Dorn umgewandelt wurde. ☐ Blatt.

Blattdüngung, eine Art der Düngung, bei der Flüssigdünger auf die oberird. Teile der Pflanze verteilt wird; die B. kann die Nährstoffaufnahme durch die Wurzel i. d. R. nicht ersetzen.

Blattdürre, vorzeitiges, schnelles Verdorren der Blätter, das aus verschiedenen Gründen erfolgen kann: hpts. durch Pilzbefall (z. B. *Monilia),* durch tier. Schädlinge (z. B. Rote Spinne) u. durch ungünstige Wachstumsbedingungen (Mangel an bestimmten Nährstoffen, zu hohe Feuchtigkeit, zu lange Trockenheit usw.).

Blattellidae [Mz.; v. lat. blatta = Schabe], Fam. der Schaben; in Mitteleuropa nur mit 1 Art, der Deutschen Schabe *(Blattella germanica),* vertreten. Die ca. 12 mm langen, braun gefärbten, stets geflügelten Insekten von ovaler Form haben zwei dunkle Längsstreifen auf dem Halsschild. Die Deutsche Schabe kann überall in menschl. Behausungen vorkommen u. stammt wahrscheinlich aus Afrika. Die Fortpflanzung erfolgt durch einen Eikokon, der v. Weibchen 24 Tage bis kurz vor dem Schlüpfen herumgetragen wird; Entwicklung über 5–7 Larvenstadien. Bei Massenauftreten können die B. lästig werden.

Blätterlose Pilze, *Aphyllophorales,* die ↗ Nichtblätterpilze.

Blättermagen, *Psalter, Omasus,* Teil des Vormagensystems der ↗ Wiederkäuer, bestehend aus Pansen, Netzmagen u. B., die entwicklungsgeschichtlich Teile des Oesophagus (Speiseröhre) darstellen. Der B. erhält die Nahrung nach dem zweiten Kauen des Speisebreies, wobei eine Rückresorption v. Wasser u. eine Aufnahme wasserlösl. Bestandteile der Nahrung erfolgen.

Velum universale und Velum partiale der Blätterpilze (Agaricales)

Die meisten jungen Fruchtkörper der *Agaricales* zeigen eine Verbindung des Hutrandes mit dem Stiel *(Velum partiale).* Die Lamellen bzw. Röhren mit dem Hymenium bilden sich in der Ringhöhle zwischen Hut und Stiel. Bei der Entfaltung des Hutes reißt das Velum partiale am Hutrand ab und bleibt am Stiel als (nach *unten* abziehbarer!) Ring *(Anulus inferus)* erhalten, so z.B. beim Kulturchampignon *(Agaricus bisporus).*

Bei manchen Blätterpilzen, z. B. beim Knollenblätterpilz *(Amanita),* sind die jungen Fruchtkörper vollständig von einer Gesamthülle umschlossen *(Velum universale),* von der sich noch ein Häutchen zwischen *Hymenophor* und Stiel schiebt. Beim Entfalten des Hutes reißt diese Hülle und kann in drei Bereichen in Resten erhalten bleiben: auf dem Hut in Fetzen (vgl. Fliegenpilz), als *Knolle (Volva)* am Grund des Stiels (Name des Knollenblätterpilzes!) und als *Ring* am Stiel, der als Rest des Velumteiles zwischen Hymenophor und Stiel vom oberen Rand des Fruchtkörpers herabhängt *(Armilla, Anulus superus)* und daher nach *oben* (!) abziehbar ist.

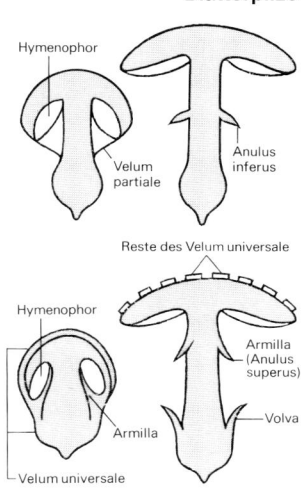

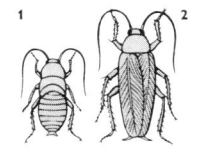

Blätterpilze, *Lamellenpilze* (Ord. *Agaricales* u. *Russulales),* artenreichste Gruppe der Ständerpilze *(Homobasidiomycetes, Hymenomycetes);* zu ihnen gehören die meisten, den Laien als „Schwämme" bekannten, Wald-, Wiesen- u. Feldpilze; in Europa ca. 2500 Arten; die Gesamtzahl wird auf ca. 10000 Arten geschätzt; sie kommen in allen Klimazonen vor. B. sind meist in zentralen Stiel u. hutförm. Fruchtkörper gegliedert. Als gemeinsames Merkmal besitzen sie an der Unterseite des Hutes radial verlaufende *Lamellen* (Blätter). Im Innern der Lamellen befindet sich ein lockeres Hyphengeflecht, das ↗ *Trama* (B Pilze I); nach außen schließt sich das *Subhymenium* an, das aus kürzeren, gedrungenen Zellen besteht. Beide Außenseiten der Blätter sind v. einem *Hymenium* bedeckt, das sich hpts. aus Basidien unterschiedl. Reife zusammensetzt; zw. den Basidien stehen noch etwa gleichgroße, sterile Zellen *(Pseudoparaphysen),* die je nach Form u. Entwicklung unterschiedlich ben. werden, u. größere Zellen *(Cystidien),* die über die Basidien heraus zur nächsten Lamelle reichen können; dadurch werden der Lamellenabstand eingehalten u. die Ausbreitung der Basidiosporen begünstigt. Das Hymenium wird überwiegend als halbfreie Fruchtschicht (hemiangiokarp) ausgebildet. In jungen Fruchtkörpern ist sie in einer Ringhöhle angelegt; bei der Reife reißen die Hüllen um die Anlage auf, so daß das lamellenförm. Hymenium frei liegt. Im einfachsten Fall wird das jung angelegte Hymenium durch den anfangs stark eingerollten Hutrand geschützt. Eine

Blattellidae
1 Larvenstadium,
2 Weibchen der Deutschen Schabe *(Blattella germanica)*

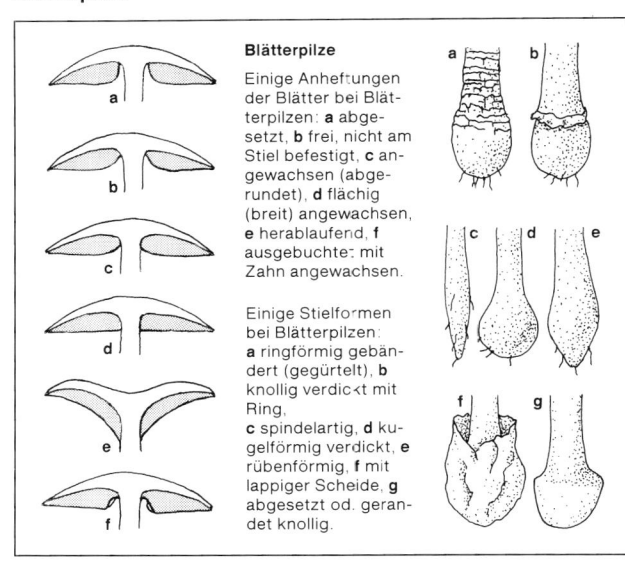

Blätterpilze

Blätterpilze
Einige Anheftungen der Blätter bei Blätterpilzen: **a** abgesetzt, **b** frei, nicht am Stiel befestigt, **c** angewachsen (abgerundet), **d** flächig (breit) angewachsen, **e** herablaufend, **f** ausgebuchtet mit Zahn angewachsen.

Einige Stielformen bei Blätterpilzen: **a** ringförmig gebändert (gegürtelt), **b** knollig verdickt mit Ring, **c** spindelartig, **d** kugelförmig verdickt, **e** rübenförmig, **f** mit lappiger Scheide, **g** abgesetzt od. gerandet knollig.

Blätterpilze
Familien (nach Moser):

Ord. *Agaricales*

↗ Dickblättler od. Wachsblättler (*Hygrophoraceae*)
↗ Ritterlingsartige Pilze (*Tricholomataceae*)
↗ Rötlingsartige Pilze (*Entolomataceae, Rhodophyllaceae*)
↗ Dachpilzartige Pilze (*Pluteaceae*)
↗ Wulstlingsartige Pilze (*Amanitaceae*)
↗ Champignonartige Pilze (*Agaricaceae*)
↗ Tintlingsartige Pilze (*Coprinaceae*)
↗ Mistpilzartige Pilze (*Bolbitiaceae*)
↗ Träuschlingsartige Pilze (*Strophariaceae*)
↗ Krüppelfußartige Pilze (*Crepidotaceae*)
↗ Schleierlingsartige Pilze (*Cortinariaceae*)

Ord. *Russulales*

↗ Sprödblätter (*Russulaceae*)

bes. Schutzhülle *(Velum)* ist nur bei ganz jungen Pilzen od. gar nicht vorhanden (z. B. Trichterlinge, Rüblinge, Helmlinge u. viele Ritterlinge). Bei vielen Gatt. wird das junge Hymenium durch das Velum geschützt. Es kann als Teilhülle *(V. partiale)* zw. Hut u. Stiel liegen; oft bleibt es als Ring od. faserige Ringzone *(Cortina)* am Stiel zurück. Das Velum kann auch den ganzen jungen Fruchtkörper umschließen *(V. universale)*. Beim Strecken des Fruchtkörpers bleiben die Reste häufig als Hautfetzen auf dem Hut (z. B. Knollenblätterpilze) u. als häutige Teilhülle, als Ring *(Anulus inferus)*, Manschette od. Kragen, am Stiel zurück (z. B. Champignons, viele Schirmlinge u. einige Ritterlinge). Die häutige Teilhülle kann auch am Hutrand hängenbleiben. Eine fädige Teilhülle findet sich bei den Schleierlingen u. den verwandten Pilzen. Bei einigen Arten (z. B. Kuhmaul) verschleimt das Velum, so daß bei jungen Pilzen eine dicke Schleimschicht zw. Hut u. Stiel liegt. – Unter den B.n finden sich zahlr. Arten mit eßbaren, wohlschmeckenden Fruchtkörpern, aber auch tödlich giftige Vertreter (Giftpilze) od Rauschpilze. Zahlreiche B. leben als Fäulnisbewohner, viele symbiontisch als Mykorrhizapilze mit höheren Pflanzen (z. B. Waldbäumen); es gibt unter ihnen auch Parasiten an Holz od. auf Blättern. Einige wichtige äußere Bestimmungsmerkmale der B. sind Sporenfarbe, Hutform, Lamellenansatz, Stielform, Fruchtkörpertyp u. die Form der Hüllreste. Zur eindeutigen Unterscheidung der B. müssen jedoch auch oft anatom. Merkmale und chem. Farbreaktionen berücksichtigt sowie biochem. Untersuchungsmethoden angewandt werden. C. von Linné hatte alle B. in nur einer Gatt., *Agaricus,* zusammengefaßt (Species plantarum, 1753; Genera plantarium, 1754). Der schwed. Mykologe E. Fries unterteilte die B. in mehrere Gatt. In seinem Werk „Systema mykologicum" (1821), das allg. als Ausgangspunkt für die systemat. Einteilung dient, u. in seinem Hauptwerk „Hymenomycetes europaei" (1874) werden die B. hauptsächlich nach der Sporenfarbe u. morpholog. Gesichtspunkten gegliedert. A. Ricken hat in seinem Standardwerk „Blätterpilze" (1910–15), in dem ca. 1400 Arten aufgeführt sind, besonders mikroskop. Merkmale, aber auch noch die Sporenfarbe zur Einteilung benutzt. Früher wurden auch die Röhrenpilze (↗ *Boletales*) bei den *Agaricales* eingeordnet. Heute ist die Unterteilung stark verändert, da versucht wird, die frühere künstl. Gruppierung durch eine Einteilung nach der natürl. Verwandtschaft zu ersetzen. Nach M. Moser (1983) werden die *Agaricales* in 11 Fam. und 172 Gatt. u. die *Russulales* in 1 Fam. mit 6 Gatt. unterteilt (vgl. Tab.).

Lit.: *Moser, M.:* Die Röhrlinge und Blätterpilze. Stuttgart ⁵1983. G. S.

Blattfall, *Blattabwurf, Laubfall,* von der Pflanze hormonell gesteuerte Abtrennung gealterter Blätter. Der B. ist der Klimarhythmik angepaßt; bei sommergrünen Sproßpflanzen beträgt die Lebensdauer der Blätter eine Vegetationsperiode, bei immergrünen Pflanzen wenige Jahre. Dem B. gehen Stoffwechselveränderungen im Blatt voraus, z. B. Abbau des Chlorophylls, Abtransport der Proteine, Chlorophyllbausteine u. wichtiger Mineralstoffe, Zunahme an Anthocyanen. Zur Abtrennung der Blät-

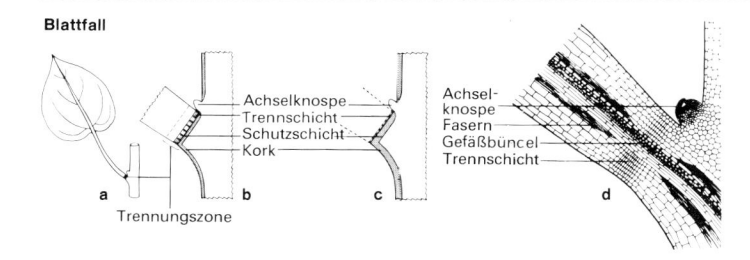

Blattfall

Lokalisierung und Anatomie einer Trennungszone. **a, b, c:** schematische Lokalisierung und Aufgliederung der Trennungszone an der Basis eines Blattstiels. **d:** anatomische Details einer Trennungszone. Man beachte die kleinen Zellen in der eigentlichen Trennschicht. Hier lebt die Teilungsaktivität unter dem Einfluß endogener oder auch äußerer Faktoren auf. Das Fehlen faserartiger Zellelemente in diesem Bereich erleichtert das Lösen vom Hauptsproß.

ter wird ein bes. Trenngewebe an der Basis des Blattstiels ausgebildet (vgl. Abb.). Nach dem B. verwandeln sich die äußeren Zellschichten der Wundfläche in ein verholzendes *Cutisgewebe* u. sind als *Blattnarbe* zu erkennen. In dieser Blattnarbe sind die durchtrennten Leitbündel z. T. noch gut sichtbar. ↗ Abscission.

Blattfallkrankheit, Sammelbez. für pilzl. Krankheiten, bei denen ein vorzeitiger Laubfall eintritt: 1) Falscher Mehltau der Rebe (↗ *Peronospora*). 2) an Johannis- u. Stachelbeeren treten in regenreichen Jahren an den Blättern zahlr. violette bis braune Flecken (1–3 mm) auf, anschließend vergilben sie u. fallen ab; Erreger ist *Drepanopeziza ribes (Gloeosporidiella)*; der Pilz überwintert auf dem abgefallenen Laub, v. dem im Frühjahr die Neuinfektion erfolgt. 3) parasitäre Schütte der Myrte, Kiefer u. a. Bäume. ↗ Blattfleckenkrankheiten, ↗ Schüttekrankheiten.

Blattfalter, *Blattschmetterlinge,* im indomalaiischen u. afr. Raum verbreitete trop. Fleckenfalter der Gatt. *Kallima,* die, mit zusammengeklappten Vorder- u. Hinterflügeln in Ruheposition auf Ästen od. an Stämmen sitzend, täuschend ähnlich ein totes Blatt imitieren. Außer der Form werden, individuell verschieden, in unterschiedl. Brauntönen auch Pilzflecken, Fraßlöcher, Blattrippen, Adern u. Stiele nachgebildet, so daß die B. als überzeugendes Beispiel für Blattmimese gilt; vollkommen anders ist die Oberseite gefärbt, die bei *Kallima inachus* leuchtend orangefarbene Querbinden zieren. In S-Amerika haben die Falter der Gatt. *Anaea,* ebenfalls Fleckenfalter, unterseits ein vergleichbares Tarnkleid.

Blattfarbstoffe, die in Blättern enthaltenen Pigmentstoffe; wichtigste Vertreter sind die ↗ Chlorophylle u. ↗ Carotinoide.

Blattfasern, Sklerenchymfasern in den Blättern vieler Pflanzenarten, die zus. mit den Leitbündeln als Festigungselemente v. großer Bedeutung sind. Meist sind sie nur 1–2 mm lang, erreichen aber in einigen Pflanzen (z. B. Manilahanf, Sisal) eine beträchtl. Länge, so daß sie wirtschaftl. genutzt werden. ↗ Pflanzenfasern.

Blattfingergeckos, *Phyllodactylus,* Gatt. der Geckos, v. a. in den Tropen u. Subtropen beheimatet; mit je 2 blattart. Haftscheiben an der Unterseite der Finger- u. Zehenendglieder. Auf mehreren Mittelmeerinseln (u. a. Korsika, Sardinien) lebt die einzige eur. Art, der gedrungene, bis 8 cm lange, graugelbe Europäische B. *(P. europaeus);* Rücken u. Schwanz mit dunkel-graubraunen Querbinden; ovipar.

Blattfisch, *Monocirrhus polyacanthus,* ein ↗ Nanderbarsch.

Blattfleckenkrankheiten
Wichtige pilzliche Erreger v. Blattfleckenkrankheiten u. ihre Wirtspflanzen (Auswahl)

Septoria (Petersilie, Sellerie, Margeriten, Pfingstrose, Phlox)
Cercospora (Rote Rübe, Veilchen, Petersilie)
Marssonina (Salat)
Phyllosticta (Mahonie, Rittersporn)
Cladosporium (Pfingstrose)
Ramularia (Primel)
Entyloma (Ringelblume, Kokardenblume, Dahlie)
Alternaria (Zinien)
Phyllachora (Gräser)

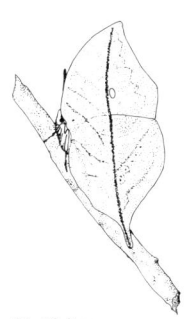

Blattfalter
Kallima spec. in Ruhehaltung

Blattflächenindex, Abk. *BFI,* Maß für die Belaubungsdichte eines Bestands, das Verhältnis v. Gesamtblattfläche in m² zu der v. ihr bedeckten Bodenfläche in m², eine dimensionslose Zahl. Die maximale Ausnutzung der Lichtenergie liegt in unseren Breiten bei einem BFI von 5–6.

Blattflechten, die ↗ Laubflechten.

Blattfleckenkrankheiten, hpts. Pilzkrankheiten vieler Kulturpflanzen, auf deren Blättern anfangs meist gelbbraune bis braune Flecken auftreten, oft v. einem dunklen Hof umgeben; anschließend können Löcher entstehen, u. die Blätter vertrocknen u. fallen ab. Bei der B. der Sellerie tritt auch eine ungenügende Knollenbildung auf; der Erreger *(Septoria apiicola)* wird im Bestand durch fadenförm., mehrfach septierte Konidien übertragen; auf den Flecken sind typischerweise die schwärzl. Fruchtkörper (Pyknidien) zu erkennen, die sich auch, mit Konidien, am Saatgut u. befallenen Pflanzenrückständen im Boden befinden; die Bekämpfung kann durch eine Heißwasser- od. Trocken- ↗ Beize u. mit Kupfermitteln erfolgen; die pilzl. Erreger gehören meist den Fungi imperfecti an. Seltener treten bakterielle B. auf (z. B. durch *Pseudomonas*-Arten) u. B. durch tier. Schädlinge; nichtbiol. Ursachen sind chem. und physikal. Art (z. B. Spritzmittel, Hagelschlag, Hitze).

Blattflöhe, die ↗ Psyllina.
Blattfüße, die ↗ Blattbeine. [poda.
Blattfußkrebse, *Blattfüßer,* die ↗ Phyllo-
Blattgalle, ↗ Galle an Blättern, z. B. „Gallapfel" am Eichenblatt, erzeugt durch die Gallwespe *Cynips (Diplolepis) quercus-folii.* B Parasitismus I.

Blattgrün, Sammelbez. für die ↗ Chlorophylle.

Blatthäutchen ↗ Ligula.

Blatthonig, wird im Ggs. zum Blütenhonig (↗ Honig) von den Bienen aus ↗ Honigtau bereitet. Die Bienen tragen den auf Blättern v. Ahorn, Eiche, Linde, Birke, Buche u. a. und vor allem auf Nadeln v. Tannen, Fichten, Kiefern als klebr. Flüssigkeitsfilm od. auch in Tropfenform abgeschiedenen Honigtau (der v. ↗ Blattläusen als Zuckerüberschuß aus dem After ausgeschieden wird) hpts. in den frühen Vormittagsstunden ein. Später wird er durch Einwirkung der Sonne so trocken, daß die Bienen ihn nicht mehr aufsaugen können.

Blatthornkäfer, 1) *Lamellicornia, Scarabaeoidea,* Überfam. der Käfer mit den Fam. ↗ Hirschkäfer, den in Europa nicht heim. ↗ Zuckerkäfern u. den Eigentlichen B.n; die Käfer sind u. a. durch den charakterist. Bau der Fühler gekennzeichnet: die 3–7 letzten Glieder sind seitlich blattartig vergrößert, tragen auf ihren Innenflächen zahlreiche

Blatthornkäfer

Blatthornkäfer
Familien:
Eigentliche Blatthornkäfer
(Scarabaeidae)
↗ Hirschkäfer
(Lucanidae)
↗ Zuckerkäfer
(Passalidae)

Wichtige Unterfamilien und Arten der Eigentlichen Blatthornkäfer:

Aphodiinae
(↗ Mistkäfer)
Coprinae
(↗ Mistkäfer)
Geotrupinae
(↗ Mistkäfer)
Melolonthinae
↗ Maikäfer
Walker
(Polyphylla fullo)
↗ Junikäfer
↗ Riesenkäfer
(Dynastinae)
↗ Herkuleskäfer
↗ Nashornkäfer
↗ Rosenkäfer
(Cetoniinae)
Rutelinae
Gartenlaubkäfer
(Phyllopertha)
Getreidekäfer
(Anisoplia agricola)
Getreidelaubkäfer
(A. segetum)
Julikäfer
(Anomala dubia)
Trichiinae
Eremit
(Osmoderma)
Pinselkäfer
(Trichius)
Troginae
Trox

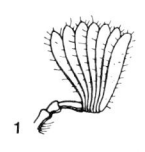

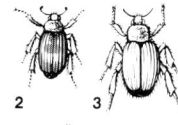

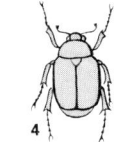

Blatthornkäfer
1 Fühler der B.,
2 Getreidekäfer
(Anisoplia agricola),
3 Getreidelaubkäfer
(Anisoplia segetum),
4 Julikäfer (Anomala dubia)

Sinnesorgane u. können bei den *Scarabaeidae* über Hämolymphdruck auseinandergespreizt werden. Die Larve ist als *Engerling* bekannt. 2) Eigentliche B., *Scarabaeidae*, Fam. der *Polyphaga*, mit ca. 25000 Arten eine der umfangreichsten Käferfam., in Mitteleuropa ca. 210 Arten. Hierher gehören so bekannte Käfer wie die Maikäfer, Mistkäfer, Pillendreher, Rosenkäfer u. Nashornkäfer. Die Vertreter sind sehr vielgestaltig; unter den Riesenkäfern finden sich mit über 15 cm Körperlänge (Herkuleskäfer) die größten Käfer überhaupt. Die Arten sind einschl. ihrer Larven (Engerlinge) hpts. Pflanzenfresser, aber in biologisch sehr unterschiedl. Weise: Larven am Boden lebend, frei an Wurzeln verschiedener Pflanzen; die Käfer fressen dann häufig Blätter v. Kräutern, Sträuchern od. Bäumen; hierher gehören die vielen Vertreter der Maikäferartigen (U.-Fam. *Melolonthinae*) mit dem Maikäfer, dem Junikäfer u. verwandte U.-Fam., wie die *Rutelinae*: in Mitteleuropa z. B. Julikäfer od. viele trop. Riesenkäfer *(Dynastinae)*. Die Larven können auch im Boden zersetzte Pflanzenstoffe fressen; sie finden sich dann in Komposthaufen (Larven des einheim. Nashornkäfers), in Kleinsäugernestern und Ameisenhaufen (Larven einiger Rosenkäfer). Andere Larven entwickeln sich in zerfallendem u. moderndem Holz u. finden sich im Mulm alter Bäume, hierher gehören die Engerlinge der meisten Riesenkäfer, der Pinselkäfer *(Trichius)* u. des fast 3 cm großen, nach Juchtenleder riechenden Eremiten od. Juchtenkäfers *(Osmoderma eremita)*, dessen Larve nur noch selten in hohlen Linden gefunden wird; auch die meisten Larven unserer Rosenkäfer u. Pinselkäfer leben in faulem Holz. Die große Gruppe der Dung- u. Mistkäfer, koprophage *Scarabaeiden*, lebt als Larve u. meist auch als Käfer von tier. Exkrementen, v. a. denen der Pflanzenfresser; hierbei kann auch häufig intensive Brutpflege vorkommen, indem die Weibchen od. auch beide Geschlechter Dungteile in Form v. Kugeln, Brutpillen od. Würsten in selbstgegrabene, unterird. Bauten bringen; hierher gehören neben den Mist- u. Dungkäfern *(Geotrupinae, Aphodiinae)* die Pillendreher *(Scarabaeinae)* u. Verwandte, wie der Stierkäfer *(Typhoeus)* od. der Mondhornkäfer *(Copris lunaris)*. Schließlich gibt es Larven, die tier. Reste wie Hufe, Nägel od. Gehörne fressen, z. B. die Arten der Gatt. *Trox*, od. wie der im SO der USA lebende Pillendreher *Deltochilum gibbosum*, der seine Brutpille aus Federn u. Haaren formt, die er mit Erde u. trockenem Laub umgibt. – Die erwachsenen Käfer sind z. T. Blattfresser, wie der Maikäfer u. Junikäfer. Die Wahl der Fraßpflanze ist meist eingeengt. So lebt der fast 4 cm große, weiß marmoriert gezeichnete Walker od. Müller *(Polyphylla fullo,* B Käfer I) – ein naher Verwandter unserer Maikäfer – v. a. in Sandgebieten v. den Nadeln der Kiefer; wenn man ihn stört, gibt er laut zirpende Töne von sich (↗ Stridulation); seine Larve lebt an den Wurzeln v. Gräsern. Unsere Maikäfer leben v. a. von Blättern der Laubhölzer. Der in vielen Farbvarianten (Flügeldecken gelbbraun, dunkelblau, grün od. schwarz) auftretende, bis 15 mm große Julikäfer *(Anomala dubia)* lebt als Käfer bes. an Weiden od. Birken. Daneben gibt es viele Vertreter, die Blütenbesucher sind u. dort Blütenteile od. nur Pollen fressen. Erstere sind Blütenzerstörer. Zu ihnen gehören die auf Grasblüten u. damit gelegentlich auch auf Getreide fressenden Getreidekäfer der Gatt. *Anisoplia* (bei uns hpts. die Getreidelaubkäfer *A. segetum* H. und *A. villosa* Goeze = *agricola* F.). Auch der bei uns ab Ende Mai häufige Gartenlaubkäfer *(Phyllopertha horticola)* frißt einerseits an allen mögl. Blättern, v. a. aber lebt er in Blüten (z. B. Heckenrosen) u. frißt alle Blütenteile. Reine Pollenfresser stellen die Pinselkäfer der Gatt. *Trichius* (bei uns v. a. der ca. 1 cm große, schwarz-gelb gezeichnete *T. fasciatus*) u. viele Rosenkäfer dar. Letztere leben gelegentlich auch v. süßen Säften u. bohren sich daher in faulendes Obst ein od. lecken ausfließenden Baumsaft, wie es v. unserem großen Hirschkäfer bekannt ist u. von unserem Nashornkäfer angenommen wird. *H. P.*

Blatthühnchen, *Jacanidae,* Watvogel-Fam. der Tropen u. Subtropen mit 7 Arten; besitzen sehr lange Zehen, die es ihnen erlauben, über die Blätter v. Schwimmpflanzen zu laufen, ohne einzusinken. Die Nahrung besteht aus Pflanzenteilen u. kleinen Wirbellosen. Die Weibchen sind meist größer als die Männchen; letztere übernehmen die Bebrütung des aus 4 braunen Eiern bestehenden Geleges u. die Aufzucht der Jungen. Bei manchen Arten, wie dem südam. Jassana *(Jacana spinosa)*, besteht Vielmännerei (Polyandrie).

Blattidae [Mz.; v. lat. blatta = Schabe], die ↗ Hausschaben.

Blattkäfer, *Chrysomelidae,* Fam. der *Polyphaga,* weltweit ca. 30000–35000 Arten, davon in Mitteleuropa ca. 570; die B. sind damit nach den Rüsselkäfern die artenreichste Fam. im Tierreich. Viele Vertreter sind bunt od. metallisch-grün bzw. blau gefärbt. Sie sind mit den Bockkäfern u. den Rüsselkäfern nächstverwandt u. teilen mit ihnen den Besitz v. nur 4 sichtbaren Tarsalgliedern, das 4. ist winzig u. fast nicht erkennbar. Hierher gehören u. a. der Kartoffelkäfer, die Schilfkäfer, Hähnchen, Erdod. Blattflöhe u. die Schildkäfer. Mit wenigen Ausnahmen sind die B. Pflanzenfresser. In der Wahl der Futterpflanzen haben sich viele Arten auf wenige (oligophag) od. gar nur auf eine (monophag) spezialisiert. Viele dt. Namen beziehen sich auf diese Pflanzen: Kartoffelkäfer, Erlen-B. od. Lilienhähnchen. Die Weibchen legen ihre Eier meist in kleinen Häufchen auf Blätter od. Stengel; die Junglarven schlüpfen nach 2–3 Wochen. Nicht selten beginnen sie als Gruppe die zarten Pflanzenteile zu benagen, die Blattadern bleiben dabei unberührt („Fensterfraß"); bleiben überhaupt nur die Rippen übrig, sehen die Blätter skelettiert aus („Skelettfraß"). Werden die Larven größer, zerstreut sich die Gruppe, u. die jetzt einzeln lebenden Larven fressen Löcher in die Blätter („Lochfraß"). Später werden die ganzen Blätter gefressen, was bei Massenbefall zum Kahlfraß führt. Bereits nach wenigen Wochen findet die Verpuppung im Boden od. als Sturzpuppe an der Pflanze statt. So verläuft bei vielen B.n die Entwicklung, z. B. bei dem nur auf Erlen fressenden Erlen-B. *(Agelastica alni,* metallisch-blau, 6–7 mm), den vielen Arten der Gatt. *Chrysomela* od. dem roten, nur auf Pappeln lebenden Pappel-B. *(Melasoma populi,* B Insekten III). Die Arten der U.-Fam. *Clytrinae* u. *Cryptocephalinae* (Fallkäfer) tarnen ihre Eier, indem sie diese mit Hilfe ihrer Hintertarsen mit ihrem Kot beschmieren u. dann einfach fallen lassen; die frisch geschlüpfte Larve benutzt diese Kothülle als Köcher, den sie als Schutz ähnlich wie die Larven der Köcherfliegen herumträgt. Die Larven der Gatt. *Clytra (C. laeviuscula* und *C. 4-punctata)* dringen dann in Ameisennester ein (häufig Rote Waldameise) od. werden sogar v. den Ameisen eingetragen. Sie leben nun im Nest innerhalb ihres Köchers, der im Verlauf des Wachstums mit vergrößert wird, v. toten Ameisen, gelegentlich aber auch v. deren Brut. Wie bei den Fallkäfern, dauert die Entwicklung oft mehrere Jahre. Manche Arten haben Brutfürsorge, z. B. der gelbl. Schneeballkäfer *(Galerucella viburni,* 4,5–6,5 mm), der an den Blättern des Schneeballstrauchs u. anderer *Viburnum*-Arten lebt. Das Weibchen nagt im Frühherbst in die Rinde frischer Triebe ein längsovales Loch, in das es 4–12 Eier legt u. anschließend mit einem Deckel aus Kot, Drüsensekret u. Holzfasern wieder verschließt. Auf diese Weise werden bis zu 50 Gelege hergestellt. Die Eier überwintern, die Larven fressen im kommenden Frühjahr auf der Blattunterseite (gelegentlich Skelettfraß); die Verpuppung erfolgt im Boden. Als Anpassung an eine kurze Ve-

Blattkäfer
Einige Unterfamilien:
Chrysomelinae
 Alpenblattkäfer
 (Chrysochloa)
 Chrysomela
 ↗ Kartoffelkäfer
 (Leptinotarsa decemlineata)
 Pappelblattkäfer
 (Melasoma populi)
Clytrinae
 Clytra
Cryptocephalinae
 Fallkäfer
 (Cryptocephalus)
↗ Erdflöhe
 (Halticinae)
Galerucinae
 Erlenblattkäfer
 (Agelastica alni)
↗ Hähnchen
 (Criocerinae)
Hispinae
 Igelkäfer
 (Hispa atra)
↗ Schildkäfer
 (Cassidinae)
↗ Schilfkäfer
 (Donaciinae)

Pappelblattkäfer *(Melasoma populi),* unten seine Eier

Blattkiemer
Unterordnungen:
↗ *Adapedonta*
↗ *Anomalodesmacea*
 Spaltzähner
 (Schizodonta)
↗ Verschiedenzähner
 (Heterodonta)

Blattläuse
Familien:
↗ Baumläuse
 (Lachnidae)
↗ Blasenläuse
 (Eriosomatidae)
 Borstenläuse
 (Chaitophoridae)
 Maskenläuse
 (Thelaxidae)
↗ Röhrenläuse
 (Aphididae)
↗ Tannenläuse
 (Adelgidae)
↗ Zierläuse
 (Callaphididae)
↗ Zwergläuse
 (Phylloxeridae)

getationsperiode kann bei einigen im Gebirge lebenden Arten der Gatt. *Chrysomela* u. *Chrysochloa* (Alpen-B.) – letztere leben v. a. auf Alpendost – verstanden werden, daß bei ihnen die jungen Larven bereits kurz nach der Eiablage schlüpfen. Bei *Chrysomela varians* u. *Chrysochloa*-Arten kann dies bereits wenige Minuten nach der Ablage erfolgen (Ovoviviparie). Einige B.-Arten wurden zur Pflanzenbekämpfung in Australien und N-Amerika eingesetzt; dort aus Europa eingeschleppte Pflanzen haben sich wegen fehlender Konkurrenz u. Feinden stark ausgebreitet. So hat man in Australien mit gutem Erfolg zur Bekämpfung des Johanniskrauts den B. *Chrysomela hyperici* eingeführt. H. P.

Blattkakteen, U.-Gruppe der ↗ Kakteengewächse.

Blattkiemen, *Eulamellibranchien,* für die meisten Muscheln typ. Kiemen, die sich v. Filibranchien (Fadenkiemen) ableiten. Die urspr. Fäden sind durch Gewebsbrücken miteinander verwachsen, wodurch ein engmaschiges Doppelnetz entsteht. Der Kiemeninnenraum erweitert sich nach oben zu längsziehenden Kanälen, in denen das durch die „Maschen" des Netzes eingesogene Atemwasser zur terminalen Ausströmöffnung abgeleitet wird. Die Kiemenoberfläche ist mit einem Flimmerepithel überzogen, das die mit dem Wasserstrom herbeigeführten Nahrungspartikel ausfiltert u. der Mundöffnung zuführt. B Weichtiere.

Blattkiemer, *Eulamellibranchia, Eulamellibranchiata,* Ord. der Muscheln mit 4 U.-Ord. (vgl. Tab.), die durch ↗ Blattkiemen ausgezeichnet sind; i. d. R. haben die B. zwei Schließmuskeln u. ein wenigzähniges Scharnier; der Mantelrand ist oft zu Siphonen ausgezogen.

Blattkohl ↗ Kohl.

Blattkrebs, Larvenstadium bei *Decapoda* (Zehnfußkrebsen). ↗ Phyllosoma.

Blattläuse, *Aphidina,* U.-Ord. der Pflanzensauger; ca. 2000 Arten in 8 Fam. (vgl. Tab.), in Mitteleuropa ca. 750 Arten. Die B. sind 2–3 mm kleine, geflügelte od. ungeflügelte Insekten mit Saugrüssel u. häufig röhrenförm. Körperanhängen an den hinteren Segmenten. Der Körper ist weich, bei ungeflügelten Formen plump u. mit wenig abgesetztem Kopf. Die zarthäut. Flügel sind wenig beadert; der Rüssel besteht aus vier, die Antennen aus zwei dicken u. einem bis vier dünnen Gliedern. Bei der Fortpflanzung durchlaufen die B. einen Generationswechsel (Heterogonie) mit verschiedenen Gestaltformen, die sich nicht nur in der Morphologie, sondern auch in der Lebensweise unterscheiden. Diese Morphen pflanzen sich außer der letzten

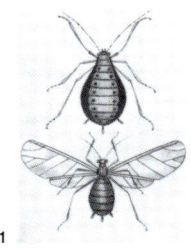

Blattläuse

Blattläuse
1 Bohnenblattlaus *(Aphis fabae)*, oben ungeflügelt, unten geflügelt; 2 Anhäufung von B.n an einem Apfeltrieb.

parthenogenetisch fort; viele Fam. führen einen Wirtswechsel zw. den Futterpflanzen durch. Die wichtigsten *Morphen* sind (vgl. Abb.): 1) Stammutter *(Fundatrix)*, schlüpft im Frühling aus dem Winterei, meist ungeflügelt; 2) Jungfern *(Virgines)*, die Nachkommen der Stammutter auf dem Haupt-(Winter-)Wirt, geflügelt *(Alatae)* od. ungeflügelt *(Apterae)*. 3) Wanderformen *(Emigranten, Migrantes)*, ebenfalls Nachkommen der Stammutter, fliegen zum Neben-(Sommer-)Wirt; 4) *Exsules (Exules, Alienicolae)*, Generationen auf dem Nebenwirt; 5) *Sexuparae*, geflügelte Formen, fliegen zum Hauptwirt zurück u. bringen dort die 6) *Sexuales* hervor; die Weibchen sind ungeflügelt, die Männchen können auch geflügelt sein. Nach der Kopulation wird das Winterei abgelegt. Je nach Art kommen Abweichungen v. dieser Heterogonie vor; die Steuerung erfolgt über die Tageslänge u. jahreszeitlich verschiedene stoffl. Faktoren der Wirtspflanzen. Die Wirtsspezifität ist je nach Art unterschiedlich ausgeprägt. Die B. ernähren sich, indem sie das Phloem nahezu aller Blütenpflanzen anbohren u. den herausfließenden, saccharosehalt. Saft aufnehmen. Wahrscheinlich wegen der nur geringen Menge der darin enthaltenen Aminosäuren lassen die B. große Mengen des Pflanzensafts durch ihren Darm fließen, wovon sie nur einen Teil verdauen. Dieser zuckerhaltige Kot *(Honigtau)* wird u. a. von Bienen (↗Baumläuse) u. ↗Ameisen (B) aufgenommen. Die Ameisen gehen dazu oft eine enge Beziehung mit den B.n ein: durch „Betrillern" mit den Antennen löst die Ameise die Abgabe dieser für manche Arten lebensnotwendigen Nahrung aus (B Symbiose); manche Ameisenarten beschützen die B. vor ihren natürl. Feinden, wie Marienkäfer, Schwebfliegen u. Florfliegen, füttern sie u. nehmen sie zum Überwintern mit in das Ameisennest. Der Honigtau von *Traputina mannipara* trocknet im Wüstenklima des Sinai zu *Manna* u. wird v. der einheim. Bevölkerung gegessen. Die B. können Schäden v. a. an Kulturpflanzen anrichten; bedeutender als der Saftentzug sind dabei Folgeschäden, wie Sproßkrümmungen, Austrocknung u. Verpilzung. Die chem. Bekämpfung der B. ist problematisch, da auch die natürl. Feinde (s. o.) mit vernichtet werden. Von den in der Tab. S. 49 aufgeführten Fam. kommen bei uns noch einige Vertreter der Borstenläuse *(Chaitophoridae)* u. der Maskenläuse *(Thelaxidae)* vor, beide mit kurzen od. fehlenden Rückenröhren, meist ohne Wirtswechsel. B Insekten I. G. L.

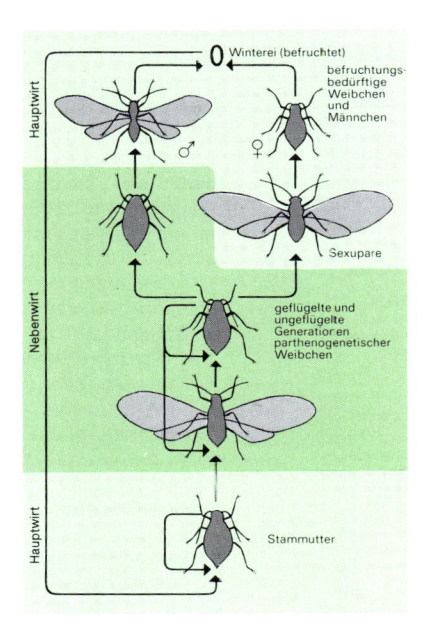

Blattlausfliegen, *Chamaemyiidae*, Fam. der ↗Fliegen, in Mitteleuropa nur wenige Arten, v. denen manche Honigtau v. Blattläusen erbetteln u. andere räuberisch v. Blattläusen leben.

Blattlaushonig, ↗Honigtau, ↗Blattläuse.

Blattlauslöwen, Insekten, die Blattläuse fressen, i. e. S. Taghafte u. Florfliegen.

Blattlauswespen, *Aphidiidae*, Fam. der Hautflügler aus der Über-Fam. der Ichneumonoidea, wegen der Verwandtschaft zu den ↗Brackwespen oft als U.-Fam. zu diesen gestellt. Die B. sind dunkel gefärbte, 2–3 mm große Insekten. Die Eier werden mit einem Legestachel in Blattläuse gelegt, dabei wird der Hinterleib zw. dem 3. und 4. Segment umgeknickt. Die Larven entwickeln sich meist im Körper v. ↗Röhrenläusen, die i. d. R. zugrunde gehen, wenn sich die Larve verpuppt. Bei Mehrfachbelegung einer Blattlaus bleibt nach Kämpfen meist nur eine Larve übrig. Die B. sind zur biol. Schädlingsbekämpfung der Blattläuse interessant, werden allerdings oft v. *Hyperparasiten* befallen. In Mitteleuropa kommen v. a. Vertreter der Gatt. *Aphidus* u. *Praon* vor.

Blättlinge, *Lenzites* Fr., Gatt. der Porlinge mit sitzendem, halbkreisförm. dachziegelart. Fruchtkörper; die „Röhren" sind als Blätter ausgebildet, die vom Ansatz zum Rande verlaufen, manchmal verzweigt u. miteinander verbunden. Die ziemlich dünnen, lederart. od. korkigen Pilze wachsen an Holz. Die flachen, gezonten Konsolen des Birken-Blättlings *(L. betulina)* kommen an morschen Laubholzstümpfen, bes. Birke, Buche, Eiche, aber auch an lebenden Stämmen vor; er verursacht Weißfäule.

Blattlücke, die im Leitbündelsystem der Sproßachse durch die Abzweigung der

Generationswechsel der Blattläuse (schematisch)

das Blatt versorgende Leitbündel (Blattspurstränge) entstehende Lücke.

Blattminierer ↗ Minierer in Blättern.

Blattnarbe ↗ Blattfall.

Blattnasen, *Phyllostomidae*, auf S- u. Mittelamerika beschränkte Fledermaus-Fam.; viele Arten mit blattförm. Nasenaufsatz; Kopfrumpflänge 4–13,5 cm. Die etwa 140 Arten werden 7 U.-Fam. zugeordnet: Die Kinnblatt-Fledermäuse *(Chilonycterinae)* haben Hautlappen um die Kinnpartie (Funktion unbekannt) u. keinen Nasenaufsatz; als Tagesquartier suchen sie feuchtwarme Höhlen auf (z. B. Gatt. *Pteronotus*). Die Eigentlichen B. *(Phyllostominae)* kennzeichnet der namengebende Nasenaufsatz; hierzu gehören die Nominatgatt. *Phyllostomus*, die sich v. Insekten u. Früchten ernährt, sowie die Falsche Vampir-Fledermaus *(Vampyrum spectrum)*, die

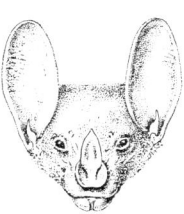

Kopf der Falschen Vampir-Fledermaus *(Vampyrum spectrum)*

Unterfamilien:
Carolliinae (Kurzschwanz-B.)
Chilonycterinae (Kinnblatt-Fledermäuse)
Glossophaginae (Langzungen-Fledermäuse)
Phyllonycterinae (Blütenvampire)
Phyllostominae (Eigentliche B.)
Stenoderminae (Fruchtvampire)
Sturnirinae (Gelbschulter-B.)

auch kleinere Wirbeltiere verzehrt, aber kein Blut saugt. Die nur 4,5–8 cm großen Langzungen-Fledermäuse *(Glossophaginae)* haben sich weitgehend auf Nektar- u. Pollennahrung spezialisiert u. wirken daher auch als Blütenbestäuber (Zoogamie); hierzu dienen ihre stark verlängerte Schnauzenpartie, die lange Zunge mit bürstenart. Papillen am Vorderende u. die Fähigkeit zum Schwirrflug. Die Blütenvampire *(Phyllonycterinae)* nehmen außer Fruchtsaft u. Fruchtfleisch vermutlich auch Blütennahrung zu sich. Reine Früchtefresser gibt es unter den Kurzschwanz-B. *(Carolliinae)*, den Gelbschulter-B. *(Sturnirinae)* u. den Fruchtvampiren *(Stenoderminae)*. Als typ. Anpassung hierfür haben sie, ähnlich wie die früchtefressenden Flughunde der Alten Welt, stark verbreiterte u. abgeflachte Backenzähne. Da sie die Samen der Früchte nicht verzehren, tragen sie zur Verbreitung der betreffenden Pflanzen bei (Zoochorie). Den B. nahe verwandt sind die Echten ↗ Vampire.

Blattnerven, die ↗ Blattadern.

Blattodea [Mz.; v. lat. blatta = Schabe], die ↗ Schaben.

Blattroller
Einige Arten:
Apoderinae
  Haselblattroller *(Apoderus coryli)*
Attelabinae
  Tönnchenwickler *(Attelabus nitens)*
Rhynchitinae
  Birkenblattroller *(Deporaus betulae)*
  Kuckucksrüßler *(Lasiorhynchites sericeus)*
  Pappelblattroller *(Byctiscus populi)*
  Rebenstecher *(Byctiscus betulae)*

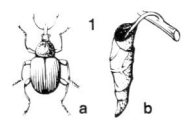

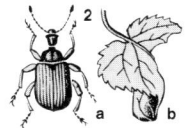

Blattroller
1 Rebenstecher *(Byctiscus betulae)*; **a** Käfer, **b** Blattwickel. 2 Haselblattroller *(Apoderus coryli)*; **a** Käfer, **b** Blattwickel.

Blattroller
1 Eichen-B. *(Attelabus nitens)*, 2 Pappel-B. *(Byctiscus populi)*, 3 Birken-B. *(Deporaus betulae)*, 4 Hasel-B. *(Apoderus coryli)*

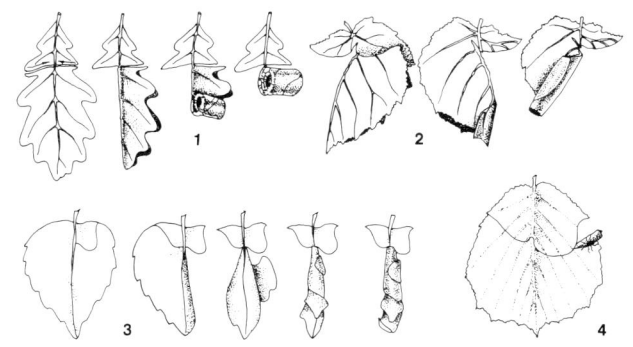

Blattprimordium *s* [v. lat. primordium = Anfang, Ursprung], die ↗ Blattanlage.

Blattranke, Blatt od. Blatteil, das zu einer Ranke umgewandelt wurde. ☐ Blatt.

Blattroller, *Blattwickler*, mehrere Gatt. der Rüsselkäfer (U.-Fam. *Rhynchitinae, Attelabinae, Apoderinae)*, die sich durch eine bes. Form der Brutfürsorge auszeichnen: sie stellen aus Blättern ihrer Fraßpflanze zigarrenähnl. Röllchen her, in die das Weibchen Eier legt. Das Blatt wird entweder der Länge nach eingerollt (Längsroller), evtl. zusätzlich mit Hilfe der Mandibeln eingeschnitten (Trichterroller) od. einfach als ganzes eingerollt (Zapfenroller); als Querroller bezeichnet man die Arten, die das Blatt ohne Einschnitt od. mit Einschnitt (Büchsenroller) quer zur Längsachse einrollen. Beispiele für *Längsroller* (Zapfenroller): Rebenstecher od. Zigarrenwickler *(Byctiscus betulae)*, metallischgrün bis -blau, 5,5 – 9,5 mm, lebt an verschiedenen Laubbäumen, ist gelegentlich an Reben schädlich geworden; das Weibchen nagt nach einem Reifefraß an Knospen u. frischen Blättern im Frühjahr ein Loch in die Blattstiele, um sie langsam zum Abwelken zu bringen; die Eier werden während des Wickelns des Blattes zu einer zigarrenförm. Längsrolle gelegt; pro Tag werden etwa 2, insgesamt bis 30 Wickel hergestellt; die 4–6 Larven pro Wickel entwickeln sich innerhalb der heruntergefallenen Rolle. Ähnlich lebt der etwas kleinere Pappel-B. *(Byctiscus populi)*, der seine Zigarre aus Pappelblättern herstellt. *Trichterroller:* Birken-B. od. Trichterwickler *(Deporaus betulae)*, schwarz, 2,5–4 mm; schneidet ein Birkenblatt rechts u. links der Mittelrippe ein u. rollt beide Hälften zu einer Zigarre zusammen; die Spitze wird umgeklappt u. durch „Nähen" mit Rüsseleinstichen befestigt; in diesen Trichter werden bis zu 6 Eier gelegt. Ein Beispiel für *Büchsenroller* stellt der rote, stark gewölbte 6–7 mm große Eichen-B., Eichenkugelrüßler od. Tönnchenwickler *(Attelabus nitens)* dar; er lebt auf Eichen u. stellt auf kompli-

Blattrollkrankheit

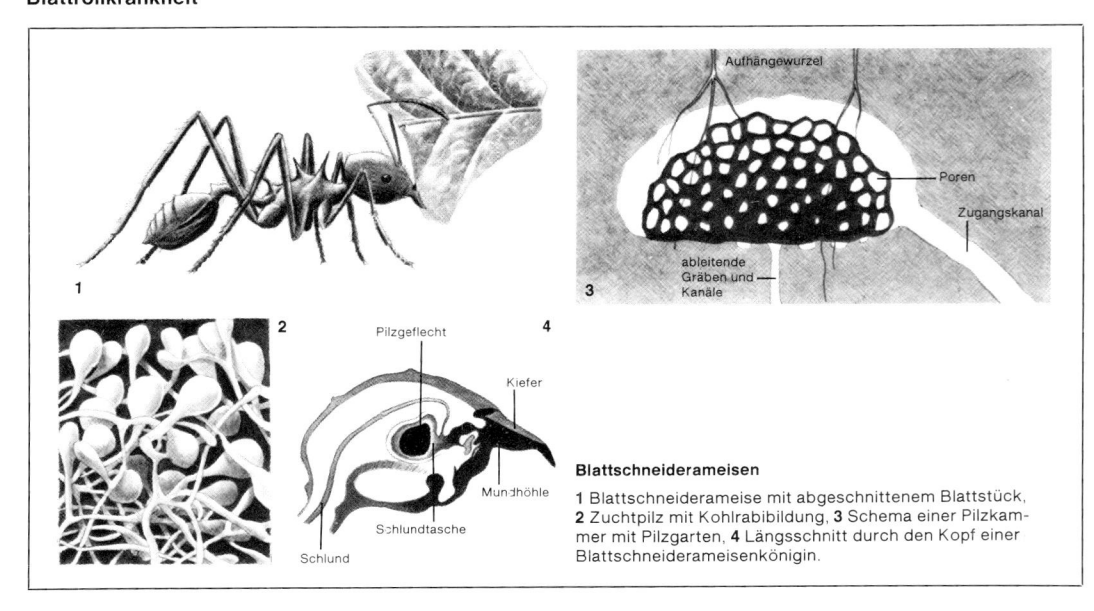

Blattschneiderameisen
1 Blattschneiderameise mit abgeschnittenem Blattstück, 2 Zuchtpilz mit Kohlrabibildung, 3 Schema einer Pilzkammer mit Pilzgarten, 4 Längsschnitt durch den Kopf einer Blattschneiderameisenkönigin.

zierte Weise eine mittelständige Querrolle her. Auch der rote, 6–8 mm große Hasel-B. oder Haseldickkopfkäfer *(Apoderus coryli)* stellt aus Haselblättern eine ähnl., jedoch seitenständige Querrolle her. Bemerkenswert ist der Kommensalismus des Kuckucksrüßlers *(Lasiorhynchites sericeus)*: das Weibchen bohrt ein Loch in die Rolle des Eichen-B.s u. schiebt ein Ei zu denen seines Wirtes; die Larven wachsen, ohne einander zu schaden, nebeneinander auf.

Blattrollkrankheit, eine durch Blattläuse übertragbare Viruskrankheit der Kartoffel u. Tomate; die Blätter befallener Pflanzen rollen sich ein u. erhalten ein helleres, metallisches Aussehen.

Blattsauger, die ↗Psyllina.

Blattschmetterlinge, die ↗Blattfalter.

Blattschneiderameisen, *Attini,* U.-Fam. der Knotenameisen, nur in S-Amerika einige Gatt. Die B. haben typ. Ameisengestalt; die geflügelten Geschlechtstiere sind ca. 25 mm groß, die Arbeiterinnen je nach Kaste 2 mm (Nestarbeiterinnen) bis 15 mm (Soldaten). Die B. bauen weitverzweigte gekammerte Erdnester, die bis 2,5 m tief sind u. deren Eingänge bis zu 100 m auseinanderliegen können. Das Erdnest der Gatt. *Atta* besteht aus Kammern v. bis zu 1 m ⌀ für die Königin, die Brut und v. a. für die Pilzzucht. Die Kammern werden v. einem hochkomplizierten System verschiedenartiger Kanäle miteinander verbunden. Die Wände des Baues werden mit einem Sekret zur Verfestigung verputzt. Zum Transport des Abraums sind bei Arbeiterinnen spezielle Borsten zu Körbchen ausgebildet. Einige Kanäle führen in die Nähe v. Pflanzen, v. denen die B. Blattstücke abschneiden u. in ihr Nest bringen. In langen Kolonnen tragen die mittelgroßen Arbeiterinnen die abgetrennten Blattstückchen wie ein Segel über sich. Eine Arbeiterin kann pro Tag 2,4 kg Blätter eintragen. Im Nest übernehmen die kleinsten Arbeiterinnen das Zerkauen der Blätter für die *Pilzzucht.* In den Pilzkammern wächst auf den verarbeiteten Blättern ein Pilz in Reinkultur. Andere Pilzarten, die aus eingeschleppten Sporen auskeimen, werden vernichtet. Durch Beschneiden der Pilzmycelien wird die Bildung v. Fruchtkörpern verhindert, außerdem bilden sich kleine knollige Verdickungen. Diese „Pilzkohlrabi" stellen die Ernährungsgrundlage der B. dar; deshalb besteht der größe Teil des Nestes aus Pilzkammern. Wenn die Weibchen das Nest verlassen, um einen neuen Staat zu gründen, nehmen sie in einer bes. *Schlundtasche (Infrabuccaltasche)* etwas Pilzmycel für die Neuanlage der Zucht mit. Nachdem sie in der neuen Nestanlage die Flügel abgeworfen haben, düngen sie dieses Mycel mit zerkauten Eiern u. Exkrementen, bis die neu geschlüpften Arbeiterinnen die ersten Blätter eintragen können. Durch die Entlaubung können die B. dem Menschen schweren Schaden zufügen; so können ganze Citrus-, Mango- u. Kaffeeplantagen entblättert werden. Nützlich sind die B. dagegen bei Teilen der Bevölkerung als Nahrung u. zur Wundheilung; dabei werden die weitgeöffneten Mandibeln der großen Soldaten so an die Wundränder gehalten, daß sie diese beim Zubeißen schließen. Anschließend wird der Körper abgetrennt; die Mandibeln bleiben noch einige Tage geschlossen. B Ameisen II.

Blattschneiderbienen, *Megachile,* Gatt. der ↗Megachilidae.

Blattschwanzgeckos, *Phyllurus,* Gatt. der Geckos; bis 25 cm lange, in Australien u. S-Asien lebende Baumbewohner, ausgezeichnet getarnt durch eine rauhe, borkenähnl., unregelmäßig gefärbte Körperoberfläche und den blattartig verbreiterten Schwanz. Bekannteste Art ist der Horn-B. *(P. cornutus);* bis 20 cm lang; beheimatet in den Wäldern v. O-Australien.

Blattskelett, Blattspreite, die bis auf das filigranart. Maschenwerk der Blattaderung verwest ist. ☐ Bodenorganismen.

Blattspur, die in der Sproßachse verlaufenden Abschnitte der blatteigenen Leitbündelstränge.

Blattsteiger, *Phyllobates,* Gatt. der ↗Farbfrösche.

Blattstellung, die Anordnung der Blätter an der Sproßachse. Sie ist artspezifisch u. folgt in größeren Toleranzgrenzen gewissen Regeln. Dabei lassen sich idealisierend bestimmte Grundtypen auffinden. Wichtig ist jedoch für die Anordnung der Blätter, daß sowohl die genetisch vorgegebene Grundstellung als auch anpassende Verdrehungen des Blattstieles den Blättern eine optimale Lichtausnutzung gewährleisten. Von den Grundtypen der B. ist die *spiralige* Anordnung wohl die ursprünglichste. Sie kommt dadurch zustande, daß am Vegetationskegel in bestimmten Abständen v. der Spitze auf einer Ebene eine Blattanlage entsteht, die nächste dagegen auf einer neuen Ebene u. in einem bestimmten Winkel versetzt zu der vorigen. Dieser *Divergenzwinkel* ist bei vielen Arten in etwa konstant, bei anderen ändert er sich im Verlaufe der Ontogenie des Sprosses. Als Erklärung für diese An-

Blattskelett (Eiche)

ordnung bietet sich die *Hemmfeldtheorie* an, d.h., junge Blattanlagen haben ein Hemmfeld um sich u. lassen deshalb erst in einem bestimmten Abstand die Neubildung weiterer Blattanlagen zu. Ändern sich die Größenverhältnisse am Vegetationskegel, so kann demnach eine B. mit einem anderen Divergenzwinkel entstehen. Zur Bestimmung des Divergenzwinkels in der B. einer Pflanzenart verbindet man die Spitzen der aufeinanderfolgenden Blätter durch eine Linie u. projiziert diese Linie in eine Ebene. Dabei erhält man die sog. *Grundspirale,* wie sie sehr anschaul. der Rosettenproß des Wegerichs demonstriert. Man stellt dann die Anzahl der Umläufe fest, die durchlaufen werden müssen, um wieder zu einem genau über dem Ausgangsblatt stehenden Blatt zu gelangen. Diese Zahl wird mit 360° multipliziert u. durch die Anzahl der Blätter dividiert, die während der Umläufe berührt werden. Ide-

Blattstellung

Hypothese zur Entstehung der wichtigsten B.stypen durch *Hemmfelder,* die um die Blattanlagen (Primordien) am Vegetationskegel gebildet werden.

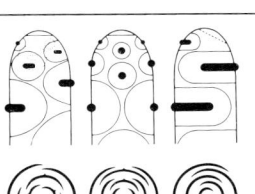

Die Blattanlagen sind schwarz eingetragen, darum herum die jeweiligen Hemmfelder. Oben Aufsicht, unten Blattstellungsdiagramme. **1** schraubige Stellung, **2** dekussierte Stellung, **3** distische Stellung.

alisierend lassen sich folgende Grundtypen der spiraligen Blattstellung finden: $1/2$, $1/3$, $2/5$, $3/8$, $5/13$, ..., wobei im Zähler die Umlaufzahl und im Nenner die Blattanzahl steht. Diese *Hauptreihe* nach Schimper und Braun nähert sich einem *Limitdivergenzwinkel* von 137°30′28″, der den Kreis irrational nach dem Goldenen Schnitt teilt, aber nie exakt verwirklicht wird. Abgeleitete B.en sind die *wirteligen* Anordnungen, bei denen 2 bis mehrere Blätter in einer Ebene an der Sproßachse ansetzen. Hier gelten die Regeln der *Äquidistanz* (d.h., die Blätter eines Wirtels bilden stets den gleichen Winkel zueinander) u. der *Alternanz* (d.h., die Blätter zweier aufeinanderfolgender Wirtel stehen auf Lücke zueinander). Bei allen B.n kann man durch die übereinanderstehenden Blätter in der Längsrichtung der Achse *Geradzeilen (Orthostichen, Blattzeilen)* projizieren. Doch sind diese Geradzeilen mehr von theoret. Interesse, da die B. nur durch eine stark variable Reaktionsnorm erblich festliegt, innerhalb deren Möglichkeiten äußere u. innere Faktoren die Anordnung der Blätter realisieren.

Blattstielkletterer, Pflanzen, die die Blattstiele als rankenart. Kletterorgane verwenden (z. B. Kapuzinerkresse, Waldrebe). Die

Blattstellung

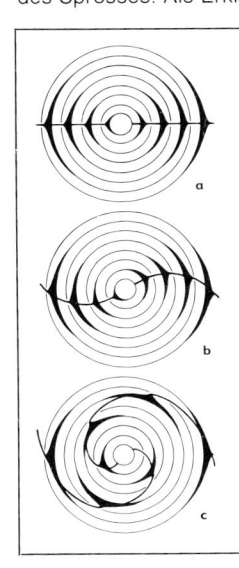

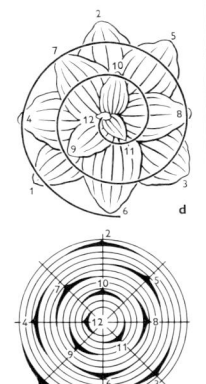

Ursprünglich ist die zweizeilige (**a**) B., von der sich bei den Monokotyledonen (Einkeimblättrigen) durch starkes schraubiges Wachstum des Vegetationskegels die spiralige **c** über ein spirodistisches Übergangsstadium **b** ableitet. Bei den Dikotyledonen (Zweikeimblättrigen) scheinen ähnliche Verhältnisse vorzuliegen; **d** mittlerer Wegerich von oben gesehen; **e** das entsprechende Diagramm in ⅜-Stellung, d.h. auf 3 Umläufe entfallen 8 Blätter, und jedes 9. Blatt steht in einer Zeile übereinander.

Blattsukkulenz

Blattstiele sind zu Krümmungsbewegungen fähig, die durch Berührungsreize gesteuert werden.

Blattsukkulenz, die Erscheinung, daß die Blätter vieler Xerophyten *(Blattsukkulenten)* ein mächtig ausgebildetes, parenchymat. Speichergewebe für Wasser (Wassergewebe) entwickelt haben; es dient zum einen der Wasserspeicherung aus kurzen Regenperioden, zum anderen verhindert es wegen der großen Wärmekapazität des Wassers eine Überhitzung der Blätter an heißen u. trockenen Standorten.

Blattvögel, *Irenidae,* Fam. der Singvögel mit 14 Arten; meist grün gefärbt, bewohnen den immergrünen trop. und subtrop. Laubwald u. ernähren sich v. Blütennektar, Früchten u. Insekten.

Blattwanzen, die ↗Weichwanzen.

Blattwespen, Bez. für mehrere Fam. der Hautflügler, hierzu bes. ↗ *Pamphiliidae,* ↗ *Cimbicidae,* ↗ *Tenthredinidae* u. ↗ *Argidae.* Die typ. Larvenform der B. ist die ↗Afterraupe.

Blattwickler, die ↗Blattroller.

Blattzeile ↗Blattstellung.

Blaualgen ↗Cyanobakterien.

Blaualgenflechten, *cyanophile Flechten,* Flechten mit Blaualgen (Cyanobakterien) als Algenkomponente. In der gemäßigten Zone sind ca. 8% der Flechten B. Häufigste symbiontische Blaualgengatt. bei Flechten ist *Nostoc,* weitere bedeutende Gatt. sind *Scytonema, Stigonema, Gloeocapsa.* Ein Teil der B. besitzt eine gallertige Konsistenz *(Gallertflechten,* B Flechten I). Die Lager der B. sind teils geschichtet, teils ungeschichtet. Viele Blaualgen behalten auch in der Flechte die Fähigkeit, Stickstoff aus der Luft zu assimilieren; ein großer Teil des Stickstoffs kommt dem Pilz zugute. Einige Grünalgenflechten nehmen Blaualgen regelmäßig als dritten Symbiosepartner in bestimmten Teilen des Thallus auf; häufig sind die Blaualgen in besonderen, abgegrenzten Organen eingeschlossen, den ↗Cephalodien.

Blauaugengras, *Sisyrinchium,* Gatt. der ↗Schwertliliengewächse.

Blaubarsch, *Badis badis,* ↗Nanderbarsche.

Blaubarsche, *Pomatomidae,* Fam. der Barschfische mit nur einer Art, dem ca. 1,2 m langen, kräft., barschart. Blaufisch *(Pomatomus saltatrix);* oberseits blaugrün gefärbt, kommt schwarmweise in trop. u. gemäßigten Meeren mit Ausnahme des östl. Pazifiks vor. B. greifen andere Fischschwärme an u. richten hier oft große Gemetzel an, da mehr Fische getötet als gefressen werden.

Blaubeere ↗Vaccinium.

Blaubock, *Hippotragus equinus leucophaeus,* eine bereits 1799 ausgerottete U.-Art der ↗Pferdeantilope.

Blauböckchen, *Blauducker, Cephalophus monticola,* ↗Ducker.

Blaudrossel, volkstümliche Bez. für die Blaumerle, ↗Merlen.

Bläue, *Blaufäule,* Bez. für die blaue bis grauschwarze Verfärbung des Holzes durch die Einwirkung bestimmter Pilze *(B.pilze).* Die B. kann in Flecken od. Streifen auf der Holzoberfläche od. im Innern des Holzes auftreten; es wird nur Splintholz befallen. Ursache für die *Stammholz-B.* (primäre B.) an liegenden Nadelholzstämmen sind hpts. *Ceratocystis*-Arten. Die *Schnittholz-B.* (sekundäre B.) tritt erst nach dem Einschneiden des Holzes auf, überwiegend durch einen Befall mit *Cladosporium*-Arten. Die *Anstrich-B.* (tertiäre B.) zeigt sich an verarbeitetem Holz, wenn es erneut Feuchtigkeit aufnimmt. Zu den Erregern gehören *Aureobasidium pullulans, Sclerophoma pityophila* u. a. Pilze.

Blaue Koralle, *Heliopora coerulea,* einzige Art der ↗Blaukorallen.

Blauelster, *Cyanopica cyanus,* ↗Rabenvögel.

Bläuepilze, verschiedene Pilze, die bläul. Verfärbungen des Holzes (↗Bläue) verursachen.

Blaufäule, die ↗Bläue.

Blaufelchen, die Bodenseeform der ↗Renken.

Blaufisch, *Pomatomus saltatrix,* ↗Blaubarsche.

Blaufuchs ↗Eisfuchs.

Blaugras, *Sesleria,* Gatt. der Süßgräser (U.-Fam. *Pooideae*) mit ca. 30 eur. bis vorderasiat. Arten; Ährenrispengräser (Scheinähre) mit eiförm., oft blau überlaufenen Ähren, zwei- bis mehrblütigen Ährchen und borstl. Blättern. Das Kalk-B. *(Sesleria varia)* ist ein Kalkschuttpionier.

Blaugras-Halden, alpine B., ↗Seslerion variae.

Blaugras-Horstseggen-Halde, *Seslerio-Caricetum sempervirentis,* ↗Seslerion variae.

Blaugras-Kalksteinrasen ↗Seslerietea variae.

blaugrüne Algen ↗Cyanobakterien.

Blauhaie, *Grauhaie, Menschenhaie* i. w. S., *Carcharhinidae,* größte Fam. der Knorpelfische mit 17 Gatt. u. ca. 60 Arten aus der U.-Ord. Echte ↗Haie; B. haben typ. Haigestalt mit spindelförm. Körper, 2 Rückenflossen, 5 Kiemenspalten u. stark unterständ. Maul mit scharfen, großen Zähnen; das Auge besitzt eine Nickhaut od. untere Augenfalte. Sie leben meist in trop. und subtrop. Meeren. Bis in die Nordsee u. das Mittelmeer dringt der selten über 4 m lange Blauhai oder Menschenhai *(Prionace*

Blattsukkulenz bei der Fetthenne

Blaugras *(Sesleria varia)*

glauca, B Fische V), der v. a. Schwarmfische jagt u. gelegentlich auch Menschen angreift; er ist lebendgebärend; die jeweils ca. 30 Embryonen werden über eine Verbindung der Dottersackfalten mit dem Eileiter v. mütterl. Körper ernährt. In Tiefen zw. 40 u. 400 m lebt im westl. Atlantik v. Norwegen bis S-Afrika u. im Mittelmeer in Bodennähe der bis 2 m lange, schlanke, graue Hundshai *(Galeorhinus galeus)*. Der ähnliche, dunkler gefärbte Glatthai *(Galeorhinus zyopterus)* ist an der pazif. Küste N-Amerikas häufig; in den 40er Jahren hatte er v. a. wegen seines vitaminreichen Leberöls große wirtschaftl. Bedeutung. Ein wicht. Speisefisch ist der verwandte, ebenfalls 2 m lange, austral. Schulhai *(Galeorhinus australis)*. Ein Blauhai der trop. und subtrop. Hochsee, aber auch der Küstenbereiche ist der gefürchtete, bis 6 m lange, auch gg. Menschen sehr aggressive Tigerhai *(Galeocerdo cuvieri)* mit dunkel gestreiften Flanken; seine Haut wird zu Zierleder verarbeitet. Gelbliche Färbung hat der westatlant., kurzschnauzige, bis 3,5 m lange Zitronenhai *(Negaprion brevirostris)*; er besiedelt Flachwassergebiete u. dringt sogar ins Süßwasser vor; da er sich leicht in Gefangenschaft halten läßt, eignet er sich bes. für wiss. Untersuchungen. Die artenreichste Gatt. der B. bilden die ↗ Braunhaie.

Blauholz, das Holz v. *Haematoxylon campechianum*, ↗ Hülsenfrüchtler.

Blaukehlchen, *Luscinia svecica*, versteckt lebender Singvogel aus der Fam. der Fliegenschnäpperartigen mit einer rostroten Schwanzwurzel, das Männchen mit leuchtend blauer Kehle, in deren Mitte ein roter (nord- und osteur. Rassen) od. weißer Fleck (Mitteleuropa u. -asien) steht; bewohnt sumpfige Ufer, buschreiche Gewässerränder u. im N die Tundra. B Europa III.

Blaukissen, die ↗ Aubrieta.

Blaukorallen, *Blaue Korallen, Helioporida, Helioporaria*, Ord. der *Octocorallia*, mit zu einer Platte verschmolzenem Stolonennetz, das vertikale Röhren gegen die Unterlage richtet. Diese u. die Polypen sondern ein solides, lamelläres, grau od. blau gefärbtes Kalkskelett ab, das dem der Steinkorallen ähnelt u. aus Aragonitfasern besteht. Die Einzelpolypen sind nur 1 mm groß u. schokoladebraun. Die Gruppe war zunächst nur fossil bekannt. Die einzige rezente Art, die Blaue Koralle *(Heliopora coerulea)*, lebt auf Korallenriffen im Indopazifik u. erreicht ca. 25 cm Höhe u. Breite.

Blaukrabbe, *Callinectes sapidus*, Vertreter der Schwimmkrabben, von großer wirtschaftl. Bedeutung als Nahrungsmittel an der am. Ostküste, erreicht 20 cm Carapaxbreite. ☐ Brachyura.

Bläulinge
Bläuling (U.-Fam. *Polyommatinae*) mit typischer Unterseitenzeichnung.
☐ Schmetterlinge.

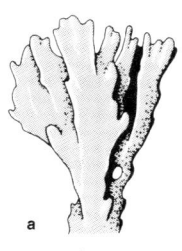

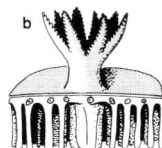

Blaukorallen
Heliopora coerulea,
a Habitus,
b Einzelpolyp

Bläulinge, 1) *Lacktrichterlinge, Laccaria* Berk u. Br., Gatt. der Ritterlingsartigen Pilze, etwa 10 Arten mit dicklichen, weit entfernt stehenden, breit angewachsenen bis leicht herablaufenden Lamellen u. weißem Sporenpulver; der Fruchtkörper ist in allen Teilen fleischrosa, orange-fleischbraun, lila-violett, purpurbraun. Sehr häufige eßbare Arten sind: *L. laccata* Berk u. Br., der Fleischrote Bläuling (rötlicher Lacktrichterling) in Laub- u. Nadelwald, und *L. amethystea* Murr, der Violette Bläuling (Amethystblauer Lacktrichterling), der bes. unter Rotbuchen u. Eichen wächst. **2)** *Lycaenidae*, weltweit verbreitete Fam. der Tagfalter; über 3000 meist kleine Arten (Spannweite 15–75 mm), in Mitteleuropa über 50 Spezies; Fühler weiß geringelt; Männchen mit eingliedrigen Vordertarsen, dieses oft bunter; Flügelunterseite der B. mit kleinen Augenflecken od. Linien (Bestimmungshilfe!). Bei uns 3 U.-Fam.: B. i. e. S. *(Polyommatinae)*, Männchen oberseits oft leuchtend blau (Interferenzfarben durch ↗ Schillerschuppen), Weibchen mehr braun, Larven meist an Schmetterlingsblütlern; die ↗ Feuerfalter *(Lycaeninae)*, unterseits ebenfalls mit Augenflecken, Oberseite aber leuchtend rot od. violett, Raupen bevorzugt am Ampfer; die ↗ Zipfelfalter *(Theclinae)*, Flügelunterseite mit feinen weißen Linien, allg. unscheinbarer gefärbt, Hinterflügelende mit kleinen „Schwänzchen", Larven an Gehölzen. Falter der afr. U.-Fam. *Lipteninae* ahmen Warnfärbung der ↗ *Acraeidae* nach; trotz Kleinheit sind die B. oft gute Flieger, bei uns sind z. B. *Everes argiades* u. *Lycaena phlaeas* ↗ Wanderfalter, andere ortstreu; z. B. *Polyommatus icarus, Heodes virgaureae, Cupido minimus*. Die B. sind eifrige Blütenbesucher, saugen auch an Pfützen, einige vorwiegend an Honigtau; manche Arten bilden Schlafgemeinschaften, wobei sie kopfüber an der Vegetation sitzend übernachten. Eier meist flach, netzartig skulptiert; Larven grün-braun, asselförmig, mit kleinem, rückziehbarem Kopf, leben an Pflanzen, einige und später mehr od. weniger eng mit Ameisen assoziiert (Myrmekophilie), diese nehmen ein zuckerhalt. Sekret dorsaler Hautdrüsen der Larve auf u. bieten dafür einen gewissen Schutz vor Feinden, manche Raupen leben als ↗ Ameisengäste in deren Nestern, wo sie sich v. Brut ernähren; der nordamerikanische Bläuling *Feniseca tarquinius* lebt nur v. Blattläusen: als Larve rein räuberisch, als Imago v. Blattlaushonig. Verpuppung der B. als gedrungene Stürzpuppe od. am bzw. im Boden (Ameisennester). Zu den *Polyommatinae* gehören bei uns der auf Wiesen und Ödland häufige Hauhechel- od. Gemeine

Blaupfeile

Bläulinge

Auswahl einheimischer Bläulinge:
⟶ Zipfelfalter (Theclinae):
  Eichenzipfelfalter (Quercusia quercus)
  Nierenfleck (Thecla betulae)
  Ulmenzipfelfalter (Strymonidia w-album)
  Pflaumenzipfelfalter (Strymonidia pruni)
  Brombeerzipfelfalter (Callophrys rubi)
⟶ Feuerfalter (Lycaeninae):
  Kleiner Feuerfalter (Lycaena phlaeas)
  Großer Feuerfalter (Lycaena dispar)
  Dukatenfalter (Heodes virgaureae)
  Violetter Feuerfalter (Heodes alciphron)
Bläulinge i. e. S. (Polyommatinae):
  Zwergbläuling (Cupido minimus)
  Kurzschwänziger Bläuling (Everes argiades)
  Schwarzgefleckter Bläuling (Maculinea arion)
  Kleiner Moorbläuling (Maculinea alcon)
  Großer Moorbläuling (Maculinea teleius)
  Fetthennebläuling (Scolitantides orion)
  Heller Alpenbläuling (Albulina orbitulus)
  Wiesenbläuling (Cyaniris semiargus)
  Silbergrüner Bläuling (Lysandra coridon)
  Himmelblauer Bläuling (Lysandra bellargus)
  Hauhechelbläuling (Polyommatus icarus)

Bläuling *(Polyommatus icarus)*, 2–3 Generationen, Männchen blau, Larven an Hauhechel od. Kleearten, Falter saugen ebenfalls gerne an Kleearten; auf Trockenrasen der strahlend silberblaue *Lysandra coridon*, Weibchen wie bei voriger Art braun, aber mit gescheckten Fransen, Raupen an Kronwicke u. Hufeisenklee, dort v. Ameisen der Gatt. *Lasius, Formica* u.a. besucht, Rückgang des Schmetterlings durch Biotopzerstörung; in ähnl. Lebensräumen der seltene Schwarzgefleckte Bläuling *(Maculinea arion)*, dunkelblau mit großen schwarzen Flecken auf dem Vorderflügel, einer unserer größten B. mit bis 40 mm Spannweite, Larve anfangs an Thymian, dann in Nestern der gefährdeten Knotenameise *(Myrmica sabuleti)*, wo 1–2 Raupen leben u. überwintern, Biotopverkleinerung betrifft diese Art wegen der komplizierten Larvalökologie besonders; einer der kleinsten Tagfalter Mitteleuropas ist der schwarzblaue Zwergbläuling *(Cupido minimus)*, Spannweite 20–25 mm, Larve an Kleearten, Tragant u.a. H. St.

Blaupfeile, *Orethrum,* Gatt. der ⟶ Segellibellen.

Blausäure, *Cyanwasserstoffsäure,* $H-C\equiv N$, in reiner Form eine wasserhelle Flüssigkeit, meist als 10%ige wäßrige Lösung aus *Cyanwasserstoff* v. bittermandelart. Geruch, sehr giftig (ein Atemzug aus der reinen Säure ist bereits tödlich). Die Wirkung einer B.vergiftung als innere Erstickung beruht auf einer Blockierung des Sauerstofftransports u. der Zellatmung (⟶ Atmungskette). Das Cyanid-Anion bindet einerseits irreversibel an die Häm-Gruppe des Hämoglobins u. inhibiert andererseits irreversibel die Cytochrom-Oxidase. Spurenweise ist B. Bestandteil des Bittermandelöls u. der Steinobstkerne. B. wird als wesentl. Bestandteil der Uratmosphäre (B chemische Evolution) angenommen u. reagiert unter präbiot. Bedingungen zu zahlr. organ. Verbindungen, die als Vorstufen bei der Entstehung des Lebens auf der Erde angesehen werden.

Blauschaf, *Nahur, Bharal, Pseudois nayaur,* einzige Art der Gatt. B.e *(Pseudois),* obwohl schafähnl, den Ziegen zugeordnet; Schulterhöhe der Böcke 91 cm bei einem Körpergewicht von 60 kg, weibl. B.e etwa ⅓ leichter; braungraues Fell (Bez. Blauschaf nach dem 1. Winterkleid der Lämmer); großes, gekrümmtes Tur-ähnliches Gehörn. 2–3 U.-Arten sind bekannt. Böcke leben solitär od. in Bockrudeln u. schließen sich den Geißen während der Brunst an; Rangordnungskämpfe; Tragzeit 160 Tage, Lebensdauer 15 u. mehr Jahre. Das B. lebt v. Gräsern u. Sträuchern alpiner Grasmatten u. Felspartien über der Waldgrenze

(3500 m – 5500 m) des Himalaya, von Kaschmir bis W-China, mit der Hauptverbreitung in Tibet. Über die Größe der B.-Bestände u. deren Zukunft ist wenig bekannt.

Blauschillergras, *Koeleria glauca,* ⟶ Schillergras.

Blauschillergras-Fluren, *Koelerion glaucae,* ⟶ Corynephoretalia.

Blauschillergras-Sandrasen, *Koelerion glaucae,* ⟶ Corynephoretalia.

Blauschimmel, allgemeine Bez. für Pilze mit blaugrünen, graubläul. Konidien; 1) besonders Arten der Gatt. *Penicillium,* z. B. *P. italicum* auf Citrusfrüchten, *P. roquefortii* im Blauschimmelkäse; 2) *Peronospora tabacina,* der an Tabak u.a. Kulturpflanzen erhebl. Schaden anrichten kann; es entstehen erst gelbl., später braune Flecken auf den Tabakblättern; an der Unterseite zeigen sich die Konidienträger als dichter graubläul. Belag. Die Übertragung erfolgt durch Konidien, die Überwinterung als Mycel in abgestorbenen Pflanzenteilen u. als Oosporen (Dauersporen). *P. tabacina* ist um 1900 in Australien bekannt geworden, trat 1921 in Florida auf, wurde 1959 erstmals in Europa festgestellt u. breitete sich innerhalb v. 3 Jahren von England auf alle eur. Tabakanbaugebiete aus.

Blausieb, *Zeuzera pyrina,* ⟶ Holzbohrer.

Blauspecht, volkstümliche Bez. für ⟶ Kleiber.

Blaustern, die ⟶ Sternhyazinthe.

Blauwal, *Balaenoptera (Sibbaldus) musculus,* Art der Finnwale, mit einer Gesamtlänge v. 22–30 m u. einem Körpergewicht bis ca. 130 t die größte Tierart der Erde; Kennzeichen: lange u. spitze Brustfinnen, Rückenfinne klein u. niedrig, 70–120 Kehlfurchen (⟶ Furchenwale), Oberseite blaugrau mit verstreuten kleinen hellen Flecken, in jeder Oberkieferhälfte 300–400 schwarze ⟶ Barten. B.e können 10–20 Min. lang u. bis auf 40 m Tiefe tauchen (im Extremfall bis 50 Min. u. 200 m). Sie ernähren sich ausschl. v. Plankton („Krill") u. benötigen täglich ca. 2 t davon. In eur. Meeren wandern die scheuen B.e im Sommer paarweise od. zu dritt nordwärts bis Island, Färöer, Spitzbergen u. zur Barents-See. Der in 2 U.-Arten in der Hochsee lebende u. einst weltweit verbreitete B. gilt nach jahrzehntelanger, uneingeschränkter wirtschaftl. Ausbeutung mittlerweile als selten; er steht in der Int. Liste der v. Aussterben bedrohten Tiere sowie unter vollem Schutz durch die Bestimmungen des Int. Walfangabkommens. B Polarregion IV.

Blauwange, *Lepomis macrochirus,* ⟶ Sonnenbarsche.

Blauwürger, *Vangidae,* ausschließlich (endemisch) auf Madagaskar mit 14 Arten lebende Fam. der Singvögel; sehr vielgestaltig in der Färbung und v. a. in der Form des Schnabels, Ausdruck einer ökolog. Anpassung infolge einer durch die Insellage begünstigten ↗adaptiven Radiation; 12 bis 30 cm groß; leben auf Bäumen u. ernähren sich v. Insekten, z. T. auch v. kleinen Wirbeltieren (Amphibien u. Reptilien). Blauvanga *(Leptopterus madagascarinus)*: B Afrika VIII.

Blauzungen, *Tiliqua,* Gatt. der Skinke mit 10 Arten u. mehreren U.-Arten in Australien, Tasmanien u. Neuguinea; 15–55 cm lange, lebendgebärende Riesenskinkverwandte v. plumpem Körperbau mit großem Kopf, blauer Zunge (Name!) u. mittellangem Schwanz; ernähren sich v. a. von Pflanzen. Bekannteste Arten: Die ca. 35 cm lange, braune, gelbgefleckte od. -gebänderte Stutz- od. Tannenzapfenechse *(T. rugosa)* hat große kegelförm., stark gekielte Rückenschuppen u. einen kurzen, am Ende abgerundeten Schwanz. Die hellbraune, oberseits dunkelbraun gebänderte Papuanische Riesenblauzunge *(T. scincoides gigas)* wird über 50 cm lang u. lebt ausschl. in Neuguinea u. verschiedentlich auf indones. Inseln.

Blechnaceae [Mz.; v. gr. blēchnon = eine Art Farn], die ↗Rippenfarngewächse.

Blei *m* [v. ahd. bleih = glänzend], der ↗Brachsen.

Blei *s,* chem. Zeichen Pb, chem. Element, in reiner Form ein sehr weiches, dehnbares Schwermetall, das in natürl. biol. Systemen nur als akzidentelles Spurenelement, jedoch nicht als essentieller Faktor gefunden wird. B. in Form v. Dämpfen, Staub od. B.verbindungen, bes. dem als Antiklopfmittel im Benzin enthaltenen *Bleitetraäthyl,* $Pb(C_2H_5)_4$, ist gesundheitsschädlich u. wurde als weltweites Umweltgift erkannt. Die Giftigkeit von B. war schon im Altertum bekannt; sie beruht auf der selektiven u. praktisch irreversiblen Anreicherung in Nervenzellen. Dort wirkt es auf den Energiehaushalt, beeinflußt den Transport von Na^+-, K^+- und Ca^{2+}-Ionen u. stört damit die Sekretion v. Neurotransmittern u. als Folge davon die Übertragung der Nervenimpulse an den Synapsen. Blei u. bleihaltige Wirkstoffe sind v. bes. geringer Durchlässigkeit für radioaktive Strahlung u. Röntgenstrahlen u. eignen sich daher zur Strahlenabschirmung.

Bleichböckchen, *Oribi, Ourebia ourebi,* ↗Steinböckchen.

Bleicherde ↗Podsol.

Bleichhorizont, an Huminstoffen, Eisen- u. Aluminiumverbindungen verarmter u. dadurch gebleichter Oberboden (A_e-Horizont). ↗Podsol.

Bleichhormon, ein Neurohormon der

Blei
Heute werden weltweit jährl. ca. 3 Mill. Tonnen B. zur Herstellung v. Batterien, Pigmenten, Lötmetall u. Bleibenzin verarbeitet, wovon etwa die Hälfte bei der Verbrennung v. Benzin in die Atmosphäre gelangt u. damit in Form feinster Partikel (↗Aerosol) Zugang zu den Atemwegen u. in das Trinkwasser findet; ein Teil wird auch v. Pflanzen u. Tieren aufgenommen u. gelangt auf diesem Wege in die Nahrungskette. In Form v. B.-Arsenaten wird B. zur Schädlingsbekämpfung, bes. im Weinbau, eingesetzt. Besondere Gefährdung besteht durch Lötmaterial v. Konservendosen, durch z. T. in älteren Häusern noch vorhandene Bleipigmente (B.weiß, Mennige, B.glätte) u. bleihaltige Wasserleitungen. 80% des in die Biosphäre gelangenden B.s stammt aus dem B.benzin, weshalb der B.gehalt v. Benzin vor einigen Jahren gesetzlich reduziert wurde u. Bestrebungen im Gange sind, Benzin völlig bleifrei zu verwenden (in der BR Dtl. ab 1986 für Neuwagen vorgesehen).

Blüten einer Bleiwurz *(Plumbago)*

Krebse mit der Peptidstruktur Tyr-Leu-Asn-Phe-Ser-Pro-Gly-Trp-NH_2; das B. wird aus den Nervenendigungen der Sinusdrüse des Augenstiels freigesetzt u. bewirkt die Kontraktion der Pigmentgranula (Bleichwirkung) in den hypodermalen Chromatophoren.

Bleimethode ↗Geochronologie.

Bleiregion, *Brachsenregion, Brassenregion, Metapotamal,* mittlere Zone des Tieflandflusses, die durch die Fischart Blei od. Brachsen *(Abramis brama)* gekennzeichnet ist.

Bleistiftfische, *Nannostomus, Poecilobrycon,* Gattungen der ↗Salmler.

Bleistiftzeder, *Juniperus virginiana,* ↗Wacholder.

Bleitetraäthyl ↗Blei.

Bleitoleranz, Widerstandskraft gg. hohe Bleikonzentrationen in der Bodenlösung, die bei einigen Pflanzen, z. B. dem Rotstraußgras *(Agrostis tenuis),* beobachtet wird.

Bleiwurz, *Plumbago,* Gatt. der Bleiwurzgewächse mit 12 Arten u. tropisch-subtrop. Verbreitung. Aus dieser Gatt. kommt nur die blaublühende *P. europaea* in Europa vor. Die nördlichsten Vorkommen liegen in Italien u. S-Frankreich. Wie andere Arten der Gatt. ist *P. europaea* ein Halbstrauch, der bis 1,2 m hoch werden kann. Er wächst in Italien u. N-Afrika an Straßenrändern u. auf Brachland. Die Art wird bei uns teilweise als Gartenpflanze kultiviert, häufig findet man aber auch die winterhärtere *P. capensis,* eine südafr. Art. Die Wurzeln von *P. europaea* enthalten blasenziehende Gerb- u. Bitterstoffe u. werden daher für med. Zwecke verwendet, etwa bei Hautkrankheiten u. als Ersatz für Cantharidenpflaster. B Afrika VII.

Bleiwurzartige, *Plumbaginales,* Ord. der *Caryophyllidae* mit nur 1 Fam., den Bleiwurzgewächsen *(Plumbaginaceae).* Zu dieser Fam. gehören 10 Gatt. mit etwa 560 Arten, die insgesamt weltweit – allerdings ohne die Polargebiete – verbreitet sind. Die B.n sind Stauden od. Sträucher, u. viele wachsen auf salzreichen Böden. Salzdrüsen (manche Arten scheiden jedoch nur Wasser aus) an den wechselständigen od. in Rosette stehenden Blättern sind verbreitet. Charakteristisch ist auch die ↗Blütenformel K5 C5 A5 G(5), die derjenigen der Primelgewächse gleicht. Manche Systematiker stellen sie daher in die Nähe dieser Sippe, anormales sekundäres Dickenwachstum u. andere Merkmale weisen sie aber als *Caryophyllidae* aus. In Dtl. sind die Gatt. der ↗Grasnelken *(Armeria)* u. der ↗Strandnelken *(Limonium)* heimisch.

Bleiwurzgewächse, einige Fam. der ↗Bleiwurzartigen.

Blendling *m* [v. mhd. blanden = mischen], bei Pflanzen u. Tieren ein durch Kreuzung nahe verwandter Rassen entstandener Bastard.

Blenniidae [Mz.], die Unbeschuppten ↗Schleimfische. [gen.

Blennioidei [Mz.], die ↗Schleimfischarti-

Blepharis *w* [gr., = Wimper (die Brakteen sind bewimpert)], Gatt. der *Acanthaceae*, die sich durch bes. vielseitige Anpassung an trockene Standorte (Umwandlung der Brakteen in Dornen usw.) auszeichnet.

Blepharoceridae [Mz.; v. gr. blepharon = Lid, kērion = Wabe], die ↗Lidmücken.

Blepharoplast *m* [v. gr. blepharon = Lid, plastos = geformt], veraltete Bez. für den ↗Basalkörper (engl. Lit.) bzw. für den ↗Kinetoplast der Trypanosomen (dt. Lit.).

Bleßbock, *Bläßbock, Damaliscus dorcas philippsi,* U.-Art des ↗Buntbocks.

Blesse *w* [v. mhd. blasse = weißer Stirnfleck], weißes Abzeichen (Streifen) auf Stirn bzw. Nasenrücken bei Pferden u. Rindern. ☐ Abzeichen.

Bleßhühner, *Bläßhühner, Belchen, Fulica,* zu den Rallen gehörende Wasservögel, die mit 10 Arten in allen Erdteilen vorkommen; unterscheiden sich v. den übrigen Rallen durch Schwimmlappen an den Zehen. Am bekanntesten ist das 38 cm große Bleßhuhn *(F. atra),* dessen Verbreitung v. Europa über Mittel- und S-Asien bis nach Australien reicht. Schieferschwarzes Gefieder, weißer Schnabel u. weiße Stirnplatte („Blesse"); lebt auf stehenden u. langsam fließenden Gewässern mit Ufervegetation; bei der Nahrungssuche auf der freien Wasserfläche oft auch tauchend. Das Nest besteht aus Halmen u. Blättern v. Wasserpflanzen, steht an od. im Schilf u. enthält 4–12 Eier (B Vogeleier II); Dunenjunge mit rostrotem Kopf u. Hals, ältere Junge braun mit hellem Vorderhals. B. überwintern auf eisfreien Gewässern, in großen Scharen u. mit Enten vergesellschaftet z. B. auf den süddt. und schweizer. Seen. Das recht ähnl. Kammbleßhuhn *(F. cristata)* trägt auf der Stirn zwei rote fleischige Höcker u. kommt in S-Spanien u. Afrika vor. B Europa VII.

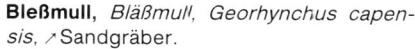

Bleßmull, *Bläßmull, Georhynchus capensis,* ↗Sandgräber.

Blicke *w* [v. schwed. blikka = Weißfisch, Plötze], *Blicca,* die ↗Güster.

Blickfeld, der mit den Augen (mittels Augenbewegungen) überschaubare Raum bei fixierter Kopfhaltung. Die Größe des B.es ist u. a. abhängig v. der Stellung der Augen im Kopf u. wird unterteilt in monokulares B. (mit einem Auge überschaubar) u. binokulares B. (mit beiden Augen zugleich überschaubar). Chamäleons sind in der Lage, ihre Augen unabhängig voneinander um 90° in der Vertikalen u. 180° in der Horizontalen zu bewegen. ↗Gesichtsfeld.

Blighia *w* [ben. nach dem engl. Seefahrer W. Bligh, 1753–1817], Gatt. der ↗Seifenbaumgewächse.

Blinddarm, *Caecum, Coecum,* blindsackart. Anfangsteil des aufsteigenden Dickdarms unterhalb der Einmündungsstelle des Dünndarms (↗Darm). Bei vielen pflanzenfressenden Säugern mit einfachem Magen u. Vögeln tritt ein stark vergrößerter, z. T. paariger B. auf mit einer reichen Flora symbiont. Cellulosezersetzer. Beispiele sind die Unpaarhufer (Pferde), Hasenartige (Hasen, Kaninchen), Elefanten u. Schliefer. Strukturpolysaccharide werden im Anschluß an die Dünndarmpassage mikrobiell zersetzt u. resorbiert, wobei die Mikroorganismen im Ggs. zu Wiederkäuern nicht als Nahrung dienen. Dies bewirkt eine geringere Effektivität der Nahrungsverwertung, da der Celluloseabbau erst nach der ↗Verdauung im Dünndarm einsetzt. Viele Hasenartige u. Nager steigern die Wirksamkeit der Celluloseverdauung im B. durch Koprophagie des ↗Blinddarmkots (Coecotrophie) u. erhalten damit einen Zugriff zu dem Stickstoff- u. Vitamininhalt der Mikroflora u. zu den v. dieser produzierten Vitaminen. ↗Appendix.

Blinddarmfortsatz, die ↗Appendix.

Blinddarmkot, Inhalt des ↗Blinddarms v. *Lagomorpha* (Hasenartige), der v. Zeit zu Zeit ausgeschieden u. sofort wieder gefressen wird *(Koprophagie, Coecotrophie).* Durch bakterielle Zersetzung der aufgenommenen Nahrung im Blinddarm wird die Cellulose abgebaut, deren Spaltprodukte dann bei der zweiten Darmpassage resorbiert werden können. Außerdem werden durch symbiont. Zersetzung essentielle Vitamine des B- und K-Typs produziert. Verhindert man die Wiederaufnahme des B.s, treten Wachstumsstörungen od. der Tod ein (z. B. beim Meerschweinchen).

blinder Fleck, *Mariotte-Fleck,* Austrittsstelle des Sehnervs aus dem Augapfel; ohne Sinneszellen. ☐ Auge, ↗Linsenauge, ↗Netzhaut.

Blindfische, *Amblyopsidae,* Fam. der ↗Barschlachse; ↗Höhlenfische. [sen.

Blindfliegen, *Chrysops,* Gatt. der ↗Brem-

Blindmäuse, *Spalacidae,* Fam. der Nagetiere mit 1 Gatt. *(Spalax)* u. 3 Arten; Kopfrumpflänge 15–30 cm; Vorkommen: Steppengebiete des Balkans, S-Rußlands, Kleinasiens u. N-Afrikas. Die unterirdisch lebenden B. haben rückgebildete u. funktionslose Augen unter der Haut (einmalig bei Nagetieren); ihre Lebensweise ist maulwurfartig.

*Bleßhuhn
(Fulica atra)*

Blindmulle, *Mullmäuse, Myospalax,* Gatt. hamsterart. Nagetiere mit insgesamt 5 Arten; Kopfrumpflänge 15–27 cm. B. zeigen hochgradige Anpassungen an ihre unterird. Lebensweise, z. B. Vorderfuß als Grabhand mit bes. großer Kralle am 3. Finger. Ihre Verbreitung erstreckt sich v. Innern der Sowjetunion über N-China, die Mongolei (Zokor, *M. myospalax*) u. Mandschurei bis O-Sibirien. Wegen Beeinträchtigung der Landwirtschaft werden B. in China z. T. verfolgt.

Blindprobe, Experiment, Probe od. Test, bei dem die zu untersuchende Substanz absichtlich ausgelassen wird. Das Meßergebnis einer B. ist der sog. *Blindwert,* durch den zahlenmäßig der unspezif. Anteil einer Meßmethode gegenüber dem spezif. Effekt der zu untersuchenden Substanz (bei Enzymreaktionen z. B. des Enzyms, des Substrats, der aktivierenden Komponenten usw.) zum Ausdruck kommt.

Blindsalamander, *Haideotriton,* Gatt. der lungenlosen Salamander (↗ *Plethodontidae);* nur 1 zeitlebens aquatische, neotene Art, *H. wallacei,* mit langen äußeren Kiemen, schlanken Beinen u. ohne Augen, aus einem ca. 70 m tiefen Brunnen bei Albany (Georgia, USA) bekannt.

Blindschlangen, *Typhlopidae,* Fam. der Schlangen mit ca. 200 Arten; meist kleinere (15–30 cm große), selten bis 75 cm lange, wurmähnl., gelblichbraune, v. a. unterirdisch lebende Bewohner aller wärmeren Gebiete der Erde. Urtüml. Formen mit zahlr. kleinen, sich schindelartig überdeckenden Schuppen; mit abgestumpftem, nicht vom Hals abgesetztem Kopf u. stark rückgebildeten, v. größeren Kopfschildern bedeckten Augen; ernähren sich vorwiegend v. Kerbtieren (v. a. Termiten u. Ameisen). Bei den meisten B. ist der Unterkiefer zahnlos, bei der Gatt. *Anomalepis* enthält er 2 Zähne. Die meisten Arten legen Eier, einige sind lebendgebärend. Mit mehr als 150 Arten ist die Gatt. *Typhlops* die größte. Das ca. 30 cm lange, südwestasiat. Blödauge *(Typhlops vermicularis)* erreicht auf der südl. Balkanhalbinsel auch Europa; es lebt in den obersten Bodenschichten u. unter Steinen.

Blindschleiche w [ahd. blintslihho = blinder Schleicher; Lehnübersetzung v. lat. caecilia = Blindschleiche, zu caecus = blind], *Anguis fragilis,* harmlose, bis 50 cm lange Art der Schleichen; Oberseite blaugrau bis graubraun, mitunter kupfer- od. bronzefarben glänzend, meist mit dünner schwarzer Mittellinie u. dunkler Längsstreifung; unterseits schwarz bis blaugrau. Fußlos, mit bewegl. Augenlidern; Schwanz (²⁄₃ bis ½ der Gesamtlänge) kann leicht abbrechen, wächst als kurzer, stumpfer Kegel nach. Bis auf einige Mittelmeerinseln in fast ganz Europa (im N bis 63° n. Br.), in NW-Afrika u. Vorderasien verbreitet; bevorzugt mäßig feuchtes, bewachsenes, aber sonniges Gelände u. ernährt sich v. Regenwürmern, Nacktschnecken u. kleinen Insekten. Langsame, kriechende Fortbewegung in offenen Windungen; ovovivipar, 5–26 (durchschnittlich 8–12) Junge im Juli bis Aug., ca. 9 cm lang. Beliebtes (Freiland-)Terrarientier. [B] Europa XIII, [B] Reptilien II.

Blindschnecke, *Cecilioides acicula,* Art der *Ferussaciidae,* eine unterirdisch od. unter Steinen lebende Landlungenschnecke mit glänzend-glattem, nadelförm. Gehäuse von ca. 5 mm Höhe; in Anpassung an die Lebensweise sind die Augen nicht pigmentiert; die B. ernährt sich vorwiegend v. Pilzgeflecht u. a. zarten unterird. Pflanzenteilen; sie ist im Mittelmeergebiet, in W- und Mitteleuropa verbreitet.

Blindspringer, *Onychiuridae,* Fam. der Springschwänze *(Collembola);* winzige, weiße, blinde, bodenbewohnende Urinsekten, welche die für die Springschwänze typ. Sprunggabel weitgehend reduziert haben. Viele Arten leben tief in der Erde. *Onychiurus armatus* findet sich auch auf der Erde u. benagt Pflanzen. Gelegentlich treten B. in größerer Zahl in Blumentöpfen auf (unschädlich).

Blindwanzen, die ↗ Weichwanzen.

Blindwert ↗ Blindprobe.

Blindwühlen, *Gymnophiona, Caecilia, Apoda,* Ord. der Amphibien mit 4 Fam. (vgl. Tab.). Langgestreckte, wurm- od. schlangenähnl. Tiere, denen Schulter-, Beckengürtel u. Schwanz fehlen (Ausnahme *Ichthyophiidae).* Die Haut ist nackt (Name), trägt aber bei ursprüngl. Gattungen in tieferen Schichten kleine Knochenschuppen. Sie ist durch Ringfalten in Segmente unterteilt; zusätzlich zu dieser primären, die der Wirbelsegmentierung entspricht, kommt meist noch eine sekundäre Ringelung. Der Schädel ist relativ kompakt, die Kiefer u. der Gaumen tragen kräftige, nach hinten gebogene Zähne. Der After bzw. die Kloake liegt am Hinterende, das bei vielen Arten ganz ähnlich aussieht wie das Vorderende. Wie bei Schlangen ist eine Lunge reduziert, nur die rechte ist ausgebildet. Manche B. erinnern in Aussehen u. Färbung an Regenwürmer, andere sind auffällig gefärbt, z. B. blau mit weißen Ringen *(Siphonops annulatus)* od. bräunlich mit gelben Seitenstreifen *(Ichthyophis glutinosus).* Die kleinsten Arten, wie *Gymnopis parviceps* u. *Siphonops hardyi,* erreichen kaum 18 cm, die große *Caecilia*

Blindwühlen

Familien und charakteristische Gattungen:

Ichthyophiidae (4 Gatt., ca. 44 Arten)
 Ichthyophis (Fischwühlen, 28 Arten in Asien u. im indomalaiischen Gebiet)
 Rhinatrema (Nasenwühle, 1 Art in Französisch-Guayana)

Typhlonectidae (4 Gatt., ca. 18 Arten)
 Typhlonectes (Schwimmwühlen, 6 Arten in S-Amerika)
 Chthonerpeton (6 Arten in S-Amerika)

Caeciliidae (26 Gatt., über 100 Arten)
 Caecilia (Wurmwühlen, 26 Arten in S-Amerika)
 Dermophis (Hautwühlen, 11 Arten in Mittelamerika)
 Gymnopis (Nacktwühlen, 3 Arten in Mittelamerika)
 Siphonops (Ringelwühlen, 6 Arten in S-Amerika)
 Hypogeophis (Erdwühlen, 3 Arten auf den Seychellen)
 Schistometopum (Buntwühlen, 4 Arten in Afrika)
 Geotrypetes (Erdwühlen, 6 Arten in Afrika)

Scolecomorphidae
 Scolecomorphus (6 Arten in Afrika)

Blindwühle mit Eiern

Blitophaga

thompsoni wird 1,35 m lang. Entsprechend der verborgenen Lebensweise sind die Augen unterschiedlich stark reduziert. Bei den Fischwühlen *(Ichthyophis)* sind sie klein u. vereinfacht, haben aber noch normal ausgebildete Sinneszellen; bei anderen sind ihre Reste unter die Schädelknochen verlagert. Gut ausgebildet ist der Geruchssinn mit Nase u. Jacobsonschem Organ. Eine Besonderheit der B. ist ein kleiner, ausstülpbarer Tentakel jederseits unter dem reduzierten Auge; er steht mit dem Jacobsonschen Organ in Verbindung. Männchen u. Weibchen sind äußerlich nicht zu unterscheiden; beim Männchen kann die Kloake vorgestülpt werden u. dient als Kopulationsorgan. Die *Ichthyophiidae* legen dotterreiche Eier ab, die vom Weibchen bewacht werden; in ihnen entwickeln sich Larven mit langen, gefiederten Kiemen, die jedoch schon vor dem Schlüpfen wieder rückgebildet werden; die Larven mit Kiemenspalten, einem Schwanzflossensaum u. Seitenlinienorganen leben bis zur Metamorphose im Wasser. Andere Arten legen Eier ab, in denen sich die Jungtiere direkt entwickeln, wieder andere sind ovovivipar od. sogar vivipar. Die intrauterinen Larven mancher viviparer Arten bilden riesige, blattförm. Kiemen aus, die ebenfalls intrauterinen Larven v. *Chthonerpeton* bewegen sich aktiv u. weiden bestimmte Zellen od. Zellprodukte v. Uterusepithel ab. – B. sind zirkumtropisch verbreitet. Die meisten Arten leben wühlend im Boden u. ernähren sich v. Regenwürmern, Nacktschnecken u. kleinen Wirbeltieren. Nur die Schwimmwühlen *(Typhlonectidae)* mit seitlich kompressem Körperende leben in Flüssen, Bächen u. Teichen u. ernähren sich wahrscheinlich v. Insekten, deren Larven u. kleinen Fischen. ▣ Amphibien I. P. W.

Blitophaga *w* [v. gr. bliton = Melde, phagos = Fresser], Gatt. der ↗ Aaskäfer (☐).

Bloch, *Konrad Emil,* dt.-am. Biochemiker, * 21. 1. 1912 Neiße; seit 1936 in den USA, Prof. in Chicago u. an der Harvard-Univ.; erhielt 1964 zus. mit F. Lynen den Nobelpreis für Medizin für Arbeiten über Fettsäurezyklus u. Biosynthese der Fettsäuren.

Blockmutation *w* [v. lat. mutatio = Veränderung], *Segmentmutation,* Veränderung eines ausgedehnten Bereichs eines Gens (meist eine Deletion). Die Ursachen v. B.en sind noch nicht genau geklärt; möglicherweise entstehen sie durch fehlerhafte Rekombination od. Überspringen eines Abschnitts bei der Replikation. Kennzeichnend für B.en ist, daß sie mit mehreren nebeneinanderliegenden anderen Mutationen keine Rekombination zum Wildtyp zeigen; auch spontane Rückmutationen zum Wildtyp fehlen. Gegensatz: Punktmutation.

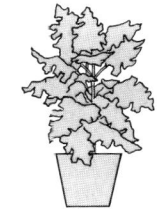

Bluetongue-Virus *s* [blu tang; v. engl. blue tongue = blaue Zunge], Virus der Gatt. *Orbivirus* der ↗ Reoviren; führt bei Schafen zu einer seuchenhaften Erkrankung.

Blühhemmstoffe, Inhibitoren, die eine ↗ Blütenbildung bei Pflanzen unter induktiven Bedingungen unterbinden. Da an der Blütenbildung außer der Synthese des (noch hypothet.) ↗ Blühhormons eine Reihe weiterer Prozesse beteiligt ist, ist eine experimentelle Hemmung durch verschiedenart. (natürl. oder synthet.) Stoffe möglich, wie Atmungsinhibitoren (z. B. Dinitrophenol), Hemmstoffe der RNA-Synthese (Blockade der Genaktivierung) u. der Proteinbiosynthese.

Blühhormon, *Florigen,* bisher nur physiologisch nachgewiesenes Phytohormon, dessen biochem. Natur unbekannt ist u. möglicherweise aus einem Gemisch v. Wuchs- u. Hemmstoffen besteht. Das B. entsteht in den Laubblättern, welche die induzierenden photoperiod. Bedingungen wahrnehmen; v. dort wird das B. im Phloem zum apikalen vegetativen Meristem transportiert u. bewirkt dessen Umstimmung zur Blütenanlage.

Blühhormon
Oben Blütenbildung bei *Chrysanthemum* nach Behandlung mit Gibberellinsäure, unten unbehandelte Pflanze

Blühinduktion, das Auslösen der ↗ Blütenbildung bei höheren Pflanzen; erfolgt entweder autonom, d. h. nicht umweltgesteuert u. nur genetisch festgelegt, od. wird durch bestimmte Umweltbedingungen ausgelöst. Hierzu gehören die B. durch Kälte (↗ Vernalisation) mit dem Blühstimulus Vernalin sowie die B. durch Beleuchtungsdauer (↗ Photoperiodismus) mit dem Blühstimulus Florigen (↗ Blühhormon).

Blühreife ↗ Blütenbildung.

Blumberg [blʌmbᵉrg], *Baruch Samuel,* am. Mediziner, * 28. 7. 1925 New York; seit 1970 Prof. in Philadelphia; entdeckte 1965 das Australia-Antigen, den Erreger der Serumhepatitis (Hepatitis B); erarbeitete einen Test zur Untersuchung v. Spenderblut auf Serumhepatitis; erhielt 1976 zus. mit D. C. Gajdusek den Nobelpreis für Medizin.

Blume, 1) volkstüml. Bez. für die ganze, auffällig blühende Pflanze od. den blütentragenden Stengel (Schnittblume). **2)** das ↗ Anthium.

Blumenbach, *Johann Friedrich,* dt. Zoologe u. vergleichender Anatom, * 11. 5. 1752 Gotha, † 22. 1. 1840 Göttingen; seit 1778 Prof. in Göttingen; Begr. der Vergleichenden Anatomie als Lehrfach, entschiedener Gegner der damals vorherrschenden Präformationstheorie, Verfechter der Epigenese; dennoch war B. Vitalist.

Blumenbinsengewächse, die ↗ Blasenbinsengewächse.

K. E. Bloch

B. S. Blumberg

Blumenblätter ↗ Blüte.

Blumenfliegen, *Anthomyiidae,* weltweit verbreitete Fam. der Fliegen; unscheinbar, klein bis mittelgroß, oft beborstet u. meist grau gefärbt. Sie sind eng verwandt mit den ↗ *Muscidae* (Echte Fliegen) u. werden häufig mit diesen verwechselt; die Unterscheidung ist mittels der Flügeladerung möglich. Viele Arten der B. nehmen an Blüten Nektar u. Pollen auf, der dt. Name ist aber insofern irreführend, als auch andere Fam. der Fliegen auf Blüten anzutreffen sind u. es auch räuber. Arten der B. gibt, wie die Gatt. Löffelfliegen *(Lispa),* die Kleininsekten jagen. Von Bedeutung für die Landw. sind viele pflanzenschädigende Arten, die ihre Eier in Blätter u. andere Teile v. Gemüsepflanzen legen. Den Schaden richten dann die Larven an, die Gänge in die Pflanzen fressen. Die Larven der Brachfliege *(Phorbia coarctata)* befallen auch junge Getreidepflanzen. Schadinsekten der Kohlarten sowie v. Rettich, Meerrettich, Chicoree u. Sellerie sind die Kleine Kohlfliege *(P. brassicae)* u. die Große Kohlfliege *(P. floralis);* die Imagines werden zur Eiablage durch die in diesen Pflanzen enthaltenen Senfölglykoside angelockt. Die Larven der Zwiebelfliege (Lauchfliege, *P. antiqua)* befallen alle Pflanzenteile. Die Rübenfliege *(Pegomyia hyoscyami)* kommt hpts. im Mittelmeergebiet vor u. legt ihre Eier auch auf Spinat- u. Mangoldblätter, in denen die Larven minieren. In die Blüte der Pflanzen legt die Salatfliege (Lattichfliege, *Phorbia gnava)* ihre Eier, die Larven ernähren sich v. den reifenden Samen. Zu den B. gehören auch die Kleine Stubenfliege *(Fannia canicularis),* die in Häusern kleine Schwärme bildet, u. die Rettichfliege *(Anthomyia floralis).* [B] Insekten II.

Blumenkäfer, *Anthicidae,* Fam. der *Polyphaga,* weltweit ca. 1000, in Mitteleuropa ca. 30 Arten; kleine (1,5–5 mm), an Ameisen erinnernde Käfer, die an Ufern v. Gewässern (vielfach halophil), auf trockenen Grashaufen od. selten auch auf Blüten zu finden sind. Über die Biol. der Arten ist wenig bekannt. Bemerkenswert ist die Vorliebe des Einhorn-B.s *(Notoxus monoceros),* sicher auch anderer *Notoxus*-Arten u. einiger *Anthicus*-Arten, für Cantharidin, das sie v. a. bei toten Ölkäfern finden. Es wird behauptet, daß *Notoxus* mit seinen auf dem Halsschild befindl. Horn (bei beiden Geschlechtern) den Körper der Ölkäfer öffnet, um an das cantharidinhaltige Innere zu gelangen.

Blumenkohl ↗ Kohl.

Blumenkohlmosaik-Virusgruppe, *Caulimovirus-Gruppe,* kleine Gruppe DNA-haltiger Pflanzenviren mit dem Blumenkohlmosaik-Virus (CaMV) als typ. Vertreter. Die

Blumenfliegen
Wichtige Gattungen und Arten:
Bohnenfliege *(Phorbia platura)*
Brachfliege *(Phorbia coarctata)*
Große Kohlfliege *(Phorbia floralis)*
Kleine Kohlfliege *(Phorbia brassicae)*
Kleine Stubenfliege, Hundstagsfliege *(Fannia canicularis)*
Lattichfliege, Salatfliege *(Phorbia gnava)*
Löffelfliegen *(Lispa spec.)*
Rettichfliege *(Anthomyia floralis)*
Rübenfliege, Runkelfliege *(Pegomyia hyoscyami)*
Zwiebelfliege *(Phorbia antiqua)*

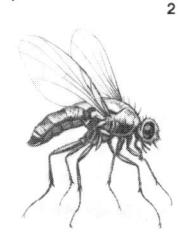

1 Rübenfliege *(Pegomyia hyoscyami)*
2 Kleine Kohlfliege *(Phorbia brassicae)*

Blumenkohlqualle *(Rhizostoma octopus)*

Blumenpilze

Viren führen zu Mosaik- u. Scheckungssymptomen bei den infizierten Pflanzen; sie werden durch Blattläuse übertragen u. besitzen einen engen Wirtsbereich. Das Genom besteht aus einer ringförm., doppelsträngigen DNA mit charakterist., einzelsträngigen Sequenzunterbrechungen an drei Stellen; eine davon liegt im transkribierten (α) DNA-Strang, die beiden anderen im nichttranskribierten (β) DNA-Strang. Von zwei CaMV-Isolaten wurden die vollständigen DNA-Sequenzen bestimmt (8024 bzw. 8031 Basenpaare). Die Viruspartikel sind isometrisch u. besitzen einen ⌀ von ca. 50 nm. Die DNA-Replikation u. die Transkription erfolgen wahrscheinlich im Zellkern. Im Cytoplasma kommt es zu einer Anhäufung v. Viruspartikeln in großen, elektronendichten Einschlußkörpern, die aus viruscodierten Proteinen bestehen.

Blumenkohlpilz, *Sparassis crispa,* ↗ Keulenpilze und Korallenpilze.

Blumenkohlqualle, *Rhizostoma octopus,* Vertreter der Wurzelmundquallen mit bläulicher od. milchig weißer Glocke, der 60 cm ⌀ erreichen kann; in der Nordsee zeitweise nicht selten. Ähnlich ist die bes. im Mittelmeer lebende *R. pulmo* (Lungenqualle), die oft große Schwärme bildet.

Blumenkrone, die *Blütenkrone;* ↗ Blüte.

Blumenpilze, *Gitterlingsartige, Clathraceae,* Fam. der *Phallales* (Kl. Bauchpilze), vorwiegend in wärmeren Zonen, bes. Tropen, verbreitet. Die Entwicklung der B. erfolgt wie bei den Stinkmorcheln; aus einem Hexenei wachsen kompliziert gebaute Fruchtkörper heran, die an Blumen erinnern; im Reifezustand riechen sie aasartig u. locken, unterstützt von dem rötl. fleischfarbenen Gerüst des Fruchtkörpers *(Receptaculum),* Insekten an. Bes. Aasfliegen u. Mistkäfer nehmen den schleimigen Saft der Gleba mit den Sporen auf u. verbreiten die Sporen mit ihrem Kot. In Mitteleuropa kommen nur wenige B. vor. Der ungenießbare Tintenfischpilz *(Anthurus archeri* Fischer) wurde vermutlich mit Wollimporten aus Australien eingeschleppt; zuerst wurde er 1921 in den Vogesen beobachtet, seit 1938 tritt er in Dtl. auf u. ist heute in großer Zahl im SW in Laub- u. Fichtenwäldern zu finden; der reife T. ist 15 cm hoch u. sieht einem Tintenfisch od. Seestern ähnlich mit 4–7 korallenroten Armen, die auf einem Stiel sitzen, sich nach außen krümmen u. zum Boden neigen, so daß ein sternart. Gebilde entsteht. Der in Indien bis Japan verbreitete, auch im Mittelmeergebiet heimische, eigenartige Scharlachrote Gitterling *(Clathrus ruber* Pers.) findet sich gelegentlich in Dtl. in Gärten, Parkanlagen, Gewächshäusern u. auf Friedhöfen; er

Blumenpolypen

Blumenpilze
Scharlachroter Gitterling (*Clathrus ruber* Pers.)

Blumenrohrartige
Familien:
↗ Bananengewächse (*Musaceae*)
↗ Cannaceae
↗ Ingwergewächse (*Zingiberaceae*)
↗ Pfeilwurzgewächse (*Marantaceae*)
↗ Strelitziaceae

wurde durch Mittelmeerpflanzen eingeschleppt; der gitterartige orange-rötl. Fruchtkörper mit der Sporenmasse sitzt in der lappig zerteilten Eihülle.
Blumenpolypen, die ↗ Anthozoa. [ceae.
Blumenrohr, *Canna*, Gatt. der ↗ Canna-
Blumenrohrartige, *Scitamineae*, *Zingiberales*, Ord. der *Commelinidae* mit 5 Fam. (vgl. Tab.), tropisch-subtropisch verbreitet. Die Arten sind überwiegend große Rhizomstauden mit oft mächt. Scheinstämmen. Der Blütenbau ist dorsiventral bis sogar asymmetrisch. Innerhalb der Ord. erfolgt eine zunehmende Reduktion der Staubblattzahl: so findet man bei den Bananengewächsen 5 Staubblätter, bei den Cannaceae u. Pfeilwurzgewächsen jedoch nur noch ½ fertiles Staubblatt. Die übr. Staubblätter werden allg. in blütenblattähnl. Gebilde umgewandelt.
Blumensimsengewächse, die ↗ Blasenbinsengewächse.
Blumentiere, die ↗ Anthozoa.
Blumenuhr, eine Zusammenstellung v. Pflanzen, die ihre Blüten zu verschiedenen Tageszeiten öffnen u. schließen; da das Öffnen u. Schließen der Blüten hpts. von der wechselnden Lichtintensität des Tagesverlaufs abhängt, spielen neben der geogr. Breite u. a. auch Witterungsverhältnisse eine bedeutende Rolle.

Blumenvögel, *blütenbesuchende Vögel*, Sammelbez. für zu verschiedenen systemat. Gruppen gehörende, in den Tropen u. Subtropen verbreitete Vögel, die aufgrund ihrer Schnabel- u. Zungenanatomie auf die Aufnahme v. Blütennektar nahrungsspezialisiert sind, z. B. Kolibris (*Trochilidae*) u. Nektarvögel (*Nectarinidae*). [B] Zoogamie.
Blumenwanzen, die ↗ Blütenwanzen.
Blumenwespen, die ↗ Apoidea.
Blumeria w, Gatt. der ↗ Echten Mehltaupilze.
Blumeriella w, Gatt. der ↗ Helotiales (Schlauchpilze); *B. jaapii*, Erreger der ↗ Sprühfleckenkrankheit.
Blut, 1) in Kreislaufsystemen (↗ B.gefäßsystem, ↗ B.kreislauf) od. Hohlräumen (z. T. mit Lakunen) der Metazoen zirkulierende Körperflüssigkeit. Morpholog. ist das B. ein mesenchymales Organsystem, dessen Zellen sich in der stark vermehrten extrazellulären Flüssigkeit bewegen (↗ Flüssigkeitsräume). Alle Körperflüssigkeiten stehen (in unterschiedl. Ausmaß) miteinander in Verbindung, wobei Membranen selektiv bestimmte Komponenten zurückhalten u. andere durchlassen, so daß sich die Körperflüssigkeiten der verschiedenen Kompartimente in ihrer Zusammensetzung unterscheiden. Vom B. i. e. S. spricht man nur bei Tieren mit geschlossenem B.kreislauf; hier fließen B. und ↗ Lymphe in getrennten B.- u. Lymphgefäßen. Bei Tieren mit offenem B.kreislauf, bei dem sich B. und extrazelluläre Flüssigkeit vermischen, nennt man die Körperflüssigkeit ↗ Hämolymphe; auch bei den Insekten ist aber eine ↗ B.-Hirn-Schranke vorhanden, so daß die Unterscheidung nicht streng gilt. – Die Aufgaben des B.s lassen sich als eine Vermittlung des Stoffaustausches zw. der Umwelt u. der Zelle ansehen. Zu diesen Aufgaben gehören a) Gastransport (mit Hilfe der ↗ Atmungspigmente) u. Abgabe des Sauerstoffs (O_2) ins Gewebe, Abtransport des Kohlendioxids (CO_2) zu den Lungen; b) Transport v. Nahrungs- u. „Baustoffen" (z. B. Zucker, Aminosäuren, Fette bzw. Fettsäuren, Elektrolyte), c) Abtransport v. Abbauprodukten wie Harnstoff, Kreatinin; d) Transport v. Vitaminen u. Hormonen; e) Abwehr v. Fremdkörpern u. Krankheitserregern durch immunkompetente Zellen u. Antikörper; f) Wärmeregulation; g) Träger v. Gerinnungsstoffen zur B.stillung, um B.verluste zu verhindern. Die vielfält. Einzelfunktionen zusammengenommen, ermöglichen eine Regulation der Homöostase. Bei Wirbellosen erfüllt das B. noch einige weitere spezielle Aufgaben. So dient es bei den Weichtieren als Hydroskelett u. ermöglicht durch das Zusammenspiel v. Flüssigkeitsdruck u. Muskeltätig-

Blumenuhr nach Linné
(für Uppsala, 60° n. Br.)

Angaben der Uhrzeit des Aufblühens u. des Schließens der Blüten. (Da die B. u. a. abhängig v. der geogr. Lage u. den Klimabedingungen ist, geht die für Uppsala berechnete B. für Dtl. um mehrere Stunden vor.)

Aufblühzeit

Zeit	Art
3–5	Wiesenbocksbart (*Tragopogon pratensis*)
4–5	Wegwarte (*Cichorium intybus*)
5	Braunrote Taglilie (*Hemerocallis fulva*)
	Gänsedistel (*Sonchus oleraceus*)
	Islandmohn (*Papaver nudicaule*)
5–6	Löwenzahn (*Taraxacum officinale*)
6	Doldiges Habichtskraut (*Hieracium umbellatum*)
	Geflecktes Ferkelkraut (*Hypochoeris maculata*)
6–7	Blasenschötchen (*Vesicaria utriculata*)
	Mauerhabichtskraut (*Hieracium pilosella*)
	Kleines Habichtskraut (*Hieracium pilosella*)
	Saudistel (*Sonchus arvensis*)
7	Ästige Graslilie (*Anthericum ramosum*)
	Gartenlattich, Salat (*Lactuca sativa*)
	Weiße Seerose (*Nymphaea alba*)
8	Felsnelke (*Tunica prolifera*)
9–10	Ackerringelblume (*Calendula arvensis*)
	Rote Schuppenmiere (*Spergularia rubra*)

Schließzeit

Zeit	Art
8–10	Löwenzahn
9–10	Wiesenbocksbart
10	Wegwarte
	Gartenlattich (Salat)
	Saudistel
11–12	Gänsedistel
12	Ackerringelblume
13	Felsnelke
14	Mauerhabichtskraut
14–15	Rote Schuppenmiere
15–16	Ästige Graslilie
	Kleines Habichtskraut
16	Blasenschötchen
16–17	Geflecktes Ferkelkraut
17	Doldiges Habichtskraut
	Weiße Seerose
19	Islandmohn
19–20	Braunrote Taglilie

blutbildende Organe

Zellen 45%				Plasma 55%	
rote Zellen Sauerstofftransport	weiße Zellen Fremdstoffabwehr	Plättchen	Fibrinogen	Blutserum Stofftransport Fremdstoffabwehr	
		Fibrin-Blutgerinnung			

Bestandteile des Blutes

keit Körperbewegungen. Bei Gliederfüßern werden Häutung, Schlüpfen u. Flügelentfaltung durch B.druckänderungen reguliert. Die B.menge der einzelnen Tierarten ist sehr unterschiedl.; in offenen B.kreisläufen ist sie bedeutend größer als in geschlossenen, selbst wenn bei den geschlossenen B.kreisläufen die Menge an extrazellulärer Flüssigkeit mit einbezogen wird. Bemerkenswert geringe Flüssigkeitsmengen findet man bei Fischen u. Insektenimagines. Der B.gehalt eines er-

Zusammensetzung des menschlichen Blutes

Das Blut der Wirbeltiere macht etwa 5–10% des Körpergewichts aus – ein 70 kg schwerer Mensch hat 5–6 Liter Blut. Es besteht zu ca. 55 Vol.% aus dem flüssigen *Blutplasma* und 45 Vol.% aus *festen Bestandteilen* (Blutzellen).

Blutplasma

Wasser	90%
Proteine (Globuline, Albumine)	7–8%
Lipide	0,5–0,8%
Glucose	0,1%
NaCl	0,6%

Feste Bestandteile

Rote Blutkörperchen *(Erythrocyten)* 5–20 Mill./mm³

Weiße Blutkörperchen *(Leukocyten)* 5000–11000/mm³ Blutplättchen *(Thrombocyten)* 150000–400000/mm³

Normalwerte des menschlichen Blutbildes

Hämoglobin:
♀ 12–16 g/dl
♂ 14–18 g/dl
Hämatokrit:
♀ 37–47%
♂ 40–54%
Erythrocyten:
♀ 4,2–5,4 · 10⁶/mm³
♂ 4,6–6,2 · 10⁶/mm³
Leukocyten:
4,8–10,8 · 10³/mm³
Thrombocyten:
150000–350000/mm³
Met-Hämoglobin:
bis 1%
CO-Hämoglobin:
bis 2%; Raucher bis 5%

Blutauge (Comarum palustre)

blutbildende Organe

1 Orte der Blutbildung im Knochenmark beim Erwachsenen. **2** Knochenmarkszellen unter dem Mikroskop. Die Abb. zeigt die verschiedenen Arten von Blutkörperchen im Anfangsstadium ihrer Entwicklung (vgl. ☐ Blutzellen).

Blutadern, veraltete Bez. für die Venen.
Blutagar, ein Nähr-↗Agar mit einem Zusatz v. 5–10% menschl. oder tier. Blut, das citrathaltig od. defibriniert ist; dient zur Isolierung, Anzucht u. Selektion verschiedener anspruchsvoller, v.a. pathogener Bakterien u. zur Bestimmung der Hämolyseform (z.B. *Bordetella, Hämophilus* u.a. hämolyt. Bakterien).
Blutalgen, Bez. für einige einzellige Grünalgen mit rotem Farbstoff, die u.a. den ↗Blutregen verursachen.
Blutauffrischung, die in der Tierzucht angewandte Methode des meist einmaligen Einkreuzens eines Tieres aus einer fremden Zucht, aber der gleichen Rasse, wodurch Degenerationserscheinungen verhindert werden sollen.
Blutauge, *Comarum palustre,* Art der Rosengewächse; bis 1 m hohe, ausdauernde Staude in Sümpfen u. Mooren der montanen, kühleren nördl. Zonen; zirkumpolar; die Blüten sind purpurbraun, die Früchte erdbeerähnlich, aber wenig saftig; Kraut u. Rhizom gerbstoffreich; werden in der Volksheilkunde gg. Durchfallerkrankungen eingesetzt.
Blutbär, *Thyria jacobeae,* Schmetterling, der ↗Jakobskrautbär.
Blutbienen, *Specodes,* Gatt. der ↗Schmalbienen.
blutbildende Organe, *Humanmedizin:* in den ersten 2 Monaten der Embryonalphase die blutbildenden Inseln im Dottersack u. den embryonalen Gefäßsprossen (mesoblastische Phase). Im 2.–5. Monat erfolgt die Blutbildung in der Leber, wobei erstmals Myeloblasten auftreten (hepatische Phase); ab dem 4. Monat sind auch Milz u. Thymus beteiligt. Ab dem 6. Fetalmonat beginnt die Blutproduktion im Kno-

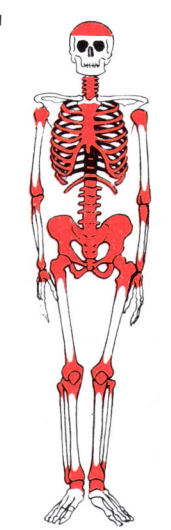

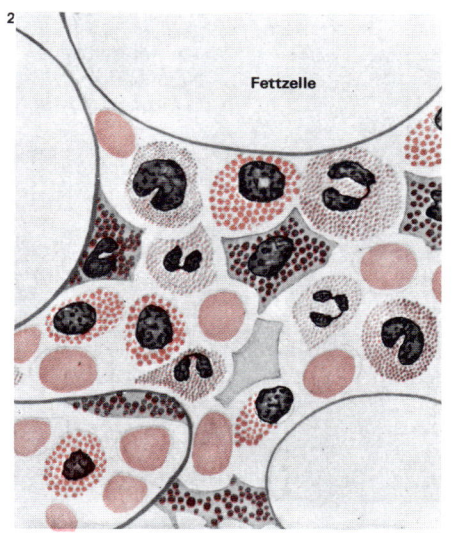

wachsenen Menschen beträgt normalerweise 1/12 bis 1/13 seines Körpergewichts, also ca. 5–6 Liter. 55 Vol.% des menschl. B.s bestehen aus dem wäßrigen Anteil, dem ↗ *B.plasma.* Es enthält die ↗B.proteine, Gerinnungsfaktoren (↗B.gerinnung), Salze, Hormone, Nahrungsstoffe, Enzyme usw. Den wäßrigen Anteil des B.s ohne die Gerinnungsstoffe (Fibrin) nennt man ↗ *B.serum.* 45 Vol.% des menschl. B.s sind feste Anteile (Hämatokrit-Wert), die ↗*B.- zellen.* **2)** in der Tierzucht allgemeine Bezeichnung für Erbgut; *B.anteil* bezeichnet das Erbgut aus einer Abstammungsherkunft; *Halbblut* = erbmäßige Mischung zweier Rassen (Rassen-Bastard); *Vollblut* bezeichnet meist reinrassige Herkunft; in der Pferdezucht jedoch abweichend gebräuchl. für *Warmblutrassen* im Ggs. zu *Kaltblut.*

Blutbildung

chenmark (myelopoetische Phase). Dabei geht mit zunehmender Reifung die Blutbildung in Leber u. Milz zurück. Bis zum 5. Lebensjahr ist das gesamte Knochenmark an der ↗Blutbildung beteiligt. Ab dann erfolgt eine Reduktion des blutbildenden Knochenmarks, bis beim Erwachsenen die Blutbildung nur noch im Schädel, in den Rippen, im Becken u. in den Epiphysen v. Ober- u. Unterschenkelknochen erfolgt. Das übrige Knochenmark wird im wesentl. durch Fettzellen ausgefüllt. Dieses ist jedoch bei patholog. Prozessen (z. B. schwere Hämolyse, Leukämien) in der Lage, die Blutbildung wieder aufzunehmen. Bei krankhafter Veränderung des Knochenmarks durch Einwachsen v. Bindegewebe (Osteomyelofibrose, Osteomyelosklerose) können Leber und Milz auch beim Erwachsenen wieder die Blutbildung übernehmen (extramedulläre Blutbildung).

Blutbildung, *Hämatopoese,* der in den ↗blutbildenden Organen ablaufende zelluläre Teilungs- u. Reifungsvorgang, der die ↗Blutzellen hervorbringt. Ausgang der B. ist die pluripotente, undifferenzierte hämatopoietische Stammzelle, die in der Lage ist, sich selbst zu erneuern u. noch nicht für eine spezielle Funktion determiniert ist. Bei weiterer Ausreifung bringt die Stammzelle Vorstufen hervor, die sich nicht selbst erneuern können u. nur einen spezialisierten Zelltyp zur Ausreifung bringen. Die unreifen Vorstufen können im Blut zirkulieren u. sich wieder im Knochenmark ansiedeln. Hierdurch kann das Knochenmark, obwohl in voneinander getrennten Knochen angesiedelt, als einheitl. Organ angesehen werden. Ein Teil der undifferenzierten Stammzellen ruht u. kann bei Bedarf aktiviert werden. Die Zellproduktion wird durch Rückkoppelungsmechanismen reguliert (z. B. bei Sauerstoffmangel vermehrte Produktion v. Erythrocyten, bei Entzündungen vermehrte Produktion von Granulocyten). Die Regulation der B. erfolgt durch Milieufaktoren (z. B. Zellkontakt) od. humoral (z. B. Hormone, Chalone, Erythropoietin) Die Ausreifung der ↗ *Granulocyten* geht aus v. unreifen Myeloblasten über die Zwischenstufen Promyelocyt, Myelocyt, stabkerniger u. schließl. zum reifen segmentkernigen Granulocyten, der durch aktive Beweglichkeit das Knochenmark verläßt u. im perikapillaren Raum u. im zirkulierenden Blut nachweisbar ist. Die Ausreifung der ↗ Erythrocyten verläuft über den Proerythroblasten, Makroblasten, basophilen, polychromatischen u. oxophilen Normoblasten schließl. zum kernlosen Erythrocyten. Die ↗ *Lymphocyten* werden im lymphoreticulären System gebildet. Neuere experimentelle Daten weisen darauf hin, daß zumindest T-Lymphocyten auch im Knochenmark gebildet werden. ☐ blutbildende Organe.

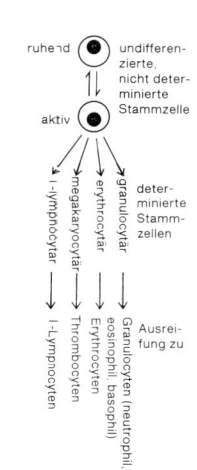

Schema zur Blutbildung

Blutdruck
(in mm Hg)

Alter	systol. B. (Norm)
2 Tage	60– 80
Säugling	80– 85
10 Jahre	80–100
20 Jahre	120
35 Jahre	125
50 Jahre über	135
60 Jahre	150

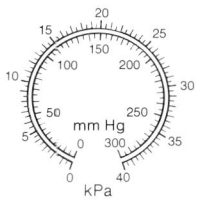

Blutdruck

Als gesetzl. Einheit zur Messung des B.s wurde mit der zweiten Änderungsverordnung zur Eichordnung von 1975 die Maßeinheit Kilopascal (Einheitszeichen kPa) eingeführt. Die konventionelle Einheit mm Hg darf aber nach einer 1983 getroffenen Entscheidung einer Kommission der Europäischen Gemeinschaft für unbegrenzte Zeit weiter benutzt werden.

Blutblume, *Haemanthus,* Gatt. der ↗Amaryllisgewächse.
Blutbock, *Purpuricenus,* Gatt. der ↗Bockkäfer.
Blutbrustpavian, der ↗Dschelada.
Blutbuche, eine Mutante der ↗Buche.
Blutcoccidien [Mz.; v. gr. kokkos = Kern, Beere], die ↗Haemosporidae.
Blutdepot, der ↗Blutspeicher.
Blutdruck, vom Herzen od. herzart. Pumporganen entwickelter Druck, um die Reibung in den Gefäßen od. Blutlakunen zu überwinden u. die Strömungsgeschwindigkeit des Blutes konstant zu halten. Der B. ist bei Tieren mit offenem Kreislaufsystem wegen des Fehlens der Kapillaren niedrig u. unterliegt Schwankungen durch motor. Aktivität od. den Ausdehnungszustand innerer Organe. So kann bei Gliederfüßern eine Steigerung des B.s durch Aufblähung des Darms mit Luft (bei Wasserbewohnern mit Wasser) erfolgen. Dies spielt häufig bei Häutungsvorgängen, bei der Expansion der Flügel od. anderer Körperanhänge nach dem Schlüpfen od. nach einer Häutung eine Rolle. Bei Tieren mit geschlossenem Kreislauf schwankt der B. rhythmisch zw. einem Maximalwert infolge der *Systole* (momentan hoher B. nach der Herzkontraktion) u. einem Minimalwert als Folge der *Diastole* (momentan niedriger B. nach der Herzerschlaffung) des Herzens. Ein Absinken auf Null während der Diastole wird durch den Windkesseleffekt der großen ↗Arterien verhindert. Die rhythm. Schwankung des B.s läßt sich an größeren

Blutdruck

Der Blutdruck (p) steht mit dem Strömungswiderstand (W) u. der Blutmenge pro Sek. (V) in einfacher Beziehung: $V = p/W$. Steigt der Widerstand in den Blutgefäßen, z. B. durch Verengung, dann muß auch der B. steigen, damit eine ausreichende Blutversorgung gesichert ist. Da mit zunehmendem Alter die Gefäße weniger elastisch werden, steigt der B. im Alter leicht an (Hypertonie). Bei der *B.messung* (z. B. mittels Gummimanschette, Manometer u. Stethoskop) wird das Verhältnis von systolischem (Außendruck bringt das Pulsgeräusch gerade zum Verschwinden) zu diastolischem (Pulsgeräusch wird gerade wieder hörbar) Druck in Millimeter Quecksilbersäule (mm Hg) od. Pascal (Pa) (1 mm Hg = 133,3224 Pascal) bzw. Kilopascal (kPa) ausgedrückt. Nach körperl. Anstrengungen, bei Angst u. nach Mahlzeiten ist der B. leicht erhöht, im Liegen, bei langer Bettruhe usw. erniedrigt. Faustregel: der systol. B. beträgt normal soviel mm Hg über 100, wie das Alter ausmacht.

Arterien als *Puls* tasten. Bei Vögeln u. Säugern nimmt er mit dem Alter zu u. ist dann bei männl. Individuen höher als bei weiblichen. Bei *Hypertonie* ist der B. dauernd erhöht, bei *Hypotonie* dauernd erniedrigt. Die Kontrolle des Blutdrucks erfolgt im Organismus durch *Pressorezeptoren*. Die wichtigsten liegen in der Wandung der ↗ Aorta u. an der Gabelung der Arteria carotis communis (Carotissinus). Ihre Wirkung ist depressorischer Art; sie wirken als Blutdruckzügler.

Blüte, ein Sporophyllstand an Kurzsprossen mit begrenztem Wachstum. Mit dieser Kurzbeschreibung der Vergleichenden Morphologie ist ausgesagt, daß die B. einem Kurzsproß gleichgesetzt wird, daß die sporenbildenden Organe Blätter (Sporophylle) sind, die der geschlechtl. Fortpflanzung dienen u. für diese Aufgabe einen teilweise tiefgreifenden Gestaltwandel (Metamorphose) erfahren haben, und daß die B.nachse eine gestauchte Sproßachse ist, deren Scheitelmeristem sich bei der B.nbildung aufbraucht. Die B.n sind für die Samenpflanzen so charakterist., daß man sie fr. auch als Blütenpflanzen (Anthophyta) bezeichnet hat. Jedoch besitzen viele Vertreter der Bärlappe u. Schachtelhalme Sporophyllstände, die der Definition der B. durchaus genügen. Die Bez. Anthophyta wird daher nicht mehr angewendet.

Angiospermen-B.: Die B. der ↗ Bedecktsamer (Angiospermen) kann als die typische B. schlechthin angesehen werden (B Blüte). Sie gliedert sich in der vollständ. Ausbildung in die folgenden, stets in dieser Reihenfolge an der B.achse angeordneten Teilbereiche: *B.nhülle (Perianth), Staubblätter (Mikrosporophylle)* u. *Fruchtblätter (Megasporophylle).* Im typ. Fall ist die B.nhülle in einen grünblättr., mehr der Schutzfunktion dienenden *B.nkelch (Calyx)* u. in eine häufig auffällig gefärbte *B.nkrone (Corolle)* unterteilt. Dadurch wird zugleich der für die Angiospermen charakterist. Bezug zu einem ↗ Bestäuber der B. angesprochen. Diese Beziehung zu einem tier. Bestäuber legt auch die Annahme nahe, daß schon die ersten Angiospermen eine *Zwitter-B. (monokline* B.) od. besser eine Staubblatt-Fruchtblatt-B. (*staminokarpellate* B.) besaßen, obwohl sie primär windblütig waren. Sie wurden aber v. Insekten besucht, die als Pollenfresser diese B.n zum Nahrungserwerb aufsuchten u. dabei auch unfreiwillig Pollen auf weitere B.n übertrugen. Aus dieser räuber. Beziehung hat sich dann die Insektenbestäubung nur sicher bei Zwitterblüten entwickeln können. Denn reine Fruchtblattblüten ohne Staubblätter u. Pollen wären nur wenig anziehend u. ihre Bestäubung durch Insekten sehr unsicher gewesen. – Einen Hinweis auf das Aussehen der ersten insektenbestäubten Angiospermen-B.n geben die Magnoliengewächse u. ihre Verwandten *(Magnoliales).* Obwohl sie als rezente Organismen Endglieder einer Phylogenie sind, besitzen sie noch viele urspr. Merkmale. Nur treten diese Merkmale nicht gehäuft bei bestimmten Arten auf, sondern finden sich verstreut bei den verschiedenen Arten, Gatt. und Fam. dieser Pflanzen-Ord. Danach waren die urspr. Angiospermen-B.n recht groß, wie heute noch bei einigen Magnolien (vgl. Abb.). Die einzelnen B.norgane waren an einer mehr od. weniger langgestreckten B.nachse spiralig angeordnet, u. zwar folgten auf eine noch nicht deutl. in Kelch u. Krone differenzierte B.nhülle die Staubblätter u. dann die Fruchtblätter. Ihre Anzahl war zudem noch unbestimmt, d. h., sie wechselte von B. zu B. innerhalb derselben Art. Von dieser urspr. Zapfen-B. *(Strobilus)* hat sich die Gestalt der verschiedenen Angiospermen-B.n außerordentl. vielfältig abgewandelt u. weiterentwickelt. Zunächst wurde die B.nachse verkürzt u. die B.nteile in Wirteln angeordnet. Es entstehen 1 *Kelchblattkreis*, 1–2 *Kronblattkreise*, 1–2 (3) *Staubblattkreise* u. 1 *Fruchtblattkreis*. Die ersten Ansätze in diese Entwicklungsrichtung zeigen noch heute einige Arten aus der Gatt. *Magnolia,* bei denen das Perianth wirtelig, Staub- u. Fruchtblätter aber noch spiralig ansetzen. Mit der Anordnung zur zykl. Stellung der B.nteile erfolgt eine Verminderung *(Oligomerisation)* u. Festlegung ihrer Anzahl. Bei der Anwendung von ↗ B.nformeln zur Beschreibung der B.nverhältnisse bei den einzelnen Angiospermengruppen kommt dieser Sachverhalt sehr schön zum Ausdruck. Die zykl. B. ist meist noch nicht auf bestimmte Bestäuber unter den Insekten spezialisiert. In der großen Vielfalt der B.ngestalt bei den Angiospermen spiegelt sich dann aber eine wechselseitige Coevolution von „tierblüt." Pflanzenarten u. den dazu passenden „Blumentieren" wider. Die Beziehung zw. B. und Bestäuber wird teilweise sehr speziell ausgebaut. Daneben kommt es häufiger zur Wiederanpassung an den Wind u. zur Anpassung an das Wasser als bestäubende Medien. In der komplexen u. mannigfalt. Entwicklung sind folgende Trends festzustellen: 1) die Ausbildung hoch und höchst spezialisierter Einzel-B.n; aus *radiärsymmetr.* (↗ *aktinomorphen*) B.n werden den dorsiventral gebauten B.nbesuchern angepaßte *zygomorphe* B.n mit nur einer Symmetrieebene entwickelt. Damit einher gehen eine zunehmende Verwach-

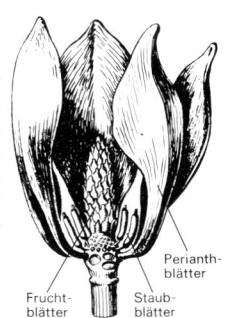

Spiralige Blüte der *Magnolie* mit Blütenhüll- (Perianth-), Staub- und Fruchtblättern

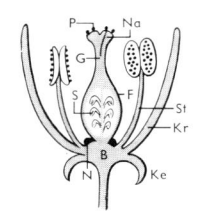

Aufbau einer Blüte
B Blütenboden;
Ke Kelchblatt;
Kr Kronblatt;
F Fruchtknoten mit Na Narbe, P Pollen, G Griffel, S Samenanlage;
N Nektarium;
St Staubblatt.

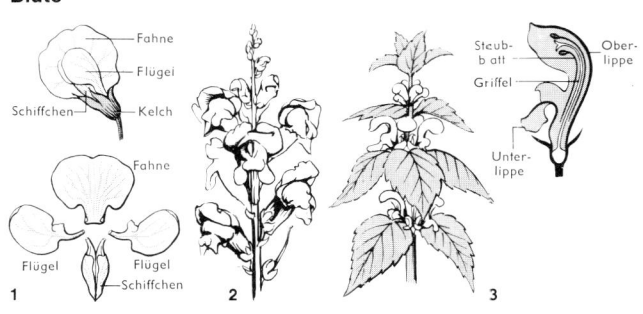

Blüte

Zygomorphe Blüten mit z. T. verwachsenen Blütenabschnitten

1 Blüte der Erbse *(Pisum)* mit „Einzelteilen",
2 Garten-Löwenmaul *(Antirrhinum)*,
3 Taubnessel *(Lamium)* mit Einzelblüte.

Formen des Perianths

Oberbegriff:
Perianth = Blütenhülle
Perianthblatt = Blütenhüllblatt
1. *doppelte Blütenhülle*, in Kelch und Krone gegliedert *(heterochlamydeisches Perianth)* mit Kelchblättern (Sepalen) und Kron- oder Blütenblättern (Petalen).
2. *doppelte Blütenhülle*, nicht in Kelch und Krone gegliedert *(homoiochlamydeisches Perianth):* (doppeltes) Perigon mit Perigonblättern (Tepalen).
3. *einfache Blütenhülle*, nur mit einem Hüllblattkreis *(haplochlamydeisches Perianth):* (einfaches) Perigon mit Perigonblättern (Tepalen).
4. *ohne Blütenhülle* (apochlamydeische Blüte).

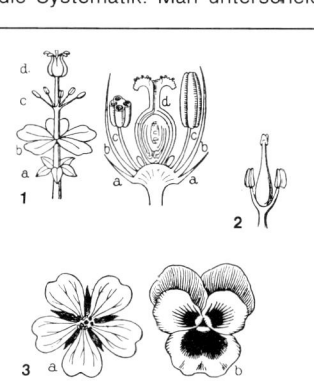

sung der Teile innerhalb der einzelnen B.nkreise u. eine weitere Verminderung der Anzahl v. Staub- u. Fruchtblättern; 2) eine Verkleinerung der Einzel-B. mit gleichzeitig. Vermehrung ihrer Zahl an den Sproßenden; es kommt zur Ausbildung dichter B.nstände mit „Blumenwirkung" (Entstehung von Pseudanthien); 3) eine Wiederanpassung an die Windbestäubung; es entstehen kleine, unscheinbare B.n mit zurückgebildeter B.nhülle, die meist nur staubblatt- od. fruchtblatttragend sind *(dikline B.n)* u. meist in kurzen u. dichten B.ständen beisammenstehen (z. B. Kätzchen).

Die einzelnen B nteile. B.nachse: Abgesehen v. einigen urspr. B.n mit gestreckter B.nachse *(Receptaculum)* sind die Internodien der B.nachse i. d. R. so gestaucht, daß sie einen *B.nboden* bilden u. die einzelnen B.nabschnitte auf gleicher Höhe u. in Wirteln stehen ([B] Blüte). Gelegentl. kann der B.nboden scheibenförm. verbreitet sein, häufiger wird er aber dabei schüssel-, ja becher- bis sogar röhrenförm. vertieft, so daß die freien od. verwachsenen Fruchtblätter im *B.nbecher* eingesenkt sind. Die Fruchtblätter können dann dabei frei bleiben, aber auch mit dem B.nbecher verwachsen. Die Kelch-, Kron- u. Staubblätter erscheinen dagegen vom Becherrand emporgehoben. Diese Einsenkung der Fruchtblätter u. der Grad der Verwachsung mit dem B.nbecher sind wicht. Merkmale für die Systematik. Man unterscheidet heute entspr. dem Grad der Verwachsung v. Fruchtknoten u. B.nbecher *ober-, mittel-* u. *unterständige* Fruchtknoten od. Gynözeen. Man findet allerdings in der Lit. auch eine andere Definition für „mittelständig". Danach ist ein Fruchtknoten mittelständig, wenn er nicht mit der becherförm. B.nachse verwachsen ist. Die Begriffe *epi-, peri-* u. *hypogyn* beschreiben dagegen die relative Lage der übr. B.nteile zur Lage des Fruchtknotens (vgl. Abb). Weitere Umbildungen der B.nachse sind sekundäre Streckungen zw. Staubblatt- u. Frucht-

Stellung des Fruchtknotens
Bezugssystem I: Nach der fortschreitenden Verwachsung mit der Blütenachse ist der Fruchtknoten: 1 und 2 *oberständig* (nicht verwachsen), 3 *mittelständig* (zum Teil verwachsen), 4 *unterständig* (voll verwachsen).

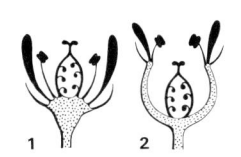

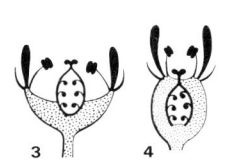

Bezugssystem II: Nach der relativen Lage der übrigen Blütenorgane zur Lage des Fruchtknotens ist die Blüte: 1 *hypogyn*, 2 und 3 *perigyn*, 4 *epigyn*.

blattkreis *(Gynophor)* od. zw. Kronblatt- u. Staubblattkreis *(Androgynophor)*. Auch werden nektarproduzierende Ausgliederungen der B.nachse beobachtet, so als Nektarien od. als umfangreiche ringförm. Diskusbildungen (sich vorwölbende flache Wulstbildungen) zw. den verschiedenen B.nabschnitten (z. B. bei Ahornarten). In einigen Fällen wird die B.nachse fleischig u. beteiligt sich am Aufbau der Frucht.

B.nhülle: Bei der Angiospermen-B. kann man hpts. vier Ausbildungsformen der B.nhülle *(Perianth)* unterscheiden: 1) Die B.nhülle besteht aus mehr od. weniger gleichart. Hüllblättern *(Perigonblätter* od. *Tepalen)*, die urspr. in mehreren Schraubumgängen, abgeleitet in 2 Kreisen an der

Blüte

1 Hauptteile, **a** Kelch-, **b** Blüten-, **c** Staub-, **d** Fruchtblattkreis; 2 nackte B.; **3a** radiärsymmetrische B., **b** zygomorphe B.; 4 Blütenboden, **a** scheiben-, **b** becher-, **c** krugförmig; **5a** unter-, **b** mittel-, **c** oberständige B.; 6 Diagramm a einer drei-, **b** einer fünfzähligen B.

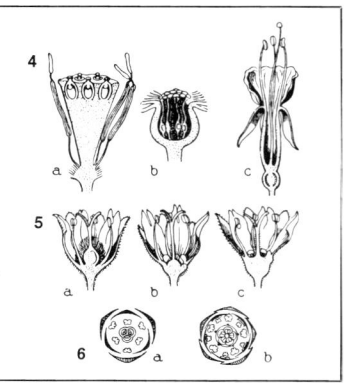

Blüte

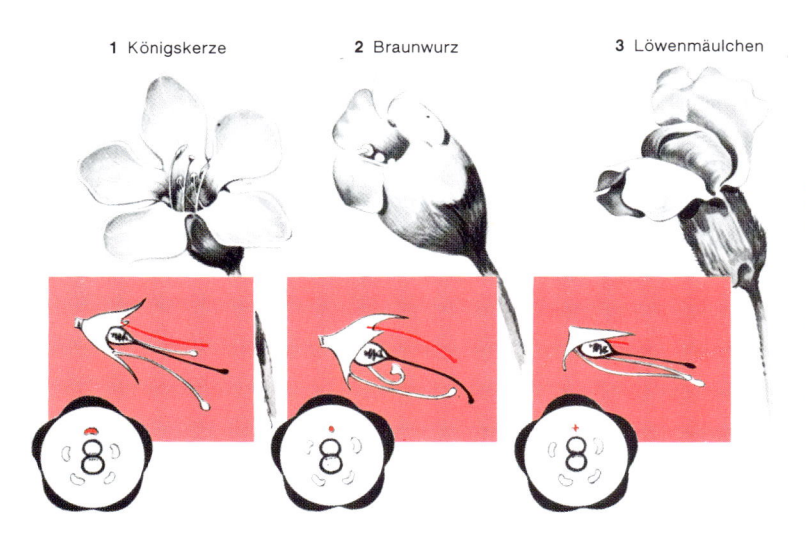

Rückbildung der Zahl der Staubblätter
bei zunehmender Zygomorphie von Blüten am Beispiel der Rachenblütler *(Scrophulariaceae)*
1 Königskerze *(Verbascum):* alle 5 Staubblätter entwickelt;
2 Braunwurz *(Scrophularia),* 4 fertile Staubblätter, 1 steriles Staubblatt *(Staminodium);* **3** Löwenmäulchen *(Antirrhinum):* weitere Reduktion des oberen (medianen) Staubblattes zu einer winzigen Schuppe.

Achse angeordnet sind. Diese B. wird *homoiochlamydeisch* genannt. 2) Die B.nhülle besteht aus 2 ungleichartig gestalteten Hüllblattkreisen, der äußere aus meist grünen *Kelchblättern (Sepalen)* u. der innere aus meist lebhaft gefärbten *Kronblättern (Petalen)*. Dieses doppelte Perianth aus *Kelch (Calyx)* u. *Krone (Corolle)* heißt *heterochlamydeisch*. 3) Es gibt nur einen Kreis an Hüllblättern *(einfaches Perigon)*. Dieses Perianth ist durch Reduktion entstanden u. wird *haplo-* od. *monochlamydeisch* genannt. 4) Durch Reduktion aller Hüllblätter fällt die B.nhülle in Anpassung an eine Windbestäubung aus. Solche B.n heißen *apochlamydeisch* (fr. ↗achlamydeisch). Die homoiochlamydeische B.nhülle ist sicherl. aus Hochblättern entstanden, wie es z. B. bei der Nießwurz noch zu beobachten ist. Die doppelte od. heterochlamydeische B.nhülle ist zum einen durch Differenzierung innerhalb eines mehrfachen Perigons entstanden (einige Magnoliengewächse), zum anderen hat sie sich viel häufiger durch Umwandlung v. Staubblättern in Kronblätter (↗Andropetalen) entwickelt, wie viele Hahnenfuß- u. Seerosengewächse zeigen. Mono- u. apochlamydeische B.nhüllen sind Reduktionen in Anpassung an die Windbestäubung; denn eine B.nhülle ist ohne B.nbesucher nutzlos u. zur Pollenausschüttung bzw. zum Polleneinfang sogar hinderlich. Die bei den Angiospermen häufig anzutreffenden Verwachsungen im Perianthbereich sind Spezialisierungen im Dienst der Tierbestäubung u. zum Schutz der Fortpflanzungsorgane. Man unterscheidet *syntepale* B.nhüllen, wenn Perigonblätter miteinander verwachsen (z. B. Maiglöckchen), *synpetale* B.nhüllen, wenn die Blütenkronblätter (z. B. Lippenblütler), u. *synsepale* B.nhüllen, wenn die Kelchblätter verwachsen sind (z. B. Nelkengewächse).

Staubblätter: Die Staubblätter entsprechen den *Mikrosporophyllen*. Alle in einer B. vorhandenen Staubblätter od. *Staubgefäße* werden zus. als *Andrözeum* bezeichnet. Urspr. sind zahlr., an der B.nachse spiralig angeordnete Staubblätter *(primäre Polyandrie)*. Im Zshg. mit dem Übergang zur Wirtelstellung u. im Zuge einer Oligomerisation bei stärker abgeleiteten B.n wird ihre Zahl reduziert. I. d. R. findet man 2 Wirtel *(Diplostemonie)*, seltener auch nur 1 Wirtel *(Haplostemonie)* an Staubblättern. Neben diesem allg. zu beobachtenden Reduktionstrend zeigen einige Pflanzengruppen eine Vermehrung der Staubblattanzahl *(sekundäre Polyandrie)*. Dabei werden aber die Staubblattanlagen nicht wieder zahlreicher am Vegetationspunkt angelegt, sondern die größere Zahl wird durch meristemat. Vergrößerung u. anschließende Aufspaltung der Staubblattanlagen erreicht, so daß anstelle v. einem Staubblatt nun eine Gruppe v. Staubblättern entsteht *(Dédoublement)*. Ein *Staubblatt (Stamen)* besteht im typ. Fall aus einem *Staubfaden*

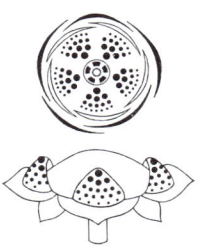

Dédoublement
Sekundäre Vermehrung der Staubblätter zu Staubblattbündeln aus wenigen (5) Anlagen durch mehrfache Spaltung *(Dédoublement)*. Beispiel: Johanniskraut *(Hypericum)*. Verlauf der Vermehrung von innen nach außen *(zentrifugales Dédoublement)*. Diese sekundäre Polyandrie (Besitz von zahlreichen Staubblättern) ist von der primären Polyandrie, z. B. der Magnolien, klar zu trennen.

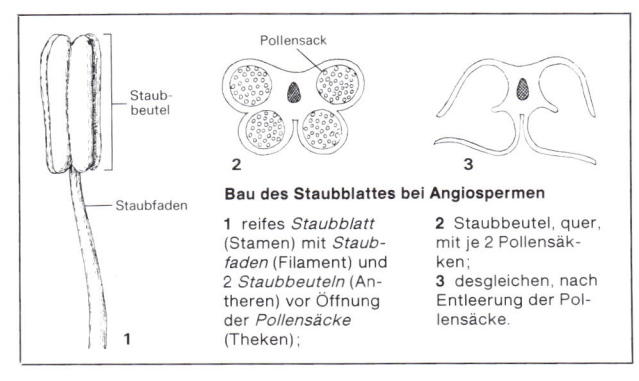

Bau des Staubblattes bei Angiospermen

1 reifes *Staubblatt (Stamen)* mit *Staubfaden* (Filament) und 2 *Staubbeuteln* (Antheren) vor Öffnung der *Pollensäcke* (Theken);
2 Staubbeutel, quer, mit je 2 Pollensäcken;
3 desgleichen, nach Entleerung der Pollensäcke.

BLÜTE

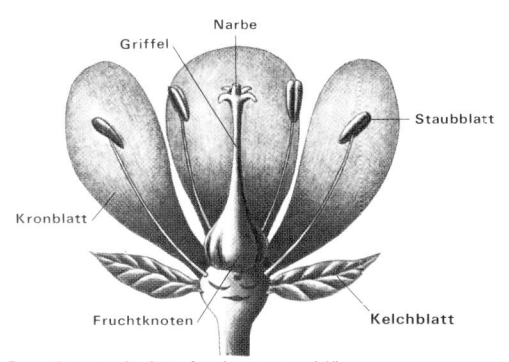

Bau einer typischen Angiospermenblüte
Die typische Angiospermenblüte baut sich aus 4 verschiedenen Elementen auf. Die Blütenhülle *(Perianth)* besteht aus dem Kelch *(Calyx)* mit den Kelchblättern *(Sepalen)* und der Krone *(Corolla)* mit den Kron- oder Blütenblättern *(Petalen)*. Danach folgen die der Reproduktion dienenden Organe: die Staubblätter *(Stamina)*, insgesamt als *Andrözeum* bezeichnet, und die Fruchtblätter *(Karpelle)*, das *Gynözeum*. Im typischen Fall sind die Fruchtblätter zum Stempel *(Pistill)* mit Narbe *(Stigma)*, Griffel *(Stylus)* und Fruchtknoten *(Ovar)* verwachsen.

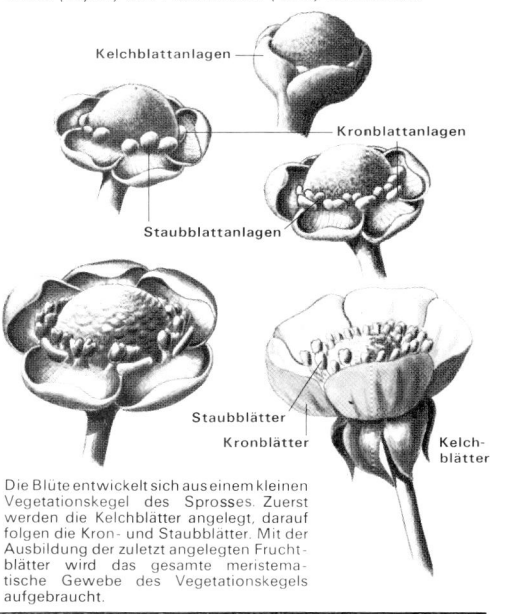

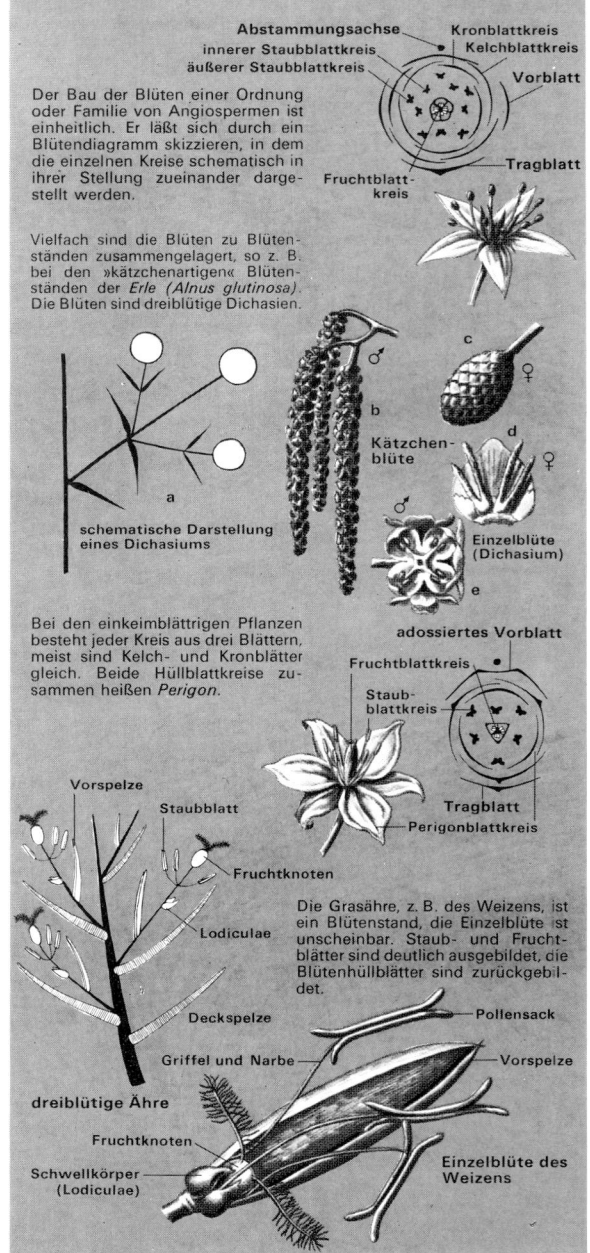

Die Blüte entwickelt sich aus einem kleinen Vegetationskegel des Sprosses. Zuerst werden die Kelchblätter angelegt, darauf folgen die Kron- und Staubblätter. Mit der Ausbildung der zuletzt angelegten Fruchtblätter wird das gesamte meristematische Gewebe des Vegetationskegels aufgebraucht.

Der Bau der Blüten einer Ordnung oder Familie von Angiospermen ist einheitlich. Er läßt sich durch ein Blütendiagramm skizzieren, in dem die einzelnen Kreise schematisch in ihrer Stellung zueinander dargestellt werden.

Vielfach sind die Blüten zu Blütenständen zusammengelagert, so z. B. bei den »kätzchenartigen« Blütenständen der *Erle (Alnus glutinosa)*. Die Blüten sind dreiblütige Dichasien.

Bei den einkeimblättrigen Pflanzen besteht jeder Kreis aus drei Blättern, meist sind Kelch- und Kronblätter gleich. Beide Hüllblattkreise zusammen heißen *Perigon*.

Die Grasähre, z. B. des Weizens, ist ein Blütenstand, die Einzelblüte ist unscheinbar. Staub- und Fruchtblätter sind deutlich ausgebildet, die Blütenhüllblätter sind zurückgebildet.

(Filament) u. dem *Staubbeutel (Anthere)*, der sich wiederum in 2 *Theken* mit je 2 *Pollensäcken* und das *Konnektiv*, ein steriles, mit dem Staubfaden verbundenes Mittelstück, gliedert. Jeder Pollensack besitzt in seinem Innern ein pollenbildendes Gewebe, das *Archespor*. Es ist v. 4 Gewebsschichten umgeben. Um das Archespor liegt das *Tapetum,* das zur Ernährung der Pollenkörner dient u. teilweise an der Ausbildung des Exospors beteiligt ist. Es folgen 1 bis mehrere Zwischenschichten, dann eine Faserschicht, deren Zellen in ihren Zellwänden Verdickungsleisten in spezif. Anordnung haben. Dadurch können sie über den ↗ Kohäsionsmechanismus die Pollensäcke an den vorgebildeten Öffnungsstellen aufreißen. Außen schützt eine Epidermis den Gewebskomplex. Die aus dem Archespor gebildeten *Pollenmutterzellen (Mikrosporenmutterzellen)* teilen sich meiotisch in 4 *Pollenkörner (Mikrosporen)*. Deren Wandung besteht in der Reife aus einer zarten *Intine*, die auch zur Pollenschlauchwandung auswächst, u. der sehr widerstandsfähigen äußeren *Exine*, die in ihrem komplexen Feinbau für die Systematik sehr bedeutend ist. – Die Staub-

Blüte

blätter sind häufiger im Filamentbereich untereinander verwachsen, bei sympetalen B.n gelegentl. sogar mit der Krone. Öfters sind Staubblätter zu sterilen *Staminodien* reduziert, die wiederum ganz ausfallen können od. aber durch Funktionswechsel zu Nektarien umgebildet werden od. sogar in kronblattart. Ausgestaltung der opt. Anlockung dienen.

Fruchtblätter: Die *Fruchtblätter (Karpelle)* entsprechen den *Megasporophyllen* u. werden in ihrer Gesamtheit innerhalb einer B. als *Gynözeum* bezeichnet. Eine große Anzahl u. eine schraub. Anordnung sind auch bei ihnen ursprüngliche Merkmale. Wie bei den Staubblättern kommt es auch bei ihnen zur Oligomerisation und wirtel. Anordnung. Die Verminderung der Anzahl kann bis zu einem einzigen einsam. Fruchtblatt pro B. gehen. Die Verwachsung der ursprünglich freien Fruchtblätter zu einem einheitl. *Stempel (Pistill)* ist eine weitere Entwicklungstendenz. Man unterscheidet daher ein *chorikarpes* Gynözeum, das aus freien Fruchtblättern besteht, v. einem *coenokarpen* Gynözeum mit verwachsenen Fruchtblättern. Darüber hinaus können chori- u. coenokarpe Gynözeen mit der becherförm. B.nachse verwachsen sein. Die Fruchtblätter bilden bei den Angiospermen immer ein die Samenanlagen einschließendes Gehäuse, indem ihre Ränder ventralwärts eingekrümmt sind u. miteinander verwachsen. Bei einigen coenokarpen Fruchtknoten sind die einzelnen Fruchtblätter auch direkt mit ihren Rändern untereinander verwachsen. I. d. R. gliedert sich das freie Fruchtblatt in 2 Abschnitte, in den *Fruchtknoten (Ovar)* u. in den stielart. *Griffel (Stylus)* mit der *Narbe (Stigma).* Im Innenraum des Fruchtknotens, dem basalen Abschnitt, entstehen an *Placenten* die *Samenanlagen.* Der stielart. Griffelabschnitt bleibt steril u. trägt als Empfangsstelle für Pollenkörner eine meist papillöse od. drüsig klebrige Narbe. In seinem lockeren Innengewebe ernährt er die wachsenden Pollenschläuche. Der aus mehreren miteinander verwachsenen Fruchtblättern bestehende *Stempel (Pistill)* gliedert sich ebenfalls in einen fertilen Basalabschnitt, den Fruchtknoten, u. je nach Verwachsungsgrad in 1 bis mehrere Griffel mit Narben. Die Art der Verwachsung der Fruchtblätter u. die Stellung der Placenten mit den Samenanlagen sind recht verschieden (vgl. Abb.). Für die Systematik sind diese Merkmale sehr bedeutend. – Die Samenanlagen sitzen mit einem kleinen Stiel, dem *Funiculus,* auf der Placenta. Über ein Leitbündel im Funiculus werden sie mit Nährstoffen versorgt. Im Längsschnitt (B Bedecktsamer I) beobachtet man bei ihnen einen festen Gewebekern, den *Nucellus,* der von 2 (selten 1) *Integumenten* eingeschlossen ist. Am Grund der Samenanlage, v. dem Nucellus u. Integumente entspringen, wird *Chalaza* genannt. Die Integumente sind auf der v. der Chalaza abgewandten Seite v. einer kleinen Öffnung unterbrochen, der *Mikropyle.* Durch diese Mikropyle dringt der Pollenschlauch zum Eiapparat vor. Je nach Stellung am Funiculus unterscheidet man *aufrechte (atrope), umgewendete (anatrope)* u. *querliegend-gekrümmte (campylotrope)* Samenanlagen. – Im Nucellus entwickelt sich aus dem stark reduzierten *Archespor* die *Embryosackmutterzelle (Megasporenmutterzelle).* Der Nucellus entspricht also dem *Megasporangium.* Nach der Meiose entstehen 4 *Embryosackzellen (Mega-* od. *Makrosporen),* von denen 3 zugrunde gehen. Der Kern der 4. Embryosackzelle teilt sich 3mal hintereinander mitotisch. Von den so entstandenen 8 Kernen wandern je 3 zu den schmalen Enden des vergrößerten Embryosacks u. umgeben sich dort mit Plasma u. Membranen. Die 3 Zellen gegenüber der Mikropyle bilden zusätzl. eine feste Zellwand aus. Man bezeichnet sie als *Antipoden.* Die 3 der Mikropyle genäherten Zellen bilden den *Eiapparat.* Von ihnen wird die größte u. tiefer in den Embryosack hineinreichende zur *Eizelle,* die beiden anderen zu *Synergiden* (Hilfszellen, ☐ Befruchtung). Die bei-

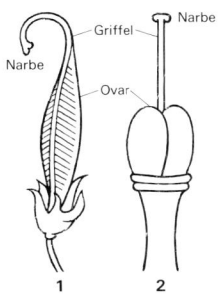

Fruchtblatt, Fruchtknoten und Stempel

1 *Fruchtblatt (Karpell):* mit fertilem Hauptabschnitt im unteren Bereich (Fruchtknoten, Ovar), mit stielartigem Endabschnitt (Griffel, Stylus) und Narbe (Stigma). Beispiel: Blasenstrauch (Colutea).

2 *Stempel (Pistill):* aus verwachsenen Fruchtblättern bestehendes Gynözeum mit dem die Samenanlagen enthaltenden basalen Teil (Fruchtknoten, Ovar), dem Griffel und der (den) Narbe(n). Beispiel: Tabak (Nicotiana).

Formen des Gynözeums und Stellung der Samenanlagen bei den Angiospermen (Querschnitte durch den Fruchtknotenbereich)

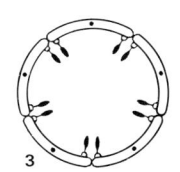

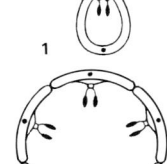

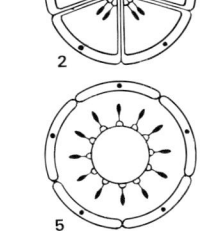

1. Bezugssystem: Gynözeum nach dem Verwachsungstyp der Fruchtblätter.
a. Gynözeum *chorikarp (apokarp)*, mit freien Fruchtblättern (1).
b. Gynözeum *coenokarp (synkarp i. w. S.)*, mit verwachsenen Fruchtblättern (2, 3, 4, 5).
aa. Gynözeum *synkarp i. e. S. (eusynkarp)*, Fruchtknoten durch echte Scheidewände gegliedert (2).
bb. Gynözeum *parakarp*, Fruchtknoten nicht oder allenfalls durch nachträgliche („falsche") Scheidewände gegliedert (3, 4, 5).

2. Bezugssystem: Lage der Samenanlage am einzelnen Fruchtblatt.
a. Samenanlagen randständig *(marginal)* (1, 2, 3).
b. Samenanlagen flächenständig *(laminal)* (4).

3. Bezugssystem: Lage der Samenanlage im gesamten coenokarpen Fruchtknoten.
a. Samenanlagen mittelständig *(zentral),* entweder zentralwinkelständig (mit Scheidewänden) (2) oder zentral (ohne Scheidewände) (5).
b. Samenanlagen wandständig *(parietal)* (3, 4).

Blüte

Samenanlage der Angiospermen

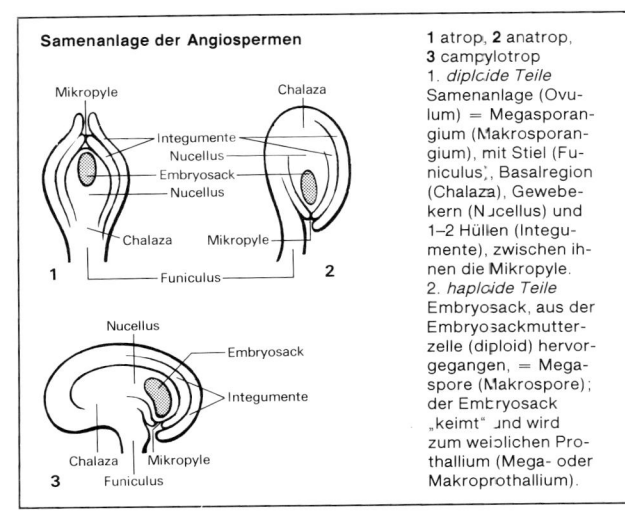

1 atrop, **2** anatrop, **3** campylotrop
1. *diploide Teile* Samenanlage (Ovulum) = Megasporangium (Makrosporangium), mit Stiel (Funiculus), Basalregion (Chalaza), Gewebekern (Nucellus) und 1–2 Hüllen (Integumente), zwischen ihnen die Mikropyle.
2. *haploide Teile* Embryosack, aus der Embryosackmutterzelle (diploid) hervorgegangen, = Megaspore (Makrospore); der Embryosack „keimt" und wird zum weiblichen Prothallium (Mega- oder Makroprothallium).

den restl. Kerne grenzen sich nicht ab, verschmelzen aber zum sog. *sekundären Embryosackkern*. Der ♀ Gametophyt, der reife Embryosack, ist also siebenzellig mit einer diploiden Zelle (↗ Bedecktsamer, ↗ Generationswechsel). Nach erfolgter Befruchtung geht die B. zur Samenreife über; sie wird zur ↗ *Frucht*.

B.ntypen: Bes. im Zshg. mit der sekundären Windblütigkeit werden die „Zwitter-B.n" od. *vollständigen (monoklinen)* B.n zu „eingeschlechtigen" od. *unvollständigen (diklinen)* B.n abgewandelt. Die B. sind dann nur staubblatttragend *(staminat)* od. nur fruchtblatttragend *(karpellat)* bzw. stempeltragend *(pistillat)*. Je nach Vorkommen beider B.ntypen auf einem Individuum od. getrennt auf verschiedenen Individuen einer Pflanzenart bezeichnet man die Pflanzenart als *monözisch (einhäusig)* bzw. *diözisch (zweihäusig)* (vgl. Abb.).

Gymnospermen-B.: Bei den ↗ Nacktsamern (Gymnospermen) gibt es keinen klar erkennbaren Grundtyp der B. wie bei den Angiospermen. Neuere Fossilfunde u. ihre vergleichenden Untersuchungen haben gezeigt, daß die Gymnospermen zwei phylogenet. nicht sehr verwandte Gruppen darstellen, die sich schon seit dem Karbon od. sogar seit dem Oberdevon unabhängig voneinander entwickelt haben: die *Cycadophytina* mit den Palmfarnen u. verwandten Klassen, aus denen sich auch die Angiospermen entwickelt haben, und die *Coniferophytina* mit den Nadelhölzern u. verwandten Gruppen. Aus diesem Grund, u. weil sich innerhalb der Stammesgeschichte der Gymnospermen die B. entwickelt hat, sollen hier nur die B. der Nadelhölzer u. hierbei wiederum bes. die B.n der Kiefer beschrieben werden (B Nacktsamer). Für (fast) alle Gymnospermen gilt aber, daß die B.n „getrenntgeschlechtlich" sind u. die Samenanlagen vom Megasporophyll nicht eingeschlossen werden, sondern zur B.zeit offen liegen, so daß der vom Wind übertragene Pollen direkt zu ihnen gelangen kann („Nacktsamer"). Die „getrenntgeschlechtl.", monoklinen B.n können ein- od. zweihäusig verteilt sein. – Die staminaten B.n der Nadelhölzer sind *Zapfen-B.n,* d.h., die Staubblätter stehen an ihren B.nachsen in dichten Spiralen zusammen. Das Staubblatt selber ist dorsiventral gebaut, da die beiden Pollensäcke sich auf der Blattunterseite befinden. Die staminaten B.n besitzen auch sterile Hüll- od. Schuppenblätter. Sie können einzeln od. in lockeren Verbänden zusammenstehen. Die karpellaten B.n stehen im Zapfen zus. und sind mit den *Samenschuppen* der Coniferenzapfen identisch (B Nadelhölzer). Diese Tatsache wurde erst durch die vergleichenden Untersuchungen an den nur fossil bekannten *Voltziales* belegt. Danach ist die Samenschuppe der Nadelhölzer durch Verwachsung sowohl steriler als auch fertiler Schuppenblätter entstanden u. entspricht damit einer B. Der Samenzapfen ist demnach ein mehr od. weniger reichblüt.

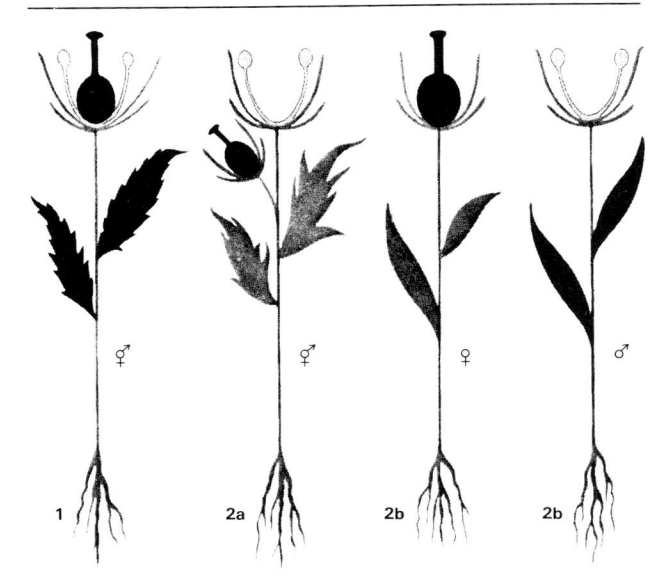

Blütentypen

1 *„Zwitterblüten"*, vollständige *(monokline)* Blüten (Staubblatt-Fruchtblatt-Blüten, staminokarpellate Blüten, Staubblatt-Stempel-Blüten, staminopistillate Blüten): Blüten mit Staubblättern (Andrözeum) *und* Fruchtblättern (Gynözeum).
2 *„eingeschlechtige" Blüten*, unvollständige *(dikline)* Blüten, entweder nur mit Staubblättern (Andrözeum): staminate Blüten, oder nur mit Fruchtblättern bzw. Stempel: karpellate oder pistillate Blüten; dabei beide Blütentypen auf einer Pflanze: einhäusig *(monözisch)* **(2a),** oder getrennt auf verschiedenen Pflanzen: zweihäusig *(diözisch)* **(2b).**

B.nstand, der in schraub. Anordnung Tragblätter (Deckschuppen) u. in deren Achseln die Samenschuppen als reduzierte B.n trägt. Zur B.zeit liegen die Samenanlagen offen an der Basis der Samenschuppen. Die Mikropyle scheidet einen Flüssigkeitstropfen zum Einfangen der Pollenkörner aus. Innerhalb der Samenanlagen entwickelt sich aus der Embryosackzelle ein vielzell. Embryosack (Megagametophyt) mit mehreren reduzierten, aber noch erkennbaren Archegonien. Im Stadium der Samenreifung wird aus dem Samenzapfen ein „Fruchtzapfen", d. h., die Samenschuppe u. der ganze Zapfen erfahren sehr ähnl. Veränderungen, wie sie bei der Fruchtbildung der Angiospermen zu beobachten sind, doch bildet sich keine echte Frucht. Zur Samenreife aber weichen die bis dahin eng aneinanderliegenden u. verklebten „Fruchtschuppen" durch Streckung der Zapfenachse auseinander u. entlassen den Samen.
B.n der Bärlappe und Schachtelhalme: Schon bei den Bärlappen u. Schachtelhalmen beobachtet man primitive B.n. Es handelt sich in der Mehrzahl um Sporophyllstände, die zur B.zeit Isosporen entlassen, welche zu freilebenden, unauffälligen u. thallös organisierten Gametophyten auswachsen. Diese Gametophyten bilden in Geschlechtsorganen (Antheridien u. Archegonien) die Sperma- u. Eizellen. Nur bei einigen rezenten Vertretern der Bärlappe gibt es „Zwitter-B.n", d. h. Mikro- u. Megasporophylle stehen in einer Zapfen-B. beisammen. Doch entlassen auch sie die Megasporen zur B.zeit. Bei fossilen karbon. Bärlappen hatte sich diese B.nentwicklung bis zu einer der Samenbildung der Spermatophyten analogen „Samenbildung" fortgesetzt. Mit der Entlassung der Sporen haben die primitiven B.n der Bärlappe u. Schachtelhalme ihre Aufgabe erfüllt. Es gibt kein Analogon zur Fruchtbildung. B 68.

Lit.: *Weberling, F.:* Morphologie der Blüte und der Blütenstände. Stuttgart 1981.   *H. L.*

Blutegel, die ↗Hirudinea.
Bluteiweißstoffe, die ↗Blutproteine.
bluten 1) in der Bot. die nach einer Verletzung des Xylems bei vielen Pflanzen erfolgende Saftabscheidung, verursacht vornehml. durch den Wurzeldruck. Der *Blutungssaft* enthält i. d. R. Mineralsalze, im Frühjahr aber auch Zucker u. Proteine. Seine Menge kann beträchtl. sein, z. B. bei Birken in 24 Std. 5 Liter. **2)** in der Zool. Verlust v. Blutflüssigkeit aus dem Blutgefäßsystem nach einer Läsion od. bei Tieren mit offenem Blutkreislauf aus dem Organismus. ↗Blutgerinnung.
Blütenachse, der Sproßachsenabschnitt, der die v. den Laubblättern abweichenden Blattorgane der Blüte trägt. ↗Blüte.
Blütenbestäubung, die ↗Bestäubung.
Blütenbesuch, Besuch einer Blüte durch ein Tier (in Mitteleuropa Insekt); dient fast immer der Verköstigung des Tieres; beim B. erfolgt häufig die ↗Bestäubung der Blüte.
Blütenbildung, bei blütenbildenden Pflanzen der Übergang v. der vegetativen zur reproduktiven Phase; hierbei werden anstelle vegetativer Blätter Mikro- (bzw. Staubblätter) u. Megasporophylle (bzw. Fruchtblätter) u. bei den Samenpflanzen die blattanalogen Kelch- u. Kronblätter gebildet. Die Umsteuerung erfolgt vermutlich durch Aktivierung spezif. Gene *(Blühgene),* die die Synthese eines noch nicht analysierten ↗ *Blühhormons* (Florigen) bewirken. Sie geschieht entweder autonom bei Erreichen einer bestimmten Entwicklungsphase der Pflanze *(Blühreife)* od. kann auch durch die Tageslichtlänge induziert werden (↗ *Photoperiodismus).* Die *Kurztagpflanzen* (KTP) blühen nur, wenn eine krit. Tageslänge unterschritten wird (ca. 15–16 Std. Dunkelheit pro Tag); die *Langtagpflanzen* (LTP) blühen nur nach Überschreiten einer krit. Tageslänge (ca. 12 Std. oder mehr Licht pro Tag). KTP sind

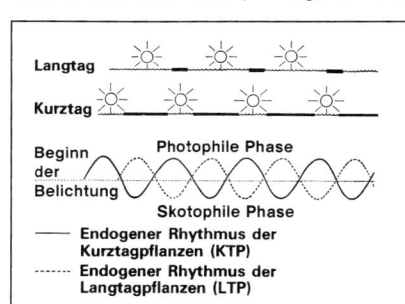

Bärlapp

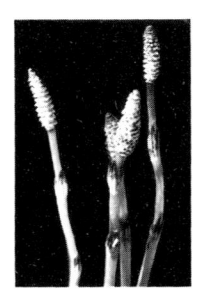

Schachtelhalm
Blüten der Bärlappe und Schachtelhalme

Blütenbildung

Hypothese zur Deutung des Verhaltens von *Kurztagpflanzen* (KTP) u. *Langtagpflanzen* (LTP) auf der Grundlage eines endogenen Rhythmus. KTP wie LTP durchlaufen einen endogenen Rhythmus, in dem sich jeweils eine photophile (lichtliebende) und eine skotophile (dunkelheitsliebende) Phase abwechseln. Die Länge dieser Phasen ist bei KTP und LTP gleich. Aber die KTP gehen bei Lichtbeginn *unmittelbar* in die photophile Phase über. Nur bei Kurztag fällt dann die Dunkelheit mit ihrer skotophilen Phase zusammen, in der für die Blühinduktion entscheidende Reaktionen stattfinden. Die LTP gehen zwar auch zuerst in ihre photophile Phase über, aber erst einige Zeit nach Belichtungsbeginn, also *mit Verzögerung.* Nur bei Langtagverhältnissen fällt dann die Dunkelheit mit ihrer skotophilen Phase zusammen, in der wie bei den KTP für die Blühinduktion ausschlaggebende Prozesse ablaufen.

Blütenbiologie

Blütenbildung von Lang- (a) und Kurztagpflanzen (c) bei unterschiedlicher Beleuchtung, bei d kurzes »Störlicht« in der »Nacht«, bei b kurze Dunkelphasen am »Tage«.

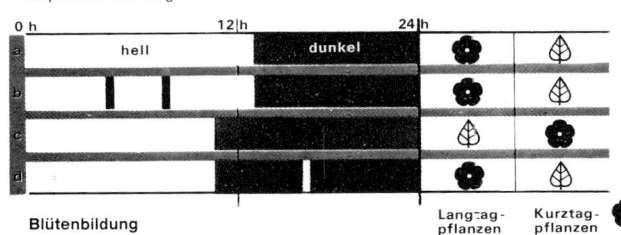

Nicotiana tabacum

fehlende Blütenbildung bei Langtag

Blütenbildung bei Kurztag

Langtagpflanzen Kurztagpflanzen Blütenbildung keine Blütenbildung

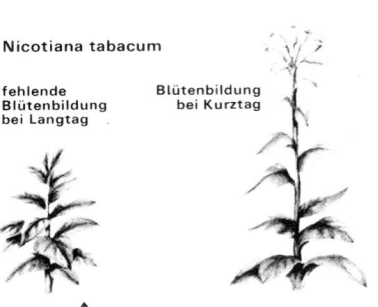

u. a. Bohne, Paprika, Reis, Hanf, Dahlien; LTP u. a. Roggen, Weizen, Gerste, Flachs, Senf, Salat. Daneben gibt es noch die *tagesneutralen Pflanzen,* bei denen die Tageslichtperiode keine Wirkung auf die Blütenbildung hat, z. B. bei Tomate, Hirtentäschel, Sonnenblume. [gie.

Blütenbiologie, die ↗Bestäubungsökolo-
Blütenblätter, Blütenkronblätter, ↗Blüte.
Blütenböcke, verschiedene Bockkäfer-Gatt. der U.-Fam. *Lepturinae;* die meisten Vertreter sind Pollenfresser u. finden sich daher auf Blüten (oft auf den Schirmblüten der Doldenblütler). Hierher gehören die Halsböcke der Gatt. *Leptura* od. die Schmalböcke der Gatt. *Strangalia,* die mit vielen Arten auch in Mitteleuropa weit verbreitet sind. Häufig sind: *Leptura rubra,* ♂ Halsdecken schwarz, Flügeldecken gelbbraun, ♀ Halsschild u. Flügeldecken rötlich, Larve in verrottenden Nadelholzstubben. *Strangalia maculata* u. die ähnliche *S. 4-fasciata* ([B] Insekten III), Halsschild schwarz, Flügeldecken gelb mit schwarzen Flecken, Larve in toten Laubhölzern. Der Vierfleckbock *(Pachyta 4-maculata)* lebt im Gebirge, Halsschild schwarz, Flügeldecken gelb mit 4 großen schwarzen Malen, Larve in den Wurzeln von Nadelhölzern. Zangenböcke der Gatt. *Rhagium,* mehrere Arten, Larven unter der Rinde abgestorbener Laubhölzer *(R. mordax, R. sycophanta)* od. Nadelhölzer *(R. inquisitor, R. bifasciatum);* regelmäßiger Blütenbesucher ist vor

Blütenböcke

Einige Gattungen und Arten:
Halsböcke (*Leptura*-Arten)
Kugelhalsbock (*Acmaeops collaris*)
Kurzdeckenbock (*Molorchus,* ↗Bockkäfer)
Purpurbock (↗Bockkäfer)
Schmalböcke (*Strangalia*-Arten) ↗Wespenböcke
Vierfleckbock *(Pachyta 4-maculata)*
Zangenböcke *(Rhagium)*

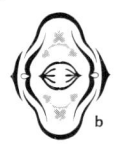

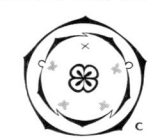

Blütendiagramm

a Tulpe, radiär;
b Flammendes Herz, bilateral; c Taubnessel, dorsiventral.
(a und b empirische Diagramme, c theoretisches Diagramm)

allem *R. mordax.* Der ca. 5 mm große Kugelhalsbock *(Acmaeops collaris),* blauschwarz mit rotem Halsschild, lebt als Larve unter der Rinde v. Obstbäumen.
Blütenboden, die gestauchte Blütenachse, so daß die Blütenorgane wirtelig einem Wulst od. mehr od. weniger flacheren Boden aufsitzen. ↗Blüte.
Blütendiagramm, schematisierter Grundriß der Blüten. Man trägt dazu die Symbole für die Blütenteile bei einer wirtel. Anordnung entspr. ihrer Lage zueinander auf eine Folge konzentr. Kreise auf, die die einzelnen Knoten der Blütenachse symbolisieren. Bei schraub. Anordnung verwendet man als Grundlinie eine Spirale. Kreise u. Spiralen werden aber meist nicht mitgedruckt. Man unterscheidet noch empirische B.e, die nur die tatsächl. Gegebenheiten widerspiegeln, u. theoretische B.e, die

zu den Gegebenheiten auch bestimmte Deutungen (z. B. ausgefallene Staubblätter) enthalten (vgl. Abb.). Sitzen die darzustellenden Blüten an einer Hauptachse an, so werden das betreffende Tragblatt u. die ↗Abstammungsachse in das B. aufgenommen (☐ Achselknospe). ↗Blütenformel.
Blütenduft, charakterist. Duft einer Blüten-

Blütenduft

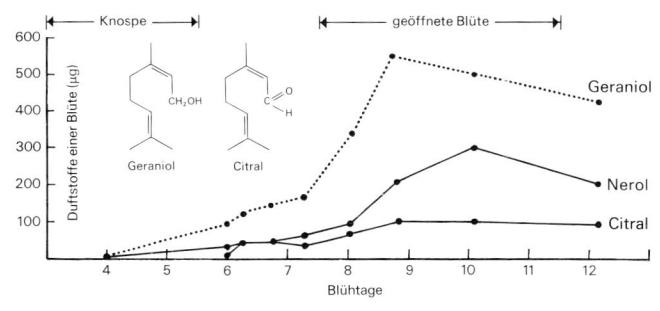

Duftstoffe und Blühtage
Mit dem Aufblühen der Blüte beginnt auch die Produktion der *Duftstoffe,* hier dargestellt von den wichtigsten Duftstoffen der Rose: *Geraniol, Nerol* und *Citral.*
Der Duft ist im Nahbereich für den Bestäuber, z. B. die Honigbiene, ein viel genaueres Signal als die Farbe (Fernorientierung). Die Menge der in Blütenblättern erzeugten Duftstoffe ist sehr gering, in den Blütenblättern einer Rosenblüte z. B. 10^{-3} g = 0,001 g = 1000 μg (Mikrogramm). Die Zahl der Duftstoffmoleküle beträgt jedoch ca. $4 \cdot 10^{20}$! Die *Riechschwelle* einer Biene für Duftstoffe liegt bei $4 \cdot 10^9$ Molekülen pro Kubikzentimeter Luft. Den Duft einer Rosenblüte kann man also in 10 000 m³ Luft verteilen, die Biene riecht ihn trotzdem noch.

art. Er wird durch die *B.stoffe* verursacht, i. d. R. flüchtige äther. Öle in den Zellen vieler Blütenblätter, die durch die Epidermisaußenwand od. durch die Spaltöffnungen ausgeschieden werden u. dann verdunsten. Aber auch andere Blütenorgane scheiden B.stoffe aus, so u. a. Nektarien, der Pollen selbst u. Drüsen im Blütenbereich. Art u. Gemisch dieser Duftstoffe machen den charakterist. B. aus, der für die bestäubenden Insekten im Nahbereich ein sehr genaues Erkennungszeichen ist. Eine Reihe v. Blüten wird wegen dieser Duftstoffe wirtschaftl. genutzt u. dient zur Gewinnung v. Parfümen, z. B. Jasmin, Rosen od. Lavendel.

Blütenfarbstoffe, die ↗Anthocyane u. ↗Flavone.

Blütenfäule ↗Spitzendürre der Kirschen.

Blütenformel, beschreibt den Aufbau der Blüte u. ist meist ein charakterist. Merkmal der Familie. Dabei werden folgende Abk. verwendet:
P *Perigon* (Gesamtheit der Blütenhüllblätter, wenn keine Differenzierung in Kelch u. Krone vorhanden ist), K *Kelch*, C *Corolle* (Blütenkrone), A *Andrözeum* (Gesamtheit der Staubblätter), G *Gynözeum* (Gesamtheit der Fruchtblätter), St *Staminodium* (unfruchtbares Staubblatt), () Klammern bedeuten Verwachsungen, ∞ unbestimmte Anzahl (viele) Blütenteile, ⁰ hochgestellte Null: ausgefallene Blütenteile.
Beim Gynözeum bedeutet G($\underline{5}$) oberständiger, G($\overline{5}$) unterständiger und G($\overline{\underline{5}}$) mittelständiger Fruchtknoten mit je 5 verwachsenen Fruchtblättern. Der Strich symbolisiert dabei den Blütenboden.
Die *Symmetrie* der Blüte kann durch vorangestellte Zeichen angedeutet werden:
* *radiär*, + *disymmetrisch*, ↓ (oder ↙, ←) *zygomorph*, ⚡ *asymmetrisch*.
Die Anzahl der Blütenteile wird in Wirteln (Blütenkreisen) angegeben. Beispiel Tulpe *(Tulipa):* *P3+3 A3+3 G($\underline{3}$). Dies ist eine radiäre Blüte mit 6 Perigonblättern in 2 Kreisen (P3+3) und 6 Staubblättern in 2 Kreisen (A3+3). Sie hat einen oberständigen, aus 3 Fruchtblättern verwachsenen Fruchtknoten (G($\underline{3}$)). Beispiel Taubnessel *(Lamium):* ↓K(5) [C(5) A4] G($\underline{2}$). Es handelt sich also um eine zygomorphe Blüte mit 5 verwachsenen Kelchblättern, 5 verwachsenen Kronblättern, 4 Staubblättern u. einem oberständigen, aus 2 Fruchtblättern verwachsenen Fruchtknoten. Die eckige Klammer bedeutet, daß auch Kron- u. Staubblätter verwachsen sind.

Blütengrillen, *Oecanthidae,* Fam. der Heuschrecken; nur eine Art, das Weinhähnchen *(Oecanthus pellucens)* im Mittelmeerraum, kommt bei uns in den warmen Weinbaugebieten in S-Dtl. vor. Das Weinhähnchen ist strohgelb und ca. 15 mm groß, die Flügel überragen den Hinterleib etwas. Es hält sich gerne auf Blüten auf, v. deren Blättern es sich ernährt. Die Männchen lassen v. der Dämmerung bis Mitternacht ihren Werbegesang ertönen. Das Weibchen legt die Eier in Pflanzenstengel, wo sie überwintern.

Blütenhülle ↗Blüte.

Blütenkalender, Zusammenstellung der jahreszeitl. aufeinanderfolgenden Blütezeiten verschiedener Pflanzenarten.

Blütenköpfchen, *Köpfchen,* ↗Blütenstand.

Blütenkörbchen, *Körbchen,* ↗Blütenstand.

Blütenkrug, *Blütenbecher,* ↗Blüte.

blütenlose Pflanzen, die ↗Kryptogamen.

Blütenmale, 1) andersfarbige, optisch auffallende Regionen einer Blüte, die als Punkt-, Flächen- od. Strichmale auftreten. Sie sind für das menschl. Auge häufig sehr auffallend (kontrastierende Farben, Intensivierung der Blütengrundfarbe). Viele Blüten besitzen jedoch Male, die nur für das UV-empfindliche Auge der Insekten, bes. Bienen (↗Bienenfarben) und Hummeln, sichtbar sind. B. dienen den Bestäubern als Nahorientierung, als „Wegweiser" zur Nahrung *(Saftmale, Pollenmale).* Sie wurden zuerst von Ch. K. Sprengel (1793) erkannt (Saftmaltheorie) u. seither vielfach bestätigt. ▣ Farbensehen. 2) stärker od. anders duftende Regionen einer Blüte *(Duftmale);* solche B. treten sehr häufig auf.

Blütenmine, *Anthonomium,* Fraßgang v. Insektenlarven im Innern v. Blütenorganen. ↗Minen.

Blütennahrung, um Tiere zum wiederholten Besuch v. Blüten anzulocken, bieten die meisten Blüten Nahrung als Gegengabe. Die stammesgeschichtlich urspr. Blüten (u. a. *Magnoliaceae*) boten ihren Besuchern (meist Käfer) Pollen an. Pollen als wertvolle Proteinnahrung wurde sehr früh durch Nektar ersetzt od. ergänzt, der für die Blüte „billiger" herzustellenden Zucker als Lockspeise bietet. Heute unterscheidet man primäre u. sekundäre Pollenblumen u. Nektarblumen. Einige wenige Pflanzen (manche *Commelina*-Arten) bieten ihren Besuchern auch speziellen, (meist) sterilen Pollen zum Fressen, der optisch auffallend dargeboten wird. Der Befruchtungspollen befindet sich in unscheinbaren Staubgefäßen (↗Heteranthie). Gewebe als B. bieten die Blüten von *Calycanthus* (von Käfern bestäubt).

Blütenökologie, die ↗Bestäubungsökologie.

Blütenöle, aus Blüten gewonnene ↗ätherische Öle, z. B. Lavendelöl, Nelkenöl, Orangenblütenöl u. Rosenöl, die aufgrund der

Blütenpflanzen

enthaltenen Duftstoffe vielfach in der Kosmetik Verwendung finden. ↗ Blütenduft.

Blütenpflanzen, *Anthophyta,* fr. häufig verwendete Bez. für die Samenpflanzen *(Spermatophyta);* da einige hochentwickelte Farnpflanzen jedoch ebenfalls Blüten besitzen, sollte der Ausdruck vermieden werden.

Blütenpicker, *Dicaeidae,* Fam. kleiner trop. und subtrop. Singvögel mit 55 Arten in S-Asien, Australien, Neuguinea u. auf den Salomonen; kurzschwänzig, kurzer spitzer Schnabel; ernähren sich v. Nektar (die Zunge ist zu 2 Röhren eingerollt), Insekten u. kleinen Früchten, v.a. Mistelbeeren, zu deren Verbreitung sie dadurch beitragen.

Blütenscheide, *Spatha,* weniger übl. Bez. für das oft gefärbte Hochblatt, das den Blütenstand der Palmen und Aronstabgewächse als Hülle umgibt. ☐ Aronstab.

Blütenspanner, *Eupithecia,* umfangreiche Gatt. der Spanner, kleine Falter, Spannweite um 18 mm, charakterist. Flügelform u. Querbänderung, Larven meist spezialisiert an od. in den Blüten u. Früchten bestimmter Futterpflanzen; Bestimmung der Arten schwierig. Einheimisch ca. 80 Vertreter, z. B. *Eupithecia venosata,* cremefarben grau, schwarz-weiß gebändert, einer der schönsten B. unserer Fauna, Larve in Samenkapseln v. Nelken.

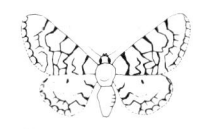

Blütenspinnen, die Krabbenspinnen *Misumena vatia* u. *Thomisus onustus,* die sich an od. in Blüten aufhalten u. dort auf Beute (v. a. blütenbesuchende Insekten) lauern. Sie haben die Fähigkeit, die Körperfarbe innerhalb einiger Tage zu ändern (weiß, gelb), je nach Blüte, auf der sie sitzen. Wahrscheinlich beruht der Vorteil dieser Mimese darin, weder v. der Beute noch v. Freßfeinden gesehen zu werden.

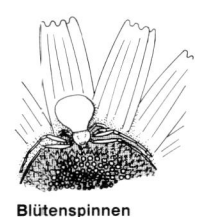

Blütensporn, spornartiges Gebilde im Blütenbereich, an dessen Grund sich Nektar ansammelt. Er kann v. Kelch-, Blüten- od. sterilen Staubblättern (Staminodien), aber auch v. der Blütenachse (↗ Achsensporn) gebildet werden u. ist eine Anpassung an langrüsselige Insekten od. langschnäbelige blütenbesuchende Vögel. [B] Zoogamie.

Blütenstand, *Infloreszenz,* blütentragender, vom rein vegetativen Bereich meist deutl. abgesetzter u. metamorphosierter Teil des Sproßsystems der Samenpflanzen. B.e sind nicht nur bes. anschaul. Beispiele für die verschiedenen Verzweigungsmöglichkeiten der Sproßachse, sondern können auch bes. komplexe Verzweigungssysteme darstellen. Die Tragblätter der blütentragenden Seitenachsen haben nur zum geringen Teil ihren normalen Laubblattcharakter beibehalten (*frondose* Infloreszenzen). Zum weitaus größeren Teil sind sie in ihrer Gestalt vereinfacht (*brakteose* Infloreszenzen) od. sogar völlig reduziert worden (*nackte* Infloreszenzen). Die urspr. Form des B.s dürfte die *Rispe* sein (☐ 76). Sie zeigt eine blütentragende Hauptachse mit untergeordneten Seitenachsen, die ihrerseits wieder untergeordnete Seitenachsen tragen. Letztendlich enden alle Achsen mit einer Blüte. Da die Verzweigung der basalen Seitenachsen im allg. stärker ausgebildet ist als bei den apikalen Seitenachsen, verzweigt sich die Rispe nach oben. Die weitere Entwicklung kann von dieser Blütenstandsform aus durch Verarmung in den Elementen, Förderung od. Stauchung der Achsen unterschiedl. Ord. abgeleitet werden. Eine andere Entwicklungsrichtung führt zu recht komplex zusammengesetzten Infloreszenzen *(Synfloreszenzen).* Hierbei sind die Einzelblüten in der Grundform des B.s durch Infloreszenzen ersetzt *(Partialinfloreszenzen).* Die Beschreibung u. Unterteilung der B.e richten sich zunächst nach dem Verhalten des Vegetationskegels der Hauptachse bzw. dem Verhalten der Scheitelmeristeme der primären Seitenachsen. Enden diese Achsen mit einer Blüte, so spricht man von *geschlossenen* Infloreszenzen. Solche Terminalblüten sind stets daran zu erkennen, daß sie vor den ihnen benachbarten Lateralblüten aufblühen. Stellen die Scheitelmeristeme aber nach geraumer Zeit ihre Tätigkeit ein, ohne sich bei der Bildung einer Blüte aufzubrauchen, so liegen *offene* Infloreszenzen vor. Denn die Scheitelmeristeme bleiben prinzipiell offen, u. in der Tat wachsen gelegentl. solche offenen Achsen vegetativ weiter. *Geschlossene Infloreszenzen:* Die urspr. Form ist, wie bereits erwähnt, die *geschlossene Rispe.* Werden die basal ansetzenden Seitenachsen stärker gefördert (*basitone* Förderung, ☐ Akrotonie), so können die Blüten sich in einer Schirmebene einordnen. Es entsteht die *Schirmrispe* (z. B. Schwarzer Holunder). Bei sehr

Blütenspanner
Eupithecia venosata

Blütenspinnen
Misumena vatia in Lauerstellung

Blütenstände
a Ähre, **b** zusammengesetzte Ähre, **c** Kolber, **d** Körbchen, **e** Köpfchen, **f** geschlossene Rispe, **g** Traube, **h** Dolde, **i** zusammengesetzte Dolde, **k** Dichasium, **l** Monochasium als Wickel

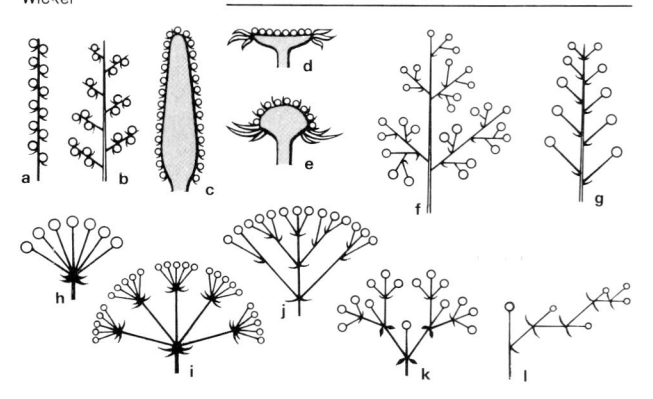

BLÜTENSTÄNDE

1 Rispe: Deutzie (*Deutzia*), **2** Einfache Dolde: Sterndolde (*Astrantia*), **3** Traube: Träubelhyazinthe (*Muscari*), **4** Körbchen: Arnika (*Arnica*), **5** Kätzchen: Hasel (*Corylus*), **6** Kolben: Flamingoblume (*Anthurium*), **7** Ähre: Wegerich (*Plantago*), **8** Pleiochasium: Wolfsmilch (*Euphorbia*), **9** Dichasium: Fingerkraut (*Potentilla*). **10–13** Monochasien **10** Sichel: Binse (*Juncus*); Entwicklung immer nur des rechten oder immer nur des linken Seitenzweiges; alle Verzweigungen zudem in einer Ebene mit der Hauptachse. **11** Fächel: Schwertlilie (*Iris*); Entwicklung abwechselnd des linken und rechten Seitenzweiges; alle Verzweigungen zudem in einer Ebene mit der Hauptachse. **12** Wickel: Büschelschön (*Phacelia*); wie Sichel, Verzweigungen jedoch nicht alle in einer Ebene mit der Hauptachse. **13** Schraubel: Taglilie (*Hemerocallis*); wie Fächel, Verzweigungen jedoch nicht alle in einer Ebene mit der Hauptachse.

Blütenstand

Blütenstand
Ableitung der wichtigsten Blütenstandsformen aus der geschlossenen Rispe
a geschlossene Rispe, b einzelne Terminalblüte, c Thyrsus, d Dichasium (Seitenansicht), e Dichasium (Grundriß), f Schraubel, g Sichel, h Wickel, i Fächel, k offene Rispe, l Traube, m Dolde, n Ähre, o Kolben, p Köpfchen/Körbchen

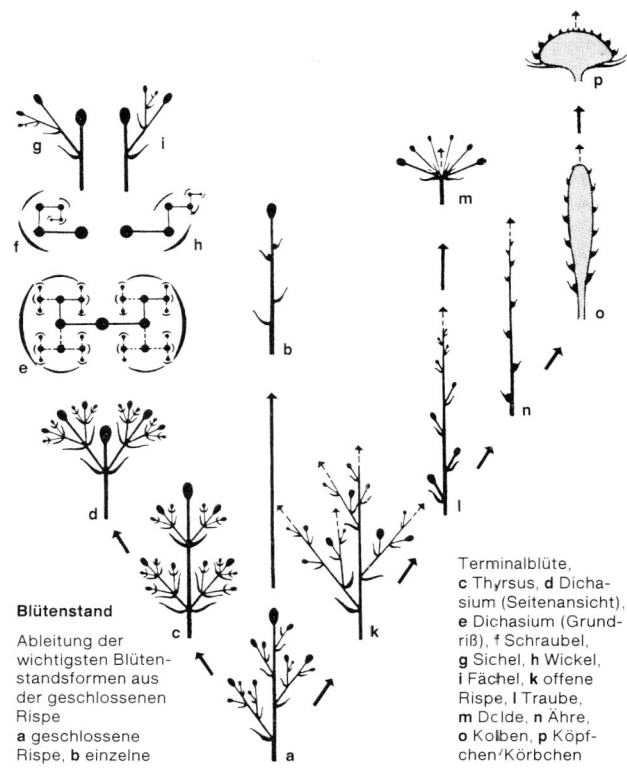

starker basitoner Förderung übergipfeln die Seitenachsen die Terminalblüte der Hauptachse, und es entsteht eine *Spirre* (z. B. Mädesüß). Durch Reduktion können diese reichverzweigten B.e mannigfalt. abgewandelt u. vereinfacht werden. Pflanzenarten mit nur einer Terminalblüte (z. B. Tulpe) können evtl. als Extremfälle einer Reduktion der Rispe aufgefaßt werden. Eine andere Infloreszenzform ist das *Dichasium*. Es entsteht bei dekussierter Blattstellung, wenn die beiden Seitenknospen des die Terminalblüte tragenden obersten Knotens auswachsen. Trägt dagegen nur jeweils eines der dekussiert angeordneten Hochblätter eine Seitenachse so liegt ein *Monochasium* vor. Je nach räuml. Anordnung dieser Seitenachsen lassen sich 4 Formen des Monochasiums unterscheiden: der *Fächel*, die *Sichel*, der *Wickel* u. die *Schraubel* (vgl. Abb.). Trägt die Rispe als Teilinfloreszenzen Dichasien od. Monochasien, so bezeichnet man sie als *Thyrsus*. Durch Stauchung des sympodialen Verzweigungssystems dieses Thyrsus entstehen *Schein-* od. *Trugdolden*. *Offene Infloreszenzen:* Ausgangsform für alle offenen Infloreszenzen ist die *offene Rispe.* Sie läßt sich aus der geschlossenen Rispe ableiten, indem die Scheitelmeristeme der Hauptachse u. der primären Seitenachsen ihr Wachstum vor der Ausbildung v. Termi-

nalblüten einstellen. Vereinfachen sich bei der offenen Rispe die Seitenachsen zu einer mehr od. weniger langgestielten Einzelblüte, so entsteht die *Traube*. Fallen bei der Traube die Blütenstiele weg, so ergibt sich die *Ähre*, die wiederum nach Verdikkung der Achse zum *Kolben* wird. Wenn die Achse des Kolbens stark gestaucht wird, so daß ein Blütenstandsboden entsteht, erhält man ein *Köpfchen,* das bei den Korbblütlern v. einem Hüllkelch aus zahlr. rosettig angeordneten Hochblättern umgeben ist u. in diesem Fall *Körbchen* gen. wird. Wird die Hauptachse der Traube stark gestaucht, so daß alle langgestielten Einzelblüten auf etwa gleicher Höhe ansetzen, ergibt sich die *Dolde*. B 75.

Lit.: Weberling, F.: Morphologie der Blüte und der Blütenstände. Stuttgart 1981. H. L.

Blütenstaub, die Gesamtheit der ↗ Pollen (Mikrosporen) einer ↗ Blüte.

Blütenstecher, *Anthonomus,* ↗ Stecher.

Blütenstetigkeit, die Wiederholung des Besuchs eines Bestäuberindividuums an Blüten derselben Art über eine längere Zeit. B. gewährleistet einen besseren Pollentransport innerhalb einer Pflanzenart u. „ökonomisiert" das Verhalten des nahrungsuchenden Insekts. Honigbienen verhalten sich in hohem Maße blütenstet, andere Blütenbesucher nur teilweise. Grundlage für B. ist das hohe Lernvermögen dieser Insekten für Blütenfarben, -formen u. -düfte u. die dadurch bedingte Entwicklung eines ↗ Suchbildes.

Blütensyndrom *s* [v. gr. syndromos = übereinstimmend], Merkmale einer Blüte, die gemeinsam für eine bestimmte Art der ↗ Bestäubung od. für eine bestimmte Tiergruppe als Bestäuber sprechen. Hohe Pollenproduktion, Pollen ohne Kitt, großflächige freiliegende Narben, Bestäubungstropfen sind z. B. das B. für Windbestäubung (Anemogamie). Große, stabile Blüten, hohe Nektar- u. Pollenproduktion, nächtl. Blühzeit, muffiger Geruch sind Hinweise auf Fledermausblütigkeit (Chiropterogamie).

Blütenvampire, *Phyllomycterinae,* U.-Fam. der ↗ Blattnasen.

Blütenwanzen, Blumenwanzen, *Anthocoridae,* Fam. der Wanzen mit ca. 400 Arten, davon ca. 35 in Mitteleuropa; höchstens 5 mm große, ovale, dunkelgefärbte Insekten mit hervorstehendem Kopf. Die B. ernähren sich i. d. R. räuberisch, manche Arten sind als Blattlausvertilger nützlich. Es gibt auch Arten, die sich v. Pflanzensäften ernähren od. Blut saugen. Häufig sind bei uns Vertreter der Gatt. *Anthocoris.*

Blütenwickler, *Cochylidae,* Kleinschmetterlingsfam., die den ↗ Wicklern nahesteht, neuerdings v. diesen abgetrennt, in Dtl.

Blütenstand

Anthokladium:

Das A. ist ein Beispiel für einen sehr komplexen Blütenstand. Lehrbuchbeispiel für Anthokladien ist die Tollkirsche. Die Hauptachse endet mit einer terminalen Blüte. Darunter setzen akroton stark geförderte Seitentriebe an. Diese enden wiederum in einer terminalen Blüte, doch aus den Achseln der beiden Vorblätter wachsen weitere Seitentriebe, die ihrerseits Vorblätter mit Seitentrieben tragen u. in einer Endblüte enden. Es entstehen sympodiale Seitenachsensysteme (Anthokladien), die abwechselnd Laubblätter u. Endblüten tragen.

etwa 60, paläarktisch 290 Arten, Spannweite um 15 mm, Vorderflügel meist gelblich mit dunkleren Querbinden; die B. bevorzugen Trockengebiete, wenige Arten schädlich, z. B. der Einbindige ↗Traubenwickler. Larven der B. leben v. a. in Blüten u. Samenkapseln v. Compositen u. Umbelliferen, im Ggs. zu den Wicklern seltener an Gehölzen.

Bluter-Gen, an das X-Chromosom gebundene Erbanlage, welche die genet. Information für die Synthese des antihämophilen Faktors VIII bzw. IX trägt (T Blutgerinnung). Frauen, die ein defektes X-Chromosom erben, erkranken nicht an der ↗Bluterkrankheit, da das 2. X-Sex-Chromatin (↗Barr-Körperchen) die genet. Information zur Faktor-VIII-Synthese trägt. Vererbt eine Mutter (Konduktorin) das defekte X-Chromosom einem Sohn (männl. Geschlechtschromosomen XY), manifestiert sich die Bluterkrankheit. Alle Töchter v. Hämophilen („Bluterkranken") erben das B. u. sind so mit 50% Wahrscheinlichkeit die Überträgerinnen.

Bluterkrankheit, *Hämophilie,* Fehlen von Gerinnungsstoffen im Blut, eine rezessiv vererbte, geschlechtsgebundene, fast nur bei Männern auftretende Störung des Blutgerinnungssystems, die durch phänotyp. gesunde Mütter (Konduktorinnen) übertragen wird (↗Bluter-Gen). Unterschieden wird die Hämophilie A und B, die auf einem Mangel an Faktor VIII bzw. IX beruhen (T Blutgerinnung). Ähnliche, jedoch viel seltenere Gerinnungsstörungen sind durch Mangel an Faktor X und XI verursacht. Die B. ist bei allen Rassen nachweisbar, bei der weißen Rasse jedoch vermehrt. Menschen mit B. (Hämophile) zeigen bereits bei geringen Verletzungen unstillbare Blutungen; häufig treten spontan Blutungen unter der Haut, der Muskulatur, dem Magen-Darm-Trakt, Blase od. Niere auf. Ferner kommen Blutungen im Knie- u. Ellenbogengelenk vor, die oft zur Versteifung der Gelenke führen. Die Therapie erfolgt durch Ersatz des fehlenden Faktors od. durch Frischblut bzw. Frischplasma.

Blutersatzflüssigkeit, *Plasmaexpander,* Substanzen, die in wäßriger Lösung bei starken Blutverlusten, Blutdruckabfall, Verbrennungen, Flüssigkeitsmangel u. ä. die Kreislauffunktion aufrecht erhalten, darüber hinaus aber auch vielfältige Anwendungen bei tierphysiolog. Versuchen an Wirbeltieren u. Wirbellosen finden (z. B. in der ↗Perfusion v. Organen). Die B. müssen isoton., isoosmot. u. volleliminierbar sein. Beim Menschen wird häufig das Glucopolysaccharid Dextran, seltener Gelatinelösung verwendet. Anorgan. B. sind z. B. ↗Ringer-Lösung u. physiol. NaCl (0,9%).

Beispiele von Blutersatzflüssigkeiten

Salzlösungen für einige Wirbeltiere und Wirbellose (Werte in g/l)

	Ringer-Lösung	Säuger	Regenwurm	Frosch	Insekten	Süßwasserkrebse* (Astacus, Orconectes)
NaCl	9,0	6,0	6,50	10,93	12,0	
KCl	0,42	0,12	0,14	1,57	0,40	
CaCl$_2$	0,24	0,20	0,12	0,83	1,56	
MgCl$_2$	0,025	—	—	0,17	0,25	
NaHCO$_3$	0,20	0,10	0,20	—	0,20	
(Glucose	0,50	—	—	—	—)	

Glucose wird hinzugefügt, um am isolierten Gewebe die Nährstoffversorgung für eine gewisse Zeit aufrechtzuerhalten.

* Als Harreveld-Lösung bezeichnet.

Substanzen, die auch beim Gastransport mitwirken können, befinden sich z. Z. in der experimentellen Erprobung (Fluorocarbone).

Blutfaktoren, serolog. durch Antikörper nachweisbare erbl. Eigenschaften des Blutes, die ein konstantes Merkmal jedes Individuums sind. ↗Blutgruppen.

Blutfarbstoffe ↗Atmungspigmente.

Blutfink, volkstümliche Bez. für ↗Gimpel.

Blutgase, die im Blut gebundenen od. physikal. gelösten Gase, überwiegend Sauerstoff (O$_2$) u. Kohlendioxid (CO$_2$) *(Atemgase),* in geringem Maße Stickstoff. Pathologische B. sind z. B. Kohlenmonoxid, Cyanid (↗Atemgifte). Durch die Blutgasanalyse mittels polarograph. od. manometr. Verfahren können die Partialdrücke bzw. Konzentrationen der B. bestimmt werden; dies ermöglicht in der Medizin, eine Beeinträchtigung der Sauerstoffversorgung des Organismus, z. B. bei Lungenentzündung, Lungenembolien, Herzinfarkten, frühzeitig zu erkennen. – Für den Transport der im oxidativen Stoffwechsel verbrauchten bzw. produzierten B. O$_2$ und CO$_2$ spielen die ↗Atmungspigmente u. – sofern vorhanden – das Enzym ↗Carboanhydrase die entscheidende Rolle. Am genauesten sind die Verhältnisse bei Säugetieren (speziell beim Menschen) bekannt. Erst in neuerer Zeit werden Bindungsverhältnisse v. O$_2$ an anderen Atmungspigmenten als Hämoglobin vergleichend physiol. untersucht (z. B. Hämocyanin v. Spinnen u. Schnecken). Aus einem O$_2$-Partialdruck v. 130 mbar im maximal beladenen Lungenblut des Menschen läßt sich der im Blutplasma gelöste O$_2$ zu 0,2–0,3 Vol% berechnen, dagegen liegt die O$_2$-Kapazität des menschl. Blutes bei max. 21 Vol%. Der ganz überwiegende Teil des O$_2$ wird also nicht physikal. gelöst, sondern vom ↗Hämoglobin in den ↗Erythrocyten gebunden. Die aktuelle O$_2$-Kapazität ist v. einer Reihe physiolog. Parameter abhängig, z. B. vom pH-Wert u. dem CO$_2$-Partialdruck (↗Bohr-Effekt), der Temp., dem

Blutgase
Normalwerte der Blutgase des Menschen (p = Partialdruck)
pCO_2: 35–45 mmHg
Standard-Bicarbonat: 21–25 mmol/l Plasma
pO_2: altersabhängig 65–105 mmHg
O$_2$-Sättigung: 95–98%

Blutgase

Blutgase

Die Abb. zeigen die chem. Reaktionen im Blutplasma und im Erythrocyten beim Gasaustausch im Gewebe (oben) und in der Lunge (unten) Der Transport der Atemgase mit Hilfe von *Atmungspigmenten* verhindert eine Veränderung des pH-Wertes des Blutes aufgrund der Pufferkapazität und der Kompartimentierung des Gesamtprozesses. Das CO_2 des *Gewebe*-Stoffwechsels geht im *Blut* in HCO_3^- über Die Carboanhydra(ta)se der Erythrocyten steuert und beschleunigt diese Reaktion. Die bei der Reaktion entstehenden H^+-Ionen werden an sauerstofffreiem Hämoglobin (HbH^+) abgefangen. In der *Lunge* führt die Aufladung des Hämoglobins mit Sauerstoff zur Freisetzung der H^+-Ionen und damit zur Rückreaktion des HCO_3^- zu CO_2; CO_2 wird ausgeatmet. Das Ionengleichgewicht zwischen Plasma und Blutzelle wird durch den

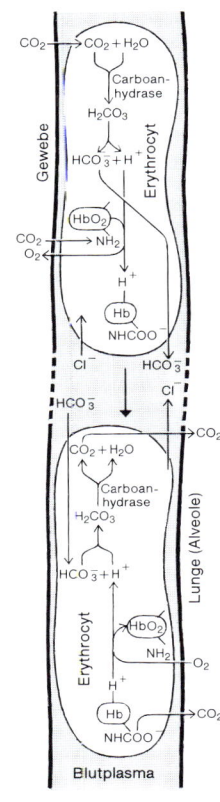

Wechsel der Cl^--Ionen zwischen Plasma und Blutzellen aufrechterhalten.

Druck (↗Root-Effekt) u. Metaboliten. Sie kann experimentell über die Aufnahme der O_2-Dissoziationskurve bestimmt werden (↗Hämoglobin). In jedem Fall muß der O_2 (ebenso wie das CO_2) über das Blutplasma zum Ort seiner Bestimmung diffundieren, so daß der geringe gelöste Anteil physiolog. unabdingbar ist (↗Atmung). Ein Teil (etwa 30%) des im Zellstoffwechsel angefallenen CO_2 wird ebenfalls an Hämoglobin (zu Carbhämoglobin) oder an freie Aminosäuren anderer Blutproteine gebunden transportiert, nachdem es vom Gewebe ins Blutplasma mit dort niedrigen CO_2-Partialdrücken diffundiert ist. Im Plasma wird Kohlensäure gebildet, die weitgehend nach $CO_2 + H_2O \rightleftharpoons H_2CO_3 \rightleftharpoons H^+ + HCO_3^-$ zu Hydrogencarbonat zerfällt. Das in die Erythrocyten gelangte CO_2, das die Transportkapazität des Hämoglobins überschreitet, wird hier in weit stärkerem Ausmaße als im Plasma in Kohlensäure überführt, wobei die Carboanhydrase die Reaktion katalysiert. Dadurch wird ein steiler Konzentrationsgradient für CO_2 zw. Erythrocyten u. Plasma sowie zw. Plasma u. Gewebe aufrechterhalten. Im Erythrocyten zerfällt die gebildete Kohlensäure ebenfalls unter Bildung v. Hydrogencarbonationen in relativ hohen Konzentrationen. Sie diffundieren ins Plasma u. werden zur Lunge transportiert. (Eine Kompensation der nun im Erythrocyten fehlenden Anionen wird durch den Einstrom von Cl^--Ionen erreicht.) In der Lunge kehren sich die Verhältnisse gemäß der anderen Partialdruckbedingungen um, u. die Carboanhydrase katalysiert die Rückreaktion zu CO_2 und H_2O. Zur Abpufferung der beim CO_2-Transport anfallenden H^+-Ionen stehen die Puffersysteme im Blut (↗Blutpuffer) zur Verfügung; das Hämoglobin selbst ist eines davon.

Blutgefäße

Alle Gefäße, in denen das Blut bzw. die Hämolymphe vom Herzen in den Körper fließt, heißen *Arterien*, alle Gefäße, die Blut oder Hämolymphe zum Herzen bringen, *Venen*. Das gilt auch bei Wirbeltieren, unabhängig davon, ob die Gefäße sauerstoffreiches (arterielles) oder -armes (venöses) Blut führen. In der Lungenarterie (Lungenschlagader) der Vögel und Säugetiere z. B. fließt venöses, in den Lungenvenen arterielles Blut. Im geschlossenen Blutkreislauf der Wirbeltiere sind zwischen Arterien und Venen feinste Haargefäße *(Blutkapillaren)* ausgebildet. Diese Haargefäße sind zu geschlossenen Netzen verästelt. An ihnen vollzieht sich der Stoffaustausch.

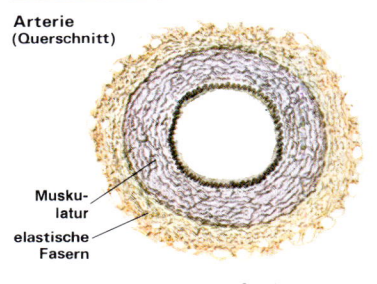

Blutgefäße, aus dem embryonalen Mesenchym hervorgegangene, röhren- od. kanalart. Gefäße (↗Arterien, ↗Venen, ↗Blutkapillaren), in denen das ↗Blut vom Herzen od. funktionsgleichen Organen zu den Ge-

Die Arterien besitzen eine kräftige glatte Muskulatur und viele elastische Fasern.

Die unregelmäßige Form der Venen entsteht durch die nur gering entwickelte Muskulatur und die nur wenigen elastischen Fasern.

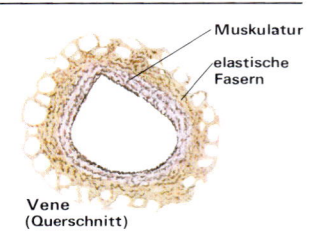

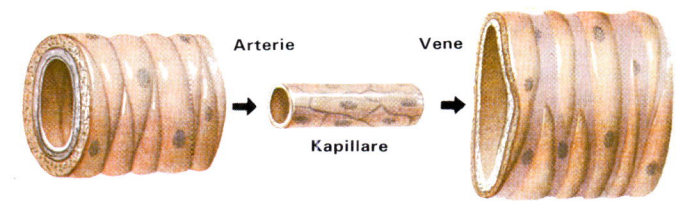

Blutgefäße

Die gut entwickelten Muskeln der *Arterien* sind zur Erhaltung des Blutdrucks wichtig. Die *Kapillaren* haben keine, die *Venen* nur schwache Muskeln.

Blutgerinnung

weben u. zurück zum Herzen strömt. Zus. bilden sie das ↗Blutgefäßsystem (↗Blutkreislauf). Allen B. gemeinsam ist eine innere Schicht meist palettenart. endothelialer Zellen, die in engem Kontakt zueinander stehen. Es folgen Schichten aus einem irregulären Netzwerk elast. Proteinfasern (Elastin), die eine hohe Dehnbarkeit gewährleisten, sowie solcher glatter Ring- u. Längsmuskulatur. Die äußerste Schicht besteht aus wenig dehnbarem kollagenem Bindegewebe. Der prozentuale Anteil dieser Gewebe differiert bei den verschiedenen B.n. So besitzen Blutkapillaren nur die innere endotheliale Schicht, während bei Arterien (☐ Arteriosklerose) die Muskelfasern einen bedeutenden Anteil einnehmen. ↗Aorta.

Blutgefäßsystem, wichtigstes Kreislaufsystem, das bei allen Wirbeltieren, aber auch den meisten Wirbellosen – insbes. den Glieder- und Weichtieren – ausgeprägt ist. Die darin enthaltene Flüssigkeit (Blut, Hämolymphe) wird durch Pumporgane (Herzen) in eine zirkulierende Bewegung versetzt. Das B. dient dem Transport v. Sauerstoff u. Nahrungsstoffen zum Ort des Verbrauchs u. dem Abtransport v. Kohlendioxid und Stoffwechselendprodukten. Ebenso ist es Vermittler des Immun- u. Hormonsystems. ↗Blutgefäße, ↗Blutkreislauf.

Blutgerinnung, Mechanismus zur kurzfristigen Blutstillung, der in den Blutgefäßen v. ca. 30 Substanzen gesteuert wird, in verschiedenen Phasen abläuft u. schließl. zur Bildung eines unlösl. *Fibrin*-Gerinnsels führt. Nach einer Gewebsverletzung wird die *Blutstillung* zunächst durch die ↗Thrombocyten-Aggregation eingeleitet. Im Bereich der Verletzung werden Gewebsfaktoren frei, die zur Aktivierung der Gerinnungsfaktoren führen *(Extrinsic-System).* Gleichzeitig wird durch Kontakt mit blutfremden Oberflächen eine Vielzahl v. Faktoren im Gefäßsystem aktiviert *(Intrinsic-System).* Beide Vorgänge führen zur Freisetzung der Thrombokinase, die Prothrombin zu Thrombin umwandelt. Dieses Enzym katalysiert durch Abspaltung v. Oligopeptiden die Bildung v. unlöslichem Fibrinpolymerisat aus löslichem Fibrinogen. In der Endphase wird der Fibrinpfropf durch Retraktion stabilisiert. Mit der an der Verletzungsstelle entstandenen Thrombocyten-Aggregation bildet das Fibrin durch Vernetzung den stabilen Plättchenpfropf. Im normalen Blut bildet das B.ssystem mit

An der Blutgerinnung beteiligte Faktoren

Gerinnungsfaktor	gebräuchliche Synonyma	Bezeichnung für Verminderung, Fehlen oder qualitative Veränderung eines Faktors
Faktor I	Fibrinogen	Hypofibrinogenämie Afibrinogenämie Dysfibrinogenämie (qualitative Veränderung)
Faktor II	Prothrombin	Hypoprothrombinämie
Faktor III	Gewebefaktor III	—
Faktor IV	Calciumionen	—
Faktor V	Proaccelerin	Hypoproaccelerinämie (Parahämophilie)
(Faktor VI)	(vermutlich mit Faktor V identisch)	
Faktor VII	Proconvertin	Hypoproconvertinämie
Faktor VIII	antihämophiler Faktor	Hämophilie A (Bluterkrankheit)
Faktor IX	Christmas-Faktor	Hämophilie B (Bluterkrankheit)
Faktor X	Stuart-Prower-Faktor	Stuart-Prower-Faktor-M.
Faktor XI	Plasma-Thromboplastin-Antecedent (PTA), Rosenthal-Faktor	PTA-Mangel
Faktor XII	Hageman-Faktor	Hageman-Faktor-Mangel (auch bei stark herabgesetzter Aktivität keine hämorrhagische Diathese)
Faktor XIII	Fibrin-stabilisierender Faktor (FSF), Plasma-Protransglutaminase	Mangel an Fibrin-stabilisierendem Faktor

Blutgruppenverteilung über die Erde

ameroceanisch-afrikanisch · ameroceanisch · europäisch · europäisch-asiatisch · asiatisch · afrikanisch

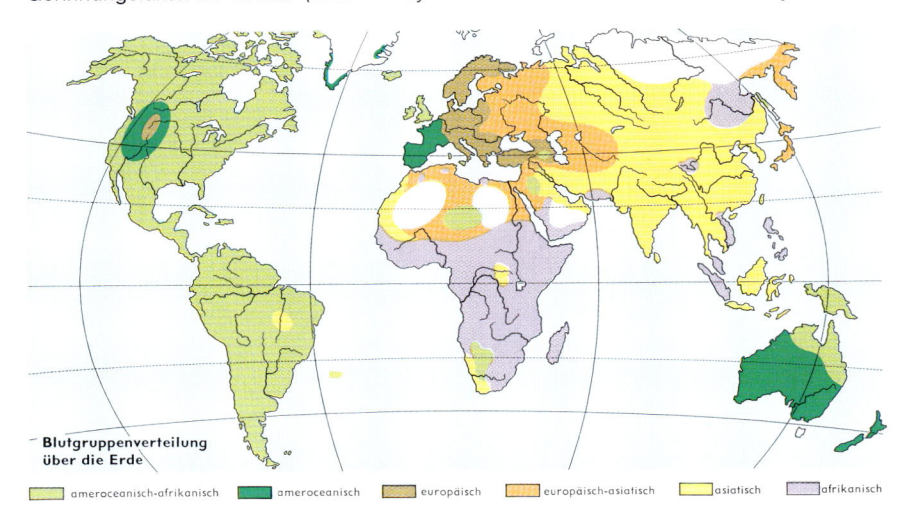

Blutgifte

Vereinfachtes Schema der Blutgerinnung
(IS = Intrinsic-System, ES = Extrinsic-System)

```
                          Verletzung
                              │
      ┌───────────────────────┼───────────────────────┐
Kontakt mit unphysio-                          Freisetzung von
logischen Oberflächen                          Gewebsfaktoren
                    Thrombocyten-Aggregation
                        Plättchenfaktor
┌──────────────────────┐                    ┌──────────────────┐
│ aktivierende Enzyme  │                    │   Faktor VIII    │
│     Faktor XII       │ ◄────────────────► │ ES     Ca        │
│           XI         │                    │   Phospholipide  │
│ IS        VIII       │                    └──────────────────┘
│           Ca         │
│     Phospholipide    │
└──────────────────────┘
              │         Faktoren X, V         │
              └───────────────┬───────────────┘
                        Thrombokinase
                              │
           Prothrombin ──Ca²⁺──► Thrombin
                                    │
                        Fibrinogen ──► Fibrin
```

Blutgruppen-Systeme des Menschen (vereinfacht)

System	Merkmale
AB0	A_1, A_2, B, AB, 0
Lewis	Le(a), Le(b)
Sekretor-Eigenschaft	Se, se
Rhesus	C, c; D, d; E, e
MN	M, N, MN
S	S, s
P	P, p
Kell	K, k
Duffy	Fy(a), Fy(b)
Lutheran	Lu(a), Lu(b)
Kidd	Jk(a), Jk(b)

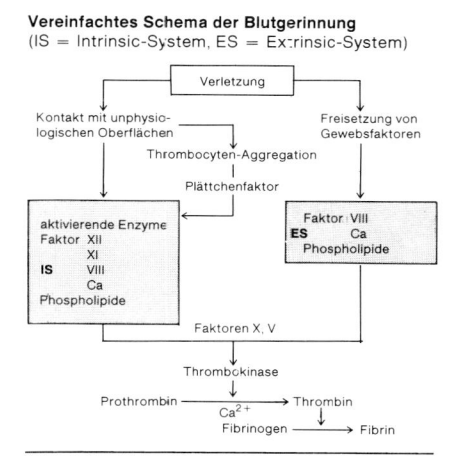

dem lytischen System (↗Fibrinolyse) ein funktionelles Gleichgewicht; hierdurch werden unkontrollierte Gerinnungsvorgänge *(Thrombosen)* verhindert. Medikamentös kann die B. selektiv gehemmt werden, z. B. durch Cumarine u. Heparin. Eine echte B. findet man außer bei den Wirbeltieren auch noch bei Gliederfüßern, v. a. bei Zehnfußkrebsen, doch sind die Reaktionssequenzen relativ unbekannt. Einen Wundverschluß durch Pfropfen aus zusammengeballten, „agglutinierten" Zellen bilden auch noch andere Tiere aus, z. B. Stachelhäuter u. Weichtiere.

Blutgifte, Stoffe, die auf Blutzellen, bes. Erythrocyten, wirken u. entweder zur Zerstörung der Zellmembran führen (↗Hämolyse, z. B. Schlangengifte) oder die Atemgastransportfunktion des Hämoglobins verhindern (z. B. Kohlenmonoxid, Cyanid). ↗Atemgifte.

Blutgruppen, genet. bedingte antigene Eigenschaften der Erythrocyten, die eine Einteilung der Erythrocyten nach verschiedenen serolog. bestimmbaren Kriterien innerhalb des *B.systems* ermöglichen. Die B. werden durch die *B.antigene* (↗Antigene) festgelegt. Diese sind meist Polysaccharid-Aminosäure-Komplexe, die auf der Oberfläche der Erythrocyten sitzen. Sie unterscheiden sich durch stereoisomere Eigenschaften des Polysaccharidanteils u. können durch *B.antikörper* bestimmt werden. Neben dem am häufigsten verwendeten ↗ *AB0-System* nach K. Landsteiner kennt man z. Z. 14 B.systeme mit ca. 60 verschiedenen Antigenen, z. B. Rhesus (↗Rhesusfaktor), Lewis, MNSs, P, Lutheran, Kell, Duffy, Kidd, Colton, Dombrock, Yt, Auberger, Ii, Xg. Die B. bleiben i. d. R. während des gesamten Lebens konstant; bei ↗Leukämien können sich im Verlauf der Krankheit die B.eigenschaften ändern. Bei Transfusion v. nicht kompatiblem Blut kommt es zur ↗Hämolyse. Neben den B.eigenschaften der Erythrocyten gibt es B. bei Leukocyten (↗HLA-System) u. Thrombocyten. – B. sind geogr. unterschiedl. verteilt u. erlauben dem Anthropologen, Rückschlüsse auf die Herkunft v. Bevölkerungsgruppen zu ziehen. Mitteleuropäer besitzen zu jeweils ca. 40% die Blutgruppe A und 0, etwa 10% die Gruppe B und ca. 6% die Gruppe AB. Dagegen haben mehr als 90% der am. Indianer die Gruppe 0 und Zentralasiaten zu mehr als 20% die Gruppe B. – B. sind auch v. anderen Säugern u. vom Huhn bekannt, beim Pferd 7 u. beim Rind (bisher bekannt) 42. ☐ 79, T AB0-System.

Blut-Hirn-Schranke, Bez. für das Zusammenspiel zweier Mechanismen bei Wirbeltieren, die den Übertritt bestimmter chem. Stoffe, v. a. Toxine, Medikamente, Ionen u. Hormone, aus den Blutkapillaren in die Interzellularspalten des Gehirns verzögern od. verhindern. Damit wird die chem. Zusammensetzung der Interzellularflüssigkeit des Gehirns konstant gehalten u. eine präzise Signalübertragung zw. den Nervenzellen des Zentralnervensystems gewährleistet. Einen ersten Hinweis auf Schrankenstrukturen im Zentralnervensystem lieferten Färbeversuche mit Vitalfarbstoffen 1913. Dabei konnte gezeigt werden, daß bei Anfärbung vom Blut her der Farbstoff nicht mit dem Gewebe des Zentralnervensystems in Berührung kam. Eine Ausnahme bildeten der Plexus chorioideus u. die Hypophyse. Diese Befunde konnten später (1975) durch elektronenmikroskop. Untersuchungen gestützt werden, die zeigten, daß Blut u. Liquor durch zelluläre Barrieren voneinander getrennt sind. Heute unterscheidet man eine B.-H.-S. in den bilateralsymmetr. Abschnitten des Zentralnervensystems um Gefäße, die durch „tight junctions" der Kapillarendothelzellen erwirkt wird, von einer dorsoventralen *Blut-Liquor-Schranke* an den Ventrikelwänden. Dort sind die ependymalen Zellen gehirnwärts durch tight junctions dicht geschlossen, basal hingegen erlauben gap junctions einen Stoffaustausch mit den anschließenden Blutkapillarendothelien. Beide Barrieretypen sind altersbedingten Veränderungen unterworfen, die im wesentl. die zirkumventrikulären Organe u. die kapillaren Austauschstrecken betreffen. Bei Wirbellosen findet sich einzig bei Insekten eine gut ausgebaute Blut-Hirn-Schranke. [gras.

Bluthirse, *Digitaria sanguinalis,* ↗Finger-

Blutkapillaren, *Haargefäße,* feinste Verästelungen des Blutgefäßsystems, deren Endothelien zur Erleichterung des Stoffaustauschs stark verdünnt (bis auf ca.

50 nm) od. auch gefenstert sind. Bei hoher Energieanforderung der Organe können sich die B. stark vermehren (z. B. im trainierten Muskel).

Blutkohle, *Tierkohle,* Form der Aktivkohle (hochporöser, reiner Kohlenstoff mit großer, für Adsorptionszwecke geeigneter Oberfläche, bis 600 m^2/g), die beim Glühen v. Tierblut mit Pottasche unter Luftabschluß entsteht. B. hat bei geringer Teilchengröße eine große innere Oberfläche u. Porosität u. wird v. a. in der Medizin als Adsorptionsmittel (z. B. bei Durchfällen) verwendet.

Blutkörperchen, die ↗Blutzellen.

Blutkreislauf, Transportsystem des tier. und menschl. Körpers, das dem ständigen Umlauf der Körperflüssigkeiten (↗Blut, ↗Hämolymphe) dient, um eine Versorgung der Gewebe des Organismus mit Sauerstoff, Nahrung u. Signalstoffen zu gewährleisten u. den Abtransport v. Stoffwechselendprodukten zu sichern. Im Dienst der Homöostase des Organismus, d. h. zur Konstanterhaltung des inneren Milieus, erfüllt der B. folgende Einzelaufgaben: An- u. Abfuhr v. Wasser, Salzen, Säuren u. Basen zur Erhaltung eines konstanten Wasser-, Mineral- u. pH-Pegels; Wärmeaustausch an der Körperperipherie, Verteilung v. Hormonen sowie Transport der Abwehrprodukte des Immunsystems. Diese Prozesse werden vom offenen wie vom geschlossenen B. wahrgenommen. In beiden Fällen erfolgt die Bewegung des Blutes im Körper durch die rhythm. Kontraktionen des Herzens, durch Zusammendrücken v. Gefäßen bei der Körperbewegung u./od. durch peristalt. Bewegung glatter Muskulatur um die ↗Blutgefäße. – Im *offenen B.,* bei dem sich Blut u. Lymphe zur Hämolymphe vermischen, entleert sich die Körperflüssigkeit aus dem Herzen meist über eine kurze ↗Aorta in ein offenes Spaltraumsystem (Lakunen), so daß Gewebe u. Zellen direkt umspült werden. Durch Bindegewebsmembranen (Diaphragmen) wird eine bestimmte Strömungsrichtung vorgeschrieben, wodurch auch peripher gelegene Organbereiche v. der Hämolymphe erreicht werden. Ein derart. offenes Zirkulationssystem findet sich bei den Gliedertie-

Blutkapillaren
Die B. haben meist einen ⌀ von nur 0,01 mm. Sie sind damit gerade weit genug, um die roten u. weißen Blutkörperchen hintereinander in Einerreihen durchströmen zu lassen. Es gibt aber zuweilen auch B. mit einem ⌀, der geringer ist als der eines roten Blutkörperchens. Auch durch diese feinen Kanülen kann Blut noch transportiert werden, weil die roten Blutkörperchen aufgrund ihrer bes. Membraneigenschaften eine erstaunl. Flexibilität aufweisen, ohne zu zerreißen (von bes. Bedeutung für den alternden Menschen). Stück für Stück aneinandergereiht, würde das System der B. des Menschen eine Röhre ergeben, die mehr als zweimal um die Erde reicht.

ren u. den meisten Weichtieren mit Ausnahme der Kopffüßer. Bei den Gliedertieren wird das Blut v. einem dorsalen Herzschlauch über ↗Arterien u. Kapillaren zu größeren Lakunen gepumpt, wo der Stoffaustausch mit dem umgebenden Gewebe stattfindet. Danach fließt das Blut in einen das Herz umgebenden Hauptsinus (Perikard) zurück u. gelangt durch schlitzart. Ventile (Ostien) in der Herzwand zurück ins Herz. Dieses ist an elast. Bindegewebsbändern (Ligamenten) aufgehängt, die bei Erschlaffung des Herzmuskels die Herzwände dehnen u. einen Sog erzeugen, so daß sich das Herz erneut mit Blut füllen kann. Weichtiere pumpen das Blut aus einem in ein oder zwei Vorhöfe u. ein Ventrikel gekammerten Herzen in ein Kapillar- u. Lakunensystem. Ein bes. Kennzeichen dieser Tiergruppe sind kontraktile Venen, die das Blut aktiv zum Herzen zurückführen. Zur Unterstützung des Herzens finden sich bei Insekten u. Spinnentieren viele sog. akzessorische Herzen, die als zusätzl. Pumporgane die Blutzufuhr zu den Extremitäten und dem Nervensystem gewährleisten. Einen Sonderfall der offenen Blutzirkulation weisen die Manteltiere auf, bei denen es zu einer period. Umkehr des Blutstroms kommt. Dabei wird die Pulsationsrichtung im Herzen durch den Druckanstieg in dem Teil des Gefäßsystems gesteuert, der gerade Blut vom Herzen erhält. Bei einigen Insekten ist eine period. Umkehr der Richtung des Hämolymphstroms beobachtet worden; sie dient dort der Thermoregulation. Offene B. weisen im allg. einen niedrigen ↗Blutdruck mit selten mehr als 5–10 mmHg auf. – Im *geschlossenen B.,*

Blutkreislauf-Typen
Ein *geschlossener Blutkreislauf* (1) ermöglicht eine vollständig gerichtete Strömung der Körperflüssigkeiten und eine gerichtete Verbindung einzelner, in funktioneller Folge stehender Organe über den Blutstrom (z. B. Blutabfluß des Darms zur Leber).

Offener Blutkreislauf: Eine teilweise Trennung des Herzens von der Körperhöhle ermöglicht eine geringfügig gerichtete Strömung der Körperflüssigkeit (2a). Bei den Insekten findet sich eine weitere Auftrennung der Druckräume durch ein dorsales und ein ventrales

Diaphragma (2b).
3 Durch Trennung der Druckkörper mittels des Perikards läßt sich der Herzvorhof bei Muscheln und Schnecken durch die Druckwelle füllen, die bei der Systole der Herzkammer entsteht und sich über die Leibeshöhle zum Herzeingang fortpflanzt.

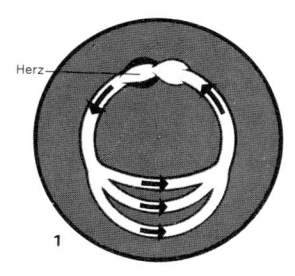

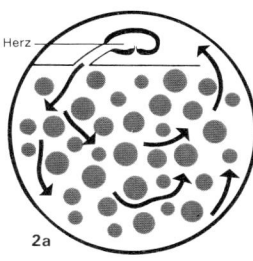

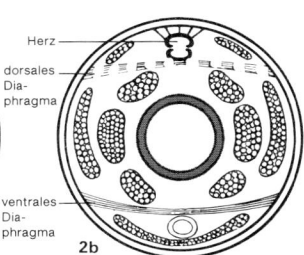

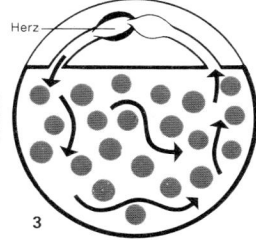

Blutkreislauf

Blutkreislauf

Geschichte: Im Altertum u. den Jhh. n. Chr. wurde angenommen, das Blut ströme aus der rechten Herzkammer durch die durchlöcherte Kammerscheidewand direkt in die linke Herzkammer, mische sich dort mit Luft u. würde dann durch die Schlagadern (Arterien) den einzelnen Organen zugeführt. Man glaubte, in den Blutadern (Venen) flösse nur reines Blut (ohne Luft) von der rechten Herzkammer direkt zu den Organen. Diese Anschauung der Eklektiker hielt sich bis zum Beginn der Neuzeit. • Erst 1553 wurde mit der Entdeckung des kleinen B.s (Lungenkreislauf) durch den span. Arzt M. Serveto die alte Lehre der Durchlöcherung der Kammerscheidewand aufgegeben. Als eigtl. Entdecker des B.s gilt der engl. Arzt W. Harvey mit seiner klass. Arbeit über die Bewegung des Herzens u. des Blutes (1628). Allerdings beobachtete auch er noch nicht das funktionell sehr wichtige Haargefäßnetz (Blutkapillarnetz), in dem das Blut aus den Arterien in die Venen übertritt. Dieses Kapillarnetz entdeckte M. Malpighi 1661 mit Hilfe des Mikroskops.

wie man ihn im allg. bei Wirbeltieren, aber auch Schnurwürmern, Ringelwürmern und Tintenfischen findet, werden Blut und Zwischenzellflüssigkeit (Lymphe) getrennt u. zirkulieren in eigenen Gefäßbahnen. In dem in sich geschlossenen System zu- u. abführender Blutgefäße ist das Herz als zentrales Pumporgan, das den Blutstrom in eine Richtung treibt, eingeschlossen. Vom Herzen ausgehende Gefäße werden als *Arterien* bezeichnet. Sie verzweigen sich zunehmend bis zu den in den Organen dem direkten Stoffaustausch dienenden *Kapillaren.* Das aus diesen abfließende Blut sammelt sich in *Venen,* die es schließlich dem Herzen zurückführen. In den meisten Geweben ist jede Zelle nicht mehr als 2 bis 3 Zellendurchmesser v. einer Kapillare entfernt, so daß auch bei einem geschlossenen B. ein hoher Stoffaustausch gewährleistet ist. Verbunden damit ist ein hoher Blutdruck im Kapillarsystem, was zu einem Flüssigkeitsübertritt ins Gewebe führt. Dieser Verlust im Kreislaufsystem wird durch das ↗Lymphsystem ausgeglichen. Der geschlossene B. der Schnurwürmer u. Ringelwürmer besteht normalerweise aus einem dorsalen Hauptgefäß mit Querverbindungen zu seitlich verlaufenden Gefäßen u. bei Ringelwürmern einem ventralen Gefäß. Das Rückengefäß wirkt als Pumporgan, das in peristalt. Wellen das Blut nach vorne pumpt; die Quergefäße sind z.T. ebenfalls v. einer muskulären Wand umgeben u. wirken als akzessor. Herzen. Die Quergefäße verzweigen sich zu Kapillarsystemen, die Darm, Nephridien, Gonaden u. Gehirn versorgen. Vielfach sind die Körperwand wie auch die der Atmung dienenden Körperanhänge (Parapodien) durch flächige Kapillarnetze reich durchblutet. Unter den Weichtieren findet man nur bei Kopffüßern einen geschlossenen B. – Allen Wirbeltieren gemeinsam ist ein geschlossener B. mit einem gekammerten Herzen als Antriebsorgan, das als Saugpumpe (z. B. bei den Haien) od. als Druckpumpe (bei den meisten Wirbeltieren) arbeitet. Selbst bei den Wirbeltieren ist der B. aber nicht vollständig geschlossen, da bei niederen Fischen bis zu den Säugern das Blut in bestimmten Organen (Milz, Placenta) in direkten Kontakt zu den Gewebszellen tritt. – Die Umbildungen des B.s während der Stammesgeschichte der Wirbeltiere hängen hpts. zus. mit dem Übergang vom Wasser- zum Landleben. Die ↗Atmung er-

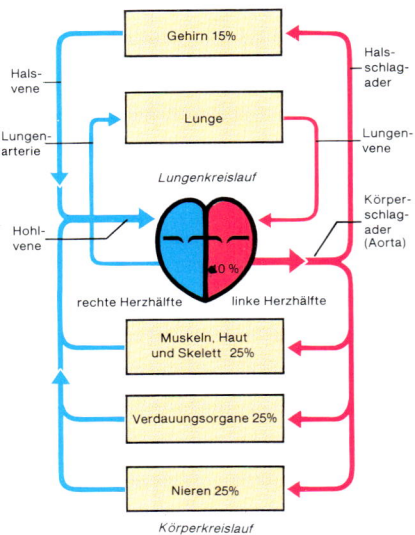

Blutkreislauf
Schematische Darstellung des menschlichen Körperkreislaufs und Lungenkreislaufs des Blutes. Die Angaben für die prozentuale Blutverteilung auf die Organe (im Grund- oder Ruhezustand) beziehen sich auf den Körperkreislauf (großer Blutkreislauf)

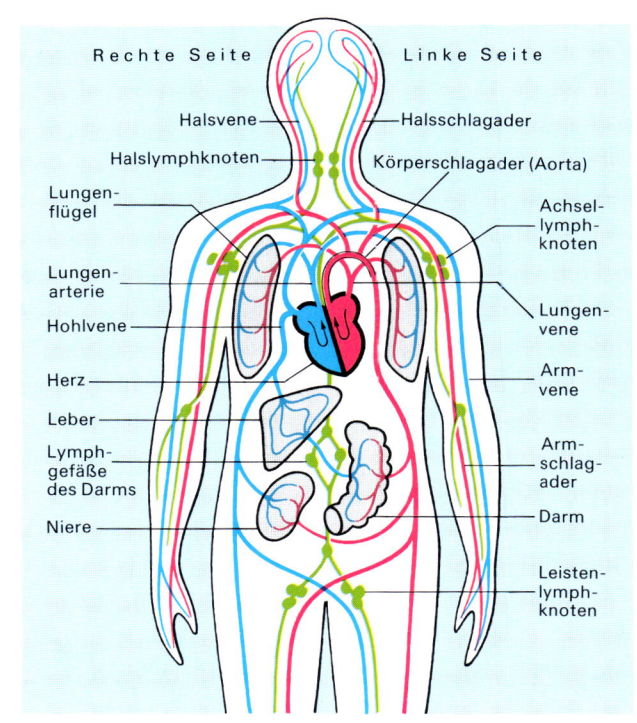

Vereinfachte Darstellung des menschlichen Blutkreislaufs und des Lymphsystems

Blutproteine

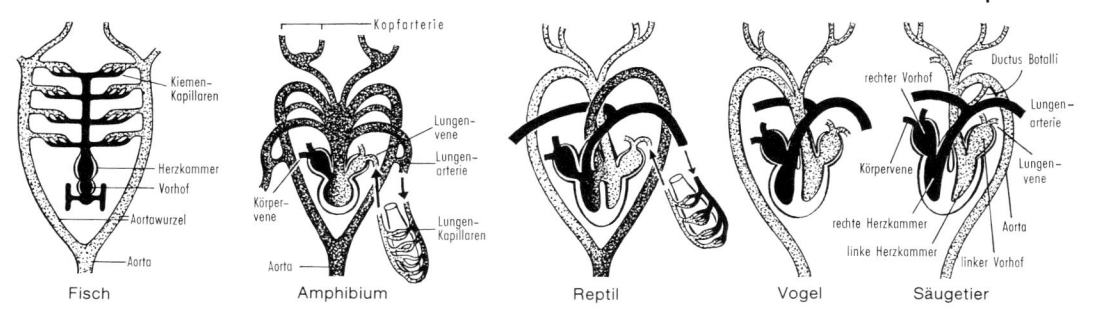

Fisch — **Amphibium** — **Reptil** — **Vogel** — **Säugetier**

folgte nunmehr statt über Kiemen durch Lungen, so daß der B. entsprechend angepaßt werden mußte. Im Zuge dieser Entwicklung kam es zur Ausbildung eines vom Körperkreislauf abgezweigten *Lungenkreislaufs* u. zur Entstehung eines gekammerten Herzens. Das Grundschema des Wirbeltierkreislaufs findet sich beim Lanzettfischchen *(Branchiostoma),* das den urspr. Verlauf der Gefäße zeigt. Das ventral hinter der Kiemenbogen- (Arterienbogen-)Region liegende Herz transportiert über eine unpaare Aorta das Blut nach vorne durch die Carotiden in die Kopfregion u. seitlich über ↗Aortenbögen in die dorsalen Köperbereiche. Diesen Weg des Blutes findet man in der Stammesgeschichte bis zur Organisationsstufe der Fische. Das an den Aortenbögen angeschlossene Kapillarsystem der Kiemen bietet offenbar nur einen geringen Strömungswiderstand, so daß ein ausreichender Blutdruck übrigbleibt, um das nunmehr sauerstoffbeladene Blut durch die verschiedenen Körpergewebe u. zurück zum Herzen zu bewegen. Bei ↗Amphibien tritt erstmals eine Atmung über Lungen auf, deren Blutversorgung dem Körperkreislauf parallel geschaltet ist u. deren Gefäße aus dem 4. Paar Kiemenarterien entstehen. Vom Herzen gelangt das Blut sowohl in die unpaarige Körperschlagader wie auch in die beiden Lungenarterien. Von den Lungen schließlich erreicht das Blut über die Lungenvenen wieder das Herz *(kleiner B.* od. *Lungenkreislauf)* im Ggs. zum *Körperkreislauf).* Erst bei Vögeln u. Säugern werden Körper- u. Lungenkreislauf durch eine Zweiteilung des Herzens in einen linken u. rechten Ventrikel vollständig getrennt. Im fetalen Kreislauf der Säuger erfolgt die Sauerstoffversorgung nicht über die Lungen, sondern über die Placenta. Das aus der Placenta mit Sauerstoff angereicherte Blut wird vom rechten Herzen z. T. durch die noch funktionslosen Lungen gepumpt u. zum größten Teil über eine Öffnung in der Vorhofscheidewand und den Ductus arteriosus Botalli direkt in den Körperkreislauf geschleust. Nach der Geburt kommt es bei Entfaltung der Lunge zum Verschluß dieser Querverbindungen. *L. M.*

Blutlaus, *Eriosoma lanigerum,* ↗Blasenläuse.

Blut-Liquor-Schranke w [v. lat. liquor = Flüssigkeit], ↗Blut-Hirn-Schranke.

Blutmehl, getrocknetes, zu Mehl gemahlenes Tierblut, das als eiweißreiches Futtermittel u. auch als Stickstoffdünger verwendet wird.

Blutmilchpilz ↗Reticulariaceae.

Blutmilchstäubling, *Lycogala epidendrum* Fr., ↗Lycogalaceae.

Blutparasiten, *Blutschmarotzer,* im Blut des Wirtstieres lebende Parasiten, z.B. Einzeller (Malariaparasit *Plasmodium,* Piroplasmen, Trypanosomen als Erreger der Schlafkrankheit), Saugwürmer *(Schistosoma),* Rundwürmer (Filarien).

Blutplasma, *Blutflüssigkeit,* nichtzellulärer Anteil des ↗Blutes; besteht zu 90% aus Wasser und enthält die ↗Blutproteine, Elektrolyte, Enzyme, Fette, Aminosäuren, Gerinnungsstoffe, Abbauprodukte des Stoffwechsels u. a. (T Blut).

Blutplättchen, die ↗Thrombocyten.

Blutproteine, *Bluteiweißstoffe,* im ↗Blutplasma gelöste Proteine, die sich physikal. durch elektrophoret. Auftrennung in *Albumine* (relative Molekülmasse M = ca. 17 000 bis 80 000) u. *Globuline* (M = ca. 90 000 bis 1 300 000) trennen lassen. Die Globuline zeigen hierbei 4 Untergruppen ($\alpha_1, \alpha_2, \beta, \gamma$). Die Synthese der Albumine u. Globuline erfolgt in der Leber, die der Globuline in Plasmazellen u. dem reticuloendothelialen System. Mehr als 100 verschiedene B. sind bisher definiert. Die Proteine sind auch außerhalb der Blutbahn nachweisbar, ihre Konzentration beträgt ca. 1 mg/dl im interstitiellen Raum. Ihre Funktionen sind im wesentlichen Wasserbindung, Transport v. fremden u. körpereige-

Normalwerte der Blutproteine beim Menschen

Gesamtproteine	6,0 – 8,2 g%
Albumine	3,7 – 6,0 g% (≙ 55–70 Relativ%)
α_1-Globuline	0,1 – 0,4 g% (≙ 2– 5 Relativ%)
α_2-Globuline	0,5 – 1,0 g% (≙ 5–10 Relativ%)
β-Globuline	0,55 – 1,2 g% (≙ 10–15 Relativ%)
γ-Globuline	0,6 – 1,6 g% (≙ 12–20 Relativ%)

Blutkreislauf

Umbildungen des B.s bei verschiedenen Wirbeltierklassen. Beim *Fisch* gibt es einen Vorhof (Atrium) u. eine Herzkammer (Ventrikel). Das mit Sauerstoff angereicherte arterielle Blut (punktiert) gelangt aus den Kiemen in die beiden Aortenwurzeln u. die Aorta direkt in die Organe des Körpers. Die Kiemen sind also dem Körperkreislauf vorgeschaltet *(einfacher B.).* Mit Übergang zum Landleben werden die Kiemen durch Anastomosen umgangen u. vom erwachsenen *Amphibium* an das arterielle Blut aus der Lunge zum Herzen zurückgeführt u. dann durch den Körper gepumpt *(doppelter B.).* Infolge der ungeteilten Herzkammer mischen sich im Herzen arterielles u. venöses Blut; jedoch wird durch speziell ausgebildete Muskelleisten in der Kammerwand der Blutstrom so geleitet, daß vorwiegend sauerstoffreiches Blut in den Körperkreislauf gelangt. Beim *Reptil* liegt eine Einschränkung der Blutdurchmischung durch eine unvollständige Herzscheidewand vor. *Vögel* u. *Säugetiere* zeigen eine vollständige Trennung der beiden Herzkammern u. damit des großen und kleinen Blutkreislaufs.

Blutpuffer

Blutproteine	
Beispiele für die Transportfunktion v. Blutproteinen	Zn, Ca, Cortison, Progesteron, Testosteron, Aldosteron
Albumine: Schilddrüsenhormone (3% des T_3, 17% des T_4), Gallensäuren, Bilirubin, Porphyrine, Harnsäure, Acetylcholin,	α_1-Globuline: Ca, Ni, 67% des T_3, 53% des T_4
	α_2-Globuline: Haptoglobin (bindet Hämoglobin), Coeruloplasmin (bindet Cu), Transferrin (bindet Fe).

nen Substanzen durch Proteinbindung. Durch die Wasserbindung der B. wird der kolloidosmot. Druck aufrechterhalten. Ein Albuminmangel, z. B. durch Hunger od. zu starken Verlust z. B. durch Nierenerkrankung, führt zu vermehrter Flüssigkeitsansammlung im Gewebe (Ödeme). Durch Bindung an B. werden Ionen, Vitamine, Hormone, Bilirubin, freies Hämoglobin, Arzneimittel u. a. transportiert. Dadurch werden eine Diffusion in das Gewebe u. eine Ausscheidung durch die Nieren verhindert. (In dieser Funktion existieren auch B. bei vielen Wirbellosen, z. B. Insekten, deren ↗Blutzucker Trehalose an B. gebunden transportiert u. so vor der „versehentlichen" Ausscheidung durch die wenig selektiven Malpighi-Gefäße geschützt wird.) Die Globuline der γ-Fraktionen sind meist ↗Immunglobuline. Die Verteilung der B. in der Elektrophorese kann für die med. Diagnostik herangezogen werden, z.B. Antikörpermangel (Agammaglobulinämie), Verminderung der Albumine (Analbuminämie), krankhafte Vermehrung von Globulinen durch bösart. oder gutart. Überproduktion (Paraproteinämie), Erhöhung der α_2-Globuline bei schweren akuten Entzündungen und Tumoren, Nivellierung der Proteinfraktionen bei Proteinverlust durch Nierenerkrankungen (nephrotisches Syndrom). Eine weitere Funktion der Globuline besteht in der Hemmung v. Enzymaktivitäten im Plasma. ☐ Absorptionsspektrum.

Blutpuffer, Puffersysteme, die im Blut den pH-Wert bei Veränderungen des Säure-Basen-Verhältnisses konstant halten. Die

Blutpuffer	
Kohlensäure-Alkalicarbonatpuffer: $H_2CO_3 \rightleftharpoons H^+ + HCO_3^-$. Bei Säureanstieg werden H^+-Ionen durch HCO_3^- gebunden, bei Anstieg der Basenkonzentration H^+-Ionen von H_2CO_3 abgegeben; der CO_2-Gehalt wird durch die Lunge reguliert.	Oxyhämoglobin-Hämoglobin-System: Hämoglobin (Hb) ist im nichtoxygenierten Zustand alkalischer als das oxygenierte; deshalb puffert Hb teilweise H^+-Ionen ab. Hämoglobin-Plasmaeiweißpuffer: Die Plasmaproteine binden mehr H^+-Ionen, je saurer das Milieu wird u. umgekehrt

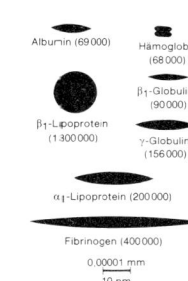

Blutproteine

Größenvergleich zwischen einigen Proteinen aus dem Blut (in Klammern: relative Molekülmasse)

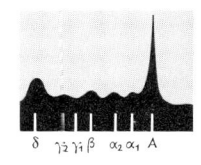

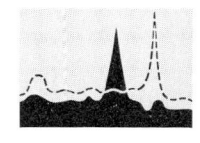

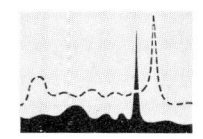

Albumin (69000)
Hämoglobin (68000)
β_1-Lipoprotein (1300000)
β_1-Globulin (90000)
γ-Globulin (156000)
α_1-Lipoprotein (200000)
Fibrinogen (400000)

0,00001 mm
10 nm

Blutproteine

Proteinspektren des Blutserums; oben Spektrum des normalen Serums, darunter Seren Kranker (gestrichelt: normales Serum). A = Albumin α β γ δ = Globuline.

δ γ₂ γ₁ β $\alpha_2 \alpha_1$ A

Zusammensetzung des Blutserums

Wasser	90,0%
Proteine	7,0%
organische und anorgan. Stoffe, Hormone, Farbstoffe, Antikörper	2,2%
Cholesterin u. Lecithine	0,7%
Kohlenhydrate (Blutzucker)	0,1%

wichtigsten P. sind: der Kohlensäure-Alkalicarbonatpuffer, das Oxyhämoglobin-Hämoglobin-System, der Hämoglobin-Plasmaeiweißpuffer, der Phosphatpuffer (v. geringer Bedeutung). Das Säure-Basen-Milieu wird darüber hinaus durch die Atmungsfunktion der Lunge (respirator. ↗Alkalose, ↗Acidose) u. die Ausscheidungsfunktion der Niere reguliert.

Blutregen, 1) Massenentwicklung v. Algen der Gatt. *Haematococcus* u. *Chlamydomonas*, die durch Hämatochrom rot gefärbt sind. *Haematococcus pluvialis* färbt (austrocknende) Regenpfützen rot. *Chlamydomonas nivalis* ist für den *Blutschnee* der Hochgebirge u. der Arktis verantwortlich. *Euglena sanguinea* bildet auf Hochgebirgsseen rote Überzüge *(Blutsee).* ↗Wasserblüte. **2)** rotgefärbter Darminhalt, den einige Schmetterlinge nach Verlassen der Puppe ausscheiden. **3)** Rotfärbung v. Gewässern durch Staubniederschlag (z.B. Wüstenstaub aus der Sahara).

Blutsauger, 1) *Calotes versicolor,* die ↗Schönechsen. **2)** Tiere, die durch äußere Epithelien od. Darmepithel Blut aus dem Wirtstier entnehmen, z.B. Blutegel, ektoparasit. Arthropoden, Vampirfledermaus, Hakenwurm.

Blutschmarotzer, die ↗Blutparasiten.

Blutschnee ↗Blutregen.

Blutsee ↗Blutregen.

Blutsenkung, *Blutkörperchen-Senkungsgeschwindigkeit,* Abk. *BSG,* in der Medizin verwendetes einfaches Verfahren zur Diagnostik od. Verlaufskontrolle v. Entzündungen od. bösart. Prozessen. Registriert wird die Geschwindigkeit der Absenkung der Blutzellen in mm nach 1 und 2 Stunden einer durch Citrat ungerinnbar gemachten Blutprobe, die in ein nach mm graduiertes, senkrecht gestelltes Röhrchen aufgezogen wird. Bei patholog. Prozessen, in deren Verlauf vermehrt Proteine (Eiweiße) produziert werden, fällt die zellhalt. Blutsäule schneller als im gesunden Blut. Die vermehrt gebildeten Proteine schirmen die gleichnamige Ladung der Blutzellen, insbes. der ↗Erythrocyten, ab; hierdurch wird die BSG beschleunigt. Normal sind beim Mann ca. 5/8, bei der Frau ca. 10/15 mm. Bei akuten Entzündungen sind die Werte um das Mehrfache erhöht. Bei patholog. Proteinproduktion (Paraproteinämie) kann die BSG nach 1 Std. bei über 100 mm liegen. Bei krankhafter Blutverdickung (Polycythaemia vera) kann sie 0/0 betragen.

Blutserum, flüssiger Anteil des Blutes (↗Blutplasma) ohne das Fibrinogen (↗Blutgerinnung), setzt sich beim Stehenlassen des Blutes in einem Röhrchen oben als hellgelbe Flüssigkeit ab.

Blutspeicher, *Blutdepot,* Organe innerhalb

des Blutgefäßsystems, die Blut speichern u. bei Bedarf wieder in den Kreislauf zurückgeben können. Als solche fungieren Leber, Lunge, Milz u. Haut. Die dort gespeicherte Blutmenge kann beim Menschen bis zu 20% (Leber), 30% (Lunge), 16% (Milz) u. 15% (Haut) der Gesamtblutmenge betragen. Eine direkt verfügbare Blutreserve ist das im Herzen verbleibende Restblut mit 50–70 cm³, das bei plötzl. einsetzender Tätigkeit sofort mobilisierbar ist. Die Speicherfunktion beruht auf der hohen Dehnbarkeit der Venen. Der Mensch verfügt im Ggs. zu Tierspezies über keine aktiven B., wie sie etwa die Milz des Hundes darstellt. Dort wird Blut in speziellen Gefäßen mit Schließmuskeln deponiert u. bei Bedarf in den Blutkreislauf abgegeben.

Blutstern, *Henricia sanguinolenta,* stark rot gefärbter Seestern, ⌀ bis 8 cm, Verbreitungsgebiet N-Atlantik (auch Nordsee u. westl. Ostsee) u. N-Pazifik, in Tiefen v. 20 m bis über 2000 m. Brutpflege: Weibchen sitzen über den am Boden festgeklebten Eiern.

Blutstorchschnabel-Saumgesellschaft, *Geranion sanguinei,* ↗Trifolio-Geranietea.

Blutströpfchen, die ↗Widderchen.

Bluttransfusion, *Blutübertragung,* Infusion v. Blut eines Spenders in einen Empfänger, z. B. bei akutem Blutverlust, Anämien, Leukämien. Das Blut des Spenders wird nach der Kompatibilitätsprüfung (↗Blutgruppen, ↗AB0-System) u. der sog. Kreuzprobe intravenös infundiert. Das Spenderblut ist durch Citrat ungerinnbar gemacht. Das nicht antigen wirkende Blut der Gruppe 0-Rh-negativ (↗Rhesusfaktor) kann als universales Spenderblut verwendet werden. Durch moderne Trennungsverfahren ist es mögl., je nach Bedarf isoliert konzentrierte Erythrocyten, Granulocyten, Thrombocyten od. Frischplasma zu transfundieren. Bei Nichtübereinstimmung der Blutgruppen kommt es zur Antikörperbildung (↗Agglutination, ☐ AB0-System) u. zur ↗Hämolyse. ↗Blutersatzflüssigkeit.

Blutungsdruck, bei Pflanzen als Folge osmot. Wasseraufnahme in die Gefäße bei fehlender Transpiration entstehender Überdruck, der zur Guttation aus Hydatoden bzw. zum Austreten v. ↗Blutungssaft aus Wunden führt.

Blutungssaft, bei Pflanzen Austreten v. Siebröhren- od. Gefäßsaft aus Wunden aufgrund des Wurzeldruckes; der Siebröhrensaft ist reich an organ. Substanzen u. wird z. Herstellung alkohol. Getränke (Palmwein, Pulque) od. zur Sirupgewinnung verwendet.

Blutvolumen, Volumen des im Kreislauf zirkulierenden Blutes; davon sind ca. 70% im venösen, 20% im arteriellen u. 5% im kapillaren Teil des Gefäßsystems verteilt. Das B. beträgt bei Männern ca. 71 ml/kg, bei Frauen ca. 69 ml/kg Körpergewicht. Die Bestimmung des B.s erfolgt durch eine Verdünnungsmethode mit radioaktiven Isotopen, z. B. ^{51}Cr, ^{32}P (Ficksches Prinzip) u. ist v. diagnost. Bedeutung bei krankhafter Blutvermehrung (Polycythaemia vera, Polyglobulie).

Blutweiderich, *Lythrum salicaria,* ↗Weiderich.

Blutwurz, *Potentilla erecta,* ↗Fingerkraut.

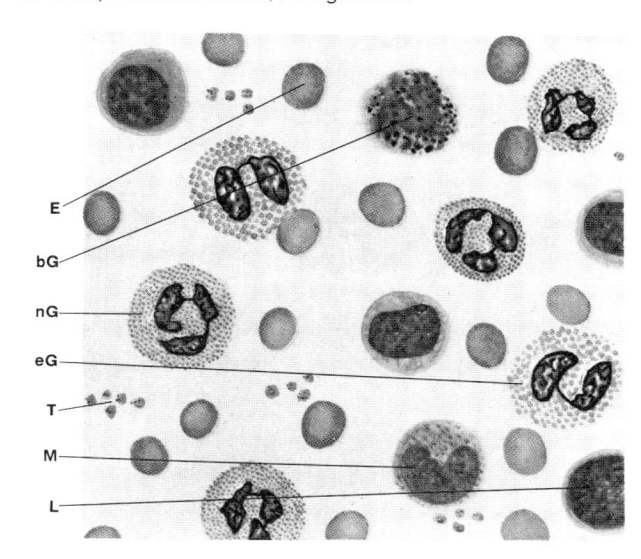

Blutzellen, *Blutkörperchen,* zelluläre Bestandteile des ↗Blutes, die im ↗Blutplasma zirkulieren. Diese sind überwiegend die bei Säugetieren kernlosen, bei anderen Wirbeltieren u. verschiedenen Wirbellosen kernhaltigen, hämoglobinhaltigen roten Blutkörperchen (↗Erythrocyten), deren Aufgabe der O$_2$- und CO$_2$-Transport ist. Die bei Säugetieren kernhaltigen B. werden weiße Blutkörperchen (↗Leukocyten) genannt. Sie unterteilen sich in die ↗Granulocyten, deren Aufgabe die ↗Phagocytose v. Bakterien ist (neutrophile Granulocyten), die ↗Mastzellen, die ↗Monocyten u. die für das Immunsystem wichtigen ↗Lymphocyten u. ↗Plasmazellen. Die Blutplättchen (↗Thrombocyten) sind Teil des Blutgerinnungssystems u. keine Zellen, sondern Abscheidungen der im Knochenmark liegenden Megakaryocyten. Die Differenzierung (Differentialblutbild) der Leukocyten gibt Hinweise für entzündl. u. bösart. Prozesse (↗Leukämien). - Menge u. Verhältnis der einzelnen B. zueinander ergeben für jede Tierart ein charakterist. Blutbild. Bei den meisten Wirbellosen sind die B. farblos, da das Hämoglobin im Blutplasma gelöst ist. Nur bei wenigen, z. B.

Blutzellen

Blutausstrich mit *Erythrocyten* (roten Blutkörperchen, E), *Thrombocyten* (Blutplättchen, T) und verschiedenen Formen von *Leukocyten* (weißen Blutkörperchen): eosinophile (eG), basophile (bG) und neutrophile (nG) Granulocyten, Lymphocyten (L) und Monocyten (M).

Blutzikaden

Schnurwürmern u. Seeigeln, ist das Hämoglobin wie bei den Wirbeltieren an die B. gebunden.

Blutzikaden, *Ceropis,* Gatt. der ↗Schaumzikaden.

Blutzucker, Gehalt v. Glucose im Blut. Durch die Nahrungsaufnahme u. durch Energieverbrauch würde die Konzentration des B.s, der sog. *B.spiegel,* starken Schwankungen unterliegen. Durch die Einwirkung verschiedener Hormone wird jedoch eine Konzentration v. 720–900 mg pro Liter Blut konstantgehalten. Dies ist von bes. Bedeutung, da bestimmte Gewebe, wie z.B. das Gehirn, auf den B. als Energiequelle zum Ablauf der entsprechenden Funktionen laufend angewiesen sind. Glucosesenkend wirkt Insulin, während Glucagon u. Adrenalin den B.spiegel durch Abbau des Leberglykogens erhöhen. Überschüssiger B. kann andererseits durch Umwandlung in das Glykogen der Leber gespeichert werden. Bei Diabetikern ist der B. infolge von Insulinmangel erhöht. ↗Diabetes mellitus.

B-Lymphocyten [Mz.; v. lat. lympha = klares Wasser, gr. kytos = Hohlraum], ↗Lymphocyten.

Boaedon *m,* Gatt. der ↗Wolfszahnnattern.

Boarmia *w,* Gatt. der ↗Spanner.

Boaschlangen [v. lat. boa = Wasserschlange], *Boinae,* U.-Fam. der Riesenschlangen mit zahlr. Gatt.; v.a. im trop. Amerika, einige in N- und O-Afrika, Vorder- u. S-Asien, auf Madagaskar sowie zahlr. Südseeinseln beheimatet (die Sandschlange als Vertreter der ↗Sandboas lebt auch in SO-Europa); ungiftig u. von unterschiedl. Länge (ca. 0,3–9 m). Den ↗Pythonschlangen äußerlich ähnlich, haben die B. im Ggs. zu diesen keine Augenbrauenknochen am seitl. Schädelrand, einen zahnlosen Zwischenkiefer, meist nur einreihige Schwanzschilder. Stets sind Reste (Rudimente) v. Becken u. Hinterextremitäten, letztere je seitl. vom After als 1 Zehe mit Kralle, erhalten (Aftersporn), besonders bei den Männchen. Alle Boaschlangen sind nachtaktiv und töten ihre Beute (Wirbeltiere) durch Umschlingen; sie sind lebendgebärend.

Boazähner [v. lat. boa = Wasserschlange], *Boaedon,* Gatt. der ↗Wolfszahnnattern.

Bobak *s* [russ.], *Marmota bobak,* ↗Murmeltiere.

Bock, das ausgewachsene männl. Tier bei vielen Tierarten, v.a. bei Schafen, Ziegen, Rehen, Kaninchen.

Bock, *Hieronymus,* latinisiert *Tragus,* Pfälzer Prediger u. Arzt, * 1498 Heidelsheim (Pfalz), † 21. 2. 1554 Hornbach; einer der „Väter der Botanik"; gab in seinem HW

Böckchen

Gattungsgruppen:
↗Baira-Antilopen
(Dorcatragini)
Böckchen i. e. S.
(Neotragini)
↗Dikdiks
(Madoquini)
↗Klippspringer
(Oreotragini)
↗Steinböckchen
(Raphicerini)

Böcke

Gattungen:
↗Blauschaf
(Pseudois)
↗Mähnenspringer
(Ammotragus)
↗Schafe *(Ovis)*
↗Thar *(Hemitragus)*
↗Ziegen *(Capra)*

Boaschlangen

Wichtige Gattungen:
↗Abgottschlange
(Boa)
↗Anakondas
(Eunectes)
↗Hundskopfboas
(Corallus)
↗Rosenboas
(Lichanura)
↗Sandboas *(Eryx)*
↗Schlankboas
(Epicrates)
↗Südseeboas
(Car.doia)
↗*Tropidophis*

Bockkäfer

System:
Parandrinae
Priorinae
  Mulmbock
  (Ergates faber)
  ↗Körnerbock
  (Megopis scabricornis)
  ↗Sägebock *(Prionus coriarius)*

Lepturinae
  ↗Blütenböcke
  Halsböcke
  (Leptura)
  Schmalböcke
  (Strangalia)
  Zangenböcke
  (Rhagium)
  Schulterbock
  (Toxotus cursor)
  Vierfleckbock *(Pachyta 4-maculata)*

„New Kreutterbuch von unterscheidt, würckung und namen der kreutter, so in Teutschen Landen wachsen" (Straßburg 1539, mehrere Aufl. bis 1630, Nachdruck 1964) eine hervorragende Beschreibung der beobachteten Pflanzen.

Böckchen, 1) *Neotraginae,* U.-Fam. der Hornträger; hasen- bis rehgroße Kleinantilopen der afr. Steppe, Buschsteppe od. Halbwüste, 5 Gatt.-Gruppen. **2)** B. i. e. S., *Neotragini,* Gatt.-Gruppe der B.; hierzu gehören das Kleinstböckchen *(Neotragus pygmaeus),* mit 25 cm Körperhöhe das kleinste aller lebenden Horntiere, das Bates- *(N. batesi)* u. das Moschusböckchen *(N. moschatus)* mit 30–38 cm Körperhöhe, letzteres vorwiegend Bewohner der Wälder u. Buschdickichte.

Böcke, *Caprini,* Gatt.-Gruppe ziegenartiger ↗Hornträger.

Bockkäfer, *Cerambycidae,* Fam. der Käfer-*Polyphaga;* weltweit ca. 27 000 Arten, neben den Rüsselkäfern, Blattkäfern u. Kurzflüglern eine der größten Tier-Fam.; in Mitteleuropa nur 250 Arten. Meist längl. od. langgestreckte, kleine bis sehr große, vielfach bunt gefärbte Arten mit Fühlern, die häufig körperlang od. gelegentl. sogar erhebl. länger sind. Häufig sind sie bei Männchen länger als bei Weibchen. Diese Fühler werden nach vorne wie zwei lange „Hörner" getragen. Hierauf bezieht sich der Name Bockkäfer. Die Fam. gehört in die nächste Verwandtschaft der ↗Blattkäfer. Alle Arten sind als Larve u. Imago phytophag (falls letztere überhaupt noch fressen); daher werden sie mit den Blattkäfern oft als *Phytophaga* zusammengefaßt. Beiden gemeinsam ist u. a. das stark verkleinerte 4. Tarsenglied, wodurch die normalerweise 5glied. Tarsen scheinbar nur 4 aufweisen (pseudotetramer). Daneben sind sie häufig stark verbreitet u. haben Haftborsten. Zu den B.n gehören neben den ↗Riesenkäfern die größten Käfer überhaupt. So kann der im Quellgebiet des Amazonas lebende Riesenbock *(Titanus giganteus)* über 20 cm lang werden. In Mitteleuropa ist der Mulmbock *(Ergates faber)* mit 6 cm der größte Vertreter; seine daumendicken Larven leben in mulmigen Kiefernstümpfen; sein Vorkommen ist an den bis 3 cm ⌀ betragenden ovalen Schlupflöchern leicht zu erkennen. Die madenförm. Larven der B. sind überwiegend Holzfresser u. werden bei Befall v. Nadelhölzern als Schädlinge bezeichnet. Nur wenige Arten leben in kraut. Pflanzen. So fressen die Arten der Gatt. *Agapanthia* in den Stengeln v. Disteln, Brennesseln, Braunwurz (Scheckhorn-Nessel-Distelbock, *A. villosoviridescens*), von *Knautia* u. a. *Dipsacaceae (A. vilacea),* die im S le-

Bockkäfer

bende *A. asphodeli* in den Stengeln des Asphodills *(Asphodelus spec.)*. Der im südl. Mitteleuropa lebende, sehr schlanke *Calamobius filum* lebt sogar mit seiner ebenso schlanken Larve in den Stengeln v. Gräsern. Um der Nahrungskonkurrenz zu entgehen, fressen die Larven der Walzenhalsböcke *(Phytoecia)* dagegen in den unteren Stengelpartien u. Wurzeln v. diesen kraut. Pflanzen. Die vielen, v. a. im S und SO verbreiteten Vertreter der Erdböcke *(Dorcadion)* leben als Larve in der Erde v. Graswurzeln (daher auch Grasbock). Die Holzfresser stellen jedoch die Mehrheit. Dabei wird diese Nahrung in sehr unterschiedl. Zuständen genutzt. So unterscheidet man Larventypen, die nur v. Rinde od. Bast, nur v. Holz od. von allen Teilen leben. Meist hängt die weitere Wahl des Nahrungssubstrats von dessen physiol. Zustand ab (lebend od. tot, Zersetzungsgrad, Feuchte od. auch Pilzbefall). Vom verwertbaren Nährstoffgehalt hängt dann auch die Entwicklungszeit der Larven ab. Die meisten Arten benötigen 1–2 Jahre bis zur Verpuppung, Arten der Bast-Splint-Zone weniger (3–5 Monate), solche des Kernholzes od. sehr trockenen Holzes oft länger. So brauchen der Mulmbock, Hausbock od. Große Eichbock meist 3–4 Jahre. In Extremfällen wurden auch über 10 Jahre beobachtet (so beim Hausbock 12 Jahre). Verdauung v. Holz ist kompliziert. Die stärke- u. proteinreiche Bastschicht kann durch körpereigene Enzyme aufgeschlossen werden. Cellulose muß durch Cellulase erschlossen werden, die v. einigen Arten (Großer Eichbock, Hausbock) sogar selbst hergestellt werden kann. Das Problem ist jedoch für viele Arten ungeklärt, da die häufig angenommenen endosymbiont. Organismen wegen fehlender Voraussetzung (z. B. Gärkammern) nicht vorhanden sind. Die Proteinversorgung erfolgt über eine enorme Holzaufnahme (Proteingehalt des Holzes, abhängig v. Baumart u. -alter, 1,1 bis 2,3%). Hefeart. Mikroorganismen als Symbionten sind aber dennoch bei vielen Larven vorhanden. Sie finden sich in kleinen Mitteldarmblindschläuchen (z. B. nachgewiesen bei *Toxotus cursor, Leptura rubra* – B Käfer I – v. Waldbock), wo sie Vitamine u. essentielle Aminosäuren synthetisieren. Diese Symbionten werden bei der Eiablage v. Weibchen aus eigenen Taschen am Eilegeapparat (Ovipositor) auf die Eier geschmiert. Die Larven erzeugen z. T. charakterist. Fraßbilder, die häufig eine Zuordnung zulassen. Man kann unterscheiden u. a. zwischen Rinde u. Splint verlaufenden flachen Mäandergängen (Fichtenbock), Platzgängen (Scheibenböcke, Langhornböcke) od. tief ins Holzinnere an-

Kugelhalsbock *(Acmaeops collaris)*
Judolia cerambyciformis
Großer Wespenbock *(Necydalis major)*

Cerambycinae
↗ Alpenbock *(Rosalia alpina)*
↗ Moschusbock *(Aromia moschata)*
Purpurbock *(Purpuricenus kaehleri)*
Scheibenböcke *(Callidium, Pyrrhidium)*
↗ Eichenbock *(Cerambyx cerdo)*
↗ Wespenbock *(Clytus, Plagionotus)*
Eichenwidderbock *(Plagionotus arcuatus)*
↗ Hausbock *(Hylotrupes bajulus)*

Aseminae
Fichtenbock *(Tetropium castaneum)*
Lärchenbock *(Tetropium gabrieli)*
↗ Düsterbock *(Asemum striatum)*
Halsgrubenbock *(Criocephalus rusticus)*

Spondylinae
↗ Waldbock *(Spondylis buprestoides)*

Lamiinae
↗ Erdböcke *(Dorcadion)*
Scheckhornbock *(Agapanthia villosoviridescens)*
Getreidebock *(Calamobius filum)*
↗ Pappelbock *(Saperda populna)*
↗ Weberbock *(Lamia textor)*
↗ Langhornbock *(Monochamus sutor)*
Linienbock *(Oberea linearis)*
Weidenbock *(Oberea oculata)*
↗ Zimmermannsbock *(Acanthocinus aedilis)*
Walzenhalsböcke *(Phytoecia)*

Sonstige
Südamerikanischer Harlekinsbock *(Acrocinus longimanus)*
↗ Riesenbock *(Titanus giganteus)*

gelegten Gängen (Hausbock, *Leptura*, Großer Pappelbock, Mulmbock, Eichböcke, Waldbock u. v. a.). Eine Sonderform ist die Holzgalle, die vom Kleinen Pappelbock *(Saperda populnea)* an fingerdicken Ästen der Zitterpappel od. vom Linienbock *(Oberea linearis)* an dünnen Haselästen erzeugt wird. Die Puppe ist eine sog. *Pupa libera* (frei gegliedert), d. h., Fühler, Beine u. Elytren sind deutl. erkennbar. Die Verpuppung findet meist in Larvengängen in eigenen Puppenwiegen statt, die die Larve angelegt hat. Auch diese können sehr charakterist. sein. So bauen die Zangenböcke unter der Rinde eine schüsselförm. Wiege, die v. groben Holzspänen kreisförm. eingefaßt ist. Einige Arten bauen aus Erde einen Kokon. Es handelt sich um solche Arten, die das Holz (meist Wurzeln) verlassen u. sich in der Erde verpuppen (z. B. *Pachyta, Acmaeops, Judolia* od. Sägebock). Die Käfer sind sehr vielgestaltig u. gelegentlich sehr bunt. Intensiv rot sind z. B. der etwa 2 cm große Purpurbock od. Blutbock *(Purpuricenus kaehleri)*, der fr. auch im südl. Dtl. vorgekommen ist, od. der Eichenscheibenbock *(Pyrrhidium sanguineum);* auch viele Weibchen der Gatt. *Leptura* (↗ Blütenböcke) haben rote Elytren (die Männchen braune). Blau ist der ↗ Alpenbock, der Blaue Scheibenbock *(Callidium violaceum)*, grün od. metallisch grün der ↗ Moschusbock (B Käfer I), der Grüne Scheibenbock *(Callidium aeneum)* od. die grünen Vertreter der Gatt. *Saperda* (↗ Pappelbock). Ansonsten sind viele Arten braun oder schwarz (z. B. ↗ Sägebock, Mulmbock, ↗ Eichenbock, ↗ Weberbock, Fichtenböcke der Gatt. *Tetropium*, ↗ Langhornböcke od. der ↗ Waldbock). Tarnfärbung ist verbreitet bei ↗ Zimmermannsbock (B Insekten III), *Acanthoderes clavipes* od. *Leiopus nebulosus*. Warnfarben tragen die ↗ Wespenböcke. Sie betreiben allerdings Mimikry. Einige wenige Arten in Dtl. haben wie die Kurzflügler verkürzte Elytren, wie die kleinen, blütenbesuchenden Kurzdeckenböcke *(Molorchus minor)* od. die sehr seltenen, etwa 3 cm großen *Necydalis*-Arten, die wie große Schlupfwespen aussehen u. fliegen. Die für die Fam. so charakterist. Fühler können auch sehr kurz sein (Waldbock) od. ungewöhnlich lang. Beim 2 cm großen Zimmermannsbock-Männchen können sie über 10 cm lang sein, also das fünffache der Körperlänge betragen (B Insekten III). Die Nahrung der Imagines ist vielfältig. Viele Arten sind Blütenbesucher (↗ Blütenböcke) u. fressen Pollen u./od. Nektar. Statt Nektar können zur Deckung des Betriebsstoffwechsels auch Baum- u. Obstsäfte aufgenommen werden (Purpurbock,

Bocksbart

Großer Eichbock). Andere Arten benagen frische Rinde (Langhornbock, Linienbock, Kleiner Pappelbock), Blätter od. Stengel kraut. Pflanzen (*Agapanthia, Phytoecia,* Erdbock) od. Blätter v. Bäumen (Weberbock, Weidenbock: *Oberea oculata*). Diese Nahrung dient i. d. R. einer Reifung der Gonaden (Reifungsfraß). Die Eiablage erfolgt an den Nahrungspflanzen. Die Eier werden mit Hilfe des Ovipositors entweder in Rinden- od. Holzritzen geschoben, od. das Substrat wird vorher mit den Mandibeln bearbeitet (Brutfürsorge). So nagen die Arten der Gatt. *Agapanthia* in den zur Eiablage vorgesehenen Stengel ihrer Futterpflanze (z. B. Distel) ein Loch, um dann mit dem Ovipositor ein Ei in das Stengelmark zu schieben. Da ein Stengel normalerweise nur einer Larve genügend Nahrung bietet, wird er vorher vom Weibchen nach bereits vorhandenen Einagelöchern abgesucht und ggf. auf eine Eiablage verzichtet. Eine bes. ausgeprägte Brutpflege betreibt der Kleine Pappelbock. Viele Böcke können Laute erzeugen (Stridulation). Diese Töne werden meist durch nikkende Bewegungen der Vorderbrust gg. die Mittelbrust hervorgerufen. Dabei streicht die scharfe Hinterkante des Halsschildes (Plektrum) über ein quergerifeltes Feld vorn oben auf der Mittelbrust (Pars stridens). Die Töne werden bei Erregung erzeugt u. dienen wohl einer Feindabschreckung, jedenfalls nicht der Geschlechtspartner-Kommunikation.

Lit.: Klausnitzer, B., Sander, F.: Die Bockkäfer Mitteleuropas. Die Neue Brehm-Bücherei Nr. 499. Wittenberg Lutherstadt 1978.   H. P.

Bocksbart, *Tragopogon,* Gatt. der Korbblütler mit ca. 45 in Eurasien, insbes. im westl. Asien u. im Mittelmeergebiet, beheimateten Arten. Krautige, kahle, Milchsaft führende Pflanzen mit ästigem Stengel u. lanzettl., lang zugespitzten, ganzrandigen, am Grunde mehr od. minder den Stengel umfassenden Blättern u. großen, einzeln stehenden, lang gestielten Blütenköpfen mit einer walzl. Hülle u. gelben, purpurnen od. violetten Zungenblüten. Die geschnäbelten Früchte besitzen einen Pappus. Als weit verbreitete eurosibir. Wiesenpflanze ist der zwei- od. mehrjährige, 30–70 cm hohe Wiesen-B. *(T. pratensis)* mit spindelförm., brauner, fleischiger Pfahlwurzel u. 3–5 cm breiten, schwefel- bis dunkelgoldgelben Blütenköpfen zu nennen, der v. Mai bis Juli blüht u. bevorzugt auf etwas feuchten Fettwiesen vorkommt. Auf Halbtrokkenrasen, an Wegen u. Dämmen sowie in sonnigen, trockenen Unkrautgesellschaften ist der seltenere Große B. *(T. dubius)* mit 4–6 cm breiten, hellgelben Blütenköpfen an oben keulig verdickten Stielen zu finden. Die Blüten sind wie bei der aus dem Mittelmeergebiet stammenden, ein- bis zweijähr., 60–120 cm hohen Haferwurz *(T. porrifolius)* kürzer als die Hüllblätter. Die purpurn blühende Haferwurz, deren Blüten sich nur vormittags öffnen, ist eine alte Nutzpflanze, die zur Zierde od. als Gemüse angebaut wurde. Bes. die dicken, langen, innen weißen Wurzeln der weinrot-violett blühenden Kulturformen (z. B. ssp. *sativus*) wurden, wie bisweilen auch die Wurzeln der zuvor genannten B.-Arten, wie Schwarzwurzeln zubereitet gegessen.

Bocksdorn, Teufelszwirn, *Lycium,* mit ca. 110, z. T. noch sehr unvollständig erforschten Arten über die subtrop. u. gemäßigten Zonen der Erde verbreitete, bes. zahlreich in S-Amerika vertretene Gatt. der Nachtschattengewächse. Mehrere *Lycium*-Arten werden, bes. ihrer leuchtendroten Beeren wegen, als Ziersträucher angepflanzt. Hier zu nennen ist v. a. der urspr. aus dem Mittelmeergebiet stammende, in wärmeren Gegenden Mitteleuropas häufig verwilderte Gemeine B. *(L. barbarum, L. halimifolium),* ein 1–3 m hoher Strauch mit dünnen, bogig herabhängenden, dornigen Zweigen, graugrünen, in der Regel lanzettl., bis 6 cm langen Blättern u. meist langgestielten, violetten, ca. 1,5 cm langen Blüten mit trichteriger Kronröhre u. flachem, 5lappigem Kronsaum. Die eiförm., bis 2 cm lange Frucht ist eine giftige, vielsamige Beere. Eine andere Art, *L. horrida,* wird ihrer ungewöhnlich kräftigen Dornen wegen in S-Afrika als lebender Zaun angepflanzt.

Bockshornklee, *Trigonella,* Gatt. der Schmetterlingsblütler; stark riechende, einjähr. Pflanze mit geraden od. schwach gebogenen Hülsen. Hierzu gehört der uralte, im 9. Jh. nach Dtl. eingeführte Kulturpflanze Griechischer B. *(T. foenum-graecum);* der Same enthält Saponine, Trigonellin, Cumarin, äther. Öl mit Bocksgeruch, fettes Öl u. Eiweiß; wurde medizinisch wegen des hohen Schleimgehalts verwendet (auch als Kräftigungsmittel); gute Futterpflanze. Schabzieger B. *(T. caerula)* verleiht Kräuterkäsen das Aroma.

Bocksorchis w [v. gr. orchis = Hoden], die ↗Riemenzunge.

Boden, *Pedosphäre,* belebte, oberste Verwitterungsschicht der Erdkruste. Der B. ist ein Produkt aus der klimabedingten Gesteinsverwitterung, der Anreicherung toten organ. Materials, der Umwandlungs- u. Durchmischungstätigkeit der B.organismen u. des Menschen sowie anhaltender Einwirkung des Klimas. B. entwickelt sich langsam (meist in erdgeschichtl. Zeiträumen) u. wird ständig verändert (↗B.entwicklung), umgelagert (↗B.erosion) od. auch infolge menschl. Einflüsse zerstört

(↗B.zerstörung). Abhängig v. Ausgangsgestein u. bodenbildenden Prozessen, besteht jeder B. aus charakterist. Material mit zahlr. physikal. und chem. ↗B.eigenschaften, die sich qualitativ od. quantitativ bestimmen lassen (↗B.untersuchung). Der B.körper (Pedon) ist normalerweise vertikalgegliedert (↗B.horizonte, ↗B.profil); gleichart. Böden lassen sich zu ↗B.typen zusammenfassen, unterschiedl. B.typen vergleichen u. ordnen (↗B.systematik). Der B. ist Lebensraum für zahlr. ↗B.organismen, die zugleich wesentlich an der B.bildung beteiligt sind. Mit ihnen beschäftigt sich die ↗B.biologie. Die ↗B.ökologie betrachtet die Pedosphäre unter dem Aspekt des Stoff- u. Energiehaushalts sowie der Wechselwirkung der B.organismen miteinander u. mit ihrer Umwelt.

Bodenabtrag, die ↗Bodenerosion.
Bodenacidität ↗Bodenreaktion.
Bodenalgen ↗Bodenorganismen.
Bodenanalyse, die ↗Bodenuntersuchung.
Bodenanhangsgebilde, bodenähnl. Kleinlebensräume mit typ. Bodenorganismen; meist räumlich v. Erdboden isoliert, z.B. Baum- u. Felshöhlen, Tierbauten, Horste u. Vogelnester, Astachseln, Epiphytenstandorte.
Bodenanzeiger, die ↗Bodenzeiger.
Bodenarten, *Körnungsklassen,* Kurzbez. für das Korngrößengemisch eines Bodens nach der vorherrschenden Korngrößenfraktion. Nach dem Vorschlag der Ämter für Bodenforschung werden folgende B. unterschieden: Sand- (S), Schluff- (U), Lehm- (L) u. Tonböden (T). Übergänge werden mit vorangestellten Kleinbuchstaben näher gekennzeichnet. Lehmböden nehmen zw. den anderen drei Körnungsklassen eine vermittelnde Stellung ein (Tongehalt ca. 20–40%). Die mineral. Bodenbestandteile werden nach ihrer Größe in Kornfraktionen eingeteilt (s. Tab.). Die

Bodenarten. *Einteilung der Kornfraktionen*

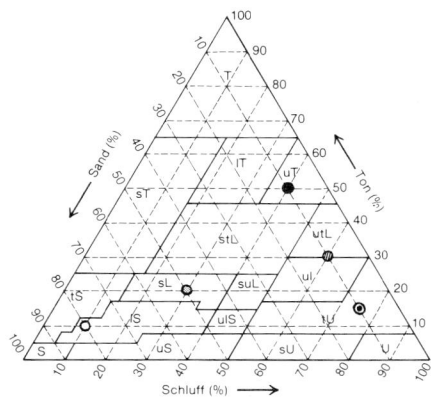

Durchmesser		Bezeichnung der Kornfraktion	
mm	μm		
> 200		Blöcke	
200 −63		abgerund. eckig-kant. Gerölle	Bodenskelett
63 −20		Grobkies } Steine	
20 − 6,3		Mittelkies	
6,3 − 2		Feinkies Grus	
2–0,063	2000–630	Grobsand	Feinboden
	630–200	Sand Mittelsand	
	200– 63	Feinsand	
0,063– 0,002	63 −20	Grobschluff	
	20 − 6,3	Schluff Mittelschluff	
	6,3 − 2,0	Feinschluff	
< 0,002	2,0 − 0,63	Grobton	
	0,63 − 0,20	Ton Mittelton	
	< 0,20	Feinton	

Bodenart gibt Auskunft über den Nährstoff- u. den Wasserhaushalt eines Bodens. Ihre Bestimmung ist deshalb Voraussetzung für eine richtige Bodenbewertung u. Bodennutzung. Schluff- u. Lehmböden, deren Tongehalt 50% nicht übersteigt, haben für ackerbaul. Kulturen die günstigsten physikal. und chem. Eigenschaften.

Bodenarthropoden ↗Bodenorganismen.
Bodenatmung, respirator. Gaswechsel v. Pflanzenwurzeln und Bodenorganismen; nach außen erkennbar am Sauerstoffverbrauch (O_2) u. der Freisetzung von Kohlendioxid (CO_2). In tieferen Bodenschichten u. bei schlechten Belüftungsbedingungen kann durch diesen Prozeß der CO_2-Gehalt der Bodenluft auf 5% ansteigen u. der O_2-Gehalt auf 10% abnehmen.
Bodenaustauschkapazität ↗Austauschkapazität.
Bodenbakterien ↗Bodenorganismen.
Bodenbearbeitung, das Wenden, Lockern, Zerkrümeln, Mischen, Ebnen od. Häufeln des Bodens in Acker-, Garten-, Wein- od. Obstbau mit Pflug, Spaten, Hacke, Egge, Walze u. ähnl. Geräten. Zweck: Bodenpflege, Erhaltung der Bodengare, Vorbereitung des Saatbetts, Einbringung v. Saat, Pflanzgut u. Dünger, Regelung des Wasser- u. Lufthaushalts des Bodens, Verbesserung der Durchwurzelbarkeit, Pflege der Saat od. Pflanzkultur, Unkrautbekämpfung u.a. B. kann auch zur Urbarmachung nötig sein: Entwässerung, Rodung usw.
Bodenbebrütung ↗Bodenuntersuchung.
Bodenbewertung, Beurteilung der Standorteigenschaften eines Bodens für die land- od. forstwirtschaftl. Nutzung. Die Wahl des Bewertungsverfahrens richtet sich nach den Genauigkeitsansprüchen u. dem Zweck der Bewertung. Eine *Bodenuntersuchung* im Labor liefert die genauesten Ergebnisse, in der Praxis werden jedoch oft weniger aufwendige Methoden vorgezogen. Umfassende Rückschlüsse auf die Bodenbeschaffenheit u. Ertragsfä-

Bodenbewertung

Dreiecksdiagramm der Bodenarten (Körnungsklassen) nach dem Vorschlag der Ämter für Bodenforschung

Bezeichnung der Bodenarten:
S = Sand
s = sandig
U = Schluff
u = schluffig
L = Lehm
l = lehmig
T = Ton
t = tonig

Beispiele für die Körnung einiger Böden:
⊙ Lößboden (75% U, 15% T, 10% S)
○ Sandboden (80% S, 10% U, 10% T)
● Marschboden (50% T, 40% U, 10% S)
◎ Marschboden (50% S, 30% U, 20% T)
⦿ Auenlehm (60% U, 30% T, 10% S)

Bodenbildung

higkeit eines Standorts erlauben Vegetationsaufnahmen od. die Kenntnis der Pflanzengesellschaften. Unmittelbare Bewertungskriterien stellen Angaben zum Durchschnittsertrag dar, sei es zum Grünland-, Holz- od. Ackerertrag. Seit 1934 gilt in Dtl. das „Bodenschätzungsgesetz" (novelliert 1965 durch das „Bewertungsänderungsgesetz") als Grundlage für Grundstückskäufe, Pacht, Nutzungsplanung, Entschädigung, Besteuerung u. dgl. Die *Bodenschätzung* erfolgt nach dem *Ackerschätzungsrahmen*. Er berücksichtigt die ↗ Bodenart (Körnungsklassen), die Art u. das geolog. Alter des Ausgangsgesteins sowie den Entwicklungsgrad (Zustandsstufe) des Bodens. Die daraus abgeleitete *Bodenzahl* gilt als ungefähres Maß für die Bodenfruchtbarkeit. In diesem Schema rangieren Löß-Schwarzerden an erster Stelle, während Podsole u. Ranker niedrig eingestuft werden. Zusätzliche Angaben über Klima u. Relief ergeben die *Ackerzahl*.

Bodenbildung, die ↗ Bodenentwicklung.

Bodenbiologie, *Pedobiologie,* Lehre v. den ↗ Bodenorganismen. Die B. untersucht Morphologie, Systematik, Verbreitung, Physiologie u. Lebensweise der Bodenorganismen, ihren Einfluß auf die Entwicklung u. Nutzbarkeit des Bodens sowie ihre Wechselwirkungen untereinander u. mit dem Boden. Als Teilgebiete greifen u. a. die *Bodenmikrobiologie* die Mikroorganismen, die *Bodenzoologie* die Bodentiere u. die ↗ Bodenökologie das Gesamtgefüge des Ökosystems Boden heraus.

Bodenbrand, Schwelbrand in Mooren u. Moorwäldern, bei dem keine offene Flamme entsteht, sondern lediglich der Moorboden glimmt.

Bodenbrüter, Vögel, die ihre Eier in einem Nest od. einer Nestmulde am Boden ausbrüten. Hierzu gehören u. a. die Hühnervögel, fast alle Wat- u. Möwenvögel u. einige Singvögel wie Lerchen, Pieper u. Ammern.

Boden-Catena w [v. lat. catena = Kette], idealisierter Schnitt durch eine Landschaft mit Darstellung der Bodentypen.

Bodendesinfektion w [v. frz. dés = ent-, lat. inficere = vergiften], *Bodenentseuchung,* vorzugsweise im Gartenbau angewandte Vorbeugungsmaßnahme bei der Herstellung v. Pikier- u. Gewächshauserde gg. Pilz- u. Parasitenbefall junger Pflanzen. Die wirksamste, unschädlichste, aber aufwendigste Methode ist die *Bodendämpfung:* die Erde wird mit heißem Wasserdampf beschickt, bis alle Keime, auch Unkrautsamen, abgestorben sind. Dem gleichen Zweck dient die Behandlung mit chem. Mitteln, wie Formaldehyd, Schwefelkohlenstoff, Chlornitrobenzol u. a. Kalkstickstoff, als Dünger ausgebracht, wirkt begrenzt desinfizierend u. abschreckend auf tier. Schädlinge. Vor der Einführung reblausfester Arten wurde der Boden bei Reblausbefall zur Entseuchung mit Schwefelkohlenstoff begast.

Bodeneigenschaften. Der Boden – ein dreiphasiges Stoffgemenge aus festen Bodenbestandteilen, Bodenwasser u. Bodenluft – besitzt eine Vielzahl v. Eigenschaften. Je nach Ansicht des Betrachters lassen sich verschiedenste bodenkundl. Aspekte den B. i. w. S. zurechnen, z. B. der räuml. Aufbau (↗ Bodengefüge), die Verteilung u. die Größe der Poren (↗ Porung, ↗ Porenvolumen), der Luftgehalt (↗ Bodenluft), die Zs. und Größe der festen Bodenpartikel (↗ Bodentextur, ↗ Bodenarten), der Gehalt u. die Verfügbarkeit von Nährstoffen u. Wasser (↗ Bodenwasser, ↗ Wasserhaushalt), die Leistungen der ↗ Bodenorganismen, die ↗ Bodenfruchtbarkeit u. -nutzbarkeit, der Gehalt an organ. Substanz (↗ Humus) u. a. Als wichtige physikal. und chem. B. i. e. S. können die ↗ Bodentemperatur, die ↗ Bodenfarbe, die ↗ Bodenreaktion, der Ionenaustausch u. die Saugspannung des Wassers angesehen werden.

Bodeneis, vorübergehend od. dauernd bestehendes Eis in Frostböden, Aapa- u. Palsenmooren usw. Durch Volumenänderungen des Eises bei starker Abkühlung bzw. beim Gefrieren u. Auftauen können Materialsortierung, Musterbildung (Polygonböden), Eiskeile, Brodelböden und dgl. entstehen (↗ Kryoturbation).

Bodenentseuchung ↗ Bodendesinfektion.

Bodenentwicklung, *Bodengenese, Pedogenese, Bodenbildung,* Entstehung des Bodens aus mineral. und organ. Ausgangssubstanzen durch bodenbildende Prozesse; im Verlauf der B. differenziert sich der Bodenkörper zu einem bestimmten Bodentyp.

1) *Faktoren der B.: Gesteine* liefern die mineral. Bodenbestandteile. Hauptsächlich Silicate sind Substrate für Mineralneubildungen; bei Verwitterungs- od. Umlagerungsprozessen entstehen u. a. die für den Boden wesentl. *Tonminerale.* Carbonatgesteine entwickeln sich wegen der hohen Löslichkeit ihrer Bestandteile nur langsam zu flachgründ. Böden (↗ Rendzina); Carbonatanteile in Silicatgesteinen verzögern die B. so lange, bis die basisch wirkenden Kationen (Ca^{2+}, Mg^{2+}, Na^+, K^+) ausgewaschen sind. Quarz verwittert wegen seiner physikal. und chem. Widerstandsfähigkeit außerordentlich langsam, während Löß als Lockergestein rasch tiefgründig entwickelte Böden liefert. Die Richtung der B. wird durch alle Faktoren u. Prozesse gemeinsam bestimmt, so daß je nach Bedingungen aus demselben Aus-

Bodenentwicklung

gangsgestein verschiedene Bodentypen od. aus unterschiedl. Gesteinen ähnl. Bodentypen entstehen können. Das *Klima* wirkt hpts. über Energieeinstrahlung u. Niederschläge, aber auch durch Wind auf die B. ein. Erhöhte *Bodentemperaturen* beschleunigen normalerweise die Verwitterungs- u. Zersetzungsprozesse, andererseits werden bei Schwankungen um den Gefrierpunkt die Gesteine durch Frostsprengung zermürbt. Starke Temperaturschwankungen bewirken Temperatursprengung. *Niederschläge* gelangen als *Sickerwasser* in den Boden. Von einer günstigen Durchfeuchtung des Bodens hängen Lösungs- u. Transportvorgänge sowie die Tätigkeit der Bodenorganismen ab. *Oberflächenwasser* u. Wind können bereits ausdifferenzierte Böden abtragen (↗ Bodenerosion) u. andernorts das verfrachtete Material ablagern (z. B. Auenböden, Stockwerkprofile). Während im humiden Klima der Bodenwasserstrom bevorzugt nach unten gerichtet ist, kehren sich die Verhältnisse in ariden Klimaten um; gelöste Stoffe (Carbonate u. a. Salze) reichern sich dann in oberflächennahen Horizonten an. Da nicht nur die Prozesse der B., sondern auch die Vegetation vom Klima geprägt werden, entsprechen sich Klimazonen, Vegetationszonen u. Bodenzonen weitgehend. Die Geländeform, das *Relief*, bestimmt vielfach Richtung u. Geschwindigkeit der B. Südexponierte Hänge weisen eher ein trocken-warmes lokales Kleinklima auf, nordexponierte ein kühlfeuchtes (Nordhalbkugel). Wechsel zw. Gefrieren u. Tauen sind an Südhängen häufiger, die sommerl. Oberflächenerwärmung bei dunklem Untergrund insbes. im Gebirge enorm (bis ca. 70° C). Falls es nicht zu trocken ist, erfolgt an Südhängen schnellere B., da die chem., physikal. und biol. Prozesse beschleunigt ablaufen. Mit zunehmender Hangneigung findet überwiegend oberflächenparalleler Transport der Bodenlösung u. des Oberflächenwassers statt. Der Erosionsdruck an Steilhängen ist groß u. in Gebirgslagen oft v. Bodenfließen begleitet. Die Anreicherung der Verwitterungsprodukte erfolgt talwärts, die Ablagerung v. Bodenmaterial am Hangfuß. *Wasser* als universelles Lösungsmittel ist mit verantwortlich für Verwitterung, Mineralneubildung, Zersetzung, Humifizierung, Gefügebildung, Ionenaustausch, Redoxvorgänge u. Bodenleben. Es gelangt als Sickerwasser über die Niederschläge in den Boden, verweilt als Haftwasser an Bodenteilchen und in den Kapillarräumen od. durchsickert den Boden u. verlagert dabei Salze, Carbonate, Ton, Humus, Oxide u. Hydroxide. Bei großer Verdunstung steigt es aufwärts u. reichert Salze, Oxide, Hydroxide u. Carbonate oberflächennah an. Als stagnierendes Grund- od. Stauwasser sorgt es für Redox- u. Diffusionsvorgänge u. für Humusanreicherung. Grundwasser, Stauwasser od. überstauendes Wasser haben so wesentl. Einfluß auf die Differenzierung des Bodenkörpers, daß in der Bodensystematik grundwasserunabhängige (terrestrische) Böden v. (hydromorphen) Grundwasserböden u. (subhydrischen) Unterwasserböden unterschieden werden. Die *Vegetation* u. die *Bodenorganismen* sind die empfindlichsten Parameter der B., da sie ihrerseits v. allen anderen Faktoren u. vom Boden selbst abhängen, diese aber auch entscheidend beeinflussen. Sie bilden mit dem Boden u. der Umwelt ein Ökosystem. Die Vegetation ist nicht selten ein guter Indikator für den Stand der B. (↗ Bodenzeiger). Die pflanzl. Streu, die v. Mikroorganismen u. Kleintieren zu Humus abgebaut wird, stellt die Hauptquelle für die Bildung organ. Bodenbestandteile dar. Menge und Zs. der Streu variieren mit der Pflanzengesellschaft (z. B. stickstoffreiche Streu unter Leguminosen, saure Streu unter Callunaheiden u. Coniferen), entsprechend bilden sich unterschiedl. Humusformen. Gelöste Nährstoffe gelangen über die Wurzel in den Sproß u. kehren mit der Streu nach ihrer Mineralisierung in den Oberboden zurück, unterliegen also einem Stoffkreislauf. Die Pflanzen wirken so der Auswaschung der Nährstoffe entgegen. Pflanzenwurzeln lockern den Boden, sind selbst an der Gesteinsverwitterung beteiligt (Wurzelsprengung) und hinterlassen nach dem Absterben Hohlräume, die Lüftung u. Durchfeuchtung begünstigen. Die Pflanzendecke festigt den Oberboden u. schützt gg. Erosion durch Wind u. Wasser. Das Blattwerk fängt einen Teil der Niederschläge ab (Interzeption) u. absorbiert Sonneneinstrahlung. Auf diese Weise beeinflußt der Bewuchs das bodennahe

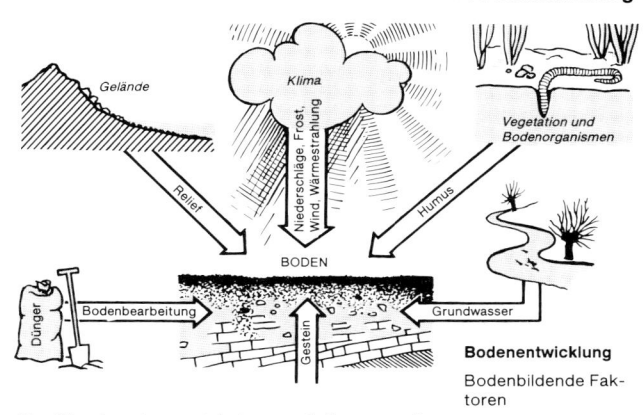

Bodenentwicklung
Bodenbildende Faktoren

Bodenentwicklung

Bodenentwicklung

Eingriffe durch den Menschen: Indirekte Einflüsse haben Rodung, Reliefveränderungen (Terrassierung), Entwässerung, Grundwassernutzung, Gewässerverbauung. Tritt(verdichtung) durch Mensch u. Tier. Neue, anthropogene Böden entstehen bei Abtorfung v. Mooren, Tiefumbruch v. Podsolen, Überschlickung u. Überflutungen, Plaggennutzung usw. Bodenbeeinflussende landw. Maßnahmen sind Pflügen, Düngung, Kalkung, Bewässerung, Humuszufuhr u. Anbaumethoden. Dabei kann es zu Verdichtung, Verschlämmung, Erosion, Aggregatzerstörung, Humusabbau u. Versalzung kommen. Im Oberboden entsteht ein bearbeiteter A_p-Horizont (↗ Bodenhorizonte). Fichten- u. Kiefernkulturen auf forstlich genutzten Böden liefern schwer zersetzbare Streu; Folgen sind Versauerung, Rohhumusbildung u. Podsolierung; Forstdüngung hat gegenteilige Wirkung. Emissionen aller Art gelangen in den Boden und werden hier v. vielfältigen Mechanismen (Adsorption, Fällung, Verharzung) festgehalten, z. B. Auftausalze, Mineralöl, Schwefeloxide als saure Niederschläge, Düngemittel u. Waschmittelphosphate über Oberflächen- u. Abwasser.

Kleinklima. Organische Säuren u. Komplexbildner, die v. Wurzeln u. Mikroorganismen ausgeschieden werden, sind an Verwitterungs- u. Verlagerungsvorgängen wesentl. beteiligt. Kleintiere u. Mikroorganismen vermischen u. verkleben Bodenpartikel zu stabilen Aggregaten. Wühlende Bodentiere, wie Regenwürmer u. Nager, tragen zur B. bei, indem sie den Boden lockern u. mischen (Bioturbation); dabei wirken sie jedoch einer Profildifferenzierung entgegen. Außerordentlich vielschichtig sind die Eingriffe des *Menschen* in die B.
2) *Prozesse der B.:* Die gen. Faktoren bewirken je nach ihrer Kombination spezif. bodenbildende Umwandlungs- u. Verlagerungsprozesse. – *Verwitterung* setzt am Ausgangsgestein an. Bei physikal. Verwitterungsprozessen (Frost-, Temperatur-, Salz- od. Wurzelsprengung) wird das Gestein zerkleinert, wobei selbst Schluff u. Grobton entstehen können. Bei chem., insbes. Lösungsvorgängen werden einzelne Mineralbestandteile verfrachtet u. Minerale neu gebildet. Entsprechend der Löslichkeit nimmt die Auswaschungsgeschwindigkeit v. den Alkalisalzen über Gips, Calcium- u. Magnesiumcarbonate zu den Silicaten ab. Die Entkalkung wird beschleunigt bei niedriger Temp. u. Zufuhr v. Säuren (Kohlensäure, organ. Säuren der Pflanzenwurzeln, saure Niederschläge), da hierdurch die Carbonatlöslichkeit gesteigert wird. Die Entkalkung selbst ist mit einer Versauerung verbunden. Da sich Kieselsäuren nur im sauren Milieu merklich lösen, kann die Silicatverwitterung erst nach der Entkalkung einsetzen. Tropische Böden, bei denen wegen des feucht-warmen Klimas die Silicatverwitterung begünstigt ist, können im Laufe von Jahrmillionen bis zu 60 m tief verwittert sein (↗ Latosole). Aus Fe- und Mn-haltigen Mineralen werden im Verlauf der Lösungsverwitterung Fe- und Mn-Oxide freigesetzt, die dem Boden eine charakterist. Braunfärbung vermitteln. Die *Verbraunung* ist häufig ein gutes Merkmal für den Verwitterungszustand des Bodens. Eng verbunden mit der Lösung u. Verlagerung v. Mineralbestandteilen sind die Umwandlung u. Neubildung v. mehrschicht. Tonmineralen, welche für den Wasser- u. Ionenhaushalt des Bodens v. entscheidender Bedeutung sind. Zunehmende Tonbildung wird als *Verlehmung* bezeichnet. – *Humusbildung:* Organ. Substanzen pflanzl. oder tier. Herkunft werden größtenteils völlig abgebaut (mineralisiert), z. T. aber auch beim Abbau in Huminstoffe umgewandelt. Huminstoffe u. Streureste bilden den Humuskörper. Ausgangsstoffe u. Standortverhältnisse bestimmen die *Humusform* des Bodens mit charakterist., aufeinanderfolgenden Horizonten. Unzersetzte od. wenig zersetzte Streu liegt dem Boden als *Rohhumus* auf (L- oder O-Horizont). *Moder* besteht aus stärker zersetzter Streu in der Humusauflage, Huminstoffe sind in den obersten mineral. Horizont bereits eingearbeitet (O- und A_h-Horizont). Beim *Mull* fehlt die Humusauflage; Humine u. Tonminerale sind im stark ausgeprägten A_h-Horizont eng miteinander verbunden. Humusbildung ist im wesentlichen das Werk zersetzender u. durchmischender Bodenorganismen. Unter anaeroben Bedingungen stauenden Grundwassers od. bei Unterwasserböden bilden sich hydromorphe Humusformen mit schwach zersetzter organ. Substanz (Anmoor, Torf, Dy, Gyttja, Sapropel). – *Gefügebildung:* Mineralische u. organ. Bestandteile bilden miteinander ein räumlich geordnetes Gefüge. Für die Verkittung der Partikel zu *Aggregaten* sind die zw. ihnen wirksamen Kräfte verantwortlich. Sandböden besitzen Einzelkorngefüge, humusreiche Böden ein Koagulatgefüge. Feinsandreiche, humose Böden weisen meist ein Krümelgefüge auf, an dessen Entstehung Regenwürmer beteiligt sind (Wurmlosungsgefüge). Ein lockeres Bodengefüge begünstigt wegen der guten Durchlüftung zahlr. Entwicklungsprozesse. Tonreiche Böden weisen im gequollenen Zustand ein Kohärentgefüge auf, bei Trocknung u. Schrumpfung kommt es zur Absonderung v. prismen- od. polyederförm. Aggregaten. – *Tonverlagerung, Lessivierung:* Partikel der Tonfraktion sowie Fe- und Al-Oxide u. -hydroxide werden bei guter Wasserführung u. Dränung in Grob- u. Mittelporen od. Schwundrissen nach unten verlagert. Mobilisiert, d. h. dispergiert werden diese Partikel erst dann, wenn koagulierende Agenzien, insbes. Ca^{2+} oder Al^{3+}, fehlen. Tonverlagerung setzt deshalb erst nach Entkalkung bzw. bei Versauerung des Bodens ein. Bei starker Versauerung (pH < 5) verhindern freiwerdende Al^{3+}-Ionen die weitere Dispergierung. Auch hohe Salzkonzentrationen wirken koagulierend. Abgelagert werden die verfrachteten Partikel, wenn im Unterboden die Konzentration an Ca^{2+}-Ionen od. Salzen zunimmt, die Poren sich verengen od. blind enden. Die blättchenförm. Minerale lagern sich meist oberflächenparallel in den Transportbahnen als Tonbeläge od. Tonbänder ab. Typische lessivierte Böden sind die Parabraunerden der kühl-humiden Klimate od. die Acrisole im warmen Klima mit jeweils einem ausgewaschenen (lessivierten) B_l-Horizont u. einem mit Ton angereicherten B_t-Horizont. – *Podsolierung:* Niedermolekulare organ. Verbindungen, die aus Pflan-

zenwurzeln freigesetzt werden od. bei der Streuzersetzung als Huminstoffe anfallen, bilden mit Fe^{2+}- und Al^{3+}-Ionen wasserlösliche metallorgan. Komplexverbindungen. Diese werden mit dem Sickerwasser, ähnlich wie Tonminerale, nach unten verlagert. Da die Metallionen erst bei der Silicatverwitterung frei werden, ist Podsolierung nur im sauren Boden möglich. Zumeist entsteht die Versauerung durch eine Vegetation, die nährstoffarme, schwer zersetzbare Streu erzeugt (Heide, Nadelwälder). Zur Ablagerung kommt es im Unterboden, wenn der pH-Wert bzw. der Kalkgehalt steigt od. die wasserlösl. Komplexverbindungen aus anderen Gründen zerfallen od. ausflocken. Der obere, an Humus verarmte Eluvialhorizont (A_e-Horizont) bleicht aus; im Illuvialhorizont (B_h-Horizont) lagert sich Humus ab (Humuspodsol, Orterde); oft ist Fe so stark angereichert, daß es zu einer Verfestigung kommt (Eisen-Humus-Podsol, Ortstein). – *Hydromorphierung:* Grund- od. Stauwasser dicht unter Flur beeinflussen die Profildifferenzierung, weil anaerobe (reduzierende) u. aerobe (oxidierende) Bedingungen aneinandergrenzen. Fe- und Mn-Oxide werden bei Sauerstoffmangel reduziert u. bilden mit niedermolekularen organ. Verbindungen wasserlösl. Komplexe. Dabei ändert sich die Stoffverteilung im Boden. Bei typ. *Vergleyung* bildet sich im Bereich des gleichmäßig stagnierenden Grundwassers ein gebleichter, durch Verarmung an Metalloxiden u. Entstehung fahlgrün gefärbter Fe-Hydroxide gekennzeichneter Reduktionshorizont (G_r-Horizont); darüber reichern sich durch kapillaren Transport verlagerte u. durch Oxidation ausgefällte Fe- und Mn-Oxide an, die dem Oxidationshorizont (G_o-Horizont) eine rot- bis schwarzbraune Färbung verleihen. Bei guter Wasser- u. Luftdurchlässigkeit im Oberboden kann sogar ein verfestigter Anreicherungshorizont entstehen (Raseneisenstein). Schwankende Wassersättigung führt zur *Pseudovergleyung*. Im Bereich wechselnder Vernässung u. Austrocknung entsteht ein marmorierter Horizont, in dem Rostflecken u. gebleichte Zonen nebeneinanderliegen. – *Carbonatisierung:* Neben völliger Auswaschung v. Carbonaten (Entkalkung) ist auch deren Verlagerung bzw. Anreicherung in verschiedenen Horizonten möglich. In trockenem Klima mit geringen Sickerwassermengen werden die gelösten Hydrogencarbonate im Unterboden wieder ausgefällt u. akkumuliert, teils als Konkretionen in Hohlräumen od. bei gleichmäß. Verteilung als verfestigte Kalkbänke. Aus kalkhalt. Grundwasser kann an der Bodenoberfläche bei CO_2-Entzug (Photosynthese der Pflanzen) Carbonat ausfallen (Wiesen- od. Almkalk). Ebenso kann in ariden Gebieten mit aufwärtsgerichtetem Bodenwasserstrom an der Oberfläche Kalk in Form v. Krusten angereichert werden. – *Versalzung:* Sie ist im humiden Klima nur im Küstenbereich (Marschböden) od. in der Nähe salzhalt. Quellen anzutreffen. Zunehmend erhöht sich die Salzbelastung zahlr. Binnenlandböden mit steigender Salzfracht in Flüssen durch Verregnung Na-haltiger Abwässer u. durch Auftausalze. Arides Klima begünstigt die Salzanreicherung, da bei der hohen Verdunstung die gelösten Ionen im Oberboden zurückbleiben. Salze können über Niederschläge (verfrachtete Meeresgischt) od. mit Oberflächenwasser herbeitransportiert werden sowie aus geolog. Ablagerungen mit dem Grundwasser aufsteigen; es entstehen Alkaliböden. Mit der Bewässerung u. Landnutzung in ariden Gebieten stellt sich grundsätzlich das Problem der künstl. Versalzung, die schwer reversible Bodenschädigung u. Ertragsminderung nach sich zieht. – *Turbationen:* Innerhalb eines Bodenhorizonts od. über die Horizontgrenze hinaus wird Bodenmaterial vermischt durch wühlende Bodentiere (Bioturbation, ↗Bodenorganismen), durch wiederholtes Schrumpfen und durch Quellen, die Hydroturbation, oder durch Eisbildung und durch Tauen die Kryoturbation.

Lit.: *Kuntze, H.*, u. a.: Bodenkunde. Stuttgart ²1981. *Scheffer, F., Schachtschabel, P.*: Lehrbuch der Bodenkunde. Stuttgart 1982. *R. K.*

Bodenerosion, Bodenabtrag durch Wind *(Deflation)* od. Wasser. *Wasser* wirkt erodierend, wenn große Niederschlagsmengen oberflächlich abfließen. Dies ist der Fall in ariden, vegetationsarmen Gebieten, wo periodisch od. episodisch Starkregen niedergehen, aber auch in unseren humiden Breiten, in denen der Mensch durch Rodung u. Ackerbau nacheiszeitlich große Bodenflächen freilegte. Die Transportkraft nimmt mit der Fließgeschwindigkeit zu; folglich sind Hänge bes. erosionsgefährdet. Feinkörnige Bodenpartikel (Ton, Schluff) werden leichter umgelagert als gröbere, insbes. wenn die Bodenaggregate wenig stabil sind. *Wind* verweht trockene, lose Bodenpartikel der Bodenoberfläche. Mit zunehmender Geschwindigkeit u. Turbulenz des Windes geraten Partikel bis zur Sandkorngröße in rollende, springende, schwebende Bewegung. Großflächig ebene u. vegetationsarme Zonen, wie polare Kaltwüsten, Küsten, aride Sand- od. Geröllwüsten u. Steppen, sind starker Winderosion ausgeliefert. In Erosionsgebieten bleiben meist die gröberen Korn-

fraktionen zurück. Eine Bodenentwicklung unterbleibt oft ganz.
Bodenerschöpfung, die ↗Bodenmüdigkeit.
Bodenertrag, das Ernteergebnis auf einer Bodenfläche; hängt u.a. von Bodenfruchtbarkeit, Klima, Bearbeitung u. Düngung ab.
Bodenfarbe, physikal. Bodeneigenschaft; eignet sich in vielen Fällen als Hilfsmittel der Diagnose u. Beschreibung v. Böden u. Bodenhorizonten. Je nach Gehalt an organ. Substanz ergibt sich eine graue, braunschwarze od. schwarze Färbung. Verwitterte Böden verbraunen, weil Eisen- u. Manganoxide u. -hydroxide entstehen. Warmes Klima begünstigt die Bildung leuchtend rot gefärbter Eisenverbindungen (Latosole, Terra rossa). Bleiche Horizonte zeigen Verlagerungsprozesse (z.B. Humusverlagerung in Podsolen) od. reduzierende Verhältnisse (in Gley od. Pseudogley) an. Von der Farbe ist die ↗Bodentemperatur abhängig.
Bodenfauna ↗Bodenorganismen.
Bodenfeuchte ↗Bodenwasser.
Bodenfließen, *Solifluktion,* Abrutschen auftauenden Oberbodens über gefrorenem Untergrund. B. ist zu finden bei arkt. und subarkt. Permafrostböden u. unter entsprechenden Klimabedingungen im Gebirge.
Bodenflora ↗Bodenorganismen.
Bodenform, Kennzeichnung eines Bodens nach Bodentyp u. Ausgangsgestein, z.B. Syrosem aus Granit, Rendzina aus Dolomit, Braunerde aus Gneis, Eisen-Humus-Podsol aus Heidesand usw.
Bodenfrost ↗Frost.
Bodenfruchtbarkeit, Fähigkeit des Bodens, Pflanzen als Standort zu dienen u. Pflanzenerträge zu erzeugen. Als wichtigste Standortfaktoren sind die Versorgung mit Nährstoffen u. Wasser, der Wärmehaushalt, die Durchlüftung u. die Durchwurzelbarkeit des Bodens anzusehen. Darüber hinaus bestimmen bodenfremde Einflüsse, wie Klima, Bodenbearbeitung, Düngung, Pflegemaßnahmen, die Kulturpflanzen- u. Sortenwahl, die Wuchsleistung, so daß B. und Ertragsfähigkeit nicht gleichzusetzen sind. Für die Praxis wurden einheitl. Regeln der Bodenschätzung entwickelt (↗Bodenbewertung).
Bodengare, Zustand des Bodens mit den günstigsten physikal. und chem. Eigenschaften für den Pflanzenwuchs. Garer Boden ist dunkel wegen Humusreichtums, besitzt eine lockere Krümelstruktur u. ist durch intensive Tätigkeit der Bodenorganismen gekennzeichnet. Actinomyceten u. Pilze erzeugen Abbauprodukte, die den typ. Erdgeruch verursachen. Beschattung

Bodenhorizonte
Beispiele für gebräuchliche Horizontbezeichnungen (Gebrauch nicht einheitlich)

Haupthorizonte
L unzersetzte Streu (engl. litter)
O organ. Horizont, dem Mineralboden aufliegend
A oberster mineral. Horizont, mit organ. Substanz gemischt, „Oberboden"
E Eluvialhorizont, durch Auswaschung verarmt an organ. Substanz, Ton, Fe- od. Al-Verbindungen
B mineral. Horizont unter A- od. E-Horizont, „Unterboden"
C Ausgangsgestein, aus dem der Boden entstanden ist, „Untergrund"
D Gesteinsuntergrund, aus dem der Boden nicht entstanden ist
G vom Grundwasser beeinflußter Horizont (G von Gley)
S Stauwasserhorizont
T Torfhorizont im Grundwasserbereich

durch dichtes Blattwerk mindert die Planschwirkung des Regens u. schützt gg. Austrocknung *(Schattengare);* Kalkung, Fruchtwechsel, Grün- u. Stallmistdüngung, Bodenlockerung usw. wirken ebenfalls förderlich *(Bearbeitungsgare),* Auftauen nach Frost begünstigt die Krümelbildung *(Frostgare).*
Bodengefüge, *Bodenstruktur,* räuml. Anordnung der verschieden geformten u. unterschiedlich großen Bodenbestandteile. Zwischen den festen Bestandteilen bleiben die Bodenporen frei (↗Porung, ↗Porenvolumen). Die Gefügeformen u. die Verteilung u. Gestalt der Poren beeinflussen den Wasser-, Luft-, Wärme- u. Nährstoffhaushalt u. indirekt die biol. Aktivität u. die Erodierbarkeit des Bodens.
Bodengenese, die ↗Bodenentwicklung.
Bodengeschichte, Ablauf der Bodenentwicklung, im allg. in der Zeitspanne v. geolog. Epochen. Ausgehend v. Rohböden, bilden sich differenziertere Bodentypen über Zwischenformen, z.B. Syrosem → Pararendzina → Schwarzerde → Parabraunerde → Pseudogley. Solche Entwicklungsreihen (Sukzessionen) hängen vom Ausgangsgestein u. von den bodenbildenden Faktoren ab. Geologisch ältere Böden *(Paläoböden)* können v. jüngeren rezenten Böden überlagert sein u. als sog. *fossile Böden* unverändert erhalten bleiben. Sie können aber auch, falls sie erneut an die Erdoberfläche geraten, als sog. *Reliktböden* weitere Entwicklungsprozesse durchmachen. Die Klimabedingungen des Pleistozäns (Eiszeit mit eingeschalteten Warmzeiten) u. des Holozäns (Nacheiszeit) haben in den jeweils sich entwickelnden Böden ihre Spuren hinterlassen. Beispielsweise entstanden in der wärmsten u. trockensten Nacheiszeit, dem ↗Boreal, in Dtl. stellenweise Schwarzerden, die sich unter den heutigen, gemäßigten Klimabedingungen nicht entwickeln können.
Bodenhorizonte, horizontal od. parallel zur Bodenoberfläche verlaufende, einheitl. Lagen, die aus Prozessen der Bodenentwicklung hervorgegangen sind. ↗Bodenprofil, ↗Bodentypen.
Bodenimpfung, künstl. Einbringen v. Bodenmikroorganismen in den Boden, z.B. Knöllchenbakterien (*Rhizobium*-Arten) vor der Aussaat von Schmetterlingsblütlern (Soja, Klee, Lupine). Die in Symbiose mit den Pflanzenwurzeln lebenden Mikroorganismen fixieren den Luftstickstoff u. ermöglichen den Pflanzen eine gesteigerte Proteinproduktion.
Bodenklasse, Begriff der Bodensystematik, Gruppe ähnl. Bodentypen, z.B. Auenböden, Marschböden, Stauwasserböden, Grundwasserböden, Rohböden usw.

Bodenklassifizierung ↗Bodensystematik.
Bodenklima, Klima des Erdbodens u. der bodennahen Luftschicht; wichtig für Bodenentwicklung, Pflanzenwachstum u. Tätigkeit der Bodenorganismen. ↗Mikroklima.
Bodenkolloide, Bodenbestandteile kleiner als 2 µm; Tonminerale, mineralische Oxide und Hydroxide sowie Huminstoffe. In einer neutralen, stark verdünnten, salzarmen Bodenlösung liegen die B. fein verteilt vor (Peptisation). Bei hoher Konzentration (Austrocknung), in saurer od. salzhalt. Lösung flocken die Teilchen wegen ihrer Oberflächenladung aus (Koagulation); dies beeinflußt die Gefügebildung. Durch intensive Organismentätigkeit (z. B. Regenwürmer) entstehen als organo-mineral. Verbindungen *Ton-Humus-Komplexe,* die ein stabiles Krümelgefüge ergeben. Auf die vielen, überwiegend negativen Oberflächenladungen der B. ist die Sorptions- u. Austauschfähigkeit des Bodens für Kationen zurückzuführen.
Bodenkunde, *Pedologie,* Wiss., die sich mit den Bestandteilen u. Eigenschaften des Bodens, seiner Entstehung u. Veränderung sowie der Zuordnung zu Bodentypen befaßt. Empirische B. bereits bei Griechen u. Arabern; naturwiss. Rang erhielt die B. mit zunehmender Intensivierung der Landw. erst gg. Mitte des 19. Jh. durch Arbeiten russ. Forscher. Teilgebiete u. Randwiss.: Allgemeine B. (Reine B., Bodengenetik, Bodensystematik), Angewandte B., Agrikultur u. Agrikulturchemie, Bodengeographie, Bodenphysik, Bodenbiologie, Bodenökologie, Geobotanik, Klimatologie, Geologie, Mineralogie u. a.
Lit.: *Kuntze, H.,* u. a.: Bodenkunde. Stuttgart ²1981. *Scheffer, F., Schachtschabel, P.:* Lehrbuch der Bodenkunde. Stuttgart 1982.

Bodenleben, Tätigkeit der ↗Bodenorganismen.
Bodenlockerung ↗Bodenbearbeitung.
Bodenluft, Luft, die das Porensystem des Bodens ausfüllt. In dem Maße, wie der Boden Wasser aufnimmt, wird die B. verdrängt; bei Wassersättigung ist das Luftvolumen minimal; allerdings bleibt Luft im Wasser gelöst. Eine Vielzahl aerob lebender Bodenorganismen u. die Pflanzenwurzeln benötigen ausreichend Sauerstoff für ihre Lebenstätigkeit *(Bodenatmung).* Unter Bedingungen des Luftabschlusses geraten viele Abbauprozesse ins Stocken, bestenfalls Gärungen u. Fäulnisvorgänge sind noch möglich. Unter Wasser bilden sich Humussonderformen (Dy, Sapropel, Torf). Im Bereich stauenden Grundwassers werden Fe- und Mn-Oxide reduziert (Reduktionshorizont bei Gley u. Pseudogley). Aufgrund der Organismentätigkeit ist die B. im Vergleich zur atmosphär. Luft um ein Vielfaches mit Kohlendioxid angereichert. Die Luftdurchlässigkeit hängt ähnlich wie die Wasserdurchlässigkeit v. der Gestalt u. dem Gesamtvolumen der Bodenporen u. damit weitgehend v. der Bodenart ab. Sandböden sind gut, Lehm-, Schluff- und Tonböden in abnehmender Reihenfolge schlechter belüftet. Landw. Nutzung erfordert meist regelmäßige Bodenlockerung; Verdichtung durch Tritt od. schwere Landmaschinen sowie Verschlämmungen sind dem Pflanzenwuchs abträglich.

Bodenhorizonte
Zusatzbezeichnungen

a aufgeweichter, tonreicher Horizont (B_a)
al Anreicherung von Al-Verbindungen (B_{al})
ca Anreicherung v. Carbonaten (A_{ca})
e gebleicht durch Auswaschung v. Humus (A_e)
f fermentiert, zersetzt (O_f)
fe Anreicherung v. Fe-Verbindungen (B_{fe})
h humifizierte, gut zersetzte organ. Substanz od. Humusanreicherung nach Verlagerung (O_h, A_h, B_h)
l lessiviert (ausgewaschen), aufgehellt durch Tonverlagerung (B_l)
o oxidiert (G_o)
p durch Pflügen verändert (A_p)
r reduziert (G_r)
sa Salzanreicherung durch Verlagerung (A_{sa})
t Tonanreicherung durch Verlagerung (B_t)
v verwittert, verbraunt, Tonmineralneubildung (B_v)

Bodenmikrobiologie, Teilgebiet der Mikrobiologie, das sich mit den im Boden lebenden Mikroorganismen (z. B. Bakterien, Pilze, Algen, Flechten u. Protozoen) u. ihrem Einfluß auf Boden u. Pflanzen befaßt. ↗Bodenorganismen.
Bodenmüdigkeit, *Bodenerschöpfung,* das Nachlassen des Ertrags bei wiederholtem Anbau derselben Nutzpflanzenart. Ursachen sind z. B. einseitiger Nährstoffentzug, Mangel an Spurenelementen, Anreicherung v. hemmenden Wurzelausscheidungen, Vermehrung bestimmter Schädlinge. Einige Kulturarten sind sehr empfindlich (Klee, Rüben, Lein, Erbsen) u. erfordern ständigen Fruchtwechsel, andere, wie Roggen, Hafer, Mais, Kartoffeln, sind relativ „selbstverträglich". Im Obstbau spricht man v. *Baummüdigkeit;* Kernobst sollte nicht auf Steinobst folgen.
Bodennährstoffhaushalt ↗Nährstoffhaushalt des Bodens.
Bodennutzung, Bewirtschaftung des Bodens mit dem Ziel, einen Pflanzenertrag zu gewinnen: Acker-, Garten-, Obst- u. Zierpflanzenbau, Baumschulen, Grünlandnutzung u. Forstwirtschaft. Daneben gibt es zahlr., besondere landw. Nutzungsformen wie Anbau v. Reben, Kaffee, Tee, Tabak, Bananen, Oliven, Baumwolle u. a. Ein geringer Anteil bewirtschafteter u. bepflanzter Flächen wird für Erholung, Freizeit u. Kultur genutzt: Sport- u. Spielanlagen, Parks, Ausstellungsflächen, Friedhöfe usw.
Bodennutzungssystem, Nutzungsart des Bodens: Acker-, Garten- u. Obstbau, Anbau v. Sonderkulturen, Gewächshauskultur, Weidewirtschaft, Forstwirtschaft, Reutewirtschaft u. a. Auch bes. Formen dieser Nutzungsarten sind als B. zu verstehen: Dreifelderwirtschaft, Fruchtwechsel, Extensivweide, Plenterwirtschaft usw.
Bodenökologie *w* [v. gr. oikos = Haus, logos = Kunde], Wiss. von den Wechselwirkungen zw. dem Boden, den darauf wachsenden Pflanzen, den im Boden lebenden Organismen u. dem Klima.
Bodenorganismen, *Edaphon,* Gesamtheit der im Boden lebenden Lebewesen (ohne

Bodenorganismen

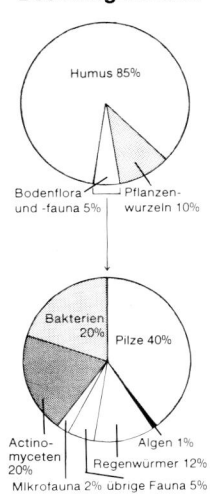

Bodenorganismen
Beispiel für die Zusammensetzung der organ. Substanz eines Grünlandbodens (Prozentangaben in Gewichtsprozent der Trockensubstanz)

die Wurzeln höherer Pflanzen). Sie besiedeln hpts. die luft- u. wassergefüllten Hohlräume des streu- u. humusreichen Oberbodens (O- und A-Horizont), weniger den Unterboden (B-Horizont). Ihre Haupttätigkeit ist die Humifizierung u. Mineralisierung toter organ. Substanz; sie beeinflussen hierdurch entscheidend den Nährstoffhaushalt u. die Fruchtbarkeit des Bodens. Der Anteil der B. an der Masse der gesamten organ. Substanz eines Bodens unserer gemäßigten Breiten beträgt ca. 5% (Humus 85%, Pflanzenwurzeln 10%). Verschiedene Bodeneigenschaften stimulieren od. hemmen die Organismentätigkeit (Feuchtigkeit, Temperatur, Bodenreaktion, Porenvolumen usw.). Man teilt die B. in pflanzliche (Bodenflora) u. tierische B. (Bodenfauna) ein. 1) *Bodenflora:* Hierzu zählt man allg. auch alle nichttier. Mikroorganismen: Bakterien (einschl. der Actinomyceten), Cyanobakterien (Blaualgen), Pilze, Algen u. Flechten. Sie überwiegen sowohl zahlenmäßig als auch mit ihrer Gesamtmasse die tierischen B. Die *Bakterien* sind mit zahlr. Gatt. vertreten. Die meisten v. ihnen leben saprophytisch, d.h., sie gewinnen ihre Energie durch den Abbau toter organ. Substanz *(Pseudomonas, Arthrobacter, Achromobacter, Bacillus, Micrococcus, Flavobacterium* u.a.). Einige Gatt. sind jedoch Stoffwechselspezialisten. So benötigen manche Bakterien nur anorgan. Verbindungen zum Wachstum od. können molekularen Stickstoff assimilieren. Die ↗nitrifizierenden Bakterien *(Nitrosomonas, Nitrobacter)* oxidieren Ammonium (aus Proteinabbau u. mineral. Stickstoffdüngern) u. Nitrit zu Nitrat. Dadurch kann der Bodenstickstoff leichter ausgewaschen werden. Schwefel-, Eisen-, Manganbakterien vermögen in ihrem chemoautotrophen Stoffwechsel S^{2-}-, Fe^{2+}- und Mn^{2+}-Verbindungen zu oxidieren. Die Stickstoffixierer, die den Luftstickstoff binden, stellen eine wichtige Stickstoffquelle des Bodens dar. Sie leben entweder frei *(Azotobacter, Azotomonas, Beijerinckia, Clostridium)* od. symbiontisch in Leguminosenwurzeln *(Rhizobium). Pseudomonas denitrificans, Achromobacter* u. andere Bakterien, die bei guter Durchlüftung (aerobe Bedingungen) eine Sauerstoffatmung ausführen, stellen bei Sauerstoffmangel ihren Stoffwechsel fakultativ auf die anaeroben Bedingungen um. Sie reduzieren dann Nitrat zu molekularem Stickstoff, der in die Atmosphäre entweicht. Schlechte Durchlüftung führt deshalb zu Stickstoffverlusten im Boden (Denitrifikation). *Actinomyceten* verwerten als aerob lebende Saprophyten u.a. auch schwer abbaubare pflanzl. Stoffe, wie Cellulose, Lignin sowie Chitin u. höhermolekulare Humusstoffe. Dabei erzeugen sie, ähnlich wie die Pilze, Humine (z.T. stickstoffhaltig) u. verleihen dem Boden den charakterist. Erdgeruch (↗Bodengare, ↗Geosmin). Einige Actinomyceten binden in Symbiose mit Nichtleguminosen den Luftstickstoff, z.B. *Frankia*-Arten in den Wurzeln v. Sanddorn u. Erle. – Die *Pilze* durchziehen den Boden mit ihrem weitverzweigten Mycel. Sie leben aerob u. heterotroph, meist saprophytisch. In sauren Böden sind Bodenpilze gewöhnlich zahlreicher als Bakterien vertreten. Einige Vertreter der Schimmelpilze *(Mucor, Penicillium, Aspergillus)* erzeugen vermutlich im Boden Antibiotika. Zersetzt werden Cellulose, Pektine, Hemicellulose; einige Ständerpilze (Basidiomyceten) können auch Lignin abbauen. Eine große Zahl v. Pilzen lebt als ↗Mykorrhiza in Symbiose mit Pflanzenwurzeln. – Photosynthetisch aktive Mikroorganismen, v.a. *Algen,* finden sich wegen ihres Lichtbedarfs nur an der Oberfläche od. im Wasser überschwemmter Böden. Am häufigsten sind Blaualgen

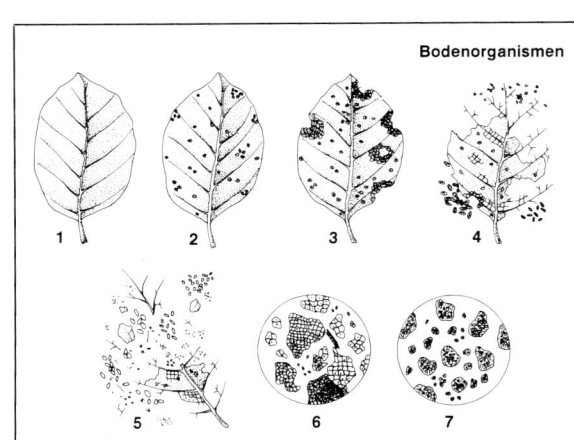

Bodenorganismen *Streuzersetzung durch Bodenorganismen am Beispiel eines Buchenblattes*
1 Frisch gefallenes Blatt. **2** Springschwänze u. Hornmilben greifen die Blattepidermis an *(Fensterfraß).* Das Blatt wird v. Bakterien (bes. Actinomyceten) besiedelt. **3** Zweiflüglerlarven, Springschwänze u. Milben durchlöchern das Blatt *(Lochfraß).* **4** Das Blattgewebe wird v. Insektenlarven bis auf die Leitbündel angefressen *(Skelettfraß),* Kotballen bleiben zurück, Actinomyceten u. Pilze durchziehen die Blattreste mit ihrem Mycel. **5** Kotballen der ersten Zersetzer verkleben mit Geweberesten; das Gemenge wird v. Bakterien zersetzt, v. Regen- u. Borstenwürmern gemeinsam mit Mineralpartikeln gefressen u. als Kot verändert wieder ausgeschieden. **6** Mischung v. Mineralpartikeln mit Abbauprodukten der Streu im Darm v. Regenwürmern, Bildung v. Ton-Humus-Komplexen. **7** *Mull:* weitgehend zu Huminstoffen abgebaute organ. Substanz, chem. verbunden mit Tonpartikeln zu Ton-Humus-Komplexen nach intensiver mikrobieller Zersetzung u. mehrmaliger Passage des Regenwurmdarms; Krümelbildung.

(Cyanobakterien), Grünalgen, seltener die Kieselalgen od. phototrophe Bakterien. Einige Cyanobakterien u. Algen sind befähigt, außergewöhnl. Bedingungen, wie Austrocknung od. hohe u. tiefe Temperaturen, zu überdauern. Sie können deshalb als Pioniere Extremstandorte, z. B. Gesteine, besiedeln u. die Bodenbildung einleiten. Viele Blaualgen (z. B. *Nostoc, Calothrix, Anabaena)* besitzen auch die Fähigkeit, den Luftstickstoff zu binden. Krankheitserregende Mikroorganismen kommen ebenfalls im Boden vor, z. B. der Erreger des Wundstarrkrampfes *(Clostridium tetani),* des Gasbrandes *(Clostridium*-Arten) u. auch viele pflanzenschädigende Bakterien (z. B. *Agrobacterium)* und Pilze. – Die *Flechten,* eine symbiont. Verbindung aus Algen u. Pilzen, haben unter gemäßigten Bedingungen nur wenig Anteil am Bodenleben. Wegen ihrer außerordentl. Widerstandskraft u. Anspruchslosigkeit dringen sie aber als Vorposten des Lebens am weitesten in die Kältewüsten der Hochgebirge u. der arkt. Klimazonen vor u. besiedeln dort Gesteine u. Rohböden. 2) *Bodenfauna:* sie wird nach der Größe der B. eingeteilt. Zur *Mikrofauna* (kleiner als ca. 0,2 mm) zählen Protozoen u. Nematoden. Der Lebensraum der einzell. Protozoen (Flagellaten, Ciliaten, Rhizopoden) sind die wassergefüllten Bodenporen. Sie ernähren sich saprophytisch v. Tier- u. Pflanzenrückständen od. räuberisch v. Bakterien. Bei ungünst. Bedingungen, z. B. Trockenheit, bilden sie Chitinkapseln (Cysten), in denen sie jahrelang überdauern können. In 1 g Wiesenboden wurden 50 000 Protozoen u. 90 000 Protozoencysten gefunden. *Nematoden* (Fadenwürmer) leben saprophytisch od. parasitisch v. Pflanzenwurzeln. In ackerbaul. Monokulturen können sie wegen starker Vermehrung Schäden anrichten. Dem sucht man mit Fruchtwechsel od. chemischen Mitteln (Nematiziden) zu begegnen. Zur *Mesofauna* (0,2 mm bis ca. 2 mm) rechnet man größere Nematoden, Mikroarthropoden (Gliederfüßer) mit Milben, insbes. Hornmilben, u. Springschwänzen als Hauptvertreter, ferner Bärtierchen, Rädertierchen u. kleine Borstenwürmer. Sie leben saprophytisch od. als Räuber v. der Mikrofauna u. -flora. Die *Makrofauna* (2 mm bis 20 mm) umfaßt Borstenwürmer, Schnecken u. den großen Tierstamm der Gliederfüßer mit Spinnen, Tausendfüßern, Landasseln u. Insekten. Viele Insekten verbringen lediglich ihre Larven- od. Puppenstadien im Boden, sind also nur temporär Bodentiere. Die zur Makrofauna gehörenden B. haben außerordentlich vielfält. Lebensformen u. Lebensweisen entwickelt. Ihr Einfluß auf die Bodenentwicklung ist deshalb vielgestaltig. Als *Megafauna* (größer als 2 cm) bezeichnet man große Schnecken, Regenwürmer, Großarthropoden u. Wirbeltiere, die ganz od. teilweise im Boden leben (Wühlmäuse, Maulwürfe, Kaninchen, Hamster, Ziesel, Spitzmäuse, diverse Mausarten u. einige Großsäuger). Die *Regenwürmer* machen den größten Teil der Megafauna aus u. nehmen im Bodenleben einen wichtigen Platz ein. Sie graben bis in 1 m Tiefe reichende Röhren u. verbessern damit die Wasserführung u. Belüftung des Bodens. Organ. und mineral. Bodenbestandteile werden im Wurmdarm aufs innigste vermischt u. als Kotballen (Wurmlosung) auf der Bodenoberfläche zurückgelassen. Wühlende u. grabende Wirbeltiere lockern u. durchmischen ebenfalls die oberen Bodenhorizonte (↗Bioturbation). Sie sind wesentlich an der Bildung von tiefgründigen Schwarzerden beteiligt.

Lit.: *Brauns, A.:* Praktische Bodenbiologie. Stuttgart 1968. *Franz, H.:* Die Bodenfauna der Erde in biozönotischer Betrachtung. 2 Teile. Wiesbaden. *Herbke, G.,* u. a.: Die Beeinflussung der Bodenfauna durch Düngung. Hamburg 1962. *Kühnelt, W.:* Bodenbiologie. Wien 1950. *Schaller, F.:* Die Unterwelt des Tierreichs. Heidelberg 1962. *Topp, W.:* Biologie der Bodenorganismen. Heidelberg 1981.   R. K.

Bodenpflege ↗Bodenbearbeitung.
Boden-pH-Wert ↗Bodenreaktion.
Bodenpilze, mit 40% der größte Anteil der ↗Bodenorganismen.
Bodenprobe ↗Bodenuntersuchung.
Bodenprofil, Vertikalschnitt durch einen Bodenkörper; die Abfolge der ↗Bodenho-

Bodenprofil

Entwicklung eines *Podsols* aus Silicatgestein in humidem Klima

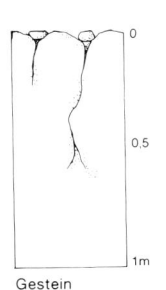

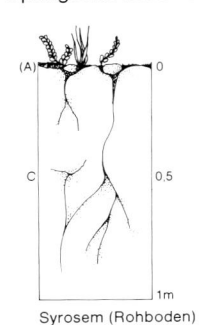

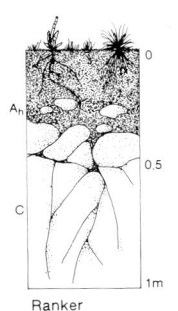

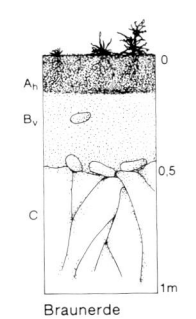

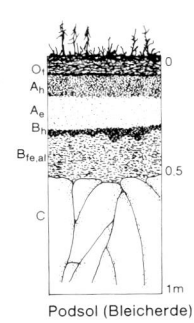

Gestein | Syrosem (Rohboden) | Ranker | Braunerde | Podsol (Bleicherde)

Bodenreaktion

rizonte. Gleiche, häufig wiederkehrende Horizontkombinationen werden zu ↗Bodentypen zusammengefaßt.

Bodenreaktion, Konzentration der Wasserstoffionen (H^+) im Boden *(Bodenacidität);* Maß für die B. ist der ↗pH-Wert. Ein Teil der H^+-Ionen ist an Bodenkolloide gebunden u. kann im Austausch gg. andere positiv geladene Ionen, wie Na^+, K^+, Ca^{2+}, Mg^{2+}, Al^{3+} (Bodenbasen, da sie basisch wirken), frei werden. Umgekehrt können H^+-Ionen im Austausch gegen solche Ionen adsorbiert werden. Entsprechend nimmt die ↗Basensättigung ab. Auf diesen Ionenaustausch ist auch die Puffereigenschaft des Bodens zurückzuführen. *Bodenversauerung:* H^+-Ionen entstehen im Boden dadurch, daß das Kohlendioxid der Bodenluft mit der Bodenlösung Kohlensäure bildet. In unmittelbarer Nähe der atmenden Pflanzenwurzel entsteht vermehrt Kohlendioxid bzw. Kohlensäure. Beim Streuabbau werden (organische) Humin- u. Fulvosäuren gebildet. Zunehmend gelangen auch schwefeloxidhaltige „saure Regen" in den Boden. Dem Angebot an H^+-Ionen steht zunächst meist eine ausgleichende Menge an Carbonaten u. Bodenbasen gegenüber, die eine basische od. neutrale Reaktion des Bodens bewirken. Beide werden jedoch mit der Verwitterung allmählich freigesetzt u. ausgewaschen, od. die Ionen werden als Nährstoffe v. Pflanzen aufgenommen (u. bei Nutzpflanzen fortgeführt). Dabei kommt es zu einer allmählichen Bodenversauerung. Zusätzliche H^+-Ionenzufuhr beschleunigt die Lösungsverwitterung der Carbonate u. die Nährstoffauswaschung. In stärker saurem Boden setzt die Silicatverwitterung ein; Humus, Eisenverbindungen u. Tonminerale können verlagert werden. In den oberen Horizonten sind Naturböden eher sauer, in der Tiefe nimmt der pH zu. Die Bodenreaktion ist eine wichtige Bedingung für die Tätigkeit der ↗Bodenorganismen. Bei einem pH = 5 wird sie gebremst, bei einem pH = 4 nahezu eingestellt. In Hochmoorböden (pH ca. 4,0) kommt der Streuabbau zum Erliegen. Im sauren Milieu ist die Verfügbarkeit vieler Nährstoffe gemindert, abgesehen davon, daß die Basensättigung ohnehin verringert ist. Die Nitrifikation ist bei pH<6 gehemmt. Viele Pflanzen sind an einen engen pH-Bereich gebunden (Zeigerpflanzen, ↗Bodenzeiger), wohl nicht zuletzt wegen der Nährstoffverfügbarkeit. Die Mehrzahl der Kulturpflanzen benötigt neutrale bis leicht basische Bodenverhältnisse.

Bodensaugspannung, das ↗Wasserpotential des Bodens.

Bodenschädlinge, Bodentiere in Kulturböden, die Nutzpflanzen schädigen. Dazu zählen solche ↗Bodenorganismen, die sich obligatorisch v. Wurzeln od. oberird. Pflanzenteilen ernähren (Engerlinge, Nacktschnecken, einige Fadenwürmer, Erdraupen usw.), od. humusabbauende Bodentiere, die bei gestörten Bedingungen, etwa bei extremer Monokultur, auch lebendes Pflanzenmaterial angreifen (Springschwänze, zahlr. Fadenwürmer, Doppelfüßer, Zweiflüglerlarven u. a.). Bekämpfung: Förderung natürl. Feinde, Fruchtwechsel, Mischkultur, geeignete Bodenbearbeitung, Biozideinsatz usw.

Bodenschätzung ↗Bodenbewertung.

Bodenschutz, Vorsorgemaßnahmen gg. Erosion u. Verlust günstiger Bodeneigenschaften, z.B. Pflanzung v. Windhecken, Begrünung v. Böschungen, Faschinenbau, Uferbepflanzung u. -befestigung, Eindeichung, Terrassierung, höherparalleles Pflügen, witterungsgerechte Bodenbearbeitung, Kalkung, Dränage bei Bewässerung auf versalzungsgefährdeten Böden im ariden Klima usw.

Bodenskelett, Grobboden, mineral. Bodenbestandteile mit einem ⌀ über 2 mm. ↗Bodenarten.

Bodenstruktur, das ↗Bodengefüge.

Bodensystematik, Klassifizierung u. Einordnung sämtl. vorkommender Böden in ein einheitl. Ordnungsschema. ↗Bodentypen.

Bodentemperatur, Maß für die im Boden gespeicherte Wärmeenergie. Ein Bodenkörper nimmt Wärme fast ausschl. über die Sonneneinstrahlung auf. Hangneigung, Exposition u. Bodenbedeckung bestimmen das Ausmaß des Strahlungsgenusses. Die Erwärmung des Bodens ist allerdings nicht allein v. der Strahlungsintensität abhängig, die v. den Polen zum Äquator hin u. mit zunehmender Höhenlage zunimmt, sondern auch v. dem ständig stattfindenden Wärmeaustausch. Je dunkler ein Boden, desto mehr langwellige (Wärme-)Strahlung absorbiert er, je heller, desto größer ist die Reflexion (Albedo). Frisch umgelegte helle Lößböden können trotz warmen Kleinklimas relativ kühl bleiben, während dunkle, stark südgeneigte Hochgebirgsböden (Nordhalbkugel) sich regelrecht aufheizen (bis 70 od. 80 °C). Die langwellige Wärmeausstrahlung eines Bodens kann v. einer Wolkendecke wieder reflektiert werden *(Glashauseffekt).* Fehlt die Bewölkung, insbes. nachts, so kühlt der Boden u. U. bis unter den Gefrierpunkt aus (sog. *Strahlungsfrost).* Über die Gesamtenergie, die ein Boden aufnimmt, entscheidet die Wärmekapazität (Wärmemenge, die pro Volumeneinheit zur Temperaturerhöhung um 1 °C führt). Wasser hat die größte Wärme-

---

Bodenreaktion
sauer: pH<7, (H^+-Ionenkonzentration groß)
neutral: pH = 7
basisch: pH>7, (H^+-Ionenkonzentration klein)

Bildung von Kohlensäure im Boden:
$CO_2 + H_2O \rightleftharpoons H_2CO_3 \rightleftharpoons HCO_3^- + H^+$

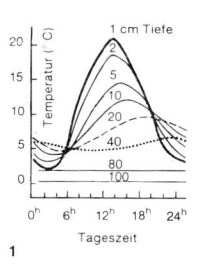

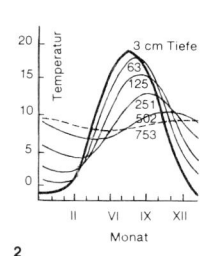

Bodentemperatur

1 Täglicher Temperaturgang in einem Sandboden im Mai (Ergebnisse aus Messurgen im Mai 1888 in Pawlowsk/Sibirien). 2 Jährlicher Temperaturgang in einem Boden (Ergebnisse aus 13 Jahre lange Messungen zw. 1873 u. 1886 in Königsberg).

kapazität. Andere Bodenbestandteile wie Quarz od. Tonminerale werden durch die halbe, Luft sogar von nur ca. $^1/_{1000}$ der Wärmemenge um den gleichen Betrag erwärmt. Dies hat zur Folge, daß sich großporige trockene Böden oberflächennah rasch erwärmen (z. B. Dünensand), feuchte Böden dagegen langsam. Zur Fortleitung der Wärme trägt die Bodenluft am wenigsten bei (geringste Wärmeleitfähigkeit). Trotzdem kann ein trockener, insbes. großporiger Boden rasch abkühlen, da die gespeicherte Wärmemenge relativ gering ist. Auch Wasser besitzt eine geringe Wärmeleitfähigkeit. Gut durchfeuchtete Böden kühlen daher nur langsam aus. Quarzhaltige Böden (z. B. Sandböden) leiten ihre Wärmeenergie relativ rasch in die Tiefe ab. Ein Teil der im Boden gespeicherten Energie wird bei der Verdunstung (Evaporation) des Bodenwassers verbraucht bzw. (Verdunstungskälte). Die B. ist ein wichtiger bodenbildender Faktor (↗Bodenentwicklung). Bodenorganismen steigern ihre Aktivität bei Erwärmung in einem bestimmten Temperaturbereich; Keimung und Wachstum höherer Pflanzen sind häufig auf ein bestimmtes Temperaturprogramm eingerichtet. Hohe Temp. in den Tropen sind dafür verantwortlich, daß eine Humusauflage völlig fehlt u. der Gehalt an organ. Substanz äußerst gering ist, während in niedere Temp. in kühlen bis kalten Klimaten den Streuabbau bremsen, so daß es deshalb zur Anreicherung v. Humus u. Rohhumus kommt. Chem. Prozesse werden mit der Temp. beschleunigt. In trop. Böden ist aus diesem Grund die Silicatverwitterung sehr weit fortgeschritten (Latosole). Starke Temperaturschwankungen begünstigen die physikal. Verwitterung (Frost- u. Temperatursprengung).
Bodentextur, *Körnung,* allgemeine Bez. für die Verteilung der Korngrößenfraktionen in einem Boden. Eine charakterist. Korngrößenzusammensetzung wird als Körnungsklasse od. Bodenart bezeichnet.
Bodentypen, zusammenfassende Bez. für Böden mit gleicher Kombination v. Bodenhorizonten bzw. vergleichbarem Bodenprofil, für deren Zustandekommen zahlr. bodenbildende Faktoren u. Prozesse verantwortlich sind (↗Bodenentwicklung). Unterschiedlich entwickelte Böden lassen sich anhand ihres Profilaufbaus gegeneinander abgrenzen u. systematisch einordnen (Bodensystematik). B. werden nach augenfälligen Eigenschaften benannt, z. B. nach Farbe (Braunerde, Terra rossa, Schwarzerde usw.), nach dem Vorkommen in einer charakterist. Landschaft (Marsch-, Auen-, Moorboden u. a.) od. nach fremdsprach. Originalbezeichnungen, wie Gley (russ.), Lessivé (frz.), Rendzina (poln.) usw. Bei Bemühungen um umfassende Systematisierung wurden verschiedene Klassifizierungssysteme entworfen, die entweder die Entstehungsgeschichte der Böden stärker in Betracht ziehen („natürliches System") od. andere, zweckorientierte Gesichtspunkte bevorzugen, z. B. Bodeneigenschaften oder Nutzungsfähigkeit („künstliches System"). Dabei wurden auch neue, zwar exakte, aber weniger sinnfällige Kunstnamen für B. erfunden (Standardendung: -sol). In vielen Fällen genießen die vorgeschlagenen Klassifizierungssysteme nur nationale Anerkennung.

Bodentypen
Klassifikation der Böden Mitteleuropas nach Kubiena/Mückenhausen (Auswahl)

Bodentyp	Kennzeichen	Profil
I. *Landböden (terrestrische Böden)*		
Syrosem	Gesteinsrohboden	(A)–C
Ranker	auf carbonatfreiem Festgestein	A_h–C
Rendzina	aus Carbonat- od. Gipsgestein	A_h–C
Tschernosem	Steppenschwarzerde aus Mergel	A_h (mächtig)–C
Pelosol	aus tonreichem Gestein	A_h–B_a–C
Braunerde	verschiedene Ausgangsgesteine, verbraunt durch Verwitterung	A_h–B_v–C
Parabraunerde (Lessivé)	ähnlich Braunerde, Tonverlagerung	A_h–B_t–B_t–C
Podsol	Bleicherde, überwiegend aus Silicatgestein, Humus-, Al- und Fe-Verlagerung	O–A_h–A_e–B_h–$B_{al, fe}$–C
Solontschak	Salzboden bei salzhaltigem, aufsteigendem Grundwasser in aridem Klima	A_{sa}–GC
Terra rossa	aus hartem Carbonatgestein in wechselfeuchtem subtropischem Klima	A_h–B_v (rötlich)–C
Latosol	aus verschiedenen Silicaten in tropischem Klima, tief verwittert, Anreicherung von Fe- und Al-Oxiden	A_{ox}–B_{ox}–C
II. *Grund- und Stauwasserböden (hydromorphe Böden)*		
Pseudogley	Stauwasserboden	A_h–S–C
Gley	Grundwasserboden	A_h–G_o–G_r–C
Brauner Auenboden	aus Flußsedimenten, gelegentlich überflutet	A_h–B_v–G_o–C
Salzmarsch	an Meeresküsten, aus bei Ebbe u. Flut sedimentiertem Schlick, in allen Horizonten salzhaltig	A_{sa}–$G_{o, sa}$–$G_{r, sa}$ (schwarzblau)
III. *Unterwasserböden (subhydrische Böden)*		
Je nach Humusgehalt und -form Dy, Sapropel oder Gyttja		
IV. *Moore*		
Niedermoorboden	durch Verlandung aus subhydrischen Böden entstanden, mächtige Torfauflage	T_1–T_2–T_3–C
Hochmoorboden	aus Niedermoor hervorgehend, mehr Regenwasser- als Grundwassereinfluß, zusätzliche T-Horizonte	
V. *anthropogene Böden*		
Hortisol	Gartenboden	A-Horizont stark verändert (A_p)
Rigosol	rigolter Boden	A- und B-Horizont durch Tiefumbruch homogenisiert
Plaggenesch	Plaggendüngung (Grassoden, Stallmist) auf armen Sandböden (meist Podsolen)	A-Horizont künstlich aufgestockt

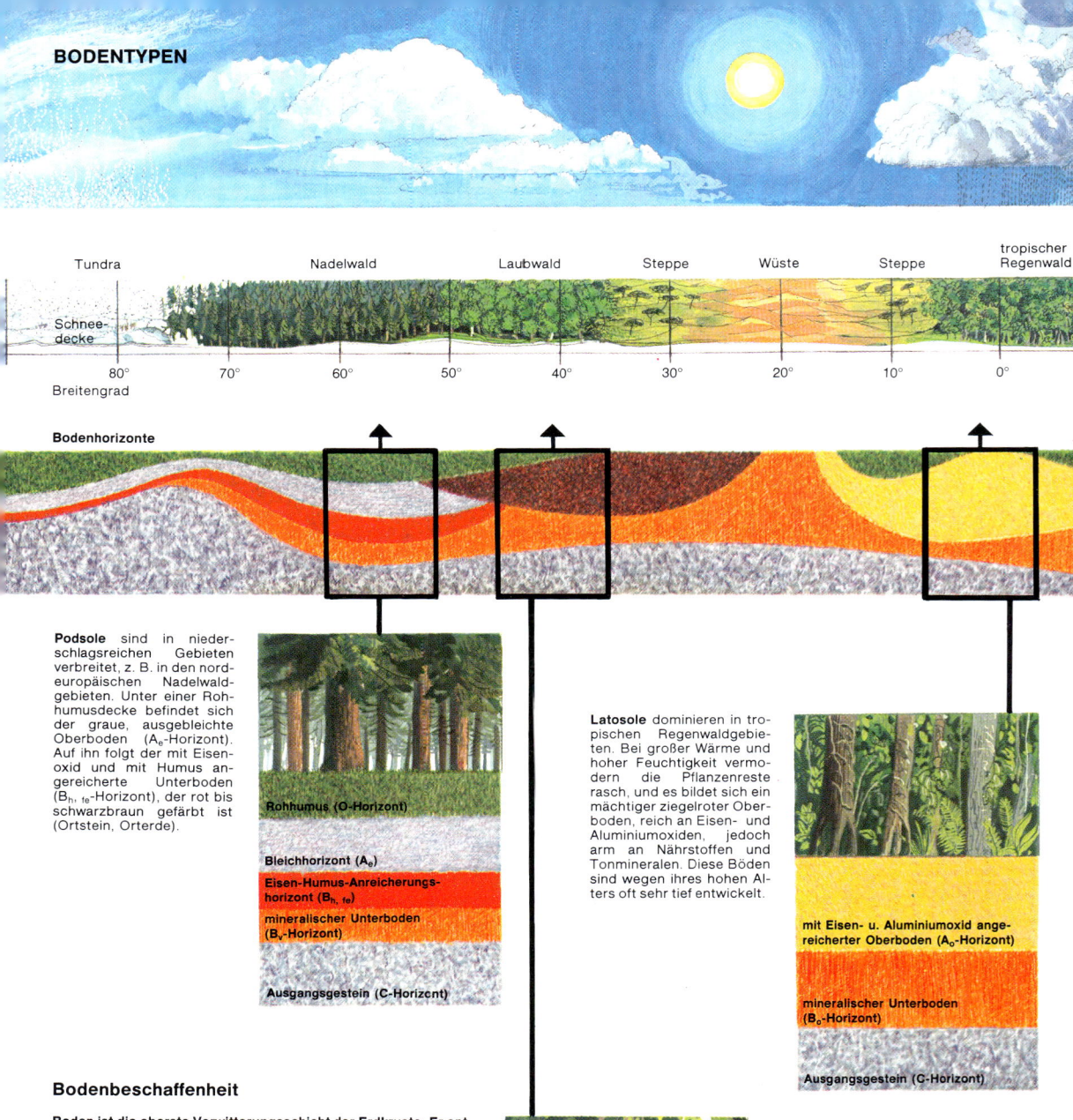

BODENTYPEN

Tundra — Nadelwald — Laubwald — Steppe — Wüste — Steppe — tropischer Regenwald

Schneedecke

Breitengrad: 80° — 70° — 60° — 50° — 40° — 30° — 20° — 10° — 0°

Bodenhorizonte

Podsole sind in niederschlagsreichen Gebieten verbreitet, z. B. in den nordeuropäischen Nadelwaldgebieten. Unter einer Rohhumusdecke befindet sich der graue, ausgebleichte Oberboden (A_e-Horizont). Auf ihn folgt der mit Eisenoxid und mit Humus angereicherte Unterboden ($B_{h,fe}$-Horizont), der rot bis schwarzbraun gefärbt ist (Ortstein, Orterde).

Rohhumus (O-Horizont)
Bleichhorizont (A_e)
Eisen-Humus-Anreicherungshorizont ($B_{h,fe}$)
mineralischer Unterboden (B_v-Horizont)
Ausgangsgestein (C-Horizont)

Latosole dominieren in tropischen Regenwaldgebieten. Bei großer Wärme und hoher Feuchtigkeit vermodern die Pflanzenreste rasch, und es bildet sich ein mächtiger ziegelroter Oberboden, reich an Eisen- und Aluminiumoxiden, jedoch arm an Nährstoffen und Tonmineralen. Diese Böden sind wegen ihres hohen Alters oft sehr tief entwickelt.

mit Eisen- u. Aluminiumoxid angereicherter Oberboden (A_o-Horizont)
mineralischer Unterboden (B_o-Horizont)
Ausgangsgestein (C-Horizont)

Bodenbeschaffenheit

Boden ist die oberste Verwitterungsschicht der Erdkruste. Er entsteht durch physikalische und chemische Gesteinsverwitterung sowie durch biogene Humusbildung.

Der oberste Horizont besteht aus weitgehend unzersetzten Pflanzenresten *(Rohhumus)*. Darunter folgt eine Lage aus stärker zersetzter Streu *(Mull)*, die schließlich in feinzersetzten Humus *(Moder)* umgewandelt wird. Der verwitterte mineralische Unterboden reicht bis zum Ausgangsgestein.

Viele Faktoren prägen die Bodenbeschaffenheit, z. B. die geologischen Gegebenheiten, das Klima, die Vegetation u. die Bodenorganismen. Diese Faktoren variieren u. a. mit der geographischen Breite. Durch ihr Zusammenspiel entwickeln sich unterschiedliche *Bodentypen*. Die Blockdiagramme oben u. die drei Teilzeichnungen geben hierfür Beispiele.

Humusauflage (O_h-Horizont)
humoser Oberboden (A_h-Horizont)
mineralischer Unterboden (B_v-Horizont)
Ausgangsgestein (C-Horizont)

Braunerden kommen in feuchtgemäßigten Klimagebieten vor, z. B. im mitteleuropäischen Laubwaldgebiet. Der Rohhumus hat sich fast vollständig in Mull umgewandelt. Die Braunfärbung geht auf die Verwitterung u. Anreicherung von Eisenoxiden zurück.

BODENZONEN EUROPAS

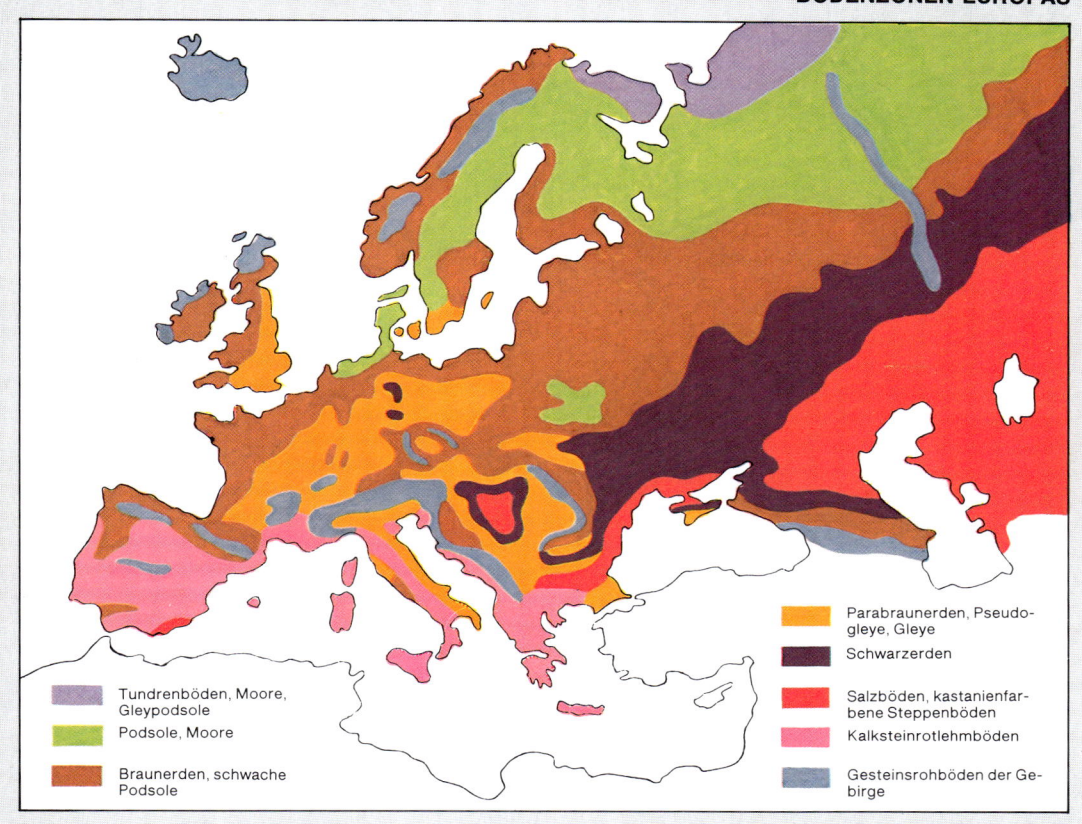

Legend:
- Tundrenböden, Moore, Gleypodsole
- Podsole, Moore
- Braunerden, schwache Podsole
- Parabraunerden, Pseudogleye, Gleye
- Schwarzerden
- Salzböden, kastanienfarbene Steppenböden
- Kalksteinrotlehmböden
- Gesteinsrohböden der Gebirge

In der BR Dtl. wird das von W. L. Kubiena vorgelegte u. von E. Mückenhausen modifizierte „natürliche System" bevorzugt. Einflüsse des Wassers auf die Bodenentwicklung werden dabei an oberster Stelle berücksichtigt. [T] 99.

Lit.: *Kubiena, W. L.*: Bestimmungsbuch und Systematik der Böden Europas. Stuttgart 1953. *Mückenhausen, E., u. a.*: Entstehung, Eigenschaften und Systematik der Böden der Bundesrepublik Deutschland. Frankfurt ²1977. *Scheffer, F., Schachtschabel, P.*: Lehrbuch der Bodenkunde. Stuttgart 1982.

Bodenuntersuchung, *Bodenanalyse,* Ermittlung verschiedener Bodeneigenschaften anhand v. *Bodenproben* zum Zweck wiss. Forschung od. prakt. Bewertung. Geprüft wird der Oberboden od. das gesamte Bodenprofil auf Korngrößenverteilung, Porenvolumen, Wassergehalt u. -kapazität, Gefüge, Humusgehalt, die Art der Huminstoffe, den Gehalt u. die Verfügbarkeit der Nährstoffe, Basensättigung, Bodenreaktion u. Austauschkapazität, Zusammensetzung u. Aktivität der Bodenorganismen, die Bodenatmung u. a. Felduntersuchungen müssen mit einfachen Methoden auskommen, ergeben aber erste wichtige Aussagen (Finger- u. Hörprobe über Bodenart, pH-Messungen mit Indikatoren über die Bodenreaktion, die Salzsäureprobe über den Carbonatgehalt, Farbvergleiche anhand v. Farbtafeln über Huminstoffe u. mineral. Bestandteile usw.). Phosphor (P) u. insbes. das Mangelelement Stickstoff (N) werden auf ihren Gehalt im Boden u. ihre Verfügbarkeit untersucht. Das C/P- u. das C/N-Verhältnis (C = Kohlenstoff) geben den Anteil dieser Elemente im Humus an. „Enge" (kleine) Verhältniswerte zeigen guten Nährstoffgehalt u. hohe Humusqualität an. Der fast ausschl. organisch gebundene Stickstoff wird erst durch mikrobiellen Abbau pflanzenverfügbar. Dieses N-Nachlieferungsvermögen des Bodens kann annähernd mittels mehrwöchiger *Bebrütungsversuche* bestimmt werden.

Bodenverbesserung, *Melioration,* Maßnahme, die die Bodenfruchtbarkeit erhält od. steigert. Dazu zählen Bodenlockerung,

Düngung mit Stallmist oder mineral. Kunstdünger, Gründüngung, Kalkung, Bewässerung, Tiefumbruch, Fruchtwechsel, Entwässerung nasser Böden, Erosionsschutz, Kultivierung v. Brachland u. Mooren, Verwendung künstl. Lockerungsmittel (Hygromull, Styromull), od. synthet. Gefügestabilisatoren usw.

Bodenverdichtung, Erhöhung der Lagerungsdichte bzw. Abnahme des Porenvolumens. Bei Prozessen der Bodenentwicklung kann es zur *Einlagerungsverdichtung* kommen, z. B. zur Toneinlagerung im B_t-Horizont der Parabraunerden od. zur Einlagerung v. organ. Substanz und Fe- od. Al-Oxiden im B_h- bzw. $B_{fe,a}$-Horizont der Podsole. *Sackungsverdichtungen* sind hpts. Folgen menschl. Tätigkeit, wie Befahren mit schweren Landmaschinen u. Begehen od. Tritt (zu Bearbeitungsgängen, durch Weidevieh, Touristen od. auch durch Wild). B.en erhöhen die Erosionsgefahr wegen des verstärkten Abflusses v. Oberflächenwasser.

Bodenversalzung ↗Bodenentwicklung, ↗Alkaliböden.

Bodenversauerung ↗Bodenreaktion.

Bodenwanzen, *Lygaeidae,* die ↗Langwanzen.

Bodenwasser, Anteil des Wassers im Boden, der sich durch Trocknung bei 105 °C (im Trockenschrank) entfernen läßt. Wasserstandteile der Minerale *(Kristallwasser)* lassen sich auf diese Weise nicht abtrennen u. zählen nicht zum B. Wasser gelangt meist über den Niederschlag in den Boden; je nach Niederschlagsmenge, Oberflächenbeschaffenheit, Neigung u. Verdichtung des Oberbodens fließt es ab *(Oberflächenwasser),* od. es dringt in den Boden ein *(Sickerwasser).* Die Wasserzufuhr kann aber auch seitlich (lateral) im Boden erfolgen (z. B. *Hangzugwasser).* Das B. füllt die Porenräume des Bodens. Nimmt der Boden kein weiteres Wasser mehr auf, bezeichnet man den Boden als *wassergesättigt.* Der Zustand völliger Wassersättigung tritt nur ein, wenn das B. nach unten nicht abfließen kann *(Grundwasser)* od. über wasserundurchläss. Schichten zeitweise staut *(Stauwasser).* Kann das Wasser nach unten wegsickern, bleibt dennoch ein Teil in den Poren *(Kapillarwasser)* u. an den Bodenpartikeln *(Adsorptionswasser)* haften. Die maximale Wassermenge, die so gg. die Schwerkraft im Boden gehalten werden kann, stellt die *Feldkapazität* dar. Kapillar- u. Adsorptionswasser werden als *Haftwasser* od. *Bodenfeuchte* zusammengefaßt. Mit zunehmender Austrocknung nimmt die Bodenfeuchte ab. Der Wassergehalt sinkt unter die Feldkapazität. Die Hohlräume des Bodens werden nicht nur v. nachströmender Luft, sondern auch v. Wasserdampf erfüllt. Je kleiner die Poren, desto stärker ist das Wasser gebunden, d. h., mit zunehmender Entleerung der Poren steigt die *Wasserspannung* bzw. das *Matrixpotential* des Bodens. Pflanzenwurzeln können die Kräfte, mit denen das B. in Feinporen gebunden ist, nicht mehr überwinden *(Totwasser),* sondern nur Wasser aus Mittel- u. Grobporen aufnehmen *(pflanzenverfügbares Wasser, nutzbare Feldkapazität).* Für die Pflanzenwurzel ist darüber hinaus entscheidend, wieviel Salz im B. gelöst ist. Mit dem Salzgehalt steigt die *osmotische Saugspannung (osmotisches Potential)* des B.s. Die Summe aller Spannungskräfte bestimmt das ↗Wasserpotential des Bodens (Bodenwasserpotential). Ist sämtliches verfügbares Wasser v. der Wurzel aufgenommen worden od. durch Austrocknung verlorengegangen, besteht für die Pflanze Wassermangel, obwohl die Feinporen noch wassergefüllt sind. Das Wasserpotential, bei dem die Pflanze irreversibel welkt, wird als *permanenter Welkepunkt* (PWP) bezeichnet.

Bodenwasserpotential ↗Wasserpotential des Bodens, ↗Bodenwasser.

Bodenzeiger, *Bodenanzeiger,* Pflanzen, deren Vorkommen auf bestimmte chem. oder physikal. Eigenschaften des Bodens schließen lassen. So deutet z. B. *Gentiana clusii* auf Kalkböden, *Gentiana acaulis* auf Silicatböden hin.

Bodenzerstörung, Abtrag v. Bodensubstanz durch Bodenerosion od. negative Veränderung der Bodenqualität als Folge menschl. Eingriffe. Beispiele: Humusabbau nach Kulturmaßnahmen, Versalzung durch Bewässerung, Gefügedestabilisierung, Verdichtung usw.

Bodenzonen, die Zusammenfassung der gleichart. Bodengürtel der Erde; entsprechen weitgehend den Klima- u. ↗Vegetationszonen; Namengebung u. Einteilung erfolgen nach vorherrschenden Leitböden. [B] 101, [B] Vegetationszonen.

Bodonidae [Mz.], zur U.-Ord. der *Kinetoplastida* gehörige Geißeltierchen mit 2 Geißeln; sie sind überwiegend frei lebend, bes. in fauligen Flüssigkeiten (Bakterienfresser). Eine häufige Gatt. ist *Bodo.*

Boehmeria nivea w [ben. nach dem dt. Arzt u. Botaniker G. R. Böhmer, 1723 bis 1803; lat. niveus = schneeweiß], die ↗Ramie.

Boerhaave [burhafe], *Hermann,* niederländ. Mediziner, * 31. 12. 1668 Voorhout bei Leiden, † 23. 9. 1738 Leiden; einer der bedeutendsten Mediziner des 18. Jh.; 1701 Lektor der Theorie der Medizin, ab 1709 Prof. der Medizin u. Botanik in Leiden.

Bodenzeiger

Trockenheitszeiger

Feld-Beifuß (Artemisia campestris)
Hügel-Meister (Asperula cynanchica)
Aufrechte Trespe (Bromus erectus)
Kartäuser-Nelke (Dianthus carthusianorum)
Diptam (Dictamnus albus)
Natterkopf (Echium vulgare)
Steppen-Wolfsmilch (Euphorbia seguieriana)
Gewöhnliches Leinkraut (Linaria vulgaris)
Helm-Orchis (Orchis militaris)
Kleine Bibernelle (Pimpinella saxifraga)
Frühlings-Fingerkraut (Potentilla verna)
Gewöhnliche Küchenschelle (Pulsatilla vulgaris)
Flaum-Eiche (Quercus pubescens)
Kleiner Wiesenknopf (Sanguisorba minor)
Weiße Fetthenne (Sedum album)
Federgras (Stipa spec.)
Berg-Gamander (Teucrium montanum)
Sand-Thymian (Thymus serpyllum)
Hasen-Klee (Trifolium arvense)

Feuchtezeiger

Schwarz-Erle (Alnus glutinosa)
Grau-Erle (Alnus incana)
Draht-Schmiele (Deschampsia cespitosa)
Riesen-Schachtelhalm (Equisetum telmateia)
Wollgräser (Eriophorum spec.)
Mädesüß (Filipendula ulmaria)
Lungen-Enzian (Gentiana pneumonanthe)
Blut-Weiderich (Lythrum salicaria)
Pfeifengras (Molinia caerulea)
Sumpf-Herzblatt (Parnassia palustris)
Schwarz-Pappel (Populus nigra)
Trauben-Kirsche (Prunus padus)
Scharbockskraut (Ranunculus ficaria)
Kriechender Hahnenfuß (Ranunculus repens)
Silber-Weide (Salix alba)
Teufels-Abbiß (Succisa pratensis)
Trollblume (Trolleus europaeus)
Flatter-Ulme (Ulmus effusa)
Rühr mich nicht an (Impatiens noli-tangere)
Gemeiner Baldrian (Valeriana officinalis)

Säurezeiger (Acidophyten)

Rosmarinheide (Andromeda polifolia)
Schlängel-Schmiele (Deschampsia flexuosa)
Rippenfarn (Blechnum spicant)
Heidekraut (Calluna vulgaris)
Moor-Glockenheide (Erica tetralix)
Wald-Hainsimse (Luzula sylvatica)
Borstgras (Nardus stricta)
Adlerfarn (Pteridium aquilinum)
Rostblättrige Alpenrose (Rhododendron ferrugineum)
Kleiner Sauerampfer (Rumex acetosella)
Acker-Spörgel (Spergula arvensis)
Heidelbeere (Vaccinium myrtillus)

Kalkzeiger (Calciphyten)

Kalk-Aster (Aster amellus)
Alpen-Veilchen (Cyclamen purpurascens)
Esparsette (Onobrychis viciifolia)
Ragwurz (Ophrys spec.)
Helm-Orchis (Orchis militaris)
Mehl-Primel (Primula farinosa)
Spargelschote (Tetragonolobus maritimus)
Wundklee (Anthyllis vulneraria)
Blaugras (Sesleria varia)
Weidenblättriger Alant (Inula salicina)
Clusius-Enzian (Gentiana clusii)
Bunte Kronwicke (Coronilla varia)

Stickstoffzeiger (Nitrophyten)

Giersch (Aegopodium podagraria)
Knoblauchrauke (Alliaria officinalis)
Klette (Arctium lappa)
Zaun-Winde (Calystegia sepium)
Guter Heinrich (Chenopodium bonus-henricus)
Weiße Taubnessel (Lamium album)
Alpen-Ampfer (Rumex alpinus)
Schwarzer Holunder (Sambucus nigra)
Brennessel (Urtica dioica)
Tollkirsche (Atropa bella-donna)

Pflanzen nährstoffarmer Standorte

Heidekraut (Calluna vulgaris)
Sonnentau (Drosera spec.)
Heide-Ginster (Genista pilosa)
Wiesen-Lein (Linum carthanticum)
Dreifinger-Steinbrech (Saxifraga tridactylites)
Scharfe Fetthenne (Sedum acre)
Thymian (Thymus spec.)
Moosbeere (Oxycoccus palustris)

Salzpflanzen (Halophyten)

Salz-Aster (Aster tripolium)
Meersenf (Cakile maritima)
Meerkohl (Crambe maritima)
Salzmelde (Halimione portulacoides)
Strandflieder (Limonium vulgare)
Salzschwaden (Puccinellia spec.)
Salde (Ruppia maritima)
Queller (Salicornia spec.)
Schlickgras (Spartina townsendii)
Salz-Schuppenmiere (Spergularia salina)
Seegras (Zostera spec.)

Wurde durch seine WW „Institutiones medicae in usus annuae exercitationes" u. „Aphorismi de cognoscendis et curandis morbis in usum doctrinae medica" grundlegender Systematiker der Medizin, der Ursachen, Art u. Therapie der Krankheiten umfassend darstellte. Auch Schriften zur Botanik u. Chemie. Erteilte prakt. Unterricht am Krankenbett u. machte durch seine Verbindung v. Theorie u. Anschauung Leiden zum Zentrum der damaligen Medizin.

Boettgerilla w, Gatt. der Kielnacktschnecken; *B. pallens*, die Bleiche Kielnacktschnecke, ist durchscheinend graugelb, Kopf, Rücken u. Kiel sind bläulich-grau; der wurmförm. Körper wird ca. 4 cm lang; sie lebt in feuchten Wäldern, Gärten u. Parks in SO- und Mitteleuropa.

Bogengänge, mit Endolymphe gefüllte halbkreisförm. Gänge im Gleichgewichtsorgan der Wirbeltiere. Der adäquate Reiz für das Bogengangsystem ist die Winkelbeschleunigung bei Drehung des Kopfes allein oder zus. mit dem Körper. Die dabei auftretenden Reflexe erstrecken sich auf die Augen- u. Körpermuskulatur u. das vegetative Nervensystem. ↗ Gehörorgan.

Bohne, *Phaseolus,* Gatt. der Hülsenfrüchtler, weltweit in den gemäßigten Zonen vertreten; die Früchte sind eine bedeutende Eiweißquelle für die menschl. Ernährung. Stammformen der heute kultivierten Arten kommen in S- und Mittelamerika, Afrika und Asien vor. Die Garten-B. (*Phaseolus vulgaris,* B Kulturpflanzen V) wurde nach Entdeckung Amerikas (in Mexiko bereits nachweislich seit 4000 v. Chr. in Kultur) durch Spanier u. Portugiesen nach Europa gebracht. Heute mehrere 100 Kultursorten in den beiden Wuchsformen Busch-B., eine aufrechte, 20–60 cm hohe Zwergform, u. die windende Stangen-B. Alle abgeleitet v. der Wildform *P. vulgaris aborigines,* einer 3–4 m hohen Schlingpflanze aus Bergwäldern der Anden. Merkmale der Garten-B.: 1jährige Pflanze mit weißer, hellgelber od. violetter, 1–1,5 cm langer Krone; frostempfindlich; Kurztagpflanze; Hülsenfrucht mit 4–8 Samen. Unreife Hülsen werden als Brech-B.n oder, chlorophyllfrei, als Wachs-B.n bezeichnet; rohe, grüne Hülsen sind wegen Phythämagglutininen (Pflanzenstoffe, welche die Blutgerinnung fördern) giftig. Die reifen Samen können durch Trocknen haltbar gemacht werden. Schwarzsamige Sorten bilden in S- und Mittelamerika eine Hauptnahrungsquelle. Die Feuer-B. *(P. coccineus)* wurde 1635 aus Amerika nach Europa wegen ihrer attraktiven, roten Blütenstände eingeführt. Die Verwendbarkeit ihrer unreifen Hülsen u. getrockneten Samen wurde im 18. Jh.

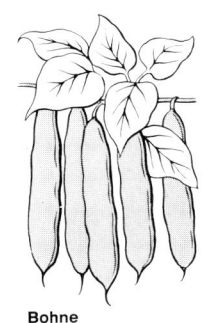

Bohnenfliege

Bohne
Buschbohne
(Phaseolus vulgaris)
mit Schoten

Bohnenkraut

Das v. zahlreichen großen Drüsenschuppen abgesonderte, hpts. aus Carvacrol u. Cymol bestehende, äther. Öl des Sommerbohnenkrauts macht dieses zu einer seit alters her beliebten Gewürzpflanze. Das Winterbohnenkraut wird ebenfalls zuweilen als Gewürzpflanze genutzt.

erkannt. Die Feuer-B. ist ein- bis mehrjährig; meist rote, 1,5–3 cm lange Krone, Blüten so lang od. länger als Stengelblätter; Hülsen 10 bis 30 cm; Linkswinder; die Blätter führen in einem 12stünd. Rhythmus Schlafbewegungen aus. Die Heimat der Feuer-B. ist Mittelamerika, wo sie seit ca. 2000 Jahren kultiviert wird. Die Mond-B. *(P. lunatus),* deren Stammform v. a. in Guatemala vorkommt, wurde in Peru bereits 5000–6000 v. Chr. in Kultur genommen. Von den Spaniern auf den Philippinen eingeführt, hat sich heute der Anbau dieser wärmeliebenden Art über alle trop. Gebiete, auch Burma u. die östl. Teile der USA, ausgedehnt. Von der Wildform wenig abgeleitete Sorten enthalten das Blausäureglykosid Linamarin; deshalb werden an diesem Gift arme, hochgezüchtete, weiß- und großbohn. Formen bevorzugt. Eine weitere wichtige, aus Asien stammende Art ist die Mung-B. *(P. radiatus);* Anbau wird in Mittelasien, Indien, aber auch auf dem Balkan betrieben; die nicht abgeflachten Früchte sind nur 3–5 mm lang u. kleinsamig.

Bohnenfliege, *Phorbia platura,* ↗Blumenfliegen.

Bohnenkäfer, *Bruchus rufimanus,* ↗Samenkäfer.

Bohnenkraut, *Satureja,* Gatt. der Lippenblütler mit ca. 200 in den wärmeren Teilen beider Hemisphären, insbes. aber im östl. Mittelmeerraum u. in den Anden beheimateten Kräutern od. kleinen Sträuchern. Seines aromat. Duftes u. Geschmacks wegen von bes. Bedeutung ist das im östl. Mittelmeergebiet heimische, in Mitteleuropa oft in Gärten kultivierte Sommer-B. *(S. hortensis).* Der einjähr., bis 40 cm hohe Zwergstrauch besitzt meist buschig verzweigte, am Grunde oft verholzende, bisweilen violett überlaufene Zweige mit lineal-lanzettl., stumpfen Blättern. Die lila, rosa od. weißen Blüten sitzen in den Achseln der oberen Laubblätter u. bilden lockere bis zieml. dichte Scheinähren. Standorte der v. Juni bis Sept. blühenden, recht wärmebedürftigen Pflanze sind trockene, felsige Hänge u. Geröllhalden. Das Winter-B. zeichnet sich durch fast kahle, spitze Blätter u. insgesamt stark verholzende Zweige mit sich ablösender, hellbrauner Borke aus.

Bohnenlaus, *Aphis fabae,* ↗Röhrenläuse.

Bohnenmuscheln, *Musculus,* Gatt. der U.-Ord. *Anisomyaria,* im Umriß ovale Meeresmuscheln mit dünner, vorn u. hinten radial gerippter Schale, die weit verbreitet sind. Die 17 mm lange Marmorierte Bohnenmuschel oder Fleckenmuschel *(M. marmoratus)* spinnt sich mit ihren Byssusfäden in der tieferen Seegrasregion an Schalen u. Algen an, lebt aber auch in Seescheiden im Mittelmeer, O-Atlantik, in der Nord- u. westl. Ostsee. Im dt. Küstenbereich finden sich auch die ansonsten zirkumpolar verbreiteten, verwandten Arten Grüne Bohnenmuschel (*M. discors,* 13 mm lang) u. Schwarze Bohnenmuschel (*M. nigra,* 35 mm).

Bohnenstrauch, der ↗Geißklee.

Bohrasseln, *Limnoriidae,* Fam. der *Flabellifera;* marine Asseln mit beißenden Mundwerkzeugen, die in pflanzl. Material minieren. Von wirtschaftl. Bedeutung ist *Limnoria lignorum* (ca. 5 mm), die im Wasser stehende Holzkonstruktionen wie Brücken u. Stege zerstört. Die Tiere tolerieren Salzgehalte bis 15‰ u. kommen daher auch in der Ostsee vor. Sie fressen zunächst flache Gänge unter der Holzoberfläche, die schließl. so dicht liegen, daß die äußerste Holzschicht abfällt. Auch andere Arten sind Holzbohrer. Im Gefolge der B.n erscheint der ↗Bohrflohkrebs.

Bohr-Effekt, die nach dem dän. Physiologen Chr. Bohr (1855–1911) ben. Erhöhung der Säurestärke v. Hämoglobin durch Beladung mit Sauerstoff. Der B.-E. bewirkt so eine verstärkte Freisetzung v. Kohlendioxid des Blutes in Ggw. hoher Sauerstoffkonzentrationen (Lunge); umgekehrt führt die Loslösung des Sauerstoffs v. Hämoglobin in den peripheren Teilen der Blutbahn zur Verminderung der Säurestärke u. damit zur Erhöhung des pH-Werts (Alkalisierung), wodurch Lösung u. Transport des Kohlendioxids v. der Peripherie zur Lunge begünstigt werden. Der B.-E. trägt damit wesentl. zur Optimierung des O_2- und CO_2-Transports durch das

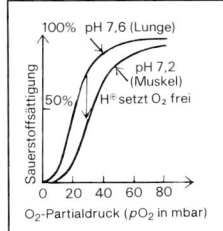

Bohr-Effekt

Sauerstoffsättigungskurve von Hämoglobin in Abhängigkeit vom O_2-Partialdruck und pH-Wert Durch das Abatmen von CO_2 (Kohlendioxid) steigt der pH-Wert im Bereich der Lungenalveolen an, und das Hämoglobin kann dort bei einem Sauerstoff-Partialdruck von ca. 100 mbar voll beladen werden. In den Kapillaren des Körpers besteht ein Sauerstoff-Partialdruck von 20 bis 40 mbar, und das Hämoglobin wird dort etwa ein Drittel seines Sauerstoffs abgeben. In stark arbeitenden Geweben wird aber durch die Glykolyse Lactat gebildet, und der pH-Wert sinkt. Das Hämoglobin kann dann ein weiteres Drittel seines Sauerstoffs abgeben, im Extremfall noch mehr. Damit wirkt Hämoglobin gleichzeitig dem pH-Abfall entgegen bzw. kompensiert diesen, da sauerstofffreies Hämoglobin verminderte Säurestärke aufweist.

Blut bzw. des O_2- und CO_2-Austauschs in Lunge u. Gewebe bei. [ken.

Bohrerschnecken ↗Schraubenschnecken.

Bohrfliegen, *Fruchtfliegen, Trypetidae,* Fam. der Fliegen mit weltweit ca. 2000 Arten. Die B. sind relativ klein, oft lebhaft gefärbt u. haben auffällige braune bis schwarze Flügelzeichnungen, die je nach Art sehr unterschiedlich sind u. in der Balz v. den Männchen durch Flügelbewegungen den Weibchen „gezeigt" werden. Die Weibchen besitzen einen Legebohrer, mit dem sie die Eier in Pflanzenteile legen. Die sich entwickelnden Larven können den Pflanzen schwere Schäden zufügen. Die Mehrzahl der B. entwickelt sich in den Blütenständen v. Korbblütlern, es können aber auch andere Teile befallen werden. Der Darm der Larven enthält Mikroorganismen, die endosymbiontisch die pflanzl. Nahrung aufschließen helfen. Die meisten Arten sind auf eine Wirtspflanze spezialisiert. Wichtige Arten: Die Kirschfliege *(Rhagoletis cerasi)* legt die Eier in den Stielansatz unreifer Kirschen; die Larven fressen in Kernnähe v. Fruchtgewebe; die Puppe liegt im Boden u. kann dort überwintern; es können auch verschiedene Waldfrüchte befallen werden. Die Spargelfliege *(Platyparea poeciloptera)* befällt im Frühjahr junge Triebe; die Larven minieren bis in die Wurzeln. Die Selleriefliege *(Pilophylla heraclei)* schädigt mit ihren Larven die Blätter verschiedener Doldenblütler durch Minierfraß. In wärmeren Gebieten weit verbreitet ist die prächtig gefärbte Olivenfliege *(Dacus oleae),* die ihre Eier unter die Fruchtschale reifender Oliven legt. Nicht nur im Mittelmeergebiet, sondern auch in vielen Teilen Afrikas, Australiens u. S-Amerikas kommt die Mittelmeer-Fruchtfliege *(Ceratitis capitata)* vor. Da diese Bohrfliege polyphag ist, richtet sie im Obstbau schwere Schäden an. Sie befällt bevorzugt Citrusfrüchte, Äpfel, Birnen, Pflaumen, Aprikosen, Kirschen u. Bananen; insgesamt sind ca. 180 Wirtspflanzen bekannt. Da sie mehrere Eier in einen Fruchtansatz legt, kommen viele Larven je Frucht vor.

Bohrflohkrebs, *Chelura terebrans,* Vertreter der *Cheluridae,* kleiner (ca. 6 mm) Flohkrebs, dessen hintere 3 Pleomeren verschmolzen sind, mit merkwürdigen paddelartigen, großen Exopoditen des 3. Uropoden beim Männchen; lebt immer in den Gängen v. ↗Bohrasseln; frißt Holzspäne u. Kot der Asseln.

Bohrkäfer, ↗Klopfkäfer, ↗Werftkäfer, ↗Holzbohrkäfer.

Bohrmehl, Holzstaub bzw. Holzmehl, bei größeren Tieren auch Nagespäne, die während der Nagetätigkeit v. Insekten u./od.

Bohrfliegen
Wichtige Arten:
Kirschfliege *(Rhagoletis cerasi)*
Mittelmeer-Fruchtfliege *(Ceratitis capitata)*
Olivenfliege *(Dacus oleae)*
Selleriefliege *(Pilophylla heraclei)*
Spargelfliege *(Platyparea poeciloptera)*

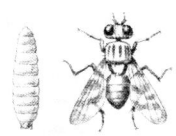

Kirschfliege *(Rhagoletis cerasi)* mit Larve

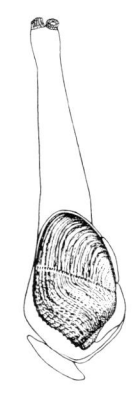

Bohrmuscheln
Rauhe Bohrmuschel *(Zirfaea crispata)*

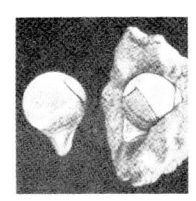

Bohrmuscheln
Jouannetia, rechts im Felsen, links losgelöst

ihren Larven entstehen. Das B. bleibt entweder in den Nagegängen od. rieselt aus einem v. außen sichtbaren Bohrloch heraus (z. B. bei der Tätigkeit v. Klopfkäfern in alten Möbeln).

Bohrmotten, *Ochsenheimeriidae,* Fam. der Kleinschmetterlinge mit schmalen, gelbbraunen Vorderflügeln, Spannweite um 12 mm, Rüssel reduziert, Fühler durch abstehende Schuppen verdickt, tagaktiv; Raupen minieren in Grasstengeln; bei uns nur Gatt. *Ochsenheimeria* mit wenigen Arten.

Bohrmuscheln, *Adesmoidea,* Überfam. der *Adapedonta,* Meeresmuscheln mit gleichklappiger, vorn u. hinten klaffender Schale, die meist gerippt und bes. vorn gezähnelt ist; der vordere dorsale Schalenrand ist breit nach außen umgeschlagen u. dient als Ansatz für den verlagerten (ehemals vorderen) Schließmuskel, durch dessen Kontraktion die Schalen gespreizt u. gegen die Wand der Wohnhöhle gepreßt werden, v. der in Zusammenwirken mit dem Fuß Material abgeraspelt wird. Die B. bohren in Holz, Kreide u. a. weichem Gestein. Einige Arten kleiden den Bohrgang mit Kalk aus. Die Arten der 1. Fam. Eigentliche B. *(Pholadidae)* verwerfen das Bohrmaterial, sie leben mit Hilfe der aus dem Bohrgang gestreckten Siphonen v. Plankton. Die Weißen B. *(Barnea candida),* 5 cm lang, bevorzugen als Substrat submarinen Torf, Ton u. Holz; sie kommen vom O-Atlantik bis in die Ostsee vor. Die Großen B. oder Dattelmuscheln *(Pholas dactylus)* erreichen 9 cm Länge u. leben im Gebiet Mittelmeer bis Norwegen, auch in den Helgoländer Kreideklippen. Die Rauhen B. *(Zirfaea crispata)* haben eine weit klaffende, stark schuppig-gerippte Schale von 8 cm Länge; sie leben im nördl. Atlantik, in Nord- u. Ostsee bevorzugt in Kreide u. Torf. *Jouannetia* und zahlr. weitere Gatt. sind in warmen Meeren verbreitet. Die Arten der 2. Fam. ↗Schiffsbohrer sind stärker umgestaltet. Weitere bohrende Muscheln aus anderen Verwandtschaftsgruppen sind die ↗Felsenbohrer und die ↗Amerikanische Bohrmuschel.

Bohrschnecken, *Nabelschnecken, Naticidae,* Fam. der Mittelschnecken mit eiförm., kugeligem oder ohrförm., meist glattem Gehäuse, dessen offener Nabel meist v. einer Schwiele teilweise ausgefüllt wird; der Vorderteil des Fußes (Propodium) ist kräftig kielförmig gestaltet: mit ihm durchpflügen die B. Weichböden auf der Suche nach kleinen Muscheln u. Schnecken; mit der Reibzunge u. dem Sekret einer Bohrdrüse bohren sie ein Loch durch die Schale des Opfers, stecken den Rüssel hinein u. fressen es aus. Die B. sind getrenntge-

Bohrschwämme

schlechtlich, Männchen und Weibchen oft verschieden aussehend; die Weibchen formen mit dem Propodium kragenförm. Laichringe aus Schleim u. Sand u. drücken diese an die Sedimentoberfläche; die heimische Glänzende Nabelschnecke *(Lunatia nitida)* erzeugt pro Jahr ca. 19 Laichringe mit je etwa 8000 Eiern; ihr Gehäuse wird etwa 18 mm hoch u. ist mit rotbraunen, winkelförm. Flecken gezeichnet. Ebenfalls in Nordsee und O-Atlantik lebt die bis 3 cm hohe Große Nabelschnecke *(L. catena),* deren leeres Gehäuse oft v. Einsiedlerkrebsen bewohnt u. von Stachelpolypen überzogen wird. Zu den B. gehören u. a. auch die Gatt. ↗*Natica,* ↗*Polinices* u. ↗*Sinum.* Weitere bohrende Schnecken gibt es bei den ↗Purpurschnecken u. den Landlungenschnecken *(↗Poiretia).*

Bohrschwämme, *Clionidae,* Fam. der *Hadromerida;* leben in Kalkgestein oder organ. Kalkbildungen (Muschel- u. Schneckenschalen, Korallenstöcke, Kalkalgen), in das sie sich, wie an *Cliona lampa* gezeigt, mit Hilfe von „Ätzzellen" einbohren. Solche Ätzzellen entstehen aus Archaeocyten u. arbeiten offenbar sowohl mechan. wie chem. Sie besitzen Filopodien u. enthalten ein Sekret. Mit den Filopodien werden v. Substrat kleine Kalkpartikel abgesprengt, v. denen beim Bohrprozeß 2–3% in Lösung gehen. Enzyme zur Auflösung v. Conchiolin (Conchin), aus dem die dünne organ. Außenlage (Periostrakum) der Muschel- u. Schneckengehäuse besteht, sind nachgewiesen. B. sind zu einem erhebl. Teil am Abbau der Korallenriffe beteiligt. Über 40% der Riffsedimente können v. B.n erzeugt werden. Wichtige Gatt.: *Cliona, Thoosa, Cliothosa, Alectona.*

Boidae [Mz.; v. lat. boa = Wasserschlange], die ↗Riesenschlangen.

Boiginae [Mz.; v. lat. boa = Wasserschlange], die ↗Trugnattern.

Boinae [Mz.; v. lat. boa = Wasserschlange], die ↗Boaschlangen.

Bojanussche Organe, veraltete Bez. für die v. dem dt. Zoologen L. H. Bojanus (1776–1827) entdeckten Nierenorgane der Muscheln; sie entstehen ontogenet. als Aussackungen des Herzbeutel-Coeloms u. sind im einfachsten Fall paarige, symmetr. zur Körperlängsachse gelegene Schläuche (Nephridien), die mit je einem Wimpertrichter aus dem Herzbeutel entspringen.

Bokharaklee *m* [bochara-; ben. nach der usbek. Stadt Buchara], *Melilotus alba,* ↗Steinklee.

Bolaspinnen [Mz.; ben. nach der Bola, einem südam. Wurf- u. Fanggerät], die ↗Lassospinnen.

Bolaxgummi *m* od. *s,* ↗Doldenblütler.

bolet- [v. lat. boletus = eßbarer Pilz; gr. bōlitēs, davon ahd. bulz = Pilz].

Boletales
Familien (nach Moser):
↗Gelbfüße *(Gomphidiaceae)*
↗Kremplinge *(Paxillaceae)*
↗Röhrlinge *(Boletaceae)*
↗Strobilomycetaceae

Bolbitiaceae [Mz.; v. gr. bolbos = Zwiebel, Knolle], die ↗Mistpilzartigen Pilze.

Bolboschoenetea maritimi [Mz.; v. gr. bolbos = Zwiebel, Knolle, schoinos = Binse; lat. maritimus = See ...], Brackwasserröhrichte, Kl. der Pflanzenges. mit 1 Ord. *(Bolboschoenetalia)* und 1 Verb. Artenarme Röhrichtges. im Gezeitenbereich der Meeresküsten, großflächig z. B. an der Ostseeküste entwickelt. Im Bereich der Flußästuare findet landwärts eine Vermischung mit Arten des Süßwasserröhrichts statt, weshalb die Ges. v. verschiedenen Autoren zu den *Phragmitetea* gestellt werden. Vermutl. wird der Standort eher durch die mechan. Beanspruchung des Strömungswechsels im Gezeitenbereich als durch den Salzgehalt des Brackwassers v. konkurrierenden Schwimmblattges. u. Süßwasserröhricht freigehalten. Bei weniger schwankendem Wasserstand erträgt auch das Schilfrohr mäßig verbracktes Wasser. Strandbinsenröhrichte *(Bolboschoenetum maritimi)* sind hingegen auch aus unversalztem Wasser im Süßwasser-Tidenbereich der Unterelbe bekannt.

Bolboschoenus *m* [v. gr. bolbos = Zwiebel, Knolle, schoinos = Binse], die ↗Simse.

Bolbosoma *s* [v. gr. bolbos = Zwiebel, Knolle, sōma = Körper], Gatt. der *Acanthocephala,* ↗Palaeacanthocephala.

Boleophthalmus *m* [v. gr. bolē = das Werfen, ophthalmos = Auge, Blick], Gatt. der ↗Grundeln.

Boletaceae [Mz.; v. *bolet-], Fam. der ↗Röhrlinge.

Boletales [Mz.; v. *bolet-], *B. Gilbert,* Röhrenpilze, Ord. der Ständerpilze *(Homobasidiomycetes, Hymenomycetes),* in vielen taxonom. Einteilungen auch als Fam. bei den Blätterpilzen *(Agaricales)* eingeordnet, da einige Vertreter ein blätterförm. Hymenophor ausbilden (z. B. die Kremplinge); zu den B. werden 4 Fam. gezählt (vgl. Tab.). Der Fruchtkörper ist in Stiel u. Hut gegliedert, mit röhriger, lamelliger od. kammeriger Fruchtschicht, die meist leicht v. Hutfleisch ablösbar ist; das Sporenpulver ist blaß, gelbl. bis purpurbräunl. Gemeinsames Merkmal ist das bilaterale Trama, bei dem die Hyphen v. der Mitte der Lamellen od. Röhren nach außen wachsen. Unter den B. gibt es ausgezeichnete Speisepilze u. sehr viele Mykorrhizabildner. Die B. leiten sich möglicherweise v. den *Secotiaceae* ab (nach Lohwag); aber auch eine Abstammung v. Porlingen oder Blätterpilzen oder v. beiden wird diskutiert.

Boletinus *m* [v. *bolet-], Gatt. der ↗Schuppenröhrlinge.

Boletopsis *w* [v. *bolet-, gr. opsis = Aussehen], die ↗Röhrlingsartigen Porlinge.

Boletus *m* [lat., = eßbarer Pilz], die ↗Dickfußröhrlinge.
Bolina *w* [v. gr. bōlinos = klumpig], Gatt. der ↗Lobata.
Bolinopsis *w* [v. gr. bōlinos = klumpig, opsis = Aussehen], Gatt. der ↗Lobata.
Bolitaena *w* [v. gr. bōlitēs = eßbarer Pilz], Gatt. der Weichkieferkraken (Überfam. *Bolitaenoidea*), Tiere mit kurzen Armen, die durch eine dünne Haut miteinander verbunden sind, die Saugnäpfe stehen in einer Reihe; der Körper ist gallertig-weich, ohne Stützelemente, Flossen sind nicht ausgebildet, die Kiefer sind weich. Die nur wenige cm großen Tiere leben schwimmend in der Tiefsee.
Bolitoglossini [Mz.; v. gr. bolē = Werfen, glōssa = Zunge], die ↗Schleuderzungensalamander.
Böllingzeit, *Böllingschwankung* (J. Iversen 1942), kurze Erwärmungsphase zw. der Ältesten u. Älteren Tundren-(Dryas-)Zeit mit Vordringen der Birke nach Norden; Radiocarbonalter: 10750–10350 v. Chr.
Boloceroidaria [Mz.; v. gr. bōlos = Kloß, Klumpen, keras = Horn], Gruppe der Seerosen, deren Vertreter zu ursprünglichen Fam. gehören; sie haben ektodermale Rumpfmuskulatur, nur schwache Mesenterialretraktoren u. keine Schlundwimperrinne. Hierher gehört z. B. die Gatt. *Bunodeopsis*.
Bölsche, *Wilhelm*, dt. Schriftsteller u. Naturphilosoph, * 2. 1. 1861 Köln, † 31. 8. 1939 Oberschreiberhau (Schlesien); in der Naturwiss. zeitlebens Autodidakt, war B. ein entschiedener Verfechter u. popularisierender Vermittler der Darwinistischen Erkenntnisse, die er über E. Haeckel, mit dem er freundschaftl. verbunden war, kennengelernt hatte. Neben 17 „Kosmos-Bändchen" u. zahlr. Büchern naturwiss. Inhalts, aber auch Romanen im Rahmen des sozialkrit. jungen Berliner Naturalismus (Freund Gerhart Hauptmanns) ist das dreibändige „Liebesleben in der Natur" bes. bekannt geworden.
Bolyeriinae, U.-Fam. der ↗Riesenschlangen.
Bombacaceae [Mz.; v. *bomba-], *Wollbaumgewächse*, mit den Malvengewächsen verwandtschaftlich sehr eng verbundene Fam. der Malvenartigen *(Malvales)* mit über 20 Gatt. (vgl. Tab.) u. etwa 200 Arten. In den Tropen, insbes. in S-Amerika beheimatete, meist baumförm. Pflanzen mit oft eigenartigen bewehrten, tonnen- od. flaschenförm., wasserspeichernden Stämmen u. einfachen od. handförmig gefiederten Laubblättern sowie hinfälligen Nebenblättern, die bei vielen Arten nach Ende der Regenzeit abgeworfen werden. Während der blattlosen Zeit erscheinen die monoklinen, bei den meisten Gatt. großen, weißen od. leuchtend gefärbten Blüten, die in einigen Fällen an Fledermausbestäubung angepaßt sind. Sie bestehen aus 5 Kelch- bzw. Kronblättern, die gelegentlich zu einer Röhre verwachsen sind, 5 bis zahlr. freien od. röhrig verwachsenen Staubblättern u. einem oberständ., 2- bis 5fächrigen Fruchtknoten mit 2 bis vielen Samenanlagen in jedem Fach. Der Kelch wird bei einigen Arten zudem v. einem aus Hochblättern gebildeten Außenkelch umgeben. Die Frucht ist eine trockene, selten fleischige, geschlossene od. aufspringende Kapsel mit glatten, zuweilen v. einem Samenmantel od. weichen, seidenart. Wollhaaren umgebenen Samen. Ein bes. bekannter Vertreter der B. ist der in Afrika, Madagaskar u. N-Australien beheimatete ↗Affenbrotbaum *(Adansonia)*. Wie er besitzt auch *Ceiba*, der Woll- od. ↗Kapokbaum, handförm., gefiederte Blätter. Die mit ca. 60 Arten bes. in S-Amerika vorkommende Gatt. *Bombax*, der Seidenwollbaum, hat sich zudem, wie *Adansonia*, durch eine auffällige Stammverdickung an trockene Standorte angepaßt. Einige *Bombax*-Arten produzieren wirtschaftlich nutzbare Fruchthaare (Bombaxwolle), die wie Kapok als Polster- u. Isoliermaterial verwendet wird. Ebenfalls gefiederte Blätter u. einen flaschenförm. Stamm besitzt die Gatt. *Chorisia*, deren mit kräftigen Stacheln besetzte Arten als Charakterpflanzen in brasilian. Trockenwäldern vorkommen. Ungefiederte, oft aber gelappte, stets handnervige Blätter u. eine von sternförm. Haaren bedeckte Oberfläche weisen die Gatt. *Cavanillesia* u. *Ochroma* auf; beide besitzen Arten mit extrem leichtem Holz. Das ↗Balsaholz des nach der Form seiner Frucht ben. Hasenpfotenbaums *(Ochroma lagopus)* zeichnet sich dabei durch bes. Festigkeit aus. Ein Außenkelch tritt u. a. bei der in S- und O-Asien beheimateten Gatt. ↗*Durio* u. bei der mit 2 Arten v. N-Australien bis zu den Philippinen verbreiteten Gatt. *Camptostemon* auf. Letztere besitzt bes. Anpassungen an ihren Standort, die Mangrove.

Bombardierkäfer *m* [v. frz. bombarder = mit Geschützen beschießen], *Brachininae*, weltweit verbreitete U.-Fam. der Laufkäfer, in Europa durch die Gatt. *Brachinus (Brachynus)*, *Aptinus* u. *Pheropsophus* (letztere nur im südl. Mittelmeergebiet) vertreten. Bei uns v.a. *Brachinus explodens*, 5–7 mm, und *B. crepitans*, 6–10 mm; Kopf, Halsschild u. Beine bräunl.-rot, Flügeldekken metall. blau od. grünlich; leben oft gesellig unter Steinen. Auffallend ist ein Verhalten, das sie bei Störung zeigen: mit leichtem Knall tritt aus ihrer Hinterleibs-

---

bomba-, bomby- [v. gr. bombyx = Seidenraupe, Seide; feine Baumwolle].

Bombacaceae
Wichtige Gattungen:
↗Affenbrotbaum *(Adansonia)*
Bombax
Camptostemon
Cavanillesia
Chorisia
↗*Durio*
↗Kapokbaum *(Ceiba)*
Ochroma

Bombardierkäfer *(Brachinus crepitans)*

Bombax

spitze eine stechend riechende Gaswolke aus, die durch ihre hohe Temp. (bis 100 °C) u. Chinon z. B. auf der Haut eine Bräunung verursacht. Das Giftausschleudern unter hohem Explosionsdruck stellt eine wirksame Verteidigung gegenüber kleineren Feinden dar. Bei den viel größeren Arten (z. B. dem ostalpinen *Aptinus bombarda*, 10–15 mm, od. dem südspan. *Pheropsophus hispanicus*, ca. 20 mm) entsteht sogar eine helle Gaswolke, da das Sekret nach dem Ausspritzen mit der Außenluft reagiert. Hierbei können auf der Haut kleine Brandblasen entstehen. Die Käfer können durch entsprechendes Drehen od. Kippen des Hinterleibs auch gezielt schießen. Der Vorrat reichte im Experiment für ca. 4 min, in denen 80mal geschossen wurde. Einen nahezu ident., jedoch unabhängig entwickelten Explosionsapparat besitzen die Arten der Fühlerkäfer.

Bombykol

Bombardierkäfer

Funktion der Pygidialdrüsen (schematisch, R = H, CH$_3$):

Im Hinterleib der Tiere liegen 2 nierenförm., kompliziert gebaute Pygidialdrüsen; sie münden in eine Sammelblase (Reservoir), die zur anschließenden Explosionskammer mit Muskeln verschließbar ist. Die Drüsenzellen produzieren ein Sekretgemisch aus 23% Wasserstoffperoxid u. Hydrochinon bzw. Toluhydrochinon. Die Wand der Explosionskammer ist ihrerseits mit kugeligen Gruppen einzelliger Enzymdrüsen besetzt, die eine Katalase u. Peroxidase abgeben. Bei einer Reizung des Käfers wird der Verschluß der Sammelblase geöffnet. Das Sekretgemisch tritt in die Explosionskammer, wo es unter Einwirkung der Katalase zu einer blitzart. Zersetzung des Wasserstoffperoxids in Wasser u. Sauerstoff kommt. Die Peroxidase oxidiert die Hydrochinone zu gelben bis violetten Benzou. Toluchinonen, die unter hohem Gasdruck explosionsartig ausgeschleudert werden. Dabei entstehen Temperaturen von ca 100° C.

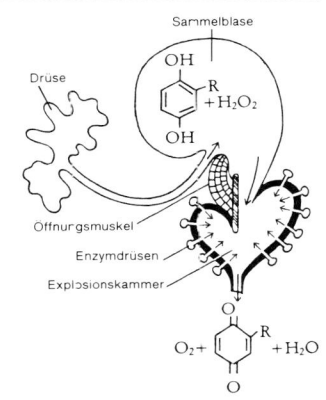

Bombax *m* [v. *bomba-], Gatt. der ⤴Bombacaceae.

Bombay-Enten [bombä^i; Mz.; ben. nach der ind. Stadt Bombay], *Harpodontidae*, Fam. der Lachsfische aus der U.-Ord. Laternenfische mit nur 5 Arten. Die Eigentliche Bombay-Ente *(Harpodon nehereus)* ist bis 40 cm lang, hat große bezahnte Kiefer, lange Brust- u. Bauchflossen, eine Fettflosse u. einen nur hinten beschuppten, durchsichtigen Körper; sie bewohnt v. a. den nördl. Ind. Ozean u. kommt zur Monsunzeit in die Mündungsgebiete der großen Ströme; durch Lufttrocknung konservierbar.

Bombina *w* [v. gr. bombos = tiefer, dumpfer Ton], die ⤴Unken.

Bombus *m* [v. gr. bombos = tiefer, dumpfer Ton], die ⤴Hummeln.

bomba-, bomby- [v. gr. bombyx = Seidenraupe, Seide; feine Baumwolle].

Bombycidae [Mz.; v. *bomby-], die ⤴Seidenspinner. [denschwänze.

Bombycillidae [Mz.; v. *bomby-], die ⤴Sei-

Bombykol, *trans*-10-*cis*-12-hexadecadien-1-ol, ein zweifach ungesättigter, für den Menschen geruchloser Alkohol, dessen Isolierung, Konstitutionsermittlung u. Synthese 1959 im Arbeitskreis von A. ⤴Butenandt gelang. B., ein Pheromon (Sexuallockstoff) des weibl. Seidenspinners *(Bombyx mori)*, wird in ausstülpbaren Duftdrüsen (Sacculi laterales, zw. dem 8. und 9. Abdominalsegment) des Weibchens gebildet u. verteilt sich mit dem Luftstrom. Das Männchen, das den Reiz mit Sensillen auf seinen Antennen wahrnimmt, orientiert sich anhand des Duftstoffgradienten u. bewegt sich unter ständigem Richtungswechsel zickzackartig auf das Weibchen zu. Für das Auslösen einer Reaktion beim Männchen reichen etwa 10^3 B.-Moleküle/cm^3 im Luftstrom (entspricht einer gleichzeit. Reizung v. etwa 200 Rezeptorzellen, wobei bereits 1 Molekül B. pro Rezeptorzelle einen Nervenimpuls auslöst). Ebenfalls Pheromone des Seidenspinners sind das Stereoisomere des B.s und *Bombykal*, der von B. abgeleitete Aldehyd.

Bombyliidae [Mz.; v. gr. bombylios = Hummel], die ⤴Wollschweber.

Bombyx *m* u. *w* [gr., = Seidenraupe], Gatt. der ⤴Seidenspinner.

Bonebed *s* [bo^{u}nbed; engl., = Knochenlager], geringmächtiges zoogenes Sediment mit Anreicherung v. Zähnen, Knochen, Schuppen u. Koprolithen in weiter horizontaler Ausdehnung, v. a. im Obersilur, Muschelkalk u. Rhät; Entstehung im Flachwasserbereich.

Bonellia *w* [ben. nach dem it. Zoologen F. A. Bonelli, 1784–1830], Gatt. der ⤴Echiurida (Igelwürmer) mit einer an Nordsee- u. Atlantikküsten, v. a. aber im Mittelmeer verbreiteten Art *B. viridis*. B. ist bekannt als Beispiel für extremen Geschlechtsdimorphismus u. phänotyp. (modifikatorische) ⤴Geschlechtsbestimmung. B.-Weibchen besitzen einen plump sackförm., 5–10 cm langen Körper mit einem kontraktilen, muskulösen u. außerordentlich bewegl., an der Spitze gegabelten Kopflappen (Rüssel) u. sind durch ein selbstproduziertes Pigment tiefgrün gefärbt. Als lichtscheue Tiere leben sie in engen Felsspalten u. können mit Hilfe ihres im ausgestreckten Zustand über 1 m langen Rüssels die Algenflora in der Umgebung ihrer Wohnhöhle abweiden. In einer förderbandartigen Wimpernrinne auf der Rüsselunterseite wird die Nahrung dem Mund zugestrudelt. Die nur 2–3 mm großen Zwergmännchen sind darmlos, total bewimpert (Larvalmerkmal) u. parasitieren in großer Zahl (bis zu 80) in einer blasenartigen Auftreibung der Eileiter des Weibchens. Die Geschlechtsdifferenzierung wird wesentl. durch Außenfaktoren beeinflußt: Treffen die sexuell undifferenzierten Larven auf ein erwachsenes Weibchen, so setzen sie sich an dessen Rüssel fest, entwickeln sich dort zu etwa 70% aufgrund stoffl. Einflüsse des Weibchens innerhalb weniger Tage zu geschlechtsreifen Männchen u. wandern nach u. nach in die Eileiter ein, wo sie die austretenden Eier besamen. Umgekehrt werden etwa 70% aller Larven, die nicht auf ein Weibchen treffen, zu Weibchen. Dennoch entstehen im ersten Fall neben ca. 20% indifferent bleibenden u. früh absterbenden Tieren 3–10% spontane Weibchen bzw. im zweiten Fall bei unbeeinflußter Entwicklung 3–10% spontane Männchen, woraus manche Autoren eine genet. Komponente in der Geschlechtsdifferenzierung folgern (evtl. multifaktorielle Geschlechtsvererbung). Eine weitere Eigenart von B. ist der Besitz des grünen Pigments *(Bonellin)*, eines Porphyrinfarbstoffs, der vermutl. als Abbauprodukt des Chlorophylls aus der Algennahrung entsteht. Auf mechan. od. Lichtreize hin kann B. das Pigment aktiv nach außen abgeben. Es wirkt – vermutl. durch Bildung v. Wasserstoffperoxid bei Photosensibilisierung in Anwesenheit v. Sauerstoff – toxisch auf viele Wirbellose, bei hoher Lichtintensität auch auf B. selbst. Man nimmt an, daß das Bonellin der augenlosen B. eine gewisse Lichtsensibilität verleiht (aktive Lichtflucht) u. gleichzeitig der Feindabwehr dient.

Bongkreksäure, ein Antibiotikum, das v. einem Schimmelpilz *(Rhizopus oryzae)* in faulendem Bongkrek (indones. Kokosnußgericht) gebildet wird und gg. einige Pilze u. Hefen stark toxisch wirkt. B. ist ein Inhibitor des ADP-ATP-Carriers der inneren Mitochondrienmembran.

Bongo, *Taurotragus (Boocercus) eurycerus,* ↗Elenantilopen.

Bonifatiuspfennige [Mz.; ben. nach dem Bischof Bonifatius, † 754], *Bischofspfennige,* legendenbezogener Ausdruck für versteinerte Stielglieder v. Seelilien *(Crinoidea),* insbes. aus dem oberen Muschelkalk; paläontolog.: Trochiten (Münzsteine).

Bonität w [v. lat. bonitas = gute Beschaffenheit], die Güte eines Holzbestands, gemessen als Zuwachsleistung.

Bonito, *Echter B., Katsuwonus pelamis,* ↗Thunfische.

Bonnemaisonia w [ben. nach Bonnemaison (bonmäsõn)], ↗Nemalionales.

Bonnet [bonä], *Charles de,* schweizer. Naturforscher u. -philosoph, * 13. 3. 1720 Genf, † 20. 5. 1793 Genthod (Genfer See);

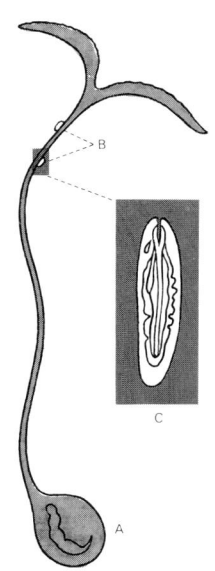

Bonellia
A Weibchen,
B Männchen,
C Männchen stark vergrößert

Bonsai
Die B.-Kultur, die religiösen Ursprungs ist, hat in Japan eine jahrhundertelange Tradition. Seit etwa 10 Jahren gibt es aber auch in Europa immer mehr Liebhaber dieser zw. nur ca. 15 und 80 cm großen Miniaturbäume. Für die Kultur werden ausschl. fernöstl. Laub- u. Nadelbäume herangezogen, z. B. die Japanische Hainbuche *(Carpinus laxiflora),* die Kerb-Buche *(Fagus crenata),* die Japanische Fichte *(Picea yezoensis)* od. der China-Wacholder *(Juniperus chinensis).* Prinzipiell kann man aber auch einheim. Baumarten zu B.s heranziehen.

Privatgelehrter in Genf; entdeckte 1739 die parthenogenet. Fortpflanzung bei Blattläusen u. wertete dies als Beweis für die Präformation. Weitere Arbeiten über Polypen, das Atmen der Raupen u. Schmetterlinge u. die Anatomie v. Bandwürmern. Spekulativ waren seine Betrachtungen über den Einfluß des Nervensystems auf psych. Erscheinungen („Seele"). B. hing der Idee v. der „Stufenleiter der Dinge" (im Gefolge Leibnitz') an, in der alle lebenden u. toten Körper ihren Platz haben, aber unveränderlich bzw. nur durch die Umwelt modifizierbar sind. Er war daher, ebenso wie Lamarck, entschiedener Gegner der Linnéschen Systematisierung, die v. der Veränderlichkeit der Arten ausging.

Bonnier [-nieh], *Gaston,* frz. Botaniker, * 9. 4. 1853 Paris, † 30. 12. 1922 ebd.; seit 1887 Prof. in Paris (Sorbonne); Arbeiten über den Gaswechsel der Pflanzen, Einfluß des Klimas auf die Pflanzenentwicklung, Bau u. Funktion ihrer Organe. Verfasser des großen frz. Florenwerks „Flore complète illustrée en couleurs de France" (12 Bde. 1912–24).

Bonobo, *Zwergschimpanse, Pan paniscus;* viel kleiner, schlanker u. zierlicher als der Schimpanse *(P. troglodytes),* braunschwarzes Fell, Lippen rötlich-fleischfarben, starker Backenbart; lebt in immergrünen Regenwäldern ohne Trockenzeit südl. des Kongoflusses in Zaïre. Über seine Lebensweise ist noch nicht wenig bekannt; Zuchterfolge im Frankfurter Zoo seit 1962.

Bonpland [bõnplã], *Aimé,* frz. Arzt u. Naturforscher, * 22. 8. 1773 La Rochelle, † 4. 5. 1858 Santa Ana (Argentinien); reiste mit A. v. Humboldt seit 1799 nach Spanien, S-Amerika u. Mexiko; sammelte über 6000 Pflanzenarten u. beschrieb v. diesen 3500 neu in mit zahlr. Kupferstichen illustrierten Monographien; 1818 Prof. in Buenos Aires; widmete sich später der Anlage großer Plantagen.

Bonsai s [jap., v. bon = Schale, sai = Baum], Bez. für japan. Miniaturbäume, die durch bes. Art des Schneidens der Zweige u. Wurzeln nicht zur normalen Größe heranwachsen können.

Boomslang w [niederländ., = Baumschlange], *Dispholidus typus,* bis 2 m lange, grüne, seltener graubraune, unterseits gelbe Trugnatter aus Mittel- u. S-Afrika; lebt auf Bäumen od. im Gebüsch. Die B. ist ausgesprochen tagaktiv u. ernährt sich hpts. v. Chamäleons, Vögeln u. deren Eiern sowie v. Fröschen. Die Giftzähne stehen verhältnismäßig weit vorn, so daß das Gift beim Biß sofort wirksam wird u. auch für den Menschen tödlich sein kann.

Boophis m [v. gr. boõpis = kuhäugig, mit

hervorquellenden Augen], Gatt. der ↗Goldfröschchen.

Booster-Effekt *m* [buster; v. engl. booster = Verstärker], *Auffrischungseffekt,* nach der Verabreichung einer sehr kleinen Antigendosis auftretende spezif. Antigen-Antikörper-Reaktion u. sehr starke, schnelle Produktion v. Antikörpern, die vorher nicht mehr nachweisbar waren.

Bootsmannfische, *Porichtnys,* Gatt. der ↗Froschfische.

Bootsschnecken, *Scaphandridae,* Fam. der Kopfschildschnecken, mit zylindr. bis eiförm. Gehäuse, das keinen Deckel hat u. größtenteils v. Mantel umschlossen wird. Die Beute (kleine Schnecken, Ringelwürmer u. Kahnfüßer) wird ganz verschlungen u. im Magen durch Kalkplatten zerdrückt. *Cylichna cylindracea* (Gehäuse bis 11 mm hoch) lebt in Nordsee, Mittelmeer u. O-Atlantik; sie gräbt sich durch Sand u. Schlick u. ernährt sich vorwiegend v. Foraminiferen. *Scaphander lignarius* (Tier etwa 6 cm, Gehäuse 4 cm lang) kommt im nördl. Atlantik bis zum Mittelmeer auch in größeren Tiefen (700 m) vor; Nahrung des Schellfischs.

Bopyridae [Mz.; v. gr. bous = Ochse, pyros = Weizen], große Familie der ↗Epicaridea.

Bor, chem. Zeichen B, chem. Element, ein Nichtmetall; für Pflanzen ein essentielles Mikroelement, das in Form v. Borat-Anionen durch die Wurzeln aufgenommen wird. In bestimmter Pflanzenorganen, z.B. Staubgefäßen, Narbe, Griffel u. Fruchtknoten, kommt es zu einer Anreicherung von B. Physiologisch spielt B. eine Rolle bei der Feinstrukturbildung der Zellwand u. bei der Regulation des Kohlenhydratstoffwechsels. Ertragsbildung u. Qualität der Kulturpflanzen hängen in starkem Maß v. der Versorgung mit B. ab (einige Verbindungen mit B. werden als Düngemittel eingesetzt). Bekannteste B.-Mangelerkrankung ist die Herz- u. Trockenfäule bei Zucker- u. Futterrüben (Schädigung des meristemat. Gewebes).

Boraginaceae [Mz.; über mlat. borrago v. vulgärarab. bū'araq = Vater des Schweißes (Borretsch wurde als Schwitzmittel verabreicht)], die ↗Rauhblattgewächse.

Borago *w,* der ↗Borretsch.

Borassus *m* [v. gr. borassos = die in ihrer Hülse eingeschlossene Palmfrucht], *B. flabelliver,* die ↗Palmyrapalme.

Boraxcarmin, bes. zur Kernfärbung bei Ciliaten u. an Gewebestücken geeignete Lösung; wird durch Verreiben v. ↗Carmin mit Borax (Natriumtetraborat), anschließendes Kochen in destilliertem Wasser u. (nach Erkalten) Zusatz v. 70%igem Alkohol gewonnen.

Borboridae [Mz.; v. gr. borboros = Mist, Unrat], die ↗Cypselidae.

Bordet [bordä], *Jules,* belg. Bakteriologe, * 13. 6. 1870 Soignies, † 6. 4. 1961 Brüssel; 1903–40 Leiter des Pasteur-Inst. in Brüssel; entdeckte 1906 den Erreger des Keuchhustens u. mit P. Ehrlich die Komplementbindungsreaktion für die Serodiagnostik; erhielt dafür 1919 den Nobelpreis für Medizin.

Bordetella *w* [ben. nach J. ↗Bordet], Bakterien-Gatt. der gramnegativen aeroben Stäbchen u. Kokken mit unsicherer taxonom. Angliederung; B.-Arten sind Parasiten od. Krankheitserreger des Atmungstrakts, wo sie im Flimmerepithel leben. Die bewegl. oder unbewegl. Kurzstäbchen lassen sich auf komplexen Nährböden mit Aminosäuren (meist unter Blutzusatz) züchten. Die Substrate werden nur im oxidativen Atmungsstoffwechsel abgebaut. *B. pertussis* (*Haemophilus p.*), der Erreger des Keuchhustens, ist unbewegl., bildet eine Kapsel aus u. läßt sich auf einem Blut-Glycerin-Kartoffel-Nährboden (Bordet-Gengou-Medium) gut züchten, wo er Hämolysehöfe ausbildet. Durch ungesättigte Fettsäuren u. Sulfide wird das Wachstum gehemmt. Die beiden anderen Arten rufen keuchhustenähnl. Krankheiten hervor: *B. parapertussis* beim Menschen und *B. bronchiseptica* bei Hund, Schwein u.a. Haus- u. Wildtieren, nur gelegentl. auch beim Menschen. Die B.-Arten werden nach morpholog. und physiolog. Merkmalen und bes. nach ihrer Antigenstruktur (ca. 15 Agglutinogene, O-, K-Antigene) unterschieden.

boreal [v. lat. borealis = nördlich], Bez. für ein kalt-gemäßigtes Klima, bei dem die kalte Jahreszeit über 6 Monate lang andauert u. die Zeit mit Tagesmitteln über 10 °C unter 3 Monate sinkt.

Boreal, *Haselzeit,* Bez. für die frühe nacheiszeitl. Warmzeit (vor etwa 8000–10 000 Jahren).

borealer Nadelwald [v. lat. borealis = nördl., nordisch], in Sibirien die *Taiga,* Vegetation der borealen Klimazone, die sich aus verschiedenen Nadelholzarten u. einigen kleinblättrigen Laubholzarten der Gatt. *Alnus, Sorbus, Populus* u. *Salix* zusammensetzt. Die Zahl der Arten ist in N-Amerika u. O-Asien groß, im eurosibir. Raum dagegen klein. In N-Amerika sind Arten der Gatt. *Pinus, Picea, Abies, Larix, Thuja, Chamaecyparis* u. *Juniperus* vorhanden. In N-Europa spielen nur die Fichte (*Picea abies*) u. die Kiefer (*Pinus silvestris*) eine Rolle. ↗Vaccinio-Piceetea. ⏐B⏐ Asien I.

Boreidae [Mz.; v. gr. boreios = nördlich], die ↗Winterhafte.

Borelli, *Giovanni Alfonso,* it. Arzt u. Mathematiker, * 28. 1. 1608 Castelnuovo (Neapel), † 31. 12. 1679 Rom; Schüler Galileis; 1664 Prof. in Messina. Neben Arbeiten über die Bewegungen der Jupitermonde u. Kometenbahnen legte er in seinem klass. Werk „De motu animalium" (Rom, 1680/81) die Grundlage für das Studium der Mechanik der Muskelbewegungen. Es enthält Beschreibungen u. Experimente zum Vogelflug, Schwimmen der Fische, Laufen der Säugetiere, zur Atem- u. Herzbewegung u. erklärt sie mit physikal. Gesetzen der Mechanik. B. war ein typ. Vertreter der Iatrophysik, die damals zus. mit der Iatrochemie erstmals versuchte, biol. Vorgänge mit den Gesetzen der Physik od. Chemie zu erklären.

boreoalpin [v. gr. boreios = nördlich, lat. Alpinus = Alpen-], bezeichnet eine Form der ↗Arealaufspaltung (Disjunktion), die oft fälschlicherweise der arktoalpinen gleichgesetzt wird. Von den ↗ *arktoalpinen Formen* unterscheiden sich die b.en Formen deutlich in ihrem Nordareal, das v. a. in der Zone des borealen Nadelwaldes liegt u. nicht in der arkt. Tundrazone. Die Entstehung des b.en Arealdisjunktionstyps geht auf die Zurückdrängung u. Trennung des erst nacheiszeitlich von O nach Mitteleuropa vorgedrungenen Nadelwaldgürtels zurück. In Mitteleuropa wichen die betroffenen Arten (z. B. Tannenhäher u. Ringdrossel, Arve u. Lärche) außer in die Nadelwaldstufe der Hochgebirge auch in ökologisch entsprechende Gebiete der höheren Mittelgebirge aus.

Boreogadus *m* [v. gr. boreios = nördlich, gados = Name eines Seefisches], Gatt. der ↗Dorsche.

boreonemoral [v. gr. boreios = nördlich, lat. nemoralis = Hain-], Bez. für den Übergangsbereich zw. borealer Nadelwaldzone u. nemoraler Laubwaldzone im Bereich des ozean. Klimas, in dem eine mosaikart. Durchmischung v. Laubwäldern auf besseren Böden u. günstigeren Standorten u. Nadelwäldern auf armen Böden u. ungünstigeren Standorten stattfindet.

Boretsch, der ↗Borretsch.

Boreus *m* [v. gr. boreios = nördlich], Gatt. der ↗Winterhafte.

Borke, *Rhytidom*, Komplex aus verschiedenen Geweben, der sich an Stamm u. Wurzel bei fortschreitendem ↗sekundärem Dickenwachstum außerhalb des jeweils zuinnerst liegenden ↗*Korkkambiums* befindet; schützt als tertiärer Abschluß vor Wasserverlust u. eindringenden Schädlingen. Die B. entsteht dadurch, daß die Korkkambien nach kurzer Tätigkeit inaktiv werden u. selber verkorken; es entsteht ein neues Korkkambium jeweils in zentraler gelegenen Schichten der sekundären Rinde. Dabei sterben alle außerhalb dieses Korkkambiums sich befindenden u. noch lebenden Gewebe ab. So sind am Aufbau der B. alte Siebteile, Parenchymgewebe, Bastfasern u. alte Korkschichten in komplexer Zusammenstellung beteiligt. Durch das fortschreitende sekundäre Dickenwachstum wird dieser Gewebekomplex tangential gedehnt. Aufgrund seines Aufbaues zerreißt er in für die einzelnen Pflanzenarten charakterist. Weise und löst sich in Teilstücken ab. Bei der Kork-↗Eiche wird die B. wirtschaftl. genutzt.

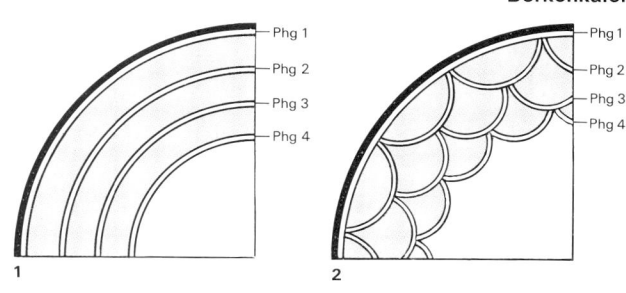

Borkenflechte, *Glatzflechte*, *Bartflechte*, *Trichophytie*, *Herpes tonsurans*, durch Deuteromyceten-Pilze (beim Rind *Trichophyton faviforme*, beim Menschen *T. tonsurans*) hervorgerufene Infektionserkrankung, die zu knotenförmig eiternden, borkigen Ausschlägen u. Haarausfall führt; Behandlung durch Antimykotika.

Borkenkäfer, *Scolytidae*, *Ipidae*, Fam. der *Polyphaga*, weltweit ca. 5500, in Mitteleuropa über 100 Arten in den 3 U.-Fam. *Scolytinae* (↗Splintkäfer), *Hylesinae* (↗Bastkäfer) u. *Ipinae*; zu letzterer gehören die ↗Ambrosiakäfer. B. sind bei uns kleine, längl.-walzenförm. Käfer v. 1–6 mm, ausnahmsweise 9 mm (Riesenbastkäfer) Körperlänge, hell bis dunkelbraun gefärbt; Fühler kurz, an der Spitze keulenförmig verdickt; Flügeldeckenenden oft abgestutzt, der Rand des Absturzes bei Männchen häufig charakterist. gezähnt („Sechszähniger" Kiefern-B. od. „Achtzähniger" Fichten-B.). Bei manchen Arten sind die Männchen flugunfähig. Viele Arten können mit unterschiedlich gelegenen Stridulationsorganen zirpen (stridulieren). In einigen Fällen ist nachgewiesen, daß diese Lautäußerungen mit dem Paarungs- u. Brutfürsorgeverhalten in Zshg. stehen. Die Geschlechterfindung erfolgt über Sexuallockstoffe (Pheromone). Bei einigen Arten bildet das Männchen einen auch im Bohrmehl nachweisbaren Sexuallockstoff, der Weibchen, aber auch arteigene Männchen anlockt (z. B. bei *Ips-* und *Dendroctonus-* Arten). Viele dieser Pheromone sind genauer analysiert u. werden als synthet. Stoffe zur biol. Schädlingsbekämpfung ein-

Borke
Die Bildung von B. ist sehr typisch für die einzelnen Baum- und Straucharten. *Schuppen-B.* wie bei Kiefer, Stieleiche, beim Birnbaum u. a. entsteht, wenn die Korkkambien oder Phellogene (Phg 1, 2, 3, 4) segmentartig tiefer verlegt werden (1). *Ringel-B.* wie bei der Birke entsteht dagegen, wenn das neue Korkkambium ringförmig angelegt wird (2). Bei der Buche bleibt – ein seltener Fall – das erste Korkkambium dauernd tätig: der Stamm bleibt glatt, und es gibt keine eigentliche Borke.

Borkenkäfer

Borkenkäfer

Unterfamilien:
↗ Bastkäfer *(Hylesinae)*
Ipinae
↗ Splintkäfer *(Scolytinae)*

Wichtige Arten der Ipinae:

Zottiger Fichtenborkenkäfer *(Dryocoetes autographus)*
Kl. Lärchenborkenkäfer *(Cryphalus intermedius)*
Kl. Tannenborkenkäfer *(Cryphalus piceae)*
Kupferstecher *(Pityogenes chalcographus)*
Krummzähn. Tannenborkenkäfer *(Pityokteines curvidens)*
Vielzähn. Kiefernborkenkäfer *(Orthotomicus laricis)*
Sechszähn. Kiefernborkenkäfer *(Ips acuminatus)*
Achtzähn. Fichtenborkenkäfer, ↗ Buchdrucker *(Ips typographus)*
Achtzähn. Zirbenborkenkäfer *(Ips amitinus)*
Achtzähn. Lärchenborkenkäfer *(Ips cembrae)*
Zwölfzähn. Kiefernborkenkäfer *(Ips sexdentatus)*
Xyleborini u. Xyloterini ↗ Ambrosiakäfer
Stengelborkenkäfer *(Thamnurgus petzi, T. varipes, T. kaltenbachi)*

gesetzt. Eine Komponente des Pheromons v. *Ips confusus* wirkt bei verwandten Arten als Hemmstoff (Repellent). Bei anderen Arten sondert das unbegattete Weibchen ein Pheromon ab, das auf Männchen stark, auf arteigene Weibchen schwach anziehend wirkt. Auch B.-Jäger, wie der Ameisen-↗ Buntkäfer *(Thanasimus formicarius),* orientieren sich an diesen Pheromonen, um befallene Hölzer schnell zu finden. Die B. finden ihre spezif. Wirtspflanzen durch deren Duftkomponenten. So werden durch Extrakte v. Ulmenrinde v. a. der Kleine Ulmen-↗ Splintkäfer, durch Stoffe des Kiefernbastes in Verbindung mit α-Terpineol der Große Waldgärtner (↗ Bastkäfer) angelockt. Für die Spezifität ist auch die Konzentration der beteiligten Stoffe wichtig; so wirkt α-Pinen (Hauptbestandteil des Terpentinöls) in geringer Konzentration auf den Schwarzen Kiefern-↗ Bastkäfer anlockend, in hoher Konzentration aber abstoßend. Die meisten Arten der B. entwickeln sich in Zweigen, Ästen od. Stammpartien, teils unter der Rinde, teils im Holz v. absterbenden od. geschwächten Laub- u. Nadelhölzern; selten wird gesundes Holz befallen (z. B. Kleiner Waldgärtner, *Blastophagus minor*). Eine ganze Reihe v. Arten zählen daher zu gefürchteten Forstschädlingen. Die Arten weniger Gatt. bewohnen Samen, andere brüten in Stengeln u. Wurzeln kraut. Pflanzen (z. B. der in den O-Alpen heim. *Thamnurgus petzi* in *Aconitum*). Einige Arten sind auch Überträger gefährl Pilzkrankheiten (↗ Ulmensterben). Nach Art der Larvenernährung lassen sich 4 Haupttypen von B.n unterscheiden: Rindenbrüter (phloeophag), Holzbrüter (xylophag), Wurzel- (rhizophag) u. Stengelbrüter an kraut. Pflanzen, (selten) Samenbrüter (spermatophag).

1) *Rindenbrüter*: Fraßgänge unter der Rinde im Bast od. Splint, hierher die Mehrzahl unserer heimischen Borkenkäfer. Es können charakterist. Fraßbilder entstehen. Im einfachsten Fall nagen die Elterntiere eine kurze radiale Einbohrröhre durch die Rinde bis auf den Bast, erweitern dann den Gang seitl. zu einer mehr oder weniger geräumigen, flachen Höhlung, an deren Wand das Weibchen in unregelmäßigen Abständen Häufchen v. Eiern legt. Entweder fressen die geschlüpften Junglarven alle gemeinsam in Kolonne (z. B. Riesenbastkäfer), so daß die Brutkammer selbst einfach vergrößert wird (Platzgänge), od. die Larven nagen einzeln weiter (z. B. *Cryphalus*), u. es entsteht ein strahlenförm. Fraßbild (Sterngänge). Eine erste Komplizierung entsteht dadurch, daß bei monogamen Arten ein Weibchen, bei polygamen mehrere Weibchen v. einer Hochzeitskammer ("Rammelkammer"), in der die Begattung stattgefunden hat, lotrechte (Längsgänge) oder waagerechte (Quergänge) Brutröhren (Muttergänge) anlegen; bei mehreren Weibchen (meist bis 4) werden entsprechend viele solcher Muttergänge angelegt (z. B. bei *Ips sexdentatus*). Gelegentl. werden auch v. einem Weibchen zwei Muttergänge, sog. doppel- od. zweiarmige Brutröhren, angelegt. Die Fraßbilder entstehen dadurch, daß die Weibchen ihre Eier einzeln entlang des Muttergangs in Ei-Nischen ablegen u. die Larven dann senkrecht v. Muttergang weg Gänge fressen, die sich untereinander meist nicht berühren od. gar überkreuzen. Am Ende des jeweiligen Larvengangs finden die Verpuppungen statt. Aus dieser Puppenwiege befreien sich die Jungkäfer durch Nagen eines Ausfluglochs. Bei monogamen Arten (1 Männchen und 1 Weibchen) findet die Begattung meist außen auf der Rinde statt; das Weibchen nagt dann allein den Muttergang. Bei polygamen Arten (meist 1 Männchen und mehrere Weibchen) findet die Begattung in der vom Männchen hergestellten "Rammelkammer" in der Rinde statt. Beispiele der *Ipinae*: Zottiger Fichten-B. *(Dryocoetes autographus),* bis 4 mm, in Europa überall, v. a. auf Fichte, Muttergang der Faser folgend, Eiablage unregelmäßig, Larvengänge strahlenförmig, sich oft überkreuzend. Kleiner gekörnter Lärchen-B. *(Cryphalus intermedius),* 1,8–2,0 mm, Art der Alpen, v. a. auf Lärche. Kleiner Tannen-B. *(C. piceae),* 1,1–1,8 mm, in ganz Mittel- und S-Europa, v. a. an Weißtanne an dünnrindigen Teilen, monogamer Rindenbrüter, Sterngänge; teilweise sehr schädl. Kupferstecher, Sechszähniger Fichten-B. *(Pityogenes chalcographus),* 1,8–2,3 mm, im ganzen Fichtengürtel der Paläarktis sehr häufig, v. a. auf Fichte, auch an anderen Nadelhölzern, polygam in Zweigen u. Ästen; Brutbilder mit Rammelkammer, je nach Stärke der Rinde in ihr od. im Splint verlaufend, von der 3–6 Muttergänge ausgehen; oft 2 Generationen. Krummzähniger Tannen-B. *(Pityokteines curvidens),* 2,5 bis 3,3 mm, mit dem natürl. Vorkommen der Tannen in Mittel- und S-Europa verbreitet, polygamer Rindenbrüter; Fraßbild meist ein liegendes H, das von 2 Weibchen hergestellt wird; die Käfer fliegen meist schon im März die Tannenwipfel an, um einen Reifungsfraß an der Rinde zu machen. Vielzähniger Kiefern-B. *(Orthotomicus laricis),* 3–4,5 mm, in der Nadelholzzone der Paläarktis v. a. auf Kiefernarten. Sechszähniger Kiefern-B. *(Ips acuminatus),* 2,2 bis 3,5 mm, in der gesamten Paläarktis an Kie-

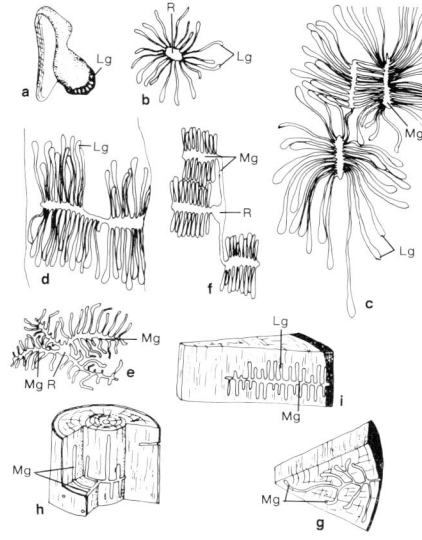

Fraßgänge von Borkenkäfern

Fraßgänge monogamer (a–d) u. polygamer (e, f) Rindenbrüter u. Holzbrüter (g–i)
a Platzgang *(Dendroctonus)*; **b** Sternod. Strahlengang *(Cryphalus)*; **c** einfacher (hier zwei unabhängige Gangsysteme) und **d** doppelarmiger Längsgang (lot- od. waagerecht) (z. B. Buchdrucker, *Ips typographus*); **e** gemeinsame „Rammelkammer" (hier 4 Weibchen), die jedes für sich strahlenförmig bzw. **f** lot- od. waagerechte Längsgänge anlegen; **g** in einer Ebene quer zur Holzfaser verlaufende, verzweigte, vom Muttertier angelegte Brutgänge (die meisten *Xyleborus*-Arten); **h**, wie **g**, aber dreidimensional verlaufend, **i**, wie **g**, die geraden Seitengänge werden jedoch von den Larven angelegt, während das Weibchen, gelegentlich auch das Männchen, das Bohrmehl beseitigt *(Xyloterus, Gnathotrichus)*.
Lg Larvengang, Mg Muttergang, R „Rammelkammer" (Hochzeitskammer)

fern; Fraßgang: vielarmige (3–12) Sterngänge mit großer Rammelkammer, Muttergänge bis 20 cm lang, mit Bohrmehl gefüllt, Larvengänge kurz; bevorzugt dünnrindige Stammteile. Achtzähniger Fichten-B. *(Ips typographus)*, ↗ Buchdrucker. Achtzähniger Zirben-B. *(Ips amitinus)*, 3,5–4,8 mm, mehr im östl. Mittel- und S-Europa, v. a. an Fichte, im Gebirge an Latschen u. Zirbe; Brutbild dem des Buchdruckers ähnlich. Achtzähniger Lärchen-B. *(Ips cembrae)*, 4,9–6 mm, heute überall mit seinem Brutbaum, der Lärche, verbreitet; polygamer Rindenbrüter, v. der Rammelkammer aus 3 od. mehr Mutterlängsgänge; Jungkäfer zusätzl. sehr schädlich durch ihren Reifungsfraß an dünnen Zweigen u. Trieben. Zwölfzähniger Kiefern-B. *(Ips sexdentatus)*, 5,5–7,5 mm, jederseits 6 Zähne am Flügeldeckenabsturz, überall in Europa am unteren Stammteil v. a. der Kiefer; polygamer Rindenbrüter, v. der Rammelkammer aus gehen 2–4, bis 50 cm lange Mutterlängsgänge, mit Luftlöchern.
2) *Holzbrüter*: Von den B.n dieser Gruppe werden die Brutröhren im Holz selbst angelegt. Die sich hier entwickelnden Larven fressen jedoch nicht das Holz, sondern weiden die v. den Elterntieren angelegten Pilzrasen (Ambrosiapilze) ab. Diese Gruppe wird daher auch als Ambrosiakäfer bezeichnet. Sie sind mit vielen Arten v. a. in den Tropen verbreitet; bei uns leben die Arten der U.-Fam. *Ipinae*, Tribus *Xyleborini*

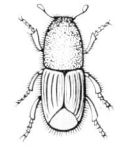

Borkenkäfer
Fraßgang eines Borkenkäfers *(Ips spec.)* auf der Innenseite der Rinde als Beispiel für einen einfachen (hier lotrechten) Längsgang.

u. *Xyloterini* (Holzbohrer u. Nutzholz-B.). ↗ Ambrosiakäfer.
3) Zu den *Wurzel- u. Stengelbrütern* an kraut. Pflanzen gehören bei uns nur wenige Arten: Der Kleewurzel-B. *(Hylastinus obscurus)*, 2,0–2,8 mm, monogam in den Wurzeln v. Klee u. anderen Leguminosen. Die Arten der Gatt. *Thamnurgus* brüten in Stengeln u. Trieben v. Hahnenfußgewächsen, Wolfsmilcharten u. Lippenblütlern: *T. petzi* in *Aconitum stoerkianum*, *T. varipes* (südl. Mitteleuropa) in *Euphorbia amygdaloides* und *E. carcharias*, *T. kaltenbachi* in verschiedenen Lippenblütlern (z. B. *Lamium, Stachys* od. *Origanum*).
Lit.: Grüne, S.: Handbuch zur Bestimmung der europäischen Borkenkäfer. Hannover 1979.   H. P.

Borkenratten, *Phloeomyinae*, in den feuchten Nebelwäldern SO-Asiens beheimatete U.-Fam. der Mäuse mit 6 Gatt. u. etwa 20 Arten. Die Gescheckte Riesenborkenratte *(Phloeomys cummingi)* gilt mit einer Kopfrumpflänge von ca. 48 cm u. einer Schwanzlänge v. 20–30 cm als die größte Vertreterin der Mäuse-Fam. B. ernähren sich u. a. von Baumrinde.
Borkentier, die ↗ Stellersche Seekuh.
Borlaug [borlog], *Norman Ernest,* am. Agrarwissenschaftler, * 25. 3. 1914 Cresco (Iowa); seit 1944 Arbeiten über die Ertragssteigerungen v. Weizen-, Mais- u. Bohnenanbau; Züchtung v. Hochertragssorten; Mitarbeiter der Rockefeller Foundation in Mexiko. Friedensnobelpreis 1970.
Bornasche Krankheit [ben. nach der Stadt Borna bei Leipzig, dort Ende des 19. Jh. erstmal. Auftreten der B.n K. in größerem Umfang], *Bornaische Krankheit, Genickstarre,* seuchenhafte, in einigen Ländern der BR Dtl. anzeigepflichtige Viruskrankheit bei Pferden u. Schafen, die Gehirn u. Rückenmark befällt u. sich u. a. in Fieber, Schlafsucht, Krämpfen u. Lähmungen äußert; meist tödl. Verlauf (nach 1½–2½ Wochen); die B. K. tritt v. a. in Mittel- und SW-Dtl. auf.
Borneokatze, *Profelis badia,* ↗ Goldkatzen.
Borneol s [ben. nach der indones. Insel Borneo], ein Alkohol aus der Gruppe der bicycl. Monoterpene mit campherart. Geruch, Bestandteil zahlr. äther. Öle u. Harze; zwei opt. aktive Formen: (+)-Borneol (Borneocampher) in Hölzern bestimmter Campherbäume auf Borneo u. Sumatra u. in äther. Ölen, z. B. Lavendel- u. Rosmarinöl; (−)-Borneol (Ngaicampher, Linderol) im Baldrian. Verwendung in der Riechstoffindustrie.
Bornetella w [ben. nach dem frz. Botaniker J.-B.-E. Bornet (bornä), 1828–1911], Gatt. der ↗ Dasycladales.
Bornholmer Krankheit [ben. nach der dän. Ostseeinsel Bornholm, wo die B. K. 1904

auftrat], *Myalgia epidemica, Sylvest-Syndrom,* eine durch Coxsackie-Viren verursachte, grippeähnl. Erkrankung, die sich durch rasch einsetzende heftige Muskelschmerzen v. a. im Brustkorb u. hohes Fieber manifestiert; Inkubationszeit 4–10 Tage; Diagnose durch serolog. Nachweis v. komplementbindenden Antikörpern; da keine kausale Therapie mögl., nur symptomat. Behandlung; heilt gewöhnl. rasch aus, kann aber bei Säuglingen u. U. tödlich verlaufen.

Borowina *m* [v. russ. borowik = Steinpilz], ↗ Auenböden.

Borrebytypus *m* [ben. nach dem schwed. Ort Borreby], kurzschädelige ↗ Cromagnide; der Begriff nimmt Bezug auf die jungsteinzeitliche Borreby-Population S.-Schwedens.

Borrelia *w* [ben. nach dem frz. Bakteriologen A. Borrel, 1867–1936], Gatt. der Spirochäten (Bakterien). B.-Arten leben parasitisch in verschiedenen Gliederfüßern u. verursachen Krankheiten bei Menschen u. Wirbeltieren (Blutspirochäten). Die gramnegativen, flexiblen, spiralförm. Zellen (0,2–0,5 × 3–20 µm) weisen 3–10 Windungen auf u. sind mit Anilinfarbstoffen gut anfärbbar; ihr Axialfaden setzt sich an den Zellenden in 15–20 Fibrillen fort, mit denen sie sich korkenzieherartig bewegen. B. wächst auf sehr komplexen Nährböden mit anaerobem Gärungsstoffwechsel. *B. recurrentis* u. andere B.-Arten sind Erreger des Rückfallfiebers; die Übertragung erfolgt durch Läuse u. Zecken. Am Erreger der Geflügelspirochätose *(B. anserina)* haben P. Ehrlich u. Mitarbeiter Arsenpräparate gegen Syphilis geprüft; diese Untersuchungen führten schließl. zur Entwicklung des hochwirksamen Chemotherapeutikums *Salvarsan.*

Borrelidin *s* [ben. nach dem frz. Bakteriologen A. Borrel, 1867–1936], ein Antibiotikum aus *Streptomyces*-Arten (u. a. *Streptomyces rochei*) mit starker Wirkung gg. ↗ Borrelia; hemmt spezif. die Kopplung v. Threonin an t-RNA u. damit die Proteinbiosynthese.

Borretsch *m* [über mlat. borrago, frz. bourrache v. vulgär-arab. abū 'araq = Vater des Schweißes], *Boretsch, Gurkenkraut, Borago,* Gatt. der Rauhblattgewächse mit 3 im westmediterranen Raum beheimateten Arten. Bes. zu erwähnen ist *B. officinalis,* eine im ganzen Mittelmeerraum verbreitete, im übrigen Europa sowie in N-Amerika kultivierte od. verwilderte, einjähr., bis 60 cm hohe Pflanze mit Pfahlwurzel u. mit starr abstehenden Borstenhaaren besetzten Sprossen. Die an der Basis rosettig gehäuften, wechselständ. Laubblätter sind beiderseits behaart u. von ellipt. Gestalt.

Borretsch
B. enthält Schleim- u. Gerbstoff, Allantoin, Saponin u. Mineralsalze, bes. Kaliumnitrat u. Calciummalat. Er wird bereits seit dem Mittelalter als abführende, blutreinigende, harn- u. schweißtreibende Heilpflanze geschätzt. Der erfrischend säuerl., schwach gurkenähnl. Geruch u. Geschmack von B. und seine anregend kühlende Wirkung machen ihn jedoch in erster Linie zu einem beliebten Küchengewürz.

Die an bis zu 2 cm langen, kräft. Stielen nickenden Blüten stehen in wenig beblätterten, zieml. armblütigen, aber oft zu umfangreichen Doldenrispen zusammengesetzten Wickeln. Die Blütenkrone ist leuchtend himmelblau u. besteht aus 5 verwachsenen Kronblättern mit flach ausgebreiteten Zipfeln u. abgerundeten, weißen, vorragenden Schlundschuppen.

Borsten, 1) *Chaetae;* bei Ringelwürmern, bes. bei Polychaeten (vielborstige Ringelwürmer), stehen zahlr. B. meist in Büscheln an den Parapodien. Die B. sind Sekretionsprodukte ektodermaler Zellgruppen *(B.follikel)* u. bestehen aus Protein u. β-Chitin. Jede B. wird v. einer äußeren, v. den Follikelzellen abgeschiedenen Rindenschicht u. einer inneren, v. einer Basalzelle *(Chaetoblast)* abgegebenen Markschicht aufgebaut. Der Chaetoblast besitzt viele Zellausläufer, an deren Seitenfläche die Bausubstanz für die Markschicht abgegeben wird. Über diesen Zellausläufern bleibt der Raum jedoch frei, so daß eine feine, für die Anneliden-B. typische Röhrenkonstruktion entsteht. Nach der Fertigstellung der B. geht der Chaetoblast zugrunde. Besonders große u. kräftige Ringelwurm-B. sind die *Aciculae,* die als eine Art Innenskelett in den Parapodien fungieren. 2) Bei Säugetieren: Steife, elast. Haare der Säugetiere werden gelegentlich B. genannt, z. B. Schweine-B. usw. ↗ Haare. 3) B. der Insekten, ↗ Haare.

Borstenegel, *Acanthobdelliformes,* Ord. der *Hirudinea.* ↗ Acanthobdella.

Borstenferkel, die ↗ Rohrratten.

Borstenhirse, *Setaria,* Gatt. der Süßgräser (U.-Fam. *Panicoideae*) mit ca. 120 trop. und subtrop. Arten; die Ährchen stehen, v. Borsten umgeben, in ährenförm. Rispe. Wichtigste Art ist die Kolbenhirse *(S. italica),* die in O- und Zentralasien, Indien u. S-Europa als Getreide kultiviert wird; in Europa wird sie fast nur noch als Grün- u. Vogelfutter angebaut. In Dtl. einheim. Arten sind *S. glauca* mit gelben, später rötl. Borsten und *S. viridis* mit grünen Borsten, beides häufige Unkräuter, bes. in Hackfruchtäckern.

Borstenhirse
Kolbenhirse *(Setaria italica)*

Borstenhörnchen, *Xerini,* Gatt.-Gruppe der Hörnchen, deren Vertreter sich durch ihr borst. Haarkleid v. den übrigen Hörnchen unterscheiden; Fell gelbl. bis rötl., Kehle u. Gliedmaßen meist weiß. Von den Afr. B. kommt die Gatt. *Xerus* mit 4 Arten in der Sahara, in Äthiopien, im Sudan, in Kenia, Uganda, Senegal, Sierra Leone u. Gabun vor; das Nordafrikanische B. *(Atlantoxerus getulus)* lebt in Marokko u. Algerien. B. sind Bewohner der Halbwüsten u. Savannen u. ernähren sich v. Wurzeln, Sämereien u. Insekten. Die ebenfalls zu den B.

gehörende Zieselmaus *(Spermophilopsis leptodactylus)* bewohnt die Sandwüsten v. Turkestan, N-Persien u. Afghanistan; außer einem Winterschlaf hält sie in der heißen Jahreszeit einen sog. Trockenschlaf.
Borstenigel, *Tenrecinae,* U.-Fam. der ↗Tanreks.
Borstenkiefer, 1) *Pinus aristata,* ↗Kiefer. 2) die ↗Chaetognatha.
Borstenläuse, *Chaitophoridae,* Fam. der ↗Blattläuse.
Borstenmäuler, *Gonostomatidae,* Fam. der ↗Großmünder.
Borstenschwänze, *Thysanura,* fr. als Ord. der Urinsekten *(Apterygota)* betrachtet; heute in 2 Ord. aufgeteilt: Felsenspringer *(Archaeognatha)* u. Silberfischchen *(Zygentoma).* Ihnen gemeinsam sind ein beschuppter Körper und 3 lange Hinterleibsanhänge (2 Cerci und 1 Terminalfilum).
Borstenzähner, *Falter-* od. *Schmetterlingsfische, Chaetodontidae,* Fam. der Barschfische mit zahlr. Gatt. und ca. 150 Arten; durchwegs kleine bis mittelgroße, prächtig gefärbte Bewohner trop. Korallenriffe mit seitl. abgeflachtem, hohem Körper u. kleinem, vorstülpbarem Maul, das viele borstenart. Zähne auf beiden Kiefern hat. Ihre Nahrung besteht v. a. aus Kleintieren des Riffs u. Algen. B. leben meist einzeln od. paarweise u. schwimmen oft gaukelnd; die bei vielen Arten grellbunte Färbung dient wahrscheinl. vorwiegend der Partnerfindung u. der Revierverteidigung. Beliebte Meerwasseraquarienfische sind der bis 30 cm lange, indopazif. solitär lebende Kaiserfisch *(Pomacanthus imperator,* B Fische VIII), der jung vorwiegend blau-weiß kreisförmig gebändert ist, erwachsen aber auf meist purpurbraunem Grund zahlr. gelbe Längsstreifen u. breite dunkle Bänder über Stirn u. Brust hat; der bis 20 cm lange, im Roten Meer u. an der ostafr. Küste heim. blaue Sichelkaiserfisch *(Pomacanthus maculosus)* mit breitem, gelbem Band an der Flanke; aus der artenreichen Gatt. der Gaukler- od. Falterfische *(Chaetodon)* der bis 16 cm lange, indopazif., gelbbraune Halsbandfalterfisch od. Samtgaukler *(Chaetodon collare)* mit weißer Halsbinde; der bis 20 cm lange, westatlant., weißgefärbte Nördliche Falterfisch *(Chaetodon ocellatus)* mit gelben Querbändern u. 2 dunklen Flecken am Rücken u. Schwanz; der bis 20 cm lange, zitronengelbe Rotmeergaukler od. Halbmaskenfalterfisch *(Chaetodon semilarvatus)* mit einem blauen Fleck auf den Kiemendeckeln; der indopazif. Pinzettfisch *(Chelmon rostratus,* B Fische VIII) u. der bis 20 cm lange, indopazif., kleine Schwärme bildende Wimpelfisch *(Heniochus acuminatus)* mit Pinzettenschnauze, wimpelartig verlängertem 4. Rückenflossenstrahl, einer dunklen, schmalen Stirnbinde u. 2 breiten Querbändern auf hellem Grund.

Borstgras, *Borstengras, Nardus,* monotyp. Gatt. der Süßgräser (U.-Fam. *Pooideae*) in Eurasien u. Grönland. Das B. (*N. stricta,* B Polarregion II), ein ausdauerndes, brettartig wachsendes Horstgras mit Borstenblättern, ist ein Ährengras mit einseitswendigen, begrannten Ährchen, das v. a. in Magerrasen der Silicatgebirge (zw. 900 und 1900 m) wächst; es ist Charakterart der B.-Rasen (↗*Nardetalia*), begünstigt duch extensive Beweidung u. lange Schneebedeckung; jung vom Vieh gefressen, wird es alt nur ausgerissen u. bleibt als „B.leiche" liegen.
Borstgras-Rasen ↗Nardetalia.
Borstlinge, *Scutellinia,* Gatt. der ↗Humariaceae.
Bortensoral ↗Sorale.
Bos *m* [lat., = Rind, Ochse], Gatt. der ↗Rinder.
Bosellia *w, Blattschnecke,* Gatt. der Schlundsackschnecken (Fam. *Boselliidae*), ohne Gehäuse u. ohne Kieme; der Körper ist stark dorsoventral abgeflacht u. hat keine Rückenanhänge. *B. mimetica* (bis 10 mm lang) lebt im Mittelmeer auf einer Schlauchalge *(Halimeda tuna)* u. ist dieser farblich und gestaltlich angepaßt.
Bosmina *w* [ben. nach Bosmina, in der ir. Sage die Tochter Fingals], Gatt. der ↗Wasserflöhe.
Bostrychidae [Mz.; v. gr. bostrychos = Haarlocke], die ↗Holzbohrkäfer.
Boswellia *w* [ben. nach dem schott. Botaniker J. Boswell, um 1735], Gatt. der ↗Burseraceae.
Botalli-Gang [ben. nach dem it. Anatomen L. Botallo, 1530–71], der ↗Ductus arteriosus Botalli.
Botanik *w* [v. gr. botanē = Weide, Gras], *Pflanzenkunde, Phytologie,* Teilgebiet der ↗Biologie, das die Erforschung der Pflanzenwelt zum Gegenstand hat. Die B. ist aus der ↗*Heilpflanzenkunde* hervorgegangen. Unterschiedl. Fragestellungen u. die Anwendung verschiedener Methoden haben zur Entwicklung von vier Fachrichtungen geführt. Die *Morphologie* (i. w. S.) untersucht u. vergleicht Struktur u. Form der Pflanzen; ihre Arbeitsgebiete sind *Organographie* (Morphologie i. e. S.; äußerer Bau der Pflanzen), *Anatomie* (innerer Bau der Pflanzen), *Histologie* (Gewebelehre; Aufbau u. spezielle Leistung der Gewebe) u. *Cytologie* (Feinbau der Zelle). Die *Pflanzenphysiologie* untersucht die allg. Funktionsabläufe der Pflanzen im Bereich des Stoffwechsels, des Wachstums, der Entwicklung, des Formenwechsels u. der Bewegung. Ihre Arbeitsgebiete sind *Stoff-*

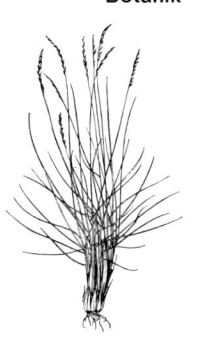

Borstgras *(Nardus stricta)*

botanischer Garten

wechsel-, Reiz- u. *Entwicklungsphysiologie*. Die *Systematik* beschäftigt sich mit der Beschreibung u. Ordnung der Pflanzenwelt. Ihre Arbeitsgebiete sind die *Taxonomie*, die sich mit der Beschreibung, Benennung u. Ordnung der über 330 000 Pflanzenarten befaßt, u. die *Paläobotanik*, die sich u. a. mit der Aufklärung der Stammesgeschichte des Pflanzenreiches beschäftigt sowie mit der Beschreibung fossiler Formen. Die *Geobotanik* betrachtet die Pflanzen nicht isoliert, sondern untersucht das Verhalten der Pflanzen unter Konkurrenz u. an Standort. Ihre Arbeitsgebiete sind *Pflanzensoziologie (Vegetationskunde, Phytozönologie;* erforscht Aufbau u. Struktur der Pflanzendecke), *Chorologie (Arealkunde;* untersucht die Verbreitung von Pflanzensippen), *historisch-genetische Geobotanik* (untersucht die Verbreitung der Pflanzensippen in der Vergangenheit) u. *Ökologie* (untersucht die Beziehung der Pflanzen zu ihrer Umwelt. Mit bot. Fragen befassen sich auch die neueren Wissenschaftszweige wie Biochemie, Genetik, Biophysik u. Molekularbiologie, die Strukturen u. Funktionen untersuchen, die mehr od. weniger allen Organismen gleich sind. Mit praxisbezogenen Fragen beschäftigen sich die *angewandte B.*, so z. B. die *Heilpflanzenkunde (Pharmakognosie, pharmazeutische B.), Pflanzenzüchtung* u. ↗ *Phytopathologie.* — Bis zur Mitte des 19. Jh. herrschte in der Biologie die statische Betrachtungsweise vor. Seither tritt die dynamische Betrachtungsweise u. damit die kausal-analyt. Erforschung der funktionalen Zusammenhänge immer stärker in den Vordergrund.
[B] Biologie I–III.

botanischer Garten, ausgedehnte gärtner. Anlage, in der fremdländ. und einheim. Pflanzenarten nach systemat., pflanzengeogr., ökolog., pflanzensoziolog. oder weltwirtschaftl. Gesichtspunkten geordnet gehalten werden. Häufig sind b. G. den bot. Abteilungen der Univ. angeschlossen u. liefern u. a. Anschauungs- u. Forschungsmaterial. Gewächshauskomplexe dienen zur Anzucht u. Haltung exot. Arten sind heute selbstverständlicher Anteil aller b. G., meist ergänzt durch Spezialanlagen (Alpinum, Gewürzgarten, Zierpflanzenbeete, Warmwasserbecken). Geschichte: Bereits in fr. Hochkulturen wurden Pflanzen in Gärten kultiviert. Ihrem Beispiel folgten die Klostergärten u. später die zahlr. öffentl. u. privaten b. G. der Renaissance (Leipzig 1580, Heidelberg 1597). Als bedeutendster b. G. gilt die Anfang des 18. Jh. eingerichtete u. später von W. Hooker entscheidend ausgebaute botanische Anlage v. Kew bei London.

Übersicht über die wichtigsten botanischen Zeichen

Blütenbereich

- ♂ staminate Blüte (Blüte nur mit Staubblättern)
- ♀ karpellate Blüte (Blüte nur mit Fruchtblättern)
- ☿, ⚥ staminokarpellate Blüte (Blüte mit Staubblättern und Fruchtblättern)
- ♂ ♀ Pflanze einhäusig = monözisch (staminate und karpellate Blüten getrennt, aber auf einer Pflanze)
- ♂ / ♀ Pflanze zweihäusig = diözisch (staminate und karpellate Blüten getrennt, auf verschiedenen Pflanzen)
- ✳ Blüte radiärsymmetrisch (aktinomorph)
- ✝ Blüte disymmetrisch (bilateralsymmetrisch)
- ↓ Blüte zygomorph (dorsiventral)
- ⌇ Blüte asymmetrisch
- I–XII Monate der Blütezeit oder Sporenreife
- ◐ Frühjahrsblüher
- ◑ Sommerblüher
- ◒ Herbstblüher
- ◓ Winterblüher

Lebensdauer

- ⊙ einjährige/sommerannuelle Pflanze (keimt im Frühjahr und überwintert als Same)
- ① einjährige/winterannuelle Pflanze (keimt im Herbst und überwintert als Keimpflanze)
- ⊙⊙ zweijährige (bienne) Pflanze (überwintert abwechselnd als Same bzw. Keimling und als Rosettenpflanze)
- ∞ mehrjährige (plurienne) Pflanze (braucht zur vollständigen Entwicklung mehrere Jahre, blüht aber nur einmal)

Wuchsformen

- ♃ Staude (mehrjährige krautige Pflanze mit unterirdischen Überdauerungsorganen)
- ♄ Halbstrauch (nur die unteren Teile der Pflanze sind verholzt)
- ♄ Strauch (ausdauerndes, sich dicht über dem Erdboden verzweigendes Holzgewächs)
- ♄ Baum (ausdauerndes Holzgewächs, das einen Stamm bildet, der eine aus Ästen/Zweigen gebildete Krone trägt)
- ⸙ Kletterpflanze
- ⸙ Ampel- oder Hängepflanze
- ⤳ Kriechpflanze

Kultivierungsansprüche

- ∞ Freilandpflanze
- ⊗ Freilandpflanze mit Winterschutz
- ⌐⌐ Kalthauspflanze
- ⊢⊣ Warmhauspflanze
- ⌣ Topfpflanze
- ○ Sonnenpflanze
- ◑ Halbschattenpflanze
- ● Schattenpflanze
- ≈ Wasserpflanze
- ≋ Moor- oder Sumpfpflanze
- ∧, △ Fels- oder Steingartenpflanze

Sonstige Symbole

- × Kreuzung (Hybrid, Bastard; hinter Gattungsname bedeutet dieses Zeichen Arthybrid, davor Gattungshybrid) oder Bezeichnung für „gekreuzt mit")
- + Pfropfhybrid, Chimäre
- † giftige Pflanze
- (†) schwach giftige Pflanze
- ⚕ Heilpflanze
- § Pflanze gesetzlich geschützt

Gründungsjahre botanischer Gärten

Padua	1545
Bologna	1567
Leiden	1577
Leipzig	1580
Montpellier	1593
Heidelberg	1597
Paris	1597
Gießen	1610
Jena	1626
Amsterdam	1646
Kew bei London	1713
Buitenzorg (Java)	1817
Berlin-Dahlem	1909

botanische Zeichen, Symbole u. Zeichen für bestimmte, häufig wiederkehrende Ausdrücke der Botanik.

Bot<u>au</u>rus *m* [v. mlat. butiotaurus = Rohrdommel], Gatt. der ↗ Rohrdommeln.

Botenmoleküle, *messenger-Moleküle,* Sammelbez. für Substanzen, die im Organismus eine Information v. einem Ort an einen anderen übertragen, z. B. Hormone, zykl. Adenosin-3′,5′-monophosphat (cyclo-AMP, „sekundärer Bote"), m-RNA (Boten-Ribonucleinsäure) u. Neurotransmitter.

Boten-Ribonucleinsäure, die messenger-RNA; ↗ Ribonucleinsäuren.

Bothidae [Mz.], die Fam. Buttverwandte, ↗ Butte.

Bothridium *s* [v. *bothri-*], Haftorgan in Form einer muskulösen, blatt- bis löffelartig sitzenden od. gestielten Saugscheibe am

Skolex v. ↗Bandwürmern der Fam. *Tetraphyllidea;* tritt in Vierzahl auf.

Bothriochloa *w* [v. gr. bothrion = kleine Grube, chloa = junges Grün, Gras], Gatt. der ↗Andropogonoideae.

Bothriocidaroida [Mz.; v. *bothri-, gr. kidaris = pers. Königsmütze (die nach oben spitz zuläuft)], durch die einzige Gatt. *Bothriocidaris* Eichw. belegte † Ord. der Altseeigel *(Palechinoidea)* mit kugeligem, regulärem Gehäuse; Ambulacra mit 2, Interambulacra mit 1 Täfelchenreihe; spärl. bestachelt; Oculogenitalring aus 10 Platten, Ocellarplatten größer als Genitalplatten. Von manchen Bearbeitern den *Cystoidea* zugewiesen od. einer eigenen U.-Kl. *Pseudechinoidea.* Verbreitung: mittleres Ordovizium v. Estland.

Bothrium *s* [v. *bothri-], Haftorgan in Form einer muskelarmen, schlitzförm. Saugfurche od. -grube am Skolex v. ↗Bandwürmern der Fam. *Pseudophyllidea,* z. B. beim Fischbandwurm des Menschen; tritt paarweise auf.

Bothrochilus *m* [v. *bothro-, gr. cheilos = Lippe], Gatt. der ↗Pythonschlangen.

Bothrodendron *s* [v. *bothro-, gr. dendron = Baum], auf das Karbon beschränkte Gatt. der *Lepidodendrales,* meist in eine eigene Fam. *Bothrodendraceae* gestellt. Die B.-Arten sind heterospor (monoklin), bilden Bäume mit im Ggs. zu anderen *Lepidodendrales* flachen Blattpolstern, die Blätter besitzen eine Ligula; die Megagametophytenentwicklung erinnert an die einiger *Lepidodendraceae.*

Bothrophthalmus *m* [v. *bothro-, gr. ophthalmos = Auge], Gatt. der ↗Wolfszahnnattern.

Bothrops *m* [v. *bothro-, gr. ōps = Auge], die Amerikanischen ↗Lanzenottern.

Botia, die ↗Prachtschmerlen.

Botrychium *s* [v. gr. botrychos = Traubenstengel], die ↗Mondraute.

Botrydiales [Mz.; v. gr. botrydion = kleine Traube], *Heterosiphonales,* Ord. der *Xanthophyceae;* Algen mit vielkernigem, schlauch- oder sackart. (siphonalem) einzell. Thallus. Die 7 Arten der Gatt. *Botrydium* besitzen einen kugel- oder eiförm. Thallus mit einem ⌀ von 1–2 mm; *B. granulatum* gedeiht auf kurzzeitig austrocknenden Schlammböden. Die Gatt. *Vaucheria* (B Algen II, IV) kommt mit ca. 50 Arten meist im Süßwasser vor; sie besitzen einen schlauchförm. verzweigten Thallus u. bilden im freien Wasser häuf. dichte Watten; die vegetative Fortpflanzung erfolgt durch „Synzoosporen", d. i. der vielkernige, begeißelte Inhalt eines terminal abgegliederten Sporangiums, der als eine Verbreitungseinheit entlassen wird; häufige Arten *V. sessilis, V. geminata* und *V. terrestris.*

Botryllus *m* [v. *botry-],Gatt. der Seescheiden, koloniebildend (↗Synascidien); Einzeltiere nur wenige mm groß; gruppenweise in gemeinsamem Mantel um gemeinsame Ausstromöffnung angeordnet; Arten betreiben Brutpflege. *B. schlosseri* (Sternascidie), wenige cm² große, flache Kolonie mit variabler Färbung (rot, blau, violett, gelb, rosa, farblos), die Einzeltiere sternförm. angeordnet; *B. leachi,* mit bandförmig angeordneten Einzeltieren, orange, grünl. od. grau; beide Arten mediterranboreal verbreitet.

Botryococcaceae [Mz.; v. *botry-, gr. kokkos = Kern, Beere], Fam. der *Chlorococcales,* einzellige grüne, unbegeißelte Algen, deren Zellen bis 0,5 mm große, traubenförm. Kolonien bilden. *Botryococcus braunii* z. B. ist ein Kosmopolit in Teichen u. Seen. Die Alge speichert neben Stärke auch Lipide; Massenentwicklung bedingt vielfach „Wasserblüte" u. führt oft zum Fischsterben. *Botryococcus* ist seit dem Paläozoikum bekannt, bedeutender Bestandteil der Öllagerstätten.

Botryoidzellen [Mz.; v. gr. botryoeidēs = traubenartig], Abkömmlinge des Coelomepithels bei den Egeln *(Hirudinea)* u. als solche den Chloragogzellen der *Oligochaeta* homolog; schwimmen frei in der Flüssigkeit die bei den *Hirudinea* auf ein röhren- od. leiterförmiges Kanalsystem stark eingeschränkten Coeloms od. sind an bestimmten Stellen dem Coelomepithel gewebeartig angeheftet. Mit hoher Wahrscheinlichkeit dienen sie dem Aufbau v. Glykogen, der Speicherung v. Fett sowie dem Exkretstoffwechsel, haben folgl. die gleiche Funktion wie die Chloragogzellen.

Botryomykose *w* [v. *botry-, gr. mykēs = Pilz], *Traubenpilzkrankheit, Kastrationsschwamm,* chron. Infektionskrankheit der Pferde, seltener bei anderen Ein- u. Paarhufern; in der Haut, Unterhaut u. Wunden, sekundär auch an inneren Organen entstehen Granulome (Botryomykome), die durch das Bakterium *Staphylococcus aureus (pyogenes)* verursacht werden.

Botryotinia *w* [v. *botry-], Gatt. der ↗Sclerotiniaceae (Nebenfruchtform ↗Botrytis).

Botrytis *w* [v. *botry-], *Grauschimmel,* Gatt. der *Moniliales* (Fungi imperfecti); B. bildet ein septiertes, graues, bräunl. oder schwärzl. Substratmycel u. ein schwaches Luftmycel; die Konidienträger sind zum Ende bäumchenartig verzweigt u. tragen endständig auf einer etwas angeschwollenen Basis zahlr. traubenartig vereinigte Konidien mit meist kugeligen od. ellipt., einzelligen, weißen od. grauen Sporen; einige bilden auch unregelmäßige, dunkle Sklerotien. B. ist die Nebenfruchtform der Erreger v. Grauschimmelkrankheiten; die

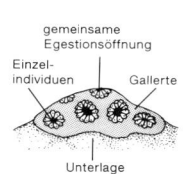

Botryllus schlosseri

bothri-, bothro- [v. gr. bothros = Grube bzw. bothrion = kleine Grube].

botry- [v. gr. botrys = Traube].

Botrytis
Entwicklung von Blastokonidien bei *Botrytis*

Hauptfruchtformen sind *Sclerotinia*- u. *Botryotinia*-Arten (↗*Sclerotiniaceae*). *B. cinerea*, der Grauschimmel [Hauptfruchtform: *Botryotinia (Sclerotinia) fuckeliana*] befällt viele Kulturpflanzen (Gurke, Salat, Erdbeere) u. ist auch der Erreger der Sauer- u. Edelfäule an Weinbeeren. *B. tulipae* verursacht das Tulpenfeuer, *B. narcissicola* die Blatt- u. Triebfäule der Narzissen und *B. allii* die Wurzelfäule bei Zwiebeln.

Botschafter-RNA, die messenger-RNA; ↗Ribonucleinsäuren.

Bottenbinsen-Rasen, *Juncetum gerardii*, ↗Asteretea tripolii.

Botulinustoxin *s* [v. lat. botulus = Wurst, gr. toxikon = (Pfeil-)Gift], *Botulismustoxin, Botulin*, Exotoxin aus *Clostridium botulinum;* es wirkt als Neurotoxin u. führt zu schwersten, oft tödl. Vergiftungen v. Mensch u. Tier (↗Botulismus). Durch 15minütiges Erhitzen auf 100° C wird das B. zerstört. Es sind 7 Erregertypen mit unterschiedl. B.en (A–G) bekannt, die sich immunologisch unterscheiden. Ihre Struktur u. biochem. Wirkung sind fast gleich. B. besteht aus einer einzigen Polypeptidkette mit einer relativen Molekülmasse (M) von ca. 150 000. Nach der Freisetzung wird sie in zwei Teile von $M = 50 000$ ($= A$) und $100 000$ ($= B$) gespalten, die durch eine Disulfidbrücke zusammengehalten werden. Die B.e gehören (neben dem Tetanustoxin) zu den wirksamsten mikrobiellen Toxinen. Um Mäuse zu töten, genügen $0,8–2,5 \cdot 10^{-5}$ µg des Toxins; für den Menschen wurde als tödl. Dosis 10 µg des Rohtoxins u. weniger als 1 µg des gereinigten Toxins berechnet. Bei einer „biologischen Kriegführung" (↗bakteriologische Kampfstoffe) könnten somit durch 1 g des gereinigten B.s mehrere Mill. Menschen getötet werden. B. gelangt i. d. R. über die Blutbahn an die motor. Endplatten in der peripheren quergestreiften Muskulatur. Dort hemmt es die Freisetzung v. Acetylcholin aus den Nervenendigungen; somit fehlen den Muskeln die Signale zur Kontraktion; es kommt zur (generalisierten) schlaffen Lähmung. Einige toxinbildende *C.-botulinum*-Stämme enthalten Bakteriophagen, die nicht-toxinbildende Stämme infizieren u. zur Toxinbildung veranlassen können. Neben dem B. scheidet *C. botulinum* noch ein Hämagglutinin aus ($M = $ ca. 500 000).

Botulismus, *Allantiasis,* Vergiftung (Intoxikation) durch Neurotoxine (↗Botulinustoxin), die v. verschiedenen Erregertypen des Bakteriums *Clostridium botulinum* ausgeschieden werden (Exotoxine). Die Toxine werden hpts. mit ungekochten Nahrungsmitteln aufgenommen, z. B. mangelhaft geräucherte, gekochte od. gesalzene

---

Botulismus

Die Botulinustoxine werden im Magen-Darm-Trakt aufgenommen u. gelangen in die Blutbahn. Erste Vergiftungssymptome treten meist nach 12–40 Stunden, manchmal erst nach 4–8 Tagen nach der Aufnahme auf (Kopfschmerzen, Magenschmerzen, oft auch Übelkeit u. Erbrechen); dann stellen sich Muskelschwäche, Doppelsehen, Schluckbeschwerden u. Sprachstörungen ein; in schweren Fällen kann durch Atemlähmung od. Herzstillstand (nach 2–9 Tagen) der Tod eintreten. Eine Behandlung der anzeigepflichtigen Krankheit ist mit hohen Dosen des spezif. Antitoxins möglich. B. durch verdorbene Lebensmittel tritt heute sehr selten auf. Wahrscheinlich können die Bakterien auch einen „Wund-B." hervorrufen; außerdem wurden sie in den letzten Jahren als Erreger des „Kinder-B.," einer Infektionskrankheit, bei der sich die Bakterien im Darm des Babys entwickeln u. durch Toxinausscheidung zu seinem Tode führen können. Es wird angenommen, daß bei einem Teil des ungeklärten „plötzlichen Säuglingssterbens" („Krippentod") B. verantwortlich ist. – B. (benannt durch Müller, 1870) war bereits vor über 1000 Jahren in Byzanz als Blutwurst-Krankheit bekannt. C. A. J. Kerner (1820) beschrieb den B. in einer umfassenden Monographie als Wurstvergiftung. Die Bestimmung der Ursache für die Wurst- u. andere Tiereiweißvergiftungen gelang E. P. M. van Ermengem (1897); er isolierte das Bakterium, das er *Bacillus botulinus* nannte, und untersuchte dessen Exotoxinproduktion.

Fleischwaren u. ungenügend sterilisierte Konserven, in denen sich die obligat anaeroben Bakterien bei einem pH-Wert über 4,5 vermehren u. ihre hitzelabilen Toxine produzieren können. Die Gasbildung der Bakterien führt meist zu einem Auftreiben der Konservendosen *(Bombage).* Neben dem Menschen werden auch Tiere vom B. betroffen. In S-Afrika entstehen hohe Verluste durch Rinder-B. *(Lamziekte = Lähme).* Oft kommt es zu einem Massensterben v. Wasservögeln (z. B. Wildenten), wenn sich bei anhaltender Hitze in flachen Seen Sauerstoffmangel einstellt. Wasserpflanzen zersetzen sich, u. es findet eine schnelle Vermehrung von *Clostridium botulinum* statt. Meist scheinen tote Insektenlarven als Zwischenträger des Toxins u. der Krankheitskeime (Typ C) aufzutreten. Schmeißfliegenlarven v. faulenden Tierkadavern sind auch oft Vergiftungsquelle für Hühner u. a. Vögel.

Botulinustoxin

Botulinustoxin-Serotypen v. *Clostridium botulinum* u. einige Organismen, in denen sie wirksam sind

A	Mensch (hpts. USA), Küken
B	Mensch (hpts. Europa), „Kinder-Botulismus" (Infektionskrankheit!), Pferde, Rinder
C_α	Wasservögel
C_β	Rinder, Pferde, Nerze
D	Rinder
E	Mensch
F	Mensch

Boucher de Perthes [busche dö pärt], *Jacques,* frz. Vorgeschichtsforscher, * 10. 9. 1788 Réthel, † 5. 8. 1868 Amiens; neben zahlr. Veröffentlichungen erzählerischen, lyr. u. moralphilosoph. Inhalts beschrieb er Feuersteinwerkzeuge u. Knochen ausgestorbener Tiere, die er bei Ausgrabungen in Kiesgruben an der Somme in eiszeitl. Schichten fand. Zunächst ablehnend gewertet, bildeten sie später (seit 1859) die Grundlage der Erforschung der Altsteinzeit.

Bougainvillea *w* [bugãwilea; ben. nach dem frz. Seefahrer L. A. de Bougainville, 1729–1811], Gatt. der Wunderblumengewächse, mit 18 Arten in S-Amerika verbreitet. Charakterist. für die Gatt. sind Blütenstände aus je 3 v. farbigen Hochblättern umgebenen fahlgelben Blüten. Daher kommt auch der dt. Name „Drillingsblume". *B. spectabilis* ist ein im Mittelmeergebiet oft gepflanzter Zierstrauch, in Dtl. teilweise als Topfpflanze. B Südamerika V.

Bougainvilliidae [bugǎwil-; Mz.; ben. nach dem frz. Seefahrer L. A. de Bougainville, 1729–1811], *Margelidae* (Medusen), Fam. der *Athecatae-Anthomedusae*; die Polypen besitzen einen einfachen Tentakelkranz u. einen peridermüberzogenen Hydrocaulus. Sie bilden eine einfache Hydrorrhiza od. Monopodien aus. Die Medusen haben einfache od. dichotom verzweigte Oraltentakel und 2, 4 od. mehr einzelne od. in Büscheln stehende Randtentakel. Bei einigen Arten gibt es Ocellen. *Bougainvillia superciliaris* mit nur 1 mm großen Polypen kommt bes. in der Arktis, seltener in Nord- u. Ostsee vor, *B. ramosa* mit aufrechten, stark verzweigten Stöckchen u. hornigem Periderm lebt im Mittelmeer u. in der Nordsee v. a. auf sekundären Hartböden. Die Medusen v. *Perigonimus megas* bleiben am Stock u. bilden nur je 1 Ei. Die Meduse *Lizzia blondina* (⌀ 4 mm), die in der Nordsee vorkommt, kann am Mundrohr ungeschlechtlich Medusen knospen.

Bouillon ↗ Nährbouillon.

Bouin s [buǎn; ben. nach dem frz. Histologen P. Bouin, 1870–1962], Fixierlösung für tier. Gewebe, die aus einem Gemisch aus Formol, Pikrinsäure u. Eisessig besteht u. bei der Herstellung mikroskop. Präparate verwendet wird. [kobras.

Boulengerina w [bulǎsche-], die ↗ Wasser-

Boussingault [bußǎngo], *Jean-Baptiste*, frz. Chemiker, * 2. 2. 1802 Paris, † 11. 5. 1887 ebd., Prof. in Lyon u. Paris; für die Agrikulturchemie bedeutende Forschungen über pflanzl. Stickstoffwechsel u. über den Zshg. zw. Licht u. Assimilation der Pflanzen. B. konnte zeigen, daß die meisten Pflanzen ihren Stickstoffbedarf aus Nitraten u. Nitriten des Bodens decken.

Boussingaultia w [bußǎgotia; ben. nach J.-B. Boussingault], heute zur Gatt. *Anredera* gezählte Gatt. der ↗ Basellaceae.

Bouvardia w [ben. nach dem frz. Arzt u. Botaniker Ch. Bouvard, 1572–1658], in Mittelamerika heim. Gatt. der Krappgewächse mit niedrigen, immergrünen Sträuchern od. Kräutern, die in den Tropen ihrer langen Blütezeit wegen sehr beliebt sind; als Topfpflanze gezogen wird bei uns z. B. *B. longiflora*, eine bis 1 m hohe Pflanze mit schlanken Stengeln, relativ kleinen, gegenständ., lanzettl. Blättern u. in endständ. Doldentrauben stehenden, duftenden, weißen röhrenförm. Blüten mit einem vierblättr. Kronensaum.

D. Bovet

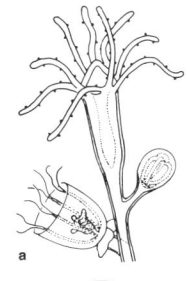

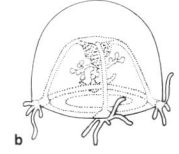

Bougainvilliidae
Bougainvillia ramosa, **a** Teil eines Polypenstocks mit Nährpolyp u. entstehenden Medusen, **b** Meduse.

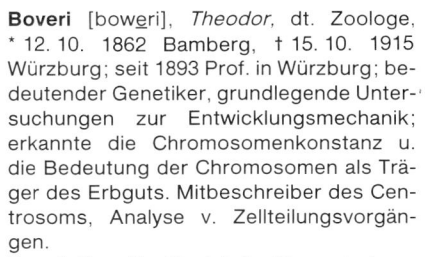

R. Boyle

Boveri [boweri], *Theodor*, dt. Zoologe, * 12. 10. 1862 Bamberg, † 15. 10. 1915 Würzburg; seit 1893 Prof. in Würzburg; bedeutender Genetiker, grundlegende Untersuchungen zur Entwicklungsmechanik; erkannte die Chromosomenkonstanz u. die Bedeutung der Chromosomen als Träger des Erbguts. Mitbeschreiber des Centrosoms, Analyse v. Zellteilungsvorgängen.

Bovet [bowä], *Daniel*, it. Pharmakologe, * 23. 3. 1907 Neuenburg (Schweiz); Prof. in Paris u. Rom; Mitentdecker der Sulfonamide; erhielt 1957 den Nobelpreis für Medizin für Arbeiten über Curare u. Antihistaminika.

Bovidae [Mz.; v. lat. boves = Rinder], die ↗ Hornträger.

Bovinae [Mz.; v. lat. bovinus = Rind(er)-], die ↗ Rinder.

Bovista w, *Boviste, Bovistartige*, ↗ Weichboviste.

Bowenia w [ben. nach G. Bowen (bouin), Gouverneur von Queensland], Gatt. der ↗ Cycadales.

Bowerbankia w [ben. nach dem engl. Zoologen J. S. Bowerbank (bau^{e}rbänk), 1797 bis 1877], Gatt. der *Stolonifera*, ↗ Moostierchen.

Bowmansche Drüsen [ben. nach dem engl. Arzt W. Bowman, 1816–92], *Glandulae olfactoriae*, zahlr. kleine Drüsen im Riechepithel v. Wirbeltieren, deren flüssig-schleimiges Sekret zur Spülung der Riechschleimhaut dient.

Bowmansche Kapsel [ben. nach dem engl. Arzt W. Bowman, 1816–92], *Nierenbläschen, Capsula glomeruli*, äußerer, harnseitiger Raum eines Nephrons der Wirbeltiere, in den das Kapillarknäuel des *Glomerulus* eingestülpt ist u. der der Aufnahme des aus dem Kapillarblut (mittels Druckfiltration) ausgepreßten Primärharns dient. Die B. K. ist eine doppelwandige Halbkugel u. stellt einen Teil des Coeloms dar. Bowmansche Kapsel u. Glomerulus werden auch als *Malpighisches Körperchen* bezeichnet. ↗ Niere.

Boyd-Orr, *John*, Lord of Brechin, engl. Mediziner, * 23. 9. 1880 Kilmaurs (Schottland), † 25. 6. 1971 Grafschaft Angus (Schottland); seit 1942 Prof. in Glasgow, 1945 General-Dir. des Welternährungsrates der UN; Arbeiten über Probleme der Welternährung; 1949 Friedensnobelpreis.

Boyle [boil], *Robert*, angelsächs.-irischer Physiker u. Chemiker * 25. 1. 1627 Lismore (Irland), † 30. 12. 1691 London; Mit-Begr. der Royal Society; führte Experimente über Oxidationsvorgänge bei Metallen u. Verbrennungen durch; Untersuchungen über die chem. Beschaffenheit der Luft; verbesserte Guerickes Luftpumpe u. beschrieb 1662 das später so bezeichnete B.-Mariottesche Gasgesetz. Definierte den Begriff des „chemischen Elements".

BP, bp, Abk. für ↗Basenpaare.

Br, chem. Zeichen für Brom.

Brache w [v. ahd. brāhha = das (Um)brechen des Bodens], die Schonung des Akkerlands durch Einschalten einer od. mehrerer Vegetationsperioden ohne Anbau v. Nutzpflanzen, wonach „gebracht" (umgebrochen) wird. In der alten Dreifelderwirtschaft alle 3 Jahre wiederkehrend, war die B. unentbehrl. zur Auffrischung der in zweijährigem Getreidebau erschöpften Bodenkraft. Der Anfang des 19. Jh. allg. eingeführte Hackfruchtbau u. die durch Sommer-Stallfütterung gesteigerte Stalldungerzeugung sowie die Einführung des Kleebaus ermöglichten einen sinnvollen Wechsel v. Halm- u. Blattfrucht, Tief- u. Flachwurzlern, Stickstoffzehrern u. Stickstoffmehrern u. haben, verbunden mit mineral. Nährstoffnachschub, zu einer besseren Form der Bodenkultur geführt, welche die B. völlig entbehrl. macht.

Brachfliege, *Phorbia coarctata*, ↗Blumenfliegen.

Brachia [Mz.; v. lat. brachium = (Unter-)Arm], übliche Bez. der Arme bei Brachiopoden u. Pelmatozoen.

brachial [v. lat. brachialis =], den Arm betreffend, zum Arm gehörig.

Brachialapparat m [v. *brachial-], das ↗Armgerüst der Brachiopoden.

Brachialganglion s [v. *brachial-, gr. gagglion = Nervenknoten], Teil des Nervensystems von Cephalopoden (Kopffüßer), steuert die Tätigkeit der Saugnäpfe auf den Fangarmen (Zufassen – Lösen).

Brachialia [Mz. v. *brachial-], walzenförmige Skelettelemente der Arme v. ↗Seelilien u. Haarsternen.

Brachiata [Mz. v. *brachi-], die ↗Pogonophora.

Brachiatoren [Mz.; v. *brachi-], schwinghangelnde ↗Primaten, welche ihren Körper in Bäumen mit voll ausgestreckten Armen Hand über Hand greifend durch das Geäst schwingen. Bei B. sind die Arme erhebl. länger als der Rumpf u. die Beine. Extreme B. sind die ↗Gibbons, ihnen nahe kommen die südam. Klammeraffen.

Brachiatorenhypothese w [v. *brachi-] (Keith 1902 u. Mollison 1911), versucht, die morpholog. Ähnlichkeiten zw. heutigen Menschenaffen u. Menschen auf eine einst gemeinsame brachiatorische Anpassungsphase zurückzuführen. Die mit dem Schwinghangeln verbundene Aufrichtung des Rumpfes wird außerdem als notwendige Voraussetzung für die Entwicklung des ↗aufrechten Ganges u. die damit zusammenhängenden Umstrukturierungen

brachial- [v. lat. brachialis = zum Arm gehörig], in Zss.: Arm-.

brachi- [v. gr. brachiōn, lat. brachium = Arm].

Brachiopoden

Die *Systematik* der lebenden B. gilt als unproblematisch. Fossile Vertreter mit ihrer meist ungenügenden Erhaltung lassen sich taxonom. weitaus schwieriger ordnen, weil häufig auftretende äußerl. Ähnlichkeiten Verwandtschaft nur vortäuschen. Allen Einteilungen der B. kommt deshalb keine absolute Gültigkeit zu.
Die Kl. *Ecardines (Inarticulata)* wird meist in die Ord. *Atremata* u. *Neotremata* gegliedert. Zu den *Atremata* mit chitinophosphatischen Schalen gehören die ursprünglichsten Formen, wie die *Lingulacea* u. *Obolacea*; die *Neotremata* enthalten auch Repräsentanten mit Kalkschalen, z. B. die *Craniacea*. Größere Vielfalt zeigt die Kl. der *Testicardines (Articulata)* mit den Ord. *Palaeotremata, Orthida, Strophomenida, Pentamerida, Rhynchonellida, Terebratulida* u. *Spiriferida*.
Verbreitung: Derzeit 281 bekannten rezenten Arten – davon ca. ein Fünftel schloßlos – stehen ca. 30000 fossile gegenüber. Allein die

des Beckens angesehen. Seit man weiß, daß die heutigen Menschenaffen mit Ausnahme der extrem spezialisierten Gibbons gar keine ↗Brachiatoren i. e. S. sind, hat die B. stark an Bedeutung verloren.

Brachidium s [v. *brachi-], das ↗Armgerüst von Brachiopoden.

Brachinus m [v. gr. brachys = kurz], *Brachynus*, Gatt. der ↗Bombardierkäfer.

Brachiolaria w [v. *brachi-], Sonderform der Bipinnaria (Larve der Seesterne) mit Fortsätzen für die Festsetzung bei der Metamorphose; ↗Stachelhäuter.

Brachionidae [Mz.; v. *brachi-, gr. -ides = ähnlich], Fam. der Rädertiere (Ord. *Monogononta*); zahlr., meist im Süßwasser lebende, rein plankt. Arten mit derbem becherförm. Panzer, der an Vorder- u. Hinterende lange Stacheln trägt. Häufigste Gatt. in allen Süßgewässern *Keratella, Notholca*, seltener *Brachionus*.

Brachiophoren [Mz.; v. *brachi-, gr. -phoros = -tragend], zwei Platten beiderseits des Notothyriums gewisser Brachiopoden (die meisten Orthiden, einige Enteleten u. Poramboniten), die anteromedian die Zahngruben abgrenzen; v. ihnen entspringen die fleischigen Kiemenarme.

Brachiopoden [Mz.; v. *brachi-, gr. podes = Füße], Armfüßer, *Brachiopoda*, solitäre, festsitzende Meerestiere, die gemeinsam mit den Moostierchen *(Bryozoa)* u. Hufeisenwürmern *(Phoronida)* den Stamm der Kranzfühler *(Tentaculata)* bilden. Der Weichkörper der B. ist in zwei Schalenklappen eingeschlossen, die im Ggs. zu denen der ↗Muscheln dorsal (oben) u. ventral (unten) angeordnet sind. Die meist kleinere „obere" Klappe führt den Namen Armklappe, weil an ihr die Arme (Brachien) ansetzen können. Entsprechend heißt die größere, „untere", mit einer Durchtrittsöffnung für den Stiel versehene Klappe Stielod. Ventralklappe. Ein Unterscheidungsmerkmal ersten Ranges kommt zum Ausdruck im Vorhandensein od. Fehlen einer festen Verbindung beider Klappen durch ein Schloß:
B. ohne Schloß = *Ecardines* od. *Inarticulata*,
B. mit Schloß = *Testicardines* od. *Articulata*.
Bei den meisten schloßlosen B. besteht die Schale überwiegend aus Chitin (chitinophosphatisch), bei den schloßtragenden B. zu 98% aus $CaCO_3$. Ein organ. Periostracum tritt als äußere Schalenschicht allg. vorhanden. Mit Coelomflüssigkeit gefüllte Gefäßstränge auf der Außenseite der Mantellappen (s. u.) können sich auf die Innenseiten der Schalen durchpausen (Pallialeindrücke) u. bei den *Testicardines* als feine Röhrchen senk-

Brachiopoden

Brachiopoden. Die muschelähnlichen B. mit über 30 000 fossilen Arten sind seit dem Kambrium wichtige *Leitfossilien* (heute nur noch 281 Arten).

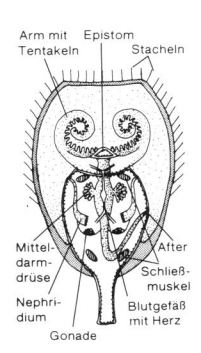

Bauplan eines Brachiopoden (Zungenmuschel *Lingula*)

recht in die Schalenschichten unterhalb des Periosts eindringen. Besitz od. Fehlen solcher „Poren" (Puncta) gestattet die Unterscheidung v. impunctaten u. punctaten Schalen. Unter der Bez. ↗Cardinalia faßt man bestimmte Schalenelemente der Armklappe zusammen, dazu gehören auch die Armgerüste (Brachidia). Die Larvenschale (Protegulum) ist zw. 0,05 und 0,60 mm groß u. anfangs rein hornig; sie persistiert selten das Leben hindurch. – Der *Weichkörper* gliedert sich weniger deutlich als bei den übrigen *Tentaculata* in die Abschnitte Prosoma (auch Epistom), Mesosoma u. Metasoma, denen je ein Coelom (Pro-, Meso- u. Metacoel) zukommt; B. sind also tricoelomat. Den Vorderabschnitt repräsentiert eine oberlippenart. Querfalte, die Epistomlamelle. Der Mittelabschnitt umfaßt den größten Teil des Innenraums (Mantelhöhle) u. die beiden Lophophorenarme. Durchbrochene Scheidewände grenzen ihn vom Hinterkörper ab, der die vegetativen Organe umschließt. Zum Metastom gehören ferner der fleischige Stiel u. zwei nach vorn vorspringende Mantellappen, die sich über die Schaleninnenseiten ausbreiten. – Die beiden skelettversteiften Lophophorenarme dienen in erster Linie der Nahrungsaufnahme, aber auch der Atmung. Eine Flimmerrinne inmitten der Arme, die beiderseits von zahlr. Cirren besetzt ist, nimmt die Nahrungsteilchen – überwiegend Kieselalgen – aus dem Wasser auf und befördert sie weiter zum Mund. Mitteldarmdrüsen („Leber") unterstützen die Verdauung. Unverdauliches wird bei den Schloßträgern – hier endet der Darm blind – durch den Mund ausgeschieden; bei den Schloßlosen mündet der Darm in die Mantelhöhle. Die meisten Arten sind getrenntgeschlechtlich. Die Geschlechtsorgane liegen in der Coelomwand des Metasomas u./od. in den davon ausgehenden Coelomtaschen des Mantels. Für Exkretion u. Freisetzung der Geschlechtsprodukte sorgen ein (bei den *Rhynchonellidae* zwei) Paar Metanephridien, die v. der Leibeshöhle (Coelom) ausgehen u. ebenfalls in die Mantelhöhle münden. Die Leibeshöhle ist mit Flüssigkeit gefüllt, in der Nahrung aufnehmende Wanderzellen (Amoebocyten) u. Blutfarbstoff enthaltende körnchenreiche Zellen (Granulocyten) schwimmen. Der Stofftransport vollzieht sich in einem einfachen flimmerbesetzten Blutlückensystem (Lakunen) mit Unterstützung eines pulsierenden Systems („Herz") über die Mantellappen bis in die „Poren" der Schale. Eine umlaufende Rinne am Rande der Mantellappen produziert den Schalenzuwachs. Unterhalb dieser Rinne schützt ein Borstenkranz (Borste = Seta) die Mantelhöhle reusenartig vor Verunreinigung. – Ein Nervenring umgibt den Schlund; er entsendet je einen Nervenstrang in die Lophophorenarme; eigentl. Sinnesorgane fehlen. – Das Öffnen u. Schließen der Schalen erfolgt durch bestimmte Muskeln (Adductores, Divaricatores). Bei den *Ecardines* gleiten die beiden Schalen dabei seitlich auseinander; bei den *Testicardines* klaffen sie im Scharniergelenk des Schlosses. Bewegungen des Stiels ermöglichen Adjustores gen. Muskeln. – Die Befruchtung der Eier erfolgt im freien Wasser od. im Tentakelapparat (der Arme), wenn die Eier darin festgehalten werden können. Es entsteht eine freischwimmende (pelagische) Larve mit einer bewimperten Scheitelplatte, die 4 Augenflecken aufweisen kann. Zur Umwandlung setzt sie sich am Meeresboden fest. – *Lebensweise*: Rezente B. leben ausschl. im

Ord. *Strophomenida* umfaßt über 400 v. insgesamt über 1200 Gattungen. Die ältestbekannten B. (*Lingulella montana*) stammen aus der etwa 1 Mrd. Jahre alten Beltserie N-Amerikas. Während des Mittelkambriums erreichen die *Ecardines* eine erste Blütezeit. Das absolute Entwicklungsmaximum der B., in dem auch die Ord. der *Testicardines* in rascher Folge einsetzen, dauert vom Devon bis ins Perm. Dem ersten großen Entwicklungseinschnitt in der Trias fallen viele *Rhynchonellida, Spiriferida* u. *Terebratulida* zum Opfer. Während der Jurazeit erreichen v. a. die *Terebratulida* einen erneuten Höhepunkt. Nach starkem allgemeinem Rückgang in der Unterkreide setzt in der Oberkreide eine erneute Blüte ein, die heute noch andauert. Besonders wenig verändert haben sich einige schloßlose Gatt.: *Lingula* und *Crania* z. B. überbrücken ca. 430 Mill. Jahre (vom Ordovizium bis zur Gegenwart). Sie liefern Beispiele für sog. ↗lebende Fossilien. Schloßtragende Gatt. sind beträchtl. kurzlebiger.

121

Brachiosaurus

brachi- [v. gr. brachíōn, lat. brachium = Arm].

Brachiopoden

Einige rezente Gattungen:
Ecardines
 ↗ *Crania*
 ↗ *Lingula*
 (Zungenmuschel)
Testicardines
 Argyrotheca
 Lacazella
 Macandrevia
 ↗ *Magellania*
 Terebratella
 ↗ *Terebratulina*

Brachiosaurus

Brachschwalben

Gattungen:
Brachschwalben
 (*Glareola*)
↗ Krokodilwächter
 (*Pluvianus*)
↗ Rennvögel
 (*Cursorius*)

Meer u. sind vorwiegend Bodenbewohner. Sie heften sich, Ventralklappe nach oben, mit dem Stiel an Felsen, Schalen od. anderen soliden Unterlagen fest. Bei Formen mit atrophiertem Stiel liegt die Schale entweder frei am Boden – manchmal v. Stacheln gehalten –, oder sie ist mit der Bauchklappe festzementiert. Räuml. Ausbreitung kann i. d. R. nur im Larvenstadium erfolgen. Davon ausgenommen ist die schloßlose Fam. der „Zungenmuscheln" (*Lingulidae*). Ihre Vertreter verfügen über einen bis 30 cm langen, sehr bewegl. Stiel, der sie zu wurmart. Fortbewegung befähigt. Gewöhnlich leben sie eingegraben im Sand der Gezeitenzone. – Neuere Arbeiten haben gezeigt, daß B. in antarkt. Gewässern das beherrschende Epibenthos darstellen. B. halten sich in Aquarien jahrelang. Dadurch konnte bewiesen werden, daß die Nahrung in weit höherem Maße aus im Wasser gelösten Stoffen besteht als aus organ. Material, das v. der Lophophore aufgenommen wird. – Hauptlebensgebiet der B. sind die Schelfbereiche der Meere bis 500 m Tiefe, in denen sie Schlammgründe weitgehend meiden. Sie werden häufig in Klumpen angetroffen. Von untersuchten 279 rezenten Arten bewohnen 33,7% trop. Gewässer, 8% leben in arkt. und 5,3% in antarkt. Meeren; 53% bevölkern die Übergangsbereiche der nördl. und südl. Hemisphäre. *Magellania venosa* McCammon vermag sich zw. oberhalb 5 m bis unterhalb 1900 m bei Temperaturen zw. 3 und 12°C aufzuhalten. *Abyssothyris* wurde im S-Atlantik in 6179 m Tiefe angetroffen. *S. K.*

Brachiosaurus *m* [v. *brachi-, gr. sauros = Eidechse], gilt als einer der größten Dinosaurier der Erdgeschichte; ein montiertes Skelett von *B. fraasi* aus O-Afrika im Naturkundemuseum Berlin hat 22,85 m Gesamtlänge u. 11,87 m Gesamthöhe. Der Hals besteht aus 13 Wirbeln u. mißt 8,78 m. Das Gewicht wird auf 40–50 t geschätzt. In Anpassung an die amphib. Lebensweise waren die Arme länger als die Beine. Vorkommen: Oberjura von N-Amerika, O-Afrika u. Portugal.

Brachkäfer, *Rhizotrogus,* ↗ Junikäfer.

Brachschwalben, *Glareolidae,* Fam. regenpfeiferartiger, schlanker, zierl. Watvögel; hierzu gehören außer den eigtl. B. auch die äußerl. recht verschiedenen, in der Anatomie jedoch sehr ähnl. ↗ Rennvögel u. ↗ Krokodilwächter. Die eigentl. B. haben einen kurzen Schnabel mit einer weiten Mundspalte, lange, spitze Flügel u. meist einen gegabelten Schwanz. Ihr Lebensraum ist offenes Gelände mit wenig Pflanzenwuchs in Wassernähe. Sie sind gute Flieger u. jagen ähnl. wie Schwalben im Flug Insekten (Libellen, Heuschrecken, Käfer u. a.), vorwiegend in der Abenddämmerung; Koloniebrüter. Die starengroße Brachschwalbe (*Glareola pratincola*) bewohnt Südeuropa, Südwestasien u. Afrika; in den nördlichen Gebieten ist die B. Zugvogel.

Brachsen, *Blei, Brasse, Breitling, Abramis brama,* mittel- u. osteur., hochrückiger Karpfenfisch aus der Fam. der Weißfische, der warme, langsamfließende Gewässer bevorzugt (*Brachsenregion,* ↗ *Bleiregion*, flußabwärts der Barbenregion), doch auch stehende Gewässer besiedelt; er frißt Bodentiere u. kann bis 70 cm lang u. 7 kg schwer werden; als wertvoller Schwarmfisch wird er in Zug- u. Stellnetzen gefangen. Verwandte, wirtschaftl. bedeutende Arten sind die ca. 17 cm lange Zobel (*Abramis sapa*) u. die ca. 25 cm lange Zope (*Abramis ballerus*), die v. a. in SW-Rußland verbreitet sind, wobei die Zobel nach O bis zum Becken des Aralsees vordringt; beide haben eine lange, saumart. Afterflosse. B Fische XI.

Brachsenkraut, *Isoëtes,* mit ca. 100 Arten nahezu weltweit, v. a. in den gemäßigten Klimaten verbreitete, wichtigste Gatt. der *Brachsenkrautgewächse (Isoëtaceae),* der einzigen Fam. der *Brachsenkrautartigen* (Kl. *Lycopodiatae*). B.-Arten leben als ausdauernde krautige Pflanzen meist untergetaucht in Seen (einzig unter den Pteridophyten) od. auf feuchtem Boden, nur 2 mediterrane Arten sind Landbewohner auf recht trockenen Standorten. Die knollige, selten dichotom verzweigte Achse mit zentralem Leitbündel zeigt etwas sekundäres Dickenwachstum, besitzt an der Basis 2–3 Längsfurchen, v. denen die dichotom verzweigten Wurzeln abgehen, u. trägt eine Rosette pfrieml. Blätter. Diese sind bis zu 1 m lange, einnervige Mikrophylle, werden v. 4 Luftkanälen durchzogen (Anpassung an submerse Lebensweise) u. tragen an der Innenseite der scheidig erweiterten Basis eine Ligula u. weiter basal in einer Vertiefung ein Sporangium. Das B. ist heterospor (u. heterothallisch): die sich jährl. weitgehend neu entwickelnde Blattrosette bildet zuerst Megasporophylle, dann Mikrosporophylle u. zuletzt sterile Blätter, die äußerl. alle gleich gestaltet sind. Aus den durch Verwesen der mehrschicht. Sporangienwand freiwerdenden Sporen entstehen, noch innerhalb der Sporenwand, die stark reduzierten Prothallien. Fossil reicht das B. wohl bis in die Kreide u. mit nahe verwandten Formen bis in die Obertrias zurück. Auffällige phylogenet. Beziehungen bestehen zu den karbon. Siegelbäumen (↗ Brachsenkrautartige). – In Mittel- u. N-Europa kommt das B. mit 2 Arten vor, die beide nach der ↗Roten Liste „vom Aussterben bedroht" sind: Das See-B. *(I. lacustris)* u. das durch hellere Blätter (Länge 3–15 cm) u. die langstachel. Megasporen v. der vorigen Art unterschiedene Stachelsporige B. *(I. echinospora, I. setacea, I. tenella)* leben dauernd untergetaucht bis ca. 2 m Tiefe in oligotroph-dystrophen Seen; sie bilden häufig zus. mit dem Strandling *(Littorella,* Fam. *Plantaginaceae)* ganze Unterwasserrasen u. sind Charakterarten einer eigenen Assoz. *(Isoëtetum setaceae)* der Strandlingsgesellschaften. Das See- u. vermutl. auch das Stachelsporige B. sind in Mitteleuropa Glazialrelikte u. kommen hier zerstreut in Seen v. N-Deutschland, Dänemark u. der Mittelgebirgslagen (Schwarzwald, Vogesen, Alpenvorland) vor; die Hauptverbreitung liegt in N-Europa u. in klimat. vergleichbaren Gebieten N-Amerikas. Nach dem wohl durch die postglaziale Erwärmung bedingten Rückgang der beiden Arten sind sie heute v. a. durch die Eutrophierung der Seen gefährdet. ⟦B⟧ Farnpflanzen II.

Brachsenkrautartige, *Isoëtales,* Ord. der Bärlappe mit der einzigen Fam. *Brachsenkrautgewächse (Isoëtaceae)* u. den 2 rezenten Gatt. *Isoëtes* u. *Stylites.* Kennzeichnende Merkmale sind ein kurzes od. knolliges Stämmchen mit schmal-lanzettl. Blättern u. basal 1–3 Längsfurchen, in denen die Wurzeln entspringen. Im Ggs. zu den übrigen rezenten Bärlappen besitzen sie etwas sekundäres Dickenwachstum, ihre Sporangien sind durch sterile Gewebsstränge (Trabeculae) gekammert, die Spermatozoiden tragen apikal einen Geißelschopf. Wie die Moosfarnartigen besitzen die B. eine Ligula, sind heterospor-heterothallisch u. zeigen eine ähnl. ♂ und ♀ Gametophytenentwicklung. Fossil reichen die B.n mit habituell den rezenten Gatt. gleichenden Formen bis in die Obertrias. Phylogenet. Beziehungen bestehen ferner mit karbon. baumförm. *Lepidodendrales* (v. a. Sigillarien). Dies belegen einerseits gemeinsame Merkmale (Ligula, sekundäres Dickenwachstum, Anordnung u. Bau der Wurzeln), andererseits aber Formen wie *Pleuromeia* (Trias) u. *Nathorstiana* (Kreide), welche die schrittweise Größenreduktion demonstrieren u. die morpholog. Lücke zw. Sigillarien u. *Isoëtes/Stylites* schließen. Diese Reduktionsreihe ist aber sicher keine durchgehende Evolutionslinie.

Brachsenregion, die ↗Bleiregion.

Brachvögel, *Numenius,* Gatt. der Schnepfenvögel mit 8 Arten in der nördl. Hemisphäre; langer, abwärts gebogener Schnabel, braunes Gefieder mit schwarzen Flecken, weißer Bürzel; bewohnen Flachmoore, Heidegebiete, feuchte Wiesen u. die Tundra; unternehmen weite Wanderungen in die Winterquartiere. So zieht der Borstenbrachvogel *(N. tahitiensis),* dessen Niststätten erst 1948 in Alaska entdeckt wurden, jährlich v. dort bis zu den Südseeinseln, d. h. fast 9000 km weit. Die aus verschiedenen Bodentieren bestehende Nahrung wird durch Stochern mit dem Schnabel im weichen Untergrund erbeutet. Der Große Brachvogel *(N. arquata)* ist mit einer Länge von 55 cm u. einem Gewicht von 600 g die größte Art, brütet auch in Dtl., weicht wegen der Trockenlegung vieler Moorgebiete auf kultiviertes Grünland aus; der Bestand ist nach der ↗Roten Liste „stark gefährdet"; das Männchen vollführt im Frühjahr über dem Brutrevier Territorialflüge mit weitklingenden trillernden Rufreihen; 4 Eier in der v. Männchen gedrehten Nestmulde; Jungvögel mit zunächst geradem Schnabel; rasten während des Herbstzuges in großen Scharen u. a. im Wattenmeer; an beringten Vögeln wurde ein Höchstalter von 32 Jahren ermittelt. Der im nördl. Eurasien brütende Regenbrachvogel *(N. phaeopus)* ist deutlich kleiner als der Große Brachvogel u. erscheint in Dtl. auf dem Durchzug. Der Dünnschnabelbrachvogel *(N. tenuirostris)* lebt in W-Sibirien u. überwintert im Mittelmeerraum u. in S-Asien. Der Eskimo-Brachvogel *(N. borealis)* ist durch Massenverfolgung Anfang des 20. Jh. fast ausgestorben. ⟦B⟧ Europa VII.

Brachyarcus *m* [v. *brachy-, lat. arcus = Bogen], Gatt. der ↗spiralförmigen und gekrümmten Bakterien.

Brachycephalidae [Mz.; v. gr. brachykephalos = Kurzkopf], die ↗Sattelkröten.

Brachycera *w* [v. *brachy-, gr. keras = Horn], die ↗Fliegen.

Brachychiton *m* [v. *brachy-, gr. chitōn = Kleid, nach dem kurzen Blütenkelch], Gatt. der ↗Sterculiaceae.

Brachydaktylie *w* [v. *brachy-, gr. daktylos = Finger], *Kurzfingrigkeit,* menschl. Erbkrankheit mit autosomal-dominantem Erbgang, die zu Mißbildungen, bes. Verkürzungen, des Extremitätenskeletts führt.

Brachydanio [v. *brachy-], Gatt. der ↗Bärblinge.

Brachygobius *m* [v. *brachy-, lat. gobius = Gründling], Gatt. der ↗Grundeln.

Großer Brachvogel *(Numenius arquata)*

Brachvögel

Arten:
Borstenbrachvogel *(Numenius tahitiensis)*
Dünnschnabelbrachvogel *(N. tenuirostris)*
Eskimo-Brachvogel *(N. borealis)*
Großer Brachvogel *(N. arquata)*
Regenbrachvogel *(N. phaeopus)*

brachy- [v. gr. brachys = kurz].

Brachymystax

Brachymystax *m* [v. *brachy-, gr. mystax = Schnurrbart], Gatt. der Lachsfische, ↗Lenok.

Brachynus *m* [v. *brachy-], *Brachinus*, Gatt. der ↗Bombardierkäfer.

brachyodont [v. *brachy-, gr. odontes = Zähne], heißen Zähne mit niedriger Krone u. entwickelter Wurzel. Ggs.: hypsodont.

Brachypodium *s* [v. *brachy-, gr. podion = Füßchen], die ↗Zwenke.

Brachypotherium *s* [v. *brachy-, gr. pous = Fuß, thērion = Tier], mio- bis pliozäne kurzfüßige † Nashorn-Gatt. mit hornlosem, niedrig gebautem Schädel, Steppenbewohner; Verbreitung: Europa, Asien.

Brachypteraciidae [Mz.; v. *brachy-, gr. brachypteros = kurzflügelig], die ↗Erdracken.

Brachypterie *w* [v. gr. brachypteros = kurzflügelig], *Kurzflügeligkeit*, eine Verkümmerung der Flügel bei zahlr. geflügelten Insektenarten, wenn ihr spezieller Lebensraum das Fliegen unnötig macht (Höhlen) od. sie Gefahr laufen, völlig verdriftet zu werden (Inseln, Berggipfel). Manchmal betrifft dies nur ein Geschlecht, z. B. das Weibchen des Frostspanners.

Brachystomia *w* [v. gr. brachystomia = enge Mündung], Gatt. der ↗*Pyramidellidae* mit turmförm., wenige mm hohem Gehäuse in nördl. Meeren.

Brachystylie *w* [v. *brachy-, gr. stylos = Griffel], *Kurzgriffeligkeit*, dient im Zshg. mit der Verschiedengriffeligkeit (↗Heterostylie) zur Sicherung der Fremdbestäubung.

Brachytheciaceae [Mz.; v. *brachy-, gr. thēkion = kleines Gefäß], Fam. der *Hypnobryales* mit ca. 3 Gatt., Laubmoose mit unterschiedl. gestaltetem Thallus. Die artenreiche Gatt. *Brachythecium* ist in fast allen Erdteilen vertreten; während *B. albicans* Sandböden bevorzugt, sind *B. rivulare* u. *B. plumosum* in Bächen od. an ständ. feuchten Standorten anzutreffen. Die Arten der Gatt. *Eurhynchium* unterscheiden sich von *B.* durch einen langgezogenen Kapseldeckel; sie sind vielfach Standortanzeiger für frische, humose Waldböden. Ein Besiedler guter Waldböden ist im eur. Flachland auch *Pseudoscleropodium purum*.

Brachytrichia *w* [v. *brachy-, gr. triches = Haare], Gatt. der ↗Oscillatoriales.

Brachyura [Mz.; v. *brachy-, gr. oura = Schwanz], *Echte Krabben*, Abt. der *Decapoda* (Zehnfußkrebse); mit über 4500 Arten formenreichste u. ökolog. vielgestaltigste Gruppe der *Decapoda*. B. sind stark gepanzerte, dorsoventral abgeflachte Krebse. Ihr Cephalothorax ist breiter als lang. Das kleine Pleon ist ventrad eingeschlagen u. wird fest in einer Aussparung der Ventralseite gehalten. Beim Weibchen ist es noch segmentiert u. hat 4 Paar Pleo-

Brachyura
Ventralansicht eines Brachyuren: Blaukrabbe (*Callinectes sapidus*)

Brachyura
Wichtige Familien:
Dromiaceae
  ↗Wollkrabben (*Dromiidae*)
Oxystomata
  ↗Gepäckträgerkrabben (*Dorippidae*)
  ↗Schamkrabben (*Calappidae*)
Brachygnatha
  ↗Seespinnen (*Majidae*)
  ↗Maskenkrabben (*Corystidae*)
  ↗Taschenkrebse (*Cancridae*)
  ↗Schwimmkrabben (*Portunidae*)
  ↗Süßwasserkrabben (*Potamidae*)
  ↗Xanthidae
  ↗Muschelwächter (*Pinnotheridae*)
  ↗Renn- und ↗Winkerkrabben (*Ocypodidae*)
  ↗Armeekrabben (*Mictyridae*)
  ↗Felsenkrabben (*Grapsidae*)
  ↗Landkrabben (*Gecarcinidae*)
Hapalocarcinoidea
  ↗Hapalocarcinidae

Brachyura
Entwicklung der Strandkrabbe *Carcinus maenas*: 1 Zoëa, 2 Megalopa, 3 erstes bodenlebendes Stadium, 4 junge Strandkrabbe

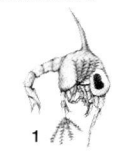

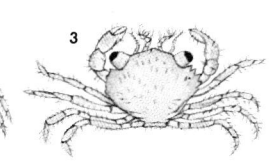

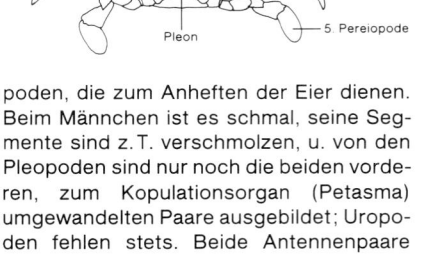

poden, die zum Anheften der Eier dienen. Beim Männchen ist es schmal, seine Segmente sind z. T. verschmolzen, u. von den Pleopoden sind nur noch die beiden vorderen, zum Kopulationsorgan (Petasma) umgewandelten Paare ausgebildet; Uropoden fehlen stets. Beide Antennenpaare sind kurz; sie u. die oft langgestielten Augen können in Vertiefungen verborgen werden. Die kräftigen Pereiopoden sind seitwärts gerichtet; nur das 1. Paar (Scherenfuß) trägt Scheren. Viele Krabben können auf der Flucht rasch seitwärts davonrennen. Manche Schwimmkrabben können schwimmen; ihr letztes Pereiopodenpaar ist paddelartig verbreitet. Die Verkürzung des Körpers hat auch die innere Anatomie erfaßt; alle Ganglien des Bauchmarks sind zu einer Masse verschmolzen. Der Carapax hat meist seitl. Kiele; seine Branchiostegiten schließen so dicht an die Beinbasen an, daß jederseits eine abgeschlossene Kiemenhöhle entsteht. Der Atemwasserstrom, erzeugt durch das Schlagen des Scaphognathiten, dringt v. hinten in den Kiemenraum ein u. tritt vorn über der Basis des Scherenfußes wieder aus (B Atmungsorgane II). Die Kiemen sind Phyllobranchien. Das 3. Maxillipedenpaar ist breit u. bildet schranktürartige Klappen, die die darunterliegenden feineren Mundwerkzeuge in einem Mundvorraum schützen. Dies u. die gut abgedichteten Kiemenhöhlen befähigen viele Krabben zu amphib. oder sogar terrestr. Lebensweise (Landkrabben); sie müssen jedoch zur Fortpflanzung wieder das Meer aufsuchen. Krabben haben eine innere Besamung. Die Paarung kann bei manchen Arten (z. B. Schwimmkrabben) nur erfolgen, wenn das Weibchen frisch gehäutet u. weich ist. Die Eier werden mit Sekret an den Pleopoden befestigt. Das erste Larvenstadium ist meist eine *Zoea* mit langen Rücken- u. Seitenstacheln. Über mehrere Metazoeastadien u. eine *Megalopa* wird daraus die junge Krabbe. Süßwasserkrabben entwickeln sich direkt, ohne Larvenstadien. Krabben leben in allen marinen Lebensräumen mit Ausnahme des Planktons (in dem aber die Larven leben), v. den Küsten bis zur Tiefsee. Viele sind amphib., einige terrestr. Süßwasserkrabben besiedeln Flüsse u. Bäche v. a. in Afrika u. S-Amerika, wo Flußkrebse fehlen. Viele Arten sind als Nahrungsmittel von wirtschaftl. Bedeutung.

Brackwasser, Wasser mit ständig schwankendem Salzgehalt, z. B. im Mündungsbereich v. Flüssen ins Meer, in Stauseen u. manchen Binnenseen.

Brackwasserregion, Bereich eines Gewässers mit ↗Brackwasser, der Mündungsbereich eines Flusses ins Meer. Der Salzgehalt u. der Wasserspiegel schwanken ständig mit den Gezeiten, was an die Lebewesen erhebl. physiolog. Anforderungen stellt. Es bilden sich darum spezif. artenarme Lebensgemeinschaften aus, die sich aus euryöken Süß- u. Salzwassertieren u. einigen Spezialisten *(Brackwasserfauna)* zusammensetzen. Sie haben zw. 3–8% Salzgehalt ihre optimalen Lebensbedingungen. Hierzu gehören unter den Flohkrebsen *Gammarus duebeni,* unter den Rankenfußkrebsen *Balanus improvisus* u. *Cordylophora caspia* unter den Nesseltieren. Charakteristische Fischarten sind Flunder, Kaulbarsch u. Stichling. Die B. ist auch aus wirtschaftl. Sicht ein erhaltenswertes Gebiet, da sich hier aufgrund der hohen Nährstoffgehalte die Aufzuchtgebiete einiger wichtiger Fischarten befinden.

Brackwasserröhrichte ↗Bolboschoenetea maritimi.

Brackwasser-Schlammschnecken, *Potamididae,* Fam. der Mittelschnecken mit ca. 12 Gatt., mit festem, turmförm. Gehäuse u. rundl. Deckel; die B. leben im Schlamm der trop. Gezeitenzone, in Mangrove sowie in brackigen Lagunen u. Flußmündungen. *Batillaria* lebt in Pazifik u. Karibik, *Telescopium* u. *Terebralia* kommen im Indopazifik vor.

Brackwespen, *Braconidae,* Fam. der Hautflügler mit weltweit ca. 5000 Arten; in Mitteleuropa 1–10 mm, in den Tropen bis 2 cm große, gelb-, braun- od. schwarzgefärbte Insekten, in Mitteleuropa unauffällig gemustert. Die fadenart., aus ca. 40 Gliedern bestehenden Fühler überragen den Körper oft beträchtlich u. sind bei Männchen etwas länger. Die Weibchen besitzen einen Legebohrer, der sehr lang sein kann, jedoch in Ruhestellung schwer erkennbar ist. Die Eier werden in od. an die Larven verschiedener Insekten gelegt, die zuvor mit dem Legebohrer angestochen u. betäubt wurden; die Larven der B. leben dann ekto- od. endoparasit. vom Wirtstier u. verlassen es erst wieder kurz vor der Verpuppung. Da der Befall für den Wirt i. d. R. tödlich ist, werden die Populationen vieler Schadinsekten durch die B. kurzgehalten (biol. Schädlingsbekämpfung). Die Anzahl der Generationen pro Jahr ist je nach Art unterschiedlich. Eine einheim. Gatt. ist *Bracon,* die ektoparasitisch an den Larven v. Wachs- u. Mehlmotten lebt.

Braconidae [Mz.; v. frz. braconner = wildern; eigtl. mit Bracken (Jagdhunden) jagen], die ↗Brackwespen.

Bracteola *w* [v. lat. bratteola = dünnes Blättchen], die ↗Brakteole.

Brada, Gatt. der ↗Flabelligeridae.

Bradsot *m* [dän., = schnelle Seuche], akute, meist tödl. Erkrankung der Schafe durch Infektion mit *Clostridium*-Arten: 1) *nordischer B., Labmagenrauschbrand,* eine Labmagenentzündung der Lämmer; Erreger ist *Clostridium septicum;* 2) *deutscher B.,* eine infektiöse Leberentzündung der Schafe durch Infektion mit *Clostridium gigas.*

Bradybaena *w* [v. *brady-, gr. bainein = gehen], Gatt. der *Bradybaenidae,* eine Landlungenschnecke mit ziemi. dünnem, gedrückt rundl. Gehäuse; in Europa u. Asien weit verbreitet. *B. fruticum,* die Genabelte Strauchschnecke, hat ein ca. 17 mm hohes, offen genabeltes, meist weißl. Gehäuse; sie ernährt sich v. zerfallenden Blättern, Kräutern u. Pilzen u. lebt an feuchten Waldrändern u. in Gebüsch v. Mitteleuropa bis Asien; in den Alpen kommt sie bis in 1700 m Höhe vor.

Bradykardie *w* [v. *brady-, gr. kardia = Herz], Verminderung der Herzfrequenz. Alle Wirbeltiere, mit Ausnahme der Wale, die unter Sauerstoffmangel (O_2) gelangen (z. B. beim Tauchen), reduzieren ihre Herzschlagfrequenz bis auf maximal $1/16$ bis $1/20$ der Normalwerte. Die peripheren Blutgefäße werden kontrahiert u. alle Organe, die vorübergehend auch ohne O_2-Versorgung auskommen können, wie Haut, Muskulatur, Niere u. a., von der Blutversorgung abgeschnitten; so wird der in den Geweben vorhandene Sauerstoff econom. genutzt, bes. in Gehirn u. Herz. Die Schnelligkeit, mit der die B. einsetzt, ist häufig ein Maß für die Anpassung eines Tieres an kurzzeitigen O_2-Mangel. Die Umstellung des Kreislaufs kann durch Ableitung des EKG vor, während u. nach O_2-Mangel gemessen werden. Künstl. läßt sich eine B. durch das Alkaloid Reserpin erzeugen. Ggs.: Tachykardie. ↗Atmungsregulation.

Bradykinin *s* [v. *brady-, gr. kinein = bewegen], *Kallidin 9,* ein Gewebshormon aus der Gruppe der Plasmakinine, das gefäßer-

brachy- [v. gr. brachys = kurz].

brady- [v. gr. bradys = langsam].

Bradykardie

Während der B.-Phase ist der Blutdruck durch Vasokonstriktion der peripheren Gefäße nur wenig vermindert. So wird verhindert, daß Lactat in die Blutbahn gelangt, das aufgrund der pH-Verschiebung zu einer Reizung des Atemzentrums führen würde. Nach der Wiederherstellung normaler O_2-Versorgung strömt Lactat aus den Geweben, v. a. den Muskeln, ins Blut u. bewirkt durch Reizung des Atemzentrums eine Hyperventilation (Einlösen der Sauerstoffschuld) u. eine vorübergehende Steigerung der Herzfrequenz *(Tachykardie).* Bei einigen bes. gut an langes Tauchen angepaßten Säugern (Weddell-Robbe mit Tauchdauern bis zu 120 min) wird die Lactatzufuhr ins Blut nicht vollständig unterbunden. Das auf diese Weise zum Herzen gelangende Lactat wird dort als energieliefernder Metabolit genutzt. Offenbar ist bei diesen Tieren das Atemzentrum unempfindlicher gegenüber pH-Verschiebungen.

Bradymorphie

Bradykinin

Das Nonapeptid Kallidin 9 *(Bradykinin)* u. Decapeptid Kallidin 10 *(Lysylbradykinin):*

H$_2$N-Arg-Pro-Pro-Gly-Phe-Ser-Pro-Phe-Arg-OH
Kallidin 9

H$_2$N-Lys-Arg-Pro-Pro-Gly-Phe-Ser-Pro-Phe-Arg-OH
Kallidin 10

brady- [v. gr. bradys = langsam].

branch- [v. gr. bragchia = Kiemen], in Zss.: Kiemen-.

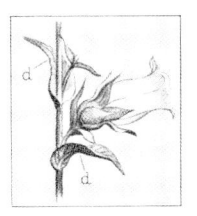

Braktee
Deckblätter (d) bei der Glockenblume *(Campanula)*

weiternd, blutdrucksenkend u. auf die glatte Muskulatur v. Bronchien, Darm u. Uterus kontrahierend wirkt. Mit dem Schweiß freigesetzt, spielt es aufgrund der Erweiterung bestimmter Gefäßregionen eine Rolle im Rahmen der Thermoregulation. Evtl. wirkt die Freisetzung von B. bei Verletzungen bei der Schmerzauslösung mit. B. wird im Drüsengewebe der Speicheldrüsen während der Sekretion aus *Bradikininogen* gebildet, wobei zunächst unter der proteolyt. Wirkung des Enzyms *Kallikrein* (aus Pankreas, Speicheldrüse, Darmwand) das *Lysyl-B.* od. *Kallidin 10* entsteht. Dieses wird durch eine Aminopeptidase in B. umgewandelt. Sowohl Lysyl-B. als auch B. sind biologisch aktiv.
Bradymorphie *w* [v. *brady-, gr. morphē = Gestalt], nach H. Schmidt (1926) die späte Formbildung im Laufe der ontogenet. Entwicklung.
Bradypodidae [Mz.; v. gr. bradypous, Gen. -podos = langsamfüßig], die ⁊ Faultiere.
Bradyrhizobium *s* [v. *brady-, gr. rhiza = Wurzel, bios = Leben], ⁊ Knöllchenbakterien.
bradytelisch [v. *brady-, gr. telos = Ende, Ziel], nannte Simpson (1944) bes. langsam verlaufende Abwandlungen in der Evolution. Ggs.: horotelisch, tachytelisch.
bradytrophe Gewebe [v. *brady-, gr. trophē = Nahrung], gefäßarme u. stoffwechselträge Gewebe, wie Knorpel, Augenlinse u. -hornhaut, Aortenwand u. a.
Brahmaeidae [Mz.; v. altind. brahman = Zauberpriester], den Pfauenspinnern u. Birkenspinnern verwandte, v. a. in Afrika u. Asien vorkommende Schmetterlingsfam. mit etwa 30 Arten; große, dickleibige Falter, auf den braunen Flügeln charakterist. Zeichnung aus zahlr. feinen, parallel verlaufenden schwarzen u. weißen Wellenlinien u. Augenflecken, dabei oft deutl. Asymmetrien; Rüssel reduziert; Falter im Frühjahr nachts im Bergland fliegend; Larven bunt, am Vorder- u. Hinterende mit hornart., manchmal korkenzieherähnl. Bildungen, manche Raupen sollen bei Bedrohung knarrende od. knackende Geräusche erzeugen, leben an Gehölzen; erst 1963 wurde in S-Italien die um 70 mm spannende *Acanthobrahmaea europaea* entdeckt.
Braithwaitea *w* [bräi'ßuä¹tea], Gatt. der ⁊ Hypnodendraceae.
Braktee *w* [v. lat. bractea, brattea = Blättchen], *Deckblatt, Stützblatt, Bractea;* die bei allen Samenpflanzen vorkommenden Achselknospen stehen in den Achseln eines Blattes, das als Deckblatt = Braktee (im Blütenbereich) od. als *Tragblatt* (im vegetativen Bereich) bezeichnet wird. ⬜ Achselknospe.

Brakteole *w* [v. lat. bratteola = dünnes Blättchen], *Bracteola, Vorblatt,* Bez. für die ersten Blätter, die auf das Deckblatt (⁊ Braktee) folgen. Sie nehmen eine ganz bestimmte Stellung zum Deckblatt u. zur Mutterachse ein. Bei den Monokotyledonen 1 B., bei den Dikotyledonen meist 2 B.n. ⬜ Achselknospe.
Bramapithecus *m* [v. altind. brahman = Zauberpriester, gr. pithēkos = Affe], ⁊ Ramapithecus.
Bramatherium *s* [v. altind. brahman = Zauberpriester, gr. thērion = Tier], (Falconer 1845), *Brahmatier,* zu den Rindergiraffen *(Sivatheriinae)* gehörende, † Kurzhalsgiraffe mit rinderartigem Rumpf, kräftigen normalen Beinen sowie zwei Paar kegelstumpfartigen Stirnzapfen; bekannt aus den ind. Siwalikschichten; Verbreitung: unteres Pliozän.
Branchellion *s* [v. *branch-], ⁊ Piscicolidae (Fischegel).
Branchialbögen [v. *branch-], ⁊ Branchialskelett.
Branchialraum [v. *branch-], *Branchialhöhle,* allg. ein Raum, in den die Kiemen, geschützt vor Beschädigungen, hineinragen u. in dem ständige Erneuerung des Atemwassers möglich ist.
Branchialskelett *s* [v. *branch-, gr. skeletos = trocken], *Kiemenskelett,* wird bei den Wirbeltieren v. serial angeordneten Skelettelementen gebildet, die die Kiemenbögen *(Branchialbögen)* abstützen. Jedes dieser Skelettelemente besteht aus einer Reihe v. vier Einzelstücken: dorsal einem kleinen *Pharyngobranchiale,* dem nach ventral die beiden großen Hauptstücke *Epi-* u. *Keratobranchiale* u. schließlich ein kleines *Hypobranchiale* folgen. Die Kiemenbögen beider Körperseiten werden in der ventralen Mittellinie u. die unpaaren *Basisbranchiale* od. *Copulae* zusammengefaßt. Das B. erfährt in der Stammesgeschichte der Chordatiere tiefgreifende Umwandlungen. Die bedeutungsvollste war die Umbildung der ersten beiden Kiemenbögen zu ⁊ Kiefer- u. Zungenbeinbögen bei den *Gnathostomata* (kiefertragende Wirbeltiere). In der Evolution landlebender u. luftatmender Wirbeltiere werden Derivate des B.s noch weitergehend abgewandelt und u. a. im schalleitenden Apparat des Mittelohres (⁊ Gehörknöchelchen, ⁊ Reichert-Gauppsche Theorie), als Zungenbein od. als Kehlkopfknorpel verwendet. ⁊ Viszeralskelett.
Branchiata [Mz.; v. *branch-], die ⁊ Krebstiere. [men.
Branchien [Mz.; v. *branch-], die ⁊ Kie-
Branchiobdellidae [Mz.; v. *branch-, gr. bdella = Egel], Fam. der *Prosopora* (Stamm Ringelwürmer) mit 9 Gatt., u. a.

Bdellodrilus u. *Branchiobdella*. Der kurze, gedrungene Körper besteht meist nur aus 15 Segmenten; die letzten 3 bilden einen Saugnapf, die vorderen 3–4 einen Kopfbereich ohne Prostomium, jedoch mit einem den Mund umgebenden Saugapparat. Die Mundregion trägt 2 dorsale u. 2 ventrale gezähnte Kiefer. Es fehlen jegl. Borsten sowie ein Muskelmagen. Auch findet keine asexuelle Vermehrung statt. Sie leben als Ektoparasiten auf der Körperoberfläche od. den Kiemen v. Flußkrebsen. Aufgrund der gegenüber den anderen Oligochaeten zahlr. abgeleiteten Merkmale werden sie manchmal als eigene U.-Kl. der *Clitellata* betrachtet.

Branchiocerianthidae [Mz.; v. *branch-, gr. kērion = Wachskuchen, anthos = Blume], Fam. der *Athecatae-Anthomedusae* (Stamm Nesseltiere), mit riesigen Einzelpolypen, die eine bilateralsymmetr., aus vielen Tentakeln aufgebaute Tentakelkrone haben; die Gonophoren sitzen auf langen verzweigten Stielen, die zw. den Tentakeln aufragen. *Branchiocerianthus imperator* ist eine Tiefseeart mit roten od. gelben Polypen, die 0,8–2,3 m hoch wird. Sie verankert sich mit vielen Ausläufern (Hydrorrhiza) im Schlamm.

branchiogene Organe [Mz.; v. *branch-, gr. gennan = erzeugen], Drüsenorgane, die aus dem morpholog. Substrat der paarigen Kiementaschen gebildet werden. Kiementaschen sind Bestandteil des Grundbauplanes aller Chordatiere u. werden auch in der Embryonalentwicklung landbewohnender u. luftatmender Wirbeltiere angelegt. Aus ihnen entwickeln sich als b. O.: der *Thymus* (Bries), ein Organ des Immunsystems; die *Epithelkörperchen,* endokrine Drüsen, die das Parathormon, einen in Phosphor- u. Calciumhaushalt wichtigen Botenstoff, bilden; der *ultimobranchiale Körper,* der das Hormon Calcitonin bildet, das eine zum Parathormon antagonist. Wirkung zeigt.

Branchiomma s [v. *branch-, gr. omma = Auge], ↗ Dasychone.

branchiopneustisch [v. *branch-, gr. pneustikos = die Atmung betreffend], Bez. für die Atmungsweise von wasserlebenden Insektenlarven, *Branchiopneustia,* deren Tracheensystem völlig verschlossen ist. Die Atmung erfolgt über Tracheenkiemen od. über die Haut; hierher gehören Larven der Eintagsfliegen, Steinfliegen, Libellen, Schlammfliegen, einiger aquat. Netzflügler, Schmetterlinge (Zünsler) u. Käfer (Taumelkäfer).

Branchiopoda [Mz.; v. *branch-, gr. pous, Gen. podos = Fuß], *Kiemenfußkrebse,* U.-Kl. der Krebstiere, in der ↗ *Anostraca* (Eigentliche Kiemenfußkrebse) u. ↗ *Phyllopoda* (Blattfußkrebse) zusammengefaßt werden, die jedoch v. einigen Zoologen als jeweils eigene, nicht miteinander verwandte U.-Kl. aufgefaßt werden. Neben zahlr. Primitivmerkmalen (viele, gleichart. Segmente, kein Cephalothorax, langes Herz mit vielen Ostien, Tritocerebrum noch nicht dem primären Syncerebrum angeschlossen) gibt es auch abgeleitete Merkmale (Synapomorphien?): Mandibel bei Adulten immer ohne Telopodit, als einfacher Kaufortsatz ausgebildet, 1. Antenne und 2. Maxille neigen zur Reduktion od. fehlen, 1 Antenne beim Nauplius ungegliedert. Ob die sehr ähnl. Blattfüße, die primär der Lokomotion u. zum Filtrieren dienen, auf gemeinsamer Abstammung beruhen od. konvergent entstanden sind, ist umstritten.

Branchiosaurier m [v. *branch-, gr. sauros = Eidechse], *Kiemensaurier,* salamanderähnliche, 5–10 cm große, rhachitome † Labyrinthodontier mit kurzem Schädel, äußeren Kiemen, kurzem Schwanz u. geringer Skelettverknöcherung. Credner erkannte 1886 die Larvennatur der B.; ihre Formenmannigfaltigkeit ist auf die unterschiedl. Reifestadien zurückzuführen; äußere u. innere Kiemen können zusammen vorkommen; fünfzehig. B. bewohnten Sümpfe u. Tümpel z. Z. des Oberkarbon u. Rotliegenden.

Branchiostegalmembran w [v. *branch-, gr. stegein = bedecken, lat. membrana = Häutchen], die Kiemenhaut, ↗ Opercularapparat.

Branchiostegidae [Mz.; v. *branch-, gr. stegein = bedecken], die ↗ Ziegelbarsche.

Branchiostegit m [v. *branch-, gr. stegein = bedecken], bei den *Decapoda* (Zehnfußkrebsen) die Carapaxseitenwände, die die Kiemen überdecken u. Kiemenhöhlen bilden.

Branchiostoma s [v. *branch-, gr. stoma = Mund], das ↗ Lanzettfischchen i. e. S.

Branchiostomidae [Mz.; v. *branch-, gr. stoma = Mund], *Lanzettfischchen i. w. S.,* einzige Fam. der Schädellosen mit 2 Gatt.: *Branchiostoma* (↗ Lanzettfischchen i. e. S.) u. ↗ *Asymmetron;* leben in den Küstenzonen aller warmen u. gemäßigten Meere; größte Artendichte im Indopazifik; Körperlänge 30–80 mm.

Branchiostomidae

branch- [v. gr. bragchia = Kiemen], in Zss.: Kiemen-.

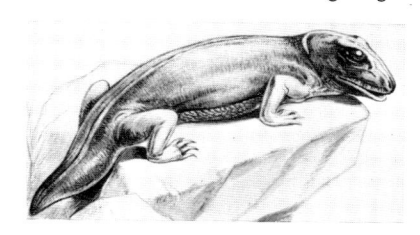

Branchiosaurus

Branchiotremata

branch- [v. gr. bragchia = Kiemen], in Zss.: Kiemen-.

Brand

Einige wichtige bakterielle Brandkrankheiten:
↗ Bakterienbrand
↗ Feuerbrand
↗ Rindenbrand

Brand

Wichtige von Brandpilzen (Ustilaginales) und Tilletiales verursachte Brandkrankheiten:
↗ Flugbrand
  Hafer: *Ustilago avenae*
  Gerste: *U. nuda*
  Weizen: *U. tritici*
↗ Hartbrand
  Gerste: *U. hordei*
  Hafer: *U. levis*
↗ Maisbeulenbrand
  U. maydis
  (*U. zeae*)
↗ Stengelbrand des Roggens
  Urocystis occulta
  Stempelbrand der Gräser
  Ustilago hypodytes
  Streifenbrand der Gräser
  U. striiformis
  Antherenbrand der Nelkengewächse
  U. violaceae

↗ Steinbrand des Weizens
  (Stinkbrand, Schmierbrand)
  Tilletia caries (tritici)
↗ Streifenbrand
  Weizen: *Urocystis tritici*
  Roggen: *U. occulta*
  Zwergsteinbrand des Weizens
  Tilletia controversa
↗ Zwiebelbrand
  Urocystis cepulae

Branchiotremata [Mz.; v. *branch-, gr. trēma = Loch, Öffnung], die ↗ Hemichordata.

Branchipus *m* [v. *branch-, gr. pous = Fuß], Gatt. der ↗ Anostraca.

Branchiura [v. *branch-, gr. oura = Schwanz], 1) die ↗ Fischläuse. 2) Gatt. der Tubificidae (Stamm Ringelwürmer); ein 4–18 cm langer, durch Fadenkiemen am Hinterkörper gekennzeichneter Bewohner der Warmwasserbecken der eur. Botan. Gärten; vermutl. aus O-Asien eingeschleppt.

Brand, *Brandkrankheiten*, 1) Bez. für verschiedene Pflanzenkrankheiten, bei denen die befallenen Pflanzenteile durch braunschwarze Flecken wie versengt aussehen. Die befallenen Gewebeteile werden nekrotisch u. führen oft zum Absterben der ganzen Pflanze. Erreger sind Bakterien od. Pilze. 2) B. i. e. S., Krankheiten des Getreides u. a. Pflanzen durch ↗ B.pilze *(Ustilaginales)* u. *Tilletiales*. Diese B.krankheiten fallen oft durch Mißbildungen, verkrümmte Triebe auf. Gallen auf; bei manchen Arten führt der Befall zur völligen Zerstörung u. Umbildung der Wirtsblüte od. des Samens (*B.butte, B.beule*). Abhängig v. Parasit u. Wirt, werden verschiedene Pflanzenteile befallen: Von außen am Samen haftenden B.sporen erfolgt eine *Keimlingsinfektion* (z. B. Stein-B. des Weizens). Triebinfektionen können an allen wachstumsfähigen Geweben der Wirtspflanze stattfinden (z. B. Maisbeulen-B. v. Blättern bis Kolben). Auch Blüten- bzw. Embryoinfektionen sind möglich, wenn die B.sporen schon während der Blütezeit frei werden u. vom Wind auf die Blüten gesunder Pflanzen gelangen. Nach Keimung u. Bildung des Paarkernmycels wird der Embryo des jungen Korns (äußerl. unsichtbar) infiziert (z. B. Flug-B. des Weizens u. der Gerste). Werden die B.sporen nach der Blüte frei, können sie auch zw. Spelze u. Fruchtanlage gelangen u. den Keimling erst im Frühjahr infizieren (z. B. Flug-B. des Hafers). *Bekämpfung*: Früher wurden die außen anhaftenden B.sporen durch eine Quecksilberbeizung u. die Embryoinfektion durch eine Heißwasserbehandlung des Saatguts bekämpft, heute durch organ. Verbindungen, die sowohl an der Oberfläche der Samen als auch systemisch im Keimling wirken. – Bereits 1755 machte M. Tillet den „schwarzen Staub" am Weizen, mit dem er Infektionen ausführte, für den Stein-B. verantwortl., er nahm jedoch an, daß es sich hierbei um eine giftige Substanz der Luft handle. Erst I.-B. Prévost zeigte 1807, daß der Erreger des Stein-B.s ein Pilz ist u. daß er mit einer Kupfersulfatlösung bekämpft werden kann; mit seinen Untersuchungen gelang der erste experimentelle Nachweis, daß ein Mikroorganismus die Ursache für das Entstehen einer Krankheit ist.

Brandalge, Gatt. der Sphacelariales.

Brandbutten, *Brandkörner*, v. ↗ Brandpilzen umgewandelte Samenlager höherer Pflanzen (z. B. Getreide-, Maiskörner) in Sporenlager mit Milliarden v. Brandsporen.

Brandente, die ↗ Brandgans.

Brandgans, *Brandente, Tadorna tadorna,* 60 cm große gänseartige Ente mit auffallend schwarz-weiß u. rotbraunem Gefieder, Schnabel leuchtend rot, beim Männchen mit Höcker; brütet in verlassenen Kaninchenhöhlen od. Fuchsbauten an sandigen u. felsigen Meeresufern in Mittel-, N- und SO-Europa sowie in SW-Asien. Zur Mauser versammeln sich im Sommer auf dem in der Nordsee bei Cuxhaven gelegenen Großen Knechtsand Zehntausende von Vögeln aus den mittel- und nordeur. Brutgebieten.

Brandhorn, *Herkuleskeule, Murex brandaris,* Art der Purpurschnecken, eine im O-Atlantik und Mittelmeer verbreitete Schnecke mit rundl., gelbl.-weißem Gehäuse, das an der Mündung zu einem langen Siphonalkanal ausgezogen ist u. dadurch keulenförm. aussieht (Gehäusehöhe ca. 8 cm); die Gehäuseoberfläche trägt auf schwachen Radialwülsten Höcker u. kurze Stacheln. Die Tiere sind häufig auf nahrungsreichen Gründen bis in etwa 80 m Tiefe, wo sie v. Muscheln u. Aas leben. Im Altertum wurde aus ihnen Purpur hergestellt.

Brandkrankheiten ↗ Brand.

Brandkultur, Urbarmachung v. Wald- u. Moorböden durch Abbrennen der Pflanzendecke. ↗ Brandrodung.

Brandlattich, der ↗ Alpenlattich.

Brändle, das ↗ Feuerröschen.

Brandmaus, *Apodemus agrarius,* zu den sog. Langschwanzmäusen *(Muridae)* gehörende Feldmaus; ihre Verbreitung erstreckt sich v. Mittel- nach O-Europa u. W-Asien. Kopfrumpflänge 9,5–12 cm, Schwanz mit 120–140 Ringen, braunrote Ober- und helle Unterseite, deutlicher schwarzer Aalstrich als wichtigstes Merkmal. Die B. lebt in Parklandschaften (Waldränder, Feldgehölze, Äcker, Gärten) mit etwas feuchtem Boden u. gräbt Gänge mit Nest- u. Vorratskammern; sie ist tag- u. nachtaktiv u. ernährt sich v. Getreide, Wurzeln u. Insekten.

Brandökosystem ↗ Feuerklimax.

Brandpilze, *Ustilaginales,* Ord. der *Ustomycetes* (Abt. *Basidiomycota*); fr. eine Ord. der Ständerpilze *(Basidiomycetes).* Die mehreren hundert, weltweit verbreiteten Arten der B. sind sämtl. Pflanzenparasiten, die überwiegend Angiospermen befallen. Von großer wirtschaftl. Bedeutung sind sie als Erreger der Brandkrankheiten am Getreide (z. B. ↗Gerstenflugbrand) u. a. Kulturpflanzen. Im Ggs. zu den immer obligat parasit. Rostpilzen haben die B. zwei Myceltypen: ein saprophytisches, haploides, meist hefeartiges Sproßmycel, das auf künstl. Nährboden gezüchtet werden kann, und ein dikaryot., obligat parasit. Mycel, das streng an bestimmte Wirtspflanzen gebunden ist. Fruchtkörper od. besondere Geschlechtsorgane werden nicht ausgebildet. Die Infektion der Wirtspflanze durch das dikaryot. Mycel erfolgt meist an jungem Gewebe (z. B. Keimling, Blüte) u. wächst i. d. R. interzellulär, ohne daß äußerl. wesentl. Krankheitssymptome zu erkennen sind. Die Ernährung erfolgt über Haustorien, die in die Wirtszellen einwachsen. Abhängig v. der Brandpilzart verdichten sich die Hyphen in bestimmten Organen der Pflanze (z. B. Blütenanlage, Blätter), legen viele Querwände an u. zerfallen in viele dickwandige (noch dikaryot.) Brandsporen, die meist dunkel gefärbt sind. Diese rußartige Masse v. Sporenlagern (Sori) mit den Brandsporen gibt den befallenen Pflanzen ein verbranntes Aussehen u. ist das auffälligste Merkmal der Brandkrankheiten. Nach der Verbreitung (↗Brandsporen) wächst im kommenden Frühjahr nach der Kernverschmelzung aus der jetzt diploiden Brandspore eine Keimhyphe aus, in der die Reduktionsteilung stattfindet u. die sich dann zu einem kurzen, meist vierzelligen Promycel umbildet, v. dem Sproßzellen (Sporidien) abgegliedert werden. Das Promycel kann als Basidie u. die Sporidien als Basidiosporen (ohne Sterigmen) gedeutet werden. Aus den haploiden Sporidien wächst bei bestimmten B.n ein hefeartiges, saprophyt. lebendes Pseudomycelium aus. Das infektiöse (parasit.) dikaryot. Mycel (oft mit Schnallen) entsteht artspezif. entweder durch Kopulation v. Sporidien, Fusion komplementärgeschlechtl. Promycelien od. Sproßzellen. Mit B.n verseuchtes Getreide kann zu Vergiftungen bei Mensch u. Tieren führen. In O-Asien werden jedoch junge Brandgallen v. *Ustilago esculenta* v. Schossen des Wasserreises u. in O-Afrika unreife Brandbeulen v. *Sorosporium holci sorghi* auf Mohrenhirse als Delikatessen gegessen. – Zu den B.n stellt man in den meisten systemat. Einteilungen auch die ↗*Tilletiales,* die eine ähnl. Lebens- u. Fortpflanzungsweise wie die B. aufweisen. Wegen der unterschiedl. Basidienbildung (Holobasidien) werden sie in neueren Einteilungen v. den B.n abgetrennt u. als Ord. der Ständerpilze *(Basidiomycetes)* mit Holobasidien geführt. G. S.

Brandpilze

Wichtige Gattungen der Brandpilze aus der Fam. *Ustilaginaceae:*

Cintractia
Melanopsichium
Schizonella
Sorosporium
Sphacelotheca
Thecaphora
Ustilago

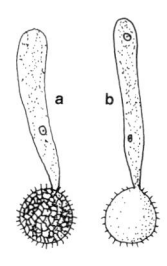

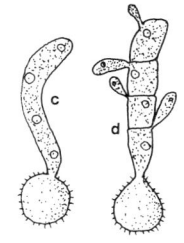

Brandsporen

Keimung einer Brandspore v. *Ustilago scabiosae;* es entsteht ein vierkerniger Keimschlauch **(a–c),** aus dem sich ein vierzelliges Promycel entwickelt, dessen Zellen jeweils ein Sporidium ausbilden **(d).**

Brandrodung, Rodung durch Abbrennen der Vegetation, wobei die Wurzelstöcke im Boden belassen werden. Früher im Rahmen der Landwechselwirtschaft (Reutfeldwirtschaft) auch in Mitteleuropa betrieben, heute in größerem Umfang nur noch im Zuge des Wanderackerbaus trop. Zonen üblich. Die B. wird v. a. im Bereich der halbimmergrünen, feuchten, laubabwerfenden Wälder in der Trockenzeit durchgeführt, da diese leichter zu roden sind als die Regenwälder. Aufgrund der ungünstigen Bodeneigenschaften sind die Felder nach wenigen Jahren völlig erschöpft u. müssen durch neue B.sflächen ersetzt werden.

Brandschopf, *Celosia,* Gatt. der ↗Fuchsschwanzgewächse.

Brandsporen, Sporen der ↗Brandpilze (Ustosporen) u. ↗*Tilletiales;* entstehen in Sporenlagern (Sori) durch Zergliederung dikaryot. Hyphen, artspezif. in bestimmten Organen der Wirtspflanze. Die B. sind einzellig, kugelig, dickwandig, meist dunkel (braunschwarz) gefärbt u. haben artspezif. eine glatte, gefurchte od. warzige Oberfläche. Die B. sind Dauersporen *(Chlamydosporen),* sehr trockenresistent u. können ungünst. Umweltbedingungen (Winter) überstehen. Bei einigen Arten sollen sie über 10 Jahre lebensfähig sein. Die Verbreitung der B. erfolgt oft durch den Wind, nachdem sich die Brandlager an der Wirtsoberfläche geöffnet haben. Die B. können auch anfangs zu einer kohligen Masse verkleben (z. B. Steinbrand) od. im Wirtsgewebe eingeschlossen bleiben, so daß sie erst beim Dreschen od. nach Zerfall des Gewebes frei werden. Vor dem Auskeimen verschmelzen die Kerne in den B. (Karyogamie); sie entsprechen somit Zygoten od. den Teleutosporen der Rostpilze. Bei den *Tilletiales* kann die Reduktionsteilung gleichfalls in den B. stattfinden, bei den Brandpilzen erst in der Keimhyphe (weitere Entwicklung ↗Brandpilze).

Brandungszone, Küsten- od. Seeuferbereich, in dem die Wasserwellen anlaufen, sich überstürzen u. seewärts wieder abfließen. Dabei wird an vielen Meeresküsten die Küstenlinie ständig verändert. Die B. ist frei v. höheren Pflanzen. Sie wird v. einer Fauna besiedelt, die in Artbestand u. Lebensweise viel mit der Fließwasserfauna gemeinsam hat. Das Problem der starken Wasserbewegung u. der Gefahr des Abdriftens wird durch hohe Haftfähigkeit gelöst: An felsigen Meeresküsten heftet sich die Braunalge *Laminaria* mit krallenartigen Pseudopodien fest, die zu den Krebsen gehörenden Seepocken (Balaniden) zementieren sich am Substrat fest, die Muschel *Mytilus edulis* besitzt starke Byssusfäden, Schnecken (z. B. *Haliotis* u. *Patella*-

Branhamella

Arten) haften durch ihren Fuß. Bei verschiedenen Fisch-Gatt., z.B. *Gobius, Liparis, Lepadogaster,* haben sich die Bauchflossen zu „Saugnäpfen" entwickelt. Durch das zeitweise Trockenfallen bei Ebbe in der B. der Meeresküsten entstehen für die Organismen Probleme beim Wasserhaushalt u. der Atmung.
Branhamella *w* [ben. nach dem am. Arzt H. H. Branham, 19. Jh.], Gatt. der ↗ gramnegativen Kokken und Kokkenbacillen (verwandte Kurzstäbchen).
Branta *w*, Gatt. der ↗ Gänse.
Brasse *w*, der ↗ Brachsen.
Brassenregion, die ↗ Bleiregion.
Brassica *w* [lat., =], der ↗ Kohl.
Brassicaceae [Mz.; v. lat. brassica = Kohl], die ↗ Kreuzblütler.
Brassolidae, neotrop. Fam. der Tagfalter, den Augen-, Flecken- u. Morphofaltern verwandt, knapp 100 Arten, mittel- bis sehr große Falter (Spannweite bis 200 mm), breitflüglig, oberseits unscheinbar braun bis dunkelblau, Unterseite graubraun, oft mit großen, deutl. Augenflecken (z.B. „Eulenfalter"-Gatt. *Caligo spec.*), meist Waldbewohner, dämmerungs- bis nachtaktiv; die Larven der B. leben gesellig an Einkeimblättrigen Pflanzen wie Palmen u. Bananen, woran einige Vertreter der Gatt. *Caligo* schädl. werden können.
Brätling *m*, *Lactarius volemus* Fries, eßbare Art der ↗ Milchlinge.
Brauchwasser, für gewerbl. u. industrielle Zwecke bestimmtes, unterschiedl. aufbereitetes Grund- u. Oberflächenwasser, das nicht als Trinkwasser genutzt werden darf. [T] Abwasser.
Braulidae, die ↗ Bienenläuse.
Braun, *Alexander Heinrich,* dt. Botaniker, * 10. 5. 1805 Regensburg, † 29. 3. 1877 Berlin; 1833 Prof. in Karlsruhe, 1846 in Freiburg, 1850 in Gießen, 1851 in Berlin u. Dir. des Bot. Gartens; entwickelte die Blattstellungslehre, arbeitete über die Systematik u. Blütenmorphologie der Blütenpflanzen u. Kryptogamen; stellte 1864 als erster ein Pflanzensystem unter phylogenet. Gesichtspunkten auf.
Braunalgen, *Phaeophyceae.* Kl. der ↗ Algen mit 11 Ord. (vgl. Tab.); eine natürl. Entwicklungsgruppe, die sich v. den übrigen Arten durch ihre Morphologie, Cytologie u. Physiologie abtrennt. Die etwa 1500 Arten sind in ca. 240 Gatt. zusammengefaßt. Bis auf die wenigen Arten der 3 Gatt. *Pleurocladia, Lithoderma* u. *Bodanella* sind alle Meeresbewohner. Sie bilden v.a. im Litoral- (Watt) u. oberen Sublitoralbereich felsiger Küsten kühlerer Meere große, flächendeckende Bestände. Die einfachsten Arten sind trichal, verzweigt, andere besitzen einen echten Gewebethallus oder z.T. über 70 m lange plektenchymatische, sehr differenziert gebaute Thalli. Die Braunfärbung der Plastiden (Phaeoplasten) ist bedingt durch Überlagerung des Chlorophylls insbes. durch Fucoxanthin ([T] Algen). Wichtigste Reservestoffe sind neben Lipiden der Zuckeralkohol Mannitol (D-Mannit) u. das dextrinähnl. Polysaccharid Chrysolaminarin (Laminaran); letzteres wird in Vakuolen gespeichert. In kleinen Vakuolen (Physoden) wird das gerbstoffartige, sauer reagierende Fucosan gebildet. Die Zellwände bestehen aus einem fibrillären Cellulosegerüst, das durch ↗ Alginsäure bzw. deren Metallsalze (Alginate) versteift ist. Deren Anteil kann bis zu 40% des Frischgewichts betragen. Daneben findet sich in den Zellwänden noch das leicht verschleimende Kohlehydrat Fucoidan, das die Algen bei Ebbe vor Austrocknung schützt. – Vegetative Fortpflanzung bei einfachen Formen durch Thalluszerfall ist häufig (*Sargassum*-Arten im Sargassomeer haben nur vegetative Fortpflanzung); *Sphacelaria* bildet Brutkörper. Sexuelle Fortpflanzung erfolgt durch Iso-, Anisooder Oogamie. In ihrer Ontogenie durchlaufen alle B. einen heterophasischen, hetero- oder isomorphen Generationswechsel; lediglich bei den *Fucales* ist die Haplophase auf die Gametenbildung beschränkt. – Zur Sicherung einer ausreichenden Befruchtungsrate ist es notwendig, daß die Geschlechtszellen gleichzeitig reif u. freigesetzt werden. An den eur. Küsten erfolgt das zu Springflutzeiten (Lunarperiodizität). Das Auffinden der Gameten wird durch Sexuallockstoffe (u.a. Multifiden, Ectocarpen, Fucoserraten), die v. den ♀ Gameten ausgeschieden werden, gefördert. – Die B. sind eine phylogenet. alte Pflanzengruppe. Fossile Funde sind aus dem Silur u. Devon bekannt. Die B. haben große wirtschaftl. Bedeutung. Schon vor 5000 Jahren wurden sie zur Ernährung, als Tierfutter u. Heilmittel genutzt, in den Küstenregionen auch als Felddünger. Im Mittelalter bis gegen Ende des 19. Jh. wurden aus B. Iod, Soda u. Pottasche gewonnen (u.a. zur Glasfabrikation). In O-Asien werden *Laminaria* u. *Alaria*-Arten als Gemüse u. Suppenbeilage (Komku) verwendet. Die Alkali- u. Erdalkaliderivate der Alginsäure ergeben mit Wasser hochviskose Lösungen; die schwerlösl. Erdalkaliderivate werden als Appreturmittel in der Textil-Ind. oder zur Herstellung v. Linoleum, Kunstleder u.a. verwendet, während die leichter emulgierenden Alkalisalze als Geliermittel in Pudding, Speiseeis u.a. dienen. Der Jahresbedarf an Alginsäurederivaten ist steigend. Vielfach werden die Algenbestände (aus den Gatt. *Laminaria,*

Braunalgen
Ordnungen:
↗ *Chordariales*
↗ *Cutleriales*
↗ *Desmarestiales*
↗ *Dictyosiphonales*
↗ *Dictyotales*
↗ *Ectocarpales*
↗ *Fucales*
↗ *Laminariales*
↗ *Sphacelariales*
↗ *Sporochnales*
↗ *Tilopteridales*

Fucus, Ascophyllum, Sargassum, Macrocystis, Nereocystis) bewirtschaftet (↗ Meereswirtschaft). B Algen III, V. R. B.

Braunauge, *Rispenfalter, Lasiommata (Pararge, Dira) maera,* einheim. Vertreter der Augenfalter, ähnl. dem ↗ Mauerfuchs, aber seltener, Spannweite bis 50 mm, oberseits dunkelbraun mit mehr od. weniger großen orangebraunen Aufhellungen, darin Augenflecken, wovon ein bes. großer, oft 2kerniger in der Spitze des Vorderflügels steht; Unterseite der Hinterflügel grau mit Querlinien u. kleinen, gelb gefaßten Augenflecken in der Außenregion; in Ruhe werden die bunteren Vorderflügel in die zugeklappten Hinterflügel eingezogen, daher z. B. auf Felsen gut getarnt. Das B. fliegt in 1–2 Generationen von Mai bis Sept. in Felslandschaften, an Waldrändern u. im Buschland; Larve grün, frißt an Gräsern.

Braunbär, *Ursus arctos,* bekanntester Vertreter aus der Fam. der Großbären *(Ursidae);* größtes Landraubtier: Körperlänge 2–3 m, Gewicht 150–780 kg, weibl. Tiere etwas kleiner u. leichter. Die Fellfärbung variiert v. hell- bis dunkelbraun u. von grau bis fast schwarz; Jungtiere mit weißem Halsring od. -fleck. Der B. lebt als relativ ortstreuer Einzelgänger in Mischwäldern, heutzutage v. a. in Gebirgen; vorwiegend Nachttier, nur in ungestörter Gegend auch tagaktiv. Ernährt sich hpts. v. Pflanzen, Schnecken, kleinen Nagetieren u. Aas; manche Individuen haben sich auf das Schlagen größerer Säugetiere (z. B. Rentiere, Schafe) spezialisiert. Nach Zoobeobachtungen sind Brunst- u. Tragzeiten jahreszeitl. nicht festgelegt. Die Tragzeit schwankt daher je nach Jahreszeit zw. 6 und 9 Monaten. Meist werden 2–3 Junge geboren, welche die Mutter etwa 1½ Jahre lang säugt. Den Winter verbringt der B. in einer Art Halbschlaf im Schutz einer Felsod. Erdhöhle, die er mit Pflanzenteilen auspolstert u. bei Störung verläßt. Noch in geschichtl. Zeit war der B. in Form mehrerer U.-Arten von N-Afrika über ganz Eurasien bis N-Amerika heimisch. So konnte das kaiserl. Rom B.en in großer Zahl aus dem damaligen Germanien einführen. Heute leben Restbestände des Europäischen B.en *(U. a. arctos,* B Europa V) streng geschützt noch in den Wäldern Skandinaviens (v.a. Schweden, Finnland), N- und W-Rußlands, kleinere Formen in den Pyrenäen, den Abruzzen u. in den Karpaten; der sog. Alpen-B. gilt als nahezu ausgestorben. Etwas häufiger als in Europa trifft man verschiedene U.-Arten des B.en heute noch in N- u. Mittelasien an (z.B. Kamtschatkabär, *U. a. beringianus*). Als größte U.-Art gilt der nordam. Kodiakbär

Braunbär
Unterarten:
Europäischer Braunbär *(Ursus a. arctos)*
Grizzlybär *(U. a. horribilis)*
Isabell-Braunbär *(U. a. isabellinus)*
Kamtschatkabär *(U. a. beringianus)*
Kodiakbär *(U. a. middendorffi)*
Syrischer Bär *(U. a. syriacus)*
Tibetbär *(U. a. pruinosus)*

Braunellen
Heckenbraunelle *(Prunella modularis)*

Brauner Bär *(Arctia caja)*

(U. a. middendorfi, B Nordamerika II) (Kodiak = Name einer Insel vor Alaska) od. Alaskabär, der sich fast ganzjährig v. Gras u. Wurzeln ernährt, im Frühjahr aber geschickt die flußaufwärts wandernden Lachse erbeutet. Ebenfalls in N-Amerika lebt der wegen seiner Stärke gefürchtete Grizzlybär *(U. a. horribilis,* B Nordamerika II), der fr. als eigene Art angesehen wurde. Noch zu Anfang des letzten Jh.s in den Felsengebirgen v. Alaska bis Kalifornien häufig anzutreffen u. eine herausragende Rolle im Leben der Indianer einnehmend, wurde der Grizzlybär in den USA während der sog. Pionierzeit beinahe ausgerottet; größere Bestände leben heute nur noch in Kanada u. Alaska. Der B. steht auf der ↗ Roten Liste unter den in Dtl. ausgestorbenen Tierarten. In den Bärenzwingern eur. Zoos wird häufig anstelle des Europäischen B.en der Kodiakbär gehalten. B Bären.

Braun-Blanquet [-bläŋkä], *Josias,* schweizer. Botaniker, * 3. 8. 1884 Chur, † 20. 9. 1980 Montpellier; Mitbegr. der Pflanzensoziologie; Gründer u. Leiter (1930) der Int. Station für alpine u. mediterrane Geobotanik (SIGMA) in Montpellier.

Braunelle, die ↗ Brunelle.

Braunellen, *Prunellidae,* Singvogel-Fam. kleiner, überwiegend braun u. grau gefärbter, dünnschnäbl. Vögel mit 12 Arten in Europa u. Asien (mit Ausnahme der Tropen). Die Nahrung besteht neben Insekten u. Beeren auch aus Körnern. Tiefes, napfförmiges Nest, meist mit Moos fest geformt, in geringer Höhe über dem Boden, 3–5 Eier. Die Heckenbraunelle *(Prunella modularis)* ist ein wegen ihres unscheinbaren, etwas sperlingsähnl. Aussehens vielfach übersehener, jedoch keineswegs seltener Brutvogel in Wäldern u. Gartenanlagen; Ruf metallisch „diditit", Gesang ein kurzes helles Zwitschern, oft v. der Spitze halbhoher Fichten vorgetragen. Im Hochgebirge oberhalb der Baumgrenze lebt die Alpenbraunelle („Alpenflühvogel") *(P. collaris),* ähnlich der Heckenbraunelle, jedoch größer u. mit weißer, schwarz quergefleckter Kehle; kommt im Winter in tiefere Tallagen.

Brauner Auenboden ↗ Auenböden.

Brauner Bär, *Arctia caja,* holarktisch verbreiteter, bekannter u. häufiger Vertreter der Bärenspinner; der Falter spannt etwa 65 mm, Vorderflügel dunkelbraun u. weiß marmoriert, sehr variabel, Hinterflügel u. Abdomen rot, selten gelb, mit schwarzblauen Flecken, Fühler kurz gezähnt, Rüssel verkümmert; der B. B. zeigt bei Bedrohung die leuchtend bunten Hinterflügel u. gibt an Thorax u. Hinterbeinen ein scharf riechendes Sekret ab; fliegt um Mit-

Braunerde

ternacht im Juli–Aug. in Gärten, Waldgebieten u. auf buschigen Lehnen; Eier rund, hellgrün, bis 1000 Stück; Larve überwintert, ausgewachsen schwarz mit hellen Warzen u. einem „Bärenpelz" langer, dichter dunkelbrauner Haare, polyphag, Verpuppung am Boden in Gespinst.

Braunerde, fr. auch *Brauner Waldboden* gen., Bodentyp des gemäßigt-humiden Laubwaldklimas Mittel- u. W-Europas; Profil: A_h–B_v–C. B.n entwickeln sich aus verschiedenen Ausgangsgesteinen. Typ. Merkmale sind Verbraunung u. Verlehmung (Tonanreicherung). Bei der Verwitterung v. Silicaten im A- und B-Horizont werden braungefärbte Fe-Oxide u. -Hydroxide freigesetzt u. Tonminerale neu gebildet. Humusgehalt, Körnung, Nährstoffreichtum u. Fruchtbarkeit dieser Böden variieren stark wegen der zahlr. Entwicklungsmöglichkeiten. B.n werden forstl. u. ackerbaul. genutzt.

brauner Jura, *mittlerer Jura, Dogger,* von F. A. Quenstedt (1843) eingeführte Bez. für die mittlere Serie des ↗Jura, die in Teilen Europas überwiegend aus Gesteinen brauner Farbe besteht. Der Ausdruck entspricht dem „Mittleren Jura" L. v. Buch's (1837).

Brauner Waldboden, die ↗Braunerde.

braunes Fett, spezialisiertes Fettgewebe (↗Bindegewebe) bei Säugetieren, das der Wärmeproduktion während der postnatalen Phase, bei der Akklimatisation an Kälte u. beim Erwachen aus dem Winterschlaf dient. Es zeichnet sich durch bes. reiche Versorgung mit Blutkapillaren u. eine eigene Innervation der einzelnen Zellen durch Fasern des Sympathikus aus. Anders als die weißen, plasmaarmen Speicher- u. Baufettzellen enthalten braune Fettzellen nicht eine große Fettvakuole (univakuoläre Fettzellen), sondern zahlr. Fetttröpfchen in einem mitochondrienreichen Plasma verteilt (multivakuoläre Fettzellen). Ihre gelbbraune Färbung rührt v. den eisenhalt. Cytochromen in den in großer Anzahl vorhandenen Mitochondrien her. Dies läßt darauf schließen, daß der oxidative Stoffwechsel der Triglyceride (↗Acylglycerine) eine wesentl. Rolle bei der Wärmeproduktion spielt. Der Fettabbau im b. F. kann unmittelbar durch nervösen Reiz aus dem Temperaturzentrum im Gehirn induziert werden u. erfolgt somit rascher als beim weißen Fett (hormonale Stimulation). Das an den Nervenendigungen des Sympathikus abgegebene Noracrenalin bewirkt die Freisetzung freier Fettsäuren, deren Oxidation dann zu einer gesteigerten Bildung v. Wärme führt. Diese wird über das Kapillarnetz an das Blut abgegeben u. erlaubt so eine rasche Temperatursteigerung der unmittelbar im Blutkreislauf nachgeschalteten Organe. Braunes Fettgewebe ist beim menschl. Säugling u. jungen Säuger reichlicher ausgebildet als beim Erwachsenen u. liegt vornehmlich unter den Schulterblättern im Hals- u. Brustbereich u. beiderseits der Aorta sowie in kleinen Mengen um Nieren, Nebennieren, After u. in der Leistengegend.

Braunfäule, 1) Bez. für verschiedene Pflanzenkrankheiten, bei denen braune Verfärbungen auftreten: z. B. ↗Monilia-Fruchtfäulen an Kern- u. Steinobst u. a. Fruchtfäulen; ↗Krautfäule u. B. (Knollenfäule) der Tomate u. Kartoffel. **2)** *Destruktionsfäule,* eine Art des Abbaus v. totem od. lebendem Holz (vorwiegend Nadelholz) durch Pilzbefall, bei dem nur Cellulose u. a. Polysaccharide abgebaut werden, so daß sich Lignin anreichert u. zu einer bräunlich-roten Verfärbung des Holzes führt; das Holz wird dabei mürbe, leicht brüchig, zeigt Trockenschrumpfung (mit Längs- u. Querrissen) u. zerbricht typ. in würfelige Stücke. Eine Sonderform der B. ist die *Rotstreifigkeit* des Holzes, hervorgerufen durch *Gloeophyllum* u. *Osmoporus*-Arten (z. B. Zaunblättling, Tannenblättling, Fencheltramete). Ein weiterer B.-Typ ist die ↗*Moderfäule.* Ggs.: ↗Weißfäule.

Braunfäule
Einige wichtige Braunfäule-Pilze an Nadel- (N) und Laubholz (L):
Krause Glucke (*Sparassis crispa,* N)
Bitterer Saftporling (*Tyromyces stipticus,* N)
Schwefelporling (*Laetiporus sulphureus,* N, L)
Birkenporling (*Piptoporus betulinus,* L)
Kiefern-Braunporling (*Phaeolus schweinitzii,* N)
Echter Hausschwamm (*Serpula lacrymans,* N)
Wilder Hausschwamm (*Serpula himantioides,* N)
Eichenwirrling (*Daedalia quercina,* L)
Zaunblättling (*Gloeophyllum sepiarium,* N)
Leberpilz (*Fistulina hepatica,* L)
Milder Zwergknäueling (*Panellus mitis,* N)

Braunfisch, der ↗Schweinswal.

Braunfrösche, Bez. für die braunen, terrestr. lebenden Arten der Gatt. *Rana* der holarkt. Region, i. e. S. für die einheim. Arten Grasfrosch, Moorfrosch u. Springfrosch. Der Grasfrosch (*Rana temporaria,* B Amphibien II) bewohnt die gesamte paläarkt. Region, meidet aber warme Gebiete. Der etwas kleinere, spitzköpfige Moorfrosch *(Rana arvalis),* der häufig einen hellen Längsstreifen auf der Rückenmitte hat, ist im wesentlichen eine nordeur. Art, u. der Springfrosch *(Rana dalmatina),* der sich durch extrem lange Hinterbeine v. den beiden anderen Arten unterscheidet, lebt in S-Europa, kommt aber bis nach Dänemark vor. Alle 3 Arten wandern im Sommer in Wäldern u. ähnl. nicht zu trockenen Lebensräumen weit umher. Ihre Laichzeit ist sehr kurz u. früh im Jahr (Explosivlaicher). Der Grasfrosch, der meist in fließendem Wasser od. in Quellen überwintert u. dort an sonnigen Tagen sogar unter dem Eis aktiv sein kann, ist in Mitteleuropa der erste Frosch, der ablaicht, oft schon im Febr. od. März, in langsam fließenden od. stehenden Gewässern; im Gebirge, wo er bis zu 3000 m Höhe vorkommt, liegt die Laichzeit entsprechend später; die Tiere sammeln sich in den Laichgewässern in riesigen Mengen an; ihre leise schnurrenden od. knurrenden Rufe sind nur wenige

Braunfrösche
Europäische Arten:
Grasfrosch *(Rana temporaria)*
Moorfrosch *(R. arvalis)*
Springfrosch *(R. dalmatina)*
Ital. Springfrosch *(R. latastei)*
Span. Frosch *(R. iberica)*
Griech. Frosch *(R. graeca)*

Meter weit hörbar; sie dienen v. a. der gegenseitigen Stimulation. Der Laich wird in großen Klumpen an besonnten Stellen abgegeben; schon nach 2–3 Wochen schlüpfen die Kaulquappen; weil sie potentielle Laichräuber sind, werden die Laichgewässer des Grasfrosches v. anderen Froschlurchen gemieden. Moor- u. Springfrosch sind in Mitteleuropa nur noch auf wenige, natürlich gebliebene Lebensräume beschränkt u. gelten nach der ↗ Roten Liste als „stark gefährdet".

Braunhaie, *Carcharhinus,* artenreichste Gatt. der Blauhaie, die vorwiegend trop. Meere besiedeln. Zu den B.n gehören der 3,5 m lange, sich oft an der Oberfläche aufhaltende Grauhai *(C. obscurus),* der schwimmende Menschen angreift; der bis 3,5 m lange, oberseits olivbraune, an den Flossenspitzen weiß gefärbte Weißspitzenhai *(C. longimanus),* ein häufiger Hochseehai; der kleinschupp., ca. 3 m lange Seidenhai *(C. floridanus)* mit seidenweicher Haut; der in trop. Riffen v. a. des indopazifischen Küstenbereichs anzutreffende, bis 1,8 m lange Schwarzspitzenriffhai *(C. melanopterus);* der ca. 3,5 m lange Grundhai *(C. leucas)* der Küstengebiete des trop. W-Atlantiks, der häufig in Flüsse vordringt; eine reine Süßwasserform dieser Art lebt ständig im Nicaragua-See u. greift oft Badende an. [senschmätzer.

Braunkehlchen, *Saxicola rubetra,* ↗ Wie-
Braunkern ↗ Kernholz.
Braunkohle, *Lignit,* bergmänn. Ausdruck für Kohle mit geringem Inkohlungsgrad; C-Gehalt = 55–75% (wasserfrei), frisch bis 60% Wasser; überwiegend während des Tertiärs *(B.nzeit)* entstanden aus Sumpfzypressen, Mammutbäumen u. a. Pflanzen.
Braunlehm, Boden der Tropen u. Subtropen mit A-B-C-Profil aus Silicatgestein; der Boden ist plastisch (Plastosol) mit hohem Anteil an dichtgelagerten, gelb- bis rotbraungefärbten Zweischicht-Tonmineralen (Kaolinit).
Braunrost ↗ Rostkrankheiten.
Braunseggen-Flachmoore, *Caricion canescenti-nigrae,* ↗ Caricetalia nigrae.
Braunseggen-Sümpfe, *Caricion canescenti-nigrae,* ↗ Caricetalia nigrae.
Braunspelzigkeit, Pilzerkrankung des Weizens, ↗ Spelzenbräune.
Braunsporer, Blätterpilze mit schwachbraunem bis schwarz-braunem Sporenpulver; in Bestimmungsbüchern oft noch unterteilt; wichtige Gruppen mit helleren Brauntönen der Sporen (Rost-B.) sind die Schleierlingsartigen, Mistpilzartigen u. die Kremplinge. Zu den Formen mit braunpurpurnen od. violetten Sporen (Purpursporer) gehören die Champignons u. Träuschlingsartigen Pilze. Die Einteilung geht auf E. M.Fries u. A. Ricken zurück. ↗ Blätterpilze.

Bräunung ↗ Hautfarbe.
Braunwasserseen, dystrophe Seen, deren Wasser nährstoff- u. kalkarm u. durch Humusstoffe gelb-braun gefärbt ist. Die Humusstoffe stammen aus der moorreichen Umgebung des Sees, dementsprechend tritt dieser Seetyp v. a. in den moorreichen Gegenden Skandinaviens auf. Man findet kaum Phytoplankton, aber ein gut entwickeltes Zooplankton. Da der Sauerstoffgehalt des Tiefenwassers gering ist, entwickelt sich eine artenarme Bodenfauna. Das Sediment besteht aus Torfschlamm.

Braunwurz, *Scrophularia,* Gatt. der Braunwurzgewächse mit ca. 300 (nach anderen Angaben 150) Arten, die über die gesamte nördl. Halbkugel verbreitet sind, ihre größte Mannigfaltigkeit jedoch im Himalaya erreichen. Die zweijähr. od. ausdauernden, selten einjähr. Kräuter od. Halbsträucher werden v. Wespen bestäubt. Bekannteste der 6 in Mitteleuropa vorkommenden Arten ist die Knotige B. *(S. nodosa),* eine ausdauernde, 50–120 cm hohe Staude mit kleinen braunroten, am Grunde grünl. Blüten. Die bes. in grundwasserfeuchten, krautreichen Wäldern (Auwäldern), an Gräben und auf Kahlschlägen verbreitete Pflanze war früher eine geschätzte Heilpflanze. Die bes. im Röhricht stehender u. fließender Gewässer u. an Gräben vorkommende Geflügelte B. *(S. umbrosa, S. alata)* enthält die gleichen Wirkstoffe wie die Knotige B., wird aber nicht so häufig benutzt. Sie zeichnet sich, wie die ebenfalls im Röhricht u. an Gräben vorkommende, nach der ↗ Roten Liste als „potentiell gefährdet" angesehene Wasser-B. *(S. auriculata)* durch einen breit geflügelten Stengel aus. Als Pionier auf Kies od. Flußschotter ist die Hunds-B. *(S. canina)* mit geteilten, unten doppelt fiederschnitt. Blättern zu finden.

Braunwurzartige, *Scrophulariales,* Ord. der *Asteridae* mit 12 Fam. (vgl. Tab.), ca. 760 Gatt. und etwa 8800 Arten. Die B.n sind v. a. gekennzeichnet durch mehr od. minder dorsiventrale Blüten, eine Neigung zur Staubblattreduktion u. meist nur noch 2blättrige Fruchtknoten, aus denen Kapselfrüchte bzw. Beeren mit zahlr. Samenanlagen hervorgehen.

Braunwurzgewächse, *Scrophulariaceae,* Fam. der Braunwurzartigen mit ca. 220 Gatt. ([T] 134) u. rund 3000 Arten. Fast über die gesamte Erde verbreitete, insbes. aber in der nördl.-gemäßigten Zone beheimatete, ein- od. zweijähr. Kräuter, Stauden od., seltener, Sträucher; Pflanzen mit meist ungeteilten, bisweilen aber auch fiederlapp. od. tief eingeschnittenen Blättern u. entweder in endständ. Ähren, Trauben

Braunwurz
Die Knotige B. enthält neben anderen Substanzen Flavonglykoside u. v. a. Saponine. In der Heilkunde gilt sie als Mittel gegen Geschwülste u. Ekzeme, Hämorrhoiden, allerg. Drüsenschwellungen u. Augenleiden. Seiner blutzuckersenkenden Wirkung wegen wird das Rhizom der B. auch bei Diabetes eingesetzt.

Braunwurz *(Scrophularia),* Wurzelteil und Sproßende mit den Fruchtkapseln

Braunwurzartige
Wichtige Familien:
↗ Acanthaceae
↗ Bignoniaceae
↗ Braunwurzgewächse
(Scrophulariaceae)
↗ Gesneriaceae
↗ Kugelblumengewächse
(Globulariaceae)
↗ Myoporaceae
↗ Pedaliaceae
↗ Sommerwurzgewächse
(Orobanchaceae)
↗ Wasserschlauchgewächse
(Lentibulariaceae)

Braunwurzgewächse
Penstemon (Gartenhybride)

Braunwurzgewächse

od. Rispen od. in den Achseln von Laubblättern stehenden, meist 5zähligen Blüten. Letztere sind monoklin sowie meist mehr od. minder zygomorph u. weisen eine Vielzahl besonderer, an Insektenbestäubung angepaßter Mechanismen auf. Neben einer Reduktion der Zahl der Blütenorgane sind v. a. vielfältige Veränderungen der Gestalt der Blütenkrone zu beobachten. Häufigster Blütenbau: 5zipfliger Kelch sowie 5zählige Krone mit infolge Verwachsens der Kronblätter häufig krug- bis röhrenförmiger geformter Röhre u. 2lipp. Saum aus einer 2lapp. Ober- und 3lapp. Unterlippe; 2 ungleich lange Staubblattpaare. Der oberständ. Fruchtknoten besteht im allg. aus 2 verwachsenen Fruchtblättern u. enthält zahlr. zentralwinkelständige Samenanlagen. Die Frucht ist meist eine trockene Kapsel, selten eine trockene od. fleischige Schließfrucht. Unter den B.n kann man alle Übergänge zw. völlig autotrophen Pflanzen über grüne Halbschmarotzer (z. B. Augentrost, Klappertopf, Läusekraut u. Wachtelweizen) bis zu weiß- od. rosafarbenen Vollparasiten (z. B. Schuppenwurz) beobachten. Viele Gatt. enthalten beliebte Gartenzierpflanzen (z. B. Ehrenpreis, Fingerhut, Gauklerblume, Löwenmaul, Königskerze u. *Penstemon*). Von letzterer, mit ca. 300 Arten hpts. in N-Amerika beheimateten, Fünffaden gen. Gatt. wird in unseren Gärten *P. hartwegii (P. gentianoides)* kultiviert, eine ca. 60 cm hohe, nicht winterharte Staude mit ungeteilten Blättern u. in langen Rispen stehenden, scharlach- bis blutroten, röhrigen Blüten. Von der mit etwa 500 Arten v. a. in S-Amerika heim. Gatt. *Calceolaria* (Pantoffelblume, B Südamerika VII), deren blasig aufgetriebene Unterlippe eine Kesselfalle für Insekten bildet, stammen zahlr. Hybride mit gelben, orangefarbenen, rotvioletten od. getigerten Blüten ab, die unter der Bez. *C.* × *herbeohybrida* (× *fructicohybrida*) als Zimmerpflanzen kultiviert werden. Einjährig gezogene Sorten der halbstrauchigen Art *C. integrifolia* sind auch beliebte Balkon- u. Beetpflanzen. Eine an eine bes. extremen Standort angepaßte Art der B. ist *Chamaegigas intrepidus*. Die in SW-Afrika heim., poikilohydre Pflanze vermag in trockenem Sand u. völlig ausgetrocknetem Zustand (mit 2–3 mm langen, pyramidenähnl. Speicherblättern) Temperaturen v. über 50°C zu überstehen. Nach einem der am Standort seltenen Regenfälle vergrößert sie sich durch rasche Wasseraufnahme auf ein Vielfaches, assimiliert u. treibt nach wenigen Tagen einen neuen Sproß mit Blüte. Sind die Niederschläge verdunstet, schrumpft die Pflanze wieder in ihren urspr. Zustand zurück.

Braunwurzgewächse
Wichtige Gattungen:
↗ Alectra
↗ Alpenhelm *(Bartsia)*
↗ Alpenrachen *(Tozzia)*
↗ Augentrost *(Euphrasia)*
↗ Braunwurz *(Scrophularia)*
↗ Büchsenkraut *(Lindernia)*
Calceolaria
Chamaegigas
↗ Ehrenpreis *(Veronica)*
↗ Fingerhut *(Digitalis)*
↗ Gauklerblume *(Mimulus)*
↗ Gnadenkraut *(Gratiola)*
↗ Klappertopf *(Rhinanthus)*
↗ Königskerze *(Verbascum)*
↗ Läusekraut *(Pedicularis)*
↗ Leinkraut *(Linaria)*
↗ Löwenmaul *(Antirrhinum)*
Penstemon
↗ Schlammkraut *(Limosella)*
↗ Schuppenwurz *(Lathraea)*
↗ Wachtelweizen *(Melampyrum)*
↗ Zahntrost *(Odontites)*
↗ Zimbelkraut *(Cymbalaria)*

Breccie *w* [brekzie; v. it. breccia = Geröll, Schotter], **1)** Sedimentgestein aus kantigem Schutt, im Laufe größerer Zeiträume durch Druck u. diverse Bindemittel verfestigt. **2)** aus der Geologie übernommene Bez. für Umbauzonen im Lamellenknochen v. Wirbeltieren, in denen schottertart. Reste abgebauter Knochenlamellen (Schaltlamellen) in belastungstoten Räumen zw. neu aufgebauten Lamellensystemen (Haverssche Systeme = Osteone) bestehen bleiben.

Brechbandalge ↗ Fragilariaceae.

Brechites *s* [v. gr. brechein = benetzen], die ↗ Gießkannenmuscheln.

Brechnußbaum, *Strychnos nux-vomica*, ein zur Fam. der Brechnußgewächse gehöriger, im gesamten trop. Indien, in Sri Lanka u. Malaysia, bis nach N-Australien beheimateter, bis ca. 15 m hoher Baum mit kreuzgegenständ., gestielten, breit-eiförm., 3–5-nervigen Laubblättern u. grünlich-gelben, in endständ., gabelig verzweigten Trugdolden angeordneten Blüten. Die Frucht, eine bis 6 cm große, orangenähnl., grau-gelbe Beere, besitzt eine dünne feste Schale u. enthält im allg. 2–4 aufrecht gestellte, bis 25 mm breite, grau-gelbe, scheibenförm., radial gestreifte, außerordentl. bitter schmeckende Samen, die unter der Bez. *Brechnuß* in der Medizin Anwendung finden u. das bekannte Alkaloid Strychnin enthalten. B Kulturpflanzen XI.

Brechnußbaum

Die Brechnuß enthält zu 2–4% die hochgiftigen Alkaloide Strychnin u. Brucin sowie Strychnicin u. das Glykosid Loganin, das zudem bes. im umgebenden, ebenfalls bitter schmeckenden Fruchtfleisch reichlich vertreten ist. Auch das Holz des B.s sowie seine Rinde enthalten die giftigen Alkaloide. In Ir dien wird die Droge gegen Schlangenbiß, Rheuma u. a. eingesetzt. In Europa wendet man sie hauptsächlich an, um die Erregbarkeit verschiedener Teile des Zentralnervensystems, z. B. des Kreislauf- od. Atemzentrums, zu steigern u. damit den Symptomen v. Kreislaufstörungen, Kollaps, Schock sowie Vergiftungen, etwa durch Äther od. Chloroform, zu begegnen. Zu hohe Dosen der Droge führen bei geringsten Reizen zu heftigen Krämpfen u. zum Tod durch Atemlähmung. Das farblose, in Wasser schwer lösl. Strychnin wurde daher fr. auch zur Bekämpfung v. Mäusen u. Ratten eingesetzt; bei erwachsenen Menschen wirken bereits 100 bis 300 mg tödlich.

Brechnußbaum *(Strychnos nux-vomica)*

Brechnußgewächse
Wichtige Gattungen:
↗ Buddleja
Fagraea
Gelsemium
Spigelia
Strychnos

Brechnußgewächse, *Loganiaceae*, vorwiegend in den Tropen u. Subtropen der Erde verbreitete Fam. der Enzianartigen mit rund 30 Gatt. u. ca. 600 Arten. Die bevorzugt an trockenen Standorten vorkommenden Bäume, Sträucher od. Kletterpflanzen (seltener krautige Gewächse) besitzen meist gegenständ., ungeteilte, mehr od. minder ganzrand. Blätter mit Fie-

Brechnußgewächse

Der Brechnußbaum (*Strychnos nux-vomica*) u. der auf den Philippinen beheimatete Schlingstrauch (*St. ignatii*) haben stark giftige, *Strychnin* u. *Brucin* enthaltende Samen. Die „Ignatiusbohnen" des *St. ignatii* finden med. Anwendung, z. B. bei Wechselfieber u. Epilepsie. Aus den Rinden tropisch afr. (u. a. *St. kipaka*), südostasiat. (*St. lanceolaris*, „Upas-Strauch" usw.) u. insbes. tropisch-am. *Strychnos*-Arten werden hochwirksame Pfeilgifte gewonnen. *St. toxifera* liefert zus. mit anderen, als Lianen v. a. im Amazonas- u. Orinocogebiet wachsenden *Strychnos*-Arten die Hauptwirkstoffe v. ↗ *Curare*, das therapeutisch gg. Starrkrampf u. zur Muskelentspannung bei Narkosen eingesetzt wird. Ebenfalls von med. Interesse ist eine weitere, in Indien heim. Art der Gatt., *St. colubrina*, die das gg. Schlangenbisse wirksame „Echte Schlangenholz" liefert. In einigen Ländern ist auch die Gelsemium- od. Gelbe Jasminwurzel offizinell, die v. *Gelsemium nitidum* (*G. sempervirens*), dem Gelben od. Gift-Jasmin, einem in den atlant. Südstaaten der USA vorkommenden Schlingstrauch, stammt u. u. a. die Alkaloide *Gelsemin*, *Gelseminin* u. *Gelsemoidin* sowie äther. Öl enthält. Sie wirkt als Beruhigungs- u. krampflösendes Mittel u. ist in einigen Präparaten gg. Neuralgien, Zahnschmerzen, Rheumatismus u. Fieber enthalten. Höhere Dosen der Droge führen zu Vergiftungserscheinungen mit Lähmungen. *Spigelia marylandica* enthält neben Bitterstoff u. äther. Öl auch das sehr giftige, flüchtige Alkaloid *Spigeliin* u. wurde fr. pharmazeutisch genutzt.

dernervatur u. oft reduzierte Nebenblätter. Die strahligen, bis auf wenige Ausnahmen monoklinen Blüten sind meist in endständ. Trauben od. Doldentrauben vereint u. besitzen einen 4- bis 5zipfligen Kelch u. eine 1- bis 5-(6-)zipflige, röhren- od. trichterförm. Krone mit meist ebenso vielen, im Schlund od. der Kronröhre ansetzenden Staubblättern. Der im allg. oberständ. Fruchtknoten besteht aus zwei verwachsenen Fruchtblättern u. enthält 2 (seltener 1 od. mehr) Fächer mit jeweils einer bis zahlr., zentralwinkelständ. Samenanlagen. Die Frucht, eine Kapsel, Steinfrucht od. Beere, enthält meist kleine, flach zusammengedrückte, ovale, bisweilen geflügelte Samen. Die Vielgestaltigkeit der B., ihre verwandtschaftl. Beziehungen zu einer Reihe v. anderen Fam., z. B. zu den Braunwurz-, Krapp- u. Hundsgiftgewächsen, sowie cytolog. Befunde weisen darauf hin, daß es sich hier um eine künstl. Fam. handelt. Einige der in ihr zusammengefaßten Gatt.-Gruppen werden daher bisweilen auch als eigenständige Fam. angesehen (*Buddlejaceae* usw.). Umfangreichste Gatt. der Fam. ist *Strychnos* mit ca. 150 über die gesamten Tropen verbreiteten Arten. Ihr bekanntester Vertreter ist *St. nux-vomica*, der ↗ Brechnußbaum. *Gelsemium* ist die einzige Gatt. der B., die bis in gemäßigte Zonen vordringt. Einige ihrer Arten werden in N-Amerika ihrer großen glockigen, gelbl. od. weißen Blüten wegen auch als Zierpflanzen gezogen. Die aus Zentralamerika stammende *Spigelia splendens* u. die in den Südstaaten der USA heim. *S. marylandica* werden ebenfalls als Zierpflanze gezüchtet. Von Indien bis Polynesien verbreitet ist die Gatt. *Fagraea*. Sie enthält meist epiphyt. Sträucher, aber auch Bäume mit großen weißen oder gelbl., trichterförm. Blüten, die häufig wie Jasmin duften und z. T. durch Honigvögel bestäubt werden. *F. fragrans* wird in den Tropen als Zierbaum gepflanzt; er liefert aber auch, wie einige andere Arten der Gatt., ein braunes, sehr dauerhaftes, schön gezeichnetes Nutzholz („Königsholz"). Als ein in unseren Gärten u. Anlagen weitverbreiteter Zierstrauch sei schließl. auch der Schmetterlingsstrauch od. Sommerflieder (↗ *Buddleja*) genannt.

Brechschere, Zahnpaar, das in Okklusion bei Raubtieren schneidend-quetschende, bei Urraubtieren rein schneidende Funktion hat; im ersten Fall wird die B. von $\frac{P^4}{M_1}$, im zweiten von M_1^2 oder M_3^2 gebildet. Das Gebiß v. Raubtieren mit B. heißt *B.ngebiß*.

Brechungsfehler, B. des Auges, entstehen aus patholog. Veränderungen des Auges,

Brechungsfehler des Auges

1 Normales Auge, Bild fällt auf die Netzhaut. 2 Weitsichtiges (zu kurzes) Auge, Bild fällt hinter die Netzhaut. Die Korrektur erfolgt durch eine Brille (bzw. Kontaktlinse) mit Konvexglas (Sammellinse), die das Gegenstandsbild wieder auf der Netzhaut erzeugt. 3 Kurzsichtiges (zu langes) Auge, Bild fällt vor die Netzhaut. Die Korrektur erfolgt durch eine Brille mit Konkavglas (Zerstreuungslinse), die das Gegenstandsbild wieder auf der Netzhaut erzeugt.

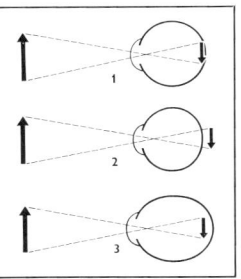

die zu einer unscharfen Abb. auf der Netzhaut führen; Ursachen können eine Anomalie des Augapfels (Kurzsichtigkeit u. Weitsichtigkeit) oder B. des dioptr. Apparates (↗ Astigmatismus) sein. ↗ Aberration 3).

Brechwurz, *Brechwurzel*, als Brechmittel (Emetikum) verwendete Wurzeln v. *Asarum europaeum*, der ↗ Haselwurz, v. *Cephaelis ipecacuanha* (B Kulturpflanzen XI), einem in den Wäldern S- u. Mittelamerikas wachsenden ↗ Krappgewächs, u. v. *Hybanthus ipecacuanha*, einem im trop. S-Amerika beheimateten Veilchengewächs.

Brefeldia w [ben. nach dem dt. Botaniker O. Brefeld, 1839–1925], Gatt. der ↗ Stemonitaceae.

Brehm, 1) *Alfred Edmund*, dt. Zoologe (zuvor Studium der Architektur), * 2. 2. 1829 Renthendorf (Thüringen), † 11. 11. 1884 ebd.; Sohn von 2); seit 1863 Zoo-Dir. in Hamburg, Gründer u. Leiter (1869–75) des Berliner Aquariums; bekannt durch sein „Illustr. Tierleben" (6 Bde., 1. Aufl. 1864–69, 2. Aufl., 10 Bde., 1876–79), zu dem er Stoff auf umfangreichen Reisen

A. E. Brehm

Breigetreide

(Afrika, Spanien, Skandinavien, Sibirien) sammelte, u. viele weitere populärwiss. Veröff., Reisebeschreibungen u. Vorträge. **2)** *Christian Ludwig,* dt. Ornithologe, * 24. 1. 1787 Schönau bei Gotha, † 23. 6. 1864 Renthendorf (Thüringen); Vater von 1); seit 1813 Pfarrer in Renthendorf; trug eine Slg. v. über 9000 verschiedenen eur. Vögeln in zahlr. Varietäten zusammen u. schrieb eine große Anzahl v. Einzelarbeiten u. Monographien zur Ornithologie; „Vater" der wiss. Ornithologie in Dtl.

Breigetreide, Getreidearten, die aufgrund geringer Klebermengen nicht zu Brot verarbeitet werden können, sondern als Breinahrung dienen. Dazu gehören fast alle Getreidearten (ausgenommen die Brotgetreide Weizen u. Roggen): Mais, Hirse, Hafer u. Reis. Reis (in Asien) u. Hirse (in Afrika) sind auch heute noch v. großer Bedeutung.

Breitbandantibiotika ↗Antibiotika.

Breitbandpestizide, Schädlingsbekämpfungsmittel (↗Pestizide), die ein breites Wirkungsspektrum haben u. gegen sehr verschiedene Schädlingsgruppen eingesetzt werden können; wegen ihrer geringen Spezifität sollten sie vermieden werden. Eine Untergruppe der B. sind die *Breitbandinsektizide,* die für die Mehrzahl der Insekten giftig sind; sie sind wegen der Dezimierung v. Nützlingen ökolog. bedenkl. u. in manchen Anwendungsfällen auch wirtschaftl. fragwürdig.

Breitflügelfledermäuse, *Eptesicus,* zu den Glattnasen gehörende Fledermaus-Gatt., die mit ca. 30 Arten alle 5 Erdteile bewohnt. In Dtl. lebt die eurasiat. verbreitete, nach der ↗Roten Liste „vom Aussterben bedrohte" Art *E. serotinus,* die mit 6,2–8 cm Kopfrumpflänge zu unseren großen Fledermausarten zählt; sie bevorzugt die Nähe menschl. Siedlungen u. hält sich tagsüber gruppenweise in Gebäuden, Dachstühlen, Mauerspalten od. Baumhöhlen auf. Im nördl. Europa wird *E. serotinus* durch die Nordische od. Umberfledermaus (*E. nilssoni,* nach der ↗Roten Liste „stark gefährdet") vertreten, die bes. widerstandsfähig gg. Kälte ist u. bis in arkt. Breiten vordringt.

Breitfußschnecken, die ↗Anaspidea.

Breitkopfsalamander ↗Querzahnmolche.

Breitling, 1) die ↗Sprotte. **2)** der ↗Brachsen.

Breitlinge, U.-Fam. der ↗Salmler.

Breitmaulrüßler, die ↗Breitrüßler; gelegentl. wird auch die Gatt. *Otiorhynchus* der ↗Rüsselkäfer so genannt.

Breitnasen, *B.affen, Neuweltaffen, Platyrrhina, Ceboidea,* Teil-Ord. der Affen mit den 3 Fam. ↗Kapuzineraffen i. w. S. *(Cebidae),* ↗Springtamarins *(Callimiconidae)* u. ↗Krallenaffen *(Callithricidae).* Die B. verdanken ihren wiss. Namen der Tatsache, daß ihre Nasenlöcher durch eine bes. breite Nasenscheidewand getrennt u. dadurch mehr od. weniger seitwärts gerichtet sind (Ggs.: Schmalnasen); wegen ihrer ausschl. neuweltl. Verbreitung auch Neuweltaffen genannt (☐ Affen). Körper u. Gliedmaßen der B. sind meist schlank. Eine hochentwickelte Sonderbildung der B. stellt ihr i.d.R. langer u. kräftiger Schwanz dar, der als Greiforgan (Greifschwanz) dient. Alle B. sind tagaktive (Ausnahme: der ↗Nachtaffe) Baumtiere u. leben im trop. Urwald S-Amerikas. – Nach E. Thenius stammen alle Affen v. einer im ältesten Tertiär in N-Amerika u. Europa verbreiteten Halbaffen-Fam. *(Omomyidae)* ab. Durch Verschwinden der Landbrücke zw. N- und S-Amerika im ausgehenden Tertiär wurden die Vorfahren der heutigen B. schon frühzeitig v. ihren Verwandten getrennt. Auf dem Inselkontinent S-Amerika bewahrten die B. einen in vieler Hinsicht ursprünglicheren Körperbau als die Altweltaffen (↗Schmalnasen), u. a. ein weniger leistungsfähiges Gehirn (Ausnahme: die Kapuzineraffen) u. geringere Opponierbarkeit des Daumens. B Südamerika II.

Breitrachen, *Eurylaimidae,* Fam. großköpfiger, ursprüngl. Sperlingsvögel mit breitem Rachen u. oft leuchtenden Gefiederfarben beider Geschlechter; 14 Arten in Wäldern des trop. Afrikas u. der oriental. Region. Das Nest ist ein langer hängender Beutel mit seitl. Eingang. Manche Arten erzeugen mit den Flügeln auffallende Geräusche.

Breitrüßler

Einige Arten:
Schwamm-Breitrüßler *(Platyrrhinus resinosus)*
Weißer Breitrüßler *(Anthribus albinus)*
Schildlaus-Breitrüßler *(Brachytarsus)*
Kaffeebohnenkäfer *(Araeocerus fasciculatus)*

Breitrüßler, *Breitmaulrüßler, Maulkäfer, Anthribidae,* Fam. der *Rhynchophora* (Rüsselkäferartige), im wesentlichen trop. Fam. mit weltweit ca. 3000, in Mitteleuropa ca. 20 Arten. Stirn u. Rüssel abgeflacht, der Rüssel selbst relativ kurz u. breit (Name). Einige Arten haben lange Fühler, bei *Anthribus albinus* sind sie beim Männchen länger als die Flügeldecken. Die Färbung der Tiere entspricht oft täuschend ihrer verpilzten Umgebung. Schwamm-B. *(Platyrrhinus resinosus),* 8–15 mm, an verpilzten Buchenstämmen od. -stubben, häufig an Baumschwämmen. Weißer B. *(Anthribus albinus),* 6–12 mm, Fühler des Weibchens deutlich kürzer als beim Männchen, im Sommer auf verschiedenen Laubhölzern (v. a. Erle u. Buche); die Männchen kämpfen durch Kopfschieben u. Mandibelbeißen um ein Weibchen. Schildlaus-B. *(Brachytarsus*-Arten), 1,5–4 mm; die Larven fressen die Eier unter dem Schild verschiedener Schildlaus-Weibchen, aber auch die Tiere selbst u. Blattläuse werden genommen. Kaffeebohnenkäfer *(Araeoce-*

rus fasciculatus), 2–5 mm, entwickelt sich in Kaffeebohnen, Kakao, Muskatnüssen, Ingwer u. a. exotischen Früchten. Die Art ist durch den Welthandel über die ganze Erde verbreitet, stammt aber wohl ursprünglich aus O-Indien u. S-Amerika; kann in Vorratslagern sehr häufig werden. Die meisten unserer Arten entwickeln sich als Larve in Stümpfen od. den Ästen abgestorbener Bäume od. Sträucher. Die Käfer ernähren sich v. verpilzten Rindenteilen.

Breitsame, *Orlaya,* ↗ Doldenblütler.

Breitzüngler, die ↗ Bandzüngler.

Bremia w [wohl ben. nach dem dt. Entomologen J. J. Bremi-Wolf, 1791–1857], Gatt. der Falschen Mehltaupilze mit Krankheitserregern an Kulturpflanzen; *B. lactucae* ist der Erreger des Falschen Mehltaus am Salat; es entstehen, bes. in Unterglaskulturen, anfangs gelbl., später dunklere Flecken auf den Salatblättern; an der Unterseite bilden die Konidien einen weißl. Belag; die Infektion erfolgt durch die Konidien, die Überwinterung als Oospore (Dauerspore) im Boden.

Bremsen, Bremen, Viehfliegen, Tabanidae, Fam. der Fliegen mit ca. 100 Arten in Mitteleuropa. Die größte mitteleur. Fliege überhaupt ist die Bremse *Tabanus sudeticus* (bis 25 mm), die anderen B. werden mittelgroß. Der Kopf ist breiter als lang, die behaarten u. oft in vielen Farben gebänderten, schillernden Augen nehmen den größten Teil der Oberfläche des Kopfes ein. Zum Thorax schließt der Kopf mit einer meist konkaven od. seltener geraden od. konvexen Fläche ab. Die zwei Flügel sind bei der Gatt. *Chrysozona* (Regenbremse) deutlich, bei der Gatt. *Tabanus* weniger deutlich in der Ruhehaltung übereinandergelegt. Die Farbe variiert je nach Art v. Gelb oder Braun nach Schwarz. Die Weibchen der B. ernähren sich i. d. R. v. Wirbeltierblut, die Männchen leben v. Blütennektar; bei einigen Arten saugen auch die Weibchen ausschl. od. nur manchmal Nektar. Dementsprechend sind die Mundwerkzeuge gebaut: Blütenbesucher (bes. die U.-Fam. *Pangoniinae*) besitzen lange Saugrüssel, die blutsaugenden Arten einen stilettförm., kurzen Rüssel, der aus Hypopharynx u. Labrum sowie den Maxillen u. Mandibeln gebildet wird. Der Stechrüssel ist v. zwei halbkreisförm. Labellen umgeben, die das Blut aufsaugen. B. reißen Löcher in die Haut, dabei werden kleine Blutgefäße zerrissen u. nicht nur angestochen, wie z. B. bei den Stechmücken. Das sich sammelnde Blut wird dann in den Darm gepumpt. Die Stiche bluten wegen des eingespritzten gerinnungshemmenden Mittels nach; ein Weibchen kann pro Stich bis zu 0,2 cm³ Blut aufnehmen. Da beim Einstich auch Nerven verletzt werden können, schmerzt der Stich häufig. Viele B. fliegen gerne an schwülen Tagen, wie die Namen „Gewitterfliege" od. „Regenbremse" für die Gatt. *Chrysozona* (auch *Haematopota,* B Insekten II) zum Ausdruck bringen. Die B. sind durch ihren lautlosen, schnellen Flug u. ihre Zudringlichkeit sehr lästig. Die Gatt. *Chrysops* (B Insekten II) sticht beim Menschen gerne in Hals- u. Kopfregion, während die Gatt. *Tabanus* Arme, Hände u. Oberkörper bevorzugt. Die Rinderbremse (*Tabanus bovinus,* B Insekten II) kann Viehherden durch den Blutverlust v. 100 cm³ pro Tier u. Tag u. die ständige Beunruhigung so entkräften, daß der Milchertrag zurückgeht u. die Tiere abmagern. Viele B., bes. in Afrika, sind als Krankheitsüberträger bekannt. Die Larven des Augenwurms (*Loa loa,* eine Filarie) werden im wesentl. v. der Mangrovenfliege (*Chrysops dimidiata*) durch den Stich übertragen; verschiedene Arten können Trypanosomen verbreiten. Auf mechan. Wege können auch Bakterien v. Kot u. Kadavern übertragen werden. Als falsch herausgestellt hat sich die Annahme, der Stich der auch als Blindbremse od. Blindfliege bezeichneten Gatt. *Chrysops* mache blind. Die Larven der B. leben räuberisch hpts. in feuchtem Boden in Gewässernähe, manche auch im Gewässer. Die Eier werden in Gelegen von bis zu 100 Stück abgelegt. Natürliche Feinde der Bremsen sind vor allem Hautflügler der Fam. *Ichneumonidae.*

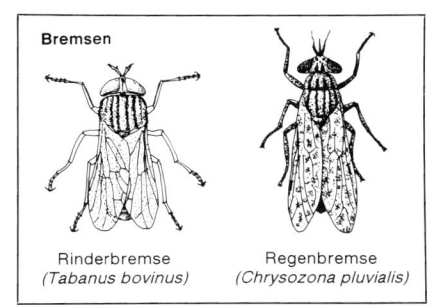

Brenner, *Anthonomus pomorum,* ↗ Stecher.

Brennessel, *Urtica,* Gatt. der Brennesselgewächse mit ca. 40, v. a. in den gemäßigten Breiten der Erde vorkommenden Arten. Ein- od. mehrjähr., meist mit Brennhaaren besetzte Kräuter mit vierkantigen Stengeln, gegenständ., meist gezähnten od. gelappten Blättern u. unscheinbaren grünl. Blüten. Die in Eurasien u. N-Amerika heim. Große B. (*U. dioica,* B Europa XVI) ist eine bis 150 cm hohe, ausdauernde, meist diözische Pflanze mit kurzem, ästigem Rhizom u. bis 15 cm langen, grob ge-

---

Bremsen

Rinderbremse (*Tabanus bovinus*)   Regenbremse (*Chrysozona pluvialis*)

Bremsen
Wichtige Gattungen und Arten:
Blindfliegen (*Chrysops spec.*)
Gewitterfliege, Regenbremse (*Chrysozona pluvialis*)
Goldaugenbremsen (*Chrysops spec.*)
Mangrovenfliege (*Chrysops dimidiata*)
Rinderbremse (*Tabanus bovinus*)

Brennessel
Schon seit dem Altertum gilt die B. als Heilpflanze. Frische Pflanzen wurden zu sog. Urticationen (Auspeitschungen) als unspezif. Reiztherapie bei chron. Erkrankungen angewendet. Aus frischem Kraut gewonnene Essenzen werden äußerlich als Haarwuchs- od. Gurgelmittel sowie als Heilmittel bei Hauterkrankungen u. Verletzungen benutzt; innerlich sollen sie bei chron. Bronchitis, Anämie u. Muskel- wie Gelenkrheumatismus wirksam sein. Die jungen Triebe der B. werden im Frühjahr als Wildgemüse (Spinat) zubereitet. Vor Einführung der Baumwolle in Europa spielte die Große B. zudem eine bedeutende Rolle als Faserpflanze. Die langen Bastfasern des Stengels wurden durch Kochen in Lauge isoliert u. zu sog. Nesseltuch (heute auch Bez. für Baumwollgewebe mit Leinwandbindung) verarbeitet.

Brennesselartige

Brennessel
Kleine B. *(Urtica urens*, links) u. Große B. *(Urtica dioica)*

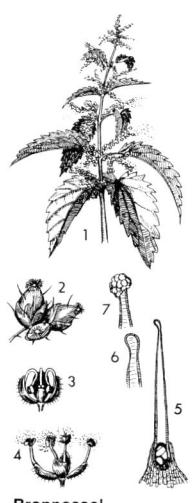

sägten Blättern. Die *Brennhaare* bestehen aus einem balgförm., in einen sockelart. Auswuchs des Blattgewebes eingesenkten unteren u. einem spitz zulaufenden, in einem Köpfchen endenden oberen Teil. Bei Berührung bricht die Spitze des durch Kieselsäureeinlagerung spröden Haares ab, u. der Zellsaft, der u. a. Natriumformiat, Acetylcholin u. Histamin enthält, wird in die Haut injiziert. Ein sofort auftretender Schmerz u. die Ausbildung einer zunächst blassen, später roten, stark juckenden Quaddel sind die Folge. Die v. Juni bis Sept. blühende Große B. wächst an Wegen, Gräben u. Zäunen, auf Schuttplätzen u. in Auenwäldern. Sie gilt als Stickstoffzeiger u. ist im gemäßigten Europa charakterist. für siedlungsbedingte Ruderalgesellschaften. Die Bastfasern des Stengels wurden früher zu grobem Nesseltuch verarbeitet. Eine weitere bei uns heim. B.-Art ist *U. urens*, die Kleine B., eine nur ca. 50 cm hohe, einjähr., monözische Pflanze mit bis 5 cm langen rundl.-eiförm. Blättern, die wie die Große B. zu Heilzwecken genutzt u. als Wildgemüse verzehrt wird. In S-Europa beheimatet ist die Römische Nessel od. Pillen-B. *(U. pilulifera)*, die sich v. den zuvor gen. Arten insbes. durch ihre kugel. Blütenstände unterscheidet.

Brennesselartige, *Urticales*, Ord. der *Dilleniidae* mit 3 Fam. (vgl. Tab.), ca. 140 Gatt. u. über 4200 Arten. Bäume, Sträucher od. auch Kräuter, die sich insbes. durch verhältnismäßig unscheinbare, primitive, i. d. R. windbestäubte Blüten auszeichnen. Die Blütenhülle wird meist v. zwei Wirteln mit je zwei Blattorganen gebildet; die Zahl der Staubblätter entspricht der Zahl der Blütenhüllblätter. Der meist oberständ. Fruchtknoten geht auf zwei Fruchtblätter zurück, enthält aber nur eine Samenanlage, die einen Samen (Nuß od. Steinfrucht) hervorbringt. In manchen Fällen hat eine Reduktion des Fruchtknotens dazu geführt, daß nur noch ein Fruchtblatt existiert. Die Laubblätter sind meist ungeteilt, öfters aber gelappt u. haben häufig hinfällige Nebenblätter. Einige Arten der B.n be-

Brennessel
Große B. *(Urtica dioica)*. **1** oberes Ende einer blühenden ♂ Pflanze; **2** ♀ Blüten; **3** ♂ Blüte mit nach innen gebogenen, gespannten Staubblättern; **4** die ausschnellenden Staubblätter streuen Blütenstaub aus; **5** ein mit Gift gefülltes Brennhaar; **6** Brennhaarspitze, die an der engsten Stelle bei Berührung abbricht; **7** Herausquellen des Giftes aus der abgebrochenen Spitze.

Brennesselartige
Familien:
↗Brennesselgewächse *(Urticaceae)*
↗Maulbeergewächse *(Moraceae)*
↗Ulmengewächse *(Ulmaceae)*

sitzen verwertbare Bastfasern, einige auch Milchsaft od. Cystolithen.

Brennesselgewächse, *Urticaceae*, Fam. der Brennesselartigen, die mit ca. 45 Gatt. u. mehr als 1000 Arten über nahezu die gesamte Erdoberfläche, insbes. aber über die Tropen u. Subtropen verbreitet ist. Mon- od. diözische Kräuter, Sträucher od. Bäume mit wechsel- od. gegenständ., seltener schraubig angeordneten, oft gesägten Blättern u. vielfach auch mehr od. minder hinfälligen Nebenblättern. Die diklinen (selten zwittrigen), kleinen, meist unscheinbaren Blüten stehen in wickligen Blütenständen, deren Gestalt durch Streckung, Stauchung od. Verbreiterung der Blütenstandsachse sehr unterschiedlich sein kann. Sie bestehen meist aus 4 (2–5) Blütenhüllblättern u. ebenso vielen, vor den Hüllblättern stehenden Staubblättern bzw. einem aus nur einem Fruchtblatt bestehenden Fruchtknoten mit einer einzigen, aufrechten, grundständ. Samenanlage, aus der als Samen eine Nuß od. Steinfrucht hervorgeht. Alle B. sind windblütig; die Narbe ist daher bei vielen Arten zur besseren Aufnahme des Pollens pinselförmig geteilt. Oft wird der Pollen schon beim Öffnen der ♂ Blüten durch ein Zurückschnellen der Staubblätter herausgeschleudert. Nur wenige Arten der B. weisen auch Brennhaare auf, z. B. Vertreter der Gatt. ↗Brennessel u. der trop. bis subtrop. Bäume u. Sträucher umfassenden Gatt. *Laportea*, deren Berühren zum Teil starke Schmerzen, in einigen Fällen (bei *L. crenulata* u. *L. decumana*) sogar Muskellähmungen hervorrufen kann. *L. moroides*, deren Blüten in kopfart., wickligen Blütenständen in den Achseln der Laubblätter vereinigt sind u. fleischige, in der Reife rosarote Hüllblätter besitzen, bildet himbeerart. Fruchtstände aus u. wird bisweilen auch in Gewächshäusern gezogen. Die artenreichsten Gatt. der B., *Pilea* u. *Procris*, sind charakterist. Schattenpflanzen der trop. und subtrop. Wälder. Die zweizeilig beblätterten, etwas sukkulenten Sprosse liegen bei vielen Arten am Boden u. treiben sproßbürt. Wurzeln. Die in SO-Asien beheimatete Gatt. *Procris* enthält aber auch mehrjähr. Sträucher u. Halbsträucher, die als Epiphyten auf Bäumen leben. Die zur Reifezeit rot gefärbten Blütenstandachsen der ♀ Blüten sind saftig u. süß u. dienen der Samenverbreitung. Einige Arten der Gatt. *Pilea* werden bei uns auch als Topfpflanzen gezogen; zu nennen ist hier bes. die Kanonierblume *(P. cadierei)*, eine Pflanze mit ca. 6 cm langen, eiförm., dunkelgrünen, zw. den Blattnerven silbrig-weiß gezeichneten Blättern. Eine Reihe von B.n liefert wirtschaftlich verwert-

bare Fasern. Neben den mehr lokal genutzten Arten *Gerardinia condensata* (O-Afrika), *Laportea canadensis* (N-Amerika), *Pipturus argenteus* („Roa-Fasern" der Pazifikinseln) sowie *Urtica cannabina* (gemäßigtes Sibirien, Persien), *U. dioica* (Mitteleuropa) u. a. spielt die in Indien, China u. Japan schon seit langem kultivierte *Boehmeria nivea,* die ↗ Ramie (Chinagras), als Faserpflanze bei weitem die bedeutendste Rolle. Sie ist auch die wichtigste Nutzpflanze der B. Von den zahlr. Gatt. der B. sind in Mitteleuropa lediglich. die ↗ Brennessel u. das ↗ Glaskraut vertreten.
Brennessel-Giersch-Saum, *Urtico-Aegopodietum,* ↗ Glechometalia.

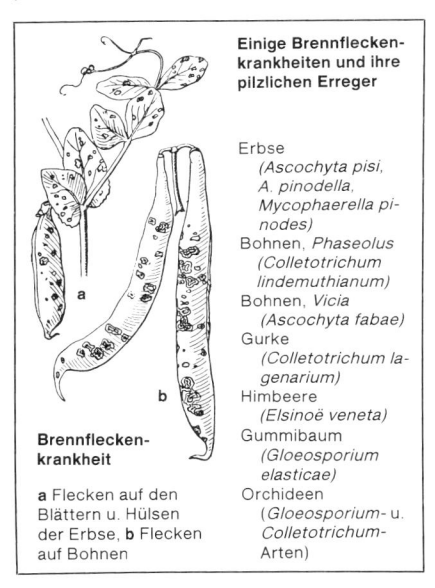

Einige Brennfleckenkrankheiten und ihre pilzlichen Erreger

Erbse
  (*Ascochyta pisi,
  A. pinodella,
  Mycophaerella pinodes*)
Bohnen, *Phaseolus*
  (*Colletotrichum
  lindemuthianum*)
Bohnen, *Vicia*
  (*Ascochyta fabae*)
Gurke
  (*Colletotrichum lagenarium*)
Himbeere
  (*Elsinoë veneta*)
Gummibaum
  (*Gloeosporium
  elasticae*)
Orchideen
  (*Gloeosporium*- u.
  Colletotrichum-Arten)

Brennfleckenkrankheit
a Flecken auf den Blättern u. Hülsen der Erbse, b Flecken auf Bohnen

Brennfleckenkrankheit, Sammelbez. für pilzl. Krankheiten an Blättern u. Früchten, bei denen sich scharf umgrenzte, braunschwarze, manchmal auch eingesunkene Flecken zeigen. Wichtig sind die B. der Gartenbohne (bes. Buschbohnen, weniger Stangenbohnen) u. der Erbse, die hpts. in feuchten Gegenden u. nassen Jahren auftreten. Die Pilze können die Hülsen durchwachsen u. dann auch die Samen befallen. Erreger der Bohnen-B. ist *Colletotrichum lindemuthianum,* der Ackerbohne *Ascochyta fabae*; die Erbsen-B. kann durch mehrere Pilze hervorgerufen werden, z. B. *Ascochyta pisi, A. pinodella* u. *Mycophaerella pinodes.* Die Übertragung erfolgt durch Konidien, die Überwinterung im Saatgut od. auf den Ernterückständen. Der Befall läßt sich durch Fruchtwechsel, gesundes Saatgut u. resistente Sorten vermindern u. durch chem. Mittel (Saatgutbeizung) bekämpfen. B Pflanzenkrankheiten II.
Brennhaar, 1) bei Pflanzen: die hoch spe-

Brennesselgewächse
Wichtige Gattungen:
Boehmeria
↗ Brennessel *(Urtica)*
Gerardinia
↗ Glaskraut
(Parietaria)
Laportea
Pilea
Pipturus
Procris

Brennwert
Wärmemenge in Megajoule bzw. Kilokalorien pro Kilogramm Substanz:
Kohlenhydrate: ≈ 17 MJ (≈ 4000 kcal)
Fette: ≈ 40 MJ (≈ 9300 kcal)
Proteine: chem. B. ≈ 23 MJ (≈ 5500 kcal),
physiolog. B.: ≈ 17 MJ (≈ 4000 kcal)

Brenztraubensäure

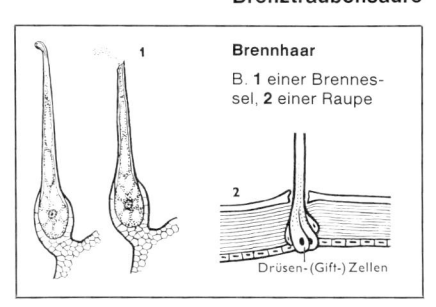

Brennhaar
B. 1 einer Brennessel, 2 einer Raupe
Drüsen- (Gift-) Zellen

ziell gebaute Drüsenzelle einschl. ihres emergenzart. Sockels (Postament) bei ↗ Brennessel-Arten u. Arten der trop. Gattung *Loasa.* Die Drüsenzelle ist langgestreckt, verjüngt sich distal u. endet mit einem schräg aufgesetzten Köpfchen. Der Fußteil der Drüsenzelle ist angeschwollen, sehr dünnwandig u. daher nachgiebig u. prall mit Zellsaft gefüllt. Er sitzt in dem v. den benachbarten Epidermiszellen gebildeten Becher, der durch Emergenzbildung des Nachbargewebes sockelartig herausgehoben ist. Die Zellwand der Drüsenzelle ist mit Ausnahme des Fußteils verkalkt, in der Spitze aber verkieselt. Bei Berührung bricht daher die köpfchenart. Spitze ab, u. es entsteht gleichsam eine schräg angespitzte Glaskanüle, die in die Haut eindringt. Der unter Druck stehende Zellsaft wird in das Hautgewebe gespritzt. Natriumformiat, Acetylcholin u. Histamin verursachen die Hautreizung. ☐ Brennessel.
2) *Toxophor,* bei Insekten: oft leicht abbrechende Drüsenhaare v. Schmetterlingsraupen (z. B. des ↗ Prozessionsspinners), die eine nesselnde Flüssigkeit absondern u. dadurch Feinde abwehren. ↗ Haare (der Insekten).
Brennwert, *Heizwert, Kalorienwert,* die bei vollständiger Verbrennung einer bestimmten Menge (z. B. 1 kg) eines Stoffes freiwerdende Wärmemenge *(chem. B.)*; der *physiolog. B.* von Nahrungsstoffen stimmt bei den Kohlenhydraten u. Fetten in etwa mit dem chem. B. überein, bei den Proteinen ist er geringer, da der Stickstoffanteil der Proteine im Organismus nicht vollständig oxidiert wird. Der physiolog. B. von pflanzl. Nahrung ist durchschnittlich etwas niedriger als der von tier. Nahrung.
Brenthidae [Mz.], die ↗ Langkäfer.
Brenzcatechin s, *Catechol, o-Dihydroxybenzol,* $C_6H_4 \cdot (OH)_2$, gutes Reduktionsmittel; Verwendung als photograph. Entwickler u. als Rohstoff organ. Farben. Die ↗ Catecholamine Adrenalin u. Noradrenalin sind Abkömmlinge des B.s.
Brenztraubensäure, $H_3C-CO-COOH$, einfachste α-Ketosäure; in reiner Form ist B. eine farblose bis gelbl., stechend nach Essig riechende Flüssigkeit; sie wird durch

Brenztraubensäureschwachsinn

Brenztraubensäure, ionische Form (Pyruvat)

Erhitzen (Brenzen) v. Trauben- od. Weinsäure mit Kaliumhydrogensulfit hergestellt; das Salz der B. *(Pyruvat)* nimmt als Zwischenprodukt im Stoffwechsel der Zelle z. B. bei der Glykolyse u. beim Fettabbau eine zentrale Stellung ein; durch Transaminierung kann B. in Alanin umgewandelt u. somit auch in den Aminosäurestoffwechsel eingebracht werden.

Brenztraubensäureschwachsinn, die ↗Phenylketonurie.

Brephos *s* [gr., = Kind, Junges], Gatt. der ↗Spanner, z. B. das ↗Jungfernkind.

Brestling *m*, ↗Erdbeere.

Brettanomyces *m* [v. gr. Brettanos = britisch, bretonisch, gr. mykēs = Pilz], Gatt. der *Cryptococcaceae* (Imperfekte Hefen); die ascusbildende Form wird als *Dekkera* bezeichnet (↗Echte Hefen); B. kann Lebensmittel verderben; in Weinflaschen u. alkoholfreien Getränken verursacht *B. intermedia* Trübungen u. einen unangenehmen Geschmack. Früher wurde B. auch zur Herstellung spezieller Biersorten verwendet (z. B. belgisches Lambic Bier) u. trat als Wildhefe bei der Traubenmostvergärung auf.

Brettkanker *m* [v. lat. cancer = Krebs], *Trogulidae,* Fam. der Weberknechte mit ca. 30 Arten; der Verbreitungsschwerpunkt liegt in Europa. B. sind flache, bis ca. 1 cm lange Tiere, deren Cuticula meist mit Erdreich der Umgebung verkrustet ist; Rücken- u. Bauchschilder sind stark sklerotisiert; das Vorderende bildet mit Hilfe paariger Fortsätze eine Kapuze, welche die Mundwerkzeuge abdeckt. B. leben nachtaktiv am Boden v. a. in der Streuschicht v. Wäldern; sie fressen ausschließlich Schnecken (Gehäuseschnecken u. Nacktschnecken); die Eiablage erfolgt in leere Schneckenhäuschen. In Mitteleuropa sind die häufigsten Gatt. *Trogulus* u. *Anelasmocephalus.*

Brettkanker *(Trogulus)*

Brettwurzeln, die horizontal streichenden, obersten Seitenwurzeln meist tropischer Baumarten, die sich durch die außergewöhnl. Förderung des sekundären Dickenwachstums auf ihrer Oberkante brettart. über den Boden erheben. Die Wachstumsförderung ist am stärksten in Stammnähe, so daß oft meterhohe, langsam niedriger werdende brettart. Streben allseitig vom Stamm abgehen. B. dienen zur Abstützung der Stammsäule, bes. auf wenig festem oder schlecht durchlüftetem Boden. In der heimischen Flora kann man sie gelegentl. auf nassem u. schlecht durchlüftetem Substrat, z. B. an Weiden u. Pappeln, beobachten.

Brevibacterium *s* [v. lat. brevis = kurz, gr. baktērion = Stäbchen], Gatt. der coryneformen Bakterien, mit unsicherer taxonom. Eingliederung u. Benennung. Die in der Natur weit verbreiteten, grampositiven, sporenlosen Kurzstäbchen sind schlank, oft unregelmäßig, z. T. V-förmig u. im Alter mehr kokkoid. B. führt einen obligat aeroben Atmungsstoffwechsel aus. Das salztolerante *B. linens* wird zur Oberflächenreifung verschiedener Weich- u. Hartkäsesorten eingesetzt (Rotschmiere-, Schmierereifung), bei denen es durch seine proteolyt. Aktivität zur Nachreifung beiträgt. Es bildet sich ein schleim. orange bis orangebrauner Überzug, in dem auch andere coryneforme Bakterien zu finden sind. Bevor *B. linens* wachsen kann, müssen Hefen erst den pH-Wert an der Oberfläche durch den Abbau v. Milchsäure erhöhen (auf pH ca. 6,0). Früher trat es als spontaner Aufwuchs in den Käsereien auf, heute wird i. d. R. eine Schmierung mit Reinkulturen ausgeführt. *B. linens* kann auch v. Seefischen u. der Haut des Menschen isoliert werden. Biotechnolog. lassen sich B.-Arten zur Herstellung von u. a. Aminosäuren u. von geschmackserhöhenden 5'-Nucleotiden nutzen.

Breviceps *m* [v. lat. brevis = kurz, -ceps = -köpfig], ↗Engmaulfrösche.

brevicon [v. lat. brevis = kurz, gr. kōnos = Kegel], heißen kurzkegelige Gehäuse v. Nautiliden.

Bridges [brìdsch¹s], *Calvin Blackman,* am. Biologe u. Genetiker, * 11. 1. 1889 Schuyler Falls (New York), † 27. 12. 1938 Los Angeles; Doktorand u. später enger Mitarbeiter v. Th. H. Morgan bei dessen Arbeiten zur Genetik v. Drosophila; Mitbegr. der Chromosomentheorie der Vererbung, spezielle Arbeiten zur Aufklärung der geschlechtsgebundenen Vererbung; zus. mit Morgan ab 1928 Aufbau des bekannten California Inst. of Technology in Pasadena.

Brieftaube, aus mehreren Haustaubenrassen gezüchtete, kräftige Sporttaube; gute ausdauernde Fliegerin mit ausgeprägtem Heimfindevermögen. Dieses ermöglicht bis zu 1000 km weite Rückflüge v. Auflassungsort bis zur Heimat. Die B. ist ein bevorzugtes Objekt der Orientierungsforschung. Als Navigationssysteme der B. fungieren neben der opt. Orientierung an Geländemarken ein Magnetkompaß u. ein Sonnenkompaß. Neuerdings wird auch der Geruchssinn als Orientierungsinstrument diskutiert (Wahrnehmung weiträumig verteilter Spurenstoffe in der Atmosphäre). B.n wurden schon im Altertum (12. Jh. v. Chr.) zur Nachrichtenübermittlung eingesetzt. Die zu übermittelnde Nachricht steckt in einem am Fuß der B. befestigten Röhrchen. Auch für Luftaufnahmen mit Hilfe angeschnallter Leichtmetall-Kameras wurden B.n verwendet.

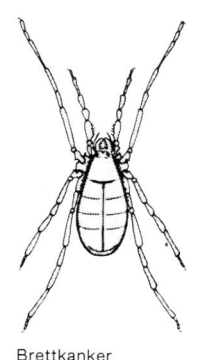

Bries s [v. mhd. briustern = aufschwellen], Bez. für den ↗Thymus beim Kalb.

Brillenbär, *Andenbär, Tremarctos ornatus*, einzige rezente Art der zur Eiszeit in der Neuen Welt weit verbreiteten Kurzschnauzenbären *(Tremarctinae)*; Körperlänge 1,2–1,4 m, Schulterhöhe 70–80 cm, Gewicht ca. 130 kg; schwarzes Fell mit individuell variabler weißgelbl. Augenumrandung. Der zur Fam. der Großbären gehörende B. bewohnt die bewaldeten Regionen der südam. Anden in 1500–2000 m Höhe v. Venezuela bis Bolivien u. Chile. Er klettert u. baut Schlafnester in Bäumen u. ernährt sich vorwiegend v. Früchten; nur gelegentl. schlägt er Beutetiere. B.en wurden mit Erfolg schon in verschiedenen Zoos (u. a. Buenos Aires, Basel) gezüchtet. B Südamerika VI.

Brillenkaimane, *Caiman*, Gatt. der ↗Alligatoren.

Brillensalamander, *Salamandrina terdigitata*, kaum 10 cm langer, schwärzl. Vertreter der *Salamandridae* in Italien, mit gelbl.-orange gefärbter Brillenzeichnung auf dem Kopf u. nur 4 Zehen an den Füßen. Die Lungen sind rückgebildet; terrestr. Lebensweise; das Weibchen setzt Eier in kleinen Trauben in langsam fließenden Bächen ab; fällt bei Hitze in „Sommerschlaf".

Brillenschlange, *Naja naja*, häufigste Art der Echten ↗Kobras mit mehreren U.-Arten; ca. 1,4–1,8 m lange Giftnatter; v. Mittel- u. S-Asien sowie S-China bis zu den Sundainseln u. Philippinen verbreitet; Färbung (Grundton gelbbraun bis schwarz) u. Brillenornament (fehlt in Mittelasien vollständig, in Hinterindien nur eine Monokelzeichnung) sehr variabel; lebt v. a. in feuchtem Gelände, nicht selten auch in Parks, Gärten u. Lagerschuppen anzutreffen; vorwiegend nachtaktiv. Besonders zur Fortpflanzungszeit paarweise vorkommend; Weibchen legt 12–20 (selten über 40) Eier in Termitenhügel od. Höhlen; die ca. 25 cm großen u. 15 g schweren Jungtiere schlüpfen nach etwa 7–10 Wochen. Wenig angriffsfreudig; Gift hochgradig wirksam. Bei Erregung richtet die B. das vordere Körperdrittel senkrecht auf u. spannt ihre Nackenhaut durch weites scheibenförm. Abspreizen der verlängerten Halsrippen. B Asien VII, B Reptilien III.

Brillenschötchen, *Biscutella*, Gatt. der Kreuzblütler mit 6 Arten, v. denen 5 auf das Mittelmeergebiet u. das südl. Zentraleuropa beschränkt sind. Einzige auch in Dtl. beheimatete Art ist das Glatte B. *(B. laevigata)*, eine ausdauernde, bis etwa 50 cm hohe Pflanze mit stark verholztem, mehrköpfigem Wurzelstock u. ausläuferart. Wurzelästen. Der am Grunde v. den abgestorbenen Resten vorjähr. Blätter umhüllte Stengel ist aufrecht u. wenig beblättert; die meist rosettenförm. angeordneten, grundständ. Laubblätter sind keilförm.-längl., in den Blattstiel verschmälert u. steif borstig bewimpert od. behaart. Die gestielten, hellgelben, zieml. großen Blüten stehen in lockeren, meist ästigen Trauben. Die stark flachgedrückten, kahlen od. von kleinen Knötchen rauhen Schötchen sind bis 7 mm lang u. doppelt so breit; die fast kreisförm. Hälften („Brille") besitzen einen deutl. Flügelrand. Standort: sonnige, trockene (sandige) Felsrasen, Felsspalten, v. a. subalpine bis alpine Steinrasen.

Brillentejus, *Gymnophthalmus*, Gatt. der ↗Schienenechsen.

Brillenvögel, *Zosteropidae*, Fam. kleiner baumbewohnender Singvögel mit etwa 90 Arten in den Tropen der Alten u. Neuen Welt; Gefieder meist grünl. u. gelbl. mit auffallendem Augenring aus weißen Federchen; gesellig. Beliebte Käfigvögel, z. B. der Japan. Brillenvogel *(Zosterops japonicus)*.

Brillenwürger, *Prionopidae*, Fam. der Singvögel mit 9 Arten im Buschland Afrikas südl. der Sahara; Auge gewöhnl. mit leuchtend gefärbtem, nacktem Hautring; gesellige Vögel, auch beim Nestbau u. der Jungenaufzucht.

Brintesia, Gatt. der ↗Augenfalter, ↗Waldportier.

Brisling m [v. norw. brisa = glänzen], die ↗Sprotte.

Briza w [gr., = Getreideart, deren Genuß schläfrig macht], das ↗Zittergras.

Broca-Zentrum s [ben. nach dem frz. Chirurgen u. Anthropologen P. Broca, 1824–80], das frontale Sprachzentrum im ↗Gehirn des Menschen; die Schädigung dieser Region führt zu Sprachversagen, insbes. der expressiven Sprechleistung.

Brochis w [v. lat. brocchus = mit hervorstehenden Zähnen], Gatt. der ↗Panzerwelse.

Brochothrix w [v. gr. brochos = Schlinge, thrix = Haar], Gatt. der ↗coryneformen Bakterien.

Brockengrößenanspruch; die Regel v. relativen B. besagt, daß es zw. Konsument u. Nahrung keinen extremen Größenunterschied gibt, so daß sich in einer typ. ↗Nahrungspyramide eine stufenweise Körpergrößensteigerung v. der Basis bis zum Ende der Nahrungskette ergibt.

Brodelboden ↗arktische Böden.

Brokkoli m [v. it. broccoli = eine Art Kohl], ↗Kohl.

Brom, chem. Zeichen Br, sehr reaktionsfähiges chem. Element aus der Gruppe der Halogene, über dessen physiolog. Bedeutung wenig bekannt ist. Elementares B. zerstört organ. Substanz u. führt zu star-

Japanischer Brillenvogel (Zosterops japonicus)

Brillensalamander (Salamandrina terdigitata)

Brillenschlange
Die rhythm. Körperbewegungen eines flötenspielenden „Schlangenbeschwörers" veranlassen die sich ausschl. optisch orientierenden Tiere zum Pendeln mit dem aufgebäumten Vorderleib. Dabei handelt es sich um eine Abwehr- bzw. Angriffshandlung; vom Gaukler wird die Melodie diesen Bewegungen angepaßt.

Bromatien

ken Verätzungen der Haut bzw. der Bronchien beim Einatmen. In der Natur tritt B. nicht frei, sondern hpts. in Form v. Bromiden auf; in organ. Bindung wurde B. in Meeresorganismen (z. B. Schwämme, Rot- u. Braunalgen) gefunden, die B. aus dem Meerwasser aufnehmen u. anreichern.

Bromatien [Mz.; v. gr. brōma = Nahrungsmittel], *Gongylidien, Kohlrabikörperchen*, von ↗Blattschneiderameisen (☐) auf ihren eingetragenen Blättern gezüchtete Pilze *(Pilzgärten)*. Aus dem Mycel sprossen als B. bezeichnete, proteinreiche, kugelförm. Hyphen hervor. Sie stellen die ausschl. Nahrung der Larven u. Imagines dar.

Bromatik *w* [v. gr. brōma = Nahrungsmittel], *Bromatographie, Bromatologie*, Teilgebiet der Ernährungslehre, das sich mit der Zusammensetzung, Zubereitung u. Zusammenstellung der Speisen nach wiss. und wirtschaftl. Grundsätzen unter bester Ausnutzung der Nährstoffe befaßt.

Brombeere *w* [v. ahd. brāma = Dornstrauch, Hecke], *Rubus fruticosus*, ↗Rubus.

Brombeer-Hecken, *subatlantische Brombeer-Hecken*, ↗Rubion subatlanticum.

Brombeerspinner, *Macrothylacia rubi*, ↗Glucken.

Bromcyan-Reaktion, Fragmentierungsreaktion für Proteine u. Peptide, wichtiges Hilfsmittel zu deren Sequenzermittlung. *Bromcyan*, Br−C≡N, reagiert bei der B. mit den Methionin-Resten v. Proteinen od. Peptiden; als Folge werden die Protein- bzw. Peptidketten selektiv an allen Methionin-Positionen gespalten.

5-Bromdesoxyuridin-Triphosphat, synthet. Nucleosid-Triphosphat, in dem die Base Thymin gg. das spezif. schwerere ↗5-Bromuracil ausgetauscht ist; wird zur Dichtemarkierung von DNA eingesetzt; B.-T. reagiert dabei anstelle v. Thymidin-Triphosphat als Substrat zum Einbau in DNA. Mit B.-T. als Substrat synthetisierte DNA besitzt wegen der eingebauten Bromuracil-Reste eine höhere Dichte u. kann durch ↗Dichtegradienten-Zentrifugation (Cäsiumchlorid-Gradient) v. normaler, thymidinhalt. DNA abgetrennt werden.

Bromelain *s*, strukturell u. katalyt. dem Papain ähnl. Protease mit breitem pH-Bereich (3,0–8,0), die im Stamm u. in den Früchten des Ananasbaums vorkommt; Hilfsmittel bei der Strukturaufklärung v. Proteinen u. als Pankreatinzusatz bei Verdauungsstörungen sowie in Fleischzartmachern u. zur Lederaufbereitung.

Bromelia *w* [ben. nach dem schwed. Botaniker O. Bromel, 1639–1705], Gatt. der Ananasgewächse mit ca. 40 Arten, v. den Antillen bis Brasilien heimisch. Die bodenbewohnenden Rosettenpflanzen haben kräftige, bestachelte Blätter, so daß sie in ihrer Heimat auch als lebende Zäune gepflanzt werden. Neben der Vermehrung über Beerenfrüchte treiben die Pflanzen unterird. Ausläufer. Die Beeren von *B. pinguin* werden in Mittelamerika gern gegessen; aus den Gefäßbündeln der Blätter gewinnt man die Pinguinfaser; *B. argentina* liefert die Caraguatafaser, beide Fasern werden für Seile o. ä. verwendet. Von *B. magdalenae* stammt die Pitafaser.

Bromeliaceae [Mz.; ↗Bromelia], die ↗Ananasgewächse.

Bromeliales [Mz.; ↗Bromelia], die ↗Ananasartigen.

Brometalia erecti [Mz.; v. gr. bromos = Windhafer, lat. erectus = aufgerichtet], Ord. der ↗Festuco-Brometea.

Bromo-Hordeetum *s* [v. gr. bromos = Windhafer, lat. hordeum = Gerste], Assoz. der ↗Sisymbrietalia.

Bromovirus-Gruppe ↗Trespenmosaik-Virusgruppe.

5-Bromuracil, synthetische, v. der Nucleinsäurebase Uracil abgeleitete Verbindung, die in der Zelle zu ↗5-Bromdesoxyuridin-Triphosphat umgewandelt u. so in DNA anstelle v. Thymin eingebaut werden kann. Da B. entweder während des Einbaus in DNA od. – nach dem Einbau – bei weiteren DNA-Replikationen nicht nur mit Adenin, sondern auch mit Guanin Basenpaarung eingehen kann (nach Übergang der Keto-Form in die Enol-Form), führt B. zur Auslösung v. Mutationen v. Transitionstyp (☐ Basenanaloga); daher übt B. eine mutagene Wirkung aus.

Bromus *m* [v. gr. bromos = Windhafer], die ↗Trespe.

Bronchien [Mz.; Ez.: *Bronchus*; v. gr. brogchia = Ende der Luftröhre], *Bronchen, Bronchi*, die in die beiden Lungenhälften abzweigenden Äste der Luftröhre (*Trachea*), die sich dort weiter in ↗Bronchiolen u. schließl. ↗Alveolen aufspalten. Die Wand der B. besteht aus elast. Fasern u. Muskeln, in die Knorpel eingelagert ist. Innen befindet sich ein mit Flimmerhaaren ausgekleidetes Schleimhautepithel. ↗Atmungsorgane. [B] Atmungsorgane I, III.

Bronchiolen [Mz.; v. gr. brogchia = Ende der Luftröhre], *Bronchioli*, feinste Endverzweigungen unter 1 mm ⌀ der Luftwege in den Lungen mit einschicht. Epithel ohne Drüsen u. Flimmerbesatz, an die sich unmittelbar die ↗Alveolen anschließen.

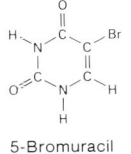

Brongniart [bronniar], *Adolphe Théodore*, frz. Botaniker, * 14. 1. 1801 Paris, † 19. 2. 1876 ebd.; seit 1833 Prof. am Jardin des Plantes in Paris. 1821 Versuch der Klassifikation fossiler Pflanzen. 1828–37 erschien das Werk „Histoire des végétaux fossiles, ou recherches botaniques et géologiques sur les végétaux renfermés dans les diverses couches du globe" (2 Bde.), in dem er erstmalig eine systemat. Zusammenstellung der damals bekannten fossilen Arten gab. B. war zwar Anhänger v. G. Cuvier, hatte aber schon Vorstellungen v. der kontinuierl. Veränderung der Arten in aufeinanderfolgenden geolog. Perioden.

Bronn, *Heinrich Georg,* dt. Zoologe u. Paläontologe, * 3. 3. 1800 Ziegelhausen bei Heidelberg, † 5. 7. 1862 Heidelberg; seit 1828 Prof. in Heidelberg. Vertrat im Ggs. zu G. Cuvier die Vorstellung v. der kontinuierl. Phylogenie der Arten u. führte damit die Abstammungslehre in die Paläontologie ein. In seinem Werk „Lethaea geognostica" (2 Bde., 1836–38) beschrieb er die jede geolog. Formation kennzeichnenden Leitfossilien (C. L. ↗Buch) u. ordnete sie erstmals chronolog. ein. Neben zahlr. paläontolog. Werken gab er die ersten 3 Bde. der „Klassen u. Ordnungen des Thierreiches" (1859–62) heraus, ein bis in die Ggw. fortgesetztes Nachschlagewerk. Auf Wunsch Ch. Darwins fertigte er die erste Übersetzung der „Entstehung der Arten" (1860) an.

Brontosaurus *m* [v. gr. brontē = Donner, sauros = Eidechse], *Apatosaurus, Atlantosaurus, Donnerechse,* zu den ↗Dinosauriern gehörendes pflanzenfressendes Reptil aus dem oberen Jura N-Amerikas; seine Lebensweise mag derjenigen des heutigen Flußpferdes ähnl. gewesen sein. |B| Dinosaurier.

Brontotheria [Mz.; v. gr. brontē = Donner, thērion = Tier], *Titanotheria,* † formenreiche Gruppe alttertiärer Unpaarhufer, z.T. von riesiger Größe (Schulterhöhe ca. 2,5 m) u. mit paarigen, knöchernen Nasenaufsätzen; sie leiten sich ab v. Hyracotherien; Verbreitung: N-Amerika, Asien.

Brookesia *w* [bruk-; ben. nach dem engl. Zoologen R. Brookes], Gatt. der ↗Chamäleons.

Broscus, Gatt. der ↗Laufkäfer.

Brosimum *s* [v. gr. brōsimos = eßbar], Gatt. der Maulbeergewächse mit ca. 50 baumförm. Arten in S- u. Mittelamerika. Nutzpflanzen der Gatt.: *B. alicastrum,* der Brotnußbaum, dessen haselnußähnl. Samen geröstet od. zu Brot verarbeitet gegessen werden u. dessen hartes, feinporiges, weiß. Holz als Bauholz Verwendung findet; *B. aubletii,* der in Guayana u. N-Brasilien wildwachsende Lettern- od. Schlangenholzbaum mit seinem harten, rotbraunen, schwarzgesprenkelten, vielseitig verwertbaren u. sehr kostbaren Holz; *B. galactodendron,* der in Venezuela beheimatete Milch- od. Kuhbaum mit seinem fr. als Grundsubstanz für Kaugummi genutzten Milchsaft.

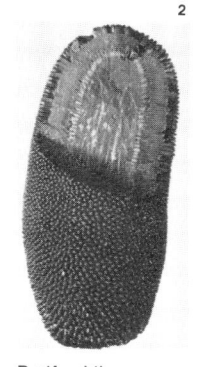

Brotfruchtbaum

1 Zweig des B.s *(Artocarpus communis)* mit Blüten u. Frucht; 2 aufgeschnittene Brotfrucht: fleischig verdickte Kolbenachse, besetzt mit unzähligen kleinen Blüten, deren Perigon etwa bis zur Mitte zu einheitlichem, bei Reife fleischigem Gewebe verwachsen.

Brontotheria

Brontotherium aus dem nordamerikanischen Oligozän erreichte eine Schulterhöhe von 2,5 m.

Brosme, Gatt. der Dorsche, ↗Lumb.

Broteinheit, *Weißbroteinheit,* Abk. *BE* od. *WBE,* bezeichnet eine Menge v. 12 g Kohlenhydraten, die in 20 g Weißbrot enthalten sind; wichtige Einheit zur Berechnung der Diät bei Diabetes (Zuckerkrankheit).

Brotfruchtbaum, *Artocarpus communis (A. altilis, A. incisa),* auf Neuguinea u. den Sundainseln heimischer, in Polynesien weit verbreiteter u. kultivierter, 10–20 m hoher Baum aus der Fam. der Maulbeergewächse, mit weit ausladender Krone, bis 90 cm langen, fiederspaltigen Blättern u. an den Zweigenden stehenden getrenntgeschlechtl. Blütenständen (einzeln stehende walzliche Ähren ♂, zu 2–3 zusammenstehende kugelige Gebilde ♀). Die ♀ Blütenstände bestehen aus Hunderten v. Blüten, die um eine kolbige Achse angeordnet, miteinander verwachsen u. sich zu einem kopfgroßen, bis 2 kg schweren, fleischigen Fruchtstand („Brotfrucht") entwickeln. Dieser liefert, im grünen, unreifen Zustand geerntet, ein kreidig weißes, zu ca. 20% aus Stärke bestehendes Fleisch, das gekocht od. gebacken ein wichtiges Lebensmittel darstellt. Das Fruchtmus der vollreifen, goldgelben, saftig süß, aber streng schmeckenden Brotfrucht verwandelt sich durch Gärung in eine käseartige Masse, die in Scheiben geschnitten u. gebacken über längere Zeit haltbar bleibt u. in Polynesien ebenfalls als wichtiges Nahrungsmittel gilt. Auch die bei Kulturformen der Brotfrucht häufig fehlenden, haselnußgroßen, ölhalt. Samen werden geröstet gegessen. Das Holz des Brotfruchtbaums ist in Polynesien ein wertvolles Nutzholz. |B| Kulturpflanzen I.

Brotgetreide, ↗Getreide, die aufgrund des hohen Klebergehalts im Korn ein backfähiges Mehl liefern. Proteine in der Aleuronschicht der Karyopse, v. a. das Gluten mit den Eiweißstoffen Gliadin u. Glutenin, sind quellfähig, fadenziehend u. koagulieren unter Bildung geschlossener Poren. ↗Weizen u. ↗Roggen sind die wichtigsten B. Im Hafer- u. Reiskorn fehlen die Kleberproteine. ↗Breigetreide.

Brotkäfer, *Sitodrepa panicea,* ↗Klopfkäfer.

Brotnußbaum, *Brosimum alicastrum,* ↗Brosimum.

Brotschimmel, *Bäckerschimmel,* Schimmelpilze aus verschiedenen Ord., die in Bäckereien u. auf dem Brot vorkommen. Gefürchtet war fr. in Bäckereien der Rote B. (Bäckerpilz, Bäckerschimmel, *Neurospora sitophila,* Nebenfruchtform = *Monilia sitophila*); weitere bekannte Brotverderber sind der Gemeine B. *(Rhizopus stolonifer = R. nigricans)* u. der Kreideschimmel od. Weiße B. *(Endomyces fibuliger),* eine Hefe; auf feuchtem Brot können

Broussonetia

viele weitere Pilze wachsen, z. B. *Mucor-, Geotrichum-, Penicillium-, Aspergillus-* u. *Cladosporium*-Arten, v. denen einige gefährl. Mykotoxine ausscheiden.

Broussonetia *w* [ben. nach dem frz. Arzt u. Botaniker P. Broussonet (brußonä), 1761 bis 1807], *Papiermaulbeerbaum*, in SO-Asien u. auf den Pazifikinseln beheimatete Gatt. der Maulbeergewächse mit 3–4 Arten. Bekannteste Art ist der in China u. Japan vorkommende, bis 16 m hohe, zweihäusige Baum *B. papyrifera* mit eiförm., meist 2- bis 3lappigen, lang zugespitzten, behaarten Blättern, kugeligen ♀ u. zylindr., hängenden ♂ Blüten sowie ca 2 cm breiten, kugel., orangefarbenen Fruchtständen mit einer Vielzahl fleischig hervorquellender Früchte. Seine Zweige liefern Bastfasern, aus denen in China schon seit dem 1. Jh. n. Chr. Papier hergestellt wird. Auch Tapa, ein in Ozeanien, v. a. aber in Polynesien hergestellter, meist später bemalter Rindenstoff, wird überwiegend aus den Bastfasern v. *B. papyrifera* hergestellt. Die in O-Asien, N-Amerika u. S-Europa stellenweise völlig eingebürgerte Pflanze wächst bei uns nur in Gärten.

Brown [braun], **1)** *John,* * 1735 Buncle (Schottland), † 7. 10. 1788 London; Arzt in Edinburgh u. London; entwickelte ein med. System *(Brownianismus),* wonach jede Lebensäußerung das Produkt aus der dem Organismus innewohnenden Reizbarkeit u. dem äußeren Reiz ist; dabei soll ein zu starker Reiz einen sthenischen, ein zu schwacher einen asthenischen Zustand erzeugen. Die Vorstellungen B.s hatten starken Einfluß auf die Naturphilosophie Schellings; in ihrem Konzept v. der Reizbarkeit als Kriterium der lebenden Materie wirkten sie anregend auf die neuere Nervenphysiologie. **2)** *Robert,* schott. Botaniker, * 21. 12. 1773 Montrose (Schottland), † 10. 6. 1858 London; Arbeiten über Entwicklung v. Pollen u. Eizelle bei Coniferen, Cycadeen u. Orchideen; Entdecker der Bedeutung des Zellkerns (1831) u. der *B.schen Molekularbewegung* (1827); gliederte als erster die höheren Pflanzen in Angiospermen u. Gymnospermen.

Brownsche Molekularbewegung [braun-], andauernde, ungeordnete Zitterbewegung v. suspendierten Teilchen, Zellen, Organellen, Zellfragmenten usw. od. auch von bes. leichten Instrumententeilen, verursacht durch Stöße einzelner Moleküle des umgebenden flüssigen od. gasförmigen Mediums. Die B. M. wurde 1827 v. R. ↗Brown in Pflanzenzellen entdeckt. Sie ist die Ursache der Begrenzung der mechan. Meßgenauigkeit (z. B. beim Galvanometer) u. Ursache der Diffusion.

Brown-Séquard [braun ßekar], *Charles Édouard,* frz. Physiologe, * 8. 4. 1817 Port Louis auf Mauritius, † 2. 4. 1894 Paris; Nachfolger von C. Bernard in Paris, Begr. der Endokrinologie; gilt durch seine (im Selbstversuch vorgenommenen) Einspritzungen mit Keimdrüsenextrakt (Organtherapie) als Vorläufer der modernen Hormonbehandlung.

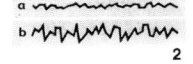

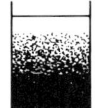

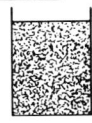

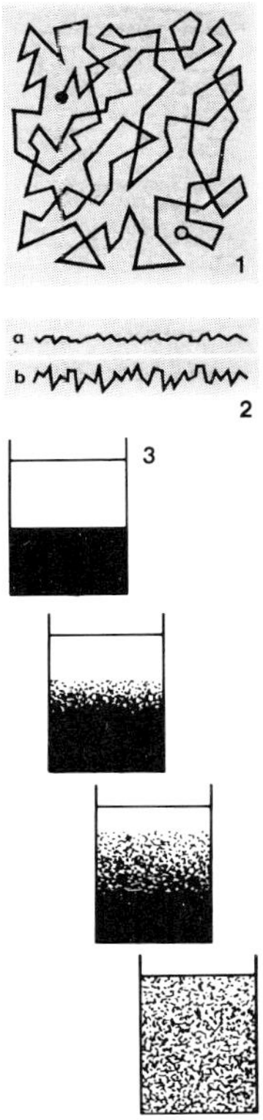

Bruce [bruß], *Sir David,* engl. Bakteriologe, * 29. 5. 1855 Melbourne, † 27. 11. 1931 London; Generalarzt im brit. Royal Army Medical Corps; entdeckte 1887 den Erreger des Maltafiebers, Arbeiten über Tsetse- u. Schlafkrankheit.

Brucella *w* [ben. nach D. ↗Bruce], *Brucellen,* Bakterien-Gatt. der aeroben Stäbchen u. Kokken mit unsicherer taxonom. Stellung; weit verbreitet, intrazelluläre Parasiten in Menschen u. Tieren. B.-Arten sind unbewegl., kleine, fast kokkenförm. Kurzstäbchen (0,5–0,7 × 0,6–1,5 μm), bilden keine Sporen u. lassen sich mit Anilinfarbstoffen anfärben. Sie haben einen Atmungsstoffwechsel, der der parasit. Lebensweise angepaßt ist, so daß sie nur auf sehr komplexen Nährböden mit mehreren Aminosäuren u. Vitaminen gezüchtet werden können. Oft ist auch eine hohe CO_2-Konzentration (5–10%) notwendig. Obwohl B.-Arten sich nicht außerhalb des Wirts vermehren, überleben sie lange Zeit (einen bis mehrere Monate) im Urin, in Fäkalien, im Wasser, in Erde u. Milchprodukten. Wichtige Krankheitserreger sind: *B. melitensis* in Ziegen, *B. suis* in Schweinen und *B. abortus* in Kühen. Alle drei Arten sind Erreger der ↗Brucellosen. Die B.-Arten teilen sich in eine Reihe v. Biotypen auf, die durch biochem. Tests u. Agglutinationen mit M- und A-Antiseren unterschieden werden können.

Brucellosen [Mz.; ben. nach D. ↗Bruce], *undulierendes Fieber, Maltafieber, Bangsche Krankheit,* durch Bakterien der Gatt. ↗Brucella (*Brucella melitensis, B. abortus, B. suis*) hervorgerufene Gruppe v. Infektionskrankheiten, die Mensch, Rinder, Ziegen, Schafe u. Schweine befallen kann. Mensch u. Rind sind für alle 3 Spezies empfänglich. Die Infektion erfolgt durch Milch od. Milchprodukte infizierter Tiere od. direkten Kontakt. Hauptsymptome sind in Wellen verlaufendes Fieber, Kopf-, Gelenk- u. Muskelschmerzen, Entzündungen v. Gelenken, Sehnenscheiden, Keimdrüsen od. Augen. Abszeßbildung in Niere, Leber od. Gallenblase sind möglich. Neben Infektionen, die unbemerkt verlaufen, gibt es akute, bis zu 3 Monaten, subakute, bis 12 Monate, und chronische, über 1 Jahr verlaufende Formen. Der Nachweis erfolgt durch Isolieren der Erreger aus Blut, Urin, Darmsaft, Eiter sowie durch spezif. Anti-

Brownsche Molekularbewegung

1 Bahn eines in Wasser suspendierten Teilchens (unter dem Mikroskop beobachtet). **2** Lichtzeigerregistrierung eines Galvanometers **a** bei niedriger, **b** bei höherer Temperatur. **3** Ausgleich der Konzentration zw. farbloser u. gefärbter Lösung (durch Diffusion) infolge der B.n M.

körpernachweis. Therapie mit Tetracyclinen. Vorsorge durch Impfung des Viehstands u. Pasteurisierung der Milch.

Bruchdreifachbildungen entstehen durch ↗Regeneration aus den beiden Wundflächen einer an-, aber nicht abgeschnittenen Gliedmaße (z. B. Molche, Schaben) od. Gliedmaßenanlage (z. B. Imaginalscheiben holometaboler Insekten). Benachbarte Elemente der B. haben spiegelbildl. Chiralität. Das Phänomen der B. zeigt, daß die Schnittflächen einer Extremität, unabhängig v. der Art der ehemals angrenzenden Strukturen, immer nur distalere Strukturen ausbilden (Polarkoordinatenmodell der ↗Musterbildung).

Bruchfrucht, *Gliederfrucht,* die im Reifestadium in meist einsam. Bruchstücke (Klausen) zerfallende ↗Frucht. Diese Bruchstücke entsprechen dabei nur Teilen der Fruchtblätter. Beispiele sind u. a. die Gliederhülse mancher Schmetterlingsblütler u. die Gliederschote einiger Kreuzblütler (Raps).

Bruchhefe ↗Bierhefe.

Bruchidae [Mz.], die ↗Samenkäfer.

Bruchkraut, *Herniaria,* Gatt. der Nelkengewächse, mit etwa 20 Arten in Europa u. W-Asien verbreitet. Die Bruchkräuter sind niedr. Kräuter mit rundl.-längl. Blättern, in deren Achseln die unscheinbaren Blüten sitzen; Kronblätter fehlen häufig. Die in Dtl. heimischen Bruchkräuter sind Pflanzen offener, lückiger, meist sandiger Trockenrasen o. ä. Das Kahle B. *(H. glabra)* wurde früher wegen seiner glykosid. und alkaloid. Inhaltsstoffe gegen Leistenbrüche u. als harntreibendes Mittel verwendet.

Bruchus *m,* Gatt. der ↗Samenkäfer.

Bruchwälder, *Alnetalia glutinosae,* Ord. der ↗Alnetea glutinosae.

Brucin *s* [ben. nach dem schottischen Forschungsreisenden J. Bruce, † 1794], *2,3-Dimethoxystrychnin,* ein mit Strychnin verwandtes Alkaloid der Brechnuß *(Strychnos nux-vomica),* ein starkes Gift, jedoch weniger tox. als Strychnin. In der Chemie wird B. zur Racematspaltung u. zum Nachweis v. Nitrat u. Nitrit verwendet.

Brücke, *Pons Varolii,* Teil des Hirnstamms bei Säugetieren, lokalisiert zw. Mesencephalon u. Medulla oblongata. Die motor. Zentren der B. u. Medulla oblongata kontrollieren den Tonus der Extremitätenmuskulatur u. über den Hals- u. Labyrinthreflex die Stellung des Kopfes zum Rumpf u. im Raum.

Brücke, *Ernst Wilhelm* Ritter von, östr. Physiologe u. Anatom, * 6. 6. 1819 Berlin, † 7. 1. 1892 Wien; seit 1849 Prof. in Wien; Untersuchungen über Nerven- u. Muskelsystem, Blutkreislauf, Verdauung, Physiologie der Körperzelle; entdeckte die quergestreifte Muskulatur u. die Selbst-

Bruchdreifachbildungen
Schematische Darstellung der Bruchdreifachbildung bei einer Wirbeltierextremität. Die Ziffern bezeichnen die einander entsprechenden Finger.

steuerung des Herzens; außerdem Arbeiten zur Phonetik u. Linguistik. Vertrat zus. mit E. Du Bois-Reymond, H. v. Helmholtz u. C. Ludwig die physikal.-chem. Richtung der Physiologie, die den Vitalismus endgültig zu überwinden suchte.

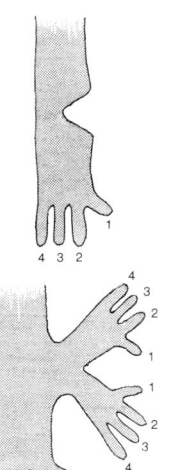

Brückenechse, *Tuatara, Sphenodon punctatus, Hatteria punctata (Gray),* einzige rezente Art der ↗Schnabelköpfe *(Rhynchocephalia);* der Bauplan der B.n hat sich in fast 200 Mill. Jahren kaum verändert (ein „lebendes Fossil"). Die 50–80 cm lange u. 1 kg schwere, bräunl., hellgrau gefleckte B. lebt nur noch auf etwa 20 kleineren Inseln vor N-Neuseeland. Schädel mit doppelten Jochbögen u. entsprechend 2 Schläfenfenstern (diapsid), schnabelförmig abwärts gekrümmter Vorderteil des Oberkiefers; gut entwickelte Augen mit schmalen, senkrechten Pupillen; rudimentäres Stirnauge (Pinealorgan) liegt unter einer mit Bindegewebe bedeckten Schädelöffnung; Nacken- u. Rückenkamm (hierauf verweist der Eingeborenenname Tuatara = „Stachelträger") aus kleinen bewegl., verlängerten Hornplatten; besitzt neben den gewöhnl. Rippen nicht mit der Wirbelsäule verbundene Bauchrippen; Schwanz kann an vorgebildeter Stelle abgeworfen werden. Die B. gibt bei der Balz od. Störungen bellend-quakende Laute von sich. Lebt in Erdlöchern od. Bruthöhlen v. Sturmvögeln; dämmerungs- u. nachtaktiv;

Brückenechse
1 Habitus und **2** Schädel der B. *(Sphenodon punctatus).*

Als wichtigstes Merkmal besitzt die B. im Ggs. zu allen anderen Schuppenkriechtieren der Jetztzeit zw. dem oberen u. unteren Schläfenfenster noch eine doppelte, knöcherne „Brücke", die den Gesichtsteil des Schädels mit der Schläfengegend verbindet.

Brückenkontinent
Frühere Vorstellungen über Brückenkontinente:
Nordatlantis
Zwischen Nordamerika u. Europa über Island u. Grönland
Südatlantis
Zwischen Afrika u. Südamerika
Gondwanaland
Zwischen den alten Kernen Südamerikas, Afrikas, Vorderasiens, Australiens u. Antarktis
Pazifischer Kontinent
Zwischen Australien u. Südamerika

ernährt sich v. a. von Insekten, Würmern, Schnecken, Jungvögeln u. Vogeleiern. Auffallend niedriger Wärmebedarf, da durchschnittl. Körpertemp. bei 11 °C. Männchen ohne Begattungsorgan; Samen werden durch Aneinanderpressen der Kloakenöffnungen übertragen; Ablage der 8–15 Eier in einer Erdgrube; Dauer der Embryonalentwicklung ca. 12–15 Monate. Langsames Wachstum; Geschlechtsreife nach ca. 20 Jahren; Lebenserwartung 75 u. mehr Jahre. Heute streng geschützt.

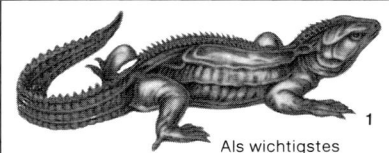

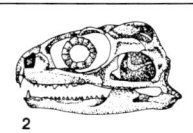

Brückenkontinent, Landbrücke, die in früheren Erdperioden die Kontinente miteinander verbunden haben soll.

Brückentheorie, Theorie zur Faunengeschichte: heute getrennte Teilareale be-

Brüggenkaltzeit

stimmter Tiergruppen werden begründet mit der zeitlich beschränkten Existenz v. Landbrücken, die ehemals eine Verbindung zw. den Teilarealen herstellten. Hoher Erklärungswert kommt der B. im Bereich v. Flachmeergebieten zu (Beringstraße, mittelam. Landbrücke), wo z. B. durch Eiszeiten bedingte Meeresspiegeländerungen deutl. Auswirkungen zeigen können. Demgegenüber erscheinen Ozeane übergreifende Verbindungen durch Landbrücken äußerst unwahrscheinlich. ↗ Kontinentaldrifttheorie, ↗ Permanenztheorie.

Brüggenkaltzeit w, nach dem Ort Brüggen (20 km nordwestl. von Mönchengladbach) ben. erste Kälteperiode des Pleistozäns. ↗ Biberkaltzeit.

Bruguiera w [brügjära; ben. nach dem frz. Arzt u. Naturforscher J.-G. Bruguières (brügjär), 1750–99], Gatt. der ↗ Rhizophoraceae.

Brüllaffen, *Alouattinae,* U.-Fam. der Kapuzineraffen i. w. S. mit nur 1 Gatt., *Alouatta;* 6 Arten (z. B. der schwarze Caraya, *A. caraya*) mit zahlr. U.-Arten leben in Mittel- und S-Amerika. Kopfrumpflänge ca. 57 cm, etwa 60 cm langer, muskulöser Greifschwanz mit nackter „Greifsohle" an der Unterseite der Schwanzspitze. Mit Hilfe ihres stark ausgebildeten Stimmapparates grenzen die männl. B. lautstark das Wohngebiet der Gruppe ab. B. gelangen nur selten in Zoos, da sie als Nahrungsspezialisten (v. a. Blätter, Blüten, Knospen, Früchte) schwer zu halten sind.

Brunelle w [v. frz. brun = braun], *Braunelle, Prunella,* Gatt. der Lippenblütler mit 5 im gemäßigten Europa u. Asien sowie N-Afrika beheimateten Arten. In Mitteleuropa 3 Arten, darunter die Gemeine od. Kleine B. *(P. vulgaris),* eine bis ca. 30 cm hohe, schwach behaarte, ästige Pflanze mit oberird. Ausläufern u. oft rötl. überlaufenen, niederliegenden bis aufsteigenden Stengeln, an denen die eiförmig-längl. Blätter sitzen. Die meist blauvioletten (selten gelblichweißen), bis ca. 15 mm langen Blüten stehen zus. mit breit-eiförm., oftmals bräunl. Hochblättern in dichten, durch die oberen Laubblätter abgegrenzten Scheinähren. Die zw. Juni u. Sept. blühende Pflanze ist auf Fett- u. Moorwiesen sowie an Ufern zu finden. Sie galt fr. auch als Heilpflanze, deren adstringierende, wundheilende Wirkung bes. bei Entzündungen des Mund- u. Rachenraums genutzt wurde. Auf Kalkmagerrasen, Halbtrockenrasen, in lichten Wäldern u. an Waldrändern ist die Große B. *(P. grandiflora)* zu finden. Sie bildet keine Ausläufer u. zeichnet sich bes. große (bis 25 mm lange) Blüten aus; die oberen Laubblätter sind v. Blütenstand

Brüllaffe *(Alouatta)*

Brunelle *(Prunella vulgaris)*

Brunnenkresse

Die B. *(Nasturtium)* gilt seit alters her als Heil- u. Genußpflanze. Ihres hohen Vitamin-C-Gehalts wegen wurde sie insbes. bei Skorbut angewendet. Der bitterscharfe, würzige, kresseartige Geschmack ihrer Blätter ist auf das darin enthaltene Phenyläthylsenföl zurückzuführen. Die schon zu Beginn des 12. Jh. kultivierte Pflanze wird vereinzelt bis heute als Salat angebaut.

abgerückt. Die gleichen Standorte bevorzugt auch die seltene, nach der ↗ Roten Liste „gefährdete" Weiße B. *(P. laciniata).* Sie ist an ihren gelblichweißen Blüten u. den meist fiederspalt. oberen Laubblättern zu erkennen.

Brunfels, *Otto,* dt. Prediger, Botaniker u. Arzt, * um 1488 Mainz, † 25. 11. 1534 Bern; nach Priesterweihe, Mönchsleben u. Übertritt zum Protestantismus Pfarrer in Steinheim (Hanau), Neuenburg (Breisgau) u. Straßburg, 1532 Prof. in Bern; einer der „Väter der Botanik"; sein 1530–36 in Straßburg hg. Kräuterbuch (3 Bde.) „Herbarium vivae eicones" (dt. Ausgabe „Contrafayt Kreuterbuch", Straßburg 1532–37) besticht neben der Fülle der Pflanzenbeschreibungen durch 229 Holzschnitte nach Aquarellen des Dürerschülers H. Weiditz d. J. in hervorragenden naturgetreuen Ausführungen. B. gab darin erstmals Abb. einheimischer Pflanzen mit dt. Namen.

Brunft, wm. Bez. für die ↗ Brunst.

Brunftfeige, die ↗ Brunstfeige.

Brunizem, *Dunkelgrauer Waldboden, Prärieboden,* Übergangsform zw. Podsol u. Tschernosem; der relativ mächt. Oberboden ist entkalkt, versauert u. lessiviert; Profilaufbau: A_h–B_v–C oder A_h–B_t–C. ↗ Bodenhorizonte, ↗ Bodentypen.

Brunnenfaden ↗ Crenothrix.

Brunnenkrebs, *Niphargus,* Gatt. der *Gammaridae;* blinde, weiße ↗ Flohkrebse von 0,5–3 cm Länge, die in unterird. Strömen, Höhlen u. am Boden v. Alpenseen leben u. in Brunnen od. Quellen gefunden werden; stammen v. marinen Vorfahren ab, die über das Küstengrundwasser in die unterird. Lebensräume eingewandert sind; Räuber u. Allesfresser; zahlr. Arten in S-Dtl. u. in den Balkanländern. Nur eine Art, *N. aquilex,* kommt auch in der norddt. Tiefebene vor. Die meisten norddt. Fundorte (z. B. ein Brunnen auf Helgoland, Quellen bei Bremen u. a.) sind heute zerstört.

Brunnenkresse, *Nasturtium,* Gatt. der Kreuzblütler, mit ca. 40 Arten weltweit verbreitet. Die Echte B. *(N. officinale)* ist eine ausdauernde, bis etwa 1 m lange, kahle Pflanze mit hohlen, aufrechten od. am Grunde kriechenden (seltener flutenden) Stengeln. Die glänzenden, etwas fleischigen, leierförmig gefiederten Laubblätter sind aus Seitenblättchen u. einem größeren, rundl. Endblättchen zusammengesetzt. Die in end- od. achselständ. Trauben angeordneten Blüten besitzen weiße, sich lila verfärbende Kronblätter u. gelbe Staubbeutel. Standorte der B. sind kühle, schnellfließende Gewässer, Quellen u. Quellbäche, seltener Röhrichte u. Flutsäume v. langsam fließenden Gewässern. Hier läßt sich eine Flachwasserform, deren kant. Stengel Luftblätter mit 3–4 Fiederpaaren trägt u. reichlich durch Wasservögel verbreitete Samen ansetzt, v. einer Tiefwasserform mit rundem, meist flutendem, nicht blühfähigem Stengel u. Laubblättern mit höchstens 1–2 Fiederpaaren unterscheiden.

Brunnenlebermoos, *Marchantia polymorpha,* ↗ Marchantiaceae.

Brunnenmolche, *Brunnensalamander, Typhlomolge,* Gatt. der lungenlosen Salamander (↗*Plethodontidae*); 2 neotene, blinde, pigmentlose Arten mit äußeren Kiemen in unterird. Strömen in Texas.

Brunnensalamander, die ↗ Brunnenmolche.

Brunnenschnecken, *Zwerghöhlenschnecken,* mehrere Arten der Gatt. *Bythiospeum (Lartetia), Paladilhia* u. *Paladilhiopsis* (Ord. Mittelschnecken), die im Grundwasser, in Brunnen, Quellen u. Karsthöhlen Mittel- und S-Europas, N-Afrikas u. Kleinasiens leben; das turmförm. Gehäuse ist meist unter 5 mm hoch, dünnwandig u. farblos bis gelbl.-hornbraun; die B. sind in Anpassung an ihren Lebensraum blind u. bilden zahlr., heute oft isolierte Populationen.

Brunnenwürmer ↗ Haplotaxidae.

Brunnenzopf, die Mycelstränge v. Hallimasch u. a. höheren Pilzen, die in hölzernen Wasserleitungen u. Brunnenröhren bis über armdicke, mehrere Meter lange, verzweigte, schwarz berindete, innen weißfilzige Geflechte ausbilden können.

Brunnersche Drüsen [ben. nach dem schweizer. Arzt J. C. von Brunner, 1653–1727], *Glandulae duodenales,* alveotubuläre Drüsen im Duodenum (Zwölffingerdarm) der Säugetiere, die ein aufgrund ihres Mucingehalts hochviskoses u. hydrogencarbonatreiches Sekret (pH = 8,3–9,3) absondern. ↗ Darm.

Brünnrasse, *Brünntypus,* bezieht sich auf das 1891 in jungpleistozänem Löß bei Brünn (heute Brno/ČSSR) gefundene Skelett eines männl. *Homo sapiens* (Brünn I); als Vertreter der Aurignaciden angesehen.

Brunst, wm. *Brunft,* Zustand der geschlechtl. Erregung u. Aktivität *(Östrus)* bei Säugetieren (bes. Großsäuger, für Kleinsäuger wird die Bez. B. nicht benutzt), der period. durch hormonelle Änderungen ausgelöst wird. Die B. führt zur Ausbildung sexueller ↗ Signale (Sekrete v. B.-Drüsen bei Huftieren, Schwellung u. Rötung der Genitalregion bei Pavianen) u. zur Aktivierung v. Verhaltensweisen, die dem Auffinden u. Umwerben des Sexualpartners dienen (Brunftschrei bei Hirschen, Imponieren, Treiben des Weibchens usw.). ↗ Balz.

Brunstfeige, *Brunftfeige,* paarige Hautdrüse am Kopf (hinter der Basis des Gehörns) der Gemsen; mit dem stark riechenden Sekret der B. markiert der Gamsbock bes. während der Paarungszeit an Ästen u. Grashalmen.

Brunstschwielen ↗ Froschlurche.

Brüsseler Kohl ↗ Kohl.

Brüsseler Krankheit, *Genter Krankheit, Flandrischer Pferdetyphus, Hoppegartener Husten,* stark ansteckende Pferdekrankheit, verursacht durch eine Virusinfektion in Verbindung mit einer Streptokokkeninfektion; Verbreitung durch ausgehustete Flüssigkeitstropfen; Katarrh der oberen Atemwege mit Husten, Atembeschwerden, Nasenausfluß u. Fieber, oft begleitet v. einer Lungenentzündung; Dauer ca. 2–3 Wochen.

Brust, 1) *Thorax,* mittlerer Körperabschnitt bei Gliedertieren u. Wirbeltieren. a) Bei *Gliederfüßern*: Der zw. Kopf u. Hinterkörper gelegene *B.abschnitt* der Gliederfüßer steht hpts. im Dienst der Lokomotion. Die ihn aufbauenden Segmente sind speziell für diese Aufgabe ausgestaltet: Extremitäten als Laufbeine, Verstärkung der Muskulatur, Umkonstruktion der Skelettelemente. Am deutlichsten bei Insekten, bei denen nur die 3 Thoraxsegmente Laufbeine u. außerdem die beiden hinteren Thoraxsegmente Flügel tragen. In vielen Krebs-Gruppen verschmelzen Segmente des mittleren Körperabschnitts mit dem Kopf u. bilden einen *Cephalothorax*. Lage des B.abschnitts u. Zahl der ihn aufbauenden Segmente sind entsprechend variabel. Bei Spinnentieren ist kein eigentlicher B.abschnitt differenziert. b) Bei *Wirbeltieren*: Bei Reptilien, Säugern u. Vögeln der auf den Hals folgende Körperabschnitt, der Lungen, Atemröhre, Herz, Speiseröhre u. Thymus aufnimmt. Diese Organe liegen in der v. knöchernen *B.korb* aus ↗B.bein, Rippen u. B.teil der Wirbel gebildeten *B.höhle*. Die Innenwand der B.höhle ist vom *B.fell (Pleura)* ausgekleidet, das zugleich die inneren Organe umhüllt. Gegen den Bauchraum wird die B.höhle bei vielen Reptilien sowie den Säugern u. Vögeln durch ein transversales Septum abgetrennt. Die Lungen ragen sackartig in die B.höhle hinein u. buchten das B.fell derart ein, daß 2 Blätter desselben übereinandergelegt werden (Innenauskleidung der B.höhle = *Rippenfell*, Außenumkleidung der Lungen = *Lungenfell*). Der zw. Rippen- u. Lungenfell bestehende Spalt ist die *Pleurahöhle*, die mit Flüssigkeit gefüllt ist. Der B.konstruktion kommt bei Reptilien, Säugern u. Vögeln neben Schutz- u. Stützfunktionen v. a. eine wichtige Aufgabe bei der Atmung zu. Den Säugern z. B. ermöglicht das genau abgestimmte Zusammenwirken der Konstruktionselemente (gelen-

Brunst

B. der Haustiere (Dauer in Tagen):

Kuh	2–3 („Rindern")
Sau	1–3 („Rauschen")
Stute	1–3 („Rossen")
Schaf	1–2 („Bocken")
Ziege	1–3 („Bocken")

B.zeiten (Brunftzeiten) des Schalenwildes:

Rehwild	Mitte Juli bis Aug.
Rotwild	Sept. bis Mitte Okt.
Damwild	Okt.
Gamswild	Ende Nov. und Dez.
Elchwild	Sept.
Schwarzwild	Nov. (März)

Brustatmung

kig an den Wirbeln inserierende Rippen, Zwischenrippenmuskulatur, Zwerchfell, flüssigkeitsgefüllte Pleurahöhle) einen effektiv arbeitenden Saugatmungsmechanismus. 2) B.drüse, ↗Milchdrüse.

Brustatmung, *Costalatmung,* Ggs. zu ↗Bauchatmung. ↗Atmung.

Brustbein, *Sternum,* ein ventral im Brustbereich gelegener Knorpelschild, der kopfwärts mit dem Schultergürtel u. seitl. mit den ventralen Enden der Rippen verbunden ist. Es bietet der Brustmuskulatur u. a. Ansatz. Bei Vögeln setzt die kräftige Flugmuskulatur am B. an, das, zu einem großen *B.kamm (Carina, Crista sterni)* ausgewachsen, eine größere Ansatzfläche bietet (Unterscheidung v. *Carinatae* = Kielbrustvögel mit und *Ratitae* = Flachbrustvögel oder „Laufvögel" ohne B.kamm). Gleiches gibt es bei fliegenden Säugetieren (Fledermäuse, Pelzflatterer), aber auch bei grabenden Säugern (z. B. Maulwurf) mit kräftig entwickelter Brustmuskulatur. Fische hatten in der Evolution nie ein B. ausgebildet; extremitätenlose Wirbeltiere, z. B. Schlangen u. Blindwühlen, haben das B. rückgebildet.

Brustdrüse ↗Milchdrüse.

Brustfell ↗Brust 1).

Brustflossen, *Pinnae thoracicae, Pinnae pectorales,* die paarigen ↗Flossen in der Brustregion der meisten Fische, die v. a. zum Steuern dienen.

Brustgräte, *Spatula,* ein spatelförm. Gebilde auf der Bauchseite des 1. Brustsegments (Prothorax) des letzten Larvenstadiums vieler Gallmücken *(Itonididae).* Die B. steht möglicherweise in Zshg. mit dem Sprungverhalten dieser Larven. Dabei wird der Körper ringförmig gebogen, das Hinterende gegen die Spatula gestemmt, u. durch plötzl. Strecken wird der Körper v. der Unterlage weggeschleudert. Die B. dient vermutl. als Flucht- u. Fortbewegungsmechanismus zum raschen Finden eines Verpuppungsorts.

Brusthöhle ↗Brust 1).

Brustkorb ↗Brust 1).

Brustlymphgang, *Milchbrustgang, Ductus thoracicus,* paarig angelegter Hauptast des Lymphgefäßsystems der Wirbeltiere; beginnt in der Lendenregion in Cisternen u. verläuft entlang der Aorta durch den Brustraum, wo er in dem Herzen zuführende Venen mündet. Der B. sammelt die Lymphe der unteren Körperregionen.

Brustseuche, *Influenza pectoralis, Pneumonia contagiosa,* im Ggs. zur Pferdestaupe od. Rotlaufseuche eine sehr ansteckende, durch ein Virus hervorgerufene Krankheit bei Pferden: Entzündung des Lungenbrustfells, hohes Fieber, Atembeschwerden, Husten, gelb-rote Verfärbung der Schleimhäute; dauert im allg. 6–8 Wochen.

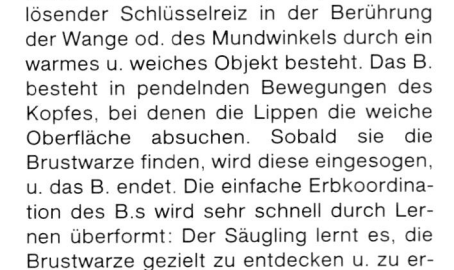

Brustsuchen, angeborene Verhaltensweise des menschl. Säuglings, deren auslösender Schlüsselreiz in der Berührung der Wange od. des Mundwinkels durch ein warmes u. weiches Objekt besteht. Das B. besteht in pendelnden Bewegungen des Kopfes, bei denen die Lippen die weiche Oberfläche absuchen. Sobald sie die Brustwarze finden, wird diese eingesogen, u. das B. endet. Die einfache Erbkoordination des B.s wird sehr schnell durch Lernen überformt: Der Säugling lernt es, die Brustwarze gezielt zu entdecken u. zu ergreifen. Bei neugeborenen Primaten gibt es ein dem menschl. B. vergleichbares, wahrscheinl. homologes Verhalten.

Brustwarze, ↗Milchdrüse, ↗Zitze.

Brustwirbel, *Thorakalwirbel,* obere Rückenwirbel (Dorsalwirbel) der Säuger, Krokodile u. einiger Eidechsen, die bewegl. Rippen tragen; bilden die Brustregion der ↗Wirbelsäule. Die Bezeichnung B. ist nur dann sinnvoll, wenn es untere Dorsalwirbel ohne od. mit fest angewachsenen Rippen gibt (↗Lendenwirbel). Bei Säugern liegt die Zahl der B. zwischen 9 (Schnabelwal) und 25 (Faultier), meist sind es 13; der Mensch hat 12. Die Gelenkung der B. erfolgt über die übl. Prä- u. Postzygapophysen. Nur die Ord. *Edentata* (Zahnarme) weist an allen Dorsalwirbeln zusätzl. Gelenkfortsätze auf u. heißt daher korrekter *Xenarthra* (Nebengelenkträger).

Brustwurz ↗Engelwurz.

Brut, 1) bei Tieren Sammelbez. für die Eier bzw. Embryonen od. Jungtiere, die v. den Eltern gepflegt od. bewacht werden. 2) Vorgang u. Zeit des ↗Brütens. 3) bei Pflanzen vegetative Form der Vermehrung durch Pflanzenteile, die unter geeigneten Verhältnissen neue Individuen bilden können, z. B. Ausläufer, Wurzelsprosse, Wurzel- u. Sproßknollen, Zwiebeln, Brutknospen, Brutsprosse, Überwinterungsknospen der Wasserpflanzen (Hibernakeln). Auch das Zellfadengeflecht (Mycel) des Zuchtchampignons wird als Brut bezeichnet.

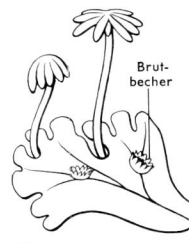

Brutbecher, *Brutkörbchen,* becherförm. Auswüchse auf den Mittelrippen der Thallusoberseite bei Lebermoosen; durch Hervorwölbung u. weitere Teilung einzelner Oberflächenzellen bilden sich im B. linsenförm., aus mehreren Zellschichten bestehende Brutkörperchen, die sich dann ablösen u. so der vegetativen Vermehrung des Gametophyten dienen.

Brutbeutel, *Bruttasche, Brutsack, Marsupium.* 1) Bei den ↗Beuteltieren unter den Säugern eine im Bereich des unteren Bauches befindl. taschenförm. Hautfalte, in die

Brutbecher

das neugeborene, noch winzige Junge selbständig hineinkrabbelt u. sich an einer der in diesem Brustbeutel befindl. Zitze festsaugt. 2) Bei den Fischen aus der Ord. Büschelkiemer *(Solenichthyes* od. *Syngnathiformes)* finden sich Bruttaschen v. a. bei den Männchen der Seenadeln u. Seepferdchen *(Syngnathidae);* es ist ein taschenart. Gebilde, das unter dem Bauch („Gastrophori", Bauchträger) od. in den meisten Fällen unter dem Schwanz („Urophori", Schwanzträger) liegt. Bei Seepferdchen öffnet sich die Bruttasche nur bei der Aufnahme der Eier (das Weibchen schiebt während des Balzspiels mit seiner Genitalpapille seine Eier – bis 450 Stück – in den B. des Männchens) u. beim Entlassen der Jungtiere. 3) Ein als Marsupium od. Bruttasche bezeichneter Raum zum Ausbrüten v. Eiern findet sich verbreitet bei der Überord. Ranzenkrebse *(Peracarida).* Er wird durch sog. Oostegite gebildet, die als basale, plattenförm. Anhänge an einem od. mehreren Thorakopoden mediad gerichtet zus. einen ventralen B. herstellen. Bes. auffällig ist er bei *Mysidacea,* Scherenasseln *(Tanaidacea),* ↗Asseln *(Isopoda)* u. Flohkrebsen *(Amphipoda).* Bei den Meeresasseln werden die im Marsupium befindl. Eier ständig mit Frischwasser versorgt. Bei den Landasseln füllen die Weibchen den Brutraum mit Flüssigkeit, die aus ihrem Wasserleitungssystem, dem Darm u. vermutlich aus fingerförm. Ausstülpungen der Sternite (als „Kotyledonen" bezeichnet) stammt. Es ist daher wie ein kleines Aquarium, in dem die Eier schwimmen. Zumindest bei den Flohkrebsen findet im Marsupium auch die Besamung der Eier statt. ☐ Asseln. 4) Bei den Laubfröschen haben die Weibchen der ↗Beutelfrösche *(Gastrotheca)* S-Amerikas auf dem Rücken eine Bruttasche, die hinten durch eine runde od. schlitzförm. Öffnung nach außen mündet (nicht am Bauch, wie man nach dem lat. Namen denken würde). In dem B. werden die Eier entweder nach 6–7 Wochen als Kaulquappen ins Wasser entlassen *(Gastrotheca marsupiata,* ☐ Beutelfrösche) od. bereits als fertige kleine Frösche abgegeben *(Gastrotheca ovifera).* 5) Bei vielen Pseudoskorpionen stellen die Weibchen mit Hilfe zweier Vorsprünge des Genitalatriums in der Geschlechtsöffnung einen aus Sekret bestehenden B. her. Bei der Herstellung zieht sich der Hinterleib (Opisthosoma) stark zus. u. preßt eine Flüssigkeit aus, die sich zw. diese Fortsätze u. deren Sekretüberzug drängt. In diesen Beutel werden später die Eier hineingelegt u. bis zum Ausschlüpfen aufbewahrt. 6) Als Bruttasche od. Marsupium wird auch eine taschenförm. Einstülpung auf der Unterseite des Hinterleibs mancher Schildlausweibchen bezeichnet, in die die Eier aufgenommen werden. *H. P.*

Brutblatt, *Bryophyllum,* Gatt. der ↗Dickblattgewächse.

brüten, das gleichmäßige Erwärmen (Bebrütung) v. Eiern durch die eigene Körperwärme der Elterntiere, durch Sonnenwärme od. die Zersetzungswärme organ. Materials. Bei Vögeln geschieht das B. meist in einem Nest durch die Körperwärme der Eltern, wobei die nackte Haut in bes. *Brutflecken* mit den Eiern in Kontakt kommen kann. Die Brutdauer ist sehr verschieden (vgl. Tab.). Kriechtiere, ebenso einige Vögel (Großfußhühner), lassen die Eier in warmem Sand bzw. in organ. Material (z. B. in einem gärenden Laubhaufen) ausbrüten, wobei nur wenige Reptilien ihre Eier bewachen (z. B. Krokodile). Die eierlegenden Säugetiere (↗Kloakentiere) erwärmen ihre Eier entweder in einer *Bruttasche* am Bauch (Ameisenigel) od. in einem warmen Nest (Schnabeltier). I. w. S. spricht man immer dann von B., wenn Eier u. Embryonen gepflegt werden, z. B. bei den maulbrütenden u. nestbauenden Fischen, Beutelfröschen, Beuteltieren usw.

Brutfleck, federfreie Partie am Bauch brütender Vögel. Da Federn stark wärmeisolierend u. beim Bebrüten v. Eiern hinderl. sind, fallen bei vielen Vogelarten vor Ablage des ersten Eies an der Bauchseite Federn aus. Dies wird durch Hypophysenhormone (Prolactin, Östradiol) gesteuert. Die Haut schwillt an diesen Stellen an u. ist gewissermaßen entzündet. Auf diese Weise wird die Blutwärme der Bauchgefäße direkt auf die Eier übertragen. Je nach Vogelart treten ein, zwei od. drei B.e auf. Pinguine, Kormorane, Tölpel, Pelikane, Entenvögel u. Eulen haben keine B.e. Enten rupfen sich Bauchfedern aus, um direkten Hautkontakt zu den Eiern zu ermöglichen.

Brutfürsorge, Bez. für das Verhalten der Elterntiere, die für die Jungen im voraus günstige Entwicklungsbedingungen schaffen, z. B. durch das Anlegen v. Schutzbauten, Nestern, Kokons usw. od. durch Bereitstellung v. Nahrung für die Jungen. Als B. wird nur das Verhalten im Zeitraum bis zur Unterbringung der Eier bezeichnet. Die darauf evtl. folgende Betreuungszeit wird ↗Brutpflege genannt.

Bruthelfer, ausgewachsene Tiere, die einem anderen Elternpaar bzw. Weibchen bei der ↗Brutpflege helfen, anstatt eigene Jungen aufzuziehen. B. finden sich (soweit heute bekannt) v. a. bei Vögeln, aber auch bei in Rudeln lebenden Raubtieren (Schakal, Hyänenhund). Da der B. nicht für die Weitervererbung seiner eigenen genet. Information sorgt, das Hilfsverhalten aber of-

brüten

Brutdauer bei Vögeln (in Tagen)

Sperlingsvögel	11–21
Spechte	11–17
Segler	18–22
Eulen	24–36
Papageien	16–30
Tauben	14–30
Möwen	20–30
Hühnervögel	17–34
Greifvögel	28–58
Enten	21–28
Schwäne	34–38
Störche	28–34
Pelikane	28–35
Albatrosse	65–80
Lappentaucher	19–29
Seetaucher	25–30
Strauß	42
Pinguine	33–66

fenbar auf angeborenen Dispositionen (↗angeboren) beruht, stellt sich die Frage, warum dieses anscheinend „altruistische" Verhalten nicht durch Selektion ausgemerzt werden müßte. Hierfür gibt es zwei Erklärungen: das Prinzip der ↗Sippenselektion u. die Möglichkeit, daß sich B. durch ihr Verhalten ein Brutrevier od. einen Sexualpartner für die Zukunft zu sichern versuchen. Sippenselektion würde voraussetzen, daß die B. mit den gepflegten Jungtieren nahe verwandt sind (also Gene gemeinsam haben) u. daß die Hilfe die Überlebensrate der Brut stark erhöht. In der Tat sind B. oft ältere Geschwister der Jungtiere, u. auch die Effektivität der Hilfe wurde bei Vögeln nachgewiesen. Es gibt jedoch auch nichtverwandte B. Diese könnten durch ihr Verhalten erreichen, daß sie im Brutrevier verbleiben dürfen u. dieses beim Ausfall der Elterntiere od. eines Elterntiers übernehmen können. Wenn gute Brutreviere knapp sind, könnte dieses Verhalten einen Selektionsvorteil bieten; B. sind im Tierreich wohl weiter verbreitet, als dies heute bekannt ist.

Brutkleid, das ↗Sommerkleid.

Brutknöllchen, knollig verdickte Brutknospen (Bulbillen), die der vegetativen Vermehrung dienen.

Brutknospe, 1) *Bulbille,* mit Reservestoffen angereicherte u. zur Ausbildung v. Seitenwurzeln befähigte Knospen, die sich v. der Mutterpflanze ablösen u. der vegetativen Vermehrung dienen. Nach der Art der Reservestoffspeicherung unterscheidet man: a) zwiebelförm. Bulbillen *(Brutzwiebeln):* die Reservestoffe werden in den Blättern der Knospe gespeichert, z. B. Feuerlilie; b) Sproßknöllchen: die Reservestoffe werden im Achsenkörper *(Achsenbulbille,* z. B. Knöllchenknöterich) od. in der Wurzel der Knospe (*Wurzelbulbille,* z. B. Scharbockskraut) gespeichert. [B] asexuelle Fortpflanzung II. **2)** Knospen (meist Adventivknospen, ↗Adventivbildung) an den Blatträndern, die unter geeigneten Bedingungen neue Individuen bilden, sich zunächst vom Blatt abzulösen (Ausnahme die Gatt. *Bryophyllum,* Brutblatt), z. B. Begonie. **3)** Teile v. Tierkörpern, die sich mit einer festen Hülle umgeben u. in diesem Zustand ungünstige Zeiten überstehen od. forttransportiert werden; so die *Gemmulae* bei den Schwämmen u. die *Statoblasten* bei den Moostierchen.

Brutkörbchen, der ↗Brutbecher.

Brutkörper, wenig- bis vielzellige vegetative Fortpflanzungskörper in Form einfach gegliederter Thallus- bzw. Sproßteile od. Seitensprosse bei Algen, Leber- u. Laubmoosen, Farn- u. Samenpflanzen.

Brutparasitismus, *Nestparasitismus,* Aufzucht v. Jungtieren od. Larven durch die Brutfürsorge od. Brutpflege einer anderen Tierart, z. B. beim Kuckuck, bei den Witwenvögeln ([B] Mimikry) od. bei Kuckucksbienen u. Kuckuckswespen. Da der *Brutparasit* sich an die Signale und die angeborenen auslösenden Mechanismen des Wirts anpassen muß, der Wirt aber durch jede Verbesserung seines Signalsystems einen Selektionsvorteil gewinnt, kommt es zu einer schnellen Evolution. Jedes Kuckuckweibchen legt seine Eier nur in ein Nest der Wirtsart, bei der es selbst aufgezogen wurde, u. die Eier gleichen in Farbe u. sogar Größe oft erstaunlich denen der Wirtseltern. Trotzdem verlassen viele Wirtsvögel die Nester, in die ein Kuckucksei gelegt wurde. ↗Witwenvögel.

Brutpflege, *Neomelie,* im Tierreich weitverbreiteter Verhaltensbereich, der zum Schutz u. zur Versorgung der Nachkommen dient. Die B. kann im Bewachen der Eier u. Jungtiere bestehen, in ihrer Versorgung mit Nahrung u. Wasser, ihrer Verteidigung, ihrer Führung u. ihrem Zusammenhalt im Lebensraum usw. Ein Verzicht auf B. ist i. d. R. nur Tieren möglich, die entweder eine sehr hohe Nachkommenzahl produzieren (viele Fische, Insekten usw.) od. die sehr effektive ↗Brutfürsorge betreiben. Besonders hoch entwickelt ist die B. bei den sozialen Insekten (Bienen, Ameisen, Termiten) sowie bei den Vögeln u. Säugetieren. Bei letzteren wird die B. durch hormonelle Umstellungen ausgelöst, die bei der Eiablage bzw. Geburt einsetzen (↗Prolactin). Die Bereitschaft zur B. wird, falls es Jungtiere bzw. Eier zu versorgen gibt, dann auch durch die Reize aufrechterhalten, die v. den Pflegeobjekten ausgehen. Bei höheren Säugetieren hängt die Bereitschaft zur B. häufig davon ab, daß eine individuelle Bindung zu einem Jungtier besteht, d. h., die Eltern lernen ihr Junges kennen. Bei manchen Huftieren muß die Bindung innerhalb weniger Minuten nach der Geburt erfolgen, wenn die Bereitschaft zur B. nicht erlöschen soll. Auch bei Primaten (wahrscheinl. ebenso beim Menschen) existiert eine ↗sensible Phase kurz nach der Geburt, in der die v. Kind ausgehenden Reize die Pflegebereitschaft bes. stark ansprechen.

Brutrevier, während der Brutzeit verteidigtes ↗Revier (Territorium), in dem auch das Nest od. der Brutplatz liegt. Das B. ist oft wesentl. kleiner als das Streifgebiet des übrigen Jahres, bei Zugvögeln liegt es davon weit entfernt. Manche B.e werden v. Gruppen besetzt, die auch gemeinsame Nester bauen, z. B. bei manchen Webervögeln. Bei Koloniebrütern ist das B. oft winzig klein, wird aber trotzdem gegen die Nachbarn verteidigt.

Brutsack, der ↗ Brutbeutel

Brutschrank, isolierter Metallschrank, der vorwiegend zur Kultivierung (Bebrütung) v. Mikroorganismen dient, deren optimale Wachstumstemp. allgemein zw. 20° u. 40°C liegt. B.e werden elektr. beheizt; die Innentemp. ist mittels eines Thermostaten auf einen konstanten Wert einstellbar; tiefere Anzuchtstemp. (unter 20°C) lassen sich in B.en mit Wasserkühlung od. mit zusätzlichem regelbarem Kühlaggregat erreichen.

Bruttasche, der ↗ Brutbeutel.

Brutteich, in der Teichwirtschaft Teich od. Becken, in denen die Fischbrut ausgesetzt u. gehalten wird. Bis die Fische zu vermarktungsfähigen Speisefischen herangewachsen sind, müssen sie mehrfach in weitere Teiche *(Brutvorstreckteiche, Brutstreckteiche, Streckteiche)* umgesetzt werden. Forellen haben nach 2 Sommern, Karpfen nach 3 Sommern Speisefischgröße.

Bruttoformel [it.-lat.], *Summenformel,* gibt die Art u. Anzahl der Atome in einem Molekül an; z. B. C_6H_6 (Benzol), $C_6H_{12}O_6$ (Glucose).

Bruttophotosynthese, *Bruttoassimilation, Bruttoprimärproduktion,* die gesamte Menge an organ. Substanz, die unter Bindung v. Strahlungsenergie in der Photosynthese aus anorgan. Substrat gebildet wird. Ein Teil dieser Bruttoproduktion wird in der Atmung sofort wieder verwendet. Unter der *Bruttoprimärproduktivität* versteht man die B. pro Zeit- und Flächeneinheit. Die B. kann nicht direkt gemessen werden, sondern berechnet sich aus der Summe von *Nettoprimärproduktion* u. Atmungsverlust. Die während der Photosynthese abgegebene O_2-Menge bzw. aufgenommene Menge an CO_2 wird operational als *Nettophotosynthese* definiert.

Brutzellen, kleine Kammern, die v. Brutfürsorge od. Brutpflege betreibenden Insekten angelegt werden, um darin einen Nahrungsvorrat anzulegen, den ihre Larven zum Heranwachsen benötigen. Hierbei kann entweder ein Vorrat angelegt werden, der für das gesamte Wachstum der Larve bis zur Verpuppung ausreicht (viele Grabwespen, Wildbienen od. Mistkäfer), od. der Vorrat wird bei Bedarf nachgefüllt (Honigbiene, Hummeln, Sandwespe *Ammophila*). Normalerweise befindet sich in einer B. nur eine Larve, nur bei Hummeln werden in einer großen Zelle viele Larven großgezogen. Von *Brutwaben* spricht man bei den zur Sechseckform gepreßten B. sozialer Hautflügler, z. B. der Honigbiene.

Brutzwiebel, 1) zwiebelart. Brutknospe mit verdickten Schuppenblättern. **2)** *Tochterzwiebel, Zehe,* bildet sich in den Achseln der Zwiebelschuppen der absterbenden vorjährigen Zwiebel. [B] asexuelle Fortpflanzung II.

Bruyère w [brüijär; frz., = Heide, Heidekraut], dichtes, rötlichbraunes, schön gemasertes Holz aus den Wurzeln der im Mittelmeergebiet heim. Baumheide *(Erica arborea);* das v. a. in It. produzierte Holz wird bes. zur Pfeifenherstellung benutzt.

Bryaceae [Mz.; v. gr. bryon = Moos], *Birnenmoose,* Fam. der *Bryales* mit ca. 5 Gatt.; die Bez. „Birnenmoos" bezieht sich auf die Form der meist hängenden Sporogone. *Bryum* (Birnenmoos) ist die artenreichste u. weitestverbreitete Gatt. der Laubmoose; das Silberbirnenmoos *(B. argenteum)* kommt weltweit vor u. bildet an Trockenstandorten silbrigweiße, an feuchten Stellen grüne Polster. Eine ähnl. Verbreitung weist *Leptobryum pyriforme* auf, das oft auf Blumentöpfen in Gewächshäusern gedeiht. Aus der Gatt. *Pohlia* gilt als Anzeiger magerer, saurer Böden *P. nutans,* das sowohl holarkt. wie auch in Teilen der Südhemisphäre verbreitet ist. Mit wenigen Ausnahmen kommen die Arten der Gatt. *Orthodontium* in trop. und subtrop. Zonen vor; *O. lineare* wurde 1939 im Eberswalder Forst bei Berlin gefunden, seitdem breitet es sich ständig aus; es lebt meist epiphyt. an Stämmen v. Nadelhölzern u. Eichen. Zu den schönsten Moosen gehört das Rosenmoos *(Rhodobryum roseum),* an dessen Trieb die Blättchen rosettenartig in mehreren Etagen übereinander angeordnet sind.

Bryales [Mz.; v. gr. bryon = Moos], Ord. der ↗ Laubmoose (U.-Kl. ↗ *Bryidae*), umfaßt 8 Fam., meist ausdauernde Moose, deren Sporogon 2 Peristomzahnreihen besitzt.

Brycon m [v. gr. brykein = beißen], Gatt. der ↗ Salmler.

Bryidae [Mz.; v. gr. bryon = Moos], artenreichste U.-Kl. der ↗ Laubmoose mit 12

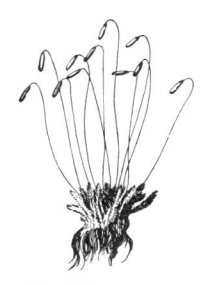

Bryaceae
Birnenmoos *(Bryum)*

Bruttophotosynthese der Meere

Das Phytoplankton im Meer produziert etwa 1000 g Glucose/m^2 im Jahr. Diese Menge entspricht ca. 360 g organ. gebundenem Kohlenstoff *(Kohlenstoffäquivalent);* sie stellt die B. des Meeres dar. Von diesen 360 g werden ungefähr 40% v. den Primärproduzenten sofort wieder veratmet (Atmungsverlust), d. h., es bleiben 200 g an organ. gebundenem Kohlenstoff/m^2 im Jahr als *Nettoprimärproduktion* übrig, die dann den Konsumenten zur Verfügung steht. Insgesamt schätzt man die B. in den Ozeanen durch das Phytoplankton auf jährl. etwa 12–19 Mrd. t an biolog. gebundenem Kohlenstoff, entsprechend einer Biomasse v. ungefähr 500 Mrd. t an frischem Phytoplankton. Da 360 g an organ. gebundenem Kohlenstoff äquivalent 1 kg Glucose sind, stellt die jährl. Nettoproduktion des Phytoplanktons der Meere ca. 50–60 Mrd. t Glucose dar. Bei der Photosynthese wird pro 1 g Glucose 1 g Sauerstoff frei. Die O_2-Produktion der Ozeane beläuft sich auf 150 Mill. t pro Jahr (Gehalt der Atmosphäre an O_2 $12 \cdot 10^{14}$ t).

Bryales
Familien:
↗ Bartramiaceae
↗ Bryaceae
↗ Hypnodendraceae
↗ Mitteniaceae
↗ Mniaceae
↗ Rhizogoniaceae
↗ Spiridentaceae
↗ Timmiaceae

Bryodrilus Ord. (vgl. Tab.); die Gametophyten u. Sporophyten sind sehr mannigfaltig gestaltet.
Bryodrilus *m* [v. *bryo-, gr. drilos = Regenwurm], Gatt. der ↗Enchytraeidae.
Bryokinin, *N⁶-(γ,γ-Dimethylallyl)-adenin,* ein in Kalluszellen v. Moossporophyten nachgewiesenes Cytokinin. In glykosid. Form als N⁶-(γ,γ-Dimethylallyl)-adenosin (N⁶-Isopentenyladenosin) wird es v. Corynebakterien u. Agrobakterien ausgeschieden; in dieser Form kommt es auch als sog. seltenes Nucleotid gebunden in bestimmten t-RNA-Spezies vor.
Bryologie *w* [v. *bryo-, gr. logos = Kunde], die Mooskunde.

Bryologie

Bis ins 18. Jh. wurden die Moose in den bot. Werken nur am Rande erwähnt. Eine erste zusammenfassende Darstellung der Moose findet man 1741 in der „Historia Muscorum" von J. J. Dillenius (1687–1747), wobei neben den Moosen auch Vertreter aus anderen Abt. des Pflanzenreichs aufgeführt wurden. Zum Verständnis der Biologie der Moose trug C. C. Schmidel (1718–92) bei, der mit dem Mikroskop die Antheridien u. Archegonien entdeckte u. sie mit Staubblättern u. Fruchtknoten verglich (1760, „De Jungermannia"). Als Begr. der wiss. Mooskunde gilt J. Hedwig (1730–99), der die Geschlechtsorgane der Moose richtig deutete u. ein brauchbares System für die Moose schuf (1782, „Fundamentum historiae muscorum"; 1784, „Theoria generationis"). Im bes. Maße hat sich W. P. Schimper (1808–80) verdient gemacht. Sein Werk „Bryologia Europaea" (1836–55) mit seinen 640 Steindrucktafeln gilt heute noch als Meisterwerk der Darstellung.

Bryonia *w* [gr., =], die ↗Zaunrübe.
Bryoniatyp *m* [v. gr. bryōnia = Zaunrübe], genet. Bez. für Organismen, bei denen sich die Geschlechtschromosomen untereinander u. gegenüber den Autosomen cytolog. nicht unterscheiden.
Bryophyllum *s* [v. gr. bryein = üppig sprossen, phyllon = Blatt], Gatt. der ↗Dickblattgewächse.
Bryophyta [Mz.; v. *bryo-, gr. phyton = Gewächs], die ↗Moose.
Bryopsidaceae [Mz.; v. *bryo-, gr. opsis = Aussehen], Fam. der *Bryopsidales,* einzellige Grünalgen mit siphonalem Thallus u. verzweigtem Rhizoid; die aufrechte, bis zu 10 cm große, röhrenförm. Hauptachse trägt zahlr. zweireihige od. radial angeordnete Seitentriebe (bäumchenartig). Die ca. 30 Arten der Gatt. *Bryopsis* kommen im Litoral aller Weltmeere vor; der Federtang (*B. plumosa*) ist u. a. im Mittelmeer u. in nördl. Meeren verbreitet.
Bryopsidales [Mz.; ↗Bryopsidaceae], *Chlorosiphonales,* Ord. der Grünalgen mit 6 Fam., besitzen einzellige, schlauchart., vielkern. Thalli unterschiedl. Gestalt (siphonale Organisationsstufe), werden z.T. bis einige Dezimeter groß u. kommen bevorzugt in wärmeren Meeren vor.
Bryopsis *w* [↗Bryopsidaceae], Gatt. der ↗Bryopsidaceae.
Bryoria *w* [v. *bryo-], Gatt. der ↗Parmeliaceae, ↗Bartflechten.

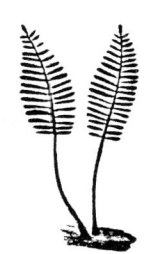

Bryidae
Ordnungen:
↗ Archidiales
↗ Bryales
↗ Dicranales
↗ Fissidentales
↗ Funariales
↗ Grimmiales
↗ Hookeriales
↗ Hypnobryales
↗ Isobryales
↗ Pottiales
↗ Schistostegales
↗ Tetraphidales

Bryopsidaceae
Bryopsis

Bryopsidales
Familien:
↗ Bryopsidaceae
↗ Caulerpaceae
↗ Codiaceae
↗ Derbesiaceae
↗ Dichotomosiphonaceae
↗ Phyllosiphonaceae

bryo- [v. gr. bryon = Moos], in Zss.: Moos-.

Bryozoa [Mz.; v. *bryo-, gr. zōon = Lebewesen], die ↗Moostierchen (Kl. der *Tentaculata*); bisweilen auch Oberbegriff für ↗Moostierchen („Bryozoa ectoprocta") u. ↗Kamptozoa („Bryozoa entoprocta").
Bryozoenkalk *m* [v. *bryo-, gr. zōon = Lebewesen], Sedimentgestein mit riffart. Anreicherung fossiler Bryozoen (↗Moostierchen), bes. im Silur, Zechstein u. in der Oberkreide.
Bryum *s* [v. *bryo-], Gatt. der ↗Bryaceae.
BSB, Abk. für ↗biochemischer Sauerstoffbedarf.
Bubalornis *m* [v. gr. boubalos = Büffel, ornis = Vogel], Gatt. der ↗Webervögel.
Bubalus *m* [v. gr. boubalos = Büffel], Gatt. der Wildrinder mit 2 Arten, ↗Anoa, ↗Wasserbüffel.
bubble-Detritus *m* [babl-; v. engl. bubble = Blase, lat. detritus = Abreiben], organ. Aggregate od. partikuläre Nahrung, die sich in großen Meerestiefen aus gelöster, organ. Substanz gebildet haben.
Bubo *m* [lat., = Uhu], die ↗Uhus.
Bubulcus *m* [lat., = Ochsenhirt], Gatt. der ↗Reiher.
Bucanetes *m* [v. gr. bykanētēs = Trompeter], Gatt. der ↗Gimpel.
Buccalganglion *s* [v. lat. bucca = Backe, gr. gagglion = Nervenknoten], paariges Ganglion bei ↗Weichtieren, dessen Fasern die dorsale Seite der Mundhöhle u. den Vorderdarm innervieren.
Buccinidae [Mz.; v. lat. buccinum = Posaunenschnecke], die ↗Wellhornschnecken.
Bucconidae [Mz.; v. lat. bucco = Tölpel], die ↗Faulvögel.
Bucegia *w*, eine Gattung der ↗Marchantiaceae.
Bucephala *w* [v. gr. boukephalos = großköpfig], Gatt. der ↗Enten.
Bucerotidae [Mz.; v. gr. boukerōs = mit Ochsenhorn], die ↗Nashornvögel.
Buch, *Christian Leopold* von, dt. Geologe u. Paläontologe, * 26. 4. 1774 Schloß Stolpe bei Angermünde (Uckermark), † 4. 3. 1853 Berlin; Privatgelehrter; zahlr. Reisen in eur. Länder, deren Ergebnisse in geolog. und paläontolog. Veröff. ausgewertet wurden. Gab 1826 die erste geognostische Karte Dtl.s (24 Blätter) heraus; begr. die systemat. Untersuchung der Versteinerungen, erforschte den Schwäb.-Fränk. Jura, schuf den Begriff des Leitfossils.
Bucharaklee [ben. nach der turkmen. Landschaft] ↗Steinklee.
Buchdrucker, *Ips typographus,* Art der ↗Borkenkäfer; polygamer Rindenbrüter in Fichte u.a. Nadelhölzern; 4–5 mm, dunkelbraun, länglich, am Flügeldeckenende mit jeweils 4 Zähnchen (daher auch

Großer Achtzähniger Fichtenborkenkäfer). Entsprechend der Zahl der Längsmuttergänge nagen 1–3 Weibchen stets in Faserrichtung des Stammes Gänge mit Luftlöchern (☐ Borkenkäfer). Jedes Weibchen legt entlang seines Ganges 30–100 Eie: wofür es mehrmals begattet werden muß. Die Männchen helfen bei der Beseitigung des Bohrmehls. Entwicklung bis zum fertigen Käfer ca. 2–3 Monate. Dasselbe Weibchen macht häufig sofort eine zweite Brut (erste Nebenbrut). Danach kommt es erst zu einer tatsächl. zweiten Generation, die wiederum eine weitere Nebenbrut macht, so daß es zu mindestens vier ineinander verschachtelten Entwicklungsabschnitten kommt. Die Art neigt zu Massenvermehrungen, wobei Hunderte v. Brutplätzen pro m² Rinde auftreten können. Der Baum wehrt sich durch vermehrten Harzfluß, woran ein Befall auch erkennbar sein kann.

Buche, *Fagus,* Gatt. der Buchengewächse mit ca. 11 Arten in der nördl. gemäßigten Zone. In Mitteleuropa kommt die Rot-B. *(F. sylvatica,* B Europa X) im Verb. *Fagion sylvaticae* der Kl. *Querco-Fagetea* vor. Vikariierende Arten sind in O-Asien *F. crenata* und in N-Amerika *F. grandifolia.* Kennzeichen der Gatt. *Fagus* sind die auf 1 Blüte reduzierten ♀ Blütenstände u. langgestielte Dichasienbüschel der ♂ Blüten. Die Frucht ist die 3kantige *Buchecker (Buchel),* zu je 2–3 in einer 4klappigen borstigen Cupula (Fruchtbecher). Die Keimung erfolgt epigäisch im Ggs. zu den übrigen Buchengewächsen. Die Rot-B. mit glatter, silbergrauer Rinde ist eine Schattbaumart mit guter Naturverjüngung bis 30 (40)m Höhe, wird bis 300 Jahre alt. Das Mannbarkeitsalter beträgt ca. 50–70 Jahre, Mastjahre alle 4–5 Jahre. Die B.n sind nur jung ausschlagsfähig. Die bewimperten Blätter sind zweizeilig angeordnet. Der Schwerpunkt der Verbreitung der spätfrostempfindl. Rot-B. liegt in der montanen Stufe auf kalkreichen Mull- bis Moderböden im atlant.-subatlant. Bereich. Auffällige Schädlinge sind u. a. der Buchenspringrüßler *(Rhynchaenus fagi)* mit Löcher- u. Minenfraß u. mit den roten, zwiebelförm. Gallen die Buchengallmücke *(Mikiola fagi).* Die Bucheckern enthalten 46% Öl (Speiseöl in Notzeiten) u. dienten zur Schweinemast. Das graurötl., zerstreutporige harte B.nholz (Dichte 0,7 g/cm³) ist gedämpft rotbraun u. eignet sich bes. für Büromöbel, Sperrholzfurniere, Massenartikel, Brennholz u. Holzkohlenherstellung sowie aufgrund seines hohen Kreosotgehalts für Räucherzwecke. Zahlr. Varietäten der B., z. B. die Mutation der *Blut-B.* mit anthocyanhalt. Blättern *(var. purpurea),* werden angepflanzt. A. S.

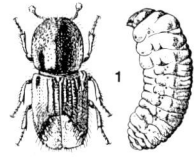

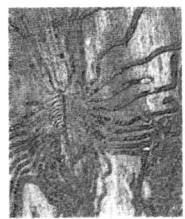

Buchelmast, *Buchenmast,* Bez. für den Fall der Bucheckern od. Bucheln (Samen der ↗Buche). Man unterscheidet Vollmast mit sehr gutem Bucheckerfall, Halbmast bei schlechterer u. Sprengmast bei sehr geringer Buchenbildung. Vollmasten treten etwa alle 8 Jahre auf u. sind für die Naturverjüngung im Waldbau wichtig.

Buchenartige, *Fagales,* Ord. der *Hamamelidales* mit 2 Fam., den ↗Birkengewächsen u. ↗Buchengewächsen; meist windblütige, einhäusige Bäume u. Sträucher mit kätzchenart. Blütenständen; teilweise Chalazogamie. Die Blüten sind stets diklin mit einfachem od. fehlendem Perianth. Aus dem coenokarpen unterständ. Fruchtknoten gehen einsamige endospermlose Nußfrüchte hervor.

Buchenfarn, *Thelypteris phegopteris,* ↗Lappenfarn.

Buchengewächse, *Fagaceae,* Fam. der Buchenartigen mit 8 Gatt. (vgl. Tab.) u. ca. 1000 Arten; laubwerfende od. immergrüne, eingeschlechtige Hartholzbäume der gemäßigten u. trop. Wälder. Die ♀ Blüte hat die ↗Blütenformel P $3+3$ G$(\overline{3})$, die ♂ Blüten haben eine wechselnde Zahl v. Perianth- u. Staubblättern. Die Früchte sind v. einem Fruchtbecher (Cupula), einem verholzenden Auswuchs der Blütenachse, umschlossen. Ursprüngl. Formen sind insektenbestäubt, abgeleitete windblütig (Buche, *Nothofagus* u. Eichen der gemäßigten Gebiete).

Buchenspinner, *Stauropus fagi,* ↗Zahnspinner.

Buchen-Tannenwald ↗Abieti-Fagetum.

Buchen-Traubeneichenwald, *Fago-Quercetum petraeae, Violo-Quercetum petraeae,* Assoziation der ↗Quercetea roboripetraeae.

Buchenwälder ↗Fagion sylvaticae.

Buchenzeit ↗Subatlantikum.

Bücherläuse, *Liposcelis,* Gatt. der ↗Psocoptera.

Bücherskorpion, *Chelifer cancroides,* ca. 4 mm langer Pseudoskorpion, der, wahrscheinl. durch den Menschen verschleppt, weltweit vorkommt; er führt in menschl.

Buchdrucker
1 Buchdrucker *(Ips typographus),* Imago u. Larve
2 Schadspuren des *Ips typographus* auf der Innenseite der Rinde

Buche
1 Wuchsform der Rotbuche *(Fagus sylvatica),* 2a Zweig mit ♂ Blüten, b Fruchtzweig

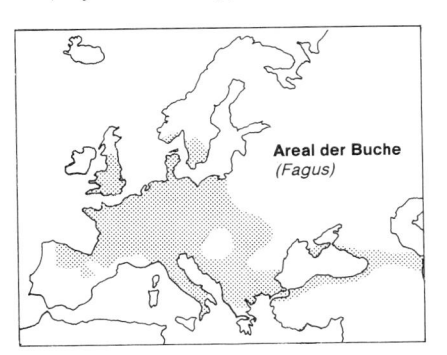

Areal der Buche *(Fagus)*

Buchengewächse
Wichtige Gattungen:
↗Buche *(Fagus)*
↗Eiche *(Quercus)*
↗Kastanie *(Castanea)*
↗*Nothofagus*

Buchfinken

Behausungen, v. a. in Bibliotheken, Museen u. ä., ein verborgenes Leben u. macht auf Staubläuse Jagd. Der B. hat eine komplizierte Balz, bei der das Männchen lange Schläuche aus der Geschlechtsöffnung hervorstülpt u. hilft, die Spermatophorenspitze in die weibl. Genitalöffnung einzuführen. Wie bei allen Pseudoskorpionen, betreibt das Weibchen eine hochentwickelte Brutpflege.

Buchfinken, *Fringilla,* Gatt. der Finken mit 3 Arten. Der in fast ganz Europa, W-Asien und N-Afrika vorkommende Buchfink *(F. coelebs,* B Europa XII) ist einer der häufigsten eur. Singvögel überhaupt. Er besiedelt prakt. alle baumbestandenen Biotope. Das Männchen besitzt im Brutkleid eine rotbraune Unterseite u. einen blaugrauen Oberkopf, das Weibchen ist unscheinbar graubraun gefärbt; kennzeichnend sind zwei weiße Flügelbinden. Der laut schmetternde Gesang („Finkenschlag") variiert lokal (Dialekte); er ruft u. a. „pink", im Flug gedämpft „jüp". Die Nahrung sind im Sommer v. a. Insekten, im Winter ausschl. Sämereien, die Jungen werden mit Insektenlarven gefüttert. Das in Bäumen od. Sträuchern gebaute halbkugelige Nest aus Halmen, Moos u. Flechten enthält 3–6 Eier (B Vogeleier I), 2 Bruten pro Jahr. B. ziehen im Winter in den Mittelmeerraum, ein Teil überwintert auch im Brutgebiet, im Norden v. a. die Männchen *(coelebs = eheios).* Die Taiga u. Birkenwälder in N-Europa und N-Asien besiedelt der Bergfink *(F. montifringilla,* B Europa III). Er zieht im Herbst nach Mittel- und S-Europa, in manchen Jahren in riesigen Schwärmen, die sich bevorzugt v. Bucheckern ernähren; häufig auch am Futterplatz. Der auf den Kanar. Inseln vorkommende Teydefink *(F. teydea)* umgeht die Konkurrenz mit dem später dort eingewanderten Buchfinken durch Einnischung, indem er den Nadelwald bewohnt u. der Buchfink den Laubwald. B Finken.

Buchner, 1) *Eduard,* dt. Chemiker, * 20. 5. 1860 München, † 13. 8. 1917 Focșani (Rumänien); seit 1898 Prof. in Berlin, Kiel, Tübingen, Breslau (1909), Würzburg (1911). Grundlegende Arbeiten zur alkohol. Gärung, die er 1897 als Folge des v. den Hefezellen abgespaltenen Enzyms „Zymase" erkannte; erhielt für den Nachweis der „zellfreien Gärung" 1907 den Nobelpreis für Chemie. **2)** *Paul,* dt. Zoologe, * 12. 4. 1886 Nürnberg, † 19. 10. 1978 Ischia; seit 1919 Prof. in Greifswald, 1926 in Breslau, 1934–43 in Leipzig, ab 1959 in München, bedeutende Arbeiten zur Symbiose zw. Tieren u. pflanzl. Mikroorganismen.

Buchsbaum, *Immergrüner B., Buxus sempervirens,* ↗ Buchsbaumgewächse.

Bücherskorpion *(Chelifer cancroides)*

Buchfinken
Arten:
Bergfink *(Fringilla montifringilla)*
Buchfink *(Fringilla coelebs)*
Teydefink *(Fringilla teydea)*

Buchsbaumgewächse
Immergrüner Buchsbaum *(Buxus sempervirens),* rechts Blütenknäuel

E. Buchner

Buchsbaumgewächse, *Buxaceae,* Fam. der *Celastrales* mit 6 Gatt. und ca. 100 Arten; ausdauernde, immergrüne Sträucher, Stauden od. selten Bäume, Verbreitungsgebiet weltweit in den gemäßigten bis trop. Zonen. Blätter ledrig, ganzrandig, gegen-, selten schraubenständig; keine Nebenblätter; dikline Blüten, radiär, entweder einzeln od. häufiger in Blütenständen angeordnet. Bei den staminaten Blüten ist oft ein rudimentärer Fruchtknoten erhalten, karpellate Blüten besitzen einen oberständigen, dreifachen Fruchtknoten; 3 freie Griffel, die auf der Frucht Hörner bilden. Die Frucht ist eine fachspaltig aufspringende Kapsel od. eine Steinfrucht. In seinem Verbreitungsschwerpunkt, dem südeur.-westasiat. Raum, kann der Immergrüne Buchsbaum *(Buxus sempervirens,* B Mediterranregion II) bis 20 m hoch werden. Er ist auch im süddt. Raum ursprünglich u. kommt an S-exponierten Hängen z. B. mit der Flaumeiche vor. Nutzung als Gartenpflanze, deren viele Züchtungen in Blattfarben u. -formen variieren; wenig ruß- u. rauchempfindlich. Da der Immergrüne Buchsbaum Beschneiden gut verträgt, wird er häufig angepflanzt, z. B. als Hecke u. Abgrenzung, aber auch einzeln zu geometr. Figuren geformt. Sein blaßgelbes, hartes Holz mit sehr feinen schmalen Jahresringen ist für Schnitz- u. Drechselarbeiten u. zur Herstellung v. Blasinstrumenten geschätzt, z. B. für Klarinetten u. Flöten; früher zum Gravieren verwendet. Weitere Gartenpflanzen sind: *Pachysandra procumbens,* aus dem südöstl. N-Amerika stammend; wintergrüner Bodendecker. *P. terminalis,* in Japan beheimatet, ein bis 20 cm hoher Zwergstrauch, der am Ende v. kahlen Trieben 5–10 cm lange, dunkelgrüne Blätter ausbildet. Der Jojoba-Strauch *(Simmondsia californica),* Mittelamerika, ist extrem unempfindl. gg. Trokkenheit. Er soll in an die Sahara angrenzende Gebiete gepflanzt werden, um dem weiteren Vordringen der Wüste Einhalt zu gebieten (↗ Desertifikation). Das in den Samen enthaltene Öl wird in der kosmet. Industrie anstelle v. Wal-Tran verwendet.

Büchsenkraut, *Lindernia,* Gatt. der Braunwurzgewächse mit 29 Arten, v. denen 26 im trop. u. subtrop. Afrika, Asien u. Australien u. 2 in Amerika beheimatet sind. Der einzige Vertreter dieser Gatt. in Europa, das Gemeine B. *(L. pyxidaria, L. procumbens),* ist ein einjähr. Kraut mit 2–10 cm langem, vierkantigem, am Grunde meist ästigem Stengel, gegenständigen, ellipt. Blättern u. einzeln in den Blattachseln stehenden weißen, oben rötl. Blüten. Blütezeit der sehr seltenen, nach der ↗ Roten Liste als „stark gefährdet" eingestuften, in Mitteleuropa u.

Mittelasien (v. Sibirien bis nach Japan) vorkommenden Pflanze ist Aug. bis Sept. Standort sind nasse, nährstoffreiche, offene Schlammböden v. Tümpeln u. Teichen.

Büchsenmuscheln, *Pandoridae,* Fam. der Büchsenmuschelartigen (U.-Ord. ↗ *Anomalodesmacea*), Muscheln mit längl., hinten geschnäbelter Schale, deren Innenseite perlmuttrig ist; die linke Klappe ist meist gewölbt, die rechte flach. Die einzige Gatt. *Pandora* ist weltweit verbreitet.

Büchsenroller, Gatt. der Rüsselkäfergruppe ↗ Blattroller.

Buchweizen, *Fagopyrum,* Gatt. der Knöterichgewächse mit 4 Arten, urspr. in Zentralasien beheimatet. Wichtig ist bes. der Echte B. *(F. esculentum),* der, obwohl kein Gras, manchmal zu den Getreiden gezählt wird. Er wurde zuerst in den ostasiat. Steppen angebaut; durch die Mongolen kam er im 14. Jh. nach Europa. Die einem Knöterich habituell sehr ähnl. Pflanze – sie unterscheidet sich durch die breit-herzförm. Blätter u. die über die Blütenhülle hinausschauende Frucht – ist sehr frostempfindlich. Sie wurde aber früher, weil sie an den Boden keine hohen Ansprüche stellt, auf den armen Sandböden NW-Deutschlands angebaut. Die kurze Vegetationszeit v. 10–12 Wochen ermöglicht den Anbau als Zwischenfrucht. Genutzt wird der Echte B. zur Gründüngung od. Viehfütterung, insbes. aber zur Gewinnung v. Mehl aus den Nüssen. Da das Mehl nicht backfähig ist, werden z.B. Grützen u. Graupen daraus gemacht. Die stark schwankenden Erträge sind relativ niedrig (um 3,7 dz/ha). Der größte Produzent ist die UdSSR. In der geschälten Nuß sind neben 12,8% Wasser, 9,8% Proteine, 1,7% Fett u. 72,4% Kohlenhydrate enthalten. Der Verzehr frischer, manchmal auch getrockneter Pflanzen od. größerer Mengen Früchte ruft bei hellem od. gefleckten Vieh den sog. *Fagopyrismus* hervor, eine auch v. Pfirsichblättrigen Knöterich, v. Melden, Kreuzdornarten u. Johanniskraut ausgelöste langsame Vergiftung, die (beim B.) durch Fagopyrin ausgelöst wird u. mit Hautentzündungen u. Hämoglobinveränderungen einhergeht. Sonnenlicht fördert die Krankheit. Ähnl. wie der Echte wird auch der Tartarische B. *(F. tartaricum)* genutzt. Er unterscheidet sich u.a. durch den bis zuletzt grün bleibenden u. nicht rot werdenden Stengel. Er ist frosthärter als die vorige Art, wird aber noch weniger u. nur in Zentralasien angebaut. Beide Arten kommen in Dtl. selten verwildert in Unkraut- und Schuttgesellschaften vor. [B] Kulturpflanzen I.

Buckelbienen, *Sphecodes,* Gatt. der ↗ Schmalbienen.

Buchweizen
a oberes, b unteres Stück einer blühenden Pflanze, c Blüte, d Frucht, e diese durchschnitten.

Buckelfliegen, *Rennfliegen, Phoridae,* Fam. der Fliegen mit weltweit ca. 1500 Arten, davon in Mitteleuropa einige hundert. Die B. sind 0,5–6 mm große, meist grau bis schwarz gefärbte Insekten; als typ. Merkmal ein gewölbter Thorax, der das bucklige Aussehen verleiht. Zum zweiten Namen kamen sie wegen ihrer ruckartigen, schnellen Bewegungsweise auf Blüten u. Blättern. Etwa 150 Arten leben in Ameisennestern; bei ihnen sind Flügel u. auch Halteren nicht mehr ausgebildet; sie wurden z.T. lange nicht als Fliegen erkannt. Die B. ernähren sich bes. von faulendem, moderndem pflanzl. u. tier. Gewebe; sie gehören zu der typ. Fauna menschl. Gräber. Es gibt aber Arten, die sich v. Pilzen ernähren od. Abfälle in Bienenstöcken fressen. Die Faulbrutfliege *(Phora incrassa)* legt ihre Eier in Larven der Honigbiene. Viele B. leben endoparasitisch in Insekten. Die Entwicklung der B. ist durch eine kurze Larvalzeit gekennzeichnet, die bei manchen Arten fast ganz reduziert ist.

Buckelkäfer, *Gibbium psylloides,* ↗ Diebskäfer.

Buckelrind, das ↗ Zebu.

Buckelschildkröten, *Mesoclemmys,* Gatt. der ↗ Schlangenhalsschildkröten.

Buckelschrecken, *Rhaphidophoridae,* Fam. der Heuschrecken; weltweit ca. 300 Arten, in Dtl. nur die vermutl. aus Zentralchina weltweit verbreitete Gewächshausschrecke *(Tachycines asynamorus).* Die B. sind buckelartig gekrümmt, flügellos u. haben lange Beine u. Cerci. Als Anpassung an das Höhlenleben sind die Augen zurückgebildet, die Fühler (Tastsinn) aber extrem verlängert; kein Hörvermögen u. kein Gesang. Die Gewächshausschrecke ist nachtaktiv u. ernährt sich v. kleinen Insekten (Blattläuse). Die Eier werden in den Boden gelegt, die Larven häuten sich ca. 11mal.

Buckelwal, *Megaptera novae-angliae,* Bartenwal aus der Fam. der Furchenwale; Körperlänge 11–16 m, Gewicht ca. 30 Tonnen; Brustfinnen auffallend schmal u. lang (fast ⅓ der Körperlänge); Oberseite schwarz, Unterseite weiß; Buckelreihe v. Rückenbis Schwanzfinne; 15–36 Kehlfurchen: im Oberkiefer jederseits 300–400 Barten von ca. 60 cm Länge. Im Ggs. zu den die Hochsee bevorzugenden anderen Furchenwalen ist der B. vorwiegend Küstenbewohner. Die Paarung der B.e findet auf der N-Halbkugel im April, auf der S-Halbkugel im Sept. statt. Nach knapp 1 Jahr Tragzeit wird das 4–5 m lange Junge geboren u. etwa 5 Monate gesäugt. Die Nahrung besteht neben kleinen Fischen hpts. aus Krill; dieser lockt die B.e der S-Halbkugel alljährl. in die antarkt. Gewässer. Die starke

Buckelzirpen

Bejagung des B.s führte in der Antarktis zu einem Rückgang von schätzungsweise 22 000 (1930) bis unter 3000 Tieren (1965); knapp 5000 B.e schätzt man im N-Pazifik; Zahlen aus dem N-Atlantik sind nicht bekannt. Seit vielen Jahren werden die Lautäußerungen des B.s („Walgesang") erforscht. B Polarregion IV.

Buckelzirpen, *Membracidae,* Fam. der Zikaden; von ca. 3000 Arten kommen in Mitteleuropa nur 2 vor. Die B. sind leicht an ihrem buckelartig gewölbten, nach hinten gerichteten, bisweilen bizarr geformten Rückenschild zu erkennen. Sie ernähren sich v. Pflanzensäften. In unseren Breiten findet man die ca. 10 mm lange Dornzikade *(Centrotus cornutus)* mit 3 Dornfortsätzen am Vorderrücken im Sommer an niedr. Laubgehölzen. Zahlr. Arten mit z. T. seltsam geformten Thoraxfortsätzen leben in S-Amerika.

Bucorvus *m* [v. gr. bous = Rind, lat. corvus = Rabe], Gatt. der ↗Nashornvögel.

budding *s* [badding; v. engl. bud = knospen], *Sprossung, Knospung,* **1)** Virologie: Teil der Virusreifung u. Ausschleusungsprozeß v. Viren, die mit einer Hülle umgeben sind (z. B. Ortho-, Paramyxo-, Herpes-, Retroviren); elektronenmikroskopisch als Knospung an der Kern- od. Zellmembran der infizierten Zelle sichtbar. Beim B. lagern sich die neugebildeten Nucleocapside des Virus an Stellen der Zellmembran an, in die die virusspezif. Hüllproteine eingelagert sind. Durch knospenart. Ausstülpung dieser Membranbereiche u. anschließende Abschnürung v. der zellulären Membran werden die Nucleocapside v. einer Membranhülle umgeben u. die reifen, infektiösen Virionen freigesetzt. **2)** bei Bakterien u. Pilzen: ↗Sprossung.

Buddleja *w* [ben. nach dem engl. Botanik-Liebhaber, A. Buddle, 1660–1715], *Buddleia, Schmetterlingsstrauch, Sommerflieder,* wird als Gatt. den *Buddlejaceae* od., häufiger, den Brechnußgewächsen zugeordnet u. umfaßt ca. 120 in den Tropen u. Subtropen beheimatete Arten. Die verholzten, ausdauernden Pflanzen, unter denen kleinere Bäume u. auch kräftige holzige Lianen sowie größere u. kleinere, oft trockenheitsertragende, gelb, orange od. lila blühende Sträucher anzutreffen sind, werden in verschiedenen Arten auch in mitteleur. Gärten u. Anlagen kultiviert. Besonders zu erwähnen ist *B. davidii,* ein aus China stammender, starkwüchs., sommergrüner, 4–5 m hoher Strauch mit dunkelgrünen, lanzettl., unterseits graugrünen Blättern u. schmalen, 10–40 cm langen Rispen dichtgedrängter, meist lila bis purpurfarbener, stark duftender Blüten, die wegen ihres Nektarreichtums bes. v.

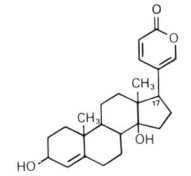

Bufadienolide
Strukturformel von *Scillarenin*

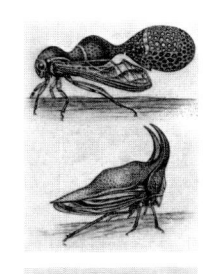

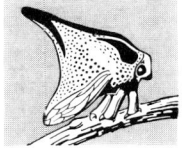

Buckelzirpen
Ober: zwei Formen tropischer B. mit blasen- u. hornartigen Rückenfortsätzen, unter: tropische Dornzikade

G. L. L. von Buffon

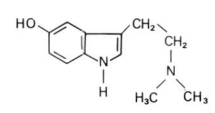

Bufotenin

Schmetterlingen besucht werden (dt. Name!). Blütezeit: Spätsommer bis Herbst.

Buellia *w,* Gatt. der ↗Physciaceae.

Bufadienolide, Gruppe natürlicher herzwirksamer 24-C-Steroidderivate mit doppelt ungesättigtem δ-Lacton-Ring an C_{17}; sie kommen in digitaloid wirksamen Pflanzen (Liliaceen, z. B. *Scilla maritima,* u. Ranunculaceen, z. B. *Helleborus niger*) u. im Blut v. Kröten *(Bufo),* wo sie für die normale Herzfunktion nötig sind, in glykosid. gebundener Form (Bufadienolidglykoside) sowie im gift. Hautsekret v. Kröten frei od. mit Suberylarginin verestert vor. Einzelne Vertreter sind *Bufalin* (im Hautsekret der Kröte; nie glykosid. gebunden), *Bufotalin,* dessen Glykosid, das *Bufotoxin,* als tox. Inhaltsstoff der eur. Erdkröte *(Bufo bufo)* vorkommt, *Telocinobufagin, Bufotalidin (Hellebrigenin), Scillarenin, Scillirosidin* u. *Scilliglaucosidin.* ↗Herzglykoside.

Büffel, Wildrinder Asiens u. Afrikas, die sich wahrscheinl. schon in einer stammesgeschichtl. frühen Periode aufspalteten u. zwei getrennte Rassenkreise entwickelten. Man unterscheidet heute die Asiatischen B. (Gatt. *Bubalus*) mit dem ↗Anoa u. dem ↗Wasserbüffel u. die Afrikanischen B. (Gatt. *Syncerus*) mit dem ↗Kaffernbüffel.

Büffelweber *Bubalornis albirostris,* ↗Weberv ögel.

Buffon [büfõn], *Georges Louis Leclerc* Graf von, frz. Naturforscher, * 7. 9. 1707 Montbard (Côte-d'Or), † 16. 4. 1788 Paris; 1733 wegen mathemat. Abhandlungen Mitgl. der Akademie der Wiss., 1739 Intendant der frz. bot. Gärten. Gegner v. Linné, v. dessen Konstanztheorie u. künstl. Systematik, Anhänger der Lehre v. der Urzeugung; suchte die Entstehung der Lebewesen aus kleinsten Teilen u. die Entwicklung aufgrund klimat. Änderungen zu erklären; stellte Überlegungen zur Entstehung u. zum Alter der Erde an; schrieb eine umfangreiche (44 Bde.) Naturgeschichte („Histoire naturelle générale et particulière").

Bufo *m* [lat., = Kröte], Gatt. der ↗Kröten.

Bufonidae [Mz.; v. lat. bufo = Kröte], die ↗Kröten.

Bufotenine [Mz.; v. lat. bufo = Kröte, gr. tenos = Band], v. Indolgerüst abgeleitete Krötengifte (das eigtl. Bufotenin, Dehydrobufotenin, O-Methylbufotenin), wovon das Bufotenin auch im Gelben Knollenblätterpilz vorkommt. B. steigern den Blutdruck u. lähmen die motor. Zentren v. Gehirn u. Rückenmark.

Buglossidium *s* [v. gr. bous = Ochse, glossidion = kleine Zunge], Gatt. der ↗Zungen.

Bugula *w,* marine Gatt. der *Anasca* (↗Moostierchen), bildet büschelförm., bis

10 cm hohe Kolonien auf Steinen, Molluskenschalen u. als störenden Aufwuchs auch an Schiffen; Larve eiförmig, mit Augenfleck.

Bukettkrankheit, durch das Bukettvirus, ein meist durch Boden-Nematoden (Fadenwürmer) übertragenes, isometrisches Virus, hervorgerufene Krankheit der Kartoffelstaude; Triebe gestaucht, Blätter u. Knollen klein.

Bukettstadium, Anordnung der Chromosomen im Prophasekern in der Zeitspanne zw. Leptotän u. Pachytän während der ↗ Meiose.

Bulbille w [v. lat. bulbus = Zwiebel, Knolle], 1) die ↗ Brutknospe 1). 2) *Bulbilli,* Kiemenherzen bei ↗ Schädellosen.

Bulbochaete w [v. lat. bulbus = Zwiebel, gr. chaité = langes Haar], ↗ Oedogoniales.

Bulbourethraldrüsen [v. lat. bulbus = Zwiebel, Knolle, gr. ourēthra = Harnröhre], *Cowpersche Drüsen, Glandulae bulbourethrales,* meist paarige kleine tubulo-alveoläre Schleimdrüsen, die, in der Muskulatur od. dem Bindegewebe des Beckenbodens gelegen, bei allen Säugetieren unterhalb des Harnröhrenschwellkörpers *(Bulbus urethrae)* nahe der Peniswurzel mit je einem Ausführgang in die Harnröhre münden. Ihr schwach alkal. Sekret wird bereits vor der Ejakulation in die Harnröhre abgegeben.

Bülbüls [Mz.; v. türk. bülbül = Nachtigall], die ↗ Haarvögel.

Bulbus m [lat., = Zwiebel, Knolle], 1) die ↗ Zwiebel. 2) anatom. Bez. für zwiebelförm. Organteile od. Organe, z. B. *B. oculi,* der Augapfel.

Bulgariaceae Fr. [Mz.; v. lat. bulga = lederner Sack, Balg], *Schmutzbecherlinge, Gallertbecherlinge,* Fam. der *Helotiales* (Schlauchpilze); sie bilden gallertartige, mittelgroße bis große, kreiselförm. Fruchtkörper mit farblosen bis dunkelbraunen Ascosporen. B. sind saprob. Pilze, meist holzbewohnend. Häufiger Besiedler v. Laubholzstubben (Eiche, Buche) ist der ungenießbare, bis 2 cm große, fleischrote Gallertbecher (*Coryne sarcoides* Tul.). Oft findet sich, bes. an gefällten, abgestorbenen Eichenstämmen u. Ästen, der bis 4 cm große, dunkelbraune bis schwarze, reihenweise od. in Büscheln auftretende, bedeutungslose Schmutzbecherling *Bulgaria inquinans* Fr.; an gelagertem Nutzholz kann er Lagerfäule verursachen.

Bulgarica w [v. lat. bulga = lederner Sack, Balg], Gatt. der Schließmundschnecken, die in Mitteleuropa mit den 2 Arten *B. cana* u. *B. vetusta* vertreten ist.

Bulimulidae [Mz.; v. gr. boulimos = Heißhunger], Fam. der Landlungenschnecken mit meist eikegel- bis zylindr.-kegelförm.

Bukettstadium
Während der Paarung der homologen Chromosomen sind die Chromosomenenden bei vielen Organismen offensichtlich an der Kernmembran festgeknüpft. Die gepaarten Chromosomen bilden eine Schleife, die Chromosomenenden liegen in der Nähe des Centriols. Das B. wurde zunächst nur bei Tieren, später aber auch bei Pflanzen beobachtet.

Gehäuse, das in einigen Gatt. sehr groß wird (*Dryptus:* 11 cm Höhe). Viele Gatt. leben vorwiegend auf Bäumen. Das Verbreitungsgebiet erstreckt sich über S- und Mittelamerika, das südl. N-Amerika, Australien, Neuseeland u. Melanesien.

Bulinus, Gatt. der Wasserlungenschnecken aus der Fam. *Bulinidae,* mit linksgewundenem, eiförm. Gehäuse; das Blut einiger Arten ist durch Hämoglobin rot; Arten der Gatt. leben in S-Europa, Vorderasien u. Afrika, wo sie als Überträger der Bilharziose, einer durch Saugwürmer erzeugten Krankheit des Menschen, eine wichtige Rolle spielen.

Bulla w [lat., = Blase, Buckel, Knopf], Gatt. der Ord. Kopfschildschnecken, Hinterkiemer mit bauchig-eiförm., festschaligem Gehäuse, in das sich das Tier völlig zurückziehen kann. Bei *B. ampulla* wird das Gehäuse 4,5 cm hoch; das Tier lebt im Flachwasser sandiger Küsten des Indopazifik u. ist dort häufig.

Bulla ossea w [v. lat. bulla = Blase, os, Gen. ossis = Knochen], knöcherne Gehörblase bei Walen; entstanden aus der Verschmelzung v. Felsenbein (Os petrosum) u. Paukenbein (Os tympanicum). Die in Binde- u. Fettgewebe eingebettete paarige B. o. ist mit der Schädelkapsel nur durch Bänder verbunden. *Cetolithen* sind isoliert (z. B. fossil) aufgefundene B. o.

Bulldoggameisen, *Bulldoggenameisen, Myrmeciidae,* Fam. der ↗ Ameisen.

Bulldoggfledermäuse, *Molossidae,* mit den Glattnasen verwandte Fledermaus-Fam., mit 10 Gatt. u. etwa 80 Arten über alle warmen Gebiete der Alten u. Neuen Welt verbreitet. Kopf dick mit breit abgeflachter Schnauze u. faltigen Lippen; das Schwanzende ragt weit über den Hinterrand der Schwanzflughaut heraus. In Europa lebt nur 1 Art *(Tadarida teniotis)* rund um das Mittelmeer; mit einer Kopfrumpflänge von 8,2 – 8,7 cm und 4,6 – 5,7 cm Schwanzlänge ist sie die größte eur. Fledermaus.

Bulle, das männl. geschlechtsreife Tier bei Antilopen, Elefanten, Giraffen, Rindern u. a.; bei Hausrindern auch *Stier, Farren* od. *Fasel* genannt.

Bullera, Form-Gatt. der ↗ Sporobolomycetaceae.

Bullia w [v. lat. bulla = Blase, Buckel, Knopf], Gatt. der *Nassariidae,* Vorderkiemerschnecken mit meist schlankem, hochgetürmtem Gehäuse, dessen unterer Mündungsrand einen breiten Kanal für den Sipho hat. Die Schnecken leben im flachen Wasser auf Sandböden der Küsten trop. bis gemäßigter Meere.

Bullidae [Mz.; v. lat. bulla = Blase, Buckel, Knopf], ↗ Blasenschnecken 3).

Bulnesia, Gatt. der ↗Jochblattgewächse.
Bult m, ↗Hochmoor.
Bultgesellschaften, *Sphagnetalia fusci,* ↗Oxycocco-Sphagnetea.
Bumelia w [v. gr. bou- = groß, ungeheuer, melia = Esche], Gatt. der ↗Sapotaceae.
Bumilleria w, Gatt. der Heterotrichales.
Bungarotoxine [Mz.; v. gr. toxikon = (Pfeil-)Gift], aus dem Gift der ↗Bungars isolierte, stark bas. Polypeptide (↗Schlangengifte). Während α-B. wegen seiner hohen Affinität zum ↗Acetylcholinrezeptor nahezu irreversibel v. diesem gebunden wird u. diesen dadurch blockiert (postsynapt. Wirkung), greift β-B. ausschl. an der präsynapt. Membran der Nervenendplatte an u. blockiert dort die Freisetzung des Neurotransmitters Acetylcholin (präsynapt. Wirkung).

Gelber Bungar (Bungarus fasciatus)

Bungars [Sanskrit], *Kraits, Bungarus,* Gatt. der Giftnattern mit ca. 12 Arten. Die selten über 2 m langen B. leben in den Bambusdickichten u. Wäldern SO-Asiens u. auf den Sunda-Inseln; meist auffallend bunt geringelt; nachtaktiv; ernähren sich fast ausschl. v. Schlangen; besitzen nur kleine Giftzähne u. beißen nur selten zu; das stark wirksame Nervengift ist jedoch auch für den Menschen tödlich. Das Gelege mit 5–12 Eiern wird v. Weibchen bewacht; Jungtiere etwas über 30 cm lang. Häufigste Art ist der Gelbe Bungar od. Krait *(B. fasciatus)* mit kräftiger schwarzgelber Ringelung.

Bunge w [v. niederl. bunge = Zwiebel, Knolle], *Samolus,* Gatt. der Primelgewächse mit ca. 10, v. a. in den gemäßigten u. subtrop. Gebieten der südl. Halbkugel, aber auch im südl. N-Amerika als Stauden u. Halbsträucher wachsenden Arten. In Mitteleuropa kommt allein die nach der ↗Roten Liste „stark gefährdete" Gemeine B. od. Salz-B. *(S. valerandi)* vor, eine weltweit verbreitete, ausdauernde, bis 50 cm hohe Staude mit kurzem Wurzelstock, blaugrünen, eiförm. Blättern u. langgestielten, in endständ. Trauben stehenden, glockenförm., weißen Blüten. Die v. Juni bis Sept. blühende Pflanze wächst auf feuchten, zeitweise nassen od. überschwemmten, nährstoffreichen, oft salzhalt. Ton- od. Sandböden, an Ufern, Grabenrändern, Sümpfen u. Salzquellen, sowie v. a. auf Strandwiesen (Zwergbinsen-Gesellschaften) in Küstengebieten. Die jungen Blätter der Gemeinen B. werden bisweilen als Salat od. Spinat gegessen.

Bunias w [v. gr. bounias = längl. Rübenart], das ↗Zackenschötchen.

Bunium s [v. gr. bounion = Name einer Doldenpfl.], eine Gattung der ↗Doldenblütler.

Bunkerde, oberster, durchwurzelter u. stark zersetzter Horizont der Hochmoore; wird zur Brenntorfgewinnung abgeräumt u. bei der Kultivierung des Moores erneut aufgetragen.

Bünning-Hypothese, v. E. Bünning 1936 publizierte Hypothese zur Erklärung des photoperiod. Verhaltens v. Pflanzen u. Tieren. 1. sollten danach Pflanzen u. Tiere endogen tagesperiod. Rhythmen zeigen, die sich in ungefähr 24stündigen Intervallen ständig wiederholen u. sich selbst in Gang halten; 2. sollten sich die Organismen dieser endogenen Rhythmen bedienen, um die Zeit zu messen, u. damit eine innere oder physiolog. Uhr besitzen. ↗Chronobiologie.

Bunocephalidae [Mz.; v. gr. bounos = Hügel, kephalē = Kopf], Fam. der ↗Welse.

Bunodactis w [v. gr. bounōdēs = hügelig, aktis = Strahl], Seerosen-Gatt. der *Endomyaria; B. verrucosa* (Edelsteinrose) lebt im seichten Wasser in Felsspalten des Mittelmeers; der 6 cm lange Körper trägt zahlr. weißl. Warzen, Tentakel u. Mundscheibe sind unterschiedl. gefärbt; die Art ist vivipar.

Bunodactis verrucosa (Edelsteinrose)

Bunodeopsis w [v. gr. bounōdēs = hügelig, opsis = Aussehen], Gatt. der ↗Boloceroidaria.

bunodont [v. gr. bounos = Hügel, odous, Gen. odontos = Zahn], Typus v. Säugetierbackenzähnen, bei denen die Zahnkronen Höcker aufweisen (Höckerzahn). Sind primär nur 4 Höcker vorhanden *(oligobunodont),* kann sich ihre Zahl stammesgeschichtlich vermehren *(polybunodont).* B.e Zähne charakterisieren das „Allesfressergebiß", z. B. von Schwein, Flußpferd, Mastodon, Bär u. Mensch. Der Begriff b. fand auch in der Systematik Verwendung *(Bunodontia, Neobunodontia).*

Bunsenscher Absorptionskoeffizient m [ben. nach dem dt. Chemiker R. W. Bunsen, 1811–99], Symbol α, ein Maß für die spezif. Löslichkeitseigenschaften eines Gases in einer Flüssigkeit (z. B. der Atemgase im Blut). Der B. A. gibt an, wieviel ml eines Gases pro ml Flüssigkeit bei einem Partialdruck von 1 atm (= 101325 Pascal) physikal. gelöst sind. Die Größe ist abhängig v. der Art des gelösten Gases, der Beschaffenheit des Lösungsmittels u. der Temperatur. Neben dem Gaspartialdruck ist der B. A. der zweite Faktor, der die Konzentration eines Gases in einer Flüssigkeit bestimmt.

Buntbarsche, *Cichlidae,* Fam. der Barschfische mit zahlr. Gatt. (vgl. Tab.) u. über 600 Arten; leben meist räuber. in bewachsenen stehenden u. fließenden Süßgewässern des trop. u. subtrop. Mittel- und S-Amerikas, Afrikas u. Kleinasiens; nur die beiden Arten der asiat. Gatt. Indische B. *(Etroplus)* aus den Küstengebieten Indiens u. Ceylons sowie wenige andere Arten bewohnen das Brackwasser; v. den vielen afr. B.n gibt es zahlr. endem. Gatt. in bestimmten Seen. B. haben oft eine hohen, seitl. abgeflachten, prächtig bunten Körper, eine durchgehende Rückenflosse, die wie die Afterflosse vorn Stachelstrahlen besitzt, Kamm- od. Rundschuppen u. stets jederseits nur ein Nasenloch. Nahezu alle Arten treiben Brutpflege von der Eiablage an gut gereinigten Stellen in Nischen u. Höhlen od. in selbstgebauten Nestern sowie das sorgfältige Bewachen der Brut bis zum Ausbrüten der Eier im Maul des Weibchens, in dem auch die schwimmfähigen Jungfische in der ersten Lebenszeit auf ein bes. Signal Schutz suchen (↗Maulbrüter). Allg. leben junge B. zunächst im Schwarm zus., bis sie dann selbst Reviere besetzen u. diese geg. Artgenossen verteidigen. Wegen ihrer bunten Färbung od. eines ausgeprägten Zeichnungsmusters, das sich bei der Balz od. beim Angriff durch physiolog. ↗Farbwechsel zudem z.T. schnell verändern kann, sowie der leichten Pflege u. ihrer ausgeprägten Verhaltensweisen gehören zahlr. B. zu den beliebtesten ↗Aquarienfischen u. sind gleichzeitig bedeutende Studienobjekte der vergleichenden Verhaltensforschung (z.B. die Maulbrüter, die Diskus-B. od. die Zwerg-B.). Von den südam., ca. 7 cm langen Zwerg-B.n ist der Gelbe Zwerg-B. *(Apistogramma reitzigi)* mit zitronengelber Kehle aus dem Stromgebiet des Rio Paraguay gut untersucht, z.B. die schnelle Veränderung seines dunklen Zeichnungsmusters beim Drohen od. während der Balz, die ritualisierten Rivalenkämpfe der Männchen, bei denen es oft zu dem für B. typ. Maulzerren mit ineinander verbissenen Mäulern kommt, die Brutpflege des Weibchens an der Nestmulde u. das präzise Signalsystem. So lassen sich die Jungfische auf das plötzl. Stoppen der Flossenbewegungen des Muttertieres bei Gefahr hin sofort bewegungslos auf den Boden sinken. Ebenfalls reine Mutterfamilien bildet die im Amazonasgebiet weitverbreitete, bis 7,5 cm lange Zwerg-B. *(Apistogramma agassizi,* B

Buntbarsche

Wichtige Gattungen:
Aequidens
Afrika-B. *(Tilapia)*
Cichlasoma
Diskus-B. *(Symphysodon)*
Hemichromis
Indische B. *(Etroplus)*
Kongo-B. *(Nannochromis)*
↗Maulbrüter *(Haplochromis)*
↗Prachtbarsche *(Pelmatochromis)*
↗Segelflosser *(Pterophyllum)*
Steatocranus
Zwerg-B. *(Apistogramma* u. *Nannacara)*

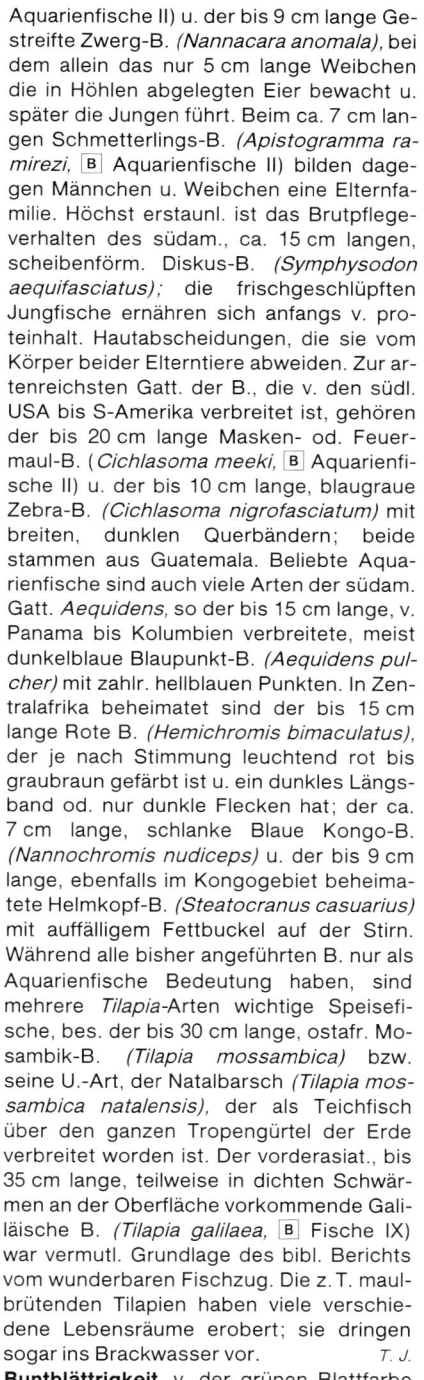

Buntblättrigkeit

Aquarienfische II) u. der bis 9 cm lange Gestreifte Zwerg-B. *(Nannacara anomala),* bei dem allein das nur 5 cm lange Weibchen die in Höhlen abgelegten Eier bewacht u. später die Jungen führt. Beim ca. 7 cm langen Schmetterlings-B. *(Apistogramma ramirezi,* B Aquarienfische II) bilden dagegen Männchen u. Weibchen eine Elternfamilie. Höchst erstaunl. ist das Brutpflegeverhalten des südam., ca. 15 cm langen, scheibenförm. Diskus-B. *(Symphysodon aequifasciatus);* die frischgeschlüpften Jungfische ernähren sich anfangs v. proteinhalt. Hautabscheidungen, die sie vom Körper beider Elterntiere abweiden. Zur artenreichsten Gatt. der B., die v. den südl. USA bis S-Amerika verbreitet ist, gehören der bis 20 cm lange Masken- od. Feuermaul-B. *(Cichlasoma meeki,* B Aquarienfische II) u. der bis 10 cm lange, blaugraue Zebra-B. *(Cichlasoma nigrofasciatum)* mit breiten, dunklen Querbändern; beide stammen aus Guatemala. Beliebte Aquarienfische sind auch viele Arten der südam. Gatt. *Aequidens,* so die bis 15 cm lange, v. Panama bis Kolumbien verbreitete, meist dunkelblaue Blaupunkt-B. *(Aequidens pulcher)* mit zahlr. hellblauen Punkten. In Zentralafrika beheimatet sind der bis 15 cm lange Rote B. *(Hemichromis bimaculatus),* der je nach Stimmung leuchtend rot bis graubraun gefärbt ist u. ein dunkles Längsband hat od. nur dunkle Flecken hat; der ca. 7 cm lange, schlanke Blaue Kongo-B. *(Nannochromis nudiceps)* u. der bis 9 cm lange, ebenfalls im Kongogebiet beheimatete Helmkopf-B. *(Steatocranus casuarius)* mit auffälligem Fettbuckel auf der Stirn. Während alle bisher angeführten B. nur als Aquarienfische Bedeutung haben, sind mehrere *Tilapia*-Arten wichtige Speisefische, bes. der bis 30 cm lange, ostafr. Mosambik-B. *(Tilapia mossambica)* bzw. seine U.-Art, der Natalbarsch *(Tilapia mossambica natalensis),* der als Teichfisch über den ganzen Tropengürtel der Erde verbreitet worden ist. Der vorderasiat., bis 35 cm lange, teilweise in dichten Schwärmen an der Oberfläche vorkommende Galiläische B. *(Tilapia galilaea,* B Fische IX) war vermutl. Grundlage des bibl. Berichts vom wunderbaren Fischzug. Die z.T. maulbrütenden Tilapien haben viele verschiedene Lebensräume erobert; sie dringen sogar ins Brackwasser vor. *T. J.*

Buntblättrigkeit, v. der grünen Blattfarbe abweichende Verfärbung v. Blättern od. Blatteilen, die durch Mutationen, Mangelerscheinungen od. Virusbefall bedingt ist u. mit der herbstl. Verfärbung nichts zu tun hat. Die abweichende Farbigkeit ergibt sich durch den Ausfall bestimmter ↗Blattfarbstoffe od. deren stark geförderte Bil-

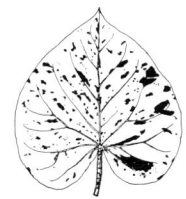

Buntbock

dung. So verfärbt bei den Blutformen (z. B. Blutbuche) eine starke Anthocyananreicherung in den Zellen der Blattepidermis die normal grünen Blätter dunkel- bis braunrot, bei den Auroraformen ist es eine mangelhafte Chlorophyllbildung, so daß die gelben Carotinoide kräftiger durchschlagen. Völlig anders ist die genetisch od. virös verursachte Weißbuntscheckung *(Panaschierung)* vieler Blätter. Hier werden die Chloroplasten nur in bestimmten Arealen des Blattes voll ausgebildet u. mit ihnen die entspr. Blattfarbstoffe. Alle diese Erscheinungen können auch kombiniert auftreten. So haben viele Arten des Unterwuchses in den trop. Regenwäldern eine natürl. B. (z. B. die Stammformen der beliebten Buntnesseln).

Buntbock, *Damaliscus dorcas,* südafr. Antilope offener Graslandschaften; Kopfrumpflänge 140–160 cm, Schulterhöhe 85–110 cm, Gewicht 80–100 kg; Fellfärbung intensiv braun, Blesse auf Stirn u. Nasenrücken. Von den beiden U.-Arten lebt der in freier Wildbahn durch Bejagung ausgerottete B. *(D. d. dorcas)* nur noch im B.-Nationalpark u. auf einigen Farmen der südwestl. Kapprovinz; die Bestände des Bleßbocks *(D. d. philippsi)* hingegen haben sich vom Rückgang soweit erholt, daß die Tiere wieder zur Fleischgewinnung genutzt werden.

Bunte Erdflechtengesellschaft, eine der bekanntesten von Flechten geprägten Kryptogamengesellschaften, wächst auf kalkhalt. Böden in warmen Lagen Mitteleuropas u. (in veränderter Artenzusammensetzung) im Mittelmeerraum sowie in ariden Gebieten Asiens u. N-Amerikas. Der Name rührt v. bunten Aspekt der Gesellschaft her, an der gelbe *Fulgensia-* u. blaßgrünl. bis weiße *Squamarina*-Arten, die rote *Psora decipiens* u. die bläul. *Toninia caeruleonigricans* beteiligt sind. In Dtl. liegen die reichsten Vorkommen in Unterfranken u. Thüringen.

bunte Reihe, bakteriolog. Verfahren zur Bestimmung (Differenzierung) v. Bakterien aufgrund ihrer stoffwechselphysiolog. Leistungen. Viele Tests mit unterschiedl. Nährlösungen enthalten Indikatoren, die durch eine pH-abhängige Farbveränderung die Verwertung des Substrate od. durch andere Farbreaktionen die Bildung bestimmter Substanzen durch die Bakterien anzeigen.

Buntkäfer, *Cleridae,* Fam. der Käfer mit vielen bunt (rot-schwarz, metallisch-grün, blau) gezeichneten Vertretern, weltweit ca. 3600, in Mitteleuropa 17 Arten. Die mittelgroßen Käfer finden sich auf Blüten (↗Bienenwolf) od. häufiger auf Hölzern, wo die Käfer u. ihre Larven räuberisch v. anderen Insekten leben. Die Wahl der Beutetiere ist teilweise sehr spezialisiert. So jagt der etwa 10 mm große Ameisen-B. *(Thanasimus formicarius)* v. a. im Frühjahr auf gefällten Nadelhölzern (Kiefern, Fichten) die anfliegenden Borkenkäfer, hpts. die „Waldgärtner" der Gatt. *Blastophagus* (↗Borkenkäfer). Diese B. (daher auch Borkenkäferfresser gen.) packen die Borkenkäfer mit ihren sehr kräft. Mandibeln u. zerbeißen sie. Auch die rosarot gefärbte Larve frißt unter der Rinde Borkenkäferlarven. Die wegen ihrer Färbung u. ihres Verhaltens etwas ameisenähnl. Tiere (Färbung schwarz u. rot, 2 helle Querbinden auf den Flügeldecken) laufen sehr flink auf der Rinde ihrer Bäume umher. Ähnlich lebt der bei uns nur sehr lokal verbreitete Eichen-B. *(Clerus mutillarius),* der als Käfer u. Larve den Borkenkäfern u. deren Larven v. a. auf Eiche nachstellt. Dieser bis 15 mm große Käfer ähnelt in seiner Färbung verblüffend der einheim. Spinnenameise *(Mutilla europaea),* ohne daß über den Sinn dieser Übereinstimmung etwas bekannt ist. Ausschl. Jagd auf Holzbohrkäfer *(Bostrychidae)* macht der bei uns sehr seltene *Denops albofasciatus,* während der 1 cm große *Tillus elongatus* v. a. den Klopfkäfer *Ptilinus* frißt. Der bräunlichgelbe Haus-B. *(Opilo domesticus)* lebt häufig in alten Gebäuden u. vertilgt ebenfalls Klopfkäfer, aber auch die Larven des Hausbocks. In diese Familie gehören auch die Arten der Gattung *Trichodes* (↗Bienenwolf) (B Käfer I), deren Larven sich räuberisch in Nestern von solitären Bienen und Wespen entwickeln.

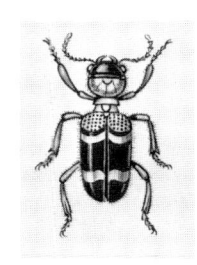

Buntlippe ↗Coleus.

Buntmarder, *Charsa, Martes flavigula,* bodenbewohnender Waldmarder mit breitem Kopf u. kräftigen Füßen; Kopfrumpflänge 60–70 cm, Schwanzlänge 45 cm; Färbung dunkelbraun bis gelblich mit weißer Schnauze. Die Verbreitung des B.s erstreckt sich v. Amur-Ussuri-Gebiet über

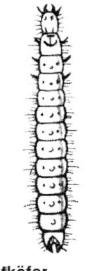

Buntkäfer
Ameisenbuntkäfer *(Thanasimus formicarius),* darunter Larve. Farbe: schwarz mit rotem Halsschild, roten Flügelwurzeln u. 2 gelbweißen Querstreifen auf den Flügeldecken.

Buntkäfer
Wichtige Arten:
Ameisenbuntkäfer *(Thanasimus formicarius)*
↗Bienenwolf *(Trichodes apiarius)*
Denops albofasciatus
Eichenbuntkäfer *(Clerus mutillarius)*
Hausbuntkäfer *(Opilo domesticus)*
Tillus elongatus

---

bunte Reihe

Beispiele für Bestimmungsverfahren: Die Säurebildung aus Kohlenhydraten, höheren Alkoholen, organ. Säuren u. Glykosiden od. das Freisetzen v. Ammoniak wird z. B. mit Bromthymolblau od. Lackmus sichtbar gemacht. Die Schwefelwasserstoffbildung aus schwefelhalt. Verbindungen läßt sich mit bleiacetatgetränkten u. die Indolbildung in tryptophanhalt. Nährböden mit methylalkoholischen p-Dimethylaminobenzaldehydhaltigen Filterpapierstreifen nachweisen. Zusätzlich werden die Gasbildung aus Kohlenhydraten u. aus Protein, eine Harnstoffspaltung mit Phenolrot als Indikator u. die proteolyt. Aktivität durch eine Gelatineverflüssigung bestimmt. In der b.n R. können eine Reihe weiterer Prüfungen erfolgen: Reduktionsvermögen, Denitrifikation, Nitratbildung od. Nitratreduktion, Phenolbildung, Citratnutzung, Hippursäurespaltung sowie Aktivitätsbestimmungen v. Oxidasen, Peroxidasen u. a. Enzymen. In der Medizin werden mit der b.n R. vor allem *Enterobacteriaceae* (z. B. Coli-, Typhus-, Paratyphus- u. Ruhrbakterien) unterschieden.

große Teile O- u. Innerasiens bis SO-Asien u. zu den Großen Sundainseln.

Buntsandstein, *Buntsandsteinzeit,* ↗ Trias.

Buntschnecken, *Polymita,* Gatt. der *Xanthonychidae,* Landlungenschnecken mit rundl., glattem, oft intensiv gefärbtem Gehäuse von ca. 3 cm ⌀; die wenigen Arten leben in Kuba auf Bäumen.

Buntspecht, *Dendrocopos major,* häufigster Specht in Laub- u. Nadelwäldern, Gärten u. Parks; das Vorkommen reicht über ganz Europa bis nach O-Asien; 23 cm groß, schwarzweiß, Männchen mit roter Querbinde am Hinterkopf; Stimme „kicks". Ausgeprägtes Territorialverhalten; trommelt im Frühjahr mit dem Schnabel an morschen Ästen u.a. Resonanzkörpern. Die Bruthöhle wird meist selbst gehackt, bevorzugt in Eichen u. Rotbuchen; 4–8 Eier, Junge sind bereits nach 3 Wochen flügge. Vielseitige pflanzl. und tier. Nahrung. Tritt in manchen Jahren invasionsartig in Mitteleuropa auf, wahrscheinlich als Folge eines Populationsüberdrucks in den nördl. Brutgebieten. [B] Europa XI, ☐ Spechte.

Lit.: *Blume, D.:* Die Buntspechte. Wittenberg/Stuttgart 1968.

Buntwühle, *Schistometopum,* Gatt. der ↗ Blindwühlen.

Buntzecken, Zecken der Gatt. *Amblyomma,* die bes. in den Tropen gefährl. Seuchen übertragen; gehören zu den größten Milben u. können vollgesogen bis 3 cm lang sein.

Bunyaviren [ben. nach dem Fundort in W-Uganda], *Bunyaviridae,* Fam. von RNA-Viren, die mit über 200 Arten die größte Gruppe der ↗ Arboviren darstellt. Die B. vermehren sich in warm- u. kaltblütigen Wirbeltieren u. in Arthropoden, als Vektoren dienen hpts. Mücken, Zecken u. Sandfliegen. Die Virionen sind sphärische, v. einer Hülle umgebene Partikel (⌀ 90–100 nm), die an der Oberfläche Glykoproteinfortsätze tragen. Die Glykoproteine besitzen Hämagglutinationsaktivität. Das Genom ist segmentiert; es besteht aus drei einzelsträngigen RNAs mit Minusstrang-Polarität u. relativen Molekülmassen von 3 bis 5, 1–2 u. $0{,}4$–$0{,}8 \cdot 10^6$. Entsprechend sind drei Nucleocapside (mit helikaler Symmetrie) vorhanden, die jeweils eine RNA enthalten. Die Virusvermehrung findet im Cytoplasma statt, die Bildung reifer Viruspartikel erfolgt durch ↗ „budding" in Vesikel in der Golgi-Region. Nach ihrer serolog. Verwandtschaft werden B. in 4 Gatt. (Bunya-, Phlebo-, Nairo- u. Uukuvirus) eingeteilt. In der Gatt. *Bunyavirus* (fr. als Bunyamwera-Hauptgruppe bezeichnet) sind mindestens 145 Viren in 16 serolog. Gruppen zusammengefaßt. Krankheiten beim Menschen verursachen hpts. Viren der Bunyamwera-, C- und California-Gruppe; es handelt sich dabei um fieberhafte Erkrankungen od. Meningoencephalitiden (Bunyavirus- oder California-Encephalitis). Die Gatt. *Phlebovirus* enthält Viren, die hpts. durch Sandfliegen *(Phlebotomus)* übertragen werden; einige Vertreter verursachen fieberhafte Erkrankungen beim Menschen (Pappatacifieber). Viren der Gatt. *Nairovirus* werden hpts. durch Zecken übertragen. Bedeutend sind die Erreger der Nairobi-Schafkrankheit sowie des Krim- u. des Kongo-hämorrhagischen Fiebers beim Menschen; das Rift-Valley-Fieber-Virus führt zu Erkrankungen v. Schafen u. anderen Haustieren, der Mensch kann sekundär infiziert werden.

Bupalus ↗ Kiefernspanner.

Buphagus *m* [v. gr. bouphagos = gefräßig], die ↗ Madenhackerstare.

Buphthalmum *s* [v. gr. bous = Rind, ophthalmos = Auge (nach der großen Blütenscheibe)], das ↗ Ochsenauge.

Bupleurum *s* [v. gr. boupleuron =], das ↗ Hasenohr.

Buprestidae [Mz.; v. gr. bouprēstis = giftiger Käfer], die ↗ Prachtkäfer.

Burbank [börbänk], *Luther,* am. Pflanzenzüchter, * 7. 3. 1849 Lancaster (Mass.), † 11. 4. 1926 Santa Rosa (Cal.); züchtete auf seiner kaliforn. Farm neue Sorten v. Blumen (das ganze Jahr blühende Rose), Früchte (steinlose Pflaumen, Walnüsse mit sehr dünner Schale), Gemüse (Riesenartischocke), einen dornenlosen Feigenkaktus u. Brombeerstrauch u.a.

Burdach, *Karl Friedrich,* dt. Anatom u. Physiologe, * 12. 6. 1776 Leipzig, † 16. 4. 1847 Königsberg; seit 1811 Prof. in Dorpat, ab 1814 in Königsberg. B. verwendete als erster (unabhängig v. ↗ Lamarck u. G. R. ↗ Treviranus) den Begriff „Biologie" für die Lebenserscheinungen des Menschen; ferner prägte er den Begriff „Morphologie".

Burdachscher Strang [ben. nach K. F. ↗ Burdach], *Fasciculus cuneatus, Funiculus cuneatus,* Teil der Hinterstrangfasern in der dorsalen weißen Substanz des Rückenmarks bei Säugern, in dem die Bahnen der Tiefensensibilität aus dem Körper zum Hirn verlaufen. Er bildet mit dem ↗ Gollschen Strang beidseits die Hinterstränge zw. den Hinterhörnern des Rückenmarks.

Bürde, *genetische B., genetische Last,* die in einer Population vorliegenden rezessiven Defektallele, die im homozygoten Zustand zu Letalität od. zumindest zu verminderter Fortpflanzungsfähigkeit führen.

Burdonen, Pflanzen, die nach Pfropfung aus einer echten Verschmelzung zw. artfremden (Pfropfreis u. -unterlage), vegetativen Zellen hervorgehen.

K. F. Burdach

Burgunder ↗ Weinrebe.
Burhinidae [Mz.; v. gr. bou- = groß, rhinos = Haut], die ↗ Triele.
Burkitt-Lymphom s [bŏk'it; ben. nach dem ir. Arzt D. Burkitt, * 1911], *Burkitt-Tumor,* bösart. Erkrankung des lymphat. Systems (B-Lymphocyten); hpts. befallen sind afr. Kinder (4.–7. Lebensjahr, Knaben häufiger als Mädchen), bei Amerikanern mit schwarzer Hautfarbe extrem selten, bei jenen mit weißer praktisch nie. Manifestation meist als Tumor im Oberkieferbereich od. im Abdomen. Ausgelöst wird das B. vermutl. durch das ↗ Epstein-Barr-Virus, das in fast allen B.en im Genom der Zellen nachweisbar ist. Während beim Tier bereits eine Vielzahl tumorerregender Viren bekannt ist, stellt das B. den ersten menschl. Tumor dar, bei dem mit großer Wahrscheinlichkeit ein Virus als Auslöser angenommen werden kann.
Burmanniaceae [Mz.; ben. nach dem holl. Botaniker J. Burman, 1706–79], Fam. der *Orchidales,* mit ca. 20 Gatt. u. 130 Arten pantrop. verbreitet. Die meisten Arten sind chlorophyllos u. leben saprophyt. in trop. Regenwäldern. Sie sind meist schlanke, unverzweigte Kräuter mit Knollen od. Rhizomen. Die Laubblätter sind oft lang u. schmal od. schuppenförmig reduziert. Die Blüten bestehen aus 6 am Grunde verwachsenen Blütenhüllblättern, 3 od. 6 Staubblättern u. einem unterständ., aus 3 verwachsenen Fruchtblättern entstandenen Fruchtknoten. Sowohl die systemat. Einordnung als auch die Untergliederung der B. ist umstritten: so wird z. B. von manchen Systematikern eine Fam. der *Corsiaceae* v. den B. abgetrennt.
Burnet [bö͡r'nit], Sir *Frank MacFarlane,* austral. Mediziner, * 3. 9. 1899 Traralgon (Victoria); Prof. in Melbourne; fand 1937 den Erreger des Q-Fiebers; erhielt 1960 zus. mit P. B. Medawar den Nobelpreis für Medizin für die Entdeckung der erworbenen Immunität des Körpers gg. körperfremdes Gewebe.
Burozem, hellbrauner, humusarmer Halbwüstenboden; B.e besitzen oft einen Kalkod. Gipsanreicherungshorizont und sind i. d. R. mit Salzböden vergesellschaftet.
Bursa w [mlat., = Beutel, Tasche], anatom. Bez. für einen taschenförm. Körperhohlraum, z. B. Begattungstasche (B. copulatrix), bzw. Schleimbeutel.
Bursa primordialis w [lat., v. mlat. bursa = Beutel, Tasche, lat. primordium = Anfang], (Müller-Stoll 1936), ↗ Anfangskammer des Phragmocons v. ↗ Belemniten.
Burseraceae [Mz.; ben. nach dem dt. Arzt und Botaniker J. Burser, 1593–1649], Fam. der Seifenbaumartigen mit 17 Gatt. und insgesamt ca. 500 Arten v. Holzgewäch-

Burseraceae
Wichtige Gattungen:
Aucoumea
Boswellia
Canarium
Commiphora
Protium

Burseraceae
Die 3 Triben
Protieae (Mittel- u. S-Amerika) Mesokarp umschließt mehrere, einzeln liegende Steinkerne
Bursereae (Afrika) Steinkerne locker aneinander gelagert, nicht verwachsen
Canarieae (SO-Asien u. N-Australien) Steinkerne miteinander verwachsen, werden v. gemeinsamen Endokarp umschlossen

F. M. Burnet

sen; weltweites Verbreitungsgebiet in den trop. bis subtrop. Regionen, v. a. von Malesien, Afrika u. S-Amerika. Die schraubig angeordneten Blätter sind unpaarig gefiedert, die diklinen Blüten in end- od. seitenständigen Rispen zusammengefaßt, oft zweihäusig; Kelchblätter verwachsen, Kronblätter frei; Fruchtknoten oberständig, entsteht aus 2–5 Fruchtblättern, 2 zentralwinkelständige Samenanlagen. Es entwickeln sich Steinfrüchte, nach deren Aufbau die Fam. in 3 Triben eingeteilt werden kann; zus. mit der geogr. Verbreitung werden Rückschlüsse auf eine Evolutionsreihe gezogen. Man stellt eine zunehmende Differenzierung v. westl. Verbreitungsschwerpunkten zu den östl. hin fest (vgl. Tab.). Folgende B. werden wirtschaftlich genutzt: *Protium icicariba* liefert dillähnlich duftendes, herbes u. formbares Harz, das *Elemi occidentale.* Allgemein versteht man unter Elemi ein aus vielen Arten der B. gewonnenes Harzprodukt, das zu Räucherzwecken verwendet u. wegen seiner antisept. Wirkung Wundsalben beigefügt wird; auch zur Herstellung v. Öllakken, Zusatz von lithograph. Farben u. Aquarellfarben. *Aucoumea klaineana,* Baum afr. Savannenwälder u. Äquatorregionen, liefert das rötl. bis rosabräunl., relativ weiche *Gabun-Mahagoni,* das zu Furnierholz verarbeitet wird. *Boswellia,* kleiner Baum in afr. und arab. Trockenebenen; der getrocknete Wundsaft von *B. carteri* liefert *Weihrauch* (Olibanum) in Form v. gelben Körnern; dem handelsübl. Weihrauch sind weitere Harze (Myrrhe, Tolubalsam, Benzoe, Storax) und getrocknete Drogen zugesetzt; seit dem 5. Jt. v. Chr. im Orient in kult. Handlungen, in Ägypten zum Einbalsamieren v. Leichen u. als Heilmittel verwendet; im christl. Gottesdienst erst seit dem 4. Jh. gebräuchlich. Aus *B. serrata* wird *Boswelliaterpentin* hergestellt. *Commiphora abyssinica, C. molmol* u. a. werden in Arabien u. Äthiopien angebaut, um *Myrrhe* durch Trocknen des Wundsafts zu gewinnen; Myrrhe findet Verwendung als Räuchermittel u. Zusatz v. entzündungshemmenden Mitteln des Rachenraums; *Canarium,* in trop. Regenwäldern SO-Asiens; aus Wundsaft von *C. luzonicum* wird Manila-Elemi gewonnen; andere *C.*-Arten werden wegen ihrer eßbaren, olivenähnl. Früchte kultiviert, deren ölhalt. Samen als *japan. Mandeln* im Handel sind; aus *C. strictum* (südchin. W-Küste) wird als Bindemittel v. hochwertigen Emaillakken das *Schwarze Dammarharz* gewonnen.
Bursicon s, neurosekretor. Hormon des Zentralnervensystems der Insekten (relative Molekülmasse 40 000), das durch

Aktivierung der DOPA-Synthese aus Tyrosin die Gerbung u. Sklerotisierung der Cuticula frisch gehäuteter Larven u. Adulten bewirkt. B. ist nicht speziesspezifisch. Bei Dipteren (Zweiflüglern) wird es in den neurosekretor. Zellen des Gehirns gebildet u. vom Thorakalganglion freigesetzt, bei anderen Insekten wahrscheinl. vom letzten Abdominalganglion.

Bursidae [Mz.; v. mlat. bursa = Beutel, Tasche], die ↗ Froschschnecken.

Bürstenmoose, *Polytrichaceae,* Fam. der *Polytrichales,* ↗ Polytrichidae.

Bürstensaum, der ↗ Mikrovillisaum.

Bürstenzüngler, Vorderkiemerschnecken mit einer hystrichoglossen Radula *(Bürstenzunge),* bei der in jeder Querreihe einige hundert Zähne angeordnet sind; die mittleren u. seitl. Zähne sind wenig verschieden, die randständ. Zähne enden pinselartig. Zu den B.n gehört die Fam. *Pleurotomariidae.*

Burunduk, *Eutamias sibiricus,* das Sibirische ↗ Streifenhörnchen.

Bürzel *m,* hinterster Rückenabschnitt unmittelbar an der Schwanzbasis bei Vögeln; oft auffällige Färbung, z. B. weiß. Die Federn bedecken die Öffnung der ↗ Bürzeldrüse.

Bürzeldorn ↗ Jochblattgewächse.

Bürzeldrüse, *Glandula uropygialis,* einzige Hautdrüse der Vögel, am Ende des Rückens – auf dem ↗ Bürzel – gelegen u. dadurch mit dem Schnabel unabhängig v. dessen Länge gut erreichbar. Die B. besteht aus zwei Lappen. Das ölige Sekret wird mit dem Schnabel über das Gefieder verteilt; es hat wasserabstoßende Wirkung, dementsprechend ist die B. bei vielen Wasservögeln stärker entwickelt als bei Landvögeln. Die meisten Vögel haben eine B. u. oft dochtart. Federn an der Drüsenmündung, sie fehlt bei den Straußen, Trappen, verschiedenen Papageien u. Tauben. Das Sekret hat gelegentl. einen unangenehmen Geruch, z. B. bei Sturmtauchern u. beim Wiedehopf, der dadurch Feinde abschreckt. Bei rosafarbenen Pelikanen u. Seeschwalben enthält das Sekret Carotinoide, die das Gefieder färben (Schminkfarbe). Die Bedeutung des Sekrets als Vitamin D-Quelle wird diskutiert.

Bürzelstelzer, *Rallenschlüpfer, Rhinocryptidae,* Fam. vorwiegend bodenlebender Singvögel in S-Amerika mit 29 Arten; stelzen bei Erregung den Schwanz; Nasenlöcher sind durch eine bewegl. Klappe verschließbar, z. B. zum Schutz gegen Staubstürme.

Busch, 1) der ↗ Strauch; so in der Bez. Dornbusch für sperrige u. dorn. Sträucher. **2)** das Gebüsch, Strauchwerk. **3)** Vegetationsform mit Sträuchern u. vereinzelten Bäumen. **4)** Kopffederschmuck bei einigen Vögeln.

Buschbock, *Schirrantilope, Tragelaphus scriptus,* mittelgroße afr. Antilope; Schulterhöhe 65–90 cm, Körpergewicht 35 bis 80 kg, Grundfärbung kastanien- bis dunkelbraun. Wegen hoher innerartl. Variabilität bzgl. Färbung u. Größe unterscheidet man ca. 30 U.-Arten. Ihr Lebensraum erstreckt sich v. der Ebene bis in 4000 m Höhe, v. Regenwald bis zur Savanne, sofern Waldinseln od. Galeriewälder angrenzen; sie leben einzeln od. paarweise, meist nachtaktiv u. sehr scheu; als Nahrung dienen Blätter, junge Pflanzentriebe u. Akazienfrüchte. Eine bekannte U.-Art trägt wegen ihrer weißl. Quer- u. Längsstreifen (Schirr-Zeichnung) die Bez. Schirrantilope *(T. s. scriptus),* oft auch synonym für B. benutzt.

Büscheläffchen, *Callithrix,* ↗ Marmosetten.

Büschelhafte, *Rheinmücken, Oligoneuriidae,* Fam. der Eintagsfliegen, in Mitteleuropa nur eine Art, *Oligoneuriella rhenana,* fliegt im Sommer zuweilen in Massen an Flüssen, z. B. am Rhein; ca. 14 mm lang mit milchigen Flügeln; v. Anglern als Köder verwendet. Die Larven leben in Fließgewässern.

Büschelkäfer, *Atemeles,* Gatt. der ↗ Kurzflügler.

Büschelmücken, *Chaoborinae,* U.-Fam. der ↗ Stechmücken, oft auch als eigene Fam. geführt.

Büschelplacenta ↗ Placenta.

Büschelporlinge, *Polypilus* Karsten, *Grifolia* Gray, *Meripilus* Karst., *Merisma* Gillet, *Laetiporus,* Porlinge mit einjähr. Fruchtkörper, büschelig, aus vielen gestielten Hüten zusammengesetzt, die einem gemeinsamen Strunk entspringen; die Röhren sind einschichtig, am Stiel herablaufend, die Poren mehr od. weniger regelmäßig. B. wachsen an lebenden u. toten Laub- u. Nadelholzstümpfen. Bekannte Arten sind: der Riesenporling (*Meripilus giganteus* Karsten), ein typ. Buchenbegleiter, auch an anderen Laubhölzern; es wurden schon Fruchtkörper bis 50 kg gefunden (normalerweise bis 10 kg), die sich aus gelbbraunen, im Alter dunkelbraunen, fächerart. Hüten (1–3 cm dick) aufbauen. Der Schwefelporling (*Laetiporus sulphureus* Bond. et Sing.) wächst in Form schwefel-orangegelber Konsole mit fächerart. Hüten od. in knolliger Masse auf totem Holz od. als Parasit; befallen werden verschiedene Laubhölzer, auch Birn- u. Kirschbäume. Der Eichhase (*Polypilus umbellatus* Karsten) entwickelt sich am Boden aus schwarzen Sklerotien; meist sitzen die Fruchtkörper an einem Baumstumpf; aus einem Strunk entspringen Äste, die am Ende kleine Hüte

Büschelporlinge

Busch des Nymphensittichs

Büschelporlinge
Eichhase (*Polypilus umbellatus* Karsten)

Büschelschön

tragen. Jung sind alle drei erwähnten Arten der Porlinge eßbar.

Büschelschön, *Phacelia,* Gatt. der Hydrophyllaceae. *P. tanacetifolia* (Rainfarnblättriges B. od. Borstiger Bienenfreund) ist ein einjähr. bis 70 cm hohes, oberwärts ästiges, steifhaar. Kraut mit röhr. Stengel u. doppelfiederschnittigen Laubblättern sowie endständ., wickelig-schneckenförmig eingerollten Blütenständen mit blau-violetten od. hellblauen glockig-radförm. Blüten. Die Pflanze, als deren urspr. Heimat Kalifornien gilt, wird in Europa seit Jahrzehnten als Zier-u. Futter- bzw. Bienenpflanze angebaut. Sie wächst aber auch verwildert an Straßen- u. Wegrändern sowie auf Äkkern, Wiesen u. Schutt.

Büschelwurzel, die für die Einkeimblättr. Angiospermen (Monokotyledonen) typ. Wurzelform. Bei den Monokotyledonen stirbt die dem Sproßpol gegenüberliegende Haupt- od. Primärwurzel zus. mit den untersten Sproßteilen frühzeitig ab (Ausnahme bei vielen Palmenarten). Sie wird durch sproßbürt. Wurzeln ersetzt, die bes. an den Knoten entspringen (sekundäre ↗Homorrhizie). Infolgedessen besteht das Wurzelsystem aus einer großen Zahl mehr od. weniger gleichstarker, bogenförmig in die Erde eindringender Nebenwurzeln, die bes. bei den Gräsern die oberen Bodenschichten sehr stark durchwurzeln u. daher büschelig aussehen.

Buschfische, *Ctenopoma,* Gatt. der ↗Labyrinthfische.

Buschhorn-Blattwespen, die ↗Diprionidae.

Buschhuhn, *Alectura lathami,* ↗Großfußhühner.

Buschkänguruhs, *Dorcopsis,* Gatt. bodenlebender Känguruhs mit 5 Arten in den Urwäldern Neuguineas; Kopfrumpflänge 50–80 cm, Schwanzlänge 30–35 cm. Die Hinterfüße der B. sind kaum länger als die der Baumkänguruhs, die sich möglicherweise aus B.-ähnlichen Formen entwickelt haben.

Buschkatzen, die ↗Beutelmarder.

Buschmänner [v. afrikaans bosjemans = Menschen, die hinter den bosjes (Windschirmen) leben], kleinwüchs. Reliktrasse (mittlere Körpergröße 144 cm), heute auf SW-Afrika (Kalahari) beschränkt; unterscheidet sich v. den ↗Negriden u. a. durch gelbl. runzel. Haut; gehört zus. mit den hochwüchsigeren Hottentotten zu den ↗Khoisaniden. Wildbeuter: Männer jagen, Frauen sammeln Nahrung. ↗Menscherrassen.

Buschmeister, *Lachesis,* Gattung der Grubenottern mit nur 1 Art *(L. mutus, L. muta).* Der bis 3,75 m lange B. ist in den feuchten Gebirgswäldern des südl. Mittelamerika u. S-Amerika (bis zur SO-Küste Brasiliens) beheimatet; bevorzugte Temp. um 20° C.; Oberseite gelbgrau bis rötlichbraun mit hellgesäumten, fast schwarzen Rauten- od. Dreiecksflecken, unterseits hellgelbl.; besitzt einen verhornten Schwanzstachel, aber keine Klapper; zweitgrößte Giftschlange der Welt, beißt mit ihren bis 35 mm langen Giftzähnen tief u. kräftig zu; ernährt sich v. a. von Nagetieren; verborgen lebend, sehr scheu, dämmerungs- u. nachtaktiv; eierlegend.

Buschschweine, *Flußschweine, Potamochoerus,* Gatt. altweltl. Schweine, mit 1 Art *(P. porcus)* u. zahlr. U.-Arten über ganz Afrika südl. der Sahara u. Madagaskar (eingeführt?) verbreitet; Kopfrumpflänge 100 bis 150 cm, Schulterhöhe 60–80 cm, Gewicht bis 80 kg; Fellfärbung variabel v. braunschwarz bis rötlichbraun, meist mit weißl. Rückenmähne. B. leben in Rotten von 6–20 Tieren im Regenwald, in Bergwäldern od. dichtem Buschland u. sind vorwiegend nachtaktiv. Sie sind Allesfresser u. verursachen durch ihr Wühlen bei der Nahrungssuche große Schäden in Plantagen. Trotz Bejagung nehmen ihre Bestände zu, vermutl. aufgrund der Dezimierung ihres Hauptfeindes, des Leoparden.

Buschspinnen, die ↗Vogelspinnen.

Buschteufel, der ↗Beutelteufel.

Bussarde, *Buteo,* Greifvogel-Gatt. der Habichtartigen, den Adlern nahestehend; 23 Arten fast weltweit verbreitet, fehlen in Australien. Breitflüglige, kurzschwänzige Schwebeflieger mit auch individuell sehr variabler Gefiederfärbung. Der bis 56 cm große Mäusebussard (*B. buteo,* B Europa XV) ist neben dem Turmfalken der häufigste Greifvogel in Dtl. Seine Verbreitung erstreckt sich v. Europa durch Mittelasien bis nach China u. Japan. Er brütet im Wald u. jagt im freien Gelände. Beutesuche im Flug od. von einer Sitzwarte aus; Nahrung sind Feldmäuse u. a. Kleinsäuger, Reptilien, Amphibien, gelegentl. Vögel, Insekten, Regenwürmer u. nicht selten Aas. Ruft weittragend „hiää" das ganze Jahr über, v.a. jedoch während der Brutzeit. Umfangreicher Reisighorst auf Bäumen in 15–25 m Höhe, meist selbst erbaut, teilweise werden auch Nester anderer Vogelarten benutzt; 2–4 weiße, braun gefleckte Eier (B Vogeleier I). Die Jungen werden im 2. bis 3. Jahr geschlechtsreif. Mitteleur. Vögel überwintern teils im Mittelmeerraum, Zuzügler aus NO-Europa ersetzen die abwandernden u. überwintern in Mitteleuropa. Der etwa gleichgroße Rauhfußbussard (*B. lagopus,* B Europa III) hat befiederte Läufe u. besiedelt die Tundren u. Buschwälder in N-Eurasien und N-Amerika, erscheint winters nicht sehr häufig in Mitteleuropa;

Bussarde
Bekannte Arten:
Adlerbussard
(Buteo rufinus)
Mäusebussard
(Buteo buteo)
Rauhfußbussard
(Buteo lagopus)
Rotschwanzbussard
(Buteo jamaicensis)
Schakalbussard
(Buteo rufofuscus)

Hauptnahrung sind Lemminge, parallel zu deren Populationsdichte ändern sich Brutdichte u. Gelegegröße. Der durch zimtfarbenen, ungebänderten Schwanz gekennzeichnete Adlerbussard *(B. rufinus)* bewohnt Steppen in N-Afrika, SO-Europa u. SW- und Mittelasien, nistet gewöhnl. am Boden. Der Schakalbussard *(B. rufofuscus)* ist der häufigste Bussard in O- und SO-Afrika; er ruft schakalähnlich. Der Rotschwanzbussard *(B. jamaicensis)* ist in N-Amerika weit verbreitet.

2,3-Butandiol, $H_3C-CHOH-CHOH-CH_3$, End- u. Zwischenprodukt im Stoffwechsel einiger Bakterien. 1) *Bacilli* produzieren 2,3-B. im Verlauf einer unvollständigen Oxidation, wenn sie auf Kohlenhydraten wachsen; bei der Sporulation wird 2,3-B. mit Hilfe des sog. 2,3-B.-Zyklus in Acetat umgewandelt. 2) *Enterobacter, Serratia* u. *Erwinia* bilden 2,3-B. als Endprodukt der ↗2,3-Butandiol-Gärung.

2,3-Butandiol-Gärung, v. den Bakterien *Enterobacter, Serratia* u. *Erwinia* benutzter Stoffwechselweg zur Vergärung v. Glucose. Im Ggs. zur gemischten Säuregärung anderer Enterobacteriaceae *(Escherichia, Salmonella* u. *Shigella)* wird bei der 2,3-B.-G. weniger Säure gebildet, dafür aber mehr CO_2, Äthanol und v.a. große Mengen 2,3-Butandiol.

2,3-Butandiol-Gärung

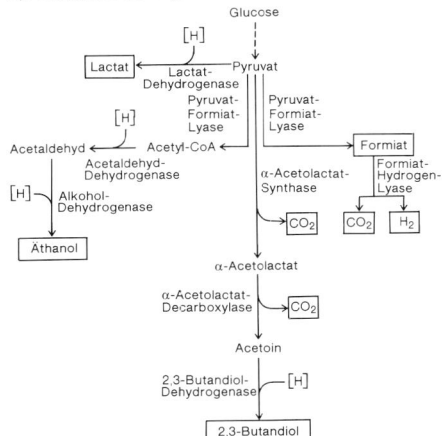

Butanol-Isopropanol-Gärung ↗Buttersäure-Butanol-Aceton-Gärung.

Butenandt, *Adolf Friedrich Johann,* dt. Chemiker, * 22. 3. 1903 Bremerhaven-Lehe; ab 1933 Prof. in Danzig, 1936 in Berlin, 1944 in Tübingen, 1956 in München, 1960–71 Präs. der Max-Planck-Gesellschaft; bedeutende Arbeiten über Sexualhormone (Isolierung des Androsterons, Entdeckung u. Synthese des Progesterons, Synthese des Testosterons), die chem. Natur der Viren, biochem. Grundla-

A. F. J. Butenandt

gen der Krebsentstehung, Identifizierung des Insektenhormons Ecdyson u. des Sexuallockstoffs Bombykol; erhielt 1939 (überreicht 1949) zus. mit L. Ružička den Nobelpreis für Chemie.

Buteo *m* [lat., = Bussard], Gatt. der ↗Bussarde.

Buthidae [Mz.; v. gr. bou- = groß, thoos = schnell, gefährlich], in allen Erdteilen verbreitete Fam. der Skorpione mit ca. 330 Arten. Eine der bekanntesten Gatt. ist *Buthus* mit ca. 50 mittelgroßen Arten; sie bewohnt die Alte Welt u. Australien. Der strohgelbe bis braune, 5–7 cm lange *B. occitanus* ist häufig in den westl., *B. gibbosus* in den östl. Mittelmeerländern; der Stich ruft äußerst starke Schmerzen hervor, die stundenlang anhalten. Zu den B. gehört auch der Dickschwanzskorpion *Androctonus australis,* der 10 cm lang wird u. in den Sandwüsten N-Afrikas lebt; sein Stich ist gefürchtet.

Butomaceae [Mz.; v. gr. boutomos = eine Sumpfpflanze], die ↗Schwanenblumengewächse.

Bütschli, *Otto,* dt. Zoologe, * 3. 5. 1848 Frankfurt a.M., † 3. 2. 1920 Heidelberg; ab 1878 Prof. in Heidelberg; Arbeiten über Entwicklungsgesch. u. vergleichende Anatomie v. Insekten, Gastropoden u. bes. Nematoden; Entdecker der mitot. Zellteilung bei Tieren; wichtige Arbeiten über Vermehrungszyklen, Feinbau des Protoplasmas u. Systematik v. Protozoen, die auf Anregungen seines Lehrers R. Leuckart zurückgingen.

O. Bütschli

Butte, *Buttverwandte, Bothidae* u. *Scophthalmidae,* 2 Fam. der Plattfische aus der U.-Ord. Schollenartige mit ca. 40 Gatt. u. zahlr. Arten; die Augen liegen i.d.R. auf der linken Körperseite; beim großen, endständ. Maul überragt der Unter- den Oberkiefer, u. die weichstrahl. Rückenflosse beginnt vor dem oberen Auge. Bekannteste Art ist der bis 1 m lange, an den östl. nordatlant. Küsten bis ins Mittelmeer verbreitete, wirtschaftl. bedeutende Steinbutt *(Scophthalmus maximus,* B Fische I), der auf der schuppenlosen Augenseite zahlr. Knochenhöcker hat. Ihm ähnl. sind der bis 70 cm lange, schlankere, im gleichen Gebiet vorkommende Glattbutt, Kleist od. Tarbutt *(Scophthalmus rhombus)* mit kleinen Schuppen u. ohne Hauthöcker sowie der bis 85 cm lange, im Schwarzen Meer u. im angrenzenden Mittelmeerbereich heim. Schwarzmeersteinbutt *(Scophthalmus maeotius)* mit bes. stark ausgeprägten Knochenwarzen auf der Blindseite. Nur bis 45 cm lang wird der sehr flache, an der O-Küste der USA heim. Sandbutt *(Scophthalmus aquosus).* Ebenfalls zur Fam. *Scophthalmidae* gehören der an den westeur-

165

Butterblume

Küsten u. bei Island verbreitete, bis 60 cm lange, blaßgelbe, glasig durchscheinende Flügelbutt, Glasbutt od. Scheefsnut *(Lepidorhombus whiffiagonis)* mit großem Maul, der an engl. und norweg. Küsten heim., nur 12 cm lange Norwegische Zwergbutt *(Phrynorhombus norvegicus)* u. der bis 25 cm lange, an Felsen der eur. Atlantikküste anzutreffende Haarbutt *(Zeugopterus punctatus)* mit feinen, borstenähnl. Auswüchsen der Schuppen auf der Augenseite. Etwa 35 Gatt. umfaßt die Fam. *Bothidae,* wovon 21 Gatt. zu der bei uns nicht vertretenen U.-Fam. Scheinbutte *(Paralichthinae)* gehören; am bekanntesten ist die wirtschaftl. wichtige, bis 1 m lange u. bis 7,5 kg schwere Sommerflunder *(Paralichthys dentatus)* der atlant. Küste N-Amerikas. Aus der U.-Fam. Butte i. e. S. *(Bothinae)* ist an den westeur. Küsten u. im Mittelmeer die ca. 15 cm lange, großschuppige Lammzunge *(Arnoglossus laterna)* vertreten; bei ihr unterscheidet sich im Ggs. zu anderen Plattfischen das Männchen durch stark verlängerte vordere Rückenflossenstrahlen auffällig vom Weibchen. Nicht zu den B.n gehört der ↗ Heilbutt.

Butterblume, volkstüml. Bez. für verschiedene gelbblühende Wiesenpflanzen, z. B. Hahnenfuß, Löwenzahn, Sumpfdotterblume u. Trollblume.

Butterfische, *Pholidae,* artenarme Fam. der Barschartigen Fische aus der U.-Ord. Schleimfischartige in kühleren nördl. Meeren; hierzu der an nordam. und eur. Küsten häufige, bis 25 cm lange, aalart. B. *(Pholis grunellus)* mit langer saumart. Rücken- u. Afterflosse; die zw. Steinen abgelegten Eier werden v. beiden Elterntieren bewacht.

Buttergelb, *Dimethylgelb,* 4-Dimethylaminoazobenzol, $C_6H_5-N=N-C_6H_4N(CH_3)_2$, buttergelber Teerfarbstoff mit cancerogener Wirkung, der fr. zur Gelbfärbung v. Butter verwendet wurde, seit 1948 jedoch als Butterzusatz verboten ist.

Butterkrebs, frisch gehäuteter, weicher Speisekrebs, z. B. Flußkrebs.

Butterpilz, *Suillus luteus* Gray, eßbarer ↗ Schmierröhrling.

Buttersäurebacillen, die buttersäurebildenden ↗ Clostridien.

Buttersäurebildner ↗ Buttersäuregärung.

Buttersäure-Butanol-Aceton-Gärung w, *Aceton-Butanol-Gärung,* eine modifizierte ↗ Buttersäuregärung (☐) v. *Clostridium acetobutylicum,* bei der Buttersäure zu Butanol reduziert wird, so daß Buttersäure nur als Nebenprodukt auftritt, u. Aceton aus Acetoacetyl-CoA entsteht; außerdem kann noch zusätzl. Äthanol anfallen. Eine weitere Abwandlung zeigt sich bei der Gä-

Buttersäure-Butanol-Aceton-Gärung

Butanol als Gärprodukt wurde 1861 von L. Pasteur entdeckt. Genaue Untersuchungen dieses Gärweges führte A. Fitz 1882 u. 1884 an *Bacillus (= Clostridium) butylicum* aus. Die wirtschaftl. Bedeutung der B. zur Aceton- u. Butanolherstellung erkannte C. Weizmann (1915/1916), der die Verfahren so weit verbesserte, daß eine industrielle Produktion möglich wurde (patentiert).

Buttersäuregärung (Summe)

Glucose
+ 3 ADP
+ 3 Phosphat
↓
Buttersäure (Butyrat)
+ 2 CO_2
+ 2 H_2
+ 3 ATP

Buttersäuregärung

Äthanol-Acetat-Vergärung

Eine spezielle B. führt *Clostridium kluyveri* aus, das Äthanol vergären kann, wenn gleichzeitig Acetat zur Verfügung steht. Als Endprodukte entstehen neben Buttersäure (Butyrat) Capronsäure (Capronat) u. molekularer Wasserstoff (H_2).

Buttersäure-Butanol-Aceton-Gärung

Gärprodukte (mol/100mol vergorener Glucose) von *Clostridium acetobutylicum* und *Clostridium butylicum*

Gärprodukte	C. acetobutylicum	C. butylicum
Buttersäure	4	17
Essigsäure	14	17
Butanol	56	59
Aceton	22	—
Isopropanol	—	12
Äthanol	7	—
Acetylmethylcarbinol	6	—
Kohlendioxid	221	204
Wasserstoff	135	78
Gesamt C%	100	96

rung v. *Clostridium butylicum,* das Aceton noch zu Isopropanol reduziert *(Butanol-Isopropanol-Gärung).* In der industriellen Produktion dient als Substrat für die Bakterien Stärke (Maismehl) od. Melasse (mit Maisquellwasser). Früher traten Schwierigkeiten durch Phagenverseuchungen auf, heute werden phagenresistente Stämme eingesetzt. Anfangs diente die Butanolgewinnung zur Herstellung v. synthet. Gummi. Während des 1. Weltkriegs wurde hpts. Aceton zur Explosivstoffherstellung u. nach dem Kriege wieder Butanol für Nitrocellulose-Lacke gewonnen. Mit Beginn der Erdölchemie nach dem 2. Weltkrieg wurden die biotechnolog. Verfahren unrentabel; so sind nur noch wenige Anlagen (z. B. S-Afrika) in Betrieb. Durch ein weiteres Ansteigen des Erdölpreises, neue biotechnolog. Verfahren u. verbesserte Clostridium-Stämme könnte in Zukunft die biol. Herstellung der Lösungsmittel wieder wirtschaftlich werden.

Buttersäuregärung, Gärung einiger obligat anaerober Bakterien, bes. Clostridien, die hpts. Buttersäure beim Abbau v. Kohlenhydraten u. einigen organ. Säuren bilden. Zucker werden im Fructosediphosphat-Weg (Glykolyse) erst bis zum Pyruvat abgebaut, aus dem 2 Moleküle Acetyl-CoA, 2 CO_2 und 2 reduzierte Ferredoxine entstehen (Enzym: Pyruvat-Ferredoxin-Oxidoreductase). Unter Entwicklung von H_2 (aus H^+) wird das Ferredoxin wieder oxidiert. Die Buttersäure entsteht in mehreren Schritten durch Kondensation von 2 Acetyl-CoA u. folgenden Reduktionen durch NADH, das zu Beginn der Gärung gebildet wurde. Bei der B. wird pro Mol abgebauter Glucose 1 Mol ATP mehr gewonnen als bei der Glykolyse od. der ↗ alkoholischen Gärung. Abhängig v. der Clostridium-Art u. den Wachstumsbedingungen, kann die Konzentration der verschiedenen Gärprodukte sehr unterschiedlich sein (↗ Buttersäure-Butanol-Aceton-Gärung; Äthanol-Acetat-Vergä-

Buttersäuregärung

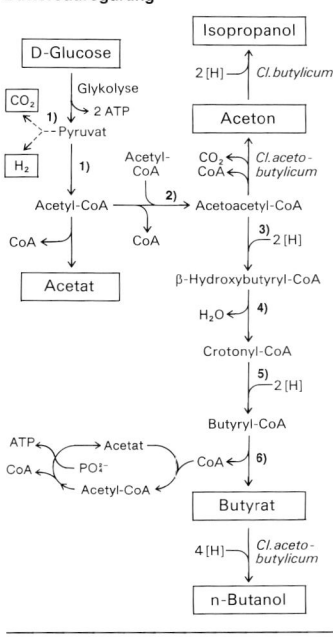

```
D-Glucose
   │ Glykolyse
CO₂ 1)
   ↓ 2 ATP
H₂ --Pyruvat 1)
        Acetyl-          Isopropanol
        CoA              ↑ 2[H]  Cl.butyricum
Acetyl-CoA              Aceton
        ↓         CO₂   ↑ Cl.aceto-
CoA ←   CoA       CoA   │ butylicum
        ↓ 2)
        Acetoacetyl-CoA
              │ 3) 2[H]
        β-Hydroxybutyryl-CoA
              │ 4)
        H₂O ↓
        Crotonyl-CoA
              │ 5) 2[H]
        Butyryl-CoA
ATP     Acetat
CoA  ←  PO₄³⁻      CoA  6)
        Acetyl-CoA
        Butyrat
                   │ Cl.aceto-
              4[H] │ butylicum
                   ↓
              n-Butanol
```

Bildung von Buttersäure (Butyrat), Butanol u. weiteren Gärprodukten durch Clostridien

Beteiligte Enzyme (v. Pyruvatabbau):
1) Pyruvat-Ferredoxin-Oxidoreductase
2) Acetyl-CoA-Acetyltransferase (= Thiolase)
3) β-Hydroxybutyryl-CoA-Dehydrogenase
4) Crotonase
5) Butyryl-CoA-Dehydrogenase
6) CoA-Transferase

Bei der Bildung v. *Butanol* aus Butyrat sind noch die Butyraldehyd- u. Butanol-Dehydrogenase u. bei der Bildung v. *Aceton* eine CoA-Transferase u. die Acetoacetat-Decarboxylase beteiligt. [H] = NADH.

Einige Bakterien, die in ihrem Gärungsstoffwechsel Butyrat als Hauptendprodukt bilden
Clostridium butyricum
C. pasteurianum
C. kluyveri
Butyrivibrio fibrisolvens
Eubacterium limosum (= *Butyribacterium rettgeri*)
Fusobacterium nucleatum

rung). Die Buttersäure aus dem Stoffwechsel v. Clostridien kann Lebensmittel u. Futtermittel verderben (ranziger Geruch). So wird z. B. durch den Abbau v. Milchsäure in ungenügend gesäuerter Silage der pH-Wert weiter erhöht; dadurch kommen Fäulniserreger zur Entwicklung, u. das Futter wird unbrauchbar. – Die B. wurde von L. Pasteur (1861) entdeckt. Er erkannte bei seinen Untersuchungen als erster, daß es auch ein *Leben ohne Sauerstoff* gibt u. daß (Mikro-)Organismen sogar durch Luft abgetötet werden können.

Buttersäuren, *Butansäuren*, 2 Isomere: n-B. und iso-B., farblose, übelriechende Flüssigkeiten; einfache Fettsäuren, die, an Glycerin gebunden, zu 3% in Butter vorkommen; werden in ranziger Butter durch Hydrolyse freigesetzt, wodurch der unangenehme Geruch entsteht; in freier Form liegen B. in zahlr. Pflanzen u. Pilzen vor; Buttersäureester sind Bestandteile vieler äther. Öle. Die Salze u. Ester der B. heißen *Butyrate*.

Buttverwandte, die ↗ Butte.

Butyrate [Mz.; v. *buty-], Salze u. Ester der Buttersäuren.

Butyrivibrio *m* [v. *buty-, lat. vibrare = zitternd bewegen], Gatt. der gramnegativen anaeroben Bakterien, mit unsicherer taxonom. Einordnung; obligat anaerobe, bewegliche leicht gekrümmte Stäbchen (0,4–0,6 × 2–5 μm). B. sind typische chemoorganotrophe Pansenbakterien, wurden aber auch aus Fäkalien von Kaninchen, Pferden u. Mensch isoliert. Neben einem Proteinabbau scheint die Hauptfunktion im Pansen der Aufschluß v. Stärke u. faserigem Pflanzenmaterial zu sein. Verschiedene Stämme verwerten Cellulose u. einige heterocycl. Verbindungen. Beim Abbau v. Kohlenhydraten im Gärungsstoffwechsel entsteht normalerweise Buttersäure (Butyrat) als Hauptendprodukt. Wichtigste Art ist *B. fibrisolvens*.

Butyrospermum *s* [v. *buty-, gr. sperma = Same (nach den stark fetthalt. Samen)], Gatt. der *Sapotaceae* mit 2 Arten im trop. Afrika. Unter ihnen ist der Schibutter- od. Sheabutterbaum *(B. parkii, B. paradoxum, Vitellaria paradoxa)* am bekanntesten. Der 10–15 m hohe, knorrige Baum ist eine Charakterpflanze der westafr. Savannen, wo er sowohl wild als auch angebaut vorkommt. Der auch im oberen Nilbereich beheimatete Baum wirft in Trockenzeiten die quirlig an den Zweigenden stehenden Blätter ab u. bildet zw. Dez. und März Büschel cremeweißer Blüten, aus deren Fruchtknoten gelb bis grünl. gefärbte Beeren v. der Größe einer Aprikose hervorgehen. Das dünne, weiche u. sehr süße Perikarp, das v. Vögeln, Elefanten u. Menschen gern verzehrt wird, umschließt einen 3–4 cm großen, kastanienförm. Samen, der ca. 30% Kohlenhydrate, 10% Protein u. 45–60% Fett enthält. Letzteres hat eine butterart. Konsistenz u. besitzt einen milden kakaoart. Geschmack. Es gilt in den gen. Gebieten als das wichtigste Speisefett. In Europa werden die importierten Samen bei der Herstellung v. Seifen u. Kerzen sowie v. Kosmetika verwendet.

Butyryl *s* [v. *buty-], B.gruppe, B.rest, C₃H₇CO, leitet sich v. den Buttersäuren ab.

Butyryl-ACP *s* [v. *buty-], an ACP (Acyl-Carrier-Protein) gebundene Buttersäure, Zwischenprodukt bei der Fettsäuresynthese.

$$H_3C-CH_2-CH_2-\overset{O}{\overset{\|}{C}}\sim S-ACP$$
Butyryl-ACP

$H_3C-CH_2-CH_2-COOH$
Normal-Buttersäure

$\begin{matrix}H_3C\\H_3C\end{matrix}\rangle CH-COOH$
Iso-Buttersäure

Buttersäuren

Butyryl-CoA *s* [v. *buty-], an Coenzym A gebundene Buttersäure, Zwischenprodukt beim Fettsäureabbau.

Buxaceae [Mz.; v. lat. buxus = Buchsbaum], die ↗ Buchsbaumgewächse.

Buxbaumiidae [Mz.; ben. nach dem dt. Botaniker J. C. Buxbaum, 1694–1730], U.-Kl. der Laubmoose mit nur 1 Ord. *(Buxbaumiales)* und 2 Fam. *(Diphysciaceae* u. *Buxbaumiaceae)*. In Europa ist die diözische Art *Diphyscium foliosum* an offenen Wegböschungen u. ähnl. Standorten verbreitet. *Buxbaumia aphylla*, die auf nackten, humusarmen Böden vorkommt, weist einen extremen Geschlechtsdimorphismus auf; der ♂ Gametophyt besteht nur aus einem Antheridium; selten in Europa ist *B.viridis*.

Buxus *m* [lat., = Buchsbaum], Gatt. der ↗ Buchsbaumgewächse.

buty- [v. gr. boutyron = Butter].

Byctiscus, *Bytiscus,* Rüsselkäfer-Gatt. der ↗Blattroller.

Byra, Gatt. der ↗Hülsenfrüchtler.

Byrrhidae [Mz.; v. lat. byrrhus = Mantelkragen], die ↗Pillenkäfer.

Byssochlamys w [v. gr. byssos = feiner gelblicher Flachs, chlamys = Gewand], *B. fulva,* Nebenfruchtform *Paecilomyces,* ein im Boden vorkommender Schlauchpilz der Ord. *Eurotiales;* er ist am Verderb v. konservierten Lebensmitteln u. Fruchtsäften in Flaschen beteiligt (extrazelluläre Pektinasen), da seine Ascosporen hohe Temperaturen überleben (ca. 85° C, 0,5 h) u. er bei vermindertem O_2-Druck sowie hohem CO_2-Druck wachsen kann.

Byssus m [v. gr. byssos = feiner gelblicher Flachs], das Sekret bestimmter Drüsen im Fuß vieler Muscheln. Die Produkte mehrerer Drüsen vereinigen sich in der B.höhle des Fußes zu einem erhärtenden Sekret (vorwiegend phenolische Proteide); weiteres Sekret wird zu Haftfäden ausgezogen u. durch die Fußspitze an eine feste Unterlage gekittet. Viele Muscheln haben als Jungtiere aktive B.drüsen, die mit fortschreitendem Alter reduziert werden. Einige Arten können sich zeitlebens mit den B.fäden festsetzen od. Fremdkörper zu einem „Nest" zusammenspinnen (z. B. ↗Feilenmuscheln). Der B. ist bes. auffällig bei den ↗Miesmuscheln, die die Fäden bei einer Verschlechterung der Lebensbedingungen wieder lösen können. Die widerstandsfähigen B.fäden der ↗Steckmuscheln werden seit dem Altertum zu „Muschelseide" verarbeitet, aus der fr. Kleidungsstücke hergestellt wurden; heute werden daraus v. a. Souvenirs gefertigt (S-Italien).

Bythinella w [v. gr. bythos = Meerestiefe], Gatt. der *Hydrobiidae,* in Quellen u. Quellbächen W-, Mittel- und SO-Europas lebende Vorderkiemerschnecken mit bis zu 4 mm hohem, kegelförm. bis zylindr. Gehäuse. Alle Arten sind nach der ↗Roten Liste „gefährdet" bzw. „vom Aussterben bedroht".

Bythiospeum s [v. gr. bythios = in der Tiefe lebend, speos = Höhle], ↗Brunnenschnecken.

Bytiscus, *Byctiscus,* Rüsselkäfer-Gatt. der ↗Blattroller.

Byturidae, die ↗Himbeerkäfer.

B-Zell-Lymphocyten ↗Lymphocyten.

C

cac-, caco- [v. gr. kakos = schlecht, übel, häßlich].

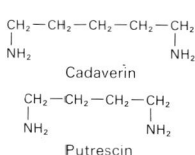

$CH_2-CH_2-CH_2-CH_2-CH_2$
$|\qquad\qquad\qquad\qquad\qquad\quad |$
$NH_2\qquad\qquad\qquad\qquad\quad NH_2$
Cadaverin

$CH_2-CH_2-CH_2-CH_2$
$|\qquad\qquad\qquad\qquad\quad |$
$NH_2\qquad\qquad\qquad\quad NH_2$
Putrescin

Cadaverin
Die „Leichengifte" *Cadaverin* und *Putrescin*

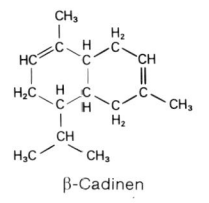

β-Cadinen

C, 1) chem Zeichen für Kohlenstoff; **2)** Abk. für Cytidin oder (seltener) für Cytosin; **3)** Abk. für Cystein.

C 14, ^{14}C, radioaktives Kohlenstoffisotop, häufig eingesetzt zur radioaktiven Markierung v. Biomolekülen sowohl innerhalb der Zelle als auch in zellfreien, enzymat. gesteuerten Reaktionen; außerdem benutzt bei der Altersbestimmung nach der Radio-Carbon-Methode, ↗Geochronologie.

Ca, chem. Symbol für Calcium.

Caatinga w [v. einer brasilian. Indianersprache, = weißer Wald], offene, überwiegend regengrüne Gehölzformation der semiariden Subtropen S-Amerikas.

Cacomixtl ↗Kleinbären.

Cacophryne w [v. *caco-, gr. phryne = Kröte], Gatt. der ↗Kröten.

Cacops w [v. *cac-, gr. opsis = Aussehen], (Williston 1910), labyrinthzähniger, landbewohnender Lurch aus dem unteren Perm v. Texas (USA) mit plumpem, kurzschwänzigem Körper u. kräftigen Gliedmaßen; erreichte 52 cm Länge.

Cacospongia w [v. *caco-, gr. spoggia = Schwamm], Hornschwamm-Gatt. der *Spongiidae;* bekannteste Art: *C. scalaris,* lebend oberflächl. graubraun bis schwarz, im Innern rötl. gefärbt; ähnelt morpholog. so sehr den ↗Badeschwämmen *(Spongia officinalis, Hippospongia communis),* daß sie häufig v. Schwammfischern für „Männchen", die Badeschwämme, die beim Auspressen einen milchigen Saft (Schwamm-Milch) abgeben, für „Weibchen" ein u. derselben Art gehalten werden.

Cacosternum s [v. *caco-, gr. sternon = Brustbein], Gatt. der ↗Ranidae.

Cactaceae [Mz.; v. gr. kaktos = stachl. Pflanze], die ↗Kakteengewächse.

Cactospiza w [v. gr. kaktos = stachl. Pflanze, spiza = Fink, Spatz], Gatt. der ↗Darwinfinken.

Cadaverin s [v. lat. cadaver = Leichnam], Pentamethylendiamin u. *Putrescin* (Tetramethylendiamin) sind übelriechende Duftstoffe, die durch bakterielle Zersetzung (↗Decarboxylierung) v. Lysin bzw. Ornithin im Darm entstehen u. daher zu den biogenen Aminen gerechnet werden. C. u. Putrescin werden auch als *Leichengifte* bezeichnet, da vorwiegend sie den Verwesungsgeruch v. Leichen bedingen. Beide Stoffe werden außerdem als Bestandteile v. Ribosomen gefunden.

cadicon [v. gr. kados = Gefäß, Krug], Bez. für breitmündige Ammonitengehäuse mit tiefem, „weinkrugartigem" Nabel.

Cadinen, das im Pflanzenreich am weitesten verbreitete u. in äther. Ölen (z.B. in Wacholderteeröl, sog. Cadeöl, dessen Hauptbestandteil β-C. ist) vorkommende Sesquiterpen. Seine verschiedenen Iso-

Bei C vermißte Stichwörter suche man auch unter K und Z.

mere β-, γ-, δ-, ε-C. usw., die sich durch die Stellung ihrer Doppelbindungen unterscheiden, können zum aromat. *Cadalin* dehydriert werden. Die Hydroxyverbindungen des C.s heißen *Cadinole*.

Cadmium, chem. Zeichen Cd, Schwermetall, das in der Natur nur in geringen Mengen, z. B. in Verbindung mit Zink im Galmei, als C.sulfid od. C.carbonat od. als Beimengung verschiedener Rohphosphate, vorkommt. Es findet u. a. Verwendung bei der Metallveredlung, bei galvan. Prozessen, als Stabilisator in Kunststoffen u. als hitzebeständ. Farbpigment. Bei diesen industriellen Prozessen u. der Verfeuerung fossiler Brennstoffe gelangt C. in suspendierter od. gelöster Form in Flüsse u. Meere od. wird als ↗Aerosol mit der Luftströmung verfrachtet u. mit den Niederschlägen in den Boden eingewaschen. Es reichert sich in der Nahrungskette an, insbes. in Meeresalgen, marinen Weichtieren u. in einigen Wildpilzen. Die Schadwirkungen von C. sind komplex u. beruhen z. B. auf den Ersatz v. Metallatomen in Makromolekülen durch C. und der Reaktion von C. mit biol. aktiven Gruppen (wie Phosphat-, Carboxyl-, Disulfidgruppen). Bei höheren Tieren u. dem Menschen treten Hemmungen der aktiven Transportmechanismen, Nierenschädigungen (v. a. der Nierentubuli) u. Enzymschädigungen auf. In den Nieren wird die Rückresorption verschiedener Substanzen, z. B. Calcium u. Kalium, unterbunden. Der Mangel an Kalium u. Calcium in der Blutflüssigkeit hat wichtige physiolog. Folgen, u. a. die Entkalkung des Skeletts, die bei der ↗Itai-Itai-Krankheit enorme Ausmaße annehmen kann.

Cadulus *m* [v. gr. kados = Gefäß, Krug], Gatt. der *Siphonodentaliidae,* Kahnfüßer mit oft spindelförmig aufgetriebenem Röhrenschale v. rundem od. ovalem Querschnitt; die Gatt. umfaßt kleine Arten, die in vielen Meeren vorkommen.

Caecilia [Mz.; v. *caec-], 1) die ↗Blindwühlen; 2) Gatt. der ↗Blindwühlen.

Caeciliidae [Mz., v. *caec-], Fam. der ↗Blindwühlen.

Caecobarbus *m* [v. *caec-, lat. barbus = Barbe], Gatt. der Barben, ↗Höhlenfische.

Caecum *s* [v. *caec-], 1) blindsackartig erweiterter Anfangsteil des Siphos v. Ammoniten (↗Ammonoidea) hinter dem ersten Septum. 2) *Coecum,* der ↗Blinddarm. 3) Gatt. der Überfam. *Cerithioidea,* Vorderkiemerschnecken mit kleinem Gehäuse, dessen spiral. Anfangsteil meist abgeworfen wird; der verbleibende Endteil ist röhrenförmig u. nur schwach gekrümmt. Das nur etwa 2 mm große *C. glabrum* lebt im Sandlückensystem der eur. Küsten.

Caedobacter *s* [v. lat. caedere = schla-

caeno- [v. gr. kainos = neu, noch nicht dagewesen], in Zss.: neu-.

Caenogenese

Eigenanpassungen (Caenogenesen) des Keims: Das Riesenkänguruh *(Megaleia rufa)* wird in einem noch sehr fr. Stadium der Keimesentwicklung geboren, mit einer Länge von nur 14 mm. Es kriecht selbständig von der Geburtsöffnung im Bauchfell der Mutter zum Beutel, wobei es sich mit den stark entwickelten Vorderbeinen ankrallt. Die Hinterbeine sind, im Ggs. zum ausgewachsenen Tier, in diesem Stadium viel schwächer entwickelt. Auge und Ohr sind, wie bei vielen neugeborenen Säugetieren, verschlossen und vollenden, derart geschützt, ihre Entwicklung erst nach der Geburt.

caec- [v. lat. caecus = blind], in Zss.: blind-.

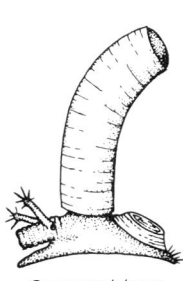

Caecum glabrum

gen, gr. baktron = Stab], Symbionten des ↗Pantoffeltierchens.

Caelifera *w* [v. lat. caelifer = zum Himmel emporhebend], U.-Ord. der ↗Heuschrecken.

Caenidae [Mz.; v. *caeno-], Fam. der ↗Eintagsfliegen.

Caenogenese *w* [Bw. *caenogenetisch;* v. *caeno-, gr. genesis = Entstehung], nach E. Haeckel die Abweichung der Embryonalentwicklung v. der nach der ↗Biogenetischen Grundregel zu erwartenden Entwicklung durch Spezialanpassungen des Keims an die bes. entwicklungsphysiolog. bzw. ökolog. Situation des Keims, z. B. Bildung der Keimhüllen bei Amnioten od. der stark entwickelten Vorderbeine in der fr. Keimesentwicklung beim Riesenkänguruh.

Caenolestidae [Mz.; v. *caeno-, gr. lēstēs = Räuber], die ↗Opossummäuse.

Caenomorpha *w* [v. *caeno-, gr. morphē = Gestalt], artenreiche Gatt. der *Heterotricha,* Wimpertierchen mit pilz- od. glokkenförm. Gestalt u. schwanzartig auslaufendem Hinterende, um das spiralig ein Cilienband verläuft. Alle Arten leben im Faulschlamm.

Caenorhabditis *w* [v. *caeno-, gr. rhabdos = Rute, Stab], *C. elegans,* ein ca. 1 mm langer Fadenwurm der Ord. *Rhabditida;* im allg. selbstbefruchtender Hermaphrodit mit einer Generationsdauer von ca. 3 Tagen. Seit etwa 15 Jahren eines der intensivst untersuchten Lebewesen: Standard-Versuchsobjekt v. a. in Genetik (auch Verhaltensgenetik), Entwicklungsbiologie u. Biochemie. Wegen seiner kurzen Generationsdauer, der leichten Züchtbarkeit u. leichten Mutagenisierung, wegen der Durchsichtigkeit der Eier u. aller Entwicklungsstadien u. wegen mehrerer anderer Eigenschaften günstiger als z. B. *Drosophila*. Entwicklung streng determiniert, führt zu Eutelie (↗Zellkonstanz); erwachsene Hermaphroditen haben exakt 959 somat. Zellkerne, von denen 358 zum Nervensystem gehören. Einziges Tier, bei dem für *jede* Zelle auf *jedem* Entwicklungsstadium bekannt ist, v. welcher Zelle sie abstammt, ob u. wie sie sich noch teilen u. wie sie im Körper wandern wird. ↗Rhabditida (☐).

Caesalpiniaceae [Mz.; ben. nach A. ↗Cesalpinus], Fam. der ↗Hülsenfrüchtler.

Caesalpinus ↗Cesalpinus.

Caesiumchlorid-Gradient *m,* ↗Dichtegradientenzentrifugation.

Ca-Horizont, Abk. für ↗Calciumhorizont. ↗Kalkanreicherungshorizont.

Caiman *m* [v. einer karib. Sprache], Gatt. der ↗Alligatoren.

Cainotherium *s* [v. gr. kainos = neu, therion = Tier], *Caenotherium,* (Bravard

Bei C vermißte Stichwörter suche man auch unter K und Z.

Caissonkrankheit

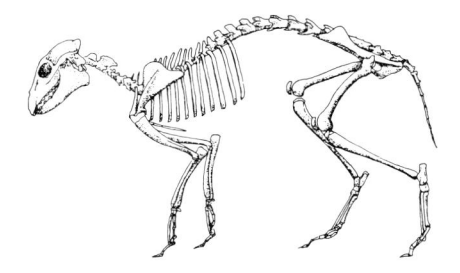

Cainotherium, Länge ca. 30 cm

1828), † Gatt. kleiner, zierl. Paarhufer mit vollständ. Bezahnung in geschlossener Reihe, äußerl. hasenartig, Extremitäten metapodiograd; Einzelheiten der Zahnstruktur weisen ihnen stammesgeschichtl. eine Sonderstellung unter den Ungulaten zu; ökolog. nahmen sie die Position heutiger Maras (S-Amerika) ein. C. gehört zu den bestdokumentierten fossilen Säugern überhaupt. Verbreitung: oberstes Eozän bis Mittelmiozän W-Europas.

Caissonkrankheit [kâßõn-; v. frz. caisson = Kasten], *Taucherkrankheit, Dekompressionskrankheit, Druckabfallkrankheit,* bei erhöhtem Druck, z. B. in großer Wassertiefe od. in Druckkammern (Caissons), wird mehr Stickstoff im Blut gelöst; bei raschem Druckabfall, z. B. zu schnellem Auftauchen od. bei Verlassen eines Caissons, entstehen Stickstoffbläschen im Blut, die in den Kapillargefäßen Gasembolien verursachen. Klin. Symptome sind Benommenheit, Kollaps, Nasen- u. Trommelfellblutungen. Durch Ernährungsstörungen des Gelenkknorpels kommt es zu schmerzhaften Gelenkschäden u. Epiphysennekrosen. Die C. wird durch langsame Druckentlastung (langsames Auftauchen) od. durch Verwendung von Sauerstoff-Helium-Gemisch als Atemgas vermieden.

Cajanus *m* [v. malaiisch kachang = Straucherbse], Gatt. der ↗Hülsenfrüchtler.
Cakile *w* [v. arab. qâqulla = Kardamom], der ↗Meersenf.
Cakiletea maritimae *w* [v. arab. qâqulla = Kardamom, lat. maritimus = Meer-], *Meersenf-Spülsäume,* Kl. der Pflanzenges.; an Küsten, Ästuaren u. Salzseen im Binnenland, auf meist nur kurzfristig besiedelbaren Seegras- u. Algenwällen; aufgebaut aus salzertragenden Einjährigen.
cal, Kurzzeichen für ↗Kalorie.
Calabaria, Gatt. der ↗Pythonschlangen.
Calamagrostion arundinaceae *s* [v. *calamo-, gr. agrostis = Feldgras, arund = Schilf], Verb. der ↗Betulo-Adenostyletea.
Calamagrostis *w* [v. *calamo-, gr. agrōstis = Gras, Quecke], das ↗Reitgras.
Calamarinae [Mz.; v. lat. calamus = Schreibrohr], die ↗Zwergschlangen.
Calamintha *w* [v. gr. kalaminthē = Pfefferminze], die ↗Bergminze.

calci- [v. lat. calx, Gen calcis = Kalk; auch als Kurzform von Calcium gebraucht], in Zss.: Kalk-, Calcium-.

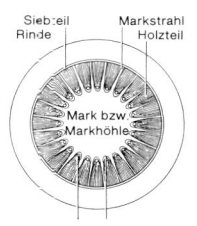

Siebteil / Rinde — Markstrahl / Holzteil
Mark bzw. Markhöhle
Carinalhöhle — Metaxylem

Stammanatomie der Calamitaceae

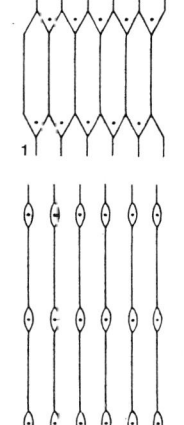

Calamitaceae
Leitbündelverlauf bei den *Calamitaceae* (1) und bei *Archaeocalamites* (2). Die an den Nodien abgehenden Blattspuren sind als Punkte markiert.

Calamistrum *s* [lat., = Brenneisen zum Kräuseln der Haare], zum Spinnapparat gehöriger Kamm am Metatarsus des 4. Beinpaares der Spinnengruppe ↗Cribellatae.
Calamitaceae [Mz.; v. gr. kalamitēs = rohrartig], *Calamiten,* Fam. fossiler baumförm. *Equisetales* des Karbon u. U.-Perm, neben den Schuppenbäumen wichtigste Kohlebildner dieser Zeit. Wie alle Equisetales besitzen die C. in Nodien u. Internodien gegliederte Sproßachsen mit großem Mark (bzw. Markhöhle) u. mit Carinalhöhlen (entstanden durch Auflösen des Protoxylems); sie zeigen aber im Ggs. zu den rezenten Schachtelhalmen ausgedehntes sekundäres Dickenwachstum u. erreichen so Stammdurchmesser bis 1 m und Wuchshöhen von 20 bis 30 m. Nach dem Bau des Sekundärholzes werden 3 Bautypen strukturbietender Stammreste unterschieden (*Arthropitys:* nur Tracheiden; *Arthroxylon:* Tracheiden und sekundäre Holzstrahlen; *Calamodendron:* Sekundärholz mit dickwandigen Fasern); alle zeigen aber den gleichen Leitbündelverlauf: Die kreisförm. um das zentrale Mark angeordneten Leitbündel gabeln sich an jedem Nodium; die Hälften zweier benachbarter Leitbündel verwachsen zu einem nun auf Lücke stehenden neuen Leitbündel. Diese Leitbündelalternanz (wichtiger Unterschied zu ↗*Archaeocalamites*) ist auch an den mit dem Gatt.-Namen *Calamites* bezeichneten Marksteinkernen (Sedimentausfüllung der Markhöhle) zu erkennen (B Farnpflanzen IV). Nach dem Verzweigungstyp lassen sich wiederum verschiedene Gruppen unterscheiden (*Stylocalamites:* oberirdisch kaum Verzweigungen; *Crucicalamites:* pro Nodium zahlr. Seitenäste; *Diplocalamites:* pro Nodium 2 Seitenäste). Verankert sind die Stämme der C. über ein ebenfalls gegliedertes Rhizom, die Blätter sind typ. Mikrophylle (*Annularia:* Blätter spatelförmig; *Asterophyllites:* Blätter linealisch) u. stehen (als Folge der Leitbündelalternanz) in alternierenden Wirteln. Die „Blütenzapfen" der C. zeigen (wiederum im Ggs. zu den Verhältnissen bei den rezenten Schachtelhalmen) eine regelmäßige Wechselfolge v. Wirteln steriler Brakteen und schildförm. Sporangiophoren: beim *Calamostachys*-Bautyp stehen die Sporangiophoren etwa in der Mitte zw. zwei Brakteenwirteln, bei *Palaeostachya* dagegen in den Achseln der Brakteen. Einige Formen sind heterospor (aus ihnen haben sich die Samenschachtelhalme der Gatt. ↗*Calamocarpon* entwickelt), die Mehrzahl ist isospor. Neuerdings sind für die C. auch die für die rezenten Schachtelhalme typ. Hapteren (bandförm. Gebilde

des Perispors) nachgewiesen. – Ihren Entwicklungshöhepunkt besitzen die C. (u. damit auch die Kl. der Schachtelhalme = *Equisetatae*) im Oberkarbon. In den „Steinkohlewäldern" bildeten sie eine Art Röhrichtzone in den Verlandungsbereich der Seen u. Flußmündungen. Dies belegen die Fundumstände u. einige anatom. Besonderheiten der C., wie sie allg. für Sumpf- u. Wasserpflanzen typisch sind (z. B. Aerenchymgewebe in den Wurzeln, Mark- u. Carinalhöhlen als Durchlüftungskanäle). *V. M.*

Calamites *m* [v. gr. kalamites = rohrartig], Gatt.-Name für bestimmte Stämme der ↗ *Calamitaceae* in Marksteinkernerhaltung.

Calamocarpon *s* [v. *calamo-, gr. karpos = Frucht], *Samenschachtelhalm,* Gatt. fossiler oberkarbon. *Equisetales* mit extremer Heterosporie, meist in eine eigene Fam. *(Calamocarpaceae)* gestellt. Die „Blütenzapfen" sind „monoklin" od. „diklin" u. entsprechen in ihrem Bau dem Typ der ↗ *Calamitaceae.* Bei *C. insignis* trägt jedes Megasporangium nur eine Megaspore; diese enthält ihrerseits das Megaprothallium. Damit sind den Samen der Spermatophyten funktionell analoge Gebilde entstanden, denen aber Integumente fehlen (↗Samenbärlappe). Die Mikrosporen besitzen die für die *Equisetales* typ. Hapteren.

Calamodendron *s* [v. *calamo-, gr. dendron = Baum], Gatt.-Name für bestimmte strukturbietende Stammreste der ↗ *Calamitaceae.*

Calamoichthys *m* [v. *calamo-, gr. ichthys = Fisch], Gatt. der ↗ Flösselhechte.

Calamophyton *s* [v. *calamo-, gr. phyton = Pflanze], Gatt. der ↗ Cladoxylales.

Calamostachys *m* [v. *calamo-, gr. stachys = Ähre], Gatt.-Name für bestimmte „Blütenzapfen" der ↗ *Calamitaceae.*

Calamus *m* [v. gr. kalamos = Rohr, Schilf, Halm], 1) die ↗Rotang-Palmen. 2) Spule der ↗Vogelfeder.

Calandra *w*, Gatt. der ↗Rüsselkäfer.

Calanus *m*, Gatt. der ↗Copepoda.

Calappidae [Mz.; v. ind. calappa = Kokosnuß], die ↗Schamkrabben.

Calathea *w* [v. gr. kalathos = Korb], Gatt. der ↗Pfeilwurzgewächse.

Calcaneus *m* [lat., = Ferse], das ↗Fersenbein.

Calcarea *w* [v. lat. calcarius = Kalk-], Gatt. der ↗Kalkschwämme.

Calceolaria *w* [v. lat. calceolus = kleiner Schuh, Pantoffel], Gatt. der ↗Braunwurzgewächse.

Calceola sandalina *w* [v. lat. calceolus = kleiner Schuh, Pantoffel, sandalina = Sandale], *Pantoffelkoralle,* zu den ↗ *Rugosa* gehörende, † pantoffelförm. Deckelkoralle; Leitfossil für Mitteldevon.

calamo- [v. gr. kalamos, lat. calamus = Rohr, Halm, Rohrfeder].

Calciferol

C.e sind wichtig für die Knochenbildung. Mangel an C. führt zu Entkalkung des Knochengewebes u. damit zu *Rachitis.* C.e sind reichlich vorhanden in Fischleber (Heilbutt- u. Dorschlebertran), ferner in Eigelb, Butter, Milch u. Pilzen; Provitamin D kommt in pflanzl. u. tier. Fetten vor. Die für den Menschen erforderl. Tagesdosis ist 10 mg. Zu große Mengen führen ebenfalls zu schweren Erkrankungen (Calcinose) mit Knochenentkalkung, Ansteigen des Blut-Calciumspiegels u. Ablagerung v. Calciumsalzen in den Wänden v. Blutgefäßen u. der Niere.

Biosynthese von Calciferolen

Dieselbe Reaktionsfolge, wie sie hier ausgehend von Ergosterin mit dem ungesättigten C_9H_{17}-Rest gezeigt ist, führt v. 7-Dehydrocholesterin, dem Provitamin D_3, das anstelle des C_9H_{17}-Rests einen gesättigten C_8H_{17}-Rest aufweist, über Prächolecalciferol zu Cholecalciferol u. 1α,25-Dihydroxycholecalciferol.

Calcichordata [Mz.; v. *calci-, gr. chordē = Darm], *Stylophora* Gill u. Caster 1960, 1967 v. Jefferies eingeführter † U.-Stamm der *Chordata,* v. dem die Lanzettfischchen, Manteltiere u. Wirbeltiere stammesgeschichtlich hergeleitet werden. Die C. umfassen fremdartig anmutende altpaläozoische bis devonische Fossilien, die zuvor Stachelhäutern *(Carpoidea* u. *Homalozoa)* zugeordnet waren. Repräsentanten der C. weisen einen „massiven" Teil u. einen Anhang auf, die mit Kopf u. Schwanz der Wirbeltiere homologisiert werden. Vergleichbar den Larven der Manteltiere fehlt eine Rumpfregion. Auf die Ähnlichkeit mit dem fossilen Stachelhäuterskelett gründet sich der Name C. – Taxonomisch werden 2 Ord. oder Kl. unterschieden: *Cornuta* u. *Mitrata.* Letztere sollen aus den *Cornuta* hervorgegangen sein u. die Stammformen der lebenden Chordaten bilden. Bekannteste Gatt.: ↗ *Ceratocystis, Cothurnocystis, Reticulocarpos, Mitrocystites.*

Calciferol *s* [v. *calci-, lat. ferre = tragen, oleum = Öl], *Vitamin D, antirachitisches Vitamin,* Gruppe fettlösl. ↗Vitamine, die sich v. den Steroiden *7-Dehydrocholesterin* (Vorläufer v. Cholecalciferol = Vitamin D_3) bzw. *Ergosterin* (Vorläufer v. Ergocalciferol = Vitamin D_2) durch Spaltung des B-Rings ableiten. Diese Spaltung erfolgt durch das auch in der Sonnenstrahlung enthaltene UV-Licht u. führt zunächst zu Präcalciferol, aus dem sich durch Umlagerung C. bildet. 7-Dehydrocholesterin u. Ergosterin wirken daher als Provitamin D_3 bzw. D_2. Durch Hydroxylierungen bildet sich aus Cholecalciferol in Leber u. Niere die aktive Form, 1α,25-Dihydroxycholecalciferol, das die Induktion eines Calcium bindenden Proteins in den Zellen des oberen Dünndarms bewirkt.

calcifug [v. *calci-, lat. fugere = fliehen], *calciphob,* bei Pflanzen: kalkmeidend bzw. kalkfliehend; Ggs.: ↗calciphil.

Calcinose

calci- [v. lat. calx, Gen. calcis = Kalk; auch als Kurzform von Calcium gebraucht], in Zss.: Kalk-, Calcium-.

Von Calcium (Ca^{2+}) beeinflußte Zellprozesse

Glucosetransport, K$^+$-Ausfluß, Sekretion, Neurotransmitterfreisetzung durch die Plasmamembran; Mikrofilamentkontraktion bei Zellteilung und Bewegungsvorgängen; Aktivierung der Phosphorylase-b-Kinase, PDE und Guanylat-Cyclase in den Mitochondrien, α-Ketoglutarattransport, Adeninnucleotidaustausch, GPDH-Aktivität, Pyruvat-DH-Aktivität; Aktivierung der Thrombokinase bei der Blutgerinnung; im Kern DNA-Synthese

Calcinose w [v. *calci-, gr. nosos = Krankheit], krankhafte Ablagerung v. Kalk im Gewebe, z. B. nach Tuberkulosen, Sklerodermie, Hyperparathyreoidismus.

calciphil [v. *calci-, gr. phlos = Freund], kalkliebend, Bez. für Pflanzen, die kalkhaltige Böden bevorzugen od. obligat auf sie angewiesen sind. Ggs.: calcifug (calciphob). ⊤ Bodenzeiger.

Calcispongiae [Mz.; v. *calci-, gr. spoggia = Schwamm], ↗Kalkschwämme.

Calcitonin s [v. *calci-, gr. tonos = Spannung], Thyreo-C., Abk. TCT, Peptidhormon der Schilddrüse mit 32 Aminosäuren u. einer relativen Molekülmasse von ca. 3600–8000 (speziesverschieden); seine Freisetzung bewirkt eine rasche Senkung des Ca^{2+}-Spiegels im Blut u. eine Einlagerung von Ca^{2+} in die Knochensubstanz; Antagonist zum Parathormon. Der normale Blutspiegel beim Menschen beträgt 0,01 μg/100 ml Plasma bei einer Halbwertzeit von 5–15 Min.

Calcium s [v. *calci-], chem Zeichen Ca, Erdalkalimetall, das in der Natur in anorgan. u. organ. Verbindungen universell vorkommt und dessen biol. Bedeutung v. a. in der ion. Form als Ca^{2+} liegt. Der Ca-Gehalt des Bodens ist mit 0,1–1,2% hoch im Vergleich zu anderen Mineralen, die als Nährstoffe dienen, u. stammt vorwiegend aus c.haltigen Verbindungen, die leicht verwitterbar sind u. damit Ca in leicht austauschbarer Form anbieten. Auch die Düngung liefert einen leicht verfügbaren Anteil an Ca in den Böden, insbes. in Form v. Carbonaten (CaCO$_3$), Sulfaten (CaSO$_4$) u. Nitraten (Ca(NO$_3$)$_2$). Letztere entstehen z. T. auch aus leichter lösl. C.salzen und ihren Säuren, die v. a. aus mit Industrieabgasen angereicherten Niederschlägen zugeführt werden. – Für die Pflanze gehört Ca zu den in großer Menge erforderl. Nährstoffen (mineral. Makroelemente); sein Gehalt im Material v. normal entwickelten Wild- u. Kulturpflanzen liegt bei 5 g/kg Trockenmasse, wobei zu berücksichtigen ist, daß das Ca in vielen Fällen in unlösl. Form, z. B. als C.oxalat od. C.carbonat, in der Vakuole deponiert ist. Zus. mit dem antagonistisch wirkenden Kalium (K) beeinflußt Ca den kolloidosmot. Quellungszustand des Plasmas (Ca vermindert die Quellung, K fördert sie). Ferner sind Ca^{2+}- neben K$^+$-Ionen für die Vernetzung der Polygalacturonsäuremoleküle in der Mittellamelle verantwortl. u. ein wichtiger Bestandteil für die Funktionstüchtigkeit der Biomembranen. Ebenso ist Ca als Cofaktor bei verschiedenen Enzymen wirksam. Ein für das Pflanzenwachstum limitierender Ca-Mangel tritt ledigl. in trop. Böden auf od. durch Übersäurerung infolge v. Kalkmangel sowie im Obst- und Gemüseanbau, wo es bei unzureichender C.versorgung zu Qualitätseinbußen kommen kann. – Auch im tier. u. menschl. Organismus ist Ca an vielfältigen, v. a. regulator. Aufgaben beteiligt. – Die Hauptmenge an C. kommt bei Wirbeltieren in den Knochen vor, bei Wirbellosen, z. B. Krebsen, auch im Exoskelett u. den Kalkschalen der Weichtiere und Stachelhäuter. Im Dienste der Osmoregulation erhöhen Ca^{2+}-Ionen im Zellmilieu die Durchlässigkeit der Membranen für anorg. Anionen (Cl$^-$) u. verringern die für Kationen (K$^+$). Für das ↗Actomyosin-System des Muskels spielen Ca^{2+}-Ionen als Vermittler zw. Erregung u. Kontraktion eine wichtige Rolle. Nach Freisetzung aus dem sarkoplasmat. Reticulum lösen sie die Kontraktionen aus, indem sie die ATPase über den Troponin-Tropomyosinkomplex aktivieren. Dabei treten zwei verschiedene Kontrollmechanismen auf, um eine geordnete Muskelkontraktion zu gewährleisten: Bei den Muskeln der Chordatiere, den schnell kontrahierenden Muskeln der Zehnfußkrebse u. bei einigen kleineren Tiergruppen liegt der Rezeptor für Ca actingebunden vor; im Ca-freien Medium erfolgt keine Interaktion zw. ↗Actin u. ↗Myosin. Bei Weichtieren, einigen Stachelhäutern, Schnurwürmern u. Brachiopoden liegt eine myosingekoppelte Kontrolle der durch Ca ausgelösten Muskelkontraktion vor. Hierbei werden Ca^{2+}-Ionen unter ATP-Aufwand v. einer ↗Calcium-Pumpe aus dem Zellinnern transportiert. Bei den Wirbellosen arbeiten beide Systeme vielfach nebeneinander. Da auch in nichtmuskulären Zellen ein Actin-Myosin-Tropomyosin-Komplex vorliegt, erfolgt hier die Kontrolle der Kontraktion wahrscheinlich ebenfalls über C. Beispiele dafür bieten die ↗amöboiden Bewegungen bei der Ausstülpung v. Pseudopodien u. die gleichmäßigen Kontraktionswellen, die man beim Gleiten der Einzellergruppe der Gregarinen findet. Auch die v. einzelnen Zellen wahrgenommenen aktiven Bewegungsformen der Phagocytose, Pinocytose u. Exocytose sind c.abhängige Prozesse. Die zeitl. Koordination der Ca-Wirkung, bei der Kontraktion u. Entspannung miteinander abwechseln, wird häufig mit dem Modell des biol. Oszillators (↗biologische Oszillationen) beschrieben. Hierbei sind die intrazellulären Konzentrationen v. Ca und cAMP über zwei gegenläufige Regelkreise gekoppelt. cAMP inhibiert die C.-Pumpe, die den intrazellulären C.-Spiegel senkt, während Ca die Adenylat-Cyclase aktiviert, die die Bildung v. cAMP katalysiert. – Neben cAMP und cGMP sind Ca^{2+}-Ionen die am besten bekannten u. untersuchten in-

Bei C vermißte Stichwörter suche man auch unter K und Z.

trazellulären „second messenger", deren Funktionsweise zunächst an Muskelzellen erkannt wurde. cAMP, cGMP und Ca stehen im Zellinnern miteinander im Gleichgewicht, indem sie ihre Auf- u. Abbauraten gegenseitig kontrollieren u. damit ein Überschwingen eines durch sie induzierten Prozesses verhindern. Der Strom von Ca in u. aus der Zelle erfolgt über zwei getrennte Kanäle. Der Einstrom folgt dem Konzentrationsgradienten, die Ausschleusung benötigt ein energieabhängiges System (C.-Pumpe, ↗ aktiver Transport). Ca überträgt als „second messenger" die v. Peptidhormonen und Neurotransmittern („first messengers") übernommenen Informationen auf die intrazellulären biochem. Prozesse, die im wesentl. v. c.bindenden Proteinen übernommen werden, zu deren wichtigsten das ↗ Calmodulin zählt, das als Untereinheit in verschiedenen Enzymen (v. a. Protein-Kinasen) vorkommt. Der molekulare Mechanismus dieser intrazellulären c.abhängigen Regulation v. Stoffwechselvorgängen ist in Tier- u. Pflanzenzellen nahezu identisch. Der Gesamtbestand an Ca im *menschl. Körper* beträgt 1100 g bei 70 kg Gewicht, die tägl. C.aufnahme ca. 0,8 g, eine Menge, die durch die normale Nahrungsaufnahme gewährleistet ist; während der Schwangerschaft sollte die Aufnahme auf 1,3 g pro Tag erhöht werden. Die Resorption erfolgt im oberen Dünndarm u. wird durch Vitamin D (Calciferol) reguliert. Im Blut ist Ca zu 40% frei gelöst u. zu 60% an Protein gebunden. Beim Sehvorgang beeinflußt Ca die Na-Permeabilität der Retinazellen (Hyperpolarisation). In diesen Zellen ist die extrazelluläre Ca^{2+}-Konzentration in den v. Disc-Membranen (Mikrovilli) umschlossenen Räumen vielfach höher als im Cytoplasma. Unter Lichteinwirkung werden Ca^{2+}-Ionen ins Plasma entlassen, wobei die Na^+-Kanäle in der Zellmembran geschlossen werden. Nach Beendigung der Lichteinwirkung wird Ca^{2+} in die Discs zurückgepumpt u. die Na^+-Kanäle wieder geöffnet. An der synapt. Membran werden mittels Ca bei ↗ Acetylcholin-Einwirkung Ionenkanäle geöffnet (☐ Acetylcholinrezeptor). Schließlich ist Ca ein wichtiger Cofaktor für die Aktivierung bzw. Umwandlung einiger Gerinnungsfaktoren, was zum kaskadenart. Vorgang der ↗ Blutgerinnung führt. So wird z. B. Prothrombin durch das beim Zerfall v. Thrombocyten entstehende Enzym Thrombokinase in Ggw. von Ca^{2+}-Ionen zu Thrombin umgewandelt.
L. M.

Calciumauswaschung, *Entkalkung,* ↗ Kalkverwitterung.

Calciumhorizont, *Ca-Horizont,* mit Calciumcarbonat angereicherter Bodenhorizont; ↗ Kalkanreicherungshorizont.

Calciumhydrogencarbonat-Typ, *Scenedesmus-Typ,* Bez. für Wasserpflanzen, deren Kohlenstoffquelle in kalkreichem Wasser vorwiegend das HCO_3^--Ion ist.

Calcium-Hypothese [v. *calci-] ↗ Photorezeption.

Calciumphosphate, 1) *primäres C., Calciumdihydrogenphosphat,* $Ca(H_2PO_4)_2$, in der Natur in Phosphorit u. verschiedenen Apatiten vorkommend; findet Verwendung als Bestandteil v. Düngemitteln (z. B. in Superphosphat, PK- u. NPK-Dünger), Backpulver, triebmittelhalt. Mehlsorten, Zahnpflegemitteln sowie als Mittel zur Heilung von Rachitis und von Knochenbrüchen. 2) *sekundäres C., Calciumhydrogenphosphat,* $CaHPO_4$, kommt in der Natur als Monotit vor u. findet eine ähnliche Anwendung wie 1). 3) *tertiäres C., Calciumphosphat,* $Ca_3(PO_4)_2$, kommt in Hydroxylapatit $[3Ca_3(PO_4)_2 \cdot Ca(OH)_2]$ vor, als Bestandteil der harten Substanz der tier. Knochen u. Zähne u. gelegentl. auch in Nierensteinen. Es findet ähnl. Anwendung wie 1) u. 2). Hydroxylapatit dient in der Biochemie zur Trennung von Nucleinsäuren u. Proteinen bei Ionenaustauschchromatographie. 4) *Tetra-C.,* $Ca_3(PO_4)_2 \cdot CaO$, ist im Thomasmehl (Thomasphosphat) enthalten u. dient als Mineraldünger bes. für Schmetterlingsblütler.

Calcium-Pumpe [v. *calci-], in der Membran der Muskelzelle lokalisiertes Enzym, das unter ATP-Verbrauch Ca^{2+}-Ionen aus dem Cytosol auch gg. einen Konzentrationsgradienten in das Lumen der Vesikel des sarkoplasmat. Reticulums transportiert ($2 Ca^{2+}/1$ ATP). Ca^{2+}-Ionen wirken als Derepressor der Muskelkontraktion, indem sie den Troponin-Tropomyosin-Komplex inaktivieren u. damit eine Wechselwirkung zw. Actin- und Myosinfilamenten ermöglichen. Die C. sorgt nun dafür, daß die Ca^{2+}-Ionen v. ihrem Wirkort am Troponin entfernt werden, wodurch nach einiger Zeit die Kontraktion der Muskelfaser zum Erliegen kommt.

Calendula *w* [lat., = kleiner Kalender], die ↗ Ringelblume.

Calicella *w* [v. lat. calicellus = kl. Becher], Hohltier-Gatt. der *Campanulinidae;* der Polyp *C. syringa* ist eine häufige Art der Nordsee mit die Unterlage überwachsenden Kolonien; die Larvenentwicklung findet in Gallerte an der Gonotheköffnung statt.

Caliche *w* [span.], ungereinigter Chilesalpeter mit einem Gehalt an Natriumnitrat ($NaNO_3$) v. etwa 10% u. etwa zwei Drittel unlösl., erdigen Bestandteilen.

Caliciaceae [Mz.; v. *calci-], Fam. der *Caliciales,* größtenteils lichenisierte Pilze mit

---

calci- [v. lat. calx, Gen. calcis = Kalk; auch als Kurzform von Calcium gebraucht], in Zss.: Kalk-, Calcium-.

calici- [v. lat. calix, Gen. calicis = Schale, Kelch].

Caliciaceae
Wichtige Gattungen:
Calicium
Chaenotheca
Coniocybe
Cyphelium

Bei C vermißte Stichwörter suche man auch unter K und Z.

Caliciales

ca. 18 Gatt. u. 180 Arten; Krustenflechten mit undeutl. bis schupp. Lager, zwei isoliert stehende Gatt. mit blättr. und strauch. Lager; Apothecien meist gestielt, kreiselförmig bis kugelig, oft weiß, braun, grün od. gelb bereift, bei *Cyphelium* (20 Arten) u.a. sitzend bis eingesenkt. Die Gatt. unterscheiden sich z.B. in Form u. Farbe der Sporen. Bei *Chaenotheca* (20 Arten) sind sie kugelig u. dunkel, bei *Coniocybe* (20) kugelig u. hell, bei *Calicium* (60?) zweizellig u. dunkel. Viele Arten sind weit verbreitet mit Schwerpunkt in der borealen und temperaten Zone, einige artenarme Gatt. sind trop. verbreitet.

Caliciales (Mz.; v. *calici-], Ord. größtenteils lichenisierter Schlauchpilze mit 3 Fam. (vgl. Tab.), v.a. Krusten-, selten Strauchflechten. Die Apothecien sind deutl. gestielt, seltener sitzen sie infolge der Reduktion der Stiele dem Lager auf od. sind in das Lager eingesenkt. Mit Ausnahme der *Mycocaliciaceae* (5 Gatt.), die keine echten Flechten darstellen u. saprophyt. od. parasit. auf Algen u. Flechten leben, entwickelt sich bei den C. auf den Apothecien ein Macaedium. Die Schläuche sind dünnwandig, die Sporen ein- od. zweizellig, farblos od. gefärbt, oft ornamentiert. Die Phycobionten sind Grünalgen. Die C. kommen v.a. an luftfeuchten Orten auf Rinde u. Holz, selten Silicatgestein vor u. sind v. den gemäßigten Zonen bis in die Tropen verbreitet.

Caliciopsis w [v. *calici-, gr. opsis = Aussehen], Gatt. der ↗Coryneliales.

Calicium s [v. *calici-], Gatt. der ↗Caliciaceae.

Caliciviren, *Caliciviridae,* Fam. von kleinen RNA-Viren, die fr. zu den Picornaviren gerechnet wurden (v. lat. calix, Gen. calicis = Kelch, wegen der charakterist. Oberflächenmorphologie der Viruspartikel). Die Viruspartikel (⌀ 35–40 nm) enthalten eine einzelsträngige, infektiöse RNA mit einer relativen Molekülmasse von $2{,}6$–$2{,}8 \times 10^6$. Die Virusreifung erfolgt im Cytoplasma. C. wurden von Schweinen, Katzen u. Robben isoliert. Beim Menschen verursachen C. möglicherweise Magen-Darm-Erkrankungen.

Calidris, Gatt. der ↗Strandläufer.

Calix m [lat., = Kelch, Becher], *Corpora pedunculata,* ↗Oberschlundganglion.

Calla w [v. *call-], die ↗Schlangenwurz.

Callaeidae, die ↗Lappenkrähen.

Callagur-Schildkröten, *Callagur,* Gatt. der Sumpfschildkröten mit gleichnam. Art *(C. borneoensis);* der bis 60 cm lange, bräunl. Rückenpanzer der vorwiegend pflanzenfressenden Flußschildkröte hat meist dunkle Längs- u. Fleckenreihen; lebt auf Malakka, Sumatra u. Borneo.

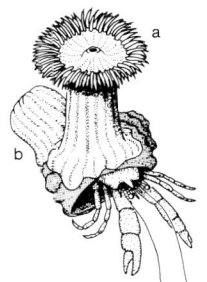

Calliactis

C. parasitica: auf der Schneckenschale eines Einsiedlerkrebses, a entfaltet, b zusammengezogen.

calici- [v. lat. calix, Gen. calicis = Schale, Kelch].

Caliciales

Wichtige Familien:
↗ *Caliciaceae*
Mycocaliciaceae
↗ *Sphaerophoraceae*

call-, calli-, callo- [v. gr. kalos, kallimos = schön, kallos = Schönheit], in Zss.: schön-.

Callaphididae [Mz.], die ↗Zierläuse.

Calliactis w [v. *calli-, gr. aktis = Strahl], Gatt. der *Mesomyaria* (Seerosen); bes. bekannt u. häufig an eur. Küsten ist die ca. 10 cm lange, weiß, gelb od. braun gefärbte Schmarotzerrose, *C. parasitica (Sagartia p., Adamsia rondeletti),* die leere u. von Einsiedlerkrebsen bewohnte Schneckenschalen besiedelt (Symbiose). Oft wird die Seerose beim Umzug in ein neues Schneckenhaus vom Krebs mitgenommen.

Callianassidae [Mz.; v. *calli-, gr. anassa = Herrscherin], die ↗Maulwurfskrebse.

Callianira w [v. *calli-, gr. aneirein = zusammenbinden], Gatt. der ↗Cydippea.

Callicebus m [v. *calli-, gr. kēbos = langschwänz. Affenart], die ↗Springaffen.

Callichthyidae [Mz.; v. *calli-, gr. ichthys = Fisch], die ↗Panzerwelse.

Callidium s [v. gr. kallos = Schönheit], Gatt. der ↗Bockkäfer.

Calliergon s [v. gr. kalliergos = schön gearbeitet], Gatt. der ↗Amblystegiaceae.

Callilepis w [v. *calli-, gr. lepis = Schuppe], ↗Ameisenspinnen.

Callimiconidae [Mz.], die ↗Springtamarins.

Callimorpha w [v. gr. kallimorphos = schön gestaltet], Gatt. der Bärenspinner, ↗Spanische Flagge.

Callinectes m [v. *calli-, gr. nēktēs = Schwimmer], Gatt. der Schwimmkrabben, ↗Blaukrabbe.

Callinera w [v. *calli-], Schnurwurm-Gatt. der *Tubulanidae; C. bürgeri* kommt marin auf Schlammböden zw. 15 u. 30 m Tiefe vor; Adria u. Skandinavien.

Calliobothrium s [v. *calli-, gr. bothrion = Grübchen], ↗Tetraphyllidea.

Callionymoidei [Mz.], die ↗Leierfische.

Calliostoma s [v. *calli-, gr. stoma = Mund], Gatt. der *Trochidae,* marine Vorderkiemerschnecken mit kegelförm., meist mit Spiralreifen versehenem Gehäuse, das bei vielen Arten mittelgroß ist, ausnahmsweise aber bis zu 6 cm hoch wird. Die Arten sind weit verbreitet; sie leben vorwiegend auf Felsböden u. an Tangen, meist herbivor. Die oft sehr bunten Gehäuse sind bei Sammlern beliebt.

Calliphora-Einheit [v. *calli-, gr. -phoros = -tragend], Einheit einer indirekt bestimmbaren Häutungshormon-Konzentration, speziell bei Fliegen (Dipteren): injizierte Ecdysonmenge, die im Test die Verpuppung von 50% der untersuchten Insekten innerhalb von 24 Stunden induziert. Der Test wurde zuerst an Larven der Schmeißfliege *Calliphora* erarbeitet *(Calliphora-Test).*

Calliphoridae [Mz.; v. *calli-, gr. -phoros = -tragend], die ↗Fleischfliegen.

Calliptamus m [v. *calli-, gr. hiptasthai = davonfliegen], Gatt. der ↗Catantopidae.

Bei C vermißte Stichwörter suche man auch unter K und Z.

Callisaurus m [v. *calli-, gr. sauros = Eidechse], Gatt. der Leguane, mit dem bodenbewohnenden, ca. 8 cm langen Gitterschwanzleguan (C. draconoides), der in den Wüstenebenen im SW der USA lebt; Schwanzunterseite mit schwarzen u. weißen Querbändern; kann auf den Hinterbeinen laufen; sehr flink (bis 25 km/h).

Callistemon m [v. *calli-, gr. stēmōn = Faden], Gatt. der ↗Myrtengewächse.

Callistephus m [v. *calli-, gr. stephos = Kranz], die ↗Gartenaster.

Callistochiton m [v. gr. kallistos = schönster, chitōn = Kleid, Hülle], Gatt. der Callistoplacidae, Käferschnecken der gemäßigten Zonen; die Endplatten u. die Seitenfelder der Mittelplatten tragen eine Skulptur aus kräft. Radialrippen. C. viviparus v. der chilen. Küste ist lebendgebärend.

Callistophytales [Mz.; v. gr. kallistos = schönster, phyton = Pflanze], Ord. fossiler Farnsamer des Oberkarbons; besitzen verzweigte kleine Stämmchen (∅ = 3 cm) mit Eustele (Callistophyton-Bautyp) u. gefiederte Megaphylle mit Axillarknospen. Die zu radiärsymmetr. Synangien zusammengefaßten Mikrosporangien sitzen auf der Unterseite der Fiederchen u. entlassen vierzell. Pollenkörner mit Luftsäcken (Windbestäubung!). Die Samen (Callospermarion-Bautyp) besitzen ein mehrschicht. Integument, keine Cupula u. scheiden an der Mikropyle einen Bestäubungstropfen aus; verzweigte Pollenschläuche sind in den Samen nachgewiesen. Insgesamt zeigen die C. eine recht „moderne" Merkmalskombination.

Calliteuthis w [v. *calli-, gr. teuthis = Tintenfisch], Gatt. der Histioteuthidae, Tintenschnecken, bei denen das linke Auge etwas größer ist als das rechte; an Kopf u. Armen u. auf der Manteloberseite sitzen Leuchtorgane; der Rumpf ist klein im Verhältnis zum Kopf mit den Armen, deren Saugnäpfe teils mit glatten, teils mit gezähnten Verstärkungsringen ausgerüstet sind. Die Arten der Gatt. leben im Mittelmeer, Atlantik u. Pazifik.

Callithamnion s [v. *calli-, gr. thamnion = kleiner Strauch], Gatt. der ↗Ceramiales.

Callithricidae [Mz.; v. gr. kallithrix, Gen. kallithricis = schönmähnig], die ↗Krallenaffen.

Callithrix w [v. gr. kallithrix = schönmähnig], die ↗Marmosetten.

Callitrichaceae [Mz.; v. gr. kallitriches = die Schönbehaarten], die ↗Wassersterngewächse.

Callitris w [v. *calli-, gr. treis = drei], Gliederzypresse, Gatt. der Zypressengewächse mit ca. 16 Arten in Australien, Tasmanien u. Neukaledonien. Immergrüne Bäume u. Sträucher mit gegliederten Zwei-

call-, calli-, callo- [v. gr. kalos, kallimos = schön, kallos = Schönheit], in Zss.: schön-.

Calluno-Ulicetalia
Verbände:
Calluno-Genistion (Calluna-Ginsterheiden, Ginster-Heidestrauchheiden)
Empetrion nigri (Krähenbeer-Sandheiden)
Sarothamnion (Besenginster-Heiden)

gen; die Blätter stehen in Wirteln zu je 3 und sind zunächst nadelförm., später schuppenförm. und bedecken dann die Zweige vollkommen. Die ♀ Zapfen bestehen aus 6–8 wirtelig stehenden Schuppen; die ♂ Zapfen entlassen noch einkernige „Pollenkörner" (Mikrosporen). Die C.-Arten bewohnen v. a. niederschlagsarme Gebiete u. sind in Australien wertvolle Forstbäume: Ihr Holz ist gg. Termiten sehr widerstandsfähig, die Rinde einiger Arten liefert eine Art ↗Sandarakharz. Funde von C. z. B. in der Oligozänflora von Rott (Siebengebirge) zeigen, daß es sich bei der heutigen Verbreitung um ein Reliktareal handelt.

Callochiton m [v. *callo-, gr. chiton = Kleid, Hülle], Gatt. der Callochitonidae, Käferschnecken mit kleinen Schalenaugen; die Arten leben in antarkt., austr. und südafr. Meeresgebieten sowie im Mittelmeer u. an der brit. Küste.

Callophrys w [v. *callo-, gr. ophrys = Braue], ↗Zipfelfalter.

Callorhinus m [v. *callo-, gr. rhis = Nase], Gatt. der ↗Seebären.

Callorhynchidae [Mz.; v. *callo-, gr. rhygchos = Schnauze], die Elefanten-↗Chimären.

Calluna w [v. gr. kallynein = putzen, schön machen], das ↗Heidekraut.

Calluno-Ulicetalia [Mz.; v. gr. kallynein = schön machen, putzen, lat. ulex = dem Rosmarin ähnl. Strauch], Ginsterheiden, Calluna-Heiden, bodensaure Zwergstrauchheiden, Ord. der ↗Nardo-Callunetea mit 3 Verb. Baumfreie, v. Zwergsträuchern, v. a. Ericaceen, beherrschte, artenarme, ozean. bis subatlant. Bestände. Der Standort ist gekennzeichnet durch niedrigen pH-Wert, Rohhumusbildung, geringe verfügbare Nährstoffreserven u. vollen Lichtgenuß. Die Heiden sind meist nicht natürl., sondern Zeugen altertüml. Wirtschaftsweisen. Wichtigste Assoz. des Verb. Calluno-Genistion (Calluna-Ginsterheiden, Ginster-Heidestrauchheiden) ist die (sub)atlant. Sandginsterheide (Genisto anglicae-Callunetum), die fr. die nordwestdt. Landschaft bestimmte. Zu ihrer Erhaltung ist Brand, Verbiß od. Plaggen (Plaggenstich) notwendig. Schwerpunkt des Verb. Empetrion nigri (Krähenbeer-Sandheiden) ist Skandinavien. In Dtl. findet man auf den Fries. Inseln u. an der Küste die Sandseggen-Krähenbeerheide, eine windharte Folgeges. von Kleingrasdünen (↗Corynephoretalia) od. Dünenweidegebüsch; sie ist Endglied der Sukzession. Der Verb. Sarothamnion (Besenginster-Heiden) umfaßt nur einige, für die wintermilden Lagen der rhein. Gebirge sehr typ. und fr. oft landschaftsprägende Ges. der

Bei C vermißte Stichwörter suche man auch unter K und Z.

Callus

Waldmäntel u. extensiv genutzten Magerweiden (durch das Verschwinden der Reutfeldwirtschaft, Aufforstung u. Intensivierung der Landw. in starkem Rückgang).

Callus *m* [lat., = Schwiele, verhärtete Haut], ↗ Kallus.

Calma *w*, Gatt. der Hinterkiemerschnekken (Ord. Nacktkiemer) ohne Enddarm u. After; die Rückenanhänge stehen in Gruppen auf kleinen Stielen. Die einzige Art *C. glaucoides* lebt im Mittelmeer u. O-Atlantik u. ernährt sich v. Fischlaich.

Calmette [kalmät], *Albert*, frz. Bakteriologe, * 12. 7. 1863 Nizza, † 29. 10. 1933 Paris; Dir. des Pasteur-Inst. in Paris; führte 1921 die BCG-Impfung gg. Tuberkulose ein, entwickelte Seren gg. Schlangengift.

Calmodulin, in tier. und pflanzl. Zellen weitverbreitetes, Ca^{2+}-bindendes Protein, auf dessen Wirkung die Ca^{2+}-abhängige Regulation einer Reihe v. Enzymen u. Zellprozessen beruht. C. setzt sich aus 148 Aminosäuren zus. (relative Molekülmasse ca. 17 000) u. besitzt 4 Bindungsstellen für Ca^{2+}. Da die molekulare Zs. von tier. u. pflanzl. C. weitgehend übereinstimmt, handelt es sich wohl um ein entwicklungsgeschichtl. altes Molekül. Die über Ca^{2+} vermittelte regulator. Funktion des C.s wurde erstmals (1971) für die cAMP-abhängige Phosphodiesterase nachgewiesen. Später stellte sich heraus, daß die molekularen Vorgänge der C.-Wirkung für die meisten Enzyme gleich ist. Die durch Ca^{2+} ausgelösten Regulationen zellulärer Prozesse betreffen insbes. die Protein-Kinasen. Bei der im Rahmen der intrazellulären Nachrichtenübermittlung bedeutsamen Phosphorylase-Kinase, einem aus mehreren Oligopeptiden zusammengesetzten Enzymmolekül, bildet C. die δ-Untereinheit, die im Ggs. zu anderen C.-abhängigen Enzymen auch bei Abwesenheit von Ca^{2+} Bestandteil des Enzyms bleibt. Phosphorylase-Kinase spielt eine Schlüsselrolle bei der durch die intrazellulären „second messenger" cAMP und Ca^{2+} koordinierten Regulation des Glykogen-Metabolismus. Hierbei kommt es zu einer doppelten Kontrolle des Auf- u. Abbaus v. Glykogen u. einer Verknüpfung der Wirkungsweisen der beiden „second messenger" cAMP und Ca^{2+}, indem Enzyme (↗ Glykogen-Synthetase, ↗ Glykogen-Phosphorylase) sowohl durch cAMP-abhängige wie auch durch Ca^{2+}-C.-abhängige Protein-Kinasen phosphoryliert u. damit in ihrer katalyt. Aktivität beeinflußt werden können. Weitere Beispiele für die Beteiligung von C. an der interzellulären Kommunikation findet man beim Prostaglandin-Metabolismus (dort katalysiert die C.-abhängige Phospholipase A_2 die Deacylierung v. Phosphoglyceriden zu Arachidonsäure, einer Vorstufe der Prostaglandine) u. bei der Regulation der freien cytoplasmat. Ca^{2+}-Konzentration.

Calobryales [Mz.; v. *calo-, gr. bryon = Moos], Ord. der Lebermoose mit 2 Fam., den ↗ Takakiaceae u. den ↗ Haplomitriaceae; besitzen aufrechten, verzweigten Thallus mit dreireihig angeordneten blattähnl. Auswüchsen; alle C. sind diözisch.

Calocera *w* [v. *calo-, gr. keras = Horn], Gatt. der ↗ Dacrymycetales.

Calochortus *m* [v. *calo-, gr. chortos = Gehege, Gras], Gatt. der ↗ Liliengewächse.

Calocybe *w* [v. *calo-, gr. kybē = Kopf], ↗ Schönkopf-Ritterlinge. [↗ Stachelpilze

Calodon *m* [v. *calo-, gr. odōn = Zahn],

Calomyxa *w* [v. *calo-, gr. myxa = Schleim], Gatt. der ↗ Dianemaceae.

Caloneis *w* [v. *calo-, gr. nēios = Schiffs(naus = Schiff)], Gatt. der ↗ Naviculaceae.

Calonymphida *w* [v. *calo-, gr. nymphē = Mädchen, Nymphe], Geißeltierchen (Ord. *Polymastigina),* die ausschl. im Darm v. holzfressenden Termiten leben; haben zahlr. Kerne, Geißelgruppen, Parabasalkörper u. Axostyle; ernähren sich wie die *Hypermastigida* v. Holzstückchen (Symbiose).

Caloplaca *w* [v. *calo-, gr. plax, Gen. plakos = Felsenplatte], Gatt. der *Teloschistaceae* mit ca. 450 (Mitteleuropa: 90) Arten; gelb bis rot, seltener grau od. weißl. gefärbte, mitunter effigurierte Krustenflechten mit gelben bis roten, selten schwarzen Apothecien. Weltweit verbreitet, in den Tropen spärl., Schwerpunkt in trockenwarmen Gebieten u. auf basenreichen Substraten, auf Rinde, Gestein, viele arkt.-alpine Arten auf Moosen u. Detritus.

---

calo- [v. gr. kalos = schön], in Zss.: schön-.

Calmodulin

Von C. beeinflußte Zellprozesse

Ca^{2+}-Transport (z. B. durch Mikrosomen und Mitochondrien)
cAMP-Phosphodiesterase
Phosphorylase-Kinase
ATPase
NAD-Kinase
Adenylat-Cyclase
Methyl-Transferase
Tryptophan-Monooxygenase
Myosin-Light-Chain-Kinase
Phospholipase A_2
15-Hydroxyprostaglandin-Dehydrogenase
Protein-Kinasen
Neurotransmitter-Ausschüttung
Mikrotubuli-Assembly

Calmodulin

Lokalisation von C. in der Zelle

Ribosomen
Kernmembran
endoplasmatisches Reticulum
Mitochondrien
Plasmamembran
Mikrotubuli
act.nhalt. Filamente in postsynapt. Membranen.

Calmodulin

Wechselwirkung des cAMP und Ca^{2+}-Calmodulin-Systems in der Zelle nach Einwirkung hormoneller und nervöser Stimuli:

Ca^{2+}-Ionen aktivieren über Calmodulin (CM) sowohl die Adenylat-Cyclase (ADC), die für einen Anstieg des intrazellulären cAMP-Spiegels sorgt, als auch die Phosphodiesterase (PDE), die diesen pool abbaut. Allerdings erfolgt die Aktivierung der ADC bei geringeren Ca^{2+}-Konzentrationen, so daß es bei einem Einstrom von Ca^{2+} in die Zelle zunächst zum Anstieg des cAMP-Spiegels kommt. Später sorgt bei höheren Ca^{2+}-Konzentrationen die PDE für einen gesteigerten Abbau des cAMP. Auf diese Weise kann der „second messenger" Ca^{2+} über zwei Calmodulin-abhängige Enzyme die Konzentration eines zweiten „second messengers" (cAMP) beeinflussen.

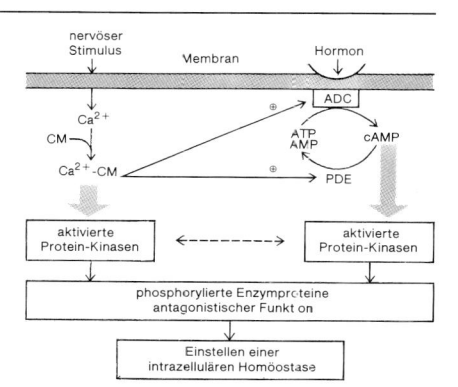

Bei C vermißte Stichwörter suche man auch unter K und Z.

Calopterygidae [Mz.; v. *calo-, gr. pteryges = Flügel, Federn], die ↗Prachtlibellen.
Caloscypha w [v. *calo-, gr. scyphos = Becher], Gatt. der ↗Humariaceae.
Calosoma s [v. *calo-, gr. sõma = Körper], Gatt. der Fam. Laufkäfer, der ↗Puppenräuber.
Calostomataceae [Mz.; v. *calo-, gr. stoma = Mund], Familie am. Bauchpilze, in die fr. auch der eur. ↗Wetterstern eingeordnet wurde.
Calotermes m [v. *calo-, lat. tarmes, termes = Holzwurm], Gatt. der ↗Termiten.
Calotes w [v. gr. kalotēs = Schönheit], die ↗Schönechsen.
Calothrix w [v. gr. kalothrix = schönhaarig], *Schönfaser*, Gatt. der *Rivulariaceae*, weit verbreitete Cyanobakterien mit ca. 70 Arten. C. bildet dünne braun-schwarze Krusten od. blau-braungrüne Lager im Süß- u. Meerwasser, ist oft in heißen Quellen, bes. Schwefelthermen (ca. 50° C), zu finden u. lebt als Flechtensymbiont mit Ascomyceten (z. B. *Placynthium*) u. in fäd. Algen (*Enteromorpha*) oder epiphyt. auf Algen. Die mehrzelligen, polar gegliederten Fäden von C. entwickeln sich aus Hormogonien, die Gasvakuolen enthalten. Normalerweise ist terminal, am dicken Ende, eine Heterocyste ausgebildet; bei einigen Stämmen können in langen Fäden Heterocysten auch interkalar auftreten. Am entgegengesetzten, dünnen Ende zeigt sich, abhängig v. den Wachstumsbedingungen, eine Haarbildung. Akineten sind selten zu beobachten. C.-Arten können fakultativ photoheterotroph mit Glucose u. a. organ. Substraten wachsen. Bes. in trop. Zonen große Bedeutung durch die Fixierung v. Luftstickstoff.
Calpionellen [Mz.; v. gr. kalpion = kleiner Krug], häufige Leit- u. Faziesfossilien für Oberjura (Berriasium) bis Unterkreide (Valanginium-Hauterivium) im Bereich der Tethys; werden als kalk. Gehäuse von † Wimpertierchen *(Tintinnia)* gedeutet, die sich um die Gatt. *Calpionella* Lorenz 1901 gruppieren.
Caltha w [lat., = gelbliche, duftende Blume], die ↗Sumpfdotterblume.
Calthion s [v. lat. caltha = gelbliche, duftende Blume], Verb. der ↗Molinietalia.
Caluella w, Gatt. der ↗Engmaulfrösche.
Calvaria w [lat., =], die knöcherne Hirnschale; ↗Schädel.
Calvarium s [v. lat. calvaria = Hirnschale], anthropolog. Bez. für den Schädel ohne Unterkiefer. [↗Weichboviste.
Calvatia w [v. lat. calvus = kahl], Gatt. der
Calvin [kälwin], *Melvin*, am. Chemiker, * 8. 4. 1911 Saint Paul (Minn.); seit 1937 Prof. in Berkeley; Dir. des „Laboratory of Chemical Biodynamics"; klärte einen Teil des chem. Verlaufs der Photosynthese u. der auftretenden Zwischenprodukte auf *(C.-Zyklus)*; erhielt 1961 den Nobelpreis für Chemie.
Calvin-Zyklus, *Calvin-Benson-Zyklus,* die

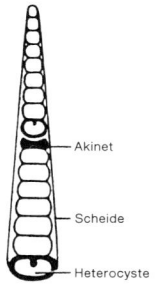

Calothrix

M. Calvin

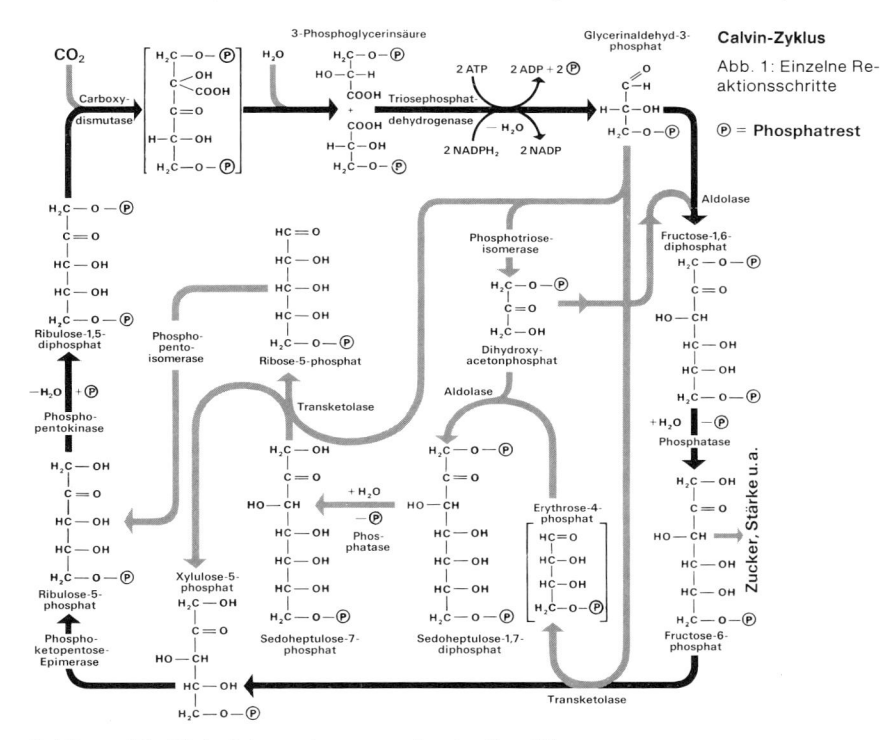

Calvin-Zyklus

Abb. 1: Einzelne Reaktionsschritte

Ⓟ = Phosphatrest

Bei C vermißte Stichwörter suche man auch unter K und Z.

Calvin-Zyklus

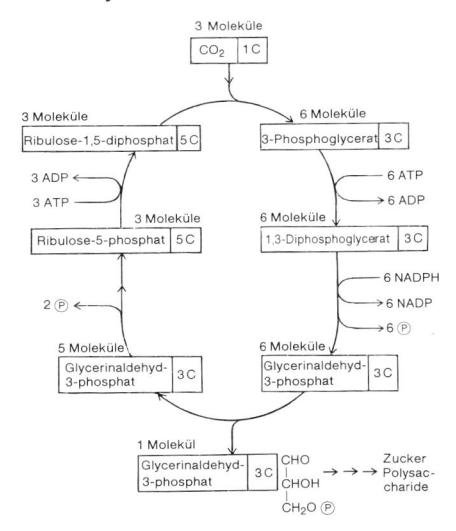

Calvin-Zyklus
Abb. 2: Stoff- und Energiebilanz zur Synthese eines Moleküls Glycerinaldehyd-3-phosphat: 3 Moleküle fixiertes CO_2 führen auf Kosten v. 9 Molekülen ATP u. 6 Molekülen NADPH zur Bildung eines Moleküls Glycerinaldehyd-3-phosphat. Die zahlr. Zwischenprodukte, die bei der Synthese v. Ribulose-5-phosphat, der Vorstufe zur Regeneration v. Ribulose-1,5-diphosphat, durchlaufen werden, wurden hier aus Übersichtsgründen nicht aufgeführt (vgl. dazu Abb. 1).

nach ihrem Entdecker M. ↗Calvin ben., zykl. Folge v. Reaktionen, in deren Verlauf Kohlendioxid mit Hilfe v. ATP u. NADPH in Zucker u. Stärke umgewandelt wird. Die Enzyme des C.-Z. befinden sich in der Matrix der Chloroplasten höherer Pflanzen bzw. photosynthet. Algen. Die beim C.-Z. umgesetzten ATP u. NADPH werden unmittelbar über die ebenfalls in den Chloroplasten lokalisierten Reaktionen der Photophosphorylierung bereitgestellt. Im Ggs. zu den unter direkter Lichteinwirkung ablaufenden Reaktionen der Photophosphorylierung (Lichtreaktion) werden die Reaktionen des C.-Z. als *Dunkelreaktionen* der ↗Photosynthese bezeichnet, da sie nur indirekt, über die Bereitstellung v. ATP u. NADPH, lichtabhängig sind. Die entscheidenden Reaktionen sind die Fixierung v. Kohlendioxid an den C_5-Zucker Ribulose-1,5-diphosphat (Ribulose-1,5-bisphosphat); die sich bildende instabile C_6-Verbindung hydrolysiert zu 2 Molekülen 3-Phosphoglycerinsäure, die unter ATP- u. NADPH-Verbrauch zu Glycerinaldehyd-3-phosphat reduziert werden. Der Weg v. Glycerinaldehyd-3-phosphat (nach teilweiser Isomerisierung zu Dihydroxyacetonphosphat) zu Fructose-6-phosphat, Glucose-6-phosphat u. Stärke besteht in den Umkehrreaktionen der ↗Glykolyse. Gleichzeitig wird über eine komplizierte Folge v. Aldolase-, Transketolase-, Isomerase-, Phosphokinase- u. Phosphatase-Reaktionen das urspr. Akzeptormolekül, Ribulose-1,5-diphosphat, zurückgebildet (Abb. 1). Als Bilanz ergibt sich nach Durchlauf dreier Calvin-Zyklen (Abb. 2) die Synthese eines Moleküls Glycerinaldehyd-3-phosphat aus 3 Molekülen Kohlendioxid unter Verbrauch v. 9 ATP- u. 6 NADPH-Molekülen.

calyc-, calyco- [v. gr. kalyx, Gen. kalykos = Hülse, Fruchtkapsel, Kelch].

Calycanthaceae [Mz.; v. *calyc-, gr. anthos = Blüte, Blume], *Gewürzstrauchgewächse*, Fam. der Lorbeerartigen mit 3 Gatt. u. 10 Arten in N-Amerika, O-Asien u. Queensland. Die urspr. Merkmale, z.B. zahlr. Staub- u. Fruchtblätter, fließende Übergänge zw. Kelch- u. Kronblättern u. die spiral. Anordnung der Blütenhüllblätter deuten auf die nahe Verwandtschaft mit den *Magnoliaceae* hin. Zu den abgeleiteten Merkmalen zählen die gegenständ., ganzrand. Blätter u. der Same: ein Nüßchen mit nur einem großen Embryo. Der Gewürzstrauch *(Calycanthus floridus)* u. *C. occidentalis* sind wegen ihrer großen duftenden Blüten Ziersträucher in unseren Gärten. Die äther. Öle in Blättern, Rinde u. Wurzel werden medizin. genutzt.

Calycella s [v. *calyc-], Gatt. der ↗Helotiaceae.

Calycin s [v. *calyc-], ↗Flechtenstoffe.

Calycocorsus m [v. *calyco-, gr. korē = Schläfe], der ↗Kronenlattich.

Calycophorae [Mz.; v. *calyco-, gr. -phoros = -tragend], artenreiche Abt. (vgl. Tab.) der *Siphonanthae*; Staatsquallen, die sich durch eine oder mehrere Schwimmglocken an der aboralen Spitze der Achse auszeichnen. Gasapparate sind

Calycophorae
Einige Gattungen u. Arten:

Sphaeronectes: mit einer einzigen, abgerundeten Schwimmglocke (wahrscheinl. Larvalglocke); in den Küstengewässern der Adria *S. köllikeri* (4 mm Glocken-⌀)

Praya: mit 2 runden Glocken, die 5 cm erreichen; horizontal schwebende Arten, die bis 50 cm lang werden u. 40–50 Cormidien tragen

Stephanophyes: *S. superba* (Kanarische Inseln) erreicht 30 cm Länge u. gehört zu den am kompliziertesten gebauten Calycophorae

Rosacea: horizontal schwebende Arten; in den tieferen Schichten des Mittelmeeres mit *R. cymbiformis*

Hippopodius: *H. hippopus* (10 mm Glockenhöhe) mit mehreren rundl. Glocken, die hufeisenförmig angeordnet sind; auf dem offenen Mittelmeer nicht selten, Gesamtlänge einige cm

Sulculeolaria (= *Galeolaria*): mit abgerundeten, gleichgeformten Glocken; *S. quadrivalvis* ist in den tieferen Schichten des Mittelmeeres nicht selten; sie wird bis 1,5 m lang u. schwimmt horizontal. *S. truncata* ist eine kosmopolitische Art, die im Herbst mit dem Golfstrom in Mengen in die Nordsee kommt (☐ 179)

Galetta: *G. chuni* mit 2 Glocken ohne Mundzähne; in den Kanälen der östl. Adria nicht selten

Lensia: mit 2 Arten (*L. subtilis, L. campanella*) im Mittelmeer vertreten, mit zarten Glocken, ohne Mundzähne

Eudoxioides: mit 5kantiger, gezähnter, geschraubter Vorderglocke; *E. spiralis* ist die häufigste Staatsqualle des offenen Mittelmeeres, im Winter auch in Küstennähe

Muggiaea: Gatt. mit einer einzelnen, 5kantigen, aboral zugespitzten Glocke; sehr schnelle Schwimmer. *M. kochi* ist die häufigste Staatsqualle der Adria, die regelmäßig u. massenhaft im Plankton der Küstengewässer lebt

Chelophyes (= *Diphyes*): *C. appendiculata* ist häufig in den tieferen Schichten des Mittelmeeres; mit 2 gleichgroßen, 4kantigen Glocken (je 3 mm lang), erreicht die höchste bei Staatsquallen beobachtete Geschwindigkeit

Abylopsis: Gatt. mit 2 Glocken, die sehr verschieden sind. *A. tetragona* kommt nicht selten in den tieferen Schichten des Mittelmeeres vor; vordere Glocke ist kubisch; die Art kann nach allen Richtungen schwimmen

Bei C vermißte Stichwörter suche man auch unter K und Z.

niemals vorhanden. Einzelne „Personen"-Gruppen können sich als *Eudoxia* selbständig machen.

Calycotome w [v. *calyco-, gr. tome = Schnitt], Gatt. der ↗Hülsenfrüchtler.

Calyculus m [lat., = kleiner Kelch], eine einen Kelch vortäuschende, als schmaler, ganzrand., gekerbter od. gezähnter Rand hervortretende Wucherung der becherförm. Blütenachse, z. B. bei den Mistelgewächsen (*Loranthaceae*).

Calymma s [v. gr. kalymma = Hülle], gallertige Einschlüsse im grobvakuoligen extrakapsulären Plasma der Radiolaria.

Calymmatobacterium s [v. gr. kalymma = Hülle, baktērion = Stäbchen], Gatt. der gramnegativen, fakultativ anaeroben Stäbchen (unsichere taxonom. Einordnung); unbewegl., pleomorphe Kurzstäbchen (1–2 μm), einzeln od. in Klumpen, normalerweise mit einer Kapsel. *C. (= Donovania) granulomatis* ist Erreger des in den Tropen nicht seltenen *Granuloma venereum* („fünfte Geschlechtskrankheit").

Calymperaceae [Mz., v. gr. kalymma = Hülle, pēra = Reisesack], Fam. der *Pottiales*, mit einer Ausnahme alle trop. oder subtrop. Baum- u. Felsenmoose; gehören u. a. zur Mangrovenvegetation, deshalb oft als „Malariamoos" bezeichnet. Die einzige nördl. Art, *Calymperes sommeri*, kommt in den heißen Schwefelquellen der Mittelmeerinsel Pantelleria vor.

Calypogeiaceae [Mz.; v. gr. kalyx = Hülse, Fruchtkapsel, pōgōn = Bart], Moos-Fam. der *Jungermanniales* mit 2 Gatt.; neben der Gatt. *Mnioloma* kommt in den trop. Gebirgen mit ca. 80 Arten die Gatt. *Calypogeia* vor.

Calyptahyla w [v. gr. kalyptos = verborgen, hylaios = Waldbewohner], Gatt. der ↗Laubfrösche.

Calyptocephalella w [v. gr. kalyptos = verborgen, kephalē = Kopf], *Calyptocephala*, Synonym für *Caudiverbera*, Gatt. der ↗Andenfrösche.

Calyptopis w [v. gr. kalyptos = verhüllt, ōps, Gen. ōpos = Auge], Larvenstadium der ↗*Euphausiacea* (Leuchtkrebse), geht aus dem Metanauplius hervor u. unterscheidet sich v. der Zoëa dadurch, daß der Carapax auch den Vorderkopf mit den Komplexaugen einhüllt u. die 2. Antennen der Fortbewegung dienen.

Calyptra w [v. gr. kalyptra = Kopfhülle], 1) haubenart. Rest des ↗Archegoniums über den Sporenkapseln bei den Laubmoosen. 2) die *Wurzelhaube* bei den Farn- u. Samenpflanzen; ein vom Vegetationspunkt der Wurzel spitzenwärts abgegebenes Parenchymgewebe, das kappenförmig die zarten embryonalen Zellen dieses Vegetationspunkts umhüllt. Es dient zum Schutz beim Eindringen der Wurzeln in die Erde. Dazu verschleimen die Mittellamellen der jeweils äußersten Zellschicht. Durch die Verschleimung u. Ablösung der Zellen wird das Vordringen im Erdreich erleichtert. Das Scheitelmeristem bzw. die Scheitelzelle ergänzen laufend die Zellen der C. Stärkekörner in den Zellen der C. dienen der Schwerkraftwahrnehmung u. steuern die Raumorientierung des Wurzelwachstums. ☐ Wurzel.

Schwimmglocken

Hauptstamm mit verschiedenen „Personen"-Gruppen (Cormidien)

Calycophorae
Sulculeolaria (Galeolaria) truncata

calyc-, calyco- [v. gr. kalyx, Gen. kalykos = Hülse, Fruchtkapsel, Kelch].

Calyptraea w [v. gr. kalyptra = Kopfhülle, Schleier], Gatt. der Haubenschnecken mit napfförm. Gehäuse u. einer kräft. Platte in der Mündung; die zahlr., in gemäßigten u. trop. Meeren vorkommenden Arten filtrieren Plankton, v. dem sie sich ernähren.

Calyptrogen s [v. gr. kalyptra = Kopfhülle, Schleier, gennan = erzeugen], den Rindeninitialen der Wurzelspitze vorgelagerte Gruppe v. Initialzellen, aus denen die Calyptra (Wurzelhaube) entsteht.

Calyssozoa [Mz.; v. gr. kalyx = Kelch, zōon = Tier, Lebewesen], ↗Kamptozoa.

Calystegia w [v. gr. kalyx = Kelch, stegē = Bedeckung, Hülle], Gatt. der ↗Windengewächse.

Calystegietalia sepium w [v. gr. kalyx = Hülse, Fruchtkapsel, stegē = Decke, lat. saepes = Zaun], *Convolvuletalia sepium, Zaunwindenges.* oder *Uferstauden- u. Schleierges.*, Ord. der ↗*Artemisietea vulgaris*. Säume der Weidenaue (↗*Salicetea purpureae*) zum Fluß od. Röhricht hin, an aufgelichteten od. gerodeten Stellen großflächig; ganzjährig gut mit Wasser u. Nährstoffen versorgt. Bezeichnend für die Ges. sind übermannshohe Stauden, Kletterpflanzen u., bes. nach Störung, Neophyten. Eine in den großen Stromtälern weitverbreitete Assoz. ist das *Cuscuto-Convolvuletum* (Seiden-Windenschleier).

Calyx w [v. gr. kalyx = Kelch], 1) der *Blütenkelch*, ↗Blüte. 2) Gatt. der ↗*Renieridae*. 3) Kelch der ↗Seelilien u. Haarsterne.

Camaenidae [Mz.; ben. nach den Camenae, den röm. Musen], Fam. der Landlungenschnecken mit meist gedrückt rundl., scheiben- od. linsenförm. Gehäuse mit großer Endwindung; die Mündung trägt oft Zähne od. Falten; leben im trop. Amerika u. in den Ländern des indo-austr. Raumes.

Camallanus m, *C. lacustris*, Kappenwurm, ein Fadenwurm im Darm v. barschart. u. a. Süßwasserfischen; bis 15 mm lang; vivipar, Larven gelangen mit dem Fischkot nach außen u. werden v. den Zwischenwirten (*Cyclops*, Wasserasseln, Libellenlarven) gefressen. Namengebend für die Superfam. *Camallanoidea* (in der Ord. ↗*Spirurida*): etwa 10 Gatt., Darmparasiten in Fischen, Amphibien u. Reptilien; wie bei der nächstverwandten Superfam. *Dracun-*

Bei C vermißte Stichwörter suche man auch unter K und Z.

Camarhynchus
culoidea (↗Medinawurm) sind v.a. Copepoden Zwischenwirte.
Camarhynchus *m* [v. gr. kamax = Spitzpfahl, rhygchos = Schnabel], Gatt. der ↗Darwinfinken.
Camarophyllus *m* [v. gr. kamaroein = wölben, phyllon = Blatt], Gatt. der ↗Dickblättler.
Camarostom *s* [v. gr. kamara = Kammer, stoma = Mund], spezielle Ausbildung des Mundvorraums bei Geißelskorpionen u. manchen Milben: die Pedipalpencoxen sind median verwachsen.
Cambarus *m* [v. gr. kammaros = Hummer], Gatt. der ↗Flußkrebse.
Cambisole, Bodeneinheit der FAO-Weltbodenkarte: verlehmte u. verbraunte Landböden.
Cambridium *s* [v. mlat. Cambria (kymr. Cymrw) = Wales], (Horný 1957), † Gatt. kleiner flach-mützenförm. ↗Monoplacophoren aus dem sibir. Unterkambrium. C. ist Typusgatt. für die Fam. *Cambridiidae* Horný 1957, die Superfam. *Cambridiacea* Horný 1957 u. die Ord.(?) *Cambridioidea* Horný 1958, deren Vertreter schon im Oberkambrium erloschen waren u. zu den ältesten Mollusken der Erdgeschichte gehören. [die ↗Kamele.
Camelidae [Mz.; v. gr. kamēlos = Kamel],
Camelina *w* [v. spätlat. chamaemelina =], der ↗Leindotter.
Camellia *w* [ben. nach dem böhm. Jesuiten u. Naturforscher G. J. Kámel (lat. Camellus), 1661–1706], Gatt. der ↗Teestrauchgewächse.
Camelops *w* [v. gr. kamēlos = Kamel, ōps = Gesicht, Auge], † Gatt. großwüchsiger, den Lamas nahestehender Cameliden (Kamele) mit weitgehend reduzierten Prämolaren (statt $\frac{4}{4}$ nur $\frac{2}{1}$). Mit C. starben die *Camelidae* in N-Amerika im Jungpleistozän aus. Verbreitung: Pleistozän v. N-Amerika.
Camelus *m* [v. gr. kamēlos = Kamel], *Großkamele,* Gatt. der Kamele mit 2 Arten: Zweihöckriges ↗Kamel, ↗Dromedar.
Camerarius, *Rudolph Jakob,* dt. Botaniker u. Mediziner, * 12. 12. 1665 Tübingen, † 11. 9. 1721 ebd.; ab 1688 Prof. in Tübingen u. Dir. des bot. Gartens; Mitentdecker der Sexualität bei Pflanzen durch Beobachtung u. Kreuzungsversuche; Überlegungen zur Bastardierung („Epistola de sexu plantarum", Tübingen 1694).
Camerata [Mz.; v. lat. cameratus = gewölbt], (Wachsmuth u. Springer 1888 = *Cladocrinoidea* Jaekel), *Camarata,* † Ord. der Kl. *Crinoidea,* paläozoische Stachelhäuter mit solid getäfelter, starrer Kelchdecke u. subtegminalem Mund. Vorkommen: Ordovizium bis Perm.
cAMP, *c-AMP,* Abk. für zyklisches ↗Adenosinmonophosphat.

campanul- [Deminutiv v. spätlat. campana = Glocke], in Zss. Glocken-.

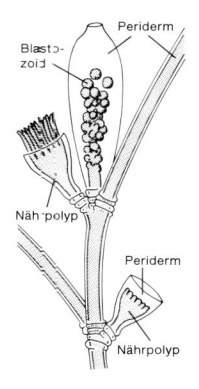

Campanulariidae
Laomedea, Ausschnitt aus einem Polypenstock mit zwei Nährpolypen u. einem Blastozoid, an dem Medusen knospen

Campanulariidae
In eur. Meeren häufige Arten der Gatt. *Laomedea*
L. *gelatinosa*
L. *flexuosa*
L. *loveni*
L. *longissima*
L. *dichotoma*
L. *geniculata*
L. *angulata*

camp- [v. gr. kampē = Krümmung, (Spanner-)Raupe].

Campanopsis *w* [v. spätlat. campana = Glocke, gr. opsis = Aussehen], Gatt. der ↗Haleciidae.
Campanula *w* [v. *campanul-], die ↗Glockenblume.
Campanulaceae [Mz.; v. *campanul-], die ↗Glockenblumengewächse.
Campanulales [Mz.; v. *campanul-], die ↗Glockenblumenartigen.
Campanulariidae [Mz.; v. *campanul-], zu den *Thecaphorae-Leptomedusae* gehörige Hohltier-Fam. der *Hydroidea* (entsprechende Medusen werden oft in die Fam. *Eucopidae* gestellt). Die Polypen haben große, glocken- bis becherförm. Theken ohne Deckel u. einen geringelten Stiel. Eine häufige Mittelmeerart ist *Campanularia caliculata;* sie kommt auf Tangen stark exponierter Felsküsten vor. Sehr häufig in der Nordsee ist *C. johnstoni* (Meduse = *Phialidium hemisphaericum*). Die artenreiche Gatt. *Laomedea* (Meduse = *Obelia*) bildet bis 20 cm hohe Sympodien. *Gonothyrea gracilis* lebt in Höhlen des Mittelmeers u. bildet Medusoide, die sich nicht ablösen. Die Polypen der Gatt. *Orthopyxis* bilden die ungeschlechtl. Generation der Medusengatt. ↗*Agastra.*
Campanulinidae [Mz.; v. *campanul-], Familie der *Thecaphorae-Leptomedusae. Campanulina paracuminata* ist der Polyp der Meduse *Aequorea* (☐ *Aequoreidae*), ↗*Cuspidella spec.* entspricht die Meduse *Laodicea.* Hierher gehört auch die Gatt. ↗*Calicella.* Die Medusen werden oft zur Fam. ↗*Aequoreidae* vereinigt.
cAMP bindendes Protein, Abk. *CAP,* allosterisches Protein, das bei der Transkriptionsregulation einer Reihe v. Operonen in *E. coli* (u. a. des lac- u. gal-Operons) eine Rolle spielt. Bei Anlagerung von cAMP verändert das cAMP b. P. seine Konformation; der Komplex aus cAMP und cAMP b. P. kann mit dem Promoterbereich einiger Operonen in Wechselwirkung treten, so daß der Transkriptionsstart entweder induziert od. inhibiert wird. Die Bindung von cAMP an das cAMP b. P. ist bei der *Katabolitrepression* von Bedeutung.
Campeche *s* [kampetsche], das Holz v. *Haematoxylon campechianum,* ↗Hülsenfrüchtler.
Campephagidae [Mz.; v. *camp-, gr. phagos = Fresser], die ↗Stachelbürzler.
Campephilus *m* [v. *camp-, gr. philos = Freund], Gatt. der ↗Spechte.
Campesterin, *Campesterol, 24α-Methylcholesterin,* ein in höheren Pflanzen, z.B. im Samenöl v. Rübsen, in Soja- u. Weizenkeimöl, aber auch in Mollusken vorkommendes ↗Sterin.
CAM-Pflanzen [Abk. für *C*rassulacean *a*cid *m*etabolism], ↗diurnaler Säurerhythmus.

Campher *m* [über frz. camphre v. arab. kāfūr = Kampfer], *Kampfer*, im Pflanzenreich weit verbreitetes Monoterpen mit bicycl. Struktur. Der optisch aktive Natur-C. wird in O-Asien aus dem ↗C.baum gewonnen. Optisch inaktiver C. wird technisch aus dem Pinen des Terpentinöls hergestellt. C. findet vielfache Anwendung, z. B. als Konservierungsmittel, Salbengrundlage u. als Mittel zur Anregung der Herztätigkeit.

Campherbaum, *Cinnamomum camphora,* in Asien beheimatete Art der Lorbeergewächse. Aus dem Holz des Stammes gewinnt man durch Wasserdampfdestillation den optisch aktiven ↗*Campher*. Bereits seit dem 11. Jh. benutzten ihn die Araber für medizinische Zwecke. Da der natürliche Campher rar war, wurde optisch inaktiver Campher, mit sonst gleichen Eigenschaften, synthetisiert.

Campodealarve *w* [v. *camp-], *campodeoide Larve*, Larventyp bei holometabolen Insekten mit nach vorne gerichteten Mundteilen (prognath), kräftigen Thorakalbeinen u. meist langen Cerci, so bei vielen Käfern, Köcherfliegen od. Netzflüglern; ben. nach *Campodea* (↗*Doppelschwänze*).

Campodeidae [Mz.; v. *camp-], Fam. der ↗Doppelschwänze.

Camponotus *m* [v. *camp-, gr. nōtos = Rücken], Gatt. der ↗Schuppenameisen.

Campos [Mz.; v. port. campo = Acker, Feld, offenes Land], Bez. für großflächig ausgebildete Savannen S-Amerikas mit ca. 50 cm hohem Gras u. zerstreut stehenden, kleinen Bäumchen od. Baumgruppen. Große C. liegen im Sommerregengebiet des brasilian. Schildes, wo sie aufgrund der Nährstoffarmut die laubwerfenden Wälder ersetzen.

Camptostemon *m* [v. gr. kamptos = gebogen, stēmōn = Faden], Gatt. der ↗Bombacaceae.

Campylaea *w* [v. *campylo-], Gatt. der ↗Felsenschnecken.

Campylobacter *m* [v. *campylo-, gr. baktron = Stab], Gattung der spiralförmigen und gekrümmten Bakterien; gramnegative, schlanke, gekrümmte Stäbchen (0,2 – 0,8 μm × 0,5 – 5,0 [8,0] μm), alte Zellen auch kugelig; korkenzieherart. Bewegung mit einer polaren Geißel an einem od. beiden Zellenden. C. wächst bei reduziertem Sauerstoffgehalt u./od. anaerob. Der Energiegewinn ist chemoorganotroph mit Aminosäuren u. Säuren; Kohlenhydrate werden nicht verwertet. Vorkommen in Geschlechtsorganen, Darmtrakt u. Mundhöhle v. Mensch u. Tieren. Einige Arten sind Krankheitserreger; *C.* (= *Vibrio*) *fetus* verursacht Aborti bei Rindern u. Schafen u. wurde auch bei verschiedenen Infektionen des Menschen gefunden.

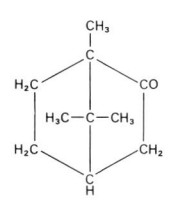

Campher

Campherbaum *(Cinnamomum camphora),* rechts Einzelblüte

Canavanin

Spaltung von C. während der Samenkeimung (Jackbohne) durch Arginase in Harnstoff und Canalin.

campylo- [v. gr. kampylos = gebogen, gekrümmt], in Zss.: krumm-.

Campyloderes *w* [v. *campylo-, gr. deris, derē = Hals, Nacken], Gatt. der ↗Kinorhyncha (Fam. *Campyloderidae*); nur eine Art, *C. vanhöffeni;* auf die Antarktis beschränkt.

Campylomormyrus *m* [v. *campylo-, gr. mormyrein = stark fließend], Gatt. der ↗Nilhechte.

Campylopus *m* [v. *campylo-, gr. pous = Fuß], Gatt. der ↗Dicranaceae.

campylotrop [v. *campylo-, gr. tropē = Wendung], Bez. für die querliegend-gekrümmte Lage der Samenanlage zum Funiculus. Ggs.: atrop, anatrop. ↗Blüte.

Canalin *s* ↗Canavanin.

Cananga *w* [malaiisch], ↗Annonaceae.

Canarina *w* [v. span. canarino = kanarisch], Gatt. der ↗Glockenblumengewächse.

Canarium *s*, 1) Gatt. der ↗Burseraceae. 2) Gatt. oder U.-Gatt. der Fechterschnecken mit mittelgroßem Gehäuse, das nicht od. schwach skulptiert ist; der Verbreitungsschwerpunkt liegt im SW-Pazifik; die Gehäuse sind beliebte Sammelobjekte; wie alle Fechterschnecken sind daher auch die C.-Arten gefährdet.

Canavalia *w*, Gatt. der ↗Hülsenfrüchtler.

Canavanin, *2-Amino-4-guanidooxybuttersäure,* nichtproteinogene L-α-Aminosäure mit Strukturanalogie mit Arginin, weshalb C. viele Reaktionen des Argininstoffwechsels kompetitiv inhibiert. C. kommt ausschl. in verschiedenen Schmetterlingsblütlern *(Fabaceae)* vor u. ist deshalb für diese v. taxonom. Bedeutung. Bes. reich an C. (bis zu 4% der Trockenmasse) sind die Samen einiger Schmetterlingsblütler, z. B. der Jackbohnenarten, wo es als lösliche Stickstoffreserve fungiert. Zur Freisetzung v. Ammoniumstickstoff wird C. während der Samenkeimung durch Arginase zu L-*Canalin* (2-Amino-4-aminoxybuttersäure) und Harnstoff (und letzterer weiter zu 2 $NH_3 + CO_2$) gespalten; L-Canalin wird anschließend zu NH_3 u. Homoserin u. letzteres weiter über Asparaginsäure zu Oxalessigsäure u. NH_3 umgesetzt.

Cancellaria *w* [v. lat. cancelli = Gitter], Gatt. der ↗Gitterschnecken mit zahlr. Arten in warmen u. trop. Meeren u. meist in größerer Tiefe. *C. clavatula* lebt vor den Küsten Perus u. (W-)Mexikos auf Sand- u. Schlammboden. ☐ 182.

Cancellata [Mz.; v. lat. cancellatus = gegittert], U.-Ord. der *Stenostomata,* ↗Moostierchen.

Cancer *m* [lat., = Krebs], Gatt. der ↗Taschenkrebse.

cancerogen [v. lat. cancer = Krebs, gr. gennan = erzeugen], *carcinogen,* krebserzeugend; chem. *Cancerogene* (krebserzeugende Agenzien) finden sich bes. unter

Bei C vermißte Stichwörter suche man auch unter K und Z.

Candelariaceae

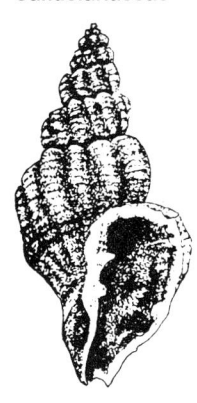

Cancellaria clavatula

den polycycl. aromat. Verbindungen (Benzanthracen, Benzpyren, Methylcholanthren), den aromat. Aminen (z. B. das fr. zur Gelbfärbung v. Butter verwendete p-Dimethylaminoazobenzol, Arylhydroxylamine), den sekundären Aminen (da diese in Ggw. von Nitrit zu den eigtl. c.en Nitrosaminen umgewandelt werden), den Aminostilbenen u. Stilbenanalogen v. Sexualhormonen, bei den meisten alkylierenden Agenzien (z. B. Dialkylnitrosamine, Dimethylsulfat) sowie bei lipophilen Agenzien (chlorierte Kohlenwasserstoffe), Detergentien (Gallensäuren) u. Wasserstoffbrücken aufhebenden, denaturierenden Stoffen (Phenole, Urethane). Auch natürl. vorkommende Cancerogene sind bekannt, z. B. die Pflanzeninhaltsstoffe Safrol, Capsaicin u. Pyrolizidinalkaloide sowie die mikrobiellen Stoffe Actinomycin D, Aflatoxine, Penicillin G, Griseofulvin u. Patulin. Außer chem. Stoffen wirken auch UV-Strahlen cancerogen. Bei den Zweikeimblättrigen Pflanzen führt das Bakterium ↗ *Agrobacterium (tumefaciens)* durch Übertragung eines Plasmids zu krebsartigen Geschwülsten; bei Säugetieren sind zahlreiche c. wirkende Viren (↗ onkogene Viren) bekannt. Chem. Cancerogene werden häufig in der Leber zu den eigentlichen c.en Verbindungen metabolisiert (z. B. Benzpyren u. Aflatoxin durch Hydroxylierung zu den entspr. Diolepoxiden, die alkylierend wirken). Die meisten Cancerogene können, direkt od. nach entspr. Metabolisierung, mit DNA reagieren u. zeigen daher neben der c.en Wirkung auch mutagene Wirkung (↗ Mutationen). Aus diesem Grund werden Veränderungen v. DNA als primäre krebsauslösende Wirkung v. Cancerogenen (auch von c.en Strahlen) angenommen.

Candelariaceae [Mz.; v. lat. candela = Kerze], Flechten(pilz)-Fam. der *Lecanorales* mit 4 Gatt. u. 50 Arten, weltweit verbreitet, v. a. auf Gestein u. Rinde. Lager u. die biatorinen od. lecanorinen Apothecien gewöhnl. gelb, Sporen ein- od. zweizellig u. farblos. Die Gatt. *Candelaria* umfaßt 7 Arten mit kleinblättrigem, zerschlitztem Lager, *Candelariella* ca. 40 Arten mit undeutlichem bis meist deutl. krustigem, teils randlich gelapptem Lager. C haben Ähnlichkeit mit Gatt. der *Teloschistaceae*, unterscheiden sich aber z. B. in den Inhaltsstoffen u. der negativen Reaktion mit KOH.

Candicin, *N,N,N-Trimethyltyramin*, ein v. a. in Kakteen u. Gräsern verbreitet vorkommendes biogenes Amin.

Candida *w* [lat., = weiß], Formgatt. der imperfekten Hefen (Formfam. *Cryptococcaceae*); es sind ca. 80 Arten bekannt, die den *Endomycetes* ähneln, aber keine sexuelle Entwicklung zeigen. Die Vermehrung erfolgt durch multilaterale Sprossung u. die Bildung v. Blastokonidien. Viele Arten entwickeln Chlamydosporen; typ. sind runde, ovale od. längl. Zellen, die abhängig v. der Art. u. den Wachstumsbedingungen ein Pseudomycel od. ein echtes Mycel ausbilden können. C. verwertet Glucose u. a. Zucker als Substrat; einige Arten weisen jedoch keinen Gärungsstoffwechsel auf. C.-Arten leben weltweit als Saprophyten auf Haut u. Schleimhäuten u. können auch aus Geweben u. Ausscheidungen v. Warmblütern isoliert werden. *C. albicans* kann bei geschwächten Menschen u. Tieren die Candidiasis (↗ Soor) verursachen. C.-Arten sind auch potentielle Erreger v. Euterentzündungen (Mastiden). Von prakt. Bedeutung sind *C. utilis* als Futterhefe (Trockenfutter), die auf Sulfitablaugen der Zellstoff- u. Papier-Ind. mit Nährstoffzusatz gezüchtet werden kann, u. *C. lipolytica,* die in Fleischwaren u. Mayonnaise Fett spaltet; sie läßt sich (wie andere C.-Arten) zur Herstellung v. Einzellerprotein aus Kohlenwasserstoffen (Erdölkomponenten) einsetzen. Weitere biotechnolog. Produkte, die mit C.-Arten gewonnen werden können, sind: Citronensäure, Erythrit, Vitamin B_2 (Riboflavin), Fett u. Fettsäuren (aus n-Alkanen). *C. krusei* findet sich in einigen Starterkulturen zur Sauerteigherstellung, *C. valida (C. mycoderma)* baut Milchsäure ab u. ist als Kahmhefe am Verderb v. milchsauren Nahrungsmitteln mitbeteiligt.

Candidula *w* [lat., = schön weiß], Gatt. der Heideschnecken, die in Mittel- u. O-Europa sowie in NW-Afrika verbreitet ist; das kleine, festschalige Gehäuse ist weiß od. gebändert. *C. unifasciata* wird bei 9 mm ⌀ bis 6 mm hoch (Gehäusemaße); sie lebt in W- u. Mitteleuropa an trockenen u. felsigen Plätzen, aber auch in Dünen.

Candoia, die ↗ Südseeboas.

Candolle [kãdọl], schweizer. Botanikerfamilie, **1)** *Alphonse Pyrame* de, * 28. 10. 1806 Paris, † 4. 4. 1893 Genf; Prof. in Genf, und Dir. des bot. Gartens; Begr. der wiss. Pflanzengeographie; verdient um einheitl. Namengebung der Pflanzen. **2)** *Augustin Pyrame* de, Vater v. 1), * 4. 2. 1778 Genf, † 9. 9. 1841 ebd.; Prof. in Montpellier u. Genf; Systematiker, begr. berühmtes Sammelwerk über Blütenpflanzen.

Canellaceae [Mz.; v. port. canela = Zimt], *Kaneelgewächse,* Fam. der Magnolienartigen mit 16 od. 17 Arten in 5 Gatt., v. denen 3 in Zentralamerika u. 2 in O-Afrika u. auf Madagaskar vorkommen. Sämtliche Vertreter sind baumförmig, die Blätter sind ganzrandig, nebenblattlos u. meist schraubig angeordnet. Die Blütenhülle – an gestauchter Blütenachse – ist in einen meist

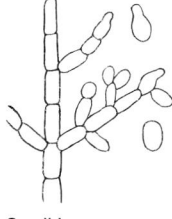

Candida
Mycelbildung und Sprossung

3blättr. Kelch u. mehrere 3- bis 5blättr. Kronblattkreise gegliedert. Die 5–12 Staubblätter sind zu einer Röhre verwachsen, die 2–6 Fruchtblätter bilden einen einfächr. Fruchtknoten. Für die Fam. charakteristisch ist das Auftreten v. Ölzellen in Blättern u. Zweigen. Von wirtschaftl. Nutzen ist die zentralam. Art *Canella winterana:* ihre Rinde liefert das als *Kaneelrinde* od. *Weißer Zimt* bekannte Gewürz.

Canescin, 1) aus zwei Isomeren A u. B (Isocumarin-Derivate) bestehendes Antibiotikum aus *Penicillium canescens* u. *Aspergillus malignus.* 2) Bez. für kristalline Formen des dem ↗Reserpin ähnl. Deserpidins.

Canicolafieber [v. lat. canis = Hund, colere = bewohnen, befallen], *Stuttgarter Hundeseuche,* eine durch *Leptospira canicola* hervorgerufene Infektionserkrankung, die durch Hunde übertragen wird; verursacht beim Hund Maulgeschwüre, Durchfälle usw., beim Menschen (Tierärzte) Fieber, Muskelschmerzen, Übelkeit, Erbrechen u. Ikterus; in seltenen Fällen kann es zu Nierenentzündung mit Nierenversagen kommen. ↗Leptospirosen.

Canidae [Mz.; v. lat. canis = Hund], *Hundeartige,* Fam. der Landraubtiere, wichtigste U.-Fam. die Echten ↗Hunde.

Canini [Mz.; v. lat. caninus = Hunde-], die ↗Eckzähne.

Canis *m* [lat., = Hund], *Wolfs- und Schakalartige,* Gatt. der Echten Hunde mit insgesamt 6 Arten. Hierzu gehören der ↗Wolf, aus dem der Mensch den Haushund (↗Hunde) gezüchtet hat, der ↗Kojote, die ↗Schakale (3 Arten) u. der Abessinische Fuchs (*C. simensis*).

Canna *w* [v. gr. kanna = Rohr, Schilf], Gatt. der ↗Cannaceae.

Cannabinoide [Mz.; v. gr. kannabis = Hanf, -oeidēs = ähnlich], Bez. für aus Marihuana u. Haschisch (*Cannabis sativa*) isolierte Inhaltsstoffe. Die wichtigsten C. sind: 1) Δ^9-Tetrahydrocannabinol *(THC),* das aus *Cannabidiolcarbonsäure (CBDS)* entsteht, ist halluzinogen wirksam u. stellt das psychotrope Prinzip des Haschischs dar. THC wirkt schädigend auf das Gehirn u. wird im menschl. Körper relativ langsam abgebaut bzw. ausgeschieden. 2) *Cannabidiol (CBD)* ist psychomimet. inaktiv, wirkt jedoch antibiot., als Antiepileptikum u. als Hypnotikum. CBD entsteht ebenfalls über CBDS. 3) *Cannabinol (CBN)* ist aufgrund seiner Aromatisierung psychotrop unwirksam. [↗Hanf.

Cannabis *w* [v. gr. kannabis =], der

Cannaceae [Mz.; v. gr. kanna = Rohr, Schilf], *Blumenrohrgewächse,* Fam. der Blumenrohrartigen. Die einzige Gatt. *Canna* (Blumenrohr) ist mit über 30 Arten

canthar- [v. gr. kantharos = Becher], in Zss.: Becher-.

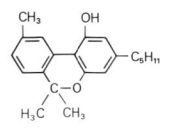

Cannabinoide
Cannabinol

Cantharidin

in Mittelamerika heimisch. Die großen, auffälligen Blüten zeichnen sich durch völlige Asymmetrie aus: sie bestehen aus jeweils 3 unscheinbaren Kelch- u. Kronblättern, einem unterständ., aus 3 Karpellen verwachsenen Fruchtknoten u. 4–6 rot oder gelb gefärbten, verbreiterten, kronblattartigen Staubblättern, v. denen nur eines einen (halben) Staubbeutel trägt. Die Kronblätter sind mit den umgewandelten Staubblättern zu einer gedrehten Röhre verwachsen. Als Zierpflanzen gezüchtet u. geschätzt werden die Hybriden einiger Arten. Eine Rolle als Nahrungsmittel spielen die Rhizomknollen von *C. edulis,* aus denen ein als *Queensland-Arrowroot* bekanntes Stärkemehl gewonnen wird.

Cannon-Notfallreaktion [känᵉn], *C.-Reflex,* nach dem am. Physiologen W. Cannon (1871–1945) ben. Reaktion des Organismus auf plötzl. schwere psych. od. phys. Belastungen durch drohende Gefahr, Schreck, Wut usw.; es erfolgt eine reflektor. Stimulierung des sympath. Nervensystems mit Ausschüttung v. Nebennierenrindenhormonen, insbes. Adrenalin; Folge: Blutdruck- u. Blutzuckeranstieg, gesteigerte Leistungsfähigkeit des Organismus.

Cannstattrasse, irrtüml. Bezeichnung für ↗Neandertaler nach einem in Cannstatt bei Stuttgart gefundenen neuzeitl. Schädel.

Cantharellaceae [Mz.; v. *canthar-], ↗Leistenpilze.

Cantharellus *m* [v. *canthar-], Gatt. der ↗Leistenpilze.

Cantharidae [Mz.; v. gr. kantharides = ein Käfer], die ↗Weichkäfer.

Cantharidin *s* [v. gr. kantharos = eine Käferart], ein im Blut einer in S- u. Mitteleuropa beheimateten Ölkäferart (z. B. *Lytta vesicatoria,* Span. Fliege) vorkommendes gift. Monoterpen, dessen Biosynthese über Mevalonsäure verläuft. C. wurde fr. aufgrund seiner blasenziehenden Wirkung auf Haut u. Schleimhäute med. (*C.pflaster*) genutzt. Seine Verwendung als Aphrodisiakum hat wegen der Toxizität des C.s zu Vergiftungen geführt.

Cantharidus *m* [v. *canthar-], Gatt. der Kreiselschnecken, die zahlr., tangbewohnende Arten in austr. und neuseeländ. Gewässern umfaßt; die Tiere sind meist klein, *C. opalus* erreicht 4,5 cm Gehäusehöhe; die Gehäuse sind oft prächtig gefärbt u. gezeichnet.

Cantharophilie *w* [v. gr. kantharos = eine Art Käfer, philia = Freundschaft], die ↗Käferblütigkeit.

Cantharus *m* [v. *canthar-], Gatt. der Wellhornschnecken mit festschal. Gehäuse mit kräft. Spiral- u. Axialskulptur; zahlr. Arten in warmen Meeren.

Bei C vermißte Stichwörter suche man auch unter K und Z.

Canthaxanthin

Canthaxanthin s [v. nlat. cantharellus = Leistenpilz, gr. xanthos = gelb], roter Farbstoff aus der Gruppe der ↗Carotinoide, der z. B. im Pfifferling und, mit der Nahrung aufgenommen, in Flamingofedern vorkommt.

Canthigaster m [v. gr. kanthos = Reifen, gastēr = Magen, Bauch], Gatt. der ↗Kugelfische.

Cantleya, Gatt. der ↗Icacinaceae.

CAP [käp], Abk. für Katabolismus-Aktivator-Protein (engl.: catabolite activator protein), das ↗cAMP bindende Protein.

Capensis [v. frz. cap = Kap], *kapländisches Florenreich*, an der Südspitze v. Afrika gelegenes, außerordentl. artenreiches u. durch viele Endemiten ausgezeichnetes Florenreich. Obwohl das kleinste Florenreich der Erde, beherbergt es etwa 6000 verschiedene Blütenpflanzen; stark vertreten sind v. a. die Gatt. *Erica* (600 Arten), *Restio* (120 Arten), *Pelargonium* (230 Arten) u. *Mesembryanthemum*. Das gemeinsame Auftreten der Proteaceen in Australien u. der C. in S-Amerika liefert einen Hinweis auf den in der Jura-Kreide-Zeit noch zusammenhängenden S-Kontinent Gondwana. Die C. liegt in einem warmgemäßigten Winterregengebiet u. wird heute auf weiten Strecken v. anthropogener Sekundärvegetation bedeckt, z. B. von Hartlaubgebüsch, der sog. *Kapmacchie* (Fynbos), in der als auffallende Baumart der Silberbaum *(Leucadendron argenteum)* auftritt. Die geophytenreichen, v. Proteaceen beherrschten Bestände werden in unregelmäßigen Abständen v. Feuer heimgesucht u. regenerieren sich dann über Samen u. Stockausschlag im ersten Jahr mit einer bes. reichen Geophytenflora, aus der viele der bekannten Zierpflanzen stammen, z. B. *Amaryllis, Freesia, Clivia.* [B] Afrika VI.

Capillaria w [v. lat. capillus = Haar], artenreiche Gatt. der Fadenwurm-Superfam. *Trichuroidea* (↗Peitschenwurm); Parasiten bei verschiedenen Wirbeltieren, v. a. im Darmtrakt, einschl. Speiseröhre; verantwortl. für „Haarwurm-Krankheit" in Hühner- u. Pelztierfarmen; *C. hepatica* (nur 0,1 mm breit aber 100 mm Länge) gelegentl. auch im Menschen.

Capillitium s [lat., = Haargeflecht], steriles, aus Plasmaresten gebildetes, fäd. Netzwerk im Fruchtkörper vieler Schleimpilze; fördert das Freisetzen der reifen Sporen. C.-Fasern entwickeln sich auch in reifen Fruchtkörpern einiger Bauchpilze (*Lycoperdales*).

Capitata w [lat., = kopfig], Hohltier-Teilgruppe der ↗*Athecatae*, deren Polypententakel zumindest bei Jungtieren eine knopfartige, mit Cniden gefüllte Anschwellung aufweisen; die Geschlechtsgeneration ist als sitzende Gonophoren od. als freilebende Medusen ausgebildet; umfaßt eine Reihe v. Familien ([T] Athecatae).

Capitellida w [v. lat. capitellum = Köpfchen], Ord. der *Polychaeta* (Vielborster) mit 3 Fam.: *Capitellidae,* ↗ *Arenicolidae,* ↗ *Maldanidae*. Die *Capitellidae* (36 Gatt.) sind v. oligochaetenähnl. Habitus, was v. a. auf die Reduzierung der Parapodien u. die nicht immer deutl. Trennung der beiden Körperabschnitte zurückzuführen ist. Sie haben kein Blutgefäßsystem, der Stofftransport wird vom Coelomkreislauf besorgt. Als Substratfresser leben sie grabend in je nach Art verschiedenen Böden. Bekannte Arten sind *Capitellides giardi,* ↗ *Heteromastus filiformis, Notomastus latericeus* u. *Capitella capitata*. Letztere (100 Segmente, bis zu 12 cm lang) lebt auf allen Böden, auch in Faulschlamm, u. kann als Indikator für verunreinigtes Wasser dienen, da sie in ihm im Vergleich zu gesunden Gewässern an Individuendichte zunimmt.

Capitonidae [Mz.; v. lat. capito = Großkopf, Dickkopf], die ↗Bartvögel.

Capnodiaceae [Mz.; v. gr. kapnoeidēs = rauchähnlich], *Rußtaupilze,* meist den *Pseudosphaeriales* zugeordnete Pilz-Fam. mit zahlr. Gatt.; auch in der Ord. *Capnodiales* (U.-Kl. *Loculoascomycetidae*, Loculoascomyceten) od. in der bituniaten Sammel-Ord. *Dothideales* eingeordnet. C. kommen meist in wärmeren Ländern vor, wo sie mit dunkel gefärbtem Mycel Blattoberflächen besiedeln, die dann wie berußt aussehen, sie ernähren sich nicht parasitisch v. Blattausscheidungen od. Blattlaussekret. Die röhrenförm. Hyphen sind typischerweise an den Querwänden regelmäßig eingeschnürt. *Capnodium citri* bildet schwarze Krusten auf Blättern v. Zitronen- und Orangenbäumen.

Capoeta, Gatt. der ↗Barben.

Capparaceae [Mz.; v. gr. kapparis = Kapernstrauch], die ↗Kaperngewächse.

Capparales [Mz.; v. gr. kapparis = Kapernstrauch], die ↗Kapernartigen.

Capping s [käp-; v. engl. cap = Kappe], ein Prozeß der posttranskriptionalen Modifikation eukaryot. m-RNA, bei dem eine 7-Methylguanosin-Gruppe an das 5'-Ende neusynthetisierter m-RNA kovalent gebunden wird. Es wird angenommen, daß die 7-Methylguanosingruppe an m-RNA als

Capping

Die durch das *C.-Enzym* katalysierte Reaktion kann in drei Schritte unterteilt werden: 1. Abspaltung der 5'-terminalen γ-Phosphatgruppe von m-RNA durch eine RNA-Triphosphatase. 2. Addition eines Guanosin-5'-monophosphat-Restes durch eine Guanylyl-Transferase; dabei wird die α-Phosphatgruppe v. Guanosin-5'-triphosphat über eine Anhydridbindung mit der 5'-terminalen β-Phosphatgruppe v. m-RNA verknüpft. 3. Übertragung einer Methylgruppe v. S-Adenosylmethionin auf das N-7-Atom des addierten Guanosinrestes durch eine RNA-Guanin-7-Methyl-Tranferase. sn-RNAs werden im Verlauf des C.s noch weitergehend bis zu 2,2,7-Trimethylguanosin methyliert.

Capping-Reaktion

1. $pppN(pN)_n \rightarrow ppN(pN)_n + P_i$
2. $GTP + ppN(pN)_n \rightarrow G(5')pppN(pN)_n + PP_i$
3. $AdoMet + G(5')pppN(pN)_n \rightarrow m^7G(5')pppN(pN)_n + AdoHcy$

n = Anzahl der Nucleotide N einer m-RNA; m = Abk. für Methyl-; AdoMet = S-Adenosylmethionin; AdoHcy = S-Adenosylhomocystein.

Bei C vermißte Stichwörter suche man auch unter K und Z.

Schutz vor 5′-Exonucleasen fungiert u. dadurch generell die Stabilität v. m-RNAs erhöht. Als gesichert gilt, daß die 7-Methylguanosin-Gruppe als Signalstruktur für das „Einfädeln" v. m-RNA in Ribosomen u. somit für den Start der Translation eukaryot. m-RNA v. Bedeutung ist.

Capra w [lat., = Ziege], die ↗Ziegen.

Caprella w [v. lat. caprella = kleine Ziege], Gatt. der ↗Gespenstkrebse.

Capreolus m, das ↗Reh.

capricorn [v. lat. caper, Gen. capri = Ziegenbock, cornu = Horn], Bez. für ziegenhornartig quergerippte Ammonitengehäuse. ↗Ammonoidea.

Capricornis w [v. lat. caper, Gen. capri = Ziegenbock, cornu = Horn], Gatt. der ↗Waldziegenantilopen.

Caprifeigen ↗Feigenbaum.

Caprifizierung w [v. lat. caprificus = wilde Feige], *Kaprifikation,* Einbringen v. Ästen sog. Geißfeigen *(Caprificus)* in die Kulturen der Eßfeigen zu Bestäubungszwecken (↗Feigenwespen). Beides sind Varietäten der Kulturfeige: Geißfeigen tragen keine Früchte, erzeugen aber Pollen u. dienen der Fortpflanzung der pollenübertragenden Feigenwespen; dagegen sind die rein karpellaten Eßfeigen zur Entwicklung v. Früchten auf Pollenübertragung v. den Geißfeigen angewiesen. Wie alte Darstellungen belegen, wurde die C. zur Förderung des Fruchtansatzes schon v. den Römern u. Ägyptern angewandt.

Caprifoliaceae [Mz.; v. mlat. caprifolium = Geißblatt], die ↗Geißblattgewächse.

Caprimulgidae [Mz.; v. lat. caprimulgus = Ziegenmelker], die ↗Ziegenmelker.

Caprimulgiformes [Mz.; v. lat. caprimulgus = Ziegenmelker, forma = Form], die ↗Schwalmvögel.

Caprinsäure, *n-Decansäure,* $CH_3-(CH_2)_8-COOH$, eine in reiner Form farblose, schwach ranzig riechende Fettsäure; unlösl. in Wasser, lösl. in org. Lösungsmitteln; kommt als Glycerinester in Milchfetten vor, ist in freier od. veresterter Form aber auch in Samenölen (z. B. Kokosnußöl) u. äther. Ölen zu finden. Die Salze u. Ester der C. heißen *Caprinate.* ↗Caprylsäure.

Capripoxviren [Mz.; v. lat. capra = Ziege, engl. pocks = Pocken], Gatt. *Capripoxvirus* der ↗Pockenviren.

Caproidae [Mz.; v. gr. kapros = Eber], die ↗Eberfische.

Caprolagus m [v. lat. caprea = Gemse, gr. lagos = Hase], *Borstenkaninchen, C. hispidus,* Wildkaninchen mit borst. Deckhaar; lebt am südöstl. Fuß des Himalaya; selten.

Capromyidae [Mz.; v. gr. kapros = Eber, mys = Maus], *Baum- und Ferkelratten,* auf den Antillen beheimatete Fam. der Meerschweinchenverwandten, v. denen z. Z. der span. Eroberung noch 6 Gatt. mit 15 Arten bekannt waren. 3 Gatt. dieser rattenähnl. Nager überlebten bis heute die intensive Bejagung u. Biotopveränderung: Die meist baumbewohnenden u. tagaktiven Kuba-Baumratten *(Capromys),* Kopfrumpflänge 30–50 cm, Körpergewicht 4–7 kg, ernähren sich v. a. von Früchten u. Blättern; 4 Arten, eine davon *(C. pilorides)* auf Kuba noch recht häufig. Die etwas kleineren (Kopfrumpflänge 30–35 cm), vorwiegend nachtaktiven Ferkelratten *(Geocapromys)* hausen in Erd- od. Baumhöhlen bzw. unter Felsen u. sind ebenfalls Pflanzenfresser; 2 in ihrem Bestand bedrohte Arten. Die bis 40 cm großen Zagutis *(Plagiodontia)* sind Nachttiere, die sich hpts. v. Wurzeln u. Früchten ernähren. Die letzte v. urspr. 3 Arten, *P. aedium,* steht kurz v. der Ausrottung.

Capronsäure, *n-Hexansäure, n-Hexylsäure,* $CH_3(CH_2)_4COOH$, geradzahl. Fettsäure, in reiner Form ölige, ranzig riechende Flüssigkeit; in geringen Mengen kommt C. in Kuh- u. Ziegenbutter vor. Als Capronyl-Rest ist C. Zwischenprodukt bei Fettsäuresynthese u. -abbau. Die Salze u. Ester der C. heißen *Capronate.* ↗Caprylsäure.

Caprylsäure, *n-Octansäure,* $CH_3-(CH_2)_6-COOH$, farblose, schwach ranzig riechende Fettsäure v. öliger Konsistenz; unlösl. in Wasser, lösl. in organ. Lösungsmitteln; kommt mit Glycerin verestert in Milchfetten, Kokosnußöl sowie anderen Palmkernölen vor; C.ester sind auch in einigen äther. Ölen zu finden. C. wirkt ähnl. wie Capronsäure u. Caprinsäure in wäßrigen Emulsionen insektizid. Die Salze u. Ester der C. heißen *Caprylate.*

Capsaicin, Inhaltsstoff (0,3–0,5%) aus den Früchten v. *Capsicum*-Arten (z. B. Paprika), deren scharfen Geschmack es verursacht u. der noch in einer Verdünnung von $1:10^5$ zu spüren ist. C. wird gelegentl. in alkohol. Lösung für hyperämisierende Einreibungen gg. Frostbeulen, Gliederreißen u. Rheuma verwendet.

Capsalesstadium s [v. *caps-], *Palmellastadium,* kapsale (palmelloide) Organisationsstufe der ↗Algen.

Capsanthin s [v. *caps-, gr. anthos = Blume], roter Farbstoff des Paprikas *(Capsicum annuum)* aus der Gruppe der ↗Carotinoide.

Capsella w [v. *caps-], das ↗Hirtentäschel.

Capsicum s [v. *caps-], die ↗Paprika.

Capsid s, Proteinhülle v. ↗Viren bzw. ↗Bakteriophagen, die aus einer Vielzahl ident. Untereinheiten *(Capsomeren)* zusammengesetzt ist u. das Virusgenom umschließt. Einige Viren besitzen helikale C.e (z. B. Tabakmosaikvirus, Influenzavirus),

caps- [v. lat. capsa = (Bücher-)Kapsel].

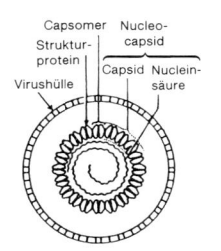

Capsid
Schemat. Schnitt durch ein Virusteilchen mit Anordnung von C. und Capsomeren.

Bei C vermißte Stichwörter suche man auch unter K und Z.

Capsidae

deren Untereinheiten meist aus einer einzigen Polypeptidkette bestehen (B Tabakmosaikvirus). Die C.e sehr vieler Viren (z. B. Adenoviren, Polyomaviren) besitzen die symmetr. Form eines Ikosaeders (regelmäßiger Zwanzigflächner aus 20 gleichseit. Dreiecken mit 12 Ecken u. 30 Kanten). Die Capsomeren sind aus mehrerer Protein-Untereinheiten aufgebaut; sie werden je nach Anzahl der im C. benachbarten Capsomeren als *Pentone* od. *Hexone* bezeichnet. Die einfachsten ikosaederförmigen C.e bestehen aus 12 Penton-Capsomeren (Phage ΦX174, Parvoviren), während z. B. Adenoviren C.e mit 252 Capsomeren besitzen.

Capsidae [Mz.], die ↗Weichwanzen.

Capsomeren [Mz.; v. *caps-, gr. meros = Teil], elektronenmikroskop. erkennbare Protein-Untereinheiten v. ↗Capsiden.

Capsorubin *s* [v. *caps-, lat. ruber = rot], in der roten Fruchthaut v. Paprika *(Capsicum)* vorkommendes ↗Carotinoid.

Captaculae [Mz.; v. lat. captare = zu fangen suchen], die ↗Fangfäden.

Capulus *m* [lat., = Sarg, Gefäß], Gatt. der Kappenschnecken; die Ungarkappe *(C. hungaricus)* ist auf beiden Seiten des nördl. Atlantik u. im Mittelmeer auf Steinen u. Molluskenschalen anzutreffen; die erwachsenen Tiere sind seßhaft: der Rand ihres dünnen, kappenförm. Gehäuses (bis 5 cm ⌀) paßt sich dem Substrat an.

Caput *s* [lat., =], der ↗Kopf.

Capybara *w* [aus der Guaranisprache = Herr des Grases], *Wasserschwein, Hydrochoerus hydrochoerus,* das mit 1 m Länge größte Nagetier; Vertreter einer eigenen Familie Riesennager *(Hydrochoeridae)*; gelbl.-braun, meerschweinchenartig, guter Schwimmer mit flossenartig verbundenen Zehen; lebt rudelweise an u. in den Flüssen S-Amerikas; frißt Gräser, Rinde u. Wasserpflanzen.

Carabidae [Mz.; v. gr. karabos = Holzkäfer, Feuerschröter], die ↗Laufkäfer.

Caracal *m* [v. türk. kara = schwarz, kalak = Ohr], der ↗Wüstenluchs

Caracanthidae [Mz.; v. gr. kara = Kopf; akantha = Stachel, Dorn], die ↗Pelzgroppen.

Caragana *w* [v. mitteltürk. qaraqan = Sibirischer Erbsenstrauch], Gatt. der ↗Hülsenfrüchtler.

Carallia, Gatt. der ↗Rhizophoraceae.

Carancho *m* [am.-span.], *Polyborus plancus,* ↗Falken.

Carangidae [Mz.], die ↗Stachelmakrelen.

Carapaöl, bitter schmeckendes Öl aus Samen der Gatt. *Carapa* (Amerika, Afrika), das zu Kerzen u. Seifen verarbeitet wird.

Carapax *m* [v. Span. carapacho = Rückenschale, Panzer], **1)** Rückenschild v.

caps- [v. lat. capsa = (Bücher-)Kapsel].

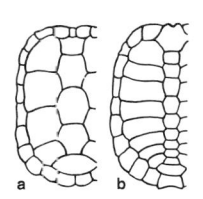

Carapax
a Horn-, b Knochenschilder der Schildkröte

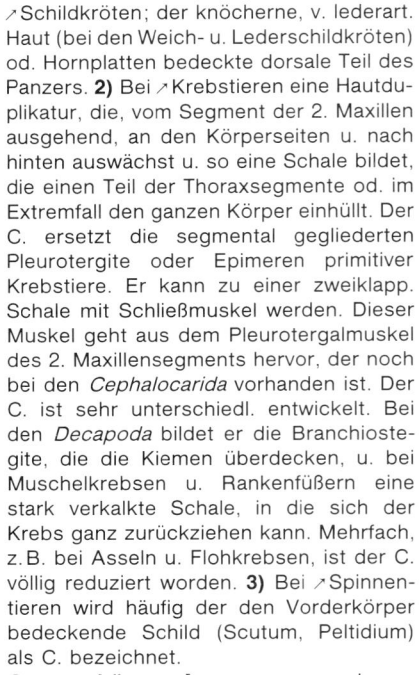

Capybara

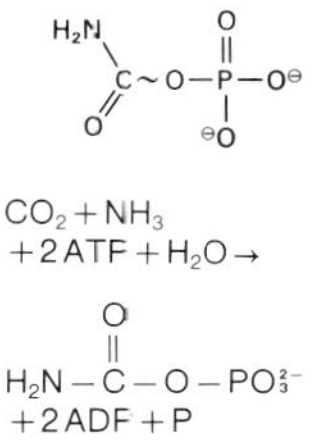

$CO_2 + NH_3 + 2 ATP + H_2O \rightarrow$

$H_2N-\overset{O}{\underset{\|}{C}}-O-PO_3^{2-} + 2 ADP + P$

Carbamylphosphat
Strukturformel u. Bildung von C. aus Kohlendioxid u. Ammoniak

↗Schildkröten; der knöcherne, v. lederart. Haut (bei den Weich- u. Lederschildkröten) od. Hornplatten bedeckte dorsale Teil des Panzers. **2)** Bei ↗Krebstieren eine Hautduplikatur, die, vom Segment der 2. Maxillen ausgehend, an den Körperseiten u. nach hinten auswächst u. so eine Schale bildet, die einen Teil der Thoraxsegmente od. im Extremfall den ganzen Körper einhüllt. Der C. ersetzt die segmental gegliederten Pleurotergite oder Epimeren primitiver Krebstiere. Er kann zu einer zweiklapp. Schale mit Schließmuskel werden. Dieser Muskel geht aus dem Pleurotergalmuskel des 2. Maxillensegments hervor, der noch bei den *Cephalocarida* vorhanden ist. Der C. ist sehr unterschiedl. entwickelt. Bei den *Decapoda* bildet er die Branchiostegite, die die Kiemen überdecken, u. bei Muschelkrebsen u. Rankenfüßern eine stark verkalkte Schale, in die sich der Krebs ganz zurückziehen kann. Mehrfach, z. B. bei Asseln u. Flohkrebsen, ist der C. völlig reduziert worden. **3)** Bei ↗Spinnentieren wird häufig der den Vorderkörper bedeckende Schild (Scutum, Peltidium) als C. bezeichnet.

Carapaxdrüse *w* [v. span. carapacho = Rückenschale, Panzer], ↗Y-Organ.

Carapidae, die ↗Eingeweidefische.

Carassius *m* [v. russ. karas =], ↗Karauschen.

Caraya *m, Alouatta caraya,* ein schwarzer ↗Brüllaffe.

Carbamat ↗Carbaminsäure.

Carbaminsäure, das instabile Monoamid der Kohlensäure, das sich aus Ammoniak u. Kohlensäure nach der Gleichung

$$NH_3 + H_2CO_3 \rightleftharpoons NH_2-\overset{O}{\underset{\|}{C}}-O-H + H_2O$$

bildet. In Bakterien ist C. Ausgangsprodukt zur Synthese v. ↗Carbamylphosphat. Die anion. Form der C., $NH_2-\overset{O}{\underset{\|}{C}}-O^{\ominus}$, wird als *Carbamat* bezeichnet.

Carbamylphosphat, als aktives NH_3 und CO_2 aufzufassende energiereiche Verbindung, die sich u. a. in Lebermitochondrien unter der Wirkung des Enzyms C.-Synthetase aus Kohlendioxid u. Ammoniak bildet. Bestimmte C.-Synthetasen setzen anstelle v. Ammoniak die Amidgruppe v. Glutamin um, wobei Glutamat als Nebenprodukt entsteht. In Bakterien bildet sich C. unter der Wirkung v. Carbamat-Kinase aus Carbamat u. ATP nach der Gleichung $NH_2-\overset{O}{\underset{\|}{C}}-OH + ATP \rightleftharpoons C. + ADP$; diese Reaktion ist reversibel und kann z. B. bei geringen Carbamat-Konzentrationen (bedingt durch niedrige Ammoniakkonzentration) zur Bildung

Bei C vermißte Stichwörter suche man auch unter K und Z.

v. ATP führen. Der Carbamyl-Rest von C. wird innerhalb des ↗Harnstoff-Zyklus auf Ornithin übertragen, wodurch Citrullin entsteht. Die Übertragung des Carbamyl-Restes von C. auf Asparagin, katalysiert durch das Enzym ↗Aspartat-Transcarbamylase, bildet den ersten – u. allosterisch regulierbaren – Schritt in der Synthese der Pyrimidin-Nucleotide. Die Übertragung der Carbamyl-Gruppe von C. erfolgt auch bei der Biosynthese anderer O- und N-Carbamyl-Derivate (z. B. v. Albizziin).

Carboanhydrase, *Carboanhydratase, Kohlensäurehydratase*, zinkhalt. Enzym, das die Einstellung des Gleichgewichts $H_2O + CO_2 \rightleftharpoons H_2CO_3$ katalysiert. H_2CO_3 zerfällt anschließend in H^+ und HCO_3^-. Das in der Natur weitverbreitete Enzym ist bes. für den Abtransport des Kohlendioxids (CO_2) während der Atmung v. Bedeutung (↗Blutgase). C. zeigt die bisher höchste bekannte Umsatzzahl v. $36 \cdot 10^6$ Molekülen CO_2 pro Minute pro Enzymmolekül.

carbocyclische Verbindungen [v. *carbo-, gr. kyklikos = kreisförmig], nur aus Kohlenstoffatomen u. Kohlenwasserstoffresten aufgebaute Ringmoleküle. Ggs.: heterocyclische Verbindungen.

Carbodiimide, Reagenzien zur chem. Synthese v. Peptiden u. Oligonucleotiden u. zur Blockierung bestimmter Molekülgruppen. Wichtigster Vertreter ist das Dicyclohexylcarbodiimid.

Carbomycin *s* [v. *carbo-, gr. mykēs = Pilz], in zwei Formen A und B vorkommendes, aus *Streptomyces halstedii* isoliertes, schwach bas. Makrolid-Antibiotikum mit ähnl. Wirkungsweise wie Chloramphenicol (Blockierung der Proteinbiosynthese durch Bindung an die ribosomale 50S-Untereinheit); wirkt gg. grampositive Bakterien.

Carbonatatmung [v. *carbo-], chemolithotropher Energiestoffwechsel obligat anaerober wasserstoffoxidierender Bakterien, die molekularen Wasserstoff als Energiequelle (Elektronendonor) und Carbonat (CO_2, HCO_3^-) als Elektronenakzeptor nutzen. Bei den ↗acetogenen Bakterien entsteht dabei Acetat, bei den ↗methanbildenden Bakterien Methan aus der Carbonatreduktion. Der Energiegewinn (ATP-Bildung) erfolgt durch eine oxidative Phosphorylierung. Wird die Art des Energiegewinns nicht berücksichtigt, kann dieser Energiestoffwechsel auch als eine Form der Essigsäuregärung bzw. als Methangärung bezeichnet werden.

Carbonate [Mz.; v. *carbo-], Salze u. Ester der Kohlensäure (H_2CO_3). Die Salze der Kohlensäure enthalten als Anion entweder CO_3^{2-} od. HCO_3^- im Fall der *Hydrogen-C.* (Bi-C.). Die normalen C. sind mit Aus-

carb-, carbo- [v. lat. carbo = Kohle], in Zss.: Kohlen-.

$R-N=C=N-R$
Carbodiimide
(allg. Formel)

z. B. R. = ⬡—

Dicyclohexylcarbodiimid

Carbodiimide

Carbonatatmung

methanbildende Bakterien:
$4 H_2 + CO_2$
↓
$CH_4 + 2 H_2O$
(Methan)
($\Delta G^{\circ\prime} = -136$ kJ/mol)

acetogene Bakterien:
(*Clostridium aceticum, Acetobacterium woodii*)
$4 H_2 + 2 CO_2$
↓
CH_3-COOH
(Acetat, Essigsäure)
$+ 2 H_2O$
($\Delta G^{\circ\prime} = -107$ kJ/mol)

Carboxidobakterien

CO-Oxidation und -Assimilation durch Carboxidobakterien

$7 CO + 2½ O_2 + H_2O$
↓
„CH_2" (Zellsubstanz)
$+ 6 CO_2$

$CO + H_2O$
↓ CO-Dehydrogenase
$CO_2 + 2H^+ + 2e^-$

Einige aerobe Carboxidobakterien

Pseudomonas carboxidovorans
P. carboxidohydrogena
P. gazotropha
Achromobacter carboxidus
Hyphomicrobium-Arten
Nocardia-Arten
Corynebacterium-Arten

nahme der Alkalimetall-C. in Wasser schwer lösl., Hydrogen-C. sind dagegen leicht lösl. Die Ester der Kohlensäure bauen sich nach der Formel $OC(OR)_2$ auf, wobei R ein Alkyl- od. Arylrest sein kann.

Carbonatisierung [v. *carbo-], Bildung u. Anreicherung v. Kalk (Calciumcarbonat) im Boden. ↗Bodenentwicklung.

Carbonatverwitterung [v. *carbo-], die ↗Kalkverwitterung.

Carbonsäuren [v. *carbo-], die organ. Säuren, für die allg. das Vorliegen einer od. mehrerer Carboxylgruppen (–COOH) charakterist. ist. Der Anzahl v. Carboxylgruppen entsprechend unterscheidet man zw. Mono-, Di-, Tri-C. usw. C. sind in der Natur weit verbreitet; wichtige Vertreter sind u. a. die Mono-C. Essigsäure, Propionsäure, Buttersäure u. höheren Fettsäuren, die Di-C. Apfelsäure u. Oxalessigsäure u. die Tri-C. Citronensäure; Aminosäuren sind Amino-C. Bei physiol. pH von 7–8 liegen C. ausschl. in der anion. Form vor, die sich durch Dissoziation der Carboxylgruppe(n) zu –COO$^-$ ableitet.

Carbonylgruppe [v. *carbo-], die für Aldehyde u. Ketone charakterist. funktionelle Gruppe $R-C\underset{H}{\overset{O}{\lessgtr}}$ (Aldehydgruppe) bzw. $R_1-\overset{\overset{O}{\|}}{C}-R_2$ (Ketogruppe), wobei R organ. Reste darstellen. C.n sind in zahlr. Naturstoffen, bes. in einfachen Zuckern u. in Ketosäuren, enthalten.

Carboxidismutase *w* [v. *carb-], die ↗Ribulose-1,5-diphosphat-Carboxylase.

Carboxidobakterien [Mz.; v. *carb-, gr. oxys = sauer, baktērion = Stäbchen], *kohlenmonoxidverwertende Bakterien*, physiolog. Bakteriengruppe, in der taxonomisch unterschiedl. eingeordnete Bakterien zusammengefaßt werden, die aerob mit Kohlenmonoxid (CO) als einziger Energie- u. Kohlenstoffquelle wachsen können (fakultativ chemolithoautotroph). CO wird im Energiestoffwechsel zu CO_2 oxidiert u. dabei Energie (ATP) u. Reduktionskraft zur Assimilation v. CO_2 (im Calvin-Zyklus) u. zum Wachstum gewonnen. C. können auch als Wasserstoffbakterien mit H_2 u. CO_2 wachsen. In der Natur sind C. wahrscheinl. an der Beseitigung v. CO aus der Atmosphäre beteiligt. Möglicherweise können sie in Zukunft zur Entgiftung von Industrieabgasen mit CO (z. B. Hochofenabgase) und gleichzeitiger Gewinnung v. Einzellerprotein u. wichtigen Grundchemikalien genutzt werden. Unter anaeroben Bedingungen kann CO auch v. verschiedenen Bakterien als Energie- u. Kohlenstoffquelle verwertet werden, z. B. von Methanbildnern, phototrophen Bakterien u. *Thermoproteus*.

Bei C vermißte Stichwörter suche man auch unter K und Z.

Carboxisomen [Mz.; v. *carb-, gr. oxys = sauer, sōma = Körper], *Carboxysomen,* Einschlüsse in autotrophen, prokaryot. Zellen, die etwa wie Phagenköpfe (Polyederform) aussehen u. hpts. die Ribulosediphosphat-Carboxylase, das Schlüsselenzym des Calvin-Zyklus, neben wenig DNA enthalten. C. werden bei nitrifizierenden Bakterien *(Nitrosomonas),* schwefeloxidierenden Bakterien *(Thiobacillus)* u. vielen Cyanobakterien gefunden.

Carboxylase *w* [v. *carb-], 1) allg. Enzym, unter dessen Wirkung Kohlendioxid in Substrate eingeführt wird (↗Biotin); 2) veraltete Bez. für Enzym, das bei der alkohol. Gärung Brenztraubensäure in Acetaldehyd u. Kohlendioxid spaltet (moderne Bez. Decarboxylase).

Carboxylende [v. *carb-], der ↗Carboxylterminus.

Carboxyl-Esterasen [Mz.; v. *carb-], *Carbonsäure-Esterasen,* zur Gruppe der Esterasen gehörende Enzyme, die Carbonsäureester bei neutralem bis alkal. pH hydrolyt. spalten. C. sind meist aus drei Untereinheiten (relative Molekülmasse jeweils 58 000) aufgebaut u. besitzen zwei aktive Zentren. Durch die Wirkung von C. i. e. S. entstehen kurzkettige Carbonsäuren u. einwertige Alkohole; die ebenfalls zu den C. gehörenden Lipasen produzieren langkettige Carbonsäuren u. Glycerin; Lipasen werden im Ggs. zu C. i. e. S. durch Taurocholat und Calciumionen aktiviert. C. i. e. S. sind hpts. in Wirbeltiergeweben, im Blutserum, in Verdauungssäften (auch bei Wirbellosen) sowie in Pflanzensamen, Citrusfrüchten, Mykobakterien u. Pilzen zu finden. Säugetiere entwickeln die höchsten C.-Aktivitäten in Leber, Niere, Zwölffingerdarm u. Gehirn, bei männl. Tieren auch in den Hoden und Nebenhoden. Eine wichtige Funktion erfüllen die C. bei der Inaktivierung pharmakolog. Ester- u. Amidpräparate (z. B. Atropin u. Phenacetin). Durch ihre Aminoacylgruppen-Transferase-Wirkung liegt die physiolog. Bedeutung der C. auch in ihrer Beteiligung an der Neubildung v. Peptidbindungen.

Carboxylgruppe [v. *carb-], die allen organ. Säuren (↗Carbonsäuren) gemeinsame −COOH-Gruppe. Das dissoziierbare Wasserstoffatom kann durch Metallionen oder organ. Gruppen ersetzt werden, wodurch die Salze bzw. Ester der organ. Säuren entstehen.

Carboxylierung [v. *carb-], die Einführung der Carboxylgruppe (−COOH) durch Übertragung von CO_2 auf verschiedene Substrate in Ggw. von Biotin-haltigen Carboxylase-Enzymen. Von bes. Bedeutung sind die C. von Ribulose-1,5-diphosphat im Rahmen der Photosynthese (↗Calvin-Zyklus), die C. von Pyruvat zu Oxalacetat im Rahmen der ↗Anaplerose des Citratzyklus u. der Gluconeogenese, die C. von Acetyl-CoA zu Malonyl-CoA bei der Fettsäuresynthese u. die ohne Enzyme ablaufende C., die beim Aufbau des Puringerüsts zur Einführung des Kohlenstoffatoms in Position 6 führt.

Carboxylterminus [Bw. *C-terminal;* v. *carb-], *Carboxylende, C-Terminus,* das die freie Carboxylgruppe tragende Ende eines Oligopeptids, Polypeptids od. Proteins. In der konventionellen Schreibweise v. Aminosäuresequenzen entspricht der C. dem Bereich des rechten Endes bzw. der am rechten Ende stehenden Aminosäure. Ggs.: Aminoterminus.

Carboxypeptidasen [v. *carb-], Gruppe v. Protein bzw. Peptide spaltenden, zinkhalt. Enzymen, durch die einzelne Aminosäuren schrittweise vom Carboxylterminus der abzubauenden Proteine bzw. Peptide hydrolyt. abgespalten werden. C. zählen daher zu den Exopeptidasen. Tierische C. werden in der Bauchspeicheldrüse als Vorstufen gebildet u. im Darm durch Trypsin in die aktiven Formen umgewandelt, wo sie für die Verdauung von Peptiden, den primären Spaltprodukten der Proteine, v. großer Bedeutung sind. C. sind Hilfsmittel bei der Sequenzermittlung v. Peptiden u. Proteinen, da mit ihrer Hilfe die an den Carboxylenden stehenden Aminosäuren identifiziert werden können.

Carboxysomen ↗Carboxisomen.

Carcharhinidae [Mz.], die ↗Blauhaie.

Carcharhinus *m* [v. gr. karcharias = Hai, rhinē = rauhe Haut, zum Polieren], die ↗Braunhaie.

Carchariidae [Mz.; v. gr. karcharias = Hai], die ↗Sandhaie.

Carcharodon *m* [v. gr. karcharodous = mit scharfen, spitzen Zähnen], die ↗Menschenhaie i. e. S.

Carchesium *s* [v. gr. karchēsion = Mastkorb, mastkorbähnl. Becher], Gatt. der *Peritricha,* sessile Wimpertierchen mit verzweigten Kolonien; die Stielmuskelfäden der einzelnen Tiere sind getrennt. Einige Arten haben Bedeutung für die Bestimmung der Wassergüteklassen, z. B. *C. polypinum* in stark verunreinigten Gewässern, bildet schleimige Überzüge u. bis 1 cm große Kolonien.

Carcinogenese *w* [v. gr. karkinos = Krebs, genesis = Entstehung], *Krebsentstehung,* ↗Krebs.

Carcinonemertes *m,* Schnurwurm-Gatt. der Ord. *Hoplonemertea;* ca. 4 cm lang, lebt parasitisch v. den Eiern v. Krabben, z. B. *Carcinus maenas.*

Carcinoscorpius *m* [v. *carci-, gr. skorpios = Skorpion], Gatt. der ↗Xiphosura.

---

carb-, carbo- [v. lat. carbo = Kohle], in Zss : Kohlen-.

carci- [v. gr. karkinos = Krebs oder karkinoma = Krebsgeschwulst].

Carboxyl-Esterasen
Eine Unterteilung der C. wird vorgenommen nach ihrem unterschiedl. Verhalten gegenüber organ. Phosphorsäureestern wie Diisopropylfluorphosphat (DFP) od. Diäthyl-p-Nitrophenylphosphat (E 600). A-C. werden durch DFP und E 600 nicht gehemmt, sondern setzen diese als Substrate um. B-C. werden durch DFP u. E 600 gehemmt. C-C. verwerten DFP und E 600 nicht als Substrat, werden durch sie aber auch nicht inhibiert. Die größte Gruppe stellen die B-C, zu denen auch Acetylcholin-Esterase gehört.

Carboxypeptidasen
Nach der Substratspezifität unterscheidet man zwischen C. A, durch die bevorzugt aromat. Aminosäuren u. Aminosäuren mit verzweigter aliphat. Kette abgespalten werden, und C. B, durch die ausschl. basische Aminosäuren freigesetzt werden. Weniger spezifische C. sind auch in Citrusfrüchten, Baumwollsamen, keimender Gerste, Hefen u. a. Mikroorganismen gefunden worden.

Bei C vermißte Stichwörter suche man auch unter K und Z.

Carcinus *m* [v. *carci-], Gatt. der Schwimmkrabben, ↗Strandkrabbe.
Cardamine *w* [v. gr. kardamon = eine Art Kresse], das ↗Schaumkraut.
Cardamino-Montion *s* [v. gr. kardamon = eine Art Kresse, ben. nach dem it. Botaniker G. Monti, 1682–1760], mitteleuropäisch-alpine *Silicatquellfluren*, Verb. der ↗*Montio-Cardaminetea*. Enthält sowohl moos- als auch phanerogamenreiche, kalkarme, überrieselte Quellfluren der montanen bis subalpinen Stufe. Beschattet ist z. B. die Bitterschaumkrautflur, strahlungsexponiert die Quellkrautflur.
Cardaminopsis *w* [v. gr. kardamon = eine Art Kresse, opsis = Aussehen], die ↗Schaumkresse.
Cardaria *w* [v. *card-], die ↗Pfeilkresse.
Cardenolide, Klasse v. natürl. vorkommenden C_{23}-Steroiden mit einfach ungesättigtem γ-Lacton-Ring (2-Buten-1,4-olid-Ring), die als Aglykone Bestandteil einer Reihe v. herzwirksamen Glykosiden (Herzglykoside) sind. Ihre wichtigsten Vertreter sind *Digitoxigenin, Digoxigenin* u. *Gitoxigenin* aus Blättern v. *Digitalis*-Arten (↗Digitalisglykoside) sowie *k-Strophanthidin* u. *g-Strophanthidin (Ouabagenin)* aus *Strophanthus*-Samen (↗Strophanthine). C. kommen gebunden als Glykoside in zahlr. Angiospermen sowie in einigen Insekten vor, die C. mit der Nahrung aufnehmen u. dadurch auch als Wehrsekret benutzen können. Die gesättigten Vertreter der C. heißen *Cardanolide*.
Cardia *w* [v. *card-], **1)** *Mageneingang, Magenmund,* bei Säugetieren die Einmündung der Speiseröhre (Oesophagus) in den Magen mit Drüsen *(C.drüsen),* die eine seröse Schleimsubstanz produzieren; bei Hippokrates auch Bez. für das Herz. **2)** bei Gliederfüßern die ↗*Valvula cardiaca*.
Cardiidae [Mz.; v. *card-], die ↗Herzmuscheln.
Cardinalia [Mz.; v. lat. cardo, Gen. cardinis = Türzapfen], Schalenelemente nahe dem Schloßrand der Armklappe v. ↗Brachiopoden, die der gelenk. Verbindung der beiden Klappen und der Befestigung von Muskulatur und Armgerüst dienen, z. B. Schloßplatte, Schloßfortsatz, Armgerüst.
Cardinalis *m* [mlat., = Kardinal], Gatt. der ↗Kardinäle.
Cardiobacterium *s* [v. *card-, gr. baktêrion = Stäbchen], Gattung der gramnegativen, fakultativ anaeroben Stäbchen (unsichere taxonomische Einordnung); pleomorph, 0,5–0,75 × 1–3 μm groß, treten einzeln, paarweise oder in kurzen Ketten u. Klumpen auf; besitzen chemoorganotrophen Gärungsstoffwechsel, lassen sich gut auf Blutagar kultivieren. *C. hominis,* das urspr. aus dem Blut v. Menschen isoliert wurde, die an einer bakteriellen Endocarditis (Herzklappenentzündung) erkrankt waren, lebt normalerweise als Kommensale im menschl. Atmungstrakt. Die Ursachen, die zur Erkrankung durch C. führen, sind unbekannt.

carci- [v. gr. karkinos = Krebs oder karkinoma = Krebsgeschwulst].

card- [v. gr. kardia = Herz, Magen], in Zss. meist: Herz-.

Biosynthese der Cardenolide

Lanosterol (C_{30})
↓
Pregnan (C_{21})
Essigsäure ↓
Cardenolid (C_{23})

Cardioblasten [Mz.; v. *card-, gr. blastos = Sproß, Keim], *Herzbildungszellen,* entstehen segmental beim Insektenembryo zu beiden Seiten des Keimstreifs an der dorsolateralen Umschlagskante der Coelome. Beim Rückenschluß vereinigen sie sich an der Dorsalseite des Embryos, um das Dorsalgefäß (Herz) aufzubauen.
Cardioceras *s* [v. *card-, gr. keras = Horn], (Neumayr u. Uhlig 1881), † Ammoniten-Gatt. mit Gabelrippen, Zopfkiel u. herzförm. Umgangsquerschnitt, Leitfossil des unteren Malm.
Cardioglossa *w* [v. *card-, gr. glôssa = Zunge], Gatt. der ↗Langfingerfrösche.
Cardiolipin *s* [v. *card-, gr. leipar = Fett], *Diphosphatidylglycerin,* Phospholipid bakterieller Membranen u. der inneren Membran von Mitochondrien u. daher eine Stütze für die ↗Endosymbiontenhypothese; kann aus Rinderherzen durch alkohol. Extraktion gewonnen werden u. dient als künstl. Antigen für immunologische Tests auf Syphilis-Erkrankungen.
Cardiotoxine [v. *card-, gr. toxikon = (Pfeil-) Gift], *Herzmuskelgifte,* Gruppe v. Toxinen aus Schlangengiften, deren Wirkung auf einer irreversiblen Depolarisierung der Zellmembranen, speziell v. Herzmuskel- u. Nervenzellen, mit nachfolgenden Reizbildungs- u. Reizleitungsstörungen beruht, was letztl. zum Herzstillstand führen kann.
Cardioviren [Mz.; v. *card-], Gatt. *Cardiovirus* der ↗Picornaviren.
Cardita *w* [v. *card-], Gatt. der Trapezmuscheln mit längl.-trapezförm. Schalen, die knot. Radiärrippen tragen; zu C. gehören zahlr. Arten in allen Meeren, die sich meist mit ihrem Byssus anheften.
Cardium *s* [v. *card-], Gatt. der ↗Herzmuscheln, mit stark bauchigen, hinten etwas klaffenden Schalenklappen, die kräft. Radiärrippen tragen. *C. costatum* lebt vor der W-Küste Afrikas.
Cardo *m* [lat., = Drehpunkt, Türangel], **1)** *Angelglied,* Teil der ↗Mundwerkzeuge der Insekten. **2)** das Scharnier bei den Schalen vieler ↗Brachiopoden u. ↗Muscheln.
Carduelis *m* [lat., = Distelfink], Gatt. der ↗Finken.
Carduus *m* [lat., =], die ↗Distel.
Caretta *w* [v. malaiisch kärah = Schildkröte], Gatt. der ↗Meeresschildkröten.
Carettochelyidae [Mz.; v. malaiisch kärah = Schildkröte, gr. chelys = Schildkröte], die ↗Papua-Weichschildkröten.

Bei C vermißte Stichwörter suche man auch unter K und Z.

Carex

Carex w [lat., = Riedgras], die ↗Segge.
Carextyp m [v. lat. carex = Riedgras], umfaßt Gattungen, deren Arten in ihren Chromosomenzahlverhältnissen vollkommene Dysploidie zeigen; das Phänomen wurde erstmals bei Carex-Arten beobachtet.
Cariamidae [Mz.; indian.], die ↗Seriemas.
Caricaceae [Mz.; v. lat. carica = Feige], die ↗Melonenbaumgewächse.
Caricetalia nigrae [Mz.; v. *caric-, lat. niger = schwarz], Braunseggensümpfe u. -flachmoore, Ord. der ↗Scheuchzerio-Caricetea nigrae. In Quellmulden, an durchsickerten Hängen, an Seen oberhalb des Großseggengürtels (↗Magnocaricion), am Rande v. Hochmooren, in allen Höhenstufen vorkommend. Die v. kalkfreiem Wasser durchsickerten Standorte sind oft v. Natur aus waldfrei, z.T. durch Mahd u. Beweidung geschaffen. Wichtige Ges. sind das Carici-Agrostietum caninae (Grauseggensumpf), eine planar bis montan verbreitete Flachmoorges., u. das Eriophoretum Scheuchzeri (Kopfwollgrassumpf), eine arktisch-alp. Verlandungsges. in Seen u. Rieselfluren.
Caricetea curvulae w [v. *caric-, lat. curvus = gekrümmt], Krummseggenrasen, Kl. der Pflanzenges. mit 1 Ord. u. dem mitteleur. Verb. Caricion curvulae. Klimaxgesellschaften auf Silicat in den Zentralalpen oberhalb 2600 m. Die Assoz. Caricetum curvulae (Krummseggenrasen) besiedelt tiefgründ., nährstoffarme Böden, die noch eine zusammenhängende Pflanzendecke erlauben. Ihr pH-Wert liegt bei etwa 4, die Rohhumusauflage erreicht höchstens 5 cm. Wegen ihrer Dürftigkeit wird die C.c. von Schafen u. Ziegen kaum beweidet.
Caricetum firmae s [v. *caric-, lat. firmus = fest], Assoz. des ↗Seslerion variae.
Caricetum gracilis s [v. *caric-, lat. gracilis = schlank], Assoz. des ↗Magnocaricion.
Caricetum limosae s [v. *caric-, lat. limosus = schlammig], Schlammseggenschlenke, Assoz. der Scheuchzerietalia palustris (↗Scheuchzerio-Caricetea nigrae); besiedelt nicht austrocknende Übergangs- und Hochmoorschlenken (↗Hochmoor), oft im Mosaik mit Bultgesellschaften (↗Oxycocco-Sphagnetea).
Caricetum rostratae s [v. *caric-, lat. rostratus = geschnäbelt], Assoz. des ↗Magnocaricion.
Carici-Fagetum s [v. ↗Carex, fagus = Buche], Seggen-Buchenwald, Assoziation des ↗Cephalanthero-Fagion. Ein submontaner artenreicher Laubwald, in dem der Buche oft Traubeneiche, Mehlbeere, Feldahorn, Linde u.a. beigemischt sind. Zuerst beschrieben v. sehr trockenen Hängen des Schweizer Jura; nach N wird die Ges. seltener, die Grenze zu reicheren Kalk-Bu-

caric- [v. lat. carex, Gen. caricis = Riedgras].

carin- [v. lat. carina = (Schiffs-)Kiel], in Zss.: Kiel-.

Carinaria

chenwäldern (↗Asperulo-Fagion) fließender.
Caricion ferrugineae s [v. *caric-, ferrugineus = rostrot], Rostseggenrasen, Verb. der ↗Seslerietea variae. Besiedelt steile Mergelhänge mit lockeren, tiefgründ., oft auch durchsickerten Böden. Die Rostseggenhalde (Caricetum ferrugineae) ist natürl. Vegetation ("Urwiese") in der alpinen Stufe u. Ersatzges. von gerodetem Grünerlengebüsch (↗Betulo-Adenostyletea). Die Rostseggenhalde ist wegen hoher Produktivität als Wildheuwiese mähbar. Charakteristisch sind neben der Rostsegge (Carex ferruginea) v.a. buntblühende Fabaceen.
Carici (remotae)-Fraxinetum s [v. *caric-, lat. remotus = entfernt, fraxinus = Esche], Bach-Eschenwald, Assoz. des ↗Alno-Padion. Produktive bachbegleitende Laubbaumstreifen aus Esche (Fraxinus excelsior), Erle (Alnus glutinosa) u. Bergahorn (Acer pseudoplatanus) in planarer bis submontaner Höhenstufe. Die feucht-nassen, rasch durchsickerten Gleyböden entlang den Bachrinnen werden selten überflutet, gelegentl. aber durch Unterspülung abgerissen.
Carina w [lat., = Kiel], kielart. Erhebung an Organen. **1)** Schiffchen bei Schmetterlingsblüten. **2)** mehr od. weniger vorstehender Kamm an den Schalen einiger Kieselalgen (Diatomeen). **3)** Brustbeinkamm (C. sterni) bei Vögeln; ↗Brustbein. **4)** Rückenplatte der Schale v. Rankenfüßern.
Carinalhöhlen [Mz.; v. *carin-], enge, an der Innenseite der Leitbündel gelegene Luftkanäle bei den Schachtelhalmgewächsen. 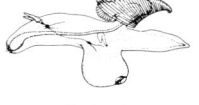
Carinaria w [v. *carin-], Kielschnecke, Gatt. der Überfam. Kielfüßer, Vorderkiemer, deren Gehäuse viel kleiner als der Weichkörper u. nur im ältesten Teil spiralig gewunden ist; es bedeckt nur den Eingeweidesack. Der zur Flosse umgestaltete Fuß ist beim Schwimmen nach oben gewandt. Die C.-Arten leben pelagisch in warmen Meeren.
Carinina w [v. *carin-], Gatt. der ↗Tubulanidae.
Carinoma w [v. *carin-], einzige Gatt. der Schnurwurm-Fam. Carinomidae; ohne Augen, Cerebralorgane u. Wimpergruben; die Nervenstränge liegen in der Längsmuskulatur.
Carinotetraodon m [v. *carin-, gr. tetra = vier-, odous, Gen. odontos = Zahn], Gatt. der ↗Kugelfische.
Carlavirus-Gruppe ↗Latente-Nelken-Virusgruppe.
Carlina w [it., =], die ↗Eberwurz.
Carlinaoxid ↗Dreifachbindung.

Bei C vermißte Stichwörter suche man auch unter K und Z.

Carludovica w [ben. nach dem span. König Carlos IV., 1788–1808, und seiner Gattin María Luisa (Ludovica)], Gatt. der ↗Cyclanthaceae.

Carmarina w [v. it. carne marina = Medusen (wörtl.: Meerfleisch)], die ↗Rüsselqualle.

Carmin s [über mlat. carmininium v. arab. qirmiz = Scharlachlaus], *Cochenillerot,* ein aus verschiedenen Schildlausarten (hpts. die Cochenilleschildlaus *Dactylopius cacti*) gewonnener roter Farbstoff, der durch Extraktion mit Wasser aus den getrockneten weibl. Tieren erhalten wird; farbgebende Komponente des C.s ist die ↗C.säure. C. wird in der Lebensmittel-Ind. nach Verlackung mit Stärke als Farbstoff bei der Herstellung v. Konditorwaren u. kosmet. Erzeugnissen benutzt; vor der Entwicklung der Teerfarbstoffe war C. wichtig für das Färben v. Wolle u. Seide (mit Tonerdebeize ergibt C. ein C.rot, mit Zinkbeize erhält man Scharlachrot). In der Histologie dient C. in Form v. C.essigsäure, C.alaun u. Borax-C. zur Anfärbung v. Zellkernen u. Glykogen.

Carminessigsäure, Lösung für die Färbung mikroskop. Präparate, v. a. Chromosomenuntersuchungen; wird hergestellt durch Kochen einer Mischung aus destilliertem Wasser, Eisessig u. ↗Carmin.

Carminsäure, farbgebender Bestandteil des ↗Carmins; rötl. bis rötl.-braunes, in Wasser, Alkohol u. Äther lösl., in den meisten organ. Lösungsmitteln aber unlösl.

Carminsäure

Kristallpulver; gehört zu den Anthrachinonen, chemisch eine tetra-hydroxylierte Methylanthrachinoncarbonsäure mit einem C-glykosidisch gebundenen D-Glucose-Rest. In wäßr. Lösung bei pH 4,8 gelb, bei pH 6,2 violett gefärbt; wird in der Histologie zum Anfärben mikroskop. Präparate u. zum Nachweis bestimmter Metalle verwendet.

Carnaubapalme w [v. brasil. carnaúba = Wachspalme], *Copernicia cerifera, C. prunifera,* eine in N-Brasilien wild vorkommende Fächerpalme, die dort als Massenvegetation vernachlässigte Viehweiden besiedelt. Die C. liefert das *Carnaubawachs,* das wegen seines hohen Schmelzpunkts (ca. 85 °C) als Zusatz zu Polierwachs verwendet wird. Das die Blätter in dünnen Schüppchen bedeckende Wachs (als Transpirationsschutz) wird durch Trocknen u. Abklopfen der abgeschnittenen Wedel gewonnen. ☐ Kulturpflanzen XII, ☐ Südamerika IV.

Carnitin s [v. lat. caro, Gen. carnis = Fleisch], β-Hydroxy-γ-trimethylaminobuttersäure, bewirkt in Form v. ↗Acylcarnitin, das sich aus Acyl-CoA und C. durch Übertragung des Acylrestes auf die Hydroxylgruppe von C. bildet, den Transport v. Fettsäureresten aus dem Cytoplasma durch die Mitochondrienmembran in den Innenraum der Mitochondrien. Dieser Transport leitet den Fettsäureabbau im Innern der Mitochondrien ein, weshalb C. eine Schlüsselstellung beim Energiestoffwechsel einnimmt. Im Ggs. zu den meisten Organismen, die C. selbst aufbauen können, müssen Insekten C. mit der Nahrung aufnehmen.

Carnivora [Mz.; Bw. *carnivor;* v. lat. (animalia) carnivora = fleischfressende Tiere], *Karnivoren, Fleischfresser,* 1) die ↗carnivoren Pflanzen. 2) Säugetier-Ord., die ↗Raubtiere.

carnivore Pflanzen [v. lat. carnivorus = fleischfressend], *tierfangende Pflanzen, fleischfressende Pflanzen,* Pflanzen, die auf nährstoff- und v. a. stickstoffarmen Substraten (z. B. Hochmooren) vorkommen u. kleine Tiere, insbes. Insekten *(Insektivoren),* als zusätzl. Stickstoffquelle ausnutzen. Sie besitzen mannigfaltige Fangeinrichtungen, wie klebrige Drüsenhaare bei *Drosera* (Sonnentau) od. Fangblasen bei *Utricularia* (Wasserschlauch), od. aber kannen- od. tütenartige, mit Flüssigkeit gefüllte Schlauchblätter, wie die ausländ. Gattungen *Nepenthes* (Kannenpflanze), *Cephalotus* u. *Sarracenia.* Die Blätter der ↗Venusfliegenfalle *(Dionaea)* können als Schlagfallen rasche Bewegungen ausführen. Die Verdauung erfolgt mit Hilfe v. Enzymen (Chitin wird nicht abgebaut), die Verdauungsprodukte werden mittels Absorptionshaaren aufgenommen.

Carnosauria [Mz.; v. lat. caro, Gen. carnis = Fleisch, gr. sauros = Eidechse], † bipede, fleischfressende *Saurischia* des Mesozoikums, die zu den größten Landraubtieren aller Zeiten gehören; z. B. *Tyrannosaurus rex.*

Carnoy-Flüssigkeit [karnwa-; ben. nach dem belg. Biologen J. B. Carnoy, 1836–99], zum Fixieren histolog. und zool. Präparate benutztes Gemisch aus 1 Teil Eisessig, 3 Teilen Chloroform u. 6 Teilen absolutem Alkohol; v. a. angewendet bei Chromosomen, fettreichem Gewebe, Nerven u. bei der Cytochemie v. Nucleinsäuren.

Carotin [v. gr. karōton = Karotte], ein Tetraterpen aus der Gruppe der ↗Carotinoide, als deren erster Vertreter das C. 1831 von H. F. W. Wackenroder in Form roter Kristalle aus Karotten (Name!) isoliert wurde. Die chromatograph. Auftrennung des urspr. als einheitl. geltenden Natur-

Carotin

Carnitin

Acylcarnitin

Carnitin

Bildung von Acylcarnitin aus Carnitin

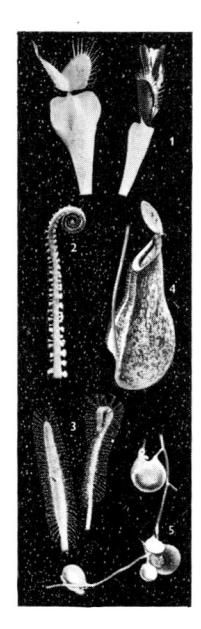

carnivore Pflanzen

Insektivoren:
1 *Dionaea,* klappt die gezähnten, mit Drüsen besetzten Blatthälften zus., wenn ein Tierchen die Blätter berührt; **2** *Drosophyllum* und **3** *Drosera,* Emergenzen als Tentakel u. mit klebrigem Sekret; **4** *Nepenthes,* hat kannenförmige Tierfallen; **5** *Utricularia,* trägt an den Blättern wassergefüllte Blasen mit ventilartiger Hebelklappe.

Bei C vermißte Stichwörter suche man auch unter K und Z.

Carotinoide

Strukturformeln von α-, β- und γ-Carotin und Retinal

α-Carotin
[(6'R)-β,ε-Carotin]
violette Kristalle

β-Carotin
(β,β-Carotin)
rote Kristalle

Spaltung von β-Carotin in 2 Moleküle Retinal

Retinal
(Vitamin-A-Aldehyd)

γ-Carotin
(β,ψ-Carotin)
dunkelrote Kristalle

Strukturformel von β-Carotin

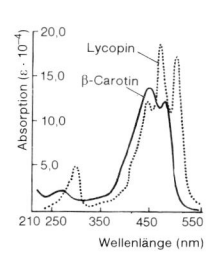

Carotinoide

Absorptionsspektren von β-Carotin und Lycopin

stoffs in die drei Isomeren α-, β- und γ-Carotin gelang R. Kuhn u. E. Lederer 1931. Alle besitzen das gleiche Grundgerüst mit 9 konjugierten Doppelbindungen, 8 Methylverzweigungen (einschl. der mögl. Ringstrukturen) u. einer β-Ringstruktur am einen Molekülende, während sie sich in der Anordnung des anderen Molekülendes unterscheiden (Nomenklatur ↗ Carotinoide). α-*Carotin* [(6'R)-β,ε-Carotin] kommt in geringen Mengen als Begleitsubstanz von β-Carotin vor u. ist z. B. in Palmöl u. Vogelbeeren enthalten. Als Provitamin ist es nur halb so wirksam wie β-Carotin. β-*Carotin* (β,β-Carotin) ist das im Tier- u. Pflanzenreich häufigste Carotinoid, z. B. Begleiter des Chlorophylls, in Karotten u. im Blutserum, u. das eigtl. *Provitamin A*, da es in tier. Zellen enzymat. in zwei Moleküle ↗ *Retinal* oxidativ gespalten wird. Im Ggs. zum β-Carotin, das zwei endständ. β-Ringe aufweist, liefern α- und γ-Carotin mit nur jeweils einer β-Endgruppe bei der Spaltung nur je ein Molekül Retinal (daher nur 50% wirksam als Provitamin). C.e ohne β-Endgruppe (z. B. das ζ-Carotin) sind als Provitamin unwirksam. γ-*Carotin* (β,ψ-Carotin) kommt in Bakterien, Pilzen u. höheren Pflanzen vor, ist aber nicht so weit verbreitet wie α- od. β-Carotin.

Carotinoide [Mz.; v. gr. karōton = Karotte], *Lipochrome,* gelbe, rote od. purpurfarbene, im Pflanzen- u. Tierreich weit verbreitete, lipophile Pigmente (Polyen-Farbstoffe), die meist aus 8 Prenyl-Einheiten aufgebaut sind u. daher zur Klasse der Tetraterpene (C_{40}-Körper) zählen. *Struktur u. Nomenklatur:* Alle C. lassen sich formal v. einem Grundkörper ableiten, dem acycl. Carotinoid $C_{40}H_{56}$ (s. Abb.): 1) durch Cyclisierung einer od. beider Endgruppen (s. Abb.); die Struktur der Endgruppen wird durch zwei griech. Buchstaben vor der Stammbez. des Carotinoids angegeben (z. B. ψ,ψ-Carotin, β,ψ-Carotin); Bez. wie Lycopin, β- und γ-Carotin usw. sind Trivialnamen. 2) Durch Hydrierung bzw. Dehydrierung abgeleitete C. erhalten das Präfix Hydro- bzw. Dehydro (z. B. 3,4-Didehydro-ψ,ψ-carotin). 3) Durch Einbau v. Sauerstoff lassen sich Alkohole, Aldehyde, Carbonsäuren, Äther, Oxirane usw. ableiten, wobei Carboxylgruppen verestert, alkohol. Gruppen mit Zuckern glykosid. verbunden sein können usw. Im Ggs. zu den nichtsauerstoffhalt. C.n, die als *Carotine* bezeichnet werden, werden die sauerstoffhalt. Derivate *Xanthophylle* genannt. Die entspr. Prä- u. Suffixe sind Hydroxy- (z. B. Zeaxanthin), Methoxy- (z. B. Spirilloxanthin), Glykosyloxy- (z. B. Myxoxanthophyll), Carboxy- (z. B. Torularhodin), Epoxi- (z. B. Antheraxanthin, Violaxanthin) usw. 4) C. mit verkürzter Kette (weniger als 40 C-Atome) erhalten die Vorsilbe Apo- (z. B. Crocetin; 8,8'-Diapocarotin-8,8'-disäure), Seco- od. Nor- (z. B. Peridinin), während C., die durch Kettenverlängerung entstanden sind u. 45 od. 50 C-Atome besitzen, als mono- od. disubstituierte C_{40}-C. behandelt werden (z. B. Decaprenoxanthin). 5) Bei Retro-C.n sind alle Einzel- bzw. Doppelbindungen um eine Position verschoben. 6) Ein od. mehrere Chiralitätszentren im Molekül werden mit R,S-Symbolen vor dem Namen der C. gekennzeichnet (z. B. α-Carotin: (6'R)-β,ε-Carotin). 7) Abweichungen von der all-trans-Konfiguration der Grundstruktur werden, wie z. B. beim 15-cis-Phytoen, angegeben. – Die *Farbigkeit* der C., die wegen ihrer Fettlöslichkeit auch *Lipochrome* gen. werden, beruht auf dem System mehrerer konjugierter Doppelbindungen, durch welche je nach Anzahl u. Lage der Doppelbindungen Licht der Wellenlängen bis über 500 nm absorbiert wird, meist mit mehreren Absorptionsmaxima. Auch das Vorhandensein verschiedener Seitengruppen beeinflußt die Absorptionsmaxima. *Biosynthese:* Die Biosynthese der C. höherer *Pflanzen* (in Pilzen u. Bakterien werden C. vermutl. auf ähnl. Wegen aufgebaut) verläuft innerhalb der Chloroplasten bzw. Chromoplasten u. zunächst gemeinsam mit der Synthese anderer ↗ *Isoprenoide* (Steroide u. Terpene) aus Isopentenylpyrophosphat (C_5, „aktives Isopren"), wobei sich Geranylpyrophosphat (C_{10}), Farnesylpyrophosphat (C_{15}, Abzweigung zu den Steroiden) u. Geranylgeranylpyrophosphat (C_{20}) als Zwischenprodukte bilden. Aus zwei Molekülen Geranylgeranylpyrophosphat wird das noch farblose 15-cis-Phytoen (C_{40}) gebildet, das durch stufenweise Dehydrierung u. durch Isomerisierung der 15-cis-

Carotinoide

Biosynthese der Carotinoide

Geranylgeranylpyrophosphat (C_{20}) + Geranylgeranylpyrophosphat (C_{20})
→ (−PPi, +H$^\oplus$; −PPi)
15-cis-Phytoen (farblos)
→ 2(H); Isomerisierung
all-trans-ζ-Carotin (farbig)
→ 2(H)
all-trans-Neurosporin (ψ, ψ)
→ 2(H)
all-trans-Lycopin (ψ, ψ-Carotin)

ε-Cyclisierung → α-Zeaxanthin (ψ, ε) → 2(H) → δ-Carotin (ψ, ε) → β-Cyclisierung → α-Carotin (β, ε)

β-Cyclisierung → β-Zeacarotin (ψ, β) → 2(H) → γ-Carotin (ψ, β) → β-Cyclisierung → β-Carotin (β, β)

Struktur und Nomenklatur der Carotinoide

Grundstruktur ($C_{40}H_{56}$)

Mögliche Strukturen der Endgruppen

acyclisch: ψ

Cyclohexen-Gerüst: β, ε

Methylencyclohexan-Gerüst: γ

Arylreste: Φ(φ), χ

Cyclopentan-Gerüst: κ

Doppelbindung zunächst in all-trans-ζ-Carotin (farbig), weiter in all-trans-Neurosporin u. schließl. in all-trans-Lycopin umgewandelt wird. Anschließende Cyclisierungsreaktionen ermöglichen die Bildung anderer C., die ihrerseits Ausgangssubstanzen für die Vielzahl der C. sind. Xanthophylle werden aus Carotinen durch Einbau v. Sauerstoff gebildet. Da nur unter bestimmten Bedingungen (z.B. Ergrünen v. Keimlingen, Fruchtreifung) größere Mengen an C.n gebildet werden, muß eine Regulation der Biosynthese der C. erfolgen. Im Mycel des Pilzes *Fusarium aquaeductuum* ist die Biosynthese der C. durch Licht (Blaulicht, kurzwelliges Licht unter 520 nm Wellenlänge) induzierbar (Steuerung durch das Phytochromsystem), wobei als Ansatzpunkt der Photoregulation ein hinter Farnesylpyrophosphat liegender Reaktionsschritt (nach der Verzweigung zu den Steroiden) angenommen wird. Tier. Organismen können C. nicht selber synthetisieren. Sie können jedoch C., die sie mit der Nahrung aufgenommen haben, umwandeln (z.B. Zeaxanthin in ↗ Astaxanthin). *Vorkommen:* Die C. höherer Pflanzen (sie enthalten nur ψ-, β-, ε- und χ-Endgruppen!) kommen in Laubblättern, Früchten, Sproß, Wurzeln, Antheren, Pollen u. Samen vor u. sind dort in den Plastiden (Chloroplasten u. Chromoplasten) lokalisiert. Die C. der Thylakoidmembran in Chloroplasten grüner Laubblätter sind stets β-Carotin, Lutein, Violaxanthin u. Neoxanthin. Ihre Farbe tritt im Herbstlaub hervor, wenn im Verlauf der Seneszenz der Laubblätter das Chlorophyll verschwindet u. die Chloroplasten in Chromoplasten umgewandelt werden. Ähnliches geschieht bei der Fruchtreifung (unreife, grüne Früchte besitzen dieselben Pigmente wie grüne Laubblätter), bei der die Umwandlung v. Chloroplasten zu Chromoplasten mit einer Synthese u. Akkumulation v. C.n einhergeht. Beispiele für C. in Früchten sind Lycopin (in Tomate u. Hagebutte), Capsanthin (in rotem Pfeffer), β-Carotin, β-Kryptoxanthin u. Zeaxanthin (in der Judenkirsche), Capsorubin (in Paprika) u. β-Citraurin (in Citrusfrüchten). Die C. der Chromoplasten können membrangebunden, in Plastoglobuli (Lipidtropfen) od. als Kristalle vorliegen. Letztere entstehen bei starker Anreicherung der C. u. können schließl. als „nackte" Carotin-Kristalle ins Cytoplasma ausgestoßen werden (z.B. Carotin-Kristalle im Speichergewebe der Mohrrübe). Obwohl die gelbe bis rötl. Farbe v. Blütenblättern meist auf Flavonoide zurückzuführen ist, kommen vereinzelt auch C. als Blütenfarbstoffe vor, z.B. Crocetin (in *Crocus sativus*) u. Violaxanthin (in Stiefmütterchen-, Arnika- u. Narzissenblüten). In Samen findet man im allg. nur wenige C. Eine Ausnahme ist der Mais mit hohem Gehalt an β-Carotin, β-Kryptoxanthin u. Zeaxanthin. Weit bekannt sind die Carotine (↗ Carotin) v. *Daucus carota* (Karotte), nach denen die C. ben. wurden. Die C. der ↗ Algen ([T]), aus deren charakterist. Muster des Auftretens in den einzelnen Algenklassen sich ein Evolutionsschema aufstellen ließ, sind in Chromatophoren enthalten, die dadurch orange bis leuchtend rot gefärbt sind (z.B. ↗ Augenfleck v. *Euglena*, [B] Algen I). Auch *Cyanobakterien* (Blaualgen) besitzen C., bes. β-Carotin. Bei *Bakterien* findet man eine Reihe von C.n mit ungewöhnl. Strukturen, wie C_{45}- u. C_{50}-C., die fast ausschl. in nicht-phototrophen Bakterien vorkommen, methoxylierte C., die nur in phototrophen Bakterien auftreten, sowie kohlenhydrathalt., aromat. u. Nor-C. u. solche mit C≡C-Dreifachbindung u. kumulierten Doppelbindungen. Die C. v. *Mensch* u. *Tieren* stammen alle aus pflanzl. Nahrung u. finden sich in Haut, Schale, Panzer, in Schnabel u. Gefieder v. Vögeln, im Eidotter (bei C.-freiem Futter legen Hennen Eier mit fast farblosem Dotter), in Milch u. Butter, im Blutplasma, in den Keimdrüsen (Gelbkörper) sowie in den Augenpigmenten. In der Forellenhaut

Bei C vermißte Stichwörter suche man auch unter K und Z.

Carotis

findet man C. in Xanthophoren u. Erythrophoren. Die rote Farbe v. gekochtem Hummer ist auf das C. ↗Astaxanthin zurückzuführen. *Bedeutung u. Funktion:* Die Funktion der C. hängt mit ihrer Fähigkeit zur Lichtabsorption im Blau- u. UV-Bereich des Spektrums zus. In photosynthet. Systemen haben C. neben der Beteiligung an der ↗Photosynthese auch die Aufgabe, den Photosyntheseapparat gg. Photooxidation zu schützen. Sie verhindern, daß Chlorophyll oxidiert wird, u. leiten überschüss. Lichtenergie durch Umwandlung in Wärme ab. Auch in nicht-photosynthet. Geweben höherer Pflanzen, in Pilzen u. nicht-photosynthet. Bakterien dienen C. als Schirmpigmente. In der chlorophyllfreien Chloroplastenhülle (ein durch C., bes. Violaxanthin, gelbes Membransystem) läuft der sog. *Epoxidzyklus der Xanthophylle (Xanthophyllzyklus)* ab: Bei Belichtung wird Violaxanthin (Diepoxid) in Antheraxanthin (Monoepoxid) u. anschließend in Zeaxanthin umgewandelt (Deepoxidation). Die Rückreaktion (Epoxidation) kann auch ohne Licht erfolgen. Der Xanthophyllzyklus, dessen Funktion noch nicht geklärt ist, wurde in allen aeroben photosynthet. Geweben gefunden, außer bei blaugrünen Algen u. Rotalgen sowie photosynthet. Bakterien. Eine weitere mögl. Funktion ist die Beteiligung der C. an Phototropismus u. Phototaxis. In Blütenblättern u. Früchten haben C. als Lockfarben für Tiere Bedeutung. Sehr wichtig ist die biol. Funktion einiger C. als Provitamin (↗Carotin). Heute vielfach auch techn. hergestellte C. werden in med. Präparaten als Vitamin-A-Vorstufen, als Nahrungsmittelfarbstoffe (Margarine, Butter, Käse, Fruchtsäfte), in der Kosmetik u. als Futtermittelzusatz verwendet. *E. F.*

Carotis w [v. gr. karōtís = Kopfschlagader], *Carotide, Arteria carotis communis,* die ↗Halsschlagader.

Carotissinus m [v. gr. karōtís = Kopfschlagader, lat. sinus = Krümmung], *Sinus caroticus,* der an der Verzweigungsstelle der ↗Halsschlagader (Carotis) liegende Bereich mit für die Blutdruckregulation verantwortlichen Druckrezeptoren in den Wänden.

Carpalia [Mz.; v. gr. karpos = Handwurzel; eigtl. lat. carpalia ossa =], *Handwurzelknochen,* ↗Hand.

Carpinion betuli s [v. lat. carpinus = Hainbuche, betula = Birke], *Eichen-Hainbuchenwälder,* Verband der *Fagetalia* (↗Querco-Fagetea). Natürliche C.b.-Wälder stocken auf (Ton-)Böden, die durch Grund- od. Stauwasser zeitweilig im Untergrund vernäßt u. schlecht durchlüftet sind. Hier ist die Konkurrenzkraft der Buche ge-

Carotinoide (Auswahl) in

höheren Pflanzen
Antheraxanthin
Auroxanthin
Azafrin
Capsanthin
Capsorubin
α-Carotin
β-Carotin
γ-Carotin
δ-Carotin
ζ-Carotin
β-Citraurin
Crocetin
Flavoxanthin
β-Kryptoxanthin
Lutein
Lycopin
Neoxanthin
Neurosporin
15-cis-Phytoen
Rubixanthin
Violaxanthin
α-Zeacarotin
β-Zeacarotin
Zeaxanthin

Bakterien
Bakterioruberin
Decaprenoxanthin
Diadinoxanthin
Diketospirilloxanthin
Fucoxanthin
Myxoxanthophyll
Peridinin
Phillpsiaxanthin
Rhodopinal-glucosid
Siphonaxanthin

A. Carrel

schwächt. Auf Standorten des ↗*Fagion sylvaticae* konnten sie sich als Ersatzges. ausdehnen, da Eiche u. Hainbuche den früheren Mittel- u. Niederwaldbetrieb besser ertragen als Buche.

Carpinus w [lat., =], die ↗Hainbuche.

Carpocapsa w [v. gr. karpos = Frucht, lat. capsa = Kapsel], ↗Apfelwickler.

Carpoidea [Mz.; v. gr. karpos = Frucht], (Jaekel 1901), *Carpoiden, Fruchtartige,* rätselhafte, fr. meist der Kl. *Cystoidea* angeschlossene † Ord. von Stachelhäutern (?), die neuerdings als U.-Stamm ↗*Homalozoa* Whitehouse 1941 bezeichnet wird.

Carpus m [v. gr. karpos = Handwurzel], *Handwurzel,* ↗Hand.

Carrageenan s [ben. nach der irischen Ortschaft Carragh], *Carraghen, Carragenin,* Polysaccharidkomplex in den Zellwänden v. Rotalgen; Hauptbestandteile sind D-Galactose-4-Sulfat-3,6-Anhydro-D-Galactose-Sulfat (lambda-Carragenin). Dieses Phykokolloid wird hpts. aus *Chondrus crispus* (Knorpeltang, „Irisches Moos"), seltener aus *Gigartina*-Arten gewonnen. Es wird in der Nahrungsmittel-, Textil-, Arzneimittel-, Leder- u. Brau-Ind. zur Stabilisierung v. Emulsionen u. Suspensionen verwendet. Welt-Jahresproduktion 1976 ca. 11 000 t.

Carrel [karäl, kärel], *Alexis,* frz.-am. Chirurg u. Zellforscher, * 28. 6. 1873 Sainte-Foy-lès-Lyon, † 5. 11. 1944 Paris, erhielt 1912 den Nobelpreis für Medizin für die Überpflanzung v. Organen und die v. ihm angegebenen Gefäßnahtmethoden; bahnbrechend in der Züchtung v. Gewebskulturen in Nährlösungen außerhalb des Körpers.

Carrier m [kärie; engl., = Träger], 1) *Carrier-Proteine, Transportproteine, Translokatoren,* die in biol. Membranen lokalisierten Proteine, die den passiven oder ↗aktiven Transport polarer niedermolekularer Stoffe, wie Ionen, Zucker, Aminosäuren, bewirken. C.-Proteine sind Transmem-

---

Carrier

Wirkungsweise der Carrier-Proteine:

Die Vorstellung ist, daß die Bindestellen für die zu transportierenden Moleküle aufgrund von zykl. Konformationsänderungen abwechselnd nach der Innen- u. Außenseite der Membran gerichtet sind, wobei die Orientierung der C.-Proteine in der Membran jedoch fixiert bleibt u. keine Rotation od. Diffusion der C.-Proteine durch die Membran erforderl. ist. Auf diese Weise kann ein Molekül, das auf der Membranseite, an der die höhere Konzentration eines Stoffes vorliegt, gebunden wird, allein durch Konformationsänderung des betreffenden C.-Proteins der gegenüberliegenden Membranseite zugeführt werden, wo es sich aufgrund der geringeren Konzentration vom C.-Protein ablöst u. damit durch die Membran transportiert ist. Durch Kopplung dieses Transportmechanismus an ATP-Hydrolyse ab. an den gleichzeitigen Transport (Cotransport) v. Ionen wie H+, Na+, K+ in gleicher (Symport) od. entgegengesetzter (Antiport) Richtung können mit Hilfe von C.-Proteinen Stoffe auch gg. ein Konzentrationsgefälle transportiert werden (aktiver Transport).

Bei C vermißte Stichwörter suche man auch unter K und Z.

bran-Proteine u. wirken analog zu Enzymen sehr selektiv durch Bindung der zu transportierenden Stoffe an der einen Seite der Membran. 2) das ↗ *Acyl-Carrier-Protein,* das im Ggs. zu den unter 1) beschriebenen C.n nicht zu den membrangebundenen C.n gerechnet werden darf. 3) Bez. für die bei der Handhabung sehr kleiner Mengen v. radioaktiv markierten Stoffwechselprodukten im Überschuß zugefügten, nicht radioaktiv markierten, aber sonst ident. (od. bei Makromolekülen ähnl.) Produkte; sie dienen der Aufrechterhaltung der für die enzymat. Umsetzungen bzw. die analyt. Aufarbeitung (z. B. Säurefällbarkeit bei Nucleinsäuren u. Proteinen) erforderl. Konzentrationen.

Carthamin *s* [über span. cártamo v. arab. qirṭim = Saflor], *Saflor-Rot, Saflor-Carmin,* ein aus den Blütenblättern des ↗Saflors *(Carthamus)* isolierter dunkelroter, grünl. schimmernder Farbstoff; Anwendung zur Färbung v. Lebensmitteln.

Carthamus *m* [über span. cártamo v. arab. qirṭim =], der ↗Saflor.

Cartilago *w* [lat., =], der *Knorpel;* ↗Bindegewebe.

Carum *s* [v. gr. karon =], der ↗Kümmel.

Caruncula *w* [lat., = kleines Stück Fleisch], warzenart., ölhalt. Anhängsel (↗Elaiosom) an Samen der Wolfsmilchgewächse (z. B. *Ricinus*).

Carus, 1) *Carl Gustav,* dt. Mediziner u. Naturforscher, * 3. 1. 1789 Leipzig, † 28. 7. 1869 Dresden; 1811 Prof. in Leipzig, seit 1814 in Dresden; Arbeiten u. a. zur Vergleichenden Anatomie u. Gynäkologie. 1862–69 Präs. der dt. Akademie der Naturforscher (Leopoldina); Mitbegr. der auf Veranlassung von L. ↗Oken ins Leben gerufenen Ges. dt. Naturforscher u. Ärzte (1822). Stand in freundschaftl. Kontakt mit Goethe, A. v. Humboldt sowie dem Dichter L. Tieck u. dem Maler C. D. Friedrich u. war damit Vertreter der romant. Naturphilosophie mit ihrer ganzheitl. Auffassung des Kosmos. Auch als Maler ist C. hervorgetreten. 2) *Julius Victor,* dt. Zoologe, * 25. 8. 1823 Leipzig, † 10. 3. 1903 ebd.; seit 1853 Prof. in Leipzig; neben zahlr. eigenen, insbes. anatom. Arbeiten, einer „Gesch. der Zoologie" u. der Herausgabe des „Zoologischen Anzeigers" wurde er bekannt durch die Übersetzung der gesammelten Werke u. Briefe Darwins (1876–82) sowie durch die zus. mit L. Döderlein u. K. Möbius vorgenommene Ausarbeitung von zool. Nomenklaturregeln.

Carya *w* [v. gr. karya = Nußbaum], Gatt. der ↗Walnußgewächse.

Carybdea ↗Charybdea.

Carychium *s* [v. gr. kērykion = Meerschnecke, eigtl. Heroldsstab], Gatt. der Zwergschnecken (Ord. *Archaeopulmonata*), winzige Landschnecken (bis 2 mm hoch) Europas u. Sibiriens mit spindelförm. Gehäuse, dessen Mündungsrand verdickt u. mit Falten u. Zähnen besetzt ist. *C. tridentatum* ist weit verbreitet in Wäldern u. Wiesen; *C. minimum* bevorzugt feuchtere Stellen.

caryophyll- [v. gr. karyon = Nuß, phyllon = Blatt; karyophyllon = Gewürznelke].

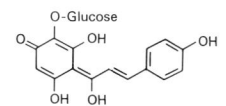

Carthamin

C. G. Carus

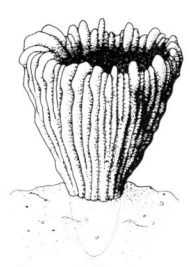

Caryophyllia clavus, Skelett eines Einzelpolypen

Caryophyllidae
Ordnungen:
↗ *Batidales*
↗ Bleiwurzartige
(*Plumbaginales*)
↗ Knöterichartige
(*Polygonales*)
↗ Nelkenartige
(*Caryophyllales*)

Caryophanon *s* [v. gr. karyon = Nuß, phanos = leuchtend, hell], Gatt. der grampositiven, sporenlosen stäbchenförm. Bakterien, die lange Trichome aus individuellen Zellen bilden können; Einzelzellen u. Fäden, durch eine peritriche Begeißelung beweglich; die Trichome können in kürzere Bruchstücke zerfallen. C. haben einen strikt aeroben chemoorganotrophen Atmungsstoffwechsel; die Trichome von *C. latum* (2,5–3,2 × 10–20 μm) lassen sich regelmäßig aus frischem Kuhmist isolieren u. kommen wahrscheinl. auch in den Exkrementen anderer pflanzenfressender Tiere vor. [↗Nelkengewächse].

Caryophyllaceae [Mz.; v. *caryophyll-], die

Caryophyllaeus *m* [v. *caryophyll-], Gatt. der ↗Pseudophyllidea.

Caryophyllales [Mz.; v. *caryophyll-], die ↗Nelkenartigen.

Caryophyllia *w* [v. *caryophyll-], *Nelkenkorallen, Kreiselkorallen,* Gatt. der Steinkorallen, die kreisel- od. becherförm. Einzelpolypen bildet; weltweit verbreitet u. bereits aus dem Karbon bekannt. *C. smithi* v. den Küsten Schottlands u. Südskandinaviens bildet 2 cm hohe Skelette. *C. clavus* ist eine aus dem Mittelmeer u. allen anderen großen Meeren bekannte Art mit zarten, bräunl., ca. 1,5 cm hohen Polypen.

Caryophyllidae [Mz.; v. *caryophyll-], U.-Kl. der Zweikeimblättrigen Pflanzen mit 4 Ord. (vgl. Tab.). Die C. sind meist Kräuter, darunter zahlr. Sukkulenten u. Halophyten; viele unserer heim. Ackerunkräuter gehören zu den C. Die Blätter sind allg. einfach u. ungeteilt. Die i. d. R. zykl. Blüten besitzen meist 5zähl. Wirtel, dabei ein einfaches od. doppeltes Perianth und urspr. zwei Staubblattkreise, bei denen jedoch einer ausfallen bzw. die Anzahl durch Dédoublement erhöht werden kann. Der häufig oberständ. Fruchtknoten zeigt innerhalb der C. eine Entwicklung v. chorikarpen zu syn- u. parakarpen Formen mit zentralständ. Placenta. Die C. gehen wohl getrennt v. *Rosidae* u. *Dilleniidae* auf die *Magnoliidae* zurück.

Cascaval *m* [port., = Klapper], *Crotalus durissus,* ↗Klapperschlangen.

Casearia *w* [v. lat. casearius = Käse], Gatt. der ↗Flacourtiaceae.

Casein *s* [v. lat. caseus = Käse], die aus den Untergruppen α-, β- u. κ-C. zusammengesetzte Hauptproteinkomponente der Milch. ↗Milchproteine.

Cashewnuß [käschu] ↗Sumachgewächse.
Cäsiumchlorid-Gradient ↗Dichtegradienten-Zentrifugation.
Casmerodius m, Gatt. der ↗Reiher.
Casparyscher Streifen [ben. nach dem dt. Botaniker R. Caspary, 1818–87], durch Einlagerung v. korkähnl. Substanzen (↗Suberin) in den Radialwänden der Endodermiszellen der Wurzel gebildete Zellwandsperre, die im mikroskop. Querschnitt der Wurzel als dunkle, spindel- bis punktförm. Wandverdickung erscheint. Hier endet der freie Diffusionsraum; dadurch ist die Endodermis Kontrollstelle für den einwärtsgerichteten Wasser- u. Mineralstoffstrom. B ↗Wasserhaushalt (Pflanze).
Cassava w [indian.] ↗Maniok.
Cassia w [v. gr. kassia, kasia = eine Gewürzrinde], *Kassie*, Gatt. der *Caesalpiniaceae*, Holzgewächse u. kraut. Pflanzen mit ca. 500 Arten, die in Subtropen u. Tropen, v.a. Amerikas, vorkommen. Blüten gelb, rosa od. rot, fünfzählig; 10 od. weniger Staubblätter; die gefiederten Blätter stehen wechselständig; Hülsen abgeflacht. Bedeutende Arten: *C. fistula* (Röhren-Kassie), aus Indien stammend, ihr Fruchtmus ist als „Manna" im Handel; *C. angustifolia* (O-Afrika bis Indien) u. *C. acutifolia* sowie *C. senna* (Zentral- bis NO-Afrika), deren „Sennesblätter" als abführende Droge genutzt werden. B Afrika II.
Cassida w [lat., = Helm], Gatt. der *Cassidinae*, die ↗Schildkäfer.
Cassidae [Mz.; v. lat. cassida = Helm], *Cassididae*, die ↗Helmschnecken.
Cassiope w [lat. Name der gr. Mythengestalt Kassiopeia], *Schuppenheide*, bes. im arkt. und subarkt. Europa, Asien u. Amerika heim. Gatt. der Heidekrautgewächse mit etwa 10 Arten. Zwergsträucher mit sehr kleinen, 4zeilig-dachziegelig angeordneten Blättern u. einzeln stehenden, weißen oder rötl. 5zählig-glockenförm. Blüten. *C. tetragona* u. *C. hypnoides* gelten als charakterist. für arkt. Zwergstrauchtundren. Die bei C. auftretenden schuppenförm. „Rollblätter" u. die in der Epidermis der Blatthöhlung liegenden Spaltöffnungen gelten als bes. Schutz gg. Frosttrocknis.
Cassiopeia w [ben. nach Kassiopeia, aus der gr. Mythologie], zu den Wurzelmundquallen gehörende, kosmopolit. Gatt. der *Scyphozoa*. Bes. interessant ist *C. xamachana*, die in den trop. Gewässern Mittelamerikas lebt u. einen Übergang zu sessiler Lebensweise zeigt. Die 15–25 cm großen, flachen Quallen liegen oft zu Tausenden zw. Mangroven auf dem Grund u. fächeln sich auf dem Schirm liegend mit den stark aufgeteilten Mundarmen Nahrung u. Sauerstoff zu. Die Verankerung im Substrat erfolgt mit Hilfe eines „Saugnapfes" auf der Exumbrella. Nur bei einer Störung schwimmen die Quallen auf u. lassen sich aber bald wieder nieder. In der Jugend schwimmen sie ebenfalls frei.

Cassia

Castilloa
Der aus *C.* gewonnene Milchsaft wurde v. den an den Osthängen der Anden lebenden Eingeborenen als „Heve" bezeichnet. Hieraus entstand das Wort „Hevea" als Name für eine andere, jedoch ebenfalls Kautschuk liefernde Pflanzengattung. Selbst das Wort „Kautschuk" geht auf das Produkt von *C.* zurück, das v. den Azteken Mexikos als „Coutschouc" bezeichnet wurde.

Cassiopeia xamachana, auf dem Rücken liegend

Cassis w [lat., = Helm], *Sturmhaube*, Gatt. der Überfam. *Tonnoidea*, marine Vorderkiemer mit großem, dickschal. Gehäuse, das mit Stacheln, Knoten u. Wülsten besetzt ist; Geschlechtsdimorphismus der Gehäuse ist verbreitet. Die 7 bekannten Arten leben im Indopazifik, in der Karibik u. vor W-Afrika auf Sandböden.
Castalia w, Ringelwurm-Gatt. der *Hesionidae;* in der Nordsee u. westl. Ostsee nahe der Niedrigwasserlinie u. auch tiefer verbreitet ist die bis 25 mm lange *C. punctata*.
Castanea w [lat., v. gr. kastaneon =], die ↗Kastanie.
Castanospermum s [v. gr. kastaneon = Kastanie, sperma = Same], Gatt. der ↗Hülsenfrüchtler.
Castela, Gatt. der ↗Simaroubaceae.
Castellani, Marchese *Aldo*, it. Tropenmediziner, * 8. 9. 1874 Florenz, † 6. 10. 1971 Lissabon; ab 1914 Prof. in Neapel, 1924 in New Orleans, zuletzt in Lissabon; Gründer (1931) u. Leiter (bis 1947) des Tropen-Inst. in Rom; entdeckte 1903 in Uganda den Erreger der Schlafkrankheit (*Trypanosoma*-Arten) u. 1905 auf Ceylon den Erreger der Frambösie (*Treponema*-Arten).
Castilloa w [ben. nach dem span. Botaniker J. Castillo, † 1793], in Mittel- u. S-Amerika beheimatete Gatt. der Maulbeergewächse. Urwaldbäume mit großen, ungeteilten Blättern an schlanken, herabhängenden Ästen u. auf teller- od. becherförm. Achsenorganen angeordneten Blüten u. Früchten. *C.*-Arten, bes. *C. ulei* u. *C. elastica*, waren bis zur Mitte des 19. Jh. die Hauptlieferanten v. Kautschuk. Die geronnene Milch v. *C. elastica* kam als „Panama-Kautschuk" in den Handel. Sie wurde gewonnen, indem die Baumrinde eingeschnitten u. der hervorquellende Saft aufgefangen wurde. Da jeweils nur der Milchsaft einer begrenzten Rindenregion ausfloß, waren viele Schnitte nötig, die wiederum bald zu einer nachhalt. Schädigung der Bäume führten. Heute spielt *C.* bei der Kautschukgewinnung nur noch eine untergeordnete Rolle im Vergleich zu ↗*Hevea brasiliensis*.
Castle-Ferment [kaßl-, ben. nach dem Bostoner Internisten W. B. Castle, * 1897], der ↗Intrinsic factor.
Castniidae, Schmetterlings-Fam. mit ca. 100 Arten, die neben Australien u. Indien v. a. in S- u. Mittelamerika beheimatet ist; systemat. Stellung unsicher. Meist große Falter mit oft prächtig gefärbten Flügeln (Spannweite bis 200 mm); frei bewegl.

Kopf u. guter Gesichtssinn, Fühler am Ende verdickt; Hintertibien mit zum Stechen geeigneten kräft. Dornen. Die blütenbesuchenden C. leben tagaktiv überwiegend im Baumkronenbereich u. sind ungestüme Flieger. Die Männchen lauern von Sitzwarten aus auf vorbeifliegende Weibchen, verteidigen ihr Revier aber heftig gegenüber Geschlechtsgenossen, anderen Schmetterlingen od. sogar kleinen Vögeln. Die Larven ernähren sich endophag v. Baumfrüchten, epiphyt. Orchideenknollen u. ä.

Castoreum s [lat. =], das ↗Bibergeil.

Castoridae [Mz.; v. gr. kastör = Biber], Fam. der Nagetiere mit nur 1 Art, dem ↗Biber *(Castor fiber),* der in mehreren U.-Arten die nördl. Waldzonen Eurasiens u. N-Amerikas besiedelt. Die Auffassung, es handele sich bei den neuweltl. u. bei den altweltl. Bibern um 2 verschiedene Arten, gilt heute als widerlegt.

Casuariidae [Mz.; v. *casuar-], die ↗Kasuare.

Casuariiformes [Mz.; v. *casuar-, lat. forma = Gestalt], die ↗Kasuarvögel.

Casuarinaceae [Mz.; v. *casuar-], *Kasuarinengewächse,* einzige Fam. der *Casuarinales* mit ca. 65 Arten in 1 Gatt., hpts. in Australien. Wichtige Kulturpflanze ist *Casuarina equisetifolia* mit pantrop. Verbreitung als salztoleranter schnellwüchs. Festiger v. Sanddünen u. in Vanilleplantagen. Mit ihren Rutenzweigen u. ihren in Längsfurchen eingesenkten Spaltöffnungen sind die C. extreme Xerophyten des Trockenbuschs u. der Halbwüste. Blüten diklin-monözisch. ↗Blütenformel: ♂ A1 in endständ. Ähren, ♀ G2 in seitenständ. Köpfchen. Nährstoffarmut wird durch Symbiose mit stickstoffbindenden Bakterien (Wurzelknollen mit 5–6 cm ⌀) ausgeglichen. Das Kasuarinenholz ist ein hartes „Eisenholz" (Dichte größer als 1) u. dient unter anderem zur Möbelherstellung. B Australien III.

Casuarinales [Mz.; v. *casuar-], isoliert stehende Ord. der *Hamamelididae* (nur 1 Fam.) in Australien u. Indonesien mit Bäumen (10–15 m) u. Sträuchern v. schachtelhalmartig. Aussehen wegen der kant. hängenden Rutenzweige mit reduzierten quirlständ. Blättern. Der einfache Bau ist Folge der Reduktion. Die C. stehen den Zaubernußgewächsen nahe. Pro Samenanlage werden bis zu 20 Embryosäcke gebildet; Chalazogamie.

Casuarius m [v. *casuar-], Gatt. der ↗Kasuare.

Catabrosa [v. gr. katabrösis = Futter], das ↗Quellgras.

Catalpa w [v. indian. kutuhlpa = Trompetenbaum], Gatt. der ↗Bignoniaceae.

casuar- [v. malaiischen kasuvari = Laufvogel, Kasuar].

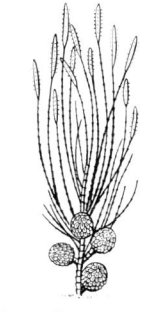

Casuarinaceae
Kasuarine *(Casuarina equisetifolia)*

Catamblyrhynchidae [Mz.; v. gr. katamblynein = abstumpfen, rhygchos = Schnabel], die ↗Samtkappenfinken.

Catantopidae, Fam. der Heuschrecken, in Mitteleuropa nur ca. 15 Arten. Die C. haben keine Zirporgane, knirschende Laute werden mit den Mandibeln erzeugt. In Mitteleuropa kommt an warmen u. trockenen Stellen die Schönschrecke *(Calliptamus italicus)* mit hellroten Hinterflügeln vor. Die Gebirgsschrecke *(Miramella alpina)* ist grün gefärbt mit schwarzer Zeichnung u. hat verkümmerte Flügel. Ein guter Flieger ist die Ägyptische Heuschrecke *(Anacridium aegypticum),* die bis 6,5 cm Länge erreicht.

Catarrhina w [v. gr. katarrhinos = mit abwärts gebogener Nase], die ↗Schmalnasen.

Catechine, *Flavan-3-ole, 3-Hydroxy-flavane,* hydroxylierte Flavanole, Derivate der ↗Flavone, die hpts. in Holzgewebe, aber auch in Blättern vorkommen u. die Muttersubstanzen vieler natürl. ↗Gerbstoffe darstellen. Beispiele sind Epicatechin aus dem Holz v. *Acacia catechu* u. Catechin aus den Blättern v. *Uncaria gambir* u. *Camellia sinensis.*

Catechol s, englische Bez. für ↗Brenzcatechin.

Catecholamine, *Catechinamine,* Sammelbez. für die von o-Dihydroxybenzol (↗Brenzcatechin) abgeleiteten Hormone ↗Adrenalin, ↗Noradrenalin u. ↗Dopamin. Sie bilden sich gemeinsam aus Tyrosin (↗Aminosäure-Decarboxylasen) im Nebennierenmark u. gelangen v. dort in die Blutbahn. Freisetzung u. Wirkung der C. erfolgt bes. als Antwort auf emotionalen Streß, weshalb man sie auch als die Hormone v. Furcht, Flucht u. Gefecht (engl. fright, flight, fight) bezeichnet, sowie bei motor. Aktivität (Arbeit). Niedrige Konzentrationen von C.n werden u. a. als Ursache für die Auslösung v. Depressionen angenommen.

Catena w [lat., = Kette, Band], die ↗Boden-Catena.

Catenata [Mz.; v. lat. catenatus = gekettet], im Darm mariner Ringelwürmer parasitierende Organismen rätselhafter systemat. Stellung, die von ihrem Entdecker Dogiel zu den Mesozoen gerechnet wurden, neuerdings aber eher als hochspezialisierte parasit. Kolonien v. Dinoflagellaten angesehen werden. Die Gruppe umfaßt eine Gatt., *Haplozoon,* mit mehreren Arten, die sich als einzell. Stadien im Darm ihrer Wirte festsetzen u. dort Individuenketten bilden, deren erste Zelle der Festheftung im Wirt dient, während am Ende der Individuenkette ständig infektiöse Tochterzellen abgegeben werden.

Bei C vermißte Stichwörter suche man auch unter K und Z.

Catenulida

Catenulida w [v. lat. catenula = Kettchen], Ord. der Strudelwürmer mit 5 Fam. (vgl. Tab.); kosmopolitisch in stehenden Süßgewässern, mit wenigen, erst kürzl. entdeckten Arten auch marin; nur schwach entwickeltes Parenchym, Epidermis ohne Basalmembran, Pharynx simplex, entolecithale Eier, aflagellate Spermatozoen; asexuelle Fortpflanzung bei Süßwasserformen durch Paratomie.

Catha w [v. arab. qāt = Kath], Gatt. der ↗Spindelbaumgewächse.

Cathartidae [Mz.; v. gr. kathartēs = Reiniger], die ↗Neuweltgeier.

Cathaya w [ben. nach dem Land Cathay = Nordchina], erst 1955 entdeckte Gatt. der Pinaceae (U.-Fam. ↗Abietoideae) mit nur 1 rezenten Art (C. argyrophylla) in China. Die bis 20 m hohen Bäume erinnern im Habitus an Pseudotsuga; die sterilen Seitenzweige sind ähnl. wie bei der Lärche verkürzt, die als ganzes abfallenden ♀ Zapfen besitzen große, von außen aber nicht sichtbare Deckschuppen. Fossilfunde von C. (z. B. in der „Frankfurter Klärbeckenflora", oberes Pliozän) belegen eine ehemals ausgedehntere Verbreitung u. den Reliktcharakter der Gatt.

Catillaria w [v. lat. catillus = Schüsselchen], Gatt. der ↗Lecideaceae.

Catinella w [v. lat. catinus = Napf, Schüssel], Gatt. der ↗Bernsteinschnecken.

Catlocarpio [v. gr. ...], die Riesen-↗Barben.

Catocala w [v. *cato-, gr. kalos = schön], ↗Ordensband.

Catopidae [Mz.; v. *cato-, opsis = Auge, Gesicht], die ↗Nestkäfer.

Catoprion m [v. *cato-, gr. prionion = Säge], Gatt. der ↗Salmler.

Catostomidae [Mz.; v. *cato-, gr. stoma = Mund], die ↗Sauger.

Cattleya w [ben. nach dem engl. Botaniker W. Cattley, † 1832], Gatt. der Orchideen mit ca. 50 epiphyt. lebenden Arten in den mittel- u. südam. Tropen; aufgrund ihrer großen, weißen bis purpurfarbenen Blüten ist C. ein beliebtes Objekt v. Züchtungsbemühungen: so wurden über 5000 Bastardierungen – auch mit anderen Gatt., bes. Laelia – durchgeführt. Daraus entwickelte man ein großes Angebot prächtiger Schnittorchideen. B Orchideen, B Südamerika II.

Caucalis w [v. gr. kaukalis =], die ↗Haftdolde.

caudad [v. *caud-], ↗caudal.

caudal [v. *caud-], schwanzwärts gelegen, zum hinteren Körperende (ggf. Schwanz) gehörend; Ggs. cranial (kopfwärts); caudal ist eine Lagebezeichnung, wogegen caudad eine Richtung angibt: nach hinten ausgerichtet (z. B. Stacheln, Körperöffnungen). ☐ Achse.

Catenulida
Familien:
Catenulidae
Chordariidae
Rectronectidae
Stenostomidae
Tyrrhenieliidae

Caulerpaceae
Caulerpa

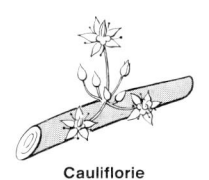

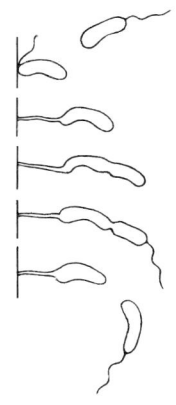

Cauliflorie

Entwicklungszyklus von Caulobacter

Die Zelle des festsitzenden Bakteriums teilt sich asymmetrisch, wobei die Tochterzelle am freien Pol eine Geißel ausbildet, mit der sie von der Mutterzelle wegschwimmen kann. Die neue Zelle setzt sich am Geißelpol mit einem Gallertpolster fest, stößt normalerweise die Geißel ab u. bildet einen Stiel aus.

Caudata [Mz.; v. *caud-], die ↗Schwanzlurche.

Caudiverbera w [v. *caud-, lat. verbera = Schläge], Gatt. der ↗Andenfrösche.

Caudofoveata [Mz.; v. *caud-, lat. fovea = Grube], die ↗Schildfüßer.

Caularien [Mz.; v. *caulo-], eine Form der Heterozoide bei ↗Moostierchen, die nur aus Cystid bestehen (Polypid vollkommen reduziert) u. der Befestigung der Kolonie am Substrat dienen.

Caulerpaceae [Mz.; v. *caulo-], Grünalgen-Familie der Bryopsidales; die ca. 60 Arten der einzigen Gatt. Caulerpa kommen vorwiegend in wärmeren Meeren vor; der bis 1 m lange, siphonale Thallus ist mit farblosen Rhizoidkrallen im Boden verankert u. besitzt aufrechte, z. T. über 10 cm große, blattart. Thalluslappen, die Assimilationsorgane darstellen. Im Mittelmeer tritt sehr häufig C. prolifera auf.

Cauliflorie w [v. *caulo-, flos, Gen. floris = Blüte], Stammblütigkeit, d. h., die Blüten entwickeln sich aus Ruheknospen an älteren, stark verdickten Ästen u. Stämmen, was mit dem großen Gewicht der Früchte u. teilweise auch mit den Bestäubungsverhältnissen (Fledermäuse, Flughunde) zusammenhängen dürfte.

Caulimovirus-Gruppe ↗Blumenkohlmosaik-Virusgruppe.

Caulobacter w [v. *caulo-, gr. baktron = Stab], Gatt. der knospenden und/oder der Bakterien mit Anhängseln; stäbchen-, spiral- oder vibrionenförmige Zellen (0,5–1,2 × 1,5–3,0 µm) mit dünnem Plasmastiel (Prostheka) v. unterschiedl. Länge (ca. 0,15 µm breit, 30 µm lang), der v. einer Zellwand umgeben ist. Einige Arten sind pigmentiert (Carotinoide). C. kommt in Flüssen, Kanälen, Brunnen u. Grundwasser, Teichen, Wasserleitungen vor u. siedelt sich sogar im destillierten Wasser an. Die Zellen sind an festen Oberflächen u. auf Organismen (z. B. Algen, Bakterien, Protozoen) mit dem Stiel angeheftet; sie können sich auch zu rosettenförm. Aggregaten zusammenlagern mit den zusammengeklebten Stielenden als Mittelpunkt. C. hat einen komplexen Lebenszyklus (s. Abb.) u. führt einen chemoorganotrophen Atmungsstoffwechsel mit Sauerstoff aus. Bemerkenswert ist die Verwertung geringster Substratmengen. Wahrscheinl. leben sie nicht parasitisch, sondern nur als Ektokommensalen.

Cauloid s [v. gr. kaulōdēs = stengelartig], „Stämmchen", mehrere Jahre überdauernder, stengelart. Thallusabschnitt bei den höherentwickelten Braunalgen mit erkennbarer Differenzierung in „Rinde" und „Mark"; dient u. a. der Reservestoffspeicherung. B Algen III.

Caulonema s [v. *caulo-, gr. nēma = Faden], ↗Protonema.

Caulonomium s [v. *caulo-, gr. nomē = Weide, Futter], Gangmine in Blattstengeln. ↗Minen.

Caulophacus m [v. *caulo-, gr. phakos = Linse], Gatt. der Glasschwamm-Fam. *Caulophacidae;* bekannteste Art ist *C. elegans*, ca. 20 cm hoch, pilzförmig.

Caunoporen [Mz.; v. gr. kaunos = Los, poros = Öffnung], bei einigen Gatt. der † Stromatoporen (fossile Nesseltiere) vorkommende vertikale Röhren, die unregelmäßig durch Querböden gegliedert sind; bei der 1841 v. Phillips beschriebenen *Caunopora* handelt es sich um die tabulate Koralle *Syringopora* in Lebensgemeinschaft mit Stromatoporen.

Cauphias, Gatt. der ↗Laubfrösche.

Causus m [v. gr. kausos = Schlange, deren Biß heftigen Durst erzeugt], die ↗Krötenottern.

Caventou [kawaṅtu], *Joseph Bienaimé*, frz. Pharmakologe, * 30. 6. 1795 Saint-Omer, † 5. 5. 1877 Paris; Prof. in Paris; entdeckte mit Pelletier die Alkaloide Chinin, Strychnin, Coffein u. a., dadurch Mit-Begr. der Alkaloidchemie.

Caviidae, die ↗Meerschweinchen.

Caviomorpha, die ↗Meerschweinchenverwandten.

Cavolinia w [v. lat. cavus = hohl, gewölbt], Gatt. der Ord. Seeschmetterlinge, pelag. Hinterkiemerschnecken mit symmetrischem, hornförm. Gehäuse, die in wärmeren Meeren verbreitet sind.

Cavum s [lat., = Höhlung], Höhle, Hohlraum, allg. Bez. für Körperhohlräume, gewöhnl. in Verbindung mit einem spezifizierenden Begriff, z. B. *C. tympani* (Paukenhöhle im Ohr), *C. oris* (Mundhöhle), *C. uteri* (Uteruslumen).

Cayenne-Pfeffer [kajän-; ben. nach der Stadt Cayenne in Frz.-Guayana], ↗Paprika.

Cayenneratte [kajän-], *Proëchimys guyannensis*, ↗Stachelratten.

Caytoniales, von der Trias bis in die Kreide verbreitete Ord. mesozoischer Farnsamer mit in mancher Hinsicht den Bedecktsamern (Angiospermen) vergleichbarer Entwicklungshöhe. Die Blätter (Gatt. *Sagenaria*) sind handförm. geteilt, die lanzettl. Teilblättchen besitzen eine Mittelader u. Netznervatur. Die zu Synangien zusammengefaßten Mikrosporangien sitzen seitl. an kurzen Achsen u. entlassen (mehrzellige?) „Pollenkörner" mit 2 Luftsäcken (Windbestäubung!). Die Samen(-anlagen) stehen zu mehreren in einer bis auf einen kleinen Spalt („Narbe") geschlossenen Hülle (neuerdings als Cupula gedeutet); diese den Früchten der Bedecktsamer durchaus analogen Gebilde sitzen wie-

cato- [v. gr. katō = unten, nach unten, unterhalb].

caud- [v. lat. cauda = Schwanz], in Zss.: Schwanz-.

caulo- [v. gr. kaulos = Stengel, Stiel, Stamm], in Zss.: Stengel-.

Caytoniales
a „Fruchtstand", b „Früchtchen" mit mehreren Samen(-anlagen), c Mikrosporangienstand. Die Deutung von „Fruchtstand" u. Mikrosporangienstand als umgewandelte Wedelblätter ist umstritten.

derum seitl. an kurzen Achsen. Als direkte Vorfahren der Bedecktsamer kommen die C. nicht in Betracht: Sie sind als unter gleichem Selektionsdruck konvergent entstandene angiospermoide Entwicklungslinie zu interpretieren.

C-Bivalent, durch Einwirkung v. Colchicin charakterist. veränderter Paarungsverband zweier homologer Chromosomen in der Metaphase der ersten meiot. Teilung. Die jeweiligen Chromatiden der dicht nebeneinanderliegenden homologen Chromosomen sind mit Ausnahme des Centromerenbereichs deutl. voneinander getrennt; die übl. Auflösung v. ↗Bivalenten in der Anaphase der ersten meiot. Teilung findet nicht statt, da Colchicin die Ausprägung des dazu notwendigen Spindelapparats verhindert (↗C-Meiose).

CCC, Abk. für ↗Chlorcholinchlorid.

C$_d$, dC, Abk. für ↗2′-Desoxycytidin.

Cd, chem. Zeichen für Cadmium.

c-DNA, *copy-DNA*, zu RNA komplementäre einzelsträng. DNA (v. engl. complementary DNA); bildet sich mit RNA als Matrize unter der Wirkung des Enzyms reverse Transkriptase in Ggw. der vier Desoxyribonucleosidtriphosphate (dATP, dCTP, dGTP und dTTP) als Substrate u. einem Primer Oligonucleotid, das komple-

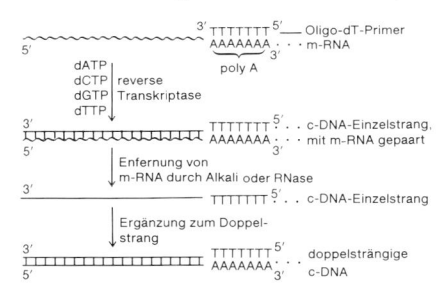

mentär zum 3′-terminalen Bereich der betreffenden RNA ist. Da eukaryotische m-RNA am 3′-Ende poly-A-Sequenzen aufweist, eignet sich zu deren c-DNA-Synthese Oligo-dT. Die Nucleotidsequenz von c-DNA ist eine exakte „Ablichtung" (eine Art Negativbild) der betreffenden RNA bzw. von deren Teilbereichen, sofern die reverse Transkription nicht die ganze RNA umfaßt; c-DNA ist daher, nachdem sie zu doppelsträngiger c-DNA ergänzt ist (was mit DNA-Polymerase od. auch im „Eintopfverfahren" mit reverser Transkriptase möglich ist), identisch mit dem Strukturgen, v. dem sich die betreffende RNA ableitet. Sie enthält jedoch im Ggs. zu sog. genomischer DNA nicht die flankierenden Genbereiche u. deren Signalstrukturen u. nicht die den intervenierenden Sequenzen v. Mosaikgenen entspr. Bereiche (Intronsequenzen). Trotz dieser Einschränkun-

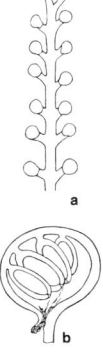

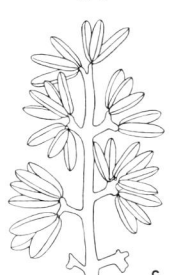

Bei C vermißte Stichwörter suche man auch unter K und Z.

cell-, cella-, cello-, cellu- [v. lat. cella = Kammer, Zelle; Diminutivform: cellula = kleine Kammer], in Zss. meist: Zell-.

gen ist die Synthese von c-DNA mit Hilfe angereicherter m-RNA von kaum zu überschätzender Bedeutung für die moderne Gentechnologie, da sie i.d.R. den ersten Schritt zur Klonierung Protein codierender Gene darstellt.

CDP s, Abk. für ↗Cytidindiphosphat.

CDP-Diacylglycerin, das ↗Cytidindiphosphat-Diacylglycerin.

CDP-Ribitol, durch Cytidindiphosphat aktivierte Form v. Ribit, die als Vorstufe beim Aufbau bakterieller Zellwände dient.

Cebidae [Mz.; v. gr. kēbos = langschwänzige Affenart], *Kapuzinerartige,* Fam. der Breitnasen, mit den U.-Fam ↗Nacht- u. ↗Springaffen, ↗Sakiaffen, ↗Kapuzineraffen, ↗Brüllaffen, ↗Klammerschwanzaffen.

Ceboidea [Mz.; v. gr. kēbos = langschwänzige Affenart], einzige Überfam. der Neuweltaffen od. ↗Breitnasen.

Cebus *m* [v. gr. kēbos = langschwänzige Affenart], Gatt. der ↗Kapuzineraffen.

cecidicol [v. gr. kēkis = Gallapfel, lat. colere = bewohnen], *cecidozoisch,* in pflanzl. oder tier. ↗Galle lebend.

Cecidien [Mz.; v. gr. kēkis = Gallapfel], die ↗Gallen.

Cecidomyiidae [Mz.; v. gr. kēkis = Gallapfel, myia = Fliege], die ↗Gallmücken.

Cecilioides *w* [v. lat. caecus = blind, gr. -oeides = -ähnlich], *Caecilioides,* die ↗Blindschnecke.

Cecropia *w* [ben. nach Kekrops, Fabelwesen der gr. Mythologie], Gatt. der ↗Maulbeergewächse.

Cedrela *w* [Kürzung v. gr. kedrelatē = Zedertanne], Gatt. der *Meliaceae* (Zedrachgewächse), mit *C. oderata* (S-Amerika, Anbau in vielen trop. Ländern). Das relativ leichte, äther. Öle enthaltende Holz wird nicht v. Schädlingen befallen; Verwendung: Schiffs- u. Häuserbau, Zigarrenkisten.

Cedrol *s* [v. gr. kedros = Zeder, lat. oleum = Öl], *Zederncampher, Cypressencampher,* tricycl. Sesquiterpenalkohol aus äther. Ölen (z.B. Zedernöl, Cypressenöl, Sandelholzöl).

Cedrus *w* [v. gr. kedros =], die ↗Zeder.

Ceiba *w* [über span. ceiba = Kapok, v. einer Sprache Haitis], Gatt. der ↗Kapokbaum.

Celastraceae [Mz.; v. gr. kēlastros = ein immergrüner Baum, Stechpalme], die ↗Spindelbaumgewächse.

Celastrales [Mz.; ↗Celastraceae], die ↗Spindelbaumartigen.

Celebessegelfisch (ben. nach der indones. Insel Celebes), *Telmatherina ladigesi,* ↗Ährenfische.

Celerio *m* [v. lat. celer = schnell], Gatt. der ↗Schwärmer.

Cellana *w* [v. *cell-], Gatt. der Napfschnecken, Vorderkiemer mit napfförm., deckello-

sem Gehäuse u. Balkenzunge, die fünfmal so lang wird wie das Gehäuse. Die zahlr. Arten der Gatt. leben an Felsen in der Gezeitenzone des Indopazifik.

Cellaria *w* [v. lat. cellarius = Kammer-], Gatt. der U.-Ord. *Anasca,* ↗Moostierchen.

Cellepora *w* [v. lat. cella = Kammer, gr. poros = Öffnung], Gatt. der U.-Ord. *Ascophora,* ↗Moostierchen.

Cell Lineage *w* [ßellinnīdsch; v. engl. cell = Zelle, lineage = Abstammung], ↗Zellinie.

Cellobiase *w* [v. *cello-, gr. bios = Leben], das die ↗Cellobiose hydrolytisch in ihre beiden Glucosemoleküle zerlegende Enzym.

Cellobiose *w* [v. *cello-, gr. biōsis = Leben], das Disaccharid 4-β-Glucosidoglucose; C. ist Baustein v. Cellulose u. bildet

β-Cellobiose [Strukturformel]

sich als deren Abbauprodukt unter der Wirkung v. Cellulasen; in freier Form kommt C. sonst nicht vor; dagegen wird C. in gebundener Form als Zuckerkomponente v. Glykosiden gefunden.

Celloidin *s* [v. *cello-], Dinitrocellulose (Kollodium) in äther. Lösung zur Einbettung von biol. Material zu histolog. Zwekken. ↗mikroskopische Präparationstechniken.

Cellula *w* [v. *cellu-], die ↗Zelle.

Cellulase *w* [v. *cellu-], u.a. in Bakterien, Pilzen u. Schnecken vorkommendes Enzym, durch das Cellulose hydrolyt. zu Cellobiose abgebaut wird. C.n sind Exoenzyme, d.h., sie müssen, da Cellulose nicht ins Innere v. Zellen aufgenommen werden kann, v. den betreffenden Zellen ins Außenmedium ausgeschieden bzw. an den Außenseiten der Zellmembran angelagert werden. Die Verdauungssysteme v. Säugern besitzen keine eigenen C.n. Durch Symbiose z.B. mit den im Rinderpansen od. in den Blinddärmen v. Kaninchen, Pferden u. Elefanten lebenden, C. produzierenden Bakterien u. Protozoen kann Cellulose auch v. grasfressenden Säugern abgebaut u. als Kohlenhydratquelle genutzt werden. Die Bildung einer zum Blatt- u. Fruchtfall erforderl. Trennschicht wird durch lokale C.-Einwirkung verursacht, indem diese durch Abbau der Zellwand-Cellulose zur Lockerung der betreffenden Zellschichten führt. C.n werden industriell zum Aufschluß (Verzuckerung) v. Cellulose aus Holz bzw. Altpapier eingesetzt.

Cellulomonas *w* [v. lat. cellula = kleine Zelle, gr. monas = Einheit], Gatt. der coryneformen Bakteriengruppe (unsichere taxonom. Einordnung); gramvariable, aerobe od. fakultativ anaerobe Bodenbakterien mit chemoorganotrophem Stoffwechsel (hpts. Sauerstoffatmung); pleomorphe Stäbchen ($0,5 \times 0,7 - 2,0$ μm u. länger), die alle Cellulose abbauen u. dadurch in Zukunft möglicherweise zum Gewinn v. Einzellerprotein aus cellulosehalt. Roh- od. Abfallstoffen genutzt werden könnten.

Cellulose w [v. *cellu-], aus 500–5000 unverzweigten 4-β-Glucose-Einheiten aufgebautes wasserunlösl. Polysaccharid, das neben Hemicellulose und Pektinen den Hauptbestandteil der Gerüstsubstanz pflanzl. Zellwände u. des Mantels der Manteltiere bildet. Intramolekulare Wasserstoffbrücken zw. den 3-Hydroxylgruppen u. den Ringsauerstoffatomen benachbarter Glucosereste verhindern die freie Drehbarkeit der glykosid. Bindungen, was zu einer linearen Versteifung des Makromoleküls führt, die durch die annähernd gleiche Ausrichtung aller Glucoseringe in einer Fläche charakterisiert ist. Die durch intermolekulare Wasserstoffbrücken zw. den 6-Hydroxylgruppen u. den Sauerstoffbrücken der glykosid. Bindungen paralleler Ketten bedingte Anlagerung von 60 bis 70 C.-Ketten führt zu den für pflanzl. Zellwände charakterist. Mikrofibrillen. C. bildet sich schrittweise durch Anbau v. Glucoseresten aus UDP-Glucose. Im Ggs. zu anderen Makromolekülen, deren Synthesen im

Cellulose
↓ *Cellulase*
Cellobiose
↓ *β-Glucosidase*
Glucose

Abbau von Cellulose

Zellinnern stattfinden, erfolgt die C.-Synthese an der Oberfläche der Plasmamembran pflanzl. Zellen. Der biol. Abbau von C. wird durch ↗ *Cellulasen* katalysiert. Chemisch wird C. durch Säuren zu Glucose abgebaut u. damit industriell in eine vergärbare Form übergeführt (Holzverzuckerung). C. ist der mengenmäßig bedeutendste Naturstoff; Laub- u. Nadelbäume bestehen zu ca. 50% aus C.; jährlich werden durch Pflanzen ca. 10 Billionen Tonnen C. synthetisiert. Der in Form von C. gebundene Kohlenstoff der Pflanzen entspricht etwa 50% des in der gesamten Erdatmosphäre als CO_2 vorliegenden Kohlenstoffs. C. hat große techn. u. wirtschaftl. Bedeutung. Baumwolle, Jute, Flachs u. Hanf sind fast reine C. Technisch wird C. vorwiegend aus Holz od. Stroh gewonnen u. kommt als *Zellstoff* in den Handel. Die größten Mengen werden v. der Papier- u. Textil-Ind. verbraucht. In der Biochemie findet reine C. oder chemisch modifizierte C. (z. B. DEAE-C., CM-C., Phospho-C.) ausgedehnte Verwendung als Adsorbens bei chromatograph. Trennungsverfahren (↗ Anionenaustauscher). [B] Polysaccharide.

celluloseabbauende Mikroorganismen, *cellulolytische Mikroorganismen*, sind in gut durchlüfteten (aeroben) Böden viele Pilz- u. Bakterienarten. *Pilze* sind in sauren Böden u. bei der Zersetzung v. Holz (Cellulose mit Lignin) den Bakterien überlegen; sie scheiden i. d. R. Cellulasen ins Medium aus. *Bakterien* bevorzugen dagegen neutrale od. mehr alkal. Bedingungen, u. die celluloseabbauenden Enzyme befinden sich an der Zelloberfläche, so daß sie normalerweise in engem Kontakt mit den Cellulosefasern auftreten. Unter anaeroben Bedingungen, bei stauender Nässe od. im Faulschlamm können nur Bakterien Cellulose abbauen. Die c.n M. depolymerisieren die Cellulose durch das Cellulasesystem bis zu Glucose od. Cellobiose, die dann v. den Zellen aufgenommen werden können. Da die Pflanzenrückstände im Boden zu 40–70% aus Cellulose bestehen, spielen c. M. eine bedeutende Rolle in der Mineralisation u. damit im Kohlenstoffkreislauf auf der Erde. Bei pflanzenfressenden Tieren wird Cellulose v. Symbionten in speziell ausgestalteten Mägen od. Blinddärmen abgebaut u. so der Endverdauung der Tiere zugeführt (↗ Cellulase, ↗ Pansenbakterien).

Cellvibrio m [v. *cell-, lat. vibrare = schwingen], ↗ Pseudomonas.

Celosia w [v. gr. kēlos = brennend], Gatt. der ↗ Fuchsschwanzgewächse.

Celtis w [lat., = afrikan. Lotusart], der ↗ Zürgelbaum.

Centaurea w [v. gr. kentaureion = eine

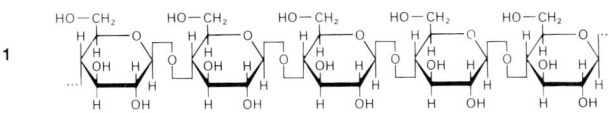

Cellulose

1 Ausschnitt aus der Strukturformel. In dieser Darstellung, die v. a. den gleichförm. Aufbau aus 4-β-Glucose-Einheiten veranschaulichen soll, sind Wasserstoffbrücken u. die alternierenden 180°-Drehungen der Glucosereste nicht berücksichtigt (vgl. Abb. 2).

2 Ausschnitt aus der Strukturformel zweier paralleler Ketten unter Berücksichtigung v. Wasserstoffbindungen u. Orientierung der einzelnen Zuckerringe zueinander. Man beachte die alternierende 180°-Drehung der einzelnen Glucosereste, wobei jedoch, stabilisiert durch die intramolekularen Wasserstoffbrücken, eine annähernd brettartige Struktur der einzelnen Ketten resultiert.

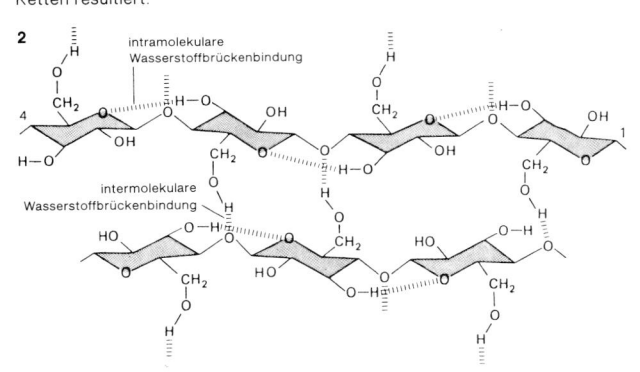

Bei C vermißte Stichwörter suche man auch unter K und Z.

Centaurium von Kentauren als heilkräftig erkannte Pflanze], die ↗Flockenblume.

Cent<u>au</u>rium s [v. gr. kentaurion =], das ↗Tausendgüldenkraut.

Centr<u>a</u>les [Mz.; v. lat centralis = in der Mitte befindlich], Ord. der Kieselalgen (Diatomeen), umfaßt 3 Fam. (vgl. Tab.), deren Zellen runde, ellipt. od. polygonale Valvarseiten besitzen. Die Valvarstrukturen sind radiär ausgerichtet od. unregelmäßig, aber gefiedert; die Zellen sind raphenlos. Es sind überwiegend planktisch od. benthisch lebende Meeresbewohner. Die sexuelle Fortpflanzung erfolgt durch Oogamie; im ♂ Gametangium werden nach der Meiose 4 eingeißel. Gameten gebildet, im ♀ Gametangium degenerieren nach der Meiose 3 der 4 haploiden Kerne, nur 1 wird zum Eizellkern, nach Gametenverschmelzung wächst die Zygote (Auxozygote) zur artgemäßen Maximalgröße heran, ehe die neue Zellwand ausgeschieden wird. [B] Algen II, IV.

Centr<u>a</u>lia [Mz.; v. lat. centralis = in der Mitte befindlich], mittlere Reihe der Handwurzel-(Carpalia) bzw. Fußwurzelknochen (Tarsalia). ↗Hand, ↗Fuß.

Centr<u>a</u>nthus m [v. *centr-, gr. anthos = Blume], Gatt. der ↗Baldriangewächse

Centr<u>a</u>rchidae [Mz.; v. *centr-, gr. archos = After], die ↗Sonnenbarsche.

Centri<u>o</u>l s [v. *centro-; nlat. Deminutivform], Zentralkörperchen, im Cytoplasma der meisten tierischen Zellen u. der Zellen niederer Pflanzen in der Nähe des Kerns gelegenes Organell; bei Angiospermen u. in den vegetativen Teilen vieler anderer Pflanzen sind dagegen keine C.en vorhanden. In der Zelle kommen die C.en normalerweise (während der Interphase der ↗Mitose) paarweise als Diplosom vor; sie sind rechtwinklig zueinander angeordnet. C.en lassen sich meist nur elektronenmikroskop. nachweisen u. zeigen eine ganz charakterist. Struktur: Jedes C. besteht aus 9 kreisförmig angeordneten, aus 3 Mikrotubuli bestehenden Strukturen, den peripheren Tripletts; wie bei den ↗Basalkörpern v. Cilien od. Geißeln fehlen die beiden zentralen Mikrotubuli. Basalkörper u. C.en sind ineinander umwandelbar. Die Verdopplung des Diplosoms läuft in allen eukaryot. Zellen gleich ab u. beginnt kurz vor der Zellteilung mit dem Einsetzen der DNA-Synthese. Zuerst trennen sich die beiden C.en, dann wird senkrecht zu dem urspr. C. ein Tochter-C. gebildet, das schon die 9+0-Struktur, jedoch nur mit einzelnen Mikrotubuli, aufweist. Jeder Mikrotubulus dient dann wahrscheinl. als Matrize für das Assembly der peripheren Tripletts. Es gibt sicherl. auch eine de-novo-Bildung von C.en, da sich in den ve-

Centriol
Schemat. Darstellung eines C.s mit dem charakterist. Aufbau als 9 peripheren Tripletts. Jedes Triplett besteht aus einem vollständ. Mikrotubulus (A-Tubulus) u. zwei nicht vollständig ausgebildeten Tubuli, den B- und C-Tubuli. Untereinander sind die Tripletts durch des. Proteine verbunden. Ein C. hat eine Länge von 0,3–0,5 μm und einen ⌀ von 0,15 μm; der ⌀ eines Mikrotubulus beträgt etwa 20 nm.

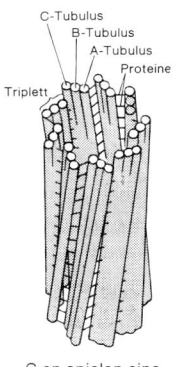

C.en spielen eine Rolle bei Mitose u. Meiose: Nach der Verdopplung wandern die zwei Diplosomen an die beiden entgegengesetzten Pole des Zellkerns u. bilden dort die Spindelfaserpole, die Ansatzstellen für die Spindelfasern. Außerdem kommt dem Diplosom sehr wahrscheinl. eine wichtige Funktion bei der Organisation des ↗Zellskeletts zu, da v. hier aus die ebenfalls von Mikrotubuli bestehenden Sternfasern strahlenförm. ins Cytoplasma gehen.

Centrales
Familien:
↗ Biddulphiaceae
↗ Coscinodiscaceae
↗ Rhizosoleniaceae

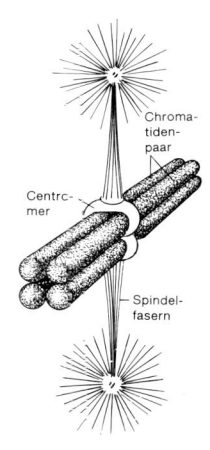

Centromer
Ansatz der Spindelfasern an die C.en der gepaarten homologen Chromosomen während der Metaphase I der Meiose. Durch diese Anordnung ist die Chromosomentrennung in der Anaphase I gesichert.

centr-, centro- [v. gr. kentron = Stachel, Sporn, Mittelpunkt], in Zss. Stachel-, Mittel-.

getativen Zellen vieler Farne u. höher organisierter Algen keine C.en nachweisen lassen, sie jedoch bei der Bildung der begeißelten männl. Gameten vorkommen. Für das Vorhandensein eines eigenen Genoms in den C.en gibt es keinen direkten Beweis; indirekt kann man jedoch funktionierende RNA nachweisen.

Centr<u>i</u>scidae [Mz.; v. *centr-], die ↗Schnepfenmesserfische.

Centroc<u>e</u>rcus m [v. *centro-, gr. kerkos = Schwanz], Gatt. der ↗Präriehühner.

Centr<u>o</u>deres w [v. *centro-, gr. deris, = Hals, Nacken], Gatt. der ↗Kinorhyncha.

centrolecith<u>a</u>le Eier [v. *centro-, gr. lekithos = Eigelb], Eizellen, deren Dottervorrat nicht asymmetr. od. exzentr. angeordnet ist. Ggs.: telolecithale Eier. ↗Furchung.

Centrol<u>e</u>nidae [Mz.; v. *centro-, gr. ōlenē = Ellbogen], die ↗Glasfrösche.

Centrolepid<u>a</u>ceae [Mz.; v. *centro-, gr. lepis, Gen. lepidos = Rinde, Schuppe], Fam. der ↗Restionales.

Centr<u>o</u>lophus m [v. *centro-, gr. lophos = Nacken, Haarschopf], Gatt. der ↗Erntefische.

Centrom<u>e</u>r s [v. *centro-, gr. meros = Teil, Glied], Kinetochor, Kinetonema, Kinetomer, das Bewegungszentrum des Chromosoms, das in der Meta-/Anaphase v. Mitose u. Meiose als Ansatzpunkt für die Spindelfasern dient; der Verlust des C.s führt zur Inaktivierung des Chromosoms u. schließl. zu dessen Verlust. Im Verlauf der ↗Mitose erscheint das C. während der Meta-/Anaphase gewöhnlich als eine achromat., feulgen-negative (negativ heteropyknotische), entspiralisierte Einschnürung (Primäreinschnürung). Während der entspr. ersten Stadien einer ↗Meiose ist aufgrund einer anderen Spiralisierung eine Einschnürung im allg. nicht sichtbar od. erst nach einer bestimmten Behandlung der Zellen. Nach der Lage des C.s kann man akrozentrische u. metazentrische ⤢Chromosomen unterscheiden.

Centromerautoorientierung w [v. *centromer-, gr. autos = selbst], Prozeß der Einordnung der Centromere in der Äquatorialebene während der Metaphase einer Mitose od. Meiose II; die C. führt schließl. zur geregelten Verteilung der Chromatiden in Richtung der Zellpole während der Anaphase.

Centromerdistanz w [v. *centromer-], der anhand der Austauschhäufigkeit gemessene Abstand eines Gens vom Centromer.

Centromerfusion w [v. *centromer-], Verschmelzung zweier Chromosomen an ihren endständ. Centromeren. Dadurch entsteht aus 2 Chromosomen eines mit mittelständigem Centromer.

Centromerinterferenz w [v. *centromer-, neulat. Kw. interferentia = wechselseitige Beeinflussung], ein vom Centromer ausgehender, hemmender Einfluß auf das Crossing over u. die Chiasmabildung in seiner Nachbarschaft.

Centromerkoorientierung w [v. *centromer-], die durch die Zugwirkung der v. den Spindelpolen ausgehenden Spindelfasern erfolgende, aufeinander abgestimmte Orientierung der Centromere eines Bi- oder Multivalents in der Metaphase der ersten meiot. Teilung. Die C. führt zur Einordnung der Paarungsverbände in der Äquatorialebene. Ermöglicht wird die C. dadurch, daß die Partner der Paarungsverbände (Chromosomen) über mehr od. weniger lange Abschnitte miteinander verbunden sind.

Centromermißteilung w [v. *centromer-], eine anormale Quer- statt Längsteilung des Centromers, die einem Bruch im Centromerbereich entspricht u. mit Brüchen in anderen Chromosomenbereichen zu vergleichen ist. Die Brüche können in jeder der drei Centromerzonen erfolgen. Kommt es zu einem Bruch in der inneren Zone (zentrische Fission), so entstehen aus einem Chromosom zwei mit endständigem Centromer (akrozentrische Chromosomen, Isochromosomen). Die C. kann durch gestörte Meioseverhältnisse od. durch Einwirkung v. Strahlen od. bestimmter Chemikalien ausgelöst werden; auch spontane Mißteilungen treten auf.

Centromerpolarisation w [v. *centromer-, gr. polos = Pol], das Anfangsstadium der in Richtung der Zellpole verlaufenden Centromerteilung während der späten Metaphase der Mitose.

Centromerrepulsion w [v. *centromer-, lat. repulsio = Zurückweisung], die Abstoßung der Centromere der Paarungspartner gg. Ende der Prophase I einer Meiose (Diplotän, Diakinese).

Bei C vermißte Stichwörter suche man auch unter K und Z.

Aufbau von Centromeren
Normalerweise ist das C. aus drei charakteristisch strukturierten Zonen aufgebaut: 1. der äußeren Zone, die am wenigsten differenziert ist u. aus meist ungefärbten od. transparenten Fibrillen mit mittelgroßen Chromomeren besteht, 2. der mittleren Zone, die am stärksten differenziert ist u. wenige große Chromomeren zeigt, 3. der inneren Zone, die aus Fibrillen mit mehreren kleinen Chromomeren gebildet wird. Diese drei Zonen sind im C. monozentr. Chromosomen spiegelbildl. zweimal hintereinander angeordnet. Nach der Lage auf dem Chromosom kann man folgende C.e unterscheiden: *mediane C.e* (in der Mitte des Chromosoms lokalisiert), *submediane C.e* (liegen annähernd in der Mitte des Chromosoms), *subterminale C.e* (in der Nähe des Chromosomenendes lokalisiert) u. *terminale C.e* (am Ende des Chromosoms lokalisiert). Nach der Position des C.s auf dem Chromosom wird häufig auch eine vergleichbare Klassifizierung der Chromosomen durchgeführt.

centromer- [v. gr. kentron = Mittelpunkt, meros = Teil].

cephal-, cephalo- [v. gr. kephalē = Kopf], in Zss.: Kopf-.

Centronella w [v. *centro-], (Billings 1859), † Gatt. kleinwüchsiger articulater Brachiopoden des Devons, gehört zur Ord. *Terebratulida*.

centronellid [v. *centro-], einfachster Typ des ⤢ancylopegmaten Armgerüsts v. Brachiopoden; Brachidium ohne Einstülpung. Ggs.: terebratulid, terebratellid.

Centropelma s [v. *centro-, gr. pelma = Sohle], Gatt. der ⤢Lappentaucher.

Centrophyes w [v. *centro-, gr. phyē = Wuchs], Gatt. der ⤢Kinorhyncha.

Centropistis m [v. *centro-, lat. piscis = Fisch], Gatt. der ⤢Sägebarsche.

Centroplasma s [v. *centro-, gr. plasma = das Gebildete, Geformte], **1)** *Centrosphäre,* Plasmabezirk in Kernnähe, der frei v. größeren Organellen ist u. das ⤢Centriol enthält. **2)** Bereich des Cytoplasmas der Cyanobakterienzelle, in dem sich das Kernäquivalent befindet. Ggs.: Chromatoplasma.

Centropomidae [Mz.; v. *centro-, gr. pōma = Deckel], die ⤢Glasbarsche.

Centropsis w [v. *centro-, gr. opsis = Aussehen], Gatt. der ⤢Kinorhyncha.

Centropyxis w [v. *centro-, gr. pyxis = Büchse], Gatt. der ⤢Testacea (Wurzelfüßer).

Centrorhynchus m [v. *centro-, gr. rhygchos = Rüssel], Gatt. der ⤢Palaeacanthocephala.

Centrosom s [v. *centro-, gr. sōma = Körper], zu einer Organelle differenzierte Cytoplasmaregion, die das ⤢Centriol u. das umgebende Material (⤢Centroplasma) beinhaltet; hier enden die cytoplasmat. Mikrotubuli v. Zellen während der Interphase; nach experimenteller Zerstörung der Mikrotubuli beginnt im C. die Neubildung v. Mikrotubuli.

Centrospermae [Mz.; v. *centro-, gr. sperma = Same], die ⤢Nelkenartigen.

Centrosphäre w [v. *centro-, gr. sphaira = Kugel], ⤢Centroplasma.

Centrotus m [v. gr. kentrōtos = gestachelt], Gatt. der ⤢Buckelzirpen.

Cepaea w [v. gr. kēpaios = Garten-], die ⤢Schnirkelschnecken.

Cephaelis, Gatt. der ⤢Krappgewächse.

Cephalanthera w [v. *cephal-, gr. anthēros = blühend], das ⤢Waldvögelein.

Cephalanthero-Fagion s, *Orchideen-Buchenwälder,* U.-Verb. des ⤢*Fagion sylvaticae;* die durch *Cephalanthera damasonium* u. *C. rubra* charakterisierten Wälder stokken auf kalkreichen warmtrockenen Böden; wichtige Assoz.: ⤢*Carici-Fagetum*.

Cephalaria w [v. *cephal-], Gatt. der ⤢Kardengewächse.

Cephalaspidea [Mz.; v. *cephal-, gr. aspis = Schild], die ⤢Kopfschildschnecken.

Cephalaspiden [Mz.; v. *cephal-, gr. aspis,

cephale Gregarinen

Cephalaspiden

Cephalaspis, Länge bis 30 cm

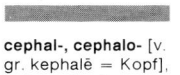

cephal-, cephalo- [v. gr. kephalē = Kopf], in Zss.: Kopf-.

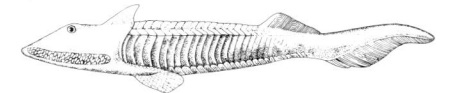

Gen. aspidos = Schild], *Cephalaspidomorphi*, nach der Gatt. *Cephalaspis* benannte † Kl. der *Agnatha* (↗Kieferlose) mit den (Super-)Ord. *Osteostraci* u. *Anaspida* (beide paläozoisch).

cephale Gregarinen [Mz.; v. *cephal-, lat. grex, Gen. gregis = Herde], ↗Polycystidae. [philiidae.

Cephaleia w [v. *cephal-], Gatt. der ↗Pam-
Cephaleuros ↗Trentepohlia.

Cephaline [Mz.; v. *cephal-], die ↗Kephaline.

Cephalisation w [v. *cephal-], *Kopfbildung,* phylogenet. Entwicklungsprozeß bei den meisten als *Bilateria* od. *Coelomata* zusammengefaßten *Metazoa,* in dessen Verlauf sich ein Teil des Tierkörpers morpholog. als *Kopf* vom übrigen Körper absetzt. Wird als Folge der für die gen. Bilateria bezeichnenden *gerichteten Fortbewegung* (↗Lokomotion) gedeutet, insofern in dem Bereich des bei der Bewegung vorangehenden Pols (Bewegungspol), der als erste Region des Körpers auf Nahrung, Hindernisse, Feinde trifft, Fernsinnesorgane (Licht-, Tast-, Chemorezeptoren) sowie Strukturen für Erwerb (Fangtentakel, Mundgliedmaßen, Radulae, Zähne) u. Prüfung der Nahrung (Nahsinnesorgane, z. B. Geschmacksorgane) entstehen. Eine derart. Konzentrierung v. Sinneszellen od. Sinnesorganen am vorderen Körperende führt in einem der Cephalisation konform laufenden u. ↗*Cerebralisation (Gehirnbildung)* gen. Entwicklungsgang zu einer Konzentrierung der der Sinneswahrnehmung dienenden u. die motor. Impulse auslösenden Nervenzellen. So wird der morpholog. als Kopf bes. strukturierte vordere Körperteil zu einem *Integrations- und Koordinationsareal.* – Daß Cephalisation u. Cerebralisation in Beziehung zur gerichteten Fortbewegungsweise entstanden sind, wird an sessilen (Polypen) od. meist passiv v. Wellen u. Strömungen bewegten Tieren (Quallen) deutlich. Sie erhalten Umweltreize aus allen Richtungen, sind entspr. radiärsymmetr. gebaut u. haben keinen Kopf. Ohne Kopf sind auch solche Formen, die v. Ahnen mit gerichteter Fortbewegungsweise abstammen, selbst aber im Laufe der Stammesgeschichte wenig vagil od. gar sessil geworden sind, wie z. B. die Stachelhäuter od. die daher auch *Acephala* (ohne Kopf) gen. Muscheln. – Bei den übrigen Bilateria ist die Cephalisation in den verschiedenen Stämmen konvergent entstanden. Erste Anzeichen finden sich bei den Strudelwürmern, die am meist noch nicht bes. klar abgegrenzten Vorderende ihres Körpers dem Richtungs- od. Bewegungssehen dienende Augen (Pigmentbecherocellen) sowie chemische Sinnesorgane in Form v. Wimpergruben tragen u. im Innern eine Vereinigung v. Nervenzellen zu einem oft paarigen Cerebralganglion des sonst noch recht einfachen Nervensystems aufweisen. Bei den metameren *Coelomaten* werden die vorderen Segmente mit dem Prostomium (Ringelwürmer) od. ↗Akron (Gliederfüßer) u. der Mundregion zu einem Kopf vereinigt. Das zeigt sich bereits bei den vagilen Polychaeten, indem die urspr. der Lokomotion dienenden Segmentanhänge (Parapodien) für den Nahrungserwerb umfunktioniert werden, sich bes. Sinnesorgane und ein Cerebralganglion (Oberschlundganglion) in der vorderen Körperregion bilden u. die Grenzen zw. Prostomium u. den folgenden Segmenten verwischt werden können. Höchste Bedeutung erhält die Cephalisation bes. bei den Gliederfüßern u. Wirbeltieren. Bei den Gliederfüßern wird im Rahmen einer Körpergliederung in Tagmata ein besonderes Cephalon (Kopf) v. Thorax (Brust) u. Abdomen (Hinterleib) dadurch abgegrenzt, daß der präsegmentale Teil mit den folgenden 6 Segmenten zu einer nahtlosen Kopfkapsel verschmilzt. Der Mund wird hinter die 3 vorderen Segmente verlagert, die Fühler (Antenna u. Antennula) mit Sinnesorganen u. Augen tragen. Die Ganglien dieser 3 Segmente vereinigen sich zu einem Assoziationszentrum, dem Komplexgehirn, das die beachtlichen Sinnesleistungen der Gliederfüßer, bes. der Insekten, ermöglicht. An den folgenden 3 Segmenten werden die Gliedmaßen zu Mundwerkzeugen (Mandibel, 1. u. 2. Maxille) u. von den zu einem Unterschlundganglion verschmolzenen Ganglien dieser Segmente innerviert. Nicht selten können noch weitere Metamere an der Cephalisation beteiligt sein. Der Cephalisationsvorgang, die *Cephalogenese* der Wirbeltiere, ist umstritten. Zwei Haupttheorien stehen sich gegenüber. Nach der Segmenttheorie ist der Wirbeltierkopf analog zum Arthropodenkopf ein metamer aufgebauter Körperteil, der entspr. der funktionellen Erfordernisse abgeändert wird. Die zweite Theorie sieht im Wirbeltierkopf eine Neubildung des rostralen Körperendes, die nicht in Beziehung zur Metamerie des Rumpfes steht. Wie dem auch sei, fest steht, daß sich bei Gliederfüßern u. Wirbeltieren am Vorderpol des Körpers in Form eines Kopfes konvergent ein Integrations- u. Koordinationsareal von ähnl. hoher Funktionalität entwickelt hat, das zweifellos die wesentl. Vorbedingung

Cephalopoda

für das bemerkenswerte, nahezu das aller anderen Tierstämme überragende Leistungsniveau v. Gliederfüßern u. Wirbeltieren war. D. Z.

Cephalium s [v. gr. kephalion = Köpfchen], endständ. Borsten- od. Haarschopf bei manchen Kakteen (Melocactaceen und Discocactaceen), der in der floralen Phase gebildet wird u. aus dem ausschl. Blüten u. Früchte entstehen.

Cephalobaena w [v. *cephalo-, gr. bainein = gehen], Gatt. der ↗Pentastomiden (Zungenwürmer), parasit. in den Lungen trop. Schlangen, namengebend für die Ord. *Cephalobaenida.*

Cephalobus m [v. *cephalo-, gr. lobos = Lappen], Gatt. der Fadenwurm-Ord. ↗Rhabditida.

Cephalocarida w [v. *cephalo-, gr. karis = kleiner Seekrebs], die wohl ursprünglichste rezente U.-Klasse der Krebstiere mit nur 4 Arten in 3 Gatt., die erstmals 1955 bekannt wurden; kleine (ca. 3 mm), weiße Krebschen mit rückgebildeten Augen. Auf den Kopf folgen 8 Thorakalsegmente mit Beinen u. 11 beinlose Abdominalsegmente, die mit einer Furca enden; Kopf mit einer umlaufenden Kopfduplikatur, die Thorakalsegmente besitzen seitl. Epimeren od. Pleurotergite. Die beiden Antennenpaare sind kurz. Die 2. Maxillen sind noch beinartig; sie u. die folgenden Thorakalbeine sind etwas abgeflachte Spaltfüße, die der Lokomotion u. dem Nahrungserwerb dienen. Exkretionsorgane sind Antennen- u. Maxillendrüsen. Die Tiere sind Zwitter, die Fortpflanzungsbiologie ist unbekannt, die Entwicklung erfolgt über einen Nauplius. Die C. sind marin u. leben auf weichem, schlickart. Segment in 1–300 m Tiefe. Bei der Fortbewegung wird Sediment aufgewirbelt, mit den Thorakalbeinen abfiltriert u. über eine ventrale Nahrungsrinne zum Mund gebracht. Gattungen: *Hutchinsoniella* an der nordam. Atlantikküste, *Lightiella* an der nordam. Pazifikküste, *Sandersiella* an der jap. Küste.

Cephalochordata [Mz.; v. *cephalo-, gr. chordē = Darm], die ↗Schädellosen.

Cephalodella w [v. *cephalo-; Diminutivform], Gatt. der Rädertiere (Ord. *Monogononta,* U.-Ord. *Ploima*), deren Arten in sinkstoffreichen Gewässern auf Steinen u. anderen Substraten lange Röhren aus Detritusteilchen bauen, in denen sie sich frei bewegen können u. größtenteils leben.

Cephalodien [Mz.; v. gr. kephalōdēs = kopfig], Organe bzw. Bereiche des Lagers v. Grünalgenflechten, die neben Pilzen u. Grünalgen Blaualgen (Cyanobakterien) als dritte Symbiontenart enthalten; gewöhnl. sind die Blaualgen in gesonderten Organen, im Innern des Lagers (interne C., bei

cephal-, cephalo- [v. gr. kephalē = Kopf], in Zss.: Kopf-.

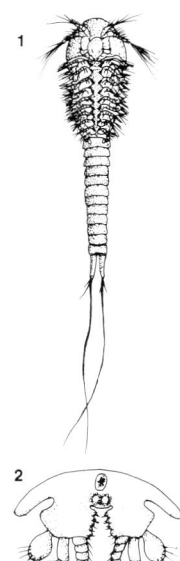

Cephalocarida
1 *Hutchinsoniella macracantha* von ventral (von unten); 2 Querschnitt durch ein Thorakalsegment mit den seitl. Epimeren u. den Spaltfüßen, die eine Nahrungsrinne begrenzen.

Lobariaceae, Peltigeraceae) od. häufiger auf der Oberfläche (externe C., bei *Stereocaulaceae, Peltigera, Placopsis*) enthalten, wo sich die C. als characterist. gestaltete od. gefärbte, z. B. warzenförm. oder kugel. Gebilde abheben. Bisweilen liegen die Blaualgen zerstreut od. geschichtet im Lager. C. können auch als einzelne Lagerschuppen neben normal gebauten Lagerteilen auftreten. C. entstehen z. B. durch Kontakt v. Grünalgenflechten mit Blaualgen, die auf das Lager gelangt sind. Hyphen des Lagers werden zum Wachstum angeregt, umwuchern die Blaualgen u. bilden mit diesen die C., die schließlich durch eine Rinde nach außen abgegrenzt werden. Nur jeweils bestimmte Blaualgenarten führen zur C.-Bildung, andererseits treten C. nur bei bestimmten Flechtengatt. auf. Die Blaualgen der C. gehören zu den Gatt. *Nostoc, Stigonema* u. *Scytonema.* Durch die Fähigkeit der Blaualgen, Stickstoff aus der Luft zu fixieren u. in organ. Verbindungen einzubauen, ist der Besitz dieser Zweitalgen für die Grünalgenflechten v. großer ernährungsphysiolog. Bedeutung. Die Fixierungsrate in den C. ist sehr hoch; der Stickstoff wird fast quantitativ an den Mykobionten weitergegeben. Im Ggs. zu reinen Grünalgenflechten sind C. tragende Arten in hohem Maße unabhängig v. einer Stickstoffversorgung aus dem Stickstoffkreislauf.

Cephalodiscus m [v. *cephalo- gr. diskos = Scheibe], Gatt. der *Cephalodiscidae,* Flügelkiemer *(Pterobranchia)* mit zahlr. Arten, die vornehml. in den Meeren der südl. Halbkugel rund um die Antarktis in Tiefen zw. 100 u. 600 m ihre Kolonien auf allen sich bietenden Festsubstraten bilden, seltener in der Küstenregion u. der Gezeitenzone an den Felsküsten des Ind. u. Pazif. Ozeans (Indien, Ceylon).

Cephalogale w [v. *cephalo-, gr. galeē = Wiesel, Marder], (Jourdan 1862), zu den *Cynodontinae* od. *Amphicynodontinae* gehörende † Raubtier-Gatt. mit hundeart. Gebiß; von C. wird die Ausgangsform der Bären *(Ursavus)* abgeleitet. Verbreitung: Oligozän u. Miozän v. Eurasien.

Cephalometrie w [v. *cephalo-, gr. metran = messen], in der Anthropologie Bestimmung der Kopfmaße bei lebenden Personen, v. a. mit dem Tast- u. Gleitzirkel; die gewonnenen Daten werden in einem *Cephalogramm* zusammengestellt.

Cephalon s [v. *cephalo-], der ↗Kopf.

Cephalophinae [Mz.; v. *cephalo-, gr. lophos = Haarschopf], die ↗Ducker.

Cephalopholis w [v. *cephalo-, gr. pholis = Schuppe], Gatt. der ↗Zackenbarsche.

Cephalopoda [Mz.; v. *cephalo-, gr. podes = Füße], die ↗Kopffüßer.

Bei C vermißte Stichwörter suche man auch unter K und Z.

Cephalopterus

cephal-, cephalo- [v. gr. kephalē = Kopf], in Zss.: Kopf-.

Cephalosporin C

Die einzelnen Cephalosporinderivate unterscheiden sich in den Resten R_1 und R_2.

Cephalosporine

Einige halbsynthetische (d. h. synthetisch modifizierte) Derivate: Cefalotin (bei Kokkeninfektionen), Cefaloridin (Breitbandantibiotikum bei Mischinfektionen der Lunge, Niere u. Blase), Cefalexin (enthält die Seitenkette des Ampicillins), Cefapirin, Cefazolin, Cefacetril, Cefradin.

Cephalopterus *m* [v. *cephalo-, gr. pteron = Feder, Flügel], Gatt. der ↗Schmuckvögel.

Cephaloscyllum *s* [v. *cephalo-, gr. skylion = eine Fischart aus der Fam. der Haie], Gatt. der ↗Katzenhaie.

Cephalosporine [Mz.; v. *cephalo-, gr. sporos = Saat], Gruppe v. β-Lactam-Antibiotika aus *Cephalosporium*-Arten mit gleichem Wirkungsmechanismus wie die engverwandten Penicilline. Cephalosporin C, Cephalosporin P (P_1–P_5) u. Cephalosporin N wurden 1953 als Stoffwechselprodukte

β-Lactamgerüst

R_1 Cephalosporin-Grundgerüst R_2

des Pilzes *Cephalosporium acremonium* entdeckt. Während es sich bei Cephalosporin N um ein Penicillinderivat u. bei Cephalosporin P um ein Steroid handelt, ist Cephalosporin C, ein β-Lactam-dihydrothiazin-Derivat, ein eigtl. Cephalosporin. Die therapeut. genutzten C., die bes. bei auf Penicillin mit Allergien reagierenden Patienten angewandt werden, werden halb-, einige auch total synthetisch hergestellt. Allen gemeinsam ist das Grundgerüst der 7-Aminocephalosporansäure.

Cephalosporium *s* [v. *cephalo-, gr. sporos = Saat], *Acremonium*, Formgatt. der *Moniliales* (Fungi imperfecti) u. Name der Nebenfruchtform der Gatt. *Emericellopsis* (Ord. *Eurotiales*). Das vegetative Pilzmycel ist septiert; die Konidien entstehen in klebr. Masse an der Spitze einer einzelnen Phialide. C.-Arten (z. B. *C. acremonium* u. *C. chrysogenum*) sind sehr wichtige ↗Antibiotika-Bildner: ↗Cephalosporine, 7-Methoxycephalosporine u. a. β-Lactam-Antibiotika. In der Biotechnologie werden sie auch zur Biotransformation bei der Prostaglandinherstellung eingesetzt.

Cephalotaceae [Mz.; v. gr. kephalōtos = kopfartig], *Krugblattgewächse*, Fam. der *Rosales* mit nur einer Gatt. u. der einzigen Art *Cephalotus follicularis;* endemisch in westaustr. Sumpfgebieten. Die mehrjährige, kraut. Pflanze bildet kurze Rhizome aus; die kleinen, kronblattlosen, zwittr. Blüten sind sechszählig u. sitzen an einem Stengel, der unten kurze, zymöse Seitenzweige hat u. oben rispig aufgebaut ist; einsamige Balgfrüchte. Die Blätter bilden eine Rosette u. entwickeln sich in 2 Morphen: Laubblätter, die ca. 13 cm lang, ellipt. u. ganzrand. sind, u. 5 cm große rot, weiß u. grün gezeichnete Kannenblätter. Bei letzteren ist die Blattspreite zu einem Krug mit Deckel umgewandelt, dessen Innenseite im randwärt. Bereich mit nach unten weisenden Haaren ausgekleidet ist. Weiter unten sind die glatten Wände mit Sekretdrüsen, die Verdauungssaft absondern, ausgestattet. Der Boden des Kruges ist drüsenfrei. In der Kannenfalle gefangene Insekten werden durch das Sekret u. Bakterien zersetzt; *Cephalotus follicularis* ist aber keine obligate Insektivore.

Cephalotaxaceae [Mz.; v. *cephalo-, lat. taxus = Eibe], *Kopfeibengewächse,* Fam. der Nadelhölzer (Ord. *Pinales*) mit der einzigen Gatt. *Cephalotaxus* (Kopfeibe) u. 6 Arten im trop. Himalaya, in China u. Japan; in Mitteleuropa oft als Ziergehölze kultiviert. Es sind äußerl. der Eibe ähnl. immergrüne Bäume u. Sträucher mit spiralig stehenden, zweizeilig ausgebreiteten Nadelblättern u. diözisch verteilten Blüten. Die ♀ Zapfen bestehen aus dekussiert stehenden Deckschuppenpaaren mit achselständ. aufrechten Samenanlagen. Die großen Samen besitzen eine fleischige Außenschicht (kein Arillus wie bei den Eiben!) u. eine holzige Innenschicht: es sind Steinfrucht-analoge Gebilde. Fossil finden sich den rezenten C. ähnl. Reste *(Cephalotaxites)* bereits in der U.-Kreide.

Cephalothorax *m* [v. *cephalo-, gr. thōrax = Brustpanzer], *Kopfbrust,* Verschmelzungsprodukt v. Kopf u. einer unterschiedl. Zahl v. Thoraxsegmenten bei ↗Krebstieren u. ↗Spinnentieren. ↗Brust.

Cephalothrix *w* [v. *cephalo-, gr. thrix = Haar], Schnurwurm-Gatt. der *Cephalothricidae* (Ord. *Palaeonemertini*). Ohne innere Ringmuskulatur im Vorderdarmbereich; *C. linearis* und *C. rufifrons* kommen in der Kieler Bucht vor.

Cephalotus *m* [v. gr. kephalōtos = kopfartig], Gatt. der ↗Cephalotaceae.

Cephenomyia *w* [v. gr. kēphēn = Drohne], Gatt. der ↗Dasselfliegen.

Cephidae [Mz.; v. gr. kēphēn = Drohne], die ↗Halmwespen.

Cepphus *m*, Gatt. der ↗Alken.

Cera *w* [lat., = Wachs], die ↗Wachshaut.

Ceractinomorpha *w* [v. gr. keras = Horn, aktis = Strahl, morphē = Gestalt], *Monaxonida,* Schwamm-U.-Klasse der *Demospongiae*. Die Megaskleriten treten als Monaxone, die Mikroskleriten als Chele u. Sigmen, nie jedoch als Aster auf; bes. Kennzeichen: Parenchymula-Larve, deren erste Stadien im mütterl. Organismus durchlaufen werden.

Cerambycidae [Mz.; v. gr. kerambyx = Käfer mit langen Hörnern], die ↗Bockkäfer.

Cerambyx *m* [v. gr. kerambyx = Käfer mit langen Hörnern], der ↗Eichenbock.

Bei C vermißte Stichwörter suche man auch unter K und Z.

Ceramiaceae [Mz.; v. gr. keramion = Gefäß], Rotalgen-Fam. der *Ceramiales*; die wichtigste Gatt. *Ceramium* kommt mit ca. 60 Arten verbreitet in den Meeren vor; ihr aufrechter, stielrunder, reichverzweigter Thallus ist etagenartig gegliedert u. läuft in zangenförm. Endgliedern aus; häufigste Art ist *C. rubrum*. Die Gatt. *Callithamnion* ist mit 50 Arten, die Gatt. *Griffithsia* mit ca. 30 Arten in allen Meeren weit verbreitet. *Antithamnion plumula*, eine u. a. im Sublitoral der Nordsee verbreitete Art, besitzt einen bis zu 10 cm großen, zarten, rosafarbigen, in einer Ebene regelmäßig verzweigten Thallus. Die bis zu 12 cm große Art *Plumaria elegans* trägt an einer abgeflachten Hauptachse wiederholt fiedrig verzweigte Seitenachsen, die alle in einer Ebene liegen.

Ceramiales [Mz.; v. gr. keramion = Gefäß], Ordnung der Rotalgen, umfaßt etwa 1300 Arten in 284 Gatt. u. 4 Fam. (vgl. Tab.). Hierher gehören die höchstentwickelten Rotalgen. Die Thalli sind nach dem Zentralfadentyp gebaut. Im einfachsten Fall, so bei *Antithamnion* u. *Callithamnion* (⁄*Ceramiaceae*), die zu den zartesten Rotalgen gehören, gehen v. einer zentralen Zellfadenachse fiederart. Zellfäden ab, die ihrerseits wieder Zellfäden abgliedern; bei *Polysiphonia (Rhodomelaceae,* B Algen V) bilden die v. den Zentralzellen abgegliederten Zellen (Perizentralzellen) mit diesen gleichhohe Segmente, so daß der verzweigte runde Thallus etagenförmig gegliedert erscheint; bei der blattart. *Delesseria sanguinea (Delesseriaceae)* gehen v. einer derben Mittelrippe paarige Seitenäste aus, zw. denen ein einschicht. Gewebe ausgebildet wird.

Ceramide [Mz.], *N-Acylsphingosin*, Zwischenstufe bei der Synthese v. Cerebrosiden, Gangliosiden u. Sphingomyelinen, die sich durch Acylierung der Aminogruppe v. Sphingosin mit einem Fettsäurerest ableitet. □ Cerebroside.

Cerastes *m* [v. gr. kerastēs = Hornschlange], die ⁄Hornvipern.

Cerastium *s* [v. gr. kerastēs = gehörnt], das ⁄Hornkraut.

Cerastoderma *s* [v. gr. kerastēs = gehörnt, derma = Haut], Gatt. der Herzmuscheln, meist mittelgroße Meeresmuscheln mit kräft. Radialrippen auf den Schalenklappen. *C. edule*, die Eßbare Herzmuschel, bildet zahlr., oft als U.-Arten gewertete Formen. In der Dt. Bucht ist sie auf sand. Boden sehr häufig, in den sie sich flach eingräbt. Die bis zu 5 cm breiten Tiere werden v. der Küstenbevölkerung gegessen (etwa 20 000 t pro Jahr in W-Europa, davon die Hälfte in Großbritannien).

Ceratina *w*, Gatt. der ⁄Apidae.

cerato- [v. gr. keras, Gen. keratos = Horn], in Zss.: Horn-, Hörner-.

Ceramiales
Familien:
⁄ Ceramiaceae
⁄ Dasyaceae
⁄ Delesseriaceae
Rhodomelaceae

Ceratocystis
Wichtige phytopathogene *Ceratocystis*-Arten u. durch sie verursachte Pflanzenkrankheiten

C. ulmi (Ulmensterben)
C. fagacearum (Eichenwelke)
C. fimbriata (Schwarzfäule der Süßkartoffel, Kautschuk- u. Kaffeewelke)
C. piceae u. *C. coerulescens* (Bläue)
C. adiposa (Schwarzfäule des Zuckerrohrs)

Cerastoderma edule, linke Schalenklappe (etwa 4 cm breit)

Ceratomorpha

Ceratioidei [Mz.; v. gr. keration = kleines Horn], die ⁄Tiefseeangler.

Ceratiomyxa *w* [v. gr. keration = kleines Horn, myxa = Schleim], Schleimpilz-Gatt., deren wenige Arten auf Laub- u. Nadelholz wenige mm hohe, weiße, flaum. Überzüge bilden, die nach der Sporenreife wieder zerfallen. Die Sporen entwickeln sich exogen auf der Oberfläche säulenartiger Cellulosestiele (Sporophore). Die verwandtschaftl. Beziehungen sind ungeklärt: C. wird der U.-Kl. ⁄*Protostelidae (Protosteliomycetidae)* der Echten Schleimpilze *(Myxomycetes)* zugeordnet od. auch als Außensporer in der U.-Kl. *Ceratiomyxomycetidae* mit der einzigen Ord. *Ceratiomyxales* v. den übrigen *Myxomycetes*, den Innensporern, abgetrennt.

Ceratiten [Mz.; v. gr. keratitis = hornförmig], *Ceratitida*, Ord. der ⁄*Ammonoidea*, charakterisiert durch ⁄ceratitische Lobenlinien; einsetzend im Perm, in der Trias vorherrschend. □ Ammonoidea.

Ceratitis *w* [v. gr. keratitis = hornförmig], Gatt. der ⁄Bohrfliegen.

ceratitische Lobenlinie *w* [v. gr. keratitis = hornförmig], ⁄Lobenlinie mit glatten, gerundeten Sätteln u. gezackten Loben.

Ceratium *s* [v. gr. keration = Hörnchen], Gatt. der ⁄Peridinales.

Ceratocystis *w* [v. *cerato-*, gr. kystis = Schlauch], Gatt. der *Ophiostomataceae* (Schlauchpilze) mit mehr als 80 Arten; einige verursachen gefährl. Pflanzenkrankheiten. *C. stenoceras* (Nebenfruchtform = *Sporothrix schenkii*), der normalerweise als Bewohner im Boden, an Pflanzenstacheln und an Grubenhölzern wächst, kann auch als Erreger v. Humanmykosen auftreten (Sporotrichose). Im Gewebe vermehrt sich C. mit Sproßzellen; es treten verschiedene Konidienformen auf. Bei einigen Arten vereinigen sich Hyphen zu Hyphenbündeln (Synnemata).

Ceratocystis perneri *m* [v. *cerato-*, gr. kystis = Blase, Schlauch], (Jaekel 1901), Fossil aus dem Mittelkambrium v. Böhmen, wurde urspr. den Beutelstrahlern *(Carpoidea)* zugewiesen; 1969 v. Jefferies als ältestbekanntes u. primitivstes Chordatier interpretiert u. der Fam. *Ceratocystidae* (U.-Stamm ⁄ *Calcichordata*) überstellt.

Ceratodidae [Mz.; v. gr. keratōdēs = gehörnt], Fam. der ⁄Lungenfische.

Ceratodon *m* [v. *cerato-*, odōn = Zahn], Gatt. der ⁄Ditrichaceae.

Ceratolejeunea *w* [-lᵒschönea; v. *cerato-*, ben. nach dem belg. Arzt u. Botaniker A. L. S. Lejeune, 1779–1858], Gatt. der ⁄Lejeuneaceae.

Ceratomorpha *w* [v. *cerato-*, morphē = Gestalt], (Wood 1837), *Tridactyla, Nashornverwandte*, U.-Ord. der Unpaarhufer

Bei C vermißte Stichwörter suche man auch unter K und Z.

Ceratomycetaceae

cerato- [v. gr. keras, Gen. keratos = Horn], in Zss.: Horn-, Hörner-.

cerebr- [v. lat. cerebrum = Gehirn], in Zss.: Hirn-.

cerco- [v. gr. kerkos = Schwanz], in Zss.: Schwanz-.

mit stets dreistrahligem (tridactylem) Hinterfuß u. lophodonten Mahlzähnen. Aus der im Tertiär sehr formenreichen Gruppe (ca. 88 fossile Gatt.) haben sich bis heute nur 2 Fam. erhalten, die ↗Tapire u. die ↗Nashörner.

Ceratomycetaceae [Mz.; v. *cerato-, gr. mykētes = Pilze], Fam. der ↗Laboulbeniales.

Ceratonia w [v. spätgr. keratōnia = Johannisbrotbaum, v. keration = Hörnchen, hornförmig gebogene Schote des Johannisbrotbaums], der ↗Johannisbrotbaum.

ceratophag [v. *cerato-, gr. phagein = fressen], *hornfressend*, z.B. die v. der Hornsubstanz (Keratin) toter Antilopen (Hörner, Hufe) fressenden Raupen afr. Kleinschmetterlinge der Fam. *Tineidae (Tinea vastella)* od. die Raupen der Kleidermotte *(Tineola bisselliella)*. Bei uns sind die Larven der Blatthornkäfer-Gatt. *Trox* ceratophag.

Ceratophora w [v. gr. keratophoros = Hörner tragend], Gatt. der ↗Agamen.

Ceratophrys w [v. *cerato-, gr. ophrys = Braue], Gatt. der ↗Hornfrösche.

Ceratophyllaceae [Mz.; v. *cerato-, gr. phyllon = Blatt], die ↗Hornblattgewächse.

Ceratopogonidae [Mz.; v. *cerato-, gr. pōgōn = Bart], die ↗Bartmücken.

Ceratopsia

1 *Monoclonius*, ca. 5 m Länge; 2 *Protoceratops*, ca. 2 m Länge, kommt als primitive Form der C. in der frühen Oberkreide der Wüste Gobi vor.

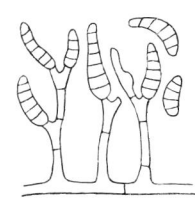

Cercosporella

Konidienträger mit Konidien

Ceratopsia [Mz.; v. *cerato-, gr. opsis = Aussehen], (Marsh 1890), *Nasenhörner*, † U.-Ord. der *Ornithischia;* sekundär quadrupede Dinosaurier, die v. bipeden Vorfahren abstammen, mit 3 Nasenhörnern. Sie spielten ökol. die Rolle v. Rhinoceroten. Bekanntester Vertreter: *Triceratops* (B Dinosaurier) aus der oberen Kreide von N-Amerika; Länge bis 6 m.

Ceratopteris w [v. *cerato-, gr. pteris = Farn], Gatt. der ↗Parkeriaceae.

Ceratosaurus m [v. *cerato-, gr. sauros = Eidechse], (Marsh 1884), bipeder, den Archosauriern zugeordneter Dinosaurier v. 5 bis 6 m Länge mit drei Hörnern u. saurierart. Becken aus dem Malm v. Colorado (USA).

Ceratosoma s [v. *cerato-, gr. sōma = Körper], Gatt. der Ord. *Doridacea*, Hinterkiemerschnecken der indoaustr. Meere.

Ceratotherium s [v. *cerato-, gr. thērion = Tier], Gatt. der ↗Nashörner.

Ceratozamia w [v. *cerato-, spätlat. zamia = Tannenzapfen], Gatt. der ↗Cycadales.

Cerberus m [ber. nach dem dreiköpf. Hund Kerberos der gr. Mythologie], Gatt. der ↗Wassertrugnattern.

Cercarie w [v. gr. kerkos = Schwanz], Larvenform der dritten Generation bei den *Digenea* (↗Saugwürmer). B Plattwürmer.

Cerceris w, Gatt. der ↗Grabwespen.

Cerci [Mz.; v. gr. kerkos = Schwanz], *Afterraife, Analraife, Afterfühler, Raife,* bei urspr. nicht vorhandene paarige, meist fühlerartig gegliederte, viele Tasthaare tragende Anhänge des 11. Abdominalsegments (Fühler nach hinten!), die umgewandelte Extremitäten dieses Segments darstellen. Bei einigen Formen fungieren einige der Tasthaare als Hörhaare (*Trichobothrien*, Schaben). Bei *Japyx* (↗Doppelschwänze) u. den ↗Ohrwürmern *(Dermaptera)* sind die C. zu Greifzangen umgebildet. Die Cerci-ähnl. Gebilde der Käferlarven werden, da sie am 9. Segment des Hinterleibs liegen (ihre Homologie ist daher zweifelhaft), als *Urogomphi, Corniculi* od. *Pseudo-C.* bezeichnet.

Cercis w [v. gr. kerkis = Zitterpappel], Gatt. der ↗Hülsenfrüchtler.

Cercocebus m [v. gr. kerkos = Schwanz, kēbos = eine Art langschwänziger Affen], die ↗Mangaben.

Cercomonas w [v. *cerco-, gr. monas = einsam, Monade], zu den *Protomonadina* gehörige Gatt. der Geißeltierchen, die bes. in Kot, Faulschlamm u. stark verschmutzten Gewässern vorkommt. *C. longicauda* ist Leitorganismus für polysaprobe Gewässer.

Cercopidae [Mz.; v. gr. kerkōpē = eine Zikadenart], die ↗Schaumzikaden.

Cercopis w [v. gr. kerkōpē = eine Zikadenart], Gatt. der ↗Schaumzikaden.

Cercopithecidae [Mz.; v. *cerco-, gr. pithēkos = Affe], die ↗Meerkatzenartigen.

Cercopithecoidea [Mz.; v. *cerco-, gr. pithēkoeidēs = affenartig], die ↗Hundsaffen.

Cercopithecus m [v. *cerco-, gr. pithēkos = Affe], die ↗Meerkatzen i.e.S.

Cercospora w [v. *cerco-, gr. spora = Saat], Formgatt. der *Moniliales* (Fungi imperfecti), ca. 2000 Arten (viele wahrscheinl. synonym); Erreger zahlr. Pflanzenkrankheiten: z.B. C.-Blattfleckenkrankheit der Petersilie *(C. petroselina)*, der Roten Rübe *(C. beticola)*, des Veilchens *(C. violae)* u. der Erdnuß *(C. personata)*.

Cercosporella w [v. *cerco-, gr. spora = Saat], Formgatt. der *Moniliales* (Fungi imperfecti); *C. herpotrichoides* ist der Erreger der ↗Halmbruchkrankheit v. Weizen u. Gerste. [hirn; ↗Gehirn.

Cerebellum s [lat., = kleines Hirn], ↗Klein-

Cerebralganglion s [v. *cerebr-, gr. gagglion = Nervenzelle], ↗Oberschlundganglion.

Bei C vermißte Stichwörter suche man auch unter K und Z.

Cerebralisation w [v. *cerebr-], Entfaltungsgrad des Gehirns der Wirbeltiere, speziell der Säugetiere, als Ausdruck der Differenzierungshöhe. Die Gehirne v. zwei ähnlich angepaßten u. nahe verwandten, aber verschieden großen Säugerarten zeigen Unterschiede. Die größere Art hat ein größeres Gehirn als die kleine. Da bei größeren Tieren eine größere Körperperipherie innerviert werden muß, brauchen diese für die gleiche Leistung ein größeres Gehirn als kleine Tiere. Da die Hirngewichtszunahme aber nicht proportional mit dem Körpergewicht zunimmt, haben große Arten ein absolut höheres, aber relativ geringeres Hirngewicht als kleinere Arten. Die Gehirne v. zwei gleich großen Arten verschiedener Differenzierungshöhe zeigen ebenfalls Unterschiede. Die „höher evoluierte" Art besitzt ein größeres u. weiter differenziertes Gehirn. Die Gehirngröße ist hier Ausdruck der C. Körpergröße und C. sind zwei wesentl. Faktoren, welche die Gehirngröße beeinflussen. Diese Beziehungen können durch die *Snellsche Formel* (1891): $H = c \cdot K^r$ beschrieben werden; H = Hirngewicht, K = Körpergewicht, r = somatischer Exponent, der die Abhängigkeit v. Hirngröße u. Körpergröße beschreibt, c = andere Faktoren als Körpergewicht, die Einfluß auf das Hirngewicht haben, hier v.a. die C. Der Faktor c ist damit ein wesentl. Maß für die C. eines Gehirns. ↗Cephalisation, ↗Gehirn, ↗Hominisation.

cerebr- [v. lat. cerebrum = Gehirn], in Zss.: Hirn-.

ceri- [v. gr. kērion = Honigwabe, Wachskuchen].

cero- [v. gr. kēros = Wachs (davon lat. cera)], in Zss.: Wachs-.

Cerebrosid

Cerebratulus m [v. lat. *cerebr-], Schnurwurm-Gatt. der *Lineidae* mit mehr als 100 Arten; aus der Adria bekannt ist *C. fuscus*.

Cerebronsäure [v. *cerebr-], die bes. in Ceramiden (u. damit auch in Cerebrosiden, Gangliosiden u. Sphingomyelinen) als N-Acylrest vorkommende 2-Hydroxytetrakosansäure (C_{24}-Fettsäure) $H_3C-(CH_2)_{21}-CHOH-COOH$.

Cerebroside [Mz.; v. *cerebr-], Glykolipide, die sich v. Aminoalkohol Sphingosin durch Acylierung der Aminogruppe mit einem Fettsäurerest (↗Ceramid) u. Glykosylierung der Hydroxylgruppe mit Glucose od. Galactose ableiten. Durch Einfügung weiterer Zuckerreste an Glucose bzw. Galactose bilden sich aus C.n die ↗Gangliosiden. C. sind als phosphorfreie Lipoide charakterist. Bestandteile v. Membransystemen der Nervenzellen u. der weißen Substanz des Gehirns (11% des Trockengewichts).

cerebrospinal [v. *cerebr-, lat. spina = Rückgrat], zum zentralen Nervensystem der Wirbeltiere gehörig.

Cerebrospinalflüssigkeit w [v. *cerebr-, lat. spina = Rückgrat], *Liquor cerebrospinalis*, extrazelluläre wäßrige Flüssigkeit in den Hohlräumen des Zentralnervensystems der Wirbeltiere (Gehirnventrikel, Zentralkanal des Rückenmarks) sowie des Subarachnoidalraums, die dem Stoffaustausch in diesen Gebieten dient.

Cerebrum s [lat., =], das ↗Gehirn.

Cereus m [lat., = Kerze], 1) Gatt. der ↗Kakteengewächse. 2) Nesseltier-Gatt. der *Mesomyaria* (Seerosen); bes. bekannt ist das Seemaßliebchen, *C. pedunculatus*, das vom Mittelmeer bis nach England verbreitet ist u. in Fluttümpeln sowie auf Fels usw. dicht unter der Ebbelinie lebt. Der Polyp wird ca. 10 cm hoch bei einem ⌀ von 6 cm u. trägt etwa 700 gescheckte Tentakel, die nur 2 cm Länge erreichen. Für diese Art konnte ein Alter v. 62 Jahren festgestellt werden.

Ceriantharia w [v. *ceri-, gr. anthos = Blume], die ↗Zylinderrosen.

Cerinthe w [lat., = Wachsblume, v. gr. kērinthos = Bienenbrot], die ↗Wachsblume.

Ceriomyces m [v. *ceri-, gr. mykēs = Pilz], ↗Abortiporus.

Cerion s [v. *ceri-], Gatt. der Überfam. *Clausilioidea*, auf den Antillen u. im nördl., küstennahen S-Amerika beheimatete Landlungenschnecken mit festem, ovoidem bis zylindr. Gehäuse.

Cerithiidae [Mz.; v. gr. kerithion = kleines Horn], *Hornschnecken, Seenadeln, Nadelschnecken* i.e.S., Fam. der Mittelschnecken, marine Vorderkiemer mit turmförm., festschal., kleinem bis mittelgroßem Gehäuse mit zahlr. Windungen; die Gehäuseoberfläche trägt meist Knoten, Rippen od. Reifen. Die meisten der zahlr. Arten werden in der Gatt. *Cerithium* zusammengefaßt, die auch zahlr. Leitfossilien des marinen Tertiärs liefert; sie leben vorwiegend im Flachwasser auf Sandboden od. Fels. Das kleine ↗*Bittium* ist in der Nordsee häufig. Verbreitung: Tertiär bis rezent.

Cerithioidea [Mz.; v. gr. kerithion = kleines Horn], die ↗Nadelschnecken.

Cernuella w, Gatt. der Heideschnecken mit gedrückt-kugel. Gehäuse v. weißer Grundfarbe, meist mit braunen Spiralbändern; 3 Arten der Gatt. leben im Mittelmeergebiet u. in W-Europa.

Ceroma s [v. *cero-], die ↗Wachshaut.

Ceropegia w [v. *cero-, gr. pēgē = Quelle], Gatt. der ↗Schwalbenwurzgewächse.

Cerophaga w [v. *kēros = Wachs, phagos = Fresser], die ↗Wachsfresser.

Ceroplatus m [wohl v. gr. keras = Horn, platos = Breite], Gatt. der ↗Pilzmücken.

Bei C vermißte Stichwörter suche man auch unter K und Z.

cero- [v. gr. kēros = Wachs (davon lat. cera)], in Zss.: Wachs-.

cest- [v. gr. kestos = Gürtel (der Aphrodite, lat.: Venus), Band], in Zss.: Band-, Gürtel-.

Cerotinsäure [v. *cero-], *n-Hexacosansäure,* $H_3C-(CH_2)_{24}-COOH$, Fettsäure, die verestert in natürl. Wachsen vorkommt, z. B. in Bienenwachs, Wollschweiß, Carnauba- u. Montanwachs.

Ceroxylon *s* [v. *cero-, gr. xylon = Holz], Gatt. der ↗Palmen.

Certation *w* [v. lat. certatio = Wettstreit], **1)** In der Bot. bei getrenntgeschlechtl. Pflanzen die unterschiedl. Wachstumsgeschwindigkeit der Pollenschläuche mit verschieden determinierten heterogamet. Spermazellen; AX oder AY. **2)** In der Zool. der „Wettlauf" v. aktiv schwimmenden Spermatozoen zur Eizelle. Sein Ausgang kann vom Genotyp (z. B., ob X- od. Y-Chromosom vorhanden ist) der konkurrierenden Spermien abhängen, falls dieser die Geschwindigkeit beeinflußt. Dann weicht die Häufigkeit der betr. genabhäng. Merkmale (z. B. das Verhältnis von männl. zu weibl. Nachkommen) vom Mendelschen Erwartungswert ab.

Certhiidae [Mz.; v. gr. kerthios = eine Art Baumläufer], die ↗Baumläufer.

Cerumen *s* [v. lat. cera = Wachs], von den Stachellosen Bienen (↗Meliponinae) verwendetes Gemisch aus selbst erzeugtem Wachs u. verschiedenen anderen Stoffen (z. B. Harz, Holzmehl, Erde u. a.) zum Wabenbau.

Cerura *w* [v. gr. keras = Horn, oura = Schwanz], der ↗Gabelschwanz.

Cervicalsklerit *s* [v. lat. cervix Gen. cervicis = Nacken, gr. sklēros = hart], *Cervicalia,* ↗Nackenhaut (der Insekten).

Cervidae [Mz.; v. lat. cervus = Hirsch], die ↗Hirsche.

Cervinae [Mz.; v. lat. cervinus = Hirsch-], die ↗Echthirsche

Cervix *w* [lat., = Nacken, Hals], *C. uteri,* Hals der ↗Gebärmutter (Uterus).

Cervus *m* [lat., = Hirsch], *Edelhirsche,* Gatt. der Echthirsche; bekannteste Art der ↗Rothirsch.

Cerylalkohol [v. *cero-], $C_{26}H_{53}OH$, ein Wachsalkohol, der in natürl. Wachsen (z. B. chin. Wachs) vorkommt.

Ceryle *w* [v. gr. kērylos = Eisvogel (Männchen)], Gatt. der ↗Eisvögel.

Cesalpinus, *(Cesalpino), Andreas,* it. Botaniker, Mediziner u. Philosoph, * um 1519 Arezzo (Toscana), † 23. 2. 1603 Rom; Prof. der Botanik in Pisa, der Medizin in Rom; seit 1592 Leibarzt des Papstes Klemens VIII.; Begr. der wiss. Botanik, der erstmalig die Pflanzen nach Blüten u. Früchten gruppierte u. damit das erste Pflanzensystem schuf. Strenger Aristoteliker, beschrieb den Umlauf des Blutes, bes. den kleinen Kreislauf, u. wird daher als Vorläufer von W. Harvey angesehen. [tel.

Cestidea [Mz.; v. *cest-], die ↗Venusgür-

Cestoda [v. *cest-], die ↗Bandwürmer.

Cestodaria *w* [v. *cest-], U.-Kl. der ↗Bandwürmer.

Cestus *m* [v. *cest-], Gatt. der ↗Venusgürtel.

Cetacea *w* [v. gr. kētos = großes Meerestier, Wal], die ↗Wale.

Cetaceum *s* [v. gr. kētos = großes Meerestier], der ↗Walrat.

Ceterach *s* [v. arab. chetrak = eine Art Farn], der ↗Milzfarn.

Cetolithen [Mz.; v. gr. kētos = großes Meerestier, lithos = Stein], ↗Bulla ossea.

Cetomimiformes [Mz.; v. gr. kētos = Wal, mimos = Nachahmer, lat. forma = Gestalt], die ↗Walköpfigen Fische.

Cetonia [Mz.; v. gr. kētos = großes Tier, Monster], Gatt. der ↗Rosenkäfer.

Cetorhinidae [Mz.; gr. kētos = großes Meerestier, rhinē = Haifischart mit rauher Haut], die ↗Riesenhaie.

Cetraria *w* [v. lat. cetra = leichter Lederschild], Gatt. der *Parmeliaceae,* ca. 45 (in Mitteleuropa 15) Arten; braune, gelbe u. gelbgrüne Strauch- u. Laubflechten mit randl. sitzenden Apothecien, meist acidophyt. Arten auf Rinde, Silicatgestein u. Erdboden, v. a. in der Arktis u. den gemäßigten Zonen. Zu C. gehören einige der bekanntesten Flechten, so *C. islandica* (B Flechten I, ↗Isländisch Moos) u. die blaß grüngelben Strauchflechten *C. cucullata* u. *C. nivalis,* die arkt.-alpin verbreitet u. typ. für windexponierte Magerrasen u. Heiden sind, ferner die tiefgelbe Rindenflechte *C. pinastri.*

Cetrario-Loiseleurietea *w* [v. lat. cetra = Lederschild, benannt nach dem frz. Botaniker J.-L.-A. Loiseleur-Deslongchamps, 1774–1849], *arktisch-alpine Windheiden,* Kl. der Pflanzenges.; Naturheiden mit Schwerpunkt in der Subarktis, in den Alpen meist im Mosaik mit schneereicheren Ges.; an saure Böden gebunden. Der Standort ist vom Wind geprägt, d. h. im Winter schnell schneefrei geblasen u. der Kälte ausgesetzt. Die Arten der Kl. (*Loiseleuria procumbens,* Windflechten u. a.) sind daher frosthart u. bei tiefen Temp. assimilationsfähig. Der Gamsheideteppich der Alpen, das *Cetrario-Loiseleurietum,* besteht unter Extrembedingungen fast nur noch aus Flechten.

Cetylalkohol, *Hexadecanol, Cetanol, Palmitylalkohol,* $C_{16}H_{33}OH$, ein Wachsalkohol, der in der Natur z. B. im Walrat in Form des Palmitinsäureesters vorkommt.

Cetylsäure, die ↗Palmitinsäure.

Cetylsulfat, $H_3C-(CH_2)_{15}-O-SO_3$, zur Fettverdauung u. -resorption bei Weichtieren (z. B. Weinbergschnecken) als Emulgator wirkender Alkylschwefelsäureester.

cf., *cfr., conf.,* Abk. für lat. conferatur = man vergleiche.

C-Falter, *C-Fuchs, Weißes C, Polygonia c-album,* paläarkt. weit verbreitete Art der Fleckenfalter mit orangebrauner, dunkelgefleckter Flügeloberseite u. tarnfarbener Unterseite, auf der am Hinterflügel ein charakterist. weißer, c-förm. Fleck steht. Saum stark gezackt, Spannweite 40–50 mm. Der bei uns nicht seltene Falter ist ein guter Flieger u. tritt in 2 Generationen im Juni–Juli u. von Aug. überwinternd bis zum Mai auf, die Sommertiere sind bunter gefärbt. Vorkommen an Waldrändern, Waldwegen, Lichtungen u. Gärten; der C. saugt gerne an Baumsäften, faulem Obst u. Blüten. Die Raupe ist jung schwarzgrün, ausgewachsen orangebraun mit braunen u. weißen Dornen, Abdomen oberseits weiß. Sie frißt an Brennessel, Hopfen, Johannisbeere u.a. Laubhölzern. Stürzpuppe braun, bizarr geformt, mit seitl. Metallflecken. In S-Europa kommt der mehr in trockeneren Biotopen lebende Gelbe C. *(Polygonia egea)* vor, Larve v. a. an Glaskraut *Parietaria* spec. In N-Amerika ist die Gatt. *Polygonia* mit etwa 10 einander recht ähnl. Arten vertreten.

cGMP, Abk. für zyklisches ↗Guanosinmonophosphat.

Chaca, Gatt. der ↗Welse.

Chacofrosch [tschako-; ben. nach dem Gran Chaco in S-Amerika], *Lepidobatrachus,* Gatt. der ↗Hornfrösche.

Chacophrys *m* [tschak-; ben. nach dem Gran Chaco in S-Amerika, v. gr. ophrys = Augenbraue], Gatt. der ↗Hornfrösche.

Chactidae, Fam. der ↗Skorpione.

Chaenomeles *w* [v. gr. chainein = klaffen, mêlis = Apfelbaum], Gatt. der ↗Rosengewächse.

Chaenotheca *w* [v. gr. chainein = klaffen, thêkê = Behältnis], Gatt. der ↗Caliciaceae.

Chaerophyllum *s* [v. gr. chairein = sich freuen, phyllon = Blatt], der ↗Kälberkropf.

Chaetae [Mz.; v. *chaeto-], ↗Borsten der Borstenwürmer (Oligo- u. Polychaeta) u. der Insekten. ↗Haare.

Chaetoceras *s* [v. *chaeto-, gr. keras = Horn], ↗Biddulphiaceae.

Chaetochloridaceae [Mz.; v. *chaeto-, chloros = grün], Fam. der *Tetrasporales,* chlamydomonasähnl. Grünalgen, die oft zu mehreren in Gallertkolonien vereinigt sind u. mit einer Papille festsitzen; jede Zelle besitzt 2–16 in Gallerte eingelagerte Geißeln, z. B. *Chaetochloris scherffeliana.*

Chaetocladium *s* [v. *chaeto-, gr. kladion = kleiner Zweig], Pilz-Gatt. der Ord. *Mucorales* (Zygomycetes); *C. jonesii* u. *C. brefeldii* parasitieren auf anderen Mucorales (z. B. *Mucor, Pilaira*).

Chaetoderma *s* [v. *chaeto-, gr. derma = Haut], Gatt. der Schildfüßer mit äußerl. in 4 Abschnitte gegliedertem Körper. Der Gemeine Schildfuß *(C. nitidulum)* erreicht 8 cm Körperlänge; er lebt grabend im Sediment des nördl. Atlantik, der Nordsee u. des Mittelmeeres u. ernährt sich v. Algen u. Einzellern.

Chaetodontidae [Mz.; v. *chaeto-, odontes = Zähne], die ↗Borstenzähner.

Chaetogaster *m* [v. *chaeto-, gr. gastêr = Bauch], Gatt. der ↗Naididae.

Chaetognatha [Mz.; v. *chaeto-, gr. gnathos = Kiefer], *Borstenkiefer, Pfeilwürmer, Homalopterygia,* artenarmer Stamm wirbelloser Coelomaten v. meist geringer Größe (6 bis etwa 100 mm), die ausschl. im Meer als plankton. Räuber leben. Die C., dt. treffend als Pfeilwürmer bezeichnet, sind glasklar durchsichtig u. v. schlanker, fischähnl. Gestalt. Ihr bilateralsymmetr. Körper gliedert sich in einen muskulösen, mit Greifhaken bewehrten Kopf (wiss. Name!), v. diesem durch einen kurzen Hals abgesetzten langen Rumpf v. quer-ovalem Querschnitt u. einen kurzen, in einer fächerförm. waagerechten Schwanzflosse endenden Schwanzabschnitt. Zusätzl. zur Schwanzflosse sind an den Rumpfflanken 1–2 Paar schmaler Seitenflossen ausgebildet. Alle Flossen sind selbst unbewegl. u. bestehen aus einfachen cuticulaüberzogenen Epithelfalten, die zusätzl. durch starre cuticuläre Radien versteift sind. Sie dienen den gewöhnl. reglos im Wasser schwebenden Tieren ebenso als Lagestabilisatoren u. Schwebefortsätze wie als Ruder- (Schwanz) u. Leitflächen, wenn diese etwa zu Beutefang od. Flucht durch vibrierend rasche Rumpfbewegungen pfeilschnell vorwärts schießen od. durch langsames Schlängeln in der Dorsoventralebene aktive tagesrhythm. Vertikalwanderungen unternehmen. Der Beutefangapparat der C. besteht aus zwei Reihen scharfer Zahnleisten an den Kopfseiten ventrolateral der Mundöffnung u., beidseits hinter diesen, je einer Gruppe v. 7–14 langen, spitzen Greifhaken aus Chitin, die durch kräft. Muskeln wie Baggerschaufeln geöffnet u. abgespreizt u. blitzschnell vor dem Mund zusammengeschlagen werden können. In Ruhestellung werden sie seitl. dem Kopf angelegt u. unter einer kapuzenart. Hautfalte *(Praeputium)* verborgen (Verringerung des Schwimmwiderstands). Als Nahrung dienen Planktonorganismen z. T. erhebl. Größe, bes. Fischlarven u. Krebschen. Bisher sind etwa 70 Arten bekannt, die sich auf 2 Ord. *(Phragmophora* u. *Aphragmophora)* mit insgesamt etwa 10 Gatt. verteilen, unter ihnen eine einzige zu benth. Lebensweise übergegangene Form. In allen Meeren überaus häufig, zeigen manche Arten aber eine ausgeprägte

Chaetognatha

chaeto- [v. gr. chaitê = Haar, Mähne, Borste], in Zss.: Haar-, Borsten-.

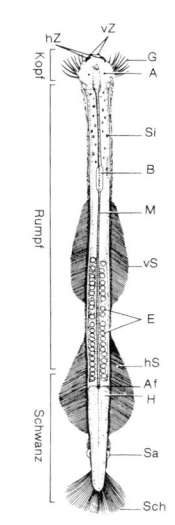

Chaetognatha

Schemadarstellung des Bauplans;
A Auge, Af After, B Bauchganglion, E Eier in Ovar, G Greifhaken, H Hoden, hS hintere Seitenflosse, hZ hintere Zähne, M Mitteldarm, Sa Samenblase, Si Sinnespapille, Sch Schwanzflosse, vS vordere Seitenflosse, vZ vordere Zähne

Chaetognatha

Kopf von *Sagitta maxima* von dorsal mit fangbereit geöffnetem Fangapparat

Bei C vermißte Stichwörter suche man auch unter K und Z.

Chaetognatha

Chaetognatha

Wichtige Ordnungen und Gattungen:

Phragmophora
  Bathyspadella
  Eukrohnia
  Heterokrohnia
  Krohnitella
  ↗*Spadella*

Aphragmophora
  Bathybelos
  Krohnitta
  Pterosagitta
  ↗*Sagitta*

Präferenz für bestimmte Salzgehalts-, Temperatur- od. Tiefenzonen. Da sie als Planktonten passiv mit Meeresströmungen verfrachtet werden, dienen sie in der Ozeanographie häufig als Indikatororganismen zum Nachweis großräumiger Wasserbewegungen. Die Gatt. *Sagitta* ist weltweit verbreitet u. umfaßt etwa 65% aller bekannten Arten. *Anatomie:* Das Integument besteht aus einer dünnen, sehr zähen Cuticula u. unter dieser einer zellulären Epidermis, die in manchen Körperbereichen (Hals, Rumpfflanken) mehrschichtig sein kann, eine für Wirbellose ungewöhnl. Epithelform, die eher an Chordaten erinnert. Die Leibeshöhle stellt ein echtes Coelom dar u. wird v. einem lückenhaften, begeißelten Coelothel ausgekleidet, aus dem sich auch die Muskulatur differenziert. Zw. Coelothel u. Epidermis liegt eine derbe Basalmembran. Quersepten gliedern die Körperhöhle der äußeren Körpergliederung entspr. in drei Abschnitte, ein rudimentäres, v. Muskulatur nahezu verdrängtes Kopfcoelom, das sich auch in das Praeputium hinein erstreckt, ein weiträum. Rumpf- u. ein kurzes Schwanzcoelom. Sonstige Anzeichen einer Segmentierung fehlen. Die Rumpfmuskulatur beschränkt sich auf je zwei dorsale u. ventrale Längsmuskelstränge u., bei der ursprünglicheren Ord. der *Phragmophora,* eine transversale Muskellage zw. den ventralen Längsmuskeln, die bei den *Aphragmophora* (Name!) fehlt. Aus dem Coelothel entstehen beim erwachsenen Tier auch Umhüllung u. Ausleitungsgänge der zwittr. sackförm. Gonaden, der das Rumpfcoelom teilweise ausfüllenden Ovarien u. der Hoden im Schwanzcoelom. Der Darm durchzieht die Leibeshöhle als gerades, abgesehen v. mehreren seitl. Blindtaschen in der Oesophagusregion wenig gegliedertes Epithelrohr u. mündet unmittelbar vor dem Septum des Schwanzcoeloms ventral nach außen. Er ist von einem dünnen Muskelmantel umkleidet u. durch je ein ventrales u. dorsales Mesenterium an der Körperwand festgeheftet. Durch diese Mesenterien wird das Rumpfcoelom unvollständig in ein rechtes u. linkes Fach geteilt. Ein Blutgefäßsystem fehlt ebenso wie anscheinend auch ein eigenes Exkretionssystem, wenngleich paarige cilienbesetzte Gruben in der Nackenregion u. eine daran anschließende drüsenreiche Wimpernrinne (Corona ciliata) v. manchen Autoren als Exkretionsorgan gedeutet werden. Vermutl. werden der Nähr- u. Exkretstofftransport im Körper u. die Umwälzung der Coelomflüssigkeit v. Cilienbesatz des Coelothels unterhalten. Das Nerven- u. Sinnessystem ist entspr. der plankton. räuber. Lebensweise wohlausgebildet. Es besteht aus einem großen unpaaren Gehirn (Cerebralganglion) über dem Mund, mit diesem über seitl. Kommissuren verbundenen paar. Vestibularganglien mit dorsal diesen aufsitzenden Oesophagealganglien beidseits des Oesophagus u. einem mächt. unpaaren Ventralganglion im vorderen Drittel der Bauchwand, das durch paar. Nervenstränge mit Hirn u. Vestibularganglien verbunden ist, u. v. dem zwei ventrale Nerven zur motor. Innervation der Rumpfmuskulatur ausgehen. Paar. Augen auf dem Hinterkopf, jedes aus mehreren Pigmentbecherocellen zusammengesetzt, u. über den ganzen Körper verstreute Gruppen v. Sinneszellen mit langen Rezeptorborsten (Tastborsten?) werden unmittelbar vom Gehirn innerviert. Manche Autoren betrachten auch die zuvor erwähnte Corona ciliata aufgrund ihrer Innervation als (chemorezeptorisches) Sinnesorgan. Über die *Fortpflanzung u. Entwicklung* gibt es nur wenige Beobachtungen, hpts. an *Spadella.* Nach ihnen kommt Selbstbefruchtung ebenso wie wechselseit. Fremdbegattungen vor. Die Eier – von pelag. Arten am Körper getragen od. zu schwimmenden Floßen verklebt, v. der benth. *Spadella* an Steinen u. Tangen festgeheftet – entwickeln sich über eine totale u. äquale Furchung u. eine Invaginationsgastrula unmittelbar, ohne eingeschaltetes Larvenstadium, zu Jungtieren von Aussehen und Lebensweise der erwachsenen Tiere. Der Urmund stellt den späteren Hinterpol dar u. wird im Laufe der Entwicklung verschlossen, während Mund u. After neu nach außen durchbrechen. Die C. sind also ↗Deuterostomier. Die Bildung v. Kopf- u. Rumpfcoelom erfolgt durch Abfaltung einer ringförm. Tasche aus dem Vorderarm. Diese wächst in die Leibeshöhle vor, während Kopf- u. Rumpfcoelom durch eine Mesodermfalte voneinander getrennt werden. Das Schwanzcoelom gliedert sich erst weit später vom Rumpfcoelom durch ein Coelothelseptum ab, das von der Umhüllung der Gonaden auswächst. – Die Gatt. *Spadella* zeigt ein erstaunl. Regenerationsvermögen selbst größerer amputierter Rumpfabschnitte. *Verwandtschaft:* In Anpassung an die rein plankton. Lebensweise aller Entwicklungsstadien ist der Bauplan der C. seinen Ursprüngen gegenüber vermutl. stark abgewandelt. Da zudem eine Larve fehlt, bieten sich nur wenige Anhaltspunkte zur systemat. Einordnung in phylogenet. Verwandtschaftsbeziehungen. Als Deuterostomier scheinen die C. den Echinodermen und Enteropneusten nahezustehen, mit denen sie auch die Coelombildung (Enterocoelie) gemein haben. Die wenigstens partiell mehrschicht. Epidermis erinnert an die Chordaten, ebenfalls Deuterostomier. So nimmt man heute allg. an, daß die C. in den weiteren Verwandtschaftsbereich dieser übrigen Deuterostomier einzureihen sind, innerhalb dieser Gruppe aber einen eigenständ. Organisationstyp darstellen u. so als eigener Tierstamm betrachtet werden müssen. Sie scheinen eine erdgeschichtl. sehr alte Tiergruppe zu sein. Ein in den kambr. Schiefern von Britisch-Kolumbien gefundener fossiler Organismus, *Amiskwia sagittiformis,* ähnelt in seiner Körperform u. dem Besitz zweier kurzer Kopftentakel sehr der rezenten Gatt. *Spadella,* die unter den heute lebenden Pfeilwürmern auch als urtümlichste Form gilt. P. E.

Chetoide [Mz.; v. *chaeto-], *Chätoide,* bei Articulaten (Gliedertiere) v. der Exocuticula gebildete, haarförm. Auswüchse am Chitinpanzer.

Chaetomium s [v. *chaeto-], Gatt. der *Chaetomiaceae* (Schlauchpilze); meist den *Sphaeriales,* auch den *Microascales* od. einer eigenen Ord., den *Chaetomiales,* zugeordnet. Es sind mehr als 180 Arten bekannt, die im Boden od. in sich auflösendem Pflanzenmaterial vorkommen. Viele zersetzen cellulosereiche Substrate, z. B. Textilien, Stroh, Sackleinen, Dung u. Holz (Moderfäule). Die Perithecien sind tonnenförmig (bis 0,5 mm) u. von dunklen artspezif. Haaren umgeben. Die einzell. Ascosporen sind auch dunkel; *C. cochlioides* u. *C. spirale* produzieren das Antibiotikum *Chaetomin;* als Bläuepilz ist *C. globosum* bekannt.

Chaetomorpha w [v. *chaeto-, gr. morphē = Gestalt], Gatt. der ↗Cladophoraceae.

Chaetonotus m [v. *chaeto-, gr. nōtos = Rücken], Gatt. der ↗ *Gastrotricha* (Bauchhaarlinge, Ord. *Chaetonotoidea*) mit zahlr. Arten in Meer u. namentl. Süßgewässern, in denen sie als häufigste Vertreter dieser Tier-Kl. allenthalben auf Schlammböden ebenso wie auf Pflanzen anzutreffen sind; v. a. die durch lange Rückenbestachelung gekennzeichnete Art *C. murrayi.*

Chaetoparia w [v. *chaeto-, gr. pareia = Wange], Gatt. der ↗ Phyllodocidae.

Chaetopeltis w [v. *chaeto-, gr. peltē = Schild], Gatt. der ↗Tetrasporaceae.

Chaetophoraceae [Mz.; v. *chaeto-, gr. -phoros = -tragend], Fam. der *Chaetophorales,* Grünalgen, deren Thalli unterschiedl. gestaltet sind, oft mit Haarbildungen, Zellen mit einem Chloroplasten. Vorkommen im Süß- u. Meerwasser sowie als Aerophyten u. Flechtenalgen. Die ca. 14 Arten der Gatt. *Chaetophora* bilden im Süßwasser bis zu mehrere cm große Lager aus verschleimten Zellfäden, deren Endzellen zu dünn auslaufenden, gegliederten Haarzellen werden. *C. pisiformis* bildet etwa erbsengroße, dunkelgrüne Lager, bes. in Bächen. *C. incrassata* besitzt einen geweihförm., dichotom verzweigten Thallus. Die Gatt. *Draparnaldia* mit 19 Süßwasserarten hat einen bis mehrere cm langen aufrechten Haupttrieb mit kurzen, kleinzelligen Seitentrieben, mit basalen Haftfäden verankert; *D. glomerata* ist häufig in klaren, kühlen Gewässern. Die ca. 30 Arten der Gatt. *Stigeoclonium* weisen einen aufrechten, heterotrich verzweigten Thallus auf, dessen Seitentriebe oft in mehrzell. Haaren auslaufen. *S. tenue* ist in leichtverschmutzten Gewässern verbreitet. *Fritschiella,* mit heterotrichem Thallus, ist ans Landleben angepaßt; besteht aus kriechenden, verzweigten unterird. Fäden u. über der Erde aus büschelig angeordneten Fäden. *F. tuberosa* wurde bisher nur in Indien, Japan u. Afrika gefunden. Die Gatt. *Microthamnion* besitzt einen bis zu 1 cm großen, trichal verzweigten Thallus u. ist in Moorgewässern verbreitet.

Chaetophorales [Mz.; v. *chaeto-, gr. -phoros = -tragend], Ord. der Grünalgen mit 3 Fam. (vgl. Tab.), mit Thalli aus trichalen, verzweigten aufrechten od. kriechenden Zellfäden; bilden häufig pseudoparenchymat. Zellgeflecht; Zellen einkernig.

Chaetopleura w [v. *chaeto-, gr. pleura = Seite], Gatt. der Ord. *Ischnochitonida,* in gemäßigten u. trop. Meeren verbreitete Käferschnecken; leben in der Gezeitenzone an Steinen u. Pfählen. *C. peruviana,* mit langen, schwarzen Haaren auf dem Gürtel u. bis 5 cm lang, kommt von Peru bis Kap Hoorn vor u. ist stellenweise häufig.

Chaetopteridae [Mz.; v. *chaeto-, gr. pteron = Feder, Fächer], Borstenwurm-Fam. der *Spionida* mit 5 Gatt.; Körper in 2 od. 3 Abschnitte unterteilt: Vorderkörper mit einästigen, Hinterkörper mit zweiästigen, Mittelkörper, wenn vorhanden, mit abgeänderten zweiästigen Parapodien; Röhrenbewohner. Bekannteste Art: *Chaetopterus variopedatus,* die ihre Nahrung mit Hilfe eines Schleimnetzes fängt u. bei Gefahr ein Leuchtsekret ins Meerwasser abgibt.

Chaetosema s [v. *chaeto-, gr. sēma = Zeichen], *Jordansches Organ,* ein auf Schmetterlingsimagines beschränktes Sinnesorgan, das als paariger Sinnesborstenhügel zw. den Facettenaugen hinter den Fühlern steht. Fehlt bei vielen Lepidopteren-Fam. (z. B. den Eulenfaltern), daher taxonom. verwendbar; vorhanden z. B. bei den Tagfaltern. Funktion noch unsicher, dient evtl. der Bestimmung der Fluggeschwindigkeit.

Chaetotaxie w [v. *chaeto-, gr. taxis = Anordnung, Stellung], *Chaetotaxis,* Wiss.

Chaetotaxie

Chaetophoraceae

Wichtige Gattungen:
Chaetophora
Draparnaldia
Fritschiella
Microthamnion
Stigeoclonium

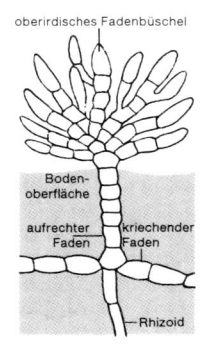

Chaetophoraceae

Die Gatt. *Fritschiella* wird von einigen Autoren als Typus jener Pflanzen angesehen, aus denen die höheren Pflanzen entstanden sind. Sie differenziert ein unterirdisches verzweigtes Fadensystem, das aufrechte Fäden ausbildet, die über den Erdboden wachsen u. dort büschelige Triebe entwickeln. Zudem werden Rhizoide ausgebildet.

Chaetophorales

Familien:
↗ *Chaetophoraceae*
↗ *Coleochaetaceae*
↗ *Trentepohliaceae*

chaeto- [v. gr. chaitē = Haar, Mähne, Borste], in Zss.: Haar-, Borsten-.

Bei C vermißte Stichwörter suche man auch unter K und Z.

Chaetozone v. der artspezif. Verteilung v. Borsten u. Haaren bei Gliedertieren u. deren Verwendung für die systemat. Gliederung einer Gruppe (z. B. bei Milben, Urinsekten Raupen u. a.).

Chaetozone w [v. *chaeto-, gr. zōnē = Gürtel], Gatt. der ↗ Cirratulidae.

Chagas-Krankheit [tschagasch-], nach dem brasilian. Bakteriologen C. Chagas (1879–1934) ben. Infektionserkrankung, die durch den Erreger *Trypanosoma cruzi* hervorgerufen wird. Die Übertragung erfolgt durch Stiche v. Raubwanzen der Gatt. *Triatoma*. Nach einer Inkubationszeit von 2–4 Wochen kommt es zunächst zu Hautentzündungen, Lymphknotenschwellungen sowie zu Milz-, Leber- u. Schilddrüsenvergrößerung. Bei Fortschreiten der Erkrankung können Ganglienzellen zerstört werden. Dies führt zu vielfältigen neurolog. Ausfällen bis hin zur Idiotie; ein Herzbefall hat Vergrößerung des Herzens mit Rhythmusstörungen, Dickdarmbefall die Ausbildung eines extrem gedehnten Darms (Megacolon) zur Folge. Die Diagnose wird durch Antikörpernachweis (Komplementbindungsreaktion) gestellt; Vorkommen in Mittel- u. S-Amerika.

Chain [tschein], Sir *Ernst Boris*, russ.-engl. Biochemiker, * 19. 6. 1906 Berlin, † 12. 8. 1979 Irland; Emigration 1933; Prof. in Rom u. London; erhielt 1945 zus. mit A. Fleming u. H. W. Florey den Nobelpreis für Medizin für seine Arbeiten (zus. mit Florey), die zur Aufklärung der Struktur u. medizin. Wirkung des Penicillins führten.

Chaitophoridae [Mz.; v. gr. chaitē = Borste, Haar, -phoros = -tragend], Fam. der ↗ Blattläuse.

Chalastogastra [Mz.; v. gr. chalastos = lose, erschlafft, gastēr = Magen, Bauch], die ↗ Symphyta.

Chalaza w [gr., = Hagel], **1)** der basale Teil der Samenanlage bei den Angiospermen, v. dem Integumente u. Nucellus entspringen u. der durch den Funiculus mit der Placenta verbunden ist. ↗ Blüte. **2)** die ↗ Hagelschnur.

Chalazogamie w [v. gr. chalaza = Hagel, gamos = Hochzeit], Pollenschlauchwachstum durch die Chalaza der Samenanlage mit nachfolgender Befruchtung.

Chalcalburnus m [v. gr. chalkis = ein Heringsfisch, lat. alburnus = Weißfisch], ↗ Mairenke.

Chalcides [v. *chalci-], die ↗ Walzenechsen.

Chalcididae [Mz.; v. *chalci-], Fam. der *Chalcidoidea*; meist kleine, schwarzgelb od. schwarz-rot gefärbte Schlupfwespen mit verdickten u. oft gezähnten Schenkeln der Hinterbeine. Die Larven leben parasit. in Schmetterlings- od. Fliegenlarven od.

Chalcidoidea Wichtige Familien: ↗ Chalcididae ↗ Feigenwespen (Agaonidae) ↗ Torymidae ↗ Trichogrammatidae ↗ Zwergwespen (Mymaridae)

chaeto- [v. gr. chaitē = Haar, Mähne, Borste], in Zss.: Haar-, Borsten-.

chalci- [v. gr. chalkis (v. chalkos = Erz, Kupfer) = Name versch. metallisch glänzender Tiere].

hyperparasit. bei anderen Schlupfwespen. In Mitteleuropa einige Arten der Gatt. *Chalcis* (Schenkelwespen). Werden zur ↗ biologischen Schädlingsbekämpfung eingesetzt.

Chalcidoidea [Mz.; v. *chalci-], *Zehrwespen, Erzwespen*, Fam.-Gruppe der Hautflügler (vgl. Tab.) mit weltweit 30 000, in Europa 1000 Arten; meist 1–5 mm große Insekten mit oft typ. Erzglanz.

Chalcophora w [v. gr. chalkos = Erz, Kupfer, -phoros = -tragend], Gatt. der ↗ Prachtkäfer.

Chalicodoma w [v. gr. chalix = kleiner Stein, domē = Bau], Gatt. der ↗ Megachilidae.

Chalicotherium s [v. gr. chalix = kleiner Stein, thērion = Tier], (Kaup 1833), urspr. den Edentaten zugewiesene † Unpaarhufer-Gatt. aus dem Miozän u. Unterpliozän v. Europa, Afrika und N-Amerika; Hand u. Fuß mit 3 krallenbewehrten Zehen.

Chalina w [v. gr. chalinos = Zaum, Gürtel], Gatt. der ↗ Haliclonidae.

Chalinasterin, *Chalinasterol, Ostreasterin, 24-Methylencholesterin,* ein für Pollen charakterist. Sterin, das auch in Schwämmen, Muscheln, Austern u. in der Honigbiene vorkommt.

Chalkone [Mz.; v. gr. chalkos = Kupfer], gelbe bis orange Pflanzenfarbstoffe aus der Gruppe der Flavonoide, denen die Struktur des *Chalkons* gemeinsam ist, die sich aber in ihrem Hydroxylierungsgrad unterscheiden. C. kommen, hpts. glykosid. gebunden, in nur wenigen Pflanzenfam. (z. B. Korbblütler) vor. Bei der Biosynthese der Flavonoide ist das ringoffene Chalkon, das mit dem ringgeschlossenen *Flavanon* im Gleichgewicht steht, ein wicht. Intermediärprodukt. B Genwirkketten II.

Chalkophyten [Mz.; v. gr. chalkos = Erz, Kupfer, phyton = Gewächs], Pflanzen schwermetallreicher Standorte, wie sie z. B. auf verlassenen Halden des Erzbergbaus anzutreffen sind.

Chalone [Mz.; v. gr. chalan = erschlaffen, lösen], *antitemplate Substanzen,* bisher nur bei Säugetieren gefundene, gewebsu. zellspezif., aber nicht artspezif. Glykoproteine von unterschiedl. relativer Molekülmasse. Bislang wurden C. in geringen Mengen in Leber, Lungen, Nieren, Haut u. Blutzellen (Erythro-, Lympho- u. Granulocyten) nachgewiesen. Ihre Wirkung besteht darin, daß sie durch Beeinflussung des ↗ Zellzyklus (B Mitose) das Zellwachstum begrenzen. Die Angriffspunkte der C. liegen in der späten präsynthet. Phase G_1, in der prämitot. Phase G_2, in der Entscheidungsphase (Zellreifung mit Alterung u. Zelltod od. Einleitung eines neuen Mitosezyklus) u. in der 1. postmitot. Reifungs-

Bei C vermißte Stichwörter suche man auch unter K und Z.

phase A_1, die vor der Alterungsphase A_2 liegt. Damit verlangsamen C. nicht nur die Zellvermehrung, sondern auch die Alterung der Zellen. Die Bedeutung der C. dürfte in der Verhinderung v. Zellwucherungen (auch krebsart. Zellwachstum) u. in der Aufrechterhaltung des Stoffwechselgleichgewichts liegen.

Chama w [v. lat. chama (gr. chēmē) = Gähnmuschel], Gienmuscheln i. e. S., Gatt. der Hufmuscheln in trop. Meeren, mit kräftig gewölbten, dicken, meist mit langen Stacheln besetzten, ungleichen Schalenklappen, v. denen die linke bei vielen Arten am Hartsubstrat festgeklebt ist.

Chamaecyparis w [v. gr. chamaikyparissos = Feldzypresse], die ↗Lebensbaumzypresse.

Chamaegigas m [v. *chamae-, gr. gigas = Riese], Gattung der ↗Braunwurzgewächse.

Chamaeidae [Mz.; v. *chamae-], die ↗Zaunkönigmeisen.

Chamaeleonidae [Mz.; v. gr. chamaileōn = Chamäleon], die ↗Chamäleons.

Chamaemyiidae [Mz.; v. *chamae-, gr. myia = Fliege], die ↗Blattlausfliegen.

Chamaephyten [Mz.; v. *chamae-, gr. phyton = Gewächs], Bez. für den Lebensformtyp der Zwergsträucher; Zwergsträucher sind Pflanzen, deren Überdauerungsknospen in 1–50 cm Höhe über dem Boden liegen u. damit i. d. R. den Schutz der Schneedecke genießen.

Chamaesaura w [v. *chamae-, gr. saura = Eidechse], Gatt. der ↗Gürtelechsen.

Chamaesiphonaceae [Mz.; v. *chamae-, gr. siphōn = Röhre, Rinne], Fam. der Cyanobakterien (Ord. *Chroococcales*), von einigen Autoren auch einer eigenen Ord., *Chamaesiphonales*, zugeordnet (↗Dermocarpales); einzellige od. kurz fadenförm., unverzweigte Formen, die in Basis u. Spitze differenziert sind; mit der Basis sitzen sie auf Steinen od. Algen fest. Die Gatt. *Chamaesiphon*, die Zwergscheide, lebt untergetaucht in schnellfließenden Bächen, oft in Massen; die Vermehrung erfolgt durch Knospung (Exosporenbildung) am apikalen Ende.

Chamäleonfliege, *Stratiomys chamaeleon*, ↗Waffenfliegen.

Chamäleons [Mz.; v. gr. chamaileōn = Chamäleon (wörtl. „Erdlöwe")], *Chamaeleonidae*, Fam. der Echsen mit über 80 Arten; 3–63 cm lange, in Afrika, S-Spanien, SW-Asien, Indien u. Madagaskar beheimatete, vorwiegend tagaktive Schuppenkriechtiere. Die eigenart., dem Leben auf Bäumen und Sträuchern ausgezeichnet angepaßten C. haben einen kant. Kopf u. einen seitl. abgeflachten Rumpf. Zahlr. Arten besitzen hohe Rückenkämme bzw. horn- od. helmart. Auswüchse auf dem Kopf. Die großen Augen, v. dicken, beschuppten, kreisförm., nur die kleinen Pupillen freilassenden Lidern umschlossen, können sich unabhängig voneinander in jede Richtung bewegen. Die bisweilen körperlange Zunge ist an der Spitze keulenförm. verdickt u. klebrig; in der Ruhe zurückgezogen, wird sie beim Beutefang blitzschnell (in $1/25$ s) u. weit vorgeschnellt. Farbstoffzellen der Haut mit verschiebbarem Pigment ermöglichen einen ständ., sehr ausgieb. Farbwechsel, der teils v. äußeren (Wärme, Licht), teils v. inneren Ursachen (Erregung, Hunger usw.) beeinflußt wird. Obwohl die Gliedmaßen gut entwickelt sind, trägt auch die langsame Fortbewegung dazu bei, sie in ihrer Umgebung unauffällig zu machen. Hände u. Füße sind zu Greifzangen mit zu zweien od. dreien verwachsenen Fingern u. Zehen (an den Händen weisen 3 miteinander verwachsene nach außen u. 2 nach innen; an den Füßen umgekehrt) umgebildet; zus. mit dem runden, einrollbaren Greifschwanz, der nicht abwerfbar (↗Autotomie) ist, eignen sie sich hervorragend zum Klettern od. Festhalten selbst an dünnen Ästen. C. ernähren sich hpts. v. Insekten, aber auch v. anderen Wirbellosen (Asseln, Würmer, Schnecken usw.); größere Arten verzehren gelegentl. kleinere Wirbeltiere. Die meisten Arten sind ovipar, wobei die pergamentschal. Eier (bei großen Arten bis zu 40 Stück) in einem selbstgegrabenem Erdloch verscharrt werden; nur bei einigen, in kühleren Klimaten lebenden Arten schlüpfen die Jungen sofort nach der Eiablage. – Es werden 2 Gatt. unterschieden: die artenreichere Gatt. der Eigentlichen C. (*Chamaeleo*) umfaßt rund 70 Arten; die Vertreter der Stummelschwanz-C. (*Brookesia*) sind meist kleiner u. haben einen wesentl. kürzeren, nicht mehr als Greiforgan genutzten Schwanz; sie leben oft auch am Boden in den Waldgebieten auf Madagaskar sowie in W-, Zentral- u. O-Afrika u. besitzen keinen Rücken- od. Bauchkamm. Einzige auch in Europa (im äußersten S des Kontinents u. auf mehreren Inseln im östl. Mittelmeerraum) lebende Art ist das 25–30 cm lange Gewöhnliche Chamäleon (*Chamaeleo chamaeleon*, B Mediterranregion II). Die gelegentl. auch am Boden lebende, sehr unverträgl. Echse hat außer dem v. Kinn zum After verlaufenden Bauchkamm einen kürzeren, leicht gezähnten Rückenkamm, einen stumpf pyramidenförm. Helm auf dem Hinterkopf u. gleichart., zieml. kleine Schuppen. – Im Terrarium benötigen die möglichst einzeln zu haltenden C. verhältnismäßig viel Raum, abwechslungsreiches Futter u. regelmä-

chamae- [v. gr. chamai = am Boden, auf der Erde, niedrig], in Zss.: Erd-, nieder-, auch zwerg-.

Chamäleon beim Fang eines Insekts

Bei C vermißte Stichwörter suche man auch unter K und Z.

Chamazulen

ßige Trinkwassergaben; eine längere Haltung ist aber schwierig. B Einsicht. *H. S.*

Chamazulen s [v. *chamae-, span. azul = blau], ein in Kamillen u. Schafgarben enthaltenes Azulen v. entzündungshemmender Wirkung.

Chamberland-Kerze [schängbärläng-; ben. nach dem frz. Bakteriologen C. E. Chamberland, 1851–1908], bakteriendichtes Filter aus unglasiertem Porzellan zur Kaltfiltration v. Gasen u. Flüssigkeiten; heute meist durch andere ↗ Bakterienfilter ersetzt.

Chamisso [scha-], *Adelbert* von, eig. *Louis Charles Adélaide de C. de Boncourt*, dt. Schriftsteller u. Naturforscher, * 30. 1. 1781 Schloß Boncourt (Champagne), † 21. 8. 1838 Berlin; aus lothring. Adelsfamilie, emigrierte während der Frz. Revolution nach Berlin; preuß. Offizier bis 1807; dann lit. Arbeiten, 1812–15 Studium der Botanik u. Medizin; 1815–18 als Naturforscher an einer russ. Weltexpedition beteiligt, später Kustos am Bot. Garten Berlin. Unabhängig v. seinem literar. Werk wurde er in der Biol. wegen der Entdeckung des Generationswechsels (Metagenese) der Tiere 1819 an Salpen (Tunikaten) bekannt.

Chamorchis w [v. *chamae-, gr. orchis = Knabenkraut], die ↗ Zwergorchis.

Champignon m [schänpinjõn; frz., = Pilz], ↗ Champignonartige Pilze.

Champignonartige Pilze [schänpinjõn-; v. frz. champignon = Pilz], *Schirmlings-* und *Egerlingsartige, Agaricaceae,* Fam. der Blätterpilze mit 16 Gatt. (nach Moser, 1983). Der dünnfleischige bis fleischige Fruchtkörper ist in Stiel u. Hut (anfangs kugelig, dann ausgebreitet) gegliedert. Das Hymenophor wird i. d. R. von ganzrandigen, freien Lamellen gebildet. Das Sporenpulver ist weiß, grünl. rosa bis dunkelbraun; der Stiel ist v. einem Velum partiale beringt; einige Arten haben auch ein Velum universale, meist leicht vergänglich. Sporen relativ dickwandig, bei manchen Gatt. mit Keimporus. C. wachsen in Wäldern, auf Wiesen u. Weiden, Humus, in Gärten u. Gewächshäusern, auf totem u. lebendem Pflanzengewebe. Die Gatt. *Agaricus* L. ex. Fr. (= *Psalliota* Fr. = *Pratella* Gray.), die Champignons od. Egerlinge, umfaßt in Europa ca. 70 Arten mit vielen guten Speisepilzen. Im Ggs. zu den Knollenblätterpilzen sind die Lamellen nie rein weiß, sondern hellgrau, rosa bis schwarzbraun; das weiße Fleisch rötet sich beim Anschneiden; der beringte Stiel ist unverdickt od. besitzt eine knollige Basis. Gute Speisepilze sind der Wiesenchampignon (*A. campestris*) u. der Waldchampignon (*A. arvensis*), der durch seinen anis- od. bittermandelart. Geruch auffällt. Schwach

chamae- [v. gr. chamai = am Boden, auf der Erde, niedrig], n Zss.: Erd-, nieder-, auch zwerg-.

chan-, chann- [v. gr. chanē bzw. channos = ein Meeresfisch mit weitem Maul].

A. von Chamisso

Champignonartige Pilze
Wichtige Gattungen: Champignons (Egerlinge, *Agaricus*)
↗ Riesenschirmlinge (*Macrolepiota*)
↗ Schirmlinge* (*Lepiota*)
↗ Körnchenschirmlinge* (*Cystoderma*)

*Diese Gatt. werden in seinem systemat. Einteilungen von den C. n P. n abgetrennt u. in einer eigenen Ord., der Schirmlingsartigen (*Lepiotaceae*), zusammengefaßt.

giftig ist der Giftegerling *(A. xanthodermis)*, eine stark gilbende Form, mit chromgelber Stielknolle u. Karbolgeruch. Große wirtschaftl. Bedeutung hat der Kulturchampignon (*A. hortensis, A. bisporus,* vgl. S. 217); neben dem guten Geschmack besitzt er einen hohen Vitamin- u. Mineralgehalt. Sein Hut ist weiß oder kleinschuppig braun. An den Basidien entwickeln sich je 2 Sterigmen, aus denen je eine paarkernige Basidiospore heranwächst. □ Blätterpilze, B Pilze IV.

Chancelade [schãßelad^e], *Mensch von Chancelade,* Skelettfund eines 35–40jähr. Mannes bei Chancelade (Dépt. Dordogne, S-Frankreich); Datierung: Magdalénien; fr. als Vertreter einer eigenen Rasse u. als Vorfahr der Nordiden bzw. der Eskimos betrachtet; heute wird der ausgesprochen neuzeitl. Langschädel (Hirnvolumen ca. 1710 cm^3) als späte Variante der ↗ Aurignaciden angesehen.

Chanda w [wohl v. gr. chandos = gähnend, mit weit geöffnetem Maul], Gatt. der ↗ Glasbarsche.

Chanidae [Mz.; v. *chan-], die ↗ Milchfische.

Channichthyidae [Mz.; v. *chann-], Fam. der ↗ Antarktisfische.

Channiformes [Mz.; v. *chann-, lat. forma = Gestalt], die ↗ Schlangenkopffische.

Chantransia w, Thallusform einer Generation vieler ↗ Rotalgen, z. B. *Batrachospermum;* meist kleines Lager, einfacher, verzweigter Zellfaden.

Chaoborus m [v. gr. chaos = leerer Raum, boros = gefräßig], Gatt. der ↗ Stechmücken.

Chaos-Theorie [v. gr. chaos = gähnend leerer Raum], untersucht diejenigen irregulären Bewegungen, die durch determinist. Gleichungen bestimmt sind, u. bei denen offensichtl. bekannte Naturgesetze v. „Zufälligem" u. „Unvorhersehbarem" überlagert sind; dadurch wird der Unterschied zw. zufälligen u. streng determinierten Ereignissen verwischt. Die C.-T. gewann im letzten Jahrzehnt verstärkt Interesse. Im Vordergrund steht ein Betrachtungswechsel, der vom Prinzip des *schwachen* Kausalitätsprinzips („Gleiche Ursachen haben gleiche Wirkung") zum *starken* Kausalitätsprinzip („Ähnliche Ursachen haben ähnliche Wirkungen") führt. Da durch die begrenzte techn. Genauigkeit u. die Unbestimmtheitsrelation der Quantentheorie eine streng ident. Wiederholung eines Experiments grundsätzl. unmögl. ist, erfolgt also im Grunde eine Reduktion vom schwachen zum starken Kausalitätsprinzip. In der Konsequenz heißt das: ein System reagiert auf kleinste Veränderungen seiner „Ursachen" extrem empfindl. („sensible Abhängigkeit v. den Anfangsbedingungen"), so daß bei minimaler Veränderung der Anfangsbedingungen unvorhersehbare Abweichungen, die explosionsartig anwachsen, auftreten können, die zum „Chaos" führen. Man spricht dann v. Chaos, wenn 1. in einem System sensible Abhängigkeit besteht, woraus 2. eine Verletzung des starken Kausalitätsprinzips resultiert, 3. keine Periodik, auch keine Überlagerung v. Perioden, auftritt; daraus ergibt sich 4. als entscheidende Konsequenz die Unberechenbarkeit des langfrist. Verhaltens eines Systems. Chaos scheint die Regel zu sein. Im streng mathemat. Sinne sind alle Systeme mit mehr als 2 Freiheitsgraden stark chaosverdächtig. In der Biologie greift die C.-T. z. B. in Modelle der Populationsdynamik u. Genetik ein, in der Chemie in Modelle des Zeitablaufs bestimmter Reaktionen (Belousov-Zhabotinsky-Reaktion, ↗biochemische Oszillationen), die über photochem. Effekte moduliert werden, in der Meteorologie in Modelle der Wettervorhersage im weitesten Sinn (Lorenz-Modell). Die Konsequenz der Ergebnisse der C.-T. ist, daß wohl allg. alle langfrist. Prognosen skept. zu betrachten sind u. daß, obwohl man noch am Anfang der Theorie steht, sicher ist, daß u. a. die Rolle der Begriffe „Notwendigkeit" u. „Zufall" – auch im philosoph. Sinn – neu zu bewerten ist.

Lit.: Haken, H.: Synergetik. Berlin – Heidelberg – New York 1982.

Chaparral m [tschaparral; span., = Eichenbusch], natürl., zonale Hartlaubvegetation Mittel- u. S-Kaliforniens, die der mediterranen Macchie entspricht; eine artenreiche Gebüschformation, in der die Gatt. *Quercus, Arctostaphylos, Ceanothus* u. *Adenostoma* mit vielen Arten vertreten sind. Brand ist ein natürl. Standortsfaktor, der den Charakter der Vegetation kaum beeinflußt, da die Sträucher immer wieder ausschlagen. Die Wurzeln der Pflanzen können bis 8 m tief in den Boden eindringen, wodurch auch im Sommer noch eine geringe Wasseraufnahme mögl. ist. Alle Arten besitzen Mykorrhiza od. Knöllchenbakterien zur zusätzl. Stickstoffaufnahme.

Chapelle-aux-Saints [schapälo̱ßä̱n] ↗La-Chapelle-aux-Saints.

Characeae [Mz.; v. *char-], Fam. der ↗ *Charales,* Armleuchteralgen, umfaßt 6 Gatt. mit über 300 Arten, davon entfallen auf die Gatt. *Chara* (B Algen III) ca. 115 Arten. Die Haupt- u. Nebenachsen des schachtelhalmart. Thallus sind v. Berindungsfäden umhüllt. Weltweit verbreitet sind z. B. *C. vulgaris* u. *C. fragilis.* Die ähnl. gestalteten, ca. 150 Arten der Gatt. *Nitella* besitzen keine Berindungsfäden. In Eu-

Champignonartige Pilze
Die erwerbsmäßige Kultur des Kulturchampignons begann im 16. Jh. in Fkr., urspr. ab 1800 auch in geschlossenen Räumen, z. B. in Kellern, Bergwerksstollen, alten Bunkern u. Brauereikellern mit möglichst konstanter Temp. (12–15 °C). Früher wurde als Kultursubstrat komposierter Pferdemist verwendet, heute oft mit Stroh vermischter, komposierter Hühnermist od. synthet. Kompost (Cellulosegrundlage, z. B. Stroh, Sägemehl, mit mineral. u. organ. Dünger). Die Beimpfung der Kulturbehälter od. Kulturbeete erfolgt mit Champignonbrut (vegetatives Mycel im Nährboden), die unter keimfreien Bedingungen angezogen wird. Der Champignon ernährt sich v. Proteinen, Cellulose u. Lignin, die im komposierten Nährboden angereichert sind. Die Ernte erstreckt sich über mehrere Wochen. Der Ertrag beträgt bis 14 kg pro m² Kulturfläche. Die weltweite Erzeugung betrug 1980 rund 800 000 t.

char- [v. lat. chara = eine Knollenfrucht v. bitterem Geschmack, wahrsch. Russischer Meerkohl oder Kümmelwurzel].

ropa ist *N. syncarpa,* bis 70 cm hoch, weit verbreitet. Von der Gatt. *Tolypella* sind ca. 15 Arten bekannt, sie ähnelt *N.,* Seitentriebe sind aber unverzweigt. *T. prolifera* wächst vereinzelt u. selten in Sümpfen.

Characiaceae [Mz.; v. gr. charakion = kleiner Pfahl], Fam. der *Chlorococcales,* meist spindelförm. einzell. Grünalgen, die vielfach mit Gallertstiel auf Algen od. Wasserpflanzen festsitzen, z. B. *Characium acuminatum.* Die characiumähnl. Gatt. *Ankyra* besitzt zweiteil. Zellwand u. trägt an jedem Zellpol eine lange Borste. *A. ancora* ist weltweit in Teichen u. Seen verbreitet.

Characidiidae [Mz.; v. gr. charakion = kleiner Pfahl], Fam. der ↗Salmler.

Characoidei [Mz.; v. gr. charax = Pfahl; ein Seefisch], die ↗Salmler.

Charadriidae [Mz.; v. gr. charadrios = wohl Regenpfeifer], die ↗Regenpfeifer.

Charadriiformes [Mz.; v. gr. charadrios = wohl Regenpfeifer, lat. forma = Gestalt], die ↗Wat- und Möwenvögel.

Charakter m [gr., = Prägung, Kennzeichen], in der Psychologie bleibende Eigenarten eines Menschen, beschrieben durch die Persönlichkeitspsychologie *(Charakterologie).* Neben Erziehung u. Umwelt gehen auch angeborene Züge in den C. ein.

Charakterart ↗Assoziation.

Charakter-Displacement s [-dißpläißm'nt; v. engl. displacement = Verschiebung], *Merkmalsdivergenz, Kontrastbetonung,* beschrieben nach Brown und Wilson (1956) die Tatsache, daß sich zwei nahe verwandte Arten in dem Teil ihres Verbreitungsgebiets, in dem sie gemeinsam vorkommen, in einem od. mehreren Merkmalen deutl. unterscheiden, während sie in den Teilen ihrer Verbreitungsgebiete, wo nur eine Art alleine vorkommt, nahezu ununterscheidbar ähnl. sind. Die Merkmale können morpholog., ökolog., etholog. od. physiolog. Natur sein. Das Phänomen des C.s ist wichtig bei der Beurteilung der Bedeutung der interspezif. Konkurrenz als Selektionsfaktor für die Herausbildung v. Nischenunterschieden (ökolog. Differenzierung v. Arten). Das C. ermöglicht den Vergleich von zwei Zuständen, einem, in dem Konkurrenz wirksam ist, und einem, in dem Konkurrenz fehlt; damit liefern die Beispiele des C.s vergleichbare „Kontrollwerte" für die Konkurrenzwirkung. B 218.

Charakterkonvergenz w [v. lat. convergere = sich hinneigen], *Merkmalsangleichung, Kontrastvermeidung,* wird v. einigen wenigen Evolutionsökologen als ein mögl. Mechanismus zur Vermeidung v. interspezif. Konkurrenz diskutiert. Danach sollen sich Arten mit ident. ökolog. Nische (was es nach der Nischen-Theorie nicht geben kann) in den Merkmalen gleichen,

Bei C vermißte Stichwörter suche man auch unter K und Z.

CHARAKTER-DISPLACEMENT

Kontrastbetonung

Nahe verwandte Arten weisen in jenen Teilen ihres Verbreitungsgebietes, in denen sie nebeneinander vorkommen *(Überlappungsgebiet)*, in manchen Fällen stärkere Differenzen auf als außerhalb dieses Gebietes. Nur im Überlappungsgebiet können sie sich *Konkurrenz* machen und diese durch die Ausbildung unterschiedlicher *Nahrungsnischen* abschwächen. Dies äußert sich z.B. bei 2 Kleiberarten *(Sitta neumayer*, dem *Felsenkleiber* und *Sitta tephronota* aus der *Ferghana)* in Unterschieden des Schnabelbaues; auch optische Artkennzeichen werden im Überlappungsbereich stärker different und können so in den Dienst der Isolation treten: im Überlappungsgebiet hat *Sitta tephronota* einen stärkeren Schnabel und eine betontere Kopfzeichnung, *Sitta neumayer* dagegen einen feineren Schnabel und eine abgeschwächtere Kopfzeichnung als im „nicht-gestörten" Verbreitungsgebiet.

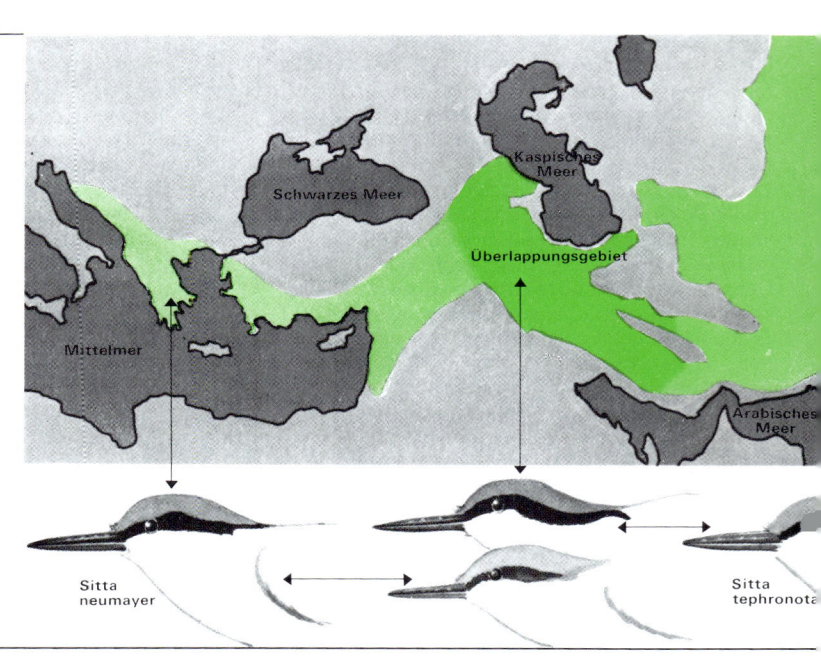

Charales

Familien:
↗ *Characeae* (rezente u. fossile Arten bekannt)
Clavatoraceae (fossil aus dem Jura bekannt)
Palaeocharaceae (fossil aus dem Oberkarbon bekannt)

---

die revierkampfauslösende Eigenschaften besitzen. Damit soll es zw. diesen Arten zu interspezif. Territorialität kommen; d.h., die territorialen Individuen beider Arten verhalten sich wie Angehörige einer Art u. erkennen sich nicht als verschiedene Arten. Dies soll dazu führen, daß die beiden Arten trotz ident. ökolog. Nischen koexistieren können, indem sie den zur Bildung v. Revieren verfügbaren Raum unter sich teilen.

Charales [Mz.; v. *char-], *Armleuchteralgen* i.w.S., Ord. der Grünalgen mit 3 Fam. (vgl. Tab.); Algen mit schachtelhalmart. Thallus, z.T. bis 1 m hoch, mit charakterist. Geschlechtsorganen. Sie sind eine in sich geschlossene Gruppe, die mit den Grünalgen nur Assimilationspigmente u. Reservestoffe gemein haben; sie wurden deshalb oft als eigene Kl. der *Charophyceae* geführt. Der Thallus wächst mit einschneidiger Scheitelzelle; er ist in lange Internodienzellen u. kurze Nodial-(Knoten-)Zellen gegliedert. Bedecken in stehenden od. schwach fließenden Gewässern oft große Flächen (Charawiesen). Sexuelle Fortpflanzung durch Oogamie; das mit bloßem Auge erkennbare Oogonium (Nuculus) ist spiralig v. Berindungsfäden umhüllt. Das kugel. ♂ Gametangium (Globulus) ist komplex gebaut, es enthält im Innern mehrere vielzell. spermatogene Fäden, mit einem Gameten pro Zelle. Bei Reife durch Carotinoidanhäufung rötlich gefärbt. C. sind Haplonten. Vegetative Fortpflanzung durch 1 bis mehrzell. farblose Rhizoide od. Thallusknöllchen. B Algen III.

Charax *m* [gr., = Pfahl; ein Meerfisch], Gatt. der ↗ Salmler.

Charaxes, der ↗ Erdbeerbaumfalter.

Charetea [Mz.; v. *char-], *Armleuchteralgen-Ges., Chara-Ges.*, Kl. der Pflanzenges. mit 2 Ord. unterschiedl. Säuregrads; artenarme bzw. einartige Grünalgen-Ges. des Sublitorals nährstoffarmer, wenig turbulenter od. stehender Gewässer.

Chargaff-Regeln, v. dem östr. Biochemiker E. Chargaff (* 1905) u. seinen Mitarbeitern gefundene Gesetzmäßigkeiten über die quantitative Basenzusammensetzung v. DNA.

Chargaff-Regeln

1. Die Basenzusammensetzung variiert zw. unterschiedl. Spezies.
2. Die Basenzusammensetzung in verschiedenen Geweben der gleichen Art ist identisch.
3. Die Basenzusammensetzung innerhalb einer bestimmten Spezies ist konstant u. nicht v. Alter, Ernährungszustand od. v. Veränderungen der Umgebung abhängig.
4. Die Anzahl der Adeninreste entspricht immer der Anzahl der Thyminreste, u. ebenso entspricht die Anzahl der Guaninreste derjenigen der Cytosinreste; daraus folgt, daß die Anzahl der Purinreste immer gleich der Anzahl der Pyrimidinreste ist.
5. Die Basenzusammensetzung der DNA verwandter Arten ist sehr ähnl., während sich die Basenzusammensetzung phylogenetisch weit auseinander stehender Arten beträchtlich unterscheidet.

Charonia *w* [ben. nach Charon, dem myth. Fährmann der Unterwelt], die ↗ Tritonshörner.

Bei C vermißte Stichwörter suche man auch unter K und Z.

Charon-Phagen [Mz.; ben. nach Charon, dem myth. Fährmann der Unterwelt, v. gr. phagos = Fresser], Gruppe v. Abkömmlingen des ↗Lambda-Phagen, die als Vektoren für die Klonierung v. DNA verwendet werden.

Charpentieria w [ben. nach dem frz. Entomologen Toussaint de Charpentier [scharpäntje], 1780–1847], Gatt. der ↗Schließmundschnecken; *C. diodon* lebt an feuchten Stellen zw. Felsen der SW-Alpen.

Charsa, der ↗Buntmarder.

Chartreusin s [schartrösin], *Antibiotikum X-465A*, aus *Streptomyces*-Arten, bes. *S. chartreusis*, isoliertes Antibiotikum.

Charybdea w [ben. nach Charybdis, dem gefürchteten Strudel in der Straße von Messina], *Carybdea,* zu den Würfelquallen gehörende Gatt. der *Scyphozoa,* die bes. in trop. Häfen u. Flußmündungen vorkommt; dank eines starken Ringmuskels u. eines kräft. Velums können die Tiere schnell u. gezielt schwimmen. Größte Art ist *C. alata,* die 25 cm Höhe erreichen kann. *C. marsupialis* kommt auch im Mittelmeer vor.

Chasmogamie w [v. gr. chasma = Spalt, Öffnung, gamos = Hochzeit], Bestäubung einer Blüte in geöffnetem Zustand; i. d. R. bei Fremdbestäubung; Ggs.: Kleistogamie.

Chasmophyten [Mz.; v. gr. chasma = Spalt, phyton = Gewächs], höhere Pflanzen, die sich in Feinerdetaschen v. Felsspalten ansiedeln (v. a. im alpinen Bereich).

Chauliodontidae [Mz.; v. gr. chauliodous = mit vorstehenden Hauzähnen], die ↗Viperfische.

Chauna w [v. gr. chaunos = schlaff, locker, töricht], Gatt. der ↗Wehrvögel.

Chayote w [v. einer Sprache Mexikos], *Sechium edule, Chayota edulis,* Stachelgurke, urspr. in Brasilien heim. Kürbisgewächs; einzige Art der Gatt. *Sechium.* Mit Blattranken kletternde, über 10 m lange Sprosse bildende, ausdauernde Pflanze mit breiten, kant. Blättern u. kleinen, cremefarbenen, diöz. Blüten. Der unterständ. Fruchtknoten wird zu einer bis 1 kg schweren, 15 cm langen, grünen od. weißl. birnenförm., weich bestachelten Frucht, die nur einen einzigen, harten, bis zu 10 cm langen flach-ovalen Samen enthält. Dieser keimt in der Frucht, die sich an der Spitze öffnet, um dem Keimling den Austritt zu ermöglichen. Die Wurzel wird zu einer Rübe, deren Oberteil sich zu einer breiten Scheibe mit zahlr. Knospen entwickelt, die in den folgenden Jahren zu Sprossen auswachsen. Rübenbürtige Seitenwurzeln verdicken sich an ihrer Spitze zu yamswurzelart. Knollen, die bis zu 10 kg schwer werden u. ca. 20% Stärke enthalten.

char- [v. lat. chara = eine Knollenfrucht v. bitterem Geschmack, wahrsch. Russischer Meerkohl oder Kümmelwurzel].

cheir- [v. gr. cheir, Gen. cheiros = Hand].

Chayote
Die Pflanze, deren Wildform heute unbekannt ist, war bereits den Azteken bekannt u. wird heute außer im trop. und subtrop. Amerika auch in N- und W-Afrika u. im Mittelmeergebiet kultiviert. Sowohl die lange haltbaren Früchte als auch die jungen Triebe u. die Wurzelknollen werden als Gemüse verzehrt od. als Viehfutter verwendet. Die leichten, biegsamen Fasern der Sproßachse dienen zur Herstellung v. Hüten u. Matten.

Blätter und Frucht

Check-cross m [tschek-; engl., = Kontrollkreuzung], Kreuzung eines unbekannten Genotyps mit einem phänotyp. sich ident. ausprägenden, bekannten Genotyp, um anhand der Aufspaltung in der F_2-Generation zu überprüfen, ob das gleiche Gen, nicht ident. Gene od. unterschiedl. Allele den betreffenden Phänotyp bedingen.

Cheilanthes s [v. gr. cheilos = Lippe, anthos = Blüte], Gatt. der ↗Pteridaceae.

Cheilea w [v. gr. cheilos = Lippe, Rand], *Dragonerkappe,* Gatt. der Überfam. *Hipponicoidea,* Vorderkiemerschnecken, die nahezu festsitzend auf Steinen u. a. Hartsubstraten leben u. darauf meist eine kalk. Platte sezernieren, an die das napfförm. Gehäuse dicht herangezogen werden kann. Die wenigen Arten der Gatt. leben in warmen Meeren.

Cheilostomata [Mz.; v. gr. cheilos = Lippe, stoma = Mund], *Lippenmünder* („Lippe" = Deckel zum Verschließen der verkalkten Kapsel), Ord. der ↗Moostierchen; enthält die meisten der rezenten Moostierchen, vorläufig unterteilt in die U.-Ord. *Anasca* u. *Ascophora.*

Cheilymenia w [v. gr. cheilos = Lippe, Rand, hymenion = Häutchen], *(Mist-, Erd-)Borstlinge,* Gatt. der *Humariaceae;* Pilze mit lebhaft gelben bis roten Fruchtkörpern (Apothecien), die außen mit Haaren besetzt sind. C.-Arten wachsen auf Kuhmist, Pferdemist, Wildlosung u. a. tier. Kot, Treber, Kompost, anderen pflanzl. Resten u. auf der Erde.

Cheiracanthium s [v. *cheir-, gr. akanthion = kleiner Stachel], der ↗Dornfinger.

Cheiranthus m [v. arab. hairī = Nelke, gr. anthos = Blume], der ↗Goldlack.

Cheiridium s [v. *cheir-], Gatt. der Pseudoskorpione; *Ch. museorum* ist mit 1,1 bis 1,4 mm einer der kleinsten Pseudoskorpione; lebt unter Rinde, in Vogelnestern u. -käfigen, Scheunen usw.; oft liegen viele der winzigen Häutungsnester dicht beieinander; die Art kommt weltweit vor.

Cheirodon m [v. *cheir-, gr. odōn = Zahn], die ↗Neonfische.

Cheirolepidaceae [Mz.; v. *cheir-, gr. lepis = Schuppe, Schale], *Hirmerellaceae,* v. der Obertrias bis zur Oberkreide verbreitete Fam. baumförm. *Voltziales* mit verwandtschaftl. Beziehungen evtl. zu den *Taxodiaceae.* Die wichtigste Gatt. *Cheirolepis (= Hirmerella)* erinnert durch die (allerdings spiralig stehenden) Schuppenblätter an die *Cupressaceae.* Kennzeichnend sind die ♀ Zapfen: In den Achseln v. Deckschuppen stehen Samenschuppenkomplexe aus 6–10 Schuppen mit 2 anatropen Samenanlagen. Die Samenschuppenkomplexe werden bei Reife abgeworfen.

Bei C vermißte Stichwörter suche man auch unter K und Z.

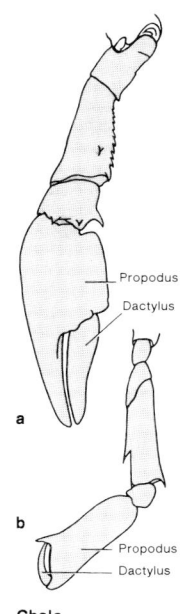

Chela

Beispiele für **a** eine Chela und **b** eine Subchela

Chelicerata

Klassen:
↗ Asselspinnen *(Pantopoda)*
↗ *Merostomata*
↗ Spinnentiere *(Arachnida)*

Chela w [v. gr. chēlē = Klaue, Krebsschere], *Schere*, charakterist. Greifextremität bei Krebs- u. Spinnentieren. Eine C. entsteht dadurch, daß vom vorletzten Glied der Extremität ein Fortsatz nach distal auswächst, gg. den das letzte Glied bewegt werden kann; sie hat deshalb immer einen bewegl. u. einen unbewegl. Scherenfinger. Wenn das vorletzte Glied nur verbreitert ist u. das letzte gg. das vorletzte eingeschlagen werden kann, spricht man v. einer *Subchela*. Chelat sind z. B. die Scherenfüße der meisten *Decapoda*, bes. eindrucksvoll beim Hummer (Ausnahme *Crangonidae* mit subchelaten ersten Pereiopoden), die Pedipalpen der Skorpione u. Pseudoskorpione u. die ↗ Cheliceren urspr. Spinnentiere; subchelat die ersten Pereiopoden bei Scherenasseln u. Flohkrebsen.

Cheleutoptera [Mz.; v. gr. chēleutos = geflochten, pteron = Flügel], die ↗ Gespenstschrecken.

Chelicerata [Mz.; v. gr. chēlē = Klaue, Krebsschere, keras = Horn], *Fühlerlose, Scherenhörnler*, U.-Stamm der *Amandibulata* mit den 3 Kl. ↗ *Merostomata*, ↗ Spinnentiere *(Arachnida)* u. ↗ Asselspinnen *(Pantopoda)*. C. besitzen keine Antennen u. keine gegeneinander arbeitenden Kiefer. Die Beute wird mit dem 1. Gliedmaßenpaar *(Cheliceren)* gegriffen, das häufig mit Scheren (↗ Chela) endet. Die Cheliceren sind den 2. Antennen der *Mandibulata* homolog. Die C. umfassen über 40 000 Arten; die größten rezenten Arten (z. B. Gatt. *Limulus*, Schwertschwanz) erreichen 60 cm Länge, die kleinsten kaum 1 mm (viele Milbenarten). Der fossile Seeskorpion *Pterygotus rhenanus* ist mit 1,8 m Länge das größte Gliedertier überhaupt. C. sind in großer Artenfülle bereits im fr. Erdaltertum entwickelt gewesen; im Karbon waren bereits alle Ord. vorhanden. *Körperbau:* der Körper ist stets in Vorderkörper (Prosoma), welcher der Lokomotion, u. Hinterleib (Opisthosoma), welcher der Verdauung, Atmung u. Fortpflanzung dient, geteilt. Das *Prosoma* besteht aus 6 gliedmaßentragenden Segmenten u. einem Akron. Die Tergite sind fast immer zu einer einheitl. Rückenplatte verschmolzen. Das folgende 7. Segment bildet häufig ein Gelenk zw. Pro- u. Opisthosoma. Bei Spinnen ist es zu einem Stielchen („Spinnentaille") reduziert. Das *Opisthosoma* besteht aus einer v. Gruppe zu Gruppe verschiedenen Segmentzahl. Urspr. beträgt sie wahrscheinlich 13 (12 Segmente + Schwanzstachel der reduzierten 13. Segments). Der oft segmentierte Hinterleib trägt keine Laufextremitäten. Die Begrenzung des Körpers nach außen bildet ein Skelett aus Chitin, das Apodeme nach innen entsendet. Häufig ist zusätzl. ein Endoskelett in Form einer ventral über dem Unterschlundganglion liegenden Platte (Endosternit) entwickelt. Apodeme u. Endosternit dienen dem Ansatz v. Muskulatur. *Gliedmaßen:* Das 1. Extremitätenpaar, die Cheliceren, dient dem Ergreifen u. bei manchen Gruppen Zerreißen v. Beute. Oft sind Scheren ausgebildet, bei den Webspinnen sind die Cheliceren zu Giftklauen umgewandelt. Das 2. Extremitätenpaar (Pedipalpen) ist bei den *Merostomata* als normales Laufbein ausgebildet. Häufig ist es aber zu Tast- od. Greifbeinen umgebildet od. bei Spinnen als Übertragungsorgan der Spermien od. bei Skorpionen als Greifscheren spezialisiert. Die restl. 4 Prosomaextremitäten sind stabförm. Laufbeine. Die Extremitäten sind i. d. R. ebenso gebaut wie bei den Insekten, jedoch ist meist zw. Femur u. Tibia ein zusätzl. Glied (Patella) vorhanden. Am Opisthosoma treten nur bei den wasserlebenden Xiphosuren Extremitäten in Form v. Kiemenbeinen auf. Bei landlebenden C. sind beim erwachsenen Tier nur stark umgewandelte Gliedmaßen (Spinnwarzen, Fächerlungen, Kämme) zu finden. Embryonal werden an allen Segmenten Extremitätenknospen angelegt. *Verdauungssystem:* Vom Mund, der bei den Ord. an verschiedener Stelle des Prosomas liegen kann, führen Pharynx u. Oesophagus zum Mitteldarm. Dieser trägt zahlr. Divertikel. Hier werden Enzyme abgegeben, welche die Nahrung grob spalten. Die Verdauung erfolgt intrazellulär. Ein After ist fast immer vorhanden. *Exkretion:* im Opisthosoma sind schlauchförm. Malpighische Gefäße entwickelt, die im Ggs. zu den Verhältnissen bei Insekten entodermaler Herkunft sind. Zusätzl. haben manche im Prosoma Coxaldrüsen, die umgebildete Nephridien darstellen. Sie münden an der Basis v. Laufbeincoxen. *Atmungsorgane* können als Kiemenbeine, Fächerlungen oder Röhrentracheen auftreten; bei Arten geringer Körpergröße sind sie oft reduziert (z. B. manche Pseudoskorpione u. Milben). *Blutgefäßsystem:* ein im Opisthosoma liegendes röhrenförm. Herz treibt Blut in ein meist reich entwickeltes Gefäßsystem (Reduktion bei Kleinformen). Die Enden der Arterien sind offen u. entlassen das Blut in Lakunen. Das Blut sammelt sich in einem ventral im Opisthosoma liegenden Sinus (hier Atmungsorgane), von wo es seitl. zum Perikardialsinus aufsteigt u. durch segmental angeordnete Ostien ins Herz zurückfließt. Das *Nervensystem* ist ein Strickleiternervensystem, dessen Ganglien jedoch sowohl im Kopf- als auch im Rumpfbereich zu einheitl. Komplexen ver-

Bei C vermißte Stichwörter suche man auch unter K und Z.

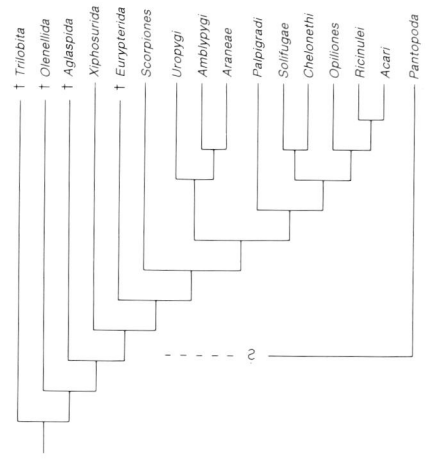

schmolzen sind (Ober- u. Unterschlundganglion). Das Oberschlundganglion besteht aus Proto- u. Tritocerebrum, das Deutocerebrum fehlt. *Sinnesorgane* sind in Form v. Augen u. verschiedensten Haarsensillen ausgebildet. Bei ursprünglichen C. *(Xiphosura)* sind die Seitenaugen Facettenaugen, die Medianaugen Einzelaugen. Alle anderen C. haben nur Einzelaugen, die teilweise od. völlig reduziert sein können. Die *Gonaden* liegen fast stets im Opisthosoma. Sie bilden primär paarige, einfache od. verästelte Organe, die immer auf dem 2. Opisthosomasegment (8. Sternit) ausmünden. *Verwandtschaftsbeziehungen:* Die C. haben ihren Ursprung in trilobitenähnl. Vorfahren. Ein wichtiges Schlüsselereignis in ihrer Evolution war mit Sicherheit der Übergang zur räuber. Lebensweise. Die Trilobiten waren wahrscheinlich Kleinstpartikelfresser mit einer ventralen Nahrungsrinne. Die Ausbildung v. Chelicieren u. eines starren Prosomas, unter dem die Nahrung festgehalten werden konnte, erlaubte die Aufnahme größerer, wahrscheinl. lebender Beute. Die ventrale Nahrungsrinne wurde überflüssig. Die gesamte weitere Entwicklung innerhalb der C. kann man als Effizienzsteigerung der räuber. Lebensweise betrachten. Über die Verwandtschaft der Cheliceratengruppen untereinander gehen die Meinungen noch auseinander. *C. G.*

Cheliceren [Mz.; v. gr. chēlē = Klaue, Krebsschere, keras = Horn], *Kieferfühler,* vorderstes Gliedmaßenpaar der *Chelicerata* (Spinnentiere); sie dienen dem Ergreifen der Beute u. spielen oft eine Rolle beim Freßakt u. als allgemeines Greifwerkzeug; sie können auch Stridulationsorgane tragen. C. sind höchstens 3gliedrig u. bilden am Ende eine Schere (☐ *Chela*). Bei Geißelspinnen, Kapuzenspinnen u. Webspinnen sind sie nur 2gliedrig. Das Endglied ist eine Klaue, die gg. das Grundglied eingeschlagen werden kann *(Subchela).* Manche Milben bilden die C. zu Stechorganen um, bei Webspinnen führt ein Giftkanal hindurch. Die C. sind der 2. Antenne der *Mandibulata* homolog. B Gliederfüßer II.

Chelidae [Mz.; v. *cheli-], die ⁊ Schlangenhalsschildkröten.

Chelidonin *s* [v. gr. chelidonion = Schöllkraut], *Stylophorin,* Alkaloid aus dem Milchsaft des Schöllkrauts *(Chelidonium majus),* dessen Hauptalkaloide C. und Berberin sind. C. ist ein Mitosegift u. Tumorhemmstoff u. wirkt außerdem gg. grampositive Bakterien. Verwendet wird C., dessen beruhigende, analget. u. spasmolyt. Eigenschaften schwächer sind als die v. Morphin u. Papaverin, bei Magen- u. Darmschmerzen sowie gg. Krämpfe bei Asthma. Die frühere Anwendung des ätzenden blasenerzeugenden Schöllkrautsafts als Warzenmittel ist vermutl. auf die Wirkung von C. zurückzuführen. [⁊ Schöllkraut.

Chelidonium *s* [v. gr. chelidonion =], das

Chelidurella *w* [v. gr. chēlē = Klaue, Schere, oura = Schwanz], Gatt. der ⁊ Ohrwürmer.

Chelifer *m* [v. gr. chēlē = Klaue, Krebsschere, lat. -fer = -tragend], der ⁊ Bücherskorpion.

Chelmon *m* [gr., = Lippfisch, Dickmaul], Gatt. der ⁊ Borstenzähner.

Chelodina *w* [v. *chelo-], Gatt. der ⁊ Schlangenhalsschildkröten.

Cheloneti [Mz.; v. gr. chēlē = Klaue, Schere], die ⁊ Pseudoskorpione.

Cheloniidae [Mz.; v. *chelo-], die ⁊ Meeresschildkröten.

Chelonoidis *w* [v. *chelo-, gr. -oeidēs = -artig, -ähnlich], U.-Gatt. der ⁊ Landschildkröten.

Chelophyes *s*, Gatt. der ⁊ Calycophorae.

Chelura *w* [v. gr. chēlē = Krebsschere, oura = Schwanz], Gatt. der Flohkrebse, ⁊ Bohrflohkrebs.

Chelus *w* [v. gr. chelys = Schildkröte], Gatt. der ⁊ Schlangenhalsschildkröten.

Chelydridae [Mz.; v. gr. chelydros = Wasserschildkröte], die ⁊ Alligatorschildkröten.

Chemie *w* [v. *chem-], die Lehre v. den Eigenschaften, Umwandlungen u. Anwendungen der Stoffe; Zweig der exakten Naturwissenschaften. Nach dem Arbeitsziel unterscheidet man *reine* u. *angewandte* C., nach den untersuchten Stoffen *anorgan.* u. *organ.* C. *(C. der Kohlenstoffverbindungen).* Die Untersuchung v. aus Lebewesen stammenden Stoffen ist Gegenstand der ⁊ Biochemie. Zur Erkennung eines Stoffes wird versucht, diesen in möglichst reiner Form zu isolieren u. in kleinere Bestandteile zu zerlegen od. mit spezif. anderen Stoffen in charakterist. Weise umzu-

---

Chelicerata
Stammbaum der Chelicerata nach Weygoldt u. Paulus

cheli-, chelo- [v. gr. chelōne bzw. chelys = Schildkröte].

chem-, chemi-, chemo- [v. gr. chēmeia, chymeia = Chemie; abzuleiten v. chyma = Metallmischung, v. cheein = gießen].

Bei C vermißte Stichwörter suche man auch unter K und Z.

Chemilumineszenz

> **Chemie**
>
> Die Chemie hat dem Menschen Mittel an die Hand gegeben, neue Stoffe zu erzeugen u. neue Nahrungs- u. Siedlungsräume durch chem.-biolog. Arbeiten zu erschließen. Sie hat neue u. vielfältige Baustoffe u. Ausnutzungsmöglichkeiten geliefert, in Metallegierungen u. Kunststoffen hochwertige, der Natur urspr. fremde Werkstoffe hergestellt. Mit Hilfe der C. ist es mögl. geworden, einerseits pharmazeut. Mittel zur Bekämpfung v. Krankheiten u. Schädlingsbekämpfungsmittel, andererseits aber auch Kampfmittel, wie Schieß- u. Sprengstoffe, u. chem. Kampfstoffe, wie Nervengifte, zu entwickeln.

setzen (Analyse); aus Atomen od. Molekülen werden andererseits neue chem. Verbindungen gebildet (Synthese). Die bekannten Stoffe sind aus den ↗chem. Elementen zusammengesetzt. Die kleinsten Einheiten, die noch deren Eigenschaften tragen, sind die ↗Atome. Zusammenschluß v. Atomen (↗chem. Bindung) führt zur Bildung neuer Stoffe. Die kleinste Einheit eines Stoffes, die noch die gesamten Eigenschaften des Stoffes hat, ist das Molekül (od. – falls aus sehr vielen Atomen aufgebaut – das Makromolekül). Der Vorgang der Vereinigung, Umgruppierung od. des Austausches v. Atomen od. Atomgruppen sowie der Austausch v. Elektronen wird als ↗chem. Reaktion bezeichnet. Die Beschreibung v. chem. Reaktionen erfolgt durch ↗chem. Gleichungen.

Chemilumineszenz w [v. *chem-, lat. lumen = Licht], *Chemolumineszenz,* die Erzeugung v. Licht durch chem. Vorgänge. C. kann auch durch enzymat. Reaktionen innerhalb lebender Organismen (↗Biolumineszenz) hervorgerufen werden.

chemiosmotische Hypothese ↗Atmungskette.

chemische Analyse ↗Analyse.

chemische Bindung, die Bindung, die zur Vereinigung v. Atomen zu den Molekülen od. auch die Aneinanderlagerung v. Molekülen verursacht. a) *Ionenbindung* (heteropolare B., polare B. oder Elektrovalenz): Abgabe bzw. Aufnahme v. einem oder mehreren Elektronen der Bindungspartner, z.B. Na· + ·Cl̈: → [Na]⁺ [:Cl̈:]⁻ (Außenelektronen sind durch Punkte wiedergegeben; dadurch Entstehung geladener Atome [Ionen]). Die zw. den entgegengesetzt geladenen Ionen wirkenden Anziehungskräfte F folgen dem Coulombschen Gesetz $F = f e^+ \cdot e^-/r^2$ (e^+ Ladung des Kations, e^- Ladung des Anions, r Abstand der beiden Ionen und f Proportionalitätsfaktor). Die durch Ionenbindung zusammengehaltenen Stoffe liegen nicht als Einzelmoleküle vor; vielmehr sind sie entweder in polaren Lösungsmitteln wie Wasser gelöst u. dabei mehr od. weniger in die betreffenden Anionen u. Kationen dissoziiert, od. sie bilden die feste Form v. Kristallgittern, in denen ebenfalls Anionen u. Kationen an räuml. getrennten Positionen fixiert sind. Stoffe mit Ionenbindung werden allg. als Salze bezeichnet. b) *Atombindung* (homöopolare B., unpolare B. oder Kovalenz): 2 Atome teilen sich gemeinsam ein od. mehrere Elektronenpaare, z.B. :Cl̈· + ·Cl̈: → :Cl̈:Cl̈:. c) *Metallbindung:* Metallatome geben ein od. mehrere Elektronen ab, u. die so entstehenden positiv geladenen Metallionen werden v. den negativen Elektronen zusammengehalten, z.B. Na· + ·Na → [Na]⁺ : [Na]⁺. d) *Van der Waalssche Bindung:* ist um sehr viel schwächer als die übrigen Bindungen; sie beruht auf elektrostat. Anziehung zw. Dipolen u. wirkt zw. Molekülen v. Gasen u. flücht., flüss. u. festen Stoffen. Zwischen den einzelnen Bindungstypen, die als Grenzfälle zu betrachten sind, sind Übergänge möglich, u. in der Mehrzahl der c. B.en sind Übergangstypen realisiert, so daß eine eindeutige Systematik sehr erschwert wird. Eine Reihe anderer Bindungsweisen, wie Ionen-Dipol-Bindung, Dipol-Dipol-Bindung, Wasserstoff(brücken)bindung, koordinative Bindung u. Komplexbindung, können z.T. in obige Hauptgruppen eingereiht werden.

chemische Elemente, chem. Grundstoffe, Stoffe, die sich durch chem. Verfahren nicht weiter zerlegen lassen. Die meisten c.n E. bestehen aus Gemischen v. ↗Isotopen. Die Reaktion c.r E. zu chem. Verbindungen erfolgt nur in ganz bestimmten Massenverhältnissen, durch die relative Atommasse u. Wertigkeit bestimmt. Für alle c.n E. wurden ↗chem. Symbole (Zeichen) eingeführt. Die Häufigkeit der c.n E. in der Erdrinde ist sehr unterschiedlich. Bis jetzt (1984) sind 108 natürl. u. synthet. c. E. bekannt. ↗Bioelemente.

chemische Energie, die bei der Bildung chem. Bindungen freiwerdende Energie. Die Reaktionen des Stoffwechsels gehen – wie alle chem. Reaktionen – mit mehr od. weniger großem Umsatz c.r E. einher (↗chem. Gleichgewicht); dabei wird immer ein gewisser Anteil der c.n E. in Wärmeenergie umgewandelt, während der restl. Anteil durch Bildung neuer chem. Bindungen als c. E. erhalten u. so für weitere chem. Reaktionen verfügbar bleibt.

chem-, chemi-, chemo- [v. gr. chēmeia, chymeia = Chemie; abzuleiten v. chyma = Metallmischung, v. cheein = gießen].

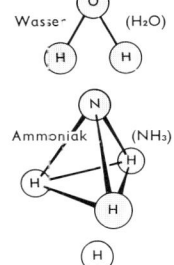

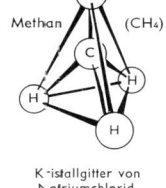

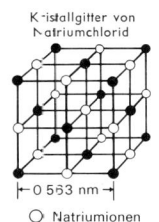

chemische Bindung

Raummodelle einiger Moleküle und Kristallgitter

> **chemische Bindung**
>
> In Biomolekülen sind mit Ausnahme der Metallbindung alle Bindungstypen vertreten. Die nicht räumlich gerichteten van der Waalsschen Bindungen zw. hydrophoben Bereichen u. die räumlich gerichteten Wasserstoffbrückenbindungen sind von bes. biol. Bedeutung, da sie für die spezif. Wechselwirkung v. Biomolekülen (z.B. bei der Bindung v. Substratmolekülen durch Enzyme od. bei Erkennungsreaktionen zw. Makromolekülen wie t-RNA, Ribosom und m-RNA) u. für die Ausbildung v. Sekundär- u. Tertiärstrukturen der Makromoleküle (Nucleinsäuren, Membrandoppelschichten, Polysaccharide, Proteine) verantwortlich sind.

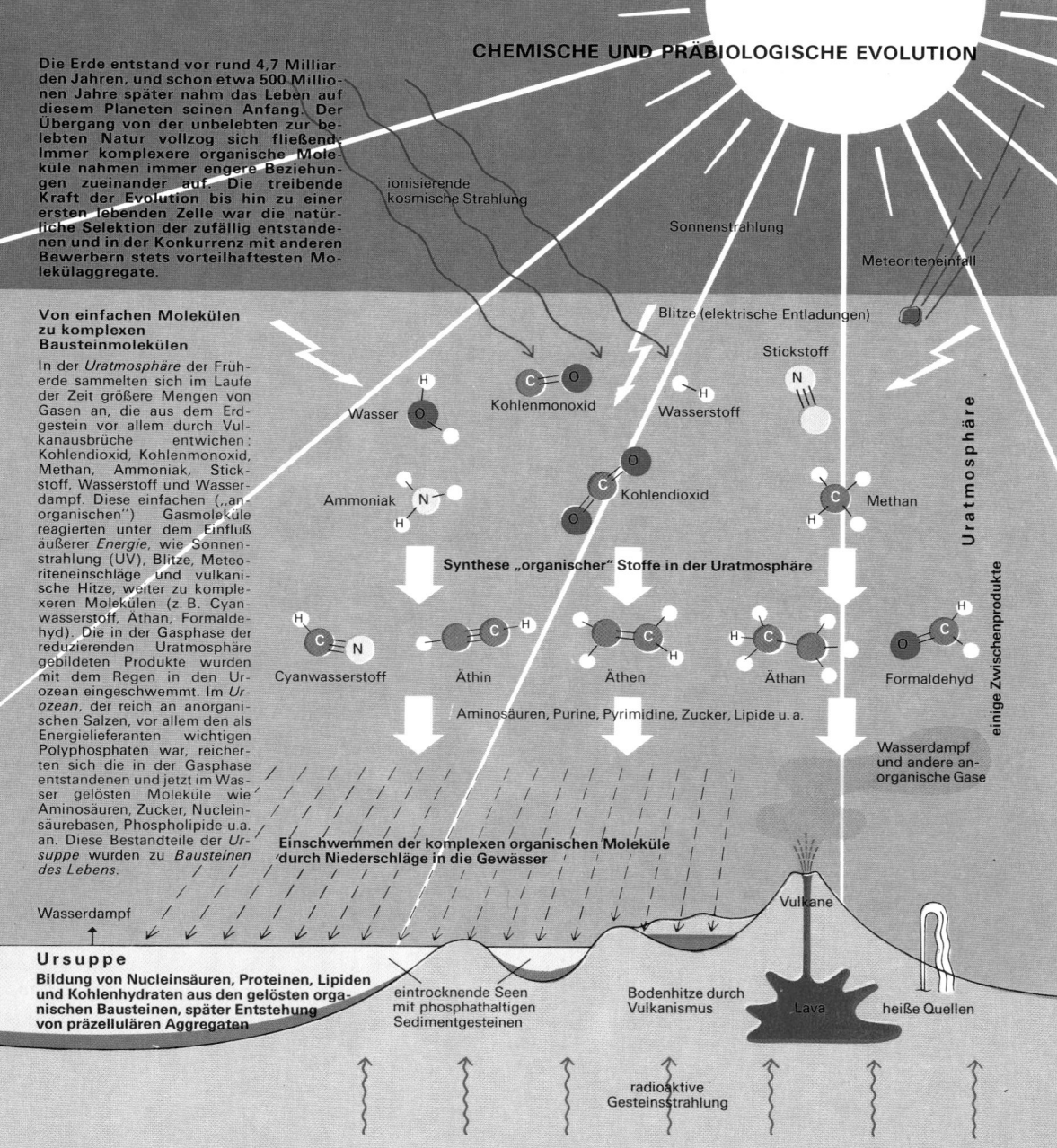

CHEMISCHE UND PRÄBIOLOGISCHE EVOLUTION

Die Erde entstand vor rund 4,7 Milliarden Jahren, und schon etwa 500 Millionen Jahre später nahm das Leben auf diesem Planeten seinen Anfang. Der Übergang von der unbelebten zur belebten Natur vollzog sich fließend. Immer komplexere organische Moleküle nahmen immer engere Beziehungen zueinander auf. Die treibende Kraft der Evolution bis hin zu einer ersten lebenden Zelle war die natürliche Selektion der zufällig entstandenen und in der Konkurrenz mit anderen Bewerbern stets vorteilhaftesten Molekülaggregate.

ionisierende kosmische Strahlung
Sonnenstrahlung
Meteoriteneinfall
Blitze (elektrische Entladungen)
Stickstoff
Wasser
Kohlenmonoxid
Wasserstoff
Ammoniak
Kohlendioxid
Methan
Uratmosphäre

Von einfachen Molekülen zu komplexen Bausteinmolekülen

In der *Uratmosphäre* der Früherde sammelten sich im Laufe der Zeit größere Mengen von Gasen an, die aus dem Erdgestein vor allem durch Vulkanausbrüche entwichen: Kohlendioxid, Kohlenmonoxid, Methan, Ammoniak, Stickstoff, Wasserstoff und Wasserdampf. Diese einfachen („anorganischen") Gasmoleküle reagierten unter dem Einfluß äußerer *Energie*, wie Sonnenstrahlung (UV), Blitze, Meteoriteneinschläge und vulkanische Hitze, weiter zu komplexeren Molekülen (z. B. Cyanwasserstoff, Äthan, Formaldehyd). Die in der Gasphase der reduzierenden Uratmosphäre gebildeten Produkte wurden mit dem Regen in den Urozean eingeschwemmt. Im *Urozean*, der reich an anorganischen Salzen, vor allem den als Energielieferanten wichtigen Polyphosphaten war, reicherten sich die in der Gasphase entstandenen und jetzt im Wasser gelösten Moleküle wie Aminosäuren, Zucker, Nucleinsäurebasen, Phospholipide u. a. an. Diese Bestandteile der *Ursuppe* wurden zu *Bausteinen des Lebens*.

Synthese „organischer" Stoffe in der Uratmosphäre

Cyanwasserstoff — Äthin — Äthen — Äthan — Formaldehyd

einige Zwischenprodukte

Aminosäuren, Purine, Pyrimidine, Zucker, Lipide u. a.

Wasserdampf und andere anorganische Gase

Einschwemmen der komplexen organischen Moleküle durch Niederschläge in die Gewässer

Wasserdampf

Ursuppe
Bildung von Nucleinsäuren, Proteinen, Lipiden und Kohlenhydraten aus den gelösten organischen Bausteinen, später Entstehung von präzellulären Aggregaten

eintrocknende Seen mit phosphathaltigen Sedimentgesteinen

Bodenhitze durch Vulkanismus

Vulkane
Lava
heiße Quellen

radioaktive Gesteinsstrahlung

Die Selbstorganisation der Materie

Die immer größer werdenden Makromoleküle in der Ursuppe nahmen vielfältige Beziehungen zueinander auf. Für die Entwicklung des Lebens waren vor allem solche Polymer-Aggregate von Bedeutung, in denen *Polynucleotide* und *Polypeptide* gemeinsam von einer schützenden *Lipidmembran* umschlossen wurden. Diese hatten eine längere Lebensdauer als frei herumschwimmende Aggregate. Im Innern dieser Lipidbläschen wuchsen die Polypeptide zu *Proteinen* und die Polynucleotide zu *Nucleinsäuren* Stufe um Stufe heran, wobei sich alle Molekülarten gegenseitig Hilfestellungen gaben. Diese *Evolutionseinheiten* waren zunächst jedoch noch sehr instabil; sie brachen leicht auseinander, um sich in neuer Kombination der einzelnen Partner wieder neu zu formen.

In dem Maße, in dem sich die Lipidmembran durch den Einbau von Proteinen stabilisierte, wurden auch die individuellen Evolutionseinheiten langlebiger. Bald hatten vor allem diejenigen Bläschen einen Selektionsvorteil gegenüber anderen Konkurrenten, die durch den Einbau von *Porenproteinen* eine Verbindung zwischen dem Bläscheninnern und der Ursuppe herzustellen schafften. Diesen Einheiten stand ein ständiger Nachschub von Bausteinen aus der Ursuppe zur Verfügung, so daß bald eine schnelle und nahezu fehlerfreie Verdopplung ihrer Nucleinsäure-Doppelstrangmoleküle erfolgen konnte.

Die immer spezifischer werdenden Beziehungen zwischen den Nucleinsäuren und den Proteinen gipfelten in der Entstehung des *genetischen Codes*, durch den eine *Aminosäure* einer bestimmten Dreiergruppe von *Nucleotiden* (einem *Codon*) eindeutig zugeordnet wurde. Der Code machte sich damit alles Geschehen in der Zelle untertan, und das bisher vorwiegend zufällige Zellgeschehen wurde nach dem Kommando der Nucleinsäure wohlgeordnet. So wurde mit der Entstehung des genetischen Codes die *Präzelle*, wurde *Leben* geboren.

Nur diejenigen Präzellen konnten sich in der an Bausteinen immer dünner werdenden Ursuppe auf die Dauer behaupten, denen der Aufbau von solchen Synthesewegen gelang, die die Zelle befähigten, sich durch Eigenproduktion mit organischen Bausteinmolekülen und dem Energielieferanten *ATP* selbst zu versorgen. Die von der äußeren Zufuhr von organischen Bausteinen unabhängig gewordene Zelle war zu einem autonomen Organismus, war zu einer echten *Zelle* geworden.

Als Speicher- bzw. Umsatzformen von c.r E. fungieren in der Zelle die energiereichen Verbindungen, wie Nucleosidtriphosphate, bes. ATP, Phosphoenolpyruvat, Kreatinphosphat u. a.

chemische Evolution, *Chemoevolution,* die allmähl. Entstehung v. Biomolekülen auf der Urerde vor dem Einsetzen der biol. Evolution aus den Komponenten der Uratmosphäre (Methan, Wasserstoff, Ammoniak, Wasser u. den Folgeprodukten Formaldehyd, Cyanwasserstoff u. a.) u. der Urmeere (der Ursuppen) mit Hilfe der auf der Urerde verfügbaren Energieformen (vgl. Tab.). Wichtige Stütze für eine c. E. sind ↗abiotische Synthesen v. „Biomolekülen", zuerst von S. L. Miller (↗Miller-Experiment) durchgeführt. B 223.

chemische Evolution

Mögliche Energiequellen für die Synthese organischer Moleküle auf der Urerde

Energiequelle	Energie*
Gesamte Sonnenstrahlung (Wellenlänge in Nanometern) sichtbares Licht: 700–400	10 900 000
Ultraviolettlicht (Wellenlänge in Nanometern)	
300–250	119 000
250–200	22 000
200–150	1 650
weniger als 150	168
Radioaktivität (bis zu einer Tiefe von 1 km unter der Erdoberfläche)	117
solare Winde	8
vulkanische Hitze	6
kosmische Strahlung	0,06

* Berechnet über die gesamte Erdoberfläche (in Kilojoule pro Quadratmeter pro Jahr)

chemische Formeln

Summenformel, ↗Bruttoformel; *Strukturformel,* gibt die Anordnung der Atome im Molekül an; die Bindung der Atome untereinander ist durch Striche wiedergegeben:

```
    H   H
    |   |
H — C — C — OH
    |   |
    H   H
```

(Äthylalkohol);

Gruppenformel, ist eine Zwischenlösung u. wird in der organ. Chemie für charakterist. Atome od. Atomgruppen v. anderen Teilen der Formeln durch Striche getrennt, z. B. C_2H_5–OH (Äthylalkohol), C_6H_5–CH_3 (Toluol) und CH_3–COOH (Essigsäure).

chemische Formeln, Schreibweisen der Zss. v. Stoffen mittels chem. Zeichen; man unterscheidet Summenformel, Strukturformel u. Gruppenformel.

chemische Gleichung, *chem. Reaktionsgleichung,* Darstellung chem. Vorgänge in Form einer algebraischen Gleichung, wobei die Anzahl der Atome bzw. Atomgruppen (und sofern Ionen u. Elektronen beteiligt sind, die Anzahl der elektr. Ladungen) auf beiden Seiten des Gleichheitszeichens dieselbe sein muß. Die miteinander reagierenden Stoffe stehen links, die neugebildeten rechts; z. B.

HCl + NaOH = NaCl + H_2O
Chlor- Natrium- Natrium- Wasser
wasserstoff hydroxid chlorid

Anstelle der Summen- od. Strukturformeln komplizierter aufgebauter Moleküle bzw. Makromoleküle werden in c.n G.en häufig Sammelbez. wie CoASH, NAD^+, ATP verwendet. Anstelle des Gleichheitszeichens werden oft Reaktionspfeile (in beiden Richtungen, wenn die betreffende Reaktion umkehrbar ist, in einer Richtung, wenn die betreffende Reaktion praktisch nur in dieser Richtung abläuft) gesetzt.

chemische Klärung, 1) ↗Kläranlage. **2)** das Schönen des ↗Weins. [rung.

chemische Konservierung, ↗Konservie-

chemische Konstitution, die Anordnung der Atome in einem Molekül (bzw. Verbindung). [mungskette.

chemische Kopplungshypothese, ↗At-

chemische Reaktion, die Umwandlung eines Stoffes (c. R. erster Ord.) oder zweier (c. R. zweiter Ord.) Stoffe zu einem od. mehreren neuen einheitl. Stoffen. Die Beschreibung u. quantitative Formulierung c.r R.en erfolgt in Form v. ↗chemischen Gleichungen.

chemischer Sauerstoffbedarf, Abk. *CSB,* Kenngröße zur Beurteilung des Gewässer- u. Abwasserzustands; gibt die Menge an Sauerstoff an, die bei der chem. Oxidation organ. Abwasserinhaltsstoffe verbraucht wird. Zur Bestimmung wird die Abwasserprobe mit dem Oxidationsmittel Kaliumdichromat u. Schwefelsäure versetzt u. 2 Stunden zum Sieden erhitzt; dabei werden die organ. Stoffe zu CO_2 u. Wasser oxidiert. Zusätzl. werden auch anorgan. oxidierbare Substanzen erfaßt (z. B. zweiwertiges Eisen, Nitrit, Sulfid u. Chlorid); diese Oxidation läßt sich durch Zusatz bestimmter Stoffe z. T. verhindern. Der CSB gibt den maximal mögl. Sauerstoffbedarf an u. liegt über dem ↗biochem. Sauerstoffbedarf.

chemisches Gleichgewicht, der Zustand einer chem. Reaktion, in dem die Hinreaktion A+B → C+D mit der gleichen Geschwindigkeit wie die Rückreaktion C+D → A+B abläuft, so daß kein Nettoumsatz erfolgt: A+B ⇌ C+D. Das c. G. wird quantitativ durch die Gleichgewichtskonstante $K = \frac{[C] \cdot [D]}{[A] \cdot [B]}$ beschrieben, wobei [A], [B], [C] und [D] die im Gleichgewicht vorliegenden Konzentrationen der Ausgangs- bzw. Endprodukte A, B, C, D sind. Zw. der in einer Reaktion freigesetzten Energie (ΔG^o in kJ/mol) u. der Gleichgewichtskonstanten besteht der einfache Zshg.: $\Delta G^o = -RT \cdot \ln K$, wobei T die absolute Temp. und R die Gaskonstante (R = 8,314 J/[K · mol]) bedeuten. Bei diesen Reaktionen gelten außerdem als Standardbedingungen pH = 7 und 25 °C (kenntlich gemacht durch einen Strich an der Null: $\Delta G^{o\prime}$). Strenggenommen sind alle chem. Reaktionen Gleichgewichtsreaktionen u. damit *reversibel,* wobei jedoch nur selten das c. G. bei genau gleichviel Ausgangs- u. Endprodukt liegt ($\Delta G^o = 0$; kein Energieumsatz). I. d. R. sind daher die Gleichgewichtskonstanten ≠ 1, wobei im Fall K<1 das c. G. mehr auf seiten der Ausgangsprodukte liegt ($\Delta G^o > 1$; Energie wird bei

Bei C vermißte Stichwörter suche man auch unter K und Z.

chemische Sinne

> **chemisches Gleichgewicht**
>
> *Energetische Kopplung:* Viele Synthesewege enthalten Reaktionsschritte mit ungünstigen Gleichgewichtslagen; in dem Beispiel
>
> **(1)**
> $A + B \rightleftharpoons C + D$
> ($\Delta G° = +15$ kJ/mol)
>
> **(2)**
> $C \rightleftharpoons E + F$
> $\Delta G° = -21$ kJ/mol
>
> **(1) + (2)**
> $A + B \rightleftharpoons D + E + F$
> ($\Delta G° = -6$ kJ/mol)
>
> findet die Reaktion (1) $A + B \rightleftharpoons C + D$ schon nach 0,1% Umsatz ihr Ende. Wird jedoch das gemeinsame Zwischenprodukt C in der Folgereaktion (2) mit hohem Energiegewinn weiter umgesetzt u. daher weitgehend verbraucht, so muß das erste Enzym zwangsläufig neues Produkt C nachliefern, um das Gleichgewicht mit 0,1% C der ersten Reaktion v. neuem zu erreichen. Auf diese Weise reagieren die verkoppelten Reaktionen (1) u. (2) weiter, bis ein gemeinsames Gleichgewicht entspr. der Energiebilanz von $\Delta G° = -6$ kJ/mol mit 8% A + B u. 92% D + E + F erreicht ist. Mit Hilfe solcher *energetischer Kopplung* kann trotz ungünstigem c. G. einzelner Reaktionen innerhalb v. Reaktionsketten eine weitgehende Umsetzung in Richtung Endprodukt erzielt werden.

der Bildung v. C + D verbraucht), während im Fall $K > 1$ das c. G. auf seiten der Endprodukte liegt ($\Delta G° < 1$; Energie wird bei der Bildung von C + D frei). In Extremfällen, in denen das c. G. nahezu völlig auf seiten der Ausgangsprodukte ($A + B \rightleftharpoons C + D$; $K \ll 1$) bzw. auf seiten der Endprodukte ($A + B \rightleftharpoons C + D$; $K \gg 1$) liegt, werden die betreffenden Reaktionen als *irreversibel* bezeichnet (was strenggenommen inkorrekt ist). Unter den zahlr. biochem. Reaktionen des Stoffwechsels werden prakt. alle Gleichgewichtslagen zw. Irreversibilität zur Ausgangsproduktseite ($K \ll 1$) über mehr od. weniger ausgewogene Gleichgewichte ($10^{-1} < K < 10^1$) bis zur Irreversibilität in Richtung Produktseite ($K \gg 1$) angetroffen. Die Einstellung der c. G.e fast aller biochem. Reaktionen wird durch ↗ Enzyme beschleunigt. Die Reaktionsbeschleunigung durch Enzyme – wie allg. durch Katalysatoren – betrifft jedoch Hin- u. Rückreaktionen in gleichem Maße, so daß Enzyme nur die Einstellungsgeschwindigkeit c. G.e erhöhen, jedoch nicht die Gleichgewichtskonstante u. daher nicht die Lage c. G.e bezügl. höherer od. niedrigerer Ausgangsod. Endproduktkonzentration beeinflussen.

chemische Sinne, umfassen die bei allen Tieren vorhandenen Sinneseinrichtungen, mit denen die Tiere in der Lage sind, auf chem. Stoffe zu reagieren. Die Kenntnisse über die c.n S. der *Wirbellosen* sind – mit Ausnahme der Insekten – sehr gering u. beruhen fast ausschl. auf Verhaltensstudien. Über die Physiologie der Rezeptoren u. deren Funktionsweise herrscht weitgehend Unklarheit. Im Diffusionsfeld eines Säuretropfens suchen die einzell. Pantoffeltierchen stets Regionen mit schwach saurer Reaktion auf. Bachplanarien bemerken ausgelegte Futterstücke aus einer Entfernung von ca. 8 cm. Die hierfür verantwortl. *Chemorezeptoren* befinden sich an den Seitenrändern des Kopfes. Werden diese entfernt, können die Tiere keine Nahrung mehr finden. Viele Muscheln besitzen chem. Sinneszellen in der Mantelhöhle u. in der Nähe der Kiemen, die als Distanzchemorezeptoren fungieren, d. h. auf Stoffe reagieren, die mit dem Atemwasser herbeigeführt werden. Einige schwimmfähige Arten der Kammuscheln, z. B. die Pilgermuschel *Pecten jacobaeus,* reagieren mit Fluchtbewegungen, wenn man ihrem Atemwasser den Extrakt v. Seesternen, ihren natürl. Feinden, beifügt. Krebse besitzen Chemorezeptoren an den Außengliedern der ersten Antenne, den Mundgliedmaßen und Thorakalbeinen. Mit diesen Rezeptoren können unterschiedl. Salzkonzentrationen u. pH-Werte des Wassers registriert werden. Bei Spinnen liegen die Chemorezeptoren an den Mundgliedmaßen u. in der Mundhöhle. Hiermit erfolgt im wesentl. eine Nahrungsprüfung. Bittere, saure u. salzige Nahrung wird i. d. R. abgelehnt. Die Unterteilung der c.n S. in *Geruchs-* u. *Geschmackssinn* entstammt der menschl. Erfahrung, gilt aber mit hoher Wahrscheinlichkeit aufgrund anatom. und physiolog. Kriterien auch für die Wirbeltiere u. Insekten. Die *Geschmacksrezeptoren* der Insekten sind v. der Cuticula gebildete, an der Spitze unterbrochene Haarsensillen, in deren Lumen sich sensible Fortsätze v. unter der Cuticula liegenden Sinneszellen befinden. Diese Zellen, die hpts. in der Umgebung des Mundes, in den Kopfanhängen u. Tarsen gelegen sind, reagieren selektiv auf bestimmte Geschmacksqualitäten. Die meisten der bisher untersuchten Insekten vermögen Salze, Zucker u. Wasser zu unterscheiden. Bienen können darüber hinaus noch Bitterstoffe wahrnehmen. Als Geschmacksrezeptoren der *Wirbeltiere* fungieren in der Mundhöhle u. hier insbes. im Zungenepithel gelegene ↗ *Geschmacksknospen.* Bei

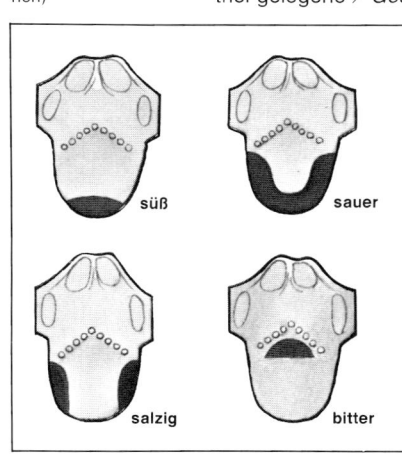

> **Geruch einiger Stoffe**
>
> *ätherisch* (Propanol, 1,2-Dichloräthan)
> *blumig* (β-Ionon, Phenyläthyl-methyläthyl-carbinol)
> *campherartig* (Campher)
> *fischartig* (Trimethylamin)
> *fruchtig* (Benzylacetat)
> *knoblauch-, zwiebelartig* (Diäthylsulfid)
> *mandelartig* (Benzaldehyd)
> *moschusartig* (Moschusxylol)
> *mottenkugelartig* (Naphthalin)
> *minzartig* (Menthon)
> *orangenartig* (Limonen)

> **chemische Sinne**
>
> *Geschmackssinn:* Bezirke der menschl. *Zunge,* auf denen die vier Geschmacksqualitäten *süß, sauer, salzig* u. *bitter* lokalisiert sind. Ebenso wie sich die Grundfarben zu allen nur denkbaren Farbtönen zusammensetzen lassen, können diese vier Geschmacksqualitäten zu einem umfangreichen Geschmacksprofil kombiniert werden.
>
> süß — sauer
> salzig — bitter

Bei C vermißte Stichwörter suche man auch unter K und Z.

CHEMISCHE SINNE I

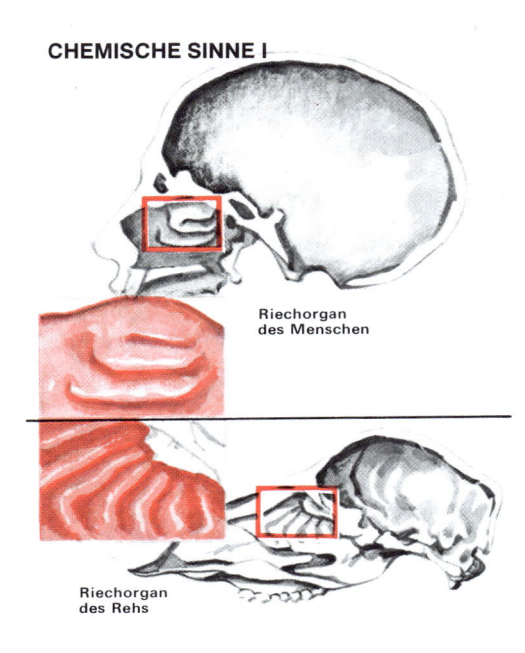

Riechorgan des Menschen

Riechorgan des Rehs

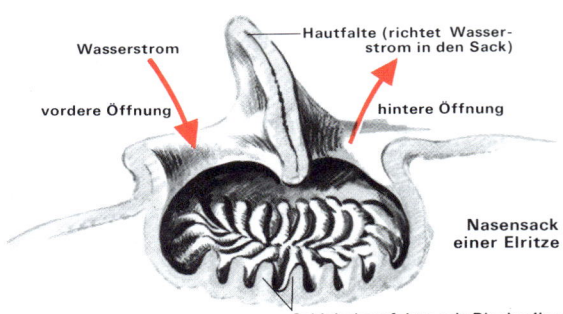

Nasensack einer Elritze
- Wasserstrom
- Hautfalte (richtet Wasserstrom in den Sack)
- vordere Öffnung
- hintere Öffnung
- Schleimhautfalten mit Riechzellen

Alle Tiere besitzen zur Wahrnehmung des Geruchs und Geschmacks von Stoffen mehr oder minder fein arbeitende Geruchs- und Geschmackssinnesorgane, welche z. B. zur Auswahl der Nahrung, zur Wahrnehmung von Beute und Feind und zur Orientierung dienen.

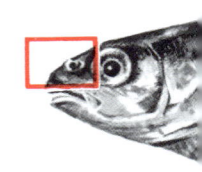

Geruchsorgane

Das Riechorgan der *Fische* besteht aus zwei vorn im Kopf gelegenen Nasengruben (Abb. oben und rechts). Mit dem durch die vordere Öffnung einströmenden Wasser gelangen die Duftstoffe an die mit Riechzellen besetzten Schleimhautfalten. Die Nasengruben der Fische haben im allg. keine Verbindung zur Mundhöhle.

Bei *Säugetieren* ist die Nasenhöhle als Labyrinth von Luftgängen ausgebildet. Abb. oben zeigt am Menschen- und Rehschädel die Lage des Riechorgans und die durch Auffaltung vergrößerte, mit Riechzellen besetzte Riechschleimhaut, welche beim Reh einen größeren Teil der Nasenhöhle auskleidet als beim Menschen. Abb. ganz rechts: Sinneszelle aus der Riechschleimhaut eines Wirbeltieres.

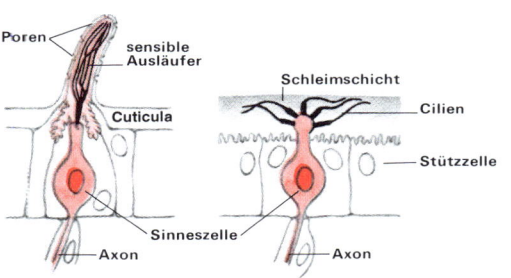

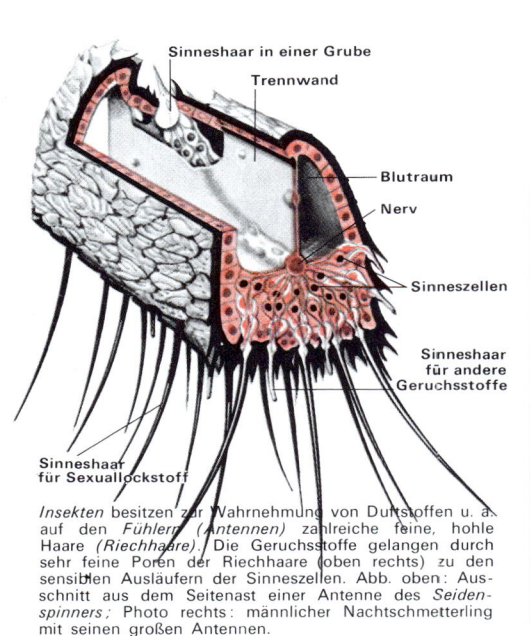

- Poren
- sensible Ausläufer
- Cuticula
- Schleimschicht
- Cilien
- Stützzelle
- Sinneszelle
- Axon

- Sinneshaar in einer Grube
- Trennwand
- Blutraum
- Nerv
- Sinneszellen
- Sinneshaar für andere Geruchsstoffe
- Sinneshaar für Sexuallockstoff

Insekten besitzen zur Wahrnehmung von Duftstoffen u. a. auf den *Fühlern (Antennen)* zahlreiche feine, hohle Haare *(Riechhaare)*. Die Geruchsstoffe gelangen durch sehr feine Poren der Riechhaare (oben rechts) zu den sensiblen Ausläufern der Sinneszellen. Abb. oben: Ausschnitt aus dem Seitenast einer Antenne des *Seidenspinners*; Photo rechts: männlicher Nachtschmetterling mit seinen großen Antennen.

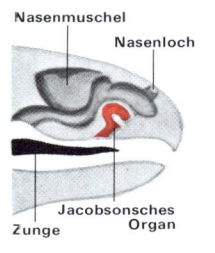

- Nasenmuschel
- Nasenloch
- Jacobsonsches Organ
- Zunge

Viele Wirbeltiere besitzen paarige, unter der Nasenhöhle liegende und mit Sinnesepithel ausgekleidete Hohlräume, die mit der Nasen- und (oder) mit der Mundhöhle verbunden sind. Die Funktion dieses *Jacobsonschen Organs* als zusätzliches Riechorgan ist besonders augenfällig bei Eidechsen und Schlangen: Eine züngelnde *Schlange* (Photo links) nimmt mit ihrer feuchten Zunge Duftproben aus der Umgebung auf und bringt diese mit den Spitzen der gespaltenen Zunge in die Öffnungen des Jacobsonschen Organs am Gaumen (Abb. links).

© FOCUS/HERDER

CHEMISCHE SINNE II

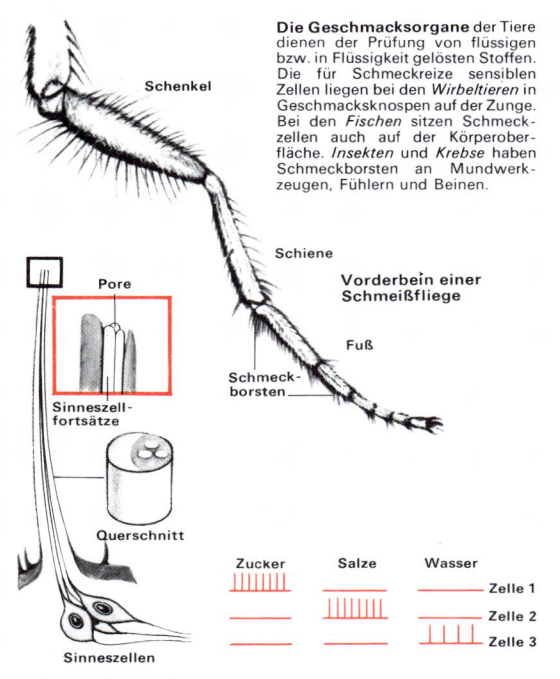

Die Geschmacksorgane der Tiere dienen der Prüfung von flüssigen bzw. in Flüssigkeit gelösten Stoffen. Die für Schmeckreize sensiblen Zellen liegen bei den *Wirbeltieren* in Geschmacksknospen auf der Zunge. Bei den *Fischen* sitzen Schmeckzellen auch auf der Körperoberfläche. *Insekten* und *Krebse* haben Schmeckborsten an Mundwerkzeugen, Fühlern und Beinen.

Die Abb. oben zeigt das Vorderbein eines *Insekts (der Schmeißfliege)* mit *Schmeckborsten*. Die Ausläufer der Sinneszellen ziehen durch einen Kanal in der Borste bis zur Spitze und haben dort durch eine Pore Kontakt zur Schmecklösung. Jede der drei Sinneszellen reagiert jeweils auf eine ganz bestimmte Stoffgruppe (Abb. rechts).

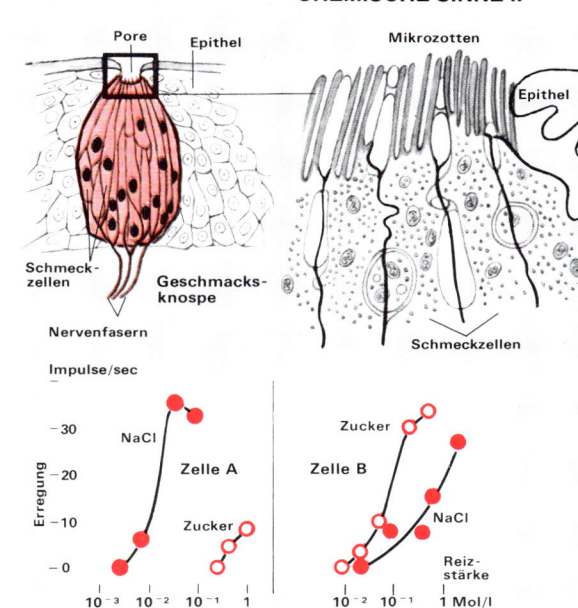

Die Schmeckzellen der Wirbeltiere reagieren in vielen Fällen auf mehrere Stoffklassen. Die einzelnen Schmeckzellen antworten allerdings auf verschiedene Stoffklassen unterschiedlich stark. Die Schmeckzelle A (Diagramm oben) spricht z. B. stärker auf Kochsalz (NaCl), Zelle B stärker auf Zucker an. Abb. oben zeigt die Geschmacksknospe in einer Zungenpapille eines Säugetieres; daneben sind die Enden einiger Schmeckzellen mit den Mikrozotten vergrößert wiedergegeben.

einigen Fischen befinden sich diese auch noch an den Kiemen, Barteln u. Flossen. Vom Menschen u. vermutl. auch den meisten Wirbeltieren werden nur die *Geschmacksqualitäten* süß, sauer, salzig u. bitter empfunden („scharf" ist keine Geschmacks-, sondern eine Schmerzempfindung), wobei die die verschiedenen Geschmacksqualitäten registrierenden Rezeptoren auf der *Zunge* zu einzelnen *Geschmacksfeldern* angeordnet sind. Man nimmt allg. an, daß die erste Reizperzeption auf einer Wechselwirkung aufgrund schwacher Bindungskräfte zw. dem Reizmolekül u. einem Rezeptorprotein beruht. Die weiteren chem. Prozesse, die schließl. zur Auslösung eines Rezeptorpotentials führen, sind bisher unbekannt. Die Rezeptorzellen reagieren jedoch höchst spezifisch u. selektiv auf ganz bestimmte Stoffe. Schon geringfügige Änderungen in der Struktur einer Substanz können zu einem Wechsel in der Sinnesqualität od. zur Unwirksamkeit führen. Die Geschmacksrezeptoren können reflektor. die Speichelsekretion, aber auch Schutzreaktionen auslösen, z. B. ausspucken, würgen, erbrechen bei der versehentl. Aufnahme giftiger od. unbekömml. Nahrung. Während somit die wichtigste Bedeutung des Geschmackssinns, auch als *Nahsinn* bezeichnet, in der Nahrungsprüfung liegt, hat der *Geruchssinn,* auch *Fernsinn* gen., neben der Nahrungsfindung noch weitere sekundäre Funktionen erlangt. Mit Hilfe v. *Duftstoffen* werden Geschlechtspartner angelockt, Reviere u. Futterquellen markiert, eine Kommunikation im Staatenverband sozialer Insekten ermöglicht od. Warnsignale abgegeben. Weiterhin kommt dem Geruchssinn eine Bedeutung bei der Orientierung sowie der Warnung vor schädl. bzw. giftigen Substanzen od. Gasen zu. Die Riechorgane der Insekten sind hpts. auf den Antennen lokalisiert, sind aber bei einigen Arten auch an den Palpen, am Labellum u. den Tarsen zu finden. Bei vielen Arten sind die Organe mit *Riechhaaren* besetzt, die einen dichten Teppich auf der Oberfläche od. ein Reusensystem zum Abfiltern der Luft nach Duftmolekülen bilden. So kann das Männchen des Seidenspinners *(Bombyx mori),* das auf seiner Antenne 25 000 Rezeptorzellen für den v. Weibchen ausgeschiedenen Duftstoff ↗Bombykol besitzt, diesen noch in einer Konzentration v. 10^{-10} Teilchen/cm³ Luft wahrnehmen. Die *Geruchsrezeptoren* der Wirbeltiere sind im Ggs. zu den Geschmacksrezeptoren primäre ↗Sinneszel-

Bei C vermißte Stichwörter suche man auch unter K und Z.

chemische Sinne

1 Campher
2 2,2,3,3-Tetramethylbutan
3 Bicyclooctan
4 Cyclooctan
5 moschusartig
6 moschusartig
7 moschusartig
8 geruchlos

chemische Sinne

Geruchssinn: Die Qualität u. Intensität des bei der Wechselwirkung eines Moleküls mit einem Rezeptor hervorgerufenen Geruchseindrucks hängen sowohl v. der Geometrie als auch den funktionellen Gruppen des Moleküls u. damit auch bes. von seiner Orientierung am Rezeptor (u. a. bestimmt durch den Dipolvektor) ab. Die Bedeutung der Molekülgeometrie zeigt sich bei der Verbindungen **1–4**, die trotz verschiedener funktioneller Gruppen alle *campherartig* riechen: die 4 Moleküle haben annähernd gleiche kompakte, nahezu sphärische Form. Ersetzt man in der *moschusartig* riechenden Verbindung **5** den Ringsauerstoff O durch NH (**6**) oc. NMe (**7**), so bleibt der moschusartige Geruch auch bei **6** u. **7** erhalten, nicht aber, wenn der Sauerstoff durch eine Carbonylgruppe (CO) ersetzt wird: die Verbindung **8** ist geruchlos, da sie weniger flüchtig ist u. eine Änderung des Dipolvektors aufweist (Änderung der Orientierung am Rezeptor).

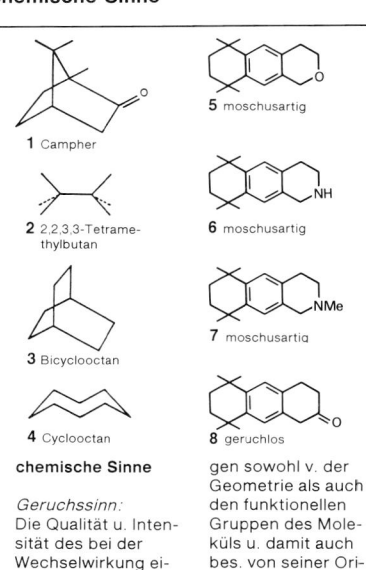

len. Sie sind in den *Riechepithelien* der *Nasenhöhle* gelegen, wobei die Größe dieser Epithelien u. die Anzahl der darin lokalisierten Riechzellen entspr. der Leistungsfähigkeit des Geruchssinns bei den einzelnen Tieren sehr unterschiedl. sind. So liegen im 5 cm² großen Riechepithel des Menschen nur ca. 10 Mill. Rezeptoren, wohingegen sich im 85 cm² großen Geruchsepithel des Hundes ca. 230 Mill. Sinneszellen befinden. Im Ggs. zu den schmeckbaren Stoffen, v. denen ledigl. die 4 Grundqualitäten durch unterschiedliche Konzentrationsverhältnisse das Geschmacksprofil der Schmeckzellen determinieren, ist die Zahl der riechbaren Substanzen unvergleichlich höher; sie wird auf ca. 1 Mill. geschätzt u. bedingt daher ein noch wesentlich differenzierteres Geruchsprofil. Die Perzeption eines Geruchsreizes erfolgt wahrscheinlich ähnlich wie bei der Geschmackswahrnehmung. Auch in diesem Fall wird eine Anlagerung der Reizmoleküle an ein Rezeptorprotein vermutet. Für die Wirksamkeit eines Moleküls sind dessen Größe u. die Verteilung elektr. Ladungen in dem betreffenden Molekül v. ausschlaggebender Bedeutung. Für die Wahrnehmung bestimmter Geruchsklassen scheinen verschiedene Rezeptoren verantwortl. zu sein. Für diesen Befund spricht die beim Menschen beobachtete partielle Anosmie, eine genetisch bedingte Geruchsblindheit, bei der die Riechschwelle für bestimmte Duftstoffe stark erhöht ist. Die Wahrnehmungsschwelle ist für jede Substanz verschieden u. in vielen Fällen extrem niedrig. Hunde können bestimmte Fettsäuren (z. B. Diacetyl) in einer Verdünnung von $1:1,5 \cdot 10^{-17}$ wahrnehmen. Der Aal vermag Phenyläthylalkohol noch in einer Verdünnung von $2,9 \cdot 10^{-18}$ (entspricht 1 ml dieser Substanz gelöst in der 58fachen Wassermenge des Bodensees) zu riechen. Für den Menschen genügt 1 mg des nach Fäkalien riechenden Skatols in einer Halle von 250 000 m³ Rauminhalt, um diese mit widerlichem Gestank zu „verpesten". Eine spezielle Form der Chemorezeptoren stellen die Sauerstoff-Rezeptoren des Kreislaufsystems der Säugetiere dar. Diese im Glomus caroticum bzw. aorticum gelegenen Rezeptoren reagieren auf eine Änderung des Sauerstoffgehaltes des Blutes. Deren Aktivität wird direkt den atmungs- u. kreislaufregulierenden Zentren des Nervensystems zugeleitet u. löst dort reflexartig ablaufende Kompensationsreaktionen aus (↗Atmungsregulation). Kohlendioxid-Rezeptoren sind auf den Fühlern v. Bienen vorhanden. Bei Anstieg des Kohlendioxid-Gehalts der Luft im Bienenstock wird die Frischluftzufuhr dort Fächeln mit den Flügeln erhöht. B 226, 227.   H. W.

chem- chemi-, chemo- [v. gr. chēmeia, chymeia = Chemie; abzuleiten v. chyma = Metallmischung, v. cheein = gießen].

chemische Symbole

Neben den eigentlichen c n S.n werden in der organ. u. der Biochemie zahlreiche c. S. bzw. Abk. für Atomgruppen (z. B. Me- für CH_3-, Ar- für C_6H_5-) sowie für kompliziert aufgebaute u. häufig beschriebene Moleküle (z. B. ATP, NAD, FAD; Nucleotide wie AMP, CMP, GMP, UMP, Aminosäuren) u. Makromoleküle (z. B. DNA, m-RNA, r-RNA, t-RNA) verwendet.

chemische Symbole, *chemische Zeichen,* von J. J. v. ↗Berzelius für die ↗chem. Elemente eingeführte Abkürzungen; meist die Anfangsbuchstaben der lat. Namen (z. B. H [Wasserstoff] v. *Hydrogenium,* O [Sauerstoff] von *Oxygenium* usw.). Außer dem Stoffcharakter wird damit auch die Stoffmenge festgelegt (z. B. bedeutet C 1 Grammatom = 12 g Kohlenstoff, Ca 1 Grammatom = 40 g Calcium). Durch Zs. von c.n S.n entstehen ↗chem. Formeln.

chemische Verbindungen, die chem. reinen Stoffe; c. V. setzen sich aus den chem. Elementen zusammen, wobei Vereinigung u. Austausch stets unter Energieumsatz u. nur in ganz bestimmten, v. der relativen Atommasse u. Wertigkeit abhängigen Mengenverhältnissen erfolgen. Im Ggs. zu Gemengen, Lösungen u. Mischungen lassen sich c. V. durch physikal. Methoden, z. B. Sieben, Filtrieren, Lösen u. Verdampfen, nicht mehr trennen. Über 7 Millionen c. V. sind bisher beschrieben worden, wovon

Geruchsschwellen einiger Aromastoffe	Stoff	Schwellenwert (mg/l)
Geruchsschwellenwert = Konzentration des Stoffes in Luft od. Lösungsmittel (hier Wasser, 20° C), die eben noch zur Wahrnehmung seines typ. Geruchs ausreicht.	Pyrazin	300
	Äthanol	100
	Maltol	35
	Buttersäure	0,2
	Vanillin	0,02
	Äthylbutyrat	0,001
	2-Methylbuttersäureäthylester	0,0001
	Methylmercaptan	0,00002
	2-Isobutyl-3-methoxypyrazin	0,000002

der größte Teil zu den kohlenstoffhalt., organischen c.n V. zählt. Organismen u. ihre Biotope basieren auf hochkomplizierten Mischungen vorwiegend organischer c.r V., von deren zeitlich u. räumlich geordneten Wechselwirkungen u. Umwandlungen alle biol. Prozesse abhängen. Die theoretisch mögl. Anzahl von c.n V. ist – bes. durch Variationsmöglichkeiten der Bausteinsequenzen v. Makromolekülen, wie Nucleinsäuren, Polysaccharide u. Proteine – praktisch unbegrenzt, so daß v. allen theoretisch möglichen c.n V. im Laufe der chem. und biol. Evolution nur ein sehr kleiner Teil je existiert hat bzw. heute in Form der Biomoleküle vorkommt.

Chemisorption w [v. *chemi-, lat. sorbere = aufsaugen], *Chemosorption,* Anlagerung eines gasförm. oder gelösten Stoffes an eine feste Oberfläche unter Bildung einer chem. Bindung.

Chemoautotrophie w [Bw. *chemoautotroph;* v. *chemo-, gr. autotrophos = sich selbst ernährend], (E. G. Pringsheim, 1932), noch oft gebrauchte Bez. für die Chemolithoautotrophie; ↗Chemolithotrophie.

Chemodinese w [v. *chemo-, gr. dinēsis = Umdrehung], ↗Dinese. [tion.

Chemoevolution, die ↗chemische Evolu-

Chemoheterotrophie w [Bw. *chemoheterotroph;* v. *chemo-, gr. heterotrophos = von anderen ernährt], (E. G. Pringsheim, 1932), noch oft gebrauchte Bez. für die Chemoorganoheterotrophie; ↗Chemoorganotrophie.

Chemolithotrophie w [Bw. *chemolithotroph;* v. *chemo-, gr. lithos = Stein, trophē = Ernährung], *Anorgoxidation, Chemosynthese i. e. S.,* eine Form des chemotrophen Energiestoffwechsels, bei dem *anorgan.* Verbindungen od. Ionen die Reduktionsäquivalente (Wasserstoff, Elektronen) für den Energiegewinn (ATP-Bildung) liefern. C. kommt bei Boden- u. Wasserbakterien vor u. wurde von S. Winogradsky bei den schwefel- u. eisenoxidierenden (1887, 1889) u. den nitrifizierenden Bakterien (1890) entdeckt. Meist werden die anorgan. Substrate in einer aeroben Atmung mit Sauerstoff als Wasserstoff-Akzeptor genutzt. Einige Bakteriengruppen vermögen auch chemolithotroph unter sauerstofffreien Bedingungen in einer anaeroben Atmung zu wachsen, z.B. mit Nitrat, Sulfat, Schwefel u. Carbonat als Wasserstoffakzeptoren. C. ist meist mit einer autotrophen CO_2-Assimilation gekoppelt. Dieser Gesamtstoffwechsel wird als *Chemolithoautotrophie* (chemolithoautotroph), verkürzt *Chemoautotrophie* (chemoautotroph) bezeichnet. Die CO_2-Assimilation verläuft meist im Calvin-Zyklus.

Einige anaerob wachsende Bakterien (methanbildende u. acetogene Bakterien, Sulfatreduzierer) haben bes. Wege der autotrophen ↗Kohlendioxidassimilation. *Fakultativ chemolithotrophe* Bakterien, z.B. die wasserstoffoxidierenden B., können sowohl anorgan. als auch organ. Substrate verwerten. Die *obligat chemolithotrophen* Formen sind diesem Stoffwechsel so extrem angepaßt, daß sie keine organ. Substrate als Energiequelle nutzen können. Andererseits gibt es auch Bakterien, die Energie durch C. gewinnen, aber organ. Verbindungen als Kohlenstoffquelle benötigen (*Chemolithoheterotrophie,* chemolithoheterotroph, z.B. einige *Desulfovibrio*- Stämme, od. Formen, bei denen die Energie für eine autotrophe CO_2-Assimilation durch die Oxidation v. organ. Substraten (z.B. Formiat) gewonnen wird (*Chemoorganoautotrophie,* chemoorganoautotroph).

Chemolumineszenz w [v. *chemo-, lat. lumen = Licht], die ↗Chemilumineszenz.

Chemomelioration w [v. *chemo-, lat. melioratio = Verbesserung], Verbesserung v. Bodeneigenschaften durch den Einsatz bestimmter chem. Verbindungen, z.B. die Heilung v. Salznatriumböden durch Gips od. Säuren.

Chemonastie w [v. *chemo-, gr. nastos = festgedrückt], ↗Nastien.

Chemoorganotrophie w [Bw. *chemoorganotroph;* v. *chemo-, gr. trophē = Ernährung], eine Form des chemotrophen Energiestoffwechsels, bei dem die für die Energieumwandlung (ATP-Bildung) notwendigen Reduktionsäquivalente (Wasserstoff, Elektronen) durch den Abbau *organ.* Verbindungen (z.B. Kohlenhydrate, organ. Säuren) gewonnen werden. Die chemoorganotrophen Organismen sind i.d.R. C-heterotroph; sie verwerten organ. Substanzen auch als Kohlenstoffquelle für den Aufbau v. Zellsubstanzen. Der Gesamtstoffwechsel kann somit als chemoorganoheterotroph *(Chemoorganoheterotrophie)* od. verkürzt als chemoheterotroph *(Chemoheterotrophie)* charakterisiert werden. Diese Form des Stoffwechsels haben alle Tiere, die meisten Mikroorganismen u. die grünen Pflanzen im Dunkeln. Ggs.: Chemolithotrophie.

Chemoresistenz w [v. *chemo-, lat. resistentia = Widerstand], Resistenz verschiedener Bakterienstämme gegenüber Chemotherapeutika, insbes. Antibiotika u. Sulfonamiden; derart. Resistenzen sind meist auf Plasmiden der betreffenden Bakterien codiert.

Chemorezeptoren [Mz.; v. *chemo-, lat. receptor = Empfänger], Sinneszellen v. Tieren u. Mensch, die der Wahrnehmung v.

Chemorezeptoren

Chemolithotrophie – Anorgoxidation – Chemosynthese

Die Bez. *Anorgoxidation* (nach S. Winogradsky, 1922) bedeutet einen Energiegewinn durch Oxidation anorgan. Substrate v. Zellsubstanz nur aus Kohlendioxid u. der zusätzl. Annahme, daß organ. Substrate eine hemmende Wirkung auf die Bakterien haben. Die Bez. *Chemosynthese* (i. e. S.) wurde v. W. Pfeffer (1897) für die Stoffwechselform geprägt, in der (im Ggs. zur Photosynthese) nicht Licht, sondern die Oxidation anorgan. Substrate die Energie zur autotrophen CO_2-Assimilation liefert. Beide Benennungen sind veraltet, da Bakterien mit einem chemolithotrophen Energiegewinn nicht immer C-autotroph sind u. z. T. auch organ. Substrate gleichzeitig mit CO_2 nutzen können (mixotroph).

Chemolithotrophie

Wichtige chemolithotrophe Bakteriengruppen und ihre Substrate:
↗ nitrifizierende Bakterien (NH_4^+, NO_2^-)
↗ schwefeloxidierende Bakterien (S^{2-}, S^0, $S_2O_3^{2-}$, $S_4O_6^{2-}$)
↗ eisenoxidierende Bakterien und andere metalloxidierende Bakterien (Fe^{2+}, Sb^{3+}, Cu^+, Mn^{2+}, Se^0)
↗ wasserstoffoxidierende Bakterien (H_2, aerob u. anaerob) kohlenmonoxidverwertende Bakterien (↗Carboxidobakterien, CO)

Oxidation anorgan. Verbindungen
CO_2 organ. Substr.
Mixotrophie
Chemolitho- Chemolitho-
autotrophie heterotrophie

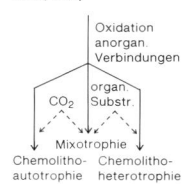

Formen des Stoffwechsels mit chemolithotrophem Energiegewinn

Bei C vermißte Stichwörter suche man auch unter K und Z.

Chemosorption

Chemotaxis

Die Aktivität der methylakzeptierenden chemotakt. Proteine (MCPs) bzgl. der Synthese v. Mediatoren wird durch sukzessive Methylierung mehrerer (bis zu 4) an der cytosolischen Seite der Proteine lokalisierter Glutaminsäurereste reguliert. Diese Methylierungen werden ebenfalls – wie die Synthese der Mediatoren selbst – durch Bindung der Rezeptorproteine an der Außenseite der Membran induziert, so daß die Synthese weiterer Mediatoren je nach Methylierungsgrad der MCPs teilweise od. vollständig zum Erliegen kommt; in letzterem Fall wird die Flagellenbewegung zum rechtsdrehenden Zustand umgesteuert, so daß die Zelle vorwiegend ungerichtete Zickzackbewegungen ausführt, d. h. nicht mehr chemotaktisch reagiert (sog. chemotakt. Adaption).

gelösten od. gasförm. chem. Substanzen in der Umwelt dienen (z. B. Geruchs- u. Geschmackssinneszellen). ↗ Chemische Sinne.

Chemosorption w [v. *chemo-, lat. sorbere = aufsaugen], die ↗ Chemisorption.

Chemostat m [v. *chemo- gr. statos = stehend], ↗ kontinuierliche Kultur.

Chemosterilantien [Mz.; v. *chemo-, lat. sterilis = unfruchtbar], verschiedene, in ihrer Reaktionsweise noch wenig erforschte chem. Substanzen, die bei Insekten die Fortpflanzungsfähigkeit herabsetzen od. verhindern (sterilisieren). C. werden u. a. in der ↗ biotechn. Schädlingsbekämpfung verwendet.

Chemosynthese w [v. *chemo-, gr. synthesis = Zusammensetzung], allg. der Aufbau chem. Verbindungen mit Hilfe synthetisierender chem. Reaktionen im Reagenzglas (häufig im Ggs. zur Biosynthese, d. h. den in den Zellen unter der Wirkung v. Enzymen ablaufenden Reaktionen); i. e. S. die ↗ Chemolithotrophie u. die ↗ Chemotrophie.

Chemotaxis w [Bw. *chemotaktisch;* v. *chemo-, gr. taxis = Anordnung], die Eigenschaft freibewegl. Organismen, auf chem. Stoffe bzw. deren Konzentrationsunterschiede durch bestimmte, gerichtete Bewegung zu reagieren. Entweder findet Anlockung *(positive C.)* od. Abstoßung *(negative C.)* statt. Positive C. auslösende Stoffe werden als *Attraktantien (Attractants),* negative C. auslösende Stoffe als *Repellantien (Repellents)* bezeichnet; z. B. reagieren Bakterien positiv chemotakt. auf Aminosäuren, bestimmte Zucker, wie Glucose, u. auf Sauerstoff (↗ Aerotaxis) u. negativ chemotakt. auf zahlr. Zellgifte, z. B. Phenol. Bei den männl. Gameten der Farne führen Apfelsäure u. deren Salze zu einer positiven C., durch welche die Gameten in den Hals der Archegonien gelockt werden. Die Anhäufung weißer Blutkörperchen (Eiter) an Entzündungsstellen beruht auf positiver C. durch bestimmte im Entzündungsherd gebildete, als Attraktantien wirkende Stoffe (z. B. Bakteriengifte). – Der der C. zugrundeliegende Chemismus konnte bes. bei Bakterien in vielen Punkten aufgeklärt werden. Als spezif. Rezeptoren für die chemotakt. wirksamen Stoffe fungieren zahlr. im periplasmat. Raum lokalisierte lösl. Proteine. Diese treten nach Bindung an einen chemotakt. wirksamen Stoff mit in der Cytoplasmamembran verankerten Proteinen in Wechselwirkung, die wegen ihrer Methylierbarkeit als *methylakzeptierende chemotaktische Proteine* (Abk. *MCPs*) bezeichnet werden. Aufgrund dieser Interaktion katalysieren die MCPs an der dem Cytoplasma zugewandten, enzymat. Seite die Synthese intrazellulärer Mediatoren, deren chem. Natur noch weitgehend ungeklärt ist. Durch diese wiederum wird die Bewegung der Flagellen (Geißeln) zu links- (d. h. gegen den Uhrzeigersinn) gerichteter Rotation angeregt; als Folge davon werden die Zellen v. einer statist. Zickzackbewegung (bedingt durch im Uhrzeigersinn rotierende, rechtsdrehende Flagellen) zu einer geordneten Schwimmbewegung umgesteuert, die in Richtung auf eine chemotakt. positiv wirkende Substanz orientiert ist. Nach diesem bzgl. der Wirkung der Mediatoren (jedoch nicht bzgl. der Rezeptorproteine, MCPs u. der Flagellenbewegungsrichtung) noch als Modell zu betrachtenden Mechanismus, besteht umgekehrt die Wirkung v. negativ chemotakt. Stoffen in einer *Hemmung* der Mediatorensynthese, die, ausgelöst über Rezeptorbindung u. Inaktivierung der entspr. MCPs (statt Aktivierung, wie im Fall v. Attraktantien), zur Umsteuerung der Geißelbewegungen vom linksdrehenden zum rechtsdrehenden Zustand führt. Dies verursacht ein Vorherrschen der ungeregelten Zickzackbewegung des Bakteriums u. damit eine letztl. diffusionsart. Fortbewegung in Gegenrichtung zu den betreffenden Repellantien.

Chemotaxonomie w [v. *chemo-, gr. taxis = Anordnung, nomos = Gesetz], ↗ Taxonomie.

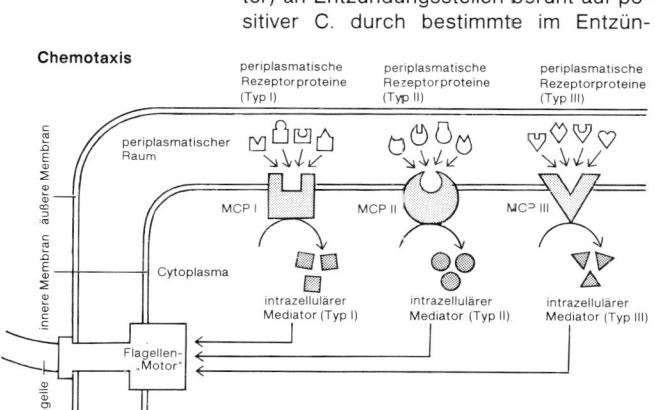

Chemotherapeutika [Mz.; v. *chemo-, gr. therapeutikos = Krankenpflege-], von P. ↗ Ehrlich geprägter Überbegriff für synthet. Substanzen, die im Blut od. in Gewebe Mikroorganismen abtöten können, ohne den Wirtsorganismus substantiell zu schädigen. Die C. wirken auf Viren, Bakterien, Protozoen, Pilze, Würmer; i. w. S. zählen auch die für die Tumortherapie verwendeten Cytostatika zu den C. Die wichtigsten Klassen der C. sind: die Sulfonamide, Nitrofurane, die halb- u. vollsynthet. Antibiotika, Tuberkulostatika, Antihelminthika, Wismut- u. Quecksilberpräparate. Das Wirkungsprinzip besteht in der direkten Schädigung z. B. durch antimetabolitische Aktivität od. durch Schädigung der Zellwand. Die Anwendung von C. wird *Chemotherapie* genannt.

Chemotrophie w [Bw. *chemotroph*; v. *chemo-, gr. trophē = Ernährung], *Chemosynthese i. w. S.*, Stoffwechseltyp, bei dem Stoffwechselenergie (ATP) für Wachstum u. Erhaltungsstoffwechsel durch chem. Reaktionen (Oxidations-Reduktions-Reaktionen, Redoxreaktionen) beim Abbau von organ. od. anorgan. Substraten (Nährstoffen) gewonnen wird. Der Energiegewinn kann durch aerobe od. anaerobe Atmung od. durch Gärung erfolgen. Es werden 2 Formen der C. unterschieden: die ↗ *Chemoorganotrophie*, bei der organ. Substrate, u. die ↗ *Chemolithotrophie*, bei der anorgan. Substrate verwertet werden. Ggs.: Phototrophie.

Chemotropismus m [v. *chemo-, gr. tropē = Wendung, Anwendung], ↗ *Tropismus*.

Chemurgie w [v. *chem-, gr. (cheir-)ourgia = (Hand)arbeit], Forschungsrichtung, die sich mit der Verwendung v. Agrarprodukten in der chem. Industrie befaßt.

Chenodesoxycholsäure, eine ↗ *Gallensäure*.

Chenopodiaceae [Mz.; v. gr. chēn = Gans, podion = Füßchen], die ↗ *Gänsefußgewächse*, [↗ *Stellarietea mediae*].

Chenopodietea [Mz.; v. ↗ *Chenopodium*],

Chenopodion fluviatile s [v. ↗ *Chenopodium*, lat. fluvius = Fluß], Verb. der ↗ *Bidentetea tripartitae*.

Chenopodium s [v. gr. chēn = Gans, podion = Füßchen], der ↗ *Gänsefuß*.

Cherimoya w, Gatt. der ↗ *Annonaceae*.

Chermesidae [Mz.; über arab. qirm'zi = scharlachrot aus ind. krmijā = wurmerzeugt], die ↗ *Tannenläuse*.

Chernozem [engl. Schreibweise des russ. tschernosem =], *Schwarzerde*, ↗ *Tschernosem*.

Chersina w [v. gr. chersinos = Land-], U.-Gatt. der ↗ *Landschildkröten*.

Chersophyten [Mz.; v. gr. chersos = festes Land, phyton = Gewächs], Bez. für Pflanzen der trockenen Ödlands.

Chersydrus m [v. gr. chersydros = eine amphib. Schlange], Gatt. der ↗ *Warzenschlangen*.

Cheyletidae, die ↗ *Raubmilben*.

Cheyne-Stokes-Atmung [tscheiniˈ ßtouˈkß-; ben. nach den Dubliner Ärzten J. Cheyne, 1777–1836, u. W. Stokes, 1804–78], period. aufeinanderfolgende Atemzüge nach längeren Zwischenpausen, wobei zunächst die Atemzüge flach sind, dann zunehmend steigen, u. wieder abflachen. Hinweis für eine schwere Schädigung des Atemzen-

Chemotrophie

chemotropher Energiegewinn:

Substrat
(reduziert)
+
Akzeptor
(oxidiert)
↓ ADP + PO$_4^{2-}$
↓ ATP + H$_2$O
Substrat
(oxidiert)
+
Akzeptor
(reduziert)

Chiasma

Kommt es in einem Bivalent zur Ausprägung zweier Chiasmata, so werden diese danach unterschieden, welche der vier Chromatiden (A und A' für das eine Chromosom, B und B' für das andere) beteiligt sind: 1) *reziprok* (A und B od. A' und B' sind zweimal beteiligt), 2) *komplementär* (A und B sowie A' und B' sind beteiligt), 3) *diagonal* (A und B sowie A und B' bzw. A und B sowie A' und B sind beteiligt).

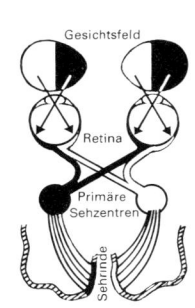

Chiasma opticum

chem-, chemi-, chemo- [v. gr. chēmeia, chymeia = Chemie; abzuleiten v. chyma = Metallmischung, v. cheein = gießen].

trums z. B. durch Gifte od. Hirnblutungen. □ Atmungsregulation.

Chiasma s [gr., = Andreaskreuz (chi = X)], Chromatiden-Überkreuzung, die als Folge eines Crossing overs zw. Nicht-Schwester-Chromatiden gepaarter Chromosomen in der späten Prophase I bis in die Metaphase I einer ↗ *Meiose* sichtbar wird. I. d. R. entsteht in der Meiose je Bivalent mindestens ein C. Da es bei fehlender C.-Bildung od. vorzeitiger C.-Auflösung zu einem Zerfall des Paarungsverbands u. zu Meiosestörungen kommt, wird angenommen, daß die Ausbildung v. Chiasmata für die Aufrechterhaltung der Chromosomenpaarung bis zu ihrer endgült. Trennung in Anaphase I der Meiose unbedingt erforderl. ist. Die Häufigkeit v. Chiasmata ist für einzelne Chromosomenabschnitte unterschiedlich. Die molekularen Strukturen u. Mechanismen, die zur Bildung v. Chiasmata führen bzw. deren Ungleichverteilung bedingen, sind noch weitgehend unbekannt. ⓑ Chromosomen II.

Chiasma opticum s [v. gr. chiasma = Andreaskreuz, optikos = das Sehen betreffend], *Sehnervenkreuzung*, an der Basis des Zwischenhirns liegende Kreuzung der Sehnerven, die bei den niederen Wirbeltieren noch nahezu alle Fasern des v. linken u. rechten Auge kommenden Sehnerven, bei den Säugetieren hingegen nur noch bestimmte Fasern einschließt. Im C. o. hochentwickelter Säugetiere mit Augen, deren Gesichtsfelder sich fast vollständig überlagern, kreuzen sich nur noch die nasalen Fasern des v. linken u. rechten Auge kommenden Sehnerven, so daß die opt. Wahrnehmungen eines Individuums in dessen linkem bzw. rechtem Blickfeld jeweils v. den opt. Ganglien der linken bzw. rechten Hirnhälfte verarbeitet u. miteinander verrechnet werden können. Hierdurch wird ein hochgradig stereoskop. (räuml.) Sehen erreicht.

Chiasmodontidae [Mz.; v. gr. chiasma = Andreaskreuz, odontes = Zähne], Fam. der ↗ *Drachenfische*.

Chiasmotypie w [v. gr. chiasma = Andreaskreuz, typē = Schlag], ↗ *Chromosomen*; ⓑ Chromosomen II.

Chiastoneurie w [v. gr. chiastos = gekreuzt, neuron = Nerv], *Streptoneurie*, *Gekreuztnervigkeit*, bei vielen Schnecken durch die Torsion des Eingeweidesacks entstandene Überkreuzung zweier Hauptnervenstränge, der Pleuroviszeralkonnektive. Charakterist. ausgeprägt ist die C. in der U.-Kl. der Vorderkiemerschnecken, doch ist sie auch in den basalen Gruppen der Hinterkiemer (z. B. *Acteon*) u. der Lungenschnecken (z. B. *Chilina*) nachweisbar u. erlaubt Rückschlüsse auf die stammes-

Bei C vermißte Stichwörter suche man auch unter K und Z.

Chicorée

geschichtl. Zusammenhänge zw. den Schneckengruppen. ↗Schnecken.

Chicorée w [schikore; v. frz. chicorée = Zichorie, Endivie, das zurückgeht auf gr. kochoreia = Wegwarte, Zichorie, Endivie], ↗Cichorium.

Chicoreus m, Gatt. der Purpurschnecken, marine Vorderkiemerschnecken mit mittelgroßem (bis 13 cm), turmförm. Gehäuse, das 3 Längswülste mit Stacheln trägt; zahlr. Arten in trop. Meeren.

Chilaria [v. *chil-], eingliedrige, flache Extremitäten am 7. Körpersegment der ↗Schwertschwänze; dienen der Begrenzung des ventralen Mundraums nach hinten.

Chilesalpeter, *Chilisalpeter, Natronsalpeter*, NaNO₃, anorgan. Stickstoffdünger (*Salpetererde, Caliche*) mit 16% N, der in der Atacamawüste in N-Chile natürlich abgebaut wird u. ab 1830 nach Dtl. eingeführt wurde.

Chilidialplatten [v. *chil-], bei articulaten ↗Brachiopoden zwei getrennte kalkige Platten in der Funktion des ↗Chilidiums, die jedoch nicht v. Stiel, sondern v. Mantel ausgeschieden werden.

Chilidium s [v. *chil-], einteil. Verschlußplatte des Stiellochs auf der Armklappe articulater ↗Brachiopoden.

Chilina w [v. *chil-], Gatt. altertüml. Wasserlungenschnecken S-Amerikas mit längl.-eiförm. Gehäuse mit großer Endwindung; das Nervensystem ist chiastoneur (↗Chiastoneurie), das Genitalsystem zwittrig, ♂ und ♀ Geschlechtsöffnung sind getrennt u. münden rechts vorn; zahlr. Arten in Seen u. Flüssen des südl. S-Amerika.

Chili-Pfeffer m [tschili-; v. frz. Chli = Chile], ↗Paprika.

Chilodonella w [v. *chil-, gr. odōn = Zahn], artenreiche Gatt. der *Gymnostomata*, Wimpertierchen mit ovalem Körper; leben im Meer, in Süßgewässern, Salinen, Faulschlamm, Fallaub u. Moos sowie ektozoisch auf Fischen. *C. longidens* u. *C. porcellionis* kommen im Kiemenraum v. Landasseln vor. *C. cyprini* ist ein Haut- u. Kiemenparasit v. Süßwasserfischen.

Chilodus m [v. *chil-, gr. odous = Zahn], Gatt. der ↗Salmler.

Chilomonas w [v. *chil-, gr. monas = Einheit], Gatt. der ↗Cryptomonadaceae.

Chilopoda [v. gr. chiliopous, Gen. -podos = Tausendfüßer], die ↗Hundertfüßer.

Chiloscyphus m [v. *chil-, gr. skyphos = Becher], Gatt. der ↗Lophocoleaceae.

Chilostoma s [v. *chil-, gr. stoma = Mund], Gatt. der *Helicidae*, Landlungenschnecken mit stark abgeflachtem Gehäuse (bis 29 mm ⌀), das offen genabelt ist u. bis zu 3 Spiralbänder haben kann; die 7 Arten sind v. a. in den Alpen verbreitet.

chil- [v. gr. cheilos = Lippe; Rand, Saum].

Chimäre

Die Abb. zeigt einen Querschnitt durch den Vegetationspunkt **1** einer Sektorial-, **2** einer Periklinalchimäre (Haut u. Kern unterschiedl.); **a** und **b** Zellen verschiedener Pfropfpartner.

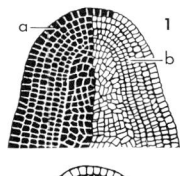

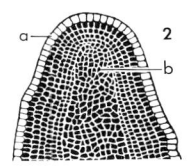

Bei der *Pfropfchimäre* unterscheidet man die *Sektorial-* und die *Periklinalchimäre (Mantelchimäre)*. Bei der Sektorialchimäre ist das Scheitelmeristem aus sektorenweise unterschiedl. Gewebe aufgebaut, so daß die Merkmale der Pfropfpartner nebeneinander ausgebildet werden. Bei der Periklinalchimäre liegen die Zellen des einen Pfropfpartners im Innern des Vegetationspunkts, die des anderen als ein- od. mehrzellige Zellschicht darüber. Der Begriff „Pfropfbastard" ist irreführend, weil Pfropfchimären sich in ihrem genet. Bestand in den zwei grundsätzl. unterschiedl. Gewebetypen vom Kreuzungs-↗Bastard unterscheiden. Die Eigenschaften lassen sich nur auf vegetativem Wege vermehren; bei generativer Fortpflanzung kommt es zur Entmischung der Eigenschaften.

Chimaeriformes [Mz.; v. gr. chimaira = Ziege; Mischwesen aus Löwe, Ziege und Drache], die ↗Chimären.

Chimäre w [v. gr. chimaira = Ziege, myth. Fabelmischwesen], allg. ein aus genet. verschiedenen Zellen od. Geweben bestehender Organismus. **1)** Botanik: Nach der Art der Entstehung unterscheidet man 1) *Pfropf-C., „Pfropfbastard"*; von einer Pfropf-C. redet man erst dann, wenn bei der Pfropfung nicht nur der aufgesetzte Pfropfpartner weiterwächst (Normalfall), sondern beide Partner ein Meristem aus Mischgeweben bilden, aus dem die C. heranwächst; dabei kommt es zur Verwachsung der genet. unterschiedl. embryonalen Gewebe. 2) *Mutations-C.;* entsteht durch natürl. oder künstl. Mutation einer od. mehrerer Meristemzellen eines Sproßvegetationspunkts. **2)** Zoologie: ein künstl. aus zwei Individuen (evtl. verschiedener Artzugehörigkeit) zusammengesetzter Organismus. C. aus den Furchungszellen v. zwei Mäusen verschiedenen Genotyps sind voll lebensfähig, Art-C.n in der Regel nur bis zu gewissen Entwicklungsstadien. ↗Mosaikbastard.

chimäre DNA, DNA, die durch künstl. Aneinanderkopplung (in-vitro-Rekombination) von DNAs bzw. von DNA-Fragmenten, die in der Natur nicht im gleichen Genom vorkommen, entstanden ist. Die Bildung von c. DNA z. B. durch kovalente Verknüpfung v. eukaryotischer DNA mit Phagen- bzw. bakterieller DNA u. ihre Einschleusung u. Vermehrung in lebenden Zellen bilden die wesentl. Grundlage des Klonierens (↗Gentechnologie).

Chimären [Mz.; v. gr. chimaira = Ziege, ein myth. Mischwesen], *Seedrachen, Geisterhaie, Holocephali*, U.-Kl. der ↗Knorpelfische mit nur einer Ord. *Chimaeriformes,* 3 Fam. u. insgesamt 25 Arten, die v. a. in kühleren Meeren heim. sind. Sie haben einen gedrungenen Kopf, kegelförm. Körper u. einen oft dünnen Schwanz, meist einen Giftstachel vor der 1. Rückenflosse, schuppenlose Haut u. bis 25 cm lange, mit einer feinlöchr. Hornkapsel umhüllte Eier. Für die innere Befruchtung besitzen die Männchen bes. Kopulationsorgane (Mixopterygien) aus umgebildeten Teilen der Bauchflossen. Zur Fam. Kurznasen-C., Seekatzen od. Seeratten *(Chimaeridae)* gehören 17 Arten, v. denen nur die bis

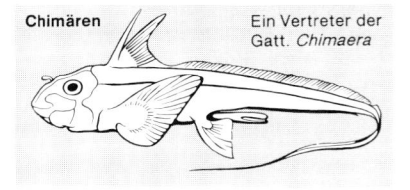

Chimären
Ein Vertreter der Gatt. *Chimaera*

1,5 m lange Seeratte od. Spöke (*Chimaera monstrosa*, B Fische II) in eur. Meeren vorkommt; sie ernährt sich am Meeresboden vorwiegend v. Krebsen u. Weichtieren. In Tiefen zw. 600–2600 m leben die 4 Arten der Langnasen-C. (*Rhinochimaeridae*) mit dolchart. Kopffortsatz, während die Pflugnasen- od. Elefanten-C. (*Callorhynchidae*) mit pflugscharähnl. Kopfspitze kaum unter 180 m Tiefe in kälteren südl. Meeren vorkommen.

Chimonobambusa *w* [v. gr. cheimōn = Winter, malaiisch bambū = Bambus], Gatt. der ↗Bambusgewächse.

Chinaalkaloide, *Chinarindenalkaloide, Cinchonaalkaloide,* Gruppe v. etwa 30 Chinolin-Alkaloiden (T Alkaloide), die neben ↗Chinasäure, Gerbsäure u. β-Sitosterin Inhaltsstoffe der Chinarinde (↗Chinarindenbaum) sind, einem altindian. Mittel gg. Fieber, das in der 1. Hälfte des 17. Jh. v. S-Amerika nach Europa gebracht wurde. Die Hauptalkaloide sind ↗*Chinin* (5–7%) u. sein Diastereoisomeres, das *Chinidin* (0–4%), sowie ↗*Cinchonin* (2–8%) u. sein Diastereoisomeres, das *Cinchonidin* (1–8%).

Chinakohl ↗Kohl. [erectus pekinensis.

Chinamensch, ↗Sinanthropus, ↗Homo

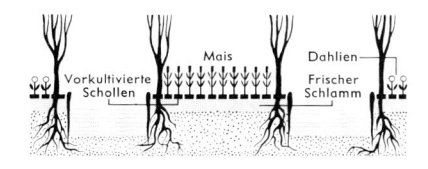

Chinampa *w* [tschi-; v. einer Sprache Mexikos], „schwimmende Gärten" im alten Mexiko; künstl. Inseln od. aus Flechtwerk hergestellte Flöße, die mit Pfählen am Rande flacher Seen verankert wurden u. pro Jahr 3–4 Ernten ermöglichten. Heute sind sie bis auf Überreste (lange schmale Felder, die v. Wassergräben durchzogen werden) fast gänzl. verschwunden.

Chinarindenalkaloide ↗Chinaalkaloide.

Chinarindenbaum, *Cinchona,* im trop. Amerika beheimatete Gatt. der Krappgewächse mit ca. 15 Arten. An den Osthängen der Anden, in Höhen von rund 2000 m wachsende, bis 30 m hohe Bäume mit großen, breitlanzettl. bis fast eiförm. Blättern u. rosafarbenen od. gelbl.-weißen Blüten in großen endstäd. Rispen. Die Rinde einiger C.-Arten, von *C. officinalis* (Gelbe Rinde), *C. succirubra* (*C. pubescens,* B) Kulturpflanzen X, Rote Rinde), *C. calisaya* (B Südamerika VI) und *C. ledgeriana* wird als *Chinarinde* („China" von „Quina", dem indian. Wort für Rinde) med. genutzt. Von den bislang 30 ↗Chinaalkaloiden, die aus ihr isoliert wurden, sind Chinin, Cinchonin, Chinidin u. Cinchonidin die wichtigsten.

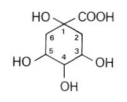

Bei C vermißte Stichwörter suche man auch unter K und Z.

Chinasäure

Chinaalkaloide
R = OCH₃: (−)-Chinin, (+)-Chinidin, R = H: (+)-Cinchonin, (−)-Cinchonidin

Chinazolinalkaloide
Chinazolin

Chinampa
Querschnitt durch Chinampa u. die sie umgebenden Kanäle

Chinarindenbaum
Zur Gewinnung v. *Chinin,* dem vor der Produktion synthet. Präparate einzigen Mittel gg. Malaria u. andere Fiebererkrankungen, werden sowohl die Rinden der Zweige u. Stämme als auch die der Wurzeln von C. benutzt. Nach anfängl. Raubbau an den natürl. Beständen des C.s wurde dieser, um den großen Bedarf an Chinin zu decken, auf Java, in S-Indien u. auf Ceylon sowie später in Asien u. Afrika und auch S-Amerika in Plantagen angebaut. Java, wo sich die Rinde des C.s durch einen bes. hohen Gehalt an Alkaloiden auszeichnet, lieferte dabei zuweilen ca. 90% der Welternte.

Chinchillas

Chinasäure, 1,3,4,5,-Tetrahydroxycyclohexan-1-carbonsäure, Inhaltsstoff der Chinarinde (Name!), aus der C. bereits vor über hundert Jahren erstmals isoliert wurde. C. kommt außerdem in Zuckerrüben, Wiesenheu, Stachelbeeren, Brombeeren, in den Blättern v. Heidel- u. Preiselbeeren u. – als Teil der Chlorogensäure – in Kaffeebohnen vor. C. wurde früher gg. Gicht angewandt. Die 5-Dehydro-C. ist ein Intermediärprodukt bei der Biosynthese aromat. Aminosäuren (Shikimat-Weg).

Chinazolinalkaloide, Gruppe v. ↗Alkaloiden, die sich biogenet. v. der ↗Anthranilsäure ableiten u. in höheren Pflanzen (Saxifragaceen, Rutaceen, Acanthaceen, Zygophyllaceen, Scrophulariaceen u. Palmen), Tieren u. Bakterien vorkommen. Beispiele sind *Febrifugin* (pflanzl. C.) aus der Staude *Dichroa febrifuga* u. *Glomerin* (tier. C.) aus dem Wehrsekret v. *Glomeris marginata.*

Chinchillaratten [Mz.; v. ↗Chinchilla], *Abrocomidae,* in S-Amerika lebende Fam. der Meerschweinchenverwandten; 1 Gatt. (*Abrocoma*) mit 2 Arten, *A. cinerea* u. *A. bennetti;* Kopfrumpflänge 15–25 cm, Schwanzlänge 6–18 cm; rattenähnl. Gestalt, Fell dicht u. feinhaarig wie bei den echten ↗Chinchillas. C. haben einen für ihre Körpergröße auffallend langen Darm: Dünndarm 1,5 m, Dickdarm 1 m, Blinddarm 20 cm. Sie hausen, oft kolonieweise, in Erdbauten od. Felslöchern, deren Eingänge unter Büschen od. Felsen verborgen sind. Über ihre Fortpflanzung ist wenig bekannt. Von den Indianern werden die C. als Pelztiere geschätzt.

Chinchillas [Mz.; span., v. chinche = Wanze], *Chinchillidae,* in S-Amerika heim. Nagetier-Fam. aus der Gruppe der Meerschweinchenverwandten mit 6 Arten in 3 Gattungen; Kopfrumpflänge 22–66 cm, Schwanzlänge 7–32 cm, Gewicht 0,5–7 kg; mit breiter Schnauze, großen Augen u. abgerundeten Ohren; Vorderpfoten klein u. vierfingerig, lange Hinterfüße mit 3 od. 4 Zehen, Hand- u. Fußsohlen nackt; Nagezähne schmal, Backenzähne wachsen ständig nach. Die größte Art, die nachtaktive Viscacha (*Lagostomus maximus*), lebt in der Pampa in Kolonien v. 15–30 Tieren, sog. Viscacheras, die aus einem Netzwerk unterird. Gänge mit einem Hügel aus Aushubmaterial bestehen, in dem oft noch Höhleneulen *(Speotyto)* u. Erdkleiber *(Geositta),* Eidechsen u. Schlangen hausen. Weniger ihres schmackhaften Fleisches wegen – Ende der 50er Jahre kam Viscacha-Fleisch unter der Bez. „Wollhasen" auch nach Dtl. – als vielmehr wegen ihrer Wühltätigkeit werden Viscachas v.

Chinchillidae

Menschen stark verfolgt. Die kleineren Hasenmäuse (Gatt. *Lagidium*) sind Tagtiere; 3 Arten leben, ebenfalls gesellig, in trockenen u. pflanzenarmen Hochgebirgsgegenden (900–5000 m) v. Peru u. Bolivien. Die C. i. e. S. oder Wollmäuse *(Chinchilla)*, vertreten durch 2 Arten, Kurzschwanz-C. *(C. chinchilla)* u. Langschwanz-C. *(C. laniger)*, sind als freilebende Wildtiere heute nahezu ausgerottet. Z. Z. der span. Eroberung S-Amerikas noch außerordentl. zahlr. an den fels. Hängen der Anden bis herab zur Meeresküste vorkommend, wurde ihnen ihre Zutraulichkeit u. ihr dichtes, weiches Fell zum Verhängnis. Seit den 20er Jahren werden in Pelztierfarmen u. von Privatzüchtern vorwiegend Langschwanz-C. gehalten u. mit Mais, Weizen u. Grünfutter od. mit „Pellets" (Futterpillen) ernährt. Da sich C. aber nur langsam vermehren (jährl. 2–3 Würfe mit je 1–6 Jungen), erweist sich ihre Zucht für den Privatmann meist als unrentabel. Neuerdings wird versucht, C. aus Farmbeständen in den Anden wiedereinzubürgern. [B] Südamerika VI.

Chinchillidae [Mz.], die ↗Chinchillas.

Chinesische Dattel ↗Kreuzdorngewächse.

chinesisches Wachs, 1) das ↗Pelawachs; 2) ↗Esche.

Chinidin *s* [v. Quechua quina quina = Rinde der Rinde], ↗Chinin, ↗Chinaalkaloide.

Chinin *s* [v. Quechua quina quina = Rinde der Rinde], bitter schmeckendes Alkaloid der Chinarinde (↗Chinarindenbaum), das 1820 v. Pelletier u. Caventou entdeckt wurde; das wichtigste Alkaloid der ↗Chinaalkaloide ([ ]), dessen Giftigkeit auf einer Hemmung v. Enzymen der Gewebsatmung beruht. C. findet zusammen mit seinem ebenfalls natürlich vorkommenden Diastereoisomeren, dem *Chinidin*, vielfältige med.-therapeut. Anwendungen.

Chinolinalkaloide, Gruppe v. ↗Alkaloiden, denen das Grundgerüst des Chinolins ([ ] Alkaloide) gemeinsam ist. Zu den C.n gehören die *Chinaalkaloide* höherer Pflanzen u. das in Mikroorganismen vorkommende *Viridicatin.*

Chinolizidinalkaloide, strukturell v. Chinolizidin abgeleitete ↗Alkaloide, die aufgrund unterschiedl. Biosynthesewege in *Lupinenalkaloide* u. *Nupharalkaloide* unterteilt werden.

Chinone [Mz.; v. Quechua quina quina = Rinde der Rinden], Sammelbez. für organ. Verbindungen, die sich v. Grundgerüst des o- od. p-*Benzochinons* ableiten (↗Benzochinone); gekennzeichnet durch ihre gelbe bis rote Farbe u. ihre Reduzierbarkeit zu den entspr. Semichinonen u. Hydrochinonen. Etwa 170 verschiedene C. wurden aus Pilzen u. Blütenpflanzen isoliert, darunter zahlr. ↗Anthrachinone. C. von bes. biol. Bedeutung sind die Flavinnucleotide (FMN, FAD), das Plastochinon u. das Ubichinon; auch die Vitamine E und K zählen zu den C.n. Viele C. zeigen bakterientötende Wirkung. In der Cuticula der Arthropoden werden Proteine mit Chinonen gegerbt. ↗Sklerotien.

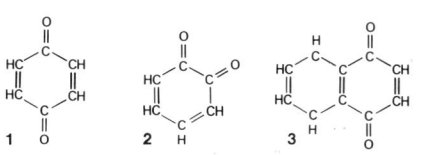

chinophil [v. gr. philos = Freund], Bez. für Organismen, die Orte mit sicherem Schneeschutz bevorzugen. Ggs.: chinophob.

Chiodecton *s* [v. *chio-, gr. dektos = 'angenehm'], Gatt. der ↗Opegraphaceae.

Chioglossa *w* [v. *chio-, gr. glõssa = Zunge], der ↗Goldstreifensalamander.

Chionea *w* [v. gr. chioneos = schneeweiß], Gatt. der ↗Stelzmücken.

Chionididae [Mz.; v. *chion-], die ↗Scheidenschnäbel.

Chipmunks [tschipmanks; Mz.; am.-engl., = Eichhörnchen], *Backenhörnchen, Tamias,* auf den N der Neuen Welt beschränkte Gatt. hörnchenart. Nagetiere mit großen Backentaschen; Fellfärbung braun od. graubraun, längsgestreift; Kopfrumpflänge 9–15 cm, Schwanzlänge 7–13 cm. Das im östl. Teil N-Amerikas vorkommende Streifenbackenhörnchen *(T. striatus),* mit auffallender Gesichtsstreifung, lebt einzelgängerisch u. vorwiegend auf dem Erdbo-

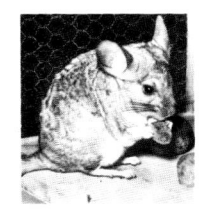

Chinchillas
Chinchilla laniger

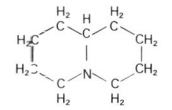

Chinolizidinalkaloide
Chinolizidin

Chinone
1 p-Benzochinon,
2 o-Benzochinon,
3 p-Naphthochinon

chio-, chion- [v. gr. chiõn, Gen. chionos = Schnee], in Zss.: Schnee-.

Chinin

In niedriger Dosierung wird C. auch heute noch aufgrund seiner fiebersenkenden u. schmerzlindernden Eigenschaften in Grippemitteln verwendet. Als Antimalariamittel ist C. heute weitgehend durch andere (synthet.) Chemotherapeutika ersetzt, die – im Ggs. zu C., das nur gg. die Schizonten wirkt – auch die geschlechtl. Formen des Malariaerregers *Plasmodium* abtöten. In der Geburtshilfe wird die erregende Wirkung des C.s auf den graviden Uterus zur Wehenverstärkung in der Austreibungsperiode genutzt. Eine Überdosierung führt zu Schwindel, Kopfschmerz, Ohrensausen, Taubheit, vorübergehender Erblindung, Herzlähmung usw.; die letale Dosis liegt bei 8–10 g Chinin; der Tod erfolgt durch zentrale Atemlähmung. Häufig beobachtet werden C.allergien wie Juckreiz, Ekzeme u. Fieber. Ebenfalls allerg. Ursachen hat das sog. „Schwarzwasserfieber" (eine Hämoglobinurie nach plötzl. Zerfall der Erythrocyten), das als schwere Komplikation bei der C.therapie v. Malaria auftritt. Außer in pharmazeut. Präparaten wird C. wegen seines bitteren Geschmacks als Bestandtei v. Likören u. Limonaden („Tonic Water") verwendet. *Chinidin* hat grundsätzl. die gleichen, jedoch therapeut. schwächere Wirkungen als C., mit Ausnahme seiner Wirkung auf das Herz, die bei Chinidin ausgeprägter ist. Durch Herabsetzen der Erregbarkeit der Herzmuskulatur u. Verlangsamung der Reizleitung werden Herzflimmern u. Arrhythmien unterdrückt, weshalb Chinidin ein wichtiges Mittel bei der Behandlung v. Herzrhythmusstörungen ist.

den. Mindestens 5 Arten umfaßt die U.-Gatt. *Neotamias:* Der Gebirgs-C. *(T. alpinus)* lebt an der Baumgrenze bis 2500 m in den Sierras. Der (ohne Schwanz) nur ca. 10 cm lange Kleine C. *(T. minimus)* wiegt nur 30–50 g; er ist in N-Amerika weit verbreitet. In den westl. Fichtenwäldern der USA lebt der Gelbe Fichten-C. *(T. amoenus)* u. in den Wäldern der Rocky Mountains u. in der Sierra Nevada der Colorado-C. *(T. quadrivittatus).* Das größte Backenhörnchen, der Townsend-C. *(T. townsendi)* mit einer Kopfrumpflänge v. 15 cm, kommt in den Küstenwäldern v. Britisch-Kolumbien bis Kalifornien vor. Mit den C. nahe verwandt sind die ↗Streifenhörnchen (Gatt. *Eutamias*) der Alten Welt.
B Nordamerika IV.

Chiracanthium *s* [v. *chir-, gr. akanthion = kleiner Stachel], der ↗Dornfinger.

Chiralität *w* [v. *chir-], ↗optische Aktivität.

Chirimoya *w* [indian. über span. chirimoya = Frucht des Flaschenbaums], *Cherimoya,* Gatt. der ↗Annonaceae.

Chirocentridae [Mz.; v. *chiro-, gr. kentron = Stachel], die Wolfs-↗Heringe.

Chirolophis *w* [v. *chiro-, gr. lophis = Futteral, Hülse], Gatt. der ↗Schleimfische.

Chiromantis *w* [v. *chiro-, gr. mantis = Laubfrosch], Gatt. der Ruderfrösche mit mehreren mittelgroßen Arten in Afrika. Spezialisierte, rindenfarb. Baumfrösche, die oft an der Rinde v. Ästen in der hellen Sonne sitzen u. dann fast weiß werden; Verdunstungsschutz wahrscheinl. durch Hautwachse; außerdem wird Wasser durch Uricothelie (wie bei Makifröschen) gespart. Die Eier werden in großen Schaumnestern, oft v. mehreren Paaren gefertigt, über dem Wasser angelegt; die fertigen Kaulquappen fallen ins Wasser.

Chironex *w* [v. *chiro-, gr. nēxis = Schwimmen], Gatt. der Würfelquallen, die mit der ca. 10 cm großen Art *C. fleckeri* im austr. Bereich vom Äquator bis zum Wendekreis des Steinbocks vorkommt. Sie ist sehr bewegl. u. soll Geschwindigkeiten bis zu 9 km/h erreichen. Die Art stellt durch ihr starkes Nesselgift eine große Gefahr für die Badestrände dar, da sie auf Suche nach Nahrung das Ufer aufsucht; Berührung kann zum Tod führen; auf jeden Fall entstehen Brandwunden, die wochenlang nicht heilen u. schwere Vernarbungen zurücklassen. Ähnliche Wirkung hat auch die ↗Seewespe *Chiropsalmus quadrigatus.*

Chironomidae [Mz.; v. gr. cheironomos = die Hände nach bestimmten Gesetzen bewegend], die ↗Zuckmücken.

Chiropsalmus *m* [v. *chiro-, gr. psalmos = Berührung], die ↗Seewespe.

Chiroptera [Mz.; v. *chiro-, gr. pteron = Flügel, Feder], die ↗Fledertiere.

Chiropterit *s* [v. ↗Chiroptera], stark phosphorhalt. Erde aus Fledermauskot; große Vorkommen in ausgedehnten Höhlensystemen der USA.

Chiropterogamie *w* [v. ↗Chiroptera, gr. gamos = Hochzeit], *Chiropterophilie,* die ↗Bestäubung v. Blüten durch Fledermäuse; kommt nur in den Tropen vor. In der Alten Welt sind die Langzungenflughunde *(Macroglossinae),* in der Neuen Welt die Langzungenvampire *(Glossophagidae)* zu hochspezialisierten Blütenbesuchern geworden. Charakterist. Anpassung der Fledermäuse sind die weit vorstreckbare, an der Spitze mit verhornten Hautbildungen (Pinsel) besetzte Zunge, ein teilweise stark verlängerter Schädel u. eine Rückbildung des Gebisses. Pflanzen verschiedenster systemat. Zugehörigkeit werden v. Fledermäusen bestäubt *(Fledermausblumen).* In Anpassung an diese Bestäubergruppe haben sie ein charakterist. Blütensyndrom entwickelt: nächtl. Blühzeit, große stabile Blüten, reichlich Pollen u. Nektar, Blüten an der Pflanze außen frei angebracht *(Flagelliflorie),* typ. Geruch, unauffällige Farbe.

Chiropterotriton *m* [v. *chiro-, gr. pteron = Flügel, und ben. nach dem gr. Meergott Triton], Gatt. der ↗Schleuderzungensalamander.

Chiropterygium *s* [v. *chiro-, gr. pterygion = kleiner Flügel], *Cheiropterygium,* freie Extremität der *Tetrapoda* (Bein, Arm, Flügel, Flosse) im Unterschied zur Fischflosse *(Ichthyopterygium).* ↗Extremitäten.

Chiroteuthis *w* [v. *chiro-, gr. teuthis = Tintenfisch], *Anglerkalmar,* Gatt. der U.-Ord. *Oegopsida,* pelag. Tintenschnecken mit bläul. transparentem Körper, der 15 cm lang wird, sehr schmal ist u. auffallend große Augen hat. Neben 8 normalen sind 2 Fangarme ausgebildet, die etwa 1 m lang werden u. mit dem klebr. Sekret zahlr. Drüsen Planktonorganismen fangen. *C. veranyi* lebt in Mittelmeer u. Atlantik; ihre abweichend gebaute Jugendform ist als „Doratopsis vermicularis" beschrieben worden; auch sie lebt plankt. u. zeichnet sich durch einen langen, stabförm. Fortsatz aus, der Teil des nicht vom Mantel umschlossenen Schalenrestes ist.

Chirotherium *s* [v. *chiro-, gr. thērion = Tier], (Kaup 1835), *Handtier,* Ichnogenus für handart. Fährten aus dem Buntsandstein v. Thüringen, die später auch an anderen triad. Fundstellen entdeckt wurden, niemals jedoch in Verbindung mit dem Urheber. Neuere Untersuchungen sehen in C. Identität mit *Prestosuchus, Staganolepis* od. *Ticinosuchus.*

Chirurgenfische, die ↗Doktorfische.

Chitaspis *m* [v. gr. chitōn = Kleid, aspis =

---

chir-, chiro- [v. gr. cheir = Hand], in Zss.: Hand-.

Chiropterogamie

Einige bekannte Fledermausblumen:

Alte Welt

Affenbrotbaum (Baobab) *(Adansonia digitata)*
Leberwurstbaum *(Kigelia aethiopica)*
Oroxylum indicum

Neue Welt

Balsaholzbaum *(Ochroma lagopus)*
Kapokbaum *(Ceiba pentandra)*
Agaven (u. a. *Agava angustifolia)*
Bananen *(Musa)*
Pseudobombax

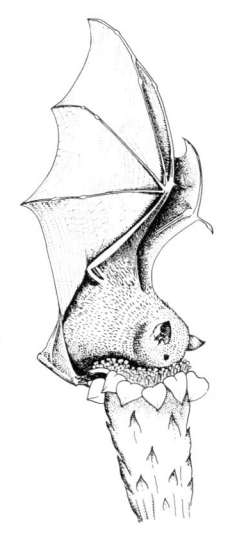

Chiropterogamie

Leptonycteris curasoae beim Blütenbesuch an *Lemaireocereus griseus* (Cactaceae)

Bei C vermißte Stichwörter suche man auch unter K und Z.

Chitin

Schild], Gatt. der *Pedicellinidae*, Kelchwürmer *(Kamptozoa)* mit 1 Art aus dem Golf von Siam, die durch den Besitz eines derben cuticulären Rückenschildes an der aboralen Kelchseite ausgezeichnet ist.

Chitin s [v. gr. chitōn = Kleid, Hülle], ein stickstoffhalt. lineares Polysaccharid mit β-1,4-glykosidisch verknüpftem N-Acetylglucosamin als Grundbaustein (im Ggs. zum β-1,4-Glucose-Grundbaustein der im Aufbau sonst sehr ähnl. ↗Cellulose). C. ist Hauptbestandteil des Außenskeletts der Gliederfüßer (bes. rein in Maikäferflügeln u. Hummerschalen) u. der Zellwände v. Pilzen. Es tritt meist vergesellschaftet mit anderen Polysacchariden, Proteinen od. anorgan. Salzen (Kalkeinlagerungen) auf. Der Aufbau von C. erfolgt unter der katalyt. Wirkung v. *C.-Synthetase*, ausgehend von UDP-N-Acetylglucosamin, der Abbau zu N-Acetylglucosamin mit Hilfe der weitverbreiteten Enzyme *Chitinase* u. *Chitobiase*.

Chitin (Ausschnitt aus der Strukturformel)

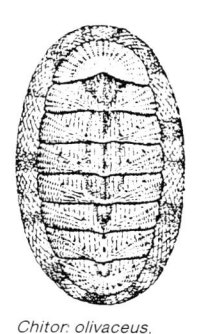

C. fällt als industrielles Nebenprodukt aus Pilzen (z. B. bei der Citronensäuregewinnung) jährl. in einer Menge von ca. 6–7 Mill. Tonnen an u. findet – z. T. nach weiterer Verarbeitung, z. B. zum *Chitosan*, dem Deacylierungsprodukt von C. – vielseit. techn. Anwendung.

Chitinasen, eine zu den Glykosidasen gehörende Gruppe v. Enzymen, die ↗Chitin hydrolytisch zu N-Acetylglucosamin-Molekülen abbauen; kommen im Schneckenmagen, in einigen Schimmelpilzen u. in Bakterien vor.

Chitobiose, ein aus zwei β-1,4-glykosidisch verknüpften Molekülen N-Acetylglucosamin aufgebautes Disaccharid, das in Hydrolysaten v. ↗Chitin zu finden ist.

Chiton m [gr., = Kleid, Hülle], Gatt. der Ord. *Ischnochitonida*, Käferschnecken, die kosmopolit. in gemäßigten u. warmen Meeren verbreitet ist u. mittlere bis große Arten umfaßt. *C. olivaceus* ist im Mittelmeer häufig, wird 4 cm lang u. ist oft intensiv gefärbt. Wie die anderen C.-Arten ernährt er sich vom Algenaufwuchs auf Steinen u. a. Hartsubstraten. *C. tuberculatus* (9 cm lang, 5,5 cm breit) ist die häufigste Art an den westind. Küsten. Die größten rezenten C.-Arten sind die südam.-pazif. Spezies *C. barnesi* u. *C. goodalli*, die bei ca. 8 cm Breite über 12 cm lang werden können. Sie werden v. der Küstenbevölkerung gegessen; *C. barnesi* treibt eine einfache Brutpflege, indem die Weibchen die noch unfertigen Jungen einige Zeit in ihrer Mantelrinne beherbergen.

Chitosamin s, das ↗N-Acetylglucosamin.
Chitosan s, ↗Chitin.
Chitra, Gatt. der ↗Weichschildkröten.
Chlamydephorus m [v. gr. chlamydēphoros = einen Mantel tragend], Gatt. der Überfam. *Rhytidoidea*, Landlungenschnecken, bei denen das kleine Gehäuse vom Mantel völlig bedeckt ist; einige Arten leben in S-Afrika.

Chlamydiales [Mz.; v. *chlamy-], 2. Ord. der Bakteriengruppe Rickettsien, mit einer Fam. *Chlamydiaceae* u. einer Gatt. *Chlamydia*. ↗Chlamydien.

Chlamydien [Mz.; v. *chlamy-], Bakterien der Gatt. *Chlamydia (Bedsonia, Miyagawanella)* der Ord. *Chlamydiales* (Rickettsien i. w. S.); obligat intrazelluläre, kokkenförm. Parasiten (0,2–1,5 μm ⌀), die sich nur im Cytoplasma der Wirtszellen mit einem charakterist. Entwicklungszyklus vermehren. Alle C. können in embryonalen Hühnereiern (Dottersack) u. z. T. in Zellkulturen sowie verschiedenen Tiergeweben gezüchtet werden. C. sind Erreger unterschiedlichster wichtiger Krankheiten des Menschen u. von Tieren, vermutlich gehören sie zu den am weitesten verbreiteten Krankheitserregern überhaupt. Bemerkenswert ist, daß sich zw. Parasit u. Wirt ein Gleichgewicht einstellen kann, das zu einer langandauernden, häufig lebenslängl. anhaltenden latenten Infektion führt. Früher wurden die C. zu den „großen Viren" (Chlamydozoon) gerechnet, da sie im Cytoplasma infizierter Zellen leben u. sich nicht außerhalb v. Zellen kultivieren ließen. Wegen folgender Merkmale können sie heute eindeutig den Bakterien zugeordnet werden: 1) sie enthalten DNA u. RNA sowie Ribosomen, 2) die Vermehrung erfolgt durch Zweiteilung, 3) die infektiöse Form hat eine Zellwand mit Murein, die der gramnegativer Bakterien sehr ähnl. ist, 4) die Vermehrung wird durch Antibiotika u. a. antimikrobielle Substanzen gehemmt, 5) es konnten einige Stoffwechselenzyme nachgewiesen werden. Von den Rickettsien i. e. S. (Ord. *Rickettsiales*) unterscheiden sie sich durch unterschiedl. Einschlußkörper u. einen anderen Entwicklungszyklus. Eindeutig sind C. nur bei Warmblütern als Parasiten nachgewiesen; möglicherweise können sie sich aber auch in Wirbellosen vermehren. Heute werden nur 2 Arten unterschieden, *C. trachomatis*, die nur im Menschen vorkommt, u. *C. psittaci*, die ein sehr weites Wirtsspektrum aufweist. Im Vergleich zu normalen freilebenden Bakterien, scheinen den C. wesentl. Stoffwechselleistungen, bes. zur Energiebildung (z. B. das ATP-regenerierende System), zu fehlen.

chlamy-, chlamydo- [v. gr. chlamys, Gen. chlamydos = Mantel], in Zss.: Mantel-.

Chiton olivaceus, 38 mm lang

Chlamydien

Entwicklungszyklus, Einteilung und wichtige Krankheiten

Entwicklungszyklus: Das freie infektiöse Partikel („Elementarkörper", ca. 0,3 µm ∅) mit elektronenoptisch dichtem Innenkörper (DNA) adsorbiert an neuraminsäurehalt. Rezeptoren der Wirtszelle, wird durch Endocytose aufgenommen u. liegt dann in einer membranumschlossenen Vakuole innerhalb der Zelle. Es erfolgt eine Umwandlung in den größeren „Initialkörper" (0,5–1,5 µm). Aus der infektiösen Form entsteht eine vegetative nichtinfektiöse Form; dabei ändern sich die Zellwandstrukturen, die kondensierte DNA lockert sich auf, u. der Stoffwechsel wird aktiviert. Durch Zweiteilung vermehrt sich der parasit. Zelle mehrfach, bis die ganze Vakuole mit kleineren Partikeln ausgefüllt ist, die einen sog. „Einschlußkörper" im Wirtscytoplasma bilden. In dieser Form enthält der Parasit wieder die verdichtete DNA u. kann, v. der Wirtszelle freigesetzt, neue Zellen infizieren. – Die verschiedenen Entwicklungsstadien lassen sich auch durch die Giemsafärbung unterscheiden: Die Elementarkörper erscheinen rotviolett, die Initialkörper blau u. die Einschlußkörper dunkelrotviolett.

Einteilung: Früher wurden die C. nach ihrer Pathogenität u. ihrem Wirtsbereich in ca. 200 Formen eingeteilt; heute werden nur 2 Arten, *Chlamydia trachomatis* u. *C. psittaci*, unterschieden; die Einteilung erfolgt nach spezif. Gruppenantigenen, bestimmten Einschlußkörperchen (Glykogen) u. deren Anfärbung mit Iod sowie der Empfindlichkeit gg. Sulfonamide (Hemmung der Folsäuresynthese). Eine weitere Unterteilung in verschiedene Stämme (Serotypen) läßt sich aufgrund typenspezif. Antigene der Zellwand durchführen.

Krankheiten: Der Erreger der Lymphogranuloma inguinale („Vierte Geschlechtskrankheit") u. des Trachoms (Ägyptische Augenkrankheit, Körnerkrankheit) ist *C. trachomatis*, auch als Erreger der *LGV* (Lymphogranuloma venerum)-Gruppe und der *TRIC* (Trachom u. Einschluß-Conjunctivitis)-Gruppe bezeichnet. *C. psittaci* (*C. ornithosis, Rickettsia psittaci*) ist Erreger der Psittakose (Papageienkrankheit) bzw. Ornithose beim Menschen u. vieler Krankheiten bei Tieren.

Bemerkenswert ist ihre Fähigkeit, leicht ATP durch die Zellwand aufzunehmen; man kann sie als „Energieparasiten" ansehen. Den verringerten Stoffwechselleistungen entsprechend, ist das Genom der Parasiten sehr klein (relative Molekülmasse ca. 660 Mill. ≈ 1 Mill. Basenpaare), was etwa einem Viertel der genet. Information v. *Escherichia coli* entspricht.

Chlamydobakterien [v. *chlamydo-], veraltete Bez. für ⤻ Scheidenbakterien.

Chlamydomonadaceae [Mz.; v. *chlamydo-, gr. monas = Einheit], Fam. der *Volvocales*, einzell. begeißelte Grünalgen mit Cellulosewand. Die ca. 600 Arten der Gatt. *Chlamydomonas* (B Algen I) leben meist im Süßwasser; Zellwände leicht zu Gallerthüllen verschleimend. Asexuelle Fortpflanzung häufig durch einfache Längsteilung (Schizotomie) od. Sporenbildung; sexuelle Fortpflanzung durch Iso-, Aniso- u. Oogamie. Die Arten verteilen sich auf alle Gewässertypen; u.a. bewirkt *C. nivalis* auf Firnschnee Rotfärbung (Blutschnee, ⤻ Blutregen) durch hohen Gehalt an „Hämatochrom", dem Oxocarotinoid Astacin. Durch Geißelreduktion u. verstärkte Gallertbildung Übergang in Palmellastadien, d.h., sie können so temporäre trockenere Perioden unter Vollwert der Stoffwechsel- u. Teilungsaktivität überdauern. Die 15 Arten der Gatt. *Polytoma* werden als Abkömmlinge v. *Chlamydomonas* angesehen; sie besitzen farblose Leukoplasten; *P. uvella* kommt häufig zw. faulenden Pflanzen vor.

Bei C vermißte Stichwörter suche man auch unter K und Z.

chlamy-, chlamydo- [v. gr. chlamys, Gen. chlamydos = Mantel], in Zss.: Mantel-.

chlor-, chloro- [v. gr. chlōros = grüngelb], in Zss.: grün-, gelb-; auch Chlor-.

Chlamydomonadales
Familien:
⤻ Chlamydomonadaceae
⤻ Dunaliellaceae
⤻ Haematococcaceae
⤻ Phacotaceae

Chlamydomonadales [Mz.; v. *chlamydo-, gr. monas = Einheit], Ord. der Grünalgen mit 4 Fam. (vgl. Tab.); hierzu gehören einzeln lebende, begeißelte (monadale) Algen; mit od. ohne feste Zellwand.

Chlamydomonas *w* [v. *chlamydo-, gr. monas = Einheit], Gatt. der ⤻ Chlamydomonadaceae.

Chlamydosaurus *m* [v. *chlamydo-, gr. sauros = Eidechse], die ⤻ Kragenechsen.

Chlamydoselachoidei [Mz.; v. *chlamydo-, gr. selachoeidēs = knorpelfischähnlich], U.-Ord. der ⤻ Haie.

Chlamydospermae [Mz.; v. *chlamydo-, gr. sperma = Same], *Chlamydospermopsida*, die ⤻ Gnetatae.

Chlamydosporen [Mz.; v. *chlamydo-, gr. spora = Same], *Mantelsporen*, dickwand. Zellen od. kleine Zellkomplexe mit *Überdauerungsfunktion* zur Erhaltung unter ungünst. Lebensbedingungen, daher nicht Konidien gleichzusetzen. C. werden v. vielen Pilzarten gebildet; sie entstehen durch Verdickung der Zellwände interkalar od. endständig aus Hyphenzellen, sind gewöhnl. größer als die vegetativen Nachbarzellen u. oft dunkel gefärbt (z.B. Brandsporen, Teleutosporen). C. treten häufig bei Hungerzuständen u. auch im normalen Entwicklungsgang auf. Pilzl. Zellen mit teilweise verdickten Wänden u. Dauerfunktion sind ⤻ Gemmen u. ⤻ Bromatien.

Chlamys *w* [gr., = Mantel], Gatt. der Kamm-Muscheln, bei denen die linke Klappe oft bauchiger ist als die rechte; umfaßt zahlr. Arten in allen Meeren. Die Geschlechtsverhältnisse sind sehr verschieden: einige Arten sind zwittrig, einige protandr. zwittrig u. manche getrenntgeschlechtl. *C. opercularis* ist eine häufige Art des nördl. Atlantik bis zum Mittelmeer; ihre Schalenklappen sind oft intensiv gelb, rot od. bräunl. gefärbt; während die Jungen sich mit dem Byssus festheften, liegen die Adulten meist frei auf dem Grund; das wohlschmeckende Fleisch wird gegessen: pro Jahr werden über 12000 t (1981) angelandet.

Chlidonias *m* [v. gr. chlidōn = Schmuck, Üppigkeit], Gatt. der ⤻ Seeschwalben.

Chloebia *w* [v. gr. chloē = junges Gras, Saat], Gatt. der ⤻ Prachtfinken.

Chlor *s* [v. *chlor-], chem. Zeichen Cl, chem. Element, ein Halogen; reines C. ist ein schweres, gelbgrünes, giftiges (Luft mit 1% C.gas wirkt tödlich), stechend riechendes, in Wasser gut lösl. Gas; es wird frei od. gebunden als Chlorkalk zur Desinfektion v. Trinkwasser u. Badewasser verwendet (Chlorieren). In der Natur kommt C. nur gebunden, hpts. als Steinsalz (NaCl), bzw. als *Chloridanion* Cl$^-$ in Zell- u. Körperflüssigkeiten (Urin, Schweiß) u. als

Chloragogzellen

chlor-, chloro- [v. gr. chlōros = grüngelb], in Zss.: grün-, gelb-; auch Chlor-.

Chlorcholinchlorid

Chloramphenicol

0,1 N-Salzsäure (HCl) im Magen vor. Die intrazelluläre Chloridionenkonzentration vieler Zellen liegt im Bereich v. wenigen mmol/l, während die extrazelluläre bei etwa 100 mmol/l u. bei Nervenzellen darüber bis zu 400 mmol/l liegt. Gebunden an biol. Naturstoffe, kommt C. nur sehr selten (z. B. Chloramphenicol) vor.

Chloragogzellen [Mz.; v. *chlor-, gr. agōgos = Führer], aus dem Coelomepithel hervorgehende Zellen der Ringelwürmer *(Annelida)*, die Darm u. Blutgefäße umspinnen. Das *Chloragog*, die Gesamtheit der C., baut NH_3 in Harnstoff u. Harnsäure um, synthetisiert Glykogen, speichert Fett.

Chloralhydrat s [v. *chlor-], *Trichloracetaldehydhydrat*, $Cl_3C-CH(OH)_2$; ältestes synthet. Schlafmittel, heute nur noch in der Tiermedizin benutzt; Konservierungs- u. Aufhellungsmittel in der Mikroskopie.

Chloramphenicol s [v. *chlor-], *Chloromycetin*, ein zuerst in *Streptomyces venezuelae* gefundenes Antibiotikum, das die an 70S-Ribosomer prokaryot. Organismen ablaufende Proteinsynthese hemmt, beruhend auf einer durch Bindung an die ribosomale 50S-Untereinheit verursachten Inhibition des Translokationsschritts während der Elongationsphase des Translationsprozesses. Bei eukaryot. Organismen hemmt C. nur die in den Mitochondrien od. Chloroplasten ablaufende Proteinsynthese des Cytoplasmas, die sich an 80S-Ribosomen abspielt. C. enthält die in Biomolekülen sonst sehr selten beobachteten Chloratome bzw. die Nitrogruppe. Das heute synthet. hergestellte C. ist v. klinischer Bedeutung bei Lungeninfektionen, Meningitis, Cholera, Amöben- u. Bakterienruhr u. bes. bei Typhus. [B] Antibiotika.

Chlorangiellaceae [Mz.; v. *chlor-, gr. aggeion = Gefäß], Fam. der *Tetrasporales*, chlamydomonasart. einzell. Grünalgen mit fester Zellwand; *Chlorangiella pygmea* sitzt mit Gallertstrang am Substrat fest.

Chloranthie w [v. *chlor-, gr. anthos = Blüte], das Grünwerden v. Blütenorganen; z. B. Dahlien.

Chlorcholinchlorid s [v. *chlor-], Abk. *CCC*, 2-Chloräthyltrimethylammoniumchlorid, wird zur Halmverkürzung u. -verdickung bei Getreide, bes. bei Winterweizen, eingesetzt, um die Gefahr des „Lagerns", v.a. bei starker Stickstoffdüngung, herabzusetzen; C. ist ein synthet. Gibberellinantagonist u. blockiert die Biosynthese der Gibberelline. [staceae.

Chlorella w [v. *chlor-], Gatt. der ↗Oocy-

Chlorhaemidae [Mz.; v. *chlor-, gr. haima = Blut], die ↗Flabelligerida.

Chlorhormidium s [v. *chlor-, gr. hormos = Kette, Schnur], Gatt. der ↗Ulotrichaceae.

Chlorid [v. *chlor-], *Chloridanion*, ↗Chlor.

Chloridella w [v. gr. Chloris = Göttin der Blumen und Blüten], ↗Mischococcales.

Chlorkohlenwasserstoffe, *chlorierte Kohlenwasserstoffe*, Kohlenwasserstoffe, in denen Wasserstoffatome durch Chloratome ersetzt sind, z. B. Tetrachlorkohlenstoff (CCl_4), Chloroform ($CHCl_3$), Dichlorbenzen ($C_6H_4Cl_2$) und DDT. Je nach Flüchtigkeit u. relativer Molekülmasse werden leicht- u. schwerflüchtige C. unter-

---

Belastung des Menschen durch Chlorkohlenwasserstoffe

Mit den Nahrungsmitteln werden pro Person u. Tag in der BR Dtl. 110 µg chlorierte organ. Lösungsmittel aufgenommen, mit der Luft sind es etwa 100 µg; durch das Trinkwasser wird jeder Bundesbürger mit etwa 4 µg pro Tag belastet. Die Abb. zeigt die Mengen an leichtflüchtigen C.n, die pro Person u. Tag über die verschiedenen Nahrungsmittel in den Organismus gelangen. Die angegebenen Werte stammen aus Stichprobenuntersuchungen (Durchschnittswerte aus Warenkorbanalysen). Etwa die Hälfte der aufgenommenen C. wird sofort wieder ausgeschieden, die andere Hälfte bleibt im Körper u. geht in den Stoffwechsel. Aufgeschlüsselt für 5 verschiedene Substanzen, liegt die durchschnittl. tägl. effektive Belastung (in µg pro Person u. Tag) bei 7,7 für Tetrachlorkohlenstoff, 9,1 für Chloroform, 14,0 für Trichloräthan, 16,8 für Trichloräthylen u. 77,0 für Perchloräthylen. Eine weitere wichtige Belastungsquelle stellen die schwerflüchtigen C. dar, unter ihnen v. a. *DDT* u. seine Abbauprodukte (Insektizid), Hexachlorcyclohexan *(HCH)* u. seine Isomere (Insektizid), Hexachlorbenzol *(HCB)* (Pflanzenschutzmittel) und die polychlorierten Biphenyle *(PCB)*, eine Gruppe v. Industriechemikalien. Diese Stoffe erreichen den Menschen v.a. über die Nahrung, u. zwar zu ca. 70% über tier., zu 25% über pflanzl. Nahrungsmittel, nur der Rest über Luft, Wasser usw. Die bedenkl. Anreicherung dieser Stoffe im menschl. Fettgewebe wird bes. durch die Belastung der Muttermilch deutlich: Spuren der gen. Stoffe lassen sich bei prakt. jeder Frau nachweisen, u. häufig liegen die Konzentrationen über den für Nahrungsmittel geltenden Höchstgrenzen. Am beunruhigendsten ist z. Z. die Belastung mit β-HCH und mit den PCB, für die es noch keinen Höchstwert für Nahrungsmittel gibt. Im int. Vergleich nimmt die BR Dtl. eine mittlere Position ein: Einer hohen Belastung mit Industriechemikalien stehen relativ geringere Belastungen mit Pflanzenschutzmitteln gegenüber, die in Ländern der Dritten Welt z. T. wesentl. höher sind. Die langfrist. Gefahren der Belastung mit schwerflücht. C.n sind umstritten (z. B. im Fall von DDT aber auch nachgewiesen), ein Verbot aller abbauresistenten Stoffe dieser Gruppe wird weithin gefordert.

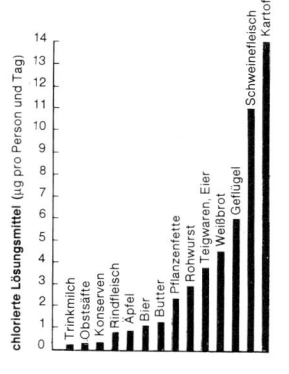

Bei C vermißte Stichwörter suche man auch unter K und Z.

schieden. Die C. sind Ausgangsstoffe für die Produktion v. PVC, Siliconen, Treibgasen für Spraydosen (↗Aerosole) u. a., außerdem werden sie als Lösungs-, Extraktions- u. Textilreinigungsmittel verwendet u. kommen als Wirkstoffe in Schädlingsbekämpfungsmitteln vor. Ökolog. sind die C. von Bedeutung, da sie z. T. schwer abbaubar sind u. sich deshalb z. B. in Nahrungsmitteln u. im menschl. Fettgewebe, hier v. a. auch in den lipoidreichen Nervenzellen, anreichern (↗abbauresistente Stoffe). Als Folge davon können biochem. u. elektr. Veränderungen an den Nervenzellmembranen Störungen des Nervensystems bewirken (Kopfschmerzen, in schweren Fällen Herz- u. Atemstillstand). Die chron. Toxizität der C. beruht in vielen Fällen auf den beim Abbau dieser Verbindungen im Organismus (hpts. in der Leber) entstehenden Zwischenprodukten. Diese Abbauprodukte, im wesentl. Epoxide u. Radikale, reagieren mit den Makromolekülen in den Zellen, wahrscheinl. auch mit der DNA, u. sind so vermutl. für die Mutagenität verantwortlich.

Chlorobium s [v. *chloro-, gr. bios = Leben], Gatt der ↗grünen Schwefelbakterien (Fam. *Chlorobiaceae,* U.-Ord. *Chlorobiineae*) der ↗phototrophen Bakterien.

Chlorobiumvesikel w [v. *chloro-, gr. bios = Leben, lat. vesicula = Bläschen], die ↗Chlorosomen.

Chlorobotrys w [v. *chloro-, gr. botrys = Traube], Gatt. der ↗Mischococcales.

Chlorochromatium s [v. *chloro-, gr. chrōmation = Färbemittel], ↗Consortium.

Chlorochytriaceae [Mz.; v. *chloro-, gr. chytrion = Töpfchen], Fam. der *Chlorococcales,* bis 400 µm große einzell. Grünalgen mit unregelmäßiger Form; die Zellen sind meist vielkernig. Die Gatt. *Chlorochytrium* ist mit ca. 14 Arten im Süß- u. Meerwasser verbreitet. Sie leben häufig als Endophyten in höheren Pflanzen, so z. B. *C. lemnae* in Interzellularräumen v. *Lemna* (Wasserlinse).

Chlorococcaceae [Mz.; v. *chloro-, gr. kokkos = Kern, Beere], Fam. der *Chlorococcales,* kugelförm. od. ovale Grünalgen, einzeln od. in Gruppen vereint. Zur artenreichsten Gatt. *Chlorococcum* gehört die häuf. Bodenalge *C. multinucleatum,* eine vielkern. Art; sie bildet u. a. dichte grüne Überzüge an Bäumen u. Mauern. Die Gatt. *Trebouxia* tritt u. a. als Flechtenalge in *Xanthoria, Cladonia, Parmelia, Usnea* auf.

Chlorococcales [Mz.; v. *chloro-, gr. kokkos = Kern, Beere], Ord. der Grünalgen mit 12 Fam. (vgl. Tab.); unbegeißelte, haploide Einzeller mit meist nur 1 Chloroplasten; Tendenz zur Koloniebildung; im Süßwasserplankton weit verbreitet. Die ve-

Vinylchlorid

unsymmetrisches Epoxid

Perchloräthylen („Per")

symmetrisches Epoxid

Tetrachlorkohlenstoff

Radikal

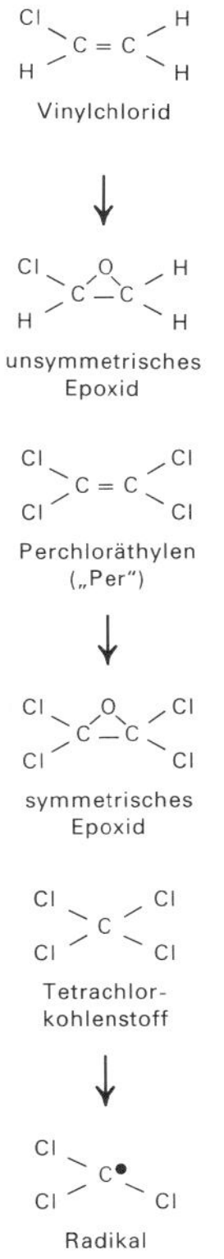

Abbau von Chlorkohlenwasserstoffen im Körper

Bes. reaktiv u. aggressiv sind die Abbauprodukte niedermolekularer C. mit unsymmetr. Struktur, z. B. von *Vinylchlorid,* das schon lange als starkes Carcinogen gilt. Das beim Abbau v. *Perchloräthylen* entstehende symmetr. Epoxid ist dagegen weniger aggressiv.

Chlorococcales

Familien:
↗Ankistrodesmaceae
↗Botryococcaceae
↗Characiaceae
↗Chlorochytriaceae
↗Chlorococcaceae
↗Dictyosphaeriaceae
↗Eremosphaeraceae
↗Gloeocystidaceae
↗Hydrodictyaceae
↗Micractiniaceae
↗Oocystaceae
↗Scenedesmaceae

getative Fortpflanzung erfolgt durch Zoosporen od. Aplanosporen; sexuelle Fortpflanzung vielfach nicht bekannt. Die Systematik ist noch unzureichend geklärt.

Chlorocruorin s [v. *chloro-, lat. cruor = Blut], grüner, sauerstofftransportierender Blutfarbstoff (↗Atmungspigmente) der marinen Polychaeten (Vielborster der Fam. *Serpulidae* u. *Sabellidae*). Die Molekülstruktur gleicht der des Hämoglobins, wobei in der Hämgruppe eine Vinyl- durch eine Formylgruppe ersetzt ist. C. kommt in kolloidaler Form gelöst im Blut vor u. bindet pro Häm-Molekül ein Molekül Sauerstoff; relative Molekülmasse ca. 3 Mill.

Chloroflexaceae [Mz.; v. *chloro-, lat. flexus = gebogen], Fam. der Chlorobiineae; ↗grüne Schwefelbakterien.

Chloroform s [v. *chloro-, lat. forma = Gestalt], *Trichlormethan,* $CHCl_3$, 1831 v. Flourens als Narkotikum am Tier erkannt, v. Simpson 1847 als *C.narkose* in die Medizin eingeführt; wegen der geringen narkot. Breite (die für die Narkose nötige Konzentration liegt bei 1,0 Vol.-%, die tödl. Konzentration bei 1,4 Vol.-%) wird es als Narkotikum beim Menschen heute nicht mehr verwendet. C. hemmt das Atemzentrum, bewirkt Blutdruckabfall, bei Überdosis führt es zum Atemstillstand. Wichtiges Lösungsmittel zur Extraktion lipophiler Stoffe.

Chlorogensäure [v. *chloro-, gr. gennan = erzeugen], aus Kaffeesäure u. Chinasäure gebildetes Depsid, das in einer Reihe höherer Pflanzen (bes. in Kaffeebohnen) vorkommt. Das Nachdunkeln geschnittener Kartoffeln wird durch die Ausbildung eines Eisen-C.-Komplexes hervorgerufen.

Chlorohydra [v. *chloro-, gr. hydra = Wasserschlange], ein ↗Süßwasserpolyp.

Chloromonadophyceae [Mz.; v. *chloro-, gr. monas = Einheit, phykos = Tang, Seegras], Klasse der ↗Algen; differenziert gebaute, bis 100 µm große, hellgrün gefärbte Flagellaten; sie sind im Süßwasser verbreitet, treten aber vereinzelt auf. Die dorsiventralen Zellen besitzen eine Pellicula u. tragen in einer Ventralfurche eine Schleppgeißel sowie eine nach vorn gerichtete Schwimmgeißel. Es ist nur asexuelle Fortpflanzung durch Längsteilung (Schizotomie) bekannt. *Vacuolaria virescens* kommt v. a. in dystrophen Gewässern vor; *Gonyostomum semens* ist u. a. in Torfmooren verbreitet.

Chloromycetin s [v. *chloro-, gr. mykēs = Pilz], ↗Chloramphenicol.

Chloronema s [v. *chloro-, gr. nēma = Faden], ↗Protonema.

Chlorophis m [v. *chlor-, gr. ophis = Schlange], die ↗Grünnattern.

Bei C vermißte Stichwörter suche man auch unter K und Z.

Chlorophthalmidae

Chlorophthalmidae [Mz.; v. *chlor-, gr. ophthalmos = Auge], Fam. der ↗Laternenfische.

Chlorophyceae [Mz.; v. *chloro-, gr. phykos = Tang, Seegras], die ↗Grünalgen.

Chlorophyllase w [v. *chloro-, gr. phyllon = Blatt], in Pflanzen vorkommendes, zu den Carbonsäure-Esterasen gehörendes Enzym, das die reversible Hydrolyse v. Chlorophyll a in Chlorophyllid a u. die Phytol-Seitenkette (↗Chlorophylle) katalysiert: Chlorophyll a + H_2O ⇌ Chlorophyllid a + Phytol; C. ist sowohl in den grünen wie auch nichtgrünen Teilen der Pflanzen zu finden; in den Chloroplasten ist C. in der Thylakoidmembran lokalisiert.

Chlorophylle [Mz.; v. *chloro-, gr. phyllon = Blatt], *Blattgrün,* die grünen, in isolierter Form rötlich fluoreszierenden Farbstoffe der grünen Pflanzen u. photosynthetisierenden Algen u. bestimmter Bakterien (↗Bakteriochlorophylle). C. leiten sich vom Porphyringerüst ab (vgl. Abb.) u. sind daher strukturell eng verwandt mit dem Hämin der Hämoglobine, Myoglobine u. Cytochrome. Im Ggs. zu diesen weisen sie, komplexiert im Zentrum des Tetrapyrrolsystems, Mg^{2+} (statt Fe^{2+} wie beim Häm), einen zusätzl., die Position 6 flankierenden Fünfring (Pentanonring) und zusätzl. Wasserstoffatome in den Positionen 7 und 8 auf. Auch die lange, lipophile Phytolseitengruppe (bzw. Farnesylseitengruppe bei manchen Bakteriochlorophyllen) u. deren Veresterung durch eine in Position 7 verankerte Propionsäuregruppe sind charakterist. für C. Die verschiedenen C. a, b, c, d (vgl. Tab.) und die Bakteriochlorophylle a, b, c, d, e (T Bakteriochlorophylle) unterscheiden sich durch Abwandlungen der Seitengruppen des Ringgerüsts. – Mit Hilfe von C.n wird die Lichtenergie des Sonnenlichts absorbiert, um im Rahmen der Reaktionen der ↗Photosynthese in die chem. und für Stoffwechselreaktionen allg. verwertbare Energie von ATP und in Reduktionsäquivalente von NADPH umgewandelt zu werden. C. nehmen daher eine Schlüsselstellung bei der Photosynthese u. damit auch bei der ↗Assimilation von CO_2 durch die grünen Pflanzen u. Algen ein. In letzteren sind C. zus. mit C.-bindenden Proteinen, Carotinoiden u. z.T. anderen Farbstoffen im inneren Membransystem, den Thylakoiden, der ↗Chloroplasten lokalisiert. Die Verankerung in der Membrandoppelschicht der Thylakoide erfolgt durch den lipophilen Phytolrest so, daß das hydrophile Porphyringerüst dem Stroma, dem wäßrigen Innenplasma der Chloroplasten, zugekehrt wird. Bei den prokaryot. phototrophen Bakterien u. Cyanobakterien sind C. (wiederum zus. mit den C.-bindenden Proteinen und den übrigen Pigmenten des Photosyntheseapparats) meist in intracytoplasmat. Membranen (Thylakoide, Chromatophoren) eingelagert. Jeweils mehrere Hundert von C.-Molekülen sind in den Thylakoidmembranen der Chloroplasten mit Hilfe bestimmter Proteine u. zus. mit Carotinoiden u. Phycobilinen (↗Antennenpigmente) zu sog. *Antennenkomplexen* vereinigt, deren Funktion in der Absorption v. Lichtquanten u. deren Weiterleitung zu den i.e.S. photosynthet. aktiven C.-Molekülen, den C.n der sog. Reaktionszentren, besteht. Jeder Antennenkomplex besitzt nur wenige Reaktionszentren, deren C. im Ggs. zu den übrigen C.-Molekülen mit jeweils einem Elektronenakzeptor u. einem Elektronendonor assoziiert sind; die Komplexe zwischen C.n, Elektronendonor u. -akzeptor bezeichnet man als *Photosysteme* (↗Photosynthese). – Die Synthese von C.n erfolgt ausgehend v. Protoporphyrin IX unter Bindung von Mg^{2+} zum Mg-Protoporphyrin IX, Transmethylierung (durch S-Adenosylmethionin) u. Bildung des Cyclopentanonrings zu Protochlorophyllid a, Bindung an Protein zu Protochlorophyllid-Holochrom, gefolgt v. der lichtabhäng. Hydrierung der 7,8-Positionen zu Chlorophyllid a und schließl. Esterbildung der Propionsäureseitengruppe mit Phytol zum C. a. Die Umwandlung von C. a zu den übrigen C.n ist in vielen Punkten noch ungeklärt, da diese Schritte strukturgebunden in der Thylakoidmembran ablaufen. Der Abbau

chlor-, chloro- [v. gr. chlōros = grüngelb], in Zss.: grün-, gelb-; auch Chlor-.

Porphyringerüst, u. einem im Zentrum komplex gebundenen Mg^{2+} besteht. Die Formel gibt das *Chlorophyll a* wieder. Im *Chlorophyll b* ist die markierte (eingerahmte) Methylgruppe ($-CH_3$) des zweiten Pyrrolrings durch eine Formylgruppe (–CHO) ersetzt. Die unterschiedl. Lichtabsorption der C. (Absorptionsspektren ↗Bakteriochlorophylle) ist durch verschiedene Seitenketten Verschiedenheiten einzelner Bindungen (ge-

Chlorophylle Die C. sind die entscheidenden Pigmente für die Lichtreaktionen, die zur Umwandlung v. Lichtenergie in chem. Energie ablaufen. Die verschiedenen C. einschl. der Bakteriochlorophylle besitzen das gleiche Grundgerüst, das aus vier Pyrrolringen, dem sog. Porphyringerüst, u. einem im Zentrum komplex gebundenen Mg^{2+} besteht. Die Formel gibt das *Chlorophyll a* wieder. Im *Chlorophyll b* ist die markierte (eingerahmte) Methylgruppe ($-CH_3$) des zweiten Pyrrolrings durch eine Formylgruppe (–CHO) ersetzt. Die unterschiedl. Lichtabsorption der C. (Absorptionsspektren ↗Bakteriochlorophylle) ist durch verschiedene Seitenketten sättigt, ungesättigt) sowie verschiedenart. Veresterungen u. Bindungen an Proteine bedingt. Die Lichtabsorption der „echten" C. liegt hpts. im blauen u. roten Spektralbereich; die Bakteriochlorophylle absorbieren auch im nahen Infrarot.

Vorkommen von Chlorophyllen

Chlorophyllart	Vorkommen	Unterschied zu Chlorophyll a
Chlorophyll a	in allen Photosynthese betreibenden Organismen mit Ausnahme der phototrophen Bakterien	
Chlorophyll b	in allen höheren Pflanzen, mit Ausnahme der Orchideenart *Neottia nidus avis*, in Grünalgen und Armleuchtergewächsen	anstelle von $-CH_3$ in Position 3 den Formylrest $-CHO$
Chlorophyll c	Diatomeen, *Dinophyta* und Braunalgen, in einigen Rotalgen	Formel z. Z. (1983) noch ungeklärt
Chlorophyll d	Rotalgen	statt Vinylrest am C-2 eine Formylgruppe $-CHO$

von C.n wird durch hydrolyt. Spaltung der Phytolestergruppierung zu Chlorophyllid a und Phytol (Umkehr des letzten Syntheseschritts) unter der katalyt. Wirkung des Enzyms *Chlorophyllase* eingeleitet. B Photosynthese I. H. K.

Chlorophylline [Mz.; v. *chloro-, gr. phyllon = Blatt], die aus den natürl. Chlorophyllen der grünen Blätter durch Verseifung mit Natronlauge entstehenden, wasserlösl. Produkte, bei denen gegenüber den Chlorophyllen der Phytolrest abgespalten u. der Cyclopentanonring geöffnet ist; die mit Cu komplexierten C. finden als Farbstoffe Verwendung in der Lebensmittel- sowie in der Kosmetik- und Kerzen-Industrie.

Chlorophytum *s* [v. *chloro-, gr. phyton = Gewächs], Gatt. der ↗Liliengewächse.

Chloropidae [Mz.; v. *chlor-, gr. ōpē = Aussehen, Anblick], die ↗Halmfliegen.

Chloroplasten [Mz.; v. *chloro-, gr. plastos = geformt], die für die ↗Photosynthese zuständ., durch ↗Chlorophylle grün gefärbten ↗Plastiden der Algen und höheren Pflanzen. Für alle C. gilt ein im Prinzip einheitl. Organisationsplan: eine doppelte *Hüllmembran* begrenzt die C.-Matrix (*Stroma*) zum Cytoplasma hin; eingebettet in diese Matrix liegt ein internes Membransystem *(Thylakoide)*, der Sitz der photosynthet. Lichtreaktionen. Auch bei den Rotalgen, bei deren Plastiden – bedingt durch die akzessor. Pigmente (↗Antennenpigmente) Phycocyanin u. Phycoerythrin – der rote Farbton dominiert (Rhodoplasten), u. bei den Braunalgen, die durch das Überwiegen des Carotinoids Fucoxanthin bräunl. gefärbt sind (Phaeoplasten), ist der typische C.-Funktionstyp realisiert. Vor allem in jungen Sproß- u. Blattzellen entwickeln sich während der Ontogenese der meisten höheren Pflanzen die C. aus den kleinen ($\varnothing$ ca. 1 μm), unpigmentierten u. formveränderl. *Proplastiden*. Als Hemmformen können bei Lichtmangel sog. *Etioplasten* entstehen, die ultrastrukturell durch den Besitz von Prolamellarkörpern

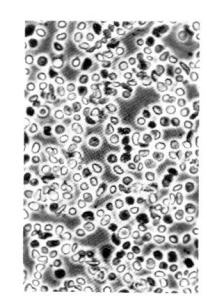

Isolierte Chloroplasten

Im Labor ist es heute eine Routinemethode, aus geeigneten Objekten (z. B. Spinatblättern) in gepufferten, isoton. Isolationsmedien C. in hoher Reinheit u. Intaktheit zu isolieren. Die Abb. zeigt eine phasenkontrastmikroskop. Aufnahme isolierter Spinat-C. Die hell erscheinenden C. verfügen über eine intakte Hüllmembran, während die dunklen „defekt" sind. Solche isolierte C. sind in photosynthetisch voll aktivem Zustand, u. es lassen sich die biophysikal. u. biochem. Teilprozesse der Photosynthese ebenso untersuchen wie eine Reihe v. anderen Stoffwechselaktivitäten (z. B. Proteinsynthese, Lipidmetabolismus). Da man solche Experimente unbeeinflußt vom restl. Zellstoffwechsel *in vitro* (im Reagenzglas) durchführen kann, lassen sich wichtige Einblicke in die Regulation u. Kompartimentierung von Stoffwechselwegen gewinnen.

charakterisiert sind u. anstelle des Chlorophylls geringe Mengen an Protochlorophyll(id) enthalten. Bei der lichtinduzierten Ergründung wandeln sich dann die Etioplasten zu typischen C. um. Dies geschieht unter Abbau des tubulären Prolamellarkörpers u. der Bildung perforierter Doppelmembranen (Primärthylakoide). Läuft die C.-Entwicklung jedoch ohne Unterbrechung im starken Licht ab, wird kein Etioplastenstadium durchlaufen. Viele experimentelle Evidenzen unterstützen die Vorstellung, daß ↗Phytochrom in vielfält. Weise regulierend in die C.-Genese eingreift. So werden Komponenten des photosynthet. Elektronentransportsystems (z. B. Ferredoxin u. Plastocyanin), Galactolipide, Carotinoide u. Enzyme des Calvin-Zyklus unter dem Einfluß von dunkelrotem Licht stark vermehrt. Es entsteht schließl. in der C.-Matrix jene komplexe Thylakoidstruktur mit Grana- u. Stromapartien, die für den ausdifferenzierten, voll funktionstüchtigen C. charakteristisch ist. Dieser Typ des granahalt. *(„granulären")* C. findet sich bei allen höheren Pflanzen unter Einschluß der meisten Farn- u. Moospflanzen u. hochentwickelten Algen (Grünalgen). Im Lichtmikroskop (maximale Auflösung ca. 250 nm) zeigen sich die C. als grüngefärbte, meist plankonvexe bis linsenförm. Partikel mit einem maximalen $\varnothing$ von 5–10 μm. Ihre Anzahl pro Zelle schwankt je nach Art des Gewebes um 50. Auch die Thylakoidstapelung in den Granabereichen (0,5–0,8 μm hoch, 0,4–0,6 μm breit) ist bei höchster lichtmikroskop. Auflösung als Muster v. dunkelgrünen Granula auf hellerem Untergrund gerade noch erkennbar (daher die Bez. granulärer C.). Erst mit der Entwicklung der Elektronenmikroskopie (maximale Auflösung ca. 0,2 nm) konnte die komplexe Intimstruktur der C. sichtbar gemacht werden. Im Ggs. zum granahalt. C.-Typ finden sich bes. im Bereich der ↗Algen davon stark abweichende Strukturtypen. Man spricht v. *homogenen C.* wegen ihres im Ggs. zu den granahalt. C. im Lichtmikroskop homogenen Erscheinens. Sie werden von Einzelthylakoiden (Rotalgen), Thylakoidpaaren (Cryptophyceen) od. Thylakoidtripletts (alle übrigen Algen einschl. *Euglena*) in voller Länge durchzogen; die Ausbildung v. typ. Grana unterbleibt. Häufig sind nur 1 od. 2 große C. pro Algenzelle vorhanden; diese können eine schraubig aufgewundene *(Spirogyra)*, netzförm. *(Cladophora)* od. becherförm. *(Dunaliella)* Gestalt annehmen. Ebenso kommen Stern-, Platten- u. Bandformen vor (B Algen II). Auch in physiolog. Hinsicht unterscheiden sich die homogenen C. von den granahaltigen: Ihre Thylakoide enthalten (Ausnahme

Bei C vermißte Stichwörter suche man auch unter K und Z.

Chloroplasten

Euglena) kein Chlorophyll b, das bei Grünalgen u. allen höheren Pflanzen stets vorkommt. Auch hinsichtlich der aus den Photosyntheseprodukten gebildeten Speicherpolysaccharide gibt es Unterschiede: Während die Assimilationsstärke bei den höheren Pflanzen stets intraplastidär entsteht, können diese Polysaccharide (echte Stärke bzw. mit der Stärke verwandte Polysaccharide, bei *Euglena* z. B. Paramylon) bei den Algen auch extraplastidär abgelagert werden. In den C. vieler Algen, aber auch bei Moosen u. Farnpflanzen, finden sich sog. *Pyrenoide* (B Algen I, II), die sehr verschiedengestaltig sein können u. als mögl. Bildungsorte für Reservepolysaccharide diskutiert werden. *C.-Dimorphismus*: Bei bestimmten Photosynthesespezialisten, den sog. C_4-Pflanzen, beobachtet man einen ausgeprägten C.-Dimorphismus. Im Aufbau des assimilator. Gewebes bestehen große Unterschiede zu den normalen C_3-Pflanzen: Eine innere Leitbündelscheide enthält große, stärkereiche C., denen Granastapel weitgehend fehlen. Darum ordnet sich ein Kranz von Meso-

Aufbau der Chloroplasten

Chloroplastenhülle: Die C.hülle trennt das Cytoplasma v. der plasmat. Phase des C., dem Stroma, u. besteht aus einer *äußeren* u. einer *inneren Hüllmembran*. Diese unterscheiden sich in ihrer Permeabilität sowie ihrer Protein- u. Lipidzusammensetzung. Der Raum zw. den Membranen ist als nichtplasmat. Phase anzusehen. Im Ggs. zu den Thylakoiden ist die C.hülle chlorophyllfrei, enthält jedoch Carotinoide. Die innere Hüllmembran stellt die eigtl. Permeationsbarriere zum Cytoplasma dar. Als Translokatorsysteme zw. Stroma u. Cytoplasma enthält sie den ↗Phosphattranslokator (Antiportsystem für Phosphoglycerat, Dihydroxyacetonphosphat u. anorgan. Phosphat) sowie den ↗Adenylattranslokator (Antiport für ADP/ATP). Mit der C.hülle sind viele enzymat. Aktivitäten assoziiert, die in den Lipid-Metabolismus der Pflanzenzellen involviert sind (z. B. Galactosyl- u. Acyl-Transferasen) sowie Enzyme des Isoprenoidstoffwechsels, die an der Biosynthese der Carotinoide u. Plastochinone mitwirken. Weil das Fettsäuresynthese in den Pflanzenzellen auf das Stroma-Kompartiment beschränkt ist, müssen auch eine große Menge an Fettsäure-Resten, die für die Lipide der cytoplasmat. Endomembranen, der Mitochondrienmembran u. der Plasmamembran bestimmt sind, die Hüllmembran passieren. Da umgekehrt die meisten plastidären Proteine nicht Plastom-, sondern Kern-codiert sind, müssen sie an cytoplasmat. 80S-Ribosomen synthetisiert u. anschließend durch die Hüllmembran geschleust werden, um an den Ort ihrer Bestimmung im C. zu gelangen. Obwohl der genaue Mechanismus dieses Proteinimports noch nicht bekannt ist, weiß man v. einigen Proteinen, daß sie als längerkettige Vorstufen im Cytoplasma synthetisiert werden. Man nimmt an, daß die überzähl. Aminosäuren als Signalsequenz für den Durchtritt durch die Hüllmembran fungieren. So wird z. B. die kerncodierte kleine Untereinheit der Ribulose-1,5-diphosphat-Carboxylase als Präkursor mit 44 zusätzl. Aminosäuren am Aminoterminus des Proteins synthetisiert. Bei der Passage durch die Hüllmembran wird diese Zusatzsequenz durch eine Endopeptidase wieder abgespalten. Ein solches posttranslationales *Processing* ist auch bekannt v. einigen Hüllmembranproteinen, vom Ferredoxin u. der Ferredoxin-NADP$^+$-Oxidoreductase. Man hat eine Transportrate durch die Hüllmembran für solche Proteine von 80 000 Molekülen pro C. u. Stunde kalkuliert.

Thylakoidmembran: Die Thylakoidmembran ist der Ort der photosynthet. Lichtreaktionen (↗Photosynthese). Als Funktionselemente enthält sie die Photosynthesepigmente u. die Enzyme der Elektronentransportkette u. der Photophosphorylierung. Ontogenetisch leitet sich die Thylakoidmembran v. der inneren Hüllmembran ab. Im ausdifferenzierten C. besteht jedoch keine Verbindung mehr zu dieser Membran. Der Innenraum der Thylakoide (pH $\approx$ 5) ist vom Matrixraum (pH $\approx$ 8) völlig getrennt, er ist als weiteres Kompartiment innerhalb des durch die Hüllmembran definierten Stroma-Kompartiments aufzufassen. Dieser Gesichtspunkt ist für die Erklärung der Photophosphorylierung von grundlegender Bedeutung. Die Thylakoidmembran ist ca. 7 nm dick u. besteht je zur Hälfte aus Protein u. Lipid. Die wichtigsten Anteile der Lipidfraktion entfallen auf die für Plastidenmembranen spezif. Galactolipide (ca. 50%) u. Chlorophylle (ca. 20%). Der Proteinanteil besteht hpts. aus peripheren u. integralen Enzymproteinen u. Pigment-Protein-Komplexen. Das Vorkommen v. Proteinen mit reiner Strukturfunktion ist zweifelhaft. Bei der Beschreibung der molekularen Architektur der Thylakoidmembran neigt man heute zu der Vorstellung einer zumindest partiell flüssigen Lipidphase (v. a. Galactolipide) als Membranmatrix, in welche die verschiedenen Proteine bzw. Proteinkomplexe nach einem dreidimensionalen, flexiblen Muster eingelagert od. aufgelagert sind (*fluid-mosaic-Membranmodell*). Zu den gegenwärtigen Thylakoidmembranmodellen, die überwiegend den Charakter v. Strukturmodellen haben, gelangt man durch die Kombination verschiedener strukturanalyt. Methoden: Die *Röntgenkleinwinkelstreuung* liefert Informationen über die relative Elektronendichteverteilung quer durch die Membran. Die *Gefrierätzung* ist eine elektronenmikroskop. Methode, die die Zuordnung v. identifizierbar. großer Proteinpartikel zur inneren bzw. äußeren Membranhälfte erlaubt. *Immunologische Lokalisierung von Membranbestandteilen:* Spezifische, gg. definierte Proteine u. Lipide gerichtete Antikörper lassen sich als molekulare Sonden zum chem. Abtasten der Membranoberfläche einsetzen. Das Ziel all dieser Methoden ist die Erstellung v. Thylakoid-Funktionsmodellen, die geeignet sind, die Photosynthesevorgänge an dieser Membran molekular zu erklären (↗Photosynthese).

Chloroplastenstroma: Die Biosynthese von Kohlenhydraten ist der mengenmäßig wichtigste biochem. Prozeß in den C. Alle Enzyme des ↗Calvin-Zyklus (reduktiver Pentosephosphat-Zyklus) sind im Stroma lokalisiert. Eine bes. Stellung nimmt dabei das sog. „Fraktion-I-Protein" ein, das ident. ist mit der Ribulose-1,5-diphosphat-Carboxylase/Oxigenase; es katalysiert die CO_2-Fixierung an den Akzeptor Ribulose-1,5-diphosphat. Dabei entstehen über die extrem instabile C_6-Verbindung 2 Moleküle Phosphoglycerat. Dieses Protein kann bis zu 50% des gesamten lösl. Zellproteins grüner Blätter ausmachen (Konzentration bis 240 mg/ml Stroma!), es ist das in der Natur bei weitem häufigste Protein. Im nativen Zustand ist es aus je 8 identischen großen (pt-DNA-codierten) und kleinen (kerncodierten) Untereinheiten aufgebaut (relative Molekülmasse 560 000; große Untereinheiten 55 000 ± 4000, kleine Untereinheiten 15 000 ± 3000). Das ↗Assembly des Komplexes geschieht im Stroma. In ausgewachsenen Blättern findet weder Neusynthese noch Turnover dieses Proteins statt. Als weiteren Zweig des Kohlenhydratstoffwechsels beherbergt das Stroma die Enzyme zur Synthese v. Depotstärke am Tag, die in der Nacht über einen entspr. Satz v. Enzymen wieder mobilisiert werden kann. Weiterhin besitzt in der Pflanzenzelle allein das Stromakompartiment die Enzymaktivitäten zur Synthese langkett. Fettsäuren (C16:0, C18:1), ausgehend vom C_2-Präkursor Acetyl-CoA. Die plastidäre Fettsäuresynthese gehört dem sog. Typ II an, d. h., sie ist prokaryotisch organisiert, liegt also in Form v. Einzelenzymen u. nicht in multifunktionellen Enzymkomplexen, wie z. B. bei Säugern, vor. Als Carrier der wachsenden Acylkette zw. den enzymat. Einzelschritten dient ein in freier Form vorliegendes Acyl-Carrier-Protein (ACP). Ebenfalls im Stroma liegen die Enzyme zur Nitrit- u. Sulfat-Reduktion. Auch einige Reaktionen in der Biosynthese v. Aminosäuren finden hier statt. Schließlich besitzen die C. eine eigene Proteinsynthesemaschinerie. Die 70S-Ribosomen der C. repräsentieren bis zu 50% des gesamten Ribosomenbestands einer photosynthetisch aktiven Zelle. Das Hauptprodukt der plastidären Proteinsynthese ist die große Untereinheit der Ribulose-1,5-diphosphat-Carboxylase, aber auch alle anderen Plastom-codierten Proteine werden dort synthetisiert (z. B. 3 der 5 Untereinheiten der CF_1-ATP-Synthetase). Ebenfalls im Stroma liegt die pt-DNA. Im Elektronenmikroskop sind die DNA-haltigen Bereiche als aufgelockerte, fädig strukturierte Zonen zu erkennen. Pro C. gibt es mehrere solcher Nucleoid-ähnlichen Bereiche.

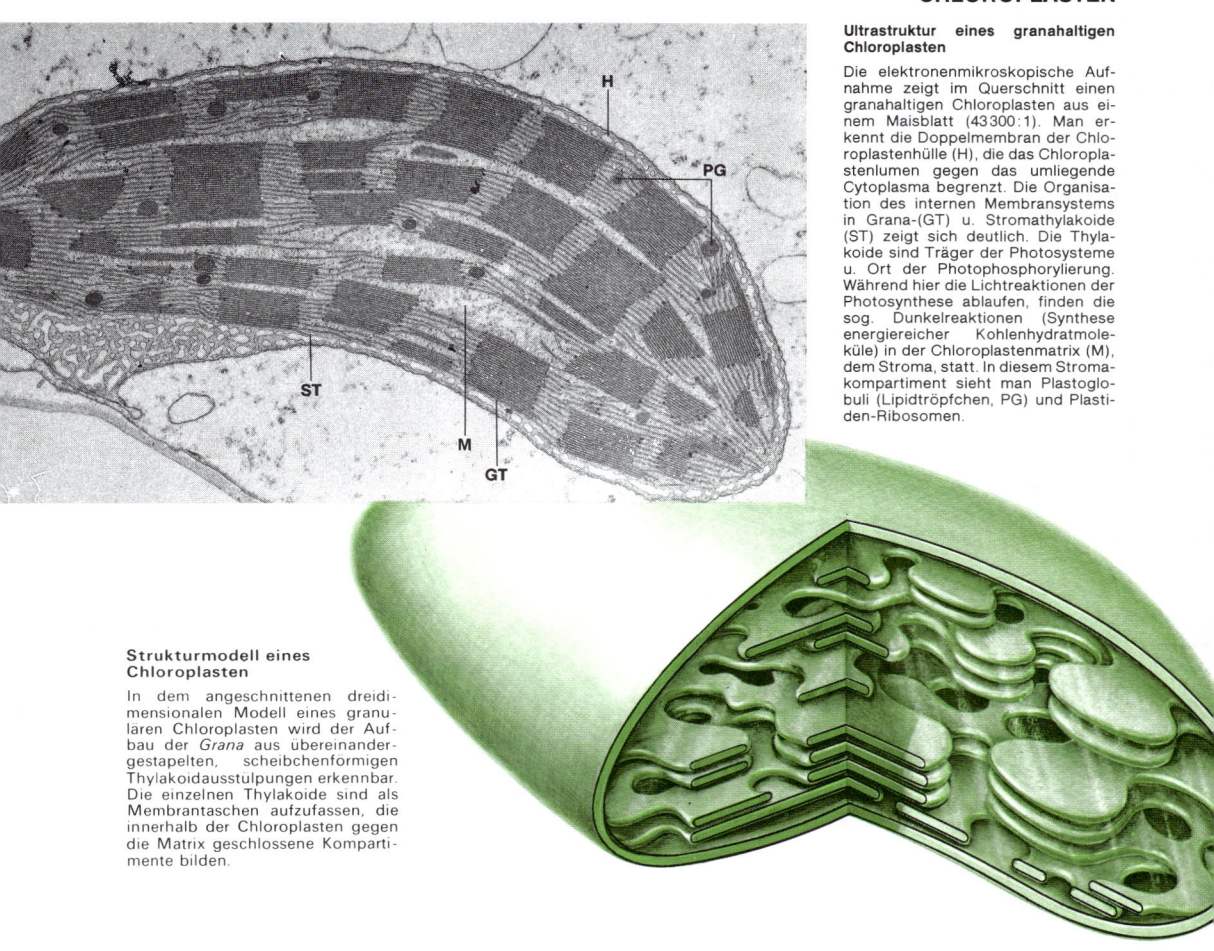

CHLOROPLASTEN

Ultrastruktur eines granahaltigen Chloroplasten

Die elektronenmikroskopische Aufnahme zeigt im Querschnitt einen granahaltigen Chloroplasten aus einem Maisblatt (43300:1). Man erkennt die Doppelmembran der Chloroplastenhülle (H), die das Chloroplastenlumen gegen das umliegende Cytoplasma begrenzt. Die Organisation des internen Membransystems in Grana-(GT) u. Stromathylakoide (ST) zeigt sich deutlich. Die Thylakoide sind Träger der Photosysteme u. Ort der Photophosphorylierung. Während hier die Lichtreaktionen der Photosynthese ablaufen, finden die sog. Dunkelreaktionen (Synthese energiereicher Kohlenhydratmoleküle) in der Chloroplastenmatrix (M), dem Stroma, statt. In diesem Stromakompartiment sieht man Plastoglobuli (Lipidtröpfchen, PG) und Plastiden-Ribosomen.

Strukturmodell eines Chloroplasten

In dem angeschnittenen dreidimensionalen Modell eines granulären Chloroplasten wird der Aufbau der *Grana* aus übereinandergestapelten, scheibchenförmigen Thylakoidausstülpungen erkennbar. Die einzelnen Thylakoide sind als Membrantaschen aufzufassen, die innerhalb der Chloroplasten gegen die Matrix geschlossene Kompartimente bilden.

phyllzellen an, deren C. granahaltig, aber stärkefrei sind. Dieser Dimorphismus ist Ausdruck einer äußerst effektiven Kooperation der beiden C.-Typen bei der ↗Photosynthese. *Semiautonomie der C.:* Wie ↗Mitochondrien besitzen auch Plastiden genet. Kontinuität, sie sind *sui generis*, können also nur aus ihresgleichen hervorgehen. Voraussetzung dafür ist der Besitz einer eigenen genet. Information, der *Plastiden-DNA* (pt-DNA). Auf das Vorhandensein eines solchen Plastoms (im Ggs. zum Genom des Zellkerns) schlossen bereits 1909 C. Correns u. E. Baur, die für bestimmte Merkmale einen nicht mendelnden, sog. maternalen Erbgang feststellten. Im Ggs. zur linearen Kern-DNA ist die pt-DNA sämtl. Plastidenformen ringförmig u. nicht nucleosomal organisiert, weist also typisch prokaryot. Eigenschaften auf. Die Konturlänge dieser doppelsträngigen DNA-Ringe beträgt knapp 50 µm, im nativen Zustand liegen sie in der sog. *supercoil*-Form vor. Pro Chloroplast können

Molekulare Feinarchitektur der Thylakoidmembranen

Bei den *Thylakoiden* liegen zwei in sich asymmetrische Membranen ziemlich dicht aufeinander. Dabei unterscheiden sich sowohl die beiden Proteinschichten als auch die beiden Anteile der inneren bimolekularen Doppelschicht.

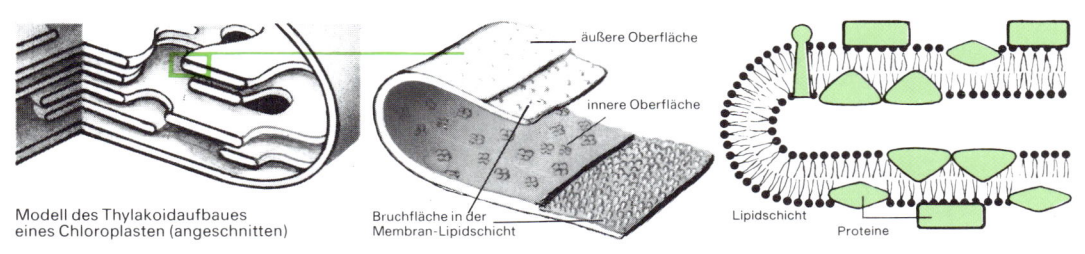

Modell des Thylakoidaufbaues eines Chloroplasten (angeschnitten)

Bruchfläche in der Membran-Lipidschicht

Bei C vermißte Stichwörter suche man auch unter K und Z.

Chloroplasten

chlor-, chloro- [v. gr. chlōrós = grüngelb], in Zss.: grün-, gelb-; auch Chlor-.

mehrere, bis über 50 Kopien dieser zirkulären pt-DNA vorliegen. Theoret. reicht diese genet. Komplexität (relative Molekülmasse 100 Mill.) für die Codierung von ca. 150 Proteinen einer mittleren Molekülmasse von 50000 aus. Selbst unter dieser günst. Annahme (keine informationslosen DNA-Abschnitte) würde dieser genet. Apparat der Plastiden nicht dazu ausreichen, die Synthese aller plastidenspezif. Proteine zu steuern. Die Erforschung des Plastoms mit molekularbiol. Methoden wird z. Z. sehr aktiv vorangetrieben. Es existieren bereits für einige Objekte (*Chlamydomonas, Spinacia*) recht detaillierte Genkarten. Fest steht, daß die pt-DNA die Gene für die plastidären r-RNAs u. ca. 27 t-RNAs trägt. Auch einige Gene für plastidäre Proteine wurden bereits analysiert, deren quantitativ wichtigstes die große Untereinheit der Ribulose-1,5-diphosphat-Carboxylase ist (außerdem verschiedene Cytochrome, Untereinheiten der CF_1-ATPase u. des CF_0-Anteils, Elongationsfaktoren der plastidären Proteinsynthese, Thylakoidproteine und Proteine der plastidären 70-S-Ribosomen). Die Translation der plastidären m-RNAs findet an den Plastiden-Ribosomen statt, die dem prokaryot. 70S-Typus angehören. Sie wird spezif. durch die Hemmstoffe Chloramphenicol u. Lincomycin unterbunden, während der für 80S-Ribosomen spezif. Hemmstoff Cycloheximid keine Wirkung zeigt. Andererseits ist für viele plastidenspezif. Proteine eindeutig gezeigt, daß sie unter der genet. Kontrolle des Zellkerns stehen, so z. B. die kleine Untereinheit der Ribulose-1,5-diphosphat-Carboxylase, plastidäre DNA- u. RNA-Polymerasen, Ferredoxin und Plastocyanin. Gerade das letztgen. Plastocyanin demonstriert die Komplexität der C.-Genese nachdrücklich: Um an seinen Wirkort an der der Matrixseite abgewandten E-Seite der Thylakoidmembran zu gelangen, muß dieses an 80S-Ribosomen synthetisierte Protein durch 3 unterschiedl. Membranen geschleust werden, durch die äußere u. innere Hüllmembran sowie die Thylakoidmembran. Die Einzelheiten dieses Prozesses sind unbekannt. – Die *Semiautonomie* der C. stellt die Frage nach ihrer phylogenet. Herkunft im Verlauf der Evolution. Die ↗ *Endosymbiontenhypothese* besagt, daß die heutigen C. von einfachen, Photosynthese-aktiven, Sauerstoff-produzierenden Prokaryoten abstammen, die den heutigen ↗ Cyanobakterien ähnlich waren. Die ursprünglich heterotrophe Wirtszelle wäre durch diese Symbiose zur photoautotrophen Pflanzenzelle geworden. Diese Hypothese wird durch eine Reihe eindeutig prokaryot. Charakteristika der C. gestützt (z. B. DNA, Ribosomen, Proteinsynthese u. v. a.). *B. L.*

Chloroplastenbewegungen [v. *chloro-, gr. plastos = geformt], durch Licht, verschiedene chem. Substanzen u. Plasmaströmung bedingte Lage-, Orts- u. Gestaltsveränderungen von ↗ Chloroplasten. Durch unterschiedl. Belichtung können in den Zellen vieler Pflanzen freie Ortsbewegungen v. Chloroplasten ausgelöst werden, die zu unterschiedl. Anordnungen der Chloroplasten in der Zelle führen *(phototaktische C.)*. Man unterscheidet eine *Schwachlichtstellung*, bei der die Chloroplasten in einer Ebene senkrecht zur Einfallsrichtung des Lichts angeordnet sind (im allg. an den senkrecht zur Lichtrichtung verlaufenden Zellwänden, da sie hier am meisten Licht absorbieren können), u. eine *Starklichtstellung*, bei der sie an die zur Lichtrichtung parallel verlaufenden Zellwände wandern. Bei der *Dunkelstellung* sind die Chloroplasten entweder gleichmäßig über die ganze Zelle verteilt, od. sie sammeln sich um den Zellkern an; diese Stellung wird jedoch nicht durch Phototaxis, sondern durch endogene Faktoren bestimmt. Bei der Alge *Mougeotia* findet man etwas abweichende C.: Der plattenförm. Chloroplast dreht sich bei niedriger Beleuchtungsstärke mit der gesamten Fläche, bei hoher Beleuchtungsstärke nur mit der Kante der einfallenden Strahlung zu. *Chemotaktische C.* werden durch verschiedenste Stoffe ausgelöst; so wirken z. B. CO_2, Fructose, Glucose, Apfelsäure u. mehrere Salze der Schwefelsäure positiv chemotaktisch. *Plasmaströmungen* führen zu passiven Lageveränderungen der Chloroplasten, z. B. zu Rotationen. Alle C. werden vermutl. mit Hilfe v. Actinfilamenten durchgeführt, an die die Chloroplasten angeheftet sind u. die die gesamte Zelle durchziehen.

Chloropseudomonas w [v. *chloro-, gr. pseudo- = falsch-, monas = Einheit], *C. ethylica*, fr. als grünes Schwefelbakterium angesehen; gilt heute als Gemeinschaft v. ↗ grünen Schwefelbakterien (*Prosthecochloris aestuarii* od. *Chlorobium*) mit bewegl. Sulfat- od. Schwefelreduzierern (z. B. *Desulfovibrio, Desulfuromonas*) mit syntrophem Stoffwechsel (↗ *Consortium*).

Chlorose w [v. *chloro-], Blattkrankheit bei grünen Pflanzen infolge mangelnder Chlorophyllbildung; Ursachen können genet. Defekte (bei Zimmerpflanzen ausgenutzt), mangelnde Mineralstoffzufuhr (z. B. Eisen-, Schwefel-, Magnesium-, Mangan- od. Kupfermangel) od. klimat. Einflüsse wie Lichtmangel, Wassermangel od. Kälte sein.

Chlorosiphonales [Mz.; v. *chloro-, gr. siphōn = Schlauch], die ↗ Bryopsidales.

Chlorosomen [Mz.; v. *chloro-, gr. sōma = Körper], *Chlorobiumvesikel,* Organellen der ↗grünen Schwefelbakterien, welche die charakterist. Antennenpigmente (↗Bakteriochlorophylle c, d oder e) dieser phototrophen Bakteriengruppe enthalten.

Chlorothecium s [v. *chloro-, gr. thēkē = Behältnis], Gatt. der ↗Mischococcales.

Chlortetracyclin s [v. *chlor-, gr. tetrakis = viermal, kyklos = Kreis], *7-Chlortetracyclin, Aureomycin,* goldgelbes Antibiotikum der Tetracyclin-Gruppe aus *Streptomyces aureofaciens;* wirkt gg. zahlr. Bakterien, Rickettsien u. manche Viren. ↗Antibiotika.

Chlorwasserstoffsäure, die ↗Salzsäure.

Choanen [Mz.; v. *choan-], innere Nasenöffnungen bei Wirbeltieren, Mündungen der Nasen-Rachen-Gänge. Urspr. *Gnathostomata* besaßen je ein vorderes u. hinteres Paar äußerer Nasenöffnungen, die durch einen bogenförm. Gang, mit Erweiterung zur Riechhöhle, verbunden waren. Bei *Rhipidistia* tritt erstmals eine zusätzl. Verbindung v. der Riechhöhle zum Mund auf, der paarige *Ductus naso-pharyngeus* (Nasen-Rachen-Gang). Seine Mündung ist die *primäre C.,* eine Öffnung im primären Munddach (prim. MD). Primäre C. ermöglichen das Atmen durch die Nase bei geschlossenem Mund. Die Bildung eines sekundären Munddaches (sek. MD) unterhalb des primären hat zur Folge, daß die Nasenhöhle mit der Mundhöhle erst weiter hinten in Verbindung tritt, dort, wo das sek. MD endet. Die nun als *sekundäre C.* bezeichnete Mündung des Nasen-Rachen-Ganges wird an ihrer Oberseite vom prim. MD, an ihrer Unterseite vom sek. MD begrenzt. Bei Schildkröten ist letzteres sehr kurz, bei Säugern lang ausgebildet. Bei Krokodilen begrenzt allein das röhrenförm. Pterygoid des extrem langen sek. MDs die sekundären C. Eidechsen u. Schlangen erreichen eine analoge Rückverlagerung der C. durch Bildung seitl. Gaumenwülste, die zur Mitte hin durch eine Haut verbunden sind. Sie besitzen kein geschlossenes knöchernes sek. MD, u. man spricht hier gewöhnl. nicht von sekundären C. Der Vorteil von sekundären C. wird darin gesehen, daß die Rückverlagerung der Atemkanalöffnung ein Weiteratmen ermöglicht, auch wenn sich Nahrung (Beute) im Maul befindet. Bei homoiothermen Tieren (Gleichwarme) kommt hinzu, daß die Atemluft vor Eintritt in die Lunge erwärmt wird. Bes. Merkmale ermöglichen sogar gleichzeit. Schlucken u. Atmen: bei Zahnwalen ragen zwei Kehlkopfknorpel in den Nasengang hinein, u. beim Neugeborenen des Menschen schließt die Luftröhre in den ersten Lebenswochen, bis zum Absinken des Kehlkopfes, direkt an den Nasen-Rachen-Gang an. (Das Ausmaß des Kehlkopfabstiegs ist bei Säugern verschieden.) Die primären C. werden auch als *echte C.* bezeichnet, um sie gg. die unechten C. (Pseudo-C.) der Lungenfische *(Dipnoi)* abzugrenzen. Bei diesen sind die hinteren äußeren Nasenöffnungen so weit nach ventral verlagert, daß sie in die Mundhöhle münden.

Choanephora w [v. *choan-, -phoros = -tragend], Pilz-Gatt. der *Mucorales; C. cucurbitarum* verursacht Fäulnis bei Gurken u. verwandten Früchten u. wurde häufig v. faulenden Blüten verschiedener Art isoliert; biotechnolog. wichtig als Lieferant v. β-Carotin zum Futtermittelzusatz *(C. curcinans).*

Choanichthyes [Mz.; v. *choan-, gr. ichthys = Fisch], (Romer 1937), *Choanata* (Säve-Söderbergh 1933), eine U.-Kl. der Knochenfische *(Osteichthyes)* mit inneren Nasenöffnungen (Choanen), in der *Dipnoi* u. *Crossopterygii* vereinigt wurden.

Choanocyten [Mz.; v. *choan-, gr. kytos = Höhlung], *Kragengeißelzellen,* Choanoflagellaten ähnl., epithelial angeordnete Zellen mit einem röhrenförm., oben offenen Kragen, in dessen Innenraum eine Geißel schwingt. Der Kragen besteht aus palisadenartig nebeneinanderstehenden Mikrovilli, deren Zwischenräume v. einem Mucopolysaccharidfilm erfüllt sind. Der Geißelschlag bewirkt einen Unterdruck im Krageninnenraum; Wasser wird durch die Mikrovilli-Reuse eingesogen, u. Nahrungspartikel werden an der Außenseite aufgefangen. Sie gleiten zum Zellkörper hinab und werden dort phagocytiert. C. sind ein typ. Bauelement der Schwämme und kleiden dort das innere Hohlraumsystem aus, kommen aber auch bei Hohltieren *(Anthozoa)* sowie Stachelhäutern vor. ↗Cyrtocyten. [B] Schwämme.

Choanoflagellaten [Mz.; v. *choan-, lat. flagellum = Geißel], *Choanoflagellata,* die ↗Kragenflagellaten.

Choanotaenia w [v. *choan-, gr. tainia = Band, Bandwurm], Bandwurm-Gatt. der Ord. *Cyclophyllidea. C. infundibulum* ist 20 cm lang und 3 mm breit; Skolex mit 4 kleinen Saugnäpfen u. einem Kranz von 16–20 Haken; in Hühnern u. Hühnervögeln.

Choeropsis w [v. gr. choiros = Ferkel, opsis = Aussehen], Gatt. der ↗Flußpferde.

Choiromyces m [v. gr. choiros = Ferkel, mykēs = Pilz], Gatt. der ↗Mittelmeertrüffel.

Cholansäure w [v. *chol-], *5β-Cholan-24-säure,* das Grundgerüst der meisten ↗Gallensäuren.

Cholecalciferol [v. *chole-], ↗Calciferol.

Cholecystokinin s [v. *chole-, gr. kystis =

chlor-, chloro- [v. gr. chlōros = grüngelb], in Zss.: grün, gelb-; auch Chlor-.

choan- [v. gr. choanē = Vertiefung, Trichter].

chol-, chole- [v. gr. cholos od. cholē = Galle], in Zss.: Gallen-.

Bei C vermißte Stichwörter suche man auch unter K und Z.

Choleinsäuren

Blase, kinein = bewegen], *Pankreozymin,* Peptidhormon (mit 33 Aminosäuren) des Magen-Darm-Traktes der Säugetiere, das, aus der Schleimhaut des Zwölffingerdarms stammend, über das Blut eine Kontraktion u. somit Entleerung der Gallenblase bewirkt. Auslösender Reiz der C.ausschüttung ist der Säure-, Protein- u. Fettgehalt des Darminhalts.

Choleinsäuren [v. *chole-], gut kristallisierende Verbindungen v. Desoxycholsäure mit verschiedenen Fettsäuren; kommen in der Gallenflüssigkeit vor.

Cholera w [gr., = Gallenbrechdurchfall], Infektionserkrankung des Menschen, hervorgerufen durch Toxine *(Choleratoxin)* des gramnegativen Bakteriums *Vibrio cholerae.* Die Übertragung erfolgt durch verunreinigtes Trinkwasser od. Lebensmittel sowie direkt durch Schmutz- u. Schmierinfektion. Die Inkubationszeit kann Stunden bis zu 3 Tagen betragen. Es kommt zu heft. Erbrechen sowie häuf. Stuhlentleerungen mit reiswasserart. Diarrhöen. Folge sind eine schwere Exsiccose, Durst, Heiserkeit, Wadenkrämpfe, Kreislauf- u. Nierenversa-

chol-, chole- [v. gr. cholos od. cholē = Galle], in Zss.: Gallen-

gen, Unterkühlung. Oft tritt der Tod innerhalb eines Tages nach Krankheitsbeginn ein. Die Therapie besteht in rascher Zuführung v. großen Mengen Flüssigkeit u. Elektrolyten durch Infusionen u. allgemein hygien. Maßnahmen. Ein partieller Schutz durch Impfung *(C.-Schutzimpfung)* ist für die Dauer von 6 Monaten möglich. Die C. ist endemisch u. a. in Indien, Burma, Pakistan, Thailand.

Cholera-Vibrionen ↗ Vibrio.

Cholestanol s, ein Zoosterin, das sich v. Cholesterin durch Hydrierung der 5,6-Doppelbindung ableitet; findet sich stets in geringen Mengen neben Cholesterin; in manchen Schwämmen ist C. das Hauptsterin.

Cholesterin s [v. *chole-, gr. stear = Fett], *Cholesterol,* ein v. Steroidgerüst abgeleiteter, ungesättigter, farb-, geruch- u. geschmackloser Alkohol, das mengenmäßig bedeutendste Zoosterin. C. kommt ca. 1% in fast allen tier. Fetten vor; bes. angereichert ist C. in Gallensteinen (bis 90%), aus denen es schon 1788 erstmals isoliert wurde, in der Hirnmasse (bis 10% der Trockenmasse), in Nebennieren, Eidotter u. Wollfett. Der normale C.-Spiegel im Blut des Menschen liegt bei 2 mg/ml; bei entsprechender Disposition kann sich C. an den Arterienwänden ablagern (↗ Arteriosklerose), begleitet v. einer Hypercholesterinämie (bis 8 mg/ml Blut), die durch C.-reiche Nahrung noch gefördert wird. Neuerdings wurde C. in geringer Menge auch in pflanzl. Material (Kartoffelkraut, Pollen, isolierte Chloroplasten) u. in Bakterien gefunden. C. ist häufig Bestandteil tier. Zellmembranen, bes. v. Nervenzellen; als ↗ amphipathisches Molekül mit einem durch die Hydroxylgruppe bedingten polaren Ende u. dem starren lipophilen Hauptteil des Moleküls kann sich C. in ähnl. Orientierung wie Phospholipide u. a. amphipath. Membranmoleküle in Membrandoppelschichten einlagern. Soweit Tiere über die Möglichkeit einer C.-Biosynthese verfügen (Wirbeltiere), erfolgt der Aufbau aus C_2-Einheiten (Acetyl-Coenzym A) über *Squalen.* (Insekten u. Krebse, wahrscheinl. alle Arthropoden, sind nicht in der Lage, C. zu synthetisieren.) C. ist Ausgangsprodukt für die Bildung zahlr. anderer Steroide, darunter vieler Hormone, der Steroidalkaloide u. der Calciferole (Vitamin D). Durch Veresterung von C. mit langkett. Fettsäuren entstehen die in tier. Geweben weit verbreiteten C.-Ester. Mit den hämolyt. wirkenden Saponinen bildet C. Additionsverbindungen, wodurch die Saponine entgiftet werden.

Cholesterol s [v. *chole-, gr. stear = Fett], das ↗ Cholesterin.

Cholera

Der griech. Name C., eig. Gallefluß, hat nichts mit der heutigen C. zu tun, die erst durch die Berichte v. García del Huerto, Arzt in Goa, um 1560 in Europa bekannt wurde. Erst 1829 breitete sich die C., aus Asien kommend *(C. asiatica),* erstmals über Europa aus, wütete hier bes., weil sie unbekannt war. Fast immer sind große Pilgeransammlungen der Ausgangspunkt. So auch 1831 der Seuchenzug v. Mekka über Kairo (30000 Tote) in die arab. Länder. Im Krimkrieg z. B. verloren beide Seiten mehr Tote an C. als an Kriegswunden. Die Verdrängung der Seuche aus den hochzivilisierten Ländern ist mehr den modernen Trinkwasser- u. Abwasseranlagen als der Entdeckung des Erregers durch R. Koch (1883) zu verdanken. Heute flackern noch immer v. an dem. Herden in Indien u. Pakistan große Epidemien auf, die sich aber nicht mehr weit verbreiten. Gemäß Bundesseuchengesetz ist die C. als gemeingefährl. Krankheit meldepflichtig. Bei Fernostreisen ist die *C.-Schutzimpfung* obligatorisch. Diese wird ausgeführt mit Impfstoff, der aus einer Aufschwemmung v. inaktivierten C.-Vibrionen, getrennt in die Stämme Ogawa u. Inaba, ist. Beide Impfstoffe schützen auch gg. die sog. El-Tor-Infektion. Bevorzugt wird die Tetravakzine (kombiniert mit Typhus-, Paratyphus-A- und B-Vakzine). Wirkung ab 6. Tag der Impfung, Dauer der Wirkung nur 6 Monate. Während einer Epidemie muß sofort geimpft werden.

Das *Choleratoxin* ist ein kohlenhydrat- u. lipidfreies Protein (relative Molekülmasse M = 82000), das ähnl. dem Diphtherietoxin aus zwei Teilen A (eine Polypeptidkette mit M = 28000) und B (aus 5 Untereinheiten mit je M = 11600) besteht. Fragment B, das Affinität zu dem Gangliosid GM_1 (ein Rezeptor in der Membran) besitzt, ist für die Bindung des C.s an geeignete Gewebe tier. Zellen verantwortl., die dem Transport v. Fragment A durch die Membran vorausgeht. Fragment A, die eigtl. tox. Fraktion, enthält eine ADP-ribosyl-Transferase-Aktivität u. koppelt ADP-Ribose an die guanylnucleotidbindende Komponente der membrangebundenen Adenylat-Cyclase (ein Regulatorprotein der Adenylat-Cyclase). Dadurch wird die GTP-spaltende Aktivität des Regulatorproteins inaktiviert, was eine dauernde Aktivierung der einmal stimulierten Adenylat-Cyclase, d. h. eine ständige Synthese von cAMP, zur Folge hat. Die Konzentration v. cAMP steuert u. a. die Ausscheidung v. Wasser u. Salzen in den Zellen Normalerweise, also bei Stimulierung der Adenylat-Cyclase durch den Nahrungsbrei im Dünndarm, wird so viel cAMP gebildet, daß etwa 2 l alkal. Flüssigkeit aus der Darmwand abgegeben werden. Sie ist für die Aktivität der Verdauungsenzyme nötig u. wird später wieder resorbiert. Durch die Überstimulierung der Adenylat-Cyclase durch C. wird oft mehr als die 10fache Menge Wasser in den Dünndarm abgegeben, deren spätere Resorption unmögl. ist, so daß es zu dem für die Cholera typ. gefährl. Verlust v. Wasser u. Elektrolyt-Salzen kommt, der durch völlige Austrocknung des Körpers tödl. Folgen hat.

Synthese des Cholesterins aus Squalen (Kohlenstoffskelett-Strukturen)

An der „vorgefalteten" C-Kette des *Squalens* wird die Ringschlußreaktion durch eine Oxidation an der Doppelbindung (links unten) $>C_3=C_4<$ eingeleitet. Drei gekennzeichnete C-Atome werden später oxidativ entfernt.

Squalen

Cholesterin

Cholin s, $HOCH_2-CH_2-N^+-(CH_3)_3 \cdot OH^-$, starke quarternäre Base, die in gebundener Form Bestandteil der Lecithine (Phosphatidyl-C.) u. des ↗Acetyl-C.s (☐) ist. C. wirkt blutdrucksenkend und gg. Fettablagerung in der Leber. In freier Form, als Spaltprodukt der Lecithine, findet sich C. in der Gehirnsubstanz, im Eigelb, in Pilzen u. im Hopfen. Zur Synthese von C. ↗Äthanolamin.

cholinerge Fasern [v. *chol-, gr. ergon = Werk, Wirkung], Benennung v. Nervenfasern nach ihrem Transmitter ↗Acetylcholin; Acetylcholin ist Überträgerstoff in den motor. Endplatten der quergestreiften Skelettmuskulatur der Wirbeltiere u. wahrscheinl. auch aller Synapsen innerhalb der Ganglien des vegetativen Nervensystems; ↗adrenerge Fasern.

cholophag [v. gr. chōlos = gelähmt, phagos = Fresser], an gelähmter Beute fressend; unter den Hautflüglern lähmen die Fam. Wegwespen, Dolchwespen u. Grabwespen ihre Beutetiere (Spinnen, Insektenlarven u. -imagines) durch einen Giftstich. Ihre Larven leben von solchen gelähmten Beutetieren bis zu ihrer Verpuppung.

Cholsäure [v. *chol-], Hauptvertreter der ↗Gallensäuren.

Chomata [Mz.; v. gr. chōma = Damm], spiral. Wülste beiderseits des Tunnels in Gehäusen zahlr. Gatt. der ↗Fusulinen.

Chomophyten [Mz.; v. gr. chōma = Damm, phyton = Gewächs], Pflanzen der dünnen Bodenauflage v. Felsbändern od. -platten; im Ggs. zu Felsspaltenbewohnern mit ihren tief reichenden Wurzeln sind sie häufigen u. extremen Anspannungen des Wasserhaushalts ausgesetzt.

Chondrichthyes [Mz.; v. *chondr-, gr. ichthyes = Fische], die ↗Knorpelfische.

Chondrilla w [gr., = Chondrillenkraut], der ↗Knorpelsalat.

Chondrilletum s [v. gr. chondrilla = Chondrillenkraut], Assoz. der ↗Epilobietalia fleischeri.

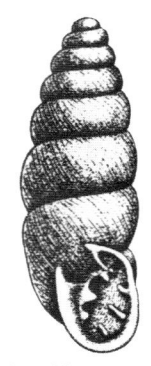

Chondrina avenacea, Gehäuse etwa 8 mm hoch

chol-, chole- [v. gr. cholos od. cholē = Galle], in Zss.: Gallen-.

chondr-, chondro- [v. gr. chondros = Körnchen, Graupe, Knorpel], in Zss. meist: Knorpel- od. Graupen-.

Chondrin s [v. gr. chondros = Knorpel], *Knorpelleim,* durch Kochen aus der Interzellularsubstanz hyaliner Knorpel gewonnenes Gemisch aus Kollagen u. Mucin, das als Leim verwendet wird.

Chondrina w [v. *chondr-], Gatt. der *Enidae* oder *Chondrinidae,* Landlungenschnecken mit kegel- bis spindelförm. Gehäuse, dessen Mündung durch Falten verengt ist; umfaßt 7 Arten mit bis zu 14 mm Gehäusehöhe; Verbreitungsschwerpunkt in den Alpen u. Pyrenäen, wo die Schnecken meist trockene, kalkhalt. Plätze bevorzugen. Die Moosschraube (*C. avenacea*) kommt auch an einigen Stellen in S- u. Mittel-Dtl. vor; sie ist nach der ↗Roten Liste „gefährdet".

Chondriom s [v. *chondr-], *Mitochondriom,* Bez. für die Gesamtheit der ↗Mitochondrien (Chondriosomen) einer Zelle.

Chondriosomen [Mz.; v. *chondr-, gr. sōma = Körper], veraltete Bez. für die ↗Mitochondrien.

Chondrites [Mz.; v. *chondr-], (Sternberg 1833), Ichnogenus, pflanzenart. Lebensspuren, die als Freß- od. Wohnbauten mariner Würmer gedeutet werden. Verbreitung: Kambrium bis Tertiär.

Chondroblasten [Mz.; v. *chondro-, gr. blastos = Keim], *Knorpelbildungszellen,* ↗Knorpel.

Chondrocranium s [v. *chondro-, gr. kranion = Schädel], *Knorpelschädel,* i. e. S. nur der zeitlebens kn. pel. Schädel der Elasmobranchier. In der ags. Lit. u. der Medizin wird der Begriff C. meist für alle Schädelelemente verwendet, die knorpelig sind od. einen knorpel. Vorläufer haben (↗Ersatzknochen), also auch für das Primordialcranium der Wirbeltiere.

Chondrodactylus m [v. *chondro-, gr. daktylos = Finger], Gatt. der Geckos, ↗Sandgecko.

Chondrodendron s [v. *chondro-, gr. dendron = Baum], Gatt. der ↗Menispermaceae.

Chondrodystrophie w [v. *chondro-, gr. dystrophos = schwer ernährbar], erbl. Minderwuchs durch Fehlen der normalen Wachstumszone, die das Längenwachstum der Knochen ermöglicht; Kennzeichen sind kurze plumpe Glieder, kurzer Hals, normal großer Kopf, Sattelnase, verengtes plattes Becken; Intelligenz u. geistige Entwicklung sind normal.

Chondroitin s [v. *chondro-], ein Mucopolysaccharid tier. Zellhüllen (z. B. Glykokalyx); C. ist ein lineares, aus alternierenden 3-β-glucosidisch verknüpften Glucuronsäure- u. N-Acetylgalactosaminresten aufgebautes Polysaccharid. Durch Veresterung des C.s mit Schwefelsäure an den Hydroxylgruppen v. Position 4 bzw. 6 der N-Acetylgalactosaminreste bilden sich die

Chondroklasten

[Strukturformel Chondroitin-4-sulfat]

C.sulfate (in der sauren Form auch als C.schwefelsäure bezeichnet). C.sulfate, bestehend aus 20–50 Disaccharideinheiten, kommen kovalent über spezielle Trisaccharidbrücken an Proteine gebunden (↗Proteoglykane) in vielen menschl. und tier. Geweben u. Organen vor. Im Knorpelgewebe ist C.sulfat Hauptbestandteil (bis 40% der Trockenmasse).

Chondroklasten [Mz.; v. *chondro-, gr. klastēs = Zerbrecher], vielkernige Knorpelfreßzellen, ↗Knorpel.

Chondrom s [v. *chondro-], die Gesamtheit der auf dem zirkulären, meist in mehreren Kopien vorliegenden DNA-Molekül lokalisierten Erbinformation der Mitochondrien einer Zelle od. eines Organismus. Der Anteil mitochondrialer DNA am Gesamt-DNA-Gehalt einer Zelle kann zw. 0,5% und 20% liegen; die Größe eines mitochondrialen DNA-Moleküls kann sehr unterschiedl. sein: ca. 15000 Basenpaare bei Säugern, ca. 90000 bei Hefen u. 250000 bis 2,5 Mill. bei höheren Pflanzen. Das C. enthält Gene für sämtl. zu einer Proteinbiosynthese erforderl. t-RNAs u. r-RNAs, für ribosomale Proteine, für Enzyme der Atmungskette, der oxidativen Phosphorylierung u. der Fettsäureoxidation. Da zur Funktion der Mitochondrien die auf dem C. codierten Genprodukte mit Proteinen zusammenwirken müssen, die auf dem Kerngenom codiert sind, im Cytoplasma synthetisiert werden u. danach durch die innere u. äußere Membran des Mitochondriums transportiert werden (z. B. Enzyme der Transkription, der Replikation u des Citronensäurezyklus), spricht man v. *semiautonomen* Organellen. Einige Gene des C.s von Hefen enthalten intervenierende Sequenzen, was ihnen einen eukaryot. Charakter verleiht. Die Gene auf den verhältnismäßig kleinen mitochondrialen DNA-Molekülen von Säugern sind nicht durch intervenierende Sequenzen unterbrochen; eine Besonderheit des C.s von Säugern ist auch, daß die Gene sehr dicht aufeinanderfolgen (z. T. überlappen sich sogar die terminalen Bereiche der Gene) u. nicht durch die v.a. im Kerngenom übl., aber auch im C. anderer Organismen vorhandenen repetitiven Sequenzen u. Signalstrukturen (in menschl. Mitochondrien beginnt die Transkription sämtl. Gene an einem einzigen gemeinsamen Promotor) voneinander getrennt sind.

Chondroitin
Chondroitin-4-sulfat

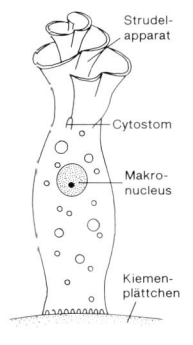

Chonotricha
Spirochona gemmipara

chondr-, chondro- [v. gr. chondros = Körnchen, Graupe, Knorpel], in Zss. meist: Knorpel- od. Graupen-.

Chondromyces m [v. *chondro-, gr. mykēs = Pilz], Gatt. der ↗Polyangiaceae.

Chondrophora [Mz.; v. *chondro-, gr. -phora = tragend], die ↗Disconanthae.

Chondropython [v. *chondro-], Gatt. der ↗Pythonschlangen. [lactosamin.

Chondrosamin s [v. *chondro-], das ↗Ga-

Chondrosiidae [Mz.; v. *chondro-], Schwamm-Fam. der *Astrophorida;* bekannteste Art der Gatt. *Chondrosia* ist *C. reniformis,* der Lederschwamm; unregelmäßig, klumpenförmig, aber auch gestreckt, 20 cm hoch, dunkelbläulich; auf Felsflächen u. Sandböden in 1–30 m Tiefe, im Mittelmeer u. allen Ozeanen; einziger eßbarer Schwamm.

Chondrostei [Mz.; v. *chondr-, gr. osteon = Knochen], *Knorpelganoiden,* Über-Ord. der ↗Knochenfische mit der einzigen rezenten Ord. Störe *(Acipenseriformes);* bei Einschluß ihrer fossilen Vorläufer *(Palaeonisciden)* als Infra-Kl. bewertet.

Chondrostoma s [v. *chondro-, gr. stoma = Mund], die ↗Nasen.

Chondrula w [v. *chondr-], Gatt. der *Enidae,* Landlungenschnecken mit länglich-eiförm. Gehäuse, dessen Mündung durch Falten u. Zähne verengt ist. *C. tridens* lebt in Mittel- u. O-Europa an trockenen, kalkreichen Stellen; ihr Gehäuse wird etwa 12 mm hoch; nach der ↗Roten Liste „gefährdet".

Chondrus m [v. *chondr-], 1) Gatt. der ↗*Gigartinales.* 2) Gatt. der *Enidae,* Landlungenschnecken, die mit einigen Arten in Griechenland u. Kleinasien verbreitet ist; das zylindr. kegelförm., bis 27 mm hohe Gehäuse ist weißl., manchmal mit braunen Axialstreifen, u. bei einigen Arten linksgewunden.

Chone w [v. gr. chōnē = Trichter], Ringelwurm-Gatt. der ↗*Sabellida;* bekannte Arten sind die in der Nordsee verbreitete, bis zu 15 cm lange *C. infundibuliformis* u. die in Nordsee u. Mittelmeer häufige *C. duneri.*

Chonetes [Mz.; v. gr. chōnē = Trichter], (Fischer v. Waldheim 1830), † Gatt. kleinwüchsiger, bestachelter, articulater Brachiopoden. Verbreitung: Gotlandium bis Perm.

Chonotricha [Mz.; v. gr. chōnē = Trichter, triches = Haare], artenarme Ord. der Wimpertierchen; alle Arten sind sessil u. leben als Ektokommensalen auf Krebsen. Das Vorderende ist ein trichterart., spiralig. Strudelapparat, dessen Wimperreihen Nahrung zum Zellmund (Cytostom) transportieren; der Körper trägt keine Wimpern. Fortpflanzung durch freischwimmende Schwärmer, die abgeknospt werden, es liegt Anisogamontie (↗Gamontogamie) vor. Auf den Kiemenplättchen des Bachflohkrebses *Gammarus* lebt die einzige

Bei C vermißte Stichwörter suche man auch unter K und Z.

CHORDATIERE

Zu den Chordatieren (Chordata) gehören neben den am höchsten entwickelten Organismen, wie den Säugetieren (einschließlich dem Menschen), recht einfach organisierte Formen, wie Manteltiere und Schädellose. Alle sind gekennzeichnet durch einen elastischen Achsenstab oberhalb des Darmes, die Chorda dorsalis, einen darüberliegenden röhrenförmigen Nervenstrang, das Neuralrohr, einen in der Regel geschlossenen Blutkreislauf (Ausnahme Manteltiere) mit ventralem Herzen und einen von Kiemenspalten durchbrochenen Vorderdarm. Kiemenspalten und Chorda sind bei Wirbeltieren oft nur embryonal angelegt.

Chordatiere bzw. Wirbeltiere (z. B. Molch) und *Nichtchordatiere* bzw. Wirbellose (z. B. Insekt) unterscheiden sich wesentlich durch die Lage des Nervensystems und des Herzens (Abb. rechts). Chordatiere haben stets ein Rückenmark und ein ventrales Herz, während sonst ein Bauchmark und ein dorsales Herz üblich ist.

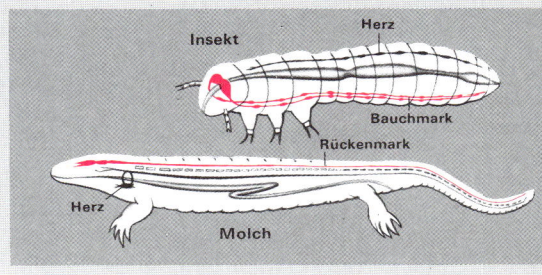

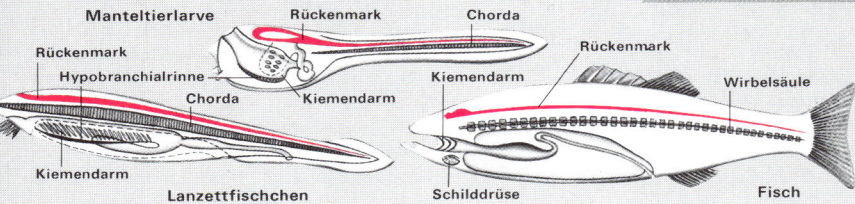

Abb. links zeigt die weitgehende Übereinstimmung der Grundorganisation bei verschiedenen Chordatieren. Neben Rückenmark, Chorda und Kiemendarm sind auch die Hypobranchialrinne, ein drüsiges Gewebe unten im Kiemendarm, und die Schilddrüse der Wirbeltiere vergleichbar.

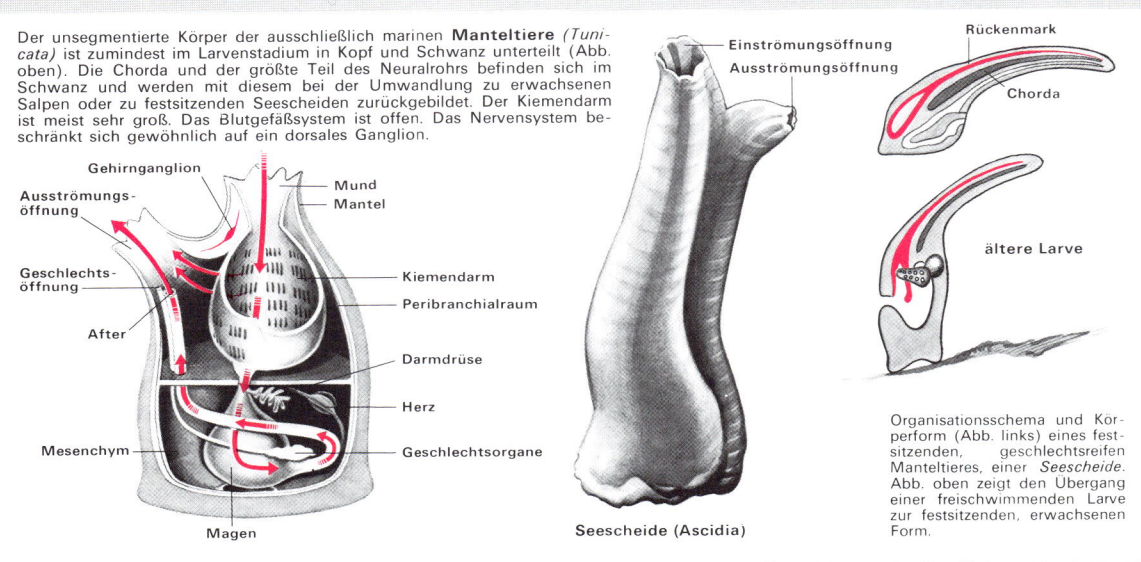

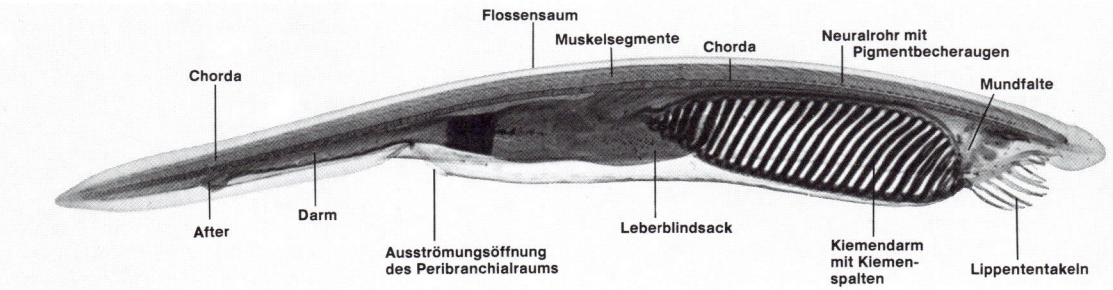

Der unsegmentierte Körper der ausschließlich marinen **Manteltiere** *(Tunicata)* ist zumindest im Larvenstadium in Kopf und Schwanz unterteilt (Abb. oben). Die Chorda und der größte Teil des Neuralrohrs befinden sich im Schwanz und werden mit diesem bei der Umwandlung zu erwachsenen Salpen oder zu festsitzenden Seescheiden zurückgebildet. Der Kiemendarm ist meist sehr groß. Das Blutgefäßsystem ist offen. Das Nervensystem beschränkt sich gewöhnlich auf ein dorsales Ganglion.

Organisationsschema und Körperperform (Abb. links) eines festsitzenden, geschlechtsreifen Manteltieres, einer *Seescheide*. Abb. oben zeigt den Übergang einer freischwimmenden Larve zur festsitzenden, erwachsenen Form.

Die kleine Gruppe der **Schädellosen** *(Acrania)* entspricht in ihrer ursprünglichen, einfachen Organisation weitgehend dem Grundtypus der Chordatiere. Sehr übersichtlich ist der Bauplan beim *Lanzettfischchen, Branchiostoma lanceolatum* (Abb. oben: Photo eines jungen Tieres, rechts: schematischer Querschnitt in der Kiemenregion). Chorda und Neuralrohr erstrecken sich längs durch das ganze Tier. Der Kiemendarm ist vom Peribranchialraum umgeben. Das Blut des einfachen geschlossenen Blutkreislaufs wird von einem kontraktilen Arterienabschnitt unter dem Kiemendarm und vom kleinen Kiemenherzen angetrieben. Coelomräume sind vorhanden. Die Muskulatur ist deutlich segmentiert. Gliedmaßen sind nicht ausgebildet, doch umzieht ein nur in der vorderen Bauchregion paariger Flossensaum das Lanzettfischchen.

Chorda

Süßwasserart *Spirochona gemmipara*, mit wendeltreppenart. Strudelapparat.

Chorda w [v. *chord-], ↗Laminariales.

Chorda dorsalis w [v. *chord-], lat. dorsalis = Rücken-], *Chorda*, *Notochord*. Rückensaite, Achsenstab, bei ↗Chordatieren *(Chordata)* ein den Körper zw. Neuralrohr u. Darm längs durchziehender elast. Strang aus spezialisierten Zellen, v. einer Bindegewebshülle (↗Chordascheide) umgeben. Bei Wirbeltieren besitzen die C.zellen je eine große Vakuole. Durch den Turgor bekommt der C. ihre Steifheit. Bei Lanzettfischchen *(Branchiostoma)* findet man geldrollenartig hintereinanderliegende spezialisierte Muskelzellen, bei manchen Manteltieren *(Tunicata)* glykogenreiche Zellen mit Dottereinschlüssen. – Die C. ist stammesgeschichtl. das urspr. ↗Achsenskelett der Chordatiere; sie dient als Stützelement u. Muskelansatzstelle, um Muskelkontraktionen in Körperkrümmungen umzusetzen. Alle Chordatiere legen zumindest embryonal eine C. an. Sie entsteht entweder als Abfaltung spezialisierten Gewebes vom Urdarmdach od. durch Einwanderung v. Zellen in die Primitivrinne. Über die Zuordnung der C. zum Ento- od. Mesoderm gibt es geteilte Ansichten. Bei Manteltieren besitzen nur die Larven eine auf den Schwanzbereich beschränkte C., die während der Metamorphose aufgelöst wird (Ausnahme: ↗Copelata). Die Schädellosen *(Acrania)* haben zeitlebens eine den ganzen Körper durchziehende C. In der Phylo- u. Ontogenie der Wirbeltiere wird sie aber immer weiter reduziert. Die Wirbelsäule übernimmt ihre (u. weitere) Funktionen. Da die Wirbel Neuralrohr u. C. umwachsen, wird die C. eingeschnürt. Im Extremfall bleiben v. ihr nur Reste zw. od. innerhalb der Wirbel erhalten. Bei niederen Wirbeltieren gibt es viele verschiedene Stadien der C.reduktion, während sie bei erwachsenen Vögeln u. Säugern womögl. völlig reduziert ist. Ob sich innerhalb der Wirbelkörper v. Vögeln ein C.rest befindet u. ob der gallert. *Nucleus pulposus* in den Zwischenwirbelscheiben der Säuger ein C.rest ist wird weiter diskutiert. Eine C. ohne Einschnürungen besitzen die Rundmäuler (Neunauge), Störe, Haie, Rochen, sowie *Latimeria*, bei der sie 3,5–4 cm dick ist. B Chordatiere.

Chordamesoderm s [v. *chord-, gr. mesos = mittlerer, derma = Haut], Gewebebereich aus dem Mesoderm, der die ↗Chorda dorsalis bildet.

Chordariales [Mz.; v. *chord-], *Geißeltang*, Ord. der Braunalgen. Die häuf. Art *Chordaria flagelliformis* besitzt einen ca. 3 mm dicken u. bis zu 50 cm langen Thallus mit zahlr., etwa 1 mm dicken Seitensträngen; sie ist im Litoral der Meere v. der Arktis bis Feuerland u. dem Kap der Guten Hoffnung verbreitet. *Elachista fucicola*, eine kleine, fäd., einreihige, meist unverzweigte Art, wächst häufig epiphyt. auf *Fucus*.

Chordascheide w [v. *chord-], straffe, zellfreie Faserscheide der ↗Chorda dorsalis, die dieser in Zusammenwirkung mit den prall turgeszenten (↗Bindegewebe) od. muskulösen Chordazellen den Charakter eines elast. Stützstabes verleiht; besteht aus Kollagenfibrillen u. einem dünnen, dem Chordagewebe unmittelbar aufliegenden elast. Fasernetz (Membrana elastica interna).

Chordata [Mz.; v. *chord-], die ↗Chordatiere.

Chordatiere [v. *chord-], *Chordata*, Tierstamm mit den 3 U.-Stämmen Manteltiere, Schädellose u. Wirbeltiere; bilateralsymmetr., deutl. segmentierte Organismen mit Coelom, die folgende Merkmale v. allen anderen Tiergruppen unterscheiden: 1) Besitz eines inneren, dorsal gelegenen ↗Achsenskeletts; bei den Niederen C.n (Manteltiere u. Schädellose) als elast., ungegliederter (meist) zelliger Stab ausgebildet (↗Chorda dorsalis), bei den erwachsenen Wirbeltieren durch eine knorpel. od. knöcherne Wirbelsäule ersetzt; Stütze und Widerlager des Fortbewegungsapparats. 2) Ausbildung eines ↗Kiemendarms: der Vorderdarm ist stark erweitert, seine Seitenwand u. die umliegende Körperwand sind v. Spalten durchsetzt; Wasser wird durch den Mund aufgenommen u. fließt durch die Spalten wieder ab. Doppelfunktion des Kiemendarms: a) Filtration des Wasserstroms zur Nahrungsgewinnung an den Wänden des Kiemendarms (bei Manteltieren u. Schädellosen), b) Atmung, begünstigt durch die große Oberfläche; Wände der Kiemenspalten bilden bei Wirbeltieren die Kiemen. 3) Ausbildung eines Zentralnervensystems oberhalb v. Chorda u. Darm (Neuralrohr, Rückenmark); es entwickelt sich aus einer Einfaltung des Ektoderms längs der Rückenlinie, die sich abschnürt, zum Rohr schließt u. in den Körper einsinkt; vorderster Abschnitt bei Wirbeltieren als Gehirn entwickelt; das Neuralrohr steht primär vorne durch den Neuroporus in Verbindung mit der Außenwelt u. hat hinten während der Embryonalentwicklung stets offenen Kontakt mit dem Darm (Canalis neurentericus). Beide Verbindungen werden sekundär verschlossen. B 249.

Chorda tympani w [v. *chord-, gr. tympanon = Kesselpauke, Becken], Seitenast des Nervus facialis (VII. ↗Hirnnerv); in die C. t. münden bei den Säugetieren die Fa-

---

chord- [v. gr. chordē = Darm, Darmsaite].

Chordatiere

Unterstämme:
↗Manteltiere *(Turicata, Urochordata)*
↗Schädellose *(Acrania, Cephalochordata)*
↗Wirbeltiere *(Vertebrata)*

Bei C vermißte Stichwörter suche man auch unter K und Z.

sern aus den Geschmacksrezeptoren des vorderen Zungenteils (↗chemische Sinne).

Chordopoxviren, U.-Fam. *Chordopoxvirinae* der ↗Pockenviren.

Chordotonalorgane [Mz.; v. *chord-, gr. tonos = Spannung], *Scolopidialorgane*, ein für Arthropoden charakterist. Typ von Mechanorezeptoren (B mechanische Sinne II), die aus zwei od. mehreren Scolopidien bestehen. Sie sind aus einer od. zwei Sinneszellen u. zwei Hüllzellen aufgebaut, die die rezeptor. Dendrite umgeben. Die C. fungieren als *Streckrezeptoren;* sie sind bei fast allen Insekten zw. zwei gegeneinander bewegl. Teilen des Organismus außen od. innen an der Cuticula, Bändern od. Tracheen befestigt u. reagieren bei einer Verschiebung der Strukturen gegeneinander. Dabei wird bei einer Dehnung der Aufhängung der sensible Fortsatz einer Sinneszelle durch eine um die Spitze des Fortsatzes liegende elast. Kappe zusammengedrückt. Weiterhin dienen diese Organe auch zur Aufnahme v. Außenreizen. In den *Subgenualorganen* vieler Insekten (Schaben, Heuschrecken, Grillen) fungieren sie als Vibrationsempfänger, die noch Vibrationsweiten von weniger als 0,1 nm registrieren können, in den ↗Johnstonschen Organen v. Mücken als Wind- u. damit Geschwindigkeitsmesser. In den ↗Tympanalorganen der Lepidopteren, Orthopteren u. Hemipteren stehen sie im Dienste der Tonwahrnehmung.

Choren [Mz.; v. gr. choros = Platz, Reihe], verbreitungsbiologisch-funktionelle Einheit v. Pflanzen, wie Samen, Früchte u. Fruchtstände.

chorikarp [v. *chori-, gr. karpos = Frucht], *apokarp,* Bez. für ein aus freien Fruchtblättern bestehendes Gynözeum. ↗Blüte.

Chorioallantois w [v. *chorio-, gr. allas = wurstförm. Sack], *Allantochorion,* fetaler Anteil einer Placenta, der aus der stark vaskularisierten ↗Allantois u. dem ↗Chorion durch Verschmelzung entsteht u. sich an der mütterl. Uterusschleimhaut anlegt; charakterist. für placentale Säugetiere, kommt aber als unabhängige Parallelentwicklung auch bei einigen lebendgebärenden Skinken u. bei einigen Beuteltieren (z. B. *Parameles*) vor.

Chorioidea w [v. *chorio-], die ↗Aderhaut.

Choriomammotropin s, *Chorionsomatotropin,* Abk. *CS,* Placentahormon mit Proteinstruktur, das die ähnl. Funktionen wie ↗Choriongonadotropin ausübt.

Chorion s [gr., = Haut, Leder, Fell, Embryonalhülle], **1)** *Serosa, Zottenhaut,* die äußere der beiden Embryonalhüllen von ↗Amniota (☐), die bei den Beuteltieren u. den placentalen Säugetieren in bestimmten Arealen Zotten bildet, die sich in die Schleimhaut der Gebärmutter einsenken; zus. mit der Allantois (Allantoisplacenta) od. dem Dottersack (Dottersackplacenta) u. deren Gefäßen bilden sie den embryonalen Anteil der ↗Placenta. ↗Embryonalentwicklung (Säugetiere). **2)** *Eischale;* die Dottermembran v. Insekteneiern wird v. einer sekundären Eihülle, dem C., umschlossen, das v. dem Follikelepithel ausgeschieden wird. Diese Hülle ist meist vielschichtig. Man findet ein häufig zweischicht. Exo-C., das im wesentl. aus Lipoproteinen besteht. Innen liegt ein feineres Endo-C., das in seinem Aufbau der Epicuticula der Imago ähnelt. Darunter liegt eine Wachsschicht. Am Eivorderende od. seltener in der Mitte befinden sich im C. feine Poren (Mikropylen), die den Spermien zur Besamung als Eintrittsöffnung dienen. Die Oberfläche des C.s ist häufig fein wabenartig skulpturiert; die Leisten entsprechen den Zellgrenzen der Follikelzellen.

Choriongonadotropin s, *Human Choriongonadotropin,* Abk. *CG* od. *HCG,* Glykoproteid der Placenta (relative Molekülmasse ca. 30000) mit hohem Kohlenhydratanteil, das die Östrogen- u. Progesteronproduktion stimuliert u. damit sekundär das Uteruswachstum fördert. Nach erfolgter Befruchtung wird unter Einwirkung des C.s die Rückbildung des Gelbkörpers (Corpus luteum) verhindert, u. es bildet sich ein Corpus luteum graviditatis. C wird vorwiegend während der ersten Schwangerschaftsmonate gebildet u. mit dem Urin ausgeschieden. Darauf beruht die *Aschheim-Zondek-Reaktion* zum Schwangerschaftsnachweis.

Chorionin s [v. *chorio-], chitinähnl. Substanz des Chorions der Insekteneier.

Chorionmesenchym s [v. *chorio-, gr. mesos = mittlerer, egchein = einfüllen], mesenchymat. Gewebebereich im Chorion, in dem die fetalen Gefäße der Nabelschnur u. der Placenta verlaufen.

Chorionplatte w [v. *chorio-], im embryonalen Anteil der reifen Placenta eine plattenart. Gewebeschicht, die wie ein Topfdeckel den mütterl. Blutraum überdeckt u. in diesen hinein die Zotten ausbildet; entsteht aus den seitl. Teilen des extraembryonalen Mesoderms. ↗Embryonalentwicklung (Mensch).

Choriozönose w [v. gr. chōrion = Raum, koinōsis = Gemeinschaft], Lebensgemeinschaft der ↗Biochorions.

choripetal [v. *chori-, gr. petalon = Blatt], Bez. für Blüten mit freiblättr. Blütenkrone. ↗Blüte.

Choripetalae [Mz.; v. *chori-, gr. petalon = Blatt], fr. häufig vorgenommene Zusammenfassung der *Monochlamydeae* u. der

chord- [v. gr. chordē = Darm, Darmsaite].

chori- [v. gr. chōris = getrennt], in Zss.: getrennt-.

chorio- [v. gr. chorion = Haut, auch Leder, Fell; Embryonalhülle].

Bei C vermißte Stichwörter suche man auch unter K und Z.

Dialypetalae. Dabei sind die *Monochlamydeae* alle dikotylen Pflanzenarten, deren Blüten ein einfaches, unscheinbares u. freiblättr. od. kein Perianth besitzen, u. die *Dialypetalae* alle dikotylen Pflanzenarten mit einem doppelten Perianth, das in einen Kelch u. in eine stets freiblättr. Krone gegliedert ist. ↗Blüte.

Chorise w [v. gr. chōrisis = Trennung], das *Dédoublement*, ↗Blüte.

chorisepal [v. *chori-, lat. separare = trennen], *dialysepal*, Bez. für Blüten mit freiblättr. Kelch. ↗Blüte.

Chorisia w [ben. nach dem russ. Zeichner L. Choris, 1795–1828], Gatt. der ↗Bombacaceae.

Chorismatmutase w [v. gr. chōrismos = Trennung, lat. mutare = verändern], ↗Allosterie.

Chorisminsäure, Zwischenprodukt bei der Synthese der aromat. Aminosäuren Phenylalanin, Tyrosin u. Tryptophan nach dem *Shikimisäure-C.-Weg*. C. ist damit auch Vorstufe der zahlr., von diesen Aminosäuren abgeleiteten aromat. Verbindungen. Sie bildet sich aus Phosphoenolpyruvat u. Erythrose über insgesamt 6 Zwischenstufen (darunter Shikimisäure). Die anion. Form von C. wird als *Chorismat* bezeichnet.

Chorismus m [v. gr. chōrismos = Trennung], Abstoßung lebender pflanzl. Organe, bes. der Blütenteile, die durch mechan., chem. oder elektr. Reize od. durch Verwundung verursacht wird; hierzu gehört z. B. das Abwerfen v. nicht verwelkten od. verfärbten Laubblättern im Sommer. ↗Abscission.

Choristoceras marshi s [v. gr. chōristos = getrennt, keras = Horn, ben. nach dem austral. Mineralogen C. W. Marsh, 18. Jh.], (Hauer 1865), ↗Ceratit mit Tendenz zur Auflösung der geschlossenen Schalenspirale; Leitfossil für das Rhät der Alpen.

C-Horizont, *Ausgangsgestein*, Untergrund, aus dem sich ein Boden bildet. ↗Bodenhorizonte.

Chorologie w [v. gr. chōros = Raum, Land, logos = Kunde], die ↗Arealkunde.

Chorthippus m [v. gr. chortos = Heu, hippos = Pferd], Gatt. der ↗Feldheuschrekken.

Choukoutien, Zhoukoudian, Dschoukoudiän, 1918 v. dem schwed. Geologen J. G. Andersson entdecktes Höhlensystem v. Fundstellen des *Sinanthropus* (↗*Homo erectus pekinensis*) u. des frühen ↗*Homo sapiens sapiens*, ca. 40 km südwestlich v. Beijing = Peking (China). Datierung: Mittel- bzw. Jung-Pleistozän, 0,5–0,3 Mill. Jahre bzw. 18 300–10 000 Jahre („upper cave") vor heute. [dorngewächse.

Christdorn, *Paliurus spina-christi*, ↗Kreuz-

chori- [v. gr. chōris = getrennt], in Zss.: getrennt-.

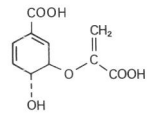

Chorisminsäure

Christophskraut
Ähriges Christophskraut *(Actaea spicata)*, oben Blüten-, unten Fruchtzweig

Christensenia w [ben. nach dem dt. Farnforscher C. Christensen, 1872–1942], Gatt. der ↗Marattiales.

Christmas-Faktor m [krißmeß-], *antihämophiler Faktor B, Blutgerinnungsfaktor IX*, Bestandteil des Intrinsic-Systems zur Auslösung der ↗Blutgerinnung; ben. nach dem engl. Jungen St. Christmas, bei dem das Fehlen dieses Faktors zuerst nachgewiesen wurde. Sein Fehlen ruft Hämophilie B, einen Typ der Bluterkrankheit, hervor. Die biol. Halbwertszeit im Blut beträgt 20 Std., die Biosynthese ist abhängig v. Vitamin K.

Christophskraut, *Actaea*, Gatt. der *Ranunculaceae* mit 11 Arten, hpts. auf der Nordhalbkugel; die Fruchtblätter sind auf eins reduziert, aus dem sich bei der Reife eine Beere entwickelt. Die einzige in Dtl. heim. Art, das Ährige C. *(A. spicata)*, ist in tieferen Lagen eine Charakterart der Schluchtwälder *(Aceri-Fraxinetum)*, während sie in Kalkgebirgen in Buchenwäldern bis ca. 1500 m zu finden ist. Das C. wurde fr. als Volksheilmittel gg. Asthma genutzt.

Christrose, die ↗Nieswurz.

Christusdorn, 1) *Euphorbia milii*, ↗Wolfsmilch. 2) fälschlich für Christdorn.

Chromadora w [v. gr. chrōma = Farbe, dora = abgezogene Haut], marine Gatt. der Fadenwürmer, namengebend für die Ord. *Chromadorida*, die etwa 250 marine, limn. u. terrestr. Gatt. in 30 Fam. umfaßt.

chromaffin [v. gr. chroma = Farbe, lat. affinis = benachbart, verwandt], Eigenschaft mancher Drüsenzellen, namentl. solcher, die Catecholamine (Adrenalin, Noradrenalin) produzieren, sich mit Chromsalzen selektiv anzufärben. Diese Eigenart beruht auf der Oxidation der Catecholamine durch Kaliumdichromat zu gelbbraun gefärbten Chinhydronen u. läßt sich auch durch andere oxidierende Verbindungen wie Periodate erzeugen.

Chromatiden [Mz.; v. *chromat-], die während ↗Mitose u. ↗Meiose lichtmikroskop. sichtbaren fadenförm., am ↗Centromer zusammenhängenden Spalthälften eines ↗Chromosoms. Jede C. enthält als Grundstruktur eine langkettige DNA-Doppelhelix u. begleitende Proteine. Die beiden ident. C. eines Chromosoms heißen *Schwester-C*. In der ↗Anaphase v. Mitose u. Meiose II werden die Schwester-C. auf die beiden neu entstehenden Tochterkerne verteilt; unmittelbar nach der Kernteilung ist jede C. gleichzusetzen mit einem vollständigen, jedoch noch nicht replizierten u. daher noch einfädigen Tochterchromosom. Die erneute Verdoppelung der C. erfolgt dann in der nächsten S-Phase des Zellzyklus ([B] Mitose).

Chromatidenaberrationen [Mz.; v. *chromat-, lat. aberratio = Abschweifung], Strukturveränderungen an Chromosomen, wobei die beiden Chromatiden in unterschiedl. Ausmaß betroffen sind (im Ggs. zu ↗ Chromosomenaberrationen). Bei C. handelt es sich entweder nur um Brüche innerhalb der einzelnen Chromatiden, od. es erfolgt auch ein Austausch v. Chromatidenbruchstücken im gleichen Chromosom od. zw. zwei verschiedenen Chromosomen (Chromatidentranslokation).

Chromatideninterferenz w [v. *chromat-, neulat. interferentia = wechselseitige Beeinflussung], wechselseit. Beeinflussung v. mehrfachen Crossing-over-Vorgängen zw. homologen Chromosomen in der Meiose, die dazu führt, daß die einzelnen Chromatiden am Chromatidenstückaustausch nicht völlig zufallsgemäß beteiligt sind. Von positiver C. spricht man, wenn das zweite Crossing over mehr als zufallsgemäß zw. anderen Chromatiden als beim ersten Crossing over stattfindet; negative C. liegt vor, wenn das Gegenteil der Fall ist. Die der C. zugrundeliegenden Mechanismen sind noch nicht verstanden.

Chromatidenstückaustausch [v. *chromat-], Austausch v. Chromatidenabschnitten beim ↗ Crossing over zw. zwei homologen Chromosomen in der Meiose.

Chromatidentetrade w [v. *chromat-, gr. tetras = Vierzahl], der aus vier Chromatiden bestehende Paarungsverband (Bivalent) in der Meiose I.

Chromatidentranslokation w [v. *chromat-, lat. trans = hinüber, locatio = Stellung], ↗ Chromatidenaberrationen.

Chromatin s [v. gr. chrōmatinos = gefärbt], mit bas. Farbstoffen leicht anfärbbare netzart. Struktur (deshalb auch die Bez. C.gerüst) des Interphase-Zellkerns, die sich zu Beginn v. Mitose u. Meiose zu den für Chromosomen charakterist. Strukturen verdichtet. Grundbausteine des C.s sind feine fädige, etwa 10 nm dicke Stränge, die Nucleofilamente od. Chromonemen, die ihrerseits zu einer Überstruktur, der 30-nm-Chromatinfibrille, aufgeknäuelt sind. Die Hauptbestandteile der Nucleofilamente sind doppelsträngige DNA u. eine Reihe v. unterschiedl. Proteinen. Der etwa 2 nm dicke DNA-Doppelstrang ist abschnittsweise um mandarinenförm., etwa 8 nm dicke Aggregate aus Histonproteinen gewunden. Die aus Histonkomplexen mit darumgewundener DNA bestehenden Untereinheiten der Nucleofilamente sind die Nucleosomen. Durch die Verdrillung zu einem Nucleofilament werden die DNA-Stränge auf etwa 2% ihrer urspr. Länge verkürzt. Außer den Histonproteinen sind auch noch Nicht-Histon-Proteine (u. a. Actin u. Nucleinsäure-Polymerasen). RNA mit der DNA des C.s assoziiert. Den Histonen u. Nicht-Histonen wird regulator. Funktion bei der Transkription zugeschrieben. Cytolog. unterscheidet man zw. Hetero- u. Eu-C. Hetero-C. liegt auch während der Interphase in mitotisch kondensiertem Zustand vor u. ist deshalb im Interphasekern mit DNA-spezif. Farbstoffen intensiv anfärbbar (bei vielen Chromosomen die Region in der Nähe des Centromers). Es enthält einen hohen Prozentsatz an repetitiven DNA-Sequenzen u. ist transkriptionsinaktiv; Chiasmata werden in heterochromat. Chromosomenabschnitten äußerst selten beobachtet. Eu-C. liegt während der Interphase dekondensiert vor; es stellt den Bereich hoher Transkriptionsaktivität dar; im Eu-C. ist die Nicht-Histon-Proteinmenge pro mg DNA höher als im Hetero-C. Hetero-C. wird weiter unterteilt in konstitutives u. fakultatives Hetero-C. Ersteres liegt stets kondensiert vor, während das zweite alternativ euchromat. Charakter annehmen kann (der reversible Wechsel wird vermutl. durch Proteine bewirkt).

Chromatingerüst s [v. gr. chrōmatinos = gefärbt], ↗ Chromatin.

chromatische Aberration w [v. gr. chrōmatikos = gefärbt, lat. aberratio = Abschweifung], ↗ Aberration.

chromatische Adaptation w [v. gr. chrōmatikos = gefärbt, lat. adaptare = anpassen], **1)** (K. Boresch, 1922), Anpassung der Zs. von Antennenpigmenten (Phycobiliproteine) des Photosyntheseapparates vieler ↗ Cyanobakterien an die Wellenlänge(n) des einstrahlenden Lichts. Adaptierfähige Cyanobakterien enthalten im grünen Licht relativ mehr rotes (grünabsorbierendes) Phycoerythrin, im roten Licht dagegen einen höheren Gehalt an blauem (rotabsorbierendem) Phycocyanin. Es können 2 Regulationstypen unterschieden werden: Stämme, bei denen nur die Synthese v. Phycoerythrin, u. Stämme, bei denen sowohl die Phycoerythrin- als auch die Phycocyaninsynthese der Lichtkontrolle unterworfen ist. **2)** ↗ Farbanpassung.

chromat-, chromato- [v. gr. chrōma, Gen. chrōmatos = Farbe], in Zss.: Farb-.

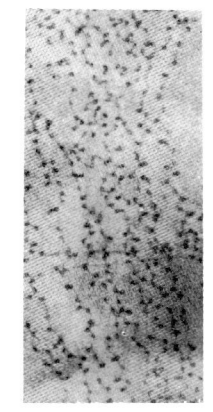

Chromatin

Perlschnurartig erscheint im elektronenmikroskopischen Bild die eukaryote DNA, die in regelmäßigen Abständen über Histone zu den Nucleosomen aufgewickelt ist.

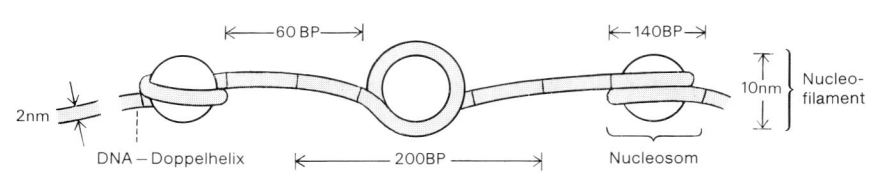

Chromatin

Modell der Nucleosomen-Struktur des Chromatins. Je zwei Proteine der ersten vier Histon-Klassen bilden einen zylindrischen Komplex, um den sich die DNA-Doppelhelix windet. Über ein Protein der fünften Histonklasse kann die Perlenkettenstruktur, die zunächst resultiert, noch zu einer DNA-Superhelix aufgeschraubt werden. BP = Basenpaare

Bei C vermißte Stichwörter suche man auch unter K und Z.

Chromatium

chromat-, chromato- [v. gr. chrōma, Gen. chrōmatos = Farbe], in Zss.: Farb-.

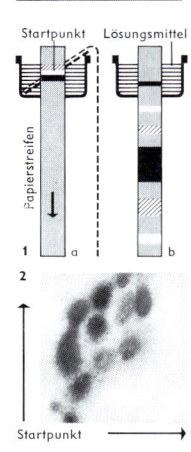

Chromatographie

1 *Papierchromatogramm* (eindimensionale Trennung), **a** Aufsicht des Trennungsvorgangs (gestrichelt die seitliche Ansicht): Das Gemisch ist im Startpunkt vereint, **b** Endzustand nach der Trennung. **2** Zweidimensionale Trennung v. Aminosäuren.

Chromatium s [v. gr. chrōmation = Färbemittel], Gatt. der *Chromatiaceae;* ↗Schwefelpurpurbakterien.

Chromatogramm s [v. *chromato-, gr. gramma = Buchstabe, Schrift], ↗Chromatographie.

Chromatographie w [v. *chromato-, gr. graphē = Schrift], Sammelbegriff für physikalisch-chem. Trennmethoden, mit denen Substanzgemische aufgrund der verschiedenen Verteilung ihrer einzelnen Komponenten zw. einer unbewegl. (stationären) u. einer bewegl. (mobilen) Phase aufgetrennt werden. Chromatograph. Methoden werden sowohl zu präparativen (im Bereich von mMolen od. Molen der aufzutrennenden Stoffe) als auch zur analyt. (bis zum Nano- u. Picomolbereich) Trennung v. Stoffgemischen eingesetzt. Die Bez. C. wurde geprägt durch die urspr. zur Trennung v. Farbstoffen (chroma, gr. = Farbe) entwickelte Adsorptions-C. Durch Anwendung empfindl. Nachweismethoden für farblose Stoffe wurden chromatograph. Methoden rasch zur Trennung prakt. aller (d. h. auch der farblosen) Substanzklassen ausgedehnt. Die Bedeutung der C. für fast alle Bereiche der Biologie, bes. aber für Biochemie, Molekularbiologie u. Physiologie, ist heute kaum zu überschätzen. Die *stationären Phasen* sind entweder flächenförmig (Papier-C., Dünnschicht-C.) od. säulenförmig (Säulen-C.), wobei im Falle der *Dünnschicht-C.* die stationären Phasen in Form dünner Schichten (0,1–1 mm) auf Glasplatten od. Kunststoffolien aufgezogen sind; bei der *Säulen-C.* sind sie innerhalb v. Glasrohren (bzw. Stahlrohren bei Hochdruck-Flüssigkeits-C.) als „Säulen" ($\varnothing$ 0,1–5 cm, Länge 1–100 cm), die v. den betreffenden *mobilen Phasen* in der Längsrichtung durchflossen werden können, eingebettet. Die stationären Phasen bestehen meist aus festen Stoffen, den Adsorbentien. Im Falle der *Verteilungs-C.* fungiert als stationäre Phase jedoch ein an der Oberfläche eines festen Stoffes adsorbiertes Lösungsmittel (z. B. Methanol an Aluminiumoxid), so daß die eigtl. chromatographisch wirksame Schicht der stationären Phase flüssig ist. Die mobilen Phasen sind entweder flüssig *(Flüssigkeits-C.)* od. gasförmig *(Gas-C.)*. – Zur Durchführung einer C. werden die gelösten Substanzgemische zunächst an dem dem späteren Einfließen der mobilen Phase zugewandten Ende der stationären Phase (meist oberes Ende bei Säulen- u. Papier-C., da Laufrichtung der mobilen Phase v. oben nach unten; unteres Ende bei Dünnschicht-C., da Laufrichtung v. unten nach oben) aufgetragen; anschließend erfolgt die Auftrennung der Gemische aufgrund des Durchströmens der mobilen Phase. Dabei werden die einzelnen Komponenten, je nach relativer Verweilzeit in der stationären bzw. mobilen Phase, unterschiedlich weit v. der mobilen Phase „mitgeschleppt", so daß sie – bei Dünnschicht- u. Papier-C. – nach Beendigung der C. an unterschiedl. Positionen der Schicht bzw. des Papiers zu stehen kommen bzw. bei

---

Chromatographie

Nach Art der eingesetzten Phasen u. deren Wechselwirkungen mit den aufzutrennenden Stoffen unterscheidet man:

a) ↗*Adsorptions-C*; hierzu zählen u. a. die *Papier-C.*, bei der Papierstreifen – im wesentlichen Cellulose – die stationäre Phase bilden, u. die ↗*Affinitäts-C.*

b) *Verteilungs-C.*: die Trennung erfolgt durch zwei nur begrenzt mischbare flüss. Phasen, in denen die aufzutrennenden Stoffe verschieden löslich sind, wobei eine der beiden flüss. Phasen durch Adsorption an eine feste Phase verankert wird u. dadurch als unbewegl., d. h. stationäre Phase wirkt.

c) *Gas-C.*: die mobile Phase ist gasförmig (Stickstoff, Helium), die stationäre Phase fest (sog. Gas-Fest-C.) od. flüssig (Gas-Flüssig-C.).

d) *Ionenaustausch-C., Austausch-C.*: die aufzutrennenden Stoffe sind ionisch aufgebaut u. werden an ↗Ionenaustauschern als stationäre Phase durch ionische Bindung unterschiedlich stark festgehalten bzw. v. Ionenaustauschersäulen durch Anwendung unterschiedl. Salzkonzentrationen od. pH-Werte der mobilen Phase getrennt eluiert. Zur C. von anionisch aufgebauten Stoffen, wie Carbonsäuren, Nucleotide, Nucleinsäuren u. Proteine, werden ↗Anionenaustauscher, bes. DEAE-Cellulose (☐ Anionenaustauscher), eingesetzt, für kationische Stoffe, z. B. für die bei saurem pH überwiegend positiv geladenen Aminosäuren, aber auch für viele Proteine, werden ↗Kationenaustauscher, z. B. CM-Cellulose od. synthet. Polymere mit Sulfonsäuregruppen verwendet (↗Aminosäureanalysator).

e) *Umkehrphasen-C.*: im Ggs. zu den übrigen C.-Verfahren, bei denen die Bindung zw. den aufzutrennenden Stoffen u. den mehr od. weniger polar aufgebauten stationären Phasen um so stärker ist, je polarer die betreffenden Stoffe sind, wird bei der

Umkehrphasen-C. die stationäre Phase durch kovalente Bindung mit lipophilen Resten, z. B. mit langkett. Alkylresten, zu einem lipophilen Adsorbens umgewandelt; dadurch wird eine Umkehr des sonst. übl. Adsorptionsverhaltens erreicht, so daß unpolare Verbindungen stärker als polare an die stationäre Phase gebunden werden. Dies verursacht eine entspr. Umkehr der R_f-Werte (höhere R_f-Werte für polarere Verbindungen u. umgekehrt) bzw. bei der Reihenfolge der Elution (die polareren Verbindungen werden zuerst eluiert).

f) *Gel-C.*: bei diesem, in der säulenchromatograph. Form als *Gelfiltration* bezeichneten Verfahren werden die Stoffgemische nach der Größe, d. h. in etwa nach der Molekülmasse, aufgetrennt. Als stationäre Phase werden Gele, bei den biologisch wichtigen Molekülen bes. die als Sephadex bekannten Dextrangele, eingesetzt. Das Prinzip der Gel-C. beruht darauf, daß niedermolekulare Stoffe die Poren (nicht nur die Außenräume) entspr. Gele durchlaufen u. dabei retardiert werden, während höhermolekulare Stoffe ganz od. teilweise (je nach Porengröße des Gels bzw. Molekülmasse der Stoffe) v. der Passage durch das Gel ausgeschlossen werden, d. h. nur die Außenräume durchlaufen u. daher das Gel schon innerhalb des sog. Ausschlußvolumens durchquern.

g) *Hochdruck-Flüssigkeits-C.*: diese heute zunehmend eingesetzte Variante der *Säulen-C.* arbeitet mit bes. fein verteilten stationären Phasen (Partikel von 5–10 μm $\varnothing$) u. führt so – im übrigen jedoch nach dem Prinzip der Adsorptions- und Ionenaustausch-C. – zu bes. hochauflösenden u. raschen Trennungen. Aufgrund des durch die Feinheit der Partikel bedingten, bei Normaldruck sehr geringen zeitl. Durchlaufvolumens der mobilen Phase müssen erhöhte Drucke (bis zu 300 bar) angewandt werden; die Umkleidung des Säulenmaterials u. die Zulaufvorrichtungen bestehen daher aus druckfesten Stahlrohren.

CHROMATOGRAPHIE

Chromatographie ist ein Sammelbegriff für zahlreiche Verfahren zur Trennung von Bestandteilen in Gemischen oder Lösungen. Ihnen allen ist gemeinsam, daß man zur Trennung die Analysenprobe in einer gasförmigen oder flüssigen Phase löst (»mobile Phase«) und diese Lösung über die Oberfläche eines Stoffes strömen läßt, der adsorbierend wirkt oder die Komponente der mobilen Phase löst (»stationäre Phase«). Die stationäre Phase kann entweder fest oder flüssig sein, oder sie kann als dünne Schicht auf einer festen Trägersubstanz vorliegen. Die verschiedenen Bestandteile werden von der stationären Phase in unterschiedlichem Maße »festgehalten«, wodurch man sie abtrennen und einzeln bestimmen kann.

Säulenchromatographie. Eine Säule ist ein Rohr, das die stationäre Phase zur Auftrennung von Stoffen enthält. Die Analysenprobe wird auf das obere Ende der Säule aufgetragen. Durch die Säulenchromatographie konnte Anfang dieses Jahrhunderts gezeigt werden, daß sich das Chlorophyll aus zwei Stoffen zusammensetzt, dem Chlorophyll a und b.
Eine Lösung von Pflanzenfarbstoffen in Petroläther wurde an einer Calciumcarbonatsäule (links) chromatographiert. Die Chlorophyllfarbstoffe wurden an der stationären Phase stärker adsorbiert als das Xanthophyll und das Carotin, die beide schneller durch die Säule wandern.

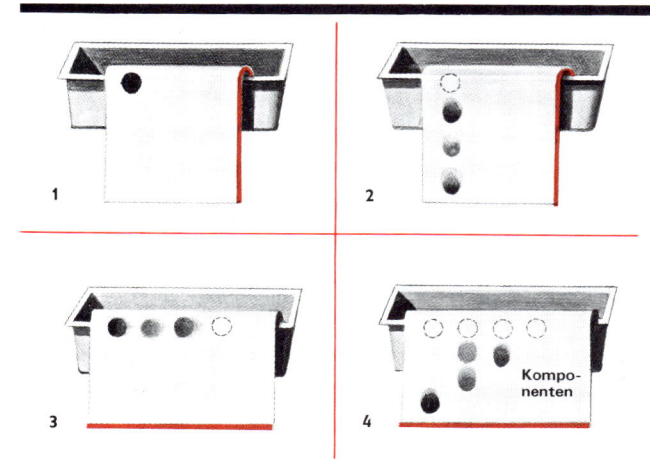

Papierchromatographie. Als stationäre Phase wirkt bei dieser Methode poröses Papier, das geeignet ist, geringe Mengen einer Analysenprobe in ihre Bestandteile aufzutrennen (1). Die Probe wird in einem Punkt auf das Papier aufgetragen und das Papier in einen mit Lösungsmittel gefüllten Trog getaucht. Das Lösungsmittel wird von dem Papier aufgesaugt und wandert infolge von Kapillarkräften langsam durch das Papier bis zum anderen Rand. Da die Komponenten bei der Wanderung der Probe verschieden stark zurückgehalten werden, trennen sie sich auf (2). Anschließend dreht man nach dem Trocknen des Papiers dieses um 90° (3) und läßt das Chromatogramm zur vollständigen Trennung der Bestandteile mit einem anderen Lösungsmittel laufen (4). Man identifiziert die verschiedenen Substanzen anhand ihrer Wanderungsgeschwindigkeit in den verschiedenen Lösungsmitteln.

Die Gaschromatographie ist eine Methode zur Trennung verdampfbarer Verbindungen. Die gasförmige mobile Phase trägt die verdampfte Analysenprobe durch eine adsorbierende Säule, in der sich die Auftrennung vollzieht. Beim Austritt aus der Säule werden die einzelnen gasförmigen Bestandteile durch einen geeigneten Detektor angezeigt, der auf die Änderung einer bestimmten physikalischen Eigenschaft (z. B. auf die Wärmeleitfähigkeit) des Gasgemischs reagiert. Die Anwesenheit einer jeden Komponente wird am Ende der Apparatur durch einen »Buckel« (Peak) auf dem Chromatogramm angezeigt. Die Fläche eines Peaks ist der molaren Konzentration des entsprechenden Bestandteils proportional; infolgedessen gibt das Chromatogramm auch die Mengenverhältnisse der einzelnen Bestandteile in der Analysenprobe an. Abb. unten zeigt das Chromatogramm eines Kognaks.

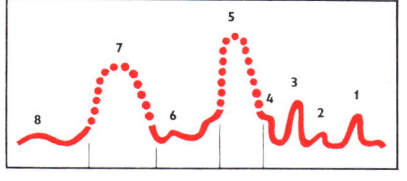

1 Acetaldehyd
2 Äthylformiat
3 Äthylacetat
4 Methanol
5 Äthanol (Ordinate 32fach verkleinert)
6 Propanol
7 Wasser (Ordinate 32fach verkleinert)
8 Pentanol

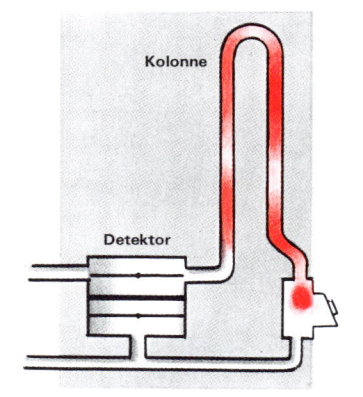

Chromatophoren

chromat-, chromato- [v. gr. chrōma, Gen. chrōmatos = Farbe], in Zss.: Farb-.

chromo- [v. gr. chrōma = Farbe], in Zss.: Farb-.

Säulen-C. in charakterist. Reihenfolge am unteren Ende der Säule in gelöster Form die stationäre Phase verlassen (d. h. eluiert werden). Bei Dünnschicht- u Papier-C. ist jede chem. Verbindung durch die Laufstrecke charakterisiert, die quantitativ in Form des sog. R_f-Wertes, des Quotienten zw. Laufstrecke der betreffenden Verbindung u. Laufstrecke der Lösungsmittelfront, angegeben wird. Die Methoden der Dünnschicht- u. Papier-C. werden häufig auch in der zweidimensionalen Form eingesetzt (Lösungsmittel A als mobile Phase in einer Richtung der quadrat. Fläche der Schicht bzw. des Papiers, u. nach deren Drehung um 90° Lösungsmittel B als mobile Phase für die zweite Laufrichtung, die senkrecht zur ersten Laufrichtung steht). Die bei Papier-C. auf dem Papier bzw. bei Dünnschicht-C. auf der Dünnschicht nach Auftrennung z. B. durch Anfärben sichtbar gemachten Stoffe u. ihre relative Lage bezeichnet man als *Chromatogramm* (Papierchromatogramm bzw. Dünnschichtchromatogramm). B 255.

Lit.: *Daecke, H.:* Chromatographie. Frankfurt ³1981. *Schwedt, G.:* Chromatographische Methoden in der anorganischen Analytik. Heidelberg 1980. *Stahl, E.* (Hg.): Dünnschichtchromatographie. Heidelberg ²1967. H. K.

Chromatophoren [Mz.; v. *chromato-, gr. -phoros = -tragend], **1)** veraltete Sammelbez. für die gefärbten Plastiden der pflanzl. Zellen; hierzu gehören die *Chloroplasten* der grünen Pflanzen, die *Phaeoplasten* einiger Algen (z. B. ↗Braunalgen), die durch Fucoxanthin braun gefärbt sind, die durch Phycoerythrin u. Phycobilin rot bis violett gefärbten *Rhodoplasten* der Rotalgen u. die gelb bis orange gefärbten *Chromoplasten* vieler Blüten u. Früchte. Die ersten drei Plastidentypen sind photosynthet. aktiv, die Chromoplasten sind photosynthet. inaktiv. Ggs.: Leukoplasten. **2)** Die Photosynthesepigmente tragenden intracytoplasmat. Membranen phototropher Bakterien. **3)** Pigmenthalt. Zellen vieler Wirbeltiere (z. B. Frosch, Chamäleon), Krebstiere, einiger Schneckenarten u. der Kopffüßer. Bei den Wirbeltieren wandern sie während der Embryonalentwicklung aus der Neuralleiste aus. Die C. liegen meist locker verteilt in der Haut bzw. im Bindegewebe innerer Organe. Nach der Art des Pigments können mehrere Typen unterschieden werden: *Xanthophoren* u. *Erythrophoren* enthalten Carotinoide u. Pterine u. sind gelb-rot gefärbt, *Guano*- od. *Iridiophoren* speichern Guaninkristalle (↗Augenpigmente), die Licht reflektieren u. den Tieren einen weißl. bis silbrig-irisierenden Eindruck verleihen, *Melanocyten* synthetisieren v. gelb über rötl.-braun bis schwarz variierende Melanine. Bei den Fischen u. Amphibien können die Pigmentgranula im Cytoplasma der verästelten C. wandern, so daß sie entweder über die gesamte Zelle verteilt od. aber zentral geballt sind, was Farbwechsel hervorrufen kann. Dieser findet über eine nervös od. hormonal gesteuerte Pigmentverlagerung statt. Bei den Kopffüßern sind die C. zentralnervös gesteuerte Farbzell-Muskel-Komplexe *(Chromatophor-Organe)*, durch die der schnelle Farb- u. Musterwechsel in der Haut dieser Tiere ermöglicht wird. Jedes C.-Organ setzt sich aus einer Pigmentzelle u. an dieser radial ansetzenden Muskelfasern zusammen. Die Pigmentkörner liegen in einem elast. Säckchen der Pigmentzelle. Dieses wird bei Kontraktion der Muskelfasern ausgedehnt, das Pigment dadurch ausgebreitet u. besser sichtbar. Die Wirkung der C.-Organe wird durch die ↗Flitterzellen unterstützt. Die Pigmente *(Ommochrome)* sind schwarz, gelb od. rötlich. Die C. sind auf dem Körper in artspezif. Anordnung verteilt. Sie dienen nicht nur der Tarnung, sondern das jeweilige Muster kann die momentane Stimmung des Tieres ausdrücken, z. B. Erregung oder Paarungsbereitschaft.

Chromatophor-Organe [v. *chromato-, gr. -phoros = -tragend] ↗Chromatophoren.

Chromatoplasma s [v. *chromato-, gr. plasma = geformte Masse], das ↗Chromoplasma.

Chromis m, Gatt. der ↗Riffbarsche.

Chromocyten [Mz.; v. *chromo-, gr. kytos = Höhlung], Sammelbez. für die farbstofftragenden Blutzellen. ↗Atmungspigmente.

Chromodoris w [v. *chromo-, gr. Dōris = eine Meernymphe], Gatt. der *Chromodorididae* (U.-Ord. *Doridacea*), marine Hinterkiemer v. weißer bis roter, selten blauer Körpergrundfarbe, mit einfach gefiederten Kiemen; ernähren sich v. Schwämmen.

Chromofibrille w [v. *chromo-, lat. fibra = Faser], nicht mehr gebräuchl. Bez. für eine elektronenopt. sichtbare Feinstruktur der Chromosomen; eine C. ist nach der urspr. Vorstellung ihrerseits wieder aus zwei *Chromofilamenten* aufgebaut.

Chromomeren [Mz.; v. *chromo-, gr. meros = Teil], ↗Chromosomen.

Chromonema s [Mz. Chromonemen; v. *chromo-, gr. nēma = Faden], ↗Chromatin, ↗Chromosomen.

chromophil [v. *chrom-, gr. philos = freundlich], Begriff aus der Histologie u. Cytologie: gut anfärbbar. Ggs.: *chromophob.*

chromophore Gruppen, *Chromophore,* Atomgruppen, die durch Häufung v. Doppelbindungen od. aufgrund v. aromat. Charakter UV- od. sichtbares Licht absorbieren (↗Absorptionsspektrum); z. B. die

Basen-Reste in Nucleinsäuren (UV) u. die Häm-Gruppe im Hämoglobin.

Chromophyton s [v. *chromo-, gr. phyton = Gewächs], Gatt. der ↗Ochromonadaceae.

Chromoplasma s [v. *chromo-, gr. plasma = geformte Masse], *Chromatoplasma*, der periphere Cytoplasmabereich in den Zellen der Cyanobakterien, in dem die Photosynthesepigmente tragenden Thylakoide liegen.

Chromoplasten [Mz.; v. *chromo-, gr. plastos = geformt], durch Carotinoide rot, orange od. gelbl. gefärbte, photosynthet. inaktive, vielgestaltige (kugelig, linsenförmig, vielflächig, kristallförmig) ↗Plastiden der pflanzl. Zelle. Sie finden sich in den gefärbten Blüten der Blütenpflanzen, in Früchten (z. B. Tomate) u. in anderen Pflanzenteilen (z. B. in den Wurzeln von *Daucus carota*). C. entstehen entweder durch Umwandlung aus Chloroplasten bzw. Leukoplasten od. direkt aus Proplastiden (☐Plastiden); andererseits können manche C. auch wieder zu Chloroplasten umdifferenziert werden. In allen Fällen bleibt die plastidäre DNA stets erhalten. Bei der Umdifferenzierung von C. aus jungen Entwicklungsstadien v. Chloroplasten in Blüten u. Früchten finden häufig Teilungen, immer aber die Neusynthese v. Carotinoiden, Membranelementen u. anderen Komponenten statt. Das Chlorophyll verschwindet selektiv. Als Carotinoid-Trägerstrukturen liegen je nach C.-Typ *Plastoglobuli* (Lipidtröpfchen), membranumschlossene Carotinoidkristalle u. röhrenförm. Tubuli vor; man spricht dann v. globulösen (z. B. Forsythie, Sumpfdotterblume), membranösen (gelbe Trompetennarzisse), kristallösen (Karotte) u. tubulösen (Kapuzinerkresse) C. Eine Sonderform der C. sind die in absterbenden Blättern (Herbstlaub) vorkommenden *Gerontoplasten*. Sie entstehen unter massivem Stoffabbau aus Chloroplasten; es findet keine Neusynthese v. Carotinoiden mehr statt, außerdem enthalten sie im Ggs. zu den anderen C. nur wenig Proteine u. Ribosomen. Evtl. stellen die Gerontoplasten die ursprünglichste Form der C. dar; die anderen Formen entstanden wohl sekundär, um Tiere zur Bestäubung der Blüten u. Verbreitung der Samen anzulocken.

Chromoproteine [Mz.; v. *chromo-, gr. prōtos = erster, wichtigster], veraltete Bez. *Chromoproteide*, Bez. für zusammengesetzte Proteine, deren prosthet. Gruppe ein Farbstoff ist, z. B. Hämoglobin, Hämocyanin, Flavoproteine, Sehpurpur, Cytochrom-Enzyme u. Chlorophyllproteine.

chromosomale DNA [v. *chromo-, gr. sōma = Körper], die in den Chromosomen enthaltene DNA, häufig im Ggs. zur DNA aus Mitochondrien, Plastiden od. zur extrachromosomalen DNA der bakteriellen, aber auch in eukaryot. Zellen beobachteten Plasmide.

chromosomale Homöologie w [v. *chromo-, gr. sōma = Körper; homoiologia = Ähnlichkeit], eine nur noch teilweise Identität ehemals homologer Chromosomen; meist durch Chromosomenaberrationen bedingt.

Chromosomen [Mz.; v. *chromosomen-], *Kernfäden*, im Kern eukaryot. Zellen stets vorhandene, mit bas. Farbstoffen leicht anfärbbare, fädige Strukturen (↗*Chromatin*), die zu Beginn v. ↗Mitose u. ↗Meiose durch mehrfache Spiralisierung chrakterist. Gestalt (X-, V- od. kugelförmig) mit bestimmter Länge (1–50 μm) annehmen. In der Metaphase ist lichtmikroskop. die Unterteilung der C. in zwei ident. Längseinheiten, die ↗*Chromatiden*, sichtbar. Diese werden in der Anaphase einer Kernteilung voneinander getrennt u. auf die Tochterkerne verteilt. Während der nächsten Interphase findet dann die ident. Reduplikation der C. (bis zu diesem Zeitpunkt eigtl. der Chromatiden) statt, so daß in der nächsten Mi-

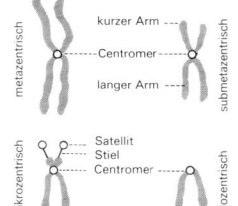

Metaphasechromosomentypen

Telozentrische Chromosomen besitzt der Mensch normalerweise nicht.

tose bzw. Meiose erneut die zweigeteilte Struktur der C. zu sehen ist. Die beiden Chromatiden hängen im ↗*Centromer*, der Primäreinschnürung der C., zus., wodurch die C. aus 4 im Normalfall paarweise gleich langen Armen *(C.arme)* bestehen. Je nach Lage des Centromers auf dem C. unterscheidet man in der Metaphase zw. *metazentrischen*, *submetazentr.*, *akrozentr.* u. *telozentr. C.* Sind in Ausnahmefällen *zwei* Centromere auf *einem* C. ausgebildet, so spricht man im Ggs. zu den gewöhnlichen *monozentr. C.* von *dizentr. C.* Viele C. besitzen auch eine Sekundäreinschnürung; die auf diese Weise abgeschnürten Teile der C. werden als *Satelliten* bezeichnet. Der Bereich der Sekundäreinschnürung ist für die Bildung des Nucleolus verantwortl., weshalb er *Nucleolus-Organisator* gen. wird. Als bes. gut anfärbbare Stellen auf den Chromatiden der C. treten die *Chromomeren* in Erscheinung. Dabei handelt es sich um lokale, knotenart. Verdickungen, die durch zusätzl. Spiralisierung bedingt sind. Chromomeren sind bes. gut im Pa-

---

chromo- [v. gr. chrōma = Farbe], in Zss.: Farb-.

chromosomen- [v. gr. chrōma = Farbe, sōma = Körper].

Entstehung von Chromoplasten aus jungen Chloroplasten

Viele Blütenkronblätter enthalten im Knospenstadium blaßgrüne *Chloroplasten*, die dann, wie z. B. beim Scharfen Hahnenfuß oder bei der Forsythie, in gelbe *Chromoplasten* umgebildet werden. Entsprechendes gilt auch für die Verfärbung der zunächst grünen Tomaten, Hagebutten oder Zitronen. Solchermaßen entstandene Chromoplasten haben mit den aus Leukoplasten hervorgegangenen eine rege Stoffwechselaktivität und Neusynthesen von Carotinoiden gemeinsam.

Chromoplasten

Farbstoffe der Chromoplasten sind z. B. das rote ↗*Carotin* der Möhre, das *Lycopin* der reifen Tomate und der roten Paprikaschoten, das gelbe *Violaxanthin* der Stiefmütterchen-, Arnika- und Narzissenblüten, das *Zeaxanthin* der Maiskörner und das Blattxanthophyll ↗*Lutein*. Die herbstliche Gelbfärbung der Blätter vieler Laubbäume ist bedingt durch das Zurückbleiben der stickstofffreien *Xanthophylle*, während die grünen *Chlorophylle*, wie alle stickstoffhaltigen Verbindungen, in die Dauerorgane der überwinternden Pflanze zurückgezogen werden.

Bei C vermißte Stichwörter suche man auch unter K und Z.

CHROMOSOMEN I

Koppelung der Gene für Körperfarbe und Flügellänge bei *Drosophila melanogaster*. Die von den Eltern eingebrachten Gene für schwarze Körperfarbe (b) und Stummelflügel (v) einerseits und für graue Körperfarbe (B) und normale Flügel (V) andererseits werden bei bestimmten Drosophilarassen in der Regel als Block an die Nachkommen weitergereicht. (Mendel hatte Glück bei der Wahl der von ihm an Erbsen untersuchten Merkmale. Denn die einzelnen Merkmalspaare lagen auf verschiedenen Chromosomen, waren also nicht gekoppelt. Eine Koppelung hätte die Aufstellung des Gesetzes von der unabhängigen Spaltung verhindert.)

Koppelungsbruch im Weibchen von *Drosophila melanogaster*. Ein Weibchen aus der F_1 der Kreuzung zwischen einem schwarz-stummelflügeligen Männchen und einem grau-langflügeligen Weibchen wird mit einem schwarz-stummelflügeligen Männchen rückgekreuzt. In der ersten Rückkreuzungsgeneration (R) finden sich zu je 8,5% auch grau-stummelflügelige und schwarz-langflügelige Tiere. Die Ursache für das Auftreten dieser Rekombinanten liegt in einem Koppelungsbruch, der bei Drosophila fast nur im Weibchen stattfindet.
Von den Chromosomen ist in den diploiden Zellen (Vierecke) nur je ein homologes Paar mit den beiden Genorten B/b und V/v eingezeichnet. Die haploiden Gameten (Kreise) führen jeweils nur eines dieser Chromosomen. (Chromosomen mit dominanten Allelen: weiß.)

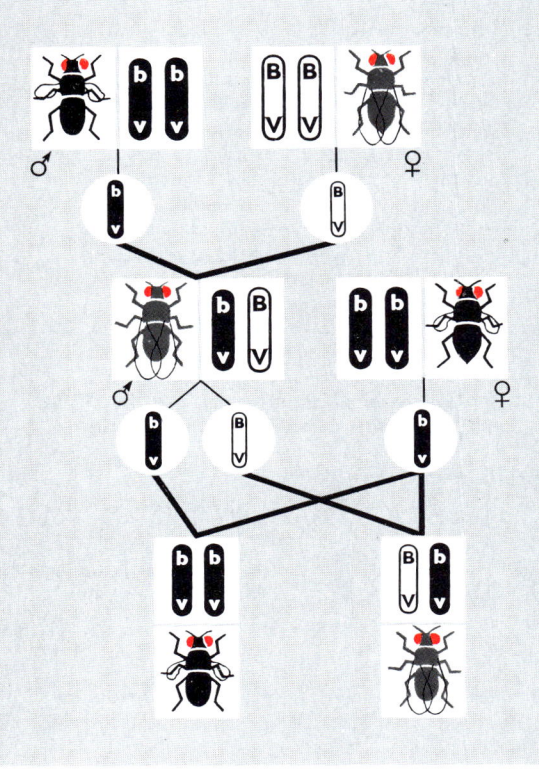

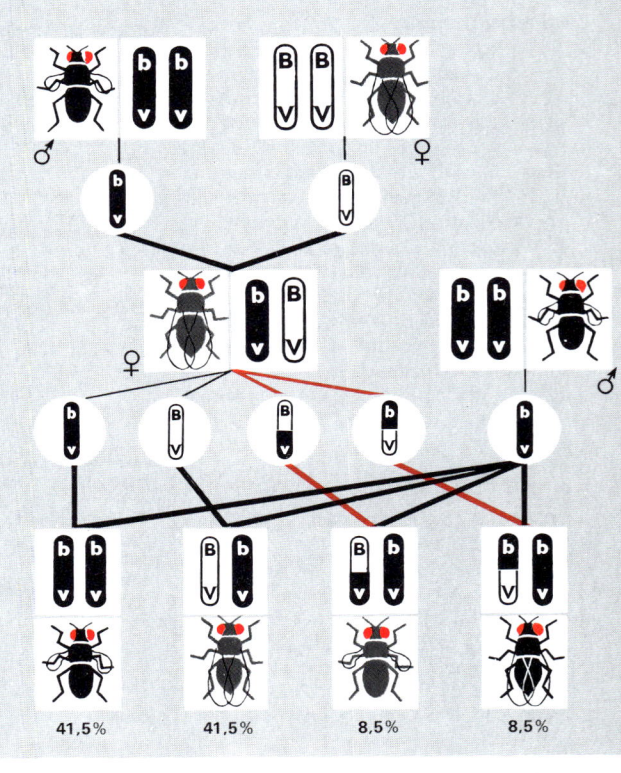

41,5%   41,5%   8,5%   8,5%

Durch die Lokalisation der Gene auf den Chromosomen wird das Mendel-Gesetz von der unabhängigen Spaltung eingeschränkt. Gene, die auf dem gleichen Chromosom liegen, werden gekoppelt an die Nachkommen weitergegeben. Die Zahl der möglichen Koppelungsgruppen ist gleich der Zahl der Chromosomen im haploiden Satz. Ein Sonderfall der Koppelung ist die geschlechtsgebundene, richtiger die geschlechtschromosomen-gebundene Vererbung, bei der die betreffenden Gene auf den Geschlechtschromosomen (Heterosomen) liegen. Die Koppelung bestimmter Gene kann durch einen Koppelungsbruch (Crossing-over) gelöst werden.

Geschlechtschromosomen-gebundene Vererbung bei *Drosophila melanogaster*. Auf den X-Chromosomen liegt ein Genort für Augenfärbung: w^+ = Allel für normal rote Augen (roter Kreis auf dem Chromosom), w = Allel für weiße Augen (weißer Kreis auf dem Chromosom). Kreuzt man weißäugige Weibchen (ww) mit rotäugigen Männchen (w^+, das Y-Chromosom führt den Genlocus nicht), so erhält man in der F_1 50% rotäugige Weibchen und 50% weißäugige Männchen. (Vererbung »übers Kreuz«). Kreuzt man diese F_1-Tiere, so finden sich in der F_2 je 25% weißäugige Weibchen, rotäugige Weibchen, weißäugige Männchen und rotäugige Männchen. Der Erbgang findet in der Weitergabe der X-Chromosomen in den betreffenden Generationen seine Erklärung.

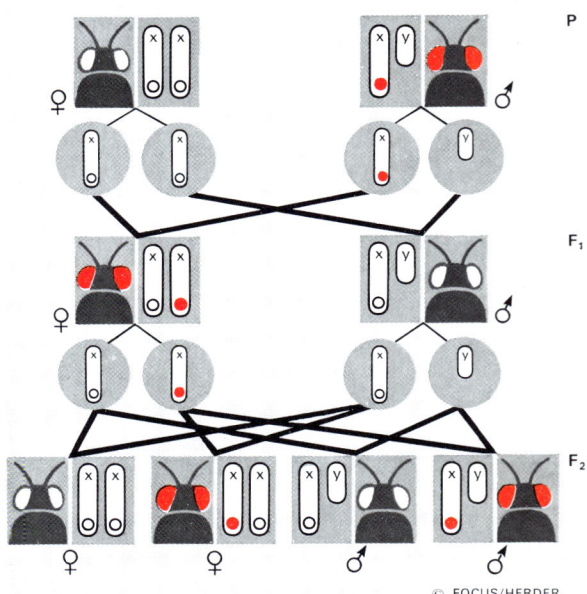

P
F_1
F_2

CHROMOSOMEN II

Nach Morgans Theorie von der linearen Anordnung der Gene liegen die Erbfaktoren wie Perlen auf einer Kette auf den Chromosomen aufgereiht. In der Prophase der Meiosis kann es nun zu einem Stückaustausch zwischen den Chromatiden einer Tetrade kommen. Die Austauschhäufigkeit dient als Maß für die Entfernung der Gene auf den Chromatiden bzw. Chromosomen. Sie kann dazu benützt werden, Chromosomenkarten mit der relativen Lage der Genorte aufzustellen.

Chiasmotypie als cytologische Basis des Crossing over

In der Prophase der Meiosis paaren sich vier homologe Chromatiden *(Chromatidentetrade)*. Zwischen solchen Chromatiden kann es infolge eines Crossing over zu einem *Stückaustausch* kommen *(Chiasmotypie)*. In Abb. links ist ein solcher Stückaustausch dargestellt. Es können jedoch innerhalb einer Tetrade auch mehrere Austausche stattfinden. In den beiden Teilungen der Meiosis werden die vier Chromatiden voneinander getrennt. Im Beispiel resultieren vier genetisch voneinander verschiedene Gameten.

Austauschhäufigkeiten in einer Genkette auf den Chromatiden. Von den insgesamt vier Chromatiden einer Tetrade sind in Abb. rechts nur zwei dargestellt. Die Austauschhäufigkeit zwischen zwei weit entfernten Genorten (z. B. A/a und F/f) ist größer als zwischen zwei nahe beieinander liegenden Genorten (z. B. C/c und D/d). Damit wird die Austauschhäufigkeit zu einem Maß für die relative Entfernung zweier Genorte.

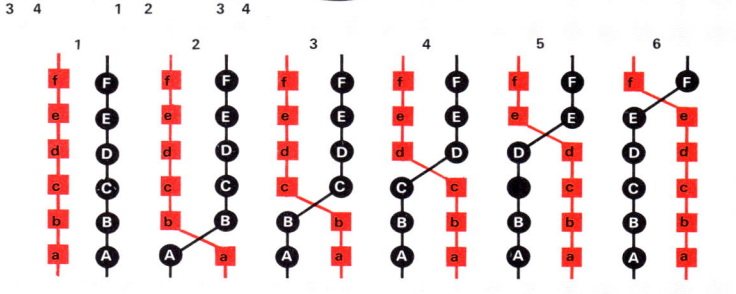

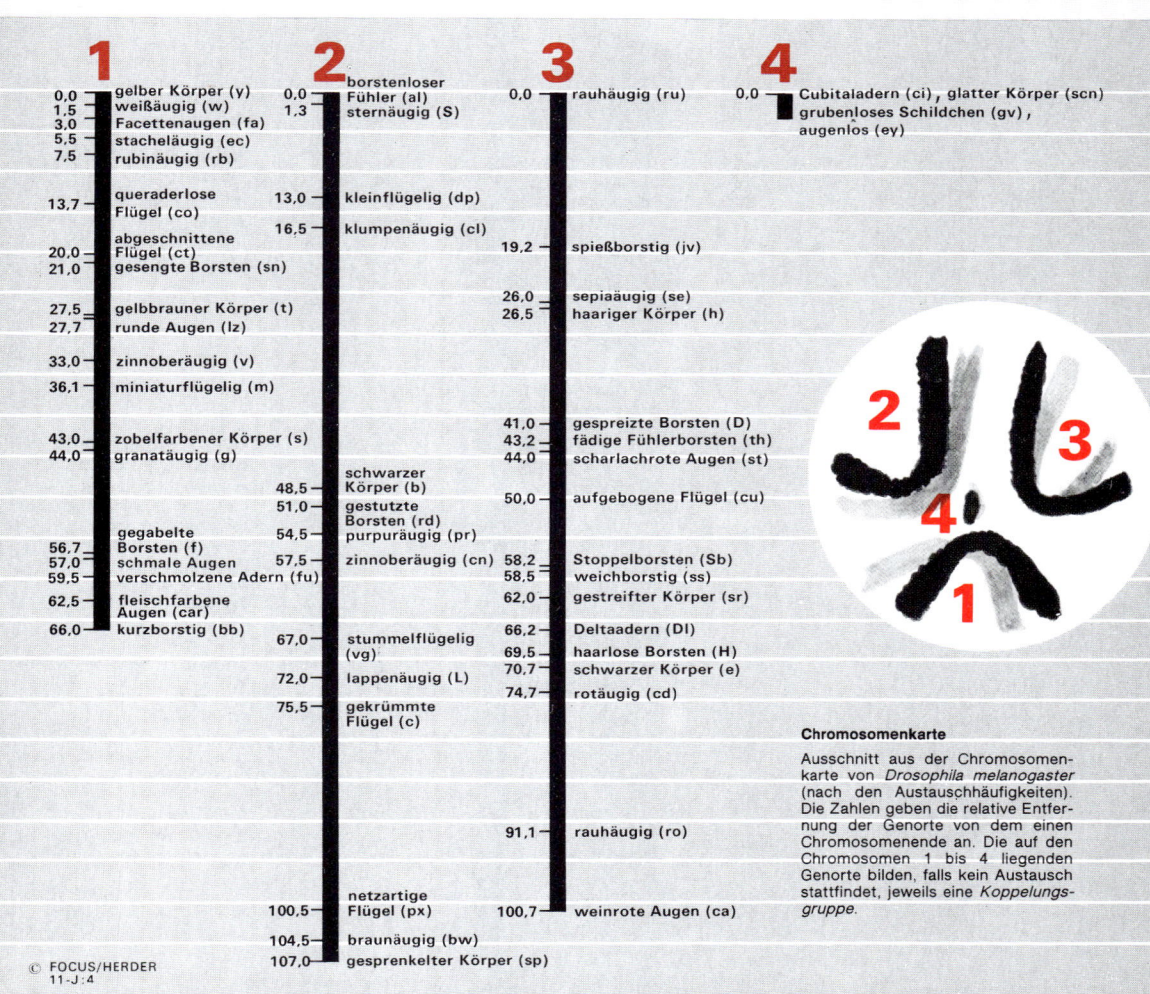

Chromosom 1

Position	Gen
0,0	gelber Körper (y)
1,5	weißäugig (w)
3,0	Facettenaugen (fa)
5,5	stacheläugig (ec)
7,5	rubinäugig (rb)
13,7	queraderlose Flügel (co)
20,0	abgeschnittene Flügel (ct)
21,0	gesengte Borsten (sn)
27,5	gelbbrauner Körper (t)
27,7	runde Augen (lz)
33,0	zinnoberäugig (v)
36,1	miniaturflügelig (m)
43,0	zobelfarbener Körper (s)
44,0	granatäugig (g)
56,7	gegabelte Borsten (f)
57,0	schmale Augen
59,5	verschmolzene Adern (fu)
62,5	fleischfarbene Augen (car)
66,0	kurzborstig (bb)

Chromosom 2

Position	Gen
0,0	borstenloser Fühler (al)
1,3	sternäugig (S)
13,0	kleinflügelig (dp)
16,5	klumpenäugig (cl)
48,5	schwarzer Körper (b)
51,0	gestutzte Borsten (rd)
54,5	purpuräugig (pr)
57,5	zinnoberäugig (cn)
67,0	stummelflügelig (vg)
72,0	lappenäugig (L)
75,5	gekrümmte Flügel (c)
100,5	netzartige Flügel (px)
104,5	braunäugig (bw)
107,0	gesprenkelter Körper (sp)

Chromosom 3

Position	Gen
0,0	rauhäugig (ru)
19,2	spießborstig (jv)
26,0	sepiaäugig (se)
26,5	haariger Körper (h)
41,0	gespreizte Borsten (D)
43,2	fädige Fühlerborsten (th)
44,0	scharlachrote Augen (st)
50,0	aufgebogene Flügel (cu)
58,2	Stoppelborsten (Sb)
58,5	weichborstig (ss)
62,0	gestreifter Körper (sr)
66,2	Deltaadern (Dl)
69,5	haarlose Borsten (H)
70,7	schwarzer Körper (e)
74,7	rotäugig (cd)
91,1	rauhäugig (ro)
100,7	weinrote Augen (ca)

Chromosom 4

Position	Gen
0,0	Cubitaladern (ci), glatter Körper (scn), grubenloses Schildchen (gv), augenlos (ey)

Chromosomenkarte

Ausschnitt aus der Chromosomenkarte von *Drosophila melanogaster* (nach den Austauschhäufigkeiten). Die Zahlen geben die relative Entfernung der Genorte von dem einen Chromosomenende an. Die auf den Chromosomen 1 bis 4 liegenden Genorte bilden, falls kein Austausch stattfindet, jeweils eine *Koppelungsgruppe*.

CHROMOSOMEN III

Ausschnitt aus der sicheren Zuordnung von Strukturgenen zu Chromosomen beim Menschen (Rotterdam Conference 1974)

Chromosom	Genort	Genprodukt	Chromosom	Genort	Genprodukt
1	PGM_1	Phosphoglucomutase-Isoenzym 1	13	Es-D	Esterase-D
	6-PGD	6-Phosphogluconat-dehydrogenase		RNr	ribosomale RNA
	Pep-C	Peptidase-Isoenzym C	14	NP	Nucleosid-Phosphorylase
	Rh	Rhesussystem		RNr	ribosomale RNA
	El_1	Elliptocytose 1	15	B_{2m}	Beta-2-Makroglobulin
	Amy_1	Speicheldrüsen-Amylase		PK-3	Pyruvatkinase-3
	Amy_2	Pankreas-Amylase		RNr	ribosomale RNA
	Fy	Duffy-System	16	APRT	Adenosinphosphoribosyltransferase
	PPH	Phosphopyruvat-Hydratase		LCAT	Lecithin-Cholesterol-Acyltransferase
	RN5S	5S-RNA-Genort		α-Hp	α-Ketten der Haptoglobine
	AK-2	Adenylatkinase-2			
	FH	Fumarat-Hydratase			
	GuK_1	Guanylatkinase-1			
2	acP_1	saure Phosphatase der Erythrocyten	17	GAK	Galactokinase
				TK	Thymidinkinase
	MDH-1	NAD-abhängige Malat-dehydrogenase	18	Pep-A	Peptidase-A
	IDH-1	NAD-abhängige Isocitratdehydrogenase	19	PHI	Phosphohexose-isomerase
	Hb α oder β	Hämoglobin α oder β		PVS	Poliovirus-Sensitivity
3	Gt	Galactose-1-Phosphat-uridyltransferase	20	ADA	Adenosindesaminase
	ACO	Aconitase		DCE	Desmosterol zu Cholesterol-Enzym
4	PGM_2	Phosphoglucomutase-Isoenzym 2	21	SOD-1	Superoxiddismutase-1
	Hb α oder β	Hämoglobin α oder β		AVP	Antivirus-Protein
5	Hex-B	Hexosaminidase B		RNr	ribosomale RNA
	If_2	Interferon-2	22	RNr	ribosomale RNA
6	ME-1	Malic-Enzym	X	rs	Retinoschisis
	SOD-2	Superoxiddismutase-2		oa	Albinismus oculi
	PGM_3	Phosphoglucomutase-Isoenzym 3		Xg	Xg-Blutgruppe
	GLO	Glyoxalase		mr	Schwachsinn
	$HL-A_1$	HL-A-Gewebsantigene		ich	Ichthyosis
	$HL-A_2$	HL-A-Gewebsantigene		Fa	Fabry-Krankheit (α-Galactosidase-Defizienz)
	$HL-A_3$	HL-A-Gewebsantigene			
	LD-1	HL-A-Gewebsantigene		HGPRT	Hypoxanthin-Guanin-Phosphoribosyl-transferase
	LD-2	HL-A-Gewebsantigene			
	Bf	Propercin		he A	Hämophilie A
7	MPI	Mannosephosphat-isomerase		he B	Hämophilie B
				G-6-PD	Glucose-6-Phosphat-dehydrogenase
	PK-3	Pyruvatkinase-3			
	Hex-A	Hexosaminidase A		cb D	Deutan-Farbenblindheit
	Hex-C	Hexosaminidase C		cb P	Protan-Farbenblindheit
	MDH-2	Malatdehydrogenase-2		PGK	Phosphoglyceratkinase
	SV40-T	SV40-T-Antigen		rp	Retinitis pigmentosa
8	GR	Glutathion-Reductase			Thyroxinbindendes Globulin
10	GOT-1	Glutamat-Oxalacetat-Transaminase-1			Hypophosphatämie
					Addison-Krankheit mit Cerebralsklerose
	HK-1	Hexokinase-1			Agammaglobulinämie
11	acP_2	saure Phosphatase-2			Muskeldystrophie Becker
	$Es-A_4$	Esterase A_4			
	LDH-A	Lactatdehydrogenase-A			Muskeldystrophie Duchenne
12	LDH-B	Lactatdehydrogenase-B			Choroideremia
	Pep-B	Peptidase-B			Ektodermale Dysplasie
	TPI	Triosephosphat-isomerase			Keratosis follicularis
					Mucopolysaccharidosis II
	Gly^{+A}	Serin-Hydroxymethylase (Gly A^+ complementierend)			Testikuläre Feminisation
					Thrombocytopenie
	CS	Citratsynthetase		Xm	Xm-Serumprotein

In der Tabelle ist zusammengestellt, wie viele Genorte man schon exakt bestimmten Chromosomen zuordnen kann (Stand 1974). Auffällig ist, daß nur zwei Chromosomen in dieser Tabelle nicht erwähnt sind, das Chromosom Nr. 9 und das Y-Chromosom. Dagegen ist das X-Chromosom sehr reich markiert; es ist seit altersher das Chromosom, bei dem Zuordnungen recht leicht vorgenommen werden können wegen der Eigenheiten der geschlechtsgebundenen Vererbung. Um so auffälliger erscheint die Tatsache, daß die Chromosomen Nr. 1 und Nr. 6 überzufällig viele Gene aufweisen gegenüber den anderen Autosomen. Hier sind sicher die Zuordnungsmöglichkeiten für zahlreiche loci deshalb besonders günstig, weil die loci gekoppelt sind mit Genorten, die einem strengen Selektionsdruck unterliegen (wie z. B. HL-A bei Nr. 6) oder zumindest doch in der Vergangenheit unterlagen (z. B. Rhesus bei Nr. 1).

Chromosomen

Karyotyp des Mannes

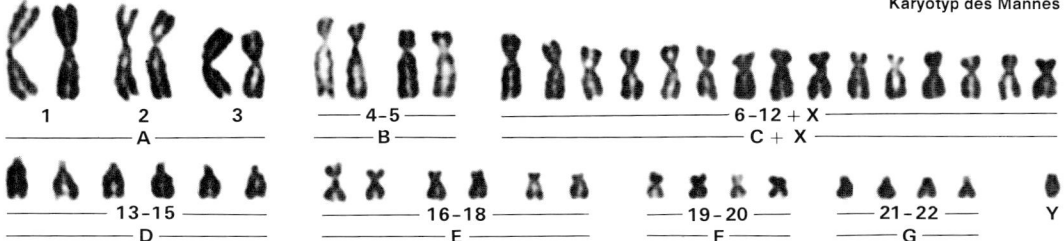

Chromosomengruppe	Charakteristika	Anzahl pro Gruppe ♂	♀
A 1–3	Große Chromosomen mit annähernd medianem Centromer	6	6
B 4–5	Große Chromosomen mit submedianem Centromer	4	4
C 6–12 + X	Mittelgroße Chromosomen, metazentrisch bis submetazentrisch	15	16
D 13–15	Mittelgroße Chromosomen mit fast terminalem Centromer (akrozentrische Chromosomen)	6	6
E 16–18	Ziemlich kurze Chromosomen mit fast medianem oder submedianem Centromer	6	6
F 19–20	Kurze Chromosomen mit annähernd medianem Centromer	4	4
G 21–22 + Y	Sehr kurze akrozentrische Chromosomen. Das Y-Chromosom ist dieser Gruppe ähnlich, jedoch meist etwas länger.	5	4

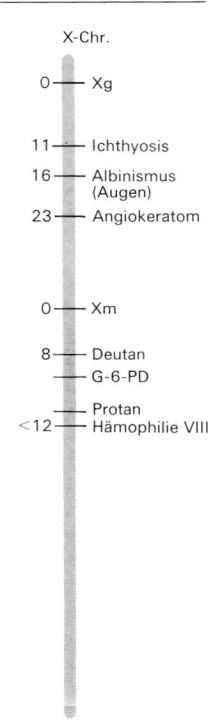

Einteilung der menschlichen Chromosomen

chytänstadium der Meiose sowie bei ↗Riesen-C. u. ↗Lampenbürsten-C. erkennbar, wo sie als Bandenmuster auf den C. hervortreten. Die Anordnung der nach Größe u. Form unterscheidbaren Chromomeren ist für jedes C. charakteristisch. – Die C. werden im wesentl. aus DNA, Histonen, Nicht-Histon-Proteinen u. RNA aufgebaut, wobei jede Chromatide v. einer durchgehenden DNA-Doppelhelix durchzogen wird u. eine stark kondensierte Form eines *Chromonemas* des ↗Chromatins darstellt. Die Replikation der DNA erfolgt während der Interphase u. korreliert mit der ident. Reduplikation der C. bzw. Chromatiden, die während dieser Phase des Zellzyklus wegen ihrer Entspiralisierung als solche nicht direkt sichtbar sind. Der DNA-Gehalt von C. ist bes. hoch in den Chromomeren, während die dazwischenliegenden Interchromomeren-Abschnitte bes. reich an Histon- u. Nicht-Histon-Proteinen sind. Nach spezif. Vorbehandlung u. Färbung mit AT- bzw. GC-Basen-spezif. Farbstoffen lassen sich auf C. spezifische *Bandenmuster* darstellen, welche die Basenverteilung auf der DNA widerspiegeln: die sog. *Q-Banden* entsprechen z.B. AT-reichen Abschnitten, die *C-Banden* zeigen hochrepetitive Sequenzen an (v.a. die das Centromer umgebenden Bereiche, die dem konstitutiven Hetero-↗Chromatin entsprechen). Des weiteren unterscheidet man noch zw. G-, G$_{11}$-, T-, N-, R- u. Cd-Bänderung, je nach Art der Färbung.

Nach der ↗„C.theorie der Vererbung" ist die genet. Information auf den C. lokalisiert. Die *Gene* entsprechen je nach ihrer Größe kürzeren od. längeren, mikroskop. jedoch nicht auflösbaren Teilbereichen der C. u. sind in linearer, definierter Abfolge auf den C. angeordnet. Die gemeinsam auf einem C. liegenden Gene werden zu einer *Koppelungsgruppe* zusammengefaßt. Die einer Koppelungsgruppe angehörenden Gene sind bei der Meiose nicht frei rekombinierbar, sondern werden vorzugsweise gemeinsam auf die Gameten verteilt. Kreuzungen v. Stämmen, deren genet. Unterschiede durch unterschiedl. Gene innerhalb der gleichen Koppelungsgruppe (d.h. innerhalb desselben C.s) bedingt sind, lie-

fern stets weniger als 50% Rekombinanten. Die Rekombination gekoppelter Gene erfolgt in der Meiose durch ↗Crossing over *(Koppelungsbruch)* zw. zwei homologen, d.h. gleichen, aber aus verschiedenen Eltern stammenden C.; die ↗Austauschhäufigkeit zw. zwei verschiedenen, auf homologen C. liegenden Genen dient als Maß für den relativen Abstand dieser Gene auf der Koppelungsgruppe. Mit Hilfe der aus einer großen Zahl v. Kreuzungen ermittelten Austauschhäufigkeiten kann die relative Anordnung v. Genen auf einem C. ermittelt werden. So wurden z.B. die Verteilung u. relative Anordnung von ca. 500 Genen auf den 4 C. (im haploiden Genom) v. *Drosophila melanogaster* bestimmt (B Chromosomen II). Das Ergebnis solcher Kreuzungsanalysen wird in einer *C.karte* od. *Genkarte* zusammengefaßt, die nicht nur die Zuordnung der Gene zu den jeweiligen C., sondern auch deren relative Lage auf den C. wiedergibt. Die Erstellung v. Genkarten zählt zu den Standardmethoden der Genetik u. wurde außer bei Drosophila, deren C. heute zu den am besten untersuchten C. zählen, an vielen anderen Organismen des Tier- u. Pflanzenreichs durchgeführt. Beim Menschen verbietet sich aus eth. Gründen eine Kreuzungsanalyse. Neuere Methoden zur Zuordnung v. Genen zu einzelnen menschl. C. sind die *in-situ-Hybridisierung* zw. radioaktiv markierter RNA

X-Chr.

Position	Gen
0	Xg
11	Ichthyosis
16	Albinismus (Augen)
23	Angiokeratom
0	Xm
8	Deutan
	G-6-PD
	Protan
<12	Hämophilie VIII

Chromosomen

Vorläufige *Chromosomenkarte* für das menschl. X-Chromosom (vgl. ☐ 263)

Bei C vermißte Stichwörter suche man auch unter K und Z.

Chromosomen

u. DNA in C. isolierter Zellen sowie die Analyse v. ↗ Hybridzellen (meist aus Maus- u. Menschenzellen), die durch Zellfusionen entstehen. (Bei den anschließenden Zellteilungen gehen bevorzugt menschl. C. verloren, wobei der Verlust bestimmter biochem. Leistungen dem Verlust bestimmter C. zugeordnet werden kann.) Die relative Lage der Gene (Genloci) wird hpts. durch die Analyse künstlich erzeugter. ↗C.aberrationen ermittelt. Z.B. kann die Häufigkeit bestimmt werden, mit der Gene eine gemeinsame Translokation erfahren, woraus der relative Abstand der betreffenden Gene abgeschätzt werden kann (je näher zwei Gene zueinander benachbart sind, desto häufiger erfolgt gemeinsame Translokation). Die Anzahl der C. pro Zellkern, der *C.satz,* ist für jeden Organismus charakteristisch. Die diploiden Körperzellen des Menschen enthalten 46 C., davon 44 *Autosomen* (liegen immer als Paar homologer C. vor, also 22 Paare) u. 2 *Heterosomen* (Geschlechts-C.; ♀ = XX, ♂ = XY). Bei der Gametenbildung wird der C.satz im Verlauf der Meiose halbiert, so daß menschl. Gameten 22 Autosomen u. 1 Geschlechts-C., X od. Y, besitzen. – Die C. können nach Gestalt, Länge u. Bandenausbildung nach spezif. Anfärbung in Gruppen (Mensch: A–G, ☐ 261) eingeteilt u. zu einem *Karyotyp* angeordnet werden. Nah verwandte Arten haben oft ähnl. C.zahlen od. ein Vielfaches einer Grundmenge (ein Phänomen, das durch sog. *Polyploidisierung* zustande kommt). Polyploidisierung findet man v.a. bei Pflanzen. Heute angebaute Kulturpflanzen besitzen häufig den vervielfachten C.satz der urspr. Wildform (z. B. hexaploider Weizen = *Triticum*), aber auch an extremen Standorten, z. B. im Polargebiet, wild wachsende Pflanzen sind z.T. polyploid. Bei Tieren bleibt die Vervielfachung des C.satzes auf die Zellen bestimmter Gewebe beschränkt, was zur *Mosaik*-Bildung führt. – Die kernähnl., nicht v. einer Membran umgebenen Bereiche (Nucleoide) prokaryot. Zellen enthalten ein sog. ↗*Bakterien-C.* oder *Genophor,* das allerdings mit den C. eukaryot. Zellen nur entfernt vergleichbare Strukturen ausbildet. Es handelt sich um einen ringförmig geschlossenen, ebenfalls mit Proteinen und RNA assoziierten u. durch sog. „supercoil-Twist" stark spiralisierten DNA-Strang. Im genet. Sinn stellen Bakterien-C. – wie die C. der Eukaryoten, für die die Bez. C. urspr. eingeführt wurde – Koppelungsgruppen dar. B 258–260.

Lit.: *Göltenboth, F.:* Experimentelle Chromosomen-Untersuchungen. Heidelberg 1975. *Murken, J. D., Wilmowsky, H. v.:* Die Chromosomen des Menschen. Die Gesch. ihrer Erforschung. München 1973. *Nagl, W.:* Chromosomen. Hamburg²1980.　　G. St.

Chromosomen
Anzahl der Chromosomen im diploiden Satz (Chromosomensatz)

Pflanzen

Natternzunge	480
Mauerraute	144
Kartoffel	48
Saat-Hafer	42
Saat-Weizen	42
Apfelbaum	34
Hart-Weizen	28
Rotbuche	24
Gerste	14
Roggen	14
Grüner Pippau	6

Tiere und Mensch

Ruhramöbe	12
Pferdespulwurm	4
Regenwurm	32
Fruchtfliege	8
Honigbiene	16
Karpfen	104
Haustaube	16
Huhn	78
Maus	40
Hamster	44
Kaninchen	44
Pferd	66
Rind	60
Hund	78
Schwein	40
Schaf	54
Gibbon	52
Orang-Utan	44
Gorilla	48
Schimpanse	48
Mensch	46

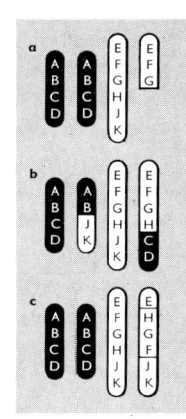

Chromosomenaberrationen
Die Buchstaben symbolisieren die linear auf den Chromosomen aufgereihten Gene.
a Bruchstückverlust *(Deletion),* **b** Stückaustausch *(Translokation),* **c** Umkehrung eines Chromosomensegments *(Inversion).*

Chromosomenaberrationen [Mz.; v. *chromosomen-,* lat. aberratio = Abschweifung], *Chromosomenmutationen,* Veränderung der Chromosomenstruktur durch Verlust, Austausch od. Verdopplung v. Segmenten, wobei beide Chromatiden eines Chromosoms gleichermaßen betroffen sind (Ggs. zu ↗Chromatidenaberrationen). C. entstehen mit Ausnahme der *Defizienzen* (Verlust v. Chromosomen-Endstücken) durch illegitimes, d.h. an nicht homologen Stellen erfolgendes ↗*Crossing over.* Zu solchen Ereignissen kommt es spontan nur sehr selten; sie können aber durch Bestrahlung od. chem. Mutagene induziert werden. Illegitimes Crossing over innerhalb eines Chromosoms führt zu *Deletion* (Verlust eines Mittelstücks), *Inversion* (Austausch der beiden Enden) od. Bildung v. ↗*Ringchromosomen.* Austausch verschieden langer Endstücke zw. zwei homologen Chromosomen, ebenfalls ein illegitimes Crossing over, erzeugt auf dem einen Chromosom eine Deletion, auf dem anderen eine *Duplikation* (Verdopplung) eines mittleren Abschnitts. Illegitimes Crossing over zw. zwei nicht-homologen Chromosomen bewirkt *Translokationen* (Austausch v. Endstücken). Bei *reziproken Translokationen* findet ein wechselseit. Austausch v. Endstücken zw. zwei Chromosomen statt. Wird durch eine solche Translokation nur die Anordnung der Gene, nicht aber deren Zahl u. Ausfertigung im Genom einer Zelle verändert, so hat diese C. keine Konsequenzen für den Phänotyp; man spricht deshalb in solchen Fällen v. *balancierten Translokationen.* Das Verschmelzen akrozentr. Chromosomen im Bereich des Centromers bezeichnet man als *zentrische Fusion* od. *Robertson-Translokation* (beim Menschen). Die Träger solcher Robertson-Translokationen sind phänotyp. unauffällig, ihr Chromosomensatz ist allerdings reduziert. Chromosomen mit reziproken Translokationen bzw. zentrisch fusionierte Chromosomen müssen bei der Homologenpaarung in der Prophase I der Meiose Tetravalente bzw. Trivalente bilden, so daß die exakte Verteilung der Chromosomen auf die Tochterzellen nicht mehr gesichert ist. Dadurch kann es in der Nachkommenschaft zur Ausbildung v. *Trisomien* od. *Monosomien* (numerische ↗Chromosomenanomalien) kommen. Eine beim Menschen ausgeprägte C. führt zu dem sog. „*cri-du-chat*"- od. *Katzenschrei-Syndrom* (katzenartige Schreien des Säuglings, weit auseinanderstehende Augen, geistiger Defekt). Cytologisch ist dabei immer eine Deletion am kurzen Arm des Chromosoms 5 zu beobachten, die auch mit einer nicht balancierten Translokation des deletierten Stücks verbunden sein kann. G. St.

Chromosomenanomalien [Mz.; v. *chromosomen-, gr. anōmalia = Ungleichheit], Veränderungen in der Zahl *(numerische C., Genommutationen)* oder Struktur *(strukturelle C., ↗ Chromosomenaberrationen, Chromosomenmutationen)* der ↗ Chromosomen, die sich als Komplex v. Defekten äußern können u. beim Menschen Ursache einer Reihe v. klin. Syndromen darstellen. Zu den numer. C., d. h. Abweichungen im Gesamtbestand der Chromosomen, gehören *Aneuploidie* (einzelne Chromosomen sind überzählig od. fehlen in allen Zellen des Organismus, bei Diplonten z. B. Monosomie, Trisomie od. Nullisomie), *Euploidie* (Vervielfachung od. Reduzierung kompletter Chromosomensätze in allen Zellen des Organismus), *Endopolyploidie* (Vervielfachung des Chromosomensatzes in bestimmten Geweben) u. *Mosaik*-Bildung. Beim Menschen nicht letale u. phänotypisch erkennbare numer. C. sind zum einen die *Monosomie* des X-Chromosoms (X0-Situation), die zum ↗ Turner-Syndrom führt (Monosomien der Autosomen sind letal) u. wahrscheinl. durch zufäll. Chromosomenverlust in den postmeiot. Teilungen der Gameten entsteht. Zum anderen kennt man eine Reihe v. *Trisomien,* die durch *non-disjunction* in der zur Gametenbildung vorausgehenden Meiose entstehen: In bezug auf die Geschlechtschromosomen sind der XXY-Status, der zum ↗ Klinefelter-Syndrom führt, der XXX-Status, der allerdings nur geringfügige phänotyp. Veränderungen bewirkt, sowie der XYY-Status bekannt, dem fr. Neigung zu Gewalttätigkeiten beim Betroffenen zugeschrieben wurde, was heute aber als widerlegt gilt. Bei den Autosomen sind die Trisomie des Chromosoms Nr. 21 *(Trisomie 21),* die zum ↗ Down-Syndrom *(Mongolismus)* führt, sowie Trisomie der Chromosomen 18 bzw. 13 zu nennen, die das ↗ Edwards-Syndrom bzw. ↗ Pätan-Syndrom zur Folge haben. Es wird vermutet, daß auch bei anderen Chromosomen Trisomien entstehen können, die dann allerdings zum Abort führen. Des weiteren werden beim Menschen auch *Chromosomen-Mosaike* gebildet, d. h., z. B. durch non-disjunction in der Mitose entstehen hinsichtl. ihrer Chromosomenzahl unterschiedl. Zellinien innerhalb eines Organismus. So werden XX/XY-, XXY/XX- od. XXY/XY/X0-Mosaike genauso gefunden wie Mosaike aus Zellen mit Trisomie 21 u. normalen Zellen. Strukturelle C. umfassen Defizienzen, Deletionen, Duplikationen, Ringchromosomenbildung u. Translokationen (↗ Chromosomenaberrationen).
G. St.

Chromosomenarme [v. *chromosomen-] ↗ Chromosomen.

Chromosomenbivalent s [v. *chromosomen-, lat. bi- = zweifach-, valens = wirksam], ↗ Bivalent.

Chromosomenbrüche [v. *chromosomen-], die zu ↗ Chromosomenaberrationen führende, meist durch Mutagene induzierte Abtrennung v. Chromosomenabschnitten.

Chromosomendiagnostik w [v. *chromosomen-], meist in humangenet. Instituten durchgeführte cytolog. Untersuchung v. Chromosomen zur Analyse v. ↗ Chromosomenanomalien; die C. wird zunehmend auch zur pränatalen Erkennung cytolog. sichtbarer Chromosomenanomalien eingesetzt u. spielt so eine Rolle in der genet. Familienberatung. ↗ Amniocentese.

Chromosomendiminution w [v. *chromosomen-, lat. deminutio = Verringerung], Verlust od. Ausstoß einzelner Chromosomen od. Chromosomenteile während Mitose od. Meiose, so daß Tochterzellen mit verringertem Chromosomensatz bzw. verkleinerten Einzelchromosomen entstehen. Geschieht dieser Prozeß nur in der Meiose, so spricht man v. *Chromosomenelimination.* Zu einer C. kommt es z. B. in den Somazellen der Ontogenese v. Nematoden *(Ascaris).*

Chromosomeneinschnürungen [v. *chromosomen-], die durch schwächere Spiralisierung entstehenden Primär- bzw. Sekundäreinschnürungen auf den ↗ Chromosomen.

Chromosomenelimination w [v. *chromosomen-, lat. eliminare = entfernen], ↗ Chromosomendiminution.

Chromosomenfärbung [v. *chromosomen-], die in der Cytogenetik zur Standardmethode gewordene Anfärbung v. Metaphase-Chromosomen. Durch Verwendung spezif. Farbstoffe u. unterschiedl. Vorbehandlung der Chromosomenpräparate werden jeweils einzelne Abschnitte auf den Chromosomen stärker angefärbt als andere; z. B. können auf diese Weise die stark DNA-haltigen Chromomeren gegenüber den mehr Proteinhaltigen Interchromomeren sichtbar gemacht werden (bes. bei Riesenchromosomen), od. es können AT- bzw. GC-reiche Abschnitte selektiv markiert werden, wodurch für die einzelnen Chromosomen charakterist. Bandenmuster entstehen, die eine Einteilung der Chromosomen in bestimmte Gruppen u. so die Erstellung v. Karyotypen (☐ 261) ermöglichen.

Chromosomenfasern [v. *chromosomen-], die ↗ Spindelfasern.

Chromosomenfusion w [v. *chromosomen-, lat. fusio = Guß], Verschmelzung v.

chromosomen- [v. gr. chrōma = Farbe, sōma = Körper].

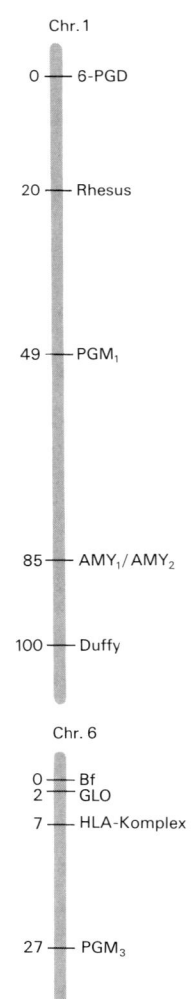

Chr. 1

0 — 6-PGD

20 — Rhesus

49 — PGM$_1$

85 — AMY$_1$/AMY$_2$

100 — Duffy

Chr. 6

0 — Bf
2 — GLO

7 — HLA-Komplex

27 — PGM$_3$

(Ausschnitt)

Vorläufige *Chromosomenkarten* für die menschl. Chromosomen Nr. 1 und 6 (vgl. ☐ 261).

Bei C vermißte Stichwörter suche man auch unter K und Z.

Chromosomenindividualität

zwei od. mehr Chromosomen, die in anderen Zellen od. in anderen Individuen der gleichen Art getrennt vorliegen. Erfolgt die C. am Centromer, so spricht man v. *zentrischer Fusion,* die bei der nächsten Meiose zu numer. Chromosomenanomalien führt, wenn die Fusionspartner nicht mehr auseinanderweichen. Findet die C. an einer anderen Stelle als dem Centromer statt, so werden die Fusionspartner auseinandergerissen, wenn die Centromere bei einer folgenden Mitose od. Meiose zu entgegengesetzten Polen gezogen werden.

Chromosomenindividualität w [v. *chromosomen-, lat. individuus = ungeteilt], die für jedes ↗Chromosom des Chromosomensatzes einer Zelle charakterist. Gestalt u. Strukturierung, die erhalten bleibt, solange keine Chromosomenaberrationen auftreten.

Chromosomeninterferenz w [v. *chromosomen-, neulat. interferentia = wechselseitige Beeinflussung], *Chiasmainterferenz,* die Erscheinung, daß ein Crossing over die Wahrscheinlichkeit eines zweiten in seiner Nachbarschaft (unter Beteiligung der gleichen od. anderer Chromatiden, ↗Chromatideninterferenz) vermindert *(positive C.)* od. erhöht *(negative C.).*

Chromosomenkarten [v. *chromosomen-], ↗Chromosomen.

Chromosomenkontraktion w [v. *chromosomen-, lat. contractio = Zusammenziehung], die durch Spiralisierung im Verlauf v. ↗Mitose u. ↗Meiose zyklisch wiederkehrende Verkürzung der Chromosomen, die zur bes. in der Metaphase ausgeprägten typ. Gestalt der Chromosomen führt.

Chromosomenmosaike [v. *chromosomen-, arab. musanik = Mosaik], Individuen od. Gewebe, die in bestimmten Sektoren aus hinsichtl. der Chromosomenzahl od. Chromosomenstruktur unterschiedl. Zellinien bestehen. Abweichungen in der Chromosomenzahl können z.B. durch non-disjunction in der Mitose entstehen, aus der gleichzeitig Tochterzellen hervorgehen, denen eine gewisse Anzahl v. Chromosomen fehlt, u. Tochterzellen, welche die gleiche Anzahl v. Chromosomen zuviel besitzen. Auch C. aus Zellinien mit nur einer der beiden zahlenmäßigen Abweichungen werden gefunden (↗Chromosomenanomalien). C. mit strukturell veränderten Chromosomen entstehen durch ↗Chromosomenaberrationen.

Chromosomenmutationen [Mz.; v. *chromosomen-, lat. mutatio = Änderung], ↗Chromosomenaberrationen.

Chromosomenpaarung [v. *chromosomen-], *Chromosomensynapsis,* die im Zygotän einer ↗Meiose beginnende u im Normalfall (wenn Crossing over stattfindet)

chromosomen- [v. gr. chröma = Farbe, söma = Körper].

Chromosomentheorie der Vererbung

Diese Theorie ist inzwischen durch eine Vielzahl von Beobachtungen bestätigt:
1) Das Verhalten der Chromosomen während Mitose u. Meiose läßt sich mit der Verteilung der Erbinformation in Kreuzungsexperimenten parallelisieren.
2) Koppelungsgruppen entsprechen ↗Chromosomen.
3) Die Realisierung des Geschlechts eines Individuums kann mit der An- bzw. Abwesenheit bestimmter Chromosomen korreliert werden.
4) Die Tatsache, daß es Merkmale gibt, die gemeinsam mit dem Geschlecht vererbt werden (= geschlechtschromosomengebundene Vererbung), belegt, daß auf diesen Chromosomen Erbinformation lokalisiert ist.
5) Riesenchromosomen zeigen bei Verlust einer Merkmalsausprägung den Verlust eines entspr. Abschnittes.
6) Durch Koppelungsbruch (Crossing over) kommt es zur getrennten Vererbung normalerweise gekoppelter Merkmale. Die Entsprechung bildet das Auftreten v. überkreuzten Chromatiden homologer Chromosomen während der Prophase der Meiose (Chiasma).

bis zum Ende der Metaphase I andauernde parallele Aneinanderlagerung zweier homologer Chromosomen. Durch die C. wird eine geordnete Verteilung der Chromosomen auf die Tochterkerne im Verlauf der Meiose gewährleistet, u. C. ist notwendige Voraussetzung für das Crossing over. In triploiden Zellen kann es zur Ausbildung v. Multivalenten kommen, wobei sich aber (mit der Möglichkeit des Partnerwechsels) abschnittsweise immer nur zwei homologe Chromosomen aneinanderlegen. Über die molekularen Grundlagen der Entstehung einer C. ist noch wenig bekannt, u. es ist auch noch nicht geklärt, weshalb sich immer nur zwei Partner zusammenlagern können. Es gilt als erwiesen, daß außer der DNA auch (wahrscheinl. sogar in entscheidendem Maß) Proteine für die Wechselwirkungen verantwortl. sind. Findet Paarung homologer Chromosomen während einer Mitose statt, was als Ursache für die sog. somat. Rekombination angenommen wird, so spricht man v. *somat. Paarung* od. *somat. Assoziation.* B Meiose.

Chromosomenpolymorphismus m [v. *chromosomen-, gr. polymorphos = vielgestaltig], das Auftreten einer bestimmten Anzahl v. Chromosomen in zwei od. mehr strukturell verschiedenen Formen in einer Population; Ursache sind Chromosomenaberrationen, die einer Population homozygot od. heterozygot in einem bestimmten Prozentsatz erhalten bleiben (↗ *balancierter Polymorphismus).*

Chromosomensatz [v. *chromosomen-] ↗Chromosomen.

Chromosomenschleifen [v. *chromosomen-] ↗Lampenbürstenchromosomen.

Chromosomenstückaustausch [v. *chromosomen-] ↗Crossing over.

Chromosomensynapsis w [v. *chromosomen-, gr. synapsis = Verbindung], ↗Chromosomenpaarung.

Chromosomentheorie der Vererbung, zunächst von W. Sutton und Th. Boveri zu Beginn des 20. Jh. als Hypothese formulierte Theorie, die besagt, daß die Erbinformation einer Zelle auf den Chromosomen lokalisiert ist. Nachdem durch die erst später einsetzende Entwicklung der molekularen Genetik gezeigt werden konnte, daß einerseits die Erbinformation in Molekülen v. DNA codiert ist u. andererseits Chromosomen als Hauptkomponente DNA enthalten, gilt die C. als bestätigt. B Chromosomen I, II.

Chromosomogamie w [v. *chromosomen-, gr. gamos = Hochzeit], paarweise Zusammenlagerung homologer Chromosomen nach Plasmo- u. Karyogamie bei der Verschmelzung v. Gameten zu einer Zygote.

Chromozentrum s [v. *chromosomen- (verkürzte Form)], der auch in der Interphase in kondensiertem Zustand verbleibende Bereich eines Chromosoms (häufig der Satellit), der dem *Heterochromatin* (↗Chromatin) entspricht.

Chromulina w [v. chrōma = Farbe], Gatt. der ↗Ochromonadaceae.

Chronaxie w [v. *chron-, gr. axia = Wert], Zeitmaß für die elektr. Erregbarkeit einer Zelle. Um die Erregung einer Zelle (Ner-

-chromosomen- [v. gr. chrōma = Farbe, sōma = Körper].

chron-, chrono- [v. gr. chronos = Zeit], in Zss.: Zeit-.

Chronaxiewerte verschiedener Nerven und Muskelgewebe

Tierart (Muskel)	Chronaxie (ms)	Tierart (Nerven)	Chronaxie (ms)
Schnecke (Fußmuskel)	200	Regenwurm (Bauchmark)	20
Krebs (Scherenmuskel)	12	Tintenfisch (Riesenfaser)	1,5
Frosch (Sprungmuskel)	0,3	Strandkrabbe (Bewegungsnerv)	0,2–0,4
Frosch (Magenmuskel)	100	Frosch (N. ischiadicus)	0,3
Schildkröte (Beinmuskel)	1,2		
Hund (Herzmuskel)	2,0		
Säugetiere (Skelettmuskel)	< 1,0		

ven-, Muskel- od. Sinneszelle) auszulösen, muß der angelegte Strom nicht nur eine bestimmte Stärke *I* bzw. die mit ihr proportionale Spannung *U* besitzen, sondern auch eine bestimmte Mindestzeit *t* (sog. Nutzzeit) fließen. Dabei ist die Dauer der Nutzzeit umgekehrt proportional der Stromstärke *I*. Bezeichnet man die geringste Stromstärke, die bei beliebig langer Reizdauer gerade noch eine Erregung auszulösen vermag, als *Rheobase Rh*, so gilt

Chronaxie

Graphisch dargestellt, ergibt das Weiss-Hoorwegsche Reizgesetz eine Hyperbel, die als *Reizzeit-Stromstärke-* od. *Reizzeit-Spannungs-Kurve* bezeichnet wird.

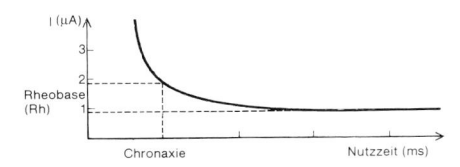

In der Neurologie wird die Bestimmung der C. hpts. zur Diagnose u. Verlaufskontrolle v. Muskellähmungen u. Nervenschädigungen eingesetzt. Durch Anlegen v. Hautelektroden über einen bestimmten Nerven wird durch Stromapplikation zunächst die Rheobase bestimmt. Der Reizerfolg wird dabei durch die Zuckung des vom gereizten Nerven innervierten Muskels angezeigt. Bei Durchtrennung, Erkrankung v. motor. Nerven od. schweren Lähmungen kann die C. auf den 10fachen Wert ansteigen.

die Beziehung: $(I - Rh) \cdot t = $ const. (Weiss-Hoorwegsches Reizgesetz). Die zum doppelten Rheobasewert (vgl. Abb.) gehörende Zeit wird nach L. Lapicque als C. bezeichnet u. stellt eine charakterist. Kenngröße verschiedener Zellen u. Gewebe dar, bes. v. Nerven u. Muskeln.

Zweige der Chronobiologie

Als multidisziplinäre Wiss. gliedert sich die C. z. B. in die *Chronophysiologie*: die Erforschung der zeitl. Organisation physiolog. Abläufe; *Chronopathologie*: die Störung der zeitl. Organisation als Folge od. als Ursache v. Krankheiten durch unphysiolog. Umweltbedingungen (Schichtarbeit; jetlag); *Chronotoxikologie*: die Analyse schädl. Einflüsse v. Drogen u. Chemikalien auf die zeitl. Organisation v. Organismen u./od. deren Wirkung in Abhängigkeit von einer rhythm. Empfindlichkeit der Lebewesen; *Chronotherapie*: bemüht sich, Krankheiten zu heilen od. zu vermeiden unter Berücksichtigung der zeitl. Struktur v. Organismen; *Chronopharmakologie*: beschäftigt sich mit der Wirkung v. Medikamenten auf die zeitl. Organisation od. in Abhängigkeit v. der zeitl. Organisation der Organismen; *Chronopsychologie*: befaßt sich mit psych. Erkrankungen u. ihrer Heilung od. der Zeitabhängigkeit der Lern- u. Leistungsfähigkeit.

Chronobiologie w [v. *chrono-, gr. bios = Leben, logos = Kunde], beschreibt u. erforscht die Zeitstruktur v. Lebewesen, v. Einzellern u. komplexen Organismen, v. Populationen u. Ökosystemen. Der Aufbau v. Struktur u. Funktion der Lebewesen vollzieht sich in einem präzisen zeitl. Raster *periodisch* sich wiederholender Vorgänge od. physiolog. Rhythmen (↗*Biorhythmik*). *Oszillationen* können auf allen Organisationsstufen des Lebens beobachtet werden u. scheinen eine grundlegende Eigenschaft allen Lebens zu sein. Der Funktionszustand v. Einzelzellen od. Geweben, die Aktivität v. Enzymen, die Wirkung v. Hormonen, die Tätigkeit v. Organen od. physiol. Systemen, wie Photosynthese, Atmung od. Kreislauf, die Ansprechbarkeit auf Gifte u. Medikamente sowie die phys. und psych. Leistungsfähigkeit sind zeitl. Veränderungen unterworfen, die sich mit einer bestimmten Periodik wiederholen. Ziel der C. ist die Erforschung der Ursachen u. der prakt. Bedeutung der zeitl. Organisation v. Lebewesen. – Das *Frequenzspektrum* biol. Rhythmen reicht vom Millisekundenbereich über Stunden u. Tage bis zu Monaten u. Jahren. Im wesentl. zeigen zykl. biol. Prozesse u. Funktionen eine Periodik, die *synchron* mit period. Schwankungen v. *Außenfaktoren* läuft.

Geophysikalische Periodizitäten

	Periodenlänge (h = Stunden, d = Tage)
Tag-Nacht-Rhythmus	24,0 h
Gezeiten- oder tidale Periodik	12,4 h
mondentägige od. lundiane Periodik	24,8 h
semilunare Periodik	14,7 d
lunare Periodik	29,5 d
Jahres- oder annuelle Periodik	365 d

Bes. wirksam sind *geophysikal. Zyklen,* die aus den Relativbewegungen v. Sonne, Mond u. Erde resultieren, wie der Wechsel v. Tag u. Nacht, der Gezeitenwechsel u. der Mondwechsel od. der Wechsel der Jahreszeiten. Die Organismen folgen nicht passiv den Umweltzyklen, sondern haben im Laufe der Evolution entspr. der Außenrhythmik *endogene Rhythmen* entwickelt. Rhythm. Verhalten biol. Systeme ist systemimmanent u. war offenbar v. großem Selektionsvorteil. Die Biorhythmen erlauben es den Organismen, sich an geophysikal. Periodizitäten anzupassen, sich in Populationen zu koordinieren u. ihre interne Zeitstruktur durch *Synchronisation* mit den Außenzyklen zu stabilisieren. Geophysikal., ökolog. u. soziale Umwelt-Periodizitäten wirken als Synchronisatoren auf die endogenen *biol. Oszillatoren* zellulären Ursprungs ein. Die Frequenzen der biol. Oszillatoren haben sich im Laufe der Evo-

Bei C vermißte Stichwörter suche man auch unter K und Z.

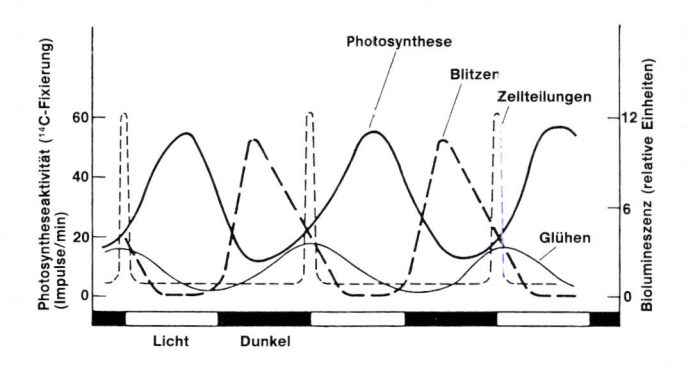

CHRONOBIOLOGIE I

Einzeller und Vielzeller, Pflanzen, Tiere und Menschen, zeigen unter konstanten Bedingungen im Labor rhythmische Veränderungen in nahezu allen Parametern ihrer Physiologie und ihres Verhaltens. Diese Oszillationen sind Ausdruck einer endogenen Periodizität, die unter natürlichen Umweltbedingungen mit der äußeren Tages-, Lunar- und Jahresrhythmik frequenzsynchronisiert wird. Die unterschiedliche Phasenlage der verschiedenen Rhythmen eines Organismus zueinander und zur Umweltperiodik ist Ausdruck der internen Zeitstruktur der Lebewesen.

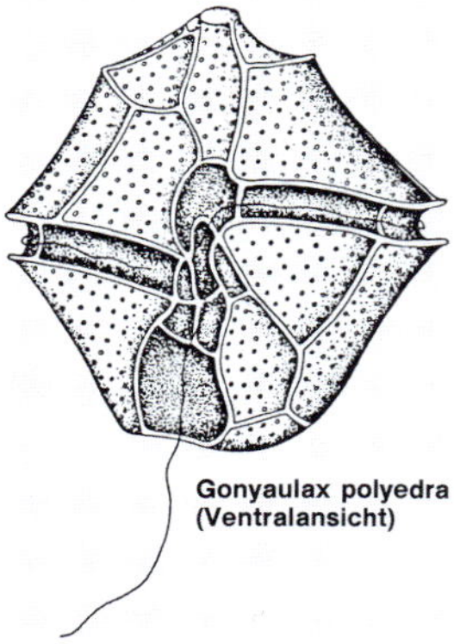

Zeitliche Organisation von Stoffwechselfunktionen der einzelligen Alge *Gonyaulax polyedra* (Dinoflagellat). Eine Rhythmik der Photosynthese ergibt sich aus der Fixierung von $^{14}CO_2$ (Abb. oben). Eine Rhythmik von Lichtblitzen wird ausgelöst durch plötzliche mechanische Erregung, während im ungestörten System ein schwaches Glühen rhythmisch auftritt. Zellteilungsaktivität tritt immer zum Zeitpunkt des Dunkel-Licht-Übergangs auf. Alle vier Rhythmen sind durch den 12:12 h Licht-Dunkel-Wechsel der Umwelt frequenzsynchronisiert, besitzen jedoch unterschiedliche Phasenlage zueinander und zum Licht-Dunkel-Wechsel.

Gonyaulax polyedra (Ventralansicht)

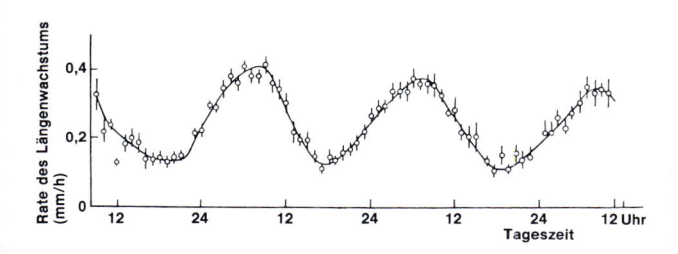

Circadiane Rhythmik in der Rate des Längenwachstums (Abb. links) von *Chenopodium rubrum* (Roter Gänsefuß). Pflanzen werden nach der Keimung für zwei Wochen bei 40 W/m²-Fluoreszenz-Weißlicht und konstanter Temperatur von 24° C angezogen und dann bei 20 W/m² weiter kultiviert. Die Mittelwertskurve stammt von 5 Einzelpflanzen, die kontinuierlich mit linearen Wegaufnehmern gemessen wurden (Periodenlänge etwa 23 Stunden).

Roter Gänsefuß (Chenopodium rubrum)

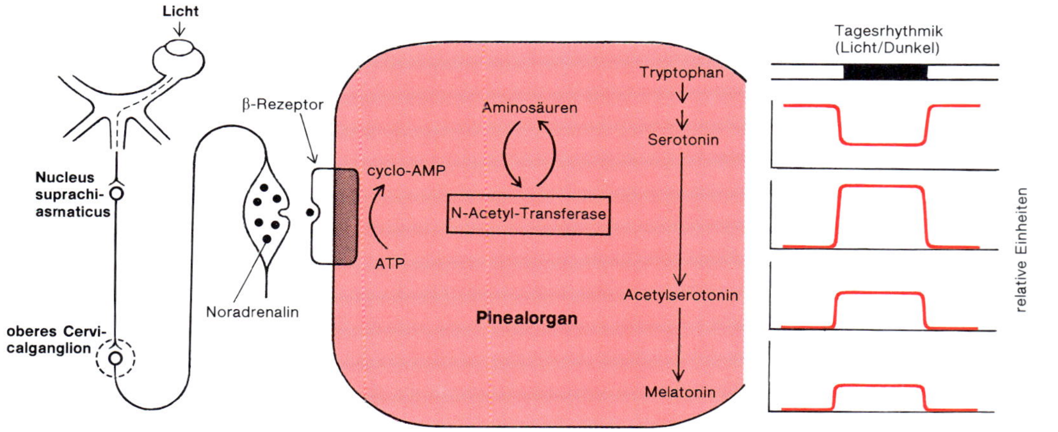

Neuronale Regelung der *Tagesrhythmik* der *Melatonin*-Synthese im *Pinealorgan* der Ratte. Bei *Säugern* werden photoperiodische Signale von den Augen perzipiert und neuronal über den Nucleus suprachiasmaticus und Noradrenalin an das Pinealorgan (Epiphyse, Zirbeldrüse) weitergeleitet. Die Zellen des Nucleus suprachiasmaticus besitzen eine autonome circadiane Rhythmik und stellen einen übergeordneten circadianen Schrittmacher dar. Das Pinealorgan produziert tagesrhythmisch Melatonin (Enzymkinetik der Melatorin-Synthese vgl. Abb. S. 269). Sowohl die Melatonin-Produktion als auch das Schlüsselenzym der Melatonin-Synthese, die *N-Acetyl-Transferase*, haben ihr Maximum in der Nacht, unabhängig davon, ob es sich um einen nacht- oder tagaktiven Organismus handelt. Somit ermöglicht das Pinealhormon Melatonin dem Organismus die Registrierung der Dunkelheit. Auch beim Menschen läßt sich der Schlaf-Wach-Rhythmus durch Licht synchronisieren und mit einer entsprechenden Rhythmik der Melatoninausschüttung in die Blutbahn korrelieren.

Bei *Vögeln* ist das Pinealorgan gleichzeitig Photorezeptororgan mit autonomer circadianer Rhythmik und Produzent von Melatonin. Pinealorgane von Hühnern zeigen in Gewebekulturen eine circadiane Rhythmik der N-Acetyl-Transferase-Aktivität und der Melatonin-Produktion, die durch einen Licht-Dunkel-Wechsel synchronisiert werden können.

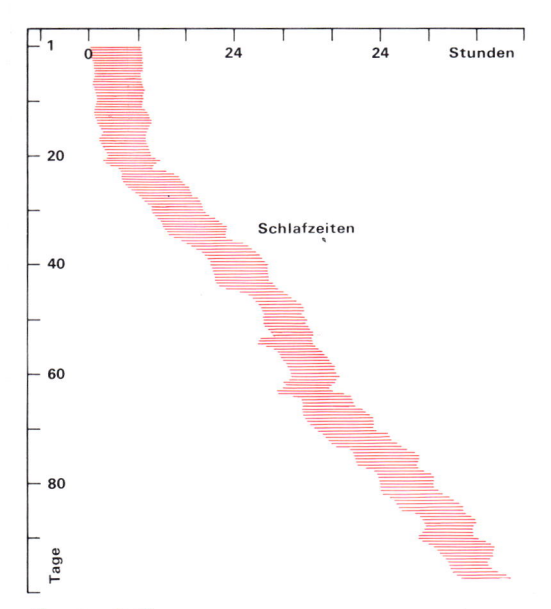

CHRONOBIOLOGIE II

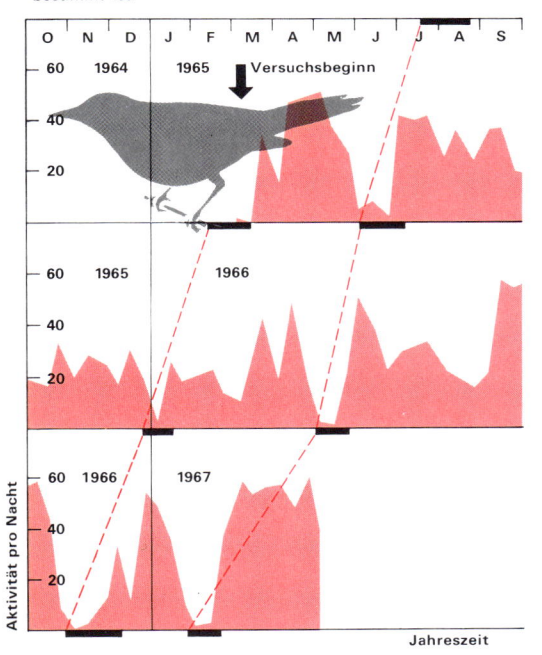

Innere Uhr

Die durch äußere Tagesrhythmik eingestellte oder synchronisierte innere Uhr ermöglicht es den Organismen, sich zeitlich und räumlich zu orientieren (Zeitsinn, Sonnenkompaß) und ihre Entwicklungs- und Fortpflanzungszyklen den täglichen und jahreszeitlichen Änderungen der Umweltparameter im voraus anzupassen (Photoperiodismus, Thermoperiodismus).

Sonnenstand, Himmelsrichtung und Ortszeit sind Größen, bei denen man aus zweien die dritte errechnen kann. Manche Vögel können sich in unbekannter Gegend allein nach Sonnenstand orientieren, eine Leistung, die ohne Uhr undenkbar ist. — Ein auf Westrichtung dressierter *Star (Sturnus vulgaris)*, der von einem runden Käfig aus den Himmel und die Sonne, aber keine Landmarken sehen kann, sucht den ganzen Tag über sein Futter im Westen (A). Der Winkel zwischen Suchrichtung und Sonne ändert sich dabei ständig. — Macht man den gleichen Versuch in einem Zimmer mit einer künstlichen, unbewegten Sonne, so ist die Suchrichtung nicht konstant (B), da der Star immer einen der Tageszeit entsprechenden, sich laufend ändernden Winkel zur Lichtquelle einhält. — Die innere Uhr ermöglicht dem Vogel, die Änderungen des Sonnenstands zu kompensieren.

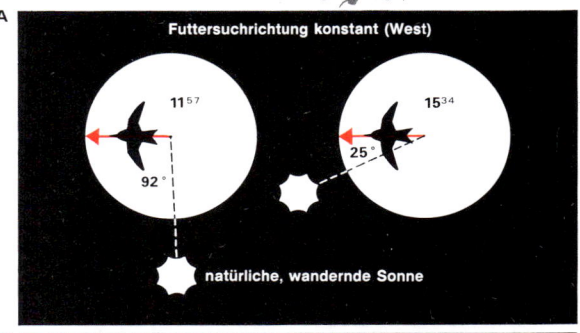

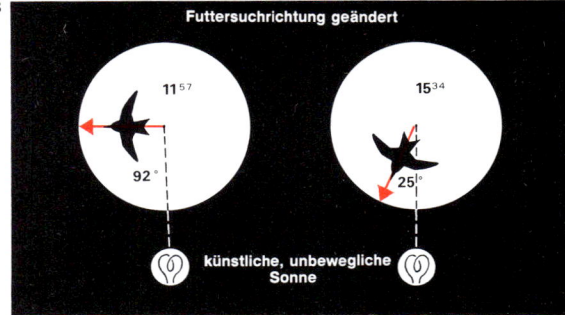

Versetzt man den auf Westrichtung dressierten Star (1) in einen Kunsttag, der sechs Stunden später beginnt als der Naturtag, so paßt sich der Aktivitätsrhythmus des Vogels mit der Zeit den neuen Bedingungen an, und seine innere Uhr geht dann gegenüber dem Außentag sechs Stunden nach. — Testet man ihn anschließend wieder unter der Sonne, so sucht er sein Futter in der Nordrichtung (2), da er jeweils den Winkel zur Sonne einhält, der im Kunsttag die Westrichtung ergeben würde. Für ihn steht z. B. die Sonne im Osten, wenn sie in Wirklichkeit im Süden steht. Daher hält er zu dieser Zeit einen Winkel von 180° statt nur 90° zu ihr ein. — Das bedeutet, daß die innere Uhr, die den Tag-Nacht-Rhythmus des Verhaltens bestimmt, die gleiche ist wie die, welche der Sonnenorientierung zugrunde liegt.

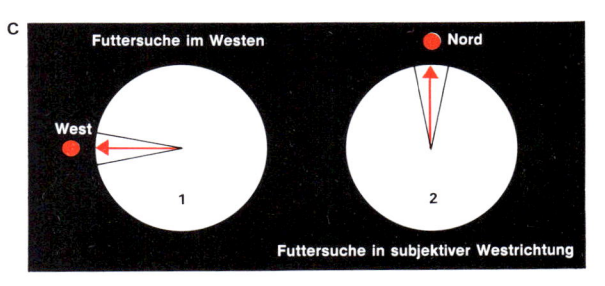

Tagesperiodik

Wenn *Menschen* einige Wochen lang in einem gegen die Außenwelt optisch und akustisch abgeschirmten Raum leben, zeigen sie, wie Tiere auch, einen recht konstanten Aktivität-Ruhe-Zyklus, dessen Perioden nicht genau 24 Stunden dauern (oben). Dadurch ergibt sich mit der Zeit eine Verschiebung des Lebensrhythmus gegenüber dem Außentag, was beweist, daß diese Periodik nicht durch äußere Zeitgeber verursacht wird.

Jahresperiodik

Bei *Singvögeln* läßt sich ein innerer Jahresrhythmus nachweisen, von dem Zugunruhe und Mauser abhängen. — Ein *Fitislaubsänger* lebte 27 Monate im künstlichen 12-Stunden-Tag unter sonst konstanten Bedingungen. Mit Kontakten in den Sitzstangen wurde jedes Hüpfen registriert (Aktivität). Auf der Ordinate des Diagramms (unten) ist die Anzahl der 10-Minuten-Intervalle aufgetragen, in denen der Vogel pro Nacht aktiv war. Die Werte sind jeweils über ein Monatsdrittel gemittelt. Die Balken auf der Abszisse bezeichnen die Mauserzeiten. Die Phasenverschiebung der Mauserzeiten und Aktivitätsminima gegenüber den äußeren Jahreszeiten beweist auch hier, daß der Rhythmus nicht von außen her bestimmt ist.

Chronobiologie

lution ungefähr den wesentlichsten Umweltzyklen angeglichen, so daß sie durch diese im Rahmen eines bestimmten *Mitnahmebereichs* synchronisiert werden können. Außenrhythmen, die eine endogene Periodik synchronisieren, nicht aber Ursache dieser Periodik sind, werden als *Zeitgeber* (Aschoff, 1951) bezeichnet. Die wichtigsten Zeitgeber sind Licht u. Temperatur. Licht wird v. spez. Photorezeptoren wahrgenommen: bei Pflanzen im wesentl. durch Phytochrom u. Blaulicht absorbierende Pigmente; bei Tieren über die Augen od. das Parietalauge od. über Photorezeptoren in der Epiphyse (Pinealorgan) od. direkt im Gehirn. Für die in den Erbanlagen programmierte u. über den Stoffwechsel realisierte Circa-24-Stunden-Periodik hat F. Halberg 1954 den Begriff „circadian" (circa = ungefähr; dies = Tag) eingeführt. – *Circadiane Rhythmen* in Geweben od. Organen bestehen fort, wenn diese aus einem Organismus isoliert werden. Aus der Übereinstimmung der Rhythmen in Einzellern u. in den Geweben v. Pflanzen u. Tieren ergibt sich, daß für den rhythm. Primärprozeß nur ein intrazellulärer Mechanismus der Eukaryotenzelle in Frage kommt. Er muß als Systemeigenschaft der gesamten Zelle aufgefaßt werden, da er nicht in Subsystemen der Zelle, wie etwa den Mitochondrien oder dem Kern, gefunden werden konnte. Bestenfalls läßt er sich mit dem Netzwerk des gesamten Energiestoffwechsels korrelieren (s. u.). Bei der Synchronisation *zellulärer Oszillation* in Geweben u. Organen des gesamten Organismus spielen neurale u. humorale Funktionen eine entscheidende Rolle. Die durch den Tagesrhythmus ermöglichte Chronometrie *(innere Uhr)* ist die Grundlage sowohl zeitl. u. räuml. Orientierung *(Sonnenkompaß)* als auch der Synchronisation von Entwicklungs- und Fortpflanzungszyklen im Lunar- u. Jahresrhythmus (z. B. bei der Meeresmücke *Clunio* u. dem Palolowurm der Südsee od. der photoperiod. Steuerung der ↗ Blütenbildung). Die Synchronisation an die äußeren Zeitgeber bedeutet eine Frequenzsynchronisation der circadianen Rhythmik u. keine Phasensynchronisation. Die Phasenlage der einzelnen Tagesrhythmen eines Organismus zur Umweltperiodik u. zueinander gehorcht einer funktionalen Ordnung, die als *circadiane Organisation* bezeichnet wird. Unter Bedingungen externer *Desynchronisation* durch unphysiolog. Zeitgeberzyklen od. Ausschaltung aller äußeren Zeitgeber in konstanten Laborbedingungen entsteht eine interne Desynchronisation, die zu chronopatholog. Reaktionen sowohl bei Pflanzen als auch bei Tieren u. Menschen

Eigenschaften der circadianen Rhythmik (innere Uhr)

Circadiane Rhythmen werden sichtbar unter konstanten Bedingungen v. Licht und Temperatur (sog. frei aufende Bedingungen)

– Periodenlänge 22–28 h;
– Periodenlänge temperaturkompensiert; $Q_{10} \approx 1$ (Q_{10} = Temperaturkoeffizient);
– einstellbar durch Licht- u. Temperatursignale; Phasenverschiebung; Frequenzsynchronisation;
– Periodenlänge genetisch determiniert;
– Systemeigenschaft der Eukaryotenzelle

Phasenkarte des Menschen

Chronobiologische Werte frequenzsynchronisierter (24 h) circadianer Rhythmen des Menschen.
Zeitpunkt des Maximums (●) des Rhythmus ± 0.95 Vertrauensgrenzen (—●—)

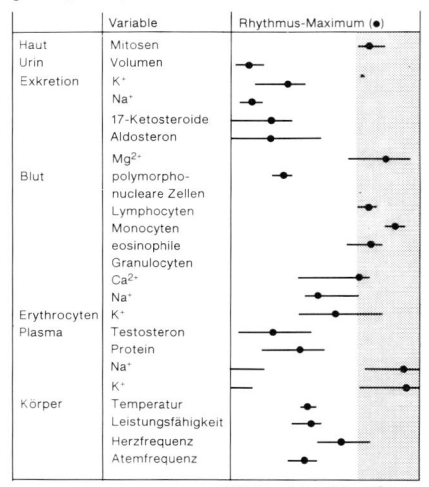

	Variable	Rhythmus-Maximum (●)
Haut	Mitosen	
Urin Exkretion	Volumen	
	K⁺	
	Na⁺	
	17-Ketosteroide	
	Aldosteron	
Blut	Mg^{2+}	
	polymorphonucleare Zellen	
	Lymphocyten	
	Monocyten	
	eosinophile Granulocyten	
	Ca^{2+}	
	Na⁺	
Erythrocyten	K⁺	
Plasma	Testosteron	
	Protein	
	Na⁺	
	K⁺	
Körper	Temperatur	
	Leistungsfähigkeit	
	Herzfrequenz	
	Atemfrequenz	

7⁰⁰ Körperl. Aktivität 22⁴⁵ Ruhe
24 h

führt. Solche „Desynchronosen" werden z. B. beobachtet nach transmeridionalen Flügen *(jet-lag)* und durch Schichtarbeit. Durch eine „Chronodiät" ist es möglich, die Stoffwechseldesynchronisation gezielt zu behandeln. – Die Steuerung v. Wachstum, Entwicklung u. Verhalten v. Pflanzen, Tieren u. Menschen in Abhängigkeit v. der jahreszeitl. Änderung der *Tageslänge* stellt eine der bedeutendsten Anpassungen der Organismen dar, den *Photoperiodismus*. Die Erforschung des Photoperiodismus hat wesentl. zur Beschreibung der inneren Uhr u. ihrer Wechselwirkung mit Photorezeptoren beigetragen. Die Organismen registrieren über *Photorezeptoren* den Licht-Dunkel-Wechsel u. messen die Tageslänge mit Hilfe der circadianen Rhythmik. Das Studium der biol. Uhr in pflanzl. u. tier. Einzellern hat gezeigt, daß die circadiane Rhythmik eine Systemeigenschaft der Eukaryotenzelle ist, die sie auf allen Organisationsstufen beibehalten hat. Die circadiane Rhythmik ist eine Funktion des gesamten Stoffwechselgefüges der Zelle. Sie läßt sich nicht in isolierten Zellorganellen beobachten. Ihre Frequenz ist weitgehend unabhängig v. der Umgebungstemperatur. Diese Stabilität od. Homöostase der Perio-

Geographische Breite und jahreszeitliche Änderung der Tageslänge

Breitengrad	Tageslänge		Tageslängenänderung (April u. August)
	Min.	Max.	
60° n. Br. (Stockholm, Leningrad)	6 h	19 h	40 Min./Woche
45° n. Br. (London 51°, New York 41°)	9 h	15,5 h	25 Min./Woche
30° n. Br. (Delhi, Shanghai)	10 h	14 h	12 Min./Woche
15° n. Br. (Manila, Dakar)	11 h	13 h	5 Min./Woche

Bei C vermißte Stichwörter suche man auch unter K und Z.

Chronobiologie

Temperaturkompensation circadianer Rhythmen verschiedener Organismen

(gemessen im Dauer-Dunkel bei verschiedenen Temperaturen; Q_{10} = Temperaturkoeffizient)

Organismus	Rhythmus	Periodenlänge bei niedriger Temperatur °C	Periodenlänge bei niedriger Temperatur (h)	Periodenlänge bei höherer Temperatur °C	Periodenlänge bei höherer Temperatur (h)	Q_{10} der Periodenlänge
Gonyaulax (Dinoflagellat)	Leuchten	16	22,5	32	25,5	0,92
Phaseolus (Bohne)	Blattbewegung	15	28,3	25	28,0	1,01
Drosophila (Fruchtfliege)	Schlüpfen	16	24,4	26	24,0	1,02
Periplaneta (Schabe)	Aktivität	19	24,4	29	25,8	0,95
Lacerta (Eidechse)	Aktivität	16	25,2	35	24,2	1,02

Eine entspr. Temperaturkompensation der Periodenlänge findet sich auch bei *circatidalen Rhythmen*, z. B. bei der freilaufenden Rhythmik des Taschenkrebses *Carcinus maenas* zw. 15° und 25°C. Auch die *circannuelle Rhythmik* des freilaufenden Lebenszyklus des marinen Coelenteraten *Campanularia flexuosa* hat dieselbe Periodenlänge v. 370–380 Tagen bei 10°, 17° oder 24°C.

Enzymkinetik der Melatoninsynthese

(ausgehend vom Tryptophan)

Tryptophan

↓ Tryptophan-Hydroxylase

5-Hydroxytryptophan

↓ Aromatische Aminosäuren-Decarboxylase

Serotonin (5-Hydroxytryptamin)

↓ N-Acetyl-Transferase

N-Acetylserotonin (5-Hydroxy-N-acetyltryptamin)

↓ Hydroxyindol-O-methyl-Transferase

Melatonin (5-Methoxy-N-acetyltryptamin)

denlänge ist eine wichtige Voraussetzung dafür, daß die circadiane Rhythmik als präzise physiolog. Uhr wirkt u. selbst Änderungen der Tageslänge v. nur 5 Minuten pro Woche noch messen kann. – Da die circadiane Rhythmik eine Systemeigenschaft der Eukaryotenzelle ist, müssen in Vielzellern die einzelnen Zellen, Gewebe u. Organe zur endogenen Rhythmik des Organismus synchronisiert werden. Die in den ↗Blattbewegungen v. Pflanzen od. der Laufaktivität v. Tieren zum Ausdruck kommende circadiane Periodik beruht entweder auf einer Interaktion vieler Oszillatoren zu einer gemeinsamen Frequenz od. auf der Schrittmacherfunktion bestimmter Zellen od. Gewebe. Gerade bei tier. Systemen findet sich häufig ein zentral-nervös lokalisierter Schrittmacher (Nucleus suprachiasmaticus, *Pinealorgan*). Beim Ausfall des übergeordneten Schrittmachers können einzelne Gewebe od. Organe eine eigene Periodizität ausprägen u. zu einer Desynchronisation der zeitl. Organisation des Lebewesens führen, die u. U. den Zusammenbruch des Organismus zur Folge hat. – Bei Wirbeltieren kommt dem Pinealorgan eine zentrale Bedeutung bei der Übersetzung von photoperiod. Signalen in eine Umsteuerung des Stoffwechsels zu. Bei niederen Wirbeltieren wie Fischen, Amphibien u. Reptilien, ist das Pinealorgan vorwiegend Photorezeptor, dessen elektr. Aktivität in Abhängigkeit v. der Belichtung wechselt. Bei Vögeln zeigt das Pinealorgan eine circadiane Rhythmik, ist Photorezeptor u. kontrolliert höchstwahrscheinl. die Bewegungsaktivität u. die Körpertemp. durch die Sekretion des Hormons *Melatonin*. Bei Säugern ist das Pinealorgan (*Epiphyse*, Zirbeldrüse) eine Drüse, die nicht auf direkte Beleuchtung reagiert, jedoch über Signale, die v. den Augen kommen, gesteuert wird. Die Produktion v. Melatonin wird über eine Rhythmik des Schlüsselenzyms ↗*N-Acetyl-Transferase* geregelt. Auch beim Menschen wird eine photoperiod. Steuerung der Melatoninproduktion beobachtet. Eine circadian-rhythm. Organisation des *Energiestoffwechsels* könnte die Basis für eine circadiane Rhythmik der Photostimulierbarkeit membrangebundener Photorezeptoren sein. Grundlage für diese Regulation sind die *Membransysteme* der Zelle, die einerseits die Reaktionsräume trennen, andererseits die dadurch kompartimentierten Stoffwechselsequenzen über Transportmechanismen koppeln. Dadurch werden die Membranen zu Informationsübermittlern, sowohl zw. den Kompartimenten als auch zw. der Zelle u. ihrer Umwelt. Die Kopplung der verschiedenen Sequenzen des Energiestoffwechsels, z. B. von Glykolyse u. oxidativer Phosphorylierung, kann durch Modulation v. Enzymaktivitäten durch Adenin- u. Pyridinnucleotide sowie durch Verfügbarkeit v. Ionen u. Substraten bewerkstelligt werden. Die experimentellen Daten zeigen, daß bei einer endogen-rhythm. Organisation der wesentl. Sequenzen des Energiestoffwechsels eine circadiane Rhythmik der Energieladung u. des Redox-Zustands des Gesamtsystems zu beobachten ist. Aus der phasenabhängigen Photomodulation v. Rhythmen der Enzymaktivität wird geschlossen, daß Licht den Energiefluß modulieren kann, unter Bedingungen, unter denen der integrierte Energiestoffwechsel circadian rhythm. organisiert ist. Es besteht demnach die Möglichkeit, daß eine

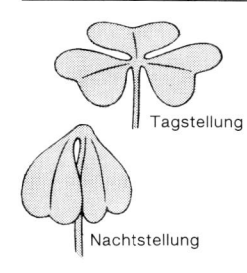

Tagesperiodische Blattbewegungen dauern unter konstanten Umweltbedingungen einige Zeit fort u. lassen als „Zeiger" die innere Uhr in Erscheinung treten. Die Abb. zeigt Blattfiedern des Wald-Sauerklees (*Oxalis acetosella*).

Tagstellung

Nachtstellung

Bei C vermißte Stichwörter suche man auch unter K und Z.

Chronocline

Rhythmische Phänomene in Keimlingen von Chenopodium rubrum (Roter Gänsefuß)
(In Klammern: Periodenlängen der Untermaxima)

Phänomen	Periodenlänge (h)
Photoperiodisches Ansprechen auf Licht	30
Betacyanakkumulation	24–30 (15)
Betacyan-Turnover	24–30
Adenylat-Kinase-Aktivität	30 (15)
Energieladung ($ATP + 1/2\,ADP/ATP + ADP + AMP$)	21–24 (11–13)
NADPH/NADP-Verhältnis	21–24
Dunkelatmung	21–24
Chlorophyllakkumulation	15
Netto-Photosynthese	15
Triosephosphatdehydrogenase-Aktivität ($NADH_2$; $NADPH_2$)	15
Malatdehydrogenase-Aktivität	12–15
Glutamat-Dehydrogenase-Aktivität	12–15
Glucose-6-phosphat-Dehydrogenase-Aktivität	12–15
Gluconat-6-phosphat-Dehydrogenase-Aktivität	12–15
Pyridinnucleotide, Poolgröße [$NAD(H_2)$; $NADP(H_2)$]	12–15 (6)

circadiane Rhythmik im Energiestoffwechsel die Grundlage photoperiod. Zeitmessung ist und daß die Rhythmik der Empfindlichkeit membrangebundener Photorezeptoren auf einer circadianen Rhythmik im Energiezustand der Membran beruht. Auf dieser Basis kann eine Rhythmik im Energiestoffwechsel das Wachstum u. die Differenzierung sowie das Verhalten zeitl. und räuml. koordinieren und kontrollieren. Störungen der zeitl. Organisation v. Entwicklungsabläufen sind vermutl. bei der Umschaltung vom normalen Wachstum zum Tumorwachstum beteiligt. B 266–267.

Lit.: *Brady, J.* (Hg.): Biological timekeeping. Soc. for Experimental Biology Seminars Series 14. Cambridge University Press. Cambridge, London, New York, New Rochelle, Melbourne, Sydney 1982. *Bünning, E.*: Die physiologische Uhr. Circadiane Rhythmik und Biochronometrie. Berlin, Heidelberg, New York 1977. *Engelmann, W., Klemke, W.*: Biorhythmen. Biologische Arbeitsbücher 34. Heidelberg 1983. *Moore-Ede, M. C., Sulzmann, F. M., Fuller, Ch. A.*: The Clocks That Time Us. Physiology of the Circadian Timing System. Cambridge/Mass., London 1982. *Rensing, L.*: Biologische Rhythmen und Regulation. Grundbegriffe der modernen Biologie. Band 10. Stuttgart 1973. *Saunders, D. S.*: Insect Clocks. Pergamon International Library of Science, Technology, Engineering and Social Studies. Pergamon Press Oxford, New York, Toronto, Sydney, Paris, Frankfurt 1982. *Winfree, A. T.*: The Geometry of Biological Time. Biomathematics Volume 8. New York, Heidelberg, Berlin 1980.
E. W.

Chronocline w [v. *chrono-, gr. klinē = Lager], (G. G. Simpson 1943), phylogenetische Reihe, bei der sich ein allmähl. Formenwandel nachweisen läßt. Ggs.: Topocline.

Chronometrie w [v. *chrono-, gr. metran = messen], die *Zeitmessung;* die wiss. C. beschäftigt sich mit der Zeitmessung vom atomaren Bereich (Größenord. 10^{-24} s) bis zum kosmischen (Größenord. 10^{17} s). ↗Geochronologie.

Chronospezies w [v. *chrono-, lat. species = Gestalt, Sorte], ein in der Paläontologie auf morphologisch sehr ähnl. Individuen ei-

nes Zeithorizonts angewandter Artbegriff. Dabei wird das zeitl. Kontinuum aufeinanderfolgender Generationen willkürl. in C. unterteilt. Die im Lauf der Zeit entstandenen morpholog. Unterschiede werden zur Definition der C. herangezogen, die dann durch Artumwandlung (↗phyletische Evolution) entstanden ist. Damit ist die C. eine morpholog. definierte Art, auf die der biolog. Artbegriff nicht anwendbar ist. ↗Art.

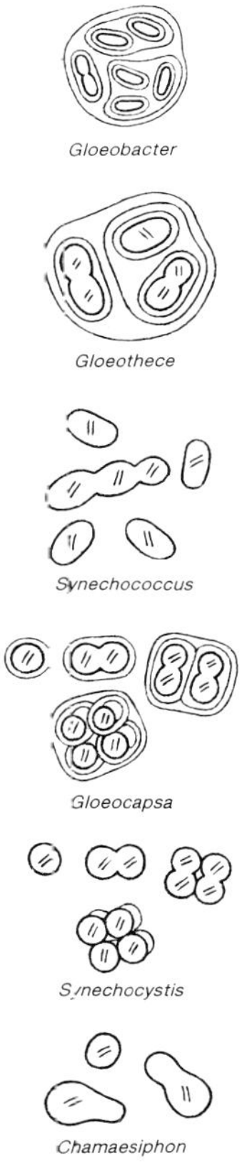

Chroococcales [Mz.; v. *chroo-, gr. kokkos = Kern], *chroococcale Cyanobakterien, Kugelblaualgenartige,* Ord. der ↗Cyanobakterien mit 3 Fam. und ca. 30 Gatt., deren Vertreter kugel-, ellipsoide, seltener stäbchenförm. Formen umfassen. Sie leben als Einzelzellen od. bilden Kolonien (Coenobien), die durch Kapseln od. Schleime zusammengehalten werden u. keine plasmat. Verbindung zw. den Einzelzellen besitzen. Die Vermehrung erfolgt durch Zweiteilung, seltener durch Nannocysten (Sprossung). Sie bilden keine Heterocysten aus; einige fixieren trotzdem molekularen Stickstoff (z. B. *Gloeothece*). *Gloeobacter* enthält keine Thylakoide. Einige Vertreter leben in Flechtensymbiose (z. B. *Gloeocapsa*) od. in Protozoen (*Synechococcus*-Arten). Wahrscheinl. gehören die C. zu den ältesten Typen der Cyanobakterien. Sie entstammen jedoch verschiedenen Entwicklungslinien, da die DNA-Basenzusammensetzung sehr unterschiedl. ist. Nach molekularbiol. Untersuchungen scheinen die Rotalgenchloroplasten v. *Synechocystis*- ähnlichen Formen abzustammen. – Es werden die 3 Fam. *Chroococcaceae, Entophysalidaceae* u. *Chamaesiphonaceae* unterschieden. Letztere vermehrt sich im Unterschied zu den beiden ersten durch Sprossung. Die Vertreter der *Chroococcaceae* kommen festsitzend od. plankt. vorwiegend im Süßwasser vor. Als See- u. Teichplankter (z. B. *Chroococcus limneticus*) sind sie wichtige Primärproduzenten; viele verursachen eine ↗Wasserblüte; einige produzieren sehr giftige Toxine (↗*Microcystis*). Viele leben in den Uferregionen der Seen, im Hochmoor (z. B. *Synechococcus aeruginosa, Chroococcus turgidus*), saurem Torfwasser (*Synechococcus elongatus, S. lividus);* die thermophilen Arten haben ihr Optimum bei ca. 60 °C, ihr Maximum liegt über 70 °C. Die terrestr. Formen überziehen mit ihren gefärbten Gallertlagern (mit 2 oder mehreren Zellen) feuchte Mauern u. Felsen (z. B. *Chroococcus rufescens*). – Die Einordnung der C. wird durch neuere Untersuchungen v. Reinkulturen bedeutende Umordnungen erfahren. So werden v. einigen Autoren die *Chroococcus*-Arten der Gatt. *Gloeocapsa* zugeordnet, u. *Ana-*

Gloeobacter

Gloeothece

Synechococcus

Gloeocapsa

Synechocystis

Chamaesiphon

Chroococcales

Einige Formen der chroococcalen Cyanobakterien. (Dünne Linien um die Zellen bedeuten Extra-Hüllen [Gallerte], Doppellinien in den Zellen, daß Thylakoide ausgebildet werden.)

cystis nidulans, eines der am besten untersuchten Cyanobakterien, muß in *Synechococcus* umbenannt werden. B Bakterien und Cyanobakterien.

Chroomonas w [v. *chroo-, gr. monas = Einheit], Gatt. der ↗Cryptomonadaceae.

Chrosomus m [v. gr. chrōs = Oberfläche, Haut, sōma = Körper], Gatt. der ↗Elritzen.

Chrozophora w [v. gr. chrōzein = färben, gr. -phoros = -tragend], Gatt. der ↗Wolfsmilchgewächse.

Chrysalis w [v. gr. chrysallis = goldfarbige Puppe der Schmetterlinge], *Chrysalide,* die ↗Puppe der holometabolen Insekten.

Chrysamoeba w [v. *chrys-, gr. amoibos = wechselhaft], Gatt. der ↗Rhizochrysidaceae.

Chrysamoebidales [Mz.; v. *chrys-, gr. amoibos = wechselhaft], die ↗Rhizochrysidales.

Chrysantheme w [v. *chrysanthem-], ↗Wucherblume.

Chrysanthemum s [v. *chrysanthem-], die ↗Wucherblume.

Chrysanthemumtyp [v. *chrysanthem-], nach der Gatt. *Chrysanthemum* gewählte Bez. für Gatt., deren Arten polyploide Chromosomensätze aufweisen, die jeweils das Vielfache einer Grundzahl an Chromosomen enthalten; z. B. Gatt. *Rumex* mit der Grundzahl 10, bei der man eine Abfolge v. 2 mal 10 (20) Chromosomen bei *R. sanguineus* bis 20 mal 10 (200) bei *R. hydrolapathum* findet.

Chrysaora w [v. gr. chrysaoros = mit goldenem Schwert], die ↗Kompaßqualle.

Chrysemys w [v. *chrys-, gr. emys = Schildkröte], die ↗Zierschildkröten.

Chrysididae [Mz.; v. gr. chrysis = goldenes Kleid], die ↗Goldwespen.

Chrysippusfalter [v. *chryso-, gr. hippos = Pferd] ↗Danaidae.

Chrysobalanaceae [Mz.; v. *chryso-, gr. balanos = Eichel], *Goldpflaumengewächse,* Fam. der Rosenartigen mit ca. 17 Gatt. u. 400 Arten. Die immergrünen Holzgewächse sind in Tropen u. Subtropen verbreitet u. gehören in den Regenwäldern des Amazonas oft zu den häufigsten Gehölzen. Die ledr. Blätter mit Nebenblättern sind einfach, ganzrandig u. wechselständig; die unscheinbaren Blüten mit 5 Kelch- u. Kronblättern, 200–300 Staubblättern u. einfachem Griffel sind meist zweisymmetr. gebaut; Fruchtknoten mittelständig; es wird eine fleischige od. trockene Steinfrucht ausgebildet, deretwegen manche Arten kultiviert werden. Am bedeutendsten ist die ca. pflaumengroße, gelbe, weiße, rote od. schwarze *Icaco-Pflaume,* die Frucht v. *Chrysobalanus icaco.* Sie wird v. Florida bis Brasilien kultiviert. In Afrika werden die Früchte der Gatt. *Parinaria* ge-

chron-, chrono- [v. gr. chronos = Zeit], in Zss.: Zeit-.

chroo- [v. gr. chrōs, Gen. chrōtos = Haut, Hautfarbe].

chrys-, chryso- [v. gr. chrysos = Gold], in Zss.: Gold-, -golden, -goldig.

chrysanth-, chrysanthem- [v. gr. chrysos = Gold, anthemon = Blüte, Blume].

Chroococcales
Wichtige Gattungen der Familie *Chroococcaceae*

  *Chroococcus** (Kugelblaualge)
  Gloeobacter
  ↗*Gloeocapsa*
  Gloeothece
  ↗*Merismopedia*
  ↗*Microcystis**
  ↗*Synechococcus (Anacystis)* [*nidulans*], *Aphanotheca**)
  ↗*Synechocystis (Aphanocapsa**)

Familie *Chamaesiphonaceae*

  Chamaesiphon

* Diese Gatt. werden von einigen Autoren nicht mehr anerkannt.

Chrysomonadales
Familien:
↗*Dinobryonaceae*
↗*Ochromonadaceae*
↗*Synuraceae*

Chrysophyceae
Ordnungen:
↗*Chrysocapsales*
↗*Chrysomonadales*
↗*Chrysosphaerales*
↗*Phaeothamniales*
↗*Rhizochrysidales*

gessen. *P. robusta* liefert das termitenbeständige *Benin-Mahagoni* (u. a. für Möbelherstellung). Aus den Samen v. *Lucania rigida* (NO-Brasilien) wird das schnelltrocknende u. wetterbeständ. *Oiticica-Öl* gewonnen, das bei der Lack- u. Farberzeugung als Tungölersatz eingesetzt wird.

Chrysocapsales [Mz.; v. *chryso-, lat. capsa = Behältnis], Ord. der *Chrysophyceae,* unbewegl. gelbbraune Algen ohne feste Zellwände, mit dicker Gallerthülle; vegetative Fortpflanzung durch begeißelte Sporen. Die Gatt. *Chrysocapsa* bildet bis zu 4 mm große Zellager. *Hydrurus foetidus,* der „Wasserschweif", bildet in kühlen, sauberen Fließgewässern bis zu 20 cm lange, baumart. verzweigte Kolonien. Zellen mit einer großen gelbbraunen Plastide.

Chrysochloa w [v. *chryso-, gr. chloē = junges Grün], Gatt. der ↗Blattkäfer.

Chrysochloridae [Mz.; v. *chryso-, gr. chlōros = grüngelb], die ↗Goldmulle.

Chrysochromulina w [v. *chryso-, gr. chrōma = Farbe], Gatt. der ↗Prymnesiaceae.

Chrysococcus m [v. *chryso-, gr. kokkos = Beere, Kern], Gatt. der ↗Donobryonaceae.

Chrysocyon m [v. *chryso-, gr. kyōn = Hund], Gatt. der Wildhunde, ↗Mähnenwolf.

Chrysodendron s [v. *chryso-, gr. dendron = Baum], Gatt. der ↗Ochromonadaceae.

Chrysolaminarin s [v. *chryso-, lat. lamina = Platte, Blatt], die ↗Chrysose.

Chrysolophus m [v. gr. chrysolophos = mit goldenem Helmbusch], Gatt. der ↗Fasanen.

Chrysomelidae [Mz.; v. *chryso-, gr. mēlon = Kleinvieh], die ↗Blattkäfer.

Chrysomonadales [Mz.; v. *chryso-, gr. monas = Einheit], *Ochromonadales,* artenreichste Ord. der *Chrysophyceae;* begeißelte einzell. Goldalgen mit Tendenz zur Koloniebildung; die Zellen sind dorsiventral gebaut, meist nackt od. mit Pellicula, nur wenige Arten mit Hüllen od. Gehäusen.

Chrysomyxa w [v. *chryso-, gr. myxa = Schleim], Gatt. der Rostpilze. In den Alpen ist der Alpenrosenrost *(C. rhododendri)* häufigster Rostpilz in der Nähe der Waldgrenze; großer Schaden kann durch starken Aecidien-Befall an Jungfichten (Zwischenwirt) entstehen, die dann durch Vertrocknen absterben. In Indien gelten die Aecidien von *C. woroninii* auf Fichten *(Picea alba)* als eßbar.

Chrysopelea w [v. *chryso-, gr. pēlos = Schlamm, Sumpf], die ↗Schmuckbaumnattern.

Chrysophanus m [v. *chryso-, gr. phanos = leuchtend], ↗Feuerfalter.

Chrysophyceae [Mz.; v. *chryso-, gr. phykos = Tang], *Goldalgen,* Kl. der ↗Algen,

Bei C vermißte Stichwörter suche man auch unter K und Z.

Chrysophyllum

chrys-, chryso- [v. gr. chrysos = Gold], in Zss.: Gold-, -golden, -goldig.

umfaßt ca. 200 Gatt. u. 1000 Arten; Zellen durch hohen Fucoxanthingehalt gelbgrün bis braungrün gefärbt; wichtigste Reservesubstanz ist Chrysolaminarin (↗ Chrysose); meist einzellige od. koloniebildende Süßwasserbewohner; nur wenige Arten sind mehrzellig; begeißelte Zellen mit langer Flimmer- u. kurzer Peitschenschnurgeißel. Als Nannoplankter (↗ Plankton) einige Bedeutung als Primärproduzent.

Chrysophyllum s [v. *chryso-, gr. phyllon = Blatt], Gatt. der ↗ Sapotaceae.

Chrysopidae [Mz.; v. gr. chrysōps = goldfarbig, mit goldenen Augen], die ↗ Florfliegen.

Chrysops w [gr., = goldfarbig, mit goldenen Augen], Gatt. der ↗ Bremsen.

Chrysopyxis w [v. *chryso-, gr. pyxis = Büchse], Gatt. der ↗ Lagyniaceae.

Chrysose w [v. *chryso-], Chrysolaminarin, Leucosin, Reservestoff der ↗ Chrysophyceae u. ↗ Kieselalgen, ein aus Glucoseeinheiten bestehendes Polysaccharid; ähnelt dem Laminarin der Braunalgen.

Chrysosphaerales [Mz.; v. *chryso-, gr. sphaira = Kugel], Ord. der Chrysophyceae, unbewegl. einzellige Goldalgen mit fester Zellwand; vegetative Fortpflanzung erfolgt durch begeißelte Sporen, die zu mehreren in einem Sporangium gebildet werden. Die Gatt. Chrysosphaera mit ca. 8 Arten besitzt nahezu kugel., braune Zellen bis 15 μm ⌀, die einzeln od. zu mehreren festsitzend auf anderen Algen leben.

Chrysosphaerella w [v. *chryso-, sphaira = Kugel], Gatt. der ↗ Synuraceae.

Chrysosplenium s [v. *chryso-, gr. splēnion =], das ↗ Milzkraut.

Chrysozona w [v. *chryso-, gr. zōnē = Gürtel, Hüften], Gatt. der ↗ Bremsen.

Chthonerpeton s [v. gr. chthōn = Erdboden, herpeton = Kriechtier], Gatt. der ↗ Blindwühlen.

Chthonius m [v. gr. chthōn = Erdboden], Gatt. der ↗ Pseudoskorpione.

Chthonobdella w [v. gr. chthōn = Erdboden, bdella = Egel], Gatt. der Landegel (↗ Haemadipsidae) mit nur 2 Kiefern; der mediodorsale fehlt.

Chuckwallas [tschak-; v. mexikan.-span. chacahuala], Sauromalus, Gatt. der Leguane; träge, bis 45 cm lange, auf fels-, gebüschbestandenem Gelände der Wüstengebiete im SW der USA lebende Pflanzenfresser; sehr wärmebedürftig. Der kräft. Körper von S. ater, mit Hautfalten am Hals u. den Flanken, besitzt einen hellgelben, dicken, stumpf endenden Schwanz. Männchen ansonsten fast schwarz; Rumpf teilweise rötlich od. hellgrau gesprenkelt. Weibchen u. Jungtiere olivgrau bis gelb, mit Querbändern. Sucht Schutz in Gesteinsspalten; kann Körper mächtig aufblasen, so daß der Angreifer außerstande ist, ihn aus diesen hervorzuziehen.

Chun [kun], Carl, dt. Zoologe, * 1. 10. 1852 Höchst, † 11. 4. 1914 Leipzig; Arbeiten an der Zool. Station Neapel bei A. Dohrn, 1883 Prof. in Königsberg, 1891 in Breslau, ab 1898 in Leipzig; leitete 1898/99 die erste dt. Tiefsee-Expedition mit der „Valdivia" (wichtige Ergebnisse zur Ökologie der Meerestiere); bes. Arbeiten über Cephalopoden u. Ctenophoren. Populärstes Werk: „Aus den Tiefen der Weltmeere", Jena 1900.

Chydorus, Gatt. der ↗ Wasserflöhe.

Chylomikronen [Mz.; v. gr. chylos = Saft, mikros = klein], Transportform der mit einer Proteinumhüllung „wasserlösl." (kolloidal) gemachten Nahrungstriglyceride (↗ Acylglycerine) auf dem Weg aus den Zellen der Darmmucosa über die Lymphe (Ductus thoracicus) ins Blut zu Fettgewebe u. Leber (aber auch anderen Organen, wie Herz, Niere, Lunge, Muskeln). Dort werden sie an der Oberfläche der Kapillarendothelzellen durch Lipoproteinlipase zu Fettsäuren, Glycerin u. C.-Restpartikeln gespalten. Die Fettsäuren werden v. den Gewebszellen aufgenommen u. erneut zu Triglyceriden verestert; die C.-Reste gelangen zur Leber. ⌀ der C. 100–1000 nm, Dichte 0,90–0,95 g/cm³; Prozentanteil: Protein 1, Triglyceride 89, Cholesterin u. Cholesterinester 5, Phospholipid 5. ↗ Verdauung.

Chylus m [v. gr. chylos = Saft], Milchsaft, Speisesaft, die Darmlymphe in den Lymphgefäßen des Magens u. Dünndarms, die sich aus einem Gemisch resorbierter Nahrungsbestandteile zusammensetzt u. durch Aufnahme feinverteilter Fetttröpfchen in Form v. ↗ Chylomikronen ein milch. Aussehen bekommt. Der C. wird durch die in jeder Zotte der Dünndarmschleimhaut befindl. ↗ C.gefäße aufgenommen u. transportiert.

Chylusdarm [v. gr. chylos = Saft], ↗ Mitteldarm.

Chylusgefäße [v. gr. chylos = Saft], bilden ein blind beginnendes Lymphgefäßsystem im Bindegewebe der Dünndarmzotten, das in den Brustlymphgang einmündet.

Chymifikation [v. gr. chymos = Saft], Umwandlung der Nahrung im Darmtrakt der Wirbeltiere zu einem mit Verdauungssäften intensiv durchmischten Speisebrei (Chymus).

Chymochrome [Mz.; v. gr. chymos = Saft, chrōma = Farbe], die ↗ chymotropen Farbstoffe.

Chymopapain s [v. gr. chymos = Saft, malaiisch papaia = Melone], ein Thiolenzym aus dem Milchsaft des in den Tropen kultivierten Melonenbaums (Carica papaya).

Das aus mehreren gleich großen Untereinheiten (relative Molekülmasse = 35 000) aufgebaute C. ist dem ↗Papain hinsichtl. der Struktur seines aktiven Zentrums u. seiner proteolyt. Wirkung sehr ähnl., unterscheidet sich v. ihm aber durch seine Säurestabilität u. seinen höheren isoelektr. Punkt. [↗Labferment.

Chymosin s [v. gr. chymos = Saft], das **chymotrope Farbstoffe** [v. *chymo-, gr. tropos = Eigentümlichkeit], *Chymochrome, Vakuolenfarbstoffe, Saftfarbstoffe,* pflanzl. Farbstoffe, die im Zellsaft der Vakuole gelöst vorkommen, z.B. Anthocyane, Betalaine u. Flavone.

Chymotrypsin s [v. *chym-, gr. thrypsis = Zerreiben], Protein spaltendes Verdauungsenzym (Protease) des Dünndarms der Wirbeltiere, das in Form der inaktiven Vorstufe *Chymotrypsinogen* in der Bauchspeicheldrüse gebildet wird. Die Umwandlung v. Chymotrypsinogen in C. erfolgt autokatalyt. durch Spuren von C., wobei aus Chymotrypsinogen lediql. zwei Dipeptide herausgespalten werden. Da C. Proteine spezif. an den Positionen der aromat. Aminosäuren Phenylalanin, Tryptophan u. Tyrosin spaltet, ist C. ein wichtiges Hilfsmittel bei der Sequenzermittlung v. Proteinen. ☐ aktives Zentrum.

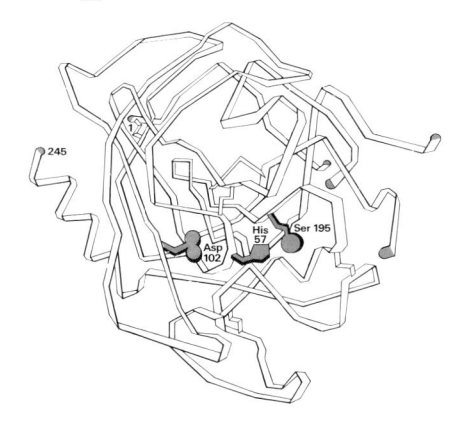

Chymotrypsinogen s [v. *chym-, gr. thrypsis = Zerreiben, gennan = erzeugen], ↗Chymotrypsin.
Chymus ↗Chymifikation.
Chytridiales [Mz.; v. gr. chytridion = Töpfchen], Ord. der *Chytridiomycetes;* die parasit. od. saprophyt. Pilze leben vorwiegend in od. auf niederen Wasserpflanzen u. -tieren sowie im Boden. Der Thallus ist wenig entwickelt, meist einzellig, kugel- od. blasenförm., vielfach mit kernlosen Fortsätzen (Rhizoiden), kein Hyphenmycel. Die geschlechtl. Fortpflanzung kann als Iso-, Aniso- od. Gametangiogamie ablaufen. Das Rhizoidsystem u. das Sporogon können sich innerhalb der Wirtszelle (endo-

chym- [v. gr. chymos = Flüssigkeit, Saft].

Chytridiales
Wichtige Gattungen:
↗ *Olpidium*
↗ *Polyphagus*
↗ *Rhizophydium*
↗ *Synchytrium*
(Physoderma) *

* Neuerdings bei den ↗ *Blastocladiales* eingeordnet.

Chytridiomycetes
Ordnungen:
1. ↗ *Chytridiales*
2. ↗ *Blastocladiales*
3. ↗ *Harpochytriales*
4. ↗ *Monoblepharidales*

Raumstruktur (Tertiärstruktur) des Enzyms Chymotrypsin

In der Konformation dieses Proteins dominieren die unregelmäßigen Paarungen gegenüber nur kleinen Anteilen v. α-Helix u. β-Faltblatt. Die für die Aktivität des Enzyms entscheidenden Seitengruppen Serin-195, Histidin-57 u. Asparaginsäure-102 sind in benachbarter Lagerung im Innern des Moleküls zu erkennen. Bei der „Aktivierung" der Vorstufe *Chymotrypsinogen* (durch *Trypsin*) zum *Chymotrypsin* werden zwei Gruppen v. je zwei Aminosäuren herausgespalten u. dadurch neben den ursprüngl. Enden (1; 245) vier „Zwischenenden" gebildet (im Bild rechts). Dieser Vorgang führt zu erhebl. Verschiebungen in der räuml. Konformation u. entfernt auf diese Weise eine Sperre vor dem aktiven Zentrum.

biontisch) entwickeln, od. das Sporogon entsteht außerhalb der Zelle (epibiontisch). Bei der Sporen- od. Gametenbildung vieler Formen wird der ganze Thallusinhalt aufgebraucht (Holokarpie), andere Arten mit Rhizoidsystem wandeln nur einen Teil des Cytoplasmas um (Eukarpie). Auf Algen parasitieren *Rhizophydium-, Arnaudovia-* u. *Polyphagus*-Arten. *Synchytrium* u. *Olpidium* wurden fr. wegen ihres zeitweilig nackten Thallus als „Archaebakterien" bezeichnet; heute v. einigen Autoren in der Ord. *Myxochytridiales* abgetrennt. *S. endobioticum* ist Erreger des ↗Kartoffelkrebses u. *O. brassicae* Erreger der Umfallkrankheit bei Kohlkeimlingen (Wurzelbrand, Schwarzbeinigkeit). Die Gatt. *Physoderma* wird neuerdings den ↗ *Blastocladiales* zugeordnet.

Chytridiomycetes [Mz.; v. gr. chytridion = Töpfchen, mykētes = Pilze], wegen der Beweglichkeit *Flagellatenpilze* gen., Kl. der *Chytridiomycota,* Pilze, die in irgendeiner Phase der Entwicklung eingeißelte Fortpflanzungszellen (Zoosporen, Planogameten) mit einer terminal inserierten (opisthokonten, ☐ Begeißelung) Peitschengeißel ausbilden. Die 500–600 Arten leben im Wasser, feuchtem Boden od. parasit. auf (in) Pflanzen od. niederen Tieren. Sie bilden einkern. (sackart.) Zellen, einen vielkern. querwandlosen (siphonalen) Thallus od. auch septierte Hyphen. C. besitzen ein Chitin-Glucan-Zellwandgerüst. Aus diesem u.a. Gründen werden sie v. einigen Autoren den Echten Pilzen (*Eumycota, Eumycophyta,* U.-Abt. *Mastomycotina*) zugeordnet. Die Ord. werden hpts. nach der geschlechtl. Fortpflanzung u. der Feinstruktur der Zoosporen unterschieden. Die Kopulation kann durch Gameten (z.B. *Synchytrium*), als Thallogamie (Somatogamie, z.B. *Polyphagus*) od. als Oogamie (*Monoblepharidales*) erfolgen. Meist entwickelt sich aus der Zygote eine diploide Dauerspore. Die ungeschlechtl. Vermehrung mit Zoosporen verläuft ähnl. wie bei den *Oomycetes* u. *Zygomycetes.* Wichtiges Gatt.- u. Artmerkmal ist der Öffnungsmechanismus des Zoosporangiums (operculat mit Deckel od. inoperculat durch Lyse).

Chytridiomycota [Mz.; v. gr. chytridion = Töpfchen, mykēs = Pilz], Abt. der pilzähnl. Protisten, einzige Kl. ↗ *Chytridiomycetes.*
Ci, Abk. für ↗Curie.

Cibarialpumpe [v. lat. cibarius = zur Speise gehörig], Saugpumpe saugender u. stechend-saugender Insekten. Dabei bildet die Mundhöhle einen bei Schmetterlingen mit dem vorderen Pharynx vereinigten Hohlraum, der durch Zug kräft. Muskeln (Radialdilatatoren) erweitert werden kann u. dadurch einen Unterdruck erzeugt.

Bei C vermißte Stichwörter suche man auch unter K und Z.

Cibarium

Cibarium *s* [v. lat. cibarius = zur Speise gehörig], hinterer Teil der Mundhöhle v. Insekten.
Ciboria *w* [v. gr. kibōrion = Trinkbecher], Gatt. der ↗Sclerotiniaceae.
Cibotium *s* [v. gr. kibōtion = Kasten, Schachtel], Gatt. der ↗Dicksoniaceae.
Cicadella *w* [Diminutiv v. lat. cicada = Zikade], Gatt. der ↗Zwergzikaden.
Cicadidae [Mz.; v. lat. cicada = Zikade], die ↗Singzikaden.
Cicadina *w* [v. lat. cicada = Zikade], die ↗Zikaden.
Cicatricula *w* [lat., = kleine Narbe], der ↗Hahnentritt.
Cicer *s* [lat., =] ↗Kichererbse.
Cicerbita *w*, der ↗Milchlattich.
Cichlasoma *s*, *Cichlosoma*, Gatt. der ↗Buntbarsche.
Cichlidae, die ↗Buntbarsche.
Cichorioideae [Mz.; v. gr. kichōriōdēs = zichorienartig], U.-Fam. der ↗Korbblütler.
Cichorium *s* [v. gr. kichōrion = Zichorie, Endivie], *Wegwarte*, hpts. im Mittelmeergebiet beheimatete Gatt. der Korbblütler mit ca. 9 Arten. Ein- bis mehrjähr., Milchsaft

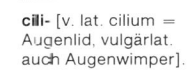

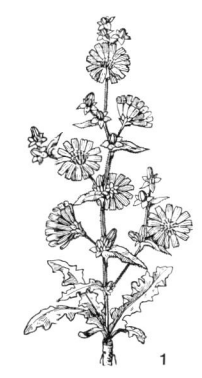

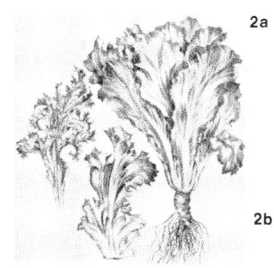

cili- [v. lat. cilium = Augenlid, vulgärlat. auch Augenwimper].

Cichorium

1 Gemeine Wegwarte *(C. intybus)*, **2a** Winterendivie (links: krausblättr. Endivie, Mitte u. rechts: Eskariol, **2b** Sommerendivie, offen u. zusammengebunden.

führende, kraut. Pflanzen mit schrotsägeförm. Laubblättern u. kurz gestielten. 3 bis 5 cm breiten, v. einer walzenförm. Hülle umgebenen Blütenköpfen mit meist hellblauen (selten rosa od. weißen) Zungenblüten. Von bes. Interesse sind *C. intybus*, die Gemeine Wegwarte od. Zichorie, und *C. endivia*, die Endivie. Die über ganz Europa bis nach N-Afrika u. Asien verbreitete, heute auch in O-Asien, Amerika, S-Afrika u. auf Neuseeland eingebürgerte Gemeine Wegwarte ist eine ausdauernde, sparrig-ästige, bis 2 m hohe Pflanze mit walzigspindelförm. Wurzel. Sie wächst vereinzelt od. truppweise in lückigen Unkrautges., an Wegrändern, Hecken u. Mauern sowie auf Schuttstellen u. blüht v. Juli bis Sept.; bereits im Altertum als Gemüse-, Salat- u. Heilpflanze (z. B. gegen Augenkrankheiten u. Magenleiden) sowie als Zutat zu Zaubertränken angewendet. Die Wildform der Wegwarte *(C. intybus* var. *intybus)* hat verschiedene Kulturformen hervorgebracht. Die Wurzelzichorie *(C. intybus* var. *sativum)* mit langer, rübenart. Pfahlwurzel wird seit Beginn des 18. Jh. in Europa kultiviert. Insbes. während des 19. Jh. diente sie geröstet u. gemahlen als Kaffee-Ersatz *(Zichorienkaffee)* od. Kaffeezusatz. Eine bestimmte Sorte der Wurzelzichorie, der rotblättr. *Radicchio*, wird auch roh als Salat gegessen. Ebenfalls als Salat, aber auch als Gemüse, wird die Salatzichorie od. der Chicorée *(C. intybus* var. *foliosum)* geschätzt. Die Endivie *(C. endivia)* ist eine 1–2jährige, bereits in der Antike im Mittelmeerraum kultivierte, heute in zahlr. Zuchtsorten in ganz Europa angebaute, winterharte Salat- u. Gemüsepflanze, die wahrscheinl. von der im Mittelmeerraum beheimateten Art *C. pumilum* abstammt. Sie entwickelt in der Jugend eine Rosette aus breiten, fast ganzrand. (Eskariol, *C. endivia* var. *latifolium*) od. schmalen, kraus-zerschlitzten Blättern (Krause E., *C. endivia* var. *crispum*), die oft 10–20 Tage vor der Ernte oben zusammengebunden wird, um die inneren Blätter bleich u. zart zu halten. Ⓑ Kulturpflanzen V.

Cicindelidae [Mz.; v. lat. cicindela = Glühwürmchen], die ↗Sandlaufkäfer.
Cicinnurus *m* [v. gr. kikinnos = Haarlocke, oura = Schwanz], Gatt. der ↗Paradiesvögel.
Ciconia *w* [lat., = Storch], Gatt. der ↗Störche, u. a. der ↗Weißstorch.
Ciconiidae [Mz.; v. lat. ciconia = Storch], die ↗Störche.
Ciconiiformes [Mz.; v. lat. ciconia = Storch, forma = Gestalt], die ↗Stelzvögel.
Cicuta *w* [lat., = Schierling], ↗Wasserschierling.
Cicutoxin *s* [v. lat. cicuta = Schierling, gr. toxikon = (Pfeil-)Gift], ↗Dreifachbindung.
Cidaris *w* [v. gr. kidaris = pers., spitz zulaufender Turban], die ↗Lanzenseeigel i. e. S.
Cidaroida [Mz.; v. gr. kidaris = pers., spitz zulaufender Turban], die ↗Lanzenseeigel i. w. S.
Ciliarkörper [v. *cili-], *Strahlenkörper, Corpus ciliare*, für die ↗Akkommodation zuständige Struktur im ↗Linsenauge der Wirbeltiere.

Cichorium

In ihrer heutigen Form wurde die Salatzichorie (Chicorée, *C. intybus* var. *foliosum*) im 19. Jh. zunächst in Belgien, dann in unterschiedl. Ausmaß auch in den anderen eur. Ländern kultiviert. Zur Gewinnung der 15–20 cm langen, bis zu 5 cm dicken, festen, eiförmig zugespitzten Salatknospen werden die Rüben v. im Frühjahr ausgesäten Pflanzen im Herbst aus dem Boden genommen u. in Treibhäusern in Sand eingeschlagen. Hier können sie während des ganzen Winters (Nov. bis April) zum Austreiben gebracht werden. Ihren charakterist. bitteren Geschmack verdanken die infolge der Abdeckung zarten, bleichen Triebe ihrem Gehalt an Intybin (Lactucopikrin). Gleiches gilt für die Endivie *(C. endivia)*.

Cilien

Ciliarmuskulatur [v. *cili-], ringförmig um die Augenlinse verlaufende, im Ciliarkörper gelegene Muskulatur. ☐ Akkommodation, ↗ Linsenauge.

Ciliata [Mz.; v. *cili-], **1)** die Fünfbärteligen ↗ Seequappen. **2)** die ↗ Wimpertierchen.

Cilien [Mz.; Ez. *Cilie* od. *Cilium*; v. *cili-], **1)** med. i. e. S. die Augen-Wimpern. **2)** biologisch: *Flimmerhaare, Wimpern, Kinocilien,* härchenart. feine Plasmafortsätze ausschl. eukaryot. Zellen v. etwa 0,2 μm ⌀ und 10 μm Länge, die primär der Bewegungserzeugung dienen, entweder der eigenen Fortbewegung v. Ein- u. Mehrzellern (Ciliaten, Strudelwürmer, Rotatorien) im Wasser od. der Erzeugung v. Wasserströmungen entlang v. Zellverbänden (z. B. Flimmerepithel im Atemtrakt u. Eileiter v. Wirbeltieren, od. im Darmtrakt vieler Wirbelloser). C. führen Ruderbewegungen in einer durch ihre Struktur vorgegebenen Schlagebene aus; dabei folgt jeweils auf einen raschen Vorschlag in gestreckter Haltung (hoher Strömungswiderstand) ein langsamerer Rückschlag des bogenförmig eingekrümmten Ciliums (geringer Strömungswiderstand). Die Schlagfrequenz liegt zw. 20 und 30 Hz, kann aber je nach Zelltyp in unterschiedl. Grenzen variiert werden. Gewöhnl. schlagen die C. einer Zelle synchron, die C. eines Zellverbandes jedoch in metachronen Erregungswellen, die z. B. über ein Flimmerepithel hinlaufen u. bei der Aufsicht an ein wogendes Kornfeld erinnern. Die Richtung v. Vor- u. Rückschlag kann auf Außenreize hin od. durch intrazelluläre Veränderung der lokalen Ca^{2+}-Konzentration vertauscht werden (z. B. Umkehr der Schwimmrichtung bei Ciliaten), wobei die Schlag*ebene* jedoch konstant bleibt. – C. sind typischerweise in großer Zahl pro Zelle ausgebildet. Ihnen homolog, in Funktion, Struktur u. Entstehung gleich, aber v. erhebl. größerer Länge (bis 150 μm) u. gewöhnl. nur in geringer Zahl pro Zelle (1–3) vorhanden, sind *Geißeln* od. *Flagellen*. Ihr Schlag erfolgt im Ggs. zu dem der kürzeren C. in komplizierten Raumfiguren, propellerartig, in Sinusschwingungen od. Schraubenbewegungen, je nachdem, ob sie als Schleppgeißeln od. vorausgestreckte Zuggeißeln arbeiten. Geißeln sind die typ. Bewegungsorganellen v. Geißeltierchen (Flagellaten), Spermatozoiden niederer Pflanzen u. vieler Tierspermien; seltener sind begeißelte Zellverbände (Schwämme, Geißelepithelien v. Hohltieren, Gnathostomuliden, Schädellosen). Um Homologie u. Strukturidentität v. Cilien u. Geißeln zu betonen, wurde für beide der Begriff *Undulipodien* eingeführt, der sich jedoch nicht durchsetzte. Alle Eukaryoten, deren Zellen ↗ Centriolen besitzen, verfügen grundsätzl. auch über die genet. Information zur Cilien-/Geißelbildung, deren Expression allerdings normalerweise nur bestimmten Zelltypen vorbehalten ist. Die Zellen aller höheren Pflanzen (Verlust der Centriolen) haben auch die Fähigkeit zur Undulipo-

cili- [v. lat. cilium = Augenlid, vulgärlat. auch Augenwimper].

CILIEN UND GEISSELN

Viele einzellige Tiere und Pflanzen sowie die meisten Fortpflanzungszellen sind begeißelt, wobei die Zahl und Anordnung der Geißeln oder Cilien artspezifisch sind.
Das *Pantoffeltierchen (Paramaecium)* ist allseitig mit Cilien besetzt (links).
Der Geißelquerschnitt ist bei allen eucytischen Organismen gleich (Photo links unten).
Abb. unten zeigt ein Modell des Geißelaufbaus mit äußeren und inneren Fibrillen. Eine Symmetrieebene läßt sich nicht festlegen, da die Dyneinarme nur an einer Seite des Dupletts stehen.

Bei C vermißte Stichwörter suche man auch unter K und Z.

Cilien

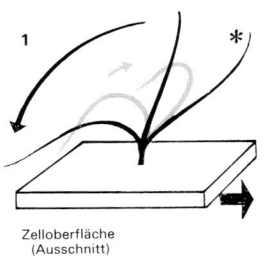

Zwei Beispiele der zahlreichen Bewegungsweisen von Cilien und Geißeln

1 Schneller Vorschlag der Cilie in steifer Form (*), langsamer „abrollender" Rückschlag. Bewegung der Zelle in Richtung des breiten Pfeils.

2 Geißelbewegungen eines Flagellaten: **a** Geißelschlag be Vorwärtsbewegung (**b** Rückholschlag), **c** wellenförm. Geißelschlag bei Rückwärts-, **d** bei Seitwärtsbewegung des Flagellaten.

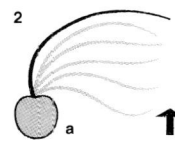

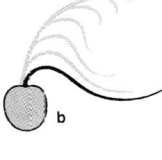

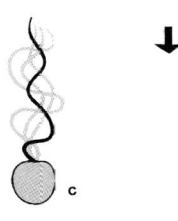

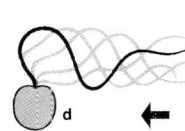

cili- [v. lat. cilium = Augenlid, vulgärlat. auch Augenwimper].

dienbildung verloren. – Die Feinstruktur aller eukaryot. Undulipodien (*nicht* der ↗Bakteriengeißeln!) ist mit geringfügigen u. seltenen Abweichungen identisch: Der C.schaft, eine fingerförm. Ausstülpung der Zellmembran, enthält eine geordnete Binnenstruktur aus $9 \times 2 + 2$ ↗Mikrotubuli in konstanter Anordnung, das ↗*Axonema* (Achsenfaden): Ein äußerer Zylinder aus 9 Doppeltubuli umgibt zwei einzelne Zentraltubuli u. ist mit diesen durch radiäre „Speichen" zu einem elast. Gerüst verbunden, das das Cilium in seiner ganzen Länge durchzieht. Zwischen benachbarten Doppeltubuli sind der Länge nach in regelmäßigen Abständen Querbrücken (Dyneinbrükken) ausgebildet. Diese Dyneinärmchen, ein Protein mit ATPase-Eigenschaften, können unter ATP-Verbrauch ihre Bindungen an die B-Tubuli (☐ Axonema) lösen und zw. verschiedenen Bindestellen hin- u. herspringen. Dies führt zu einer Verschiebung benachbarter Tubuli-Paare gegeneinander, ähnl., wie es im Muskel be der Wechselwirkung zw. Myosin u. Actin geschieht (sliding-filament-Mechanismus), woraus eine Krümmung des Ciliums resultiert. Die Aktionen werden durch Mg^{2+}-Ionen ausgelöst. Je nach räuml. Abfolge der Einzelreaktionen entlang dem Axonema kommt es zu unterschiedl. Krümmungsmustern. Durch seine innere Elastizität ist das System bestrebt, in Ruhelage in eine gestreckte Form zurückzukehren u. vermag so, in aufeinanderfolgenden Erregungsimpulsen rhythm. zu schlagen. Die Zentraltubuli legen einerseits die Schlagebene fest u. dienen vermutl. auch dem geordneten Erregungsfluß entlang der einzelnen Bindungsstellen. Ihre Beschädigung macht die C. bewegungsunfähig. Innerhalb der Zelle endet das Axonema in einem ↗ *Basalkörper* (Basalkorn, Kinetosom), einer den Centriolen verwandten Struktur aus 9 Mikrotubuli-Tripletts, v. denen sich je 2 Tubuli in das Axonema hinein fortsetzen. Die Zentraltubuli dagegen enden an der Basis des C.schafts in Höhe der Zelloberfläche. Die Basalkörper sind Induktionsorganelle der Undulipodienbildung; diese geht näml. jeweils v. einer Vermehrung der Centriolen unter dem Einfluß eines Primärcentriols aus. Die entstehenden „Tochtercentriolen" (Basalkörper) legen sich der Zellmembran an, und in der Folge wachsen die beiden inneren Tubuli jedes Tripletts in eine über ihnen gebildete fingerförm. Vorstülpung der Zellmembran vor. An den Basalkörpern setzen häufig – bes. bei mechan. stark beanspruchten Undulipodien – Bündel starrer Proteinfilamente (C.wurzeln) an, die tief in das Zellplasma hineinreichen u. mit Plasmaproteinen vernetzt sind. Im elektronenmikroskop. Bild zeigen sie eine feine Querbänderung (30–70 nm-Periode). Sie dienen der mechan. Verankerung der Cilien/Geißeln in der Zelle. Die Geißelmembranen mancher Flagellaten können außen einen pelzigen Besatz mit feinen 2–20 nm dicken u. bis zu 200 nm langen Härchen tragen, der wohl der Erhöhung des Strömungswiderstands dient u. als Sonderform der ↗ Glykokalyx anzusehen ist. Verschiedene Zelltypen der Metazoen, bes. Sinneszellen u. bestimmt sekretor. Zellen, bilden rudimentäre C. mit unvollständigem Axonema aus, zuweilen als *Stereo-* oder *Sterro-C.* bezeichnet (☐ mechanische Sinne II). Sie sind unbewegl. u. haben nach einem Funktionswandel Aufgaben der Reizperzeption od. Sekretion übernommen (Cnidocil, Sehstäbchen u. -zapfen). Solche C.-Rudimente sind gewöhnl. noch an ihren Basalkörpern kenntlich. Sie dürfen nicht mit den fälschlicherweise auch als „Stereo-C." bezeichneten ↗Mikrovilli mancher sekretor. Epithelzellen (z. B. Nebenhodengang bei Säugern) verwechselt werden. P. E.

Ciliophora [Mz.; v. *cili-, gr. -phoros = tragend], die ↗Wimpertierchen.

Cimbicidae [Mz.; v. gr. kimbix = Knauser, Geizhals], *Knopfhorn-Blattwespen, Knopfhornwespen, Keulenhornwespen*, Fam. der Hautflügler, mit anderen Fam. zu den Blattwespen zusammengefaßt; in Mitteleuropa ca. 10 Arten in 2 Gatt. Die C. sind 10–20 mm lang, ihr Körper ist kurz u. dick, ohne Wespentaille u. oft kantig; die Antennen sind am Ende keulig verdickt (Name!). Die Eier werden einzeln od. zu mehreren mit einem Legebohrer in vorher eingeschnittene Taschen v. Blättern gelegt; viele Arten sind parthenogenetisch. Die raupenförm. Larven werden bis 50 mm lang; ihr oft grüner u. mit weißem Wachs bepuderter Körper besitzt außer den 3 Brustbeinen noch 8 Paar Afterfüße (Afterraupe, ☐ Afterfuß). Sie ernähren sich v. den Blättern bestimmter Laubbäume; bei Gefahr können sie zur Abwehr Körperflüssigkeit aus Poren über den Stigmen ausspritzen. Die Imagines nagen eigenart. Ring- od. Spiralfurchen in die Bäume, wohl um Saft zu trinken. Der Befall richtet keinen großen

Schaden an. Die einheim. Gatt. *Abia* kommt mit einigen metall. grün od. blau glänzenden Arten vor, die kleiner u. weniger wirtsspezif. sind als die Vertreter der Gatt. *Cimbex*. Hierzu gehören die 15 bis 20 mm großen Arten Buchenblattwespe (*Cimbex fagi*) u. Große Birkenblattwespe (*C. femorata*); an Birne, Aprikose u. Pfirsich findet sich ferner *C. quadrimaculata*.

Cimicidae [Mz.; v. lat. cimex = Wanze], die ↗Plattwanzen.

Cinchona w [ben. nach der Gattin des Grafen de Chinchón, Vizekönigs v. Peru], der ↗Chinarindenbaum. [ide.

Cinchonidin, ↗Cinchonin, ↗Chinaalkalo-

Cinchonin, wurde als erstes Alkaloid der ↗Chinaalkaloide (☐) 1810 v. Gomes aus Chinarinde isoliert; C. und sein Diastereoisomeres, das *Cinchonidin*, werden ähnl. wie ↗Chinin verwendet, zeigen jedoch schwächere Wirkung gg. Malaria.

Cinclidae [Mz.; v. gr. kigklos = Bachstelze], die ↗Wasseramseln.

Cincliden [Mz.; v. gr. kigklis = Gitter], Poren im Rumpf mancher Seerosen, durch die nesselnde Fäden (Akontien) zur Abwehr ausgestoßen werden.

Cineol, *1,8-Cineol, Eucalyptol,* würzig campherähnl. riechendes bicycl. Monoterpen, Bestandteil von äther. Ölen, wie Kajeputöl, Myrtenöl, Niaouliöl, Salbeiöl u. bes. Eucalyptusöl.

Cinerarie w [v. lat. cinerarius = Aschen-], ↗Greiskraut.

Cinerine [Mz.; v. lat. cinis, Gen. cineris = Asche] ↗Pyrethrine.

Cingulum s [lat., = Gürtel], *Basalband, Basalwulst,* mehr od. weniger deutl. ausgeprägter Wulst an der Kronenbasis v. Säugetierzähnen, oral u. aboral oft pufferartig erhoben. Aus dem C. können im Laufe der Stammesentwicklung neue Höckerelemente hervorgehen.

Cinnamomum s [v. gr. kinnamōmon (semit. Herkunft) = Zimt], **1)** ↗Zimt; **2)** ↗Campherbaum.

Ciona w [v. gr. kiōn = Säule], Gatt. der Seescheiden, ↗Monascidien.

Cionellidae [Mz.; v. gr. kiōn = Säule], die Kleinen ↗Achatschnecken.

Cipangopaludina w [v. altit. Cipango = Japan, lat. palus = Sumpf], Gatt. der *Viviparidae,* im Süßwasser lebende Mittelschnecken in S- und O-Asien u. in Japan.

circadiane Rhythmik w [v. lat. circa = um ... herum, dies = Tag, gr. rhythmos = Zeitmaß], endogene Oszillation metabol. od. physiolog. Aktivität od. des Verhaltens mit einer Periodenlänge von ca. 1 Tag (circa dies) unter konstanten Umweltbedingungen. Im natürl. Tag-Nacht-Wechsel wird die c.R. zu exakt 24 Std. synchronisiert. ↗Chronobiologie.

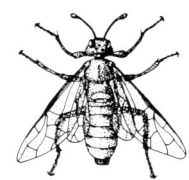

Cimbicidae
Große Birkenblattwespe (*Cimbex femorata*)

cirr-, cirra-, cirri-, cirro- [v. lat. cirrus = Kraushaar, Federbüschel, Franse, auch Polypenfangarm, od. v. lat. cirratus = kraushaarig, gelockt, fransig].

Cirratulida
Wichtige Familien:
↗ *Cirratulidae*
↗ *Ctenodrilidae*
↗ *Parergodrilidae*

Cirren
(Beispiele für Typen von Cirren)
fühlerartige Anhänge der Parapodien von Borstenwürmern; Mundtentakel von *Branchiostoma*; Borsten von Ciliaten, aus mehreren verschmolzenen Cilien entstanden; kurze, wirtelartig angeordnete Skelettfortsätze im Stiel von Seelilien; seltene Bez. für die Fangarme des Cephalopoden *Nautilus*.

Circaea w [v. gr. kirkaia = (Zauber-)Pflanze, ben. nach der Zauberin Kirke], das ↗Hexenkraut.

Circaeaster m [v. gr. kirkaia = (Zauber-)Pflanze], Gatt. der ↗Hahnenfußgewächse.

Circaetus m [v. gr. kirkos = kreisender Greifvogel, aëtos = Adler], der ↗Schlangenadler.

circannuale Rhythmik w [v. lat. circa = um ... herum, annualis = jährlich], ↗Chronobiologie.

Circus m [v. gr. kirkos = kreisender Greifvogel], die ↗Weihen.

Cirolanidae [Mz.], Fam. der *Flabellifera,* Asseln mit kauenden od. beißenden Mundwerkzeugen. Viele sind Aasfresser, z.B. *Cirolana borealis* (bis 33 mm lang) von den Nordseeküsten; die kleine *Eurydice pulchra* (bis 7 mm) fällt auch verletzte Tiere an u. beißt zuweilen Badende; *Conilera* macht Jagd auf Fische u. skelettiert sie. Zu den C. gehören auch die Riesenassel *Bathynomus giganteus* (bis 35 cm) aus der Tiefsee.

Cirrata [Mz.; v. *cirra-], *Cirromorpha,* U.-Ord. der Kraken, deren Arme mit einer Reihe v. Saugnäpfen u. zwei Reihen fransenart. Fortsätze ("Cirren") besetzt sind. Die Arme werden untereinander durch die Velarhaut verbunden, so daß ein Trichter gebildet wird. Zu den C. gehören die 3 Fam. *Cirroteuthidae, Opisthoteuthidae* u. *Stauroteuthidae*.

Cirratulida [v. *cirra-], Ord. der Borstenwürmer mit 5 Fam. (vgl. Tab.), Körper nicht in Tagmata unterteilt, Prostomium ohne Anhänge, vorstülpbarer Schlund ohne Kiefer.

Cirratulidae [Mz.; v. *cirra-], Fam. der *Polychaeta* (Borstenwürmer) mit 11 Gatt. (u. a. ↗*Cirratulus, Chaetozone,* ↗*Dodecaceria)*; Prostomium oval bis kegelförmig u. ohne Anhänge; Parapodien reduziert, 2 Borstenbündel pro Segment direkt in der Körperwand verankert, 1–3 vordere Segmente ohne Borsten; Kiemen fadenförmig; epitoke Geschlechtsstadien mit verlängerten dorsalen Borsten.

Cirratulus m [v. *cirra-], Borstenwurm-Gatt. der *Cirratulidae;* bekannteste Art *C. cirratus,* 30 cm lang, 150 Segmente; Eier werden v. Schleim umhüllt u. an Steinen, aber auch am Körper des Weibchens befestigt.

Cirren [Mz.; v. *cirr-], **1)** längl., faden-, borsten-, ranken- od. tentakelart. Körperanhänge v. Tieren, mit Tast-, Strudel-, Haft- od. Bewegungsfunktion. **2)** Mz. v. „Cirrus", ein nur während der Kopulation rutenförm. Begattungsorgan, z.B. bei Rädertieren, Saugwürmern u. Bandwürmern.

Cirripathes m [v. *cirri-, gr. pathos = Leiden], Gatt. der ↗Dörnchenkorallen.

Bei C vermißte Stichwörter suche man auch unter K und Z.

Cirripedia [Mz.; v. *cirri-, lat. pedes = Füße], die ↗Rankenfüßer.
Cirromorpha [Mz.; v. *cirro-, gr. morphē = Gestalt], die ↗Cirrata.
Cirroteuthis w [v *cirro-, gr. teuthis = Tintenfisch], Gatt. der *Cirroteuthidae* (U.-Ord. *Cirrata*), Kraken mit langen Armen; Tintenbeutel, Leuchtorgane u. Reibzunge fehlen; mit einigen Arten in allen Weltmeeren verbreitet.
Cirrothauma s [v. *cirro-, gr. thauma = Wunderwerk], Gatt. der *Cirroteuthidae* (U.-Ord. *Cirrata*), im nördl. Atlantik verbreitete Kraken mit nach hinten zugespitztem Rumpf, großen, in Rumpfmitte ansitzenden Flossen u. langen, durch eine Velarhaut verbundenen Armen, an denen spindelförm. Saugnäpfe ansitzen; die Augen sind rückgebildet.
Cirrus m [v. *cirr-], ↗Cirren.
Cirsio-Brachypodion s [v. gr. kirsion = Distelart, brachys = kurz, podion = Füßchen], *Kratzdistel-Zwenkenrasen*, Verb. der *Festuco-Brometea;* subkontinental verbreitet, mit Vorposten an Rhein, Main, Donau u. in Oberbayern. Einzige Ges. ist hier der *Adonis vernalis*-reiche Fiederzwenkenrasen. [↗Kratzdistel.
Cirsium s [v. gr. kirsion = Art Distel], die
Cis-Dominanz, die Eigenschaft v. Genen, bes. aber v. regulator. wirksamen DNA-Signalstrukturen, sich ausschl. auf die Funktion v. Genen, die auf dem ident. DNA-Molekül liegen (meist in unmittelbarer Nachbarschaft), auszuwirken. Ggs. ist *Trans-Dominanz* (genauer Cis-Trans-Dominanz), bei der die Wirkung sowohl in cis (auf Gene des ident. DNA-Doppelstrangs) als auch in trans (auf Gene, die auf der DNA eines anderen Chromosoms od. auf extrachromosomalen Plasmiden liegen) mögl. ist.
Cis-Heterozygote, genet. Konstellation einer Zelle od. eines Organismus, die dadurch gekennzeichnet ist, daß zwei voneinander unabhängig entstandene Mutationen auf demselben Chromosom lokalisiert sind u. nicht, wie bei einer *Trans-Heterozygoten,* auf beide homologe Chromosomen (bzw. im Fall v. polyploiden od. merozygoten Zellen auf mehrere Chromosomen od. extrachromosomale Elemente) verteilt sind. *Cis-Heterozygotie* kann sowohl durch Mutationen innerhalb eines Gens als auch durch Mutationen verschiedener Gene einer Kopplungsgruppe bedingt sein. Die Charakterisierung von c. H.n erfolgt durch den ↗Cis-Trans-Test.
Cisidae [Mz.; v. gr. kis = Kornwurm], die ↗Schwammkäfer. [↗Weinrebengewächse.
Cissus m [v. gr. kissos = Efeu], Gatt. der
Cistaceae [Mz.; v. gr. kisthos = Strauch mit rosa Blüten], die ↗Cistrosengewächse.

cirr-, cirra-, cirri-, cirro- [v. lat. cirrus = Kraushaar, Federbüschel, Franse, auch Polypenfangarm, od. v. lat. cirratus = kraushaarig, gelockt, fransig].

trans-Form
Fumarsäure

cis-Form
Maleinsäure

Cis-Trans-Isomerie

Cis-Trans-Test

Mit dieser klass. Methode der Genetik führte S. Benzer eine Feinstrukturanalyse des sog. rII-Locus des Phagen T4 durch („r"-Mutanten führen zur schnelleren Lyse v. *E. coli*-Zellen u. ergeben deshalb größere Plaques auf einem Bakterienrasen) u. konnte damit feststellen, daß dieser Bere.ch des Genoms aus zwei funktionellen Abschnitten aufgebaut ist.

Cistelidae [Mz.; v. gr. kistē = Kiste, Kasten], die ↗Pflanzenkäfer. [mücken.
Cistensänger, *Cisticola juncidis*, ↗Gras-
Cis-Trans-Effekt, die Auswirkung, die Mutationen auf andere genet. bedingte Funktionen desselben Organismus haben. Ein *Cis-Effekt* liegt vor, wenn sich eine Mutation ausschl. auf Gene derselben Kopplungsgruppe (Chromosom, Plasmid, Virus-DNA) auswirkt, während bei *Trans-Effekten* (genauer *Cis-Trans-Effekten*) die Wirkung auch auf Gene erfolgt, die nicht auf der ident. Kopplungsgruppe lokalisiert sind.
Cis-Trans-Isomerie w [v. lat. cis = diesseits, trans = jenseits, gr. isos = gleich, meros = Teil], spezielle Form der ↗Isomerie organ. Verbindungen, die aus der verschiedenen Orientierung v. Substituenten an je zwei durch eine Doppelbindung verknüpften Kohlenstoffatomen resultiert; z.B. befinden sich die beiden Carboxylgruppen v. Fumarsäure bezügl. der (nicht drehbaren) Doppelbindung in *Trans*-Stellung, während sie bei Maleinsäure zueinander in *Cis*-Stellung stehen. Entsprechend unterscheidet man bei Cis-Trans-Isomeren Verbindungen zw. Cis-Form u. Trans-Form, die sich in ihren physikal. und chem. Eigenschaften unterscheiden.
Cis-Trans-Test, *Komplementaritätstest,* method. Ansatz zur Entscheidung, ob zwei gegebene Mutationen zwei verschiedene Allele eines Gens darstellen od. zwei verschiedene Gene betreffen; wird zur Abgrenzung v. Genen angewendet. Zwei unabhängig voneinander eingetretene Punktmutationen a und a' (vgl. Abb.) können entweder in einem Gen (z.B. A) an zwei unterschiedl. Stellen liegen, od. sie liegen in zwei verschiedenen Genen (z.B. A und B). Ist durch die beiden Mutationen

Schema des Cis-Trans-Testes Zwei verschiedene Mutationen (a und a') in:

	einem Gen		zwei verschiedenen Genen	
Cis-Heterozygote	Polypeptidkette A mit 2 Defektstellen ↑ —x—x— a a' — A — + + B + ↓ funktionsfähige Polypeptidkette A	funktionsfähige Polypeptidkette B ↑ — + — + B + ↓ funktionsfähige Polypeptidkette B	Polypeptidkette A mit 1 Defektstelle ↑ —x— a — A — + a' + ↓ funktionsfähige Polypeptidkette A	Polypeptidkette B mit 1 Defektstelle ↑ — + B + ↓ funktionsfähige Polypeptidkette B
Phänotypen:	Wildtyp Mutante		Wildtyp Wildtyp	
Trans-Heterozygote	Polypeptidkette A mit 1 Defektstelle ↑ —x— a — A — + + B + ↓ Polypeptidkette A mit 1 Defektstelle	funktionsfähige Polypeptidkette B ↑ — + a' — + B + ↓ funktionsfähige Polypeptidkette B	Polypeptidkette A mit 1 Defektstelle ↑ —x— a — A — + + B + ↓ funktionsfähige Polypeptidkette A	funktionsfähige Polypeptidkette B ↑ — + a' — + B + ↓ Polypeptidkette B mit 1 Defektstelle

Bei C vermißte Stichwörter suche man auch unter K und Z.

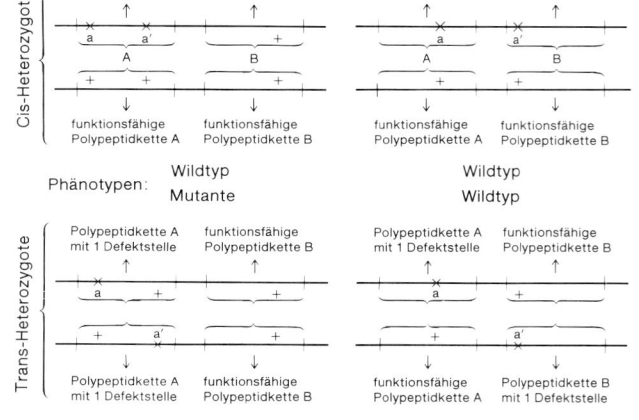

nur ein Gen betroffen, so wird in der *Cis-Heterozygoten* der normale Phänotyp ausgeprägt, da auf dem nicht betroffenen homologen Chromosom in der diploiden od. merozygoten Zelle z. B. die notwendige Funktion A (Ausprägung der Polypeptidkette A) unverändert bleibt. Die *Trans-Heterozygote* bringt allerdings einen veränderten Phänotyp hervor, da auf beiden homologen Chromosomen die Ausprägung v. Funktion A defekt ist. Sind durch die Mutationen a und a' zwei Gene betroffen, so kann sowohl in der Cis- wie auch in der Trans-Heterozygoten der normale Phänotyp ausgebildet werden. Auch in der Trans-Heterozygoten gibt es für jedes der beiden mutierten Gene auf dem jeweils homologen Chromosom ein nicht defektes Gen, das die Funktion erfüllen kann. Eine derart. Ergänzung zweier Defektmutanten durch ihre jeweils unversehrten Gene auf dem homologen Chromosom wird als *intergene Komplementation* bezeichnet. Ein Genomabschnitt, der sich im C. als Funktionseinheit verhält, wird als *Cistron* (gleichbedeutend mit Gen) definiert.

Cistron *s*, das ↗ Gen. ↗ Cis-Trans-Test.

Cistrose [v. *cist-], *Cistus*, hpts. im Mittelmeerraum beheimatete Gatt. der Cistrosengewächse mit ca. 20 Arten. Immergrüne, überwiegend niedrige, reichverzweigte, filzig-zottig od. drüsig-klebrig behaarte Sträucher mit ganzrand., oft ledr. Blättern u. großen, meist in Cymen angeordneten, weißen, rosafarb. od. roten, am Grunde gewöhnl. gelben Blüten, deren 5 Kronblätter zahlr. Staubblätter umgeben. Verschiedene C.-Arten (bes. *C. salvifolius*) bilden einen wicht. Bestandteil mediterraner Strauchges. u. sind Charakterpflanzen der Cistus-Macchie. Mehrere C.-Arten sowie ihre Hybriden werden ihrer schönen großen Blüten wegen auch als Ziersträucher gezogen. Die Drüsenhaare der Blätter u. junger Triebe v. *C. villosus* var. *creticus* sowie *C. ladaniferus* liefern das wohlriechende *Ladanum*. ▣ Mediterranregion I.

Cistrosengewächse [v. *cist-], *Cistaceae*, Fam. der Veilchenartigen mit 8 Gatt., die ca. 170 Arten umfassen; v. a. in den gemäßigten Zonen der Alten Welt, bes. im Mittelmeergebiet, aber auch in N- und S-Amerika beheimatete Sträucher od. Halbsträucher, gelegentl. auch Kräuter, mit einfachen, meist gegenständ. Blättern u. teilweise relativ großen, oft auffällig rot, weiß od. gelb gefärbten Blüten. Letztere stehen einzeln od. in Cymen u. besitzen eine radiäre, meist 5zählige, kurzleb. Blütenkrone sowie meist zahlr. Staubblätter, die häufig auf Berührungsreize reagieren (Seismonastie). Aus dem oberständ. Fruchtknoten entsteht eine Kapsel mit

cist- [v. gr. kisthos = Strauch mit rosa Blüten, der Gummi liefert].

citr-, citro- [v. lat. citrus (gr. kedros) = Zitronenbaum; auch v. lat. citrinus = zitronengelb].

Cistrose

Ladanum, eine ambraartig duftende, bitter balsam. schmeckende Substanz, enthält neben 86% Harz etwa 7% äther. Öl u. wurde bereits im Altertum als Räucher- u. Einbalsamierungsmittel benutzt. Im Mittelalter u. später diente es als u. a. adstringierendes, blutstillendes u. den Auswurf förderndes Heilmittel. Heute findet L. nur noch als Duftstoff für Parfüms, Seifen u. Tabake Anwendung.

Cistrosengewächse

Wichtige Gattungen:
↗ Cistrose *(Cistus)*
Crocanthemum
Fumana
Lechea
↗ Sonnenröschen *(Helianthemum)*
Tuberaria

Citratlyase

Regulation der Aktivität des Enzyms bei *Rhodopseudomonas gelatinosa*

zahlr. Samen. C. sind vorwiegend Bewohner trockener, sonn. Standorte, an die sie durch verschiedene Xeromorphosen (Verkleinerung der Blattfläche durch Einrollen, frühzeit. Blattfall, starke, oft drüs. Behaarung, knoll. Rhizome od. sehr kurze Vegetationsdauer) angepaßt sind. Im Mittelmeergebiet sind die C. ein bedeutender Bestandteil der niedr., gebüschart. Garigue-Vegetation; einige Arten besiedeln sogar wüstenart. Standorte. Wichtigste Gatt. sind *Helianthemum*, das ↗ Sonnenröschen, u. *Cistus*, die ↗ Cistrose. Die ca. 10 Arten umfassende, über das Mittelmeergebiet u. Vorderasien verbreitete Gatt. *Fumana*, das Zwerg-Sonnenröschen, ist mit einer Art *(F. procumbens)* auch in trockenen, warmen Lagen (z. B. Kalktrockenrasen) Mitteleuropas vertreten; diese Art gilt nach der ↗ Roten Liste als „stark gefährdet".

Cistus *m* [v. *cist-], die ↗ Cistrose.

Citellus *m* [v. tschech. sysel], die ↗ Ziesel.

Citharexylum *s* [v. gr. kithara = Leier, xylon = Holz], Gatt. der ↗ Eisenkrautgewächse.

Citharinus *m* [v. gr. kithara = Leier], Gatt. der ↗ Salmler.

Citral *s* [v. *citr-], nach Zitronen riechendes cis-trans-Isomerengemisch aus *Geranial* (trans-Citral, Citral a) u. *Neral* (cis-Citral, Citral b), das in zahlr. äther. Ölen, bes. in Lemongrasöl, Citronenöl u. Basilikumölen, vorkommt sowie Bestandteil v. Alarm-Pheromonen v. Insekten ist. Bei der Kondensation v. C. mit Aceton unter alkal. Bedingungen entsteht Pseudojonon, das im sauren Milieu durch Erhitzen unter Ringschluß in α- u. β-Jonon überführt werden kann. Die veilchenartig duftenden *Jonone* werden in der Riechstoffindustrie verwendet u. sind v. bes. Bedeutung für die techn. Synthese von Vitamin A. ▢ Blütenduft. [↗ Citronensäure.

Citrate [Mz.; v. *citr-], Salze od. Ester der

Citratlyase *w*, das Schlüsselenzym für den anaeroben Abbau v. Citrat bei Milchsäurebakterien, Enterobakterien, *Veillonella*-Arten, *Clostridium sphenoides* u. *Rhodopseudomonas gelatinosa*. C. spaltet Citrat in Acetat u. Oxalacetat; bei Milchsäurebakterien wird Oxalacetat dann weiter umgewandelt in ↗ Acetoin u. Diacetyl, das der Butter den charakterist. Geschmack verleiht. Bei *Rhodopseudomonas gelatinosa* wird die Enzymaktivität der C. durch Acetylierung od. Deacetylierung reguliert.

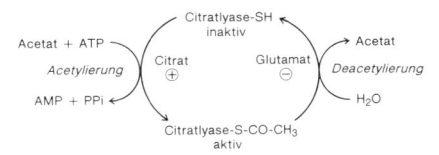

Citratsynthase

Citratsynthase [v. *citr-, gr. synthesis = Zusammensetzung], *Citrogenase, citratkondensierendes Enzym*, eine zu den Lyasen zählende Transacylase, die im ↗ Citratzyklus die in Form einer Aldolkondensation ablaufende Bildung v. Citrat aus Acetyl-Coenzym A u. Oxalacetat katalysiert. Die aus *E. coli* isolierte C. (relative Molekülmasse M = 248 000) besteht aus vier gleich großen Untereinheiten; das aus Rattenherz isolierte Enzym baut sich aus nur zwei gleich großen Untereinheiten auf (M = 98 000). Die C.-Reaktion ist der primäre geschwindigkeitsbestimmende Schritt des Citratzyklus; die Umsatzrate wird v. a. durch das Vorhandensein v. Acetyl-Coenzym A und Oxalacetat u. durch die Konzentration an Succinyl-Coenzym A bestimmt (Succinyl-Coenzym A konkurriert mit Acetyl-Coenzym A).

Citratzyklus *m* [v. *citr-, gr. kyklos = Kreis], *Citronensäurezyklus, Krebs-Zyklus, Tricarbonsäurezyklus*, 1937 v. Krebs, Martius u. Knoop etwa gleichzeitig entdeckte, sehr wichtige zykl. biochem. Reaktionskette, in der sich im intermediären Stoffwechsel der Zelle der energieliefernde Endabbau des aus dem Protein-, Fett- u. Kohlenhydratstoffwechsel stammenden Zwischenprodukts ↗ Acetyl-Coenzym A vollzieht. Dieses kondensiert im 1. Schritt mit Oxalacetat zu Citrat, worauf die Bezeichnung C. zurückzuführen ist. Über eine Reihe v. Zwischenstufen wird Oxalacetat wieder regeneriert, wobei insgesamt 2 CO_2-Moleküle abgespalten und 8 Reduktionsäquivalente in Form von 3 Molekülen NADH u. 1 Molekül $FADH_2$ zur Veratmung durch die Reaktionen der ↗ Atmungskette frei werden. Außerdem bildet sich bei der Umsetzung v. Succinyl-CoA zu Succinat ein energiereiches Triphosphat (GTP), das energet. äquivalent zu ATP ist. Die Enzyme des C. sind in den Mitochondrien lokalisiert.

Citrobacter *s* [v. *citro-, gr. baktron = Stab], Gattung der *Enterobacteriaceae*, gramnegative, peritrich begeißelte, stäbchenförm. fakultativ anaerobe Bakterien. Charakterist. ist das Wachstum mit Citrat als einziger Kohlenstoffquelle. Glucose u. a. Kohlenhydrate werden zu Säuren u. Gas (CO_2/H_2 = 1/1) vergoren; aus Trimethylenglykol bildet C. Glycerin. Die Bakterien kommen im Boden, (Ab-)Wasser, in Nahrungsmitteln u. Fäkalien vor u. gehören der normalen Darmflora v. Mensch u. Tier an. Sie können auch als (opportunist.) Krankheitserreger auftreten. So verursachen einige Serotypen Darminfektionen (Diarrhöe), gelegentl. Mittelohr- od. Harnleiterentzündungen u. a. Lokalinfektionen. Wichtige Arten sind *C. freundii* u. *C. diversus*.

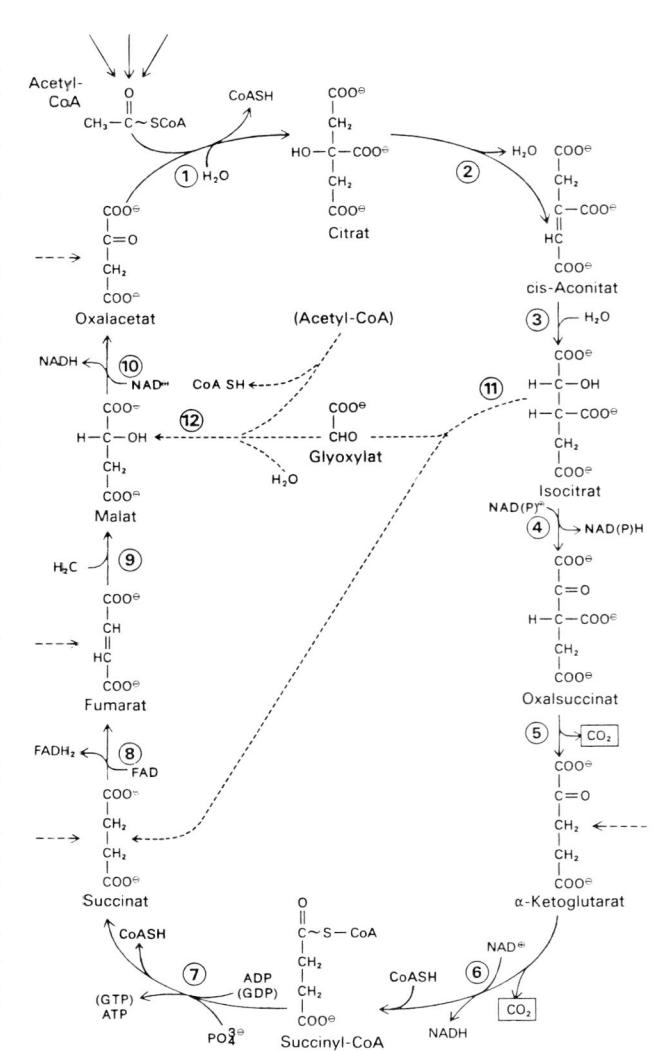

Citratzyklus

Im C. werden Acetyl-CoA und Oxalacetat durch die Citrat-Synthase (das sog. condensing enzyme) unter CoA-Abspaltung addiert. Im Laufe des Zyklus werden 2 CO_2 freigesetzt und die Wasserstoffatome durch 4 verschiedene Dehydrogenasen entzogen: Es bilden sich 3 NADH und $FADH_2$, die ihren Wasserstoff zur ATP-Bildung auf die Atmungskette übertragen. Im C. entsteht noch durch eine Substratstufenphosphorylierung ein energiereiches Guanosintriphosphat (GTP), das dem ATP entspricht.

Die gestrichelt gezeichneten Wege zeigen die Beziehung zwischen C. und Glyoxylatzyklus (Glyoxylsäurezyklus), der funktionsfähig ist, wenn den Zellen Acetat als Substrat vorliegt. Die einzelnen Reaktionen werden durch folgende Enzyme katalysiert: (1) Citrat-Synthase; (2) und (3) Aconitase; (4) und (5) Isocitrat-Dehydrogenase; (6) α-Ketoglutarat-Dehydrogenase; (7) Succinat-Thiokinase; (8) Succinat-Dehydrogenase; (9) Fumarase; (10) Malat-Dehydrogenase; (11) Isocitrat-Lyase; (12) Malat-Synthase.

Die gestrichelten äußeren Pfeile bezeichnen die Stellen, an denen die Moleküle – neben dem überwiegenden Einmünden über Acetyl-CoA – auf andersartigen Abbauwegen in den Zyklus eingeschleust werden können.

Aufgeführt sind die ionischen Formen u. deren Bez. Die Bez. der entsprechenden nichtionischen Formen sind:

Citronensäure (Citrat) — α-Ketoglutarsäure (α-Ketoglutarat)
cis-Aconitsäure (cis-Aconitat) — Bernsteinsäure (Succinat)
Isocitronensäure (Isocitrat) — Fumarsäure (Fumarat)
Oxalbernsteinsäure (Oxalsuccinat) — Apfelsäure (Malat)
Oxalessigsäure (Oxalacetat)

Bei C vermißte Stichwörter suche man auch unter K und Z.

Ein Teil der Stämme wurde fr. der Gatt. *Escherichia (E. freundii, E. coli)* u. der Gattung *Paracolobacterium* zugeordnet (Bethesda-Ballerup-Gruppe).

Citrogenase w [v. *citro-, gr. gennan = erzeugen], die ↗Citratsynthase.

Citronellal s [v. it. citronella = Zitronenkraut], nach Rosen u. Zitronen riechendes acycl. Monoterpen, das in Citronellöl, Citronenöl, Lemongrasöl, Melissenöl u.a. äther. Ölen vorkommt. C. wird v. manchen Ameisen-Arten als Alarm-Pheromon benutzt. [kraut], ↗Cymbopogon.

Citronellöl s [v. it. citronella = Zitronen-

Citronensäure [v. *citro-], *Zitronensäure,* eine dreibas. Hydroxycarbonsäure bzw. Tricarbonsäure, farblose Kristalle v. angenehm saurem Geschmack; wirkt antirachitisch, da sie die Calciumaufnahme erleichtert. Als freie Säure u. in Form v. Salzen, den *Citraten,* ist C. eine der verbreitetsten Pflanzensäuren, kommt in Zitronen, Preisel-, Stachel-, Johannis-, Heidel- u. Himbeeren, Wein, Milch usw. vor. Bildet sich im ↗Citratzyklus aus Oxalessigsäure u. Acetyl-CoA. Citrat ist ein negativ alloster. Effektor für Phosphofructokinase, ein Schlüsselenzym der Glykolyse; überschüssiges Citrat blockiert daher den weiteren Abbau v. Glucose, wodurch eine Balance zw. der Bereitstellung v. Acetyl-CoA durch die Glykolyse u. dessen Abbau durch den Citratzyklus erreicht wird.

Citronensäuregärung, wichtige Umsetzung v. ↗Citronensäure (Citrat) in der Milch zu Acetoin u. Diacetyl zur Aromabildung (Butteraroma) zusätzl. zur normalen Milchsäuregärung, z. B. durch *Streptococcus cremoris* u. *Leuconostoc cremoris.* Schlüsselenzym für den anaeroben Abbau ist die ↗Citratlyase, die auch in anderen anaeroben u. fakultativ anaeroben Bakterien (z. B. *Enterobacteriaceae*) vorkommt; sie spaltet Citrat zu Acetat u. Oxalacetat. Die aeroben *Bacillus*-Arten bilden Diacetyl auf einem anderen Abbauweg.

Citronensäurezyklus [v. *citro-], der ↗Citratzyklus.

Citrostadienol s [v. *citro-], ein in Orangen- u. Grapefruitschalenöl vorkommendes Phytosterin.

Citrovorumfaktor m [v. *citro-, lat. vorare = verschlingen], *Leukoverin, N-Formyl-tetrahydrofolat,* ein blutbildendes Vitamin der Folsäuregruppe aus der Leber; Bakterienwachstumsfaktor.

Citrullin s, eine in der Wassermelone *(Citrullus)* entdeckte nichtproteinogene, im Tier- und Pflanzenreich weitverbreitete, bes. im Blutungssaft der Birken u. Erlen sowie in den Xylemsäften v. Birken- u. Walnußgewächsen vorkommende Aminosäure; bes. Bedeutung als Zwischenpro-

citr-, citro- [v. lat. citrus (gr. kedros) = Zitronenbaum; auch v. lat. citrinus = zitronengelb].

Citronensäure (Citrat)

3 Citrat
(Citronensäure)
↓
Lactat
(Milchsäure)
+ 3 Acetat
(Essigsäure)
+ 5 CO_2
+ Diacetyl
  |Acetoin-
  Dehydrogenase
Acetoin

Citronensäuregärung
Abbau v. Citronensäure (Citrat) zu *Diacetyl* u. *Acetoin* durch Milchsäurebakterien. Wichtige Zwischenprodukte sind Acetyl-CoA u. „aktiver Acetaldehyd", nicht α-Acetolactat wie in *Bacillus*-Arten u. *Enterobacteriaceae.*

Citrullin

dukt bei der Bildung v. Harnstoff im ↗Harnstoffzyklus.

Citrullus m [v. it. citrullo = Zitronengurke], *Wassermelone,* über die Steppen u. Wüsten des südl. und trop. Afrika, das Mittelmeergebiet sowie die sich v. N-Afrika bis N-Indien erstreckenden Wüstengebiete verbreitete Gatt. der Kürbisgewächse mit 4 Arten. Einjährige bis ausdauernde Kräuter mit niederliegenden Stengeln, oft relativ dicht behaarten, tief 3- bis 5lappigen Blättern (deren Lappen wiederum gelappt od. eingeschnitten sind), 2- bis 3spalt. Ranken u. einzeln stehenden, grünl.-gelben, monözischen Blüten. Die wichtigsten Arten sind die Echte Zitrulle oder Koloquinte, *C. colocynthis* (B Kulturpflanzen X) u. die eigtl. Wassermelone, *C. vulgaris (C. lanatus,* B Kulturpflanzen VI). Die wahrscheinl. aus den Wüstengebieten Afrikas stammende, heute stellenweise angebaute Koloquinte ist eine ausdauernde, sehr rauh behaarte Pflanze mit grünen od. gelbl.-weiß gezeichneten, etwa orangengroßen, hartschaligen Früchten, deren trockenes, schwamm. Fruchtfleisch zahlr., ca. 1 cm lange, eiförm. zusammengedrückte Samen enthält. Letztere werden ihres hohen Gehalts an fettem Öl (ca. 17%) u. Protein (ca. 6%) wegen, geröstet oder gekocht, als Nahrungsmittel verwendet od. zur Gewinnung v. Brennöl benutzt. Das durch den glykosid. Bitterstoff *Colocynthin* sehr bitter schmeckende Fruchtfleisch der Koloquinte wird seit alters her med. genutzt, z. B. als starkes Abführmittel. Die urspr. wahrscheinlich ebenfalls aus den Trockengebieten des trop. und südl. Afrika stammende, einjähr. Wassermelone, *C. lanatus (C. vulgaris),* ist eine uralte Kulturpflanze, die heute in einer Vielzahl verschiedener Sorten über die Tropen u. Subtropen der gesamten Erde verbreitet ist. Ihre Früchte, die zur Reife trockene Luft u. große Hitze verlangen, werden bis zu 75 cm lang u. 25 kg schwer. Ihre Form ist kugelig bis elliptisch, die Schale glatt, einheitl. grün od. weißl., blaßgrün od. schwarzgrün gemustert. Das weiche bis feste Fruchtfleisch ist v. weißer, gelbl. od. roter Farbe u. schmeckt saftig süß od. säuerl. bis bitter fade. In ihm eingebettet sind zahlr. eßbare weißl.-gelbl. bis braunschwarze, ölhalt. Samen. Süße Wassermelonen (var. *caffer*) werden im allg. roh verzehrt; ihr Saft wird auch vergoren od. zu Sirup eingedickt. Früchte mit festem Fruchtfleisch werden gekocht od. mit Mehl gebacken. Die Samen können geröstet verzehrt od. zur Ölgewinnung genutzt werden. Wassermelonen mit fadem od. bitterem Geschmack (var. *citroides*) werden u. a. als Viehfutter verwendet.

Bei C vermißte Stichwörter suche man auch unter K und Z.

Citrus

Citrus *m* [lat., = Zitronenbaum], Gatt. der Rautengewächse mit, je nach Auffassung, 15–100 Arten, deren Stammformen urspr. in S-China, SO-Asien u. Indomalaysien beheimatet waren. Einige der immergrünen, äußerst frostempfindl., niedr. Holzgewächse wurden v. Alexander d. Gr. ins Mittelmeergebiet gebracht. Im alten Ägypten war die Zitronatzitrone seit dem 2. Jt. v. Chr. bekannt. Heute wird C. in allen subtrop. Gebieten der Erde in Plantagen zur Gewinnung v. Ölen u. wegen der Früchte kultiviert. Die Gesamtheit der C.-Früchte trägt die Bez. *Agrumen*. Für den frischen Verzehr wird die beste Qualität im erdumspannenden Agrumengürtel zw. 23° und 35° südl. und nördl. des Äquators produziert. Der daraus resultierende alternierende Ernterhythmus ermöglicht ein ganzjähriges Angebot der Früchte im Handel. Die ledr. Blätter der niedr. Bäume sind einfach, drüsig u. wechselständig. Fast alle Arten tragen mehr od. weniger kurze Dornen, deren Natur noch nicht endgültig geklärt ist (Sproßdornen, Blattdornen?). Die zweigeschlecht., weißen, duftenden Blüten stehen in Büscheln od. einzeln. ↗Blütenformel: radiär, K5, C5, A15–60, G5–15; Diskusbildung. Die Frucht ist eine zitronenförm. oder kugel. Beere. Die Außenhaut (Exokarp) ist dünn u. mit Wachs bedeckt. Das Mesokarp ist gegliedert in das Flavedo, das durch Carotinoide gefärbt u. mit Drüsen, die artspezifische Öle enthalten, durchsetzt ist, u. das sich nach innen anschließende Albedo. Dieses kann sehr dick ausgebildet sein, aber auch fehlen. Aus dem Endokarp, das auch die Abgrenzung zw. den Segmenten bildet, wachsen Epidermiszotten nach innen, die z. Z. der Fruchtreife mit Saft gefüllt sind. Das Fruchtfleisch besitzt einen hohen, nach Art u. Sorte schwankenden Vitamin-C-Gehalt (30–53 mg/100 g Fruchtfleisch). An der mittelständ. Placenta liegen pro Segment bis zu 8 Samen. Eine Besonderheit ist, daß neben dem einen, normal erzeugten Embryo je Samen noch solche aus Zellwucherungen des Nucellargewebes entstehen können. – Die Früchte der Pampelmuse *(C. grandis)* (Polynesien) können bis zu 6 kg schwer werden u. mehr als 20 cm ⌀ erreichen; das Albedo ist bes. ausgeprägt. Der Pampelmuse sehr ähnl. ist die Grapefruit *(C. paradisi,* B Kulturpflanzen VI) (China), die jedoch kleinere Früchte ausbildet u. deren Triebe nicht behaart sind; der bitterl. Geschmack des Fruchtfleisches wird durch das Glykosid Naringin hervorgerufen; Haupterzeugerländer sind die USA u. Israel. Die Apfelsine od. Orange *(C. sinensis,* B Kulturpflanzen VI), die wichtigste C.frucht, stammt wohl aus China; Ende des 18. Jh. wurden in Spanien die ersten Plantagen errichtet; weltweit werden sehr viele Kultursorten, z. B. die anthocyanhalt. Blutorange u. die großfruchtige Jaffaapfelsine, angebaut. Als zweitwichtigste C.frucht gilt die Saure Zitrone *(C. limon,* B Kulturpflanzen VI) (wahrscheinl. Himalaya); das ganze Jahr über findet man an den bis 6 m hohen Bäumen Blüten, reife u. unreife Früchte nebeneinander; der Gehalt an Citronensäure schwankt zw. 3,5–7 g/100 g Fruchtfleisch. Aus der Süßen Zitrone od. Limette *(C. limetta)* wird hpts. Saft hergestellt, da die Früchte nur kurze Zeit haltbar sind. Das Mesokarp der unreifen, fruchtfleischarmen, bis 2,5 kg schweren Früchte der Zitronatzitrone od. des Adamsapfels *(C. medica)* (Asien) wird mit Salzwasser behandelt und anschließend kandiert; Hauptanbaugebiet ist Korsika, Sizilien u. Griechenland. Aus der Pomeranze *(C. aurantium* ssp. *aurantium)* (S-Abfall des Himalaya) wird die bekannte Orangenmarmelade gekocht; Öl aus den Blüten (Neroliöl) findet in der Parfüm-Ind. Anwendung; Pomeranzenöl wird dem Curaçao-Likör zugesetzt u. bestimmt dessen Geschmack; das kandierte Mesokarp ist als Orangeat im Handel. Aus den Schalen der Bergamotte *(C. aurantium* ssp. *bergamia)* wird das ↗*Bergamottöl* extrahiert. Für den Obsthandel wichtig ist auch die formenreiche Mandarine *(C. reticulata,* B Kulturpflanzen VI); die weitgehend albedolosen Früchte sind leicht schälbar. Eine selbststerile, daher kernlose Abart hiervon ist die sehr süß schmeckende Clementine; sie wird im Mittelmeergebiet ab Okt. geerntet u. ist somit die erste C.frucht der Saison. Weitere Sorten v. *C. reticulata* sind die kernlosen, leuchtend roten Satsumas u. die kleinfrücht. Tangerinen. Y. S.

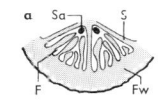

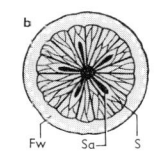

Citrusfrüchte

Querschnitte **a** durch eine junge, **b** durch eine alte Citrusfrucht. F Fruchtknotenfach mit S Saftschläuchen und Sa Samenanlage Fw Fruchtwand.

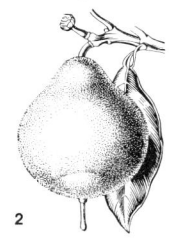

Citrus

1 Blütenzweig der Zitrone *(C. limon)* mit Frucht; 2 Bergamotte *(C. aurantium* ssp. *bergamia);* 3 Zweig der Mandarine *(C. reticulata)* mit Blüten u. Frucht (angeschnitten).

Citrus		Grapefruit-Ernte 1978 (in Mill. t)	
Apfelsinen-Ernte 1978 (in Mill. t)		Welt	4,23
Welt	34,11	USA	2,72
USA	8,64	Israel	0,46
Brasilien	7,82	Argentinien	0,15
Mexiko	2,40	China	0,13
Spanien	1,65	Südafrika	0,09
Italien	1,40	u. a.	
Indien	1,04		
Israel	0,92	Zitronen- u. Limetten-Ernte 1978 (in Mill. t)	
u. a.			
Mandarinen-, Clementinen-, Tangerinen- u. Satsumas-Ernte 1978 (in Mill. t)		Welt	4,65
		USA	0,92
		Italien	0,65
Welt	7,04	Indien	0,45
Japan	3,10	Mexiko	0,44
Spanien	0,85	Türkei	0,33
USA	0,61	Argentinien	0,30
Brasilien	0,33	Spanien	0,24
Italien	0,30	Griechenland	0,17
u. a.		u. a.	

Bei C vermißte Stichwörter suche man auch unter K und Z.

Citrusöle [v. *citr-], im allg. Bez. für äther. Öle aus den Schalen (Perikarp) v. Citrusfrüchten (Agrumenöle), z. B. Bergamottöl, Citronenöl, Limetteöl, Mandarinenöl, Orangenöl, Pomeranzenöl, seltener aus Blüten (Neroliöl), Blättern u. Zweigspitzen (Petitgrainöle). Hauptinhaltsstoffe der C., die oft gg. Licht, Wärme u. Autoxidation empfindl. sind u. in denen insgesamt über 260 Aromastoffe gefunden wurden, sind Terpene (z. B. Citral, Limonen, Linalool, Linalylacetat) sowie Sesquiterpene, aliphat. Aldehyde, Ester, Bitterstoffe, Flavonoide u. in einigen Fällen auch photosensibilisierende Furocumarine (z. B. Psoralen, Bergapten aus Bergamottöl). Verwendung finden C. in der Parfümerie-, Seifen- u. Kosmetik-Ind., in Citrusaromen u. als Amara (Bitterstoffgehalt!) z. B. in bestimmten tonic waters (bitter lemon).

Cittotaenia w [v. gr. kittos = Efeu, tainia = Band], Bandwurm-Gatt. der Ord. *Cyclophyllidea; C. denticulata,* 50 cm lang, 15 mm breit, Skolex mit 4 ellipt., längsgestellten Saugnäpfen, ohne Hakenkranz; kommt im Darm v. Kaninchen u. Hasen vor.

Civette w, *Viverra civetta*, ↗Zibetkatzen.

Civettictis w, U.-Gatt. der ↗Zibetkatzen.

C₁-Körper, die ↗aktiven Einkohlenstoffverbindungen.

Cl, chem. Zeichen für ↗Chlor.

Clactonien s [kläktonjän; ben. nach Clacton-on-Sea, SO-England], Kulturstufe (Geräteindustrie) der ↗Altsteinzeit aus dem Alt- bis Mittelpleistozän Europas; gekennzeichnet v. a. durch grobe ↗Abschlaggeräte aus Feuerstein neben einzelnen Geröllgeräten u. auch hölzernen Lanzenspitzen.

Cladia w [v. *cladi-], einzige Gatt. (7 Arten) der *Cladiaceae*, auch zu *Cladoniaceae* gestellt; Strauchflechten, die manchen *Cladonia*-Arten ähneln, jedoch Pseudopodetien besitzen, ohne grundständiges Lager. Verbreitungsschwerpunkt in Australien u. Neuseeland; v. a. in Magerrasen, Hochmooren, auf Rohböden u. morschem Holz. *C. retipora* erinnert mit ihren bis 5 cm hohen, weißl., porenartig durchbrochenen Lagern an Korallen u. zählt zu den attraktivsten Flechten; bildet oft ausgedehnte Bestände in Heiden.

Cladietum marisci s [v. *cladi-, lat. mare, Gen. maris = Meer], *Schneidbinsenröhricht,* Assoz. des *Phragmition,* überleitend zum *Magnocaricion.* In oligotrophen, sauerstoffreichen Sümpfen u. Mooren sommerwarmer Gebiete, in S-Dtl. nur auf kalkreichem Substrat. Selten gewordene Reliktges. der postglazialen Wärmezeit. Konkurrenzschwäche beruht auf geringer Toleranz v. Wasserstandsschwankungen.

Cladina w [v. *cladi-], ↗Cladonia.

Cladium s [v. *cladi-], die ↗Schneide.

Cladocera [Mz.; v. *clado-, gr. keras = Horn], die ↗Wasserflöhe.

Cladocora w [v. *clado-, gr. koros = Becher], Gatt. der Steinkorallen; *C. cespitosa* (Rasenkoralle) ist eine häuf. Mittelmeerart mit kleinen, braunen Polypen, die polsterförm. Kolonien bilden, flache „Rasen" bis 50 cm; meist ab 10 m Tiefe.

Cladodium s [v. gr. kladōdēs = ästig], ↗Phyllokladium.

Cladogenese w [v. *clado-, gr. genesis = Entstehen], ist jegl. bereits auf dem Artniveau beginnende Diversifikation. Durch ↗additive Typogenese, die während der C. stattfindet, entstanden die heute als diskontinuierl. Einheiten nebeneinanderstehenden Grundbaupläne des Organismenreiches. Nachdem so ein neues anagenet. Niveau erreicht war, setzte die ↗Stasigenese ein, in der durch stabilisierende Selektion die charakterist. Merkmale eines Grundbauplans erhalten werden. Auf einem so erreichten Evolutionsniveau wird ein Grundbauplan während weiter erfolgender C. durch ↗adaptive Radiation in viele ↗ökolog. Nischen unterteilt. Daher ist die C. (Stammverzweigung) ein anderer Entwicklungsprozeß als die ↗Anagenese (Höherentwicklung). ↗Stammbaum.

Cladogramm s [v. *clado-, gr. gramma = Schrift], spezielle Darstellungsform eines ↗Stammbaums.

Cladomela w [v. *clado-, gr. mēlon = Kleinvieh], Gatt. der ↗Lassospinnen.

Cladonemidae [Mz.; v. *clado-, gr. nēma = Faden], Hohltier-Fam. der *Athecatae-Anthomedusae;* die Polypen bilden wenig verzweigte Stöckchen u. tragen 2 Tentakelkränze (aboraler Kranz oft rudimentär). Die Medusen bilden mehr als 4 Radiärkanäle, der Mundrand trägt Oraltentakel, die Schirmtentakel sind verzweigt; Ocellen sind vorhanden. *Cladonema radiatum* kommt bei Helgoland u. in den nördl. Teilen der Adria vor; die Meduse lebt v. a. am Boden, wo sie auf speziellen Gabelästen der Tentakel schreitet.

Cladonia w [v. *clado-], bedeutende Strauchflechten-Gatt. der *Cladoniaceae*, mit annähernd 300 Arten weltweit verbreitet, hpts. Bewohner nährstoffarmer Böden u. morschen Holzes, in Wäldern, Zwergstrauchheiden, Magerrasen. Der Thallus von C. besteht gewöhnl. aus zwei Teilen, aus einem grundständigen, schupp. bis kleinblättr. Lager u. mehr od. weniger aufrecht wachsenden, innen fast stets hohlen, vielfältig gestalteten Podetien, an deren Enden meist braune od. rote Apothecien entstehen. Die Podetien sind einfach stiftförm. bis reich verzweigt od. ähneln gestielten Bechern (Becherflechten); sie sind

Cladocora cespitosa (Rasenkoralle)

citr-, citro- [v. lat. citrus (gr. kedros) = Zitronenbaum; auch v. lat. citrinus = zitronengelb].

Cladonemidae

Cladonema radiatum, „laufend"

cladi- [v. gr. kladion = kleiner Zweig].

clad-, clado- [v. gr. klados = Zweig], in Zss.: Zweig-.

Bei C vermißte Stichwörter suche man auch unter K und Z.

Cladoniaceae berindet od. unberindet, oft mit kleinen Schuppen od. Soredien bedeckt. Bei einer Gruppe v. stark buschig verzweigter Arten verschwindet das grundständ. Lager rasch (Rentierflechten). Sie wird neuerdings auch als eigene Gatt. *Cladina* abgetrennt. Gewöhnl. erreichen C.-Arten eine Höhe von 1–8 cm, einzelne bis 20 cm. Sie sind grau, graugrünl. grüngelbl., blaßgelb od. bräunl. gefärbt. In kühlen Gebieten können sie vegetationsbestimmend auftreten u. von wirtschaftl. Bedeutung sein (↗ Rentierflechten). [B] Flechten I, II.

Cladoniaceae [Mz.; v. *clado-], Flechten(pilz)-Fam. der *Lecanorales* mit ca. 300 Arten in 7 Gatt. Der Thallus ist in einen grundständigen, meist schupp. od. kleinblättr. Teil (Thallus horizontalis, Primärthallus) u. in einen vertikalen, z. B. strauchig verzweigten od. stiftförm., hohlen oc. soliden Teil (Thallus verticalis, Podetien, selten Pseudopodetien) gegliedert. Die Apothecien sind biatorin, die Sporen einzellig u. farblos. Abgesehen v. ↗ *Cladonia* sind die Gatt. sehr artenarm u. hpts. in warmen Gebieten der Erde verbreitet.

Cladoniineae [Mz.; v. *clado-] ↗ Lecanorales.

Cladophoraceae [Mz.; v. *clado-, gr. -phoros = tragend], Fam. der *Cladophorales*, Grünalgen mit siphonocladalem Thallus u. meist einseitwendig verteilten Seitentrieben; bilden bis zu 10 cm große Büschel. Die ca. 40 Arten der Gatt. *Cladophora* kommen sowohl im Süß- wie im Meerwasser vor; sie durchlaufen einen isomorphen Generationswechsel ([B] Algen V). *C. rupestris* kommt oft epilithisch (auf Steinen) in der Gezeitenzone gemäßigter Meere vor. Die Gatt. *Rhizoclonium* mit zwei- bis dreikern. Zellen ist weltweit verbreitet, u.a. *R. hieroglyphicum* in stehenden od. schwach fließenden Gewässern. Die ca. 60 Arten der Gatt. *Chaetomorpha* mit fäd., unverzweigtem, festsitzendem Thallus kommen in Süß- u. Meerwasser vor; im Meerwasser häuf. ist *C. linum*.

Cladophorales [Mz.; v. *clado-, gr. -phoros = tragend], *Siphonocladales*, Ord. der Grünalgen; besitzen fädig verzweigte Thalli mit vielkern. zylindr. Zellen (siphonocladale Organisationsstufe, [B] Algen I) und netzart. Chloroplasten.

Cladoselachii [Mz.; v. *clado-, gr. selachos = Knorpelfisch], zu den *Elasmobranchii* gehörende † Ord. der Knorpelfische (*Chondrichthyes*) des Mitteldevon bis Unterperm; Beispiel: *Cladoselache* aus dem Oberdevon.

Cladosporium *s* [v. *clado-, gr. spora = Saat], Gatt. der *Moniliales* (Fungi imperfecti), saprophyt. u. pathogene Pilze. Die flachen, samtart. Kolonien haben ein blau-

clad-, clado- [v. gr. klados = Zweig], in Zss.: Zweig-.

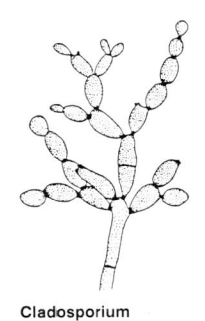

Cladosporium
Konidienträger mit Konidien

Cladophoraceae
Wichtige Gattungen:
Chaetomorpha
Cladophora
Rhizoclonium

Cladophorales
Wichtige Familien:
↗ *Cladophoraceae*
↗ *Sphaeropleaceae*
↗ *Valoniaceae*

grünes bis schwarzes Substratmycel u. meist dunkelgrüne Lufthyphen. Die dunklen, unregelmäßig verzweigten Konidienträger besitzen endständig verzweigte Ketten v. Konidien, die äußerl. an Hefen erinnern. Wegen der dunklen Färbung werden die sprossenden Entwicklungszustände v. C. auch als „schwarze Hefen" (schwarze Pilze) bezeichnet. Die etwa 50 Arten sind weltweit verbreitet, bes. auf absterbenden Blättern. *C. herbarum* (Kellerschimmel) kommt v.a. in feuchten dunklen Räumen vor (auch auf Korken v. Weinflaschen) u. kann Allergien verursachen; C.-Arten zerstören Textilien. *C. paeonia* ist der Erreger der Blattfleckenkrankheit an Pfingstrosen; dabei entstehen auffällige hellbraune bis blauviolette Flecken auf den Blättern, an deren Unterseite ein samtiger, bräunl.-olivfarbener Sporenbelag zu erkennen ist. *C. cuccumerinum* ist der Erreger der Gurkenkrätze. C.-Arten verursachen auch Bläue im Holz.

Cladostephus *m* [v. *clado-, gr. stephos = Kranz], Gatt. der ↗ Sphacelariales.

Cladothrix *m* [v. *clado-, gr. thrix = Haar, Wolle], veraltete Bez. für die Gatt. *Sphaerotilus* der Scheidenbakterien. ↗ Abwasserpilz.

Cladoxylales [Mz.; v. *clado-, gr. xylon = Holz], vom Unterdevon bis Unterkarbon verbreitete Ord. fossiler, vermutl. isosporer Farne (U.-Kl. *Primofilices*) mit Polystele (z. T. mit sekundärem Dickenwachstum) u. ursprünglichen, spiralig an den Achsen stehenden u. oft räuml. verzweigten „Blättchen" u. Sporangienständen. Wichtige Gatt. sind *Cladoxylon* (strauchig, „Blättchen" u. Sporangienstände gabelteilig, fächerartig), *Pseudosporochnus* (2–3 m hoch, unregelmäßig räuml. verzweigte „Blättchen", diese teils steril, teils fertil mit paar. Sporangien an den Endauszweigungen), *Calamophyton* (bis 3 m hoch, „Blättchen" und Sporangienstände mehrfach räuml. dichotom verzweigt) u. *Hyenia* (ähnl. *Calamophyton*, aber nur 30–50 cm hoch). Die Merkmalskombination der C. weist einerseits auf die Psilophyten, andererseits auf die Coenopteriden u. vielleicht auch Medullosen; die fr. für *Calamophyton* u. *Hyenia* vermutete intermediäre Stellung zw. Psilophyten u. Equisetatae gilt als widerlegt.

Cladus *m* [v. *clado-], **1)** wenig gebräuchl. höhere, systemat. Kategorie zw. Stamm u. Klasse. **2)** Bez. für mehrere verwandte, zusammengehörige Tiergruppen.

Clamator *m* [lat., = Schreier], Gatt. der ↗ Kuckucke. [↗ Schreivögel].

Clamatores [Mz.; lat., = Schreier], die

Clambidae [Mz.; v. spätgr. klambos = verstümmelt], die ↗ Punktkäfer.

Clanculus m [v. lat. clanculum = insgeheim], Gatt. der Kreiselschnecken, Altschnecken mit gerundet-kegelförm. Gehäuse, dessen Oberfläche gekörnelt u. oft intensiv gefärbt ist; umfaßt etwa 50 Arten in warmen Meeren. *C. pharaonius* hat ein glänzend rotes Gehäuse v. etwa 15 mm ⌀ mit dicken, gekörnelten Spiralreifen; er lebt im Roten Meer u. vor der ostafr. Küste. *C. bertheloti,* der in der Brandungszone v. Teneriffa vorkommt, treibt eine einfache Brutpflege: Männchen u. Weibchen beherbergen in den tiefen Spiralfurchen der Gehäuseunterseite Eier, Embryonen u. Jungtiere, die durch eine zähe Schleimschicht getarnt u. geschützt werden.

Clangula w [v. lat. clangere = schreien, kreischen], Gatt. der ↗Enten.

Clarias, Gatt. der ↗Raubwelse.

Classis w [lat., = Abteilung, Klasse], die ↗Klasse in der Taxonomie.

Clasterosporium s [v. gr. klaein = brechen, sporos = Same], Formgatt. der ↗*Moniliales* (Fungi imperfecti); häufig auf Blättern höherer Pflanzen; *C. carpophilum* ist Erreger der Schrotschußkrankheit v. Steinobst (z. B. Kirschen, Zwetschgen u. Pfirsich). [menpilze.

Clathraceae [Mz.; v. *clathr-], die ↗Blu-

Clathriidae [Mz.; v. *clathr-], Schwamm-Fam. der *Demospongiae;* aufrechte u. meist verzweigte Formen; ca. 10 Gatt., darunter *Clathria* u. *Microciona;* bekannteste Art der Gatt. *Clathria* ist *C. coralloides,* strauchförmig mit sich verzweigenden Ästen, rosa; Vorkommen Mittelmeer.

Clathrinidae [Mz.; v. *clathr-], Fam. der Kalkschwämme; bekannte Gatt. *Clathrina, Ascute, Dendya.* Bekannteste Art der Gatt. *Clathrina* ist *C. coriacea* mit netzartig verzweigten Röhren, die in einem Osculum münden; ausschl. dreistrahlige Sklerite; vermutl. Kosmopolit.

Clathrulina w [v. *clathr-], artenarme Gatt. der Sonnentierchen; die Arten sind sessil; ihr Zellkörper ist v. einer gestielten Gitterkugel aus Kieselsäure umgeben; bekannteste Art des Süßwassers ist *C. elegans.*

Clathrus m [v. *clathr-], 1) Gatt. der ↗Blumenpilze. 2) zur Fam. Wendeltreppen gehörende Gruppe der Mittelschnecken, die heute als U.-Gatt. zu ↗*Epitonium* gerechnet wird.

Claude [klod], *Albert,* belg. Mediziner, * Aug. 1899 Longlier (Luxemburg), † 22. 5. 1983 Brüssel; bedeutende Arbeiten zur Zellbiologie; entwickelte Methoden (u. a. fraktionierte Zentrifugation), mit denen die Zelle u. ihre Bestandteile elektronenmikroskopisch untersucht werden können, erhielt 1974 zus. mit C. R. de Duve und G. E. Palade den Nobelpreis für Medizin.

Claudius m [v. lat. claudus = lahmend,

clathr- [v. lat. clatri, Gen. clatrorum (gr. klēthra) = Gitter (-Werk)].

Clausilia

C. parvula ist die kleinste Art der Gatt. Clausilia (9,5 mm Gehäusehöhe); lebt bevorzugt an mäßig feuchten Felsen u. Mauern in Mitteleuropa.

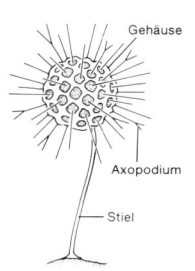

Clathrulina

C. elegans lebt an Wasserlinsen od. auf Bodensatz v. Teichen u. Gräben; ⌀ ca. 90 µm, Stiel bis zu 350 µm lang u. ca. 4 µm dick.

clausi- [v. lat. clausus = verschlossen].

verstümmelt], Gatt. der ↗Schlammschildkröten.

Claus, *Carl Friedrich Wilhelm,* dt. Zoologe, * 2. 1. 1835 Kassel, † 18. 1. 1899 Wien; 1860 Prof. in Würzburg, 63 in Marburg, 70 in Göttingen, ab 73 Prof. u. Dir. des Zool. Anatom. Instituts Wien. Gründer u. Leiter der zool. Station Triest; Arbeiten über Krebs- u. Hohltiere; lehnte die Darwinsche Lehre v. der Zuchtwahl ab u. betonte die Bedeutung der funktionellen Anpassung. Begr. des bekannten, später v. C. Grobben und A. Kühn bearbeiteten Zool. Lehrbuches („Claus-Grobben-Kühn").

Clausilia w [v. *clausi-], Gatt. der Schließmundschnecken mit 5 in N-, Mittel- und O-Europa lebenden Arten, Landlungenschnecken mit spindelförm. Gehäuse, das axial gestreift ist; die birnförm. Mündung ist unten zu einer Rinne ausgezogen u. wird durch zahlr. Falten verengt, in die die schmale Schließplatte (↗Clausilium) hineinpaßt.

Clausiliidae [Mz.; v. *clausi-], die ↗Schließmundschnecken.

Clausilioidea [Mz.; v. *clausi-], Überfam. der Landlungenschnecken mit festschal., getürmtem Gehäuse, dessen Mündung meist durch Falten od. Zähne verengt ist. Zu den C. gehören die Fam. *Cerionidae (Ceriidae), Clausiliidae* (↗Schließmundschnecken) u. *Megaspiridae.*

Clausilium s [v. *clausi-], *Schließplatte,* ein bei den ↗Schließmundschnecken auftretender Verschlußdeckel der Gehäusemündung, der genau in die komplizierte Mündungsarmatur dieser Schnecken hineinpaßt; das C. hat sich aus einer Spindelfalte entwickelt.

Clava w [lat., = Keule], 1) Gatt. der ↗Clavidae; 2) das keulenförmig verdickte Fühlerende bei vielen Insekten; 3) das keulenförmig verdickte *Hypostom* (Verschmelzungsprodukt der beiden Pedipalpenladen) bei Zecken. [kannenmuscheln.

Clavagellidae [Mz.; v. *clava-], die ↗Gieß-

Clavariaceae [Mz.; v. *clava-], die ↗Korallenpilze. [theriidae.

Clavatella w [v. *clava-], Gatt. der ↗Eleu-

Clavelina w [v. *clava-], Gatt. der Seescheiden mit pilzart. oder keulenförm. Einzeltieren, die durch Ausläufer bukettart. verbunden sind (Synascidien); mit gemeinsamer od. getrennter Kloake. *C. lepadiformis* ist die häufigste Art im Flachwasser eur. Meere; sie bildet rasenart. Kolonien aus nur an der Basis verbundenen, sonst frei aufragenden, transparenten Tieren.

Claviceps m [v. *clava-, lat. -ceps = -köpfig], die ↗Mutterkornpilze.

Clavicipitales [Mz.; v. *clava-, lat. -ceps = -köpfig], Ord. der Schlauchpilze mit den wichtigen ↗Mutterkornpilzen.

Bei C vermißte Stichwörter suche man auch unter K und Z.

Clavicornia

Clavicornia [Mz.; v. *clavi-, lat. cornu = Horn], Fam.-Reihe der ↗Käfer.

Clavicula w [lat., = kleiner Schlüssel], *Schlüsselbein, Os thoracale*, paariger Deckknochen (desmaler Knochen) im Schultergürtel der Wirbeltiere. Die C.e liegen auf der ventralen Körperseite, etwa rechtwinklig zum Brustbein. Urspr. folgt dorsal jeder C. ein ↗Coracoid u. lateral ein ↗Cleithrum. Die C.e selbst berühren sich entweder direkt od. liegen einer unpaaren Inter-C. an, die vom Brustbein aus nach cranial zieht, od. sie berühren das Brustbein selbst. Vielfach wurde in der Wirbeltierevolution die C. oder der desmale Anteil des Schultergürtels od. der ganze Schultergürtel reduziert (vgl. Tab.). Bei Vögeln sind beide C.e gewöhnl. zu einem V-förm. Knochen, dem Gabelbein (Furcula), verwachsen. Ferner ist die C. am Foramen triosseum beteiligt. Bei Säugern ist sie an einem Ende mit dem ↗Brustbein verbunden u. berührt mit dem anderen einen Fortsatz des Schulterblatts, das Akromion. Beide Kontakte sind gelenkig. Manche Autoren sprechen nur bei Säugern v. einer C., sonst vom Os thoracale.

Clavidae [Mz.; v. lat. clavus = Nagel], Hohltier-Fam. der *Athecatae-Anthomedusae*. Bei den Polypen sind die Tentakel über den ganzen oralen Bereich verstreut. In der Strandregion der gesamten eur. Atlantikküste lebt *Clava multicornis* meist an Algen; die Kolonie ist kriechend, die Polypen entspringen direkt an Stolonen (1 Hydranth ca. 6 mm hoch); die Gonophoren sitzen unterhalb der Tentakel. Eine Brackwasserart (Nord- u. Ostsee) ist *Cordylophora caspia*, der Keulenpolyp. Die Medusen der C. (z. B. Gatt. *Turritopsis*) tragen 60–130 Schirmtentakel u. Ocellen. Der Mundsaum hat 4 Lippen u. einen perlschnurart. Cnidensaum. Die kleinen Stöckchen von *Tubiclava fruticosa* sind in mediterranen Meereshöhlen häufig.

Clavigeridae [Mz.; v. lat. claviger = Keulenträger], die ↗Keulenkäfer.

Clavinalkaloide ↗Mutterkornalkaloide.

Clavirostridae [Mz.; v. *clavi-, lat. rostrum = Rüssel, Schnabel, Schnauze], (Abel 1916), ↗Conirostridae.

Clavis w [lat., = Schlüssel], der ↗Bestimmungsschlüssel.

Clavularia w [v. *clava-], Gatt. der ↗Alcyonaria.

Claytonia w [ben. nach dem engl. Arzt u. Botaniker J. Clayton, 1693–1773), Gatt. der ↗Portulakgewächse.

ClB-Methode, Methode zur quantitativen Erfassung rezessiver Mutationen in den X-Chromosomen der Gameten v. *Drosophila*-Männchen unter Benutzung sog. ClB-*Drosophila*-Weibchen, die neben ei-

clava-, clavi- [v. lat. clava = Keule].

Clavicula
Eine C. fehlt bei:
a) Amphibien: *Urodela, Gymnophiona*,
b) Reptilien: Dinosaurier, Pterosaurier, Krokodile, Schlangen, Blindschleichen; bei Schildkröten ist sie in den Panzer [Plastron] eingeschmolzen,
c) Vögel: Laufvögel, z. B. Strauß, Emu,
d) Säugetiere: Raubtiere, Huftiere, Wale, Seekühe

Schema der ClB-Methode
a Kreuzung des ClB-Weibchens (♀) mit dem Männchen (♂), welches das zu testende X-Chromosom (dunkel) besitzt.
b Die Weibchen mit Bar-Augen (*) werden mit normalen Männchen weitergekreuzt u. dann zur Eiablage isoliert. Die Männchen (†) schlüpfen nicht, da dem Letalfaktor l ken l⁺ gegenübersteht. **c** Die überlebenden F₂-Männchen (**) tragen das zu testende X-Chromosom

nem normalen X-Chromosom ein dreifach genetisch markiertes X-Chromosom besitzen (vgl. Abb.). *C:* eine dominante Markierung (ausgedehnte Inversion), die Crossing over mit dem homologen Chromosom verhindert; *l:* ein rezessives Letalallel, das sich heterozygot phänotypisch ausprägt; *B:* die Bar-Mutation (schmale Augen), die zur phänotyp. Erkennung des markierten Chromosoms führt. Das ClB-Weibchen wird mit dem Männchen gekreuzt, welches das zu testende X-Chromosom besitzt. Tritt in diesem väterl. X-Chromosom eine rezessive Mutation auf, so wird ein Weibchen der F_1-Generation diese genotypisch tragen. Besitzt dieses Weibchen als zweites X-Chromosom das ClB-Chromosom, so ist es phänotypisch an den Bar-Augen zu erkennen. Durch die C-Markierung auf dem ClB-Chromosom ist gewährleistet, daß kein Crossing over bei der Meiose vor der Gametenbildung stattfindet u. unveränderte

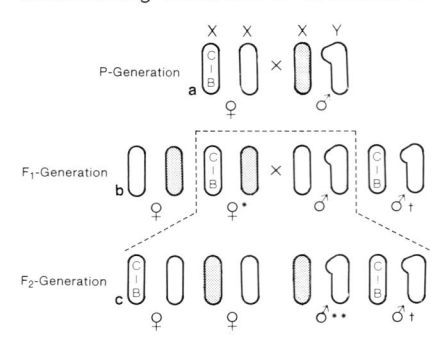

Kopien des zu testenden X-Chromosoms an die Hälfte der F_2-Generation weitergegeben werden. Männl. ClB-Individuen der F_2-Generation sterben ab; sämtl. überlebenden F_2-Männchen tragen daher das zu testende X-Chromosom u. prägen eventuell auf diesem enthaltene Mutationen phänotypisch aus. Letalmutationen verhindern das Auftreten v. F_2-Männchen, subletale Mutationen verringern lediglich die Fertilität u. somit den Anteil der Männchen in F_2 auf weniger als 1/3. Bei isolierter Eiablage v. vielen ClB-Weibchen der F_1-Generation lassen sich somit die Häufigkeiten v. letalen u. nichtletalen rezessiven Mutationen in den X-Chromosomen der männl. Elterngameten bestimmen.

Clearance w [kliərəns; engl., = Reinigung], i. e. S. *renale C.*, fiktives Maß für die Elimination eines Stoffes aus dem Blutplasma bei der Nierenpassage. C. bezeichnet den Teil des renalen Blutplasmaflusses in ml/min, der bei seiner Passage durch den Nierenkreislauf pro Zeiteinheit v. einem bestimmten Stoff gereinigt wird. Der größtmögl. C.-Wert ist gleich der *glomeru-*

Bei C vermißte Stichwörter suche man auch unter K und Z.

Inulin-, p-Aminohippursäure- und Glucose-Clearance in Abhängigkeit von der Plasmakonzentration

Clearance in ml/min

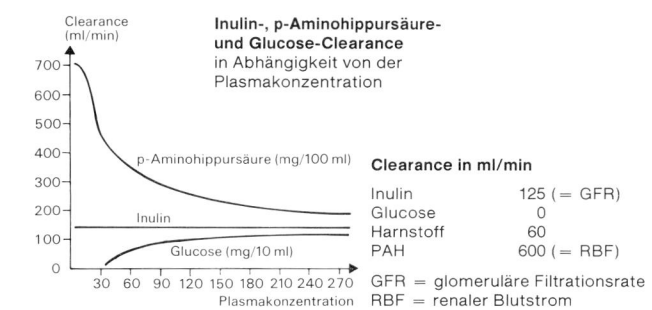

Inulin	125 (= GFR)
Glucose	0
Harnstoff	60
PAH	600 (= RBF)

GFR = glomeruläre Filtrationsrate
RBF = renaler Blutstrom

lären *Filtrationsrate*. Als frei filtrierbare Substanz zur C.-Messung ist das Fructosepolysaccharid *Inulin* geeignet. Für dieses wie auch für Kreatin, die v. den Nierentubuli weder rückresorbiert noch sezerniert werden, ist die C. gleich der glomerulären Filtrationsrate; für Substanzen wie Na, Cl od. Glucose ist sie kleiner, da diese reabsorbiert werden, für solche, die wie PAH (p-Aminohippursäure) in die Tubuli sezerniert werden, ist sie größer.

Cleithrum *s* [v. gr. kleithron = Schloß, Riegel], paariger Deckknochen (desmaler Knochen) im Schultergürtel niederer Wirbeltiere. Bei den Altfischen *(Holostei, Chondrostei)* liegt es seitl. außen am Körper, direkt auf der Scapula. Auf der ventralen Körperseite ist das C. gelenkig mit der Clavicula verbunden. Bei allen *Osteichthyes* (Altfische u. Teleostei) ist ein C. vorhanden, Knorpelfische dagegen haben keine desmalen Schulterknochen. Die Froschlurche *(Anura)* besitzen als einzige rezente Tetrapoda einen C.rest am Vorderrand der knorpel. Suprascapula. Allen rezenten Amniota fehlt das C. völlig.

Clelia *w* [ben. nach der berühmten Römerin Cloelia], Gatt. der Trugnattern, ↗Mussurana.

Clematis *w* [v. gr. klēmatis =], die ↗Waldrebe.

Clementine *w* [v. lat. clemens, Gen. clementis = mild], ↗Citrus.

Clemmys *w* [v. gr. klemmys = Schildkröte], die ↗Wasserschildkröten.

Cleome *w*, Gatt. der ↗Kapergewächse.

Clepsine *w* [v. gr. kleptein = stehlen], Gatt. der ↗Glossiphoniidae.

Cleptidae [Mz.; v. gr. kleptein = stehlen], Fam. der ↗Hautflügler.

Cleridae [Mz.], die ↗Buntkäfer.

Clerodendrum *s* [v. gr. klēros = Los, dendron = Baum], *Losbaum,* Gatt. der Eisenkrautgewächse mit ca. 400, hpts. im trop. Asien u. Afrika heim. Arten, Lianen, kleine Bäume u. Sträucher mit in Rispen, Trugdolden od. Doldentrauben stehenden, meist lang trichterförm. Blüten, die v. Schmetterlingen, Schwärmern od. Vögeln

Clerodendrum thomsoniae

Clethraceae

Die aus Madeira stammende immergrüne, reich blühende *Clethra arborea* tritt in den Lorbeerwäldern der Gebirge ihrer Heimat als Charakterpflanze bestandsbildend auf.

bestäubt werden. Verschiedene C.-Arten sind wegen ihres prächt. Blütenschmucks beliebte Zierpflanzen. *C. foetidum (C. bungei)* ist ein aus N-China stammender bis 3 m hoher Zierstrauch mit großen, herzförm., zerrieben unangenehm duftenden Blättern u. duftenden, weißl.-rosafarbenen, sternförm., in endständ. Doldentrauben stehenden Blüten, *C. trichotomum* (Japan, O-China) hat in Trugdolden stehende weiße od. weißl.-rosa Blüten, aus denen türkis-blaue, v. einem bleibenden hellroten Kelch umgebene Beeren hervorgehen. Als Zimmerpflanzen od. für Warmhäuser geeignet sind die Klettersträucher *C. fragrans* (China), *C. splendens* (W-Afrika), *C. thomsoniae* (W-Afrika) u.a. Die letztgen. Art ist bes. beliebt wegen ihrer v. einem weißen, häutigen, 5kantig aufgeblasenen Kelch umgebenen scharlachroten Blütenkronen mit lang hervorragenden Staubblättern.

Clethraceae [Mz.; v. gr. klēthra = Erle], *Scheinellergewächse,* den Heidekrautgewächsen sehr nahe verwandte Fam. der Heidekrautartigen mit der einzigen Gatt. *Clethra,* die ca. 120 Arten umfaßt. Den im trop. und subtrop. Amerika u. Asien sowie auf Madeira heim. Arten wird ihres zerrissenen Areals wegen ein hohes Alter zugesprochen. Überwiegend immergrüne od. laubwerfende Sträucher mit einfachen, wechselständ. Blättern u. in Trauben od. Rispen stehenden, weißen, radiären Blüten mit 5 freien Kronblättern. Der oberständ., 3fächerige Fruchtknoten reift zu einer fachspalt. Kapsel mit vielen, oft geflügelten Samen heran. Für viele Arten ist ein rostroter od. gelber Filz aus Sternhaaren auf der Blattunterseite, dem Blattstiel u. den Kelchen charakteristisch. Ihrer duftenden Blüten wegen werden einige Arten als Ziergehölze kultiviert; so u.a. die aus N-Amerika stammenden Sträucher *C. alnifolia* und *C. acuminata* sowie *C. barbinervis* aus Japan. Die bekannteste Zierpflanze der Gatt. ist *C. arborea.*

Clethrionomys [Mz.], die ↗Rötelmäuse.

Cleveaceae [Mz.], Fam. der *Marchantiales* mit etwa 5 Gatt.; gabelig verzweigte Lebermoose mit einer einfachen Atemöffnung. In Europa kommen nur 3 artenreiche Gatt. vor, davon in den Alpen *Athalamia hyalina, Sauteria alpina, Peltolepis quadrata.*

Clianthus *m* [v. gr. kleiein = verschieden, anthos = Blume], Gatt. der ↗Hülsenfrüchtler.

Climaciaceae [Mz.; v. gr. klimakion = kleine Leiter], Fam. der *Isobryales* mit nur 1 Gatt. *Climacium;* auf Feuchtstellen nördl. Nadelwaldzonen wächst häufig das „Bäumchen-" od. „Leitermoos" *(C. dendroides);* bildet selten Sporophyten aus.

Bei C vermißte Stichwörter suche man auch unter K und Z.

Climacteris

Climacteris w [v. gr. klimaktēr = Stufe, Sprosse], Gatt. der ↗Kleiber.

Clines [klains; Mz.; engl., = Gefälle], nach Huxley (1930) Merkmalsgradienten. Jede Population einer Art wird durch Selektion an lokale Bedingungen adaptiert. Sind die Umweltbedingungen entlang einer gedachten geogr. Linie (geogr. Gradient) verschieden, so unterscheiden sich benachbarte Populationen in einem od. mehreren Merkmalen mehr od. weniger deutl. voneinander. Ein Vergleich zahlr. benachbarter Populationen einer Art entlang eines geogr. Gradienten läßt die kontinuierl. Merkmalsänderung sichtbar werden. Die ökogeogr. od. biogeogr. Regeln (↗Allensche Proportionsregel, ↗Bergmannsche Regel, ↗Glogersche Regel) sind bekannte Beispiele für solche Merkmalsgradienten. Die geogr. Variation v. Arten ist überwiegend *clinal*. C. sind das Ergebnis entgegengesetzt wirkender Kräfte: der Selektion u. des Genflusses. Während die Selektion jede Population an die artspezif. Umweltbedingungen angleicht u. damit benachbarte Populationen unterschiedl. macht, wirkt der Genfluß dem entgegen u. macht benachbarte Populationen einander ähnlicher. Jedes Merkmal kann unabhängig v. einem anderen clinal variieren. Die Bezeichnung C. bezieht sich immer auf ein ganz bestimmtes Merkmal. Damit kann eine Population so vielen C. angehören, wie sie geogr. variierende Merkmale besitzt. Clinale Variation eines Merkmals ist entspr. der Kontinuität des Umweltgradienten mehr od. weniger kontinuierl. im Ggs. zur Rassenbildung, die durch eine mehr od. weniger deutl. diskontinuierl. Merkmalsverteilung ausgezeichnet ist.

Clinidae [Mz.; v. gr. klinein = neigen, biegen], Fam. der ↗Schleimfische.

Clio w [v. *clio-], eine in allen Weltmeeren verbreitete Gatt. pelagischer Hinterkiemerschnecken (Ord. Seeschmetterlinge) mit konischer Schale u. flossenart. Seitenlappen des Fußes; C. ernährt sich v. Planktonorganismen, die auf Wimperfeldern zum Mund transportiert werden. *C. pyramidata* kommt in den kalten Meeren in großen Schwärmen vor u. dient Bartenwalen als Nahrung.

Cliona w [v. *clio-], Gatt. der Bohrschwämme. Bekannte Arten sind: *C. celata*, bohrt in Kalksubstrat u. Weichtierschalen; goldgelb od. rotorange, Kosmopolit v. der Gezeitenzone bis etwa 200 m Tiefe. *C. viridis*, in Kalkalgen u. Kalkskeletten v. Anthozoen; meist grün, Kosmopolit.

Clionasterin s [v. *clio-, v. gr. stear = Fett], *Clionasterol*, ein in Schwämmen (z. B. *Cliona celata* u. *Spongilla lacustris*) vorkommendes Sterin.

clio- [ben. nach der myth. Nymphe Kleiō (lat. Clio), Tochter des Okeanos; Kleiō hieß auch die Muse des Epos u. der Geschichte].

Clivie
Clivia miniata

Clostridien
Stoffwechselgruppen der Clostridien (wichtiges Substrat)
1. saccharolytische (hpts. Kohlenhydratabbau)
Clostridium butyricum (= *Amylobacter*, Stärke)
C. cellobioparum (Cellulose)
C. felsineum (Pektin)
C. sporogenes (Chitin)

2. proteolytische (Proteine, Aminosäuren)
C. botulinum (Typ G)
C. tetani
C. histolyticum

3. proteolytische u. saccharolytische
C. perfringens
C. botulinum (Typ C und D)

4. spezielle Stoffwechselwege
C. kluyveri (Äthanol + Acetat + CO_2)
C. acidi-urici (Harnsäure, Xanthin)
C. propionicum (Threonin, Alanin u. a. C-3-Verbindungen)
C. cochlearium (Glutamat, Glutamin, Histidin)

Clione w [v. *clio-], Gatt. pelagischer Hinterkiemerschnecken (Ord. Ruderschnecken) ohne Schale u. Mantelhöhle, die durch synchrones Schlagen v. Seitenlappen des Fußes schwimmen; außer der Reibzunge sind im Schlund ausstülpbare Hakensäcke vorhanden, mit deren Hilfe die Beute (meist Seeschmetterlinge) gefangen wird. *C. limacina* (Walaat) wird bis 4 cm lang u. tritt in den Polarmeeren oft in großen Schwärmen auf, die den Bartenwalen zur Nahrung dienen. [schwämme.

Clionidae [Mz.; v. *clio-], die ↗Bohr-
Cliothosa w [v. *clio-, gr. thōs = Schakal], Gatt. der ↗Bohrschwämme.

Clipeolus m [v. lat. clipeolum = kleiner Schild], Teil der ↗Mundwerkzeuge der Insekten.

Clipeus m [lat., = Schild, Scheibe], Teil der ↗Mundwerkzeuge der Insekten.

Clitambonites m [v. gr. klitos = Hügel, ambōn = bauchige Wand], (Agassiz 1846), meist kräftig berippte, † articulate Brachiopoden-Gatt. der Ord. *Orthida*. Verbreitung: Ordovizium v. Eurasien.

Clitellata [Mz.; lat. clitellae = Packsattel], die ↗Gürtelwürmer.

Clitellio m [v. lat. clitellae = Packsattel], Gatt. der Oligochaeten-(Wenigborster-) Fam. *Tubificidae*. *C. arenarius*, 30–65 mm lang, hat 64–120 Segmente, Clitellum an den Segmenten 10–12; rot; kommt am Strand unter Steinen sowie im Angespül vor; Nord- u. Ostsee. [↗Gürtelwürmer.

Clitellum s [v. lat. clitellae = Packsattel],
Clitocybe w [v. gr. klitos = Hügel, kybē = Haupt], die ↗Trichterlinge.
Clitopilus m [v. gr. klitos = Hügel, pilos = Filz], die ↗Räslinge.

Clitoris w [v. gr. kleitoris = Kitzler], *Klitoris*, *Kitzler*, äußeres Geschlechtsorgan bei weibl. Säugern, homolog dem Penis; liegt am Vorderrand des Scheidenvorhofs, im Winkel der kleinen Schamlippen; besteht wie der Penis aus Schwellkörper, Eichel u. Vorhaut, ist aber nur einige Millimeter groß; zumindest beim Menschen ist die C. sensibel reich innerviert. Ihre Reizung führt zu sexueller Erregung. Ontogenet. entsteht die C. wie der Penis aus dem ↗Genitalhöcker.

Clivie w [ben. nach Lady Clive, Herzogin v. Northumberland], *Clivia*, Gatt. der Amaryllisgewächse mit 3 Arten aus S-Afrika; die zweizeilig angeordneten, schwertförm. Blätter wachsen aus einem Rhizom; im Winter od. Frühjahr erscheinen orangerote Blüten, die in einer 12–20blütigen Dolde stehen. Kulturformen können auch gelb od. dunkelrot blühen; vermehrt wird die C. durch kleine Nebentriebe.

Cloeon s [wohl umgebildet aus gr. chloaōn = jung grünend], Gatt. der ↗Glashafte.

Cloesiphon [v. gr. kloios = Halseisen, lat. sipho = Spritze], Gatt. der *Sipunculida* (Spritzwürmer) aus trop. Meeren, die sich durch einen Ringwulst aus Kalkplättchen am vorderen Körperende auszeichnet.

Clone [kloᵘn], der ↗Klon.

Clone-selection-Theorie [kloᵘn ßilekschˈn; engl., = Klonenauswahl], *Clonal selection theory, klonale Selektionstheorie, Klon-Selektionshypothese,* von F. Burnet 1959 aufgestellte Theorie, die besagt, daß es in einem Organismus mit Immunsystem für alle ↗Antigene bestimmte Zellen mit der Fähigkeit zur Bildung der entspr. ↗Antikörper gibt: a) Nicht das Antigen instruiert die Lymphocyten zur Bildung spezif. Antikörper, sondern die Lymphocyten sind ohne vorherigen Kontakt mit dem Antigen bereits für eine Antikörperspezifität vorprogrammiert. b) Das Antigen selektioniert den Lymphocyten, der mit dem Oberflächenrezeptor am besten zusammenpaßt u. induziert so die Lymphocytenproliferation. Alle Nachkommen der induzierten Zelle bilden Antikörper derselben Spezifität; sie stellen einen Immunzell-Klon dar. c) Das Immunsystem eines Organismus besteht aus einem Zellmosaik; es sind so viele Lymphocyten vorhanden, wie es Antikörperspezifitäten gibt.

Clonorchis *w* [v. gr. klōn = junger Zweig, orchis = Hoden], Gatt. der Saugwurm-Ord. *Digenea*. *C. sinensis* (Chinesischer Leberegel) aus China, Korea u. Japan; befällt Haus- u. Wildtiere, bes. Katzen, aber auch den Menschen.

Closterium *s* [v. gr. klōstērion = gesponnener Faden], Gatt. der ↗Desmidiaceae.

Closterovirus-Gruppe ↗Nekrotische Rübenvergilbungs-Virus-Gruppe.

Clostridien [Mz.; v. gr. klōstēr = Faden, Spindel], Gatt. *Clostridium* (Prazmowski, 1880), alle anaeroben ↗Bakterien, die durch eine Endosporenbildung ausgezeichnet sind u. keine Sulfatatmung aufweisen; sie enthalten nur ausnahmsweise Cytochrome u. Katalase. Etwa 100 untersuchte Arten, über 300 beschrieben. Normalerweise gerade od. leicht gekrümmte, in der Regel grampositive Stäbchen (0,3 bis 1,6 × 1–14 μm), meist beweglich (peritriche Begeißelung, ☐ Bakteriengeißel). Die vegetativen Zellen sind durch die großen ↗Endosporen oft angeschwollen, die, ausgereift, Trockenheit, Hitze u. aerobe Bedingungen überstehen, so daß sie überall verbreitet sind. Eine Keimung erfolgt aber nur unter anaeroben Bedingungen. Die C. haben einen ausgeprägten Gärungsstoffwechsel. Die Stämme sind anaerob (meist streng anaerob), nur wenige aerotolerant. C. kommen hpts. als Saprophyten im Boden, in Süß- u. Meerwassersedimenten u. im Darmtrakt v. Mensch u. Tieren vor. Es gibt mesophile, thermophile (Optimum 60–75 °C) u. psychrophile Formen. In der Natur spielen C. eine bedeutende Rolle in der Nahrungskette beim anaeroben Abbau organ. Substanzen. Das Substratspektrum der ganzen Gatt. enthält eine Vielzahl in der Natur vorkommender Substanzen, von Polymeren, wie Cellulose u. Stärke, bis H_2 und CO_2. Einige C. sind aber Spezialisten, die nur wenige Substrate verwerten können. Als Endprodukte entstehen Säuren (oft Buttersäure), Alkohole, CO_2, H_2 u. mineral. Verbindungen. Von zahlr. Arten werden Proteine abgebaut (Fäulnis), wobei übelriechende Stoffwechselprodukte entstehen (z. B. Indol, Skatol, Cadaverin, Putrescin). Nach ihrem Stoffwechsel werden C. in 4 Gruppen (Typen) unterteilt (T 288). Einige C. sind verantwortl. für den Verderb v. Nahrungsmitteln; sie enthalten wichtige Krankheitserreger u. Toxinproduzenten, die tödl. Vergiftungen verursachen können. Sporenkeimung u. das Wachstum in Nahrungsmitteln können durch natürl. Säuerung mit Milchsäurebakterien (pH-Werte < 5,0) od. Zusatz v. Essig-, Milch- od. anderen Säuren, durch Nitritzusatz (↗Pökeln) od. Räuchern verhindert werden. Faulendes Fleisch mit C.-Toxinen wird v. Indianern als Pfeilgift verwendet. – Zur Identifizierung dienen die Sporenanordnung, Wuchsform, biochem. Leistungen, Hämolyse, Antigenstruktur u. Pathogenitätsnachweis im Tier. – L. Pasteur fand 1861 beim Untersuchen der Buttersäuregärung, daß auch ein „Leben ohne Sauerstoff" mögl. ist. S. Winogradsky entdeckte bei *C. pasteurianum*, daß es auch eine Stickstoffixierung freilebender Bakterien gibt. Die proteolyt. Stoffwechselaktivität, die bes. bei pathogenen Formen vorkommt, wurde von Stickland (1934) bei *C. sporogenes* aufgeklärt.

Clostridium *s* [v. gr. klōstēr = Faden, Spindel], die ↗Clostridien.

Clostripain *s* [v. gr. klōstēr = Faden, Spindel], eine aus *Clostridium histolyticum* isolierbare, trypsinähnl. Protease (relative

---

Clone-Selection-Theorie
Ein Antigen aktiviert nur diejenigen T- und B-Lymphocyten-Klone, die den entsprechenden Oberflächenrezeptor besitzen. Nach der C.-S.-T. besteht das Immunsystem aus Millionen verschiedener Lymphocyten-Klone; davon können Hunderte durch ein spezielles Antigen aktiviert werden.

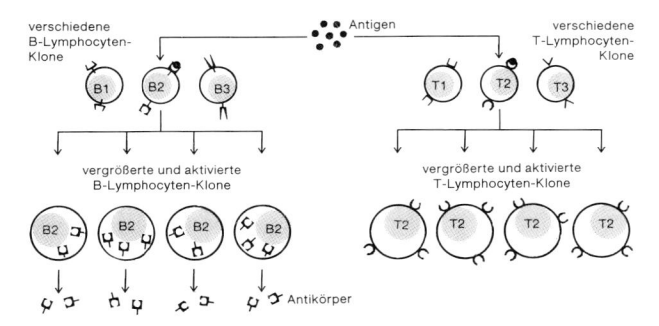

Clostridien
Einige Gärungsformen von Clostridien
↗Buttersäuregärung
↗Buttersäure-Butanol-Aceton- u. Butanol-Isopropanol-Gärung
↗Propionsäuregärung
↗Essigsäuregärung
↗Homoacetatgärung
↗Stickland-Reaktion

Clostridien
Wichtige humanpathogene und toxinbildende Clostridien (↗Exotoxine)

Clostridium botulinum (↗Botulismus)
C. tetani (↗Wundstarrkrampf)
C. perfringens (= *C. welchii*), *C. novyi, C. septicum, C. histolyticum* u. a. C. sind Erreger des Gasbrands (Gasgangrän, Gasödem; Dysenterie u. Enterotoxämie bei vielen Tieren)
C. chauvoei (Rauschbrand bei Tieren)

Bei C vermißte Stichwörter suche man auch unter K und Z.

Clownfische

Molekülmasse 50000); wirkt als Endopeptidase (Spaltung v. Proteinen innerhalb der Polypeptidkette) und Amidase-Esterase (Spaltung synthet. Aminosäureamic- u. Aminosäureestersubstrate). Da C. selektiv an den Arginin- u. Lysinpositionen in einer Polypeptidkette spaltet, kann es zur Isolierung großer Peptidfragmente ohne vorherige chem. Modifikation der betreffenden Proteine verwendet werden. [sche.

Clownfische [klaun-], die ↗ Anemonenfi-

Clubiona, mit ca. 25 meist häuf. Arten in Dtl. verbreitete Gatt. der Sackspinnen; leben in seidenen Röhren unter Steinen u. Rinde. Einige in der Vegetation lebende Arten können Blätter od. Halme zu tütenart. Schlupfwinkeln zusammenfalten. Häufige Art in Mitteleuropa ist u. a. die Schilfsackspinne (C. phragmitis), die ein Schilfblatt zu einer Wohnröhre zusammenspinnt. Dort wird auch das Gelege bis zum Schlüpfen der Jungen bewacht.

Clubionidae, die ↗ Sackspinnen.

Club of Rome (klab of rou̯m], 1968 in Rom in der Accademia dei Lincei gegründete int. Vereinigung von ca. 70 Wissenschaftlern aller Wissenschaftsrichtungen, die versuchen, mit Hilfe eines konstruierten „Weltmodells" (MIT-Modell) die Wechselwirkungen v. Erdbevölkerung, Rohstoffreserven, Umweltverschmutzung, Industrialisierung, Landwirtschaft usw. transparent zu machen, um so ein sinnvolles Instrumentarium für anstehende wirtschaftl.-polit. Entscheidungen vorzubereiten

Lit.: Meadows, D.: Die Grenzen des Wachstums. Stuttgart 1972.

Clunio m, Gatt. der ↗ Zuckmücken.

Clupanodonsäure [v. *clup-], Docosapentensäure, $C_{21}H_{33}COOH$, im Dorschlebertran u. – mit Glycerin verestert – im Waltran vorkommende, fünffach ungesättigte Fettsäure, die für den Fischgeruch verantwortl. ist.

Clupeidae [Mz.; v. *clup-], die ↗ Heringe.

Clupeiformes [Mz.; v. *clup-, lat. forma = Gestalt], die ↗ Heringsfische.

Clupeonella w [v. *clup-], Gatt. der ↗ Heringe.

Clupisudis w [v. *clup-, lat. sudis = ein Seehecht], Gatt. der ↗ Knochenzüngler.

Clusia w [ben. nach C. ↗ Clusius], Gatt. der ↗ Hartheugewächse.

Clusius, Carolus (Lécluse, Charles de), französ. Mediziner u. Botaniker, * 19. 2. 1526 Atrecht (Flandern), † 4. 4. 1609 Leiden; 1573–1576 Forscher am Hofe Maximilians II., seit 1593 Prof. in Leiden. Verfaßte nach Reisen durch Spanien u. Portugal umfangreiche Pflanzenbeschreibungen, in denen er insbes. die Blüten als Klassifizierungsmerkmal benutzte. „Rerum plantarum historia" (1576), mit über 1300 Pflanzenbeschreibungen, „Fungorum historia" (1601) mit Pilzabhandlungen, „Exoticorum Libri X" (1605) mit der Beschreibung west- u. ostind. Pflanzen u. Drogen.

clup- [v. lat. clupea = ein bei Plinius erwähnter Fisch].

clymen- [ben. nach Klymenē, in der gr. Mythologie eine Tochter des Okeanos].

clype- [v. lat. clipeus, fr. clypeus = Schild].

cnid- [v. gr. knidē = Nessel], in Zss.: Nessel-.

Cnicen

Neue Nomenklatur der C.typen (vereinfacht) (nach morphologischen Kriterien)

Astomocniden: Nesselapparat ohne Öffnung

Rhopalonemen: Nesselapparat keulenförmig

Desmonemen: Nesselapparat aufgewunden

Stomocniden: Nesselapparat mit terminaler Öffnung

Haplonemen: Nesselapparat einfacher Faden

Heteronemen: Nesselapparat mit abgesetztem basalem Schaft od. Schaft ohne Faden

Clymeniidae [Mz.; v. *clymen-], die ↗ Maldanidae.

Clymenien [Mz.; v. *clymen-], Clymeniida, † Ord. der ↗ Ammonoidea mit einfach gewellter Lobenlinie u. intern, d.h. dorsal, gelegenem Sipho. Verbreitung: Oberdevon I–VI. □ Ammonoidea.

Clypeasteroidea [Mz.; v. *clype-, gr. asteroeidēs = sternartig], die ↗ Sanddollars.

Clypeolabrum s [v. *clype-, lat. labrum = Lippe], Teil der ↗ Mundwerkzeuge der Insekten. [werkzeuge der Insekten.

Clypeolus m [v. *clype-], Teil der ↗ Mund-

Clypeus m [v. *clype-], Teil der ↗ Mundwerkzeuge der Insekten.

Clythiidae [Mz.; v. gr. klyein = hören], die ↗ Tummelfliegen.

Clytra, Gatt. der ↗ Blattkäfer.

Clytus m [v. gr. klytos = laut], Gatt. der ↗ Wespenböcke.

CM-Cellulose, Abk. für Carboxymethylcellulose, ↗ Chromatographie, ↗ Kationenaustauscher.

C-Meiose, durch Colchicin u. andere Polyploidie bewirkende Agenzien od. durch Temperaturschock (40–45° C) charakterist. veränderter Ablauf der ↗ Meiose; die Ausbildung des Spindelmechanismus wird gehemmt, so daß es zwar zur Verdopplung, aber nicht zur Aufteilung der Chromosomen kommt; durch C-M. entstehen Gameten mit mehr als einem Chromosomensatz. Außerdem können die Chiasmabildung u. die Spiralisation der Chromosomen beeinflußt werden.

^{14}C-Methode w, Kohlenstoff-14-Methode, eine Methode der ↗ Geochronologie zur Zeitmessung für die letzten ca. 50000 Jahre.

C-Mitose, Ausfall der Kern- u. Zellteilung (↗ Mitose) aufgrund der durch Colchicin u. andere Stoffe verursachten partiellen od. völligen Hemmung der Ausbildung des Spindelmechanismus; die Chromosomen verdoppeln sich zwar, aber die Tochterchromosomen bleiben in einem Zellkern zusammen. Das Ergebnis der C-M. ist also eine Tochterzelle mit verdoppelter Chromosomenzahl. ↗ Polyploidie.

CMP s, Abk. für ↗ Cytidinmonophosphat.

CMV, Abk. für ↗ Cytomegalievirus.

Cnemidophorus m [v. gr. knēmidophoros = Beinschienen tragend], Gatt. der ↗ Schienenechsen. [↗ Benediktenkraut.

Cnicus m [v. gr. knēkos = Saflor], das

Cnidaria [Mz.; v. *cnid-], die ↗ Nesseltiere.

Cniden [Mz.; v. *cnid-], Nesselkapseln, Nematocysten, charakterist. Strukturen, die zum Bauplan der ↗ Nesseltiere (Cnidaria) gehören. Sie dienen der Abwehr v.

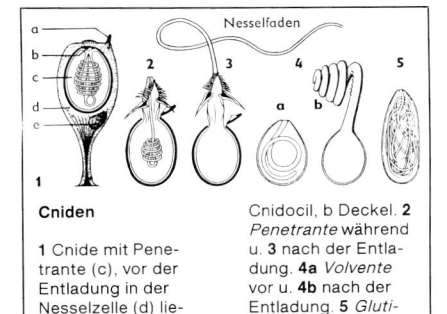

Cniden

1 Cnide mit Penetrante (c), vor der Entladung in der Nesselzelle (d) liegend; e Zellkern, a Cnidocil, b Deckel. **2** *Penetrante* während u. **3** nach der Entladung. **4a** *Volvente* vor u. **4b** nach der Entladung. **5** *Glutinante.*

Feinden u. der Überwältigung v. Beute. Man kann sie als das komplizierteste Sekretionsprodukt im ganzen Tierreich bezeichnen. Sie sitzen oft zu Tausenden in der Epidermis v. Quallen u. Polypen, bes. an den Tentakeln. Ihre Bildung erfolgt aus sog. I-Zellen (interstitielle Zellen), die embryonalen Charakter haben. Diese I-Zellen differenzieren sich u. a. zu den Nesselkapselbildungszellen *(Cnidoblasten),* in denen die C. entstehen. Nach deren Bildung bleiben sie in der Zelle liegen, die jetzt Nematocyte *(Cnidocyte)* gen. wird. Die Nematocyten sind teilweise zu mehreren v. einer Epithelmuskelzelle umhüllt. Beide sind über Fibrillensysteme mit der Zellmembran verbunden. Aus den Epithelzellen ragt pro Nematocyte ein Fortsatz *(Cnidocil)* heraus, der aus einer starren, langen Cilie u. Kränzen v. kurzen Stereocilien (Mikrovilli) besteht. Dieser Apparat ist für die Auslösung der Nesselkapselexplosion zuständig. Die C. selbst besteht aus einer starken äußeren u. einer zarten inneren Wand. Erstere bildet einen absprengbaren Deckel, letztere ist als teilweise aufgerollter Schlauch ins Innere der Kapsel eingestülpt. Die Explosion der Kapsel wird mechanisch u./od. chemisch ausgelöst (Entladungszeit 3–6 Millisekunden). Man kann ca. 20 verschiedene C.typen unterscheiden. Nach der Funktion beim Beutefang unterscheidet man Durchschlagskapseln *(Penetranten)* mit Stiletten, Wickelkapseln *(Volventen)* mit langen Fäden u. Haftkapseln *(Glutinanten)* mit Klebsekret. Bes. die Schläuche der Penetranten enthalten oft lähmende Gifte, die durch Poren austreten. (Neue, differenziertere Nomenklatur der C. vgl. Tab.). ⤳Kleptocniden. B Hohltiere I.

Cnidoblasten [Mz.; v. *cnid-, gr. blastos = Keim], ⤳Cniden.

Cnidocil s [v. *cnid-, lat. cilium = Wimper], ⤳Cniden.

Cnidocyte w [v. *cnid-, gr. kytos = Höhlung], ⤳Cniden.

Cnidom s [v. *cnid-], Gesamtheit aller bei einer Nesseltierart vorhandenen Nesselkapseltypen (⤳Cniden).

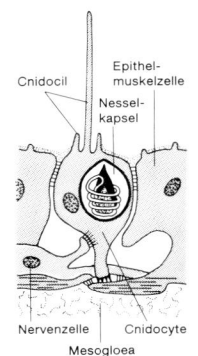

Cnidoscolus m [v. *cnid-, gr. skólos = Spitzpfahl, Stachel], Gatt. der ⤳Wolfsmilchgewächse.

Cnidosporidia [Mz.; v. *cnid-, gr. spora = Same], ausnahmslos parasit. lebende Organismen, deren systemat. Einordnung unklar ist; meist werden sie zu den Einzellern gestellt. Teilweise haben sie wirtschaftl. Bedeutung, da es unter ihnen gefährl. Fisch- u. Bienenparasiten gibt. Von allen anderen Einzellern unterscheidet sie der Besitz v. Sporen (Cysten) mit Polfäden, die in der Spore spiralig aufgewickelt sind. Bei der Übertragung auf einen anderen Wirt werden diese Fäden handschuhfingerart. ausgestülpt. Die Sporen enthalten 1 od. mehrere amöboid bewegl. Zellen (Amöbo-

Cniden

Cnide im Epidermisverband (nach einer elektronenmikroskop. Vorlage)

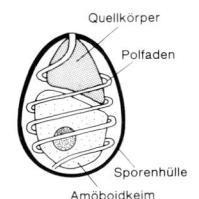

Cnidosporidia

Gruppen:

Actinomyxidia: parasitieren bes. in der Leibeshöhle od. im Darmepithel v. marinen u. limnischen Oligochaeten; eine artenreiche Gruppe, deren Sporen einen dreistrahl. Bau aufweisen.

Microsporidia: nur wenige µm große intrazelluläre Parasiten bei Fischen u. Arthropoden; der Amöboidkeim dringt in die Wirtszelle ein u. teilt sich, bis die gesamte Zelle ganz mit Parasiten gefüllt ist; teilweise reagieren die Wirtszellen mit Hypertrophie. Bekanntestе Vertreter sind *Nosema apis,* in Darmepithelzellen der Honigbiene (Erreger der Bienenruhr), und *N. bombycis,* in den Raupen des Seidenspinners (Erreger der Flekkenkrankheit, Pébrine).

Myxosporidia: leben bes. als Fischparasiten in Gallenblase, Harnblase, Muskulatur, Kiemen, Milz, Niere u. Leber in den Interzellularräumen. *Myxobolus pfeifferi,* in der Muskulatur der Barbe, ist der Erreger der Beulenkrankheit, *Myxosoma cerebrale,* im Knorpel der Forelle, der Erreger der Drehkrankheit.

Cnidosporidia

Aufbau einer Spore (schematisch)

idkeime); begeißelte od. bewimperte Stadien treten nicht auf. Ihre Entwicklung u. bes. die Kernverhältnisse sind nur unzureichend bekannt.

C/N-Verhältnis, Gewichts- bzw. Massenverhältnis v. Kohlenstoff (C) u. Stickstoff (N) im Boden. Beide Elemente liegen, organ. gebunden, im Humus vor u. werden v. Mikroorganismen mineralisiert, d. h. in anorgan. Verbindungen überführt; N wird dadurch pflanzenverfügbar. Böden mit einem engen C/N-Verhältnis (hoher N-Gehalt) sind nährstoffreich und fruchtbar (in Schwarzerden ist C/N ca. 10:1); ein weites C/N-Verhältnis (bei Hochmooren ca. 50:1) zeugt v. geringer biol. Aktivität u. einer Vegetation mit stickstoffarmer Streu. Ackerböden sollen ein engeres C/N-Verhältnis als 25:1 aufweisen, da andernfalls die ⤳Bodenorganismen ihre Mineralisationstätigkeit einschränken bzw. den Stickstoff als körpereigene Substanz festlegen. Düngung mit Getreidestroh (C/N ca. 50–100:1) vermindert deshalb vorübergehend die N-Verfügbarkeit, während verrotteter Stallmist (C/N ca. 15–20:1) die

cnid- [v. gr. knidē = Nessel], in Zss.: Nessel-.

Bei C vermißte Stichwörter suche man auch unter K und Z.

Co, chem. Zeichen für ⌐Kobalt.

CoA, *CoA-SH*, Abk. für Coenzym A. ⌐Acetyl-Coenzym A.

Coadaptation w, die ⌐Synorganisation.

coarctat [v. lat. cum (altlat. com) = zusammen, arca = Kasten], Häutungsstadium bei Insekten, bei dem die neue Cuticula sich unter der alten vollständig ausbildet (⌐pharat) u. die alte dann nicht abgestreift wird. *Pupa coarctata* (Tönnchenpuppe): die Puppe liegt in einem Tönnchen (Puparium), das diese alte Cuticula darstellt.

coated vesicles [Mz.; koutid wesikls; engl., = mit Überzug versehene Bläschen], intrazelluläre Partikel von 50–250 nm ⌀ mit charakterist., borstenähnl. Proteinhülle (engl. coat), in der das Protein Clathrin (relative Molekülmasse 180 000) die Hauptkomponente darstellt. C. v. bilden sich aus den *coated pits* der Plasmamembran während der durch spezif. Rezeptoren induzierten Endocytose v. Makromolekülen od. größeren Komplexen. Die coated pits sind spezielle Bereiche der Plasmamembran, die an der dem Plasma zugekehrten Seite ebenfalls die für c. v. charakterist. borstenförm. Proteinschicht aufweisen. Sie sind als Vorläufer der c. v. aufzufassen, da während der durch Rezeptoren vermittelten Endocytose die c. v. aus den coated pits durch Einstülpung der Plasmamembran entstehen. Kurz nach ihrer Entstehung verlieren die c. v. ihre Proteinhülle, um anschließend mit anderen intrazellulären Vesikeln u. schließl. m t den primären Lysosomen zu fusionieren. Man nimmt außerdem an, daß c. v. auch beim intrazellulären Transport zw. bestimmten Zellorganellen v. Bedeutung sind.

Coatis [Mz.; südam.], die ⌐Nasenbären.

Cobaea w [ben. nach dem span. Missionar u. Naturforscher B. Cobo, 1582–1657], Gatt. der ⌐Polemoniaceae.

Cobalamin, *Extrinsic factor, Antiperniziosafaktor*, das *Vitamin B₁₂*. Das dem C. zugrundeliegende Ringgerüst (Corrinring) leitet sich v. dem v. den Häminen bzw. Chlorophyllen her bekannten Tetrapyrrolgerüst ab, weist jedoch im Ggs. zu diesen im Zentrum ein dreiwertiges Kobaltatom auf u. ist in den Pyrrolringen durch weitergehende Hydrierung bzw. Substitutionen an den Außenpositionen gekennzeichnet. Die am Pyrrolring IV verankerte Propionsäureseitenkette ist über eine Propanolamid-Brücke mit einem Nucleotid verknüpft, das als Base das ungewöhnl. Dimethylbenzimidazol (od. andere seltene Basen) enthält; letzteres (bzw. die anderen seltenen Basen) ist auch Ligand des zentralen Kobaltatoms. Als 6. Ligand, durch den sich ebenfalls einzelne C.e unterscheiden, werden u. a. die Gruppen –CN *(Cyano-C.)*, –OH, –Cl u. 5′-Desoxyadenosin *(5′-Desoxyadenosyl-C.)* gefunden. – C. findet sich bevorzugt in tier. Geweben, bes. in der Leber sowie in Eigelb u. Milch. Es wird jedoch auch durch Bakterien (z. B. Bakterien der Darmflora) gebildet. In pflanzl. Produkten ist C. in so geringer Konzentration vorhanden, daß einseitige pflanzl. Nahrung bei vielen Tieren aufgrund v. Vitamin B₁₂-Mangel zu Wachstumsstörungen führt. Beim Menschen führt C.-Mangel zu perniziöser Anämie, die jedoch durch die selbst für Vitamine sehr geringe Tagesdosis v. 5 μg behoben wird; C. gehört daher zu den biol. aktivsten Substanzen. Es wird vermutet, daß die der perniziösen Anämie zugrunde liegende Beeinträchtigung der Bildung roter Blutkörperchen durch den Mangel an Desoxyribonucleotiden (Ausfall der Ribonucleotidreduktion in Abwesenheit v. C., s. o.) u. die dadurch ungenügende DNA-Synthese in den Vorläuferzellen der roten Blutkörperchen bedingt ist. Zur Resorption v. C. im Darm ist ein neuraminhalt. Glykoprotein, der sog. *Intrinsic factor* (engl.), erforderlich, das normalerweise in der Magenschleimhaut gebildet wird. Es bildet mit C. einen vor Verdauungsenzymen schützenden Komplex, der im unteren Teil des Dünndarms resorbiert werden kann. Perniciöse Anämie ist häufig durch den Mangel des Intrinsic factors, d. h. also nicht eigtl. durch einen Mangel an C., sondern durch dessen mangelnde Resorption, bedingt.

Cobitidae [Mz.; v. gr. kōbītis = eine Sardellenart], die ⌐Schmerlen.

Cobratoxin s [v. port. cobra = Schlange, gr. toxikon = (Pfeil-)Gift], Gift der Brillenschlange, aus dem die *Cobramine A* u. *B*

Cobalamin

Corrinringgerüst mit 4 Koordinationsstellen für das zentrale Kobaltatom

Ligand der 5. Koordinationsstelle des Kobaltatoms

5′-Desoxyadenosylrest als Ligand der 6. Koordinationsstelle des Kobaltatoms*

5′-Desoxyadenosyl-Cobalamin (Coenzym B₁₂)

Cobalamin

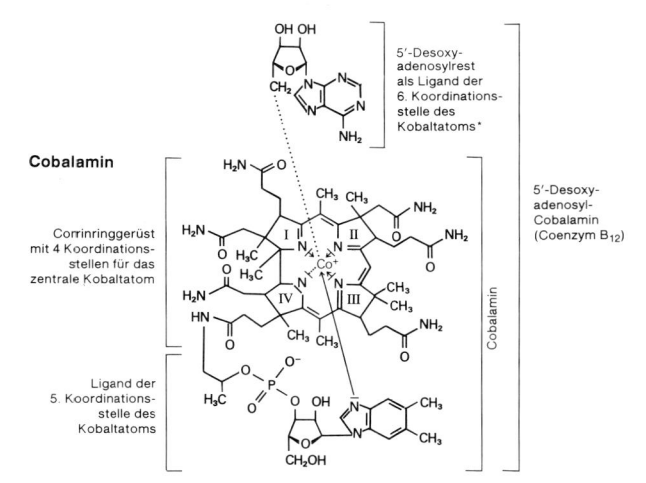

* bei anderen Cobalaminen andere Reste, wie CN⁻, OH⁻, Cl⁻ u. a.

Cobalamin

Das 5′-Desoxyadenosyl-C., welches auch als B₁₂-Coenzym bezeichnet wird, ist das Coenzym bestimmter Isomerisierungsreaktionen (z. B. Glutamat ⇌ β-Methylaspartat, Methylmalonyl-CoA ⇌ Succinyl-CoA). Die C.e im engeren Sinne, d. h. die C.e ohne den 5′-Desoxyadenosinrest, wirken als Coenzyme a) bei der Thioredoxin-katalysierten Reduktion von Ribonucleosiddiphosphaten zu den 2′-Desoxyribonucleosiddiphosphaten, b) bei der Synthese v. Methionin aus Homocystein u. Methyltetrahydrofolat, c) bei der Methylierung v. t-RNA, d) bei der Bildung v. Methan durch Methanbakterien, wobei sich das Methyl-C. (5. Koordinationsstelle des Kobaltatoms durch eine Methylgruppe besetzt) als Zwischenprodukt bildet.

Bei C vermißte Stichwörter suche man auch unter K und Z.

isoliert wurden, neuro- u. cardiotox. wirksame Polypeptide, die zu den wichtigsten Schlangengifttoxinen gehören.

Cocaalkaloide, Inhaltsstoffe aus den Blättern des Cocastrauchs *(Erythroxylum coca),* der in feuchtwarmen Gebirgslagen S-Amerikas u. Javas kultiviert wird, u. die, je nach Herkunft, als Huanuco- od. Bolivia-Blätter, Truxilloblätter (aus Peru u. Kolumbien) u. Javablätter bezeichnet werden. Sie enthalten ein Gemisch v. Alkaloiden, das v. a. aus ↗ *Cocain* (bis zu 1,8%), aber auch anderen Ecgonin-Derivaten (z. B. Tropacocain) besteht. Neben diesen Tropanalkaloiden, die als die eigtl. C. betrachtet werden, findet man auch Pyrrolidin-Alkaloide, z. B. Hygrin u. Cuskhygrin. [T] Alkaloide.

Cocain *s* [v. Quechua kuka = Cocastrauch], *Methylbenzoyl-Ecgonin, Erythroxylin,* Hauptalkaloid aus den Blättern des Cocastrauchs *(Erythroxylum coca,* ↗ Erythroxylaceae), ein Tropanalkaloid, Benzoesäureester des Methyl-Ecgonins (in Javablättern: Zimtsäureester des Methyl-Ecgonins). C. ist ein suchterzeugendes *(Cocainismus)* Rausch- u. Betäubungsmittel, dessen Symptome Enthemmung, Euphorie u. Halluzinationen sind u. das außerdem leistungssteigernd, blutgefäßverengend u. auf das menschl. Hungerzentrum betäubend wirkt. Mit der Aufnahme höherer Dosen ist eine Steigerung der Pulsfrequenz, ein Blutdruckanstieg, Erhöhung der Körpertemp. u. eine Erweiterung der Pupillen verbunden, sehr große Dosen führen zu Krämpfen u. Erregungszuständen, die in Lähmungen übergehen. Todesfälle durch C. (Lähmung des

cocc-, cocci-, cocco- [v. gr. kokkos = Kern, Kugel, auch Scharlachbeere (davon gr. kokkinos = scharlachrot)].

Cocain

Die älteste Form des C.-Gebrauchs ist das Kauen v. Coca, wobei C. freigesetzt wird. Der Tageskonsum der Cocakauer S-Amerikas („Coquereos") kann bis zu 50 g roher Blätter (entspricht 1–2 g C.) betragen. Wohl die verbreitetste Einnahmeform des C.s, das im Schwarzhandel oft mit Amphetamin, Kohlenhydraten (Mannit od. Lactose), Procain od. Lidocain u. a. „gestreckt" wird, ist das Schnupfen, wobei das C. hier in der Salzform (dem C.-Hydrochlorid) rasch durch die Schleimhäute absorbiert u. in den Blutstrom aufgenommen wird.

Atemzentrums) sind jedoch selten. Regelmäßige C.-Einnahmen führen zu Schlaf- u. Appetitlosigkeit; chron. Mißbrauch kann neben sozialen u. pharmakolog. Folgen das plötzl. Auftreten psychot. Verhaltensstörungen verursachen. Als Lokalanästhetikum findet C. heute nur gelegentl. Anwendung bei Operationen an Schleimhäuten (Hals, Nase, Ohren). In den meisten Fällen werden synthet. Anästhetika eingesetzt, z. B. Procain u. Lidocain, die dem C. strukturverwandt sind u. einen ähnl. Wirkungsmechanismus, aber keine Rauschwirkung zeigen. Zum überwachten pharmazeut. Gebrauch wird C. techn. aus Ecgonin od. durch Extraktion aus Cocablättern gewonnen. Die Blattreste (nach Entfernen des C.s) werden als Geschmacksstoff für Getränke verwendet.

Cocarboxylase *w,* veraltete Bez. für ↗ Thiaminpyrophosphat.

Cocastrauchgewächse [v. Quechua kuka = Cocastrauch], die ↗ Erythroxylaceae.

Coccidae [Mz.; v. *cocci-], die ↗ Napfschildläuse.

Coccidia [Mz.; v. *cocci-], Ord. der *Sporozoa;* wie alle Sporozoa sind C. ausschl. parasit. Einzeller; sie treten bei Articulaten u. mit einigen wichtigen Krankheitserregern (Malaria, Kaninchenkokzidiose) bei Wirbeltieren u. Mensch auf. Bei den C. führt nur der ♂ Gamont (Mikrogamont) eine Vielteilung durch; es entstehen kleine, begeißelte Mikrogameten; der ♀ Gamont (Makrogamont) wird zum großen, unbewegl. Makrogameten. In der Zygote (Oocyste) findet in 2 Phasen Sporogonie statt: die erste Teilung führt zu den Sporen, die zweite läuft in den Sporen ab u. liefert Sporozoiten. Bei der U.-Ord. der ↗ *Schizococcidia,* die überwiegend intrazellulär leben, läuft zusätzl. zu Gamogonie u. Sporogonie noch Schizogonie ab, die bei der U.-Ord. der *Protococcidia (Eucoccidia),* deren Vertreter meist extrazellulär leben, fehlt.

Coccina *w* [v. *cocci-], die ↗ Schildläuse.
Coccinellidae [Mz.; v. *cocci-], die ↗ Marienkäfer.
Cocci und Coccibacilli [v. *cocci-, lat. bacillum = Stäbchen], Gruppe der ↗ gramnegativen Kokken und Kokkenbacillen.
Coccocarpiaceae [Mz.; v. *cocco-, gr. karpos = Frucht], Flechten(pilz)-Fam. der *Lecanorales,* mit 2 Gatt. und 25 Arten in der temperierten und trop. Zone verbreitet. Laub- u. winzige Strauchflechten mit fäd. Blaualgen, homöomerem od. heteromerem Lager, biatorinen Apothecien u. einzelligen, farblosen Sporen. Die Gatt. *Coccocarpia* (21 Arten) besitzt ein meist graues, rosettiges, blättr. bis schupp. Lager u. ist hpts. in ozean. Gebieten der Tropen verbreitet.

Wirkungsmechanismus des Cocains

C. besitzt die typ. Eigenschaften eines Lokalanästhetikums: Es blockiert vorübergehend u. reversibel die Weiterleitung v. Impulsen in Nervenfasern, indem es die Permeabilität der Nervenmembran für Natriumionen herabsetzt. Der Mechanismus beruht vermutl. darauf, daß sich C.-Moleküle (lipophiler aromat. Ring im Molekül!) in der Lipidschicht der Membran lösen, an Rezeptoren in den Natriumkanälen binden u. dadurch das Öffnen der Natriumkanäle verhindern. Dadurch ist die Erregbarkeit der Nervenfa-

ser vermindert od. ganz unterdrückt, so daß eine Verhinderung des Schmerzempfindens ohne Ausschaltung des Bewußtseins mögl. ist. Viele Symptome der C.-Einnahme beruhen auf dessen stimulierender Wirkung auf das sympath. Nervensystem: Normalerweise werden bei der Signalübertragung an Synapsen die freigesetzten Neurotransmittermoleküle, nachdem sie die benachbarte Nervenzelle erregt haben, u. z. T. abgebaut u. z. T. zurückgewonnen. Dieser Wiederaufnahmemechanismus v. Transmittermolekülen wird durch die Anwesenheit v. C. blockiert,

so daß Neurotransmittermoleküle länger im synapt. Spalt verbleiben u. weiterhin auf die Rezeptoren der Nachbarzelle einwirken. Die euphor. Wirkung des C.s soll durch Hemmung der Monoamin-Oxidase u. Anreicherung v. Noradrenalin u. Serotonin in bestimmten Teilen des Gehirns zustande kommen. Die Wirkung des C.s geht nach einiger Zeit wieder zurück, weil die Moleküle abgebaut u. über den Blutstrom weggeführt werden. Im Blut ist die Pseudocholin-Esterase enthalten, ein Acetylcholinabbauendes Enzym, das aber auch das C.-Molekül spaltet.

Bei C vermißte Stichwörter suche man auch unter K und Z.

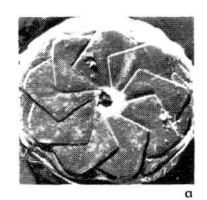

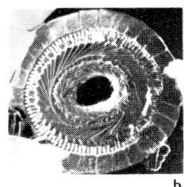

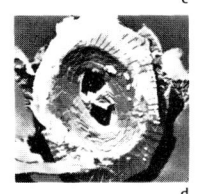

Coccolithen

a und b fossile C. mit sich überlappenden Kristallzellen, c und d C. einer in der Tiefseeplattform der Biscaya lebenden Coccosphaeren-Art. Die C. haben zw. 0,002 u. 0,01 mm $\varnothing$.

cocc-, cocci-, cocco- [v. gr. kokkos = Kern, Kugel, auch Scharlachbeere (davon gr. kokkinos = scharlachrot)].

cochl-, cochli-, cochlo- [v. gr. kochlias od. kochlos bzw. lat. cochlea = Muschel, Schnecke], in Zss. meist: Schnekken-.

Coccolithales [Mz.; v. *cocco-, gr. lithos = Stein], die ↗Kalkflagellater.

Coccolithen [Mz.; v. *cocco-, gr. lithos = Stein], (C. G. Ehrenberg 1836), v. den ↗Kalkflagellaten erzeugte Plättchen, Stäbchen od. Schalen aus Calcit, die neben Celluloseschuppen auf der Zelloberfläche der Kalkflagellaten liegen; in rezenten u. fossilen Meeressedimenten massenweise vorkommend (zum Beispiel 4 Mill. pro mm^2); vorzügl. Leitfossilien (Nannoplankton).

Coccolithophorida [Mz.; v. *cocco-, gr. lithophoros = steintragend] ↗Kalkflagellaten.

Coccoloba w [v. *cocco-, gr. lobos = Lappen], Gatt. der Gänsefußgewächse (Polygonaceae, ↗Gänsefußartige), mit etwa 125 Arten bes. im trop. Amerika verbreitet. Als Bäume od. Sträucher sind sie innerhalb der Fam. der Polygonaceae eine Ausnahme, da diese überwiegend aus Kräutern besteht. Die Früchte der Meer- od. Seetraube (C. uvifera), eines bis mehrere m hohen Strauches, liefern ein säuerl. Obst, aus der Rinde läßt sich ein roter Farbstoff gewinnen, das Holz ist für die Tischlerei verwendbar. Ihr Verbreitungsgebiet liegt an den Küsten des trop. Amerika u. SO-Asien. Bei C. platyclados sind die Blätter zu früh abfallenden Schuppen reduziert, der Sproß übernimmt mit als Platycladien ausgebildeten flachen Gliedern die Photosynthese. Die Art wird teilweise zur verwandten Gatt. Mühlenbeckia gestellt. Einige Arten v. C. werden auch in Gewächshäusern gezogen.

Coccomyxis w [v. *cocco-, gr. myxa = Schleim], Gatt. der ↗Gloeocystidaceae.

Cocconeis [v. *cocco-, gr. rēos = Schiff], Gatt. der ↗Achnanthaceae.

Coccosphaeren [Mz.; v. *cocco-, gr. sphaira = Kugel], Coccosphaera, ↗Kalkflagellaten.

Coccostei [Mz.; v. *cocc-, gr. osteon = Knochen], die ↗Arthrodira.

Coccothraustes m [v. gr. kokkothraustēs =], die ↗Kernbeißer.

Cocculinidae [Mz.; v. *cocc-], Fam. der Altschnecken, Vorderkiemerschnecken, die meist augenlose Tiefseeformen mit kleinem, kegel- bis mützenförm. Gehäuse umfaßt; haben nur eine Kieme u. eine Fächerzunge; sie kommen in warmen u. gemäßigten Meeren vor.

Cochenille-Schildlaus [koschenilje; v. frz. cochenille = Schildlaus], Koschenille-Schildlaus, Dactylopius cacti, Art der ↗Deckelschildläuse; aus dem Körpersaft der C. wird der Farbstoff Cochenille (Cochenillerot, ↗Carmin) gewonnen.

Cochlea w [lat., = Schnecke], 1) Gehäuse der Schnecken. 2) Schnecke, Teil des ↗Gehörorgans der Säugetiere, gebildet aus den drei übereinanderliegenden Kanälen: Scala tympani, Scala media (Ductus cochlearis) u. Scala vestibuli. B mechanische Sinne II.

Cochlearia w [v. lat. cochlear = Löffel (v. *cochl-)], das ↗Löffelkraut.

Cochleariidae [Mz.; v. lat. cochlear = Löffel], die ↗Kahnschnäbel.

Cochlicella w [lat., = kleine Schnecke], Gatt. der Heideschnecken, Landlungenschnecken mit hochgetürmt-kegelförm. Gehäuse v. weißer Grundfarbe u. mit od. ohne dunkle Bänder; wenige Arten in den Küstengebieten des Mittelmeeres u. in W-Europa. C. acuta hat ein 2 cm, selten 3 cm hohes Gehäuse; sie bevorzugt küstennahe Wiesen- u. Dünengelände, kommt aber auch im Binnenland an kalkhalt. Plätzen vor.

Cochlicopa w [v. *cochli-, gr. kopeus = Meißel], Gattung der Kleinen ↗Achatschnecken.

Cochlidiidae [Mz.; v. gr. kochlidion = kleine Schnecke], die ↗Schildmotten.

Cochliostema s [v. *cochli-, gr. stēmōn = Aufzug od. Kette am Webstuhl], Gatt. der ↗Commelinaceae.

Cochlodina w [v. *cochlo-], Gatt. der Schließmundschnecken, Landlungenschnecken mit linksgewundenem, bauchig- bis schlank-spindelförm. Gehäuse, die in Europa u. N-Afrika mit zahlr. Arten verbreitet sind. C. laminata (Gehäuse bis 17 mm hoch) ist die häufigste Art in Mitteleuropa; sie lebt an schatt. Stellen in Wäldern u. unter der Laubstreu, bei feuchtem Wetter erklettert sie glattrind. Bäume.

Cochlonema s [v. *cochlo-, gr. nēma = Faden], Gatt. der ↗Zoopagales.

Cochlospermaceae [Mz.; v. *cochlo-, gr. sperma = Same], Nierensamengewächse, pantrop. verbreitete Fam. der Veilchenartigen mit 2 Gatt. u. etwa 38 Arten. Bevorzugt an trockenen Standorten wachsende Sträucher od. Bäume mit häufig knollig verdickten, teilweise unterird. entwickelten Stämmen u. großen, handförm. gelappten Blättern (mit Nebenblättern). Die in Trauben od. Rispen stehenden, radiären Blüten haben oft auffallende Größe u. Farbe (insbes. gelb) u. besitzen 5 Kronblätter sowie zahlr. Staubblätter. Aus dem oberständ. Fruchtknoten entwickelt sich eine kapselart. Frucht, die zahlr. nierenförm. Samen mit ölhalt. Endosperm enthält. Die mit 8 Arten im südl. Teil der USA bis Peru beheimatete Gatt. Amoreuxia, deren Blüten durch Verlängerung der Staubblätter in nur einer Blütenhälfte zweiseitig symmetr. Aussehen erhalten, besitzt nicht od. nur schwach behaarte Samen. Die Samen der ca. 30 Arten umfassenden Gatt. Cochlo-

spermum hingegen sind mit woll. Haaren bedeckt, die z.T. als Polstermaterial verwendet werden (z.B. von *C. gillivraei*). Einige C.-Arten, etwa *C. tinctorium*, enthalten gelbe Farbstoffe, während aus der Rinde von *C. religiosum* in Indien der Kutera-Gummi gewonnen wird. Rindenfasern von *C. vitifolium* dienen lokal zur Seilherstellung, andere Arten, u.a. auch *C. tinctorium*, finden in der Volksmedizin, z.B. als Abführmittel, Verwendung. Einige der gen. Arten, u.a. *C. vitifolium* und *C. gillivraei*, werden zudem in den Tropen als Zierpflanzen kultiviert.

Cochlostoma s [v. *cochlo-, gr. stoma = Mund], Gatt. der Ord. Mittelschnecken, Vorderkiemerschnecken, die terrestr. in Mittel- und S-Europa u. im Kaukasus lebt; *C. septemspirale* ist die häufigste Art im südl. Mittel- u. in S-Europa.

Cochlostyla w [v. *cochlo-, gr. stylos = Säule], Gatt. der *Eulotidae*, Landlungenschnecken mit festschaligem, eikegelförm. Gehäuse, das v. einer farb. Schalenhaut überzogen ist; die Tiere legen ihre Eier in aufgerollte Blätter; sie sind in ihrer Verbreitung auf die Philippinen beschränkt, wo sie mit zahlr. Arten vertreten sind.

Cocos nucifera w [v. span. coco, port. coca = Hirnschale, Kokosnuß, spätlat. nucifer = nüssetragend], die ↗ Kokospalme.

Code m [kohd; frz. = Gesetzbuch], die Gesamtheit des Zeichenvorrats, in dem Nachrichten (Informationen) formuliert sein können u. die von einem Sender zu einem Empfänger übertragen werden. Von bes. biol. Bedeutung ist der ↗ genet. Code.

Codehydrase w, veraltete Bez. für waserstoffübertragende Coenzyme (NAD u. NADP) der ↗ Dehydrogenasen.

Codein s [v. gr. kōdeia = Mohnkopf], 3-Monomethyläther des Morphins, ein ↗ Opiumalkaloid, das strukturell zum Benzylisochinolin- bzw. Phenanthren-Typ gehört u. zu 0,3–3% im Opiumsaft enthalten ist, 1833 v. Robiquet entdeckt. Aufgrund seiner das Hustenzentrum dämpfenden Eigenschaften wird C. in Form des Phosphorsäuresalzes v.a. in hustenstillenden Mitteln angewandt; im Ggs. zu ↗ Morphin ist C. kaum analget. wirksam. Im Organismus wird C. z.T. entmethyliert, bevor es weiter abgebaut od. im Harn als Morphin ausgeschieden wird. Die Herstellung des C.s erfolgt partialsynthet. durch Methylierung v. Morphin mit Diazomethan.

Codiaceae [Mz.; v. gr. kōdeia = Mohnkopf], Fam. der *Bryopsidales*, Grünalgen mit stark verzweigtem siphonalem Thallus, der vielfach pseudoparenchymat. verflochten ist; sie kommen v.a. in wärmeren, sauberen Meeren vor. Die Gatt. *Codium* umfaßt ca. 50 Arten; *C. bursa*, u.a. im Mit-

Cochlostoma
Das turmförmige Gehäuse von *C. septemspirale* wird etwa 8 mm hoch; diese Vorderkiemerschnecke bevorzugt kalkhalt. Felsen u. Mauern, kommt aber auch in Wäldern auf Kalkböden vor.

Codein

cochl-, cochli-, cochlo- [v. gr. kochlias od. kochlos bzw. lat. cochlea = Muschel, Schnecke], in Zss. meist: Schnecken-.

co-, com-, con- [v. lat. cum (altlat. com) = zusammen, mit], in Zss.: zusammen-, mit-.

telmeer, bildet kugel. Thallus bis 20 cm ⌀, *C. tomentosa* dagegen einen lockeren, dichotom verzweigten Thallus, der z.T. über 30 m lang wird. Die Gatt. *Halimeda* besitzt festsitzende, meist herz- od. nierenförm. Thalluslappen, die zu mehreren übereinanderstehen (opuntienähnlich); *H. opuntia* und *H. tuna* sind im Mittelmeer verbreitet. Die Gatt. *Udotea* kommt mit 15 Arten nur in trop. Meeren vor; ihr Thallus besteht aus verzweigt kriechender Basis u. blattartigem, oft geschlitztem, aufrechtem Phylloid; *U. desfontainii* lebt im Mittelmeer häufig auf Muscheln, Algen o.ä.

Codiaeum s [v. gr. kōdeia = Mohnkopf], Gatt. der ↗ Wolfsmilchgewächse.

Codiolaceae [Mz.; v. gr. kōdeia = Mohnkopf], Grünalgen-Fam. der *Ulotrichales*, auch als selbständ. Ord. geführt; Thalli fädig od. schwach verzweigt; die Zellen sind mehrkernig mit netzart. Chloroplasten. *Hormiscia* ähnelt *Ulothrix*, beide sind aber leicht mittels der Chloroplastenform zu unterscheiden; sie durchlaufen einen heteromorphen Generationswechsel, wobei fr. vielfach Gametophyt u. Sporophyt als eigene Arten beschrieben wurden, z.B. der fäd. Gametophyt *H. neglecta* u. der einzellige keulenförm. Sporophyt *Codiolum gregarium*. *Urospora* ähnelt *H.*, das Codiolumstadium entwickelt sich aber asexuell aus Zoosporen.

Codium s [v. gr. kōdeia = Mohnkopf], Gatt. der ↗ Codiaceae.

codogen [v. ↗ Codon, gr. gennan = erzeugen], Eigenschaft desjenigen Stranges der DNA-Doppelhelix eines Gens, der in RNA transkribiert wird; der c.e Strang einer DNA wird als *c-Strang* bezeichnet; er ist komplementär zum jeweiligen Transkript; im Ggs. dazu wird der nicht transkribierte DNA-Strang als *r-Strang* (RNA-ähnl. Strang) bezeichnet; er entspricht in seiner Basensequenz dem Transkript (allerdings Thymin statt Uracil).

Codominanz [v. *co-, lat. dominans = herrschend], Eigenschaft multipler Allele, die gegenseitig keine Dominanz-Rezessivitäts-Beziehung aufweisen, sondern voll phänotyp. ausgeprägt werden. Zeigt der heterozygote Genotyp A_1A_2 keinen zw. A_1A_1 und A_2A_2 liegenden intermediären Phänotyp, sondern den Phänotyp beider Allele, so sind A_1 und A_2 *codominante* Allele.

Codon s [Mz. *Codonen*; v. frz. code = Gesetzbuch], *Code-Wort*, *Code-Triplett*, Sequenz v. 3 aufeinanderfolgenden Ribonucleotid-Resten, die in m-RNA bei der Translation an den Ribosomen den Einbau jeweils 1 Aminosäure in wachsende Peptidketten signalisiert (daher auch die Bez. *Aminosäure-C.*). Von den mit den 4 Stan-

Bei C vermißte Stichwörter suche man auch unter K und Z.

Codoniaceae

coel-, coelo- [v. gr. koilos = hohl], in Zss.: hohl-.

dard-Ribonucleotiden (A,C,G,U) 64 theoret. möglichen C.en codieren 61 für jeweils eine der 20 in Proteinen vorkommenden ↗Aminosäuren; 3 C.en (UAA, UAG u. UGA) signalisieren den Kettenabbruch in der Proteinsynthese (*Terminations-C.en, Stop-C.en* od., veraltet, *Nonsense-C.en*). Die C.en AUG u. GUG, die während der Kettenverlängerungsphase der Translation für Methionin bzw. Valin codieren, fungieren während der Initiationsphase der Translation als *Initiations-C.* (auch *Start-C.*) u. codieren in diesem Falle die Aminosäure N-Formyl-Methionin (bei Prokaryoten) bzw. Methionin (bei Eukaryoten). Der ↗genet. Code ist die Summe der Zuordnung der C.en zu den einzelnen Aminosäuren bzw. als Signale für Kettenanfang od. Kettenabbruch. ↗Anticodon. B Proteinsynthese.

Codoniaceae [Mz.; v. gr. kṓdōn = Glocke, Schelle], Fam. der *Metzgeriales,* artenarme Fam. der Lebermoose mit der weltweit verbreiteten Gatt. *Fossombronia,* deren stengelart. Thallus blattähnl. Auswüchse trägt; u. a. mit *F. longiseta* im mediterran-atlant. Raum verbreitet.

Codonomonas *w* [v. gr. kṓdōn, Gen. kōdōnos = Glocke, Schelle, monas = Einheit], Gatt. der ↗Bikosoecophyceae.

Codonopsis *w* [v. gr. kṓdōn = Glocke, Schelle, opsis = Aussehen], Gatt. der ↗Glockenblumengewächse.

Coecotrophie *w* [v. lat. caecus = blind, gr. trophē = Ernährung], ↗Blinddarmkot.

Coecum *s* [v. lat. caecum =] der ↗Blinddarm.

Coelacanthidae [Mz.; v. *coel-, gr. akantha = Stachel, Dorn], Fam. der ↗Quastenflosser.

Coelastrum *s* [v. *coel-, gr. astron = Sternbild], Gatt. der ↗Scenedesmaceae.

Coelenterata [Mz.; v. *coel-, gr. entera = Eingeweide], die ↗Hohltiere.

Coelioxys *w* [v. gr. koilia = Bauchhöhle, Höhlung, oxys = spitz, scharf], Gatt. der ↗Megachilidae.

Coeloblastula *w* [v. *coelo-, gr. blastē = Keim], bes. Form der ↗Blastula; Ergebnis total-äqualer Furchung oligolecithaler Eier, durch ein mehr od. minder umfangreiches Blastocoel gekennzeichnet, z. B. bei Schwämmen, Hohltieren, Stachelhäutern u. *Amphioxus.*

coelodont [v. *coelo-, gr. odous, Gen. odontos = Zahn], heißen Reptilien, deren Zähne eine Pulpahöhle besitzen. Ggs.: pleodont.

Coelodonta [Mz.; v. *coelo-, gr. odous, Gen. odontos = Zahn], (Bronn 1831), *Tichorhinus* (Brandt 1849), *Wollhaarnashorn,* † Nashörner mit vollständig verknöcherter Nasenscheidewand, 2 Hörnern auf Nase u. Stirn u. reduziertem Vordergebiß. *C. antiquitatis* (Blumenbach) bewohnte die kaltzeitl. Steppen im Pleistozän v. Eurasien; als Kälteschutz diente ein dichtes Haarkleid.

Coeloglossum *s* [v. *coelo-, gr. glōssa = Zunge], die ↗Hohlzunge.

Coelogynopora *w* [v. *coelo-, gr. gynē = Weib, poros = Öffnung], Gatt. der ↗Proseriata.

Coelolepida [Mz.; v. *coelo-, gr. lepis = Schuppe], *Hohlschupper,* † U.-Ord. der fischart. Panzerhäuter *(Ostracodermata),* die durch eine Anzahl v. schlecht erhaltenen kleinen Resten belegt ist; v. vielen nur Plattenfragmente bekannt, in einigen Fällen auch der Körperumriß. Vertreter: *Coelolepis, Thelodus, Phlebolepis, Lanarkia.* Verbreitung: Obersilur bis Unterdevon.

Coelom *s* [v. gr. koilōma = Höhlung, Vertiefung], von E. Haeckel (1873) eingeführte Bez. für die *echte* od. *sekundäre Leibeshöhle,* das *Deuterocoel,* den v. Epithel umkleideten Hohlraum zw. Körperdecke u. Darm der Metazoen, der im Verlauf der Ontogenese die aus der Furchungshöhle, dem *Blastocoel,* hervorgehende od. mit ihr ident. *primäre Leibeshöhle,* das *Protocoel,* weitgehend od. vollständig verdrängt. Kann mit einer von R. Siewing (1980) gegebenen Maximalcharakteristik (10 Merkmale, vgl. Spaltentext) als ein Komplexsystem gekennzeichnet werden, demzufolge eine konvergente Evolution des C.s unwahrscheinlich ist.

Form und Vorkommen: Der Maximalcharakteristik genügen die *Archicoelomata, Chordata, Pogonophora, Annelida, Echiurida* und *Sipunculida.* Bei den *Chaetognatha* wird sie nicht erreicht, Blutgefäße und Exkretionsorgane fehlen. Bei den rezenten *Mollusca* ist das C. auf Perikard (Herzbeutel) u. Gonadenhöhle beschränkt. Als vollständig od. teilweise reduziert gilt das C. bei den *Plathelminthes, Nemertini, Kamptozoa* u. *Priapulida* (↗Acoelomata). Das C. der *Arthropoda* ist in ein *Mixocoel* aufgelöst. Unklar sind die Verhältnisse bei den *Nemathelminthes;* bei ihnen liegt zwar ein einheitl. Körperhohlraum *(Pseudocoel)* vor, der aber nicht v. einem Epithel umgeben ist u. eine Deutung nicht zuläßt, da seine Ontogenese unbekannt (↗Pseudocoelomata) ist.

Ontogenese: Bei den rezenten Metazoen entsteht das Mesoderm u. damit das C. aus dem Entoderm durch 1) Abwanderung v. Zellen *(Emigration),* 2) Urmesoblasten-Bildung od. 3) Abfaltung v. Urdarmtaschen *(Evagination, Enterocoelbildung).* Abwanderung bedeutet, daß sich aus dem Entoderm Zellen herausschieben u. beidseits des Darms einen soliden Mesodermstreifen bilden, in dem sich dann durch Auseinanderweichen u. epitheliale Anordnung der Zellen das C. bildet. Die Abwanderung der Zellen kann lokalisiert *(lokalisierte Emigration:* einige *Hemichordata)* erfolgen, sich diffus über eine mehr od. weniger große Fläche des Urdarms verteilen *(diffuse Emigration:* einige *Tentaculata)* od. geradezu ein Abblättern vom Urdarm *(Delamination:* einige *Anura)* darstellen. *Urmesoblasten-Bildung* heißt, daß sich bereits auf dem Stadium der Furchung eine Zelle aus dem künft. Entodermbereich als *Urmesoblast* herauslöst. Bei dieser Urmesoblastenzelle, auch Teloblastenmutterzelle (↗ Teloblastie) gen., handelt es sich um die Zelle 4d (↗ Spiralfurchung), aus der durch fortgesetzte Teilung 2 paarige solide Urmesodermstreifen u. aus diesen wiederum durch Auseinanderweichen der Zellen die C.säcke hervorgehen. Bei allen Tieren mit Spiralfurchung *(Spiralia)* entsteht das Mesoderm ausschl. aus der Zelle 4d, wobei die Zelle 4d der *Plathelminthes* zusätzl. auch noch Entoderm liefert, folgl. in diesem Fall als Mesentoblast bezeichnet wird. – Bildet sich Coelom durch *Abfaltung* seitl. Urdarmausstülpungen, dann liegt *Enterocoelie* vor, so bei den *Archicoelomata* u. *Chordata.* – Coelomhaltige Körperabschnitte werden als Segmente bezeichnet (↗ Segmentierung). *Phylogenese:* ↗ Coelomtheorien.

Lit.: *Haeckel, E.:* Die Gastraea-Theorie, die phylogenetische Classification des Thierreichs und die Homologie der Keimblätter. Jena 1873. *Siewing, R.:* Lehrbuch der Entwicklungsgeschichte der Tiere. Hamburg 1969. *Siewing, R.:* Das Archicoelomatenkonzept. Zool. Jb. Anat. 103, 439–482 (1980). *D. Z.*

Coelomata [Mz.; v. gr. koilōmata = Höhlungen, Vertiefungen], urspr. die *Metazoa,* deren Körperhohlraum ein ↗ Coelom ist. Häufig jedoch für alle triploblast. *Metazoa* (mit Mesoderm), folgl. gleichbedeutend mit *Bilateria,* verwendet. Dies ist jedoch nur unter der Annahme berechtigt, daß *Bilateria* ohne Coelom (z. B. *Plathelminthes, Nematoda)* dieses sekundär aufgelöst haben.

Coelomflüssigkeit [v. gr. koilōma = Höhlung], eine das ↗ Coelom ausfüllende, stark wäßr. Flüssigkeit, in der Proteine, Kohlenhydrate u. Exkretstoffe (Salze, Stoffwechselendprodukte) enthalten sind. Sie dient als Transportmedium u. Hydroskelett. Bei den meisten Tiergruppen wird die C. einer *Ultrafiltration* mittels spezieller Exkretionsstrukturen unterzogen. ↗ Coelomocyten.

Coelomocyten [Mz.; v. gr. koilos = hohl, kytos = Hohlraum, Zelle], amöboid bewegl. od. unbewegl. freie Zellen, die in der Leibeshöhle (↗ Coelom) v. Tieren aus den verschiedensten systemat. Gruppen zirkulieren u. ein weites Spektrum an Stoff-

Coelom
Maximalcharakteristik nach R. Siewing (leicht verändert)
Das C. ist ein flüssigkeitserfüllter Hohlraum (1), der v. einem Epithel *(C.epithel, Coelothel, Mesothel)* (2) aus Myoepithelzellen mit einer dem Hohlraum abgewandten Basalmembran (3) umgeben ist. Durch die Bildung v. *Mesenterien* kann es paarig (4) u. durch die Ausbildung von *Dissepimenten* serial (5) gegliedert sein. Es enthält die Keimzellen od. läßt Beziehungen seines Epithels zu den Keimzellen erkennen (6) u. leitet diese über *Coelomodukte* (7) aus, die in anderen Fällen als *Metanephridien* für die aus den verschiedenen Körperregionen in die C.räume filtrierten Exkrete dienen. Aus dem C.epithel gehen die Blutgefäße hervor (8). Ontogenetisch entsteht das C. aus dem Mesoderm als Derivat des Entoderms (9). Das C. erfüllt die Aufgabe eines Hydroskeletts (Flüssigkeitspolster), das zus. mit der Rumpfmuskulatur bzw. dem Hautmuskelschlauch eine funktionelle Einheit als Bewegungssystem bildet (10).

Coelomflüssigkeit
Ultrafiltration erfolgt z. B. durch: Cyrtocyten (Reusengeißelzellen) bei Plathelminthen; Podocyten des Coelomepithels; Cyrtopodocyten bei Acraniern.

wechselfunktionen erfüllen können. Sie sind meist Abkömmlinge des Coelomepithels u. dienen u. a. der Abwehr u. Phagocytose v. Fremdkörpern bzw. Krankheitserregern, der Exkretion, der Nährstoffspeicherung, dem Nahrungstransport (Holothurien) od. der Blutgerinnung (Insekten).

Coelomtheorien [v. gr. koilōma = Höhlung], versuchen, die phylogenet. Herkunft der *sekundären Leibeshöhle,* des ↗ *Coeloms* od. *Deuterocoels,* zu erklären. – Da sich die Phylogenese des Coeloms bereits vor dem Kambrium vollzogen hat, folgl. keine fossilen Dokumente vorliegen, gehen die in der vergleichend-morpholog. Methode begründeten C. im Ggs. zur *Gallertoid-Hypothese* im wesentl. von ontogenet. Stadien rezenter Tierformen als Denkmodelle aus. ↗ *Gonocoel-,* ↗ *Nephrocoel-* u. ↗ *Schizocoeltheorie* nehmen ein kompaktes Vorstadium in Form einer mit Mesenchym erfüllten Blastula an, in der durch Auseinanderweichen u. Verdrängen des Mesenchyms die Hohlräume des Coeloms entstanden sein sollen. Als Modell eines solchen Organismus können die Formen der Planula-Larve der *Cnidaria* (↗ Nesseltiere) betrachtet werden, die eine v. Ektoderm umhüllte Hohlkugel (Blastula) darstellen, deren Inneres durch eingewanderte Ektodermzellen mesenchymatisch erfüllt ist. Nach der ↗ Planula-(Parenchymella-)Theorie entstand aus einem Teil dieser Zellen der Darm, die restlichen wurden zu Mesoderm. Die ↗ *Enterocoeltheorie* dagegen nimmt an, daß das Mesoderm bereits als epitheliale Umhüllung (Coelothel) eines Hohlraums, der dann als Coelom bezeichneten sekundären Leibeshöhle, entstanden ist und bei jenen Formen, deren Körperräume zw. den Organen ein lockeres Bindegewebe enthalten, wie etwa bei den Plattwürmern, sekundär in Parenchym aufgelöst wurde. Modelle sind in diesem Fall die Polypen der *Cnidaria,* bes. die Scypho- und Anthopolypen, aus deren Gastraltaschen durch Abschnürung vom Darm Coelomräume entstanden wären. Die *Gallertoid-Hypothese,* die sowohl die vergleichend-morpholog. Methode als auch die Rekonstruktion phylogenet. Abläufe aufgrund ontogenet. Daten ablehnt u. den Verlauf der Stammesgeschichte ausschl. biomechanisch, aufgrund funktions- u. konstruktionsmorpholog. Zwänge herleitet, nimmt als Ausgangsform der *Metazoa* einen von einem einschicht. Geißelepithel umschlossenen, mit Gallerte angefüllten u. daher *Gallertoid* gen. Blastulaähnlichen Organismus an, in den sich der Urdarm sowie weitere begeißelte, der Filtration u. Verteilung der Nahrung dienende Kanäle eingesenkt haben sollen. Durch

Bei C vermißte Stichwörter suche man auch unter K und Z.

Coelomyceten

entspr. Ausweitung der Kanäle soll das Coelom entstanden sein. Da es jedoch für solcherart gedachte Gallertoide unter den rezenten Tieren weder Modelle gibt noch Hinweise in den Ontogenesen, bleibt die Gallertoid-Hypothese rein spekulativ.
Lit.: *Bonik, K., Grasshoff, M., Gutmann, W. F.*: Die Evolution der Tierkonstruktionen. Natur und Museum 106, 129–143, 178–188 (1976). *Siewing, R.*: Das Archicoelomatenkonzept. Zool. Jb. Anat. 103, 439–482 (1980). D. Z.

Coelomyceten [Mz.; v. *coelo-, gr. mykētes = Pilze], neuere Form-Ord. der *Fungi imperfecti*, in der die ⁊ Melanconiales u. die ⁊ Sphaeropsidales zusammengefaßt werden.

Coelopidae [Mz.; v. gr. koilōpos = hohläugig], die ⁊ Tangfliegen.

Coeloplana w [v. *coelo-, lat. planus = eben, flach], Gattung der ⁊ Platyctenidea.

Coelotes w [v. gr. koilotēs = Höhlung, Vertiefung], Gatt. der Trichterspinnen mit gedrungenem Körper u. kurzen Beinen; die ca. 15 mm großen Tiere legen im Moos, in Spalten, unter Steinen und zw. Laub ein Trichternetz an, dessen Gespinstdecke stark reduziert ist. Die Wohnröhre ist lang u. führt in eine selbstgegrabene Höhle. Hier werden vom Weibchen die Eier abgelegt u. die Jungen noch ca. 1 Monat nach dem Schlüpfen großgezogen. Sie nehmen an den Mahlzeiten der Mutter teil (Brutpflege). Die Nahrung besteht i. d. R. aus Käfern. In der Balzzeit verlassen die Männchen ihre Röhren u. suchen die Wohnröhren der Weibchen auf, wo die Begattung stattfindet. Häufige Bewohner unserer Wälder sind die Arten *C. atropos* und *C. terrestris*.

Coenagrionidae [Mz.; v. gr. koinos = gemeinsam, agrios = wild], die ⁊ Schlanklibellen.

Coëndou m [indian.], *Coëndu,* Gatt. der ⁊ Baumstachler.

Coenenchym s [v. *coeno-, gr. egchein = füllen], das ⁊ Coenosark.

Coenobionten [Mz.; v. gr. koinobios = mit anderen zusammenlebend], *Coenophile*, Tier- u. Pflanzenarten, die nur od. fast nur in einem bestimmten Biotop vorkommen u. deshalb als Charakterarten für diesen Biotop angesehen werden können. Ggs.: Ubiquisten.

Coenobitidae [Mz.; v. lat. coenobita = Klosterbruder], die ⁊ Landeinsiedlerkrebse.

Coenobium s [v. *coeno-, gr. bios = Leben], unspezif. Form eines Zellverbandes, der Tochterindividuen v. Einzellern, die durch eine gemeinsame Gallerthülle od. die Zellwand der Ursprungszelle zusammengelagert bleiben, umfaßt; z. B. bei den Bakterien-Gatt. *Streptococcus* u. *Sarcina*

coel-, coelo- [v. gr. koilos = hohl], in Zss.: hohl-.

coeno- [v. gr. koinos = gemeinschaftlich].

Coenopteridales
Wichtige Gattungen: *Stauropteris* (Karbon): strauchig mit dreidimensionalem Achsensystem ohne Laminabildung; Sporangien einzeln; z. T. heterospor. *Etapteris, Zygopteris* (Karbon-Unterperm): „Raumwedel" mit vierreihig angeordneten ebenen Primärfiedern; Achsen mit Sekundärholz, Wedelrnachis mit im Querschnitt H-förmigem Xylem; Sporangien in Gruppen, anulat.

od. bei den Cyanobakterien-Gatt *Nostoc* u. *Gloeocapsa* (☐ Chroococcales).

Coenoblast m [v. *coeno-, gr. blastos = Keim], *Coenocyte*, eine vielkernige (polyenergide) Zelle; dabei besitzt jeder Kern seine eigene cytoplasmat. Wirkungssphäre (Energide). Ein C. kann einer Pflanzenzelle entsprechen *(Cladophora)* od. auch ein mehr od. weniger schlauchförm. Individuum sein (z. B. *Vaucheria, Phycomyceten*).

Coenocyte w [v. *coeno-, gr. kytos = Höhlung], der ⁊ Coenoblast.

Coenoelemente [v. *coeno-] ⁊ Florenelemente. [⁊ Gyalectales.

Coenogonium s, Gatt. der *Gyalectaceae*, **coenokarp** [v. *coeno-, gr. karpos = Frucht], Bez. für den verwachsenblättr. Fruchtknoten. ⁊ Blüte.

Coenomyia w [v. *coeno-, gr. myia = Fliege], Gatt. der ⁊ Holzfliegen.

Coenonympha w [v. *coeno-, gr. nymphē = geflügelte Ameise], Gatt. der Augenfalter.

Coenopteridales [Mz.; v. *coeno-, gr. pteris = Farn], vom Oberdevon bis Unterperm verbreitete Ord. fossiler Farne (U.-Kl. *Primofilices*) mit einem Mosaik aus urspr. u. abgeleiteten Merkmalen. Die heterogene u. in ihrer Umgrenzung u. Gliederung umstrittene Gruppe ist im allg. gekennzeichnet durch dreidimensional verzweigte Megaphylle („Raumwedel") u. blattständ. Eu- od. Leptosporangien (z. T. mit Anulus). Durch das Vorkommen von Heterosporie (Gatt. *Stauropteris* z. T.) u. Sekundärholz (Gatt. *Zygopteris*) bestehen Beziehungen auch zu den Progymnospermen u. Pteridospermen.

Coenorhinus m [v. *coeno-, gr. rhis, Gen. rhinos = Nase], Gatt. der Rüsselkäfergruppe ⁊ Stecher.

Coenosark s [v. *coeno-, gr. sarx = Fleisch], *Coenenchym*, „Fleisch" eines Polypenstocks bei den ⁊ Anthozoa, das die einzelnen Polypen verbindet. Das C. wird außen v. der Epidermis begrenzt, die Hauptmasse ist Mesogloea, die v. vielen entodermalen Kanälen (Solenien) durchzogen wird. Diese verbinden die Gastralräume der Einzelpolypen. Oft befinden sich im C. Skelettelemente. ☐ Arbeitsteilung.

Coenospezies w [v. *coeno-, lat. species = Sorte, Gattung], die ⁊ Sammelart.

Coenothyris vulgaris w [v. *coeno-, gr. thyris = Türöffnung, Fenster, lat. vulgaris = gemein, allgemein], (v. Schlotheim), bis 30 mm große, articulate † Brachiopode der Ord. *Terebratulida;* in der äußeren Form sehr variabel; häufiges Fossil im German. Muschelkalk.

Coenozygote w [v. *coeno-, gr. zygōtos = zusammengejocht], Produkt der Verschmelzung zweier vielkern. Gametangien. ⌐ Gametangiogamie

Coenurosis w [v. *coeno-, gr. oura = Schwanz], die ⌐ Drehkrankheit.

Coenurus m [v. *coeno-, gr. oura = Schwanz], **1)** Gatt. der Bandwurm-Fam. Taeniidae (Ord. Cyclophyllidea) mit der bekannten Art C. multiceps = ⌐ Multiceps multiceps. **2)** Form des zweiten Larvenstadiums (Finne) v. Multiceps multiceps. Im Innern der gegebenenfalls apfelgroßen Blase entstehen an der durchsicht. Wand mehrere Protoskolices, die, als eine Besonderheit des C., nicht in eigene Kapseln eingeschlossen sind.

Coenzym s [v. *co-, gr. en = in, zymē = Sauerteig], veraltete Bez. Coferment, niedermolekularer, nicht proteinart. Bestandteil eines Enzyms, der in den Ablauf der enzymkatalysierten Reaktion direkt eingreift u. bei der Umsetzung jedes Substratmoleküls selbst eine zykl. Reaktionsfolge durchläuft. C.e sind komplexe organ. Moleküle, die meist nur locker od. vorübergehend, seltener aber auch kovalent an den Proteinanteil (Apoenzym) gebunden sind. C. und Apoenzym ergeben zus. das aktive Holoenzym. Vitamine sind häufig nahe verwandte Vorstufen von C.en. Unter den Begriff C. fallen auch einige Verbindungen wie NAD^+, $NADP^+$, Coenzym A, THF (vgl. Tab.), die sich bei jeder Umsetzung eines Substratmoleküls immer neu an das jeweilige Enzymprotein anlagern, anschließend umgesetzt werden u. dann das Enzym wieder verlassen; sie verhalten sich also wie Substrate u. werden daher häufig – und eigtl. korrekter – Cosubstrate genannt. Diesen gegenüber werden die durch kovalente od. starke nicht kovalente Bindung fest an Apoenzyme gebundenen C.e oft als Cofaktoren bezeichnet.

Coenzym A, Abk. CoA od. CoA-SH, ⌐ Acetyl-Coenzym A, ⌐ Acyl-Coenzym A.

coeno- [v. gr. koinos = gemeinschaftlich].

co-, com-, con- [v. lat. cum (altlat. com) = zusammen, mit], in Zss.: zusammen-, mit-.

Coenzym Q, die ⌐ Ubichinone.
Coerebidae [Mz.], die ⌐ Zuckervögel.
Coeruloplasmin s [v. lat caerulus = blau, gr. plasma = das Geformte], ein kupferhalt. Glykoprotein des Blutplasmas; es ist aus 4 Peptidketten nach dem Schema α_2/β_2 aufgebaut u. enthält 8 Cu^{2+}-Ionen pro Molekül, die seine blaue Farbe bedingen, sowie wechselnde Mengen (bis 80%) an kovalent gebundenen Kohlenhydraten. C. dient sowohl als Transport- als auch als Speicherprotein für Cu^{2+}-Ionen; es zeigt Oxidaseaktivität für Fe^{2+}-Ionen. Der erblich bedingte Mangel an Coeruloplasmin (Wilsonsche Krankheit) führt zu Kupferablagerungen in den Geweben u. damit zum Tod.

Coevolution [v. *co-, lat. evolvere = entwickeln], in der Stammesgesch. die wechselseit. Anpassung interagierender Partner (Arten) zur Sicherung u. Vervollkommnung ihrer Existenz u. Fortpflanzung, z.B. Blüte – Insekt. C. beinhaltet reziprokes evolutionäres Sichändern bei Arteninteraktionen. Der Begriff kann einerseits sehr weit gefaßt werden, geht dann allerdings in den Begriff Evolution schlechthin über. Daher wird der Begriff C., um ihm einen spezif. Sinn zu geben u. von allg. Interaktionen zu trennen, auf ⌐ Artenpaare beschränkt. Besonders einsichtige Beispiele von C. stellen die Entwicklung der Blüten der Angiospermen u. ihrer tier. Bestäuber dar (⌐ Bestäubung, ⌐ Bestäubungsökologie, B Zoogamie) u. die entsprechende Evolution v. Samen u. Früchten mit ihren zoochoren Tieren (Vögel, Nager, Fledermäuse od. Insekten). Auch die gegenseit. Anpassung v. Parasit u. seinem Wirt kann als C. betrachtet werden. Das Ergebnis coevolvierender Arten sind Coadaptationen. Wenn es dabei zu ⌐ Artbildungen kommt, spricht man v. Cospeziation. Wenn die Arten dabei in ihrer Stammesentwicklung gemeinsame Phylogenesen durchlaufen, spricht man, bezogen auf ihren Stammbaum, v. Cocladogenese bzw. Parallelcladogenese. ⌐ Mutualismus, ⌐ Parasitismus, ⌐ Synorganisation.

Coexistenz w [v. *co-, lat. existere = auftreten], sympatr. Vorkommen v. Populationen verschiedener Arten, ohne daß dies im gemeinsamen Areal zum Ausschluß einer der Arten führen würde; C. ist mögl., wenn die Arten unterschiedl. ökolog. Nischen bilden.

Cofaktoren [Mz.; v. *co-, lat. facere = tun, wirken], niedermolekulare, nicht proteinart. Bestandteile v. Enzymen, wie Metallionen (K^+, Na^+, Mg^{2+}, Zn^{2+}, Cu^{2+}, Fe^{2+} u.a.), bes. aber die an Apoenzyme fest gebundenen ⌐ Coenzyme, die zur Aktivität der betreffenden Enzyme erforderlich sind.

Wichtige Coenzyme

Coenzym	Abkürzung	übertragene Gruppe
Nicotinamidadenindinucleotid	NAD^+	Hydridionen (Elektronen)
Nicotinamidadenindinucleotidphosphat	$NADP^+$	Hydridionen (Elektronen)
Flavinadenindinucleotid	FAD	Wasserstoffatome (Elektronen)
Coenzym Q (Ubichinon)	CoQ	Wasserstoffatome (Elektronen)
Häm in Cytochromen	(Cyt)	Elektronen
Häm im Hämoglobin	(Hb)	Sauerstoff
Coenzym A	CoA	Acylgruppen
Liponsäure, Lipoamid	Lip	Acylgruppen
Thiaminpyrophosphat	TPP	Aldehydgruppen
Biotin	–	CO_2
Pyridoxalphosphat	PAL	Aminogruppen
Tetrahydrofolsäure	THF	C_1-Gruppen: Formyl-, Formimino-, Hydroxymethyl-, Methylgruppen
S-Adenosylmethionin	SAM	Methylgruppen
Vitamin B_{12} (Cobalamin)	Vit B_{12}	Alkylgruppen

Bei C vermißte Stichwörter suche man auch unter K und Z.

Coferment

Coferment *s* [v. *co-, lat. fermentum = Sauerteig], veraltete Bez. für ⟶Coenzym.

Coffea *w* [über engl. coffee, türk. kahve v. arab. qahwa = Kaffee], ⟶Kaffee.

Coffein [v. ⟶Coffea], *Thein, Guaranin, Methyltheobromin, 1,3,7-Trimethylxanthin,* ein sich v. Xanthin ableitendes Purinalkaloid, das in reiner Form erstmals 1819 v. Runge aus Kaffeebohnen *(Coffea arabica)* isoliert wurde. C. ist zu 0,3–2,5% in Kaffeebohnen enthalten, wo es (im ungerösteten Kaffee) an Chlorogensäure (nicht-kovalent) gebunden ist. Das C. des Tees (Teestrauch, *Camellia sinensis*), das fr. auch als Thein bezeichnet wurde, kommt zu 2,5–5% in den Blättern vor u. liegt dort z. T. frei u. z. T. an Gerbstoffe gebunden vor. C. ist eine Droge, die bei chron. Mißbrauch eine leichte Form der Abhängigkeit erzeugen kann. Med. Verwendung findet C. in Kombination mit anderen Arzneistoffen bes. zur Verstärkung v. Analgetika. Obwohl in Versuchen mit Bakterien, Pilzen u. Algen verschiedentl. gefunden wurde, daß C. Mutationen auslöst (vermutl. durch Hemmung v. Reparaturmechanismen), konnte eine mutagene Wirkung auf den Menschen bisher nicht nachgewiesen werden.

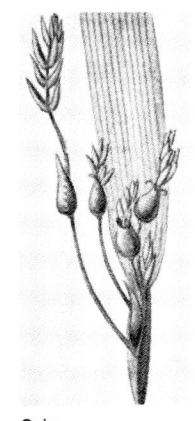

Coix
Das Hiobs-Tränengras *(C. lacryma Jobi,*

Coffein

Coffein

Eine Tasse Normalkaffee (ca. 5 g Bohnen) enthält 50–100 mg C.; „coffeinfreier" Kaffee maximal 0,08%. Schwarzer Tee enthält durchschnittl. mehr C. als grüner Tee; in einer Tasse Teeaufguß (aus 0,5 g schwarzem Tee) sind nur ca. 20 mg C. enthalten. In der frischen Colanuß *(Cola nitida)* ist das C. (0,6–3%) völlig an Cola-Tannin, das sog. Colanin, gebunden u. wird erst bei der Trocknung u. Lagerung freigesetzt, wenn die C.-Gerbstoffbindung enzymat. gespalten wird. Der Extrakt der getrockneten Droge wird als Genuß- u. Anregungsmittel, z. B. in Cola-Getränken, verwendet (100 ml enthalten 10–30 mg C.). Ebenfalls C.-haltig (0,2–0,3%) sind Kakaobohnen *(Theobroma cacao);* eine Tasse Kakaogetränk enthält ca. 10 mg C. Die C.-reichste Droge ist Guarana *(Paullinia cupana)* (in Guarana-Paste bis 6,5%), die außerdem bis zu 25% Catechingerbstoffe enthält, an die das C. teilweise gebunden ist.
Die *Wirkung* des C.s auf das Zentralnervensystem beruht hpts. auf seiner Eigenschaft als Inhibitor einer cyclo-AMP-spezif. Phosphodiesterase, wodurch die Umwandlung v. cyclo-AMP in AMP verzögert wird, so daß letztl. die durch cyclo-AMP ausgelösten Adrenalinwirkungen länger erhalten bleiben. Die Wirkung des C.s tritt rasch (nach ca. 15 Min.) ein u. hält infolge des langsamen Abbaus (Halbwertszeit 3–5 Std.) etwa 5–6 Std. an. C. wird im Körper nicht akkumuliert. Eine „normale" Dosis (etwa 100 mg) regt Herztätigkeit, Stoffwechsel u. Atmung an, steigert den Blutdruck, erhöht die Körpertemp. u. bewirkt eine Blutgefäßverengung in den Eingeweiden, während sie im Gehirn blutgefäßerweiternd wirkt: die dadurch verbesserte Durchblutung des Großhirns ist die Ursache für die Verscheuchung v. Müdigkeit, für vorübergehende Verbesserung der Arbeitsleistung u. Hebung der Stimmung. Bekannt ist auch die harntreibende Eigenschaft des C.s. Höhere Dosen (v. 300 mg aufwärts) rufen Händezittern, Blutandrang zum Kopf u. Druck in der Herzgegend hervor. Die letale Dosis für den Menschen liegt bei etwa 10 g C.

Cohn, *Ferdinand Julius,* dt. Botaniker, * 24. 1. 1828 Breslau, † 25. 6. 1898 ebd.; Prof.in Breslau, Dir. des bot. Gartens; Arbeiten über Kryptogamen; Mit-Begr. der Mikrobiologie; schuf viele Gatt.-Namen, wie Bacterium, Bacillus, Vibrio, Spirochaeta usw. Begr. der Zeitschrift: „Beiträge zur Biologie der Pflanzen" (1872).

co-, com-, con- [v. lat cum (altlat. com) = zusammen, mit], in Zss.: zusammen-, mit-.

Cohors *w* [lat., =] die ⟶Kohorte.

Coitus *m* [lat., = Zusammenkunft], *Kohabitation, Geschlechtsverkehr,* die ⟶Begattung beim Menschen.

Coix *w* [v. gr. koix = ägypt. Palmenart], *Tränengras,* Gatt. der Süßgräser (U.-Fam. *Andropogonoideae*) mit ca. 5 Arten in trop. Asien. Das Hiobs-Tränengras *(C. lacryma Jobi)* ist einjährig. Die ♀ Blüten sind v. einem elfenbeinart. kieselsäurehalt. harten Gehäuse umschlossen. Es wird v. der Scheide des Tragblatts des ♀ Blütenstands gebildet u. für Perlen- u. Rosenkränze verwendet. Die ♂ Scheinähre mit wenigen Ährchenpaaren ragt aus einer Öffnung an der Spitze der „Perle".

Cola

Wegen ihres Gerbstoffgehalts zunächst herbbitter, dann aber infolge v. Stärkeverzuckerung im Mund süßschmeckend, dienen C.samen in Afrika seit langem als hungerstillendes, durstlöschendes u. aufmunterndes Nahrungs- u. Genuß- sowie als Heilmittel. Sie gelangten jedoch erst Ende des 19. Jh. nach Europa u. Amerika, wo sie insbes. ihrer aufmunternden Eigenschaften wegen bald zu einem bedeutenden Handelsartikel wurden. Heute werden sie v. a. zur Herstellung v. Erfrischungsgetränken, die in ihrem Namen meist auch das Wort „Cola" führen, benutzt. Arzneimittel u. Anregungsmittel, bei deren Überdosierung allerdings Herzbeschwerden u. Erschöpfungszustände auftreten können, werden ebenfalls aus C.samen hergestellt. Das Ausgangsmaterial stammt in erster Linie von *C. acuminata* sowie *C. nitida,* die inzwischen im Sudan, im trop. Afrika u. Asien sowie in Brasilien u. auf Jamaika kultiviert werden. [B] Kulturpflanzen IX.

Cola *w* [aus einer westafr. Sprache über span. cola = Colanußbaum], Gatt. der *Sterculiaceae* mit mehr als 100 Arten. Als Unterholz in den trop. Regenwäldern W-Afrikas wachsende, bis zu etwa 15 m hohe Bäume mit wechselständ., immergrünen, längl.-ovalen, ledr. glänzenden Laubblättern sowie kleinen, gelbl. od. purpurroten, sternförm., ♂ od. zwittr. Blüten in wenigblütigen, zusammengesetzten Trauben, die meist an jungen Trieben, in den Achseln älterer Blätter stehen. Die nach der Befruchtung entstehenden, sternförm. Sammelbalgfrüchte bestehen aus am Grunde verwachsenen, bis etwa 15 cm langen holz. Bälgen, die jeweils 5–10 pflaumengroße, fälschl. als „Nüsse" („C.nüsse") bezeichnete, von einem dicken, weißen, schleim. Mantel umgebene Samen enthalten. Die dicken, harten Keimblätter dieser Samen sind gelbl.-braun bis rötl. gefärbt u. verändern ihre Farbe beim Trocknen durch Bildung v. C.rot ins Rotbraune. Sie enthalten getrocknet etwa 40% Stärke, 30% Cellulose, ca. 9% Protein, 2–3% Zucker, 1–2% Fett sowie ca. 4% Gerbstoffe, etwa 2% Coffein u. bis zu 0,1% Theobromin. B Kulturpflanzen IX.

Colacium s [v. gr. kolax = Schmarotzer], Gatt. der ↗Euglenales.

Colamin, das ↗Äthanolamin.

Colamin-Kephaline, die vom ↗Äthanolamin abgeleiteten ↗Phosphatide.

Colchicin s [v. neulat. colchicum = Herbstzeitlose], Hauptalkaloid der ↗Colchicumalkaloide, eines der wenigen natürl. vorkommenden Tropolon-Derivate, das bes. in Samenschale u. Knollen der Herbstzeitlosen *(Colchicum autumnale)* vorkommt. C., das 1819 v. Pelletier u. Caventou entdeckt wurde, ist als gutes Gichtmittel bekannt u. wirkt – in kleinen Mengen – schmerzstillend u. entzündungshemmend. Eine hohe Dosis hat nach Stunden Erbrechen, Übelkeit u. Lähmungserscheinungen zur Folge. Letale Dosis: ca. 20 mg C. (etwa 5 g Herbstzeitlosensamen); der Tod erfolgt durch Atemstillstand. *Colchicosid,* ein Glucosid des C.s, hat ähnl. Wirkungen wie C., ist aber weniger giftig.

Cola
Zweig des Colabaums mit Blüten; daneben die Balgfrucht mit Samen

Coleoidea
Rezente Ordnungen:
↗Kalmare *(Teuthoidea)*
↗Kraken *(Octopoda)*
↗Tintenschnecken *(Sepioidea)*
↗Vampirtintenschnecken *(Vampyromorpha)*

Colchicin
Die Wirkung des C.s scheint auf der Hemmung der Phagocytose der Uratkristalle zu beruhen, so daß durch den wiederansteigenden pH-Wert eine erhöhte Löslichkeit u. Ausschwemmung der Harnsäure erfolgt. C. hat die Eigenschaft, an Tubulin-Dimere zu binden u. damit die Bildung v. Mikrotubuli zu verhindern. Dadurch können alle Vorgänge in der Zelle, an denen Mikrotubuli beteiligt sind, ganz od. teilweise blockiert werden. Das gilt z. B. für die Mitose, in der die Chromosomen durch C. („Mitosegift") in der Metaphase fixiert bleiben, da das Actomyosin-bedingte Auseinanderziehen der Chromosomen in der nachfolgenden Anaphase wegen der durch C. bedingten Hemmung des Actomyosin-Systems verhindert wird. Diese zellteilungshemmende Wirkung findet wegen zu hoher Toxizität des C.s in der Krebstherapie keine Anwendung; jedoch kann sie in der Pflanzenzüchtung zur Erzeugung polyploider Rassen verwendet werden, da C. für Pflanzen relativ ungiftig ist.

Colchicum s [v. gr. kolchikon = Zeitlose, ben. nach Kolchis am Schwarzen Meer], die ↗Herbstzeitlose.

Colchicumalkaloide [Mz.; v. neulat. colchicum = Herbstzeitlose], Gruppe v. etwa 20 Isochinolinalkaloiden, die den Stickstoff nicht heterocycl., sondern in der Seitenkette tragen (↗Alkaloide) u. die nur in einigen Gatt. der Liliengewächse vorkommen, z. B. in der Herbstzeitlosen *(Colchicum autumnale)*. Hauptalkaloide sind ↗Colchicin, sein Glykosid, das *Colchicosid,* u. *Demecolcin.* Demecolcin ist sehr viel weniger tox. als Colchicin u. wird med. zur Behandlung v. chron. myeloischer Leukämie u. malignen Lymphomen sowie lokal auch bei Cancerosen der Haut angewandt.

Coleochaetaceae [Mz.; v. *coleo-, gr. chaitē = Borste, Haar], Fam. der *Chaetophorales,* Grünalgen mit scheiben- od. pol-

Colchicumalkaloide
Demecolcin: $R_1 = CH_3$, $R_2 = CH_3$
Colchicin: $R_1 = COCH_3$, $R_2 = CH_3$
Colchicosid: $R_1 = COCH_3$, $R_2 = $ Glucose

coleo- [v. gr. koleos = (Schwert-)Scheide], in Zss.: Scheide(n)-

sterförm. Thallus u. Endzellen mit meist borstenart. Fortsätzen. Sexuelle Fortpflanzung durch Oogamie, wobei die Zygote durch Hüllfäden plektenchymat. eingehüllt wird (Zygotenfrucht). Nur eine Gatt., *Coleochaete,* die mit ca. 14 Arten epiphyt. im Süßwasser vorkommt; *C. pulvinata* bildet hohlkugel. Polster mit 1–2 mm Durchmesser.

Coleoidea [v. *coleo-, gr. -oeidēs = -ähnlich], U.-Kl. der Kopffüßer mit 4 rezenten Ord. (vgl. Tab.); umfaßt v. den rezenten Arten alle mit Ausnahme der Perlboote, insgesamt etwa 750 Arten. Die Schale liegt im Körperinnern od. ist ganz zurückgebildet; der Kopf trägt meist zwei hochentwickelte Augen und 8 od. 10 Arme, die mit Saugnäpfen besetzt sind; bei den Männchen ist ein Arm meist zu einem Begattungsarm (Hectocotylus) umgewandelt. Die Haut enthält außer Chromatophor-Organen u. Flitterzellen oft farb. Leuchtorgane. Die Körperwand wird v. einem kräft. Muskelmantel gebildet, durch dessen Kontraktion bei vielen Arten das Wasser stoßartig aus der Mantelhöhle ausgetrieben werden kann; der Trichter richtet den Wasserstrom, so daß eine gezielte Bewegung die Folge ist. Die Mantelhöhle enthält zwei Kiemen. Das Nervensystem ist bei vielen Arten hochentwickelt: die Hauptganglien sind zu einem Gehirn zusammengefaßt.

Coleophoridae [Mz.; v. *coleo-, gr. -phoros = -tragend], die ↗Sackmotten.

Coleoptera [Mz.; v. *coleo-, gr. pteron = Feder, Flügel], die ↗Käfer.

Coleopteroidea [Mz.; v. gr. koleopteros = Käfer], Über-Ord. der Käferartigen; neben die Insekten-Ord. *Coleoptera* werden häufig auch die *Strepsiptera* (Fächerflügler) hierher gestellt.

Coleoptile w [v. *coleo-, gr. ptilon = Feder], *Keimblattscheide,* scheidenförm. Hüllorgan bei den Embryonen der Süßgräser, das den seitl. am Scutellum (Keimblatt) ansetzenden Sproßvegetationspunkt zusammen mit den ersten Blättern umgibt. Es entspricht mit großer Wahrscheinlichkeit einer ↗Kotyledonarscheide, wäre also eine Bildung des Unterblatts vom Keimblatt (hier Scutellum). Die C. ist ein Schutzorgan bei der Keimung. Sie durchbricht mit ihrer harten Spitze den Boden, wächst aber bei Belichtung nicht mehr in die Länge u. wird v. den ersten Blättern dann durchstoßen. Sie reagiert empfindl. auf Schwere- und Lichtreize, weshalb sie für die durch ↗Auxin gesteuerten photo- u. geotrop. Reaktionen als ideales Untersuchungsobjekt herangezogen wird. ↗Hafercoleoptilenkrümmungstest.

Coleorrhiza w [v. *coleo-, gr. rhiza = Wurzel], *Keimwurzelscheide,* scheidenförm.

Coleosporium

Hüllorgan bei den Embryonen der Süßgräser, das die Wurzelanlage des Embryos haubenförmig umgibt. Die C. wird v. der bei der Keimung sich streckenden Primärwurzel durchbrochen. Ihre morpholog. Deutung ist noch nicht geklärt.

Coleosporium s [v. *coleo-, gr. sporos = Same], Gatt. der ↗ Rostpilze, bilden auf der Blattunterseite ihres Hauptwirts in wachsart. Krusten die Teleutosporen, die palisadenförm. angeordnet sind. Bekannte Arten sind *C. campanula* auf Glockenblumen (*Campanula*) u. *C. senecionis* auf verschiedenen Kreuzkrautarten (*Senecio*). Zwischenwirte sind verschiedene *Pinus*-Arten (z. B. *P. silvestris* u. *P. montana*), auf deren Nadeln sie Aecidien u. Spermogonien bilden.

Coleps w, artenreiche Gatt. der *Gymnostomata*, Wimpertierchen mit tonnenförm. Körper u. stark profilierten plasmat. Panzerplatten; Aasfresser od. Räuber. Eine häufige Art verschmutzter Gewässer st *C. hirtus* (ca. 50 µm), eine Leitart der mesosaproben Zone.

Coleus m [v. *coleo-], *Buntnessel, Buntlippe*, im trop. Afrika u. Asien beheimatete Gatt. der Lippenblütler mit etwa 200 Arten. Kräuter u. Halbsträucher mit eirunden, lang zugespitzten, mehr od. minder gesägten (taubnesselähnl.) Blättern u. in endständ. Scheinähren stehenden Blüten, deren Krone sich durch eine große, kahnförm. Unterlippe auszeichnet. Von der in Hinterindien u. Australien beheimateten Art *C. scutellarioides* u. ihren nächsten Verwandten leiten sich zahlr., meist als *C. blumei*-Hybriden bezeichnete Gartenformen ab. Diese Hybriden besitzen vorwiegend weiße Blüten mit blauer Unterlippe u. werden v. a. ihrer schönen, grün, gelb, orange, rot, purpurn, violett od. braun gemusterten Blätter wegen in Sommerblumenbeeten od. als Gewächshaus- bzw. Zimmerpflanzen kultiviert. Bei einigen C.-Arten verdicken sich die Seitenwurzeln zu eßbaren, wegen ihres Stärkereichtums wie Kartoffeln verwertbaren Knollen. Angebaut wird u. a. die Madagaskar-, Hausa- od. Sudanpotato, *C. rotundifolius* (trop. Afrika sowie S- und SO-Asien), *C. edulis* (Äthiopien) und *C. esculentus* (trop. W- und Zentral-Afrika). Andere C.-Arten dienen als Gewürz- od. Heilpflanzen. [B] Asien VIII.

Coli [v. *coli-] ↗ *Escherichia coli*.

Coli-Aerogenes-Gruppe [v. *coli-, gr. aēr = Luft, gennan = erzeugen], ↗ Coliforme.

Colias m [v. gr. kolios = Grünspecht], Gatt. der ↗ Weißlinge.

Colicine [Mz.; v. *coli-], *colicinogene Faktoren*, Proteine bestimmter Bakterienstämme, die für andere Bakterienstämme tox. wirken (↗ Bakteriocine). Von mehreren

coleo- [v. gr. koleos = (Schwert-) Scheide], in Zss.: Scheide(n)-.

coli- [Gen. v. lat. colum = Dickdarm, entlehnt v. gr. kōlon = Grimmdarm].

collo- [v. gr. kolla = Leim], in Zss.: Leim-, Kleb-.

Colinearität

Das Konzept einer C. zw. DNA u. Polypeptid wurde bewiesen durch Experimente, bei denen die Positionen v. Punktmutationen (entweder v. einem für eine bestimmte Aminosäure codierenden Triplett zu einem Stopcodon od. zu einem anderen codierenden Triplett) exakt mit der Position des Abbruchs bzw. der Veränderung der Aminosäuresequenz korreliert werden konnte. Endgültig bewiesen werden konnte die C., aber auch deren Abweichungen, durch parallele Sequenzierung v. DNA u. Proteinen.

C.en ist das Colicin E_3 am besten untersucht. Seine Toxizität basiert auf einer hochspezif. RNase-Wirkung, die es auf ribosomale 16S-r-RNA ausübt; durch sie wird vom 3'-Ende von 16S-r-RNA ein 48 Nucleotide langes Fragment, das für die Initiation der Proteinsynthese essentiell ist, abgespalten, was zur Inaktivierung der ribosomalen 30S-Untereinheit u. damit zur Blockierung der Translation führt.

Coliforme [Mz.; v. *coli-, lat. forma = Gestalt], *coliforme Bakterien*, allg. Bez. für gramnegative, sporenlose, lactosevergärende Darmbakterien der Fam. *Enterobacteriaceae* (Gatt.: *Escherichia, Citrobacter, Klebsiella* u. *Enterobacter [Aerobacter]*), die in der Abwasserbiologie als Fäkalindikatoren Bedeutung haben. C. zeigen keine Oxidase-Reaktion; sie vergären Lactose innerhalb von 48 Std. bei 37 °C unter Säure- u. Gasbildung (H_2, CO_2). *Escherichia coli* u. *Enterobacter aerogenes*, die Lactose schnell vergären, werden als Coli-Aerogenes-Gruppe bezeichnet.

Coliiformes [Mz.; v. gr. kolios = Grünspecht, lat. forma = Gestalt], die ↗ Mausvögel.

Colimastitis w [v. *coli-, gr. mastos = Brust], durch das Bakterium *Escherichia coli* hervorgerufene Eutererkrankung bei Rindern, verläuft mit hohem Fieber u. Euterschwellung.

Colinearität [v. lat. cum = zusammen, mit, linea = Linie], Tatsache, daß die Nucleotidsequenz der DNA eines Gens ihre Entsprechung findet in der Nucleotidsequenzfolge des primären Genprodukts (m-RNA, r-RNA od. t-RNA) bzw. in der Aminosäuresequenz des sekundären Genprodukts (Polypeptid). C. zw. DNA u. Polypeptid bedeutet, daß die ersten drei Nucleotide der codierenden Sequenz der ersten (N-terminalen) Aminosäure des Polypeptids, das nächste Nucleotidtriplett der zweiten Aminosäure des Polypeptids entspricht usw. Während C. bisher ohne Ausnahme zw. DNA u. *primären* Transkripten beobachtet wird, zeigen sich beim Vergleich v. DNA u. den Prozessierungsvorgänge *gereiften* Transkripten häufig Abweichungen v. der C. So kann z. B. die C. zw. codogenem DNA-Strang u. RNA durch das Herausschneiden (splicing, „Spleißen") sog. Intronen aus dem Primärtranskript abschnittsweise unterbrochen werden, was bes. häufig bei eukaryot. Genen vorkommt. Aber auch durch Entfernung bestimmter Aminosäuresequenzen aus einem *primären* Translationsprodukt durch posttranslationale Reifungsvorgänge, wie sie z. B. bei der Bildung v. Insulin aus Proinsulin stattfinden, kann die ursprüngliche *durchgehende* C. zw. m-

RNA u. dem durch sie codierten *reifen* Protein unterbrochen werden.

Colinus *m* [v. span. colin = Wachtel-, Colinhuhn], Gatt. der Fasanenvögel.

Colisa *w*, Gatt. der ↗ Fadenfische.

Colisakrankheit, die ↗ Oodiniumkrankheit.

Colititer *m* [v. *coli-, frz. titre = Feingehalt], Maß für die Verunreinigung v. (Trink)Wasser mit ↗ Fäkalien. Der C. ist die kleinste Wassermenge (z. B. aus einem Fluß), in der sich in der selektiven Kultur noch eine positive Reaktion auf *Escherichia coli* zeigt (1–9 Keime). *E. coli* ist normalerweise ein harmloses Darmbakterium des Menschen u. warmblütiger Tiere u. somit ein ungefährl. Indikator für Fäkalien, die auch gefährl. Krankheitserreger enthalten können. Der positive Befund deutet auf eine Verseuchung mit Darmbakterien hin. Die *Gesamtkeimzahl* v. Trinkwasser soll unter 100 Zellen pro ml liegen; 200 ml dürfen aber nicht mehr als eine Zelle von *E. coli* enthalten, d. h., der C.-100 muß negativ sein (vgl. Tab.). Eine weitere genaue Differenzierung der *Enterobacteriaceae* läßt sich im ↗ IMViC-Test durchführen. Anstelle des C.s werden als erster Bestimmungsschritt heute meist Kulturverfahren mit Membranfilter auf spezif. festen Nährböden (z. B. Endoagar) angewandt. Diese Methode eignet sich bes. für große (filtrierbare) Probenvolumina; außerdem können die Kolonien leicht ausgezählt werden (↗ Membranfiltration).

Colius *m*, Gatt. der ↗ Mausvögel.

Collectio formarum *w* [lat., = Formensammlung], Abk. *cf.*, der ↗ Formenkreis.

Collemataceae [Mz.; v. gr. kollēma = Zusammenfügung], Flechten(pilz)-Fam. der *Lecanorales* mit ca. 7 Gatt. und 150 Arten, hpts. Laub-, selten Strauchflechten, mit schwärzl., braunem od. grauem, in feuchtem Zustand gallertig aufquellendem Lager (Gallertflechten). Das Lager ist homöomer gebaut, oft jedoch berindet; es besteht hpts. aus Gallerte, die v. Hyphen durchzogen wird, zw. denen frei die *Nostoc*-Phycobionten liegen (B Flechten I). Die Apothecien sind biatorin od. lecanorin, die Sporen einzellig bis mehrfach septiert od. mauerförmig u. farblos. Bedeutendste Gatt. sind *Collema* (78 Arten) u. *Leptogium* (ca. 50 Arten), die auch in Europa weit verbreitet sind und hpts. auf zeitweise sickerfeuchtem, kalkhalt. Gestein u. auf Rinde u. Moosen leben. *Leptogium* besitzt im Ggs. zu *Collema* eine zellig strukturierte Rinde.

Collembola [Mz.; v. gr. kolla = Leim, embolē = Wurf], die ↗ Springschwänze.

Colletidae [Mz.; v. spätgr. kollētēs = Kleber], die ↗ Seidenbienen.

Colletotrichum *s* [v. gr. kollētos = angeklebt, triches = Haare], Formgatt. der *Melanconiales* (Fungi imperfecti) mit einem Acervulus als Konidienfruchtkörper; Erreger v. Blattflecken, Stengel- u. Fruchtfäulen auf zahlr. Zweikeimblättr. Pflanzen (Dikotyledonen), auch auf wirtschaftl. wichtigen Kulturpflanzen. Bei einigen Formen ist die sexuelle Fortpflanzung bekannt. Dieses perfekte Stadium hat den Gatt.-Namen *Glomerella* u. wird bei den *Sphaeriales* eingeordnet. Eine Reihe v. C.-„Arten" sind wahrscheinl. Varietäten v. *C. gloeosporoides*.

Colititer
Zur Prüfung werden abnehmende Volumina des zu untersuchenden Wassers mit einer lactosehalt. Nährlösung versetzt, in Gärröhrchen gefüllt u. bebrütet. Wachstumstrübung, Säure- u. Gasbildung werden nach 24 u. 48 Std. (37° C) geprüft. Zur Unterscheidung v. Milchsäurebakterien, die auch Lactose verwerten u. Gas entwickeln können, wird anschließend aus den Röhrchen auf Endo- od. Eosin-Methylenblau-Agar (mit Lactose u. Pepton) überimpft: auf dem Endoagar ergibt *E. coli* kirschrot gefärbte Kolonien mit Fuchsinglanz, auf E-M-Agar tief blauschwarz gefärbte Kolonien mit Metallglanz.

Beziehung zwischen Colititer und Keimzahl

Titer [ml]	Anzahl der Keime in		
	100 ml	10 ml	1,0 ml
1000	0	0	0
100	1–9	0	0
10	10–99	1–9	0

Colletotrichum
Arten und Wirtspflanzen (Krankheiten)

C. dematium (auf Leguminosen, Spinat)
C. gloeosporoides (= *Glomerella cingulata*, auf verschiedenen Wirten)
C. gossypii (= *G. gossypii*, Kapselfäule u. Brennfleckenkrankheit der Baumwolle)
C. graminicola (= *G. graminicola*, auf Samen vieler Gräser u. Getreide)
C. lindemuthianum (= *G. cingulata* f. sp. *phaseoli*, Erreger der ↗ Brennfleckenkrankheit von *Phaseolus*-Bohnen)
C. lini (Erreger der Stammanthraknose u. des Krebses beim Flachs)

Colloblasten [Mz.; v. *collo-, gr. blastos = Sproß, Keim], die Klebzellen der ↗ Rippenquallen. [die ↗ Salanganen.

Collocalia *w* [v. *collo-, gr. kalia = Nest],

Collotheca *w* [v. *collo-, gr. thēkē = Hülle], *Floscularia*, sessile Gatt. der Rädertiere (U.-Ord. *Collothecacea*, Ord. *Monogononta*), in mehreren Arten auf Wasserpflanzen in stehenden Süßgewässern verbreitet. C. bildet ein gallert. Gehäuse aus, in das sie sich bei Reizung zurückziehen kann. Ein zu einem Fangtrichter umgewandeltes Räderorgan mit mehreren randständ. Büscheln langer starrer Cilien dient als Reuse z. Abfiltrieren v. Kleinplankton.

Collozoum *s* [v. *collo-, gr. zōon = Lebewesen], Gatt. der ↗ Peripylea.

Collum *s* [lat., = Hals], **1)** der ↗ Hals; **2)** der ↗ Halsschild der *Diplopoda* (Doppelfüßer).

Collybia *w* [v. gr. kollybos = kleine Scheidemünze], die ↗ Rüblinge.

Collyriclum, Gatt. der Saugwurm-Ord. *Digenea*; bekannte Art *C. faba*, lebt in Spatzen.

Colobidae [Mz.; v. gr. kolobos = verstümmelt], die ↗ Schlankaffen.

Colobocentrotus *m* [v. gr. kolobos = abgestumpft, kentron = Stachel], Gatt. der ↗ Griffelseeigel.

Colobus *m* [v. gr. kolobos = verstümmelt], die ↗ Stummelaffen.

Colocasia *w* [v. gr. kolokasia = Pfl. mit großen, rosa Blüten], ↗ Taro.

Cololejeunea *w* [-lo~~schö~~nea; v. gr. kolos = verstümmelt, ben. nach dem belg. Arzt u. Botaniker A. L. S. Lejeune, 1779–1858], Gatt. der ↗ Lejeuneaceae.

Colon *s* [v. gr. kōlon = Dickdarm, Grimmdarm], Dickdarm der Säugetiere. ↗ Darm.

Coloniales [Mz.; v. lat. colonia = Siedlung, Kolonie], Ord. der ↗ Kamptozoa (Kelchwürmer), die koloniebildende Formen umfaßt.

Coloradokäfer [ben. nach dem US-Staat Colorado], der ↗ Kartoffelkäfer.

Colossoma *w* [v. gr. kolossos = Koloß], Gatt. der ↗ Salmler.

Colostethus *m* [v. gr. kolos = abgestumpft, stēthos = Brust], Gatt. der ↗ Farbfrösche.

Colpidium *s* [v. gr. kolpos = Busen], Gatt.

Bei C vermißte Stichwörter suche man auch unter K und Z.

Colpoda der *Hymenostomata,* Wimpertierchen des Süßwassers mit eiförm. Körper; einige Arten, z. B. *C. colpoda,* sind wichtig als Leitorganismen für die Wassergüte.

Colpoda w [v. gr. kolpōdēs = busenartig], zu den *Trichostomata* gehörige Gatt. der Wimpertierchen mit bohnen- od. nierenförm. Körper; ernähren sich v. Bakterien. Bekannter Vertreter ist das Heutierchen *(C. cucullus),* das häufig in Gewässern mit faulenden Pflanzen lebt u. gemein in Heuaufgüssen ist (☐ Aufgußtierchen); Cysten können 5 Jahre trocken liegen u. kurzfristig extreme Temp. ertragen. *C. steini* lebt auch im Kuckucksspeichel (Schaum der Larven v. Schaumzikaden).

Coluber m [lat., = (kleinere) Schlange], die ↗Zornnattern.

Colubraria w [v. lat. coluber = Schlange], Gatt. der Ord. Neuschnecken, Vorderkiemerschnecken mit turmförm. Gehäuse mit Längswülsten; Spindel- u. innerer Mündungsrand sind zu einem Parietalschild erweitert; wenige Arten, leben im Flachwasser trop. Meere.

Colubridae [Mz.; v. lat. coluber = Schlange], die ↗Nattern. [↗Tauben.

Columba w [lat., = Taube], Gatt. der **Columbarium** s [v. lat. columbarius = taubenartig], die ↗Taubenschnecken.

Columbella w [lat., = kleine Taube], Gatt. der Täubchenschnecken, marine Vorderkiemerschnecken mit kleinem, festschaligem, eiförmigem Gehäuse mit schmaler Mündung u. gezähnter, in der Mitte verdickter Außenlippe; mehrere Arten in der Karibik u. im O-Pazifik. Die etwa 20 mm hohe *C. rustica* lebt in Mittelmeer u. O-Atlantik auf algenbewachsenen Felsen, an u. unter Steinen; ihr glattes Gehäuse hat leichten Glanz u. ist rotbraun mit weißen Flecken. [Taube], die ↗Tauben.

Columbidae [Mz.; v. lat. columba = **Columbiformes** [Mz.; v. lat. columba = Taube, forma = Gestalt], die ↗Taubenvögel.

Columella w [lat., = kleine Säule, Pfeiler], **1)** Gatt. der *Vertiginidae,* Landlungenschnecken mit sehr kleinem Gehäuse v. zylindr. Form; 3 paläarkt. Arten. **2)** die ↗Spindel des Schneckengehäuses. **3)** massive Kalksäule, die bei manchen Steinkorallen bei der Skelettbildung unter dem Zentrum des Polypen entsteht (☐ Astroides). **4)** *C. auris,* aus dem Knochenstück des oberen Zungenbeinbogens *(Hyomandibulare)* der Fische hervorgegangenes, säulenförm. Gehörknöchelchen im Mittelohr v. Amphibien, Reptilien u. Vögeln; fungiert als schallübertragendes Teil zw. dem Trommelfell u. dem ovalen Fenster. Bei den Säugetieren entwickelt sich die C. zum Steigbügel (Stapes). **5)** der in den Fruchtkörper vieler Pilze hereinragende sterile Fortsatz des Fruchtkörperstiels, z. B. bei Zygomyceten *(Mucor)* u. einer Reihe v. Bauchpilzen *(Gastrales).* **6)** Verlängerung des Sporangienstiels der Schleimpilze. **7)** zentraler Gewebekomplex der Sporangien v. Moosen. Er fungiert als Nährstoffleiter u. Wasserspeicher für die sich entwickelnden Sporen.

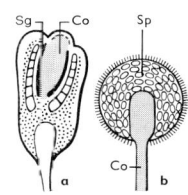

Columella
a bei einem Sporogon von *Funaria,* b bei einem Sporangium von *Mucor* (Co Columella, Sp Sporenraum mit Sporen, Sg sporogenes Gewebe).

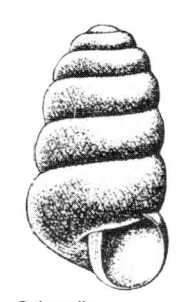

Columella
D e bis 3 mm hohe *C. edentula* kommt häufig in der Boden- u. Krautschicht v. Wäldern vor.

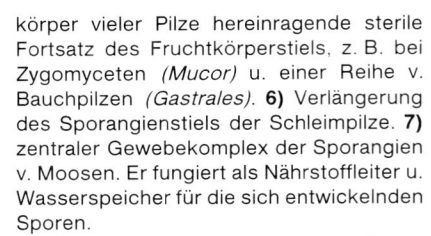

Columellarmuskel [v. lat. columella = kleine Säule, Pfeiler], der ↗Spindelmuskel des Schneckenkörpers.

Columna w [lat., = Säule], **1)** Stiel der ↗Seelilien. **2)** C. vertebralis, die ↗Wirbelsäule. **3)** Säulenförm. Strukturen in Organen von Wirbeltieren, z. B. C.e anales (rectales), mehrere Längsfalten in der Schleimhaut des Mastdarms, die v. glatter Muskulatur u. Venenknäueln gebildet werden.

Columnalia [Mz., Ez. *Columnale;* v. lat. columna = Säule, Pfeiler], flachzylindr. od. abgerundet-fünfeckige Stielglieder der ↗Seelilien, sehr häufig als Fossilien.

Columnea w [ben. nach dem it. Juristen u. Botaniker F. Colonna (lat. Columna), 1567–1640], Gatt. der ↗Gesneriaceae.

Colura w [v. gr. kolouros = abgestumpft], Gatt. der ↗Lejeuneaceae.

Colutea w [v. gr. koloutea =], ↗Blasenstrauch.

Colydiidae, die ↗Rindenkäfer.

Comarum s [v. gr. komaron = Frucht des Erdbeerbaums], das ↗Blutauge.

Comatricha w [v. gr. komē = Haarschopf, triches = Haare], Gatt. der ↗Stemonitaceae.

Comatulida w [v. lat. comatus = behaart], die ↗Haarsterne.

Combe Capelle [kõnb kapäl], *Mensch von C. C., Homo aurignacensis,* 1909 von O. Hauser bei Combe Capelle (Dépt. Dordogne, S-Frankreich) entdecktes Skelett eines ca. 40jähr. Mannes. Original im 2. Weltkrieg verschollen; Typus der ↗Aurignaciden. Datierung: Jung-Pleistozän, ca. 30 000 Jahre vor heute.

Combretaceae [Mz.; v. lat. combretum = Binsenart, Simse], *Sandmandelgewächse,* Fam. der Myrtenartigen mit ca. 20 Gatt. u. 500 Arten. Die oft laubabwerfenden Holzgewächse u. Lianen sind in den gesamten Tropen verbreitet, wenige Arten in den Subtropen. Blätter ganzrandig, wechsel- od. gegenständig; keine Nebenblätter. Die kleinen, meist zwittr., radiär aufgebauten Blüten sind in Blütenständen zusammengefaßt; Blütenbecher röhrenförmig od. oval; der ungefächerte Fruchtknoten ist unterständig u. aus 2–5 Fruchtblättern zusammengesetzt. Er enthält 2–6 hängende Samenanlagen. Die an ihre jeweilige Verbreitungsart angepaßten Früchte werden

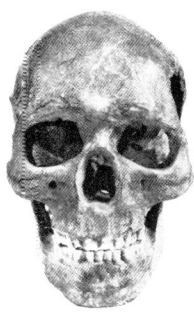

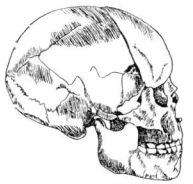

Combe Capelle
Schädel von vorn u. von der Seite.

Bei C vermißte Stichwörter suche man auch unter K und Z.

durch Wind, Wasser od. Tiere verbreitet. Gatt. der Mangrove erzeugen vivipare Früchte. *Combretum*, mit 250 Arten die artenreichste Gatt., ist in den gesamten Tropen (ausschl. Australien) verbreitet. Sie ist charakterist. für die afr. Savanne u., da einige Arten eine Verträglichkeit für Schwermetalle aufweisen, auch auf südostafr. Kupferböden zu finden. *C. grandiflorum* (trop. W-Afrika), eine typ. Kletterpflanze, wird wegen ihrer hübschen Blüten kultiviert. *Terminalia* ist eine weitere wichtige Gatt. mit 200 Arten. *T. superba* (W-Afrika) liefert Limba-Holz od. gelbes Mahagoni, dessertwegen sie in forstl. Ausmaß gezogen wird. Das Holz wird u. a. zu Sperrholz verarbeitet u. für Furnier- u. Parkettherstellung genutzt. *T. catappa*, der „Katappenbaum" (trop. Asien), wird u. a. wegen der eßbaren, mandelart. schmeckenden, öligen Samen (Indische Mandeln) in Afrika u. Asien kultiviert. Aus Wurzel, Rinde u. Früchten werden Gerbstoffe gewonnen. *Laguncularia racemosa*, eine bestandbildende Art der westafr. und am. Mangrove, liefert ein termitenbeständiges Holz. *Conocarpus* u. *Lumnitzera* sind die beiden anderen Gatt., die in der Mangrove wachsen. *Quisqualis indica* (S-Asien) wird als Zierstrauch gepflanzt.

Comephoridae [Mz.; v. gr. komē = Haarschopf, -phoros = -tragend], Fam. der ↗ Groppen.

Commelinaceae [Mz.; ben. nach dem niederländischen Botaniker K. Commelyn, 1667–1731], größte Fam. der *Commelinales*, mit 38 Gatt. (vgl. Tab.) u. etwa 600 Arten in den warmen Klimazonen an Feuchtstandorten verbreitet. Die Fam. umfaßt ein- u. mehrjähr., oft sukkulente Kräuter mit wechselständ., ganzrand. Blättern u. geschlossener Blattscheide. Die Blüten stehen in Wickeln in den Blattachseln od. am Ende eines Stengels. Sie besitzen im allg. die ↗Blütenformel K3 C3 P3 + 3st G($\underline{3}$), Verwachsungen u. Wegfallen einzelner Teile kommen jedoch bei manchen Gatt. vor. Die Frucht ist meist eine Kapsel. Unter den C. finden sich einige beliebte Zimmer- u. Warmhauspflanzen, die u. a. wegen ihrer dekorativ gefärbten Blätter gezogen werden: z. B. die mittelam. Art *Rhoeo discolor* mit langen, lanzettl., unterseits roten Blättern od. die als Ampelpflanzen geeigneten Arten der am. Gatt. *Tradescantia*. *T. virginiana*, die „Dreimasterpflanze", wird wegen ihrer blauen, auffallenden Blüten auch bei uns in Gärten angepflanzt. Sie stammt aus dem östl. N-Amerika, ist recht winterhart u. bes. für feuchte Stellen geeignet. Man findet auch Hybriden mit andersfarbigen Blüten. Seit kurzem ist bekannt, daß radioaktive Strahlung bei *Tradescantia* eine Änderung der Farbe der Staubblatthärchen durch Induktion einer Mutation verursacht. Damit zeigt die T. Radioaktivität anscheinend sehr empfindl. an. Die Art der monotyp. Gatt. *Cochliostema*, *C. odoratissima*, ist wegen ihrer manchen Ananasgewächsen analogen trichterförm. Anordnung der Blattrosette bemerkenswert. Zwischen den überlappenden Blattbasen kann so Wasser gespeichert werden, das dann v. sproßbürt. Wurzeln aufgenommen wird. Arten der namengebenden Gatt. *Commelina* der Fam. sind u. a. Unkräuter in trop. Kulturen. Teilweise besitzen sie neben ober- auch unterird., kleistogame Blüten, deren Samen auch gleich unter der Erde verbleiben (Geokarpie). Manche Arten der Gatt. finden in der Volksmedizin Verwendung. *C. communis* dient in Japan zum Färben v. Papier.

Commelinales [Mz.; ben. nach dem niederländischen Botaniker K. Commelyn, 1667–1731], Ord. der *Commelinidae* mit 4 Fam. (vgl. Tab.); umfaßt mit Rhizom od. kriechender Grundachse wachsende kraut. Pflanzen, die in trop. oder subtrop. Gebieten feuchte Standorte besiedeln. Im Blütenbereich finden sich oft Reduktionen, z. B. solche der Staubblätter. Der Blütenstand kann in eine Tragblattscheide eingehüllt sein *(Rapataceae, Commelinaceae)*. Arten der Gatt. *Xiris (Xiridaceae)* u. *Mayaca (Mayacaceae)* mit einfachen, lineal. Blättern werden manchmal in Aquarien gepflanzt.

Commelinidae [Mz.; ben. nach dem niederländischen Botaniker K. Commelyn, 1667–1731], U.-Kl. der Einkeimblättrigen Pflanzen mit 8 Ord. (vgl. Tab.). Teilweise wird diese Sippe aber auch an die *Liliidae* angeschlossen. Bei der hier verwendeten Systematik steht der recht einheitl. U.-Kl. der *Liliidae* eine heterogene der C. gegenüber. Innerhalb der C. läßt sich eine Entwicklung zur Windblütigkeit beobachten: Ausgehend v. einer pentacycl., 3zähl. u. insektenbestäubten Blüte mit Schauwirkung (z. B. *Bromeliales*), werden die Perianthblätter unscheinbar u. trockenhäutig, bis beim Endglied der Reihe, der Ord. der Süßgräser *(Poales)*, Ausfälle in allen Blütenblattkreisen erfolgen können. Alle Ord. der U.-Kl. besitzen ein stärkehalt. Endosperm, u. bei vielen – systematisch den *Poales* näherstehenden – sind die Blätter in eine sog. Scheide u. eine Spreite gegliedert. Vielfach werden auch die ↗ *Typhales* als 9. Ord. in diese U.-Kl. gestellt.

Commiphora w [v. gr. kommi = Gummi, -phoros = -tragend], Gatt. der ↗ Burseraceae.

Comovirus-Gruppe ↗Kuhbohnenmosaik-Virusgruppe.

Commelinaceae
Rhoeo discolor

Commelinaceae
Wichtige Gattungen:
Cochliostema
Commelina
Rhoeo
Tradescantia

Commelinales
Familien:
↗ *Commelinaceae*
(38 Gatt./600 Arten)
Mayacaceae
(1 Gatt./10 Arten)
Rapataceae
(16 Gatt./80 Arten)
Xiridaceae
(2 Gatt./10 Arten)

Commelinidae
Ordnungen:
↗ Ananasartige
(Bromeliales)
↗ Binsenartige
(Juncales)
↗ *Commelinales*
↗ *Eriocaulales*
↗ *Restionales*
↗ Sauergräser
(Cyperales)
↗ Süßgräser
(Poales)
↗ *Zingiberales*

Bei C vermißte Stichwörter suche man auch unter K und Z.

Comparium

Compliance

Die elast. Eigenschaften v. Lunge u. Thorax sind (neben Muskeln) für die transportierten Blutod. Atemgasvolumina verantwortlich. Ihre Kenntnisse sind daher insbes. von med. Interesse. Der experimentell bestimmbare Zshg. zw. Druck u. Dehnung (Druck, der bei entspannter bzw. medikamentös ausgeschalteter Atemmuskulatur aufgewendet werden muß, um Lunge L und Thorax T oder beide unabhängig um einen Betrag ΔV zu dehnen) kann als Ruhedehnungskurve graphisch aufgetragen werden. Die C. ist dann als Steilheit der jeweiligen Kurven definiert.

$$C_{T+L} = \frac{\Delta V}{\Delta p}$$

gemessen z. B. in l/kPa, wobei Δp den intrapulmonalen Druck, d. h. die Druckdifferenz zw. Luft- u. Lungenalveolendruck, bezeichnet.

conch- [v. gr. kogchē bzw. lat. concha = Muschel, Muschelschale, Schnecke], in Zss.: Muschel-.

Comparium s, die ↗Sammelart.
Compliance w [‹emplaiᵉnß; engl., = Dehnbarkeit], Maß für die elast. Eigenschaften v. Gefäß- u. Atmungssystemen.
Compositae [Mz.; v. lat. compositus = zusammengesetzt], die ↗Korbblütler.
Compsognathus m [v. gr. kompsos = zierlich, fein, gnathos = Kinnbacke], (Wagner 1859), *Springsaurier,* zu den Archosauria gehörender katzengroßer, zweifüß. Land-Dinosaurier aus dem Lithograph. Schiefer v. Solnhofen (Malm).
Concanavalin s, ↗Lectine.
Concha w [lat., = Musche], anatom. Bez. für einen muschelförm. Teil eines Organs, z. B. Concha nasalis, die Nasenmuschel.
Conchifera [Mz.; v. *conch-, lat. -fer = -tragend], die ↗Schalenweichtiere.
Conchin s [v. *conch-], veraltete Bez. *Conchiolin,* wichtiges organ. Baumaterial des Weichtierkörpers; besteht aus Proteiden, die durch Chinon-Gerbung gehärtet u. dadurch chem. weitgehend indifferent sind. Das C. bildet die Schalenhaut, ist aber auch in den Kalkschichten der Schale enthalten, inter- wie auch intrakristallin. Wahrscheinl. bestimmt die Molekülkonfiguration des C.s die Lage der Kristallisationszentren bei der Anlage der Schalenschichten. Es wird v. Epithelzellen des Mantels u. bes. des Mantelrandes sezerniert. ↗Paläoproteine.
Conchocelis w [v. *conch-, gr. kēlis = Fleck], diploides Entwicklungsstadium in der Ontogenie vieler ↗Rotalgen; einfacher, fädig verzweigter Thallus, der z. B. bei *Porphyra* auf Muschelschalen auswächst; kann sich vielfach vegetativ durch Monosporen vermehren; entspricht dem Tetrasporophyten anderer Rotalgen.
Conchodus m [v. *conch-, gr. odous = Zahn], *C. infraliasicus, Dachsteinmuschel,* im obertriad. Dachsteinkalk (Rhät) der Alpen gesteinsbildende Muschel, die gewöhnl. der devonischen Gatt. *Megalodon* zugeordnet wird.
Concholepas w [v. *conch-, gr. lepas = einschalige Napfschnecke], Gatt. der Purpurschnecken mit festem, dickschal. Gehäuse, das fast napfförmig u. dadurch dem Leben im kräftig bewegten Wasser der Felsküsten des westl. S-Amerika hervorragend angepaßt ist. Der wohlschmekkende Fuß dieser Schnecken wird v. der Küstenbevölkerung Perus u. Chiles gegessen (allein in Chile ca. 16 000 t pro Jahr).
Conchorhagae [Mz.; v. *concho-, gr. rhagas = Ritze, Spalt], Ord. der *Kinorhyncha* (Hakenrüßler), deren Arten sich durch einen muschelförm., aus 3 Skelettplatten bestehenden Verschlußmechanismus über dem einstülpbaren Kopf auszeichnen.
Conchorhynchus m [v. *conch-, gr. rhygchos = Rüssel], v. Blainville 1827 erstmals beschrieben, später als vermutl. Unterkiefer des Muschelkalk-Nautiliden *Germanonautilus bidorsatus* (v. Schloth) gedeutet.
Conchylien [Mz.; v. gr. kogchylion = Muschel(schale)], veraltete Bez. für (Kalk-)-Schalen v. Tieren, speziell die Schneckengehäuse u. Muschelschalen, mit denen sich die Schalenkunde, die *Conchyliologie* od. *Conchologie,* befaßt.
Condylactis w [v. gr. kondylos = Knochengelenk, Faust, aktis = Strahl], Hohltier-Gatt. der *Endomyaria;* im Mittelmeer ist die Goldrose *(C. aurantiaca)* verbreitet; die Polypen leben in 2–3 m Tiefe auf Steinen od. Muschelschalen, die von Sand bedeckt sind; die breite Mundscheibe (∅ 10 cm) liegt der Oberfläche auf; der Körper ist goldrot gefärbt; die Art ist vivipar.
Condylarthra [Mz.; v. gr. kondylos = Knochengelenk, arthron = Gelenk], (Cope 1881), *Urhuftiere,* geolog. älteste Wurzelgruppe der Huftiere mit engen Beziehungen zu Insectivoren u. Creodonten; herbivor od. omnivor mit vollständ. Bezahnung; bunodonte, bunoselenodonte od. lophodonte Molaren mit niedr. Krone; fünfzehig, plantigrad od. digitigrad, Endphalangen gespalten, krallen- od. hufähnlich; Gehirn klein, langer Schwanz; ca. 25 Gatt. Bekanntester Vertreter: *Phenacodus primaevus* Cope mit 1,65 m Körperlänge. C. gleichen mehr den omnivoren Carnivoren als Ungulaten. Verbreitung: Paleozän bis Jungmiozän.
Condylura w [v. gr. kondylos = Knochengelenk, oura = Schwanz], Gatt. der ↗Maulwürfe.
Condylus m [v. gr. kondylos = Knochengelenk], *Gelenkfortsatz, Gelenkhöcker,* verdicktes Knochenende, meist leicht vorspringend; bildet mit der Gelenkfläche des benachbarten Knochens das ↗Gelenk.
Conellen [Mz.; v. gr. kōnos = Kegel, Zapfen], (Quenstedt), kleine, meist schwarze, sekundär calcit. Pyramiden auf Kiel u. Flanken v. Ammonitensteinkernen; Lösungsrelikte der aragonit. inneren Prismenschicht der Schale; selten auch an Nautilussteinkernen u. Belemnitenrostren beobachtet.
Conepatus m, Gatt. der ↗Skunks.
Conger m [lat., = Meeraal], Gatt. der ↗Aale 1).
Congeria w [lat., = Anhäufung], Gatt. der Wandermuscheln *(Dreissenidae),* die im Brackwasser lebt u. sich an festem Substrat, auch Schiffswänden, mit ihrem Byssus festsetzt. Die Löffel-Wandermuschel *(C. cochleata)* wurde wahrscheinl. aus W-Afrika über W-Europa in den Nord-Ostsee-Kanal eingeschleppt. Die Gatt. C. hat Leitwert für das Neogen Mittel- u. O-Europas. Im Unterpliozän O-Europas (Pontium)

kommt *C. subglobosa* Bedeutung zu. Verbreitung: Tertiär bis rezent.

Congridae [Mz.; v. lat. conger, Gen. congri = Meeraal], Fam. der ↗Aale 1).

Coniconchia [Mz.; v. gr. kōnos = Kegel, Zapfen, kogchē = Muschel, Schnecke], 1955 v. G. P. Lyashenko eingeführte neue Kl., die ↗Hyolithen u. ↗Tentakuliten vereinigen sollte; sie ist taxonom. nicht gerechtfertigt.

Conidiomata [Mz.; v. gr. konis = Staub, idios = eigentümlich], Fruchtkörper (Pyknidien), Fruchtlager (Sporodochien, Acervuli) od. Fruchtstände (Koremien) der asexuellen Phase v. Pilzen; die Morphologie der C. dient maßgebl. zur Einteilung der *Fungi imperfecti*.

Coniferae [Mz.; v. lat. conifer = Zapfen tragend], *Coniferen*, die ↗Nadelhölzer.

Coniferin s [v. lat. conifer = Zapfen tragend], Glykosid des ↗*Coniferylalkohols*, bes. aus dem Kambialsaft v. Nadelbäumen *(Coniferae)*, aber auch in Spargel, Schwarzwurzeln u.a. Pflanzen. C. ist aufgrund des Zuckeranteils gut wasserlösl. u. nicht spontan polymerisierende Transportform des Coniferylalkohols zum Ort der Ligninbiosynthese (↗Lignin); es wird unter Wirkung des Enzyms Emulsin in Glucose u. Coniferylalkohol gespalten.

Coniferophytina [Mz.; v. lat. conifer = Zapfen tragend, gr. phyton = Pflanze], U.-Abt. nacktsam. Spermatophyten; bilden zus. mit den *Cycadophytina* die Organisationsstufe der Gymnospermen (↗Nacktsamer). Kennzeichnend sind dichotom gebaute Gabel- od. Nadelblätter, dikline Blüten, Mikrosporophylle mit nur 1 Pollensackgruppe, Samenanlagen mit 1 Integument u. Stachysporie (d.h., die Blütenachse trägt „Megasporophylle", die aus meist einer einzigen, gestielten od. ungestielten Samenanlage bestehen). Die C. umfassen 2 Kl.: die ↗*Ginkgoatae* u. die *Pinatae* mit den ↗*Cordaitidae*, ↗Nadelhölzern *(Pinidae)* u. *Taxidae* (mit der einzigen Fam. der ↗Eibengewächse).

Coniferylalkohol [v. lat. conifer = Zapfen tragend], *4-Hydroxy-3-methoxy-zimtalkohol*, eine der monomeren Vorstufen des ↗Lignins (↗*Coniferin);* in Siam-Benzoe als Benzoat enthalten; kann zu Vanillin oxidiert u. durch Mineralsäuren in Harze überführt werden.

Coniin s [v. gr. kōneion = Schierling], *2-Propylpiperidin*, ein stark giftiges (0,5–1 g sind tödl.) ↗Coniumalkaloid aus dem Gefleckten Schierling *(Conium maculatum)*, das curareartig lähmend auf die motor. Nervenendigungen wirkt. Der Tod erfolgt bei vollem Bewußtsein durch Lähmung der Brustkorbmuskulatur (das Vergiftungsbild wurde v. Plato beschrieben:

Tod des Sokrates, 399 v. Chr.). C. ist auch als das lähmende Agens der insektenfressenden am. Kannenpflanze *(Sarracenia flava)* identifiziert worden. C. wurde 1886 v. Ladenburg als erstes vollsynthet. Alkaloid dargestellt.

Coniocybe w [v. gr. konis = Staub, kybē = Kopf], Gatt. der ↗*Caliciaceae*.

coniokarpe Flechten [Mz.; v. gr. konis = Staub, karpos = Frucht], *staubfrüchtige Flechten*, die Flechten der *Caliciaceae* u. *Sphaerophoraceae*, auf deren Fruchtkörpern sich ein Macaedium entwickelt; die Bez. wird oft auch für die gesamte Ord. *Caliciales* verwendet.

Coniophoraceae [Mz.; v. gr. konis = Staub, -phoros = -tragend], die ↗Warzenschwämme.

Coniophorella w, ↗Warzenschwämme.

Coniopterygidae [Mz.; v. gr. konis = Staub, pteryx, Gen. pterygos = Flügel], die ↗Staubhafte.

Conirostridae [Mz.; v. lat. conus = Kegel, Zapfen, rostrum = Schnabel, Rüssel], v. O. Abel 1916 eingeführte Belemnitenfam. mit kegelförm. Jugendrostrum. Ggs.: *Clavirostridae* mit keulenförm. Jugendrostrum.

Conium s [v. gr. kōneion =], der ↗Schierling.

Coniumalkaloide [Mz.; v. gr. kōneion = Schierling], Gruppe v. Piperidinalkaloiden aus dem Endokarp der Früchte, aber auch in Kraut u. Wurzeln v. *Conium maculatum* (Gefleckter Schierling). Die unreifen Früchte sind bes. reich an ↗*Coniin* (ca. 2%) u. γ-*Conicerin* (ca. 0,2%); weitere C. sind *Conhydrin* u. *Methylconiin*.

Conjugales [Mz.; v. lat. coniugalis = gepaart], ↗Zygnematales.

Conjunctiva w [v. lat. coniunctivus = verbindend], die ↗Bindehaut.

Connaraceae [Mz.; v. gr. konnaros = ein immergrüner, stachliger Baum], Fam. der Seifenbaumgewächse mit ca. 20 Gatt. u. 350 Arten; die Bäume u. aufrechten od. windenden Sträucher sind in den gesamten Tropen verbreitet; mehrere Vertreter der C. gehören zu Savannengesellschaften. Die Blätter sind nebenblattlos, meist gefiedert, selten dreigelappt. Die 5zähl., oft zwittr., strahl. Blüten bilden Rispen. Typ. für die C. ist Heterostylie. Die 1- bis 2samigen Bälge beeindrucken durch auffallende Färbung u. werden durch Vögel verbreitet. Bedeutende Gatt. sind *Bysocarpus* (mit *B. coccineus*, charakterist. für afr. Savanne), *Connarus* (*C. guianensis* liefert Zebraholz), *Rourea* (aus Früchten v. *R. glabra* wird ein Rattengift hergestellt), *Cnestis* u. *Agelaca*. Aus vielen Arten werden Heilmittel mit Wirkung auf den Magen-Darm-Trakt gewonnen.

Coniumalkaloide
Coniin: $R_1 = R_2 = H$
Methylconiin: $R_1 = CH_3, R_2 = H$
Conhydrin: $R_1 = H, R_2 = OH$

Coniferylalkohol

Bei C vermißte Stichwörter suche man auch unter K und Z.

connecting link [kᵉnäk-; engl., = Bindeglied] ↗additive Typogenese.

Connochaetes w [v. gr. konnos = Kinnbart, chaetē = Haar], die ↗Gnus.

Conn-Syndrom, *primärer Hyperaldosteronismus*, ben. nach dem engl. Arzt J. Conn (* 1907), krankhafte Überproduktion des Mineralocorticoids ↗Aldosteron entweder durch eine Hyperplasie od. durch einen Tumor der Nebennierenrinde. Durch die Na⁺-Ionen u. H_2O retinierende Wirkung des Aldosterons kommt es zu Bluthochdruck, weitere Symptome sind Muskelschmerzen, Gefühlsstörungen, anfallsweise Lähmungen. Nachweis durch die erhöhte Aldosteronausscheidung im Urin, Therapie durch operative Entfernung des Tumors od. Adenoms bzw. medikamentös durch Aldosteron-Antagonisten.

Conocephalaceae [Mz.; v. *cono-, gr. kephalē = Kopf], Moos-Fam. der *Marchantiales* mit nur 1 Gatt. u. 2 Arten, ausschl. auf der Nordhalbkugel verbreitet. *Conocephalum* besitzt große, derbe, leberartig gelappte Thalli (daher die Bez. „Lebermoose", die auf die gesamte Kl. übertragen wurde) mit Atemöffnungen; *C. conicum*, die häufigste Art, wächst auf schwach basischen Böden mit hoher Luftfeuchtigkeit.

Conocephalidae [Mz.; v. *cono-, gr. kephalē = Kopf], die ↗Schwertschrecken.

Conochilus m [v. *cono-, gr. cheilos = Lippe], Gatt. der Rädertiere (Fam. *Conochilidae*, Ord. *Monogononta*) mit mehreren Arten des Süß- und Brackwassers. Die einzelnen Individuen schließen sich zu kugelförm., bis zu 100 Tiere umfassenden planktisch lebenden Kolonien zus. Die Individuen einer Kolonie stecken in einer gemeinsam sezernierten Schleimhülle; sie besitzen ein hufeisenförm. Räderorgan, an dessen Rand die von kegelförmig vorspringenden Lippen umgebene Mundöffnung liegt.

Conocybe [Mz.; v. *cono-, gr. kybē = Kopf], ↗Rauschpilze.

Conocyema s [v. *cono-, gr. kyēma = Leibesfrucht], Gatt. der ↗*Mesozoa* (Kl. *Dicyemida*, Ord. *Heterocyemida*), mit einer Art, die in den Nierengängen v. Sepia parasitiert.

Conodonta [Mz.; v. *cono-, gr. odontes = Zähne], v. Briggs, Clarkson u. Aldridge 1983 vorgeschlagene Bez. für einen eigenen Stamm ↗Conodonten-Träger.

Conodonten [Mz.; v. *cono-, gr. odontes = Zähne], stratigraph. bedeutsame, zahnart. Mikrofossilien ungewisser anatom. u. systemat. Zuordnung in paläozoischen u. triadischen Meeresablagerungen. Pander hat sie 1856 erstmals beschrieben u. als Fischzähne gedeutet. Größe: 0,2–3 mm, seltener bis 6 mm; Dichte 2,84–3,10 g/cm³, chem. Substanz: Carbonat-Apatit (Frankolith). Gut erhaltene C. sind bernsteinfarben u. durchscheinend; nach Verwitterung erscheinen sie grau bis schwarz u. opak. Ihr Aufbau um eine Basalgrube herum läßt auf Wachstum durch Anlagerung (Apposition) schließen. Anzeichen für Abnutzung durch Gebrauch – etwa wie bei Zähnen – fehlen. Morpholog. werden unterschieden: zahn-, ast-, blatt- u. plattformat. Typen. Bei C. in urspr. Zshg., sog. C.-Apparaten, können bis zu 5 verschiedene Formen paarig (links/rechts) od. unpaarig (median) zusammentreten. Demnach sollen die rätselhaften C.-Träger frei schwimmende, bilaterale Tiere gewesen sein. Taxonom. hat man sie in Zshg. mit Gastropoden, Anneliden, Nematoden, Plathelminthen, Lophophorenträgern, Arthropoden u. Vertebraten, sogar mit Algen gebracht. Übereinstimmung in Einzelmerkmalen dürfte auf Konvergenz beruhen. Namen wie ↗*Conodontophorida*, ↗*Conodontochordata* u. ↗*Conodonta* drücken die Ansicht mancher Bearbeiter aus, daß die Trägertiere ein selbständiges Taxon hohen Ranges (Kl., Stamm) bilden. Aus prakt. Gründen erfolgen systemat. Gliederung u. Benennung der C. einstweilen nach rein typolog. Gesichtspunkten. – Verbreitung: weltweit in marinen Sedimenten, bes. in Kalksteinen u. Schwarzschiefern, unterkambrischen bis obertriad. Alters.

Lit.: Lindström, M.: Conodonts. Amsterdam 1964. Ziegler, W, Lindström, M: Fortschrittsbericht Conodonten. – Paläontol. Zschr. 49 (1975) 565–598.

Conodontochordata [Mz.; v. *cono-, gr. odontes = Zähne, chordē = Darm], v. Melton u. Scott 1973 eingeführtes Subphylum der *Protochordata* mit der Kl. *Conodontophorida*.

Conodontophorida [Mz.; v. *cono-, gr. odontes = Zähne, -phoros = -tragend], nach Eichenberg 1930 die hypothet. Kl. der Trägerorganismen v. ↗Conodonten.

Conolophus m [v. *cono-, gr. lophos = Helmbusch, Haarschopf], die ↗Drusenköpfe.

Conopeum s [v. gr. kōnōpeion = Mückennetz (v. gr. kōnōps = Mücke)], Gatt. der U.-Ord. *Anasca*, ↗Moostierchen.

Conopidae [Mz.; v. gr. kōnōps, kōnōpos = Mücke], die ↗Dickkopffliegen.

Conopistha w [v. *cono-, gr. opisthen = hinten], Gatt. der ↗Diebsspinnen.

Conopophagidae [Mz.; v. gr. kōnōps = Mücke, phagos = Fresser], die ↗Mückenfresser.

Conothek w [v. *cono-, gr. thēkē = Behälter] (Huxley 1864), ↗Belemniten.

Conrana w [v. *con-, lat. rana = Frosch], der ↗Goliathfrosch.

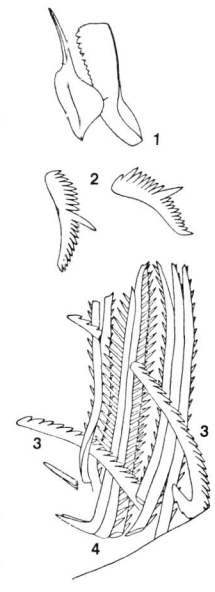

Conodonten

C. apparat aus dem dt. Oberkarbon mit vier morphologisch verschiedenen Gruppen (10fach vergrößert)
1 *Gnathodus* = plattformat. Element, paarig;
2 *Ozarkodina* = blattförm. Element, paarig;
3 *Synprioniodina* = astförm. Element, paarig;
4 *Hindeodella* = astförm. Element, vier Paare.

---

cono- [v. gr. kōnos bzw. lat. conus = Kegel, Zapfen], in Zss.: Kegel-.

com-, con- [v. lat. cum (altlat. com) = zusammen, mit], in Zss.: zusammen-, mit-.

Consortium s [lat., = Gemeinschaft, Teilhaberschaft], *Konsortium*, symbiont. Aggregation zweier od. mehrerer unterschiedl. Mikroorganismen, die sich stoffwechselphysiol. wie ein Individuum verhalten, so daß sie oft als eine Art angesehen wurden. Das C. „Chlorochromatium aggregatum" besteht aus einem zentralen, polar begeißelten, farblosen Bakterium, das v. phototrophen, grünen Bakterien *(Chlorobium chlorochromatii)* umgeben ist. Ein ähnliches C. mit bräunl. *Chlorobium*-Arten wurde „Pelochromatium roseum" benannt. Die enge Stoffwechselgemeinschaft der ↗ „*Chloropseudomonas ethylicum*"-Mischkultur kann auch als C. angesehen werden. Die farblosen Bakterien sind wahrscheinl. oft Schwefel- od. Sulfatreduzierer, so daß zw. den beiden Bakterienarten ein Schwefelkreislauf abläuft. Weitere Consortien setzen sich aus Protozoen u. phototrophen Bakterien od. Cyanobakterien zusammen.

Conspezies w [v. lat. *con-, lat. species = Sorte, Gattung], die ↗ Sammelart.

conspezifisch, derselben Art angehörend.

Constrictor m [v. lat. constringere = zusammenschnüren], frühere Gatt.-Bez. für die ↗ Abgottschlange *(Boa constrictor)*.

Contagium s [lat., = Berührung, Ansteckung], 1) *C. animatum*, nach der Hypothese von G. Fracastoro (Verona, 1546) ansteckendes Prinzip („Seminaria morbi", Samenkörnchen der Krankheit), das für bestimmte (Infektions-)Krankheiten verantwortl. ist u. per contactum (Berührung mit Kranken), per fonitem (unbelebter Überträger, z. B. Kleidung) u. ad distans (durch Luft) übertragen werden kann. Nach der Theorie v. A. Kircher (1700) u. J. F. G. Henle (1840) ist das *C. animatum* ein lebender Ansteckungsstoff (kleinste Lebewesen), der Infektionskrankheiten verursacht. Der erste Beweis, daß Mikroorganismen (Bakterien) Infektionskrankheiten bei Tieren verursachen, gelang R. Koch (1877, Milzbrand). 2) *C. vivum fluidum*, histor. Bez. für die Ursache (Virus) der Tabakmosaikkrankheit durch M. W. ↗ Beijerinck (1898).

Contarinia w, Gatt. der ↗ Gallmücken.

Contergan ↗ Thalidomid.

controlling elements, die ↗ Insertionselemente.

Conulata [Mz.; v. *cono-], (Moore u. Harrington 1956), *Conularien*, bis 10 cm große pyramidale bis zylindr. Hohlkörper aus chitiniger od. chitinophosphat. Substanz (Periderm) mit meist deutl. tetramerer Symmetrie u. charakterist. Längs- u. Querskulptur; Mündung wahrscheinl. v. Tentakeln umgeben. Kiderlen wies die C. 1937 den *Scyphozoa* zu, weil bei diesen in der Jugend noch an C. erinnernde Stadien durchlaufen werden. B. Werner leitet den rezenten Scyphopolypen *Stephanoscyphus* Allman 1874 direkt von den C. ab. Verbreitung: Mittelkambrium bis Obertrias.

Lit.: Werner, B.: Stephanoscyphus (Scyphozoa, Coronatae) etc. – Helgoländer wiss. Meeresunters. 13 (1966) 317–347.

Conus m [lat., = Kegel, Zapfen], 1) die ↗ Kegelschnecken. 2) *C. arteriosus*, distaler Teil des Wirbeltierherzens zw. Ventrikel (Hauptkammer) u. Truncus arteriosus (Arterienstamm); Sitz der Taschenklappen; nur bei niederen Fischen als längl. deutl. vom Ventrikel abgesetzter Herzteil ausgebildet, in dem mehrere Kreise v. Taschenklappen hintereinanderliegen. Beispiele: Haie *(Elasmobranchii)*, Amia (Schlammfisch, *Holostei)*. Von den Knochenfischen *(Teleostei)* an bildet der C. a. nur noch eine schmale, nicht abgesetzte Region am Übergang Ventrikel–Aorta, in der die Kreise v. Taschenklappen reduziert sind auf 1–2 bei *Teleostei*, 2 bei *Amphibia*, 1 bei *Amniota*. 3) *C. medullaris*, das spitzkegelförmig auslaufende untere Ende des Rückenmarks beim Menschen. 4) Kristallkegel im ↗ Komplexauge der Arthropoden.

conv., convar., Abk. für die ↗ Convarietät.

Convallaria w [v. lat. convalle = Talkessel (nach frz. lys dans la vallée = Lilie im Tal; Maiglöckchen)], das ↗ Maiglöckchen.

Convallatoxin, das häufigste der ca. 20 herzwirksamen Glykoside des Maiglöckchens *(Convallaria majalis)*; etwa fünfmal so wirksam wie Digitoxin u. besitzt zusätzl. eine diuret. Wirkung. Die *Convallariaglykoside*, deren Gehalt zur Zeit der Vollblüte am höchsten ist, kommen in Kraut (0,2–0,3%) u. Blüten (0,4%) vor u. wirken teils wie Digitalis-, teils wie Strophanthusglykoside. Convallaria-Extrakte werden bei leichteren Formen v. ödematöser Herzinsuffizienz, bei „Herzneurose" u. Digitalisüberempfindlichkeit angewandt.

Convarietät w [v. *con-, lat. varietas = Mannigfaltigkeit], *convarietas*, Abk. *conv.* od. *convar.*, bei Kulturpflanzen verwendete systemat. Kategorie; steht unterhalb der U.-Art u. faßt mehrere Sorten zusammen.

convolut [v. lat. convolutus = zusammengewickelt], Windungstyp v. spiral. Moluskengehäusen, bei dem die Umgänge so stark überlappen, daß stets nur die letzte Windung sichtbar ist; manchmal gleichbedeutend mit „involut" verwendet.

Convoluta w [v. lat. convolutus = zusammengewickelt], Gatt. der Strudelwurm-Ord. *Acoela*. Bekannteste Arten *C. convoluta* und *C. roscoffiensis*, leben in Symbiose mit Zooxanthellen. *C. roscoffiensis* ernährt sich ausschl. von den Stoffwechselerzeugnissen ihres Symbionten, der

---

Acetat, Äthanol

Schwefelreduzierer oder Sulfatreduzierer [Zellsubstanz]

SO_4^{2-} S^o CO_2 H_2S

grüne Schwefelbakterien [Zellsubstanz]

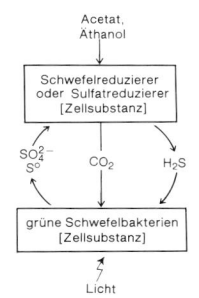

Licht

Consortium

Syntropher Stoffwechsel eines *Consortiums*, das sich aus einem chemoorganotrophen Schwefelreduzierer *(Desulfuromonas)* od. Sulfatreduzierer *(Desulfovibrio)* u. phototrophen, grünen Schwefelbakterien (z. B. *Chlorobium* oder *Pelodictyon*) zusammensetzt. Schwefel wird nur in geringen Mengen benötigt, da es im Licht abwechselnd oxidiert u. reduziert wird. Wenn die phototrophen Bakterien viele organ. Stoffe ausscheiden, kann ein solches C. auch ohne Zugabe organ. Stoffe leben.

Convallatoxin

Grundgerüst der *Convallariaglykoside*

Convallatoxin:
$R_1 = -C\overset{O}{\underset{H}{\diagdown}}$, $R_2 = -H$,
$R_3 =$ Rhamnose-

Convallosid:
$R_1 = -C\overset{O}{\underset{H}{\diagdown}}$, $R_2 = -H$,
$R_3 =$ Rhamnose-glucose-

Convallatoxol:
$R_1 = -CH_2OH$, $R_2 = -H$, $R_3 =$ Rhamnose-

Convallatoxolosid:
$R_1 = -CH_2OH$, $R_2 = -H$, $R_3 =$ Rhamnose-glucose-

Lokundjosid:
$R_1 = -CH_3$, $R_2 = -OH$, $R_3 =$ Rhamnose-

Convolvulaceae

Grünalge *Platymonas convolutae,* u. nimmt folgl. eigene Nahrung gar nicht mehr auf. An der nordfrz. Atlantikküste bildet sie bei ablaufendem Wasser grüne Ansammlungen auf dem Wattboden u. bietet so ihrem Symbionten beste Lichtverhältnisse; bei Flut gräbt sie sich sofort wieder ein. *C. convoluta* deckt ihren Nahrungsbedarf nicht ausschl. durch ihre Symbionten, die Kieselalgen *Licmophora hyalina* und *L. communis;* sie muß während ihres ganzen Lebens zusätzlich Nahrung aufnehmen.

Convolvulaceae [Mz.; v. lat. convolvulus = Winde], die ↗Windengewächse.

Conyza *w* [v. gr. konyza = starkriechende Pfl., Dürrwurz], ↗Berufkraut.

Cooksonia *w* [kuk-], vom Obersilur bis Unterdevon verbreitete Gatt. der Psilophyten; älteste Landpflanze (!). C. besitzt einfache, vielleicht nur 10 cm hohe, dichotom gegabelte Telome mit Protostele u. unterscheidet sich von *Rhynia* v. a. durch die quer verbreiterten Sporangien.

Cooxidation, mikrobielle Oxidation v. organ. Substanzen (Cosubstraten), die *nur gleichzeitig* mit dem Abbau eines „echten" Substrats abläuft. Das Cosubstrat ist für das Wachstum des Mikroorganismus weder notwendig noch ausreichend. Die Abbauprodukte können aber z. T. in die Zellen aufgenommen werden. C. ist ökol. wichtig beim Abbau v. Kohlenwasserstoffen u. umweltbelastenden Stoffen, wie Pflanzenschutzmitteln od. schwer abbaubaren, industr. Syntheseprodukten.

Copaifera *w* [v. tupi-guarani copa = Kopaivabalsam, lat. -fer = -tragend], Gatt. der ↗Hülsenfrüchtler.

Cope [koup], *Edward Drinker,* am. Paläontologe, *28. 7. 1840 Philadelphia, † 12. 4. 1897 ebd.; Prof. in Philadelphia; bestimmte über 1000 neue Arten fossiler Wirbeltiere, darunter eine Reihe fossiler Zwischenglieder bis dahin getrennter Gruppen u. schuf eine der größten paläontolog. Sammlungen; als Anhänger Lamarcks Gegner der Darwinschen Theorien.

Copelata [Mz.; v. gr. kopēlatos = ruderförmig], *Appendicularia, Larvacea, Geschwänzte Manteltiere,* Kl. der Manteltiere mit 3 Fam. und ca. 60 Arten, 1–10 mm große, marine, pelag. Planktonorganismen. C. bewohnen weltweit alle Meere bis ca. 400 m Tiefe (Einzelfunde aus 3000 m); Kalt- u. bes. Warmwasserarten, Schwarmdichte oft groß (extremes Beispiel: mit 1 Netzzug 60000–100000 Individuen). Der Bauplan stimmt weitgehend mit den Larven der übrigen Manteltiere überein (↗Neotenie). Der Körper ist in Rumpf u. Schwanz gegliedert; der Rumpf enthält Kiemer-, Mittel- u. Enddarm, Gehirn mit Statocyste, Herz u. Gonaden; der Kiemendarm öffnet sich mit 2 ventrolateralen Kiemenspalten direkt nach außen, der eigtl. Darm ist U-förmig gekrümmt, der After mündet vor der Schwanzwurzel; der ventral nach vorn geknickte u. um 90° gedrehte Schwanz dient der Fortbewegung u. Erzeugung des Atmungs- bzw. Nahrungswasserstroms. Er enthält die Chorda, die im Ggs. zu anderen Manteltieren zeitlebens erhalten bleibt, den Nervenstrang u. die Muskulatur u. schlägt dorsoventral; ein Teil der Rumpfepidermis ist stark spezialisiert (Oikoplastenepithel) u. scheidet ein mehr od. weniger kompliziertes Gehäuse mit feinsten Fangapparaten, die Nannoplankton aus dem Wasser filtrieren, ab, z. B. ↗Oikopleura. C. sind protandr. Zwitter. Spermien werden ins freie Wasser abgegeben, Eier werden durch Platzen der Körperwand frei, danach stirbt das Tier; es findet äußere Besamung u. Entwicklung über typ. Schwanzlarve mit gerade nach hinten gerichtetem Schwanz u. Metamorphose zum Adultus statt; die Lebensdauer beträgt ca. 2 ½ Monate. Fam. *Kowalevskaiidae:* Tiere haben kurzen Rumpf, langen, rechtwinklig abstehenden Schwanz u. halbkugel. Gehäuse, Tier 9 mm, Gehäuse ca. 35 mm groß; einzige Gatt. *Kowalevskaia;* Vertreter in warmen u. trop. Meeren; im Mittelmeer lebt *K. tenuis;* ihr Gehäuse wird alle 2 Std. erneuert. Fam. *Fritillariidae:* der Rumpf ist langgestreckt, der Körper kurz mit starkem Flossensaum; Darmkanal zu einem Knäuel aufgewunden; die Tiere sind gehäuselos; ihr Oikoplastenepithel bildet eine am Mund hängende Fangblase aus Sekret, die durch Schwanzschläge aufgeblasen werden kann; Schwanzschläge treiben Wasser durch Reusen in der Wand der Fangblase, an denen Nahrung hängenbleibt; mehrere Arten der Gatt. *Fritillaria* leben in den küstennahen Gewässern des Mittelmeers u. des Atlantik; *F. borealis,* 3 mm, auch in Ostsee u. Polarmeer. Fam *Oikopleuridae,* artenreichste Fam. mit 8 Gatt. in kalten u. warmen Meeren; der Rumpf ist eiförmig, der Schwanz schmal mit der 2,5- bis 4,5fachen Rumpflänge; ein kompliziertes Gehäuse umhüllt das Tier (↗Oikopleura).

Copella *w,* Gatt. der ↗Salmler.

Copeognatha [Mz.; v. gr. kopeus = Meißel, gnathos = Kinnbacke], die ↗Psocoptera.

Copepoda [Mz.; v. gr. kōpē = Ruder, podes = Füße], *Ruderfußkrebse,* U.-Kl. der Krebstiere mit ca. 7500 Arten. Die C. sind kleine Krebse (1 bis wenige mm), nur die Tiefsee-Art *Bathycalanus sverdrupi* erreicht 17 mm u. die an Walen parasitierende *Penella balaenopterae* sogar 32 cm. Charakterist. Merkmale: der Rumpf besteht nur aus 10 Segmenten; v. den 6 Tho-

Copelata

Familien:
Fritillariidae
Kowalevskaiidae
Oikopleuridae

Bei C vermißte Stichwörter suche man auch unter K und Z.

rakalsegmenten sind 1 od. 2 mit dem Kopf zum Cephalothorax verschmolzen; Carapax u. Komplexaugen fehlen. Der Körper besteht meist aus 2 Abschnitten, einem vorderen mit Extremitäten u. einem hinteren ohne Beine. Die Gelenkung zw. beiden Abschnitten liegt zw. den letzten beiden Thorakalsegmenten *(Cyclopoidea, Harpacticoidea)* od. zw. letztem Thorakal- u. erstem Abdominalsegment *(Calanoidea)*. Der hintere Abschnitt ist schmaler als der vordere u. endet mit der Furca. – Die 1. Antennen sind lang und v. a. bei plankt. Arten oft zu langen Schwebefortsätzen geworden, die beim Vorschnellen passiv nach hinten bewegt werden. Die Thorakalbeine sind Spaltfüße mit fast gleichem Endo- u. Exopoditen. Durch ihr Zurückschlagen bewirken sie das sprungart. Vorschnellen (Hüpferlinge). Nur der 1. Thorakopode ist als Maxilliped den Mundwerkzeugen angeschlossen, u. das letzte Paar ist rückgebildet od., beim Männchen, zur Übergabe der Spermatophore bei der Paarung modifiziert. – Exkretionsorgane sind Maxillendrüsen. Die *Calanoidea* besitzen noch ein kurzes Herz, sonst sind Kreislauforgane rückgebildet. Spezielle Atemorgane fehlen. Sinnesorgane sind, neben Cuticularsensillen, Naupliusaugen, die recht hoch entwickelt sein können, z. B. bei *Copilia* u. beim Saphirkrebschen. Die C. sind getrenntgeschlechtlich. Bei der Paarung heftet das Männchen dem Weibchen eine Spermatophore in die Nähe der Geschlechtsöffnung, die am Genitalsegment (verschmolzenes 1. u. 2. Abdominalsegment) liegt. Durch eine Quellmasse in den Spermatophoren wird das Sperma v. dort in die ♀ Receptacula seminis gedrückt. Die Eier werden in charakterist. Eisäcken (2 bei den *Cyclopoidea*, 1 bei den *Calanoidea* u. *Harpacticoidea*) am Genitalsegment getragen. Die Entwicklung geht über das Nauplius-, mehrere Metanauplius- u. Copepoditstadien. C. leben in allen aquat. Lebensräumen, marin u. limnisch, im Plankton, im Litoral, im Grundwasser, auch in kleinsten Wasseransammlungen, z. B. Bromeliaceentrichtern u. Baumhöhlen, einzelne *Harpacticoidea* sogar auf dem Land. Ihnen genügt ein dünner Feuchtigkeitsfilm, u. bei Trockenheit können sie sich encystieren. Die plankt. *Calanoidea* sind Filtrierer, die mit den Maxillipeden u. den Maxillen einen Wasserstrom erzeugen. *Cyclopoidea* u. *Harpacticoidea* sind mehr Detritusfresser, manche auch Räuber. *Acanthocyclops vernalis* enthält im Darm viele unverdaute Grünalgen, die dort weiterhin Photosynthese betreiben. In großer Zahl u. in mehreren Linien sind C. zum Parasitismus übergegangen. Parasit. sind oft die

Copepoda
Ordnungen, U.-Ordnungen u. Gattungen:
Calanoidea
marine Gattungen:
Bathycalanus
Calanus
Centropages
limn. Gattungen:
Eurytemora
Diaptomus
Heterocope
Harpacticoidea
marine Gattungen:
Harpacticus
Tisbe
limn. Gattungen:
Canthocamptus
Parastenocaris
Cyclopoidea
Gnathostoma
(Hüpferlinge)
marine Gattungen:
Sapphirina (Saphirkrebschen)
Cyclopina
limn. Gattungen:
Cyclops
Macrocyclops
Poecilostoma
Ergasilus, als Adulte an Fischen parasitisch
Lernaea u. *Lernaeocera*, mit Wirtswechsel an Fischen
Siphonostoma, parasitisch an marinen Wirbellosen
Notodelphoidea
Notodelphis, parasitisch an Seescheiden
Monstrilloidea
als Copepoditstadien parasitisch an marinen Wirbellosen
Caligoidea
Caligus, parasitisch an marinen u. Süßwasserfischen
Lernaeopoidea
↗ *Achtheres*

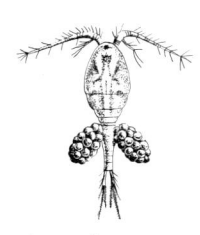

Copepoda
Hüpferling *(Cyclops)*

Adulten, aber bei den *Monstrilloidea* leben diese frei, u. nur die späten Metanauplius- u. Copepoditstadien sind parasitisch. Bei den *Lernaeidae* gibt es Wirtswechsel. Bei *Lernaeocera branchialis* heftet sich der Copepodit an die Kiemen v. Flundern u. a. Plattfischen u. saugt Blut. Nach der Paarung stirbt das Männchen, u. das Weibchen sucht den Endwirt, einen Schellfisch, auf, wo es sich mit Kopffortsätzen fest verankert u. zu einem unbewegl., wurmart. Gebilde auswächst. C. sind wegen ihres reichen Vorkommens v. großer ökolog. Bedeutung. *Calanus finmarchicus* ist die wichtigste Nahrung des Herings. ☐ Achtheres. *P. W.*

Copernicia *w* [ben. nach dem dt. Astronomen u. Arzt N. Kopernikus, 1473–1543], ↗ Carnaubapalme.

Copesches Gesetz [koᵘp-], *Copesche Regel*, v. dem am. Paläontologen E. D. ↗ Cope 1896 formuliertes Gesetz (besser: Regel) der sukzessiven Körpergrößensteigerung im Verlauf der stammesgeschichtl. (phylogenet.) Entwicklung in bestimmten Abstammungslinien. Sie führt dazu, daß die „Endglieder" solcher Stammeslinien größer als die Stammarten sind. Beispiele liefern Stammesreihen v. Pferdeartigen, Elefanten, Ammoniten u. a. Es gibt jedoch auch Fälle, wo es in der Stammes-Gesch. zur Verringerung der Körpergröße kommt.

Cophixalus, Gatt. der ↗ Engmaulfrösche.

Cophotis *w* [v. gr. kōphós = taub, ous, Gen. ōtos = Ohr], Gatt. der ↗ Agamen.

Cophylinae [Mz.; v. gr. kōphós = stumpf, stumm, taub], U.-Fam. der ↗ Engmaulfrösche.

Coprinaceae [Mz.; v. gr. koprinos = auf Mist wachsend], die ↗ Tintlingsartigen Pilze.

Coprinus *m* [v. gr. koprinos = auf Mist wachsend], die ↗ Tintlinge.

Copris *w* [v. gr. kopros = Mist, Schmutz], ↗ Mistkäfer.

Copsychus *m*, die ↗ Schamadrosseln.

Coptis *w* [v. gr. koptein = zerschneiden], Gatt. der ↗ Hahnenfußgewächse.

Coptosoma *s*, Gatt. der ↗ Kugelwanzen.

copy-DNA, die ↗ c-DNA.

Coqui, *Eleutherodactylus coqui*, ↗ Antillenfrösche.

Cora *w*, ↗ Basidiomyceten-Flechten.

Coracidium *s*, Larvenform der Bandwurm-Ord. *Pseudophyllidea* (↗ Bandwürmer), schlüpft nach 3–4 Wochen aus dem ins Süß- od. Brackwasser abgelegten Ei. Aufgrund eines Wimperepithels ist C. fähig, etwa eine Woche lang zu schwimmen; es muß vom 1. Zwischenwirt, einem Copepoden, meist *Cyclops*, gefressen werden, in dessen Darm löst sich sein Wimperepithel auf, und die mit 6 Haken bewehrte ↗ On-

Bei C vermißte Stichwörter suche man auch unter K und Z.

cosphaera wird frei. C. erhielt in Anlehnung an das ↗Miracidium der digenen Saugwürmer seinen Namen.

Coraciidae [Mz.; v. *cora-], die ↗Racken.

Coraciiformes [Mz.; v. *cora-, lat. forma = Gestalt], die ↗Rackenvögel.

Coracodichus m [v. *cora-, gr. dicha = zweifach], Gatt. der ↗Langfingerfrösche.

Coracoid s [v. *cora-], *Rabenschnabelbein*, paariger Ersatzknochen (Endoskelett) im Schultergürtel der Wirbeltiere; ventral gelegene Knochenplatte, außen v. der Clavicula bedeckt, gelenkig mit der seitl. anschließenden Scapula verbunden. Bei niederen Wirbeltieren ist das C. an der Schultergelenkfläche beteiligt. Bei Sauropsiden gibt es in der knorpel. Anlage der C.platte nur 1 Verknöcherungszentrum. Bei Synapsiden treten ab den frühen therapsiden Reptilien zwei Verknöcherungszentren auf. Die hieraus entstehenden Knochen werden als *Pro-C.* (vorderer Knochen) und *Meta-C.* (hinterer Knochen, „echtes" C.) unterschieden. Das C. der Sauropsiden wird mit dem Pro-C. der Therapsiden homologisiert. Das Meta-C. ist demnach eine Neubildung. Es wird in der Therapsidenevolution dominierend, während das Pro-C. verkleinert wird u. schließl. gar nicht mehr am Schultergelenk beteiligt ist. Bei den rezenten Säugern weisen die Kloakentiere ein kleines Pro- u. ein großes Meta-C. auf. Beuteltiere haben ein in Rückbildung begriffenes Meta-C., manche Arten auch noch einen Rest des Pro-C.s. Placentatiere besitzen nur noch ein Rudiment des Meta-C.s in Form des Rabenschnabelfortsatzes *(Processus coracoideus)*, der fest am Schulterblatt sitzt.

Coragyps m [v. *cora-, gr. gyps = Geier], Gatt. der ↗Neuweltgeier.

Corallimorpha w [v. *corall-, gr. morphē = Gestalt], Gruppe der ↗Endomyaria.

Corallinaceae [Mz.; v. *corall-], Fam. der *Cryptonemiales,* artenreichste Fam. der Kalkrotalgen. Die Zellwände sind durch Kalkeinlagerung hart u. brüchig; die Thalli sind unterschiedl. gestaltet. Sie sind in allen, bevorzugt aber wärmeren Meeren verbreitet u. beteiligt an der Korallenriffbildung, u. a. von Bikini, Eniwetok im Pazifik. Sichere fossile Funde sind aus der Kreide bekannt. Wichtigste Gatt. ist *Corallina* mit ca. 35 Arten; *C. officinalis* ist häufig in Gezeitentümpeln des eur. Felswatts; im Mittelmeergebiet wird sie gg. Spulwurminfektion (Ascariasis) angewandt; als aktive Substanz wurde L-Kainsäure isoliert. Die Gatt. *Lithothamnion* ist mit ca. 120 Arten in allen Meeren verbreitet; ihr violett-rosaroter krustenförm. Thallus ist am Substrat festgewachsen, die Zellwände sind stark verkalkt. Einige Arten bilden Korallen-

cora- [v. gr. korax, Gen. korakos = Rabe; davon abgeleitet: gr. korakias u. korakoeidēs = rabenartig].

corall- [v. gr. korallion = Koralle].

cordyl- [v. gr. kordylē = Keule, Kolben, Beule].

bänke; so ist z. B. *L. ramulosum* beteiligt am Aufbau der „Nulliporenbänke" im Golf v. Neapel, dgl. *Lithophyllum expansum.* Die ca. 100 Arten der Steinalgengatt. *Lithophyllum* bauen in allen wärmeren Meeren die Kalkriffe mit auf. Die ca. 10 meist marinen Arten der Gatt. *Hildenbrandia* werden vielfach in einer eigenen Fam. vereinigt *(Hildenbrandiaceae).* Ihre Thalli überziehen als hellbraunrote Krusten Steine (insbes. Feuersteinknollen) oder auch Muschelschalen. *H. rivularis* kommt im Süßwasser vor.

Corallioph*a***ga** w [v. *corall-, gr. phagos = Fresser], Gatt. der *Trapezidae,* Blattkiemermuscheln, die mit Hilfe ausgeschiedener Säuren in Kalkgestein u. Korallen bohren. Der ca. 25 mm lange Kalkesser *(C. lithophagella)* lebt an den Felsküsten des Mittelmeeres.

Corallioph*i***la** w [v. *corall-, gr. philē = Freundin], Gatt. der *Magilidae,* Korallenschnecken, die im Mittelmeer u. anderen Meeren vorkommen; sie leben an Korallen, aus deren Gastralsystem sie mit ihrem muskulösen Rüssel den Inhalt abpumpen; Kiefer u. Radula fehlen.

Corallium s [v. *corall-], die ↗Edelkoralle.

Corallorh*i***za** w [v. *corall-, gr. rhiza = Wurzel], die ↗Korallenwurz.

Corallus m [v. *corall-], die ↗Hundskopfboas.

Corb*i***cula** w [lat., = Körbchen], Gatt. der *Corbiculidae,* Blattkiemermuscheln, die im Süß- u. Brackwasser der Tropen u. Subtropen leben. [schel.

Corbula w [lat., = Körbchen], ↗Korbmu-

Corchorus m [v. gr. korchoros = Gauchheil], *Jute,* mit ca. 40 Arten über die gesamten Tropen u. verbreitete Gatt. der Lindengewächse; Kräuter od. Halbsträucher mit einfachen, gezähnten Blättern u. relativ un-

Corchorus

C. capsularis und *C. olitorius* gewannen erst in der 2. Hälfte des 19. Jh., nach der Erfindung geeigneter Verarbeitungsmaschinen, größere Bedeutung als Faserpflanzen u. wurden dann auch auf dem indischen Subkontinent sowie allgemein in SO-Asien angebaut. Heute gilt die *Jutefaser* als die nach der Baumwolle wirtschaftl. bedeutendste Pflanzenfaser. Zu ihrer Gewinnung werden die runden, bis etwa 3 cm dicken, kaum verzweigten Stengel vom Beginn der Blüte bis zum Eintritt der Samenreife v. Hand kurz über dem Boden abgeschnitten, einige Tage zum Abwelken liegengelassen u. dann, entblättert u. gebündelt, für etwa 10–20 Tage in Wasser gelegt. Durch diesen sog. Röstprozeß werden die 1–3 m langen Bastfaserbündel der Rinde durch bakteriellen Abbau der umliegenden Gewebe freigelegt u. vom Sproß gelöst. Die hellen, gelbl. bis bräunl. od. silbergrauen, mehr od. minder glänzenden, verspinnbaren Jutefasern enthalten etwa 63% Cellulose u. mit ca. 12% einen zieml. hohen Anteil an Lignin, was eine gewisse Sprödigkeit sowie geringe Widerstandsfähigkeit, bes. aber Lichtunbeständigkeit bedingt. Jute läßt sich nicht bleichen, aber gut anfärben u. zur Herstellung v. Jutegarn für Verpackungstextilien, Säcke, Gurte, Läufer, Teppiche, Wandbespannungen, Untergewebe für Linoleum u. Teppiche sowie Seilerwaren u. Kabelumhüllungen verwenden. Es dient zudem als Isolier- u. Polstermaterial u. wird bei der Reifenherstellung gebraucht. In den Erzeugerländern werden aus Jute auch billige Kleidungsstücke hergestellt. Von höchster Qualität sind 2,5–3 m lange, relativ wenig verholzte Fasern v. heller Farbe u. hohem Glanz.

scheinbaren, 5zähligen, gelben, blattachselständ. Blüten, aus denen sich meist mehr od. minder schotenförm. Kapseln mit zahlr. kleinen Samen entwickeln. Wichtigste Arten sind die aus Indien stammenden, einjährigen, bis ca. 4 m hohen Kräuter *C. capsularis* mit fast kugel., etwa 2 cm dikken Kapselfrüchten (bevorzugt an sehr feuchten Standorten) u. *C. olitorius* (Langkapseljute) mit schotenförm., 5–7 cm langen Kapseln (vorwiegend an trockenen Standorten). Beide sind in Indien seit alters her genutzte Faserpflanzen („Kalkuttahanf"). Einige C.-Arten besitzen seit Jhh. auch als Gemüsepflanzen Bedeutung; *C. olitorius* wird in vielen warmen, ariden Ländern seiner wohlschmeckenden jungen Sprosse u. Blätter wegen in Gärten angebaut. B Kulturpflanzen XII.

Cordaitidae [Mz.; ben. nach dem dt. Botaniker A. J. Corda, 1809–49], *Cordaiten*, U.-Kl. der *Pinatae*, nur fossil aus Karbon u. Perm bekannte Gymnospermen. Die C. bilden bis 30 m hohe Bäume, besitzen ein mächtiges Sekundärholz aus araucaroid getüpfelten Tracheiden, ein quergefächertes Mark, bis 1 m lange u. 15 cm breite bandförm. Blätter mit Parallelnervatur u. charakterist. dikline Blütenstände (v. a. *Cordaianthus*-Bautyp). Hervorgegangen sind die C. vermutl. aus der Progymnospermen-Gruppe; vielleicht haben sich aus ursprünglichen C. die rezenten *Pinatae* entwickelt.

Cordia w [ben. nach dem dt. Arzt u. Botaniker E. Cordus, 1485/86–1535], Gatt. der ↗Ehretiaceae.

Cordulegasteridae [Mz.; v. *cordyl-, gr. gastēr = Magen, Bauch], die ↗Quelljungfern.

Corduliidae [Mz.; v. *cordyl-], die ↗Falkenlibellen.

Cordycepin s, *3′-Desoxyadenosin*, Purinantibiotikum aus *Cordyceps militaris* u. *Aspergillus nidulans;* Inhibitor der DNA- u. RNA-Synthese. In der Zelle wird C. zu C.-triphosphat (3′-Desoxy-ATP) phosphoryliert u. als solches in wachsende DNA- u. RNA-Ketten eingebaut. Da dem C. jedoch der 3′-OH-Terminus fehlt, können die Nucleinsäureketten nicht verlängert werden; ihre Synthese ist blockiert. In Bakterien ist C. kaum antibiot. wirksam, vermutl., da es dort nicht in phosphorylierter Form vorliegt.

Cordylidae [Mz.; v. gr. kordylos = kleine Wassereidechse], die ↗Gürtelechsen.

Cordylobia w [v. *cordyl-, gr. lobion = Läppchen], Gattung der ↗Fleischfliegen.

Cordylophora w [v. *cordyl-, gr. -phoros = tragend], Gatt. der ↗Clavidae; bekannteste Art ist der ↗Keulenpolyp.

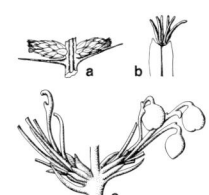

Cordaitidae

Die ♂ (**a**) und ♀ (**c**) Blütenstände der Cordaiten sind weitgehend ähnl. gebaut. An der bis 30 cm langen Blütenstandsachse sitzen in den Achseln v. Brakteen Zapfenblüten. Diese bestehen aus einer kurzen Achse, die basal sterile Schuppen u. distal die Sporophylle trägt. Die Mikrosporophylle (**b**) tragen mehrere Sporangien, die „Megasporophylle" (vgl. bei c) bestehen aus z. T. gegabelten Stielen mit endständ. Samenanlagen.

Cordaitidae

Die bis 30 m hohen Cordaiten sind wesentl. Bestandteile der Wälder des Karbons u. Perms.

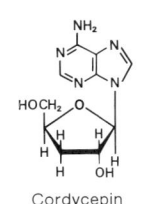

Cordycepin

Cordylosaurus m [v. gr. kordylos = kleine Wassereidechse, sauros = Eidechse], Gatt. der ↗Schildechsen.

Cordyluridae [Mz.; v. *cordyl-, gr. oura = Schwanz], die ↗Scatophagidae.

Cordylus m [v. gr. kordylos = kleine Wassereidechse], die Echten ↗Gürtelschweife.

Core [kor; engl., = Kern], zentraler Bestandteil eines Virions, in dem die Virusnucleinsäure mit Proteinen assoziiert vorliegt. C. und Capsid bilden zus. das Nucleocapsid.

Coregonus m [v. gr. korē = Pupille, gōnia = Ecke], Gatt. der Lachsfische, ↗Renken.

Coreidae [Mz.; v. gr. koris = Wanze], die ↗Randwanzen.

Corema s [Mz. *Coremata;* v. gr. korēma = Kehricht, Besen], bei Schmetterlingsimagines vorkommende eingesenkte Taschen mit Duftschuppenbüscheln, die bei sexueller Erregung ausgestülpt werden können; sitzen z. B. bei Bärenspinnern der asiat. Gatt. *Creatonotos spec.* am Abdomen.

Coreopsis w [v. gr. korē = Mädchen, opsis = Aussehen], Gatt. der ↗Korbblütler.

Corepressor m [v. lat. co- = zusammen-, mit-, repressor = Unterdrücker], niedermolekulare chem. Verbindung, die sich bei der genet. Regulation aufbauender Stoffwechselreaktionsketten mit einem Repressor(-protein) verbindet u. dadurch allostere Umwandlung (↗Allosterie) desselben bewirkt; diese wiederum bewirkt Bindefähigkeit des C.-Repressor-Komplexes an den zugehörigen Operator, wodurch die Transkription der entspr. Gene u. damit deren Ausprägung verhindert wird. In der Regel wirken die Endprodukte v. aufbauenden Stoffwechselreaktionsketten, wie viele Aminosäuren, als C.en für ihre eigenen Genketten (Operonen). Das C.-freie Repressorprotein wird (in Analogie zu Coenzym-freien Apoenzymen) als *Aporepressor* bezeichnet.

Corethron s [v. gr. korēthron = Besen], ↗Rhizosoleniaceae.

Cori, *Carl Ferdinand*, dt.-am. Pharmakologe u. Biochemiker, * 5. 12. 1896 Prag; seit 1922 in den USA, Prof. in Saint Louis; erhielt zus. mit seiner Frau *Gerty Theresa C.*, geb. *Radnitz* (* 15. 8. 1896 Prag, † 26. 10. 1957 Saint Louis, seit 1931 Prof. in Saint Louis), 1947 den Nobelpreis für Medizin für die Aufdeckung des katalyt. Glykogen-Stoffwechsels (u. a. Entdeckung des Enzyms Phosphorylase).

Coriandrum s [v. gr. koriandron =] ↗Koriander.

Coriariaceae [Mz.; v. lat. coriaria frutex = Gerberstrauch], Pflanzenfam., deren 1 Gatt. und 8 Arten ein sehr disjunktes Verbreitungsgebiet in den warm-gemäßigten Zonen besiedeln. Systemat. Stellung nicht

Bei C vermißte Stichwörter suche man auch unter K und Z.

Coris

Coriariaceae

Von *Coriaria myrtifolia*, dem „Schmack" (Mittelmeergebiet), werden die in Wasser zerdrückten Beeren als Fliegengift verwendet; die an Gerbstoff reichen Blätter dienen der Herstellung v. Tinte u. zum Gerben v. Leder. Als Zierpflanze werden *C. terminalis* und *C. japonica* angepflanzt. Pflanzenteile der Gatt. *Coriaria* können bei Verzehr Symptome einer Strychnin-Vergiftung verursachen.

geklärt; werden oft der Ord. der Seifenbaumartigen zugeordnet. Die C. sind Sträucher od. Halbsträucher mit gegen- od. quirlständigen, ganzrand., eiförmig-lanzettl. Blättern, in denen Längsnerven bogenförmig vom Blattgrund zur Blattspitze laufen. ↗ Blütenformel: rad är, K5, C5, A5+5 Ḡ5–10. Blüten stehen einzeln od. in razemösen Blütenständen zusammengefaßt. Die Kronblätter werden bei der Samenreife fleischig u. wachsen zw. die Fruchtblätter, so daß die Sammelfrucht einer Beere ähnelt. Typisch für die Fam. ist das Vorkommen v. Polyphenolen u. giftigen Bitterstoffen.

Coris *m*, Gatt. der ↗ Lippfische.

Corium *s* [lat. = feste Haut, Leder], **1)** *Dermis,* Bez. für die bindegewebige (und mesodermale) Unter- od. Lederhaut der Wirbeltiere. Mit der epithelialen (und ektodermalen) Epidermis zus. bildet das C. die Cutis (↗ Haut). Als räuml. Geflecht v. elast. Netzen umsponnener kollagener Faserbündel verleiht sie der lebenden Haut ebenso wie der gegerbten Haut, dem Leder, ihre zähe Reißfestigkeit (↗ Bindegewebe). **2)** Bez. für den stärker sklerotisierten basalen Teil der Deckflügel bei den Wanzen.

Corixidae [Mz.; v. gr. koris = Wanze, ix = ein Käfer], die ↗ Ruderwanzen.

Cormidium *s* [v. gr. kormos = Baumstumpf], Funktionseinheit aus verschiedenen „Personen" (Nähr- u. Freßpolypen, Deckblätter, Gonozoide u. a.) bei ↗ Staatsquallen.

Cornaceae [Mz.; v. lat. cornus = Kornelkirsche], die ↗ Hartriegelgewächse.

Cornales [Mz.; v. lat. cornus = Kornelkirsche], die ↗ Hartriegelartigen.

Cornaptychus *m* [v. lat. corneus = Horn-, gr. aptychos = ungefaltet], v. Trauth 1927 eingeführte Bez. für ↗ Aptychus mit randparallelen, welligen Runzeln auf glänzender Oberfläche. Verbreitung: Lias bis Dogger.

Cornea *w* [v. lat. corneus = Horn-], die Hornhaut des ↗ Linsenauges. □ Auge.

Cornforth [kornfeß], *John Warcup*, austr.-brit. Chemiker, * 7. 9. 1917 Sydney; seit 1971 Prof. in Sussex; bedeutende stereochem. Untersuchungen biochem. Reaktionswege; klärte mit der sog. Tracer-Methode den Biosyntheseweg des Cholesterins, v. Steroiden (über das Squalen) u. die Reaktionsschritte im Glyoxylsäurezyklus auf; erhielt 1975 zus. mit V. Prelog den Nobelpreis für Chemie.

Cornicularia *w* [v. lat. corniculum = kleines Horn, Trichter], Gatt. der ↗ Parmeliaceae.

Corniculi [Mz.; v. lat. corniculum = kleines Horn, Fühlhorn], ↗ Cerci.

Cornulariidae [Mz.; v. lat. cornulum = Hörnchen], Fam. der ↗ Alcyonaria.

Cornus *w* [lat., = Kornelkirsche], der ↗ Hartriegel.

Cornuti [Mz.; v. lat. cornutus = gehörnt], kleine Chitinzähnchen od. -häkchen am distalen Ende des männl. Genitalapparats (↗ Aedeagus) bei einigen Insektengruppen (v. a. Schmetterlingen). Sie dienen wahrscheinl. während der Begattung der Reizung des Weibchens od. der Öffnung der Spermatophore. Bei einigen Arten brechen sie während der Begattung ab u. bleiben in der weibl. Begattungstasche stekken. Form, Lage u. Verteilung der C. stellen wichtige taxonom. Merkmale dar. Vergleichbare, aber wohl nicht homologe Bildungen mit unterschiedl. Benennungen (Catena, Cirrus acuum, Fasciculi od. Spiculae u. a.) finden sich bei vielen anderen Insekten.

Corolle *w* [v. lat. corolla = kleiner Kranz], *Kronblätter, Blumenkrone,* ↗ Blüte.

Coronalleiste [v. *coron-], ↗ Kopf (der Insekten).

Coronastrum *s* [v. *coron-, lat. astrum = Gestirn], Gatt. der ↗ Scenedesmaceae.

coronat [v. lat. coronatus = bekränzt, gekrönt], Bez. für: 1) Schnecken, deren Windungskanten des Gehäuses (Kiel) mit Höckern od. Knoten besetzt sind; 2) Nautiliden, deren gedrückter Windungsquerschnitt divergierende Flanken aufweist; 3) Ammoniten, deren Windungsquerschnitt in Ansicht von der Seite an eine Krone erinnert.

Coronata *w* [v. lat. coronatus = bekränzt, gekrönt], die ↗ Tiefseequallen.

Coronaviren [Mz., v. *coron-], *Coronaviridae,* Fam. von RNA-Viren, die Wirbeltiere infizieren. Die Viruspartikel sind rund bis pleomorph ($\varnothing$ 75–160 nm); die äußere Hülle trägt charakterist., keulenförm. Fortsätze (Peplomeren) von ca. 20 nm Länge, deren Aussehen im elektronenmikroskop. Bild an eine Sonnenkorona erinnert (Name). Als Genom liegt eine einzelsträngige, infektiöse RNA vor mit einer relativen Molekülmasse von $5{,}5$–$6{,}1 \cdot 10^6$ (etwa 20000 Nucleotide). Die Replikation der C. findet im Cytoplasma statt; dabei werden hpts. 6 verschiedene RNAs (mit ident. 3'-Enden, aber unterschiedl. 5'-Enden) gebildet, die jeweils die Synthese eines einzelnen Proteins steuern. Die endgült. Virusreifung erfolgt durch Knospung (budding) in Vesikel der Zelle. Prototypspezies der C. ist das Virus der infektiösen Bronchitis der Hühner (IBV); weiterhin gehören zu den C. das Mäuse-Hepatitisvirus (MHV), das Virus der übertragbaren Gastroenteritis der Schweine sowie die vom Menschen isolierten C. Letztere rufen akute respira-

coron- [v. lat. corona = Kranz, Krone].

tor. Erkrankungen hpts. bei Erwachsenen hervor.

Coronella w [v. *coron-], die ⁊ Schlingnattern.

Coronilla w [span., = kleine Krone], die ⁊ Kronwicke.

Coronophorales [Mz.; v. *coron-, gr. -phoros = -tragend], Ordnung der Schlauchpilze (Ascomycetes), auch als Familie (Coronophoraceae) bei den Sphaeriales eingeordnet. Die wenigen Arten leben saprophytisch auf Holz u. Rinde; ihre schwarzen kugelförm. od. abgeflachten u. am Scheitel eingesunkenen Fruchtkörper stehen oft beieinander u. entwickeln sich ascolocular; die Asci sind keulenförmig, protunicat und enthalten 8 oder zahlreiche Ascosporen.

Coronopus m [v. gr. korōnopous =], der ⁊ Krähenfuß.

Corophium s [v. frz. corophie = Flohkrebs], Gatt. der Flohkrebse, ⁊ Wattkrebs.

Corpora allata [Mz.; v. *corpo-, lat. allatus = herangetragen], paarige, rundl. Hormondrüsen der Insekten ektodermalen Ursprungs, die in der Schlundregion seitl. der Aorta hinter den ⁊ Corpora cardiaca liegen u. mit diesen über Nervenstränge verbunden sind. Ein weiterer Nervenstrang führt zum Suboesophagalganglion. Gemeinsam mit den Corpora cardiaca bilden die C. a. den Retrocerebralkomplex. Sie sind Bildungsstätte des Juvenilhormons u. beeinflussen den Kohlenhydratmetabolismus des Fettkörpers, insbes. die Hämolymphtrehalosekonzentration. Diese Prozesse stehen in engem Zshg. mit dem Stadium der Ovarialentwicklung. Entfernung der C. a. (Allatektomie) bei einer Larve induziert die Häutung u. eine vorzeitige Metamorphose, während die Implantation zusätzl. C. a. den gegenteiligen Effekt zeigt. Beim erwachsenen Insekt beeinflussen die C. a. das Gonadenwachstum.

Corpora-allata-Hormon s [v. *corpo-, lat. allatus = herangetragen], Juvenilhormon u. a. Hormone, die in Entwicklung u. Reproduktion der Insekten eingreifen, indem sie Vitellogenese u. Dotterproduktion induzieren. Ebenso spielen sie eine wichtige Rolle im Lipidstoffwechsel u. steuern die Produktion v. Pheromonen.

Corpora cardiaca [Mz.; v. *corpo-, gr. kardiakos = Herz-], meist paarige Hormondrüsen der Insekten hinter dem Oberschlundganglion nahe des Aortenvorderendes, die als Neurohämalorgan u. Produktionsstätte eigener Hormone wirken. Bei höheren Dipteren sind sie häufig mit den ⁊ Corpora allata u. der Häutungsdrüse zu einem „Weismannschen Komplex" fusioniert. Die Verbindung mit dem Gehirn erfolgt über drei Nervenpaare, die zu den neurosekretor. Zellen der Pars intercerebralis, lateralis u. tritocerebralis führen. Ferner gibt es einen neuronalen Kontakt zu den Corpora allata u. dem Hypocerebralganglion.

Corpora mamillaria [Mz.; v. *corpo-, lat. mamilla = Brustwarze], paarige, rundl. Wülste im hinteren markhalt. Abschnitt des ⁊ Hypothalamus.

Corpora pedunculata [Mz.; v. *corpo-, lat. pediculus = kleiner Fuß, Stiel], die ⁊ Pilzkörper bei Insekten.

Corpora quadrigemina [Mz.; v. *corpo-, lat. quadriguminus = vierfach], Vierhügel, Teil des ⁊ Gehirns der Säuger.

Corpotentorium s [v. *corpo-, lat. tentorium = Zelt], Stützelement des Insektenkopfes, ⁊ Tentorium.

Corpus s [lat., =], Körper, in der Anatomie Hauptteil eines Organs od. Körperteils, allg. auch in morpholog. od. funktionell abgegrenztes Gebilde, z. B. C. ciliare, Ciliarkörper im Auge, C. luteum, Gelbkörper im Ovar. In der Bot. ⁊ Bildungsgewebe im Innern des Sproßscheitels; die C.zellen können sich antiklin od. periklin teilen. Die Zellen der äußeren Schichten des Bildungsgewebes teilen sich ausschl. antiklin u. bilden die sog. Tunica, die das C.gewebe mantelartig umschließt.

Corpus adiposum s [v. *corp-, lat. adeps = Fett], ⁊ Fettkörper.

Corpus callosum s [v. *corp-, lat. callosus = dickhäutig, dickschalig], der ⁊ Balken im Gehirn.

Corpuscula renis [Mz.; v. *corp-, lat. ren = Niere], ⁊ Nierenkörperchen.

Corpus geniculatum laterale s [v. *corp-, lat. geniculatum = mit Knoten versehen, latus, Gen. lateris = Seite], erste zentrale Schaltstelle der v. der Netzhaut kommenden Sehbahnen im Gehirn. Die Nervenzellen des C. g. l. besitzen konzentr. organisierte rezeptive Felder mit zwei verschiedenen Neuronenklassen, den Kontrast- u. den Hell-/Dunkel-Neuronen. Bei farbtücht. Säugetieren hat ein Teil der C.-g.-l.-Neuronen darüber hinaus eine farbspezif. Organisation.

Corpus luteum s [v. *corp-, lat. luteus = safrangelb], der ⁊ Gelbkörper.

Corpus-luteum-Hormon s [v. *corp-, lat. luteus = safrangelb], das ⁊ Gelbkörperhormon.

Corpus pineale s [v. *corp-, lat. pinea = Fichte], die ⁊ Epiphyse.

Corpus striatum s [v. *corp-, lat. striatus = gestreift], bei Vögeln u. einigen Kriechtieren wichtigstes Schaltzentrum zw. den Sinnesmeldungen u. Informationen aus den übrigen Hirnarealen u. den Efferenzen zu den anderen Zentren u. denen der Körpermotorik. Die Steuerung komplexer mo-

---

Corpora cardiaca

Die Hormone der C. c. regulieren die Konzentration der Kohlenhydrate in der Hämolymphe, wobei ein hyperglykäm. Faktor die Bildung v. Glucose aus Glykogen im Fettkörper induziert. Die Vermittlung der hormonellen Nachricht an die Fettkörperzelle erfolgt über cAMP als „second messenger". Ebenso induzieren sie das zur Häutung u. Metamorphose führende Hormon Ecdyson, steuern den Herzschlag durch Freisetzung v. Serotonin u. beeinflussen bei manchen Insekten das Oocytenwachstum.

---

coron- [v. lat. corona = Kranz, Krone].

---

corp-, corpo- [v. lat. corpus, Gen. corporis, Mz. corpora = Körper; corpusculum = kleiner Körper].

Bei C vermißte Stichwörter suche man auch unter K und Z.

Corpus suprarenale

tor. Funktionen, z. B. von Instinkthandlungen des Sexual- u. Brutverhaltens bei Vögeln, unterliegt dem C. st. Bei den Säugetieren als *Striatum* bezeichnet, besteht diese subcorticale Struktur aus dem Nucleus caudatus u. Putamen u. zählt zu den ↗Basalganglien. B Gehirn.

Corpus suprarenale s [v. *corp-, lat. supra = über, renalis = Nieren-], die ↗Nebenniere.

Corpus vitreum s [v. *corp-, lat. vitreus = gläsern, Glas-], *Glaskörper,* ↗Auge ↗Linsenauge.

Correns, Carl Erich, dt. Botaniker, * 19. 9. 1864 München, † 14. 2. 1933 Berlin; 1902 Prof. in Leipzig, 1909 in Münster, seit 1914 Dir. des damal. Kaiser-Wilhelm-Inst. für Biologie in Berlin; mit E. Tschermak, H. de Vries u. W. Bateson (aber unabhängig v. diesen) durch Pflanzenkreuzungen während seiner Privatdozentenzeit in Tübingen Wiederentdecker der Mendelschen Gesetze (um 1900), dadurch Mit-Begr. der modernen Vererbungslehre; Arbeiten zur Geschlechtsbestimmung.

Corrodentia [Mz.; v. lat. corrodere = zernagen], die ↗Psocoptera.

Cortaderia w, ugs. argentin. Name für das ↗Pampasgras.

Cortex m od. s [lat., =], *Rinde,* **1)** Bot.: die ↗Rinde. Bei verschiedenen Pilzen eine dünne Rindenschicht aus verdickten Hyphen an der Hutoberseite (z. B. bei *Poriaceae, Stereaceae*), an Stielen od. Sklerotien; bei Bakterien: ↗Endosporen. **2)** In der Pharmakologie u. Pharmakognosie wird mit dem Begriff ausgedrückt, daß eine Droge aus Rindenstückchen einer Heilpflanze besteht, z. B. Cortex chinae für Chinarinde. **3)** Zool.: **a)** z. B. Cortex cerebri, die Hirnrinde. **b)** *Rindenplasma,* der äußere, dicht unter der Zellmembran liegende Plasmabereich, der durch vernetzte Mikrofilamente oft eine gelart. Konsistenz besitzt. Der C. kann weitgehend frei v. Organellen sein (z. B. Amöbe) od. aber verschiedene Organellen in hochgeordneter Struktur enthalten (z. B. Pantoffeltierchen). Bei Eizellen wird dem C. („Eirinde") häufig eine wichtige Rolle in der ↗Musterbildung zugeschrieben; seine Struktur kann sich bei der Syngamie (Besamung) stark verändern (↗Corticalreaktion).

Cortexon s [v. *cort-], ein den Geschlechtshormonen der Wirbeltiere ähnl. C_{21}-Steroid aus der Prothoraxdrüse adulter Schwimmkäfer *(Dytiscidae),* das als Abwehrstoff gg. räuber. Wirbeltiere wirken soll. Die Gatt. *Cybister* produziert die höchste bekannte Menge an C. mit 1 mg/Käfer.

Corticalreaktion w [v. *cort-], Veränderung der Eirindenschicht als Folge der

corp-, corpo- [v. lat. corpus, Gen. corporis, Mz. corpora = Körper; corpusculum = k einer Körper].

cort- [v. lat. cortex, Gen. corticis = Rinde, Schale].

C. E. Correns

Corticosteron

Cortisol
Die wichtigsten Stoffwechselwirkungen:
Förderung des Proteinabbaus u. damit des Glucoseaufbaus aus Aminosäuren, Förderung des Glykogenaufbaus in der Leber, Hemmung der Glucoseoxidation in den Zellen mit nachfolgendem Anstieg des Blutzuckerspiegels, Hemmung der zellulären u. humoralen Abwehrmechanismen

Eiaktivierung. Häufig verschmelzen dabei periphere Vesikel mit der Eimembran (↗Exocytose), deren Inhalt zur Bildung der Befruchtungsmembran beiträgt (z. B. Seeigel).

Corticoide [Mz.; v. *cort-], die ↗Corticosteroide.

Corticosteroide [Mz.; v. *cort-, gr. stear = Fett], *Corticoide, Rindenhormone,* Steroidhormone der Nebennierenrinde (Cortex), etwa 30 verschiedene, chemisch verwandte, jedoch unterschiedl. wirksame Substanzen. Bekannte Vertreter sind Cortisol, Aldosteron, Corticosteron, Desoxycorticosteron sowie die sexual wirksamen Steroide Testosteron u. Östrogen. Gemeinsame Ausgangssubstanz in der Biosynthese aller C. ist das ↗Cholesterin, wobei der erste Syntheseschritt durch ACTH (adrenocorticotropes Hormon) gesteuert wird.

Corticosteron s [v. *cort-, gr. stear = Fett], ein vom Steroidgerüst abgeleitetes Hormon der Nebennierenrinde (Cortex), das in den Glucose-Haushalt eingreift, indem es, ähnl. wie die chem. verwandten u. ebenfalls durch die Nebenniere ausgeschiedenen Hormone Cortisol u. Cortison, die Glykogenbildung aus Aminosäuren in der Leber fördert u. die periphere Glucose-Verwertung hemmt. Aufgrund dieser Wirkung zählt C. zur Hormongruppe der ↗Glucocorticoide.

Corticotropin s [v. *cort-, gr. tropē = Wendung], das ↗adrenocorticotrope Hormon.

Cortin s [v. *cort-], Hormongruppe der Nebennierenrinde (Cortex), zu der die Corticosteroide u. Androgene gehören.

Cortinariaceae [Mz.; v. spätlat. cortina = Vorhang], die ↗Schleierlingsartigen Pilze.

Cortinarius m [v. spätlat. cortina = Vorhang], die ↗Schleierlinge.

Cortisches Organ [ben. nach dem it. Anatomen A. Corti, 1822–76], Teil des ↗Gehörorgans im Innenohr der Vögel u. Säugetiere. Es enthält, v. Stützzellen umgeben, Haarsensillen, die als Rezeptoren fungieren; phylogenet. durch starke Längsstreckung aus der Papilla basilaris der Kriechtiere hervorgegangen. B Gehörorgane.

Cortisol s [v. *cort-], *Hydrocortison, 11β,17,21-Trihydro-4-pregnen-3,20-dion,* Steroidhormon (17α-Hydroxy-C_{21}-Steroid) der Nebennierenrinde u. wichtigster Vertreter der ↗Glucocorticoide (☐).

Cortison s [v. *cort-], inaktive Form des ↗Cortisols. ↗Glucocorticoide.

Cortusa w [ben. nach dem it. Botaniker G. A. Cortusi, † 1593], das ↗Heilglöckchen.

Corucia w, Gatt. der ↗Riesenskinkverwandten.

Bei C vermißte Stichwörter suche man auch unter K und Z.

Corvidae [Mz.; v. lat. corvus = Rabe], die ↗Rabenvögel.
Corvina w [v. lat. corvinus = rabenartig, rabenschwarz], Gatt. der ↗Umberfische.
Corvus m [lat., = Rabe], Gatt. der ↗Rabenvögel, ↗Krähen.
Coryanthes [v. *cory-, gr. anthos = Blume], Gatt. der Orchideen des trop. Amerikas mit 5 Arten, die sich durch einen Wasserfallenmechanismus zur Sicherung der Bestäubung auszeichnet: Die Blüte besitzt eine grotesk geformte, enorm vergrößerte Lippe mit wannenförm. Vertiefung. In diese wird kurz vor dem Aufblühen durch zwei Drüsen eine wäßr. Flüssigkeit ausgeschieden. Durch Duft angelockte ♂ Bienen gleiten aus, fallen in die Flüssigkeit u. können nur auf einem bestimmten Weg, der den Kontakt mit Narbe u. Pollinien garantiert, die „Badewanne" wieder verlassen.
Corycium s [v. gr. kōrykion = kleiner Sack], *Corycium enigmaticum Sederholm*, schlauchartige, v. einem Kohlehäutchen umgebene Gebilde in graphitführenden Gneisen u. Tonschiefern Finnlands; Alter: ca. 2 Mrd. Jahre; der Kohlenstoff ist nachweislich organ. Herkunft.
Corydali-Aceretum s [↗Corydalis, lat. acer = Ahorn], Assoz. des ↗Lunario-Acerion.
Corydalidae [Mz.; v. gr. korydallis = Haubenlerche], Fam. der ↗Schlammfliegen.
Corydalis w [v. gr. korydallis = Haubenlerche], der ↗Lerchensporn.
Corydoras w [v. *cory-, gr. dora = Haut], Gatt. der ↗Panzerwelse.
Corylophidae [Mz.; v. *cory-, gr. lophos = Hals, Haarschopf], die ↗Faulholzkäfer.
Corylopsis w [v. lat. corylus = Hasel, gr. opsis = Aussehen], Gatt. der ↗Zaubernußgewächse. [sel.
Corylus w [lat., = Haselstrauch], die ↗Ha-
Corymbus m [v. gr. korymbos = Haarbüschel, Blütentraube], *Schirmrispe, Doldenrispe, Ebenstrauß*, rispenart. ↗Blütenstand, bei dem die Einzelblüten schirmartig in einer Ebene liegen; z.B. Wolliger Schneeball *(Viburnum lantana).*
Corymorpha w [v. *cory-, gr. morphē = Gestalt], Gatt. der ↗Tubulariidae.
Corynactis w [v. *coryn-, gr. aktis = Strahl], Gatt. der ↗Endomyaria.
Corynebacterium s [v. *coryne-, gr. baktērion = Stäbchen], Gatt. der Gruppe der coryneformen Bakterien; gerade od. schwach gekrümmte, keulenförm. angeschwollene, pleomorphe Stäbchen, die normalerweise grampositiv u. unbewegl. sind. Sie bilden oft V- u. Y-Formen sowie zickzackförm. Ketten. In den Zellen treten unregelmäßig anfärbbare Segmente u. Granula auf. C. sind Saprophyten u. Krankheitserreger u. kommen im Boden, auf organ. Abfällen, im Schlamm, auf Käse, verschiedenen Wirbeltieren (bes. Fischen) u. Pflanzen vor. Sie haben einen chemo-organotrophen Stoffwechsel, leben aerob, mikroaerophil od. fakultativ anaerob. In Flüssigkultur bilden sie oft eine Haut auf der Oberfläche. Die C. werden aus prakt. Gründen in 3 Gruppen unterteilt (vgl. Tab.). Eine neue Entwicklungsphase ind. Produktion v. Naturstoffen begann mit der Herstellung von L-Glutaminsäure durch *C. glutamicum* (Kinoshita, 1957). Heute werden viele Aminosäuren biotechnologisch mit C. hergestellt. Die erste bakterielle Steroidumwandlung (Testosteronherstellung) wurde auch mit C. ausgeführt (Mamoli u. Vercellone, 1937).

coryneforme Bakterien [v. *coryne-, lat. forma = Gestalt], Gruppe v. Bakterien der Actinomyceten u. verwandten Organismen; grampositive, unregelmäß. Stäbchenformen, sporenlos, Wachstum normalerweise mit Sauerstoff am besten, oft V-Formen u. Ansätze zu Verzweigungen. Die Zuordnung vieler Gatt. u. Arten ist künstl. u. stark umstritten. Wahrscheinl. besteht zw. vielen keine nähere Verwandtschaft (vgl. Tab.). Bei den c.n B. wird auch die neue Gatt. *Brochothrix* eingeordnet mit *B. (= Microbacterium) thermosphacta*, das Fleischwaren, besonders im Kühlschrank (Wachstum bei 2–4 °C), unter Bildung unangenehmer Gerüche verdirbt.
Coryneliales [Mz.; v. *coryne-], Ord. der Schlauchpilze; die ca. 50 Arten werden auch in der Fam. *Coryneliaceae* zusammengefaßt u. in der Ord. *Caliciales* eingeordnet. C. bilden ein Hymenium aus mit verschieden hoch stehenden, protunicaten Asci; ihr Fruchtkörper ist ein Perithecium; es sind obligate Endoparasiten, hpts. auf *Podocarpus*-Arten.
Corynephoretalia [Mz.; v. gr. korynēphoros = keulentragend], *Silbergras-reiche Pionierfluren u. Sandrasen*, Ordnung der ↗Sedo-Scleranthetea mit mehreren Verb.,

---

Corynebacterium
Corynebacterium-Gruppen (Sektionen) und einige wichtige Arten:

I. Parasiten und Krankheitserreger in Mensch und Tier

C. diphtheriae (↗Diphtheriebakterien)
C. acnes (*Propionibacterium acnes*) (Akne)
C. pyogenes (Eitererreger bei Rind, Schwein u. a. Paarhufern)
C. pseudotuberculosis (Pseudotuberkulose bei Schafen u. a. Wiederkäuern)
C. equi (Pneumonie bei Pferden)
C. renale (Kommensale des Kuheuters u. der Vaginalschleimhaut)
C. xerosis (Kommensale auf Schleimhäuten u. Haut)

II. Pflanzenpathogene Formen
C. michiganense (↗Bakterienwelke)
C. sepedonicum (↗Bakterienringfäule)
C. fascians (Pflanzenwucherungen)

III. nichtpathogene Formen
C. glutamicum
C. herculis
C. acetophilum

---

coryneforme Bakterien
Wichtige Gattungen:
↗Arthrobacter
↗Brevibacterium
Brochothrix
↗Cellulomonas
↗Corynebacterium
↗Microbacterium

cory- [v. gr. korys, Gen. korythos = Helm], in Zss.: Helm-.

coryn-, coryne-, coryno- [v. gr. korynē = Keule, Kolben], in Zss.: Keulen-, Kolben-.

Bei C vermißte Stichwörter suche man auch unter K und Z.

Corynetidae

darunter das stark bodensaure subatlant. *Corynephorion* und das subkontinentale *Koelerion glaucae*. Bezeichnend für die auf Küsten- u. Binnendünen u. diluvialen Sandflächen vorkommenden Ges. sind niedrige Gräser („Kleingrasdünen"). Die Böden werden kaum noch verweht, sie haben nur geringe Wasserspeicherkraft u. niedr. Nährstoffgehalt.

Corynetidae [Mz.; v. gr. korynētēs = Keulenträger, Räuber], Fam. der polyphagen Käfer, die mit den Buntkäfern nächstverwandt ist, vielfach dort auch als U-Fam. *Corynetinae* (heute in der Schreibweise *Korynetinae*) geführt. Weltweit ca. 500, in Mitteleuropa sieben 4–8 mm große, meist metall. blaue Arten. Käfer u. Larven leben räuber. v. anderen Insekten; hierher v. a. *Korynetes coeruleus*, der im Holz Klopfkäfer verfolgt. Diese Art wurde irrtüml. auch als Fellkäfer bezeichnet, doch liegt hier eine Verwechslung mit Vertretern der Gatt. *Necrobia* (Kolbenkäfer) vor. Arten dieser Gatt. finden sich gelegentl. an Knochen, Fellen, Leder, Aas u. Lagervorräten, wo sie jedoch vermutl. stets die Larven anderer Insekten verfolgen. *N. violacea* und *N. rufipes* sind mit dem Handel heute kosmopolit. verbreitet, treten gelegentl. in Lagerräumen od. Schiffsladungen in großen Mengen auf: *N. rufipes* an Kopra-Schiffsladungen („Koprakäfer") od. in Amerika an Fleischvorräten („Schinkenkäfer").

Corynexochorida [Mz.; v. *coryn-, gr. exochos = ausgezeichnet], (Kobayashi 1935), † Ord. opisthoparer Trilobiten mit halbkreisförm. Cephalon, aus 5–10 Segmenten zusammengesetztem Thorax u. relativ großem, bestacheltem Pygidium. Verbreitung: Kambrium der Alten u. Neuen Welt.

Corynidae [Mz.; v. *coryn-], Hohltier-Fam. der *Athecatae-Anthomedusae*; die Tentakel der kleinen Polypen sind über den gesamten oralen Abschnitt verteilt u. tragen an der Spitze knopfartige, cnidenbesetzte Anschwellungen; die Medusen besitzen 4 gleichgroße, hohle Tentakel, die an der Basis Augenflecken haben. In der Nordsee u. im Mittelmeer ist der Polypenstock *Coryne pusilla* häufig, der zeitweise Trockenlegung bei Ebbe erträgt. *Zanklea costata* ist eine nicht seltene Art des Mittelmeers u. wächst bes. auf kleinen Muscheln (Meduse gleichnamig). Eine bekannte Meduse der C. ist *Sarsia gemmifera* (7 mm hoch), die sowohl im Mittelmeer als auch in der Ostsee vorkommt; ungeschlechtl. Vermehrung durch spiralig angeordnete Medusenknospen am Mundrohr; der Polyp ist unbekannt; ihr Tentakel sind orangerot, die Augenflecken schwarz. *S. tubulosa* (18 mm hoch) aus der Ost- u. Nordsee schwimmt in Sinuskurven.

Corynephoretalia
Wichtige Verbände: *Corynephorion* (Silbergrasfluren) *Koelerion glaucae* (Blauschillergras-Fluren, -sandrasen)

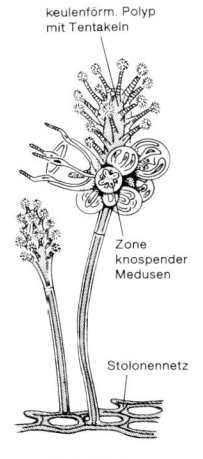

keulenförm. Polyp mit Tentakeln
Zone knospender Medusen
Stolonennetz

Corynidae
Coryne sarsi

Coscinodiscaceae
Gattungen und typische Vertreter:

Coscinodiscus („Siebscheibe"), ca. 400 marine Arten
Melosira, ca. 95 Arten, fadenförm. Kolonien aus trommelförm. Zellen; *M. varians*, verantwortl. für den oft unangenehmen Geruch offener Wasserbehälter
Cyclotella, ca. 40 Arten in Süß- u. Meerwasser
Stephanodiscus hantzschii, gilt als Bioindikator eutropher Gewässer
Thalassiosira, ca. 20 Arten, die scheiben- od. trommelförm. Zellen sind durch zentralen Gallertstrang zu kettenförm. Kolonien verbunden
Actinoptychus, 110 meist fossile Arten, die Valvae sind in 6 abwechselnd hervorgehobene oder vertiefte Sektoren gegliedert
Auliscus, ca. 130 Arten, besitzt auf Valvae 1–4 augenfleckart. Hervorhebungen

Corypha w [v. *coryph-], ↗ Talipotpalme.

Coryphaenidae [Mz.; v. gr. koryphaina = ein sonst „Pferdeschwanz" gen. Fisch], die ↗ Goldmakrelen.

Coryphaenoides w [v. gr. koryphaina = ein sonst „Pferdeschwanz" gen. Fisch], Gatt. der ↗ Grenadierfische.

Coryphella w [v. *coryph-], Gatt. der *Coryphellidae* (Nacktkiemer), eine in den Meeren der nördl. Halbkugel vorkommende Hinterkiemerschnecke mit in Reihen geordneten Rückenanhängen.

Corystes m [v. gr. korystēs = behelmt, gewappnet], Gatt. der ↗ Maskenkrabben.

Corystospermales [Mz.; v. gr. korystēs = behelmt, sperma = Same], nur aus der Trias der Gondwana bekannte Ord. der Farnsamer mit Fiederblättern (*Dicroidium*-Bautyp) u. zu verzweigten Achsen reduzierten Mikro- u. Megasporophyllen; die endständig an diesen Achsen in helmförm. Gebilden stehenden Samenanlagen erinnern an die *Caytoniales*.

Corythomantis w [v. gr. korys = Helm, mantis = grüner Wetterfrosch], Gatt. der ↗ Laubfrösche.

Corytophanes m [v. gr. korys, Gen. korythos = Helm, phanos = leuchtend, hell], Gatt. der ↗ Basiliscinae.

Coscinodiscaceae [Mz.; v. gr. koskinon = Sieb, diskos = Scheibe], Algen-Fam. der *Centrales* mit mehreren Gatt. (vgl. Tab.); die Zellform entspricht einer flachen, runden Schale (petrischalenähnlich), die Valvarseite ist artspezif. gekammert.

Cosmarium s [v. gr. kosmarion = kleiner Schmuck], Gatt. der ↗ Desmidiaceae.

Cosmide [Mz.], spezifische Vektoren mit einer Länge von ca. 5000 Basenpaaren zur ↗ Klonierung von großen DNA-Fragmenten (ca. 40000 Basenpaare). C. enthalten die Sequenzen der sog. kohäsiven Enden der DNA des ↗ Lambda-Phagen (engl. cohesive end od. cos-site) u. Plasmid-DNA, die für eine Antibiotikaresistenz codiert. C. werden aufgrund ihrer Eigenschaft, große DNA-Fragmente zu selektionieren, hpts. zur Erstellung v. Genbanken eukaryot. Genome verwendet.

Cosmocerca w [v. *cosmo-, gr. kerka = Stachel, Spitze], Gatt. der Fadenwürmer; mehrere Arten als wenige mm große Darmparasiten bei Amphibien; Männchen ventral mit Papillen, die auf bes. Cuticular-Platten („Plectana") stehen; namengebend für die relativ urspr. Superfam. *Cosmocercoidea* (T Ascaridida).

Cosmoidschuppen [Mz.; v. *cosmo-, gr. -oeidēs: -ähnlich, -artig], Schuppentyp primitiver Quastenflosser u. Lungenfische, der aus 4 Schichten besteht: Knochen in parallelen Lagen, schwammigen Knochen, Cosmin u. Schmelz

Cosmos *m* [v. *cosmo-], *Kosmee, Schmuckkörbchen,* im trop. und subtrop. Amerika, v.a. in Mexiko heim. Gatt. der Korbblütler mit rund 30 Arten. Einjähr. Kräuter od. Stauden mit Wurzelknollen, gegenständ., oft fein zerschlitzten Blättern u. langgestielten, großen Blütenköpfen. Letztere besitzen einen halbkugel. Hüllkelch u. kleine, gelborangefarbene Scheibenblüten, die v. langen, breiten, an der Spitze oft gezähnten Zungenblüten umgeben werden. Einige Arten, z.B. das aus Mexiko stammende Doppeltgefiederte Schmuckkörbchen *(C. bipinnatus),* eine einjährige, ca. 1 m hohe Pflanze mit weißen, hell- bis tiefrosaroten Zungenblüten, u. *C. sulphureus* mit gelben Zungenblüten sind beliebte Sommergartenblumen.

Cosmos bipinnatus

Cospeziation *w* [v. lat. cum = zusammen, mit, species = Sorte], ↗Coevolution.

Cossidae [Mz.; v. lat. cossus = Larve unter Baumrinde], die ↗Holzbohrer.

Costa *w* [lat., = Rippe], **1)** die ↗Rippe. **2)** *Costalfeld,* Teil des ↗Insektenflügels.

Costalia [Mz., Ez. *Costale;* v. lat. costa = Rippe], *Costalplatten;* **1)** bei Crinoiden auf die Basalia folgende, radial orientierte Platten in der seitl. Wand der Dorsalkapsel. **2)** bei Schildkröten die mit den Rippen verschmolzenen seitl. Platten des Knochenpanzers. [sehen], berippt.

costat [v. lat. costatus = mit Rippen versehen],

Costus *m* [v. gr. kostos (entlehnt aus arab. qust) = pfefferähnliche Wurzel, Kostwurz], Gatt. der Ingwergewächse, mit ca. 140 Arten pantrop. verbreitet. Die Blüten zeichnen sich durch den Besitz eines auffällig gefärbten, blattart. Labellums (hervorgegangen aus zwei umgewandelten, untereinander verwachsenen Staubblättern) mit häufig gekraustem Rand aus. Die bekannteste der als Zierpflanzen geschätzten Arten ist die aus Brasilien stammende, flammend orangerote *C. igneus.*

Cosubstrat ↗Coenzym.

Cot-Diagramm ↗Cot-Wert.

Cotingidae [Mz.; v. port. (aus einer brasil. Indiosprache) cotinga = Seidenschwanz], die ↗Schmuckvögel.

Cotinus *m* [v. gr. kotinos = wilder Ölbaum], Gatt. der ↗Sumachgewächse.

Cotoneaster *m* [v. lat. cotonea = Quitte], die ↗Zwergmispel.

Cotoneastro-Amelanchieretum *s* [v. lat. cotoneus = Quitte, frz. amélanchier = Felsenmispel], Assoz. des ↗Berberidion.

Cotransport *m,* der aneinandergekoppelte Transport zweier Stoffe durch eine Membran, wobei die beiden Stoffe die Membran entweder in gleicher *(Symport)* od. entgegengesetzter *(Antiport)* Richtung durchqueren. Eine bes. Rolle spielt der C. vieler biol. wichtiger Moleküle wie Glucose, Aminosäuren zus. mit Ionen wie H^+, Na^+, K^+, Ca^{2+}. Letztere sind in vielen zellulären Systemen aufgrund v. ATP-getriebenen Ionenpumpen bzw. im Falle v. H^+ auch durch die Reaktionen der Atmungskette od. der Photophosphorylierung auf einer Seite der betreffenden Membran angereichert. Bestimmte, in Membranen verankerte Transportproteine, sog. ↗*Carrier,* können z.B. Na^+ an der Membranaußenseite zus. mit dem zu transportierenden Molekül spezif. binden. Anschließend werden über einen als Ping-pong-Mechanismus bezeichneten Vorgang, der in einer Konformationsänderung des Transportproteins besteht, die beiden Moleküle – Na^+ u. der zu transportierende Stoff – zus. zur Membraninnenseite gekehrt, um sich dort vom Transportprotein abzulösen. Analog verläuft der C. (Symport) mit anderen Ionen. Man nimmt an, daß beim Antiport die Bindung der auszutauschenden Moleküle (z.B. ATP/ADP beim ↗Adenylattranslokator der Mitochondrienmembran) zunächst an gegenüberliegenden Seiten der Membran erfolgt u. diese durch eine anschließend v. beiden Molekülen induzierte Konformationsänderung auf die jeweils entgegengesetzte Seite gelangen. Die dem C. zugrundeliegenden molekularen Mechanismen sind reversibel, so daß Symport u. Antiport grundsätzl. in beiden Richtungen bezügl. der Membran ablaufen können. Aufgrund der durch Ionenpumpen aufrechterhaltenen Ionengradienten bzw. durch die über Atmungskette od. Photophosphorylierung bedingten Protonengradienten u. die durch diese wiederum bedingte ATP-Synthese an der einen Seite der betreffenden Membranen arbeiten zelluläre C.-Systeme jedoch in der Regel asymmetrisch. ↗aktiver Transport.

Cottoidei [Mz.; v. gr. kottos = Großkopf (Fisch)], die ↗Groppen.

Coturnix *w* [lat., = Wachtel], Gatt. der ↗Wacheln.

Cot-Wert *m,* Produkt aus Konzentration (engl. *c*oncentration) von Nucleinsäuren (bes. DNA) u. Zeit (engl. *t*ime), das für die Renaturierung zur Doppelsträngigkeit erforderl. ist. Niedrige Werte sind charakterist. für hochrepetitive Nucleotidsequenzen, d.h., sie renaturieren unter Standardbedingungen schon bei geringerer Konzentration u./od. nach kürzeren Zeiten; hohe Werte werden hingegen für einmalig vorkommende Sequenzen beobachtet; dazwischen liegen die Werte v. mittelrepetitiven DNA-Sequenzen. Eukaryot. DNA besteht immer aus Gemischen v. einmalig vorkommenden Sequenzen (hier sind die meisten Gene enthalten) u. mittel- u. hochrepetitiven Sequenzen. Durch sog. *Cot-*

---

coryn-, coryne-, coryno- [v. gr. korynē = Keule, Kolben], in Zss.: Keulen-, Kolben-.

coryph- [v. gr. koryphē = Scheitel, Gipfel, Schopf].

cosmo- [v. gr. kosmos = Einteilung, Ordnung, Schmuck], in Zss.: Schmuck-.

Bei C vermißte Stichwörter suche man auch unter K und Z.

Cotylorhiza

Diagramme, die charakterist. für die DNA jedes Organismus sind, wird die Verteilung dieser Fraktionen aufgrund der C.e beschrieben.

Cotylorhiza w [v. gr. kotylos = Näpfchen, rhiza = Wurzel], ↗Wurzelmundquallen.

Cotylosaurier [Mz.; v. gr. kotylos = Näpfchen, sauros = Eidechse], (Cope 1880), † Stammgruppe der Reptilien polyphylet. Ursprungs, in der sich Merkmale v. Amphibien u. Reptilien mischen. Die kleinen bis mittelgroßen Tiere (maximal bis 2 m Länge) besaßen ein geschlossenes, anapsides Schädeldach u. kurze bekrallte Extremitäten; ca. 53 Gatt. Verbreitung: Oberkarbon bis Obertrias, Blütezeit im Unterperm.

Cotylurus m [v. gr. kotylos = Näpfchen, oura = Schwanz], Gatt. der Saugwurm-Ord. *Digenea,* Endwirt sind Enten, Zwischenwirt die Schlammschnecke *Lymnaea stagnalis.*

Coula, Gatt. der ↗Olacaceae.

Couroupita, Gatt. der ↗Lecythidales.

Courtship w [koˈrtschip; engl., = ˊ, die ↗Balz.

Cowdria w [kau-; ben. nach dem am. Cytologen u. Anatomen E.V. Cowdry, * 1888], Gatt. der *Rickettsiaceae* (Rickettsien), kleine gramnegative, pleomorphe, kokkenförm. od. ellipsoide, gelegentl. stäbchenförm. Bakterien, die intracytoplasmat. in Wiederkäuern parasitieren. Eine zellfreie Kultur ist noch nicht gelungen. *C. ruminantium* ist wichtiger Krankheitserreger in Wiederkäuern in Afrika u. auf Madagaskar.

Cowpersche Drüsen [kauper-; ben. nach dem englischen Anatomen W. Cowper, 1666–1709], die ↗Bulbourethraldrüsen.

Coxa w [lat., = Hüfte], die ↗Hüfte, ↗Hüftglied, die Extremitäten der Gliederfüßer.

Coxalbläschen s [v. lat. coxa = Hüfte], durch Blutdruck ausstülpbare, membranöse Bläschen an der Coxa od., bei rückgebildeten Extremitäten (abdominale Beinreste bei Urinsekten), an den Coxiten; durch eigene Muskeln wieder einziehbar. Die Wand enthält ein Transportepithel. Sie dienen vermutl. der Osmoregulation (Absorption v. Ionen – v. a. Natrium u. Chlorid – u. Wasser). Daneben enthalten sie zumindest bei Felsenspringern u. Springschwänzen Klebdrüsen, mit denen sich die Tiere zur Häutung am Untergrund festheften. Außer bei Urinsekten (bei Springschwänzen homolog dem Ventraltubus) auch bei den Symphylen *(Myriapoda)* u. als Cruraldrüsen (Schenkeldrüsen) bei den Onychophoren verbreitet.

Coxaldrüsen [Mz.; v. lat. coxa = Hüfte], Exkretionsorgane im Kopf- od. Vorderkörperbereich vieler Gliederfüßer; homologe Abkömmlinge v. Nephridialorganen (Metanephridien), die sich in urspr. Ausprägung als Segmentalorgane bei *Annelida* u. *Onychophora* finden. Sie münden an der Basis (Coxa) der Extremitäten. In vielfältig abgewandelter Form weisen alle C. den für ↗Nephridien typ. Bau auf. Bei *Limulus (Xiphosura)* finden sich 4 lebhaft rot gefärbte, dem Endosternit im Prosoma aufliegende, segmentale Lappen, die in einem gemeinsamen Längskanal münden. Dessen Hinterende ist als Sacculus entwickelt. Aus diesem mündet ein Trichter in einen langen, stark geschlängelten Labyrinthkanal (Nephridialkanal), der kopfwärts zieht u. dort in einen eigtl. Ausführkanal übergeht. Dieser zieht bis zur Basis des 5. Laufbeinpaares. Nach diesem vierteil. Bauschema sind alle C. aufgebaut. Der Sacculus enthält vielfach typ. ↗Podocyten. Bei den *Arachnida* finden sich 2 Paar C. *(Uropygi, Amblypygi, Araneae)* od. 1 Paar am 1. Laufbein *(Palpigradi, Acari)* bzw. 3. Laufbein *(Scorpiones, Pseudoscorpiones, Ricinulei, Opiliones).* Die *Solifugae* haben zwar ein Paar Sacculi am 1. Laufbeinpaar, sie münden jedoch an der Pedipalpenbasis. Bei vielen *Araneidae* werden die stickstoffhalt. Sekrete für die Spinndrüsen verwendet. *Crustacea* besitzen C. an der Basis der 2. Antenne od. der 2. Maxillen. Nur *Cephalocarida* u. *Lophogastrida* haben 2 Paare. Sie werden als Antennendrüsen (bei *Decapoda, Mysidacea, Amphipoda, Euphausiacea*) od. als Maxillendrüsen (alle Nicht-*Malacostraca* u. *Hoplocarida, Cumacea, Tanaidacea, Isopoda*) bezeichnet. Bei den *Myriapoda* finden sich 2 Paar C. (Maxillendrüsen) im Bereich der 1. und 2. Maxillen *(Chilopoda, Symphyla)* od. eine Drüse am Gnathochilarium der *Diplopoda* u. *Pauropoda.* Urspüngl. Insekten besitzen ebenfalls den C. homologe Labialnieren (bei den *Entognatha* u. *Thysanura*), die wohl teilweise bei den höheren Insekten in die Speicheldrüsen (Labialdrüsen) integriert werden. *H. P.*

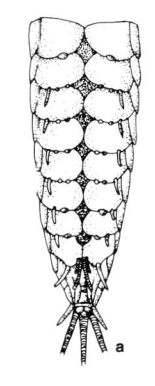

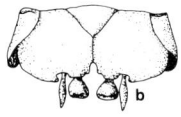

Coxiella w [ben. nach dem am. Bakteriologen H. Cox, * 1907], Gatt. der *Rickettsiaceae* (Rickettsien), kurze, gramnegative Stäbchen (z.T. Kokken, 0,2–0,4 × 0,4–1,0 µm) mit bakterieller Zellwand; obligate Parasiten in Gliederfüßern u. Wirbeltieren. C. wachsen bevorzugt in Vakuolen der Wirtszelle; sie lassen sich im Dottersack v. Hühnerembryonen züchten. Die einzige Art, *C. burnetii* (Rickettsia b.), ist Erreger des ↗Q-Fiebers beim Menschen. Überträger sind Zecken, hpts. v. Schafen, Ziegen, Rindern.

Coxit [v. lat. coxa = Hüfte], Abschnitt der Arthropodenextremität. ↗Hüftglied.

Coxopodit [v. lat. coxa = Hüfte, gr. pous, Gen. podos = Fuß], Abschnitt der Arthropodenextremität. ↗Hüftglied.

Coxsackieviren [kukßäki-; ben. nach der

Coxalbläschen
a Unterseite des Hinterleibs eines Urinsekts *(Machilis)* mit jeweils rechts u. links erkennbaren Coxiten u. anhängenden Styli; b ein Segment als Detail mit Styli u. innen jeweils einem Coxalbläschen.

am. Stadt Coxsackie/N.Y.], zu den Enteroviren (Gatt. *Enterovirus* der Picornaviren) gehörende Gruppe v. Viren, die beim Menschen verschiedene Erkrankungen hervorrufen. Aufgrund der unterschiedl. Pathogenität für Mäuse werden C. in zwei Gruppen A und B unterteilt mit 23 bzw. 6 verschiedenen Virustypen. C. sind weit verbreitet; Infektionen u. Epidemien treten meist im Sommer u. Frühherbst auf.

Coyote *m*, der ↗Kojote.

Cozymase *w* [v. lat. co- = zusammen-, mit-, gr. zymē = Sauerteig], veraltete Bez. für ↗Nicotinamidadenindinucleotid.

CPE, Abk. für ↗cytopathogener Effekt.

C₃-Pflanzen ↗Photosynthese.

C₄-Pflanzen ↗Photosynthese.

C/P-Verhältnis, Gewichtsverhältnis v. organ. gebundenem Kohlenstoff (C) u. Phosphor (P) im Boden; gute Ackerböden haben ein C/P-Verhältnis von 100–200 : 1, Podsole u. Braunerden von ca. 1000 : 1.

Crabro *m* [lat., = Hornisse], Gatt. der ↗Grabwespen.

Cracidae [Mz.; v. gr. krazein = schreien, krächzen], die ↗Hokkos.

Cracticidae [Mz.; v. gr. kraktikos = gern u. viel schreiend], die ↗Flötenwürger.

Crambe *w* [v. gr. krambē = Kohl], **1)** der ↗Meerkohl. **2)** Gatt. der Schwamm-Fam. *Esperiopsidae;* bekannteste Art ist *C. crambe,* häufiger Krustenschwamm in Höhlen u. unter Steinen, bis 10 m Tiefe; Mittelmeer u. Atlantik.

Crambus *m* [v. gr. krambē = Kohl], Gatt. der ↗Zünsler.

Cranchiidae, Fam. der Kalmare mit meist gallertig-transparentem Mantel u. ventralen Leuchtorganen; die Arten der 24 Gatt. leben überwiegend in der Tiefsee; die Augen sitzen bei den Jungtieren u. bei den Adulten der Gatt. *Bathothauma* auf Stielen.

Crangonidae [Mz.; v. gr. kraggōn = Seekrebs], Fam. der Decapoda (↗Natantia), die sich v. anderen Garnelen dadurch unterscheidet, daß der Scherenfuß (Pereiopode 1) eine kräft. Subchela, keine echte Schere (Chela) trägt. Außerdem sind Rostrum u. Carapax verkürzt. Am weitesten ist die Gatt. *Crangon* mit ca. 40 Arten im N-Atlantik u. N-Pazifik verbreitet. Die Nordseegarnele *(C. crangon)* ist eine sehr euryhaline Art, die in ries. Mengen in Nordu. Ostsee lebt. In der Nordsee erreichen die Weibchen 7–9 cm, die Männchen ca. 4,5 cm Länge, in der Ostsee bleiben die Tiere viel kleiner. Die Tiere leben auf weichem Sand- od. Schlickboden, in den sie sich tagsüber so eingraben, daß nur Augen u. Fühler hervorschauen. In Farbe u. Musterung können sie sich dem Untergrund hervorragend anpassen. Nachts suchen sie schwimmend od. auf dem Boden lau-

Coxsackieviren
Durch C. hervorgerufene Erkrankungen beim Menschen:
abakterielle Meningitis
Erkrankungen des Neugeborenen
Erkältung
Hand-Fuß-Mund-Syndrom
Herpangina
Pleurodynie (epidem. Myalgie, Bornholmer Krankheit)
Myokarditis

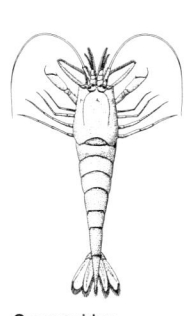

Crangonidae
Nordseegarnele *(Crangon crangon)*

crasped-, craspedo- [v. gr. kraspedon = Saum], in Zss.: Saum-.

fend nach Futter, kleinen Würmern o. ä. Ein Weibchen kann pro Jahr 2- bis 3mal 3000–4000 Eier legen u. 3 Jahre alt werden. Die Nordseegarnele ist der wirtschaftl. wichtigste Krebs Dtl.s. Die Tiere werden im Wattenmeer in großen Mengen gefangen u. gleich an Bord der Krabbenfischerboote gekocht, wobei sie rot werden. Zum Fang werden flache Netze dicht über den Boden gezogen. Da die Tiere bei Gefahr aus ihrem Versteck ins freie Wasser schnellen, geraten sie so in die Netze. An der Nordseeküste werden sie unter der Bez. *Krabben* od. *Granat* verkauft.

Crania *w* [v. gr. kranion = Schädel, Scheitel], (Retzius 1781), Gatt. der ↗Brachiopoden; Innenseite der dorsalen, bis 15 mm großen rundl. Schalenklappe erinnert an Schädel (Name!); ohne Stiel; mit der kleineren, ventralen Schale am Substrat festgewachsen; eur. Meere in 20–300 m Tiefe; schon im Ordovizium, deshalb „lebendes Fossil".

Craniota [Mz.; v. gr. kranion = Schädel], wörtl. *Schädeltiere,* synonym zu ↗Wirbeltiere; beide Namen betonen je eines der charakterist. Merkmale, die gleichzeitig an der phylogenet. Basis der höheren *Chordata,* bei den *Agnatha,* auftreten. Ihre nächsten Verwandten unter den niederen Chordata heißen bezeichnenderweise Acrania (↗Schädellose).

Cranium *s* [v. gr. kranion =], der Schädel; i.w.S. die Gesamtheit des aus Neuro-C. (Hirnschädel) u. Viscero-C. od. Splanchno-C. (Kieferschädel) bestehenden knöchernen od. knorpel. Kopfskeletts der Wirbeltiere *(Craniota);* i.e.S. Bez. für den Hirnschädel allein.

Crappie, ein am. ↗Sonnenbarsch.

Craseonycteridae [Mz.; v. gr. krasis, Gen. kraseōs = Mischung, nyx, Gen. nyktos = Nacht], Fam. der Fledermäuse mit nur 1 Art, *Craseonycteris thonglongyai,* die erst 1973 in Höhlen nahe dem Kwai-Fluß in W-Thailand entdeckt wurde; mit 29–33 mm Kopfrumpflänge und 2 g Körpergewicht wahrscheinl. das kleinste Säugetier der Erde; zw. Baum- u. Bambuswipfeln erbeutet diese „Mini-Fledermaus" 2–3 mm große Fluginsekten u. Rindenläuse.

Craspedacusta *w* [v. *crasped-*, lat. acus = Nadel], die ↗Süßwasserqualle.

Craspedoglossa *w* [v. *craspedo-*, gr. glōssa = Zunge], Gatt. der Südfrösche, U.-Fam. *Telmatobiinae* (zuweilen als Synonym v. *Zachaenus* aufgefaßt); 3 kleine bis mittelgroße Arten in SO-Brasilien; grabende Frösche, meist im Boden od. unter Steinen u. Holz. Biologie wenig bekannt; ein Weibchen v. *C. stejnegeri* wurde in seiner Bruthöhle mit 40 Larven auf dem Rücken gefunden.

Craspedomonadida

crasped-, craspedo- [v. gr. kraspedon = Saum], in Zss.: Saum-.

Craspedomonadida [Mz.; v. *craspedo-, gr. monas = Einheit], die ↗Kragenflagellaten.

Craspedon s [v. *craspedo-], das Velum der Hydromedusen (↗Hydrozoa).

Crassatellidae [Mz.; Diminutiv v. lat. crassatus = verdickt], Fam. der ↗Dickmuscheln.

Crassostrea w [v. lat. crassus = dick, gr. ostreon = Auster], *Dickaustern,* etwa 15 Arten umfassende Gatt. der ↗Austern, die in gemäßigten u. trop. Meeren u. Brackwässern leben.

Crassulaceae [Mz.; v. mlat. crassula (herba) = Dickblatt], die ↗Dickblattgewächse.

Crassulaceen-Säurestoffwechsel [v. mlat. crassula = Dickblatt] ↗diurnaler Säurerhythmus.

Crataegomespilus w [v. gr. krataigos = Weißdorn, mespilon = M spel], ↗Weißdorn. [dorn.

Crataegus [v. gr. krataigos =], ↗Weiß-

Craterellus m [v. gr. kratēr = Mischkrug], Gatt. der ↗Leistenpilze.

Craterium s [v. gr. kratērion = kleines Mischgefäß], Gatt. der ↗Physaraceae.

Craterolophus m [v. gr. kratēr = Mischkrug, lophos = Helmbusch], Gatt. der ↗Stauromedusae.

Cratoneurion commutati s [v. gr. kratos = Kraft, neuron = Sehne, lat. commutatus = verändert], *Kalkquellfluren, Quelltuff-Fluren,* Verb. der ↗Montio-Cardaminetea mit nord- u. mitteleur.-alp. Verbreitung. Die Ges. sind stets moosreich (wichtig v. a. *Cratoneuron-, Philonotis-, Bryum*-Arten). Die Pflanzen scheiden meist Quelltuff (Travertin) ab u. können sich damit stellenweise selbst über die Wasseroberfläche hinausheben.

Cratoneuron s [v. gr. kratos = Kraft, neuron = Sehne], Gatt. der ↗Amblystegiaceae.

Crax m [v. gr. krazein = mit lauter Stimme schreien, krächzen], Gatt. der ↗Hokkos.

Creagus m [v. gr. kreas = Fleisch, lat. gustare = schmecken], Gatt. der ↗Möwen.

Crella w, Gatt. der Schwamm-Fam. *Crellidae* (Kl. *Demospongiae*); *C. rosea,* lappen- od. krustenförmig, rosa bis carminfarben; kommt auf allen tieferen Sedimentböden im Mittelmeer vor; nicht häufig.

Cremaster m [v. gr. kremastēr = Aufhänger], **1)** Bereich am Hinterende des Abdomens vieler Schmetterlingspuppen, der z. T. artspezif. mit Chitindornen, Zähnen u. Häkchen versehen ist. Der C. dient zum Aufhängen (Stürzpuppen) u. der Verankerung an Gespinsten od. im Kokon; fungiert auch als Widerlager für Bewegungen der Puppe; taxonom. gut verwendbares Merkmal. **2)** *Musculus cremaster,* ↗Hoden.

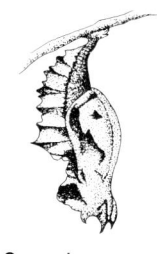

Cremaster
Am Cremaster aufgehängte Stürzpuppe

Crematogaster m [v. gr. kreman = aufhängen, gastēr = Bauch], Gatt. der ↗Knotenameisen.

Cremnoconchus m [v. gr. krēmnon = Abhang, Böschung, kogchē = Muschel, Schnecke], Gatt. der Strandschnecken, in Vorderindien beheimatete Mittelschnecken, die auf wasserüberrieselten Felsen leben.

Crenilabrus m [v. mlat. crena = Kerbe, lat. labrum = Lippe], Gatt. der ↗Lippfische.

Crenobia w [v. gr. krēnē = Brunnen, bios = Leben], Gatt. der Strudelwurm-Ord. *Tricladida.* Als Bewohner der mitteleur. Bäche ist *C. alpina* bekannt; im kalten Quellbereich lebt als nördl. U.-Art *C. alpina septentrionalis,* die Temp. von 6–8 °C bevorzugt u. schon 15 °C nicht mehr erträgt; die südl. in den Alpen beheimatete *C. alpina meridionalis* ist weniger wärmeempfindlich.

Crenothrix w [wohl v. mlat. crena = Kerbe, gr. thrix = Haar], Gatt. der Scheidenbakterien (klassisches Eisenbakterium), 1852 u. 1866 in Brunnen (Breslau, durch v. Cohn) entdeckt u. 1870 beschrieben. Wichtigste Art ist *C. polyspora,* der Brunnenfaden, dessen Zellen in geraden od. schwach gekrümmten Fäden durch dünne Scheiden zusammengehalten werden, normalerweise festsitzend od. in losgerissenen zott. Büscheln (bis 3 cm lang) treibend, ohne echte Verzweigung. Fadenbreite 1–9 µm, Länge 2 mm bis 1,0 cm; die Einzelzellen sind 2–5 µm breit u. 0,5–4mal so lang. Die zum größten Teil farblosen Scheiden sind an der Basis durch Eisen(III)-hydroxid od. Manganoxid gelbrostbraun gefärbt. *C. p.* kommt weit verbreitet in relativ sauberem Wasser vor, das Eisen- od. Manganoxide u. nur wenig organ. Verbindungen enthält: bes. in Trinkwasser-Brunnen, -Behältern, -Leitungen u. Quellen. Sie leben eng mit vielen anderen Bakterien (z. B. Methanoxidierer, *Hyphomicrobium, Caulobacter*) zus., so daß noch keine Reinkulturen erhalten werden konnten. Wahrscheinl. führen sie einen chemoorganotrophen Stoffwechsel aus. Die Vermehrung erfolgt durch Bildung vieler kleiner Mikrokonidien (-gonidien) od. weniger, großer Makrokonidien (-gonidien) innerhalb der Scheiden. Freie Makrokonidien zeigen eine „wälzende" Bewegung; kurze Fäden können eine Kriechbewegung ausführen. *C. p.* kann Wasserleitungen u. Filter in Wasserwerken verstopfen sowie durch die schleim. Fadenbildung Wasser ungenießbar machen.

Creodonta [Mz.; v. gr. kreas = Fleisch, odontes = Zähne], *Creodontia,* (Cope 1875), *Urfleischfresser, Urraubtiere,* überwiegend alttertiäre † Fleischfresser mit altertüml. Brechscherengebiß u. digitigrader od. semiplantigrader Extremität; urspr. von Cope den echten Raubtieren *(Carnivora)* gegenübergestellt. Die Diskussion um dieses Taxon ist z. Z. noch im Gange.

Crepidom *s* [v. gr. krēpidōma = Grundlage], *Crepid*, bei Steinschwämmen *(Lithistida)* die erste Anlage v. Desmen (↗Desmophorida).

Crepidophryne *w* [v. gr. krēpis = Schuh, phrynē = Kröte], Gatt. der ↗Kröten.

Crepidotus *m* [v. gr. krēpidōtos = beschuht], die ↗Stummelfüßchen.

Crepidula *w* [lat., = kleine Sandale], die ↗Pantoffelschnecken.

Crepis *w* [lat., = eine unbekannte Pfl. (Plinius), v. gr. krēpis = Schuh], der ↗Pippau.

Crescentia *w* [ben. nach dem it. Schriftsteller Petrus de Crescentiis, um 1230–1320/21], Gatt. der ↗Bignoniaceae.

Creseis *w* [gr. mytholog. Name], Gatt. der Seeschmetterlinge (Fam. *Cavoliniidae*), pelag. Hinterkiemerschnecken warmer Meere mit symmetr., röhrig-gestrecktem Gehäuse, schwimmen mit Hilfe verbreiterter Lappen der Parapodien, die wie Schmetterlingsflügel auf u. ab geschlagen werden; Körper u. Gehäuse sind durchsichtig.

Crex *w* [v. gr. krex = Vogel mit spitzem, sägeartig eingeschnittenem Schnabel], Gatt. der ↗Sumpfhühner.

Cribellatae [Mz.; v. lat. cribellum = kleines Sieb], U.-Ord. der Webspinnen, die sich durch den Besitz eines Spinnsiebs *(Cribellum)* auszeichnen. Dieses entsteht dadurch, daß die vorderen mittleren Spinnwarzen zu einer ebenen Platte verwachsen, die mit Tausenden v. Spinnröhren besetzt ist (Röhrenspinne *Stegodyphus pacificus* ca. 50 000, Dicke des Fadens 0,00002 mm). Aus diesen Spinnröhren wird Spinnsekret ausgepreßt u. mit einem kammart. Gebilde (Calamistrum), das jeweils am Metatarsus des 4. Beinpaares liegt, abgekämmt. Es entsteht so eine feine Wolle, die auf einzelne Stolperfäden am Boden od. in Netzen zum Beutefang aufgebracht wird. In der Cribellumwolle verfangen sich Beuteinsekten (kein Klebsekret). Die Spinnwarzen u. das Cribellum liegen am Hinterende des Körpers (10. u. 11. Segment). Zu den cribellaten Spinnen gehören die ↗*Palaeocribellatae* mit nach vorn gerichteten Cheliceren (orthognath). Die ein-

Creodonta
Hyaenodon kommt vom oberen Eozän bis ins Miozän vor. Seine Größe variiert von der eines kleinen Kojoten bis zu der eines großen Wolfes.

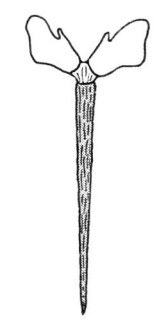

Creseis
C. acicula ist ca. 5 mm groß u. kommt regelmäßig im küstennahen Plankton des Mittelmeers in 10–30 m Tiefe vor; Laichzeit Nov./Dez.

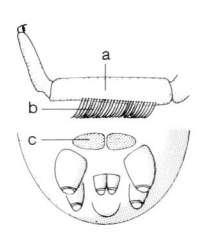

Cribellatae
Oben: Hinterbein mit *Calamistrum* (b) am Metatarsus (a); unten: Hinterende der Spinne (ventral) mit den Spinnwarzen u. dem *Cribellum* (c).

zige Fam. ↗*Hypochilidae* hat nur wenige Arten. Alle anderen Fam. faßt man als *Neocribellatae* zus., die gegeneinander arbeitende Cheliceren haben (labidognath). Hierher gehören u. a. die ↗*Filistatidae,* ↗Finsterspinnen *(Amaurobiidae),* ↗*Dinopidae,* ↗Kräuselradnetzspinnen *(Uloboridae)* u. die ↗Kräuselspinnen *(Dictynidae)*. In der Beurteilung der Phylogenie der Webspinnen ergibt sich das Cribellatenproblem: Bei den *Cribellatae* einerseits u. den *Ecribellatae* andererseits gibt es zahlr. „Familienpaare", die sich im Körperbau u. oft auch in der Lebensweise sehr stark ähneln. Einziger Unterschied ist entweder der Besitz oder das Fehlen des Cribellum-Calamistrum-Komplexes. Die Einteilung der Webspinnen in *Cribellatae* u. *Ecribellatae* ist deshalb umstritten, weil noch ungeklärt ist, ob beide unabhängig aus einer Stammgruppe entstanden sind (konvergente Entstehung v. vielen Ähnlichkeiten, Parallelevolution), od. ob sich die ecribellaten Fam. durch Verlust des Cribellums aus cribellaten Fam. entwickelt haben (dieser Verlust müßte über 30mal in der Evolution der Spinnen erfolgt sein). Wahrscheinlich treffen beide Möglichkeiten zu, so daß einige Fam. durch konvergente Entwicklung Ähnlichkeiten aufweisen (Uloboridae/Araneidae), andere über einen Cribellumverlust zu verstehen sind (Oecobiidae/Uroctidae).

Cribellum *s* [lat., = kleines Sieb], zum Spinnapparat gehörige Spinnplatte der Spinnengruppe ↗*Cribellatae;* bildet mit dem ↗Calamistrum eine funktionelle Einheit. ☐ Cribellatae.

Cribrariaceae [Mz.; v. lat. cribrarius = Sieb-], Fam. der *Liceales,* Schleimpilze, die kein echtes Capillitium besitzen. Die meist gestielten Sporangien stehen einzeln od. zu Gruppen vereint (Aethalium). Die häut. Sporangienmembran ist nicht oder netzförmig durchbrochen. Peridien od. Netzteile sind charakterist. mit granulierten, braunen Körnern (Dictidinkörner) behaftet. Die Färbung der Plasmodien unterscheidet sich in den meisten Fällen v. der anderer Schleimpilze. Die Gatt. *Cribraria* (Sieb-Gitterstäublinge) enthält ca. 18 Arten, die kugel. od. fast birnenförm., meist gestielte Sporangien (1–2 mm) ausbilden; die Plasmodien sind weißl., grün, mit verschiedenen Rottönen, bis dunkelpurpur; nach Zerfall der Peridie u. Verstäuben der Sporen bleibt der untere Teil der Sporangienmembran als Becher zurück, u. der obere Teil bildet ein feines Netz (Gitter) mit Knoten in den Ecken aus; sie wachsen zerstreut auf totem Holz. Die Gatt. *Dictydium* (Netzstäublinge) entwickelt gestielte, kugel. Sporangien (1–2 mm), deren Wand

Cricetini

sich bis zum Grund in feine Rippen auflöst, die durch zarte Querfäden verbunden sind; *D. cancellatum* lebt weitverbreitet auf faulem Holz.

Cricetini [Mz.; v. *cricet-], die ↗Hamster.

Cricetomyinae [Mz.; v. *cricet-, gr. myinos = Mäuse-], die ↗Hamsterratten.

Cricetulus *m* [v. *cricet-], Gatt. der ↗Hamster.

Cricetus *m* [neulat., =], ↗Hamster.

Crick, *Francis Harry Compton*, engl. Biochemiker, * 8. 6. 1916 Northampton; Prof. in Cambridge; stellte 1953 zus. mit J. D. Watson unter Benutzung der v. R. Franklin u. M. H. F. Wilkins durch Röntgenstrukturanalyse erhaltenen Daten ein Modell *(Watson-C.-Modell)* der räuml. Spiralstruktur (Doppelhelix-Struktur) der Desoxyribonucleinsäure (DNA) auf; erhielt dafür zus. mit Watson u. Wilkins 1962 den Nobelpreis für Medizin.

Cricoconarida [Mz.; v. gr. krikos = Kreis, Ring, kōnarion = Kegelchen], (Fisher 1962), Kl. problematischer, meist den Mollusken zugeordneter Fossilien v. spitzkon. Gestalt; sie vereinigt die Ord. *Tentaculitida* u. *Dacryconarida*. Verbreitung: Unterordovizium bis Oberdevon.

Cricosaura *w* [v. gr. krikos = Kreis, Ring, saura = Eidechse], Gatt. der ↗Nachtechsen.

cri-du-chat-Syndrom *s* [kridüscha; v. frz. cri du chat = Schrei der Katze, gr. syndromos = Zusammentreffen], *Katzenschrei-Syndrom*, ↗Chromosomenaberrationen.

Crinia *w* [v. lat. crinis = Haar], Gatt. der austr. Südfrösche, ↗Myobatrachidae.

Crinipellis *w* [v. lat. crinis = Haar, pellis = Haut, Fell], die ↗Haarschwindlinge.

Crinoidea [gr. krinoeidēs = lilienartig], die ↗Seelilien u. ↗Haarsterne, Kl. der ↗Stachelhäuter. Fossil über 5000, rezent nur etwa 600 Arten. Vier U.-Kl.: † *Camerata*, † *Inadunata*, † *Flexibilia*, *Articulata*.

Crioceratites *m* [v. *crio-, gr. keratēs = hornförmig], (Leveillé 1837), *Crioceras*, (d'Orbigny 1842), † Gatt. lose, d. h. uhrfederart. (criocon) aufgerollter Ammoniten mit ovalem bis subquadrat. Querschnitt. Verbreitung: fast weltweit in der Unterkreide, leitend im Barrême (südfranz. Ort, namengebend für eine geolog. Stufe).

Crioceris *w* [v. *crio-, gr. keras = Horn, Fühler], Gatt. der Blattkäfer, ↗Hähnchen.

Criodrilus *m* [v. *crio-, gr. drilos = Regenwurm], Gatt. der ↗Glossoscolecidae.

Crisia *w*, Gatt. der ↗Moostierchen (Ord. *Stenostomata*); marin, weltweit verbreitet; bis 3 cm hohe strauchartige Kolonien.

Cristae [Mz.; v. *crist-], **1)** kamm- od. leistenartige Fortsätze v. a. an Knochen, z. B. die *C. deltoides* des Oberarmknochens zur Insertion der Muskulatur. **2)** *C. mitochondriales*, septenart. Einstülpungen der inneren Mitochondrienmembran, woraus eine beträchtl. Oberflächenvergrößerung resultiert; Sitz der Enzyme der Atmungskette u. der oxidativen Phosphorylierung. Die Anzahl der Einstülpungen ist abhängig v. der Aktivität der Organe, in denen sich die Mitochondrien befinden. ↗Mitochondrien.

Cristatella *w* [v. *crist-], Gatt. der ↗Phylactolaemata (auf das Süßwasser beschränkte U.-Kl. der ↗Moostierchen); wie bei allen Vertretern der Fam. *Cristatellidae* haben die Einzeltiere keine Cystidwände u. besitzen dadurch einen gemeinsamen Coelomraum; Kolonie wenige cm groß, in Gallerthülle, kann sich mit „Kriechsohle" langsam fortbewegen.

Crista-Typ [v. *crist-], *Cristae-Typ*, Bez. für einen Typ v. Mitochondrien, der durch die Form der Einstülpungen der inneren Membran in das Matrixinnere gekennzeichnet ist. ↗Cristae 2).

Cristiceps *m* [v. *crist-], lat. -ceps = -köpfig], Gatt. der ↗Schleimfische.

Cristispira *w* [v. lat. crista = Hahnenkamm, Helmbusch, gr. speira = Windung], Gatt. der *Spirochaetaceae* (Spirochäten), bewegliche, flexible, spiralig gewundene (mit 2 bis 10 Windungen) Einzelzellen (0,5–3,0 × 30–150 μm), i. d. R. mit über 100 Axialfibrillen. Weitverbreitete Kommensalen (vielleicht auch Parasiten) auf u. in Süß- u. Salzwassertieren, bes. im Verdauungstrakt v. Mollusken, normalerweise im Kristallstiel. Eine typ. Art ist *C. pectinis*.

Crithidiaform *w* [v. gr. krithidion = Gerstenkorn], eine der verschiedenen Morphen der ↗Trypanosomidae.

Crocetin *s* [v. gr. krokos = Safran], ein Apo-↗Carotinoid; als farbgebende Komponente des ↗ *Crocins* z. B. in der Safranpflanze *(Crocus sativus)*. C. erhöht die Sauerstoffdiffusion im Plasma, wirkt photosensibilisierend u. beeinflußt die Bilirubinbildung; wird als Lebensmittelfarbstoff u. -würzmittel verwendet.

Crocidura *w* [v. gr. krokis = Flocke, oura = Schwanz], Gatt. der ↗Spitzmäuse.

Crocin *s* [v. gr. krokos = Safran], gelber Safranfarbstoff, der Digentiobioseester des ↗ *Crocetins*, der in Krokusarten, z. B. *Crocus sativus* (Safran), u. a. höheren Pflanzen vorkommt.

Crocisa *w* [v. gr. krokis = Flocke], Gatt. der ↗Apidae.

Crocodylia [Mz.; v. gr. krokodeilos = Krokodil, Eidechse], die ↗Krokodile.

Crocus *m* [v. gr. krokos =], der ↗Krokus.

Crocuta *m*, Gatt. der ↗Hyänen.

Cromagnide [kromanjide; ben. nach dem Fundort Cro-Magnon im frz. Dépt. Dordogne], Rasse des jungeiszeitl. ↗*Homo sapiens sapiens;* erscheint erstmals vor

---

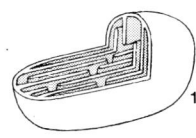

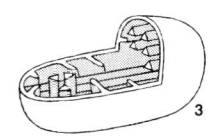

Cristae

Morphologisch unterschiedl. mitochondriale Cristae aus verschiedenen Geweben der Ratte. Der Einfluß dieser Unterschiede auf die Funktion der Mitochondrien ist unbekannt. **1** aus Leberzellen, **2** aus endokrinen Zellen der Nebennierenrinde, **3** aus Astrocyten.

cricet- [v. neulat. cricetus = Hamster].

crio- [v. gr. krios = Widder], in Zss.: Widder-.

crist- [v. lat. crista = Kamm am Kopf von Tieren, Helmbusch].

crosso- [v. gr. krossos = Quaste, Troddel, Franse], in Zss.: Quasten-.

ca. 35000 Jahren in W-Europa; unterscheidet sich im Schädelbau v. den etwa gleichaltr. ↗Aurignaciden durch betont eckige Umrißformen u. ein niedrig-breites Gesicht mit kleiner Nase u. rechteckigen Augenhöhlen. Die C. gelten als Vorfahren der ↗Dalischen Rasse.

Cro-Magnon [kromanjõn], *Mensch von Cro-Magnon;* 1868 entdeckte Grabstätten v. 3 Männern, 1 Frau u. 1 Neugeborenen

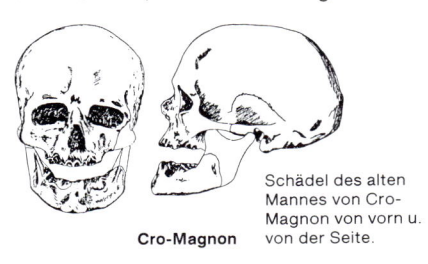

Cro-Magnon — Schädel des alten Mannes von Cro-Magnon von vorn u. von der Seite.

unter dem Felsüberhang v. Cro-Magnon bei Les Eyzies neben Werkzeugen der typ. ↗Aurignaciens; Skelett eines alten Mannes gilt als Typus der ↗Cromagniden. Datierung: Jung-Pleistozän, ca. 35000 Jahre vor heute.

Cromerwarmzeit [kro^{u}m^{e}r-; ben. nach den „Cromer Forest Bed series" in England], *Günz-Mindel-Interglazial,* Zeitabschnitt des Pleistozäns um 700000 Jahre vor heute mit „warmer" Säugetierfauna in Mitteleuropa: Waldelefant, Flußpferd, Etruskisches Nashorn u.a. Die C. birgt stratigraph. Probleme in sich.

Cronartium *s,* Gatt. der Rostpilze, die als Erreger vieler Rostkrankheiten in Wäldern großen Schaden verursachen können. Zwischenwirt für die Haplophase sind hpts. fünf- od. zweinadelige Kiefernarten; im Sommer werden Blätter v. Johannisbeeren *(Ribes)* infiziert.

Crossandra *w* [v. *crosso-, gr. anēr, Gen. andros = Mann], Gatt. der ↗Acanthaceae.

Crossidium *s* [v. *crosso-], Gatt. der ↗Pottiaceae.

Crossing over *s* [krossing o^{u}w^{e}r; engl., = Überkreuzen], *Chromatidenstückaustausch,* (ungenau) *Chromosomenstückaustausch,* v. Th. H. Morgan eingeführte Bez. für einen Koppelungsbruch (↗Chromosomen) durch reziproken Segmentaustausch zw. Nicht-Schwesterchromatiden; bei Eukaryoten findet C. während der Paarung der homologen Chromosomen in der Prophase I der ↗Meiose statt. C.s werden genetisch aus dem Auftreten von Rekombinanten gekoppelter Gene, d.h. der getrennten Vererbung v. ursprüngl. auf demselben Chromosom lokalisierten Allelen, erschlossen; sie finden ihre cytolog. Entsprechung in der Ausbildung v. Chiasmata (↗Chiasma). Je weiter zwei Gene ei-

Bei C vermißte Stichwörter suche man auch unter K und Z.

Cronartium

C. ribicola, Erreger des ↗Weymouthskiefernblasenrosts (↗Säulenrost der schwarzen Johannisbeere)
C. asclepiadeum, Erreger des ↗Kiefernblasenrosts (zweinadelige Kiefern)
C. quercuum, befällt zahlr. Eichenarten in O-Asien u. N-Amerika.

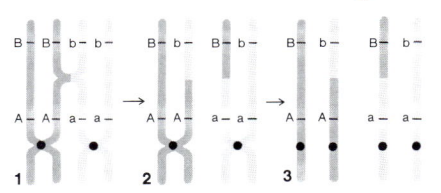

Crossing over

Austausch zw. 2 Genorten (A/B, a/b).
1 Die homologen Chromosomen liegen in der Prophase v. Meiose I nebeneinander. **2** Es kommt zum Austausch von Segmenten zw. Nicht-Schwesterchromatiden. **3** Nach der Trennung der Chromatiden liegen als Ergebnis 4 Meioseprodukte vor: 2 mit parentaler (A/B, a/b), 2 mit rekombinanter (A/b, a/B) Genkombination. Das C. führt somit nach ident. Reduplikation der Chromatiden im Verlauf des nächsten Zellzyklus zu 2 Chromosomen mit ausgetauschten Segmenten *(Chromosomenstückaustausch).*

nes Chromosoms auseinanderliegen, desto größer wird die Wahrscheinlichkeit, daß sie durch C. getrennt u. ausgetauscht werden. Die ↗Austauschhäufigkeit zw. zwei Genen wird so zum Maß für die relative Lage der Genorte (Loci) u. dient zur Erstellung v. Chromosomenkarten (↗Chromosomen, B Chromosomen II), wobei zu berücksichtigen ist, daß auch mehrfache C.s möglich sind. Z. B. bilden sich durch Doppel-C. zw. zwei Genorten Rekombinanten, bei denen die Koppelung der betreffenden Gene nicht v. der ursprünglichen, d. h. schon in der Elterngeneration vorliegenden, unterscheidbar ist. Die dem C. zugrundeliegenden molekularen Me-

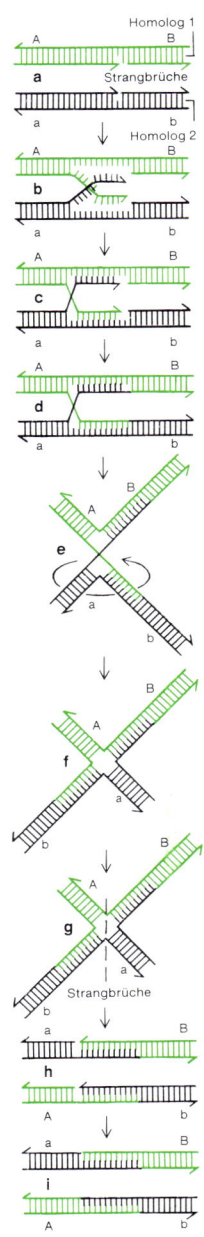

Crossing over

Nach einem v. R. Holliday 1964 aufgrund genet. Daten entwickelten Modell *(Holliday-Modell),* das mit Abwandlungen weitgehend akzeptiert wird u. auch auf molekularem Niveau Bestätigung fand, läuft ein C. folgendermaßen ab: Es beginnt, während die Chromatiden (= homologe DNA-Doppelhelices, Homolog 1 u. 2 in der Abb.) nahe beieinanderliegen, mit Einzelstrangbrüchen in den DNA-Helices (**a**). Es entstehen freie Strangenden, die den ihnen jeweils homologen Einzelstrang – unter Mitwirkung v. „unwinding Protein" (Entwindungs-, Reißverschluß-Protein) – verdrängen (**b**) u. sich mit dem jeweils komplementären Einzelstrang der homologen Helix über Basenpaarung verbinden (**c**). Die jetzt neu benachbarten Nucleotidsequenzen werden v. DNA-Ligase kovalent verbunden (**d**). Falls wegen nicht exakter Neupaarung nötig, werden vorher überstehende Einzelstrangabschnitte abverdaut (Exonuclease) bzw. fehlende nachsynthetisiert (DNA-Polymerase). Als Ergebnis sind nun die beiden Homologe durch Überkreuzung der ausgetauschten Einzelstränge miteinander verbunden (**d = e**). Diese Strukturen werden *Holliday-Intermediate* od. *Chi-Strukturen* (nach griech. χ) gen. u. wurden in Prokaryoten elektronenmikroskop. beobachtet. Durch Drehung um die Vertikalachse löst sich die Überkreuzfigur der neu gepaarten Einzelstränge (**f**); infolge Bruchs der bis dahin noch unversehrten Stränge (**g**) u. Neukombination der Bruchstücke wird schließl. der Segmentaustausch vollendet (**h, i**).

crosso- [v. gr. krossos = Quaste, Troddel, Franse], in Zss.: Quasten-.

croto- [v. gr. krotōn = Hundelaus, Hundszecke, Wunderbaum].

Cross-link

Die Cross-link-Methode hat z. B. neben anderen zur Entwicklung eines Sekundärstrukturmodells v. r-RNAs beigetragen. Aber auch zur Ermittlung v. Stellen, an denen Wechselwirkungen zw. verschiedenen Makromolekülen stattfinden (z. B. zw. t-RNA u. Ribosomen od. in Komplexen aus Operator-DNA u. Regulatorproteinen), werden C.s als Kriterium eingesetzt.

Crossing-over-Suppressor

chanismen sind noch in vielen Punkten ungeklärt. Die Tatsache, daß der Austausch der genet. Information tatsächlich mit dem Austausch v. Chromatidensegmenten ident. ist, konnte Stern in den 30er Jahren an *Drosophila* zeigen. Es gilt als sicher, daß am C. Enzyme beteiligt sind, die auch an der DNA-Reparatur mitwirken, z. B. das sog. recA-Protein. Die das C. einleitenden Reaktionen ließen sich für bakterielle Systeme relativ gut aufschlüsseln. Als auslösender Schritt genügt hier schon ein Einzelstrangbruch in nur einem der beiden homologen DNA-Bereiche: das freie Einzelstrangende bindet an recA-Protein; der so entstandene Komplex kann doppelsträngige DNA entwinden u. gleitet durch die Doppelhelix des Rekombinationspartners. Wird dabei ein komplementärer Abschnitt erreicht, verdrängt der neu eingeführte Strang den ihm homologen, wobei es zur Ausbildung sog. ↗*displacement-loops* kommt. Danach wird der Austausch v. DNA-Segmenten, wie im *Holliday-Modell* beschrieben (☐ 325), zu Ende geführt. Die Rekombination durch C. kann zwar prinzipiell zw. beliebigen homologen Chromosomenabschnitten stattfinden, oft jedoch findet man an bestimmten Stellen (sog. hot spots) erhöhte Austauschhäufigkeiten. Mit geringer Häufigkeit wird C. auch zw. nicht homologen Chromosomenbereichen beobachtet, sog. *illegitimes C.* (↗Chromosomenaberrationen).
Lit.: *Bresch, C., Hausmann, R.:* Klassische u. Molekulare Genetik. Berlin, Heidelberg, New York ³1972. *Gardener, E. G., Snustad, P. D.:* Principles of Genetics. New York ⁶1980.   G. St.

Crossing-over-Suppressor *m* [krossing oᵘwᵉr sᵉpresᵉ; engl., = Überkreuzungsunterdrücker], Gene od. Strukturveränderungen (z. B. Inversion) an einem der beiden homologen Chromosomen, die Crossing-over-Ereignisse unterdrücken od. ihre Häufigkeit reduzieren.

Cross-link *s* [engl.; =] *Quervernetzung,* die durch bifunktionelle chem. Agenzien od. Bestrahlung induzierte intra- od. intermolekulare kovalente Verknüpfung zw. räuml. nebeneinanderliegenden Teilen v. Makromolekülen. Es werden z. B. die zunächst nur kettenartigen Polymere v. Polyacrylamid-Gelen durch N,N-bis-Acrylamid quervernetzt u. erhalten dadurch erst ihren gelart. Charakter. Da Quervernetzbarkeit als Kriterium für die räuml. Nachbarschaft der betreffenden Molekülgruppen eingesetzt werden kann, ist die künstl. Einführung von C.s eine wichtige Methode zur Aufklärung der räuml. Struktur v. Makromolekülen.

Crossodactylodes *m* [v. *crosso-, gr. daktyloeidēs = fingerförmig], Gatt. der Südfrösche (U.-Fam. *Telmatobiinae);* mehrere winzige, kaum 15 mm lange Arten in Espirito Santo (Brasilien), die alle in Bromelien leben.

Crossodactylus *m* [v. *crosso-, gr. daktylos = Finger], Gatt. der Südfrösche, ↗Elosiinae.

Crossopterygii [Mz.; v. *crosso-, gr. pterygion = Flosse], die ↗Quastenflosser.

Crossorhinus *m* [v. *crosso-, gr. rhinē = eine Haifischart], Gatt. der ↗Ammenhaie.

Crossotheca *w* [v. *crosso-, gr. thēkē = Behälter, Kapsel], Gatt.-Name für bestimmte Mikrosporangienstände der ↗Lyginopteridales.

Crotalaria *w* [v. gr. krotalon = Klapper], Gatt. der Hülsenfrüchtler mit ca. 500 Arten v. Sträuchern u. Kräutern in Subtropen u. Tropen mit Schwerpunkt Afrika. Die Blätter sind ungeteilt od. gefingert, die Hülsen aufgeblasen od. gedunsen. Den höchsten Nutzwert hat der Bengalhanf od. Indische Hanf *(C. juncea),* der in ganz S- u. SO-Asien angebaut wird. Aus der Stengelrinde dieses einjähr. Krautes wird die Sun-Faser gewonnen, die zu Säcken, Netzen u. Seilen verarbeitet wird. Darüber hinaus wird *C. juncea,* wie auch *C. anagyroides* (S-Amerika) u. *C. zanziba* (O-Afrika), zur Gründüngung verwendet.

Crotalidae [Mz.; v. gr. krotalon = Klapper], die ↗Grubenottern.

Crotalus *m* [v. gr. krotalon = Klapper], Gatt. der Echten ↗Klapperschlangen.

Crotaphytus *m* [v. gr. krotaphos = Schläfe], Gatt. der Leguane mit dem kräftig gebauten, ca. 30 cm langen Halsbandleguan *(C. collaris)* in den steinbedeckten Trockengebieten der westl. USA. Kann sich auf den Hinterbeinen rasch fortbewegen; sehr wärmebedürftig (über 23°C) u. angriffslustig; ernährt sich v. Eidechsen u. Insekten. Körperfärbung sehr variabel, hell u. dunkel getüpfelt, mit kräftigem, doppeltem, schwarzem Nackenband; Weibchen kurz nach der Paarung mit scharlachroten Seitenflecken; Gelege hat bis zu 24 Eier. Alter selten über 5 Jahre.

Croton *m* [v. *croto-], **1)** Gatt. der Wolfsmilchgewächse mit ca. 700 Arten v. Kräutern u. Holzgewächsen; in den Tropen beheimatet. Das Harz v. *C. dracus* (trop. Amerika) erhärtet an der Luft u. verfärbt sich rot. Dieses sog. „Drachenblut" findet Verwendung als Firnis u. Politur. Die Samen des Tiglibaumes *(C. tiglium)* (S- u. SO-Asien) liefern das *C.öl,* welches das stärkste bekannte pflanzl. Abführmittel ist. Seine Anwendung ist nicht unbedenklich, da es cocarcinogene Stoffe enthält. **2)** Fälschl. Bez. für den Wunderstrauch *(Codiaeum).*

Crotonöl [v. *croto-], ↗Croton.

Bei C vermißte Stichwörter suche man auch unter K und Z.

Crotonsäure [v. *croto-], α-β-ungesättigte Carbonsäure, die in gebundener Form (an Coenzym A bzw. ACP) als Zwischenprodukt beim Fettsäureabbau bzw. Fettsäureaufbau vorkommt.

Crotonyl-ACP [v. *croto-], an Acyl-Carrier-Protein (ACP) gebundene ↗Crotonsäure; Zwischenprodukt bei der Fettsäuresynthese.

Crotonsäure

Crotonyl-ACP

Crotophaga w [v. *croto-, gr. phagos = Fresser], Gatt. der ↗Kuckucke.

Crotoxin s [v. ↗Crotalus, gr. toxikon = (Pfeil-) Gift], Hauptgift der Klapperschlange (Crotalus durissimus terrificus). Das C.-Molekül besteht aus einem Komplex aus zwei verschiedenen Protein-Untereinheiten A und B, die jede für sich allein nicht giftig sind. Wesentl. für die Toxinwirkung ist das komplette C., wobei der Untereinheit A die Aufgabe zukommt, wie eine Art „Pfadfinder" der Untereinheit B den Weg zum Toxin-Bindungsort, der Synapse, zu ermöglichen. Dort dissoziiert der Komplex; nur C. B wird vom Bindungsort aufgenommen. Die Neurotoxizität des C.s beruht auf einer Phospholipase-A_2-Aktivität, durch die die Membranen der Nervenzellen geschädigt werden, so daß der Neurotransmitter Acetylcholin nicht mehr wirken kann. Die dadurch erzeugten Lähmungen sind bei entsprechender Dosis tödlich.

Crowding effects [krau-], Dichteeffekte, ↗dichteabhängige Faktoren.

CRP, Abk. für cAMP Rezeptor Protein, das ↗cAMP bindende Protein.

Cruciata w [v. *cruci-], ↗Labkraut.

Crucibulum s [mlat., = kleines Gefäß, Schmelztiegel], 1) Gatt. der ↗Nestpilze. 2) Gatt. der Calyptraeidae, marine Mittelschnecken mit rundl., napfförm. Gehäuse, das auf der Innenseite einen löffelart. Schalenfortsatz trägt; Oberfläche meist grob gerippt od. bestachelt; leben an Steinen u. Schalen vor den karib. u. pazif. Küsten Mittel- u. S-Amerikas.

Crucicalamites m [v. lat. crux = Kreuz, gr. kalamos = Halm, Rohr], Gatt.-Name für einen bestimmten Stammbautyp der ↗Calamitaceae.

Cruciferae [Mz.; v. *cruci-, lat. -fer = -tragend], die ↗Kreuzblütler.

Crucigenia w [v. *cruci-, lat. -genius = -entstanden], Gatt. der ↗Scenedesmaceae.

Crumena w [lat., = Geldbeutel], taschenförm., über den Kopf bis in den Prothorax reichende Einstülpung bei vielen Blattläusen u. Schildläusen, die der Aufnahme des sehr langen, in der Ruhe häufig in Schlingen gelegten Saugrüssels dient.

Cruoria w [v. lat. cruor = Blut], Gatt. der ↗Gigartinales.

croto- [v. gr. krotōn = Hundelaus, Hundszecke, Wunderbaum].

cruci- [v. lat. crux, Gen. crucis = Kreuz], in Zss.: Kreuz-

crypto- [v. gr. kryptos = verborgen].

Cruralfortsätze [Mz.; v. lat. crus, Gen. cruris = Schenkel, Schienbein], crural processes; zugespitzte, ventral-einwärts gerichtete Anhänge der ↗Cruren v. ↗ancylopegmaten Armgerüsten bei Brachiopoden.

Cruralplatten [Mz.; v. lat. crus, Gen. cruris = Schenkel, Schienbein], Brachialleisten, Schloßleisten, Zahngrubenplatten, ein Paar vertikaler Kalklamellen in der Schloßregion der Armklappe v. Brachiopoden zur Stützung der ↗Cruren.

Cruren [Mz., Ez. Crus; v. lat. crus, Gen. cruris = Schenkel, Schienbein], 2 von den Cardinalia od. dem Septum der Armklappe v. Brachiopoden entspringende Fortsätze zur Stützung der Lophophoren; bei ↗ancistropegmaten Formen bilden sie allein das Brachidium.

Crustacea [Mz.; v. lat. crusta = Kruste, Schale], die ↗Krebstiere.

Crustecdyson s [v. lat. crusta = Kruste, Schale, Rinde, gr. ekdysis = Herauskriechen], ↗Ecdyson.

Cruziana, (d'Orbigny 1842), Ichnogenus, schlangen- od. wurmförmig gewundene, zopfart. Furchen od. Abdrücke in paläozoischen Schiefergesteinen; gedeutet u. a. als Pflanzen u. Schwämme, neuerdings als Spuren v. Arthropoden, wahrscheinl. überwiegend v. Trilobiten.

Cryptobatrachus m [v. *crypto-, gr. batrachos = Frosch], Gatt. der ↗Beutelfrösche.

Cryptobranchidae [Mz.; v. ↗Cryptobranchus], die ↗Riesensalamander.

Cryptobranchoidea [Mz.; v. *crypto-, gr. bragchia = Kiemen], U.-Ord. der ↗Schwanzlurche mit den Winkelzahnmolchen u. Riesensalamandern.

Cryptobranchus m [v. *crypto-, gr. bragchia = Kiemen], Gatt. der ↗Riesensalamander.

Cryptocellus m [v. *crypto-, lat. cella = Kammer], Gatt. der ↗Kapuzenspinnen.

Cryptocephalus m [v. *crypto-, gr. kephalē = Kopf], Gatt. der ↗Blattkäfer.

Cryptocerata [Mz.; v. *crypto-, gr. keras, Gen. keratos = Horn, Fühler], U.-Ord. der ↗Wanzen.

Cryptochiton m [v. *crypto-, gr. chitōn = Kleid, Hülle], Gatt. der Acanthochitonidae, im nördl. Pazifik vorkommende Käferschnecken, bei denen die 8 Platten v. Mantel bedeckt sind. C. stelleri, mit über 40 cm Körperlänge die größte Käferschnecke, ist vor der kaliforn. Küste häufig; sie wird wegen ihrer Größe u. leichten Beschaffbarkeit häufig für physiolog. Experimente benutzt.

Cryptochrysidaceae [Mz.; v. *crypto-, gr. chrysis, Gen. chrysidos = Goldkleid], Fam. der Cryptomonadales, monadale Algen mit abgeschrägtem Vorderende u. ohne Schlund; hierzu nur die Gatt. Cryptochrysis, die mit 6 Arten im Meer- u.

Bei C vermißte Stichwörter suche man auch unter K und Z.

Cryptococcaceae

Süßwasser vorkommt; schwer v. den ↗*Cryptomonadaceae* zu unterscheiden.

Cryptococcaceae [Mz.; v. *crypto-, gr. kokkos = Kern], Formfam. der ↗imperfekten Hefen, in der Arten zusammengefaßt werden, deren Zellwand Mannan-Glucan enthält u. damit den Echten Hefen *(Saccharomycetaceae)* nahestehen; die Konidienfarbe ist hell.

Cryptococcus *m* [v. *crypto-, gr. kokkos = Kern], Formgatt. der ↗imperfekten Hefen; bei einigen wichtigen Formen ist die sexuelle Phase bekannt (↗basidiosporogene Hefen).

Cryptocystis *w* [v. *crypto-, gr. kystis = Blase], ↗*Cysticercoid.*

Cryptodira *w* [v. *crypto-, gr. deira = Hals], die ↗Halsberger-Schildkröten.

Cryptodonta [Mz.; v. *crypto-, gr. odous, Gen. odontos = Zähne], die ↗Verstecktzähner.

Cryptogramma *w* [v. *crypto-, gr. grammē = Strich, Linie], der ↗Rollfarn.

Cryptogrammetum crispae *s* [v. *crypto-, gr. grammē = Strich, Linie, lat. crispus = kraus], *Rollfarnflur,* Assoz. der ↗*Androsacetalia alpinae,* mit arkt.-alpiner Hauptverbreitung, auf grobem Silicatblockschutt; auch in Schwarzwald, Vogesen u. Bayer. Wald, wo der Rollfarn als Glazialrelikt überdauert hat.

Cryptohylax *m* [v. *crypto-, gr. hylax = Beller], Gatt. der ↗*Hyperoliidae.*

Cryptomeria *w* [v. *crypto-, gr. meros = Teil], *Sicheltanne,* Gatt. der *Taxodiaceae* mit nur 1 rezenten Art *(C. japonica)* in China u. Japan. Die auch in Europa häufig in Gärten kultivierten immergrünen Bäume besitzen schraubig angeordnete, pfrieml. Nadelblätter u. charakterist. ♀ Zapfen: Die mit der kleineren Deckschuppe weitgehend verwachsene Samenschuppe besitzt 5 freie, mit einem Leitbündel versorgte Zipfel u. stützt damit die Deutung der Samenschuppe als reduzierte Blüte. Vermutl. ist C. wie *Taxodium* ein arktotertiäres Relikt; außerhalb Japans fehlen aber sichere Funde aus dem Tertiär.

Cryptometabola [Mz.; v. *crypto-, gr. metabolē = Umwandlung], gelegentl. verwendete Bez. für solche *Holometabola* (Insekten), bei denen freie Larvenstadien fast ganz fehlen, da aus dem Ei bereits eine verpuppungsreife Larve schlüpft; wohl nur bei der Zweiflügler-Fam. *Termitoxeniidae,* die sich in Termitennestern entwickelt, u. den *Pupipara.*

Cryptomonadaceae [Mz.; v. *crypto-, gr. monas, Gen. monados = Einheit], Algen-Fam. der *Cryptomonadales;* Zellen mit abgeschrägtem Vorderende (vgl. Tab.).

Cryptomonadales [Mz.; v. *crypto-, gr. monas, Gen. monados = Einheit], einzige

crypto- [v. gr. kryptos = verborgen].

Cryptonemiales

Wichtige Familien:
↗ *Corallinaceae*
↗ *Dumontiaceae*
↗ *Hildenbrandiaceae*
↗ *Polyideaceae*

Cryptomonadaceae

Gattungen und typische Vertreter

Cryptomonas,
Süßwasser, weitverbreitet in kleinen, leicht verschmutzten Tümpeln, ca. 30 Arten
  C. ovata und *C. erosa*
  können grüne Vegetationsfärbung hervorrufen
Rhodomonas,
Süß- u. Salzwasser, ca. 10 Arten; schwer v. Cryptomonas unterscheidbar
Chilomonas,
farblos, ihre Arten ernähren sich osmotroph
  C. paramaecium, häufig in verschmutzten Gewässern (u. a. Heuaufguß)
Chroomonas,
11 Arten, blau- bis blaugraue Plastiden

Cryptomonadales

Familien:
↗ *Cryptochrysidaceae*
↗ *Cryptomonadaceae*
↗ *Cyathomonadaceae*
↗ *Katablepharidaceae*
↗ *Senniaceae*

Algen-Ord. der *Cryptophyceae* mit 5 Fam. (vgl. Tab.); umfaßt ca. 12 Gatt. mit zus. etwa 60 Süßwasserarten u. 60 marinen Arten.

Cryptomycetaceae [Mz.; v. *crypto-, gr. mykētes = Pilze], Familie der *Phacidiales* („*Discomycetes*"); die Pilze bilden polsterförmige, gallertartige fleischige, innen hell gefärbte Fruchtkörper, die in unregelmäßige Lappen aufreißen. *Cryptomyces maximus* wächst auf Ästen v. Weidenarten; *Potebniamyces discolor* verursacht krebsart. Wucherungen auf Birne u. Quitte.

Cryptomycina *w* [v. *crypto-, gr. mykēs = Pilz], Gatt. der ↗*Phacidiales.*

Cryptonemiales [Mz.; v. *crypto-, gr. nēma = Faden], Ord. der Rotalgen (U.-Kl. *Florideophycidae*); die ca. 100 Gatt. werden in 12 Fam. zusammengefaßt (vgl. Tab.); dazu gehören u. a. die Kalk- od. Krustenalgen, deren Thalli durch Kalk- od. Magnesiumcarbonateinlagerung brüchighart werden.

Cryptoniscidae [Mz.; v. *crypto-, lat. oniscus = Assel], Fam. der ↗*Epicaridea.*

Cryptophagidae [Mz.; v. *crypto-, gr. phagos = Fresser], die ↗*Schimmelkäfer.*

Cryptophyceae [Mz.; v. *crypto-, gr. phykos = Tang], Kl. der ↗Algen mit einer Ord. der ↗ *Cryptomonadales;* fast ausschl. monadale Algen, deren dorsiventrale Zellen heterokont begeißelt sind u. an deren dorsaler Seite eine flache Grube verläuft, die apikal in einen Schlund mündet. Die Zellen sind v. einem festen, plattenart. Periplasten umgeben; sie besitzen 1 od. 2 verschiedenartig gefärbte Plastiden; die C. sind neben den Blau- u. Rotalgen die einzige Organismengruppe, die u. a. Phycobiline als akzessor. Pigmente besitzen. Die Zellen besitzen sog. Ejactosome; diese bestehen aus einem zylinderartig aufgerollten Band (wahrscheinl. v. Golgi-Vesikeln gebildet), das plötzl. ausgestoßen wird u. sich entrollen kann. Die Funktion ist noch unklar.

Cryptoplax *w* [v. *crypto-, gr. plax = Fläche, Platte], Gatt. der *Acanthochitonidae,* im Indopazifik verbreitete Käferschnecken, bei denen die Rückenplatten auf kleine Reststücke reduziert sind. *C. larvaeformis* hat einen schmalen Körper v. etwa 10 cm Länge, den sie in Spalten u. Bohrgänge in Gestein u. Korallenkalkblöcken zwängt.

Cryptoprocta *w* [v. *crypto-, gr. prōktos = After], Gatt. der Schleichkatzen, ↗*Fossa.*

Cryptops *w* [v. *crypto-, gr. ōps = Auge], Gatt. der ↗*Scolopender.*

Cryptosiphonecta *w* [v. *crypto-, gr. siphōn = Röhre, nēktēs = Schwimmer], alte Bez. für Staatsquallen mit Schwimmglocken u. kurzem, breitem Stamm, z. B. Gatt. *Physophora* (↗*Physophorae*).

Bei C vermißte Stichwörter suche man auch unter K und Z.

Cryptostomata [Mz.; v. *crypto-, gr. stomata = Münder], † Ord. der *Gymnolaemata* (⟶Moostierchen), enthält z. B. die Gatt. ⟶Archimedes.

Cryptotermes *w* [v. *crypto-, lat. termes = Termiten], Gatt. der ⟶Termiten.

cryptotetramer [v. *crypto-, gr. tetra = Vierzahl, meros = Teil] ⟶pseudotetramer.

Cryptothallus *m* [v. *crypto-, gr. thallos = Sproß], Gatt. der ⟶Aneuraceae.

CSB, Abk. für ⟶chemischer Sauerstoffbedarf.

Ctenidae [Mz.; v. gr. kteis, Gen. ktenos = Kamm], die ⟶Kammspinnen.

Ctenidien [Mz.; v. gr. ktenidion = kleiner Kamm], **1)** die Kiemen der Weichtiere, insbes. die „inneren" Kiemen, die urspr. paarig in der Mantelhöhle inserieren; bestehen aus einer stützenden Achse u. daran ansitzenden Kiemenblättchen. Die Achse enthält zu- u. abführende Blutbahnen. Der Gasaustausch erfolgt in den Blättchen, die auf beiden Seiten der Achse od. einseitig angeordnet sein können. **2)** *Borstenkämme,* Reihe v. borstenart. Haaren bei ektoparasit. Insekten, die offensichtl. das Festhalten u. die Fortbewegung im Haarkleid erleichtern; bei Flöhen u. der an Fledermäusen lebenden Wanzenfam. *Polyctenidae.*

Ctenidium *s* [v. gr. ktenidion = kleiner Kamm], Gatt. der ⟶Hypnaceae.

Cteniopus *m* [v. gr. ktenion = Kamm, pous = Fuß], Gatt. der ⟶Pflanzenkäfer.

Ctenizidae [Mz.; v. gr. ktenizein = kämmen], die ⟶Falltürspinnen.

Ctenobranchia [Mz.; v. *cteno-, gr. bragchia = Kiemen], ⟶Kammkiemer.

Ctenocephalides *m* [v. *cteno-, gr. kephalē = Kopf], Gatt. der ⟶Flöhe.

Ctenodactylidae [Mz.; v. *cteno-, gr. daktylos = Finger], die ⟶Kammfinger.

Ctenodonta *w* [v. *cteno-, gr. odontes = Zähne], (Salter 1852), zur Ord. *Nuculoida* gehörende isomyare Muschelgatt. mit taxodontem Schloß, dessen Zähne gg. den Wirbel divergieren *(ctenodont).* Verbreitung: Ordovizium.

Ctenodrilidae [Mz.; v. *cteno-, gr. drilos = Regenwurm], Fam. der Kl. Borstenwürmer; kurz u. gedrungen; Prostomium oval bis kegelförmig; mit od. ohne unpaariges dorsomedianes Tentakelfilament auf einem vorderen od. mittleren Segment; Parapodien reduziert, 2 Borstenbündel direkt in der Körperwand. Bekannteste Arten: *Ctenodrilus serratus,* 9 mm lang, protandr. Hermaphrodit mit innerer Besamung u. Viviparie, asexuelle Fortpflanzung u. Vermehrung durch Schizogenese; ⟶*Zeppelina monostyla.*

Ctenoidschuppen [Mz., v. *cteno-], *Kammschuppen,* am Hinterrand mit kleinen Zähnen od. Zacken besetzte Schuppen in der Haut vieler Knochenfische.

Ctenolabrus *m* [v. *cteno-, lat. labrum = Lippe], Gatt. der ⟶Lippfische.

Ctenolucius *m* [v. *cteno-, lat. lucius = Hecht], Gatt. der ⟶Salmler.

Ctenomyidae [Mz.; v. *cteno-, gr. mys = Maus], die ⟶Kammratten.

Ctenopharyngodon *m* [v. *cteno-, gr. pharygx = Rachen, odōn = Zahn], Gatt. der ⟶Karpfen.

Ctenophora [v. *cteno-, gr. -phoros = -tragend]. **1)** die ⟶Rippenquallen. **2)** Gatt. der ⟶Tipulidae.

Ctenoplana *w* [v. *cteno-, gr. planēs = umherschweifend], Gatt. der ⟶Platyctenidea.

Ctenopoma *s* [v. *cteno-, gr. pōma = Deckel], die Buschfische, ⟶Labyrinthfische.

Ctenosculidae [Mz.; v. *cteno-, gr. skylon = Raub, Beute], Fam. der Mittelschnekken, deren eiform. Körper v. einem Scheinmantel umhüllt ist. *Ctenosculum* lebt vor den Küsten Hawaiis parasit. in Manteltieren u. Seesternen.

Ctenostomata [Mz.; v. *cteno-, gr. stomata = Münder], *Kammünder,* Ord. der ⟶Moostierchen mit den U.-Ord. *Alcyonellea* (Meer), *Paludicellea* (Süßwasser) u. *Stolonifera* (Meer).

Ctenothrissiformes [Mz.; v. *cteno-, gr. thrissa = ein Fisch, lat. forma = Gestalt], die ⟶Kammfische.

Ctenuchidae, die ⟶Widderbären.

Ctenus *m* [v. *cteno-], Gatt. der ⟶Kammspinnen.

C-Terminus, der ⟶Carboxylterminus v. Peptiden od. Proteinketten.

CTP, Abk. für Cytidintriphosphat.

Cu, chem. Zeichen für ⟶Kupfer.

Cubichnia [Mz.; v. lat. cubile = Lager, gr. ichnion = Fußtritt, Spur], *Ruhespuren,* (Seilacher 1953), Terminus der ⟶Ichnologie für fossile od. rezente Eindrücke im Sediment, die etwa die Körperform des Verursachers erkennen lassen. Beispiel: ⟶Asteriacites.

Cubitaladern [v. lat. cubitum = Ellbogen], Teil des ⟶Insektenflügels.

Cubitus [v. lat. cubitum = Ellbogen], Teil des ⟶Insektenflügels.

Cubomedusae [Mz.; v. lat. cubus = Würfel, gr. Medousa = Schreckensgestalt der gr. Mythologie], die ⟶Würfelquallen.

Cucujidae [Mz.; v. port. cucujo = Feuerfliege], die ⟶Plattkäfer.

Cucujo *m* [-schu; port., = Feuerfliege], südam. Bez. für die leuchtenden, etwa 2–4 cm großen Schnellkäfer der Gatt. *Pyrophorus* (⟶Leuchtkäfer). ⟦B⟧ Käfer II.

Cucujus *m* [v. port. cucujo = Feuerfliege], Gatt. der ⟶Plattkäfer.

---

crypto- [v. gr. kryptos = verborgen].

cteno- [v. gr. kteis, Gen. ktenos = Kamm], in Zss.: Kamm-.

Cucujo
3–4 Tiere, als „lebende Lampe" in einem kleinen Käfig gehalten, geben ausreichend Licht zum Lesen

Bei C vermißte Stichwörter suche man auch unter K und Z.

Cuculidae [Mz.; v. lat. cuculus = Kuk-kuck], die ↗Kuckucke.

Cuculiformes [Mz.; v. lat. cuculus = Kuk-kuck, forma = Gestalt], die ↗Kuckucksvögel. [Gatt. der Eulenfalter, ↗Mönche.

Cucullia w [v. mlat. cucullus = Kapuze],

Cucumaria w [v. lat. cucumis = Gurke], Gatt. der *Cucumariidae* (Seegurken i. e. S.), Ord. *Dendrochirota*, ↗Seewalzen.

Cucumis m [lat., = Gurke] v. Afrika über das östl. Mittelmeergebiet bis nach Vorder- u. Hinterindien verbreitete Gatt. der Kürbisgewächse mit ca. 40 Arten. Meist einjährige, niederliegende od. mit einfachen Ranken kletternde Kräuter mit wechselständ., ganzen, gelappten u. geteilten Blättern u. meist monözischen, einzeln (♀) od. zu mehreren (♂) in den Blattachseln stehenden, gelbgrünen, 5spaltig-glokkenförm. Blüten. Die aus dem unterständ., 3–5fächerigen Fruchtknoten entstehenden Früchte sind Beeren. Meist relativ groß, in Form u. Farbe sehr unterschiedl. gestaltet,

Cucumis

1 Gurke *(C. sativus),* oben Blütenspross, links unten Frucht („Gurke"); **a** Blüte aufgeschnitten, **b** Querschnitt durch die Frucht. 2 Frucht der Melone *(C. melo).*

sind sie außen fest u. innen weich u. enthalten zahlr. eiförmig flachgedrückte Samen. Wichtigste Arten sind *C. sativus,* die Gurke ([B] Kulturpflanzen V) und *C. melo,* die Melone (Zuckermelone, [B] Kulturpflanzen VI). Die urspr. wahrscheinl. von einer in N-Indien heim. Wildform mit kleinen, bitteren Früchten abstammende Gurke besitzt walzl., fast kugel. bis lang-schlangenförm. Früchte, deren in der Reife gelbl.-weißes Gewebe bis zu 97% Wasser enthält. Sie gelangte schon sehr früh nach O-Asien sowie nach W, insbes. in den Mittelmeerraum, wo in der Antike bereits mehrere Sorten kultiviert wurden. Heute wird die sehr wärmebedürftige, frostempfindl. Gurke in einer Vielzahl v. Sorten auf der ganzen Erde angebaut. In den gemäßigten Breiten werden hier gezüchtete, hochproduktive Hybridsorten in großem Umfang auch in Treibhäusern gezogen. Von diesen langen, v. einer glatten, dunkelgrünen Schale umgebenen Salatgurken, die in unreifem Zustand roh gegessen werden, unterscheiden sich u. a. die bei uns im Sommer im Freiland wachsenden sog. Einlegegurken. Ihre relativ kleinen, meist v. einer warz. Haut umgebenen Früchte werden ebenfalls unreif konserviert u. als Salz-, Essigod. Gewürzgurken verzehrt. Die Melone, deren Wildformen mit pflaumengroßen, ungenießbaren Früchten in der U.-Art „agrestis" zusammengefaßt werden, stammt wahrscheinl. aus dem trop. Afrika. Bei ihrer Verbreitung über den asiat. Kontinent haben sich jedoch im Verlauf ihrer Kultur unzähl. Sorten entwickelt, die sich in Form, Farbe u. Zeichnung der Frucht, der Farbe u. dem Geschmack des Fruchtfleisches sowie der Wuchsform der Pflanze unterscheiden. Heute werden Melonen sowohl in den Tropen als auch in den warmen Gebieten der gemäßigten Zonen der gesamten Erde kultiviert. Die aus Asien stammenden Schlangen-Melonen (var. *flexuosus*) mit langen, gebogenen, gefurchten, dunkelgrünen, zur Reifezeit jedoch gelbl. Früchten, werden unreif wie Gurken, in reifem Zustand jedoch gekocht verzehrt. Die Früchte der hpts. angebauten Dessert-Melonen werden reif als Obst gegessen. Man unterscheidet hier u. a. die hellgrün bis gelbe, ovale Netzmelone (var. *reticulatus*), auf deren Schale helle Korkleisten eine Netzstruktur bilden, die meist stark warzigwulst., mit tiefen Längsrillen versehene Kantalupe (var. *cantalupensis*) u. die gelbe od. grüne Honig-Melone (var. *inodorus*) mit glatter, relativ dünner Schale. Die Farbe des mehr od. minder süß u. aromat. schmeckenden, sehr saft. Fruchtfleisches reicht v. Grün über Weiß u. Gelb bis Orange-rötlich. N. D.

Cucumovirus-Gruppe w [v. lat. cucumis = Gurke], ↗Gurkenmosaik-Virusgruppe.

Cucurbita w [lat., =], der ↗Kürbis.

Cucurbitaceae [Mz.; v. lat. cucurbita = Kürbis], die ↗Kürbisgewächse.

Cucurbitacine [Mz.; v. ↗*Cucurbita*], *Elaterine, Elatericine,* tetracycl. Triterpene, die frei od. in glykosid. Form als gift. Bitterstoffe in Gurken- u. Kürbisgewächsen

Cucurbitacine

Cucurbitacin E: R = COCH₃
Cucurbitacin I: R = H

(*Cucurbitaceae,* z. B. *Citrullus colocynthis* u. *Bryonia dioica*) u. in einigen Kreuzblütlern vorkommen. Hauptverbindungen der C. sind *Cucurbitacin E* u. *Cucurbitacin I.* C. leiten sich strukturell vom Lanostan ab u.

wirken stark abführend; einige sind auch als Insektenlockstoffe für Honigbienen, Wespen u. gefleckte Gurkenkäfer wirksam.
Cudbear [kådbär; engl., = ein roter Farbstoff] ↗Flechtenfarbstoffe.
Cudonia w [v. spätlat. cudo = Helm], *Kreislinge*, Gatt. der *Geoglossaceae* (Erdzungen); besitzen einen hutart. Fruchtkörper, leben bevorzugt auf Bodenstreu (*Picea*-Nadeln) feuchter Gebirgswälder; größere Arten sind Speisepilze.
Culcita w [lat., = Kissen, Matratze], Gatt. der ↗Kissen-Seesterne.
Culicidae [Mz.; v. lat. culices = Mücken, Schnaken], die ↗Stechmücken.
Culmen s [lat., = höchster Punkt, Gipfel], ↗Schnabel.
Culmus m [lat., =], der ↗Halm.
Cultellus m [lat., = kleines Messer], Gatt. der *Solenidae* (U.-Ord. *Adapedonta*), marine Muscheln mit langgestreckten Schalenklappen; die im indopazif. Gebiet lebenden Muscheln graben sich in das Sediment so flach ein, daß ihre kurzen Siphonen die Substratoberfläche erreichen.
Cultivar s [v. mlat. cultivare = anbauen], niedrigste taxonom. Einheit der Kulturpflanzen, die durch strenge Auslese eines Standardtyps od. durch einen in Kultur entstandenen Klon entstanden ist.
Cumacea [Mz.; v. gr. kyma = Brandung], Ord. der Ranzenkrebse mit ca. 7 Fam. u. etwa 550 marinen Arten mit sehr charakterist. u. einheitl. Körperbau: Kopf u. Thorax sind zus. breit u. aufgetrieben, das Pleon ist lang u. dünn. Der Carapax bedeckt den Kopf u. die vorderen 3 od. 4 Thorakalsegmente. Vorn bildet er aus 2 Stacheln ein Pseudorostrum. Am Rücken ist der Carapax mit den vorderen Thorakalsegmenten verwachsen, seitl. bildet er geräumige Kiemenhöhlen. Von den 8 Paar Thorakopoden sind die vorderen 3 Maxillipeden, die 5 darauffolgenden Spaltfüße mit einem als Schwimmfußast dienenden Exopoditen. Pleopoden sind nur bei den Männchen ausgebildet. Die Augen sind unterschiedl. stark zurückgebildet. Die C. leben auf Sand- od. Schlickboden, in den sie sich mit den letzten Thorakalbeinen so eingraben, daß der Körper dabei V-förmig nach oben abknickt. Nur die Mundregion ragt aus dem Sediment heraus. Sandbewohner ernähren sich, indem sie einzelne Sandkörner abbürsten. Schlickbewohner, z. B. *Diastylis rathkei* aus der Nord- u. Ostsee, wirbeln Sediment auf u. filtrieren es. Nachts verlassen die Tiere z. T. das Sediment u. schwimmen bis an die Oberfläche. Der Brutbeutel der Weibchen wird aus 4 Paar Oostegiten gebildet. Aus den Eiern schlüpft ein Manca-Stadium.
Cumarine, Dicumarolderivate, Antagonisten des Vitamins K, die die Synthese der in der Leber gebildeten ↗Blutgerinnungsfaktoren hemmen (Faktor II, VII, IX, X). C. werden in der Med. zur Antikoagulation eingesetzt, z. B. bei Herzklappenfehlern, Herzinfarkten, nach Thrombosen, um die Bildung v. Thromben zu verhindern. ↗Antikoagulantien.
p-Cumarsäure, p-Hydroxyzimtsäure, Intermediärprodukt bei der Biosynthese v. Plastochinonen u. Ubichinonen.
Cuminal s [v. ↗Cuminum], *Cuminaldehyd*, Bestandteil zahlr. äther. Öle, bes. des Cuminöls aus dem Röm. Kümmel; findet Verwendung in der Parfümerie. [kümmel.
Cuminum s [lat., = Kümmel], der ↗Kreuz-
Cuniculi [Mz.; v. lat. cuniculus = unterird. Gang], (Dunbar u. Skinner 1931), etwa perlschnurartig sich erweiternde u. verengende, transversal zur Windungsachse verlaufende Röhrchen im Gehäuse gewisser Fusulinen *(Parafusulina, Polydiexodina* = Protozoa), die aus der Verschmelzung gegenüberstehender Septalfalten zu Kammern 2. Ord. (Cellulae) entstanden sind.
Cunina w [ben. nach der röm. Wiegegöttin, v. lat. cunae = Wiege], Hohltier-Gatt. der *Narcomedusae,* deren Actinula-Stadien an anderen Hydromedusen parasitieren. Die Larve von *C. octonaria* klammert sich mit den 4 Tentakeln am Mundrohr v. *Turritopsis* an u. schiebt ihr langes Mundrohr in das des Wirtes. Nach einer bestimmten Zeit verwandelt sie sich in eine freischwimmende Qualle. Die Planulae von *C. proboscidea* dringen in den Gastralraum von *Geryonia* ein u. entwickeln sich dort zu Actinulae. Diese bilden an einem aboralen Stolo Medusenknospen.
Cunninghamia w [ben. nach dem engl. Botaniker R. Cunningham, 1793–1835], *Spießtanne,* Gatt. der *Taxodiaceae* mit 2 Arten in Taiwan u. China. Die immergrünen Bäume besitzen schraubig stehende, steiflanzettl. Nadelblätter u. bilden in ihrer Heimat ausgedehnte, auch forstl. genutzte Wälder. Funde im eur. Tertiär belegen den Reliktcharakter der Gatt.
Cunoctantha w [v. lat. cunae = Wiege, gr. oktō = 8, anthos = Blume], Gatt. der ↗Narcomedusae.
Cunoniaceae [Mz.; ben. nach dem niederländ. Gärtner J. C. Cuno, 1708–80], Fam. der Rosenartigen mit enger Verwandtschaft zu den Steinbrechgewächsen; im Ggs. zu diesen nur Holzgewächse. Der Verbreitungsschwerpunkt der 26 Gatt. mit 250 Arten liegt in Ozeanien, Australien u. S-Amerika. Mit 160 Arten ist *Weimannia* die formreichste Gattung. *Cunonia capensis* (S-Afrika) liefert das rote Eisenholz, das zu Furnieren verarbeitet wird. Von weitgefächertem wirtschaftl. Nutzwert ist das Holz

Cunoniaceae

p-Cumarsäure

Cuminal

Bei C vermißte Stichwörter suche man auch unter K und Z.

v. *Ceratopetalum apetalum,* einem Baum aus Neusüdwales. [hunde.
Cuon *m* [v. gr. kyōn = Hund], die ⟶Rot-**Cuora,** die ⟶Scharnierschildkröten.
Cupelopagis *w* [v. gr. kypellon = Becher, pagis = Falle, Schlinge], fr. *Apsilus,* räuber. Gatt. der Rädertiere (Ord. *Monogononta*); eine Art, *C. vorax,* mit becherförm. Körper, die in sauberen Gewässern mit drehbarem Fuß auf Wasserpflanzen festsitzt u. mit ihrem zu einem Fangschirm umgewandelten wimpernlosen Räderorgan kleine Würmer, Einzeller u. Algen erbeutet.
Cuphea *w* [v. gr. kyphos = Höcker, Buckel], Gatt. der ⟶Weiderichgewächse.
Cupido *w* [lat., = Liebesgott], Gatt. der ⟶Bläulinge. [Gatt. der ⟶Kammspinnen.
Cupiennius *m* [v. lat. cupa = Kufe, Tonne],
Cupressaceae [Mz.; v. lat. cupressus = Zypresse], die ⟶Zypressengewächse.
Cupressocrinus *m* [v. lat. cupressus = Zypresse, gr. krinon = Lilie], (Goldfuß), zur Ord. *Inadunata* gehörende † Crinoiden-Gatt., bekannt aus dem Mitteldevon der Eifel. [die ⟶Zypresse.
Cupressus *w* [lat., (v. gr. kyparissos) =],
Cupula *w* [lat., = kleine Tonne], **1)** Botanik: becherförm. Ausbildung um eine bis mehrere Blüten bzw. Früchte; a) bei Samenfarnen Ausbildung v. Hülltelomen um einen od. mehrere Samen; b) bei Eibengewächsen fleisch. Fruchtwulst aus Blatt- od. Achsenteilen; c) bei Buchengewächsen *Fruchtbecher* aus verholzendem Achsengebilde mit Schuppen od. Stacheln; d) bei Walnußgewächsen fleisch. Hochblatthülle um die Frucht. **2)** Zool.: in den ⟶Seitenlinienorganen der Fische u. im Wasser lebender Amphibien sowie in den ⟶Gleichgewichtsorganen der Wirbeltiere u. des Menschen leicht abbiegbare kuppel-, hauben- od. säulenförm. Gallertkappe. In diese ragen haarförm. Fortsätze v. Tastsinneszellen. Durch Strömungsdruck des flüss. Außenmediums erfolgt eine Abbiegung der C., die eine mechan. Reizung der Sinneszellenfortsätze bewirkt. B mechanische Sinne II.
Curare *s* [span., v. einer karib. Spr.], hpts. aus den beiden Pflanzen-Gatt. *Chondodendron* u. *Strychnos* gewonnene *Pfeilgifte,* die v. den Indianern S-Amerikas zur Jagd verwendet werden. Man unterscheidet je nach Gewinnung, Herstellung u. Aufbewahrung in Tontöpfen, Bambusrühren od. ausgehöhlten Flaschenkürbissen zw. *Tubo-* od. *Bambus-C., Topf-C.* u. *Calebassen-C.* Die tox. Inhaltsstoffe des C. *(C.alkaloide)* werden in zwei Gruppen unterteilt: Die Alkaloide von Topf- und Tubo-C., die aus *Chondodendron*-Arten gewonnen werden, besitzen Dimerstruktur und leiten sich von Benzylisochinolin ab

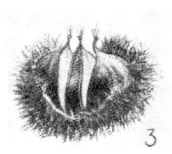

Curare

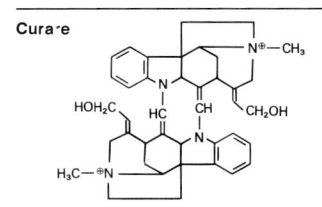

C-Toxiferin I, das toxischste Alkaloid aus C. (DL i.v. 23 μg/kg Maus)

Unter den *C.alkaloiden* zeigen nur diejenigen die typ. Pfeilgiftwirkung, die zwei quartäre Stickstoffatome im Molekül enthalten: *Tubocurarin, C-Toxiferin, C-Dihydroxytoxiferin* u. *C-Curarin.* Sie wirken als kompetitive Antagonisten des Acetylcholins u. blockieren dessen Rezeptorstellen an der postsynapt. Membran. Als Folge davon ist die Depolarisierung der postsynapt. Membranen u. dadurch wiederum die Kontraktion der quergestreiften Muskeln blok-

Cupula
C. bei der Eichel (1), Buche (2) u. Eßkastanie (3)

kiert. Bei den auftretenden Lähmungen werden nacheinander die Muskeln in den Beinen u. Armen, an Kopf, Rumpf u. Brustkorb bewegungsunfähig; der Tod tritt schließl. durch Atemlähmung ein; der Herzmuskel (glatte Muskulatur) ist v. der Lähmung nicht betroffen. Medizinisch wird C. (u. C.abkömmlinge) als Muskelrelaxans angewendet, da es eine starke Erschlaffung der peripheren Muskulatur ermöglicht u. so das eigentliche Narkotikum relativ schwach dosiert werden kann. Im Magen-Darm-Kanal wirkt C. erst in relativ hohen Dosen toxisch, so daß das Fleisch v. Tieren, die mit C. vergiftet wurden, eßbar ist. In äußerst geringen Mengen giftig ist C., wenn es (z.B. mit vergifteten Pfeilen) durch kleine Wunden direkt in die Blutbahn gelangt. Als Gegenmittel wird das Waschen der Wunde mit verdünnter Kaliumpermanganatlösung empfohlen, wodurch das Gift oxidativ zersetzt wird.

(Bisbenzylisochinolinalkaloide); Hauptalkaloide sind *Tubocurarin* u. *Curarin.* Die Alkaloide des Calebassen-C. (gewonnen aus *Strychnos*-Arten) gehören meist dem Strychnin-Typ, seltener dem Yohimbin-Typ an; einzelne Vertreter sind *Maracurin, C-Toxiferin, C-Dihydroxytoxiferin, C-Curarin* u. *C-Calebassin,* die besonders. tox. Verbindungen dieser Gruppe besitzen ebenfalls Dimerstruktur.
Curculionidae [Mz.; v. lat. curculiones = Kornwürmer], die ⟶Rüsselkäfer.
Curcuma *s* [über span. cúrcuma v. arab. kurkum = Safran], Gatt. der Ingwergewächse, mit ca. 70 Arten im trop. Asien u. in N-Australien verbreitet. Eine wicht. Art ist *C. domestica (C. longa),* die Gelbwurzel; aus ihren Rhizomen wird ein scharfes, durch den Farbstoff *Curcumin* gelb gefärbtes Gewürz gewonnen, das in Europa v.a. als wesentl. Bestandteil v. Curry Verwendung findet. Einige andere C.-Arten liefern das ostind. *Arrowroot* (Stärke).
Curcumin *s* [über span. cúrcuma v. arab. kurkum = Safran], *Curcumagelb,* gelber Farbstoff aus Gelbwurzgewächsen, bes. *Curcuma xanthorrhiza* (Javan. Gelbwurz) u. *C. domestica* (langer Gelbwurzelstock), der fr. zur Woll- u. Seidenfärbung diente. Als Textilfarbstoff hat C. heute an Bedeutung verloren, da es durch Licht u. Luft ausgebleicht wird u. beim Waschen mit alkal. reagierenden Seifen eine Braunfärbung eintritt. C. dient als Lebensmittelfarbstoff, zum Färben v. Holz, Lack, Papier, Salben usw. *Curcumapapier* (mit C.-Extrakt getränktes Fließpapier) wird als Indikator mit Umschlagsbereich pH 8–9 (gelb → rotbraun) verwendet.
Curie *s* [küri], Abk. *Ci,* nach dem frz. Physikerehepaar P. u. M. Curie ben., gesetzl.

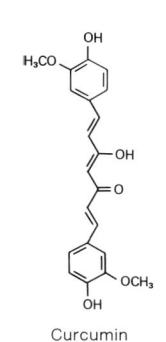

Bei C vermißte Stichwörter suche man auch unter K und Z.

nicht mehr zulässige Einheit der Aktivität radioaktiver Stoffe. 1 Ci entspricht der Aktivität v. 1 g Radium, d. h. 3,7 · 10^10 Alphateilchen pro Sek. Gesetzl. Einheit ist das ↗Becquerel.

Curimatinae, die Breitlinge, ↗Salmler.

Cursorius *m* [v. lat. cursor, Gen. cursoris = Läufer], die ↗Rennvögel.

Cuscuta *w* [mlat., v. arab. kušûtâ' =], der ↗Teufelszwirn.

Cuscuto-Convolvuletum *s* [v. mlat. cuscuta = Teufelszwirn, lat. convolvulus = Winde], Assoz. der ↗Calystegietalia sepium.

Cushing-Syndrom *s* [kasch'ing-; ben. nach dem am. Arzt H. Cushing, 1869–1939], *Morbus Cushing,* Erkrankung des Menschen durch vermehrte Cortisolproduktion. Ursachen sind a) eine Hyperplasie der Nebennierenrinde, weil durch ein ↗Adenom der Hypophyse od. eine Störung des Hypothalamus vermehrt ACTH (↗adrenocorticotropes Hormon) ausgeschüttet u. somit die Cortisolproduktion übermäßig stimuliert wird, b) ein Tumor od. ein Adenom der Nebennierenrinde, die unreguliert Cortisol sezernieren. Symptome: rasche Ermüdbarkeit, Vollmondgesicht, Stammfettsucht, Striae, Stiernacken, Hirsutismus, diabet. Stoffwechsellage, Osteoporose, Muskelschwäche, bei Frauen Amenorrhoe, bei Männern Potenzstörung. Therapie: operative Entfernung des jeweiligen Adenoms od. Tumors.

Cuspidaria *w* [v. lat. cuspis, Gen. cuspidis = Spitze], Gatt. der *Cuspidariidae* (Ord. Verwachsenkiemer), Muscheln mit hinten schnabelartig ausgezogenen, dünnen Schalenklappen; das Verbreitungsgebiet erstreckt sich v. der Arktis über den Atlantik bis ins Mittelmeer.

Cuspidella *w* [v. lat. cuspis, Gen. cuspidis = Spitze, Stachel], Hohltier-Gatt. der *Campanulinidae; C. spec.* bildet eine winzige kriechende Kolonie auf anderen Hydropolypen in schatt. Felsgebieten; die Meduse ist *Laodicea undulata* (15 mm), die in der Adria nicht selten vorkommt; sie wird auch in eine eigene Familie *Laodiceidae* gestellt.

Cuthona *w* [wohl v. gr. kythos = Tiefe], Gatt. der Nacktkiemer, marine Hinterkiemerschnecken mit Rückenanhängen in verzweigten Reihen, im Atlantik vorkommend.

Cuthona ocellata, 8 mm lang

Cuticula *w* [lat., = Haut], **1)** Bot.: von der Epidermis nach außen abgeschiedene Wachsüberzüge (↗Cutin); die C. ist für Wasser u. Gase weniger durchläss. als die Cellulosewände, so daß Wasserverluste des Gewebekörpers durch zu starke Verdunstung eingeschränkt werden. **2)** Zool.: Abscheidung eines Deckepithels (meist Epidermis) v. nicht zellulärem u. daher meist totem Material als Schutzschicht u./od. Exoskelett. Dabei werden verbreitet Skleroproteine, Polysaccharide (z. B. ↗Chitin) od. sogar Cellulose (Manteltiere) an der Oberfläche gebildet. C.e sind im Tierreich weit verbreitet. Unter den Hohltieren haben die Hydrozoen (dort als *Periderm* bezeichnet) eine dicke chitinartige C. Weiter besitzen Rädertierchen, Fadenwürmer, Saitenwürmer, Hakenrüßler, Priapuliden, unter den Weichtieren die Aplacophoren u. Polyplacophoren, die Spritzwürmer, Kelchwürmer, Sternwürmer u. Gliedertiere eine C. Besonders die der Gliedertiere (v. a. Gliederfüßer) ist sehr auffällig. So ist bei den Stummelfüßern die gesamte Epidermis v. einer dünnen, kaum 1–2 µm starken, sehr elast. α-chitinigen C. überzogen, die aus einer 5schicht. Cuticulin- u. als innerste Lage wahrscheinl. aus einer Prosklerotinschicht besteht. Darunter liegt eine unsklerotisierte *Pro-C.* Bei den Bärtierchen kann die C. aus 3 Hauptschichten (Epi-, Intra- u. Pro-C.) bestehen. Der aus ungegerbten Lipoproteinen u. einem neutralen Polysaccharid bestehenden *Epi-C.* ist eine dünne Cuticulinschicht aufgelagert. Darüber liegt vielfach eine aus sauren Mucopolysacchariden zusammengesetzte Schleimschicht. Zwischen der glyko- und lipoproteinhalt. *Intra-C.* u. der 0,2–0,3 µm dicken Pro-C. befindet sich eine Wachsschicht. Eine bes. ausgeprägte Chitin-C. findet sich bei den Gliederfüßern. Sie überzieht dort den gesamten Körper sowie Einstülpungen v. außen: Stomodaeum, Proctodaeum, Tracheen und bei Spinnentieren die Lungen. An der Körperoberfläche ist sie nicht gleichmäßig dick. Man unterscheidet harte Platten (Sklerite) u. weiche Membranen (Intersegmental- u. Gelenkhäute), die eine Beweglichkeit des starren Chitinpanzers gewährleisten. Die C. der Gliederfüßer besteht aus 3 Hauptschichten: *Epi-, Exo-* u. *Endo-C.,* die ihrerseits jeweils aus Untereinheiten aufgebaut sind. Exo- u. Endo-C. werden zus. auch *Pro-C.* genannt. Bei Insekten ist der Epi-C. als wirksamer Verdunstungsschutz eine Wachsschicht aufgelagert. In die Exo-C. werden v. a. bei Krebsen u. Doppelfüßern Mineralien, bes. Calciumcarbonat u. -phosphat, eingelagert. Zum genaueren Aufbau der Arthropoden-C. ↗Chitin, ↗Resilin, ↗Gliederfüßer, ↗Insekten.

Cuticulin *s* [v. lat. cutis = Haut], Lipoproteinschicht der Epicuticula; ↗Cuticula 2).

Cutin *s* [v. lat. cutis = Haut], wachsart. Bestandteil (50–90%) der ↗Cuticula 1); ein Netzwerk v. untereinander veresterten ungesättigten u. gesättigten Hydroxyfettsäuren (bei Blatt-C. hpts. C_{18}-Fettsäuren mit

Cutis

2–3 Hydroxylgruppen), das unter Mitwirkung v. Fettsäure-Oxidasen durch Polymerisation gebildet wird. Unter der Wirkung des Enzyms *Cutinase* (z. B. in Pilzen u. Pollen enthalten) wird C. zu Hydroxyfettsäuren gespalten.

Cutis w [lat., =], die ↗ Haut der Wirbeltiere, aufgebaut aus Oberhaut (Epidermis) u. Lederhaut (Corium, Dermis); mitunter auch Bez. für die Lederhaut allein.

Cutleriales [Mz.; ben. nach dem am. Botaniker M. Cutler, † 1823], Ord. der Braunalgen mit nur 3 Arten; *Cutleria multifida* zeichnet sich durch extrem heteromorphen Generationswechsel aus. Der Sporophyt ist flach, fast krustenförmig u. nur wenige cm groß *(Aglaozonia)*, der Gametophyt bildet einen fächerförm., flachen, knorpel. pseudoparenchymat. Thallus.

Cuvier [küwije], *Georges* Baron de, frz. Naturforscher, * 23. 8. 1769 Montbéliard, damals Mömpelgard, † 13. 5. 1832 Paris; Ausbildung auf der Karlsakademie in Stuttgart; ab 1795 Prof. in Paris, schuf eine anatomische Slg., die zur größten Europas geworden ist. Begr. der wiss. Paläontologie u. vergleichenden Anatomie (teilte das Tierreich in die 4 Typen Wirbel-, Weich-, Glieder- u. Strahltiere ein). Rekonstruierte fossile Tiere u. benutzte dazu erstmalig Muskelansatzstellen an Knochen zur Rekonstruktion der gesamten Muskulatur. Vertrat die Unveränderlichkeit der Arten u. erklärte die Verschiedenheit fossiler u. heutiger Lebewesen durch seine *Katastrophentheorie*. Nach dieser sollten in jeder Erdperiode durch Naturereignisse sämtl. Lebewesen ausgestorben u. danach neu erschaffen worden sein. C. lehnte daher den Deszendenzgedanken u. die Vorstellungen der idealist. Naturphilosophie der Goethezeit ab. Berühmt ist der v. Goethe aufmerksam verfolgte Akademiestreit zw. ihm u. E. Geoffroy Saint-Hilaire. Hauptwerk: „Le règne animal distribué d'après son organisation" (1817, 4 Bde., neue Aufl. 1849, 11 Bde. mit 1000 Tafeln).

Cuvier-Gang [küwije; ben. nach G. de ↗Cuvier], der ↗Ductus cuvieri.

Cuviersche Schläuche [küwije-; ben. nach G. de ↗Cuvier], *Cuvier-Organe,* bei der Gatt. *Holothuria* u. wenigen anderen Gatt. der ↗Seewalzen bis 150 englumige, 2–3 mm dicke u. bis 20 cm lange Fortsätze, die vom Enddarm her in die Leibeshöhle ragen; sie dienen der Verteidigung u. werden als modifizierte Kiemen gedeutet. Nach Ausschleudern ins Meerwasser bilden sie ein zähes reiß- u. dehnbar bis auf die 30fache Länge!), in dem sich Fische u. a. Angreifer verfangen.

Cyamus *m* [v. gr. kyamos = Bohne], Gatt. der Flohkrebse, ↗Walläuse.

G. de Cuvier

Cyanellen

Enzeller mit Cyanellen-Endosymbionten (Auswahl)

Cyanophora paradoxa
Gleucocystis nostochinearum
Glaucosphaera vacuolata
Gloeochaeta wittrockiana
Paulinella chromatophora

cyan-, cyano- [v. gr. kyanos = blaue Farbe, blaue Blume, blauer Stein], in Zss.: blau-.

Cyanea *w* [v. gr. kyaneos = dunkelblau], *Nesselquallen,* Gatt. der Fahnenquallen mit großen Schirmen, die in den gemäßigten u. kalten Meeren vorkommt. Sie gehören mit ihrer herrlichen Färbung, ihren großen Schirmen u. langen Tentakeln zu den schönsten Quallen überhaupt. Mit den langen Tentakeln, die auch auf der Schirmunterseite stehen, wird ein großer Wasserbereich von mehreren m^3 „abgefischt". Zwischen den Tentakeln halten sich oft Jungfische (Schutz) auf. Die Giftwirkung der Nesselkapseln (↗Cniden) auf den Menschen ist stark u. reicht v. Hautreizungen bis zu schweren Erkrankungen. Auch v. der Meduse losgelöste Fäden können nesseln. Die Larvalentwicklung erfolgt zw. den Mundarmen. *C. capillata* (= *arctica),* die gelbe Haarqualle od. Riesenqualle ($\varnothing$ bis 2 m, Tentakel bis 40 m), tritt oft in Schwärmen auf. In der Nord- u. Ostsee erreicht sie 50 cm $\varnothing$. Die blaue Kornblumenqualle *C. lamarcki* ($\varnothing$ 30 cm) ist in der Nordsee häufig.

Cyanellen [Mz.; v. *cyan-], (Pascher, 1929), intrazelluläre Endosymbionten, die sich v. ↗Cyanobakterien ableiten; kommen in Protozoen u. farblosen einzell. eukaryot. Algen vor *(Endocytosymbiose);* i. d. R. sind C. hochgradig im Wirtsorganismus integriert, enthalten im Vergleich zu frei lebenden Cyanobakterien ein erhebl. reduziertes Genom u. können nicht mehr außerhalb der Wirtszelle leben. Sie entsprechen funktionell echten Chloroplasten u. geben Assimilate u. O_2 an die Wirtszelle ab. Wirt u. C. zus. werden *(Endo-)Cyanom* genannt. Ein bekanntes Cyanom ist *Cyanophora paradoxa,* ein beweglicher Protist, der 2–4 photosynthetisch aktive C. *(Cyanocyta korschikoffiana)* enthält, die sich synchron mit der Wirtszelle teilen u. dadurch an die Tochterzelle weitergegeben werden. Diese C. besitzen keine vollständ. Zellwand, enthalten aber noch eine Mureinhülle, die sich durch Lysozym auflösen läßt. C. können als Übergangsformen zu echten Zellorganellen angesehen werden (↗Endosymbiontenhypothese). – In älterer Lit. werden nicht nur die obligaten, sondern alle Cyanobakterien-Symbionten als C. bezeichnet.

Cyanide [Mz.; v. *cyan-], Salze u. Ester der ↗Blausäure; die Alkali- u. Erdalkalicyanide sind wasserlösl. u. sehr giftig, am bekanntesten *Cyankali* (Kaliumcyanid). Die Giftwirkung der C. beruht auf Komplexbildung mit dem Eisen des Hämoglobins u. des Cytochrom a der ↗Atmungskette, womit deren Funktionen blockiert werden.

Cyanidin *s* [v. *cyan-], ein Anthocyanidin (↗Anthocyane), d. h. die zuckerfreie, farbgebende Komponente vieler Blütenfarb-

Cyanobakterien

stoffe. Als *Cyanin,* dem 3,5-Di-β-glucosid des C.s, bedingt es die rote Farbe v. Rosen bzw. aufgrund verschiedenen pH-Wertes die blaue Farbe v. Kornblume u. Veilchen. □ Anthocyane, B Genwirkketten II.

Cyanobakterien [v. *cyano-], *Cyanobacteriales* (Stanier, 1978), *Myxophyceae* (Schleimtange, Wallroth, 1833), *Phycochromophyceae* (Rabenhorst, 1863), *Cyanophyceae* (Blaualgen, Sachs, 1874), *Schizophyceae* (Spaltalgen, Kirchner, Cohn, 1878), *Cyanochloronta, blaugrüne Algen,* Mikroorganismen, die wie ↗Bakterien einen prokaryot. Zellaufbau besitzen, aber eine oxygene Photosynthese durchführen, in der Sauerstoff frei wird, wie in den Chloroplasten eukaryot. Pflanzen. Sie sind nahe mit den Eubakterien verwandt (s. u.); aus prakt. Gründen werden sie in taxonom. Einteilungen oft noch als „prokaryot. Organisationsform" den Algen zugeordnet.

Allgemeine Merkmale: Es sind etwa 2000 C. bekannt. Sie sind weltweit überall im Boden, Süß- u. Salzwasser verbreitet (sehr selten unter sauren Bedingungen). Oft sind die C.-Ansammlungen als gallert. Masse, fäd. Überzüge, schleim. Krusten, gefärbte ↗Wasserblüten mit bloßem Auge sichtbar. Sie haben erhebl. Anteil an der Primärproduktion in Binnengewässern. Einige Formen können Kalkgestein auflösen, andere (z. B. *Rivularia*) Kalk in u. an Scheiden ablagern. Sedimente dieser Formen bilden Seekreide u. Kalktuffe im Gezeitenbereich warmer Meere. Bes. auffällig sind die Besiedlung u. das Massenvorkommen in Grenzbiotopen, extremen Standorten, in denen sie aufgrund ihres bes. Stoffwechsels (Photosynthese, N₂-Fixierung) u. der Fähigkeit, größte Trockenheit u. Kälte für lange Zeit zu ertragen, leben können. Es gibt vielfältige C.-Symbiosen, in denen der Wirt hpts. mit Photosynthese-Assimilaten u./od. Stickstoff versorgen. Durch die Bindung des Luftstickstoffs spielen sie eine wichtige Rolle im Stickstoffkreislauf der Ozeane, Seen u. Böden, bes. in Reisfeldern (30–50 kg N/ha pro Jahr). In Japan werden zur Ertragssteigerung Stickstoffbinder (z. B. *Tolypothrix*) gezüchtet u. dem Wasser der Reisfelder zugegeben. Auf ähnl. Weise wurden auch unfruchtbare Salzböden in Indien rekultiviert. C. sind schon bei den Azteken als Nahrung verwendet worden („tecuitlatl", *Spirulina-*Art) u. dienen bei einigen Völkern (z. B. China [„Fa-Tsai"], Afrika) als normale Gemüsebeilage od. Viehfutter. Heute werden *Spirulina-*Arten in Großanlagen gezüchtet und als Proteinquelle z. B. in diätischer Nahrung genutzt. Zur Biomassegewinnung lassen sich C. auch in Abwasser kultivieren. Es sind keine Krankheitserreger bekannt; aber einige Formen geben hochgiftige Toxine ab, die zu Fisch- u. Viehvergiftungen führen können *(↗Microcystis).* In der Wiss. haben C. große Bedeutung bei der Erforschung der Photosynthese, der N₂-Fixierung, der Zelldifferenzierung u. der ↗photobiologischen Wasserstoffbildung.

Zellaufbau und Zellform: Die C. sind blaugrün (s. Name) über grasgrün bis rot u. braun gefärbt. Sie können einzellig vorkommen od. wenig- bis vielzellige Aggregate (Coenobien, ↗*Chroococcales*) in gallert. Hüllen od. Fäden (Trichome mit echter od. unechter Verzweigung) in gallert. od. fibrillären Scheiden bilden, in denen die Zellen der Trichome untereinander plasmatisch verbunden sein können *(Hormogonales)* (B Bakterien). Die Zellform ist kugelig bis stäbchen- u. fadenförmig (1–50 μm); die Trichome können polar differenziert sein *(Dermocarpa),* meist mit einer Haftscheibe am unteren u. Vermehrungszellen am oberen Ende. Auch die Zellen zeigen schon Differenzierungen; es können Überdauerungszellen *(Akineten)* mit dicker Zellwand gebildet werden u. ↗*Heterocysten* (Grenzzellen), die bei den meisten fädigen Formen die Nitrogenase zur Fixierung des Luftstickstoffs enthalten. – Viele C. führen

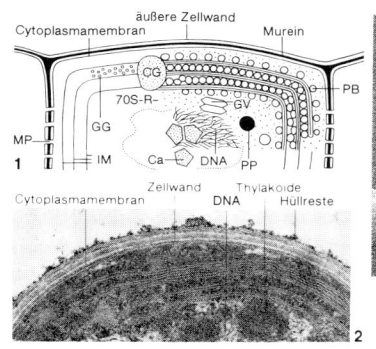

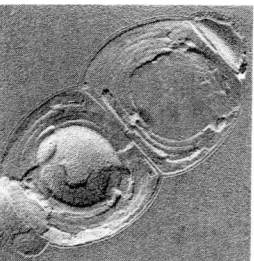

Einige extreme Cyanobakterien-Biotope

Felsen der Flut- u. Spritzwasserzone (Farbstreifensandwatt),
Molluskenschalen,
heiße Quellen (bis 75 °C),
poröse Felsen heißer Wüsten u. der Antarktis,
Firnfelder,
Dauerfrostböden,
Erstbesiedler armer Böden (Wüsten, Vulkangestein, Sanddünen),
Trockensteppen,
Salzseen,
Blätter im Regenwald,
Tiefsee,
Hochgebirge (Tintenstrichvegetation),
Abwässer,
Thermalbiotope mit H₂S

Cyanobakterien-Symbionten

in Flechten:
Chroococcus
Gloeocapsa
Nostoc
Calothrix
Scytonema
Stigonema
Rivularia
Dichothrix

in Moosen:
(Atemhöhlen v. *Blasia,* in *Clavicularia, Anthoceros*)
Nostoc
Anabaena

im Wasserfarn:
(Azolla americana)
Anabaena azollae

in Palmfarnen:
(Cycas, Zamia, Makrozamia)
Nostoc punctiforme od. *Anabaena-*Arten

in Gunera:
(Gallertkanäle des Rhizoms)
Nostoc

in Schwämmen:
Aphanocapsa
intrazelluläre Symbionten in *Protisten* ↗*Cyanellen*

Cyanobakterien
1 Schemat. Aufbau einer vegetativen Cyanobakterien-Zelle: Ca Carboxisom, CG Cyanophycingranulum, GG Glykogengranulum, GV Gasvesikel, IM intracytoplasmatische Membranen (Thylakoide), MP Mikroplasmodesmen, PB Phycobilisome, PP Polyphosphate, 70S-R = 70S-Ribosomen. 2 und 3 Elektronenmikroskopische Aufnahmen von C.: 2 Ausschnitt eines Dünnschnitts v. *Synechocystis,* 3 Aufnahme in Gefrierbruchtechnik *(Plectonema calitrichoides).*

Cyanobakterien

Membrankomponenten der Cyanobakterien
Lipide
Glykolipide (Monogalactosylglyceride, Digalactosylglyceride, Sulfochinovosyldiglyceride)
Phospholipide (Phosphatidyldiglyceride)
Photochemisch aktives Pigment
Chlorophyll a
Antennenpigmente
Chlorophyll a
Carotinoide (β-Carotin, Zeaxanthin, Echinone, Myxoxanthophyll)
Antennenpigment-Komplexe
Chl.-a-Antennenkomplex (Photosystem I)
Phycobilisome mit Phycocyanin, Allophycocyarin, Phycoerythrin (Photosystem II)

Zelleinschlüsse der Cyanobakterien
Speicherstoffe
Glykogengranula (stärkeähnlich)
↗ Cyanophycingranula (Arginin und Asparaginsäure, 1:1)
↗ Polyphosphate
↗ Poly-β-hydroxybuttersäure (selten)
↗ Carboxisomen (Ribulosediphosphat-Carboxylase)
↗ Gasvakuolen

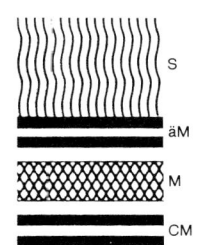

Schema der Zellhüllen von Cyanobakterien

Auf der Cytoplasmamembran (CM) liegt außen die Zellwand, unterteilt in die Mureinschicht (M) u. die äußere Membran (äM, Lipopolysaccharide u. Protein). Es können noch eine od. mehrere, oft geschichtete u. sehr dicke äußere Hüllen (S) aufgelagert sein (Kapseln, Scheiden, Schleime), die wahrscheinlich hpts. aus Polysacchariden aufgebaut sind.

auf fester Oberfläche eine gleitende Bewegung aus. Der Mechanismus ist noch unbekannt. Möglicherweise spielt die Schleimbildung eine Rolle, bei einigen Formen *(Oscillatoria)* scheinen Fibrillen dafür verantwortl. zu sein. Das Cytoplasma der vegetativen Zelle ist v. einer normalen Cytoplasmamembran umgeben. Parallel zur Cytoplasmamembran (u. vereinzelt mit ihr verbunden, od. unregelmäßig verteilt) finden sich bei fast allen C. intracytoplasmat. Membranen, die *Thylakoide,* in u. an denen die Komponenten des Photosyntheseapparates lokalisiert sind. Im Ggs. zu den Thylakoiden der eukaryot. Zellen (↗ Chloroplasten) sind sie nicht v. einer Extra-Membran umschlossen. In älterer Lit. wird die durch Photosynthesepigmente gefärbte Randschicht als Chromatoplasma u. das farblose Innere als Centroplasma bezeichnet. Bei *Gloeobacter* fehlen Thylakoide; der Photosyntheseapparat ist in der Cytoplasmamembran lokalisiert, und die Phycobiliprotein-Antennenpigmente in einer Schicht an ihrer Innenseite. – Im Innern der Zelle liegt die DNA in Form loser Fibrillen vor. Das DNA-Basenverhältnis (Guanin zu Cytosin) reicht v. 35–71 mol%, eine Breite, die die großen genet. Unterschiede innerhalb dieser Prokaryoten-Gruppe widerspiegelt. Die relative Molekülmasse des Genoms beträgt $1{,}6$–$7{,}6 \cdot 10^9$; es ist somit im Durchschnitt deutlich größer als das v. Eubakterien. Neben der DNA in den Kernäquivalenten können auch noch ringförm. Plasmide in der Zelle vorhanden sein. Im Cytoplasma finden sich eine Reihe weiterer Einschlüsse (☐ 335, T 336). Der Cytoplasmamembran sind nach außen mehrere Hüllen aufgelagert (vgl. Abb.).

Vermehrung und Fortpflanzung: Die Vermehrung erfolgt meist durch Zweiteilung. Einige C. vermehren sich durch Sprossung *(Exosporen,* z. B. *Chamaesiphon).* Es können auch Vielteilungen in kleine Zellen auftreten (Nanocytenbildung). Erfolgt die Zellteilung innerhalb bes. Zellen (Sporangien), so werden die Teilungszellen ↗ *Baeocyten* gen. (fr. als *Endosporen* bezeichnet, z. B. *Dermocarpa).* Die Vermehrung kann auch durch kurze, bewegl. Fadenstücke (↗ *Hormogonium)* erfolgen *(Oscillatoria, Cylindrospermum),* die durch Zerfall des ganzen Filaments od. an der Spitze v. verzweigten Fäden gebildet werden *(Scytonema, Stigonema).* Überdauerungsfilamente mit Reservestoffeinlagerungen (Granulabildung) u. dickeren Scheiden werden als *Hormocysten* bezeichnet. Eine geschlechtl. Vermehrung ist bei C. nicht bekannt. Eine parasexuelle Übertragung v. Genmaterial (z. B. Antibiotikaresistenz) ließ sich bei einigen Arten nachweisen.

Stoffwechsel: Alle C. führen einen (photolithoautotrophen) Lichtstoffwechsel aus, in dem O_2 freigesetzt u. CO_2 im Calvin-Zyklus assimiliert wird (↗ Photosynthese, ☐ 337). Einige Arten wachsen im Licht auch

Taxonomische Einordnung der Cyanobakterien

Die taxonom. Zuordnung der C. erfolgte bis vor kurzem bei den Algen aufgrund morpholog. u. physiolog. Merkmale. Untersuchungen v. Reinkulturen u. die Anwendung molekularbiol. Methoden führten zu einer Einordnung bei den Bakterien u. zu einer neuen Gliederung, die jedoch v. sehr vielen Algenkundlern abgelehnt wird. Einige Gründe für die Ablehnung u. für das Beibehalten der Bez. *Cyanophyta* bzw. *Cyanobionta* u. der Einordnung als „prokaryot. Organismenform" bei den Algen sind: Die hohe Differenzierung vieler C., die *oxygene* Photosynthese (mit O_2-Entwicklung aus H_2O), das Fehlen v. Geißeln u. besonders prakt. Gesichtspunkte, da die neuen Methoden für Untersuchungen v. C. aus dem Freiland schlecht geeignet sind. Für eine Neuordnung sprechen nicht nur der prokaryot. Aufbau der C.-Zelle, sondern u. a. die nahe Verwandtschaft zu den Eubakterien (↗ Progenot, ↗ Prokaryoten) u. die Ähnlichkeit der einzelligen C.-Formen mit vielen farblosen gleitenden Bakterien, die auch bei den Bakterien eingeordnet werden. Die Klassifizierung nach den Nomenklaturregeln der Bakterien (Verwendung v. Reinkulturen) anstelle der noch gült. der Botanik bringt aber eine Reihe v. Schwierigkeiten: so werden einige wichtige Merkmale erst in bestimmten Biotopen ausgebildet, u. die bakterielle Terminologie unterscheidet sich wesentl. v. der Algenterminologie.

Klassische Einteilung der Cyanophyta (Cyanobakterien)
(nach Geitler, 1932, Fritsch, 1942)

Kl.:	*Cyanophyceae*
I. U-Kl.:	*Coccogoneae (Chroococcophyceae)*
Ord.: 1.	*Chroococcales*
2.	*Dermocarpales (Chamaesiphonales)*
3.	*Pleurocapsales*
II. U-Kl.:	*Hormogoneae (Hormogoniophyceae)*
Ord.: 4.	*Oscillatoriales*
5.	*Nostocales*
6.	*Stigonematales*

Vorläufige neue Einteilung der Cyanobakterien (Cyanobacteriales)
(nach Stanier u. Cohen-Bazire, 1977)

Gruppe I (Sektion)	chroocoalle Cyanobakterien *(Chroococcales, Chamaesiphonales)**
Gruppe II	pleurocapsale C. *(Chamaesiphonales, Pleurocapsales)*
Gruppe III	fädige C. ohne Heterocysten *(Oscillatoriales)*
Gruppe IV	fädige C. mit Heterocysten, Wachstum nur in einer Ebene *(Nostocales)*
Gruppe V	fädige C. mit Heterocysten, Wachstum in mehr als einer Ebene *(Stigonematales)*

*In Klammern sind die Ord. (des klass. Systems) angegeben, deren Gatt. diesen einzelnen Gruppen zugeordnet werden.

Bei C vermißte Stichwörter suche man auch unter K und Z.

Cyanobakterien

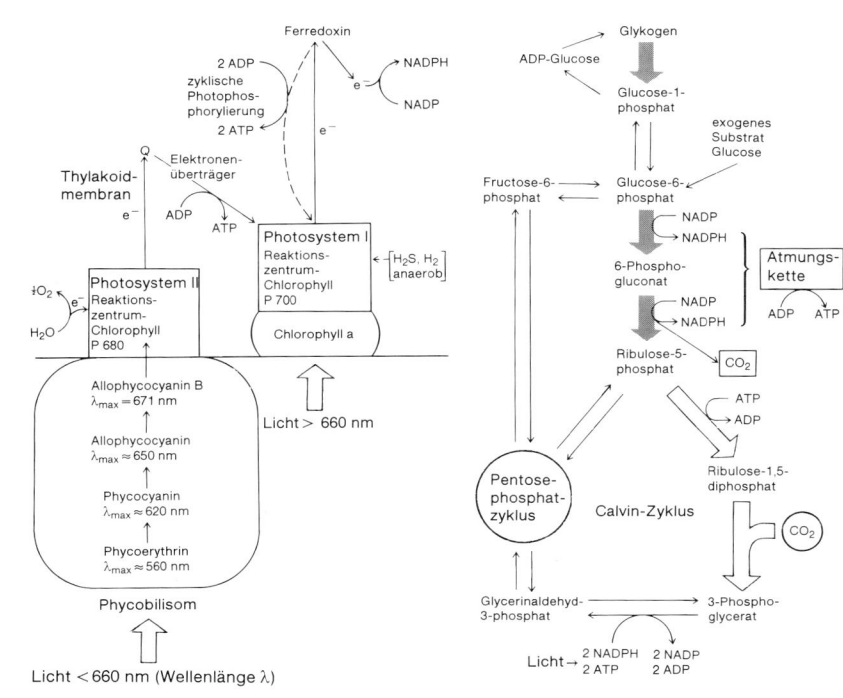

Schema der Photosynthese bei Cyanobakterien

Der Photosyntheseapparat ist (außer bei *Gloeobacter*) in intracytoplasmat. Membranen (Thylakoiden) lokalisiert. In der Thylakoidmembran liegen das Reaktionszentrum-Chlorophyll (Chl. a) u. die Antennenpigmente, Chlorophyll a (nicht a und b wie in höheren Pflanzen) sowie Carotinoide. Weitere, besondere Antennenpigmente, die Phycobiliproteine (Phycocyanin, Allophycocyanin u. seltener Phycoerythrin), sind in ↗Phycobilisomen an der Membranaußenseite angelagert. Die Antennenpigmente passen sich quantitativ u. oft auch qualitativ an die Lichtverhältnisse an (↗ chromatische Adaptation). – Der phototrophe Energiegewinn verläuft wie bei der ↗Photosynthese v. Pflanzen mit 2 Lichtreaktionen u. einer Wasserspaltung unter Freisetzung v. molekularem Sauerstoff (O_2). Die ATP-Bildung erfolgt in einer nicht-zykl. Photophosphorylierung, als Reduktionsäquivalent entsteht NADPH. Einige C. (z. B. *Oscillatoria limnetica*) können auch unter anaeroben Bedingungen eine bakterielle (anoxygene) Photosynthese (nur Photosystem I) mit einer zykl. Photophosphorylierung ausführen u. Schwefelwasserstoff (H_2S) od. molekularen Wasserstoff (H_2) als Elektronendonor zur Bildung v. Reduktionsäquivalenten verwerten.

Schema des Kohlenstoff-Stoffwechsels bei Cyanobakterien

⇨ Reaktionen des Photosynthesestoffwechsels,
➡ Reaktionen des Dunkelstoffwechsels

Im Licht wird Kohlendioxid (CO_2) im Calvin-Zyklus assimiliert u. im reduktiven Pentosephosphatzyklus in Kohlenhydrate (z. B. für Zellwandkomponenten u. Glykogen) umgewandelt. Im endogenen Dunkelstoffwechsel (Erhaltungsstoffwechsel) werden die Speicherstoffe (z. B. Glykogen) im oxidativen Pentosephosphatweg abgebaut, das entstehende NADPH über die Atmungskette mit molekularem Sauerstoff oxidiert u. dabei Energie (ATP) gewonnen. In gleicher Weise verläuft der Energiegewinn bei den Arten, die im Dunkeln auch Glucose als exogenes Substrat verwerten können.

mit organ. Stoffen (photoorganoheterotroph) od. sind befähigt, eine bakterielle (↗anoxygene) Photosynthese auszuführen mit H_2S oder H_2 anstelle von H_2O als Wasserstoffdonor zur CO_2-Reduktion (↗phototrophe Bakterien). Es gibt auch fakultativ chemotrophe Formen, die im Dunkeln z. B. mit Glucose wachsen. Andererseits sind viele C. obligat phototroph. Diese Arten besitzen keinen vollständigen Citratzyklus (α-Ketoglutarat-Dehydrogenase fehlt).

Fossiles Vorkommen und *taxonomische Einordnung:* C. sind uralte Organismenformen, die wahrscheinl. eine wichtige Rolle in der ersten Anreicherung der Erdatmosphäre mit Sauerstoff spielten, so daß die "höheren Organismen" entstehen konnten. Es wird angenommen, daß C. bzw. C.-Vorfahren die Vorläufer der Chloroplasten höherer Pflanzen sind (↗Endosymbiontenhypothese). Geschichtete Kalkkrusten (Stromatolithe), die wahrscheinl. auf C.-Ablagerungen zurückzuführen sind, lassen sich in über 3 Mrd. Jahre altem Gestein nachweisen (Swaziland-System). Eindeutige, *Nostoc*-ähnliche C.-Formen finden sich in der Gunflint-Iron-Formation (ca. 2 Mrd. Jahre). In den Fäden (z. B. *Gunflinta minuta*) sind sogar Heterocysten zu erkennen, die auch auf das Vorkommen v. Sauerstoff (aus der Photosynthese) schließen lassen. – Die Taxonomie der C. wirft

Bei C vermißte Stichwörter suche man auch unter K und Z.

Cyanochloronta

viele Probleme auf u. ist sehr unbefriedigend (T 336). Eine verbindl. Regelung über die taxonom. Einordnung wurde noch nicht erreicht, so daß z. Z. 2 Systeme der C. bestehen. In der Bakteriensystematik werden die C. als Ord. *Cyanobacteriales* zus. mit der Ord. ↗*Prochlorales* in der U.-Kl. *Oxyphotobacteriaceae* der Kl. *Photobacteria* eingeordnet. B Bakterien.

Lit.: Carr, N. G., Whitton, B. A.: The Biology of Cyanobacteria. Oxford – London 1982. Fott, B.: Algenkunde. Stuttgart ²1971. Van den Hoek, Ch. · Algen. Einführung in die Phykologie. Stuttgart 1978. Urania Pflanzenreich. Bd. 1: Niedere Pflanzen. Leipzig – Jena – Berlin ²1977. G. S.

Cyanochloronta [Mz.; v. *cyano-, gr. chlōros = grüngelb], die ↗Cyanobakterien.

Cyanocyta [Mz.; v. *cyano-, gr. kytos = Höhlung], endosymbiont. Cyanobakterien (↗Cyanellen).

cyanogene Glykoside [Mz.; v. *cyano-, gr. genos = Abstammung], *Blausäureglykoside*, Gruppe v. im Pflanzenreich häufig vorkommenden, stark gift. Cyanhydrin-O-Glykosiden, zu denen z. B. das in Steinobstkernen enthaltene ↗Amygdalin zählt. Ihre Giftwirkung beruht auf der nach Entfernung der Glykosylreste (durch Glykosidasen) mögl. Freisetzung v. Blausäure aus den entspr. Cyanhydrinen. C. G. leiten sich v. Aminosäuren durch Decarboxylierung u. Dehydrierung der primären Aminogruppe zur Cyanogruppe ab (z. B. Phenylalanin → Prunasin, Amygdalin; Tyrosin → Toxiphyllin, Dhurrin; Valin → Linamirin; Isoleucin → Lotaustralin).

Cyanomorphae [Mz.; v. *cyano-, gr. morphē = Gestalt], Kl. der farblosen Cyanobakterien mit den Ord. ↗*Beggiatoales* u. ↗*Leucotrichales;* diese Einteilung verschiedener farbloser, gleitender Bakterien ist noch nicht allg. anerkannt.

Cyanophagen [Mz.; v. *cyano-, gr. phagos = Fresser], Viren, die ↗Cyanobakterien infizieren. Alle bislang untersuchten C. sind aus einem Kopf- u. einem Schwanzteil aufgebaut u. besitzen eine doppelsträngige DNA; taxonomisch werden sie in die entspr. ↗Bakteriophagen-Familien eingeordnet.

cyanophile Flechten [v. *cyano-, gr. philos = Freund], die ↗Blaualgenflechten.

Cyanophora [Mz.; v. *cyano-, gr. -phoros = -tragend] ↗Cyanellen.

Cyanophyceae [Mz.; v. *cyano-, gr. phykos = Tang], die ↗Cyanobakterien.

Cyanophycingranula [Mz.; v. *cyano-, gr. phykos = Tang, lat. granulum = Körnchen], v. vielen Cyanobakterien am Ende der Wachstumsphase als Stickstoffreserve gebildete Zelleinschlüsse; bestehen aus polymerem Arginin u. Asparaginsäure.

Cyanophyta [Mz.; v. *cyano-, gr. phyton = Lebewesen], die ↗Cyanobakterien.

cyar-, cyano- [v. gr. kyaros = blaue Farbe, blaue Blume, blauer Stein], in Zss.: blau-.

Cyatheaceae

Die C. bevorzugen wie alle Baumfarne Standorte mit ganzjährig hoher Luftfeuchte u. geringen Temperaturschwankungen. Sie finden sich entsprechend v. a in trop.-subtrop. Nebel- u. Wolkenwäldern. Fossil sind die C. mit einiger Sicherheit seit der Kreide bekannt.

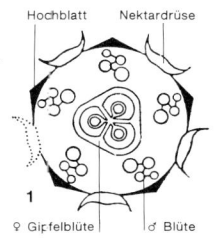

1
♀ Gipfelblüte ♂ Blüte
Hochblatt Nektardrüse

Cyathium 2
1 Diagramm eines Cyathiums, **2** Cyathium vom Christusdorn; die Cyathien des Christusdorns ergeben wiederum einen Blütenstand (Trugdolde)

cyath-, cyatho- [v. gr. kyathos = Schöpfgefäß, Becher].

cycad- [v. neulat. cycas = Palmfarn, Sagopalme (pseudogr. Stammbildung); cycas wohl irrtüml. Lesung v. gr. koikas, Akk. Pl. v. koix = ägypt. Palme], in Zss.: Palm-.

Cyanopica w [v. *cyano-, lat. pica = Elster], Gatt. der ↗Rabenvögel.

Cyanwasserstoffsäure [v. *cyan-], die ↗Blausäure.

Cyatheaceae [Mz.; v. *cyath-], Fam. baumförm. leptosporangiater Farne (Ord. *Filicales*) mit 1–8 Gatt. u. ca. 800 überwiegend subtrop.-trop. verbreiteten Arten. Es sind Schopfbäume mit meist 4–6 m (max. bis 15 m) hohen „Blattwurzelstämmen" (d. h. Stämme v. a. gebildet durch persistierende Blattbasen u. einen Adventivwurzelmantel; sekundäres Dickenwachstum fehlt) u. großen Wedelblättern, die Spreuschuppen aufweisen u. unterseits auf der Fiederchenfläche z. T. mit einem Indusium versehene Sori tragen. Umgrenzung u. systemat. Gliederung der C. sind umstritten. Teilweise wird hierher nur die Gatt. *Cyathea* i. w. S. gestellt, die v. anderen Autoren nach der Ausbildung des Indusiums bzw. der Struktur der Spreuschuppen in mehrere Gatt. aufgetrennt wird (die wichtigsten sind *Alsophila, Hemitelia, Cyathea* i. e. S.). Unterschiedl. Auffassungen bestehen auch über die Eigenständigkeit der sehr ähnl. Fam. ↗*Dicksoniaceae*.

Cyathium s [v. gr. kyathion = kleiner Becher], Blütenstand bei Wolfsmilchgewächsen, der das Aussehen einer Einzelblüte hat. Das C. besteht aus einer langgestielten u. perianthlosen ♀ Gipfelblüte, die von 5 Gruppen gestielter u. perianthloser ♂ Blüten umgeben ist. Der ganze Blütenstand wird perianthartig von 5 Hochblättern umschlossen, zw. denen ellipt. oder halbmondförm. Nektardrüsen sitzen.

Cyathodium s [v. gr. kyathōdēs = becherartig], Gatt. der ↗Targioniaceae.

Cyathomonadaceae [Mz.; v. *cyatho-, gr. monas, Gen. monados = Einheit], Fam. der *Cryptomonadales*, farblose, monadale Algen, die sich phagotroph ernähren. Nur 1 Gatt. mit 1 Art; *Cyathomonas truncata* kommt vereinzelt in stark verschmutzten Tümpeln vor; Zellen mit sackart. Vertiefung in Geißelnähe.

Cyathophoraceae [Mz.; v. *cyatho-, gr. -phoros = -tragend], Fam. der *Hookeriales;* hierzu gehört das einzige Laubmoos (*Cyathophorella tahitensis*), dessen Blättchen Wassersäcke (Wasserspeichergewebe) auf der Unterseite tragen.

Cyathophyllum s [v. *cyatho-, gr. phyllon = Blatt], häuf. Rugosen-Gatt. (Hohltiere) des Mitteldevons; heute meist unter dem Namen *Hexagonaria*. [der ↗Nestpilze.

Cyathus m [v. gr. kyathos = Becher], Gatt.

Cycadales [Mz.; v. *cycad-], *Cycadeen, Palmfarne,* Ord. der Kl. *Cycadatae* (U.-Abt. ↗*Cycadophytina*) mit 9–10 trop.-subtrop. verbreiteten rezenten Gatt., die in 1 od. 3 Fam. gestellt werden. Die C. bilden

Bei C vermißte Stichwörter suche man auch unter K und Z.

CYCADOPHYTINA

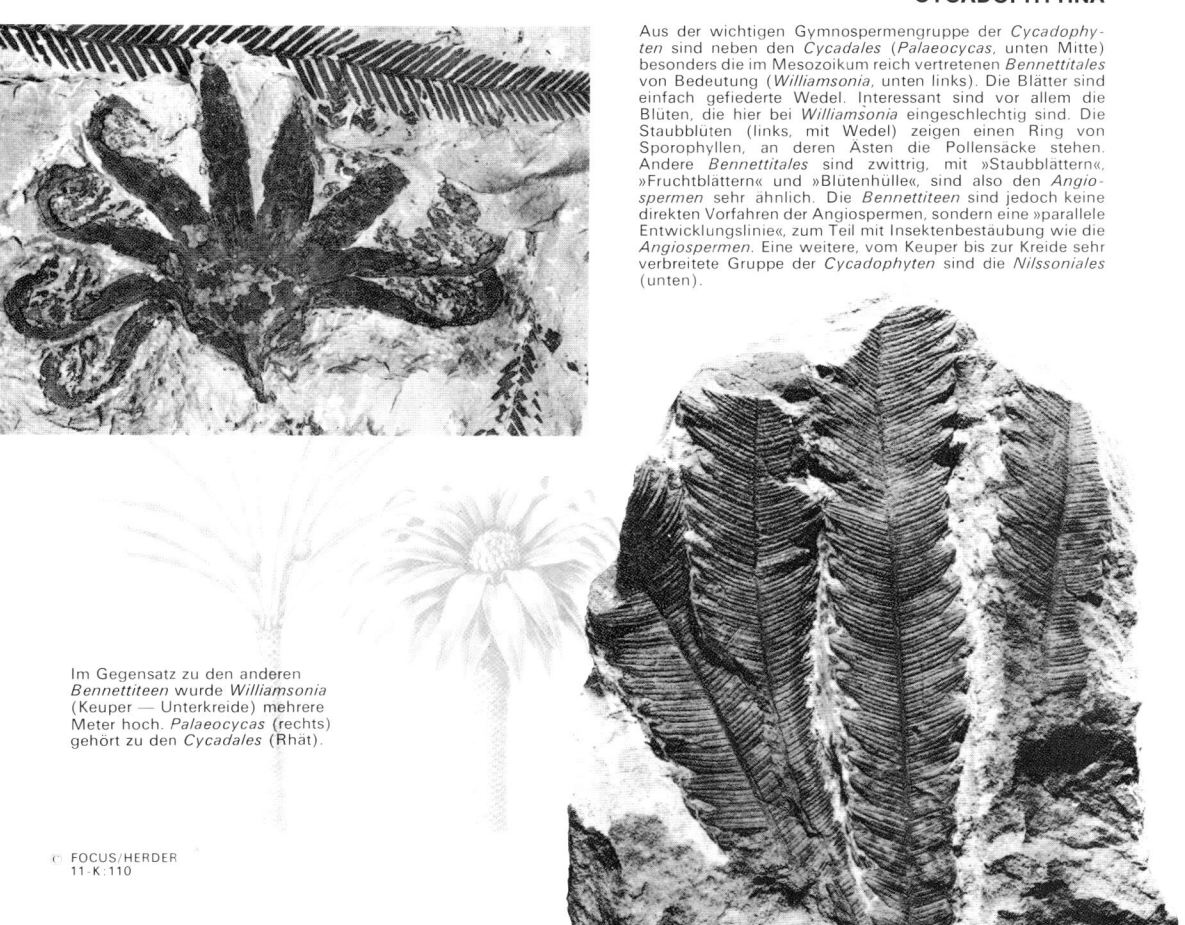

Aus der wichtigen Gymnospermengruppe der *Cycadophyten* sind neben den *Cycadales* (*Palaeocycas*, unten Mitte) besonders die im Mesozoikum reich vertretenen *Bennettitales* von Bedeutung (*Williamsonia*, unten links). Die Blätter sind einfach gefiederte Wedel. Interessant sind vor allem die Blüten, die hier bei *Williamsonia* eingeschlechtig sind. Die Staubblüten (links, mit Wedel) zeigen einen Ring von Sporophyllen, an deren Ästen die Pollensäcke stehen. Andere *Bennettitales* sind zwittrig, mit »Staubblättern«, »Fruchtblättern« und »Blütenhülle«, sind also den *Angiospermen* sehr ähnlich. Die *Bennettiteen* sind jedoch keine direkten Vorfahren der Angiospermen, sondern eine »parallele Entwicklungslinie«, zum Teil mit Insektenbestäubung wie die *Angiospermen*. Eine weitere, vom Keuper bis zur Kreide sehr verbreitete Gruppe der *Cycadophyten* sind die *Nilssoniales* (unten).

Im Gegensatz zu den anderen *Bennettiteen* wurde *Williamsonia* (Keuper — Unterkreide) mehrere Meter hoch. *Palaeocycas* (rechts) gehört zu den *Cycadales* (Rhät).

© FOCUS/HERDER
11-K:110

Schopfbäume (selten über 2 m hoch) mit säulenförm., meist unverzweigten (z.T. im Boden eingesenkten) „Mark-Rindenstämmen" (Mark u. Rinde dominieren, Sekundärholz gering, allerdings mit zusätzl. Kambiumringen in der Rinde: polyxyl) u. 1–2fach gefiederten großen Wedelblättern, die im Ggs. zu den im Habitus sehr ähnl. fossilen *Bennettitales* haplocheile Spaltöffnungen besitzen. Die diözisch verteilten Sporophylle sind im allg. zu großen, zunächst terminal stehenden Zapfen vereinigt; nur bei den ♀ Pflanzen der Gatt. *Cycas* bildet der Vegetationspunkt abwechselnd Bereiche mit sterilen Blättern u. Bereiche mit Megasporophyllen. Die Mikrosporophylle sind bei allen C. schuppen- od. schildförmig u. tragen an der Unterseite zahlr. (bis 1000) Pollensäcke. Die meist ebenfalls schildförm. Megasporophylle tragen im allg. 2 Samenanlagen. Urspr. ist hier wiederum die Gatt. *Cycas*, deren blattart. Megasporophylle mit mehreren seitl. stehenden Samenanlagen u. z.T. gefiedertem sterilem Endteil die Entstehung aus Wedelblättern erkennen lassen (Phyllosporie im Ggs. zur Stachysporie der *Coniferophytina*). Die Befruchtung erfolgt (ähnl. wie bei *Ginkgo*) über freie, mit einem schraubig verlaufenden Geißelband versehene Spermatozoiden; der Pollenschlauch dient offenbar nur der Verankerung u. Ernährung. – Fossil sind die vermutl. von paläozoischen Farnsamern

Cycas

Cycadales

Verwendung finden die C. in ihrer Heimat v.a. für Speisezwecke aufgrund des Stärkereichtums der Samen (z.B. *Dioon*) u. des Stammarkes („falscher Sago", gewonnen u.a. aus *Cycas circinalis*, *C. revoluta* u. dem Kaffernbrot-Palmfarn *Encephalartos caffer*). Dabei sind stets Vorbehandlungen erforderlich, da die C. tox. Inhaltsstoffe (glykosid. gebundene Azoxy-Verbindungen) bilden. Bemerkenswert ist hier das aus *Cycas*-Samen isolierte *Cycasin*, für das eine carcinogene Wirkung nachgewiesen wurde.

Rezente Gattungen:

Bowenia (2 Arten, Australien)
Ceratozamia (4 Arten, Mexiko)
Cycas (15 Arten, altweltl. Tropen u. Subtropen)
Dioon (3 Arten, Mexiko)
Encephalartos (Kaffernbrot-Palmfarn; 30 Arten, Afrika)
Macrozamia (12–15 Arten, Australien)
Microcycas (1 Art, Kuba; vom Aussterben bedroht)
Stangeria (1 Art, S-Afrika)
Zamia (30 Arten, trop. u. subtrop. Amerika)

Bei C vermißte Stichwörter suche man auch unter K und Z.

339

Cycadeoidea

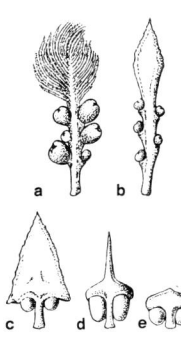

Cycadales

Die Megasporophylle der *Cycadales* lassen eine fortschreitende Reduktion des Blattcharakters erkennen. **a** *Cycas revoluta*, **b** *Cycas circinalis*, **c** *Dioon*, **d** *Macrozamia*, **e** *Zamia*.

Cycadophytina

Grobe systematische Gliederung:
† Kl. *Lyginopteridatae (Pteridospermae,* ↗Farnsamer)
Kl. *Cycadatae*
  † Ord. ↗*Nilssoniales*
  Ord. ↗*Cycadales* (Cycadeen, Palmfarne)
† Kl. *Bennettitatae*
  † Ord. ↗*Bennettitales*
  † Ord. ↗*Pentoxylales*
Kl. ↗*Gnetatae*

cycad- [v. neulat. cycas = Palmfarn, Sagopalme (pseudogr. Stammbildung); cycas wohl irrtüml. Lesung v. gr. koikas, Akk. Pl. v. koix = ägypt. Palme], in Zss.: Palm-.

cycla- [v. gr. kyklas = kreisförmig].

cycl-, cyclo- [v. gr. kyklos = Kreis], in Zss.: Kreis-.

abzuleitenden C. ab der Trias dokumentiert (weniger sichere Funde auch aus dem Oberkarbon u. Perm) u. erreichen ihren Entwicklungshöhepunkt im Mesozoikum (z. B. *Palaeocycas*). Die rezenten Formen müssen entsprechend als Reliktgruppe bewertet werden, worauf auch die Verbreitung der einzelnen Gatt. hinweist. T 339.
Cycadeoidea [Mz.; v. *cycad-], Gatt. der ↗Bennettitales.
Cycadophytina [Mz.; v. *cycad-, gr. phyton = Pflanze], U.-Abt. nacktsam. Spermatophyten; bilden zus. mit den *Coniferophytina* die Organisationsstufe der Gymnospermen (Nacktsamer). Charakterist. Merkmale der C. sind nach dem Wedelblatt-Typ gebaute Megaphylle mit Fieder- od. Netznervatur, dikline od. selten monokline Blüten (Blütenbildung fehlt bei Farnsamern, ferner innerhalb der *Cycadales* bei der Gatt. *Cycas*), urspr. fiedrig gebaute Mikro- u. Megasporophylle mit mehreren Pollensackgruppen bzw. Samenanlagen (Phyllosporie; durch Reduktion aber auch sekundär Stachysporie, z. B. bei den ↗*Bennettitales*) u. schließl. Samenanlagen mit oft 2 Integumenten (das 2. Integument vermutl. aus einer Cupula entstanden). Bei einer Kl. *(Gnetatae)* kommen im Ggs. zu den anderen Gymnospermengruppen auch Hoftüpfel-Tracheen vor. Die wie die *Coniferophytina* vermutl. v. den Progymnospermen abzuleitenden C. reichen mit den Farnsamern bis ins Oberdevon zurück, erreichen im Paläozoikum u. Mesozoikum ihren Entwicklungshöhepunkt u. bilden heute eine relativ kleine Reliktgruppe. Wie u. a. aus dem Bau der Tropho- u. Sporophylle hervorgeht, haben sich aus urspr. C. aus dem Bereich der Farnsamer sehr wahrscheinl. auch die Angiospermen (Bedecktsamer) entwickelt. B 339. [les.
Cycas *w* [v. *cycad-], Gatt. der ↗*Cycadacychrisiert*, Bez. für spitz zulaufenden Kopf u. Halsschild, v. a. bei Käfern. Die Bez. ist v. der Laufkäfergatt. *Cychrus* abgeleitet.
Cychrus, Gatt. der ↗Laufkäfer.
Cyclamate [Mz.; v. *cycla-], Sammelbez. für die Salze der Cyclohexansulfamidsäure; Ca- und Na-C. sind als *Süßstoffe* im Handel; die Süßkraft ist allerdings geringer als diejenige v. Saccharin; der Vorteil der Ca- bzw. Na-C. liegt in ihrer Hitzestabilität u. im Fehlen eines bitteren Nachgeschmacks.
Cyclamen *s* [v. gr. kyklas = kreisförmig], das ↗Alpenveilchen.
Cyclanorbis *m* [v. *cycla-, lat. orbis = Kreis, Scheibe], Gatt. der Echten ↗Weichschildkröten.
Cyclanthaceae [Mz.; v. *cycla-, gr. anthos = Blume], *Scheinpalmen*, einzige Fam.

der *Cyclanthales*, mit 11 Gatt. u. ca. 180 Arten im trop. Mittelamerika verbreitet. Die Arten sind teils Rhizompflanzen, meist ohne oberird. Stengel, teils Lianen, die sich mittels Sproßbürt. Wurzeln an anderen Gehölzen abstützen. Die Blätter, die jungen Palmenblättern ähneln, sind oft tief zweispaltig. Die ganzen Pflanzen enthalten einen farblosen bis weißen Saft. Die Blütenstände sind kolbenartig (ähnl. denen der Aronstabgewächse) u. von einer mehrblättr. Hülle umgeben. Jeder Blütenstandskolben enthält ♂ und ♀ Blüten. Die ♀ Blüten sind 4zählig, wobei die Hüllblätter fehlen können – der aus 4 Karpellen gebildete Fruchtknoten sitzt oft in die Kolbenachse eingesenkt. 4 fadenförmig verlängerte Staminodien dienen wohl zur Anlockung v. Bestäubern, überwiegend Rüsselkäfer. Auch die ♂ Blüten tragen nur bei einigen Arten eine Blütenhülle, die zahlr. Staubblätter sind untereinander u., falls vorhanden, mit der Blütenhülle verwachsen. Die Gatt. *Cyclanthus* zeichnet sich durch Blüten aus, die weitgehend ihre Individualität verloren haben: ♂ und ♀ Blüten sitzen den Kolben jeweils in einander abwechselnden Wirteln auf. Dabei sind die Fruchtknoten untereinander verwachsen, u. die Hüllblätter bilden einen gemeinsamen Schuppenring. Bei den anderen Gatt. sind die Blüten spiralig angeordnet, wobei jede ♀ Blüte von 4 ♂ Blüten umgeben ist. Von wirtschaftl. Bedeutung ist *Carludovica palmata*, die habituell an eine kleine Palme erinnert. Ihre jungen Blätter werden zu den bekannten „Panamahüten" verarbeitet (v. a. in Ecuador hergestellt), während man aus den älteren Matten, Körbe u. ä. fertigt.
Cyclanthales [Mz.; v. *cycla-, gr. anthos = Blume], Ord. der *Arecidae* mit der einzigen Fam. *Cyclanthaceae*. Die stark abgeleiteten C. stehen im System vermittelnd zw. Aronstabartigen u. Palmenartigen.
Cyclanthera *w* [v. *cycla-, gr. anthéros = blühend], Gatt. der ↗Kürbisgewächse.
Cyclanthus *m* [v. *cycla-, gr. anthos = Blume], Gatt. der ↗Cyclanthaceae.
Cyclarhidae, die ↗Papageiwürger.
Cyclas *w* [v. *cycla-], veralteter Name der ↗Kugelmuscheln.
Cyclemys *w* [v. *cycl-, gr. emys = Schildkröte], Gatt. der ↗Sumpfschildkröten.
Cyclite [Mz.; v. *cycl-], Cycloalkane, die an mindestens drei Ringkohlenstoffatomen je eine Hydroxylgruppe tragen. Unter den Naturstoffen sind es v. a. die *Cyclohexite* (1,2,3,4,5,6-Hexahydroxycyclohexane), ringförm. Zuckeralkohole, wie z. B. *Inosit, myo-Inosit, Scyllit, Pinit* u. *Quebrachit*.
Cycloalkane [Mz.; v. *cyclo-], *Cycloparaffine*, gesättigte, ringförm., nicht planare Kohlenwasserstoffe mit ausschl. C-Ato-

men im Ring. Für monocycl. C. ist die allg. Bruttoformel C_nH_{2n}; bekannte Vertreter sind Cyclopropan, -butan, -pentan, -hexan usw. sowie deren Alkylsubstitutionsprodukte, wobei Fünf- u. Sechsringe am stabilsten sind. In der Natur kommen C. z. B. im Erdöl (Cyclopentan, -hexan u. -heptan), weshalb sie gelegentl. auch als Naphthene bezeichnet werden, sowie in äther. Ölen (cycl. Terpene) vor.

cyclo-AMP ↗ Adenosinmonophosphat.

Cycloartenol s [v. *cyclo-], ein tetracycl. Triterpen, das als Pflanzeninhaltsstoff z. B. im Milchsaft v. Wolfsmilchgewächsen vorkommt u. allg. bei der Biosynthese v. Steroiden als Intermediärprodukt v. Bedeutung ist.

Cyclocorallia [Mz.; v. *cyclo-, gr. korallion = Koralle], jüngeres Synonym (Schindewolf 1942) v. *Scleractinia* Bourne 1900.

Cyclocosmia w [v. *cyclo-, gr. kosmos = Einteilung, Schmuck], Gatt. der Falltürspinnen; zeichnen sich durch ein nach hinten kon. erweitertes Opisthosoma aus, dessen Ende senkrecht abgestutzt u. hart sklerotisiert ist; bei Feindangriff kann die Wohnröhre mit dem Opisthosoma zusätzl. zur Falltür wie mit einem Stopfen verschlossen werden; eine Art aus China, eine Art aus den südl. USA bekannt.

Cycloderma s [v. *cyclo-, gr. derma = Haut], Gatt. der Echten ↗ Weichschildkröten.

cyclo-GMP ↗ Guanosinmonophosphat.

Cycloheximid s [v. *cyclo-, gr. hexa = sechs-], *Actidion*, Antibiotikum aus *Streptomyces griseus*, das die Proteinsynthese der 80S-Ribosomen eukaryot. Zellen, nicht aber die der 70S-Ribosomen der Prokaryoten, Mitochondrien oder Chloroplasten hemmt.

Cyclohexite [Mz.; v. *cyclo-] ↗ Cyclite.

Cyclomedusa w [v. *cyclo-, ben. nach gr. Medousa = eine myth. Schreckensgestalt], (Sprigg 1947), † Meduse ungewisser systemat. Stellung aus der jungpräkambr. Ediacara-Fauna v. S-Australien; Schirm kreisförmig ohne Einbuchtungen u. Tentakel, aber mit konzentr. Gruben u. Rippen sowie feinen radialen Streifen; Ringkanal evtl. vorhanden.

Cyclomorphose w [v. *cyclo-, spätgr. morphōsis = Gestaltung], *Temporalvariation*,

Einige Cycloalkane

Cyclocosmia

Cycloheximid

Cyclomorphose
Jahresperiod. Gestaltwechsel (Cyclomorphose) des Wasserflohs *Daphnia cucullata*.

temporaler Formwechsel, der v. a. bei den Wasserflöhen *(Cladocera)* u. Rädertieren *(Rotatoria)* des Süßwassers bekannt ist. Durch verschiedene während der Embryonalentwicklung wirksame Faktoren, z. B. Temp. und Nahrung, verändert sich die Länge v. Körperanhängen.

Cyclomyaria [Mz.; v. *cyclo-, gr. mys = Muskel], *Doliolida*, *Fäßchensalpen*, *Tonnensalpen*, U.-Kl. der Salpen mit der einzigen Fam. *Doliolidae* u. ca. 15 Arten; pelag. transparente Manteltiere, mit faßart. ringförm. Muskelbändern umzogenem Körper. Ein- bzw. Ausströmöffnung am Vorderbzw. Hinterende. Das Körperinnere ist v. Kiemendarm u. Peribranchialraum erfüllt, restl. Organe stark zusammengedrängt; Fortbewegung ausschl. durch die Muskelbänder (Rückstoß); charakterist. Generationswechsel (Metagenese). Die Generationen sind vorübergehend zu einer Kolonie mit Arbeitsteilung verschmolzen. Aus im freien Wasser befruchteten Ei entsteht eine typ. Schwanzlarve (↗ Manteltiere), die unter Reduktion v. Schwanz u. Darm u. Vergrößerung der Muskulatur zum Oozoid (Amme) heranwächst; es hat keine Gonaden, eine Statocyste u. vermehrt sich durch Knospung. Im Ventralbereich bildet sich ein Auswuchs (Stolo prolifer), an dem in mehreren Schüben Knospen (Blastozooide) abgegeben werden (s. unten); diese werden v. meist mehreren epidermalen Transportzellen (Phorocyten) über die

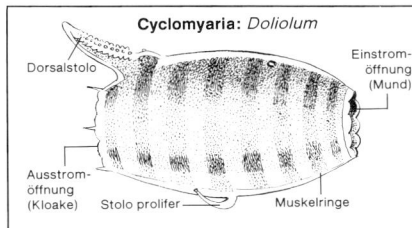

Cyclomyaria: *Doliolum*

Knospenschübe:

1. Knospenschub, wird seitl. am Dorsalstolo (Lateralknospen) abgesetzt, entwickelt sich zu Trophozoiden (Nährtierchen), mit effektivem Strudelapparat; zur Ernährung der Amme u. der weiteren Knospen

2. Knospenschub, entwickelt sich auf dem Dorsalstolo in der Medianen zu gestielten Phorozoiden (Trägertierchen) ohne Gonaden, mit Salpenorganisation

3. Knospenschub, am Stiel der Phorozoiden werden Geschlechtsurknospen abgesetzt; jede Geschlechtsurknospe knospt ihrerseits Gonozoide (Geschlechtstiere); ist der Stiel eines Phorozoiden voll besetzt, löst er sich v. Dorsalstolo ab u. schwimmt frei, sein Platz wird v. neuer Knospe besetzt. Gonozoide bilden Gonaden u. reifen zu protogynen Zwittern, die Geschlechtsprodukte ins freie Wasser entlassen.

rechte Körperseite auf einen hohlen, reich durchbluteten dorsalen Fortsatz (Dorsalstolo, bis 20 cm lang) gebracht (Details des Transports sind ungeklärt). Die beiden Gatt. *Doliolum* u. *Doliopsis* leben bes. in warmen Meeren, 1 Art, *Doliolum resistibile*, aber auch in antarkt. Gewässern, *Doliolum mülleri* u. *D. denticulatum* sind häufige mediterranboreal verbreitete Arten. Die Kör-

Cyclope

pergröße ist je nach Entwicklungszustand verschieden: Ammen ohne Dorsalstolo 5–15 mm (größte Amme 30 mm, mit Dorsalstolo 200 mm), Geschlechtstiere ca. 1,5–9 mm.

Cyclope w [v. *cyclop-], Gatt. der *Nassariidae*, Neuschnecken mit glattem, rundl. Gehäuse, dessen Mündung sehr schräg gestellt ist; sie leben im Meer- u. Brackwasser S-Europas u. im östl. Atlantik.

Cyclopes m [v. *cyclop-], Gatt. der ↗Ameisenbären.

Cyclophoroidea [Mz.; v. *cyclo-, gr. -phoros = -tragend], *Architaenioglossa*, Überfam. der Mittelschnecken mit zahlr. Arten auf dem Land u. im Süßwasser; ihr Nervensystem ist wenig konzentriert, die pedalen Markstränge sind strickleiterartig gebaut. Bes. wichtige Fam. sind die *Cyclophoridae*, *Neocyclotidae* u. *Cochlostomatidae*.

Cyclophorus m [v. *cyclo-, gr. -phoros = -tragend], Gatt. der *Cyclophoridae*, Mittelschnecken mit kreiselförm. od. gedrücktem Gehäuse u. dünnem Deckel; die über 150 Arten leben terrestrisch in SO-Asien.

Cyclophyllidea [Mz.; v. *cyclo-, gr. phyllon = Blatt], Ord. der ↗Bandwürmer mit zahlr. Gatt. in 7 Fam. (vgl. Tab.); Kennzeichen: ein Skolex u. mehrere bis viele Proglottiden; Skolex mit 4 Acetabula und 1–3 Hakenkränze am Rostellum. Wirte sind ausschl. Landwirbeltiere; nur ein Zwischenwirt, der auch fehlen kann. Oncosphaera (1. Larvenstadium) entwickelt sich bereits innerhalb des Eies, solange dieses noch im Uterus der Elterproglottide ist.

Cyclopia w [v. *cyclop-], Gatt. der ↗Hülsenfrüchtler.

cyclopoid [v. *cyclop-, gr. -oeidēs = -artig], Bez. für die Primärlarvenform einiger ↗Schlupfwespen.

Cyclops m [v. *cyclop-], Gatt. der ↗Copepoda.

Cyclopteridae [Mz.; v. *cyclo-, gr. pteron = Flügel, Flosse], die ↗Scheibenbäuche.

Cyclopterus m [v. *cyclo-, gr. pteron = Flügel, Flosse], der ↗Seehase.

Cycloramphus m [v. *cyclo-, gr. rhamphos = Schnabel], Gatt. der ↗Südfrösche.

Cyclorana w [v. *cyclo-, lat. rara = Frosch], Gatt. der austr. Laubfrösche (↗*Pelodryadidae*, fr. zu den austr. Südfröschen gestellt); mehrere Arten, die vorwiegend in semiariden u. ariden Gebieten leben. Am bekanntesten ist der Wasserreservoirfrosch (*C. platycephalus*), der sich zu Beginn der Trockenperiode vergräbt u. in Harnblase u. Lymphsäcken soviel Wasser speichert, daß die Eingeborenen ihn bei Bedarf ausgraben u. das Wasser trinken. Der Frosch kann auf diese Weise mehrere trockene Jahre überstehen, ohne neues Wasser aufzunehmen od. zu fres-

Cyclophyllidea
Familien und wichtige Gattungen:
Dioecocestidae
  Dioecocestus
Hymenolepididae
  Hymenolepis
Taeniidae
  Taenia, Multiceps (Coenurus), Echinococcus
Mesocestoididae
  Mesocestoides
Dilepididae
  Dipylidium, Amoebotaenia, Choanotaenia
Davaineidae
  Davainea, Raillietina
Anoplocephalidae
  Anoplocephala, Monieza, Cittotaenia, Andrya, Aporina

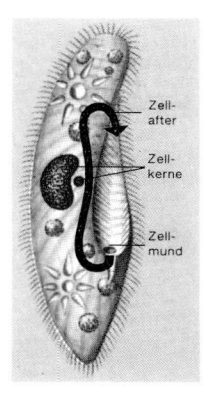

Cyclose
C. beim Pantoffeltierchen

cycl-, cyclo- [v. gr. kyklos = Kreis], in Zss.: Kreis-.

cyclop- [v. gr. kyklōps, Gen. kyklōpos = kreisförmig, rundäugig].

sen. Etwa 20% der Population überleben 5 Jahre ohne Regen.

Cyclorhagae [Mz.; v. *cyclo-, gr. rhagē = Ritze, Spalt], Ord. der ↗*Kinorhyncha* (Hakenrüßler), deren Arten sich durch einen ringförm., aus zahlr. Skelettplatten gebildeten Verschlußapparat über dem einstülpbaren Kopf auszeichnen.

Cyclorrhapha w [v. *cyclo-, gr. rhaphē = Naht], die ↗Deckelschlüpfer, ↗Fliegen.

Cyclose w [v. *cyclo-], festgelegter Weg einer Nahrungsvakuole durch das Plasma eines Wimpertierchens vom Zellmund zum Zellafter. Während der C. schlägt, je nach Stand der Verdauungsvorgänge, der pH-Wert in der Vakuole v. stark sauer (bis 1,4) nach leicht basisch um.

Cyclostigma s [v. *cyclo-, gr. stigma = Stich, Fleck], Gatt. oberdevon. baumförm. Bärlappe vom Habitus der karbon. Schuppenbäume. Die vermutl. weltweit verbreitete Gatt. war heterospor u. vermittelt durch das Fehlen der Ligula u. die geringe Entwicklung der Blattpolster zw. den *Protolepidodendrales* und *Lepidodendrales*; entsprechend existieren unterschiedl. Auffassungen über ihre Zugehörigkeit zu einer dieser beiden Ord.

Cyclostoma s [v. *cyclo-, gr. stoma = Mund], veraltetes Synonym für die Schnecken-Gatt. ↗*Pomatias* u. *Epitonium*.

Cyclostomata [Mz.; v. *cyclo-, gr. stomata = Münder], 1) die ↗Rundmäuler. 2) *Stenostomata*, Ord. der ↗Moostierchen, mit den U.-Ord. *Tubulipora, Articulata, Cancellata* u. *Rectangulata*.

Cyclotella w [v. gr. kyklōtos = rund], Gatt. der ↗*Coscinodiscaceae*.

Cyclothone w [v. *cycl-, gr. othonē = weißes Leinen], ↗Großmünder.

Cyclura w [v. *cycl-, gr. oura = Schwanz], die ↗Wirtelschwanzleguane.

Cyd, Abk. für das ↗Cytidin.

Cydia w [v. gr. kydian = stolz sein], ↗Apfelwickler.

Cydippea w [ben. nach gr. Kydippē, einer Tochter des gr. Meeresgottes Nereus], Ord. der Rippenquallen mit kugel. oder birnenförm. Körper, deren Tentakel in der aboralen Körperhälfte liegen. *Callianira bialata* ist eine rosa gefärbte, 2 cm große Mittelmeerart mit 2 langen Fortsätzen am Apikalpol u. rechteckigem Querschnitt. *Hormiphora plumosa*, ebenfalls in wärmeren Meeren, hat bräunl. pigmentierte Magenwülste. *Tinerfe cyanea*, eine Tiefseeart, wird nur 2,5 mm hoch. Hierher gehören auch die ↗Seestachelbeere u. die ↗Seenuß.

Cydonia w [lat.; v. gr. kydōnion mēlon =] ↗Quitte.

Cyemidae [Mz.; v. gr. kyēma = Leibesfrucht], Fam. der ↗Aale.

Cygnus *m* [lat. (v. gr. kyknos) = Schwan], die ↗Schwäne.
Cylichna *w* [v. gr. kylichnē = kleiner Becher], Gatt. der ↗Bootsschnecken.
Cylindrobulla *w* [v. *cylindro-, lat. bulla = Blase, Knopf], Gatt. der *Cylindrobullidae* (Ord. Schlundsackschnecken), im Mittelmeer u. in den warmen Gebieten v. Atlantik u. Indopazifik beheimatete Schnecken mit kleinem, walzenförm., kaum verkalktem Gehäuse u. ohne Deckel; das Nervensystem zeigt Übereinstimmungen mit dem streptoneuren System der Vorderkiemerschnecken.
Cylindrocapsaceae [Mz.; v. *cylindro-, lat. capsa = Kasten, Kapsel], Fam. der *Ulotrichales*, Grünalgen mit trichalem Fadenthallus, der v. dicker Gallertscheide umgeben ist. Die einzige Gatt. *Cylindrocapsa* kommt mit 5 Arten im Süßwasser vor.
Cylindrocarpon *s* [v. *cylindro-, gr. karpos = Frucht], Formgatt. der *Moniliales* (Fungi imperfecti); Parasiten in höheren Pflanzen, wo sie Welkekrankheiten verursachen können.
Cylindrocystis *w* [v. *cylindro-, gr. kystis = Blase], Gatt. der ↗Mesotaeniaceae.
Cylindrophis *m* [v. *cylindr-, gr. ophis = Schlange], Gatt. der ↗Rollschlangen.
Cylindrospermum *s* [v. *cylindro-, gr. sperma = Same], Gatt. des *Nostocales*; die fäd. Cyanobakterien sind unverzweigt, mit gleich breiten Trichomen, die durch interkalare Zellteilung wachsen. Bei Fehlen v. gebundenem Stickstoff entwickeln sich Heterocysten an den Enden des Trichoms. Die Vermehrung erfolgt durch Bruch der Trichome u. durch Akineten (Dauerzellen), die immer neben den Heterocysten ausgebildet werden. Vorkommen meist in stehenden Gewässern u. auf feuchter Erde, oft in Warmhäusern.
Cylindrotomidae [Mz.; v. *cylindro-, gr. tomē = Schnitt], die ↗Moosmücken.
Cylindrus *m* [v. *cylindr-], Gatt. der *Helicidae*, Landschnecken mit walzenförm., grauem Gehäuse; die einzige Art, *C. obtusus*, lebt in den O-Alpen zw. 1100 und 2500 m Höhe.
Cyma *s* [v. gr. kyma = Sproß, Keim], *Zyme*, alte Bez. für sympodiale ↗Blütenstände.
Cymadothea *w* [v. gr. kyma = Sproß, Keim], Gatt. der ↗Mycophaerellaceae.
Cymatiidae [Mz.; v. gr. kymation = kleine Welle, Wulst], die ↗Tritonshörner.
Cymatoceps *m* [v. gr. kyma = Welle, lat. -ceps = -köpfig], Gatt. der ↗Umberfische.
Cymatophoridae [Mz.; v. gr. kyma = Welle, -phoros = -tragend], die ↗Eulenspinner.
Cymbalaria *w* [v. lat. cymbalaris, v. gr. kymbalon = Zimbel], das ↗Zimbelkraut.

cylindr-, cylindro- [v. gr. kylindros = Walze, Rolle], in Zss.: Walzen-.

cyn-, cyno- [v. gr. kyōn, Gen. kynos = Hund], in Zss.: Hunds-, Hunde-.

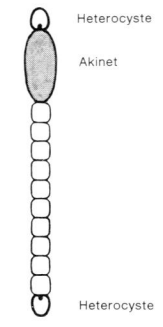

Heterocyste
Akinet

Heterocyste

Cylindrospermum (schematischer Aufbau)

Cymbella *w* [v. gr. kymbē = Kahn, Nachen], Gatt. der ↗Naviculaceae.
Cymbiola *w* [v. gr. kymbion = kleine Schale, Napf], Gatt. der *Volutidae*, marine Neuschnecken, oft mit großem u. schwerem Gehäuse; das Gewinde ist niedrig, der letzte Umgang geschultert, auf der Schulter stehen oft Stacheln od. Knoten; ein Deckel ist nicht vorhanden. Viele der 16 Arten leben im Flachwasser des Indopazifik u. sind wegen ihrer Größe u. schönen Zeichnung beliebte Sammlerobjekte.
Cymbium *s* [v. gr. kymbion = kleine Schale, Napf], 1) die ↗Kahnschnecken. 2) Teil des Begattungsorgans männl. ↗Webspinnen.
Cymbopogon *m* [v. gr. kymbos = Höhlung, Napf, pōgōn = Bart], Gatt. der Süßgräser (U.-Fam. *Andropogonoideae*) mit 35 Arten in den Tropen u. Subtropen Asiens u. Afrikas. Die aromat. xerophilen Gräser enthalten äther. Öle in den Blättern u. Spelzen. Das Lemongras *(C. flexuosus)* liefert das *Lemongrasöl* u. die nur in Kultur bekannte Art *C. nardus* das *Citronellöl*. Das bis 75% im Öl enthaltene Citral ergibt den synthet. Veilchenduft des Parfüms.
Cymbulia *w* [v. lat. cymbula = kleiner Kahn], Gatt. der Seeschmetterlinge (Fam. *Cymbuliidae*), in warmen Meeren verbreitete Hinterkiemerschnecken ohne Kalkschale, jedoch mit Ersatzschale (Pseudoconcha), in deren Höhlung der Eingeweidesack liegt; mit breiter, flacher Flosse.
Cymodoceaceae [Mz.; v. gr. Kymodokē = eine Nereide (Meeresgöttin)], *Tanggraswächse*, Fam. der *Najadales*, mit 5 Gatt. u. 16 Arten im Flachwasser subtrop. und trop. Meere verbreitet. Die lineal. Blätter der submersen Pflanzen entspringen einem kriechenden Stengel. Die diözischen Blüten sind stark reduziert (die ♂ evtl. aber doch schon wieder aus mehreren noch reduzierteren Einzelblüten zusammengesetzt, also eigtl. Blütenstände). Die Bestäubung findet durch das Wasser statt, das den fäd. Pollen überträgt. Bei der austr. Gatt. *Amphibolis* findet sich die vivipare Art *A. antarctica*, deren Keimlinge bis zu einer Länge v. etwa 8 cm auf der Elternpflanze verbleiben. Im Mittelmeer gehört *Cymodocea nodosa* zu den bezeichnenden Arten der *Zosteretea* (Seegraswiesen). Die Fam. zeigt enge systemat. Beziehungen zu den Teichfadengewächsen.
Cymopolia *w* [v. gr. kyma = Welle, polios = grau, weißlich], Gatt. der ↗Dasycladales.
Cynara *w* [v. gr. kynara =], ↗Artischocke.
Cynidae [Mz.; v. *cyn-], die ↗Erdwanzen.
Cynipidae [Mz.; v. *cyn-, gr. ips, Gen. ipos = Wurm], die ↗Gallwespen.

Bei C vermißte Stichwörter suche man auch unter K und Z.

Cynocephalidae [Mz.; v. gr. kynokephalos = hundsköpfig], Fam. der ↗ Riesengleiter.
Cynodon m [v. gr. kynodōn =], der ↗ Hundszahn.
Cynoglossum s [v. gr. kynoglōsson =], die ↗ Hundszunge.
Cynoglossus m [v. gr. kynoglōssos = ein Plattfisch, eigtl. Hundszunge], Gatt. der ↗ Zungen.

Cynognathus

Cynognathus m [v. *cyno-, gr. gnathos = Kinnbacke], (Seeley 1895), † synapsides Reptil aus der mittleren Trias v. Südafrika, Länge bis 2,25 m.
Cynolebias m [v. *cyno-, gr. lebias = ein Fisch], Gatt. der ↗ Kärpflinge.
Cynomys w [v. *cyno-, gr. mys = Maus], die ↗ Präriehunde.
Cynops w [v. gr. kynōps = Hundsauge], Gatt. der ↗ Salamandridae.
Cynosurion s [v. gr. kynosoura = Hundeschwanz], Verb. der ↗ Trifolio-Cynosuretalia.
Cynosurus m [v. gr. kynosoura = Hundeschwanz], das ↗ Kammgras.
Cyperaceae [Mz.; v. gr. kypeiros = Wasserpfl. mit gewürzhafter Wurzel], die ↗ Sauergräser.
Cyperus m, das ↗ Zypergras.
Cyphanthropus m [v. gr. kyphos = gekrümmt, anthrōpos = Mensch], nicht mehr gebräuchl. Gatt.-Bez. von Pycraft 1928 für den ↗ Rhodesiamenschen.
Cyphelium s [v. gr. kyphellon = Höhlung], Gatt. der ↗ Caliciaceae.
Cyphellen [Mz.; v. gr. kyphellon = Höhlung], scharf begrenzte, grubenart. Vertiefungen auf der Lagerunterseite der Arten der Flechten-Gatt. *Sticta,* erleichtern den Gasaustausch.
Cyphoma s [v. gr. kyphōma = Krümmung, Buckel], Gatt. der *Ovulidae,* Mittelschnecken mit glattem, in der Mitte gekieltem Gehäuse, das vom Mantel weitgehend überdeckt wird; der Mantel trägt eine intensive Ring- u. Fleckenzeichnung. Die Flamingozunge *(C. gibbosum)* lebt in der Karibik auf Gorgonarien (Hornkorallen).
Cyphomandra w [v. gr. kyphōma = Krümmung, Buckel, anēr, Gen. andros = Mann], Gattung der ↗ Nachtschattengewächse.
Cyphonautes m [v. gr. kyphos = hohles Gefäß, nautēs = Seemann], Schwimmlarve vieler mariner ↗ Moostierchen; besitzt Mund, After, Wimperkranz und Scheitelorgan (Scheitelplatte mit Wimperschopf) und gilt deshalb als modifizierte ↗ Trochophora-Larve. Sondermerkmale: ohne Nephridien, ohne Coelom, mit Schale (Analogie zur ↗ Veliger-Larve der Mollusken!). Lebt bis etwa 2 Monate mikrophag im Plankton; danach Prüfung des Substrats mit dem „birnenförm. Organ"; Festsetzen mit dem ausstülpbaren Haftorgan u. „katastrophale" Metamorphose im Schutz der zweiklappigen, dem Substrat angepreßten Schale: außer der Epidermis werden sämtl. Gewebe der Larve eingeschmolzen!
Cyphophthalmi [Mz.; v. gr. kyphos = Höcker, ophthalmos = Auge], U.-Ord. der Weberknechte mit ca. 25 Arten. C. sind klein (3 mm) u. haben eine milbenähnl. Gestalt mit kurzen Beinen (Tarsus 1gliedrig); die Rückendecke des Prosomas u. die ersten 8 Tergite des Opisthosomas sind zu einem harten Scutum verwachsen; die Pedipalpen sind tasterartig. C. gelten als die ursprünglichsten heute lebenden Vertreter der Weberknechte. Über die Tropen u. Subtropen verbreitet, nördlichste Fundstellen in Europa Steiermark u. Corrèze (Fkr.). Leben in Fallaub u. Höhlen. Bekannteste Gatt. ist ↗ Siro.
Cypraea w [v. *cypr-], die Hauptgatt. der ↗ Porzellanschnecken.
Cypraecassis w [v. *cypr-, lat. cassis = Sturmhaube], Gatt. der Helmschnecken, im Indopazifik u. Atlantik verbreitete Mittelschnecken mit großem u. schwerem Gehäuse; die 4 Arten sind Bewohner v. Sandböden im Flachwasser. *C. rufa* aus dem Indopazifik wird in It. zur Herstellung v. Kameen benutzt.
Cypraeoidea [Mz; v. *cypr-], Überfam. der Mittelschnecken mit meist eiförm., oft geschnäbeltem Gehäuse, dessen Gewinde meist v. der Endwindung umschlossen ist. Die Mantellappen überziehen das Gehäuse mit einer glänzenden Schmelzschicht; die Ränder der schlitzförm. Mündung sind gezähnt od. gefältelt; ein Deckel ist nicht vorhanden. Zu den C. gehören die Fam. Porzellanschnecken *(Cypraeidae),* Ovulidae u. *Pediculariidae,* deren Arten in warmen Meeren und oft an Korallen u. Schwämmen leben.
Cyprina w [v. *cypr-], veralteter Gattungs-Name der ↗ Islandmuschel.
Cyprinidenregion [v. *cyprin-], Zone des Tieflandflusses, die in die Barben-, Brachsen u. Kaulbarsch-Flunderregion unterteilt wird.
Cypriniformes [Mz.; v. *cyprin-, lat. forma = Gestalt], die ↗ Karpfenfische.
Cyprinodon m [v. *cyprin-, gr. odōn = Zahn], Gatt. der ↗ Kärpflinge.
Cyprinodontoidei [Mz.; v. *cyprin-, gr. odontes = Zähne], die ↗ Zahnkärpflinge.

cyn-, cyno- [v. gr. kyōn, Gen. kynos = Hund], in Zss.: Hunds-, Hunde-.

cypr- [ben. nach der Insel Zypern (gr. Kypros, lat. Cyprus) bzw. nach der dort verehrten Göttin: gr. Kypris (= Aphroditē), lat. Cypraea (= Venus)].

Bei C vermißte Stichwörter suche man auch unter K und Z.

Cyprinoidei [Mz.; v. *cyprin-], die ↗Karpfenähnlichen.
Cyprinus *m* [v. *cyprin-], Gatt. der ↗Karpfen.
Cypripedium *s* [v. mlat. cypripodium (v. *cypr-, lat. pedes = Füße) =], der ↗Frauenschuh.
Cypris *w* [v. *cypr-], 1) Gatt. der ↗Muschelkrebse; 2) Larve der ↗Rankenfüßer.
Cypselidae [Mz.; v. gr. kypselos = Erdschwalbe], *Borboridae, Leptoceridae, Sphaeroceridae, Dungfliegen,* „Aasfliegen", Fam. der Fliegen mit insgesamt ca. 250, in Europa ca. 130 Arten. Die C. sind klein, unscheinbar u. meist dunkel gefärbt; von allen anderen Zweiflüglern unterscheiden sie sich durch die verkürzten u. verbreiterten Basalglieder der Hinterbeine; Flügel bei manchen Arten ganz od. teilweise reduziert. Die Weibchen legen die Eier in faulendes organ. Material; einige Gatt. haben sich auf die Besiedlung des Kotes v. Haustieren spezialisiert. So besteht ein Viertel aller Insekten in einem Kuhfladen aus C., die sich durch dessen Wärme auch im Spätwinter entwickeln können. Häufig ist bei uns die Art *Sphaerocera curvipes* in Mistbeetkästen; *S. subsultans* kommt in Nestern v. Kleinsäugern u. Vögeln vor. Arten der Gatt. *Ceroptera* halten sich auf dem Körper v. Pillendrehern der Gatt. *Scarabaeus* auf, um ihre Eier an dessen Kotpillen zu legen.
Cypsiurus *m* [v. gr. kypselos = Erdschwalbe, oura = Schwanz], Gatt. der ↗Segler.
Cyrtidae [Mz.; v. gr. kyrtos = gekrümmt], die ↗Kugelfliegen.
cyrtoceroid [v. *cyrto-, gr. keroeidēs = hornförmig] nannte Teichert 1933 Cephalopoden mit actinosiphonater Siphonalstruktur, für die er die neue Cephalopoden-Ord. *Cyrtoceroidea* vorschlug.
cyrtochoanitisch [v. *cyrto-, gr. choanos = Schmelztiegel], (Hyatt 1898), Bez. für perlschnurart. Siphonalhüllen fossiler Nautiliden, insbes. Actinoceraten.
cyrtocon [v. *cyrto-, gr. kōnos = Kegel, Zapfen] heißen Nautilidengehäuse mit bogenförm. Krümmung, die weniger als eine ganze Windung ausmacht.
Cyrtocyten [Mz.; v. *cyrto-, gr. kytos = Höhlung (heute: Zelle)], *Reusengeißelzellen,* irreführende Bez. für die Terminalorgane v. ↗Protonephridien, die in der falschen Annahme geprägt wurde, jene bestünden jeweils aus einer hochspezialisierten Endzelle eines Protonephridialkanals, die zu einer komplizierten Filterreuse differenziert sei u. als Zelltyp v. den Kragengeißelzellen (↗Choanocyten) der Schwämme phylogenet. abgeleitet werden könne. Heute weiß man jedoch, daß Terminalorgane jeweils aus zwei od. mehr Einzelzellen bestehen, deren Zellgrenzen stark miteinander verzahnt sind u. durch erweiterte Interzellularspalten im Bereich dieser Interdigitationen eine Filterreuse bilden.

cyprin- [v. gr. kyprinos = Karpfen], in Zss.: Karpfen-.

Cypselidae
Sphaerocera spec.

Cyrtophora *w* [v. *cyrto-, gr. -phoros = -tragend], Gatt. der Radnetzspinnen, die mit ca. 40 Arten über die warmen Länder der Alten Welt u. Australien verbreitet ist. Sie bauen ein charakterist. Raumnetz mit horizontaler Decke, das dem Netz der ↗Baldachinspinnen (☐) ähnelt. Im Gewirr der Fangfäden oberhalb der Netzdecke verfängt sich die Beute. Dieses hochkomplizierte Netz wird i. d. R. lebenslang benutzt. Teile, die unbrauchbar geworden sind, werden repariert. Ein solches Raumnetz ist ein Modell für den stammesgeschichtl. Vorläufer des vertikal stehenden Radnetzes. Bei den Vertretern der Gatt. C. ist das Männchen bedeutend kleiner als das Weibchen (2–4 mm bzw. 10–15 mm) u. wird nach der Begattung regelmäßig gefressen. Bekannteste u. bestuntersuchte Art ist die Opuntienspinne des Mittelmeergebietes, *C. citricola.* Die Tiere bauen auffallende Gemeinschaftsnetze, welche v. vielen Tieren bewohnt werden. Erwachsene Spinnen halten jedoch einen Mindestabstand von 16 cm.

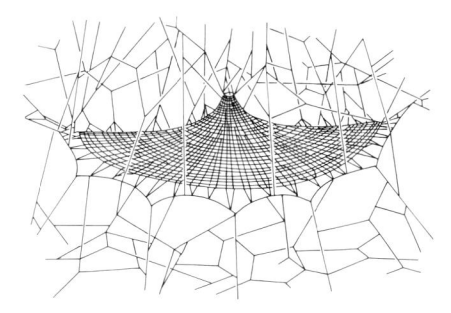

Raumnetz von *Cyrtophora*

Cys, Abk. für ↗Cystein.
Cystacantha *w* [v. *cyst-, gr. akantha = Stachel], *Cystakanth,* encystiertes Ruhestadium der ↗Acanthella-Larve der ↗Acanthocephala.
Cystathionin *s* [v. *cyst-, gr. theios = Schwefel], Kondensationsprodukt v. Homocystein u. Serin, das sich beim Abbau v. Methionin über S-Adenosylmethionin, S-Adenosylhomocystein u. Homocystein bildet. Aus C. bilden sich durch Hydrolyse Cystein u. Homoserin u. aus letzterem in mehreren Schritten Succinyl-Coenzym A, das in den Citratzyklus einfließt.
Cysteamin *s* ↗Cystein.
Cystein *s,* L-α-*Amino-*β-*mercaptopropionsäure,* Abk. *Cys* od. *C,* als proteinogene ↗Aminosäure Bestandteil fast aller Proteine, in denen seine SH-Gruppe bzw. die

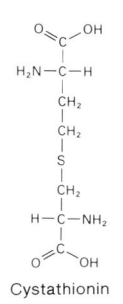

Cystathionin

cyrto- [v. gr. kyrtos = gekrümmt], in Zss.: krumm-.

cyst-, cysti-, cysto- [v. gr. kystis = (Harn-)Blase, Schlauch], in Zss.: Blasen-.

Bei C vermißte Stichwörter suche man auch unter K und Z.

Cysteinyl-t-RNA

davon abgeleiteten -S-S-Brücken (Disulfid-Brücken, Cystin-Brücken, ☐ Cystin) v. bes. Bedeutung für Struktur u. Funktion der betreffenden Proteine sind. Die R-S-H-Gruppe v. freiem bzw. in Proteinen gebundenem C. oxidiert durch Luftsauerstoff leicht unter Ausbildung v. Disulfid-Brücken zu freiem bzw. proteingebundenem *Cystin* R-S-S-R, worauf die Inaktivierung vieler Proteine durch Luftsauerstoff zurückzuführen ist. C. bildet sich im Zuge der pflanzl. od. bakteriellen Sulfatassimilation aus dem durch Sulfatreduktion erhaltenen Schwefelwasserstoff u. Serin unter der katalyt. Wirkung v. Serinsulfhydrase. Der menschl. und tier. Organismus muß C. als essentielle Aminosäure aufnehmen oc. bei ausreichender Zufuhr v. Methionin, das selbst eine essentielle Aminosäure ist, aus diesem bilden. Diese Umwandlung erfolgt über ↗ Cystathionin, dessen hydrolyt. Spaltung zu C. u. Homoserin führt. Durch Decarboxylierung von C. entsteht das im Coenzym A u. im Acyl-Carrier-Protein enthaltene *Cysteamin*. Oxidative Abbauprodukte von C. sind die *C.säure* u. das *Taurin*. Da sich C. aufgrund seiner -SH-Gruppe mit Schwermetallen verbindet, wird C. medizinisch als Mittel gg. Schwermetallvergiftungen u. darüber hinaus gegen Infektionskrankheiten u. Leberschäden eingesetzt. ☐ Aminosäuren.

Cysteinyl-t-RNA, t-RNA-Spezies, an die ↗ Cystein gekoppelt ist (↗ Aminoacyl-t-RNA). Der an C.-t-RNA hängende Cysteinyl-Rest kann künstl. durch die Entfernung der SH-Gruppe in einen Alanyl-Rest umgewandelt werden; das Produkt ist eine falsch beladene t-RNA, die bei der Translation den Einbau v. Alanin anstelle v. Cystein bewirkt. Dieser Befund war histor. der erste Beweis für die auch aufgrund vieler weiterer Experimente heute allg. anerkannte Adaptorfunktion (↗ Adaptorhypothese) von t-RNA. Das Experiment zeigt nämlich, daß während der Proteinsynthese nicht die an t-RNA gekoppelte Aminosäure selbst, sondern das jeweilige t-RNA-Molekül, an das die Aminosäure in Form v. Aminoacyl-t-RNA gebunden ist, die Spezifität des Einbaus in Proteine bestimmt.

Cysten [Mz.; v. gr. kystis = Blase, Schlauch], **1)** Med.: ein- od. mehrkammerige Hohlräume mit flüss. Inhalt. **2)** Biol.: Dauerformen bestimmter Organismen, die der Überdauerung ungünst. Bedingungen (Trockenheit, Nährstoffmangel) u. auch der Verbreitung dienen. a) Bei Bakterien Zellen mit verdickter Wand, die durch Umwandlung der gesamten vegetativen Zelle entstehen (z. B. *Azotobacter*), od. viele Einzelzellen, die durch eine gemeinsame Hülle geschützt werden (z. B. Myxosporen der Myxobakterien). C. sind resistent gg. Austrocknung, mechan. Kräfte u. Strahlung, aber nicht gg. große Hitze. b) Bei Protozoen wird oft eine Hülle abgeschieden, die vor Außenfaktoren schützt. Die Fähigkeit zur *Encystierung* besitzen bes. solche Einzeller, die in temporär austrocknenden Biotopen leben. Auch Fortpflanzungsstadien können sich encystieren (z. B. Gamonten-C.). ↗ Anabiose.

Cysticercoid *s* [v. *cysti-, gr. kerkos = Schwanz], Form des 2. Larvenstadiums (Finne) bei ↗ Bandwürmern, besteht aus einem rostralen Teil, der den Skolex trägt, u. einem caudalen Anhang mit den Larvalhaken. Ist der caudale Anhang nur vorübergehend ausgebildet, spricht man von *Cryptocystis* (Beispiel: *Dipylidium caninum*, Gurkenkernbandwurm). Das C. entwickelt sich in Wirbellosen (Zwischenwirt).

Cysticercose *w* [v. ↗ Cysticercus], *Cysticercosis*, parasitäre Erkrankung, die durch Einlagerung der ↗ Finnen des Schweinebandwurms *(Taenia solium)* hervorgerufen wird; beim Menschen relativ selten. Die Symptomatik wird bestimmt durch die Funktionsstörungen der befallenen Organe, z. B. Augenmuskulatur, Hirn, Haut, Bindegewebe, Muskulatur; oft tödl. Verlauf. ↗ Bandwürmer.

Cysticercus *m* [v. *cysti-, gr. kerkos = Schwanz], Form des 2. Larvenstadiums (Finne) bei ↗ Bandwürmern, besteht im wesentl. aus einem einzelnen Skolex, der in eine große, v. Flüssigkeit erfüllte Blase eingestülpt ist.

Cystid *s* [v. *cyst-], der untere Abschnitt des Körpers v. ↗ Moostierchen; sein Epithel scheidet gewöhnl. eine Hülle (Zooecium) ab; Ggs.: Polypid; das Polypid mit Tentakelkrone, Mund u. After kann vollständig in das Cystid zurückgezogen werden.

Cystidea [Mz.; v. *cyst-], die ↗ Cystoidea.

Cystimyzostomidae [Mz.; v. *cysti-, gr. mykos = Schleim, stoma = Mund, Öffnung], Ringelwurm-Fam. der Kl. *Myzostomida;* Körper oval u. dick, bei ausgewachsenen Formen Seitenränder dorsad umgebogen; keine Lateralorgane, gut entwickelter Rüssel; meist protandrische Zwitter, die Cysten od. Gallen an Haarsternen bilden. Namengebende Gatt. *Cystimyzostomum*.

Cystin *s*, in Proteinen vorkommende dimere Form des ↗ Cysteins, die sich durch kovalente Verknüpfungen zweier Cystein-Moleküle unter Abspaltung zweier Wasserstoffatome bildet. Die dabei entstehende -S-S-Brücke *(C.-Brücke, Disulfid-Brücke)* zw. zwei Cystein-Resten ist bei vielen Proteinen für die Ausbildung od. Stabilisierung v. Tertiärstrukturen v. Bedeutung.

---

cyst-, cysti-, cysto- [v. gr. kystis = (Harn-)Blase, Schlauch], in Zss.: Blasen-.

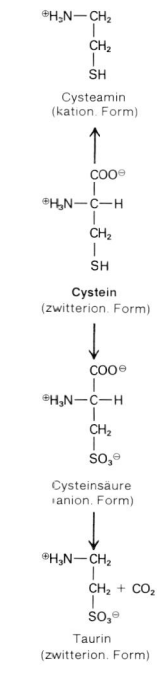

$^\oplus H_3N-CH_2$
$|$
CH_2
$|$
SH

Cysteamin (kation. Form)

↓

$COO^\ominus$
$|$
$^\oplus H_3N-C-H$
$|$
CH_2
$|$
SH

Cystein (zwitterion. Form)

↓

$COO^\ominus$
$|$
$^\oplus H_3N-C-H$
$|$
CH_2
$|$
$SO_3^\ominus$

Cysteinsäure (anion. Form)

↓

$^\oplus H_3N-CH_2$
$|$
$CH_2 + CO_2$
$|$
$SO_3^\ominus$

Taurin (zwitterion. Form)

Cystein

Durch Decarboxylierung von C. entsteht *Cysteamin*, oxidative Abbauprodukte von C. sind *Cysteinsäure* u. *Taurin*.

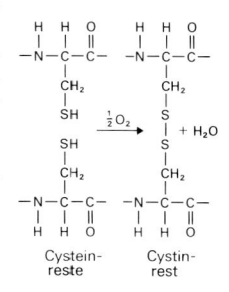

Cystin

Bildung einer *Disulfid-Brücke (C.-Brücke)* durch zwei in Proteinketten enthaltene Cysteinreste.

Bei C vermißte Stichwörter suche man auch unter K und Z.

Cystinspeicherkrankheit [v. *cyst-], *Cystinose*, angeborene Aminosäurestoffwechselstörung, die zu krankhafter Ablagerung v. Cystin in Horn- u. Bindehaut, Leber, Milz, Nieren, Lymphknoten u. Knochenmark führt. Nach wenigen Lebensmonaten treten Appetitlosigkeit, Erbrechen, Gewichtsverlust, Fieber, Polyurie u. Rachitis auf. Infekte, Wasser- u. Elektrolytverluste können rasch den Tod des Kindes zur Folge haben; chron. Verlaufsformen führen nach ca. 5–7 Jahren zum tödl. Nierenversagen. Eine Lebensverlängerung durch reichl. Flüssigkeits- u. Elektrolytzufuhr sowie pH-Ausgleich u. cystinarme Diät ist möglich.

Cystobacteraceae [Mz.; v. *cysto-, gr. bakterion = Stäbchen], Fam. der (einzell.) gleitenden Bakterien (U.-Ord. *Cystobacterineae*); flexible Kurzstäbchen (0,6 – 0,8 × 3,5 – 7,0 μm), die sich zu stäbchenförm. Mikrocysten entwickeln können. Die Myxosporen bilden sich in Sporangien, die einzeln od. in Gruppen direkt dem Substrat aufsitzen, v. einer Schleimhülle umgeben, od. sich am Ende unverzweigter od. verzweigter Stielchen (Sporangiophoren) entwickeln; der Schleim absorbiert Kongorot. Sie wachsen gut auf hydrolysierten Proteinen, lösen Bakterien auf, verwerten keine Cellulose u. können Agar nicht abbauen. Bekannte Gatt. sind *Cystobacter* mit meist rundl. Sporangien, rosa, bräunl. bis dunkelbraun gefärbt, u. ↗ *Stigmatella*. C. leben im Boden od. Dung v. Pflanzenfressern.

Cystobranchus *m* [v. *cysto-, gr. bragchos = Kiemen], Gatt. der ↗ Piscicolidae.

Cystoclonium *s* [v. *cysto-, gr. klônion = junger Zweig], Gatt. der ↗ Gigartinales.

Cystocoleus *m* [v. *cysto-, gr. koleos = Scheide], ↗ Haarflechten, ↗ Lichenes imperfecti.

Cystoderma *s* [v. *cysto-, gr. derma = Haut], die ↗ Körnchenschirmlinge.

Cystodinium *s* [v. *cysto-, gr. dinê = Strudel], Gatt. der ↗ Dinococcales.

Cystoidea [Mz.; v. *cyst-], (v. Buch 1844 = *Hydrophoridea* Zittel), *Cystidea*, *Beutelstrahler*, Kl. des U.-Stammes *Blastozoa*, in dem *Blastoidea, Parablastoidea, C.* u. *Eocrinoidea* zusammengefaßt werden (Sprinkle 1973). C. sind gestielte od. ungestielte, beutelförm. Schalen aus 13 bis über 200 symmetr. od. asymmetr. angeordneten Kalkplatten; eine Mundöffnung liegt mehr od. weniger zentral, eine Afteröffnung ventrolateral; Nahrungsgruben (5 od. weniger) meist im oberen Teil des Kelchs, sie führen zu Brachiolen hin; Poren- od. Kanalsysteme in od. zw. den Platten dienten überwiegend der Atmung. 2 Ord.: *Diploporita* u. *Rhombifera*. Verbreitung: weltweit im Ordovizium bis Devon.

Cystokarp *s* [v. *cysto-, gr. karpos = Frucht], die *Hüllfrucht* bei einigen Vertretern der Rotalgen; bei ihnen umwachsen besondere Hüllzweige des Gametophyten den aus der Zygote hervorgehenden Karposporophyten. ↗ Rotalgen.

Cystolithen [Mz.; v. *cysto-, gr. lithos = Stein], zapfenförm. Wandverdickungen, die durch eine außergewöhnl. u. lokal begrenzte Verdickung der Zellwand in speziellen Blattzellen verschiedener Pflanzenfam. entstehen u. an deren Enden Kalk od. andere Mineralien ein- u. abgelagert werden.

Cystophoren [Mz.; v. *cysto-, gr. -phoros = -tragend], Bez. für die „Fruchtkörperchen" bei *Myxobacteriales*: in schleim. Aggregaten lebende, zellwandlose Bakterienarten, die unter ungünst. Umweltbedingungen, wie Nahrungsmangel, zusammenkriechen u. über dem Substrat artcharakteristische Cystophoren bilden. Diese tragen Cysten, die Myxosporen enthalten und der Verbreitung dienen (↗ Myxobakterien).

Cystophorinae [Mz.; v. *cysto-, gr. -phoros = -tragend], die ↗ Rüsselrobben.

Cystopteris *w* [v. *cysto-, gr. pteris = Farn], der ↗ Blasenfarn.

Cystoseira *w* [v. *cysto-, gr. seira = Seil], Gatt. der ↗ Fucales.

Cyt, Abk. für Cytosin u. Cytidin.

Cytidin *s* [v. *cyt-], Abk. *Cyd* od. *Cyt*, ein Nucleosid, das aus der Base Cytosin u. dem Zucker β-D-Ribose aufgebaut ist. Cytidin ist ein Bestandteil von RNA u. Coenzymen.

Cytidindiphosphat *s* [v. *cyt-], Abk. *CDP*, energiereiche Verbindung, die sich vom Cytidin durch Veresterung mit Pyrophosphat am 5'-C-Atom ableitet; gehört zur Klasse der Nucleosiddiphosphate. Bildet sich in der Zelle durch Phosphorylierung v. Cytidinmonophosphat u. kann durch weitere Phosphorylierung in Cytidintriphosphat umgewandelt werden.

Cytidindiphosphat-Cholin *s* [v. *cyt-], *Cytidin(di)phosphocholin*, *CDP-Cholin*, *aktives Cholin*, Zwischenprodukt bei der Synthese v. Cholinphosphatiden, wie Lecithin. C.-C. bildet sich aus Cholinphosphat u. Cytidintriphosphat unter Abspaltung v. Pyrophosphat; es hat hohes Gruppenübertragungspotential für die Cholinphosphatgruppe, die im letzten Schritt der Cholinphosphatidsynthese auf die OH-Gruppe eines Diglycerids übertragen wird.

Cytidindiphosphat-Diacylglycerin *s*, *Cytidindiphosphat-Diglycerid*, *CDP-Diacylglycerin*, *CDP-Diglycerid*, reaktives Zwischenprodukt mit hohem Gruppenübertragungspotential für die Phosphatidsäuregruppe, weshalb C.-D. als *aktivierte Phosphatid-*

cyst-, cysti-, cysto- [v. gr. kystis = (Harn-)Blase, Schlauch], in Zss.: Blasen-.

cyt-, cyto- [v. gr. kytos = Höhlung, Bauch, Gefäß], in Zss.: Zell-.

Cytidin

Cytidindiphosphat (CDP)

Cytidindiphosphat-Cholin

Bei C vermißte Stichwörter suche man auch unter K und Z.

Cytidinmonophosphate

Cytidindiphosphat-Diacylglycerin

Das CDP-Diacylglycerin ist die reaktionsfähige Phospholipid-Syntheseform. Es wirkt als „aktives Phospholipid".

cyt-, cyto- [v. gr. kytos = Höhlung, Bauch, Gefäß], in Zss.: Zell-.

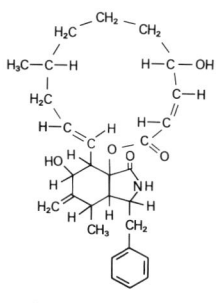

Cytochalasane

Cytochalasin B

Cytidinmonophosphat: Cytidin-5'-phosphat (CMP)

Cytidintriphosphat (CTP)

säure (auch aktives Phosphatidyl) aufgefaßt werden kann. C.-D. bildet sich aus Phosphatidsäure durch Reaktion mit Cytidintriphosphat unter Freisetzung v. Pyrophosphat. Durch Übertragung der Phosphatidsäuregruppe von C.-D. auf OH-Gruppen v. Kohlenhydraten bzw. Proteinen (hier auf OH-Gruppen v. Serinresten) entstehen Glykolipide bzw. Lipoproteine; entspr. Übertragungen auf Inosit bzw. auf Glycerinphosphat führen zu den Membrankomponenten Phosphatidyl-Inosit bzw. Cardiolipin.

Cytidinmonophosphate, Salze der Cytidylsäuren; zu unterscheiden sind Cytidin-2'-phosphat, Cytidin-3'-phosphat u. Cytidin-5'-phosphat (Abk. *CMP*); sie gehören zur Klasse der Nucleosidmonophosphate u. sind analog aufgebaut wie die entsprechenden ↗ Adenosinmonophosphate, jedoch mit der Base Cytosin statt Adenin. Als Mononucleotid-Reste sind C. Hauptbestandteile v. RNA.

Cytidin-Nucleotide [Mz.], Nucleotide wie Cytidinmonophosphat (CMP), -diphosphat (CDP), -triphosphat (CTP) u. a., die als Nucleosid Cytidin enthalten bzw. als Base Cytosin. [phosphat-Cholin.

Cytidinphosphocholin, das ↗ Cytidindi-
Cytidintriphosphat s, *Cytidin-5'-triphosphat*, Abk. *CTP*, entsteht durch schrittweise Phosphorylierungen aus Cytidinmonophosphat (CMP) u. Cytidindiphosphat (CDP). Als energiereiche Verbindung wird C. unter der Wirkung v. ↗ RNA-Polymerase als Vorstufe zur RNA-Synthese eingesetzt. Dabei wird die in C. enthaltene CMP-Gruppierung unter Freisetzung v. Pyrophosphat in RNA eingebaut. Auch zur Aktivierung v. Cholinphosphat (↗ Cytidindiphosphat-Cholin) und v. Phosphatidsäure (↗ Cytidindiphosphat-Diacylglycerin) wird CTP umgesetzt. C. wirkt bei der ↗ Aspartat-Transcarbamylase-Reaktion, dem ersten Schritt in der C.-Synthese, als Effektor für die allosterische Umwandlung u. damit Regulation der Aktivität dieses Enzyms. □ Allosterie.

Cytidylsäuren, die Säureformen der ↗ Cytidinmonophosphate.

Cytinus *m*, Gatt. der ↗ Rafflesiaceae.
Cytisin *s* [v. gr. kytisos = eine Kleeart], ein ↗ Lupinenalkaloid. [der ↗ Geißklee.
Cytisus *w* [v. gr. kytisos = eine Kleeart],
Cytochalasane [Mz.; v. *cyto-, gr. chalasis = das Nachlassen], Gruppe von bes. aus Schimmelpilzen isolierten cytostat. wirksamen Stoffwechselprodukten. Bes. Bedeutung hat das *Cytochalasin* als Inhibitor der Actinpolymerisation, wodurch es v. Actinpolymerisation abhängige Prozesse (u. a. Zellbewegungen, Phagocytose, Bildung v. Spikes) blockiert. Cytochalasin wirkt durch spezif. Bindung an eines der wachsenden Enden v. ↗ Actinfilamenten.

Cytochrome [Mz.; v. *cyto-, gr. chrōma = Farbe], Gruppe von Chromoproteinen, die aufgrund der farbgebenden Komponente, der eisenhalt. Hämgruppe, neben den verwandten Hämoglobinen u. Myoglobinen eine Untergruppe der Hämproteine bildet. C. sind gekennzeichnet durch den reversiblen Valenzwechsel des Häm-Eisenatoms vom zweiwert. zum dreiwert. Zustand, wobei ein Elektron freigesetzt (bzw. bei der Umkehrreaktion gebunden) wird: $Fe^{2+} \rightleftharpoons Fe^{3+} + e^-$; darauf beruht die Funktion der C. beim Elektronentransport in der ↗ Atmungskette (□) u. bei der Photophosphorylierung phototropher Bakterien. Die einzelnen C., die in die drei Hauptgruppen *a*, *b* und *c* eingeteilt werden, unterscheiden sich durch die Seitengruppen des Eisen-Porphyringerüsts (vgl. Abb.), durch die Art der Bindung (kovalent od. nichtkovalent) des Eisenporphyringerüsts an die Proteinkette sowie durch die Aminosäuresequenz der Proteinketten. Aufgrund ihrer zentralen Funktion als Elektronenüberträger in der Atmungskette kommen C. in allen Tieren, Pflanzen u. aeroben Mikroorganismen vor. Die C. der Atmungskette sind in der inneren Mitochondrienmembran (□ Atmungskette, Schema 3) bzw. bei ↗ Bakterien in der Cytoplasmamembran in Form höhermolekularer Komplexe enthalten. Als typ. Membranproteine „schwimmen" sie innerhalb der Lipiddoppelschichten der betreffenden Membran. Aufgrund dieser zweidimensionalen Beweglichkeit können einzelne C. während der Reaktionen der Atmungskette sowohl mit anderen C.n als auch mit den anderen Redoxpartnern der Atmungskette in Wechselwirkung treten u. Elektronen übertragen. Die Reihenfolge der Elektronenübertragung wird durch die Redoxpotentiale der einzelnen C. (sowie der anderen Redoxkomponenten der Atmungskette) bestimmt (□ Atmungskette, Schema 2). An dem dem Sauerstoff zugewandten Ende der Atmungskette steht der *Cytochrom-aa₃*-Komplex, der neben den C.n a und a₃ weitere Proteinkomponenten

Bei C vermißte Stichwörter suche man auch unter K und Z.

Cytochrom c

Unterschiede in den Aminosäuren u. die zeitliche Auseinanderentwicklung einiger Organismengruppen, dargestellt am Cytochrom c.

	Zahl der unterschiedl. Aminosäuren	Zeit der Auseinanderentwicklung (v. Mill. Jahren)
Mensch – Affe	1	50–60
Mensch – Pferd	12	70–75
Mensch – Hund	10	70–75
Schwein – Kuh – Schaf	0	
Pferd – Kuh	3	60–65
Säugetiere – Vögel	10–15	280
Säugetiere – Thunfisch	17–21	400
Wirbeltiere – Hefe	43–48	1100

u. Kupferionen enthält; der Cytochrom-aa$_3$-Komplex, der ident. mit *Cytochromoxidase* (fr. auch *Warburgsches Atmungsferment* gen.) ist, überträgt Elektronen v. Cytochrom c auf molekularen Sauerstoff. Neben den C.n der mitochondrialen Atmungskette, wovon es, aufgeteilt in die drei Hauptgruppen a, b und c, etwa 30 Vertreter gibt, sind zahlr. spezielle C. bekannt. Zu diesen zählen z. B. das mikrosomale *Cytochrom b* der Vogel- u. Säugetierleber, das ebenfalls Bestandteil einer Elektronentransportkette zw. NADH und O$_2$ ist; das *Cytochrom P 450*, das in Mitochondrien u. Mikrosomen v. Säugern als Coenzym mischfunktioneller Oxigenasen wirkt u. damit bes. für Hydroxylierungsreaktionen v. Steroiden verantwortl. ist; die *Cytochrome b$_6$, b$_{559}$* und *f* aus den Thylakoidmembranen der ↗ Chloroplasten, die bei den Elektronentransportketten der Photosynthese mitwirken; schließlich zahlr. C. von chemolithotrophen Bakterien, die als Glieder v. entspr. Elektronentransportketten an der Oxidation einfacher anorgan. Stoffe, wie H$_2$, NH$_3$, NO$_2^-$, Fe^{2+}, CO, H$_2$S, S, bzw. an der Übertragung v. Elektronen auf Nitrat als Oxidationsmittel (statt auf O$_2$) mitwirken. B Dissimilation I. H. K.

Cytochrome

Phylogenetisch gehören die C. zu den ältesten Proteinen, deren Aminosäuresequenzen sich in den letzten 2 Mrd. Jahren nur noch wenig abgewandelt haben. Daher wurden bes. die aus knapp über 100 Aminosäuren aufgebauten Proteinketten des *Cytochroms c* zur Analyse des Verwandtschaftsgrades vieler Spezies aufgrund Übereinstimmung bzw. Abweichung der jeweiligen Aminosäuresequenzen verwendet. So unterscheiden sich z. B. die C.-c-Sequenzen v. Ente u. Huhn nur in zwei Aminosäurepositionen, während diejenigen v. Pferd u. Hefe in 48 Positionen differieren. Der mit Hilfe des Vergleiches v. C.-c-Sequenzen aufgebaute Stammbaum steht in Einklang mit auf andere Weise erschlossenen Phylogenien. Der Vergleich der C.-c-Sequenzen erlaubt die Bestimmung v. variablen u. sequenzkonstanten Bereichen der Cytochrome.

Cytochrome

Struktur der Häm-Coenzyme in den Cytochromen

Die Formel entspricht dem Häm der Cytochrome b$_k$ und b$_T$ (↗ Atmungskette) (und ebenso dem des Hämoglobins und Myoglobins). Im Falle der Cytochrome c$_1$ und c ist an die Doppelbindungen *oben* im Molekül (bei 1 und 2) je eine Cystein-Seitenkette des Proteins direkt „addiert", das Häm-Coenzym ist hier mit dem Protein kovalent verbunden. Bei den Cytochromen a und a$_3$ trägt die Position 1 einen hydrophoben Isoprenrest mit 15 C-Atomen, *links* ist in Position 3 die CH$_3$-Gruppe durch CHO ersetzt.

Cytochromoxidase w, *Warburgsches Atmungsferment,* das Endglied der Kette der elektronenübertragenden Enzyme der ↗ Atmungskette, das Elektronen direkt auf molekularen Sauerstoff überträgt. ↗ Cytochrome.

Cytodiagnostik [v. *cyto-], *Zelldiagnostik,* mikroskop. Untersuchung v. Zellen od. Zellverbänden aus Körpergeweben, -flüssigkeiten od. -ausscheidungen im Abstrich-, Ausstrich- od. Punktionsmaterial zur Erkennung besonderer physiolog. oder patholog. Zellmerkmale.

Cytodites m [v. gr. kytōdēs = hohl], die ↗ Luftsackmilbe.

Cytogamie w [v. *cyto-, gr. gamos = Hochzeit], die ↗ Besamung.

Cytogenetik w [v. *cyto-, gr. genetēs = Erzeuger], Teilgebiet der Genetik, das sich mit den auf zellulärer Ebene i. d. R. lichtmikroskopisch erfaßbaren Strukturen (z. B. Chromosomen u. deren Sonderformen) u. Auswirkungen der genet. Information v. Organismen befaßt. Die Diagnose von ↗ Chromosomenaberrationen beim Menschen ist eine bedeutende Aufgabe der C.

Cytogonie w [v. *cyto-, gr. gonē = Nachkommenschaft], Vermehrung bei Pflanze, Tier u. Mensch durch ungeschlechtl. (z. B. ↗ Sporen) bzw. geschlechtl. (↗ Gameten) Keimzellen, im Ggs. zur Fortpflanzung mit vielzelligen Elementen, wie Brutbecher, -körper und -knospe. ↗ Blastogenese.

Cytokinese w [v. *cyto-, gr. kinēsis = Bewegung], *Zellteilung,* während bzw. nach der ↗ Mitose (Kernteilung) ablaufende Zellplasmateilung; Kernteilung u. Zellplasmateilung müssen nicht notwendigerweise gekoppelt sein, jedoch bestimmt der mitot. Spindelapparat Zeitpunkt u. Teilungsebene der C. Bei den *tier. Zellen* bildet sich eine äquatoriale Ringfurche an der Zelloberfläche. Sie verläuft immer in der Ebene der Metaphaseplatte, rechtwinklig zur Längsachse der Mitosespindel. Diese Furche schnürt sich v. außen nach innen irisblendenartig weiter ein, wobei sie die Mitosespindel immer stärker zum sog. *Flemming-Körper* (mid-body) verdichtet und ihn schließl. ganz durchtrennt. Bei dieser eigtl. Zellteilung ist ein dichtes Bündel v. Actinfilamenten beteiligt, das als kontraktiler Ring an der cytoplasmat. Seite der Plasmamembran angeheftet ist. Der kontraktile Ring wird während der Anaphase nach einem noch unbekannten Mechanismus aufgebaut. Da sich der Ring während der Kontraktion nicht verdickt, nimmt man an, daß kontinuierlich Filamente abgebaut werden. Das Material für die sich während der Furchung bildende neue Zellmembran stammt aus miteinander verschmelzenden Membranvesikeln. Bei *pflanzl. Zellen* bildet

Bei C vermißte Stichwörter suche man auch unter K und Z.

Cytokininantagonisten

cyt-, cyto- [v. gr. kytos = Höhlung, Bauch, Gefäß], in Zss.: Zell-.

Cytokinine

Die Biosynthese der C., die in sehr geringer Konzentration (ca. 100 µg/kg Pflanzenmaterial) vorkommen, erfolgt hpts. in den Wurzeln, aber auch in jungen, sich entwickelnden Samen. Sie gelangen über den Xylem- u. Phloemsaft in andere Pflanzenteile u. sind bes. in Meristemen u. jungen Früchten zu finden. Auch für Blätter ist die ständige Zufuhr von C.n wichtig, da ohne sie die strukturelle u. funktionelle Organisation der Chloroplasten nicht aufrechterhalten werden kann. Als C.-abbauendes Enzym wurde in Tabak-Kallus u. Maiskaryopsen eine Purinnucleotidhydrolase identifiziert, die C. durch Abspalten der Seitenkette inaktiviert. C. wurden außer in höheren Pflanzen in Moosen, Bakterien, Pilzen u. auch in tier. Organismen gefunden. So konnten C. z. B. in den Speicheldrüsen v. *Stigmella argyropeza* u. *S. argentipedella* nachgewiesen werden.

Cytokinine

Zeatin, ein Cytokinin, das z. B. in unreifen Maiskörnern, unreifen Sonnenblumenfrüchten, Pappelblättern u. Erbsenwurzelspitzen gefunden wird.

sich zw. den neu entstandenen Tochterkernen ein stark lichtbrechender Zellplasmabereich aus, der *Phragmoplast,* der zahlr. parallel verlaufende Mikrotubuli enthält. Diese Mikrotubuli werden aus den Untereinheiten des Zellskeletts neu aufgebaut. Die in unmittelbarer Nähe des Phragmoplaster liegenden Dictyosomen liefern mit Zellwandmaterial gefüllte Vesikel. Diese Vesikel verschmelzen in der Ebene des ehemaligen Spindeläquators zu einem flachen Membransack u. bilden so die *Zellplatte* als erste Wandanlage. Sie vergrößert sich v. der Zellmitte aus nach außen u. verschmilzt schließl. mit den beiden alten Zellmembranen bzw. Zellwänden. Der Inhalt der Zellplatte wird zur Mittellamelle, auf die v. beiden Tochterzellen die Primärwände aufgelagert werden. – Die Zellteilung kann im Ggs. zur Kernteilung inäqual sein, so daß zwei genet. gleiche, aber von der Plasmamenge od. Plasmazusammensetzung her verschiedene Tochterzellen entstehen. Solche inäqualen Zellteilungen sind häufig der erste Schritt dazu, daß zwei Zellen unterschiedl. Differenzierungswege einschlagen können (Diversifizierung).

Cytokininantagonisten [Mz.; v. *cyto-, gr. kinein = bewegen; antagōnistēs = Gegenspieler], Substanzen, die bei Pflanzen die Wirkung v. ⁊Cytokininen hemmen u. deren inhibierende Wirkung zumindest teilweise durch erhöhte Cytokiningaben wieder aufgehoben werden kann. Spezif. kompetitive Inhibitoren der Cytokininwirkung (Konkurrenz um denselben Wirkort) werden *Anticytokinine* genannt.

Cytokinine [Mz.; v. *cyto-, gr. kinein = bewegen], Gruppe v. Phytohormonen, die urspr. als Stimulatoren der Zellteilungsaktivität v. Geweben entdeckt wurden u. im Zusammenspiel mit anderen Faktoren (z. B. anderen Pflanzenhormonen wie Auxin) u. a. Keimung, Blattalterung u. Morphogenese beeinflussen. C. stellen substituierte Adeninderivate dar, die in N_6-Stellung des Adenins eine Seitengruppe (meist eine Isopentenylgruppe) tragen, die zus. mit dem intakten Purinring für die Wirksamkeit der C. erforderl. ist (Adenin z. B. besitzt keine C.-Aktivität). C. können sowohl als freie Basen als auch als entsprechende Nucleoside (z. B. in t-RNA) u. Nucleotide od. an Glucose gebunden auftreten. Gebundene C. sind kaum od. nicht wirksam u. werden erst nach ihrer Freisetzung aktiv; sie sind möglicherweise Transport- od. Speicherformen der C. Über den molekularen Wirkungsmechanismus der C. ist noch wenig bekannt; da C., wie alle Phytohormone, in die Zelle eintreten können, nimmt man an, daß C. an ein Rezeptorprotein in der Zelle binden u. so die cytokininspezifischen Effekte auslösen.

Cytökologie *w* [v. *cyto-, gr. oikos = Hauswesen, logos = Kunde], die ⁊Cytoökologie.

Cytologie *w* [v. *cyto-, gr. logos = Kunde], *Zellenlehre, Zellforschung,* Teilgebiet der allg. Biologie, das sich mit dem Bau u. den Funktionen pflanzl., tier. und menschl. Zellen beschäftigt. 1665 entdeckte R. Hooke die zelluläre Struktur des Flaschenkorks u. begründete in der 1667 erschienenen „Micrographia" den Begriff der „Zelle". Als nächste beschrieben M. Malpighi in seiner „Anatome plantarum" (1675–79) u. N. Grew (1682) den Aufbau pflanzl. Zellen. A. van Leeuwenhoek war 1702 vermutl. der erste, der in Lachsblut Zellkerne aufgrund ihres v. der Umgebung unterschiedl. Lichtbrechungsvermögens entdeckte. Anfang des 19. Jh. beobachteten B.-Ch. Dumortier u. F. Meyen erstmals die Zellteilung, u. 1831 beschrieb R. Brown den von ihm „Nucleus" od. „Alveola" gen. Zellkern in Pflanzenzellen. M. Schleiden, der 1838 die Beteiligung des Zellkerns an der Zellteilung nachweisen konnte, u. T. Schwann mit seiner Abhandlung „Mikroskopische Untersuchungen über die Übereinstimmung in der Struktur und dem Wachstum der Thiere und Pflanzen" (1839) sind die Begr. der *Schleiden-Schwannschen Zelltheorie.* Das Verdienst v. Schleiden u. Schwann ist es, daß sie die Lebenszyklen der Zelle studierten u. damit erstmals eine dynam. Betrachtungsweise in die Biologie einbrachten. Als Geburtsjahr der klass. C. gilt das Jahr 1855, in dem R. Virchow seinen berühmten Satz „Omnis cellula e cellula" formulierte. Damit war die Bedeutung der Zelle als kleinster lebensfähiger Einheit erkannt. Um 1875 konnten E. Strasburger, O. Bütschli u. W. Flemming die einzelnen Phasen der Kernteilung bei tier. und pflanzl. Zellen aufklären. 1888 nannte W. von Waldeyer-Hartz die während der Kernteilung sichtbaren fäd. Strukturen Chromosomen; sie wurden bald darauf als die Träger der Erbfaktoren erkannt. Diese *deskriptive Phase* der C. wurde 1887 durch die *experimentelle C.* abgelöst, als die Brüder O. und R. Hertwig ihre Arbeiten über die Befruchtung v. Seeigeleiern veröffentlichten. Damit war die C. für einige Zeit eng mit der experimentellen Embryologie verbunden. Weitere Fortschritte innerhalb der C. brachte die Entwicklung der mikroskop. Technik. Schon in der 1. Hälfte unseres Jh. wurden phasenkontrast-, polarisations- u. fluoreszenzmikroskop. Methoden entwickelt; heute verdanken wir wesentl. Erkenntnisse über den Bau der Zelle der Elektronenmikroskopie. Weitere wichtige

Bei C vermißte Stichwörter suche man auch unter K und Z.

Techniken in der C. sind die Röntgenstrukturanalyse, die Ultrazentrifugation u. die Arbeit mit Radioisotopen. [B] Biologie I–III.
Lit.: *Hirsch, G. Ch., Ruska, H., Sitte, P.* (Hg.): Grundlagen der Cytologie. Stuttgart 1973. *Jahn, T., Lange, H.:* Die Zelle. Freiburg ²1982. *Metzner, H.* (Hg.): Die Zelle. Stuttgart ³1981. *Sengbusch, P. v.:* Molekular- und Zellbiologie. Heidelberg 1979.

Cytolyse w [v. *cyto-, gr. lysis = Lösung], Auflösung einer Zelle od. v. Zellverbänden durch Zerstörung der Zellmembran u. (sofern vorhanden) der Zellwand. C. erfolgt bei zellwandfreien Zellen bzw. nach Entfernung der Zellwand durch entspr. Enzyme (z. B. Cellulasen bei pflanzl. Zellen; Lysozyme bei bakteriellen Zellen) durch osmot. Schock, d. h. hohe Salzkonzentrationen im Außenmedium. Der Infektionszyklus virulenter Phagen endet häufig mit der C. der befallenen Zellen ([B] Bakteriophagen II). Die C. infizierender Bakterienzellen in der Blutbahn erfolgt ausgelöst durch Antikörper u. Lymphocyten od. direkt durch die Komplementbindungsreaktion (↗Antigen-Antikörper-Reaktion). ↗Autolyse.

Cytolysosom s [v. *cyto-, gr. lysis = Lösung, sōma = Körper], das ↗Autophagosom.

Cytomegalievirus s [v. *cyto-, gr. megaleios = groß], *menschl. C.*, Abk. *CMV*, gehört zur U.-Fam. *Betaherpesvirinae* der ↗Herpesviren. Die lineare doppelsträngige DNA hat eine relative Molekülmasse von 150 · 10⁶ (ca. 230000 Basenpaare). Der Vermehrungszyklus des C. verläuft langsam, die ersten infektiösen Viruspartikel treten 48–72 Stunden nach Infektion auf; die infizierten Zellen sind auffallend groß u. enthalten große, intranucleäre Einschlußkörper. Das C. ist der Erreger der *Cytomegalie* (Speicheldrüsenviruserkrankung), einer generalisierten Infektionskrankheit von Kindern. C.-Infektionen sind häufig u. verlaufen meist symptomarm bzw. symptomlos. Congenitale C.-Infektionen können zu Mißbildungen u. Enwicklungsstörungen der Kinder führen. Das Virus erzeugt gewöhnl. latente Infektionen; eine Reaktivierung kann z. B. bei Patienten erfolgen, die nach einer Organtransplantation unter immunsuppressiver Therapie stehen. C.-Infektionen können durch Bluttransfusionen übertragen werden.

Cytomixis w [v. *cyto-, gr. mixis = Mischung], die Verschmelzung des ↗Chromatins zweier Zellen eines Gewebes.

Cytoökologie w [v. *cyto-, gr. oikos = Hauswesen, logos = Kunde], *Cytökologie*, Teilgebiet der experimentellen Ökologie, das sich mit den physiol. Zelleigenschaften v. Pflanzen extremer Standorte befaßt, wie etwa mit den Resistenzeigenschaften des Protoplasmas od. den osmot. Verhältnissen der einzelnen Zellen.

cytopathogener Effekt [v. *cyto-, gr. pathos = Leiden, gennan = erzeugen], *cytopathischer Effekt*, Abk. *CPE*, durch die Vermehrung v. Viren hervorgerufene, degenerative Veränderungen der infizierten Zellen: Bildung v. Riesenzellen, Syncytien, Einschlußkörpern, Vakuolen u. Granula, Veränderungen des Zellkerns, Lyse der Zellen. Viele Viren erzeugen einen charakterist. cytopathogenen Effekt.

Cytopempsis w [v. *cyto-, gr. pempsis = Sendung], Stofftransport durch eine Zelle (z. B. Endothelzelle einer Blutgefäßwand), bei dem der in ein ↗Endocytose-Vesikel eingeschlossene Stoff die Zelle durchwandert, ohne mit dem Grundplasma in Berührung zu kommen, u. an der anderen Seite durch ↗Exocytose wieder nach außen abgegeben wird.

Cytophagales [Mz.; v. *cyto-, gr. phagos = Fresser], Ord. der *Flexibacteriae;* einzellige, gleitende Bakterien. Gramnegative, meist sehr schlanke Stäbchen; oft auch wechselnde Zellform; viele bilden Dauerzellen (Mikrocysten), aber niemals komplexe Aggregationen zu Fruchtkörpern (im Ggs. zu den Myxobakterien). Die meisten Formen sind gelb, orange od. rot gefärbt, oft durch flexirubinartige Farbstoffe. C. treten in verschiedensten Biotopen auf, die viel organ. Material enthalten: im Boden (bei etwa neutralem pH-Wert), auf verwesendem Pflanzenmaterial, Tiermist (bes. v. Pflanzenfressern), in aeroben Bodensedimenten u. auf Algenmatten od. frei im Süßwasser, im Abwasser, auch in marinen Biotopen in der Nähe der Küsten u. auf lebenden u. toten Seesedimenten od. verwesenden Seetieren (z. B. Krebsen) u. im Mundraum des Menschen. Viele Vertreter der C. verwerten aerob polymere Naturstoffe (z. B. Agar, Cellulose, Chitin, Pektin, Keratin u. Proteine) u. spielen dadurch eine große Rolle im Kohlenstoffkreislauf. Wahrscheinl. sind sie die häufigsten gleitenden Bakterien. Die meisten C. haben einen obligaten aeroben Atmungsstoffwechsel, einige sind fakultativ anaerob u. wenige nur anaerob *(Sphaerocytophaga)*. Endprodukt des Gärungsstoffwechsels sind Acetat, Propionat u. Succinat. Die meisten C. leben mesophil (Optimum 30–40° C), viele Formen bevorzugen tiefere Temp. (Opt. 18–24° C), wahrscheinl. kommen auch psychrophile Arten vor. Schädigend wirken sie durch ihre Holzzersetzung in Boden u. Wasser (Hafen) u. Verwertung von Baumwolle; v. wirtschaftl. Bedeutung sind auch einige fischpathogene Arten *(Cytophaga columnaris)* in Süß- u. Salzwasser; wahrscheinl. sind die anaeroben Formen auch an periodontalen Zahnfleischentzündungen beteiligt. Die Ar-

cyt-, cyto- [v. gr. kytos = Höhlung, Bauch, Gefäß], in Zss.: Zell-.

Cytophagales
Familien und einige Gattungen:
Cytophagaceae
 Cytophaga
 ↗Flexibacter
 ↗Sporocytophaga
 ↗Sphaerocytophaga
Lysobacteraceae
 ↗Lysobacter
 ↗Herpetosiphon

Bei C vermißte Stichwörter suche man auch unter K und Z.

Cytopharynx

ten der Gatt. *Cytophaga* verwerten fast alle Cellulose u. z. T. andere Polymere; es sind flexible lange Stäbchen od. Filamente (0,3–0,7 × 5–50 µm), nicht helikal gewunden, unverzweigt ohne Scheiden u. bilden keine Mikrocysten. Die Süßwasserformen enthalten meist Flexirubin-Pigmente die marinen Formen besitzen normalerweise keine Carotinoide.

Cytopharynx *m* [v. *cyto-, gr. pharygx = Schlund, Kehle], *Zellschlund,* bei vielen Einzellern, bes. den Ciliaten (Wimpertierchen), ausgebildeter Zellschlund v. oft komplizierter Struktur; bildet meist eine trichterförm. Einsenkung der Zelloberfläche, die tief in das Zellinnere führt, gewöhnl. mit einem bes. Wimpernapparat ausgestattet ist u. im ↗*Cytostom* (Zellmund) endet.

Cytoplasma *s* [v. *cyto-, gr. plasma = das Geformte], der gesamte, den Zellkern umgebende Bereich einer ↗Zelle, der v. der Zellmembran (bei pflanzl. Zellen noch zusätzl. v. der Zellwand) umgeben ist, also das gesamte *Protoplasma* ohne Zellkern. Das C. setzt sich zus. aus dem ↗*Cytosol* (*Grund-C., Hyaloplasma*) u. sämtl. Zellorganellen, insgesamt besteht es zu etwa 70% aus Wasser u. zu ca. 15 bis 20% aus Proteinen (bei einer typ. tier. Zelle sind es etwa 10000 verschiedene Proteinarten, insgesamt ca. 10 Mrd. Moleküle). Licht- bzw. elektronenmikroskop. erkennt man die verschiedenen Organellen des C.s, die für unterschiedl. Stoffwechselleistungen spezialisiert sind. Hierzu gehören das ↗endoplasmat. Reticulum (Proteinsynthese am rauhen, Lipidmetabolismus im glatten endoplasmat. Reticulum), der ↗Golgi-Apparat (Anreicherung u. Transport verschiedener Sekretstoffe), Cytosomen wie ↗Lysosomen (enthalten Enzyme für die intrazelluläre Verdauung) und ↗Peroxisomen (enthalten Katalase und Peroxidasen) und ↗Mitochondrien (Energiegewinnung). Pflanzl. Zellen enthalten darüber hinaus noch die Zellsaft-↗Vakuole u. die ↗Chloroplasten, in denen die Reaktionen der Photosynthese ablaufen. Das gesamte C. ist v. einem dichten Netzwerk v. Proteinfilamenten durchzogen, dem ↗Zellskelett (Cytoskelett). Es ist verantwortl. für die Zellform u. die Bewegungen der Zelle u. ihrer Organellen; besteht aus drei verschiedenen Arten v. Filamenten: den Mikrotubuli, den Actinfilamenten u. den 10 nm-Filamenten. Weiterhin gehören zum C. noch die freien Ribosomen u. die ↗Centriolen. Alle diese Bestandteile sowie die Zellorganellen befinden sich in einer wasserreichen Grundsubstanz, dem ↗*Cytosol*; dieses enthält verschiedene RNAs (etwa 10–20% der RNA einer Zelle!), Zucker, Aminosäuren,

cyt-, cyto- [v. gr. kytos = Höhlung, Bauch, Gefäß], in Zss.: Zell-.

Lipidtröpfchen, Proteinkristalle, Nucleoside, Nucleotide, zahlr. Substanzen aus dem intermediären Stoffwechsel u. Salze. Im Cytoplasma laufen Stoffwechselwege zur Energiegewinnung (Glykolyse u. oxidativer Pentosephosphatweg) u. wichtige Biosyntheseketten ab. Hier finden der Aufbau, die Aktivierung u. die Bindung von Aminosäuren an t-RNA statt u. daran anschließend dann die Proteinsynthese an den Polysomen. Außerdem ist das C. der Ort der Fettsäuresynthese aus Acetyl-CoA und der Glykogensynthese.

Cytoplasmamembran *w* [v. *cyto-, gr. plasma = das Geformte, lat. membrana = Häutchen], ↗Membran.

Cytoplasmapolyeder-Viren [v. *cyto-, gr. plasma = Gebilde, polyedros = mit vielen Flächen], Gatt. insektenpathogener ↗Reoviren, Wirte sind hpts. Lepidopteren, aber auch Dipteren u. Hymenopteren. Die Viruspartikel haben einen ⌀ von 50–65 nm, das doppelsträngige RNA-Genom besteht aus 10 Segmenten. Anhand der unterschiedl. Auftrennungsmuster ihrer Genomsegmente in der Gelelektrophorese sind bislang 12 verschiedene C.-Typen definiert; wahrscheinl. gehören Viren von ca. 150 verschiedenen Insektenarten zusätzl. in diese Gatt. Die Vermehrung der C. erfolgt in den Epithelzellen des Mitteldarms der infizierten Insekten; im Cytoplasma entstehen Polyeder-Einschlußkörper, die jeweils mehrere hundert Virionen enthalten.

cytoplasmatische Vererbung [v. *cyto-, gr. plasma, Gen. plasmatos = Gebilde], Vererbung v. Eigenschaften, die in einer DNA codiert sind, die nicht im Zellkern, sondern im Cytoplasma lokalisiert ist (extranucleare DNA). Dazu gehört bes. die DNA aus Mitochondrien u. Chloroplasten. Durch c. V. bedingte Erbgänge sind durch Abweichungen v. den Mendelschen Regeln charakterisiert. In der Regel werden durch c. V. mütterliche Eigenschaften (ausschl. od. vorzugsweise) vererbt (sog. *maternale Vererbung*).

Cytopyge *w* [v. *cyto-, gr. pygē = Steiß, After], *Zellafter,* physiolog. differenzierter Ort ohne bes. sichtbare Struktur an der Zellmembran vieler Einzeller, bes. der Ciliaten (Wimpertierchen), an dem unverdaul. Nahrungsreste durch ↗Exocytose nach außen abgegeben werden.

Cytorrhyse *w* [v. *cyto-, gr. rhytis = Falte, Runzel], nicht mehr gebräuchl. Bez. für die Verformung v. Zellen bei Wasserentzug durch hyperosmot. Belastung.

Cytosin *s* [v. *cyto-], Abk. *Cyt,* als Pyrimidin-Base wesentl. Bestandteil der ↗Cytidin-Nucleotide (CMP, CDP, CTP) sowie der C. enthaltenden Desoxyribonucleotide (dCMP, dCDP, dCTP), der Nucleinsäuren,

Cytosin

Bei C vermißte Stichwörter suche man auch unter K und Z.

bestimmter Coenzyme u. Nucleosidantibiotika.

Cytoskelett s [v. *cyto-, gr. skeleton = Mumie], das ↗Zellskelett.

Cytosol s [v. *cyto-, lat. solutio = Lösung], lösl., durch Zentrifugation nicht weiter auftrennbare Fraktion des ↗Cytoplasmas, in der zahlr. Enzyme u. Enzymsysteme (z. B. Enzyme der Glykolyse, Aminosäureaktivierung, Fettsäuresynthese, Nucleotidsynthese u. a.) enthalten sind.

Cytosomen [Mz.; v. *cyto-, gr. sōma = Körper], *microbodies,* zusammenfassende Bez. für bläschenförm., nur elektronenmikroskop. sichtbare, v. einer Biomembran umgebene Zellkompartimente mit einem ⌀ von 0,2–2 μm; ihre Funktion ist, bedingt durch eine sehr unterschiedl. Enzymausstattung (z. B. Peroxidasen, Hydrogenasen, Katalasen u. a.), sehr verschieden; sie entstehen durch Abschnürung v. Zisternen des endoplasmat. Reticulums od. der Dictyosomen. Zu den C. gehören z. B. die ↗Lysosomen, ↗Peroxisomen, ↗Glyoxisomen.

Cytostatika [Mz.; v. *cyto-, statikos = zum Stehen bringend], Sammelbez. für Medikamente, die zur Wachstumshemmung v. bösart. Zellen in der Tumortherapie (↗Krebs) eingesetzt werden. Die bisher verfügbaren Substanzen wirken allerdings nicht selektiv auf die Tumorzellen, sondern schädigen auch gesundes Gewebe. Z. Z. erfahren ca. 30 verschiedene Substanzen klin. Anwendung. Die C. werden eingeteilt in a) die *Alkylantien,* die durch Vernetzung v. DNA-Strängen u. DNA mit Kernproteinen das Zellwachstum hemmen; die bifunktionellen A. können mit 2 alkylierbaren funktionellen Gruppen reagieren, z. B. Sulfhydryl- u. Aminogruppen, u. können somit die Funktion v. Makromolekülen durch Quervernetzungen inhibieren; der Wirkmechanismus der monofunktionellen Alkylantien, d. h. Moleküle, die nur eine Wirkgruppe besitzen, ist z. Z. noch nicht voll aufgeklärt. b) die ↗*Antimetaboliten,* deren wachstumshemmender Effekt auf der Verdrängung v. Metaboliten beruht, deren biol. Funktion sie nicht übernehmen können, z. B. der Folsäureantagonist Methotrexat, der die Dihydrofolsäure-Reductase durch irreversible Bindung hemmt u. dadurch die Synthese wichtiger Nucleotide od. Aminosäuren verhindert, die Purin-, Cytidin- u. Pyrimidinantagonisten, die die Biosynthese der jeweiligen Basen hemmen; der Aminosäureantagonist L-Asparaginase spaltet das L-Asparagin in Asparaginsäure u. NH₃; da manche Tumorzellen keine Asparagin-Synthetase besitzen, kommt es zu einer Verarmung an Asparaginsäure. c) die aus *Vinca rosacea* gewonnenen *Vinca-Alkaloide,* Substanzen, die die

Beispiele für Cytostatika
a) *bifunktionelle Alkylantien:*
Stickstofflost
Cyclophosphamid
Melphalan
Chlorambucil
Thiotepa
Busulfan
monofunktionelle Alkylantien:
Carmustin
Dacarbazin
Procarbazin
b) *Antimetaboliten:*
Folsäureantagonist: Methotrexat
Cytidinantagonist: Cytosin-Arabinosid
Purinantagonist: Mercaptopurin, Thioguanin
Pyrimidinantagonist: Fluorouracil, Ftorafur
Aminosäureantagonist: L-Asparaginase
c) *Vinca-Alkaloide:* Vincristin, Vinblastin
d) *Podophyllinderivate:* z. B. Etoposid
e) *Vollsynthetische C.:* Diaminodichlorplatin
f) *Antibiotika:* Bleomycin, Doxorubicin, Daunorubicin, Actinomycin-D

Cytostatika

Eine Vielzahl von analogen u. neuen Substanzen wird permanent entwickelt, um die Effektivität u. Spezifität der C. zu steigern u. die Nebenwirkungen abzuschwächen. Die z. Z. verfügbaren C. sind bei der klin. Anwendung mit z. T. schweren, für jedes Medikament z. T. spezifischen, den Patienten sehr belastenden Nebenwirkungen verbunden, z. B. Übelkeit, Erbrechen, Knochenmarksschädigung, Anämie, Nervenschäden, Herabsetzung der körpereigenen Abwehr, Abmagerung, Haarausfall, Schädigung der Schleimhäute. Durch Kombination verschiedener Substanzen ist es möglich, die Wirkung zu erhöhen u. die Nebenwirkungen auf ein tole-

Mitose hemmen; der älteste bekannte Mitosehemmer, das Colchicin, wird nicht in der Tumortherapie verwendet. d) *Podophyllinderivate,* die aus *Podophyllum peltatum* gewonnen werden. e) Synthet. Substanzen, z. B. Diaminodichlorplatin; durch die cis-Stellung der Liganden können DNA-Stränge vernetzt werden, wobei bevorzugt G-C-Basen vernetzt werden. f) ↗*Antibiotika,* die teils direkt auf die DNA, teils auf die RNA einwirken u. Strangbrüche erzeugen, mit der DNA interkalieren u. stabile Komplexe bilden; z. B. aus *Streptomyces pencetins, S. verticillus.* Neben diesen Substanzen werden auch Antiöstrogene (Tamoxifen) bei der Behandlung des Brustkrebses u. Östrogen bei Prostatakrebs eingesetzt.

Cytostom s [v. *cyto-, gr. stoma = Mund], *Zellmund,* bes. differenzierter Bereich der Zelloberfläche vieler Einzeller, bes. der Ciliaten (Wimpertierchen), aber auch der Flagellaten (Geißeltierchen) mit dünner Pellicula, der der Nahrungsaufnahme durch ↗Endocytose dient. Das C. liegt oft am Grunde eines ↗*Cytopharynx* (Zellschlund).

Cytotaxonomie w [v. *cyto-, gr. taxis = Einordnung, nomos = Gesetz], Bez. v. a. in der Botanik für die Klassifikation v. Organismen anhand der Eigenschaften der somat. Chromosomen.

Cytotoxine [Mz.; v. *cyto-, gr. toxikon = (Pfeil-)Gift], *Zellgifte,* chem. Substanzen, die eine schädigende Wirkung auf zelluläre Stoffwechselvorgänge ausüben od. die Zelle schädigen, z. B. ↗Atemgifte.

Cytotrophoblast m [v. *cyto-, gr. trophos = Ernährer, blastos = Keim], Teil des ↗Trophoblasten, der aus einkern. Zellen besteht. Im Blastocystenstadium des Menschen wird der C. zur mütterl. Decidua (Uterusschleimhaut während der Schwangerschaft) hin vom syncytialen Trophoblasten umgeben. Dieser wird später v. Zellsäulen des C.en durchbrochen, die sich jenseits zur äußeren C.-Hülle vereinigen, welche v. nun an der Decidua aufliegt. Die Zellsäulen des C.en verzweigen sich weiter u. bilden nach Einwanderung von embryonalen Gefäßen die Zotten. ↗Placenta.

Cytotubuli [Mz.; v. *cyto-, lat. tubuli = kleine Röhren], ↗Mikrotubuli.

Czermak [tsch-] ↗Tschermak.

---

rables Maß zu reduzieren. Bei bestimmten Tumoren ließ sich durch Kombinationschemotherapie ein hoher Prozentsatz an Heilungen erzielen, z. B. bei Ho- denkrebs, Lymphknotentumoren, kindl. Leukämien; bei anderen Tumoren kann eine wesentl. Lebensverlängerung erzielt werden.

Bei C vermißte Stichwörter suche man auch unter K und Z.

D

D, 1) chem. Zeichen für ↗Deuterium. **2)** Symbol für die D-Konfiguration am asymmetr. C-Atom in organ. Verbindungen. **3)** Abk. für ↗Asparaginsäure.

d, 1) Präfix für Desoxyverbindungen, bes. Desoxyribonucleoside, Desoxyribonucleotide und Desoxypolynucleotide; z. B. dA oder A_d für 2′-Desoxyadenosin oder dCTP für 2′-Desoxycytidin-5′-triphosphat. **2)** Abk. für Dalton, die Einheit der relativen Molekülmasse.

2,4-D, Abk. für ↗2,4-Dichlorphenoxyessigsäure.

dA, Abk. für 2′-Desoxyadenosin, ↗Desoxyribonucleoside.

Dacelo w [Anagramm des lat. alcedo = Eisvogel], Gatt. der ↗Eisvögel.

Dachpilzartige Pilze, *Pluteaceae,* Fam. der Blätterpilze mit rötl. Sporenstaub; der fleisch. Fruchtkörper ist in Hut u. Stengel gegliedert; die freien Blätter sind zuerst weißl., bei der Sporenreife rötl. gefärbt; ihr Trama ist invers ausgebildet, das Sporenpulver rötl., u. die Sporen sind glatt. 2 Gatt.: die ↗Scheidlinge u. die ↗Dachpilze.

Dachpilze, *Pluteus* Fr., Gatt. der *Pluteaceae* (fr. *Amanitaceae*); die Blätter des fleisch. Fruchtkörpers sind anfangs weißl., dann rötl. gefärbt; das Sporenpulver ist rosa, der gleichdicke Stengel ohne Ring od. Volva. Die ca. 40 Arten in Mitteleuropa kommen auf Holz od. Holzresten vor. Häufigste, eßbare Art bei uns ist der rehbraune Dachpilz *(Pluteus atricapillus* Sing.); er hat einen dachart., schwarzbraunen, glatten, eingewachsen faser. Hut (5–12 cm ⌀) u. findet sich auf morschen Laubholz-, seltener auf Nadelholzstubben.

Dachschildkröten, *Kachuga,* Gatt. der ↗Sumpfschildkröten.

Dachse, *Melinae,* U.-Fam. der Marder mit 7 Gatt. (darunter † *Trocharion* aus dem Miozän) u. 8 rezenten Arten; Körper massig u. kurzbeinig; Füße groß u. stark bekrallt; Schnauze länglich. In Europa u. Asien lebt der Europäische Dachs *(Meles meles;* Kopfrumpflänge 60–80 cm, Gewicht 10–20 kg) in Wäldern, Busch- u. Parklandschaften ([B] Europa XIII). Sein Erdbau kann 30 m ⌀ u. 5 m Tiefe erreichen u. jahrzehntelang v. mehreren Generationen bewohnt werden. D. sind hpts. Dämmerungs- u. Nachttiere, die sich sowohl v. toten u. lebenden Tieren (Würmer, Schnecken, Insekten, kleinere Wirbeltiere) als auch v. Pflanzenkost (Früchte, Samen, Wurzeln) ernähren. Die Winterruhe der D. ist witterungsabhängig; sie kann Tage od. Wochen (Mitteleuropa), aber auch 7 Monate (Sibirien) dauern. Die Brunstzeit der in lebenslanger Partnerbindung lebenden D. ist im Hochsommer. Durch Verzögerung der Eifurchung (Eiruhe) u. späte Einnistung des Eies in die Uterusschleimhaut wird sichergestellt, daß die 2–5 Jungen erst im Febr./März geboren werden. Sie öffnen nach 4–5 Wochen die Augen, werden 2–3 Monate lang gesäugt u. sind schon mit 1½ Jahren geschlechtsreif. Noch vor, spätestens aber gleich nach der ersten Winterruhe trennen sich die Jungtiere v. ihren Eltern. Nach der ↗Roten Liste gilt der Europäische Dachs als „gefährdet". Bekämpfungsmaßnahmen gegen Füchse (Tollwut) führen oft auch zu Verlusten bei D.n. Die Jagd-Schonzeit für D. ist in Dtl. v. 1. Juli bis 15. Jan. Früher nutzte man das Dachsfett zur Salben- u. Seifenherstellung. Zur Pelzverarbeitung verwendet man hpts. Felle der japan. U.-Art *M. m. anakuma.* Nach wie vor dienen Dachshaare zur Herstellung v. Bürsten u. (Rasier-)Pinseln. Von der Volkstümlichkeit des Europäischen D.s zeugen noch viele Orts- u. Flurnamen, z. B. Dachsberg, Dachswangen. – In SO-Asien lebt der Schweinsdachs *(Arctonyx collaris),* auch ein Allesfresser, dessen Schnauze (schweinsrüsselartig verlängert ist. In den Gebirgswäldern von Borneo, Sumatra und Java kommt der Malaiische od. Java-Stinkdachs od. Teledu *(Mydaus javanensis)* vor, der seinen Namen einem Afterdrüsensekret verdankt, das er zur Verteidigung einsetzt. Der Philippinen-Stinkdachs *(Suillotaxus marchei)* gehört einer eigenen Gatt. an. Der Amerikanische od. Silberdachs *(Taxidea taxus)* bewohnt trockenes u. offenes Gelände („Präriedachs") in N-Amerika. Sein Fell ist für die Pelzverarbeitung v. Bedeutung. Schlank u. daher marderähnlicher als die vorigen D. wirken die südostasiat. Sonnendachse (Gatt. *Melogale* mit 3 Arten), die vorwiegend Fleischfresser sind. Das Fell des China-Sonnendachses *(Melogale moschata)* kommt als Pahmi-Pelz in den Handel. – Zu einer eigenen U.-Fam. *Mellivorinae* gehört der ↗Honigdachs *Mellivora capensis.* H. Kör.

Dachsteinmuschel ↗Conchodus.

Dacqué [dake], *Edgar,* dt. Paläontologe u. Naturphilosoph, * 8. 7. 1878 Neustadt a. d. Weinstraße, † 14. 9. 1945 München; seit 1915 Prof. in München; arbeitete über die Darstellung fossiler, bes. wirbelloser Formen u. die Stammesgesch. des Menschen. Erneuerer der idealist. Morphologie u. Ver-

---

Dachse

Gattungen:
Arctonyx
Meles
Melogale
Mydaus
Suillotaxus
Taxidea
Trocharion (†)

Europäischer Dachs
(Meles meles)

treter einer teleolog. Evolutionstheorie (der Mensch als Urform u. Ziel der Evolution).

Dacryconarida [Mz.; v. gr. dakry = Träne, konaros = wohlgenährt], (Fisher 1962), kleine, zugespitzte, schmale Coni aus $CaCO_3$, verziert mit transversalen Ringen, v. problemat. Zuordnung; v. Autor als Ord. der neuen Kl. ↗ *Cricoconarida* zugeteilt. Verbreitung: Mittelsilur bis Oberdevon.

Dacrydium s [v. gr. dakry = Träne, Harz], Gatt. der ↗ Podocarpaceae.

Dacrymycetales [Mz.; v. gr. dakry = Träne, Harz, mykēs = Pilz], Ord. der Ständerpilze, nach der Basidienart sind sie Holobasidiomyceten, nach der Sporenkeimung Heterobasidiomyceten; fr. wurden sie den *Tremellales* (Gallertpilzen) zugeordnet. Charakterist. für die D. sind die gegabelten (Y-förm.) Basidien, an deren 2 Spitzen je eine Spore gebildet wird. Als Nebenfruchtform werden Arthrosporen gebildet. Alle Vertreter leben als Saprophyten (Holzzerstörer) u. bilden gallert- od. wachsart., durch Carotinoide gelb-orange gefärbte Fruchtkörper v. unterschiedl. Form. Es kommen auch spatel-, keulen- u. korallenförm. Fruchtkörper vor, die an Korallenpilze erinnern, so daß sie oft v. Pilzsammlern verwechselt werden. In Europa sind ca. 25 Arten bekannt, die in 9 Gatt. eingeordnet u. in der einzigen Fam. *Dacrymycetaceae* (Hornpilze) zusammengefaßt werden. Zu den bekanntesten Gatt. gehören *Dacrymyces* (Gallerttränen, Tränenpilze) u. *Calocera* (Hörnlinge). *D. stillatus* Nees, die zerfließende Gallertträne, bildet auf feuchtem, verrottendem Nadelholz, alten Brettern u. Pfosten Überzüge aus warz. Fruchtkörpern (1–5 mm groß), die beim Trocknen zu einer hornart. Masse einschrumpfen, so daß sie schwer zu erkennen sind. Sehr häuf. ist in unseren Wäldern auch *C. viscosa* Pers., der klebrige Hörnling (Schönhorn); er wächst auf Baumstümpfen v. Nadelhölzern; die korallenartig verzweigten Fruchtkörper (ca. 5 cm hoch) sind zäh-knorpelig, klebrigglatt u. lebhaft orange-gelb gefärbt; sie werden oft mit gelben Korallenpilzen verwechselt.

Dactylioceras s [v. gr. daktylion = Ring, keras = Horn], (Hyatt 1867), zur Fam. *Amaltheidae* (↗ *Amaltheus*) gehörende Ammoniten-Gatt. mit flachen, weitgenabelten gabelripp. Vertretern, deren Windungsquerschnitt fast kreisrund ist. Verbreitung: oberer Lias (unteres Toarcien), kosmopolit.; *D. commune*, Leitfossil des Lias ε.

Dactylis w [v. *dactylo-], ↗ Knäuelgras.

Dactylogyrus m [v. *dactylo-, gr. gyros = krumm], Gatt. der Saugwurm-Ord. *Monogenea;* bekannte Art *D. vastator,* Ektoparasit auf den Kiemen des Karpfens *(Cyprinus spec.).*

E. Dacqué

Dactylometra w [v. *dactylo-, gr. mētra = Gebärmutter], die ↗ Seenessel.

Dactylopius m [v. *dactylo-, gr. piōn = fett], Gatt. der ↗ Deckelschildläuse.

Dactylopodella w [v. *dactylo-, gr. pous, Gen. podos = Fuß], *Dactylopodola,* Gatt. der ↗ *Gastrotricha* (Bauchhaarlinge), Ord. *Macrodasyoidea,* mit mehreren Arten in Brackwasser u. Küstengewässern, die sich durch handförm., mit mehreren Klebröhrchen besetzte Anhänge am Körperende auszeichnen.

Dactylopteriformes [Mz.; v. *dactylo-, gr. pteron = Flügel, lat. forma = Gestalt], die ↗ Flughähne.

Dactylozoide [Mz.; v. *dactylo-, gr. zōon = Lebewesen], *Wehrpolypen* mancher Hydrozoen, die mit nesselkapselbesetzten Anschwellungen enden (z. B. bei Feuerkorallen). ☐ Arbeitsteilung.

Dacus m [v. gr. dakos = ein durch seinen Biß od. Stich gefährl. Tier], Gatt. der ↗ Bohrfliegen.

Daedalia w [v. gr. daidaleos = kunstvoll gearbeitet], *D.* Pers., Gatt. der Porlinge, meist einjähr. Pilze od. mit einmal. Überwinterung, mit korkig festem od. ledrig-zähem, oft konzentr. gezontem Fruchtkörper; die Oberseite bildet keine feste Kruste, auch zu den Trameten (↗ *Trametes*) gerechnet. Eine bekannte Art ist *D. (Trametes) quercina,* (Eichenwirrling), der eine typ. labyrinth.-lamellige Fruchtkörperunterseite besitzt; es können auch runde Poren auftreten. Große Exemplare werden bis 10 Jahre alt. Er kommt hpts. auf Eichenarten, auch Edelkastanien, selten an anderen Hölzern vor, wo er eine Braunfäule verursacht; normalerweise lebt er als Saprophyt (z. B. Eichenstubben, verbautem Holz), selten als Wundparasit.

Dahl, *Friedrich,* * 1856 Rosenhofer Brök (Holstein), † 1929 Greifswald; nach Studium in Leipzig, Freiburg, Berlin u. Kiel seit 1898 am Zool. Museum in Berlin; bei K. Möbius tätig; zahlr. ökolog. orientierte Arbeiten an Arthropoden, bes. Spinnen; prägte den Begriff „Biotop". Begr. (1925) des bis heute fortgesetzten Werkes: „Die Tierwelt Deutschlands". Weitere wichtige Veröff.: „Grundsätze und Grundbegriffe der biocoenot. Forschung", Zool. Anz. 33 (1908). „Grundlagen einer ökolog. Tiergeographie.", Jena, 1921.

Dahlie w [ben. nach dem schwed. Botaniker A. Dahl, 1751–89], *Georgine, Dahlia,* in Mexiko und Mittelamerika beheimatete Gatt. der Korbblütler mit ca. 15 Arten. Ausdauernde, jedoch sehr frostempfindl. Stauden mit knollig verdickten, spindelförm. Speicherwurzeln, gegenständigen 1- bis

dactylo- [v. gr. daktylos = Finger], in Zss.: Finger-.

Dahlien
von links:
Mignon-Dahlie
Schmuck-Dahlie
Kaktus-Dahlie
Halskrausen-Dahlie

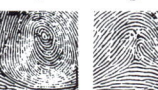

dactylo- [v. gr. daktylos = Finger], in Zss.: Finger-.

Daktyloskopie
qualitative Unterschiede der Hautleisten, **a** Bogen, **b** Schleife (verstärkte Linie ist ein Beispiel für ein Klassifikationsmerkmal), **c** Wirbel, **d** doppelzentrisches Muster.

3fach fiederschnitt., grob gezähnten Laubblättern u. langgestielten, meist einzeln in den Blattachseln stehenden, Blütenköpfen mit röhrigen, meist gelben Scheiben- u. verschiedenfarb., zungenförm. Randblüten. Die in Mexiko bereits seit langem kultivierten Pflanzen gelangten erstmals Ende des 18. Jh. nach Europa, wo im Laufe der Zeit unzähl. Zuchtsorten mit weißen, gelben, orange- oder rosafarb., roten, purpurnen u. violetten, z. T. in sich mehrfarbig gemusterten Blütenköpfen entstanden, die unter der Bez. *D. variabilis* zusammengefaßt werden. Als Stammpflanzen der vom Sommer bis zum Herbst blühenden Garten-, Schnitt- u. Topfpflanzen gelten die ungefüllten mexikan. Kultursorten *D. coccinea, D. juarezii* u. *D. pinnata*. Die heute in Kultur befindl. D. lassen sich grob in einfache (z. B. Mignon-D.n), halbgefüllte (z. B. Halskrausen-D.n) u. gefüllte Sorten unterteilen. Bei den gefüllten D.n sind auch die Scheibenblüten zungenförmig. Sie können blattart. verbreitet (Schmuck-D.n), lang u. röhrenförmig eingerollt (Kaktus- od. Semikaktus-D.n) od. relativ kurz u. tütenförmig gebildet sein (Pompon- od. Ball-D.n) u. somit kleine bis sehr große (bis zu 20 cm breite), relativ flache bis mehr od. minder kugelige Blütenköpfe bilden. B Nordamerika VIII.

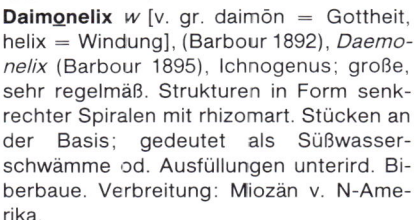

Daimonelix *w* [v. gr. daimōn = Gottheit, helix = Windung], (Barbour 1892), *Daemonelix* (Barbour 1895), Ichnogenus; große, sehr regelmäß. Strukturen in Form senkrechter Spiralen mit rhizomart. Stücken an der Basis; gedeutet als Süßwasserschwämme od. Ausfüllungen unterird. Biberbaue. Verbreitung: Miozän v. N-Amerika.

Daktyloskopie *w* [v. *dactylo-, gr. skopia = Beobachtung], *Dermatoglyphik,* Fingerabdruckverfahren, als Identitätsnachweis kriminalist. wichtig; beruht auf der Erkenntnis, daß die Hautleisten *(Dermoglyphae)* der Fingerbeere bei jedem Menschen ein unverwechselbares u. für das ganze Leben unveränderl. bestehendes Muster bilden; dieses ist genet. festgelegt (wichtig bei Erbgutachten).

Dalatiidae, die Unechten ↗Dornhaie.
Dalbergia *w* [ben. nach dem schwed. Arzt N. Dalberg, 1730–1820], Gatt. der Hülsenfrüchtler mit ca. 200 in den Tropen verbreiteten Arten v. Holzgewächsen; hierher gehören die echten Rosenhölzer, *D. sissoo* u. *D. latifolia* (Asien), die in der Möbel- u. Kunsttischlerei u. beim Bootsbau verarbeitet werden; *D. nigra* liefert Senegalebenholz.
Daldinia *w,* Gatt. der *Xylariales* (Schlauchpilze); bekannt ist *D. concentrica* Ces. u. Not. (Holzkohlenpilz), die auf der Esche parasitiert; sie wird auch auf abgestorbenen Baumstümpfen od. Zweigen gefunden, z. B. auf verbrannten Birken u. Stechginster. Auf Eschen bilden sich 5–10 cm große, braun-schwarze Stromata mit Perithecien.
Dale [dell], Sir *Henry Hallet,* engl. Pharmakologe u. Physiologe, * 5. 6. 1875 London, † 22. 7. 1968 Cambridge; Prof. in London; bedeutende Arbeiten zur Hormontherapie u. Wirkungsweise der Mutterkornalkaloide; erhielt 1936 zus. mit O. Loewi den Nobelpreis für Medizin für die Entdeckung der chem. Erregungsübertragung im Nerv durch Transmitter (z. B. Acetylcholin).
Dalechampia *w* [ben. nach dem frz. Arzt u. Botaniker J. Daléchamp (daleschän), 1513–88], Gatt. der ↗Wolfsmilchgewächse.
Dalische Rasse [ben. nach der südschwed. Landschaft Dalarna], *Fälische Rasse, Dalo-Nordide, Dalo-Fälide,* Zweig der ↗Europiden, schließt an die eiszeitl. ↗Cromagniden an; Schädel groß u. lang u. v. betont eckigen Umrißformen; Haut rosaweiß; Haare blond–mittelblond, schlicht–schwachwellig; Augen blau–hellblau. Gegenüber ↗Nordiden breitwüchsiger, breitgesichtiger. Heute Verbreitung v. a. S-Schweden, Niedersachsen, Westfalen u. Hessen. B Menschenrassen.
Dallia *s* [ben. nach dem am. Naturforscher u. Paläontologen W. H. Dall (dål), 1845–1927], Gatt. der ↗Hundsfische.
Dalton *s* [dålt^{e}n; ben. nach dem engl. Chemiker J. Dalton, 1766–1844], Kurzzeichen d, Einheit der relativen ↗Molekülmasse; ↗Atommasse.

Daltoniaceae [Mz.; ben. nach dem engl. Chemiker J. Dalton, 1766–1844], Moos-Fam. der *Hookeriales,* mit *Daltonia angustifolia,* das auf dem Rücken flugunfähiger, pflanzenfressender Rüsselkäfer in den Wäldern O-Neuguineas entdeckt wurde.

Daltonismus [ben. nach dem engl. Chemiker J. Dalton, 1766–1844], Störung der Farbwahrnehmung, insbes. der Farben Rot u. Grün. ↗Farbenfehlsichtigkeit.

Dalyellioida [Mz.; ben. nach Sir J. G. Dalyell (däljel, auch diel), 1767–1851], U.-Ord. der Strudelwurm-Ord. ↗ *Neorhabdocoela* mit 8 Fam. (vgl. Tab.).

Dam, *Carl Peter Henrik,* dän. Biochemiker, * 21. 2. 1895 Kopenhagen, † 24. 4. 1976 ebd.; seit 1928 Prof. ebd.; Forschungen zur Biochemie der Ernährung; erhielt 1943 zus. mit E. A. Doisy den Nobelpreis für Medizin für die Entdeckung des Vitamins K (1934). [hirsch.

Dama *w* [v. *dama-], *D. dama,* der ↗Dam-

Damagazelle [v. *dama-], *Gazella (Nanger) dama,* größte echte Gazelle (Schulterhöhe 90–110 cm, Gewicht 70 kg); Fellfärbung rötlich- od. kastanienbraun (Farbmuster variabel), deutlich v. weißen Hinterteil (Spiegel) u. der Unterseite abgesetzt; Kopf adult überwiegend weiß. Die D. bewohnt mit 3 U.-Arten die Sahara von W nach O und den Sudan. Zumeist in Trupps v. 10–30 Tieren auftretend, bilden D.n zur Regenzeit Herden v. 100–200 Tieren. Zur Trockenzeit wandern die D.n von der Sahara zur Sahelzone, während der Regenzeit zurück nach N. Nahrung: Wüstengräser u. -sträucher.

Damaliscus *m* [v. gr. damalos = Kalb], die ↗Leierantilopen.

Damenbrett, der ↗Schachbrettfalter.

Damhirsch [v. *dam-], *Damwild, Dama dama,* zur U.-Fam. der Echthirsche (*Cervinae)* gehörende Hirschart mit 2 U.-Arten; Kopfrumpflänge 130–160 cm, Schulterhöhe 80–110 cm, Gewicht 40–100 kg; Fellfarbe rotbraun mit weißl. Fleckenlängsreihen; Hirsch mit schaufelförm. Geweih, weibl. Tier (Damtier) geweihlos. Der vor der letzten Eiszeit in Mitteleuropa verbreitete Europäische D. *(D. d. dama)* lebte nach dem Rückgang des Eises nur noch in Kleinasien. Phöniker u. Römer bürgerten den D. im Altertum in den Mittelmeerländern ein; die Römer brachten ihn nach Dtl. u. in das nördl. W-Europa, wo er zum beliebten Parkwild wurde. Hege u. Zucht begünstigten verschiedene Farbvarianten (Weißlinge, Schwärzlinge, Rötlinge). Eines der seltensten u. am wenigsten bekannten Säugetiere ist heute der Mesopotamische D. *(D. d. mesopotamica),* der nacheiszeitl. in N-Afrika u. Vorderasien noch weit verbreitet war u. Ägyptern, Sumerern u. Assyrern als Kulttier diente. Er galt 1951 als ausgestorben; danach wurde eine kleine Restpopulation in einem südiran. Rückzugsgebiet entdeckt u. unter Schutz gestellt. ⓑ Europa XIV.

Damiana ↗Turneraceae.

Damm, *Perineum,* Weichteilbrücke zw. After u. Hodensack bzw. After u. Hinterrand der großen Schamlippen bei Mensch u. Säugetieren; die im D. verlaufenden Muskeln u. Sehnen gehören zur Afterschließmuskulatur u. zur Beckenbodenmuskulatur.

Dammfichte [v. malaiisch damar = Harz], *Agathis dammara,* ↗ Agathis.

Dammharz [v. malaiisch damar = Harz], Harz verschiedener Gatt. der ↗Dipterocarpaceae.

Dämmerung, Zeitraum vor Sonnenaufbzw. nach Sonnenuntergang, während dem sich die Sonne auf ihrer Bahn zw. 18° (astronom. D.), 12° (naut. D.) od. 6° (bürgerl. D.) unter dem Horizont u. dem Horizont bewegt. Die Dauer der D. hängt v. der geogr. Breite ab. Am Äquator ist sie am kürzesten. Die D. entsteht durch Lichtstreuung in der Atmosphäre. Die Änderung der Farbtemp. des Himmelslichtes während der D. spielt sehr wahrscheinl. eine Rolle beim Photoperiodismus der Pflanze. ↗Phytochrom, ↗Chronobiologie.

Dämmerungssehen, *skotopisches Sehen,* Anpassung der ↗Netzhaut an herabgesetzte Lichtintensitäten bzw. Leuchtdichten, wobei die mehr zur Netzhautperipherie gelegenen Stäbchen die Sehfunktion übernehmen. Diese reagieren auf geringste Lichtintensitäten bei gleichzeitiger Abnahme der Sehschärfe (bis zu ¹/₁₀ der Tagessehschärfe) u. der Farbempfindlichkeit, bis nur noch Grautöne wahrgenommen werden. ↗Superpositionsauge.

Dämmerzone, *dysphotische Region,* Zone in den Meeren, die zw. der lichtlosen (aphot.) u. der euphot., photosynthetisierenden Region liegt u. in der das Licht nicht mehr ausreicht, um Pflanzenleben zu ermöglichen. Je nach Klarheit des Gewässers liegt sie in verschiedenen Tiefen, in getrübten Küstengewässern in weniger als 1 m Tiefe, in klaren trop. Ozeanen zw. 50 und 150 m.

Dalyellioida
Familien:
Acholadidae
Dalyelliidae
Fecampiidae
Graffillidae
Hypoblepharinidae
Provorticidae
Pterastricolidae
Umagillidae

C. P. H. Dam

dam-, dama- [v. lat. dama = unbestimmt, ob Damhirsch, Gazelle, Reh od. Gemse].

Damhirsch *(Dama dama)*

Dammuferwald

Dammuferwald, im Bereich der Überschwemmungssavanne vorkommender, immergrüner od. teilweise laubabwerfender Wald auf flußbegleitenden, vom höchsten Hochwasser gebildeten natürl. Uferdämmen, die v. normalen Hochwässern nicht mehr überflutet werden.
Damon w, Gatt. der ↗Geißelspinnen.
dAMP, Abk. für 2'-Desoxyadenosin-5'-monophosphat, ↗2'-Desoxyribonucleosidmonophosphate.
Dampfdruckdefizit ↗Wasserpotential.
Dampfdrucksterilisator, der ↗Autoklav.
Damwild [v. *dam-], ↗Damhirsch.
Danaë w [ben. nach Danaë, der Geliebten des Zeus], Gatt. der ↗Liliengewächse.
Danaea w [ben. nach Danaë, der Geliebten des Zeus], Gatt. der ↗Marattiales.
Danaidae [Mz.; v. gr. Danaides, die myth. 50 Töchter des Danaos], *Danaidenfalter,* Tagfalter-Fam. mit ca. 300 vorwiegend trop. bis subtrop. verbreiteten Arten, kaum in höheren Gebirgen vorkommend; einige wandernde Vertreter auch in den gemäßigten Breiten. Flügelschnitt einheitl., Spannweite 50–180 mm, mit den ↗*Ithomiidae* u. den ↗Fleckenfaltern verwandt. Vorderbeine verkümmert, weiße Punkte auf Kopf u. Thorax, Fühlerkeule schlank, Duftschuppen beim Männchen auf den Hinterflügeln. Auffällige, wenig scheue Falter – mit segelndem Flug; oft gesellig u. zahlreich. Durch tox. Inhaltsstoffe der Larvalfutterpflanzen (v. a. Schwalbenwurzgewächse) Raupe u. Imago vor Räubern geschützt, zähleb. Falter überstehen oft die Freßversuche, z. B. durch Vögel, die die Beute wieder ausspeien. D. sind daher oft mimet. Vorbilder für Schmetterlinge anderer Tagfalter-Fam. Die in Asien verbreiteten Vertreter der Gatt. *Idea* sind auf weißem Grund schwarz gefleckt. Die indo-austr. Gatt. *Euploea* weist große Falter auf, die dunkel gefärbt sind, häufig mit blauem Schimmer. Die Flügel der Gatt. *Danaus* meist leuchtend orange mit dunklen Adern u. weißen Flecken. Larve nackt, bunt gestreift od. gefleckt, mit paar. langen Auswüchsen am Vorder- u. Hinterende; Sturzpuppe gedrungen, oft metall. gefleckt; in Europa 2 Arten: der ↗Monarch *(D. plexippus)* u. der Chrysippusfalter *(D. chrysippus),* der auf den Kanar. Inseln, in Afrika, Asien u. Australien heim. ist, selten im Mittelmeergebiet; in Afrika wird das Färbungsmuster des 80 mm spannenden Schmetterlings v. Weibchen eines Ritterfalters *(Papilio dardanus)* u. Weibchen eines Fleckenfalters *(Hipolimnas missippus)* imitiert. Beide Nachahmer sind ungiftig (↗Batessche Mimikry).
Danaidenfalter [ben nach den myth. 50 Töchtern des Danaos], ↗Danaidae.

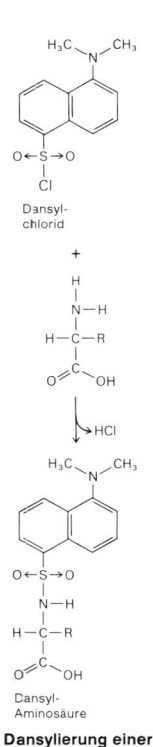

Dansylchlorid

+

Dansyl-Aminosäure

Dansylierung einer Aminosäure

Danaidae
Chrysippusfalter *(Danaus chrysippus),* Farben: rotgelb mit schwarzer u. weißer Zeichnung.

dam-, dama- [v. lat. dama = unbestimmt, ob Damhirsch, Gazelle, Reh od. Gemse].

Dane-Partikel [deɪn-; Mz.], im Serum v. Patienten mit Hepatitis B nachweisbare Partikel mit einem ⌀ v. 42 nm; entsprechen kompletten Hepatitisvirus-B-Partikeln.
Danioninae, die ↗Bärblinge.
Dansylierung, wicht. Methode zur Markierung v. Aminogruppen bei Aminosäuren, Peptiden u. Proteinen u. daher Hilfsmittel bei der Sequenzanalyse der letzteren. Die Einführung des Dansylrests (Dansyl = Abk. der systemat. Bez. 1-*D*imethyl*a*mino-*n*aphthalin-5-*s*ulfon*yl*) erfolgt durch Reaktion mit *Dansylchlorid* (s. Abb.). Da die Dansylgruppe stark fluoresziert, können Dansylderivate in sehr geringen Mengen nachgewiesen werden.
Danthonia w [ben. nach dem frz. Botaniker E. Danthoine, 19. Jh.], der ↗Dreizahn.
Daphne w [v. gr. daphnē = Lorbeer], ↗Seidelbast.
Daphnia w [ben. nach Daphnē, Tochter des myth. Flußgottes Peneus], Gatt. der ↗Wasserflöhe.
Darm, sack- od. röhrenförm., mehr od. weniger differenziertes, bei verschiedenen (insbes. parasit. Gruppen) sekundär reduziertes Verdauungsorgan aller Metazoen. Die *Anlage des D.rohres* ist einer der frühesten Schritte der Embryogenese, in dem sich im Verlauf der Gastrulation das Ektoderm der Blastula einstülpt u. so den Urdarm mit dem zweiten Keimblatt (Entoderm) bildet. Der physiolog. bedeutsame Umstand, daß das D.lumen ein ins Tier verlegter Außenweltkanal ist, v. dem aus Stoffe ins Körperinnere transportiert werden, erklärt sich aus dieser Invagination. Erst unter Vermittlung des dritten Keimblatts (Mesoderm) entstandene kontraktile D.abschnitte (Sphinkter) separieren das Kanalsystem period. v. der Außenwelt. Die Gastrulation führt zur Bildung eines Urmunds u. damit zu einer primären D.öffnung. Im weiteren Verlauf der Embryogenese bleibt der Urmund entweder als definierter Mund erhalten (↗Protostomier), od. er wird zum After (↗Deuterostomier). Die jeweils zweite D.öffnung bildet sich dann erst später.
Die einfachsten *D.formen* finden sich bei den Sackdärmen der Hohltiere. Sie erinnern mit nur einer Körperöffnung an den Zustand der Gastrula – wenigstens bei den Polypen der Hydrozoen (z. B. dem Süßwasserpolypen *Hydra*). Eine *Oberflächenvergrößerung* dieses Sack-Ds. durch Gastraltaschenbildung ist bereits innerhalb der beiden anderen Nesseltiergruppen, den Scyphozoen- u. Anthozoenpolypen, zu beobachten. u. wird im weiteren Verlauf der D.differenzierung zum bestimmenden Element. Strudelwürmer u. Saugwürmer, die beiden großen Gruppen der Plattwürmer,

DARM

Darmkanäle und Hilfsorgane der Verdauung verschiedener Wirbelloser und Wirbeltiere

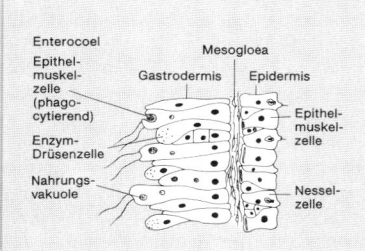

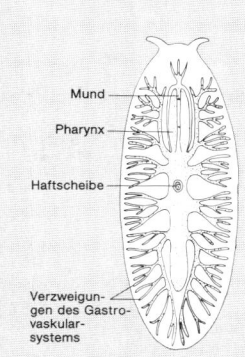

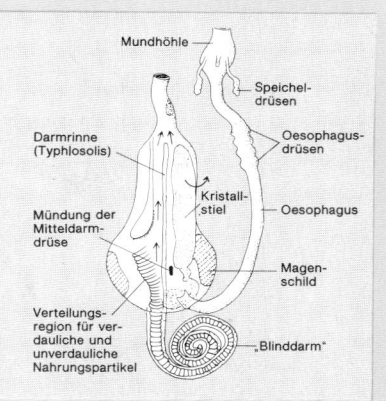

1 Schnitt durch die Körperwand des Süßwasserpolypen *Hydra*. Der Gastralraum (Enterocoel) wird von Verdauungsenzym produzierenden und nahrungsaufnehmenden (phagocytierenden) Zellen ausgekleidet.

2 Gastrovaskularsystem (dendrocoeler Darm) eines freilebenden Plattwurms *(Turbellaria, Polycladida)*.

3 Darmsystem einer Vorderkiemerschnecke *(Gastropoda, Prosobranchia)*. Eingezeichnet sind die durch Cilien vermittelte Richtung des Nahrungsstroms und die Rotation des Verdauungsenzyme enthaltenden Magenstiels (Kristallstiel).

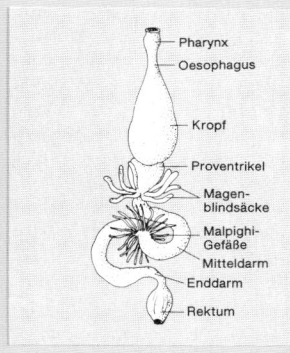

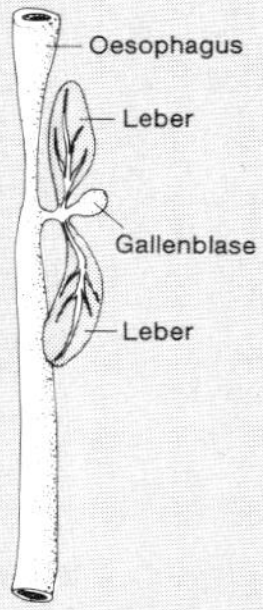

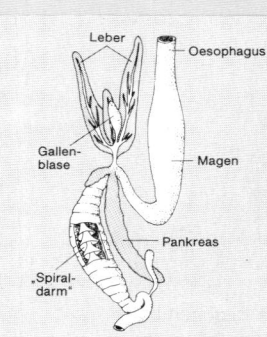

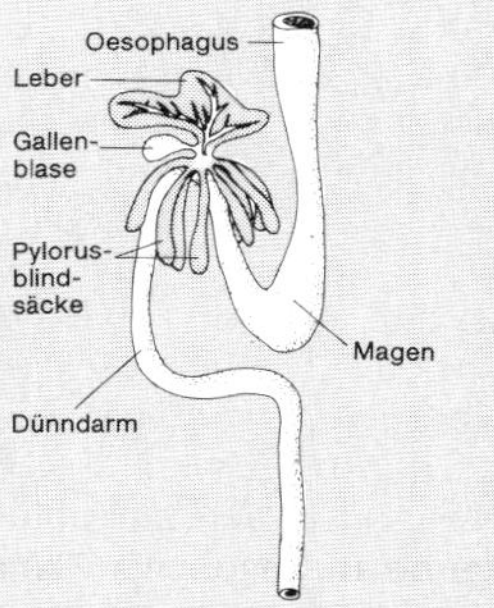

4 Darmtrakt der Küchenschabe *Periplaneta*; im Proventrikel enthaltene Chitinzähne dienen der Nahrungszerkleinerung. Den Übergang von Mittel- zu Enddarm markieren zahlreiche Malpighi-Gefäße.

5–11: Zunehmende Differenzierung der Därme und Verdauungsdrüsen von Wirbeltieren (in einheitlicher Größe gezeichnet). **5** Der Darm der Rundmäuler *(Myxine, Cyclostomata)* verläuft noch gerade.

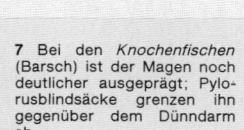

6 Bei Haien und Rochen *(Elasmobranchii)* wird die Oberfläche des Dünndarms durch eine spiralige Falte vergrößert, ferner durch beginnende Darmwindungen. Erstmals ist hier ein Magen erkennbar.

7 Bei den *Knochenfischen* (Barsch) ist der Magen noch deutlicher ausgeprägt; Pylorusblindsäcke grenzen ihn gegenüber dem Dünndarm ab.

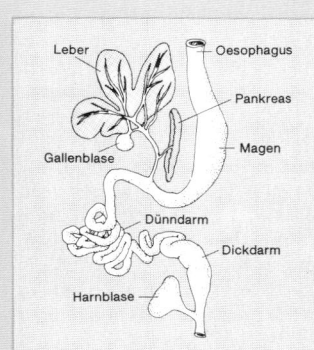

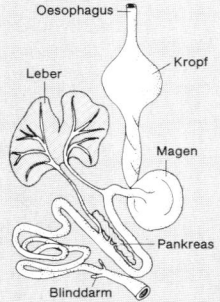

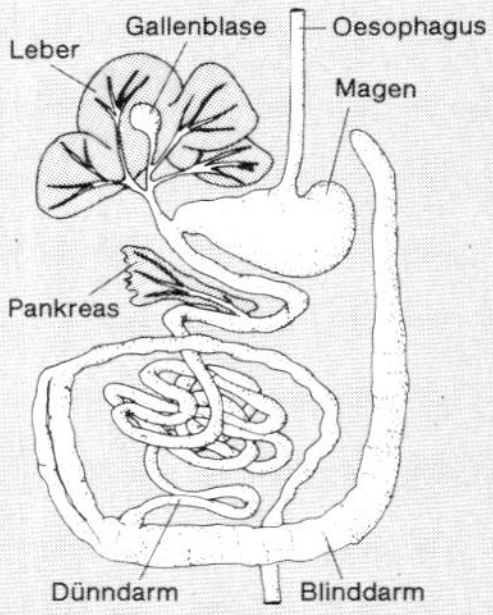

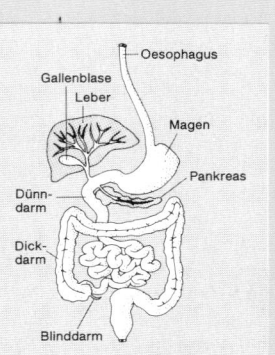

8 Die *Amphibien* (Frosch) besitzen erstmalig einen muskulösen Magenpförtner (Pylorus); der Dünndarm ist stark aufgewunden.

9 Am Darmkanal der *Vögel* (Taube) fallen eine Erweiterung des Oesophagus zum Kropf und (besonders bei Körnerfressern) ein am Pylorus gelegener, stark muskulöser Kaumagen auf.

10 Manche *Säugetiere* (Kaninchen) besitzen exzessiv entwickelte Blinddärme als Gärkammern; der Magen ist hier wie bei den meisten Landtieren quergestellt.

11 Darmtrakt des *Menschen*. Wie bei allen Säugern folgt auf einen englumigen Dünndarm ein weitlumiger Dickdarm; an der Grenze zwischen beiden inseriert (wie auch schon bei Vögeln) ein Blinddarm.

Darm

sind ebenfalls noch nicht über das „Sackdarmstadium" hinausgelangt. Ihre Därme sind jedoch zunehmend komplizierter verästelt – von stabförm. (rhabdocoelen) über dreiäst. (triclade) bis zu feinverästelten (dendrocoelen) Typen – u. besitzen demgemäß eine große Austauschfläche. Das D.system hat bei großen Plattwürmern (z. B. Leberegel) ebenso wie schon bei großen Medusen nicht nur die Aufgabe der ↗Verdauung v. Nahrungspartikeln, sondern ist zugleich ein Verteilungssystem, das sich durch den ganzen Körper zieht. Man bezeichnet es wegen dieser Doppelfunktion als *Gastrovaskularsystem*. Andererseits kann bei den Plattwürmern der D. mehr od. weniger stark reduziert sein, so etwa bei den acoelen Strudelwürmern, deren „Darm" aus einer kompakten Zellmasse (ohne Lumen) besteht, extrem bei den ↗Bandwürmern, die im Zshg. mit ihrer endoparasit. Lebensweise völlig darmlos geworden sind u. die vom Wirt vorverdaute Nahrung direkt über die dafür spezialisierte Körperoberfläche aufnehmen (↗Verdauung). – Bei Schnurwürmern u. Fadenwürmern tritt erstmals ein After auf (wenn man v. afterähnl. D.öffnungen als Sonderbildungen bei einigen Formen der Plattwürmer absieht). Damit wird der D. zu einem Verdauungsrohr, in dem einzelne D.abschnitte getrennte Funktionen erhalten. Ein ektodermaler *Vorder-D.* (Stomodaeum) besitzt Einrichtungen der Nahrungsaufnahme und Zerkleinerung, gelegentl. auch der Vorverdauung. Im entodermalen *Mittel-D.* (Mesodaeum) ist der eigtl. Ort der Verdauung u. Resorption. Die unverdaul. Schlackenstoffe werden über den *End-D.* (Proctodaeum) ausgeschieden. Diese grobe Einteilung läßt jedoch viele Spezialisierungen unberücksichtigt (↗Verdauung). In allen Fällen läuft der Verdauungsprozeß schließlich zeitl. geordnet in einer Richtung wie über ein Fließband ab. An das D.rohr sind Hilfsorgane der Verdauung (Speicheldrüsen, Mitteldarmdrüsen, Magenblindsäcke, Leber und Galle, Bauchspeicheldrüse) angeschlossen. Oft stehen D. und ↗Atmungsorgane in enger Beziehung zueinander. Der Vorder-D. kann als „Kiemen-D." umgebildet sein (↗Chordatiere), od. er sondert in der Ontogenie der luftatmenden Wirbeltiere Lungen als sackförm. Ausstülpungen ab (↗Atmungsorgane). Auch der End-D. kann Atmungsfunktion übernehmen (z. B. Schlammpeitzger, Libellenlarven). Die Nahrungspassage kann entweder mittels ↗Cilien od. durch die Entwicklung einer ↗D.peristaltik od. durch die Kombination beider Mechanismen gefördert werden. Eine allein durch Cilien bewirkte Passage ist typ. für Mu-

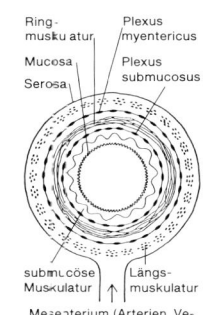

Wandungen des Darms (Mensch)

Um das Darmepithel (Mucosa) lagern sich 3 Schichten mit glatter Muskulatur, getrennt durch 2 Nervenplexus, die einerseits die Darmbeweglichkeit (hpts. Plexus myentericus, Auerbach), andererseits die Sekretionsprozesse (hpts. Plexus submucosus, Meißner) steuern. Die äußerste Schicht wird v. einem Teil des Bauchfells (Peritoneum) gebildet, das mit seinem inneren (visceralen) Blatt dem Darm aufliegt (Serosa) u. ihn an der Körperrückwand aufhängt (Mesenterium, „Darmgekröse"). Im Mesenterium verlaufen Blut- u. Lymphgefäße u. Nerven (Sympathikusfasern).

Relative Darmlänge einiger Tiere

(Körperlänge ≙ 1)

Pflanzenfresser

Schaf	27
Rind	21
Pferd	12
Kaninchen	10
Taube	7
Maikäfer	7
Schildkröte	5

Allesfresser

Schwein	26
Ratte	11
Maus	8
Huhn	8
Mensch	5–7

Fleischfresser

Delphin	32
Seehund	28
Maulwurf	7
Hund	5
Löwe	3
Fledermäuse	2–3
Schlangen	1
Gelbrandkäfer	1

Kotfresser

Pillendreher	13,3

scheln, Tintenfische, verschiedene Ringelwürmer u. Manteltiere. Bei Stachelhäutern u. Weichtieren unterstützen Muskelbewegungen den Transport. Reine D.peristaltik dagegen ist typ. für Gliedertiere u. Wirbeltiere. Hier arbeiten den D. umgebende Ring- u. Längsmuskeln in harmon. Weise zus. Über die Regelung der D.peristaltik weiß man bei Wirbeltieren Genaueres. Der Magen-D.-Trakt ist bei ihnen über (sympath. und parasympath.) Nerven des vegetativen Nervensystems innerviert. Diese dienen aber lediglich der zentralnervösen Modulation der im übrigen v. einem eigenen in der D.wand gelegenen D.nervensystem (Plexus myentericus, Plexus submucosus) reflektor. ausgelösten D.bewegungen. Dabei werden afferente Neuronen durch portionierte Nahrungsschübe gereizt u. lösen eine Kontraktion der vor der Nahrungsportion (oral) gelegenen D.muskulatur sowie eine Erschlaffung der dahinter (anal) gelegenen Muskulatur aus. Bei Wiederkäuern od. in der Situation des Erbrechens (Regurgitation) wird die normalerweise analwärts gerichtete Peristaltik temporär umgekehrt. Neben dem reinen Transport vermittelt die Peristaltik ein Durchmischen der Nahrung mit Verdauungsenzymen u. bringt ständig neuen teilverdauten Nahrungsbrei an die resorbierende Oberfläche des D.s. Die Art der Nahrungsaufnahme u. Ausgestaltung des D.rohres läßt zahlr. funktionelle Zusammenhänge erkennen (Nahrungsaufnahme u. Mundwerkzeuge ↗Verdauung). So ist die Länge des D.s häufig an die Art der Nahrung angepaßt u. kann daher auch bei nahe verwandten Arten sehr unterschiedl. sein. Im Verhältnis zur Körperlänge lange Därme haben Pflanzenfresser (Herbivoren) mit sehr schlackenreicher Nahrung, reine Fleischfresser (Carnivore Raubtiere) besitzen dagegen verhältnismäßig kurze Därme. Entspr. Beziehungen findet man auch bei den Insekten: Der Maikäfer hat als Pflanzenfresser einen D., der 7mal seiner Körperlänge entspricht, beim fleischfressenden Gelbrandkäfer entspricht die D.länge etwa der Körperlänge (vgl. Tab.). Kotfressende Käfer haben wegen der schlechten Ausnutzbarkeit der Nahrung bes. lange Därme. Wie die Tab. zeigt, gilt die Regel aber nicht generell, so daß die Frage nach den ursächl. Zusammenhängen zw. Ernährungsweise u. D.länge nicht endgült. geklärt ist. Einen klaren Zusammenhang zw. Ernährungstyp u. D.anpassungen zeigen dagegen die z. T. excessiv ausgebildeten Gärkammern vieler Pflanzenfresser. Sie sind innerhalb der Säuger entweder spezielle Differenzierungen des Oesophagus (Speiseröhre) u. bilden mit dem eigtl. Magen einen digastr. Magen (Wiederkäuer – Ruminantier –, wie Kuh, Giraffe, Schaf, Elch, Bison usw.) und ähnl. bei Tylopoden od. „Schwielensohlern" (Kamel, Lama, Alpaka, Vicuña), od. sie sind als mächt. ↗Blinddärme ausgebildet (Hasenartige, z. B. Hase u. Kaninchen, Nagetiere, manche Beuteltiere, z. B. Känguruh). In all diesen Gärkammern sind symbiontische Bakterien und Ciliaten angesiedelt. Weitere Differenzierungen u. funktionelle Anpassungen ↗Verdauung.

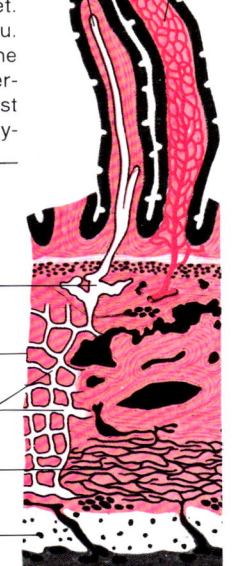

Als *Darm i. e. S.* und Teil des gesamten Gastrointestinaltrakts wird bei Wirbeltieren nur der dem ↗Magen folgende Abschnitt bezeichnet. Er beginnt bei den Säugern mit dem ↗*Dünn-D.*, bestehend aus den 3 Abschnitten *Zwölffinger-D.* (Duodenum), *Leer-D.* (Jejunum) u. *Krumm-D.* (Ileum). Vom Dünn-D. über die den Rückstrom des Nahrungsbreis verhindernde *Bauhinsche* od. *Ileocoecal-Klappe* (↗Bauhin 1) getrennt ist der ihm folgende ↗*Dick-D.* mit den Abschnitten ↗*Blind-D.* (Coecum od. Caecum), *End-D.* (Colon) u. *Mast-D.* (Rektum). – Auffälligstes anatom. Kennzeichen des *Dünn-D.s* ist seine enorme Oberflächenvergrößerung, die sich sowohl makroskop. als auch mikroskop. verfolgen läßt (vgl. Abb.). Das Dünn-D.-epithel selbst ist einschichtig u. in ↗*D.zotten* (Villi) angeordnet. Die tiefer gelegenen epithelbedeckten Räume zw. den Zotten werden als *Lieberkühnsche Krypten* bezeichnet. In jeden Villus ragt ein Geflecht aus Blutkapillaren u. Lymphgefäßen hinein u. markiert den Ort der Resorption der verdauten Nahrung. Jede einzelne Zelle eines Villus ist als typ. transportierende Epithelzelle mit einem Mikrovillisaum (Bürstensaum) ausgestattet. In die Mikrovilli eingebettet sind Actin- u. an der Basis Myosinfilamente, die eine rhythm. Bewegung des Bürstensaums verursachen. Der gesamte Mikrovillisaum ist v. einer aus Mucopolysacchariden u. Glykoproteiden bestehenden sog. *Glykokalyx* bedeckt. In dem Netzwerk dieser Schicht werden Verdauungsenzyme u. die verschiedenen Moleküle des Nahrungssubstrats zus. mit Wasser u. Schleim festgehalten u. befinden sich damit unmittelbar am Ort der Resorption (↗Verdauung). Eingebettet zw. die resorbierenden D.epithelzellen liegen schleimproduzierende, sog. ↗*Brunnersche Drüsen*. Im Ggs. zum im gesunden Zustand bis hierher keimfreien D.abschnitt wird der nun folgende *Dick-D.* v. einer reichen Bakterienflora (↗*Darmflora*) besiedelt, v. der *Escherichia coli* einer der bekanntesten Vertreter ist. Das Epithel des Dick-D.s bildet keine Zotten aus, aber dicht nebeneinanderstehende Krypten. Nur die an der Oberfläche stehenden Zellen zeigen das Bild einer transportierenden Epithelzelle mit dem typ. Mikrovillisaum. In diesem hinteren D.abschnitt spielen durch die D.flora vermittelte Kohlenhydratgärungs- und Eiweißfäulnisprozesse eine wichtige Rolle. Anatomisch fallen in diesem Abschnitt die *Taenien* (oberflächl. gelegene Bündel der Längsmuskulatur) u. *Haustren* (hervorquellende Abschnitte, die durch örtl. Kontraktion der Ringmuskeln entstehen) bes. auf. Sie sorgen für eine kräft. Durchknetung des Nahrungsbreies, der dabei durch Wasserentzug eingedickt wird. – Im letzten D.abschnitt, dem *Mast-D.*, verschwindet die Zonierung der Längsmuskulatur wieder. Aus der Ringmuskulatur wird ein innerer *Analsphinkter (Schließmuskel)* gebildet (glatte Muskelfasern). Diesem überlagert u. im Ggs. zum vorigen dem Willen unterworfen ist der äußere Analschließmuskel (quergestreifte Muskulatur). Auch der Dick-D. ist in die D.peristaltik einbezogen. Der normalen Peristaltik überlagert sind gelegentliche vom Blind-D.bereich ausgehende, bes. kräftige peristalt. Wellen, die den weitgehend verdauten Nahrungsbrei schubartig in den Mastdarm transportieren. Man beobachtet diese großen peristalt. Wellen bes. nach der Nahrungsaufnahme. B 359. K.-G. C.

Darmamöben [Mz.], allg. Bez. für darmbewohnende ↗Nacktamöben *(Amoebina)*; beim Menschen bes. wichtig die Gattung ↗*Entamoeba* (↗Amöbenruhr). T 362.

Darmatmung, seltene Form der Sauerstoffaufnahme über das Schleimhautepithel des Enddarms, z. B. beim Schlammpeitzger, Steinpeitzger, bei Bartgrundel u. einigen südam. Welsen, die Luft durch den Mund aufnehmen u. nach Darmpassage über den After abgeben. In Anpassung an die D. besitzen sie einen darmzottenlosen hinteren Mitteldarmabschnitt mit guter Blutversorgung u. dünnen Epithelien. Fer-

Oberflächenvergrößerung des Dünndarms durch vielfache „Auffältelung". Betrachtet man ein Stück des Dünndarms von 4 cm Ø und 280 cm Länge (a) als Zylinder (Oberfläche ca. 0,35 m² ≙ 1), so ergeben sich durch die Auffaltung in Kerckring-Falten (b), Zotten (Villi, c) u. Mikrovilli (d) die angegebenen Oberflächenvergrößerungen.

Darmzotten
1 Dünndarmschleimhaut (im Querschnitt) mit D.,
2 Blockdiagramm v. Darmzotten

Darmbakterien

ner erfolgt D. bei manchen Libellenlarven über Kiementracheen im Enddarm od. bei Seewalzen durch Wasserlungen (B Atmungsorgane II). Auch bei einigen Oligochaeten (z. B. *Tubifex,* der mit seinem Vorderende im Schlick steckt) findet man einen durch Cilienschlag hervorgerufenen Wasserstrom durch den After in den Enddarm, der wahrscheinl. der ↗Atmung dient. ↗Atmungsorgane.

Darmbakterien, allg. die im Darm lebenden Bakterien (↗Darmflora), i. e. S. Bakterien aus der Fam. der ↗Enterobacteriaceae (z. B. *Escherichia coli*).

Darmbein, *Ilium, Os ilei,* paar. Ersatzknochen im ↗Beckengürtel der Tetrapoda. Das D. ist der dorsale Knochen des Beckens, beim Menschen mit den anderen beiden zum Hüftbein (Os coxa) verschmolzen. – Stammesgeschichtl. tritt das D. zuerst bei primitiven Amphibien auf, aber erst höhere Amphibien (B Amphibien I) entwickeln eine feste Verbindung zur Wirbelsäule über Sakralwirbel (Kreuzwirbel). Bei allen Tetrapoda ist das D. an der Gelenkfläche (Acetabulum) für den Oberschenkelknochen (Femur) beteiligt. Bipede Primaten entwickeln im Zshg. mit ihrer Fortbewegungsweise ausladende, schalenförm. D.schaufeln als Eingeweidestütze u. verbesserten Muskelansatz. Die Fläche einer D.schaufel ist sehr dünn, mitunter durchscheinend. Der Oberrand dagegen ist wulstig verdickt (*D.kamm*) für den Ansatz der Bauchmuskulatur. Sein Vorderende (*D.stachel*) dient dem Arzt als Orientierungspunkt über die Lage innerer Organe. Im weibl. Geschlecht sind die D.schaufeln ausladender u. flacher als im männl. (☐ Beckengürtel).

Darmblatt *s,* ↗Entoderm.

Darmegel, adulte Saugwürmer der Ord. ↗Digenea, die im Darmsystem ihrer Endwirte leben; med. ist eine D.-Infektion relativ harmlos. Bei Massenbefall allerdings treten unspezif. Symptome auf, wie Durchfall, Abmagerung, Anämie. Massenbefall mit *Fasciolopsis buski, Prosthogonimus pellucidus* od. *Echinostoma revolutum* kann jedoch zum Tod der Wirte (Hühnervögel, Mensch) führen.

Darmepithel *s* [v. gr. epithélein = auf etwas wachsen], Zellschicht, die die Innenseite des ↗Darms bedeckt u. entspr. der Herkunft des Vorder- u. Hinterdarms ektodermalen, sonst entodermalen Ursprungs ist. Bei Insekten sind Vorder- und Hinterdarmepithel mit einer chitin. ↗Intima ausgekleidet, die im Mitteldarm stets fehlt. Die Zellen des D.s dienen der Sekretion u. Resorption. Bei Wirbeltieren besteht das D. aus einer einschichtigen Lage v. Zellen, die Verdauungsenzyme und Schleim

Darmflagellaten

Darmflagellaten (F) und *Darmamöben* (A) des Menschen (nicht pathogen)

Mundhöhle:
Trichomonas tenax (F)
Entamoeba gingivalis (A)

Dünndarm:
Lamblia intestinalis (F)

Dickdarm:
Trichomonas fecalis (F)
T. hominis (F)
T. ardin delteili (F)

Dientamoeba fragilis (F, amöboide Form)
Chilomastix mesnili (F)
Retortamonas intestinalis (F)
Enteromonas hominis (F)
Entamoeba coli (A)
Jodamoeba buetschlii (A)
Endolimax nana (A)

Darmegel

In Klammern Endwirte und Gewebe bzw. Organe

Alaria canis (Hund, Fuchs: Dünndarm)
Echinostoma ilocanum (Mensch, Hund: Dünndarm)
E. revolutum (Hühner, Enten: Enddarm)
Fasciolopsis buski (Mensch, Schwein: Dünndarm)
Gastrodiscoides hominis (Mensch: Dickdarm)
Heterophyes heterophyes (fischfressende Säuger, Mensch: Dünndarm)
Metagonimus yokogawai (fischfressende Säuger u. Vögel, Mensch: Dünndarm)
Nanophyetus salmicola (Hund, Fuchs: Dünndarm)
Paramphistomomum cervi (Wiederkäuer: Pansen)
P. microbothrium (Wiederkäuer: Panser)
Watsonius watsoni (Mensch: Dünndarm)

Darmepithel

Transplantationsexperimente mit Kernen aus D.zellen v. Kaulquappen (*Xenopus laevis*) in kernlose Eizellen haben eine gewisse Berühmtheit erlangt, da sich aus der Kombination v. Plasma der Eizelle u. Kern einer differenzierten Zelle ein normaler Frosch entwickelte. So konnte gezeigt werden, daß Kerne spezialisierter Zellen alle Informationen zur Bildung eines vollständigen Organismus enthalten.

produzieren sowie Nahrungsstoffe aus dem Darm resorbieren. Die D.zellen folgen einem einheitl. Bauschema: lumenwärts (apikal) besitzen sie einen mehr od. weniger dichten Mikrovillisaum; der basale Bereich zeichnet sich vielfach durch tiefe Einfaltungen der Zellmembran aus (basales Labyrinth). ↗Darm.

Darmfäulnis, bakterielle Zersetzung v. unverdautem Nahrungsprotein v. a. im ↗Dickdarm. Die im Dünndarm nicht resorbierten Proteine u. Aminosäuren werden im Dickdarm v. den dort lebenden Bakterien unter Bildung v. Gas u. z. T. giftigen Endprodukten abgebaut (↗Fäulnis). Die Gärprodukte werden mit dem Stuhl ausgeschieden od. v. Darm resorbiert, in der Leber entgiftet u. dann über die Nieren ausgeschieden.

Darmfauna, Gesamtheit der im Darm lebenden tier. Organismen; können dem Wirt als Symbionten nützl. (z. B. Ciliaten des Wiederkäuermagens) od. als Parasiten schädl. (z. B. Ruhramöbe) sein od. den Darm nur passieren (z. B. Trichine in Käfern).

Darmflagellaten [Mz.; v. lat. flagellare = geißeln], allg. Bez. für darmbewohnende Geißeltierchen; hierher gehören z. B. die ↗Hypermastigida im Darm v. Termiten.

Darmflora, *Darmbakterien,* die im ↗Darm von Tieren u. Menschen vorhandenen, regelmäßig nachweisbaren (*autochthonen*) Bakterien; meist eine spezif. Mikroorganismenpopulation, deren Zusammensetzung v. Organismenart, -alter, der Nahrung, weiteren Umweltbedingungen u. den vorliegenden Mikroorganismen selber geregelt wird. Zusätzl. ist noch die Durchgangsflora (*allochthone* D.) vorhanden, die z. B. mit der Nahrung aufgenommen wird. Die D. kann die Darmschleimhaut besiedeln (↗Zelladhäsion), an Nahrungspartikeln haften od. frei im Darmlumen vorkommen. Oft ist die D. für den Aufschluß der Nahrung u. die Bildung verschiedener lebenswichtiger Verbindungen notwendig. Außerdem kann sie eine Schutzfunktion gg. eine Besiedlung durch pathogene Keime ausüben. Die D. ist meist nicht unersetzl., aber nützl., da sie zu einem besseren Wachstum der Tiere führt, auch bei einem Ange-

Darmflora

Wichtige Darmbakterien-Gattungen des Menschen*

Bacteroides
(B. fragilis, U.-Art vulgatus)
Fusobacterium
(F. russi)
Eubacterium
(E. aerofaciens)
Peptostreptococcus
(P. productus)
Streptococcus
(S. intermedius)
Lactobacillus
(L. acidophilus)
Clostridium
(C. perfringens)
Bifidobacterium
(B. bifidus im Säugling)
Sarcina
(S. ventricula, in Vegetariern)
Escherichia
(E. coli)
Salmonella
Klebsiella
Enterobacter
(E. cloacae)
Hafnia (H. alvei)

* Die obligaten Anaerobier sind erst z. T. bekannt; in Klammern typ. Arten.

Ruminococcus
(R. albus)
Megasphaera
(M. elsdenii)
Acidaminococcus
(A. fermentans)
Veillonella
(V. parvula)
Spirochäten
methanbildende Bakterien (Methanobrevibacter smithii)
gleitende Bakterien
(T Bakterien)

Einige biochemische Stoffwechselreaktionen der Darmflora

Vitaminsynthese (Thiamin, Riboflavin, B_{12}, B_6 (Pyridoxin), K)
Bildung niederer Fettsäuren (Essig-, Propion-, Buttersäure)
Gasproduktion (CO_2, CH_4, H_2)
„Gerüche" (H_2S, NH_3, Amine, Indol, Skatol, Buttersäure)
N_2-Fixierung (durch Klebsiella pneumoniae bei Menschen mit fast ausschl. Kohlenhydratnahrung)

Glykosidase-Reaktionen
(durch β-Glucuronidase, β-Galactosidase, β-Glucosidase, α-Glucosidase, α-Galactosidase)
Steroid-Stoffwechsel (Veresterungen, Wasserabspaltung, Oxidation, Reduktion, Umwandlung v. Gallenfarbstoffen u. Gallensäuren)

Eigenschaften der normalen (autochthonen) Darmflora
1. anaerobes Wachstum,
2. immer im gesunden Erwachsenen zu finden,
3. Besiedlung bestimmter Darmabschnitte im Laufe der Entwicklung des Wirts,
4. Ausbildung einer stabil zusammengesetzten Population als Endzustand im Erwachsenen,
5. oft feste Anheftung an der Darmschleimhaut (↗ Zelladhäsion)

---

bot v. einseit. u. schlecht verwertbarem Futter. Andererseits können auch cancerogene Stoffe (z. B. aus Gallensäuren) gebildet werden, die unter bestimmten Bedingungen zu Darmkrebserkrankungen führen. – Bei Tieren (Herbivoren), deren Nahrung hpts. aus Pflanzenpolymeren (Cellulose, Hemicellulose, Pektin) besteht, sind für die spezielle Verdauungsfunktion bes. Gärkammern ausgebildet (↗ Darm, ↗ Pansensymbiose). Viele Insekten (z. B. Termiten, Schaben) beherbergen auch celluloseabbauende Mikroorganismen als Symbionten. In Meerestieren sind oft Chitinase bildende ↗ Leuchtbakterien (z. B. Photobacterium) in sehr hoher Anzahl vorhanden, in marinen Fischen $5 \cdot 10^6 – 5 \cdot 10^9$ Keime pro ml Darminhalt. Im menschl. Darm dominieren obligat anaerobe Bakterien. Aus Fäkalien sind über 300 verschiedene Bakterien-Arten isoliert worden. Die D. besteht aus Kommensalen, nützl. Symbionten, aber auch potentiell pathogenen Keimen. Im Magen sind wegen der sauren Bedingungen (pH ca. 2,0) u. der Sekrete nur wenige Mikroorganismen angesiedelt (Lactobacillus u. Hefen). Auch im oberen, sauren Dünndarmabschnitt (Duodenum) befinden sich relativ wenig Keime (10^3–10^5 pro g Inhalt), deren Anzahl im alkal. Teil (Ileum) auf 10^5–10^8 u. im Dickdarm auf 10^8–10^{10} pro g Inhalt ansteigt; in Fäkalien sind wie im Mastdarm über 10^{11} Mikroorganismen pro g Feuchtgewicht bestimmt worden. Die tote u. lebende D. macht 20–30% (z. T. bis 40%) der Stuhlmasse aus. Das Darmgas Erwachsener, 400–650 ml pro Tag, setzt sich aus Kohlendioxid (40%), etwas Methan (CH_4), molekularem Wasserstoff (H_2) u. zu 50% aus Luft-Stickstoff (N_2) zusammen. In den unteren Darmabschnitten finden sich überwiegend obligat anaerobe Bakterien (95%). Die wichtigsten Gruppen sind Bacteroides-Arten (20–30%) sowie Fusobacterium- u. Eubacterium-Arten (mit je ca. 10%; vgl. Tab.). Zu den 5% der fakultativen Anaerobier, die durch Verbrauch des Sauerstoffs völlig anaerobe Bedingungen schaffen, gehören Enterobacteriaceae (z. B. Escherichia coli, 1%), Pseudomonaden, Hefen (Candida), Trichomonaden u. a. Protozoen. Die Zusammensetzung der D. wird beeinflußt durch die Ausbildung der Darmschleimhaut, die Darmsekretion, (wahrscheinlich) Erregung u. Streß, immunolog. Mechanismen, äußere Gegebenheiten (Klima, Ernährung usw.), bes. Lebensumstände sowie therapeut. Maßnahmen. Orale Antibiotika reduzieren die normale D. u. führen zu einem starken Anstieg der antibiotikaresistenten Keime (z. B. gramnegative Stäbchen, Clostridium difficile u. Hefen). Nach Absetzen des Antibiotikums stellt sich normalerweise bald die urspr. D. ein. Bei der Geburt ist der Darm des Säuglings keimfrei; die erste Besiedlung v. Keimen erfolgt v. der Vagina u. der Umgebung. Bei Brustkindern dominiert Bifidobacterium bifidus, bei Kindern mit Flaschennahrung Lactobacillen. Die Umstellung der Nahrung führt zu einer Veränderung der Bakterienpopulation mit vielen Fäulniskeimen, die dann für den typ. Stuhlgeruch verantwortlich sind. G. S.

Darmkiemen, Rektalkiemen, Atmungsorgan der zu den Libellen (Odonata) gehörenden Larven der Anisoptera. Mit zahlreichen Tracheenendigungen versehene Längsfalten des Enddarms nehmen Atemluft aus dem über den After periodisch aufgenommenen Frischwasser auf (↗ Darmatmung). Das Ausstoßen des verbrauchten Atemwassers dient bei einigen Anisoptera der Fortbewegung.

Darmkrypten, 1) Lieberkühnsche Krypten, ↗ Darm. 2) schlauch- od. sackförm. Ausstülpungen des Mitteldarms zahlr. pflanzl. Zellsaft saugender Wanzenarten als Wohnstätten v. extrazellulär, d. h. im Lumen der D. untergebrachten Symbionten (Bakterien); zusätzl. in das Cytoplasma der Epithelzellen der D. (u. damit intrazellulär) dringen die Symbionten nur bei den Aphaninae ein. Meist stehen die D. noch in

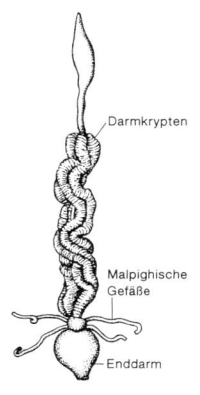

Darmkrypten

Symbiontenhaltige D. der pflanzensaftsaugenden Wanze Carpocoris fuscispinus.

(Figure labels: Darmkrypten, Malpighische Gefäße, Enddarm)

Darmparasiten

Verbindung mit dem Darmlumen, was die Symbiontenübertragung auf die nächste Generation begünstigt; die Verbindung kann aber auch während der Larvalentwicklung „verlöten" (z. B. Stachelwanze *Acanthosoma haemorrhoidale*), womit die D. eine an ein ↗Mycetom erinnernde Eigenständigkeit erlangen. ↗Endosymbiose.

Darmparasiten [v. gr. parasitos = Schmarotzer], Organismen, die parasit. aus dem Darmlumen (z. B. Spulwurm), an der Darmwand (Hakenwurm, Bandwürmer) od. aus den Blutgefäßen der Darmwand (Pärchenegel *Schistosoma mansoni*) des Wirtes Nahrung entnehmen. Nachweis durch Eier od. Larven im Kot möglich. Schäden meist auf Blutarmut, Vitaminmangel u. Darmbeschwerden beschränkt. Viele D. sind durch die Fähigkeit zu anaerober Atmung an ihren Lebensraum angepaßt.

Darmperistaltik w [v. gr. peri = ringsum, stellein = sich in Bewegung setzen], Darmbewegung, die durch wellenförmig über den ↗Darm fortschreitende Kontraktionen seiner Ringmuskulatur dem Weitertransport der Nahrung dient.

Darmschleimhaut, ↗Darm, ↗Darmepithel.

Darmtang, *Enteromorpha,* Gatt. der ↗Ulvaceae.

Darmzotten, *Villi intestinales,* fingerartig nebeneinanderstehende Auffältelungen der Epithelzellen des Dünndarms, die der 8–10fachen Vergrößerung der resorbierenden Oberfläche dienen. Da jede einzelne Epithelzelle ihrerseits einen Mikrovillisaum besitzt, kommt es zu einer weiteren Oberflächenvergrößerung um den Faktor 20. ☐ 361.

Darwin, 1) *Charles Robert,* Enkel v. 2), englischer Naturforscher, * 12. 2. 1809 Shrewsbury, † 19. 4. 1882 Down bei Orpington Kent. Seit 1825 zunächst fehlgeschlagenes Studium der Med., dann Theologie u. Naturwiss. in Edinburgh u. Cambridge. 1831–36 fünfjähr. Expedition als Naturwissenschaftler auf dem kgl. Schiff *Beagle* unter Kapitän R. Fitzroy zu verschiedenen Atlantikinseln (Azoren, Kap Verde I.), zur O-Küste S-Amerikas bis Feuerland, dann die W-Küste entlang nach N und von dort zu den Galapagos-Inseln im Stillen Ozean, weiter über Neuseeland, Australien, Tasmanien, Mauritius, S-Afrika, nochmals S-Amerika u. zurück über die Kanar. Inseln. Nach der Heimkehr u. Heirat (1839) 1842 Übersiedelung auf den Landsitz Down, den er bis zu seinem Tode bewohnte (heute Gedächtnisstätte mit Museum). Hier schrieb D. die meisten seiner Werke. Die erste wiss. Veröff. nach seiner Reise war das Buch über Bau u. Verbreitung der Korallenriffe mit der prinzipiell bis heute gült. Theorie ihrer Entstehung (Saumriff, Wallriff, Atoll). Ihr schloß sich die erste Monographie der Cirripedien (Rankenfüßer-Krebse) in 4 Teilen an. Ausgehend insbes. von seinen südam. Säugetierfossilfunden (*Toxodon* u. a. auf S-Amerika beschränkte Formen) aus dem Tertiär u. Pleistozän u. den rezenten endem. Arten auf dem Galapagos-Archipel, die, wie die Tagebücher vermerken, der Ursprung all seiner Ansichten waren, veröff. er 1859 die „Entstehung der Arten". Vorausgegangen war dieser lange hinausgezögerten Veröff. eine kurze unveröff. Darstellung der Theorie (1842) u. ein längeres Manuskript (1844) mit den entscheidenden Gedanken, das aber erst 1909 zum Druck kam. D. maß diesem letzteren Manuskript so viel Bedeutung bei, daß er verfügte, es gegebenenfalls nach seinem Tode zu veröffentlichen. Beide Manuskripte sind insofern bemerkenswert, als sie die Priorität der wiss. Leistung eindeutig festlegen: 1858 näml. erhielt D. ein Manuskript v. dem auf dem Malaiischen Archipel zool. arbeitenden A. R. Wallace, in dem dieser die „Tendenz der Varietäten, unbegrenzt von dem Originaltypus abzuweichen", ebenfalls mit einer Evolutions- u. Selektionstheorie zu erklären suchte. Ein Teil des D.schen Manuskripts v. 1844 u. die Arbeit v. Wallace wurden daher zus. am 1. 7. 1858 vor der Linnean Society in London vorgetragen, ohne jedoch größeren Anklang zu finden. Wallace erkannte die Priorität D.s voll an u. prägte sogar den Begriff *Darwinismus.* Wesentliche geistige Anregung zu der in der „Entstehung der Arten" umfängl. formulierten Evolutionstheorie boten neben den eigenen Beobachtungen die Lektüre von Ch. Lyells „Prinzipien der Geologie" (↗Aktualitätsprinzip) u. das Buch des engl. Nationalökonomen R. Malthus über die Prinzipien der Bevölkerungsdynamik („principles of population"; „struggle for life"); beide Schriften waren im übrigen auch Wallace bekannt. Die Konsequenzen der Evolutionstheorie für die Herkunft des Menschen wurden erst 1871 (nachdem sich bereits E. Haeckel in Dtl. u. T. H. Huxley in England dazu geäußert hatten) in der „Abstammung des Menschen" publiziert, waren aber andeutungsweise schon in der „Entstehung der Arten" enthalten. Sie wurden ergänzt durch das folgende Werk über „Den Ausdruck der Gemütsbewegungen ...", in dem auch die Psyche des Menschen der evolutionist. Betrachtungsweise zugängl. gemacht wurde u. sich D. als Wegbereiter der Verhaltensforschung erwies. Der größte Teil der nach der „Entstehung der Arten" publizierten Werke ist bot. Inhalts. Sie beziehen sich hpts. auf Anpassungsmechanismen u. blütenökolog.

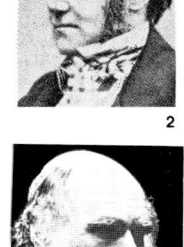

Darwin
1 Ch. Darwin im Alter von etwa 30 Jahren;
2 zur Zeit, als er sich entschloß, sein Werk über die Artbildung zu schreiben; **3** im Alter von etwa 65 Jahren

Verzeichnis der Werke Ch. Darwins, Erstausgaben und wichtige Übersetzungen (kursiv)

Narrative of the Surveying Voyages of Her Majesty's Ships ‚Adventure' and ‚Beagle' between the years 1826 and 1836, describing their examination of the Southern shores of South America, and the ‚Beagle's' circumnavigation of the globe. Vol III. Journal and Remarks, 1832–1836. By Charles Darwin, London, 1839.
  [Charles Darwin's Naturwissenschaftliche Reisen nach den Inseln des grünen Vorgebirges, Südamerica, dem Feuerlande, den Falkland-Inseln, Chiloe-Inseln, Galapagos-Inseln, Otahaiti, Neuholland, Neuseeland, Van Diemen's Land, Keeling-Inseln, St. Helena, den Azoren etc. Deutsch mit Anmerkungen von Ernst Dieffenbach. In zwei Theilen. Braunschweig, 1844.]
  [Reise eines Naturforschers um die Welt. Aus d. Engl. übers. von J. Victor Carus, Stuttgart, 1875. (Gesamm. Werke. 1. Bd.)]

The Structure and Distribution of Coral Reefs. Being the First Part of the Geology of the Voyage of the ‚Beagle'. London, 1842.
  [Über den Bau und die Verbreitung der Corallen-Riffe. Nach der zweiten, durchgesehenen Ausgabe aus d. Engl. übers. von J. Victor Carus, Stuttgart, 1876. (Ges. Wke., 11. Bd. 1. Hälfte.)]

Geological Observations on the Volcanic Islands, visited during the Voyage of H. M. S. ‚Beagle'. Being the Second Part of the Geology of the Voyage of the ‚Beagle'. London, 1844.
  [Geologische Beobachtungen über die vulcanischen Inseln, mit kurzen Bemerkungen über die Geologie von Australien und dem Cap der Guten Hoffnung. Nach d. 2. Ausg. aus d. Engl. übers. von J. Victor Carus, Stuttgart, 1877. (Ges. Wke., 11. Bd. 2. Hälfte.)]

A Monograph of the Sub-class Cirripedia, with Figures of all the Species. The Lepadidae; or, Pedunculated Cirripedes. London, 1851. (Ray Society).

A Monograph of the Fossil Balanidae and Verrucidae of Great Britain. London, 1854. (Palaeontographical Society).

On the Origin of Species by means of Natural Selection, or the Preservation of Favoured Races in the Struggle for Life. London, 1859. (datirt 1. Oct. 1859, erschienen 24. November, 1859).
  [Über die Entstehung der Arten im Thier- und Pflanzen-Reich durch natürliche Züchtung, oder Erhaltung der vervollkommneten Rassen im Kampfe um's Daseyn. Nach d. 2. Aufl. mit einer geschichtlichen Vorrede und anderen Zusätzen des Verfassers für diese deutsche Ausg. aus d. Engl. u. mit Anmerkungen versehen von Dr. H. G. Bronn. (In 3 Liefgn.) Stuttgart, 1860.]

On the Various Contrivances by which Orchids are fertilised by Insects. London, 1862.
  [Über die Einrichtungen zur Befruchtung britischer und ausländischer Orchideen. Übers. von H. G. Bronn. Mit einem Anhange des Übersetzers über Stanhopea devoniensis. Stuttgart, 1862.]

The Movements and Habits of Climbing Plants. Second Edition. London, 1875. (Die erste erschien im 9. Bande des „Journal of the Linnean Society', Botany, 1867.)
  [Die Bewegungen und Lebensweise der kletternden Pflanzen. Aus d. Engl. übers. von J. Victor Carus, Stuttgart, 1876. (Ges. Wke., 9. Bd. 1. Hälfte.)]

The Variation of Animals and Plants under Domestication. 2 Vols. London, 1868.
  [Das Variiren der Thiere und Pflanzen im Zustande der Domestication. Aus d. Engl. übers. von J. Victor Carus. In 2 Bänden. 2. Bd.: Mit den Berichtigungen und Zusätzen des Verfassers zur 2. engl. Auflage. Stuttgart, 1868. – Zweite, durchgesehene und berichtigte Ausgabe. Stuttgart, 1873.]

The Descent of Man, and Selection in Relation to Sex. 2 Vols. London, 1871.
  [Die Abstammung des Menschen und die geschlechtliche Zuchtwahl. Aus d. Engl. übers. von J. Victor Carus. In 2 Bdn. Stuttgart, 1871. . – Zweite, nach der letzten Ausg. d. Originals berichtigte Aufl. Stuttgart, 1871.]

The Expression of the Emotions in Man and Animals. London, 1872.
  [Der Ausdruck der Gemüthsbewegungen bei dem Menschen und den Thieren. Aus d. Engl. übers. von J. Victor Carus, Stuttgart, 1874.]

Insectivorous Plants. London, 1875.
  [Insectenfressende Pflanzen. Aus d. Engl. übers. von J. Victor Carus, Stuttgart, 1876. (Ges. Wke., 8. Bd.)]

The Effects of Cross and Self Fertilisation in the Vegetable Kingdom. London, 1876.
  [Die Wirkungen der Kreuz- und Selbstbefruchtung im Pflanzenreich. Aus d. Engl. übers. von J. Victor Carus. Stuttgart, 1877. (Ges. Wke., 10. Bd.)]

The different Forms of Flowers on Plants of the same Species. London, 1877.
  [Die verschiedenen Blüthenformen an Pflanzen der nämlichen Art. Aus d. Engl. übers. von J. Victor Carus. Stuttgart, 1877. (Ges. Wke., 9. Bd. 3. Abth.)]

The Power of Movement in Plants. By Charles Darwin, assisted by Francis Darwin. London, 1880.
  [Das Bewegungsvermögen der Pflanzen. Aus d. Engl. von J. Victor Carus. Stuttgart, 1881. (Ges. Wke., 13. Bd.)]

The Formation of Vegetable Mould, through the Action of Worms, with Observations on their Habits. London, 1881. 8.
  [Die Bildung der Ackererde durch die Thätigkeit der Würmer mit Beobachtungen über deren Lebensweise. Aus d. Engl. übers. von J. Victor Carus, Stuttgart, 1882. (Ges. Wke., 14. Bd. 1. Abth.)]

Fragen. In Unkenntnis der bereits im Jahre 1866 veröff. Ergebnisse G. ↗Mendels hing D. der damals gültigen Vorstellung v. der Vererbung als einer Vermischung u. damit Verdünnung des elterl. Erbgutes an. Zu dem postulierten Wirken der Selektion stand dies in klarem Widerspruch, u. D. mußte zu seinem eigenen Leidwesen wenig beweisbare Hypothesen konstruieren, von denen die „Pangenesis-Hypothese", die im Lamarckschen Sinne v. einer Vererbung erworbener Eigenschaften ausgeht, nur historisch erwähnenswert ist. Ein Jahr vor seinem Tode erschien sein letztes Werk über die Bildung der Ackererde durch die Tätigkeit der Regenwürmer. Er selbst nannte es ein „curious little book". Nach seinem Tode wurde D. in der Westminster-Abtei nahe dem Grabe v. Isaac Newton bestattet.

2) *Erasmus,* Großvater v. 1), engl. Arzt u. Naturforscher, * 12. 12. 1731 Elton (Nottinghamshire), † 18. 4. 1802 Breadsall Derby; neben seiner Tätigkeit als prakt. Arzt verfaßte er naturwiss. Lehrgedichte, in denen bereits zahlr. Gedanken u. Vorstellungen zur Entwicklungstheorie, Vererbung, Anpassung, geschlechtl. Zuchtwahl, Gemütsbewegungen u. insektenfressenden Pflanzen auftauchen, die dann in den Werken des Enkels ausführl. behandelt wurden. HW (in Gedichtform) „The botanic garden" (1781), „The temple of nature or the origin of society" (1803), „Zoonomia or the laws of organic life" (1794–98).

3) *Francis,* engl. Botaniker, Sohn v. 1), * 16. 8. 1848 Down, † 1925; ab 1874 Mitarbeiter bei den bot. Arbeiten des Vaters, seit 1888 Prof. in Cambridge. Arbeiten zur Pflanzenphysiologie, insbes. zur Funktion der Spaltöffnungen, Transpiration, Blattphototaxis u. über fleischfressende Pflanzen, war Mitautor am Werk „The power of movement in plants" (1880). Gab die Autobiographie, Briefe u. Manuskripte seines Vaters heraus. („The life and letters of Charles Darwin", 3 Bde, 1887, deutsch v. J. V. ↗Carus). *K.-G. C.*

Darwinfinken [ben. nach C. R. ↗Darwin], *Galápagosfinken, Geospizinae,* zu den

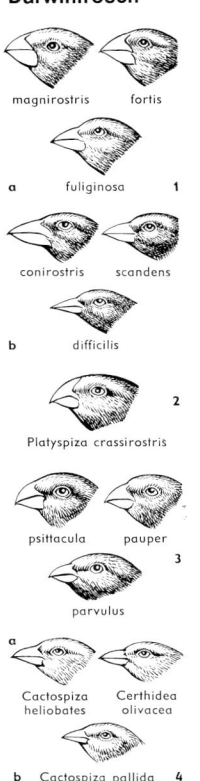

Darwinfrosch

[Illustrations of finch heads labeled:]
magnirostris, fortis
a fuliginosa 1
conirostris, scandens
b difficilis
Platyspiza crassirostris 2
psittacula, pauper
parvulus 3
a Cactospiza heliobates, Certhidea olivacea
b Cactospiza pallida 4

Darwinfinken
Schnabelformen als Ausdruck der Ernährungsweise der Darwinfinken:
1 Gemischtköstler *(Geospiza)*, die Pflanzen bevorzugen:
a Erdfinken;
b Kaktusfresser;
2 Pflanzenfresser;
3 Gemischtköstler *(Camarhynchus)*, die Insekten bevorzugen;
4 Insektenfresser:
a specht-, **b** singvogelähnlich.

Ammern gehörende Singvogelgruppe, die endem. mit 13 Arten auf den Galápagosinseln u. mit 1 Art auf der 800 km nordöstl. hiervon liegenden Cocosinsel vorkommt; unterscheiden sich in Größe, Schnabelbau u. Lebensweise; gehen entwicklungsgeschichtl. auf eine einzige Stammform zurück, die wahrscheinl. im späten Tertiär (vor 10 Mill. Jahren) v. Festland auf eine Galápagosinsel verschlagen wurde; sie bilden ein Musterbeispiel für ↗adaptive Radiation (B) u. ökolog. Einnischung u. trugen wesentl. zur Begründung der Evolutionstheorie Darwins bei. Der Abstand zw. den Galápagosinseln bot Separationsbedingungen, die die Artbildung begünstigten. Der Hauptkonkurrenzfaktor Nahrung bedingte die Entwicklung unterschiedl. Ernährungstechniken. „Grundfinken" (Gatt. *Geospiza*) suchen überwiegend am Boden Nahrung, „Baumfinken" (z. B. Gatt. *Camarhynchus*) in Bäumen u. Sträuchern. Entsprechend der Nahrungsspezialisierung entwickelten sich bei körnerfressenden Arten dicke, klobige Schnäbel, bei mischnahrung- und kerbtierfressenden Arten schmalere und spitze Schnäbel. Die zwei „Spechtfinken" *Cactospiza pallida* u. *C. heliobates* benutzen als Werkzeug bei der Nahrungssuche abgebrochene Ästchen od. Opuntienstacheln, um Insektenlarven aus Bohrlöchern herauszuholen, u. „ersetzen" mit dieser im Tierreich seltenen Art des Werkzeuggebrauchs die Nische der Spechte, die auf Galápagos nicht vorkommen. Die D. brüten in der heißen Jahreszeit zw. Jan. u. Mai; sie bauen ein kugel. Grasnest mit seitl. Einschlupf u. legen 1–5, meist 3 Eier. Nach der Brutzeit bilden Vögel verschiedener Arten mit ähnl. Ernährungsverhalten lockere Verbände u. streifen umher.

Darwinfrosch [ben. nach C. R. ↗Darwin], *Rhinoderma darwini*, einzige Art der *Rhinodermatidae*, einer Fam., deren genaue Verwandtschaft mit den Kröten u. Südfröschen unklar ist. Kleine Frösche der chilen. und argentin. Anden mit einzigart. Brutbiologie: relativ große Eier werden bei einer normalen Paarung auf dem Lande abgelegt u. vom Männchen bewacht. Wenn die Embryonen sich zu bewegen beginnen, nimmt das Männchen die Eier auf u. verschluckt sie in einen Kehlsack, die Schallblase. Dort entwickeln sich die Larven bis zur Metamorphose; die Jungfrösche werden dann vom Männchen ausgespuckt.

Darwinismus, von A. R. Wallace eingeführte Bez. für die von C. R. ↗Darwin entwickelte Evolutionstheorie: die Theorie der „gemeinsamen" ↗Abstammung. Danach sind alle Arten von Organismen Nachkommen einer gemeinsamen Ahnenart. Entscheidend an der Evolutionstheorie Darwins ist die Lösung des Problems der Ursache der Evolution. Nach Darwin sind dafür zwei Faktoren verantwortlich: 1. die *genet. Variabilität* (Rohmaterial der Evolution), 2. die *Selektion* (Triebkraft der Evolution). Es war Darwin damit gelungen, die „Planmäßigkeit" der belebten Welt, das, was die Philosophen bis dahin die „Harmonie der belebten Natur" gen. hatten, in einem streng mechanist. bzw. materialist. Sinne zu begründen. Der D. beruht auf fünf Beobachtungen (vgl. S. 367) aus der Populationsbiologie u. der Vererbungslehre, aus denen Darwin die folgenden, richtigen Schlüsse gezogen hat. 1) Der „Kampf ums Dasein" führt nicht zu einem zufäll. Überleben, sondern das Überleben eines Individuums u. damit sein Fortpflanzungserfolg hängt v. seiner phänotyp. u. damit genotyp. Beschaffenheit ab. Unterschiedl. Fortpflanzungserfolg führt zu dem Prozeß der natürl. Auswahl *(Selektion)*. 2) Im Verlauf der Generationenfolge führt diese Selektion zu graduellen Veränderungen in der Population, also zu *Evolution*. Der D. hatte in seiner fr. Form (in Dtl. v. a. durch E. Haeckel) durch die Theorie der gemeinsamen Abstammung zunächst die Sonderstellung des Menschen u. durch die Theorie der Selektion (als einziger die Evolutionsrichtung bestimmende Kraft) den Schöpfergott in Frage gestellt. Dies machte den D. zu einer lange umstrittenen Theorie. Während die Theorie der gemeinsamen Abstammung schnell angenommen wurde und damit die vergleichende Morphologie u. Embryologie zu einer ersten Blüte kam, wurde die Theorie der Selektion erst mit der Entwicklung der „Synthetischen Evolutionstheorie" durch Huxley, Dobzhansky, Rensch, Simpson u. Mayr in den 30er und 40er Jahren dieses Jh. von der Mehrheit der Biologen voll anerkannt. Die „Synthetische Evolutionstheorie" od. „Moderne Synthese" hat Begriffe wie Mutation, Variation, Vererbung, Isolation, Separation, Population u. Art, die zu Zeiten Darwins noch sehr ungenau verstanden waren, in ihrer Bedeutung für die Evolutionstheorie geklärt. Die durch die Gesetze der Genetik u. Populationsbiol. erweiterte Evolutionstheorie wird oft auch *Neodarwinismus* gen. (geht in seinen Anfängen auf A. Weismann zurück). Darwin war der erste, der den Versuch unternahm, das Evolutionsgeschehen als das Ergebnis mehrerer in Wechselwirkung stehender Faktoren zu beschreiben. Alle vordarwinschen Evolutionstheorien, vornehmlich des 19. Jh., waren v. der Wirkung eines Faktors ausgegangen: Lamarck (↗*Lamarckismus*) nahm ein inneres Vervoll-

> **Darwinismus**
>
> Beobachtungen, auf denen der D. beruht:
> 1) Wenn sich alle Individuen einer Generation erfolgreich fortpflanzen könnten, würde die Populationsgröße exponentiell anwachsen.
> 2) Die Populationsgröße einer betrachteten Art bleibt im Durchschnitt unverändert.
> 3) Die Verfügbarkeit von Ressourcen ist begrenzt. Diese drei Beobachtungen führten Darwin zu dem Schluß von der Existenz eines „Kampfes ums Dasein" (↗Daseinskampf) zw. den Individuen einer Art. Wenn in jeder Generation mehr Individuen einer Art geboren werden als durch die Ressourcen erhalten werden können, muß es zum „Kampf ums Dasein" u. damit zu unterschiedlich erfolgreicher Fortpflanzung zw. den Individuen kommen. Wenn diese Beobachtungen aus der Populationsbiologie mit zwei weiteren Beobachtungen aus der Genetik vereinigt werden, wie es Darwin getan hat, so führt das zu erstaunlichen Schlußfolgerungen:
> 4) Kein Individuum gleicht exakt dem anderen; jede Population enthält eine unvorstellbar große phänotyp. Variabilität.
> 5) Diese phänotyp. Variabilität hat eine genet. Grundlage.

kommnungsprinzip an, Cuvier hatte Katastrophen (↗Katastrophentheorie) für evolutive Veränderungen verantwortlich gemacht; diese Theorien waren damit spezielle Theorien der Evolution. Eine wichtige Leistung der „Modernen Synthese" war die Widerlegung v. Ablehnung v. wenig begründeten speziellen Theorien, wie z. B. der ↗Typologie und des ↗Präformismus. Ein Zerrbild des D. ist der *Sozialdarwinismus*. Die Ideologie des Sozialdarwinismus beruht auf der unzuläss. Übertragung von Darwins Metapher vom „Kampf ums Dasein" auf das Zusammenleben der Menschen in der Gesellschaft. Für die Sozialdarwinisten „bedeuteten die populärsten Schlagworte des Darwinismus der ‚Kampf ums Dasein' und das ‚Überleben der Tauglichsten' (wurde von Spencer geprägt und von Darwin übernommen), auf das Zusammenleben der Menschen in der Gesellschaft angewandt, daß die Natur dafür sorgen werde, daß in einer Konkurrenzsituation die besten Konkurrenten den Sieg davontrügen und ... daß alle Versuche, in die gesellschaftl. Prozesse durch Reformen einzugreifen ... nur zu Degeneration führen könnten" (Hofstadter). Sozialdarwinisten konnten od. wollten das komplexe Problem, das durch die Metapher „Kampf ums Dasein" (↗Daseinskampf) umschrieben wird, nicht verstehen. P. S.

Darwinscher Ohrhöcker [ben. nach C. R. ↗Darwin], am menschl. Ohr (Helixrand) befindl. kleiner Höcker, wurde v. Darwin als entwicklungsgeschichtlich umgeformte Spitze (Rudiment) des Säugetierohres erkannt.

Dascyllus *m*, Gatt. der ↗Riffbarsche.

Daseinskampf; der Begriff „Kampf ums Dasein" ist alt u. wurde v. zahlr. Autoren des 17. und 18. Jh. wie Kant, Herder, de Candolle u. Lyell bereits benutzt. C. ↗Darwin gab ihm aber seine heute gült. Bedeutung. Darwin hatte die Ursachen der

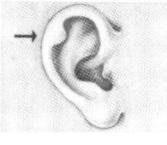

Darwinscher Ohrhöcker

Dasselfliegen

Wichtige Gattungen und Arten mit ihren Wirten:
Hypoderma (Hautbremsen, Hautdasseln)
  H. bovis (Rinderdasselfliege) hpts. an Rindern
  H. lineatum an Rindern
  H. actaeon (Hirschdasselfliege) am Rothirsch
Oestrus (Nasenbremse, Nasendassel)
  O. ovis (Schafbremse, Schafbiesfliege) an Schaf u. Ziege
Cephenomyia (Rachenbremsen, Rachendasseln)
  C. trompe (Rentierrachenbremse) am Ren
  C. stimulator (Rehrachenbremse)
Oedemagena tarandi (Rentierdasselfliege)
Pallasiomyia antilopum an der Saiga-Antilope

dasy- [v. gr. dasys = rauh, dicht], in Zss. meist: rauh-.

Dasselfliegen

↗Adaptiogenese ermittelt: die genet. Variabilität u. die ↗Selektion. Das Wirken der Selektion umschrieb Darwin mit der Metapher „Kampf ums Dasein". Bis Darwin hatte man angenommen, daß der D. zw. den Arten stattfindet und der Aufrechterhaltung des Gleichgewichts (Harmonie) in der Natur dient. Darwin hatte gesehen, daß der D. zw. den Individuen einer Art stattfindet. Mit der Anwendung des Populationsdenkens auf den „Kampf ums Dasein" hatte Darwin die Selektion als Triebkraft der Evolution erkannt. Danach ist der D. kein Kampf auf Leben und Tod, sondern nur eine Entscheidung darüber, wie hoch der Beitrag eines Individuums zum ↗Genpool der nächsten Generation ist. D. bedeutet also Konkurrenz um den (relativ) größten Fortpflanzungserfolg. [ten.

Dasia *w*, Gatt. der ↗Schlankskinkverwand-
Dasselbeulen, Hautentzündungen v. a. bei Rindern, verursacht durch Larven der ↗Dasselfliegen, bes. *Hypoderma*. ☐ 368.
Dasselfliegen, *Biesfliegen, Oestridae,* Fam. der Fliegen; systemat. Einordnung umstritten, oft wird auch die Fam. der ↗*Gasterophilidae* (Magendasseln, Magenbremsen) zu den D. gestellt. Die Imagines der ca. 100 Arten sind mittelgroß, oft pelzig behaart (Gatt. *Hypoderma*), mit gutem Flugvermögen u. nur rudimentär ausgebildeten Mundwerkzeugen. Die Larven der D. unterscheiden sich v. denen der *Gasterophilidae* durch porenförm. Hinterstigmenplatten. Die D. sind Parasiten der Säugetiere, bes. der Huftiere, auch Befall beim Menschen kommt vor. Das Weibchen legt die Eier ins Fell des Wirtes (Gatt. *Hypoderma*) od. schießt die schon geschlüpften Larven im Flug auf Nase od. Auge des Wirtes (Gatt. *Oestrus* u. *Cephenomyia*). Die Wirtstiere versuchen, meist erfolglos, die Larven abzuschütteln od. abzustreifen; Rinder geraten schon beim Flugton der *Hypoderma*-Weibchen in Panik u. ergreifen die Flucht („Biesen"). Die Larven wandern auf den Schleimhautepithelien ins Innere v. Nase od. Augen, wobei sie bei der Gatt. *Oestrus* sich tief ins Gewebe einbohren. Die Larven der Gatt. *Hypoderma* dringen nach dem Schlüpfen in die Haut ein u. wandern durch verschiedene Körperregionen, wobei sie durch Aufnahme zersetzter Körpersubstanz der Wirtstiere erhebl. an Größe zunehmen. Nach einigen Monaten gelangt die Larve durch die *Dasselbeule* unter der Haut ins Freie, bei einigen Arten bes. der Huftiere bohrt sich das nächste Larvenstadium erneut in den Wirt ein. Das letzte Larvenstadium verläßt den Wirt nach 3–7 Monaten u. verpuppt sich im Erdboden zur Imago. Die Weibchen der Gatt. *Hypoderma* sind sofort nach dem Schlüpfen be-

Dasyaceae

gattungsfähig u. können dann nach 1 Stunde 500–600 Eier legen. Für Rinder, Schafe u. Pferde ist der Befall mit D. sehr schädl. u. kann zum Tode führen, wenn die D. in Massen vorkommen od. wicht. Organe des Wirts besetzen; die Löcher der (bes. unter der Rückenhaut entstehenden) Dasselbeulen u. Fraßstellen im Fleisch stellen eine Wertminderung des Viehs bzw. Leders dar. Durch (die wohl angeborenen) panikart. Reaktionen der Rinder vor Arten der Gatt. *Hypoderma* kommt es leicht zu Verletzungen. Die Art *H. lineatum* umgeht diese Abwehrreaktionen, indem sie den Wirt laufend aufsucht. Die Wirtsspezifität ist unterschiedl. ausgeprägt. Viele Arten können auch den Menschen befallen; es kommt aber dann meist nicht zu einer vollständ. Entwicklung.

Dasyaceae [Mz.; v. *dasy-], Rotalgen-Fam. der *Ceramiales;* die Gatt. *Dasya* kommt mit 40 Arten in verschiedenen wärmeren Meeren vor.

Dasyatidae [Mz.; v. *dasy-], die ↗ Stachelrochen.

Dasybranchus *m* [v. *dasy-, gr. bragchos = Kiemen], Gatt. der Ringelwurm-Fam. *Capitellidae; D. caducus,* bis 1 m (!) lang; auf Schlick u. Sand der Adria.

Dasychira *w* [v. *dasy-, gr. cheir = Hand], ↗ Trägspinner.

Dasychone *w* [v. *dasy-, gr. chōnē = Trichter], *Branchiomma,* Gatt. der Ringelwurm-Fam. *Sabellidae; D. lucullana,* meist in Kolonien zw. Algen u. Madreporarien (Steinkorallen) der Adria.

Dasycladales [Mz.; v. *dasy-, gr. klados = Zweig], Ord. der Grünalgen, vielfach auch als Fam. *(Dasycladaceae)* den ↗ *Bryopsidales* zugeordnet; abgeleitete, isoliert stehende Algengruppe. Charakteristisch gestaltete einzell. Thalli; während der vegetativen Entwicklungsphase meist einkernig u. diploid. Zellwände mit Kalk inkrustiert. Rezent 10 Gatt., fossile Funde aus dem Silur bekannt, Hauptentwicklung während Trias u. Jura. Die Gatt. *Acetabularia* („Schirmalge"), mit ca. 20 Arten in trop. und subtrop. Meeren verbreitet, besitzt charakterist. schirmart. Thallus mit Rhizoid (B Algen II); *A. mediterranea,* bis 10 cm groß, in Mittelmeer u. O-Atlantik, benötigt ca. 3 Jahre für einen Entwicklungszyklus. Die marine Art *Dasycladus clavaeformis* hat keulenförmigen, bis 5 cm hohen, schwamm. Thallus mit quirlartig angeordneten Seitenauswüchsen (bürstenartig). Weitere Gatt. sind *Neomeris, Cymopolia, Bornetella.* Älteste fossile Gatt. aus dem Silur ist *Rhabdoporella;* sie besitzt keine Seitenäste. *Gyroporella,* fossile Gatt. aus dem Mesozoikum, trägt am Ende der Hauptachse keulig erweiterte Seitentriebe.

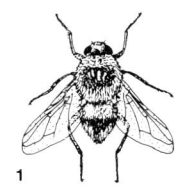

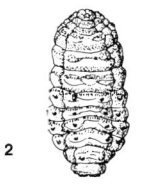

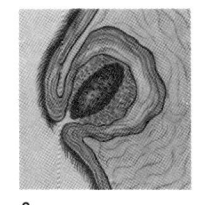

Dasselfliegen
1 Rinderdasselfliege *(Hypoderma bovis),*
2 Dasselfliegenlarve,
3 Schnitt durch eine *Dasselbeule* mit schlüpfender Larve

Dattelpalme *(Phoenix)*

dasy- [v. gr. dasys = rauh, dicht], in Zss. meist: rauh-.

Weitere fossile Gatt. aus Kreide u. Jura sind *Diplopora, Triploporella, Tetraporella;* Hauptachse mit quirlig angeordneten Seitentrieben.

Dasydytes *m* [v. *dasy-, gr. dytēs = Taucher], Gatt. der ↗ *Gastrotricha* (Bauchhaarlinge), Ord. *Chaetonotoidea,* mit mehreren Arten, die als Bewohner vegetationsreicher Ufer v. Süßgewässern u. Meeresböden aller Tiefenzonen weltweit verbreitet sind.

Dasyneura *w* [v. *dasy-, gr. neura = Sehne, Faser], Gatt. der ↗ Gallmücken.

Dasypeltinae [Mz.; v. *dasy-, gr. peltē = leichter Schild], die ↗ Eierschlangen.

Dasypoda [Mz.; v. *dasy-, gr. pous, Gen. podos = Fuß], Gatt. der ↗ Melittidae.

Dasypodidae [Mz.; v. *dasy-, gr. pous, Gen. podos = Fuß], die ↗ Gürteltiere.

Dasyproctidae [Mz.; v. gr. dasyprōktos = mit rauhem Hinterteil], die ↗ Agutis.

Dasyuridae [Mz.; v. *dasy-, gr. oura = Schwanz], die ↗ Raubbeutler.

Dasyurinae [Mz.; v. *dasy-, gr. oura = Schwanz], die ↗ Beutelmarder.

Datierungsmethoden   ↗ Altersbestimmung, ↗ Geochronologie.

dATP, Abk. für 2'-Desoxyadenosin-5'-triphosphat, ↗ 2'-Desoxyribonucleosid-5'-triphosphate. [muscheln.

Dattelmuschel, *Pholas dactylus,* ↗ Bohr-

Dattelpalme, *Phoenix,* Gatt. der Palmen mit 13 Arten, die sich durch Fiederblätter mit V-förmig gestellten Fiedern auszeichnen. Die Blüten sind diözisch verteilt, aus den 3 getrennten Fruchtknoten entwickelt sich meist nur eine einsam. Beere mit fleisch. Mesokarp u. hautart. Endokarp. Die wichtigste der Arten ist *P. dactylifera,* die auch bei uns bekannten eßbaren *Datteln* liefert. Sie wird seit mindestens 8000 Jahren als Kulturpflanze angebaut; ihre Abstammung ist nicht sicher geklärt. Der bis 20 m hohe Schaft ist mit den Basen abgeworfener Blätter bedeckt u. besitzt einen endständ. Schopf v. bis zu 4 m langen Fiederblättern. Die risp. Blütenstände, v. je 2 Hochblättern umhüllt, entstehen in den Blattachseln. Die Blütenstände tragen ca. 500 Blüten (v. denen die Hälfte entfernt wird), die sich daraus entwickelnden Beeren umschließen einen harten längl. Samen, der als Reservestoff Cellulose enthält. Der Pollen der noch vielblütigeren ♂ Blütenstände wird durch den Wind übertragen. Da sehr viel weniger ♂ als ♀ Bäume angepflanzt werden, wird die Bestäubung meist dadurch gesichert, daß man Teilinfloreszenzen in die ♀ Bäume hängt. Die ♂ Blütenstände, deren Pollen wochenlang keimungsfähig bleiben, sind wicht. Handelsobjekte. Die Vermehrung der D. erfolgt vorwiegend vegetativ, um nicht unnötig viele ♂ Pflanzen aufzuziehen. Die bis zu 200 Jahre alt werdende D. stellt hohe Ansprüche an die Wasserversorgung u. gedeiht bei mittleren Temp. um 30 °C. Sog. *Saftdatteln,* deren Stärke bei der Reife in Zucker umgewandelt wird, werden v. a. exportiert. Die getrockneten Früchte sind wegen ihres hohen Zuckergehalts v. über 50% sehr lange haltbar. Wichtig als Nahrungsgrundlage in N-Afrika u. den Trockengebieten SW-Asiens sind die *Trockendatteln,* deren Stärke nicht umgewandelt wird. 1978 wurden insgesamt 2,7 Mill. t Datteln produziert (v. a. in arab. Staaten). – Ebenfalls v. Bedeutung ist *P. sylvestris,* die als Ahnform v. *P. dactylifera* in Frage kommt. Aus dem Stamm dieser in Indien beheimateten Art kann durch Anritzen ein zuckerhalt. Saft gewonnen werden, die Früchte jedoch sind ungenießbar. B Kulturpflanzen VI, B Mediterranregion IV.

Datura *w* [v. hindi dhattūra, dhatura =], der ↗ Stechapfel.

Daubentoniidae [Mz.; ben. nach dem frz. Naturforscher L. Daubenton (dobãntõn), 1716–1800], *Fingertiere,* Fam. der Halbaffen; einzige Art das ↗ Fingertier.

Dauco-Picridetum *s* [v. gr. daukos = Pastinake, pikris = Bitterkraut, Wilder Lattich], Assoz. der ↗ Onopordetalia.

Daucus *m* [v. gr. daukos = Pasternake], die ↗ Möhre.

Daudebardia *w,* Gatt. der Glanzschnecken, in Mittel- u. S-Europa, Vorderasien u. N-Afrika verbreitete Raubschnecken; das ohrförm., flache Gehäuse sitzt dem hinteren Teil des Fußes auf u. ist wesentl. kleiner als der Weichkörper. In Mittel- u. S-Europa leben *D. rufa* u. *D. brevipes* in der oberen, feuchten Bodenschicht u. ernähren sich v. Würmern, Insektenlarven u. anderen Schnecken.

Dauerausscheider, Personen, die nach überstandener Krankheit noch für längere Zeit die Erreger ausscheiden. Die D. waren im Ggs. zu den *Keimträgern (Bacillenträgern),* die auch Krankheitskeime beherbergen u. abgeben, vorher *akut* erkrankt. D. gibt es hpts. nach Typhus-, Ruhr-, Salmonellen- u. Diphtherieerkrankungen; sie unterliegen bestimmten, gesetzl. Berufsbeschränkungen u. nach dem Bundes-Seuchengesetz der Meldepflicht.

Dauerehe, dauernde Paarbindung über eine Zeitspanne, die mehr als eine Fortpflanzungsperiode umfaßt u. gelegentl. auch lebenslang sein kann (Graugans, Kolkrabe). Die D. ist eine Sonderform der ↗ Monogamie. Allerdings sollte der Begriff „Ehe" in der Ethologie vermieden werden, da er mit dem ugs. Sinn des Wortes nicht gleichbedeutend ist. ↗ Paarbindung.

Dauereier, *Wintereier, Latenzeier,* hartschal., befruchtete Eier v. einigen niederen Krebsen (z. B. Wasserflöhen), Rädertieren u. Strudelwürmern. Im Ggs. zu den sich sofort entwickelnden dünnschal. Sommereiern (Subitaneier, häufig mit parthenogenet. Entwicklung) sind sie geeignet, ungünstige Außenbedingungen (Kälte, Trockenheit usw.) zu überdauern. Die als Ansatz für Aquarienfutter käufl. Eier des Salinenkrebschens *Artemia* sind D., die über Jahre hinweg lebensfähig bleiben. ↗ Kryptobiose.

Dauerfeldbau, ganzjähr. Anbau v. Feldfrüchten ohne Unterbrechung durch eine Vegetationsruhe (Frost, Trockenheit); v. a. in bes. günstigen Gebieten der Tropen.

Dauerformen 1) ↗ Cysten; 2) ↗ lebende Fossilien.

Dauerfrostböden, die ↗ Permafrostböden.

Dauergattungen ↗ lebende Fossilien.

Dauergebiß, *bleibendes Gebiß, Ersatzgebiß, Dentes permanentes,* zweite Dentition (der meisten Säugetiere); tritt unter Erhöhung der Zahnzahl um die Molaren an die Stelle des ↗ Milchgebisses. ↗ Gebiß.

Dauergesellschaft, Pflanzengesellschaft, die keine erkennbare Weiterentwicklung zeigt u. im Gleichgewicht mit den langfristig wirkenden Standortfaktoren steht. Nach Störung od. Beseitigung der urspr. Vegetation wird die D. über Sukzessionsreihen erreicht, die sehr unterschiedl. lange dauern können. In manchen Fällen ist die Initialgesellschaft gleichzeitig D. ↗ Dauerinitialgesellschaften

Dauergewebe, die im Ggs. zu den embryonalen ↗ Bildungsgeweben fertig ausdifferenzierten, speziellen Funktionen dienenden Gewebe, die ihre Zellteilungstätigkeit vorübergehend od. endgültig eingestellt haben. Dabei sind die fertig ausdifferenzierten Zellen fast immer erhebl. größer als die Zellen der Bildungsgewebe, relativ plasmaarm u. oft abgestorben. Man unterscheidet *primäre* u. *sekundäre D.,* je nachdem, ob sie v. primären od. sekundären Bildungsgeweben abstammen.

Dauergrünland, Nutzfläche, die ständig als Wiese u. Weide genutzt wird im Ggs. zum Wechselgrünland.

Dauerhumus, Humus aus schwerzersetzbaren Huminstoffen, die meist mit mineral. Bodenpartikeln verbunden sind (Ton-Humus-Komplexe). Im Unterschied dazu ist Nährhumus leicht mineralisierbar.

Dauerinitialgesellschaften [v. lat. initium = Anfang], *Dauerpioniergesellschaften,* Pionierges., die zugleich Dauerges. sind, z. B. Schutthaldenges. Die sich zuerst ansiedelnde Ges. bleibt über lange Zeiträume erhalten, da sich eine natürl. Sukzession aufgrund dauernder Störung des Standorts nicht einstellen kann.

Dauerknospe, *Dauerkeim,* die ↗Brutknospe 3).

Dauerkulturen, Anbau v. mehrjähr. Kulturpflanzen, v. a. Baum- u. Strauchkulturen, wie etwa Obst-, Ölbaum-, Tee-, Kaffee- od. Kakaokulturen.

Dauerlarve *w,* Larvenstadium, das geeignet ist, ungünstige Lebensbedingungen zu überdauern. Bei Nematoden dient oft das 3. Larvenstadium der Ausbreitung (z. B. Larve an Insekten festgeheftet) über längere Wegstrecken (↗Phoresie). Es ist als D. meist noch v. der Hülle des 2. Larvenstadiums umgeben.

Dauermodifikation *w,* Abänderung des Phänotyps, die auf nicht-genom. Veränderung beruht, aber über mehrere Generationen hinweg erhalten bleibt; z. B. werden Strukturanomalien im Cortex von Wimpertierchen (Ciliaten) über viele Zellteilungen hinweg weitergegeben.

Dauermycel *s* [v. gr. mykes = Pilz, hēlos = Nagel], die ↗Sklerotien.

Daueroptimalgebiete, Gebiete innerhalb der Verbreitungsgrenzen einer Art, die ihr fortwährend die günstigsten Lebens- u. Fortpflanzungsbedingungen bieten; für die Beurteilung des Massenwechsels ist ihre Kenntnis wichtig.

Dauerpräparate, Präparate mikroskop. Objekte, die (evtl. nach vorheriger Fixierung u. Färbung, ↗mikroskopische Präparationstechniken) auf einem Objektträger in ein erstarrendes, glasklares Medium (Glyceringelatine, Kunstharze, Klarlacke, fr. auch Kanadabalsam) v. möglichst gleichem Brechungsindex wie Glas eingebettet werden u. in diesem ihre urspr. Struktur bewahren.

Dauersporangium *s* [v. gr. spora = Same, aggeion = Gefäß], *Hypnosporangium,* derbwandiges Sporangium, das bei einigen primitiven Pilzgruppen vom Sporophyten gebildet wird, als Ganzes abfällt u. ungünst. Umweltsituationen überdauert, um danach haploide Meiosporen zu entlassen.

Dauersporen, *Dauerzellen,* dickwand. Einzelzellen, meist durch hohen Reservestoffgehalt ausgezeichnet, die v. einigen niederen Organismen zur Überdauerung ungünst. Lebensbedingungen ausgebildet werden; z. B. *Aplanosporen* der Cyanobakterien, Endosporen der Bakterien, (Mikro-)Cysten einiger Algen u. Bakterien u. die *Chlamydosporen* der Pilze.

Dauerstadien, Stadien v. Organismen od. besonderen Zellen, die ungünstige Perioden überstehen können, z. B. ↗Cysten, ↗Dauersporen, ↗Samen (↗Brutknospe), ↗Dauerlarve, ↗Dauereier, ↗Anabiose.

Dauertypen ↗lebende Fossilien.

Dauerwaldwirtschaft, naturgemäße forstl. Wirtschaftsweise; Voraussetzung für einen gesunden Bodenzustand, begünstigt natürl. Verjüngung u. vermeidet starke u. plötzl. Eingriffe in den Baumbestand.

Dauerzellen ↗Dauersporen.

Daumen, *Pollex,* erster Finger, der beim Menschen u. einigen Säugetieren opponierbar (gegenüberstellbar) ist, wodurch die ↗Hand zur universell einsetzbaren Greifhand wird.

Daumenfittich
Es ist unklar, welchem der ursprüngl. 5 Fingerstrahlen der Tetrapoden die 3 im Vogelflügel vorhandenen Strahlen entsprechen. In Diskussion sind die Strahlen I–III oder II–IV. Nur im ersten Fall wäre der Knochen des D.s als *Fingerstrahl* dem Daumen der Säuger homolog. Im zweiten Fall entspräche er dem Zeigefinger. *Funktionell* darf er jedoch in keinem Fall als Daumen bezeichnet werden.

Daumenfittich, *Afterflügel, Eckflügel, Nebenflügel, Alula,* v. „Daumen" vieler Vögel ausgehender Federschopf aus 2–6, meist 4 Federn; wird in flugtechn. schwierigen Situationen (Bremsen, Kurven, „Rütteln" beim Turmfalken) abgespreizt, stabilisiert dadurch die Luftströmung u. verhindert das Entstehen v. Turbulenzen, v. a. bei steil angewinkelten Flügeln.

Daunenfeder ↗Dunen.

Dausset [doßä], *Jean,* frz. Mediziner, * 19. 10. 1916 Toulouse; seit 1969 Prof. in Paris; grundlegende Arbeiten zur Geweberverträglichkeit (Histokompatibilität) bei Transplantationen; 1980 Nobelpreis für Med. (zus. mit B. Benacerraf u. G. D. Snell) für seine Arbeiten über genet. determinierte zelluläre Oberflächenstrukturen, v. denen immunolog. Reaktionen gesteuert werden.

Davainea *w* [dawānea; ben. nach dem frz. Arzt C. J. Davaine, † 1882], namengebende Gatt. der Bandwurm-Fam. *Davaineidae* (Ord. *Cyclophyllidea*); bekannte Art *D. proglottina;* Endwirt: Hühner, Zwischenwirte: Nacktschnecken.

Davalliaceae [Mz.; ben. nach dem schweiz. Botaniker E. Davall, 1763–99], fast ausschl. trop. verbreitete Fam. leptosporangiater Farne (Ord. *Filicales*) mit 10–12 Gatt. u. ca. 200 Arten; meist epiphyt. lebende Farne mit rundl., randständ. od. randnahen Sori mit Indusien. Die auf die altweltl. Tropen (v. a. SO-Asien bis Philippinen) beschränkte Gatt. *Davallia* (30 Arten) kommt mit 1 Art *(D. canariensis)* auch in S-Spanien u. Portugal an Felsen u. Mauern vor. Der Nierenschuppenfarn *Nephrolepis* (30 Arten) zeigt eine pantrop. Verbreitung u. gehört zu den beliebten, in vielen Formen kultivierten Zimmerpflanzen (häufig v. a. *N. exaltata*).

Davidsharfe [ben. nach dem bibl. König u. Sänger David], *Harpa ventricosa,* eine ↗Harfenschnecke.

Davidshirsch, *Milu, Elaphurus davidianus,* eine 1865 v. dem frz. Jesuitenpater u. Zoologen A. David (1826–1900) im kaiserl. Wildpark v. Nan Hai-tsu (südl. v. Peking) entdeckte chines. Hirschart (Kopfrumpflänge ca. 150 cm, Schulterhöhe etwa 115 cm, Gewicht 150–200 kg). Im Ggs. zu anderen Hirscharten sind die Geweihenden beim D. nach rückwärts gerichtet. Die Füße erzeugen ähnl. wie beim Rentier ein Knackgeräusch. Der für eine Hirschart ungewöhnl. lange Schwanz (ca. 50 cm) reicht mit seiner Endquaste bis zur Ferse. Dennoch ist der D. mit den Edelhirschen (Gatt. *Cervus*) nahe verwandt; eine Kreuzung mit dem Rothirsch ergab im Berliner Zoo fruchtbare Mischlinge. Der in freier Wildbahn seit langem ausgestorbene D. lebte vermutl. in den Sumpfgebieten N- u. Mittelchinas; auch in der Mandschurei u. in S-Japan fand man fossile Reste. Aus nur 18 Individuen, die v. verschiedenen Zoos um 1900 dem berühmten Züchter Herzog von Bedford überlassen wurden, gelang es, einen gesunden Bestand zu züchten, so daß in vielen Zoos heute Gruppen v. D.en leben u. Auswilderung versucht wird.

Dawsoniaceae [daßn-; Mz.; ben. nach dem engl. Botaniker Dawson Turner, 1775–1858], Moos-Fam. der ↗*Polytrichales*, mit nur 1 Gatt. *Dawsonia*, ausschl. auf der Südhalbkugel verbreitet; bisher 5 Arten bekannt; diese ähneln den ↗*Polytrichaceae*, werden aber bis zu 70 cm groß u. bilden mitunter über 5 mm große Sporen.

dC, Abk. für ↗2'-Desoxycytidin.

dCMP, Abk. für 2'-Desoxycytidin-5'-monophosphat, ↗2'-Desoxyribonucleosidmonophosphate.

dCTP, Abk. für 2'-Desoxycytidin-5'-triphosphat, ↗2'-Desoxyribonucleosid-5'-triphosphate.

DDT, *Dichlor-Diphenyl-Trichlorethan* (od. -methylmethan); 1939 v. dem schweizer. Chemiker P. Müller entwickeltes Insektizid; Fraß- u. Berührungsgift mit langer Wirksamkeit u. Breitbandwirkung gg. Insekten. DDT hat wesentl. zur Eindämmung der malariaübertragenden Stechmücken (*Anopheles*-Arten) beigetragen. Aufgrund seiner Breitbandwirkung ist es jedoch auch gegenüber Nutzinsekten, wie der Honigbiene, u. Freßfeinden sowie Parasitoiden v. Schadinsekten giftig, so daß sich nach Anwendung v. DDT (ähnlich wie bei vielen anderen Insektiziden) die Schädlinge u. U. wieder rasch erholen. Auch Resistenzmutationen gg. DDT wurden vielfach beobachtet, darunter bei Stubenfliegen, Stechmücken (auch den malariaübertragenden Spezies), Läusen, Wanzen u. Kartoffelkäfern. Die Resistenz beruht teilweise auf einer Entgiftungsreaktion der betreffenden Stämme, durch die DDT enzymatisch durch HCl-Abspaltung in das ungiftige *Dichlor-Diphenyl-Dichlorethylen (DDE)* umgewandelt wird. Aufgrund der langen Abbauzeit (Halbwertszeit) des DDT (auf über 20 Jahre geschätzt) erfolgt eine starke Anreicherung in den Nahrungsketten, bes., weil es in Fetten gut löslich ist.

Davidshirsch *(Elaphurus davidianus)*

DDT
Verbrauch bis 1974 (geschätzt)
$2,8 \cdot 10^6$ Tonnen = $2,8 \cdot 10^{12}$ g aufgenommen in der Biosphäre 10^9–10^{10} g

Vor allem bei Vögeln, die am Ende der Nahrungskette stehen (Greifvögel, Fischfresser wie Kormoran u. Pelikan), führte die Akkumulation v. DDT zu einer Störung des Kalkstoffwechsels u. daher zur Ablage dünnschal. Eier, die beim Bebrüten leicht zerbrechen, so daß die Nachkommenzahl sich stark verringerte.

DDT (Dichlor-Diphenyl-Trichlorethan)

Für Warmblüter (also auch für den Menschen) ist DDT nur in starken Dosen od. bei langanhaltenden Aufnahmen gefährlich. Aufgrund der überwiegenden Nachteile ist die DDT-Anwendung in vielen Industrieländern eingeschränkt (z. B. BR Dtl., Österreich, USA) bzw. verboten (z. B. Schweiz, Italien). In der BR Dtl. wurde am 16. 5. 1971 ein Herstellungs- u. Ausfuhrverbot erlassen. ↗Chlorkohlenwasserstoffe.

DEAE-Cellulose, ein ↗Anionenaustauscher (☐), ↗Chromatographie.

dealpin [v. lat. de = von ... herab, Alpinus = Alpen-], *praealpin*, Bez. für Arten, die in Mitteleuropa in den Alpen ihr Hauptverbreitungsgebiet haben, vereinzelt aber auch außerhalb in den nahen Mittelgebirgen vorkommen.

Debaryomyces *m* [ben. nach dem dt. Botaniker A. H. de Bary (bari), 1831–88, v. gr. mykes = Pilz], Gatt. der Echten Hefen mit über 50 Arten, vorwiegend kugel. od. leicht ellipsoide knospende Zellen (meist 2–10×5–15 μm), die zu Pseudohyphen auswachsen können; zw. Mutterzelle u. Knospe treten Konjugationen auf; die Asci enthalten 1–4 Sporen. Einige Arten sind salztolerant (bis 20% NaCl). D. findet sich in Beerensäften, auf trockenen Früchten, Käse, Wurst, Fleisch, eingesalzenem Gemüse u. auch auf der Haut v. Mensch u. Tieren. In der Biotechnologie werden D.-Arten zur Vitamin B$_2$-(Riboflavin-) u. Xylitherstellung genutzt.

Decabrachia [Mz.; v. gr. deka = zehn, brachion = Arm], fr. gebräuchl. zusammenfassende Bez. für die Eigentlichen Tintenschnecken *(Sepioidea)* u. die Kalmare *(Teuthoidea)*, die 10 Arme haben; Ggs.: *Octobrachia* (↗Kraken).

Decapoda [Mz.; v. gr. deka = zehn, podes = Füße], 1) veraltete zusammenfassende Bez. für die Eigentlichen Tintenschnecken *(Sepioidea)* u. die Kalmare *(Teuthoidea)*; wegen der Verwechslungsmöglichkeit mit einer Krebsgruppe (Zehnfußkrebse) wurden diese Kopffüßer fr. meist *Decabrachia* genannt. 2) *Zehnfußkrebse*, Ord. der *Malacostraca*, reiche u. sehr vielgestalt. Gruppe meist großer Krebse mit ca. 8500 Arten. Charakterist. Merkmale: Der Carapax bedeckt alle Thoraxsegmente u. ist dorsal mit ihnen verwachsen; nach vorn ist er oft in ein schwertförm. Rostrum ausgezogen. Die Seitenwände des Carapax überdecken als Branchiostegite jederseits einen Kiemenraum. Von den 8 Paar Thorakopoden sind die vorderen 3 Maxillipeden, die darauffolgenden 5 Schreitbeine (Pereiopoden) ohne Exopodite od. höchstens (bei den *Penaeidae*) mit Resten davon. Atemorgane sind als Kiemen ausgebildete Epipodite an den Thorakalbeinen, die in den

Decapoda

Kiemenhöhlen verborgen sind. Je nach der Lage unterscheidet man: Podobranchien an den Beinbasen, Arthrobranchien an der Gelenkhaut zw. Bein u. Körperwand u. Pleurobranchien an der Körperwand. Jede Kieme besteht aus einem Schaft, an dem entweder a) an gegenüberliegenden Seiten Zweige ansetzen, deren jeder wiederum eine Reihe v. Seitenzweigen trägt (Dendrobranchien), od. b) an allen Seiten schlauchart. Anhänge ansetzen (Trichobranchien) od. c) 2 Reihen blättchenart. Anhänge stehen (Phyllobranchien). Eine Trichobranchie des Hummers kann bis zu 10 000 Schläuche tragen. Da die Branchiostegite bis dicht an die Beinbasen reichen, sind die Kiemen gut geschützt u. weitgehend nach außen abgeschlossen. Das ermöglichte verschiedenen D. die Besiedlung des Landes. Innerhalb der Kiemenhöhlen wird ein Atemwasserstrom durch schlagende Bewegungen eines Epipoditen der 2. Maxille (des sog. Scaphognathiten, B Atmungsorgane II) aufrechterhalten. Zusätzl. können Epipodite der Maxillipeden als Kiemenbürsten ausgebildet sein. Wichtigste Sinnesorgane sind hochentwickelte, gestielte Komplexaugen u. Statocysten in den Grundgliedern der 1. Antennen. – Ursprüngliche D. haben ein kräft. Pleon mit seitl. Epimeren, großen Pleopoden u. einem Schwanzfächer aus Uropoden u. Telson. Die *Natantia* können mit ihren Pleopoden gut u. ausdauernd schwimmen. Bei den *Reptantia* verliert das Pleon zunehmend seine Funktion als Fortbewegungsorgan. Bei den *Astacura* u. *Palinura* ist es noch groß, u. der Schwanzfächer kann bei der Flucht nach hinten eingesetzt werden. Bei den *Anomura* und v. a. bei den *Brachyura* wird es unter dem Bauch eingeschlagen, u. die Pleopoden werden, soweit sie nicht für die Fortpflanzung benötigt werden, zurückgebildet. – Bei den Männchen bilden die beiden ersten Pleopodenpaare ein Paar Kopulationsorgane (Petasma), mit denen bei der Paarung eine Spermatophore auf die ♀ Geschlechtsöffnung od., bei den *Brachyura,* das Sperma direkt in die ♀ Geschlechtsöffnungen übertragen wird. Die Eier werden nur bei den urspr. *Penaeidae*

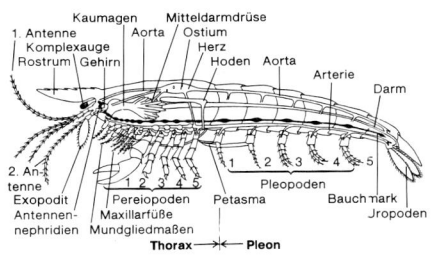

Decapoda
Unterordnungen und Abteilungen:
↗ Natantia
   Penaeidea
   Caridea
   Stenopodidea
↗ Reptantia
   ↗ Palinura
   ↗ Astacura
   ↗ Anomura
   ↗ Brachyura

Bauplan eines Decapoden

Oxidative Decarboxylierung
Paralleler Ablauf für *Pyruvat* und *α-Ketoglutarat.*

frei abgelegt; sie entwickeln sich im Plankton. Bei allen anderen D. werden sie mit Hilfe v. Sekret an den Pleopoden des Weibchens befestigt u. bis zum Schlüpfen getragen. Bei den *Penaeidae* schlüpft aus den Eiern ein *Nauplius*. Ein charakterist. Larvenstadium der D. ist die *Zoëa*, die schon alle Segmente, aber noch nicht alle Extremitäten hat. Von den Thorakopoden sind nur die beiden ersten (später Maxillipeden) ausgebildet, ihre Exopodite dienen als Schwimmfußäste. Auf die Zoëa folgt bei manchen D. (z. B. Hummer) das *Mysis*-Stadium (mit Exopoditen an allen Thorakopoden), dann das *Decapodit*-Stadium, das schon typ. Merkmale der D. zeigt u. wie eine Garnele mit den Pleopoden schwimmt. Bei den *Anomura* wird es als *Glaucothoe,* bei den *Brachyura* als *Megalopa* bezeichnet. Es geht zum Bodenleben über u. häutet sich zum fertigen jungen Krebs. – D. sind primär marin. Sie haben im Meer eine große Artenzahl u. unterschiedl. Gestalten u. Nischen gebildet, u. a. auch so merkwürdige wie Putzergarnelen u. Muschelwächter. Mehrere Linien haben unabhängig das Süßwasser (Süßwassergarnelen, Flußkrebse, Süßwasserkrabben) u. sogar das Land (Landeinsiedlerkrebse, Landkrabben) besiedelt. Die meisten Süßwasserbewohner haben die freien Larvenstadien aufgegeben u. schlüpfen als Decapodit-Stadium od. als fertiger Krebs. Terrestrische D. dagegen entwickeln sich über marine Larven, d. h., die Weibchen müssen zum Absetzen der Larven immer wieder das Meer aufsuchen. – Viele D. sind v. großer wirtschaftl. Bedeutung als Speisetiere, so viele Garnelen, Hummer, Langusten, Flußkrebse u. viele Krabben. Die Wollhandkrabbe u. manche Landkrabben gelten als Schädlinge. *P. W.*

Decarboxyl̲a̲sen [Mz.], ↗ Decarboxylierung.

Decarboxyli̲e̲rung w, Abspaltung v. Kohlendioxid (CO_2) aus der Carboxylgruppe (COOH) organ. Säuren. Im Zellstoffwechsel erfolgen D.en enzymat. unter der katalyt. Wirkung v. *Decarboxylasen,* die zur Enzymgruppe der C-C-Lyasen gehören. Durch D. wie z. B. die D. v. Oxalsuccinat zu α-Ketoglutarat im ↗ Citratzyklus erfolgt im Zellstoffwechsel generell die Bildung v. CO_2. Von bes. Bedeutung im Stoffwechsel sind die *oxidativen D.en* v. Pyruvat u. α-Ketoglutarat, die zur Bildung v. Acetyl-Coenzym A bzw. Succinyl-Coenzym A führen. Durch erstere wird Pyruvat, das Endprodukt der Glykolyse, in den Citratzyklus eingeschleust; die oxidative D. v. α-Ketoglutarat ist ein Schritt innerhalb des Citratzyklus. Durch D. v. Aminosäuren bilden sich biogene Amine wie die „Leichengifte" ↗ Cadaverin (aus Lysin) u. Putrescin (aus Ornithin) sowie ↗Äthanolamin, Histamin u.a. Ggs.: Carboxylierung.

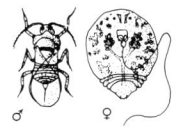

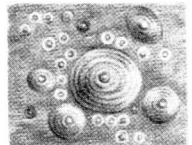

Decidua w [v. lat. deciduus = abfallend], *Siebhaut, Hinfallhaut, Membrana decidua,* derjenige Teil der Uterusschleimhaut (Endometrium), der den mütterl. Anteil der Placenta bildet; die D. wird am Ende des Geburtsvorgangs beim Ablösen der Placenta teilweise od. ganz mit ausgestoßen. ↗Deciduata.

Deciduata [Mz.; v. lat. deciduus = abfallend], Bez. für diejenigen placentalen Säugetiere, bei denen beim Geburtsvorgang die ↗Decidua teilweise (Raubtiere, Nagetiere, Insektenfresser, Fledermäuse, Affen) od. ganz (Mensch) abgestoßen wird, wodurch bei allen D. nach der Geburt stärkere Blutungen auftreten. Ggs.: *Adeciduata* od. *Indeciduata,* z. B. Wale, Huftiere, Zahnarme.

Deckblatt, 1) die ↗Braktee. **2)** Teil des Cormidiums der Staatsquallen (↗*Siphonanthae*).

Deckel, Verschlußplatte für das Schneckengehäuse: 1) Der Dauerdeckel, das *Operculum,* wird v. Drüsenfeldern auf dem Fußrücken abgeschieden; er besteht aus Conchin, in das Kalk eingelagert werden kann; solche D. sind Bestandteil des Tierkörpers: es gibt sie bei Vorderkiemerschnecken allg. sowie in einigen altertümlichen Gruppen der Hinterkiemer und Lungenschnecken. 2) Der Zeitdeckel, das *Epiphragma,* dient bei einigen Landlungenschnecken als vorübergehender Gehäuseverschluß; die Schnecke zieht ein Schleimhäutchen quer über die Mündung, in das Kalk eingelagert werden kann, so daß nur ein durchbrochenes „Fenster" für die Atmung freibleibt. In langen Trocken- u. Winterzeiten können mehrere Zeitdeckel hintereinander gebildet werden, die v.a. gegen Verdunstung, aber auch gg. Feinde schützen. Weinbergschnecken kommen i. d. R. als Deckelschnecken in den Handel. 3) Spezielle Deckel gibt es in einigen Schneckengruppen, so das ↗Clausilium bei den Schließmundschnecken.

Deckelgalle, hochentwickelte Pflanzengalle, deren Deckel v. gallbewohnenden Insekt vor Verlassen der Galle abgesprengt wird. ↗Gallen.

Deckelkapsel, Sonderform der trockenen Kapselfrüchte, bei der die Öffnung des Fruchtknotens zur Freigabe der Samen quer über die gemeinsame äußere Fruchtwand erfolgt, so daß der obere Teil des Fruchtknotens als Deckel abfällt (z. B. Wegericharten, Bilsenkraut). ↗Frucht.

Deckelschildläuse, *Austernschildläuse, Diaspididae,* artenreichste (ca. 1400) Fam. der Schildläuse; davon ca. 60 in Mitteleuropa. Die D. sind ca. 1,5 mm große Insekten; die Weibchen bauen aus alten Larvalhäuten, Drüsensekreten u. Kot einen muschelart. Schild, der abhebbar ist. Die Weibchen haben Augen, Beine, Antennen u. Flügel reduziert u. leben vom Saft angebohrter Pflanzenteile ihrer speziellen Wirtspflanzen, v. denen sie sich nicht mehr entfernen. Die Männchen bauen zwar auch einen (oft andersgestalteten) Schild, verwandeln sich aber dann zur geflügelten Imago. Je nach Art durchlaufen beide Geschlechter mehrere Entwicklungsstadien. Die Weibchen vieler Arten legen schon lebende Larven; auch Parthenogenese kommt vor. Viele Arten sind für Obstbäume sehr schädl. u. mit ihnen weltweit verschleppt worden. Beispiele: Die San-José-Schildlaus *(Quadraspidiotus perniciosus)* stammt urspr. aus dem Amur-Gebiet, trat 1873 in San José in Kalifornien in Obstplantagen auf u. ist seit 1946 auch in Mitteleuropa bekannt. Sie saugt an den Früchten u. Holzteilen bes. v. Apfel u. Birne. Die häufigste D. bei uns, die Komma-Schildlaus *(Lepidosaphes ulmi),* ist 2–3 mm lang, kommaförmig u. befällt die Holzteile, seltener die Früchte u. Blätter fast aller Laubbäume. Die Cochenille-Schildlaus (Koschenille-Schildlaus) *(Dactylopius cacti)* schmarotzt am Feigenkaktus *(Opuntia coccinellifera)* u. wurde wegen des roten Farbstoffs, den man aus ihrem Körper gewann, gezüchtet. Heute ist der scharlachrote Farbstoff fast ganz durch synthet. Stoffe ersetzt.

Deckelschlüpfer, *Cyclorrhapha,* Gruppe v. höher entwickelten Fam. der Fliegen, deren Imagines beim Schlüpfen ihre Puppenhülle durch Absprengen eines Deckels verlassen. Dazu wird kurz vor dem Schlüpfen eine Stirnblase (Ptilinum) ausgestülpt, die durch ihren Druck den oberen Teil des Pupariums, den Deckel, entlang einer präformierten Naht abhebt. Die Stirnblase wird später zurückgebildet. Ggs.: ↗Spaltschlüpfer.

Deckelspinnen, die ↗Falltürspinnen.

Deckelstäublinge, *Perichaena,* Gatt. der *Trichiaceae* (Schleimpilze); die Fruchtkörper (Sporangien, meist 0,5–1,5 mm breit) sind fast kugelig od. wurmförmig, gestielt od. kurz gestielt u. springen mit einem Deckel auf. Die Sporangienmembran ist zweischichtig, die äußere Schicht mit dunklen eckigen Körnchen besetzt. D. besitzen ein dünnfäd., oft mit Einschnürungen versehenes Capillitium, das meist verzweigt ist, aber kein echtes Netzwerk bildet. Die Fäden tragen meist Warzen od. Stacheln. Die gelb gefärbten Sporen sind feinwarzig. *P. vermicularis* wächst auf Holz, alten Rübenstrünken u. Kartoffelkraut.

Deckelstäublinge

♂ ♀

Deckelschildläuse

Männchen (♂) u. Weibchen (♀) der San-José-Schildlaus *(Quadraspidiotus perniciosus),* darunter Rückenschilde

Deckelschildläuse

Einige Arten mit ihren Wirtspflanzen:

Cochenille-Schildlaus *(Dactylopius cacti),* am Feigenkaktus *(Opuntia coccinellifera)*

Kleine Rosen-Schildlaus *(Aulacaspis rosae),* auch an Himbeeren u. Brombeeren

Komma-Schildlaus *(Lepidosaphes ulmi),* an fast allen Laubbäumen

Lorbeer-Schildlaus *(Aonidia lauri),* bei uns an Lorbeerkübelpflanzen

Oleander-Schildlaus *(Aspidiotus hederae),* an verschiedenen Zimmer- u. Gewächshauspflanzen

San-José-Schildlaus *(Quadraspidiotus perniciosus),* an vielen Obstbäumen

Deckelzelle, Bez. für die Zelle, die bei einer Reihe v. Moosen die Archegonien u. bei einigen Farnpflanzen die Antheridien abschließt. Im Reifezustand der Archegonien verschleimen die D.n wie deren Halskanalzellen, bei den Antheridien der Farne werden sie abgesprengt.

Deckenmoore, *Deckenhochmoore, blanket bogs,* Moore der extrem ozean. Klimaregionen (Brit. Inseln, westl. Küstenbereiche Skandinaviens), die weitflächig v. Torfmoosdecken überzogen sind u. nicht die typ. Gliederung der Hochmoore in Bulte u. Schlenken aufweisen. ↗Moore.

Deckennetzspinnen, die ↗Baldachinspinnen. [wachsen] ↗Epithel.

Deckepithel [v. gr. epithélein = auf etwas

Deckfedern, *Tectrices,* Konturfedern des Vogelgefieders, welche dachziegelartig in mehreren Reihen ober- u. unterseits v. Flügeln u. Schwanz die Basis der Schwung- u. Steuerfedern abdecken u. somit dichtgeschlossene Flächen erzeugen.

Deckflügel, *Flügeldecke, Elytre, Tegmina,* der stark verhärtete (sklerotisierte) Vorderflügel der Käfer u. Ohrwürmer, der als Schutz über den dünnhäut. Hinterflügel nach hinten gelegt ist; der bei Käfern umgeschlagene Seitenrand der D. heißt Epipleuren.

Deckfrucht, *Überfrucht,* landw. Bez. für eine Kulturpflanzenart (z. B. Winterroggen, Winterweizen), unter deren Schutz eine langsam u. sich später entwickelnde zweite Kulturart (z. B. Klee, Möhren, andere Grasarten) als Untersaat eingesät wird. Die D. bietet der jungen Untersaat vor ihrer Ernte Schutz.

Deckgewebe ↗Epithel.

Deckglas, zur Herstellung mikroskop. Präparate benutztes Glasscheibchen, mit dem jene auf dem Objektträger abgedeckt werden, um den Niederschlag v. Kondenswasser am Objektiv zu verhindern u. dem Präparat eine opt. ebene Oberfläche zu geben. Deckgläser haben gewöhnl. eine genormte Dicke v. 0,17 mm, auf die die mikroskop. Objektive opt. korrigiert sind.

Deckglaskultur, Kultur v. Gewebezellen od. einzelligen Organismen auf einem Deckglas zu späterer mikroskop. Betrachtung. Bei Einzellern häufig angewandt die „Kultur im hängenden Tropfen", zu der die betr. Organismen in einem Tropfen Kulturmedium auf ein Deckglas aufgebracht werden. Dieses wird dann mit dem Tropfen nach unten auf Plastilinfüßchen od. besser einem Tragring auf einen Objektträger aufgelegt u. rundum gg. Austrocknung mit Vaseline abgedichtet. Diese Anordnung erlaubt für einen begrenzten Zeitraum die ständ. mikroskop. Kontrolle der Kulturzellen während ihrer Vermehrung.

Deckknochen
Es gibt für die D. eine umfangreiche, teils unglückl. Nomenklatur. Die Bez. desmale Knochen ist ein histogenet. Begriff, der sich auf den Bildungsprozeß der direkten (desmalen) Verknöcherung bezieht (↗Knochen). Morpholog. Begriffe sind dagegen dermales Skelett, Hautskelett u. „Exoskelett". Sie beziehen sich auf die Lage der D. in der Haut, also der Peripherie der Organismen, im Ggs. zu der weiter im Körperinnern gelegenen Ersatzknochen („Endoskelett" i. e. S.). Das „Exoskelett" der Wirbeltiere ist aber herkunftsmäßig ebenfalls ein mesodermales Endoskelett, während das Exoskelett der Articulata (Gliedertiere) v. der ektodermalen Epidermis stammt.

Deckhaar, *Oberhaar,* der äußerl. sichtbare Anteil der Fellhaare, der den mechan. Schutz des Haarkleids der Säugetiere ausmacht. An der Bildung des D.s beteiligt sind einzelstehende, längere Leithaare u. kürzere, im oberen Drittel des Schaftes verdickte Grannenhaare. Ggs.: das aus kurzen, feinen Woll- od. Flaumhaaren gebildete *Unterhaar,* das der Wärmeisolation dient. [↗Beschälseuche.

Deckinfektion, bei Säugetieren, z. B. die

Deckknochen, *Hautknochen, desmale Knochen, Bindegewebsknochen, Belegknochen,* bilden das als Hautskelett, *Dermalskelett* oder als „Exoskelett" bezeichnete Stützgewebe der Wirbeltiere. D. sind strukturell nicht zu unterscheiden v. ↗Ersatzknochen. Im Ggs. zu diesen haben sie aber keinen knorpel. Vorläufer. Sie entstehen durch direkte (desmale) Verknöcherung v. mesodermalem Bindegewebe im Corium (Dermis, Lederhaut) der Haut. Die frühesten bekannten Wirbeltiere (Ostracodermi) besaßen am ganzen Körper einen Panzer aus D. (Hautknochenpanzer). In der weiteren Evolution wurde dieser weitgehend reduziert. Reste dieses Panzers sind bei rezenten Wirbeltieren die Placoidschuppen der Haie, die Knochenplättchen unter den epidermalen Hornschilden der *Squamata* u. *Crocodilia* sowie die sekundär wieder ausgewachsenen Panzer der Schildkröten u. Gürteltiere, die ebenfalls außen von einer Hornschicht bedeckt sind. Ferner sind D. beteiligt am ↗Schultergürtel u. bes. am ↗Schädel der Wirbeltiere, wo sie als *Dermatocranium* zusammengefaßt werden.

Deckmembran, gallertart. Membran im ↗Gehörorgan der Wirbeltiere.

Deckschuppe, 1) Bot.: schuppenförm., in unterschiedl. Umfang reduziertes Organ des ♀ Zapfens der ↗Nadelhölzer; wird als Tragblatt interpretiert, in dessen Achseln die Samenschuppen als stark reduzierte Blüten stehen. 2) Zool.: *Tegula,* ↗Insektenflügel. 3) ↗Schuppen.

Deckspelze, das Tragblatt der Einzelblüten im ↗Ährcad.

Deckungsgrad, Begriff aus der Pflanzensoziologie, der den prozentualen Anteil der v. einer bestimmten Art bedeckten Fläche in bezug auf die aufzunehmende Gesamtfläche angibt. Man verwendet i. d. R. die Skala v. Braun-Blanquet zur Schätzung der *Artmächtigkeit.* [T] Artmächtigkeit.

Decticus *m* [v. gr. dēktikos = bissig], Gatt. der ↗Heupferde.

Dedifferenzierung *w* [v. lat. de- = ent-, herab-, differre = verschieden sein], bei morpholog. spezialisierten Zellen der Abbau v. Spezialstrukturen, z. B. des kontraktilen Apparates der Muskelzellen. Wie weit dedifferenzierte Zellen danach Strukturen eines anderen Zelltyps bilden können (Metaplasie, Transdifferenzierung), hängt v. der systemat. Stellung des betreffenden Organismus u. vom Zelltyp ab. Spezialisierte Zellen v. Blütenpflanzen können nach D. alle Zelltypen aus sich hervorgehen lassen. Für höhere Tiere gilt dies jedoch vermutl. nicht; ein gut untersuchtes Beispiel ist die Umwandlung v. Pigmentzellen in Linsenzellen bei der Linsenregeneration des Molches (↗Regeneration).

Dédoublement s [dedubl^emän; frz., = Verdoppelung, zu double = doppelt], ↗Blüte.

Deduktion und Induktion

Allgemeines. Deduktion und Induktion sind Schlußverfahren, die in allen Wissenschaften – und somit auch in der Biologie – eine wichtige Rolle spielen. Die Wortbildungen de-ductio (Wegführung) und in-ductio (Hinführung) legen dabei eine gewisse Symmetrie zwischen Deduktion und Induktion nahe. Tatsächlich wird vielfach behauptet, Deduktion führe vom Allgemeinen zum Besonderen, Induktion dagegen vom Besonderen zum Allgemeinen. Diese Auffassung ist auf jeden Fall zu eng. Während jedoch die Natur der deduktiven Schlüsse durch die Logik hinreichend geklärt ist, sind Existenz und Berechtigung induktiver Verfahren bis heute in der Wissenschaftstheorie umstritten.

Deduktion. Logik ist die Lehre von den gültigen Schlüssen. Schlüsse sind normierte Begründungen, die von einer oder mehreren *Prämissen* zu einer *Konklusion* führen. Ein Schluß ist *gültig*, wenn unter der Voraussetzung, daß alle Prämissen wahr sind, auch die Konklusion wahr ist. Manche Schlüsse lassen sich nur mit Hilfe von Sprach- oder Sachkenntnissen als gültig erkennen. Es gibt aber auch Schlüsse, die schon aufgrund ihrer logischen Struktur gültig sind. Solche Schlüsse heißen formal gültig, logisch korrekt, deduktiv zwingend oder einfach *deduktiv*.

Ist ein Schluß formal gültig, so sind auch alle strukturgleichen Schlüsse gültig. Bei deduktiven Schlüssen kommt es also nur auf die Form, nicht auf den Inhalt der Aussagen an. *Deduktion* ist dann ein Schlußverfahren, bei dem ausschließlich deduktive, d. h. formal gültige, Schlüsse verwendet werden.

Deduktion in der Wissenschaft. Es ist Aufgabe der Logik herauszufinden, welche Bestandteile die logische Struktur einer Aussage, eines Schlusses oder eines Beweises bestimmen. Es sind dies vor allem die aussagenlogischen Junktoren „nicht", „und", „oder", „wenn–so", „genau dann, wenn", die prädikatenlogischen Quantoren „für alle" und „es gibt" und die Folgerungsbeziehung „also". Wichtige deduktive Schlüsse sind der Modus ponens (Abtrennungsregel) und der Modus tollens (Kontraposition). Deduktive Schlüsse spielen für den Wissenschaftler eine unverzichtbare Rolle. Der Modus ponens ermöglicht es, aus Annahmen (Hypothesen, Prinzipien, Theorien) Folgerungen zu ziehen, die dann in der Erfahrung geprüft werden. Der Modus tollens erlaubt es, Hypothesen (A) zu verwerfen, wenn ihre Konsequenzen (B) nicht mit der Erfahrung in Einklang stehen. Dagegen liefert die empirische Bestätigung von B noch keinen Beweis für A. Insbesondere kann keine Aussage über ein Einzelereignis ein allgemeines Gesetz beweisen. So kommt es, daß wir wissenschaftliche Hypothesen und Theorien zwar unter Umständen als falsch, niemals aber als wahr erweisen können. Diese Asymmetrie von Verifizierbarkeit und Falsifizierbarkeit ist verantwortlich für den *hypothetischen* Charakter allen menschlichen Wissens, auch der erfahrungswissenschaftlichen Erkenntnis.

Induktion. Deduktive Schlüsse sind wahrheitsbewahrend: Bei wahren Prämissen ist auch die Konklusion wahr. Sie führen jedoch niemals über den Gehalt der Prämissen hinaus. Es liegt deshalb nahe, nach gehaltserweiternden Schlußweisen zu suchen. Natürlich sollten auch sie nach Möglichkeit wahrheitsbewahrend sein. Solche wahrheitsbewahrenden Erweiterungsschlüsse könnte man dann tatsächlich *induktive* Schlüsse nennen. Sie sollten z. B. von endlich vielen Beobachtungen (der Vergangenheit) auf den nächsten Einzelfall (a), auf alle zukünftigen Fälle (b) oder auf alle Fälle (c) – vergangene und zukünftige, beobachtete und nicht beobachtete – führen.

Beispiele: Alle bisher beobachteten Schwäne sind weiß.

(a) Also wird der nächste beobachtete Schwan ebenfalls weiß sein.
(b) Also werden alle in Zukunft beobachteten Schwäne weiß sein.
(c) Also sind alle Schwäne weiß.

Sie würden es erlauben, entweder neue Wahrheiten zu *entdecken* oder als wahr vermutete Aussagen zu *rechtfertigen* oder

---

Deduktive Schlüsse

Es regnet oder
es schneit (P)
Aber es
regnet nicht (P)
Also schneit es (K)

Alle Menschen
sind sterblich (P)
Sokrates ist
ein Mensch (P)
Also ist
Sokrates sterbl. (K)

(P) = Prämissen
(K) = Konklusion

Modus ponens

Wenn A, so B.
Nun A,
Also B

Modus tollens

Wenn A, so B.
Nicht B.
Also nicht A.

Deduktion und Induktion

ihnen wenigstens eine gewisse *Wahrscheinlichkeit* zuzuschreiben. Solche „induktiv" gewonnenen oder gesicherten Aussagen könnten dann wieder deduktiv einer empirischen Überprüfung unterzogen werden. Seit Aristoteles glaubt man, daß die Erfahrungswissenschaften tatsächlich in einem derartigen Wechselspiel von Induktion und Deduktion ihre Erkenntnisse gewinnen. Francis Bacon hat die Möglichkeit und die Notwendigkeit induktiver Verfahrensweisen so begeistert vertreten, daß die empirischen Wissenschaften bald als „induktive Wissenschaften" bezeichnet wurden. Im Anschluß an Max Hartmann sprechen auch viele Biologen von einer „exakten Induktion", durch die z. B. die Geltung der Galileischen Fallgesetze sichergestellt sei.

Gibt es wahrheitsbewahrende Erweiterungsschlüsse? Zunächst einmal sollten uns mißlungene Verallgemeinerungen skeptisch stimmen: Nicht alle Schwäne sind weiß – in Australien lebt auch eine schwarze Schwanenart; die Sonne geht nicht jeden Tag auf und unter – nämlich nicht jenseits der Polarkreise.

Wie könnte man ein induktives Verfahren überhaupt rechtfertigen? Deduktive Mittel reichen dazu offenbar nicht aus. Vielleicht sind wir versucht, ein übergreifendes synthetisches Prinzip heranzuziehen, etwa ein Uniformitätsprinzip, das die Gleichförmigkeit der Natur garantiert; ein Kausalprinzip, wonach auf gleiche Ursachen *notwendig* gleiche Wirkungen folgen; ein Metagesetz, das auch die zukünftige Geltung bisher wirksamer Naturgesetze verbürgt. Wie aber ließe sich die Geltung eines solchen Prinzips erweisen? Offenbar geraten wir hier unweigerlich in einen Zirkel, in einen infiniten Regreß oder zu einem dogmatischen Abbruch des Verfahrens, also in die dreifache Sackgasse aller Letztbegründungsversuche.

Damit ist das Induktionsproblem – soweit es ein logisches Problem ist – gelöst: Induktive Verfahrensweisen lassen sich nicht rechtfertigen; wahrheitsbewahrende Erweiterungsschlüsse, z. B. „exakte Induktion", gibt es nicht. Zu dieser Einsicht kam bereits David Hume, und Karl Popper hat sie mit Mitteln der modernen Logik immer wieder betont und erhärtet.

Induktive Wahrscheinlichkeit. Könnte man induktiv gewonnenen Aussagen statt Wahrheit oder Sicherheit wenigstens eine gewisse Wahrscheinlichkeit zuschreiben? Induktive Schlüsse wären dann zwar nicht wahrheitsbewahrend, würden aber – bei wahren Prämissen – doch zu Konklusionen von (möglichst) hoher Wahrscheinlichkeit führen.

Beispiele: Alle bisher beobachteten Schwäne sind weiß.

Also ist es sehr wahrscheinlich, daß
(a') der nächste beobachtete Schwan ebenfalls weiß sein wird;
(b') alle in Zukunft beobachteten Schwäne weiß sein werden;
(c') alle Schwäne weiß sind.

Aber auch dieser Vorschlag leistet nicht das Gewünschte. Es ist nicht gelungen, für Hypothesen ein annehmbares Wahrscheinlichkeitsmaß anzugeben; insbesondere haben Naturgesetze – verglichen mit den unendlich vielen Alternativgesetzen, die ebenfalls mit allen empirischen Daten verträglich wären – grundsätzlich die Wahrscheinlichkeit Null. Ferner brauchen auch empirische Wahrscheinlichkeiten (Häufigkeiten) der Vergangenheit in der Zukunft nicht zu gelten. Und schließlich lassen sich Aussagen, die theoretische Begriffe enthalten, auf keine Weise induktiv gewinnen oder stützen. So scheitert auch der Versuch, induktive Verfahren probabilistisch zu deuten oder wahrscheinlichkeitstheoretisch zu rechtfertigen.

Weitere Aspekte des Induktionsproblems. Neben der logischen hat das Induktionsproblem auch eine biologisch-psychologische und eine methodologisch-pragmatische Seite. Wie nämlich kommt es, daß wir in Alltag und Wissenschaft regelmäßig, ja fast zwangsläufig, von der Vergangenheit auf die Zukunft „schließen", also von Erfahrungen zu Erwartungen übergehen? Dieses unser Verhalten läßt sich zwar nicht logisch *rechtfertigen,* aber doch biologisch-psychologisch *erklären.* Eine solche Erklärung liefert die Evolutionäre Erkenntnistheorie: Bisher war die Natur vergleichsweise konstant. So hat sich die Erwartung, die Zukunft werde der Vergangenheit ähnlich sein, bisher bewährt; lernfähige Lebewesen waren anderen überlegen. Das erklärt, warum viele Organismen – z. B. über bedingte Reflexe oder über das kausale Denken – von der Vergangenheit auf die Zukunft schließen und warum wir trotz aller Logik und Wissenschaftstheorie unsere Erwartungen weiterhin an den Erfahrungen der Vergangenheit ausrichten. Aber natürlich können diese Erwartungen auch scheitern. Das Aussterben zahlreicher Arten zeigt, wie sehr und wie folgenreich Konstanzerwartungen in die Irre führen können.

Trotzdem ist diese Konstanzerwartung nicht irrational. Für unsere („induktiv" gewonnenen) Prognosen und Erwartungen gibt es zwar keine logische, wohl aber eine

pragmatische Rechtfertigung. Welche Alternative hätten wir denn schon? Wir könnten natürlich annehmen, die Zukunft werde anders sein als die Vergangenheit. Da es jedoch zu allen Erfahrungen der Vergangenheit unendlich viele Alternativen gibt, wüßten wir damit immer noch nicht, was wir erwarten sollten. Wir wären dann völlig *handlungsunfähig.* Es bleibt uns deshalb gar kein anderer Weg, als die Vergangenheit in die Zukunft zu extrapolieren.
Induktion in der Wissenschaft? Das Vorgehen der Wissenschaft ist kein Wechselspiel von Deduktion und Induktion. Vielmehr folgen wir durchweg dem hypothetisch-deduktiven Verfahren, der Methode von Versuch und Irrtumsbeseitigung: Wir prägen probeweise neue Begriffe, formulieren kühne Hypothesen und versuchen, sie zu kritisieren, insbesondere an ihren (deduktiven!) Folgerungen zu überprüfen und, falls sie sich als falsch erweisen, zu verbessern. So hoffen wir, uns durch laufende Fehlerkorrektur allmählich der Wahrheit zu nähern. Natürlich kann niemand gehindert werden, das (kreative) Formulieren neuer Hypothesen und die (deduktive) Beseitigung erkannter Fehler nun doch „Induktion" zu nennen; er wird jedoch dadurch nur Verwirrung stiften.
Diese (Auf-)Lösung des Induktionsproblems führt allerdings zu Folge-Problemen, die Stegmüller sorgfältig herausgearbeitet hat: Wann kann ein vermutetes Naturgesetz als „gut bestätigt", als „ausreichend gestützt", als „bewährt" angesehen werden? Und wie lauten bei Unkenntnis der Zukunft die Normen für rationales Verhalten? Diese Probleme sind bisher nicht befriedigend gelöst.

Lit.: *Hempel, C. G.:* Philosophie der Naturwissenschaften. dtv 4144, München 1974. *Popper, K. R.:* Objektive Erkenntnis. Hamburg 1973, Teil I. *Stegmüller W.:* Das Problem der Induktion: Humes Herausforderung und moderne Antworten. Darmstadt 1975. *Gerhard Vollmer*

Defäkation *w* [v. lat. defaecatio = Entschlackung, Reinigung], Ausscheidung der unverdaul. Nahrungsreste über Enddarm u. After od. bei afterlosen Tieren, wie Hohltieren u. Strudelwürmern, wieder über die Mundöffnung. Auslösender Reiz der D. ist bei Wirbeltieren eine Druckerhöhung im Rektum. Die nervösen Prozesse dabei ähneln denen der Blasenentleerung. Die Entleerung des Enddarms wird parasympath. gesteuert, der Verschluß durch Kontraktion der Schließmuskeln untersteht der Aktivität des Sympathikus. ↗Darm.
Defekte interferierende Partikel [Mz.], *defective interfering particles,* Abk. *DI-Partikel,* defekte od. inkomplette Viruspartikel, die sich während einer Virusvermehrung bei Verwendung hoher Infektionsdosen mit steigender Passagenzahl anhäufen; sie interferieren mit der Vermehrung des nichtdefekten, infektiösen Virus. Die Defekten interferierenden Partikel enthalten immer ein kürzeres Genom als die entspr. normalen Viruspartikel.
defekte Viren, Viren, die in ihrer Vermehrung defekt sind; sie benötigen zur Replikation ein Helfervirus, das die fehlenden Funktionen bereitstellt; d. V. sind z. B. die DNA-halt. Adeno-assoziierten Viren (↗Parvoviren) u. etl. der RNA-halt. Retroviren (↗RNA-Tumorviren).
Defektversuch *m* [v. lat. defidere = fehlen, mangeln], Ausschalten v. Teilen des sich entwickelnden Organismus durch Herausschneiden od. Abtöten v. Zellen od. Geweben (Hitzeeinwirkung, Bestrahlung usw.). Anschließend sichtbar werdende Ausfallserscheinungen gestatten unter bestimmten Bedingungen Rückschlüsse auf das Entwicklungsschicksal der ausgeschalteten Teile (↗prospektive Bedeutung). Eine sich ggf. anschließende Regeneration gibt Hinweise über die Regenerationsfähigkeit im Entwicklungsstadium, auf dem der Defekt gesetzt wurde, u. über den Signalaustausch zw. den nicht zerstörten Teilen des Systems.
defibrinieren [v. lat. de- = ent-, weg-, fibra = Faser], Entfernen des Fibrins od. Fibrinogens aus frischem Blut. Die Methode beruht auf der Bildung v. Fibrinfasern durch mechan. (Rühren, Schütteln) od. Thrombin-Einwirkung. Die Fasern lassen sich anschließend abzentrifugieren.
Defizienz *w* [v. lat. deficere = zur Neige gehen, fehlen], Chromosomenmutation (↗Chromosomenaberrationen), bei der das Endstück eines Chromosoms od. einer Chromatide verlorengeht; erfolgt relativ selten spontan, kann aber durch Strahlen od. chem. Agenzien induziert werden. Eine D. ist normalerweise im Pachytän der ↗Meiose während der Paarung der homologen Chromosomen erkennbar; bes. deutlich ist die D. bei den ↗Riesenchromosomen v. *Drosophila.*
Deflation *w* [v. lat. deflare = wegblasen], *Ausblasung,* Bodenerosion durch Wind. ↗Bodenerosion.

Deflation
D. an einem Felsen in der Arab. Wüste

Degeneration *w* [v. lat. degenerare = aus der Art schlagen], **1)** allg.: Entartung, Zerfall, Rückbildung. **2)** Pathologie: seit R. ↗Virchow bezeichnet man alle Stoffwechselstörungen der Zellen als D. (heute meist Dystrophie), worunter man gestörte od. verminderte Lebensfunktion verstand. Die

Degeneriaceae

D. der Ganglienzellen (z. B. bei Poliomyelitis) ist irreversibel. Das übrige Körpergewebe besitzt die Fähigkeit zur ↗Regeneration. 3) Anthropologie u. Humangenetik: wegen der Vieldeutigkeit kaum noch verwendeter Begriff; ↗Mutationen, ↗Letalfaktoren, ↗Eugenik.

Degeneriaceae [Mz.; v. lat. degenerare = aus der Art schlagen], sehr urspr. Fam. der Magnolienartigen mit nur einer Art, *Degeneria vitiensis;* diese auf die Fidschi-Inseln beschränkte Art wurde erst 1934 entdeckt. Die wechselständ. Blätter sind ganzrandig, nebenblattlos u. werden bis zu 30 cm lang. Die Blütenorgane, bestehend aus 3 Kelch-, ca. 12 Kron-, vielen Staubblättern u. einem Fruchtblatt, sind in zahlr. Wirteln angeordnet. Die ungegliederten, blattförm. Staubblätter stehen in ihrer Organisation zw. Mikrosporophyllen der Farne und den strenggegliederten Staubblättern höherer Bedecktsamer. Die Ränder des Fruchtblatts sind nur an der Basis miteinander verwachsen; es enthält zahlr. Samenanlagen.

Degenfisch, *Trichiurus lepturus,* ↗Haarschwänze.

Degradierung w [v. lat. degradare = herabsetzen, herabstufen], *Degradation,* Veränderung des Bodenprofils durch veränderte Bedingungen der Bodenbildung, oft durch menschl. Tätigkeit hervorgerufen, z. B. durch Änderung der Bewirtschaftung; i. e. S. bei Steppenböden eine Krumendegradation; durch Verminderung der organ. Substanz wird der A-Horizont aufgehellt.

Degu *m, Octodon degus,* ↗Trugratten.

Dehnungsreflex, durch Reizung v. meist in Muskeln od. Sehnen gelegenen ↗Dehnungsrezeptoren ausgelöste Kompensationsreaktionen der zum gereizten Organ antagonist. wirkenden Struktur; z. B. ↗Kniesehnenreflex, Hering-Breuer-Reflex, Achillessehnenreflex. ↗Reflex.

Dehnungsrezeptoren, zu den ↗Mechanorezeptoren zählende kleine, spindelförm. Organe in Muskeln u. Sehnen v. Mensch u. Tier; reagieren auf Längen- u. Spannungsänderungen, die über Afferenzen dem Zentralnervensystem zugeleitet werden u. dort die Initiierung kompensator. Reaktionen bewirken. Den D. kommt somit eine wichtige Funktion bei vegetativen Regulationsprozessen (z. B. Regulation des ↗Blutdrucks, ↗Atmungsregulation) u. der Koordinierung v. Muskelbewegungen zu.

Dehydrasen [Mz.; v. *dehydr-], veraltete Bez. für die ↗Dehydrogenasen.

Dehydratasen [Mz.; v. *dehydr-], Sammelbez. für Wasser abspaltende Enzyme, wie Aconitase, Carboanhydrase, Fumarase; da D. grundsätzl. (wie alle Enzyme) auch die jeweil. Rückreaktionen katalysieren, sind die Bez. D. und Hydratasen synonym. D.

dehydr-, dehydro- [v. lat. de- = weg-, ent-, gr. hydor, Gen. hydratos = Wasser], bedeutet in Zss. Entfernung von Wasser.

gehören zur Enzymgruppe der C-O-Lyasen.

Dehydratation w [v. *dehydr-], Entquellung des Protoplasmas durch Wasserabgabe. Die Verminderung des freien Wassers ist characterist. für ruhende ↗Samen, die sich so als Überdauerungsorgane im Zustand latenten Lebens befinden.

Dehydratisierung w [v. *dehydr-], die Wasserabspaltung aus chem. Verbindungen; im Zellstoffwechsel erfolgen D.en unter der katalyt. Wirkung v. ↗Dehydratasen. Ggs.: Hydratisierung.

Dehydrierung [v. *dehydr-], *Dehydrogenierung,* der Entzug v. Wasserstoff aus einer chem. Verbindung (SH_2) unter gleichzeit. Übertragung v. Wasserstoff auf einen Wasserstoffakzeptor (A) nach dem allg. Schema: $SH_2 + A \rightleftharpoons S + AH_2$. D.en sind eine biol. bedeutsame Untergruppe v. Oxidoreduktionen, d. h., nach dem allg. Schema ist A Oxidationsmittel v. SH_2, SH_2 Reduktionsmittel v. A. (bzw. bei der Rückreaktion ist S Oxidationsmittel v. AH_2, AH_2 Reduktionsmittel v. S). Im Zellstoffwechsel erfolgen Dehydrierungen, zum Beispiel v. Alkoholen, Aldehyden, Äthylengruppen (v. Fettsäuren $R-CH_2-CH_2-COOH$), Aminen, unter der katalyt. Wirkung v. ↗Dehydrogenasen, wobei Wasserstoff v. den jeweil. Substraten auf NAD^+, $NADP^+$, FAD, Liponsäure u. a. als Akzeptoren übertragen wird, um in die Oxidoreduktionen der Atmungskette (NADH, $FADH_2$) od. des Calvin-Zyklus (NADPH) eingeschleust zu werden. Dagegen wird bei den durch Oxidasen katalysierten D.en Wasserstoff direkt auf Sauerstoff unter Bildung v. H_2O_2 übertragen.

7-Dehydrocholesterin s [v. *dehydro-, gr. cholē = Galle, stear = Fett], das Provitamin D_3, ↗Calciferol.

Dehydrocorticosteron s [v. *dehydro-, lat. cortex = Rinde, gr. stear = Fett], *Compound A,* 11-Ketoverbindung des ↗Corticosterons, die in 11β-Stellung statt einer Hydroxy- eine Ketogruppe trägt. Die Nebennierenrinde gibt jedoch vorwiegend die Hydroxyverbindung ins Blut ab.

Dehydroepiandrosteron

Dehydroepiandrosteron s [v. *dehydro-, gr. epi = auf, anēr, Gen. andros = Mann, stear = Fett], *Androstenolon,* Abk. *DHEA,* C_{19}-Steroid, ↗Androgen der Nebennierenrinde, aber mit schwächerer Wirksamkeit als ↗Testosteron. DHEA wird als Sulfatester ins Blut abgegeben, in dieser Form v. den Hoden aufgenommen u. dient nach Abspaltung der Sulfatgruppe als zusätzl. Quelle der Testosteronsynthese. Während der Schwangerschaft wird der Sulfatester von D. in der Placenta auch als Vorstufe der Östrogensynthese genutzt. Die Konzentration im menschl. Blut beträgt bei männl. Personen 100, bei weibl. 70 µg/l bei einer Sekretionsrate von 15 bzw. 12 mg/Tag.

Dehydrogenasen [Mz.; v. *dehydro-, gr. gennan = erzeugen], veraltete Bez. *Dehydrasen,* wasserstoffübertragende Enzyme, die eine Untergruppe der Oxidoreductasen bilden. Sie nehmen eine Schlüsselstellung beim Umsatz v. Wasserstoff ein, der durch sie entweder umgelagert wird, z.B. in den Teilschritten der anaeroben Gärungsprozesse, od. in die Reaktionskaskade der Atmungskette eingeschleust u. damit letztl. durch Sauerstoff oxidiert wird. Außerdem wird Wasserstoff im Rahmen aufbauender Stoffwechselreaktionen, z.B. im Calvin-Zyklus od. in der Fettsäuresynthese, auf andere Stoffe übertragen. Da D. Wasserstoff auf andere Substrate bzw. Coenzyme übertragen bzw. die v. ihnen katalysierten Reaktionen meist reversibel sind, sind D. immer auch *Hydrogenasen.*

Deilephila w [v. gr. deilē = Nachmittag, philē = Freundin], ↗Weinschwärmer.

Deinopidae [Mz.; v. gr. deinōpos = mit furchtbarem Blick], die ↗Dinopidae.

Deiopea w [ben. nach der gr. Nymphe Dēiopeia], Gatt. der ↗Lobata.

Deiriden [Mz.; v. gr. deira = Hals], kleine, wohl mechanosensor. Papillen am Kopf vieler Fadenwürmer: 1 Paar, seitlich, etwas zurückgesetzt (deshalb auch Cervical- = „Hals"-Papillen); nicht zu verwechseln mit den ebenfalls paar. lateralen Seitenorganen, die viel größer u. chemosensor. sind.

Deirochelys w [v. gr. deira = Hals, chelys = Schildkröte], Gatt. der ↗Sumpfschildkröten.

Dekkera w, Gatt. der Echten Hefen; die knospenden Zellen bilden manchmal Pseudohyphen aus, die imperfekte Form heißt *Brettanomyces;* sie vergären Glucose zu Acetat u. können Lebensmittel verderben (z.B. *D. intermedia,* ↗Brettanomyces).

Dekokt s [v. lat. decoctus = abgekocht], *Decoctum,* wäßr. Extrakt v. Pflanzenteilen, die pharmakolog. wirksame Stoffe enthalten; i.d.R. wird nach Wasserzusatz (ca. 10fache Menge) im Wasserbad (30 min) zum Kochen od. bei 90 °C erhitzt u. ausgepreßt (Absud). D. aus verschiedenen organ. Stoffen (z.B. Heu) wird auch zur Herstellung komplexer Nährlösungen für Mikroorganismen genutzt.

Dekomponenten [Mz.; v. lat. de- = ent-, componere = zusammensetzen], die ↗Destruenten.

Dekontamination w [v. lat. de- = ent-, contaminatio = Befleckung], *biologische D.,* die ↗Desinfektion (Entseuchung).

Dekrement s [v. lat. decrementum = Abnahme, Verminderung], **1)** Medizin: das Abklingen v. Krankheitserscheinungen. **2)**

Dehydrogenasen
Wichtige Vertreter sind Alkohol-, Glucose-6-phosphat-, Glycerinaldehyd-3-phosphat-, Isocitrat-, Lactat- u. Malat-D., durch die Wasserstoff v. den entspr. Substraten auf die Coenzyme NAD⁺ bzw. NADP⁺ übertragen wird. Andere D., wie Acyl-Coenzym-A-D. und Succinat-D. bzw. Pyruvat- u. Ketoglutarat-D., übertragen Wasserstoff auf FAD bzw. Liponsäure.

M. Delbrück

dehydr-, dehydro- [v. lat de- = weg-, ent-, gr. hydor, Gen. hydratos = Wasser], bedeutet in Zss. Entfernung von Wasser.

Neurophysiologie: Verringerung der Amplitudenhöhe von Rezeptorpotentialen während ihrer elektroton. Ausbreitung entlang der Membranen.

dekussierte Blattstellung [v. lat. decussare = kreuzweise abteilen], die Anordnung der Blätter in zweizähl. Wirteln; dabei stehen die Blätter aufeinanderfolgender Wirtel auf Lücke, so daß die Blätter an der Sproßachse in 4 Geradzeilen stehen. Diese Blattanordnung wird auch *kreuzweise gegenständig* oder *kreuzgegenständig* ben. ☐ Blattstellung.

Delamination w [v. lat. de- = ent-, weg-, lamina = Platte], Entstehung v. aneinandergrenzenden Zellschichten durch Zellteilungen mit Spindelstellung senkrecht zur Schichtebene oder durch gleichzeitiges Auswandern vieler Zellen. Delamination findet sich u. a. bei der Bildung des inneren Keimblatts (Entoderm) bei manchen Nesseltieren und bei der Entstehung des ↗Hypoblasten beim Vogel.

Delbrück, Max, dt.-am. Biologe, * 4. 9. 1906 Berlin, † 12. 3. 1981 Pasadena; seit 1937 in den USA, seit 1947 Prof. in Pasadena; durch seine mit S. E. Luria durchgeführten Arbeiten zur Aufklärung des Vermehrungszyklus v. Bakteriophagen Mit-Begr. der Bakteriengenetik u. Molekularbiologie; erhielt 1969 zusammen mit S. E. Luria u. A. D. Hershey den Nobelpreis für Medizin.

Delesseriaceae [Mz.; ben. nach dem frz. Naturforscher B. Delessert (dᵉlesēr), 1773–1843], Rotalgen-Fam. der *Ceramiales; Delesseria* mit 15 Arten in verschiedenen Meeren verbreitet. *D. sanguinea* mit deutlich gestieltem, blattart. Thallus u. kräft. Mittelrippe. Fläche zw. den paar. Seitennerven ist einschichtig. Häufig im Sublitoral eur. Küsten. Kann beim Menschen vorübergehende Hämophilie hervorrufen u. wird auch als Antithrombotikum verwendet. *Membranoptera alata* mit blattart. Thallus u. Mittelrippe wird ca. 15 cm groß u. ist im Sublitoral verbreitet. Die Gatt. *Phycodris* besitzt auch blattähnl., tiefausgebuchteten Thallus mit Mittelrippe, u. der Phylloidrand ist gezähnt.

Deletion w [v. lat. deletio = Vernichtung], Mutationstyp, bei dem mindestens ein Basenpaar, häufig jedoch mehrere od. sogar sehr viele Basenpaare, aus der DNA des betr. Organismus entfernt wurden. Sehr große D.en (ab 50 Kilobasen) sind durch fehlende Bereiche v. Chromosomen unter dem Lichtmikroskop erkennbar. Als Ursachen v. D.en werden säure- od. temperaturbedingte Abspaltungen v. Basen, Einwirkung v. quervernetzenden Agenzien sowie Fehlpaarungen bei Replikation u. Rekombination angenommen. Ausgelöst

Delhibeule

werden D.en bes. von interkalierenden Agenzien wie Acridin u. Proflavin. Mutantenstämme, die sich durch eine od. mehrere D.en v. entspr. Wildstämmen ableiten, werden als D.smutanten bezeichnet. Im Gegensatz zu Stämmen mit Punktmutationen (Punktmutanten) zeigen D.smutanten keine Rückmutationen (Reversionen) zum Wildtyp. ↗Chromosomenaberrationen. [B] Mutationen.

Delhibeule [ben. nach der ind. Stadt Delhi], die ↗Orientbeule.

Delichenisierung w [v. lat. de- = ent-, weg-, gr. leichēn = Flechte], Bez. für den Vorgang, daß Flechten unter bestimmten Bedingungen ihre Algen verlieren u. die Flechtenpilze v. der symbiont. zur parasit. od. saprophyt. Lebensweise übergehen. Tendenzen zu dieser D. u. zur Reduktion des Lagers bestehen v.a. bei parasit. Flechten.

Delichon w [Anagramm aus gr. chelidōn = Schwalbe], Gatt. der ↗Schwalben.

Delima s [v. gr. dēlēma = Schaden], südeur. Gatt. der Schließmundschnecken mit glänzend- od. gelbl.-braunem Gehäuse; *D. itala* (Gehäuse ca. 2 cm hoch) liebt besonnte Felsen u. wurde mit dem Weinbau nach Dtl. eingeschleppt; andere Arten leben auf den Inseln u. in den Küstenländern der Adria.

Delma, Gatt. der ↗Flossenfüße.

Delonix m, ↗Hülsenfrüchtler.

Delphinapterus m [v. *delphin-, gr. a= nicht, ohne, pteron = Flügel (Flosse)], Gatt. der Gründelwale; einzige Art: *D. leucas*, der ↗Weißwal.

Delphinarium s [v. *delphin-], ↗Delphine.

Delphinartige [v. *delphin-], *Delphinoidea*, Über-Fam. der Zahnwale mit den 3 Fam. ↗Schweinswale *(Phocaenidae)*, ↗Langschnabeldelphine *(Stenidae)* u. ↗Delphine *(Delphinidae)*.

Delphine [Mz.; v. *delphin-], 1) Bez. für die kleineren Arten unter den Zahnwalen *(Odontoceti)* ohne Berücksichtigung ihrer systemat. Einordnung; im Ggs. dazu spricht man bei größeren Arten v. Walen. 2) *Delphinidae*, mit 4 U.-Fam. (vgl. Tab.) u. über 30 Arten umfangreichste Fam. der Zahnwale; Gesamtlänge zw. 1 und 9 m, meist deutl. Rückenflosse (-finne); mehr od. weniger schnabelart. Schnauze mit kegelförm. Zähnen; ernähren sich hpts. v. Fischen. Als eigene U.-Fam. trennt man die Glatt-D. *(Lissodelphinae; 2 Arten)* v. den übrigen D.n ab. Den Nördl. Glattdelphin *(Lissodelphis borealis*, Länge 2,5 m, N-Pazifik) wie den Südl. Glattdelphin *(L. peronii*, Länge 1,8 m, südl. Meere) kennzeichnet äußerl. das Fehlen der Rückenflinne (Name!). Die meisten u. auch die bekanntesten D. gehören zur U.-Fam. der Eigentli-

Delphin

Delphine
Nach einem Fisch springender Delphin im Meeresaquarium in Miami (Florida)

Delphine
Unterfamilien:
Eigentliche Delphine *(Delphininae)*
Glattdelphine *(Lissodelphinae)*
Schwarz-Weiß-Delphine *(Cephalorhynchinae)*
↗Schwert- und ↗Grindwale *(Orcinae)*

Eigentliche Delphine
Gattungen:
Delphinus (Delphin i. e. S.)
Grampus (Rundkopfdelphin)
Lagenodelphis (Borneo-Delphin)
Lagenorhynchus (5–7 Arten)
Stenella (Fleckendelphine)
Tursiops (↗Tümmler)

delphin- [v. gr. delphis = Delphin, Meerschwein (v. gr. delphax = Schwein)], in Zss.: Delphin-.

chen D. *(Delphininae*, 6 Gatt. mit ca. 30 Arten). Zu den Flecken-D.n (Gatt. *Stenella*) zählen etwa 10, meist kleinere Arten (Länge 1,2 bis 3 m). Von den Delphinen i. e. S. (Gatt. *Delphinus*) wurden zahlr. Formen beschrieben. Ihre Artberechtigung ist jedoch fraglich; wahrscheinl. handelt es sich nur um 1 Art *(D. delphinus)* mit weltweiter Verbreitung in warmen u. gemäßigten Meeren. Dieser Eigentliche Delphin wird etwa 1,5 bis 2,5 m lang u. hat eine relativ schmale Schnauze, die deutl. v. der Stirn abgesetzt ist; in jeder Kieferhälfte befinden sich 40–50 kleine Zähne. Er ist die häufigste Delphinart im Mittelmeer, v. der kleine Trupps (sog. „Schulen") mitunter Schiffe begleiten. Bis zu 4 m lang wird die größte Art der Eigentlichen D., der Rundkopfdelphin od. Gramper *(Grampus griseus)*. Seine Schnauzenregion ist nicht schnabelförmig, u. vermutl. in Anpassung an die Nahrung (Tintenfische) ist sein Oberkiefer zahnlos u. sitzen in jeder Unterkieferhälfte nur 3–7 Zähne. Weltweit verbreitet, jedoch bes. häufig an der am. O-Küste anzutreffen, ist der Große ↗Tümmler *(Tursiops truncatus)*. Schließlich faßt man in der Gatt. *Lagenorhynchus* 5–7 Arten der Eigentlichen D. zus.; hiervon ist der Weißstreifendelphin *(L. obliquidens)* an der am. W-Küste nicht selten. Als eigene U.-Fam. werden die auffällig gezeichneten Schwarz-Weiß-D. *(Cephalorhynchinae)* betrachtet, Kaltwasserbewohner der S-Halbkugel v. nur 1,2 bis 1,8 m Länge, die sich v. Krebsen u. Tintenfischen ernähren (z. B. Commerson-Delphin, *Cephalorhynchus commersonii*). Nach systemat. Gesichtspunkten rechnen die zur U.-Fam. *Orcinae* zusammengefaßten ↗Schwertwale u. ↗Grindwale ebenfalls zu den D.n. – Zahlr. ältere Erzählungen berichten v. der Rettung Ertrinkender durch D. Tatsache ist, daß D. versuchen, kranken od. verletzten Artgenossen die Atemöffnung über Wasser zu halten. Vermutl. kann diese angeborene Verhaltensweise auch durch einen im Wasser treibenden Menschen ausgelöst werden. Das Gehirn der D. ist im Vergleich zu anderen Säugetieren bes. hochentwickelt. Es ist stärker gefurcht als das des Menschen u. besitzt einen sonst nur noch v. menschl. Gehirn bekannten Bezirk, die *Zona nigra* od. *Substantia nigra*. Der „Grund" für diesen hohen Differenzierungsgrad ist unbekannt. Zu den erstaunlichsten Sinnesleistungen im Tierreich gehört die Sonarortung der D. Die obere Grenze des Hörbereichs liegt bei D.n um 200 Kilohertz. Mit Hilfe v. Ultraschallauten können D. nach dem Echolot-Prinzip akustisch Hindernisse umgehen u. Fischarten unterscheiden (↗Echoorientierung). Nach G. Pilleri (Bern) werden die Schwingungen in der Kehlkopftasche (Wale haben keine Stimmbänder!) erzeugt, auf den palatopharyngealen Muskel u. von diesem durch das Rostrum auf das Wasser übertragen. Die hochfrequenten Ortungssignale bestehen aus Serien einzelner „Clicks", deren Dauer im Mikro- od. Millisekundenbereich liegt. Wiss. Erkenntnisse an D.n gewinnt man erst, seit ihre Haltung in Gefangenschaft möglich ist. 1938 eröffneten die Marine Studios in Miami/Florida, wo man hpts. mit dem Großen Tümmler *(Tursiops truncatus)* arbeitet. Dank ihrer starken Anhänglichkeit gegenüber dem Menschen u. ihres ausgeprägten Lernvermögens wurden D. zu beliebten Dressurtieren. So folgte die Einrichtung weiterer sog. Delphinarien, z. B. Marineland/Kalifornien mit seinen Weißstreifendelphinen *(Lagenorhynchus obliquidens)* u. Fujisawa in Japan, die sowohl zirkusart. Vorführungen wie auch der Wiss. dienen. ↗Flußdelphine.

H. Kör.

Delphinidae [Mz.; v. *delphin], die ↗Delphine.

Delphinidin s [v. gr. delphinion = Rittersporn], ein Anthocyanidin (↗Anthocyane), d. h. die zuckerfreie, farbgebende Komponente (Aglykon) vieler Blütenfarbstoffe; es bedingt v. a. die malvenfarb. u. blaue Farbe v. Blüten u. Früchten. Als *Delphinin*, dem 3,5-Di-β-glucosid v. D., ist es in den Blüten des Rittersporns *(Delphinium)* enthalten; weitere D. enthaltende Anthocyanidin-Farbstoffe sind das *Gentianin* des Enzians, das *Tulipanin* vieler Tulpen u. das *Violanin* der Stiefmütterchen; sie unterscheiden sich durch Anzahl u. Art der Glykosylreste. □ Anthocyane. [↗Rittersporn].

Delphinium s [v. gr. delphinion =], der

Delphinoidea [Mz.; v. gr. delphinoeidēs = delphinartig], die ↗Delphinartigen.

Delphinschnecken, *Angariidae*, Fam. der Altschnecken (Über-Fam. *Trochoidea*), mit kreiselförm., genabeltem Gehäuse, dessen Anfangswindungen abgeflacht sind u. das Spiralreihen v. Warzen u. Höckern trägt; nur eine Gatt., *Angaria*, mit der in den Korallenriffen des Indopazifik häufigen *A. delphinus;* das bis 7 cm breite Gehäuse ist sehr variabel in Form u. Farbe.

Delphinus m [v. *delphin-], Gatt. der Eigentlichen ↗Delphine.

Delta s [v. *delta-], abgeleitet v. der Form des griech. Buchstabens Δ, Bez. für das dreieckförm. Mündungsgebiet eines Flusses, das durch ein verzweigtes Netz v. Flußarmen fächerförmig zerschnitten ist. Der Fluß lagert ständig mitgeführte feste Stoffe ab u. verschiebt das Mündungsbecken immer weiter see- bzw. meerwärts.

Deltamuskel m [v. *delta-], *Deltoides, Musculus deltoide(u)s,* oberflächennaher Schultermuskel bei Amnioten mit drei Ansatzstellen. Ein Ansatz befindet sich an der Außenseite des Oberarms (Humerus), die beiden anderen am Schlüsselbein (Clavicula) u. am Schulterblatt (Scapula). Der D. ist einer der Haupheber des Oberarms.

Deltatheridia [Mz.; v. *delta-, gr. thēroeidēs = tierartig], 1966 v. van Valen anstelle einiger Creodonten-Taxa eingeführte † Säugetierord. mit den U.-Ord. *Zalambdodonta* u. *Hyaenodonta* (= *Palaeoryctoidea, Hyaenodontoidea, Oxyaenoidea);* v. Autor 1971 wieder aufgegeben. Neueren Untersuchungen zufolge ist das Nominatgenus *Deltatheridium* nicht näher mit dem placentalen *Palaeoryctidae* verwandt; die D. werden als „Theria of metatherian-eutherian grade" angesehen.

Delthyrium s [v. *delt-, gr. thyrion = Türchen], (Hall u. Clarke 1894/95), *Stielloch,* dreieck. Öffnung unter dem Wirbel der Stielklappe mancher Brachiopoden für den Stiel; auf der Armklappe entspr. das *Notothyrium*.

Deltidialplatten [Mz.; v. *delt-], bei Brachiopoden zwei Kalkplatten, die medial v. den Rändern des ↗Delthyriums wachsen u. dieses teilweise od. ganz verschließen.

Deltidium s [v. *delt-], (v. Buch 1835), Verschluß des offenen ↗Delthyriums v. Brachiopoden durch ↗Deltidialplatten.

Deltocephalus m [v. *delt-, gr. kephalē = Kopf], Gatt. der ↗Zwergzikaden.

Deltoides m [v. gr. deltoeidēs = dreieckig], der ↗Deltamuskel.

Deme [Mz.; v. gr. dēmos = Volk], lokale Populationen, in welchen ↗Panmixie herrscht; sie sind offene genet. Systeme, wenn sie im Genaustausch mit anderen D.n der gleichen Art stehen.

Demineralisation w [v. frz. déminéraliser = entmineralisieren], *Entmineralisierung,* Überbegriff für krankhaften Verlust des Körpers v. Mineralien, wie Ca, P, Na, als Folge von Mangelzuständen, z. B. Vitamin-D-Mangel, der zur ↗Rachitis führt, mangelnde Zufuhr von Mineralien, durch schlechte Ernährung, Erbrechen bei angeborener Verengung des Magenausgangs (Pylorusstenose), reduzierte Resorption bei Darmerkrankungen (z. B. Sprue), oder nach längerer Inaktivität, die letztl. in ihrem Mechanismus noch nicht vollständig geklärte altersbedingte Knochenentkalkung (Osteoporose), als Folge krankhafter diffu-

---

Demineralisation

Delta

Einige der größten Deltas der Welt

(Ausdehnung in km; L=Länge, B=Breite)

Fluß	L	B
Mississippi	20	48
Rhône	48	75
Donau	74	74
Colorado-River	70	[0,5]
Nil	155	235
Brahmaputra	355	320
Hwangho	480	750
Euphrat	560	145

---

delphin- [v. gr. delphin = Delphin, Meerschwein (v. gr. delphax = Schwein)], in Zss.: Delphin-.

---

delt-, delta- [v. gr. delta (δ) = D, als gr. Zahlzeichen 4], bedeutet nach der Form der gr. Majuskel (Δ) auch Dreieck.

Demiothecia

ser Durchsetzung der Knochen durch bösart. Prozesse, durch Überproduktion des Parathormons (Hyperparathyreoidismus).

Demiothecia w [v. gr. dēmios = öffentlich, gemeinsam, thēkē = Gehäuse], *Cephalodiscus*, Gatt. der ↗Pterobranchia.

Demissin s [v. lat. demissus = niedrig], ein Steroidalkaloid aus der Gruppe der *Solanum*-↗Alkaloide, das in den Blättern der Wildkartoffel *(Solanum demissum)* vorkommt; D. ist ein Tetraglykosid des *Demissidins*, das mit dem Solanidin strukturell verwandt ist, u. schützt die Wildkartoffel vor Befall durch Kartoffelkäfer, da es gg. deren Larven als Fraßgift wirkt.

Demodicidae [Mz.; v. gr. dēmos = Talg, dēx, Gen. dēkos = Holzwurm], die ↗Haarbalgmilben.

Demodikose w [v. gr. dēmos = Talg, dēx = Holzwurm], *Demodicosis*, *Demodex-Räude*, Befall der Haarfollikel od. Talgdrüsen verschiedener Säugetiere (z. B. Rind, Hund, Katze, Kaninchen) mit ↗Haarbalgmilben der Gatt. *Demodex*. Die Milben sind ca. 0,5 mm lang, länglich, borstenlos, kosmopolit. verbreitet u. meist wirtsspezifisch. Die D. äußert sich in Schädigungen im Haarwurzelbereich, Haarausfall u. schupp. Hautausschlag (squamöse D.) od. eitr. Sekundärinfektionen (pustulöse D.). Der Befall vieler Menschen (v. a. Gesichtspartie) mit *D. folliculorum* u. *D. brevis* bleibt meist harmlos u. unbemerkt.

Demographie w [v. gr. dēmos = Volk, graphē = Beschreibung], *Bevölkerungswissenschaft*, untersucht u. beschreibt Zustände u. zahlenmäß. Veränderungen v. Bevölkerungen, meist mit Methoden der Statistik. ↗Bevölkerungsentwicklung, ↗Populationsdynamik.

Demoisellefische [dŏmʷaßäl-; v. frz. demoiselle = Fräulein], die ↗Riffbarsche.

Demökologie w [v. gr. dēmos = Volk, oikos = Hauswesen, logos = Kunde], *Populationsökologie*, Teilgebiet der Ökologie, das sich mit den in Populationen bestehenden Gesetzmäßigkeiten befaßt. Untersucht werden formale Merkmale v. Populationen, wie Größe, Verteilung im Raum, Altersaufbau u. Geschlechteranteil, u. funktionelle Merkmale, wie Fruchtbarkeit, Sterblichkeit u. Verhalten, außerdem die Änderungen v. Größe u. Verteilung in der Zeit u. ihre Abhängigkeit v. der Umwelt. Regelmäßige Vorgänge können in einfache mathemat. od. kybernet. Modelle gefaßt werden, die z. B. Voraussagen auf die Populationsentwicklung praktisch wicht. Organismen (Schädlinge!) erlauben.

Demoll, *Reinhard*, dt. Zoologe, * 3. 12. 1882 Kenzingen, † 25. 5. 1960 München; seit 1918 Prof. in München; verdient um rationelle Fischzucht (Teichdüngung), Arbeiten über Hydrobiologie u. Gewässerschutz.

Demospongiae
Unterklassen:
Ceractinomorpha (Monaxonida)
Homosclerophorida
Sclerospongiae
Tetractinomorpha (Tetraxonida)

Dendriten im Gestein

Demospongiae [v. gr. desmos = Band, spoggia = Schwamm], Kl. der Schwämme, ausschl. nach dem Leucontyp gebaut; Skelett aus Kieselsäuresklerien u./od. Sponginfasern; Sklerite vier- od. einstrahlig. 700 Gatt. werden in 61 Fam. und 4 U.-Kl. (vgl. Tab.) zusammengefaßt. Als urspr. gelten Formen mit vierstrahl. Skleriten, aus denen sich durch Reduktion solche mit einstrahl. Skleriten u. schließl. solche entwickelten, bei denen die Skelettnadeln völlig verschwunden sind u. nur Sponginfasern das Stützskelett bilden.

Demutsgebärde, *Demutsgeste*, *Demutsstellung*, *Befriedungsgebärde*, angriffshemmendes Signal in der sozialen Interaktion mit Artgenossen, das die Unterlegenheit im Rangordnungsstreit (Submission) anzeigt od. z. B. eine Annäherung mögl. macht, ohne aggressive Reaktionen auszulösen. Die D. i. e. S. stellt häufig das Gegenteil einer Drohgebärde (↗Drohverhalten) dar, z. B. das Niederkauern vor dem Gegner anstatt des als aggressives Signal wirkenden Größermachens, Aufplusterns usw. Die D. kann v. Signalen, die der ↗Beschwichtigung i. w. S. dienen, nicht klar getrennt werden. Solche beschwichtigenden Signale entstammen häufig den Funktionskreisen der Balz, der Jungenpflege od. der Paarung, d. h., sie lösen Verhaltenstendenzen aus, die mit Aggressivität unvereinbar sind. D.n spielen eine große Rolle bei der Beendigung v. ↗Kommentkämpfen; sie sind bei wehrhaften Tieren bes. ausgeprägt.

Demutsgebärde

1 Die Dreizehenmöwe zeigt als D. mit dem geschlossenen Schnabel nach oben; diese Stellung signalisiert das Wegwenden der Waffe vom Partner u. die fehlende Tendenz zum Zufassen. Als Drohung dient die gegenteilige Stellung, näml. das Abwärtswenden des geöffneten Schnabels. Sehr häufig zeigen drohende Tiere ihre Waffen od. imponieren durch Größe, Färbung usw., während die Demutsgeste im Verstecken der Waffen, Kleinermachen od. im Entfärben besteht.
2 Häufig umfaßt die D. nicht nur das Verbergen der Waffen od. das „Abschalten" aggressiver Signale, sondern auch ein Element der *Beschwichtigung*: Es werden Signale gezeigt, die beim Gegner andere Verhaltenstendenzen anregen u. aggressive Tendenzen hemmen. So macht sich der unterlegene *Truthahn* nicht nur durch Ducken kleiner, seine Stellung gleicht auch der weibl. Paarungsaufforderung. In der Tat versucht der Sieger manchmal, den Verlierer zu begatten.
3 Sehr ausgeprägt ist das Element der Beschwichtigung beim *Präsentieren* vieler Affen, bei dem der Unterlegene sich abwendet u. seine Kehrseite vorzeigt. Diese Geste – urspr. die weibl. Paarungsaufforderung – wird auch v. Jungtieren u. Männchen gezeigt u. hat in diesem Zshg. keine sexuelle Funktion.

Denaturierung w [v. lat. de- = von, weg, natura = Natur], Überführung biol. Makromoleküle (DNA, RNA, Proteine, Polysaccharide) v. der natürl., biol. aktiven Konformation in nicht natürl., meist inaktive Konformationen. Z. B. werden Nucleinsäuren u. die meisten Proteine durch die Salzsäure des Magens denaturiert u. können so durch Verdauungsenzyme besser abgebaut werden. Die *Hitze-D.* von DNA (DNA-Schmelzen) bzw. von RNA wird häufig als Methode zur Charakterisierung derselben (Bestimmung der Basenzusammensetzung, des ⁄ Schmelzpunkts bzw. v. Sekundärstrukturen) eingesetzt.

Dendrillidae [Mz.; v. *dendro-], Fam. der Baumfaserschwämme *(Dendroceratida);* namengebende Gatt. *Dendrilla.*

Dendriten [Mz.; v. gr. dendrítēs = baumartig], 1) *Dendrolithen,* moos- od. bäumchenart. ⁄ Pseudofossilien am Rande v. Gesteinsklüften, meist in plattigen Kalk- u. Sandsteinen; entstehen aus eindringenden Lösungen v. Eisen- *(Eisen-D.)* od. Manganoxidlösungen *(Mangan-D.).* 2) aus dem Zellkörper v. ⁄ Nervenzellen entspringende, oft stark verzweigte Fortsätze.

Dendroaspis w [v. *dendro-, gr. aspis = Aspisnatter], die ⁄ Mambas.

Dendrobaena w [v. *dendro-, gr. bainein = schreiten], Gatt. der Ringelwurm-Fam. Lumbricidae; *D. rubida,* bis 6 cm lang, lebt in verrottenden Baumstümpfen; in Island diploid, in England tetraploid u. in den Alpen hexaploid, wobei n = 17 ist.

Dendrobatidae [Mz.; v. *dendro-, gr. batein = besteigen], die ⁄ Farbfrösche.

Dendrobionten [Mz.; v. *dendro-, gr. bioōn = leben], *Dendrobios,* Gesamtheit der Organismen, die auf Stämmen, im Holz od. im Lückensystem zw. Rinde u. Holz absterbender Bäume leben.

Dendrobium s [v. *dendro-, gr. bios = Leben], Gatt. der Orchideen, mit ca. 600 Arten im trop. Asien beheimatet; die meisten Arten leben epiphytisch; sie sind oft unverzweigt mit traub. Blütenstand. Die Gatt. ist beliebt wegen ihrer Blüten v. auffallenden Formen u. Farben; es existiert eine große Anzahl v. Hybridarten u. Varietäten, v. denen einige als dankbare Schnittblumen im Handel sind. [B] Asien VI, [B] Orchideen.

Dendrobiumalkaloide [v. *dendro-, gr. bios = Leben], Gruppe v. ⁄ Alkaloiden aus der Orchideen-Gatt. ⁄ *Dendrobium;* sie repräsentieren den seltenen Fall, daß Alkaloide auch in Monokotyledonen gefunden werden; D. gehören strukturell zu den Sesquiterpenen.

Dendrobranchien [Mz.; v. *dendro-, gr. bragchia = Kiemen], ⁄ Decapoda.

Dendroceratida [Mz.; v. *dendro-, gr. keras = Horn], die ⁄ Baumfaserschwämme.

---

dendro- [v. gr. dendron = Baum], in Zss.: Baum-.

Dendrochronologie

Vor allem Nadelhölzer (Coniferen) zeigen einen sehr regelmäßigen jährl. Zuwachs an Holz (Frühjahr: großlumiges, dünnwandiges Holz; Herbst kleinlumiges, dickwandiges Holz]. Das Abzählen der hierdurch entstandenen Jahresringe führt allerdings selten über die geschichtl. Zeit hinaus (Mammutbaum, *Sequoia,* bis ca. 4000 Jahre; Grannenkiefer, *Pinus aristata,* bis ca. 7000 Jahre, durch Anschluß lebenden Holzes an subfossiles Holz. Die wichtigste Tatsache hierbei ist, daß Umfang und Form des einzelnen Jahresrings von den jeweiligen klimat. Verhältnissen abhängt. Durch sorgfältige Analyse der Jahresringe lassen sich somit auch Rückschlüsse auf das Klima der jüngsten Vergangenheit ziehen.
Die Abb. zeigen den Aufbau einer Zeitreihe durch Identifizieren u. Übertragen auf 3 verschiedene Baumring-Systeme; **1** am ältesten, **3** am jüngsten.

Denaturierung

a Aufbrechen v. doppelsträng. DNA in zwei Einzelstränge durch Hitze, Säure od. Alkali u. Wasserstoffbrücken lösende Agenzien, wie Harnstoff, Formamid u. a.
b Durch dieselben Agenzien werden auch doppelsträngige Bereiche, die sich durch intramolekulare Basenpaarung innerhalb einer Nucleinsäurekette bilden, z. B. die Kleeblattstrukturen von t-RNA od. die Sekundärstrukturen von r-RNA, denaturiert.
c Völlige od. teilweise Entfaltung der natürl. Überstrukturen (Sekundär-, Tertiär- bzw. Quartärstrukturen) v. Proteinen durch Hitze, Säure, Alkali, organ. Lösungsmittel u. a.

Dendrodoris

D. grandiflora wird 19 cm lang; sie lebt im Mittelmeer unter Steinen u. an Schwämmen; ihr Körper ist weißgrau mit braunen u. violetten Flecken.

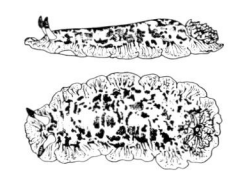

Dendroceros s [v. *dendro-, gr. keras = Horn], Gatt. der ⁄ Anthocerotales.

Dendrochirota [Mz.; v. *dendro-, gr. cheir = Hand], Ord. der ⁄ Seewalzen.

Dendrochronologie w [v. *dendro-, gr. chronologia = Zeitrechnung], *Jahresringchronologie,* abzählende Methode der ⁄ Geochronologie für Zeitbestimmungen innerhalb der letzten Jahrtausende mit Hilfe v. ⁄ Jahresringen rezenter u. subfossiler Hölzer.

Dendrocoelum s [v. *dendro-, gr. koilos = hohl], Gatt. der Strudelwurm-Fam. *Dendrocoelidae* (Ord. *Tricladida*); bekannte Art *D. lacteum,* bis 20 mm lang, milchweiß; Darm schillert je nach Inhalt rötl., braun od. schwärzl. durch; Kopfende abgestutzt mit bewegl. Seitenlappen, 2 schwarze Augen (Pigmentbecherocellen); in stehenden u. fließenden Gewässern.

Dendrocolaptidae [Mz.; v. gr. dendrokolaptēs = Baumhacker, Specht], die ⁄ Baumsteiger.

Dendrocometes m [v. gr. dendrokomos = belaubt], Gatt. der ⁄ Endogenea.

Dendrocopos m [v. gr. dendrokopein = Bäume fällen], Gatt. der ⁄ Spechte, u. a. der ⁄ Buntspecht. [nascidien.

Dendrodoa, Gatt. der Seescheiden; ⁄ Mo-
Dendrodoris w [v. *dendro-, u. ben. nach Dōris, myth. Tochter des Okeanos], Gatt. der *Doridacea* (Fam. *Dendrodorididae*), marine Hinterkiemerschnecken, die im Indopazifik u. Atlantik verbreitet sind; der den After umstehende Kiemenkranz ist rückziehbar, Radula u. Kiefer fehlen; die

Dendrogale

Nahrung wird mit dem ausstülpbaren Schlund aufgenommen.

Dendrogale s [v. *dendro-, gr. galē = Wiesel, Katze], Gattung der ↗Spitzhörnchen.

Dendrogramm s [v. *dendro-, gr. gramma = Schrift], **1)** graph. Wiedergabe v. Jahresringbreiten; ↗Dendrochronologie. **2)** graph. Darstellung period. Dickeveränderungen (gemessen mit dem *Dendrographen*) v. Bäumen. **3)** graph. Darstellung verwandtschaftl. Beziehungen v. Taxa. ↗Stammbaum.

Dendrohyrax m [v. *dendro-, gr. hyrax = Maus, Spitzmaus], Gatt. der ↗Schliefer.

Dendroidea [Mz.; v. gr. dendroeidēs = baumförmig], (Nicholson 1872), † Ord. der Kl. *Graptolithina* mit baum-, korb- od. netzartig verzweigten, überwiegend sessilen Kolonien; Gatt. ↗*Dictyonema* planktonisch; Verbreitung: Mittelkambrium bis Unterkarbon.

Dendrolagus m [v. *dendro-, gr. lagōs = Hase], die ↗Baumkänguruhs.

Dendroligotrichum s [v. *dendro-, gr. triches = Haare], Gatt. der *Polytrichales;* bäumchenartig verzweigte Laubmoose; mitunter bis 70 cm hoch; z. B. das auf der südl. Hemisphäre vorkommende *D. dendroides.*

Dendrolimus m [v. *dendro-, gr. limos = Heißhunger], ↗Kiefernspinner.

Dendrolithen [Mz.; v. *dendro-, gr. lithos = Stein], die ↗Dendriten.

Dendrologie w [v. *dendro-, gr. logos = Kunde], *Gehölzkunde,* Teilgebiet der angewandten Botanik, das sich mit dem Anbau u. der Züchtung v. Nutz- u. Ziergehölzen befaßt.

Dendrometer s [v. *dendro-, gr. metrein = messen], opt. Gerät, mit dem man den Baumdurchmesser in beliebiger Höhe u. die Baumhöhe vom Boden aus messen kann.

Dendromurinae [Mz.; v. *dendro-, lat. murinus = Mäuse-], die ↗Baummäuse.

Dendronephthya w [v. *dendro-], Gatt. der ↗Weichkorallen.

Dendronotus m [v. *dendro-, gr. nōtos = Rücken], Gattung der *Dendronotoidae,* Nacktkiemer mit langgestrecktem Körper, ohne Kiemen, aber mit verzweigten Rückenanhängen; D.-Arten leben im N-Atlantik u. Pazifik; bekannteste Nordsee-Art ist die ↗Bäumchenschnecke.

Dendrophryniscus m [v. *dendro-, gr. phrynos = Kröte], Gatt. der ↗Kröten.

Dendrophyllia w [v. *dendro-, gr. phyllon = Blatt], Gatt. der Steinkorallen; *D. ramea,* eine auffallend gelb gefärbte Art, ebt im Atlantik u. Mittelmeer auf Hartböden unter 100 m; der Stock ist baumförm. verzweigt u. erreicht 1 m Höhe; die Polypen sind weit

dendro- [v. gr. dendron = Baum], in Zss.: Baum-.

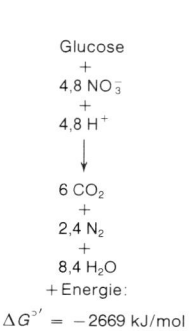

Glucose
+
4,8 NO$_3^-$
+
4,8 H$^+$
↓
6 CO$_2$
+
2,4 N$_2$
+
8,4 H$_2$O
+ Energie:
$\Delta G^{0'} = -2669$ kJ/mol

Denitrifikation

Abbau von Glucose in der Denitrifikation, z. B. durch *Pseudomonas denitrificans*

voneinander entfernt u. ragen nur wenig über die Oberfläche des Skeletts hinaus.

Dendrostomum s [v. *dendro-, gr. stoma = Mund], *Themiste,* Gatt. der *Sipunculida* (Spritzwürmer) mit zahlr. Arten aus dem indo-pazif. Bereich, die sich durch baumförm. verzweigte Mundtentakel auszeichnen.

Dendya w, Gatt. der ↗Clathrinidae.

Denervierung [v. lat. de- = weg-, ent-, nervus = Sehne], die teilweise od. vollständ. Trennung der nervösen Verbindung einer Extremität, einer Muskelgruppe od. eines Organs vom Zentralnervensystem. Dieser Eingriff kann operativ, durch elektr. od. chem. Koagulation oder zeitweise durch Lokalanästhetika erfolgen. Er wird zur Schmerzausschaltung od. zur Beseitigung spast. Lähmungen angewendet.

Denguefieber s [denge-; v. span. dengue = Ziererei], *Siebentagefieber, Dandy-Fieber,* durch Arboviren (*Denguevirus,* ↗Togaviren) hervorgerufene, meist im Sommer auftretende akute Infektionserkrankung, die durch *Aedes*-Mücken (*D.mücke,* ↗Stechmücken) übertragen wird; meist in wärmeren Zonen; Inkubationszeit 5–8 Tage. Symptome sind Fieber, Gelenk-, Kopf- u. Rückenschmerzen, Schwindel, Zerschlagenheitsgefühl, Bindehautentzündung, Muskelschwäche, Exanthem. Bei schwerem Verlauf kann es zusätzl. zu Entzündungen der Hoden, Hirnhaut u. Nerven kommen. Eine spezif. Therapie ist z.Z. nicht möglich. Der Name (Dengue, span. = Ziererei) od. Dandy-Fieber leitet sich v. dem eigenart., geziert erscheinenden Gang der Patienten ab, der längere Zeit nach der Infektion bestehenbleiben kann.

Denguefiebermücke [denge-; v. span. dengue = Ziererei], Überträger des Denguefiebers, ↗Stechmücken.

Denguevirus [denge-; v. span. dengue = Ziererei], *Denguefiebervirus,* ↗Togaviren.

Denitrifikation w [v. lat. de- = ent-, gr. nitron = Laugensalz, Natron, lat. -ficare = -machen], (Gayon u. Dupetit, 1886), eine Form der anaeroben Atmung (dissimilator. Nitratreduktion), die durch sehr viele fakultativ anaerobe Bakterien ausgeführt wird. Als Endprodukt der D. entstehen hpts. CO_2, H_2O und molekularer Stickstoff (N_2), in geringen Mengen Distickstoffoxid (N_2O). Oft werden auch H_2, seltener reduzierte Schwefelverbindungen als Substrat verwertet. Der Energiegewinn (ATP-Bildung) erfolgt durch eine oxidative Phosphorylierung (↗Nitratatmung) u. entspricht der Sauerstoffatmung. Die D.s-Enzyme werden unter anaeroben Bedingungen, oft erst bei gleichzeitigem Vorliegen v. Nitrat, induziert. Das erste Enzym der D., die Nitrat-Reductase, unterscheidet sich v. der

Elektronentransport in der Denitrifikation

organisches Substrat
↓
oxidierte Produkte ← [H⊕ + e⊖]
(CO$_2$)
↓
anaerobe Atmungskette ↘ ATP
↓ n · e⊖
(Nitrat) NO$_3^\ominus$
↓
(Nitrit) NO$_2^\ominus$
↓
(Stickstoff- (NO)
oxid)
↓
(Distick- N$_2$O
stoffoxid)
↓
N$_2$

In der Denitrifikation werden Glucose u. andere organ. Substrate i. d. R. vollständig bis zum CO$_2$ oxidiert u. die Elektronen (bzw. Wasserstoff) über die Komponenten einer Atmungskette auf Nitrat u. die reduzierteren Zwischenprodukte Nitrit, Stickstoffoxid u. Distickstoffoxid als Endakzeptoren (anstelle von O$_2$) übertragen. (Komponenten der Atmungskette ↗ Nitratatmung.)

assimilator. ↗ Nitrat-Reductase u. a. dadurch, daß sie meist membrangebunden u. wie die folgenden Reductasen (Nitrit-, Stickstoffoxid- u. Distickstoffoxid-Reductase) sauerstoffempfindlich u. ammoniumunempfindlich ist. – Die D. spielt eine wichtige Rolle im ↗ Stickstoffkreislauf, da es der einzige Prozeß ist, in dem gebundener Stickstoff wieder in die molekulare Form überführt wird. Sie ist oft für große N-Verluste des Bodens verantwortlich, verhindert aber auch, daß das leicht auswaschbare Nitrat nicht in zu großen Mengen in tiefen Bodenschichten od. im Meer festgelegt wird. Bes. starke D. erfolgt an der Grenzfläche zw. aeroben u. anaeroben Bedingungen, wo das aerob durch nitrifizierende Bakterien gebildete Nitrat in die anaerobe Zone diffundiert. Bevorzugt findet sich die D. daher an Oberflächen v. Sedimenten, in Böden bei stauender Nässe, in überfluteten Feldern (Reisanbau), bes., wenn organ. Dünger u. Nitrat vorliegen. Bei hoher Nitratkonzentration kann es zu schädl. Nitritanhäufung kommen. Ein hoher Nitratgehalt des Trinkwassers u. v. Gemüse ist bes. für Kleinkinder (bis 6 Monate) sehr gefährl., da durch die mikrobielle Nitritbildung im Darm schwere Bluterkrankungen auftreten können. Durch das im Darm gebildete Nitrit (als Zwischenverbindung der D.) könnten auch die leberschädigenden ↗ Nitrosamine entstehen. Andererseits ist die D. wichtig zum Haltbarmachen v. Fleischprodukten (↗ Pökeln). In speziellen biol. Abwasserverfahren wird versucht, den zu hohen Stickstoffgehalt durch D. zu beseitigen (↗ Kläranlage).

denitrifizierende Bakterien, *Denitrifizierer, Denitrifikanten,* eine physiolog. Gruppe fakultativ anaerober Bakterien aus verschiedenen Gattungen, die unter anaeroben Wachstumsbedingungen (d. h. bei Fehlen von Sauerstoff) ihre Energie (ATP) durch ↗ Denitrifikation (anaerobe Nitratatmung) gewinnen können. Sie sind weit u. in großer Dichte im Boden verbreitet (im Ackerboden oft 1–5 · 10^6 Zellen pro g Boden); einige können auch saure Böden (pH-Werte ca. 4,2) ertragen. Sie scheinen nicht im Pansen vorzukommen, sind aber in hoher Zahl im Faulschlamm nachzuweisen.

denitrifizierende Bakterien

Bakterien-Gattungen mit denitrifizierenden Arten (Auswahl)

Agrobacterium (z. B. *A. tumefaciens*)
Alcaligenes (z. B. *A. faecalis*)
Azospirillum (z. B. *A. brasilense*)
Flavobacterium
Hyphomicrobium (z. B. *H. vulgare*)
Paracoccus (z. B. *P. denitrificans*)
Pseudomonas (z. B. *P. aeruginosa*)
Rhodopseudomonas (z. B. *R. sphaeroides*)
Thiobacillus (z. B. *T. denitrificans*)
Thiomicrospira (z. B. *T. denitrificans*)
Bacillus (z. B. *B. licheniformis*)

Denken

Mit *Denken* wird eine zunächst dem Menschen eigene Fähigkeit bezeichnet, die Strukturen der Außenwelt nicht nur unmittelbar wahrzunehmen, sondern sie auch sozusagen innerlich zu repräsentieren. Darüber hinaus schließt das Denken des Menschen auch das Vermögen ein, in bewußter *Selbstreflexion* die eigene Existenz zu erfassen und zu hinterfragen und letzten Endes das Denken selbst zum Gegenstand der Reflexion zu erheben.
Das Denken geht somit über instinktive, triebhafte und auch automatisch ablaufende, erlernte Funktionen bzw. Verhaltensweisen hinaus. P. Hofstätter schreibt: „In Situationen, für deren Bewältigung wir weder ererbte *Instinkthandlungen* noch auch mehr oder minder automatische, zur Gewohnheit gewordene, *erlernte Verhaltensweisen* bereithalten, pflegen wir unser Tun für eine Weile zu unterbrechen, um uns das weitere Vorgehen zu überlegen. Was in dieser Pause geschieht, bezeichnet man als Denken." Allerdings kann im Vollzug des menschlichen Lebens faktisch schwer unterschieden werden zwischen Phasen automatenhaft ablaufender Verhaltensprozesse und Phasen des Denkens, weil das Subjekt im wachen Zustand gleichsam eine Einheit biologisch vorgegebener und darüber hinausgehender (Denk-)Strukturen darstellt.
Im Hinblick auf die *Problemlösung* bedeutet das Denken ebenso ein die Instinktabläufe und die erlernten Verhaltensweisen übersteigendes Vermögen. Die Art und Weise, einen Gegenstand unter einem veränderten, neuen Gesichtspunkt zu sehen und neue Zusammenhänge zu erkennen, führt beim produktiven, *schöpferischen Denken* zu einem spezifischen Problembewußtsein. Dieses wiederum bedeutet, bestimmte Problemsituationen als solche zu erkennen und in bewußter Reflexion theoretisch zu bewältigen. Die theoretische Lösung des jeweiligen Problems und die Anwendung dieser Lösung im Handeln (in der Praxis) sind natürlich eng miteinander

Denken

verknüpft; unser Handeln stellt uns stets vor neue Probleme, die fortgesetzt neue Denkleistungen erfordern. Das soll und kann aber nicht heißen, daß das Denken lediglich in bezug auf das Handeln relevant ist. Es ist ja gerade die Eigenart des Menschen, seiner Neugier folgend die ihn umgebende Wirklichkeit zu erforschen und dabei keineswegs allein praxisorientiert über diese Wirklichkeit (und über sich selbst!) *nachzudenken*. So ist denn auch die sog. reine Wissenschaft zu verstehen.

Eine sehr enge Beziehung besteht nun zwischen unserem Denken und unserer *Sprache*. Nach C. G. Jung (1875–1961) hat das Denken einen starken sprachlichen Anteil von struktureller Natur. Demgegenüber sind Gefühle überwiegend nichtsprachlich oder doch eher nur am Rande mit der Sprache verknüpft. „Denken ist sozusagen der ureigenste Bereich der Sprache" (B. L. Whorf); und selbst im *schweigenden Denken* ist ein gewisser sprachlicher Anteil unleugbar vorhanden. Bereits in der Antike, nämlich bei Platon, wurde das Denken mit der Sprache sogar gleichgesetzt. Diese Identitätstheorie ist in ihrer strikten Version freilich unrichtig, weil Störungen der Sprache nicht immer mit einem Verlust des Denkvermögens einhergehen. Aber „auch wenn die Identitätstheorie zu weit gehen sollte, läßt sich nicht bestreiten, daß im Normalfall das gedankliche Probehandeln des Erwachsenen vorwiegend im Medium der Sprache erfolgt, und daß die Entwicklung des Denkens aufs engste mit der des Sprechens verknüpft ist" (P. Hofstätter). Diese enge Beziehung zwischen Sprache und Denken muß sowohl für die Ontogenese, also die individuelle Entwicklung des Menschen, als auch für seine Phylogenese (Stammesgeschichte) angenommen werden.

Für den Bereich der Ontogenese sind vor allem die von J. Piaget durchgeführten Untersuchungen an Kindern von Bedeutung. Demnach vollzieht sich die Entwicklung des Denkens beim Kinde in Korrelation zum Spracherwerb, wobei das Denken keine Folge der Sprachentwicklung ist, sondern wie diese von einem noch allgemeineren Prozeß abhängt, und zwar der Bildung von *Symbolfunktionen*. Damit wird also weder die Sprache auf das Denken reduziert, noch das Denken kausal von der Sprache bzw. vom Spracherwerb abgeleitet, sondern in ihrer wechselseitigen Verknüpfung werden Sprache und Denken als Ausdruck einer ihnen genetisch vorgeordneten kognitiven Leistung verstanden. In ähnlicher Weise dürfte in der Stammesgeschichte des Menschen die Entwicklung von Sprache und Denken auf der Basis von im weitesten Sinne symbolischen Verhaltensweisen vor sich gegangen sein.

Der Ursprung des Denkens in der Evolution ist natürlich ein auch methodisch sehr schwierig zu fassendes Problem, weil wir dabei vielfach auf Modelle angewiesen sind, die ja selbst unserem eigenen Denken entspringen, und diese Modelle dann in eine mehrere Jahrmillionen zurückliegende Zeit projizieren müssen. Als gesichert aber kann gelten, daß das Denken die Funktion eines biologischen Systems ist, also die Funktion des *Gehirns*, so daß es sich nicht unabhängig von dieser materiellen Organisation entwickelt haben kann. Da sich unser Gehirn in der Stammesgeschichte allmählich ausgebildet hat, muß das Denken eine Folge *materieller* Prozesse sein, eine zunächst wohl nur angedeutete symbolische Repräsentation ermöglicht haben.

Der aristotelisch-scholastischen Tradition gemäß wäre der Mensch das einzige Lebewesen, das über die Fähigkeit zum Denken verfügt. Es ist sicher richtig, daß das Denken in der ganz spezifischen Form, wie es beim Menschen ausgeprägt ist, eine Einmaligkeit im Reich der Lebewesen darstellt, doch muß aus der Sicht der Verhaltensforschung heute auch anderen Organismen zumindest *einsichtiges Verhalten* zugestanden werden. Zu den klassischen Untersuchungen, die zu dieser Auffassung geführt haben, zählen W. Köhlers „Intelligenzprüfungen an Menschenaffen" (1921). Wie inzwischen anhand zahlreicher weiterer Versuche festgestellt werden konnte, verfügen die Menschenaffen (insbesondere die Schimpansen) über ein kompliziertes Assoziationsvermögen, das Werkzeuggebrauch – und in gewissem Umfang sogar Werkzeugherstellung – gestattet. Die Menschenaffen, aber auch andere Säugetiere und ebenso Vögel verfügen also über die Fähigkeit zur *vorsprachlichen Begriffsbildung*. Otto Koehler hat diese Fähigkeit durch den Ausdruck „unbenanntes Denken" treffend charakterisiert. Dabei wird von mehrmals wahrgenommenen Objekten das konstant gebliebene Merkmalsgefüge abstrahiert. Vor allem in Experimenten mit Primaten konnte nachgewiesen werden, daß darüber hinaus eine vorsprachliche Begriffsbildung auch dann erfolgen kann, „wenn bei mehrfach erlebten Wahrnehmungen nicht Merkmale von Objekten oder Tätigkeiten, sondern nur gleichbleibende Relationen erfaßt werden wie etwa ‚größer – kleiner', ‚mehr – weniger', ‚heller – dunkler' usw." (B. Rensch). Daraus kann geschlossen werden, daß unsere frühen Vorfahren unter den Primaten wenn schon nicht ein Denken im engeren

Sinne, so doch diesem sehr ähnliche Verhaltensweisen entwickelt hatten, die jedoch als Voraussetzung für die Entwicklung des *menschlichen* Denkens zu sehen sind.

Wichtig ist in diesem Zusammenhang der Begriff *Vorstellungsraum*. In Köhlers Experimenten beispielsweise stellt ein Schimpanse Kisten aufeinander, um eine Banane zu erreichen; zwar geschieht das nicht sofort und nicht geradlinig – das Tier braucht eine gewisse Zeit für seine Assoziationen –, aber nach einigen Versuchen ist das Ziel erreicht. Dem Erreichen des Ziels also gehen Assoziationsleistungen voraus und – wie man zu sagen geneigt ist – Phasen des „Nachdenkens" im abstrahierten Raum, bis sich das „Aha-Erlebnis" einstellt. Also kann man sagen: „Es ist mehr als wahrscheinlich, daß das gesamte Denken des Menschen aus diesen von der Motorik gelösten Operationen im ‚vorgestellten' Raum seinen Ursprung genommen hat, ja, daß diese ursprüngliche Funktion auch für unsere höchsten und komplexesten Denkakte die unentbehrliche Grundlage bildet" (K. Lorenz).

Wird mithin menschliches Denken insgesamt als ein Produkt der biologischen Evolution ausgewiesen, so darf darob freilich nicht übersehen werden, daß unser Denken in seiner Vielfalt und in seiner für den einzelnen Menschen jeweils spezifischen Form auch von sozialen und kulturellen Begleitumständen, von *Traditionen* abhängig ist. Die Wurzel allen menschlichen Denkvermögens liegt also im biologischen Bereich, das Denken als biologische Funktion ist also determiniert durch das Gehirngeschehen; das komplexe System des menschlichen Gehirns aber ist „offen" für die Ausbildung verschiedenster *Denkstile*, so daß die Art und Weise, die Welt (und den Menschen) zu deuten, Bewertungsmaßstäbe zu finden für eigenes Handeln und das Handeln anderer Menschen, in unterschiedlichen soziokulturellen Kontexten variiert.

Ist aber das Denken in seinen Grundstrukturen die Leistung eines materiellen Systems, dann erhebt sich selbstverständlich auch die Frage, ob eventuell auch andere Systeme als der Mensch (oder allgemeiner: Lebewesen) über die Fähigkeit zu denken verfügen könnten. Und zwar bezieht sich diese Frage auf vom Menschen geschaffene komplizierte (technische) Systeme, nämlich *Automaten*. In neuerer Zeit ist tatsächlich viel von *künstlicher Intelligenz* („artificial intelligence") die Rede, und das Problem wird um so interessanter, als der Mensch immer raffiniertere technische Systeme herzustellen in der Lage ist, die dem Denken zumindest analoge Teilfunktionen vollziehen können. Betrachten wir das menschliche Gehirn als Netzwerk von Schaltungen, wobei eine große Zahl von Elementen (Gehirnzellen oder Neuronen) entsprechend komplizierte Schaltmuster ergibt, dann wäre es zumindest theoretisch möglich, bei fortschreitender Kenntnis dieser Schaltmuster im kybernetischen Modell das Gehirn mit all seinen spezifischen Funktionen (die das Denken einschließen) zu simulieren und in einem weiteren Schritt nachzubauen, so daß am Ende das Abbild des Gehirns die gleichen Funktionen zu erfüllen vermag wie das Gehirn selber. Ob aber jemals *individuelles* menschliches Denken in seiner Eigenart und Vielfalt in technischen Systemen („Robotern") nachgebaut werden wird können, bleibt mehr als fraglich.

Abschließend muß noch besonders hingewiesen werden auf die Bedeutung unseres *Nachdenkens über das Denken selbst*. Sein Denken kann den Menschen bekanntlich auch in die Irre leiten; und Irrtümer des Denkens haben oft fatale Konsequenzen. Unser Erkennen und Denken ist in einer Welt entstanden, die sehr verschieden war von der Welt heute, die ja – wiederum als Produkt unseres Denkens – mit unserer „technischen Zivilisation" vorher nie dagewesene Dimensionen erreicht hat. Jedoch ist das menschliche Denken sozusagen vorbelastet von seiner eigenen (Vor-)Geschichte, und der Mensch läuft Gefahr, seine Möglichkeiten unter Vernachlässigung seiner Geschichte als biologisches Wesen zu überschätzen. Auf einen einfachen Nenner gebracht: Die Produkte seines Denkens beginnen den Menschen zu überholen, noch bevor er die Grundlagen und (vor allem) die Grenzen seines Denkens eingesehen hat. Darüber nachzudenken ist für den Menschen heute die vordringliche Aufgabe.

Lit.: *Boden, M.*: Artificial Intelligence and Natural Man. Hassocks 1977. *Furth, H. G.*: Intelligenz und Erkennen. Die Grundlagen der genetischen Erkenntnistheorie Piagets. Frankfurt/M. 1972. *Hofstätter, P.*: Denken. In: Das Fischer Lexikon Bd. 6 (Psychologie). Frankfurt/M. 1971. *Köhler, W.*: Intelligenzprüfungen an Menschenaffen (1921). Berlin – Heidelberg – New York ³1973. *Lorenz, K.*: Über tierisches und menschliches Verhalten. Aus dem Werdegang der Verhaltenslehre. München 1965. *Lorenz, K., Wuketits, F. M.* (Hg.): Die Evolution des Denkens. München – Zürich 1983. *Rensch, B.* (Hg.): Handgebrauch und Verständigung bei Affen und Frühmenschen. Bern – Stuttgart 1968. *Riedl, R.*: Biologie der Erkenntnis. Die stammesgeschichtlichen Grundlagen der Vernunft. Berlin – Hamburg ³1981. *Whorf, B. L.*: Sprache, Denken, Wirklichkeit. Reinbek 1963. *Wuketits, F. M.*: Kybernetik, Gehirn und Bewußtsein. In: UMSCHAU 81, 1981.

Franz M. Wuketits

Dens

Dens *m* [Mz.: Dentes; lat., =] der Zahn; ↗Zähne.

Densovirus *s* [v. lat. densus = dicht], Gatt. [der ↗Parvoviren.

Dentale *s* [v. *dent-], als Belegknochen auf dem Meckelschen Knorpel gebildeter bezahnter Unterkieferknochen der Wirbeltiere; bei den Säugern bildet das D. allein den Unterkiefer u. heißt *Mandibula*.

Dentalium *s* [v. *dent-], etwa 300 Arten umfassende, in allen Weltmeeren verbreitete Gatt. der *Dentaliidae*, Kahnfüße mit röhrenförm., meist weißem Gehäuse, das die Form eines Elefantenstoßzahns hat; leben schräg eingegraben im Sediment, so daß nur das dünnere Hinterende herausragt; ernähren sich v. Foraminiferen, die sie mit langen Fangfäden (Captacula) ertasten, festkleben u. an die Mundöffnung ziehen. In der westl. Nordsee, im O-Atlantik u. im Mittelmeer ist das knapp 3 cm lange *D. vulgare* verbreitet.

Dentaria *w* [v. lat. dentaria (herba) = Pfl., die gegen Zahnschmerz hilft], ↗Zahnwurz.

Dentex *m* [lat., = Zahnbrasse], Gatt. der ↗Meerbrassen.

Denticipitoidei [Mz.; v. lat. dens, Gen dentis = Zahn, caput, Gen. capitis = Kopf], U.-Ord. der ↗Heringsfische.

Dentifikation *w* [v. lat. dens, Gen. dentis = Zahn, -ficare = -machen], i. e. S. die Bildung des Zahnbeins (Dentin), i. w. S. die Zahnbildung.

Dentin *s* [v. *dent-], *Zahnbein, Elfenbein, Substantia eburnea*, in der Feinstruktur dem ↗Knochen verwandte, aber zellfreie Hartsubstanz der Wirbeltierzähne (↗Bindegewebe). Das meist gelbl. gefärbte D. besteht aus dichten, überwiegend in Längsrichtung des Zahns verlaufenden Kollagenfaserbündeln, die in eine organ. Grundsubstanz aus sauren Mucopolysacchariden eingebettet u. durch aufgelagerte Hydroxylapatit- und Fluorhydroxylapatit-Kriställchen zu einem sehr harten organo-mineral. Konglomerat verbacken sind. Aufgrund seiner Struktur u. des hohen Anteils an mineral. Substanz ist es härter u. zugleich elastischer als normales Knochengewebe (Härte 5–6 der Mohsschen Härteskala). Von der Pulpahöhle her ist das D. radiär durchzogen von miteinander anastomosierenden Zahnbeinkanälchen (D.kanälchen), in denen zarte Fortsätze der D.-Bildungszellen (Odontoblasten) verlaufen (Tomessche Fasern). Diese erhalten dem D. im Ggs. zum Zahnschmelz seine Regenerationsfähigkeit. Nur ausnahmsweise dringen Blutgefäße in das D. ein. Im Zahnwurzelbereich geht das D. kontinuierl. in den knochengleich gebauten Zahnzement über. D. ist eine phylogenet. ursprüngliche u. ontogenet. sehr früh ausdifferenzierte Skelettsubstanz.

dent- [v. lat. dens, Gen. dentis = Zahn, auch v. dentatus = gezähnt od. dentalis = Zahn-].

Deponie

Beim Betreiben einer D. sind umweltbeeinträchtigende u. -gefährdende Auswirkungen, wie grundwassergefährdendes Sickerwasser, D.gas, Geruchs- u. Lärmbelästigungen sowie Landschaftsverunstaltungen so gering wie mögl. zu halten. Das hochbelastete, niederschlagsbedingte Sickerwasser ist zu sammeln, abzuleiten u. zu behandeln, auch nach Stillegung der D. sind Grundwasseranalysen durchzuführen. Das *D.gas*, das nach einer sauren Faulung in der Anfangsphase später im wesentl. aus Methan u. CO_2 besteht, muß abgeleitet werden, um Brände u. Explosionen zu verhindern. Es kann in die an die D. angrenzenden Böden diffundieren u. dort das Wachstum der Pflanzen stören. D.gas läßt sich auch durch bes. Rohrsysteme auffangen u. dann zum Heizen od. für den Betrieb v. Gasmaschinen nutzbar machen. 1 t Hausmüll ergibt ca. 130 m^3 Methan. Kontrollierte Entgasungsmaßnahmen sollen auch nach der Stillegung der D. durchgeführt werden. Ist die D. aufgefüllt richten sich die Rekultivierungsmaßnahmen nach der späteren Verwendung. Jede D. ist aufgrund der jeweils verschiedenen Zusammensetzung des Mülls verschieden zu beurteilen, so daß Erfahrungen u. Ergebnisse nicht direkt v. e ner D. auf eine andere übertragen werden können.

Dentition *w* [v. lat. dentitio = das Zahnen der Kinder], 1) *Zahnung, Zahnen;* Entwicklung u. Durchbruch der ↗Zähne. 2) ↗Gebiß, Bezahnung, Dentura (E. Haeckel), Gesamtheit der Zähne.

Dependovirus *s*, Gatt. der ↗Parvoviren.

Depigmentation *w* [v. lat. de- = ent-, pigmentum = Farbstoff], 1) stufenweise Reduktion v. Körperpigmentierung durch Verminderung der Phaeomelanine u. schließl. auch der Eumelanine bei warmblüt. Tieren mit dem Kühlerwerden des Klimas. Das Phänomen wird v. der ↗Glogerschen Regel beschrieben; gilt auch für den Menschen (Rensch). Der beim Menschen entscheidende Umweltfaktor für die Pigmentierung ist die UV-Strahlung. Starke Pigmentierung ist Schutz gg. starke UV-Strahlung u. damit gg. Hautschädigungen (Hautkrebs). Für die mit abnehmender Intensität der UV-Strahlung mit zunehmender geogr. Breite einhergehende D. z. B. der Europäer wird die bei D. verbesserte Bildung des antirachit. Vitamins D (↗Calciferol) als Selektionsmechanismus angenommen. 2) Pigmentreduktion bei Boden- u. Höhlentieren, Endoparasiten u. Grundwasserbewohnern, die keinem Licht mehr ausgesetzt sind. Durch die bes. Bedingungen des Lebensraums dieser Tiere fällt ein stabilisierender Selektionsdruck für die Pigmenterhaltung weg, u. es kommt zur D.; ein Beispiel für ↗regressive Evolution. 3) angeborener (↗Albinismus) od. erworbener Mangel od. Schwund des Pigments v. Körperzellen, bes. der Haut.

Deplasmolyse *w* [v. lat. de- = ent-, weg-, gr. plasma = das Geformte, Zellplasma, lysis = Ablösung], ↗Plasmolyse.

Depolarisation *w* [v. lat. de- = ent-, weg-, gr. polos = Pol], Abnahme eines ↗Membranpotentials durch mechan., chem. od. elektrische Einwirkungen. ↗Ruhepotential, ↗Aktionspotential, ↗Rezeptorpotential.

Deponie *w* [v. lat. deponere = ablegen], geordnete, beaufsichtigte Ablagerung v. Abfallstoffen (↗Abfall). 70% aller Abfallstoffe werden in der BR Dtl. in D.n abgelagert. Das 1972 erlassene Bundes-Abfallbeseitigungsgesetz fördert die Anlage v. Zentral-D.n für Kreise u. kreisfreie Städte, um die Zahl der gemeindl. u. „wilden" Müllkippen drast. zu reduzieren. Dies setzt die Aufstellung von Abfallbeseitigungsplänen zur Festlegung geeigneter Standorte voraus. Standortkriterien sind: Beseitigungskapazität, Geologie u. Pedologie, Gewässer- u. Lärmschutz, Luftreinhaltung, Lage zum Einzugsgebiet u. Verkehrsanbindung. Man unterscheidet Hausmüll-, Sondermüll-, Klärschlamm-, Bau-, Erdaushub-D.n.

Deponiegas *s* [v. lat. deponere = ablegen], ↗Biogas, ↗Deponie.

Deporaus, Gatt. der Rüsselkäfer, mit *D. betulae,* dem Birken-Blattroller od. Trichterwickler; ↗Blattroller.

Depotdünger, *Langzeitdünger,* mineral. Dünger, die den leicht lösl. Stickstoff entweder in fester chem. Bindung od. in Kunststoff od. einem glasähnl. Trägerstoff enthalten u. nur langsam an den Boden abgeben.

Depotfett, *Speicherfett, Reservefett,* das im Unterhautfettgewebe u. unter der Bauchhaut gelagerte Fett, dessen Zusammensetzung der der Nahrungsfette (Triglyceride) entspricht. Es dient im wesentl. der Kälteisolierung u. als Energiereserve für Hungerzeiten. Zugvögel lagern bei verstärkter Aufnahme tier. Nahrung vor dem Zug erhebl. Mengen an D. an. Abhängig v. Wanderentfernung u. Körpergröße, liegt diese Fettreserve zw. 10 u. 50 % des Körpergewichts. Die mögl. Flugbehinderung durch das erhöhte Gewicht ist dadurch weniger problematisch, weil Fett als Treibstoff pro Gewichtseinheit mehr als doppelt so viel Energie wie Kohlenhydrate od. Proteine liefert.

Depotpräparate, *Retardpräparate,* Arzneimittel, die peroral (als Tabletten) od. parenteral (injiziert) angewandt werden, um den Organismus über eine längere Zeit gleichmäßig mit einer bestimmten, einmal in größerer Menge verabreichten Substanz zu versorgen (Depotwirkung). Dabei wird die pharmakolog. wirksame Substanz an ein Trägermolekül gebunden od. in dessen Matrix eingeschlossen u. durch körpereigene Abbaureaktionen langsam wieder freigesetzt.

depressiform [v. lat. depressus = niedergedrückt, forma = Gestalt], abgeflacht, abgeplattet, in seitl. od. dorsiventraler Richtung zusammengedrückt.

Depressor *m* [neulat., = Niederdrücker], *Senker,* 1) *Musculus depressor mandibulae, Unterkiefersenker,* ein bei Tetrapoden (außer Säugern) vorhandener Muskel, der vom hinteren Schädelteil zum hinteren Unterkieferteil zieht. Er ist homolog dem M. constrictor superficialis des Hyoidbogens u. gehört zur sekundär quergestreiften Branchialmuskulatur. **2)** depressor. Nervenfaser, die eine Blutdrucksenkung bewirkt. An verschiedenen Stellen des Blutgefäßsystems sitzen Pressorezeptoren (Aorta, Halsschlagader, linker Ventrikel), v. denen Nervenfasern zu den kreislaufregulierenden Zentren des Myelencephalons laufen u. dort bei akut zu hohem Blutdruck reflektorisch Gegenmaßnahmen auslösen. So wird über den Nervus vagus (X. Hirnnerv) die Herzaktion vermindert u. über eine Gefäßerweiterung durch Hemmung des Sympathikussystems der Widerstand im Kreislauf vermindert, was zu einer Blutdrucksenkung führt.

Deprivationssyndrom *s* [v. lat. de- = ent-, weg-, privare = berauben, gr. syndromōs = übereinstimmend], Sammelbez. für die Symptome, die im tier. Verhalten als Folge sozialen Erfahrungsentzugs auftreten, z. B. Apathie, große Unruhe, Stereotypien (zwanghafte, monotone Bewegungen) u. schwere Defekte im normalen Sozialverhalten. Das D. wurde v. a. an Primaten untersucht, bei denen die Mutter-Kind-Bindung eine wichtige Grundlage sozialen Lernens bildet, so daß mutterlos (isoliert) aufgezogene Junge schwere Deprivationsschäden erleiden. Das D. bei Primaten ähnelt in der Humanmedizin dem *Hospitalismus,* der bei Kindern auftritt, die keine Betreuung durch eine bleibende Bezugsperson erleben. Das Verständnis des Hospitalismus wurde durch die Erforschung des D.s bei Rhesusaffen wesentl. gefördert. Allerdings spielt das D. nur bei denjenigen hochentwickelten Säugetieren eine wicht. Rolle, bei denen das Sozialverhalten zwar auf einer angeborenen Grundlage, aber auch durch individuelle Lernprozesse aufgebaut wird.

Depside [Mz.; v. gr. depsein = erweichen, kneten], ↗Flechtenstoffe, ↗Flechtenfarbstoffe.

Depsidone [Mz.; v. gr. depsein = erweichen, kneten], Gruppe v. ↗Flechtenstoffen, deren Grundgerüst aus zwei Phenolkernen besteht, die über eine -CO-O-Brücke u. einer Ätherbindung miteinander verknüpft sind; Beispiele sind Cetrarsäure u. Diploicin.

Depsipeptide [Mz.; v. gr. depsein = erweichen, kneten, peptos = verdaulich], *heterodete Peptide, Peptolide,* natürl. od. synthet. Verbindungen zw. α-Hydroxy- u. α-Aminosäuren, die ester- u. peptidartig miteinander verknüpft sind. Die natürl. vorkommenden, meist cycl. D. sind oft antibiot. wirksame Stoffwechselprodukte v. Mikroorganismen. Zu den D.n gehören u. a. Actinomycine, Etamycin, Echinomycin, Enniatine, Valinomycin, Sporidesmolide, Serratamolid, Esperin.

Derbesiaceae, Fam. der *Bryopsidales,* Grünalgen mit einfachem od. verzweigtem siphonalem Thallus u. mit extrem heteromorphem Generationswechsel. Der Sporophyt ist fädig, heterotrichal, der Gametophyt bildet mehrere mm große Blasen; sie wurden häufig als getrennte Arten beschrieben, z. B. Sporophyt als *Derbesia marina* u. Gametophyt als *Halicystis parvula* od. als *D. tenuissima* u. *H. parvula*.

Derencephalon *s* [v. gr. deros = Haut, egkephalon = Gehirn], das ↗Nachhirn.

Derepression *w* [v. lat. de- = ent-, weg-,

---

depressiform
Depressiforme Organismen sind z. B.: 1) in dorsiventraler Richtung: u. a. Rochen, Sanddollar (Seeigel), Plattwürmer; 2) in seitl. Richtung: u. a. Scholle, Flunder, Mondfisch

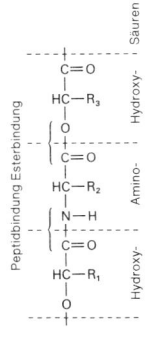

Depsipeptide

Derivat
repressio = das Zurückdrängen], Aufhebung v. Repression, d. h. (Wieder-)Aktivierung v. regulierbaren Genen durch Erhöhung der Transkriptionsrate. Ggs.: Repression. ⁊Genregulation.

Derivat s [v. lat. derivatus = abgeleitet], *Abkömmling, Nebenstruktur,* von einem anderen Gebilde abgeleitete Struktur. **1)** chem. Verbindung, die durch Abtrennung, Einführung od. Austausch v. Atomen od. Atomgruppen aus einem Stammkörper entstanden u. mit diesem in Aufbau od. Eigenschaften noch verwandt ist. **2)** Biologie: ein D. ist zu einer anderen Struktur od. einem Teil davon homolog. Phylogenet. ist z. B. der Kieferapparat der *Gnathostomata* (Kiefermäuler, kiefertragende Wirbeltiere) ein D. der Kiemenbögen urtüml. Wirbeltiere, da die Elemente des Kieferapparats Kiemenbogenelementen homolog sind. Ontogenet. ist ein D. ein Organ, Organteil od. Gewebe, das sich aus bestimmten Teilen eines früheren Entwicklungsstadiums herleitet. Bei Wirbeltieren sind Nervensystem u. Epidermis D.e des Ektoderms, der Darm mit seinen Anhangsorganen ist D. des Entoderms, während Muskulatur, Binde- u. Stützgewebe sowie Blut Mesoderm-D.e sind. Entspr. sind Haare od. Federn D.e („Bildungen") der Haut.

Derma s [gr., = Haut], wenig gebräuchl. Begriff für das ⁊Integument. ⁊Haut.

Dermallager s [v. *dermal-], bezeichnet entweder nur die mittlere Schicht, das ⁊Mesenchym (Mesogloea, Mesohyl, Symplasma), tier. Schwämme od. aber die mittlere u. die äußere Schicht, also Epidermis (⁊Pinakoderm, Dermalmembran) u. Mesenchym. ⁊Gastrallager.

Dermalmembran w [v. *dermal-, lat. membrana = Häutchen], das ⁊Pinakoderm der Schwämme.

Dermalporen [Mz.; v. *dermal-, gr. poroi = Öffnungen], Wassereinstrom-Öffnungen in der Dermalmembran (⁊Pinakoderm), der Epidermis tier. Schwämme; strittig ist, ob es sich dabei um intrazelluläre Poren (⁊Porocyten) od. um Spalten zw. den Pinakocyten handelt.

Dermalskelett s [v. *dermal-, gr. skeleton = Mumie], *Deckknochenskelett, Hautknochenskelett,* „*Exoskelett*", morpholog. Oberbegriff für diejen. Knochen, deren histolog. Bildung als *desmale Verknöcherung* bezeichnet wird. Die Elemente des D.s werden als Haut- od. ⁊Deckknochen bezeichnet.

Dermanyssus m [v. *derma-, gr. nyssein = stechen], Gatt. der ⁊*Parasitiformes;* bekannteste Art die ⁊Vogelmilbe.

Dermaptera [Mz.; v. *derma-, gr. ptera = Flügel], die ⁊Ohrwürmer.

Dermateaceae [Mz.; v. *derma-], Fam. der

Dermateaceae
Wichtige Gattungen und Arten:
Drepanopeziza (Blattflecken, Blattschütte v. *Ribes-*Blättern, z. B. Johannis-, Stachelbeere, *D. ribis* [imperf. *Gloeosporidiella*])
Pseudopeziza (Klappenschorf des Klees: *P. trifolii*)
Leptotrochila (auf *Ranunculus: L. ranunculi*)
Diplocarpon (Sternrußtau der Rose: *D. [Marssonina] rosea*)
Dermea (auf Steinobst, *Prunus*-Arten: *D. cerasii*)
Pezicula (Rinde v. Nadel- u. Laubbäumen: *P. encrita;* Frucht- u. Lagerfäule an Kernobst: *P. alba;* *P. malicorticus* = *Gloeosporium*-Fäule)

dermal- [v. neulat. dermalis = zur Haut gehörig, abgeleitet v. gr. derma = Haut], in Zss.: Haut-.

derma-, dermo- [v. gr. derma, Gen. dermatos = Haut, Fell, auch Leder, Schale an Früchten u. Tieren], in Zss. meist: Haut-.

Helotiales (Schlauchpilze), zu der vorwiegend Pflanzenparasiten gehören (vgl. Tab.); die meist kleinen, ungestielten Fruchtkörper (Apothecien) sind bräunl. bis schwärzl., mit hellem Hymenium; die Ascosporen sind spindelförmig, elliptisch bis nierenförmig.

Dermatemydidae [Mz.; v. *derma-, gr. emys = Schildkröte], die ⁊Tabasco-Schildkröten.

Dermatocarpon s [v. *derma-, gr. karpos = Frucht], Gatt. der *Verrucariaceae,* ⁊Verrucariales.

Dermatocranium s [v. *derma-, gr. kranion = Schädel], *Desmocranium, Deckknochenschädel, Hautknochenschädel,* morpholog. Begriff für die durch desmale Verknöcherung gebildeten Haut- od. ⁊Deckknochen, die das Schädeldach (Scheitelregion u. seitl. Schädelteile), das Munddach u. die Kieferknochen der Wirbeltiere bilden. ⁊Schädel.

Dermatogen s [v. *derma-, gr. gennan = erzeugen], *Protoderm,* Bez. für die äußerste Zellschicht der Tunica im Sproßscheitel od. der äußersten Urmeristemschicht im Wurzelscheitel, aus denen sich die Epidermis bzw. Rhizodermis entwickelt. Bei der Mehrzahl der Dikotyledonen gehen aber im Wurzelscheitel das D. und *Calyptrogen* (Meristemschicht für die Wurzelhaube) aus einer gemeinsamen Gruppe v. Initialzellen *(Dermato-Calyptrogen)* hervor.

Dermatoglyphik [v. *derma-, gr. glyphein = schnitzen, kerben], die ⁊Daktyloskopie.

Dermatom s [v. *derma-], **1)** Zellpopulation im ⁊Somiten, welche die Zellen für den mesodermalen Anteil der Haut, die Unterhaut (Corium), liefert. Die Zellen verlassen den Somiten später als die Zellen des ⁊Sklerotoms; die danach zurückbleibenden Zellen stellen das ⁊Myotom dar. **2)** In der Haut v. Wirbeltieren der Bereich, der v. einem der serial angeordneten Spinalnerven innerviert ist. Entwicklungsgeschichtl. spiegelt diese Zonierung den segmentalen Aufbau des Körpers wider (⁊Metamerie). ⁊Headsche Zonen. **3)** Geschwulst der Haut.

Dermatomykosen [Mz.; v. *derma-, gr. mykēs = Pilz], Sammelbez. für durch Hautpilze (u.a. ⁊Dermatophyten) hervorgerufene Hauterkrankungen.

Dermatonotus m [v. *derma-, gr. nōtos = Rücken], Gatt. der ⁊Engmaulfrösche.

Dermatophages [Mz.; v. *derma-, gr. phagos = Fresser], die ⁊Schuppenmilben.

Dermatophagoides m [v. *derma-, gr. phagos = Fresser, -oeidēs = -artig], die ⁊Hausstaubmilbe.

Dermatophilaceae [Mz.; v. *derma-, gr. philos = Freund], Fam. der *Actinomycetales;* Actinomyceten mit mycelartigen Filamenten, deren Zellen sich mehrmals längs- u. querteilen, so daß bis zu 8 parallele Reihen v. Zellen (Sporen) entstehen, die durch Auflösen der Zellwand freigesetzt werden können. Die Sporen sind meist kokkenförmig, mit Geißelbüschel beweglich. Oft werden Pigmente gebildet, ein Luftmycel dagegen selten. D. sind aerob od. fakultativ anaerob mit chemoorganotrophem Stoffwechsel. Einige Arten sind Krankheitserreger auf der Haut v. Säugetieren, hpts. Herbivoren (z. B. Rückenfell v. Schafen u. Pferden), seltener beim Menschen, z. B. *Dermatophilus congolensis*.

Dermatophyten [Mz.; v. *derma-, gr. phyton = Gewächs], eine Gruppe weltweit verbreiteter, miteinander verwandter fädiger Pilze aus der Ord. *Onygenales* (Schlauchpilze) u. der Form-Ord. *Moniliales* (Fungi imperfecti), die auf der Haut wachsen u. für Mensch u. Tier schädl. sind. Sie bauen Cellulose u. Keratin ab u. kommen auf Haut, Haar u. Nägeln vor. D. können saprophil im Boden (*geophile D.*), auf Tieren (*zoophile D.*) od. nur auf Menschen (*anthropophile D.*) leben, aber auch oberflächl. Mykosen (*Dermatophytosen*) verursachen. Im Gewebe wachsen sie mit hellen septierten Hyphen, die sich oft in Thallokonidien zergliedern.

dermatoptischer Sinn [v. *derma-, gr. optikos = zum Sehen gehörig], der ↗Hautlichtsinn.

Dermatozoen [Mz.; v. *derma-, gr. zōon = Lebewesen], die ↗Hautparasiten.

Dermea w [v. *derma-], Gatt. der ↗Dermateaceae. [Pelzmotte], die ↗Speckkäfer.

Dermestidae [Mz.; v. gr. dermēstēs =

Dermis w [v. *derma-], im dt. Sprachbereich wenig gebrauchtes, im englischen aber gebräuchl. Synonym für ↗Corium.

Dermocarpaceae [Mz.; v. *dermo-, gr. karpos = Frucht], Fam. der *Dermocarpales* (Cyanobakterien); die meist einzeln lebenden Zellen sind in Spitze u. Basis differenziert, mit der sie vorwiegend auf Algen im Meerwasser festsitzen. Die Vermehrung erfolgt durch multiple Zerteilung des Zellinnern (Sporangium mit Baeocyten = Endosporen); die Wand des geöffneten Sporangiums wird als „Pseudovagina" bezeichnet. *Dermocarpa violacea* bildet ausgebreitete rote, *D. prasina* polster- bis halbkugelförm., blau- bis olivgrüne Lager auf Algen. *Dermocarpa* wird in der neuen (bakteriellen) Klassifikation den pleurocapsalen Cyanobakterien (↗*Pleurocapsales*) zugeordnet.

Dermocarpales [Mz.; v. *dermo-, gr. karpos = Frucht], *Chamaesiphonales*, Ord. der Cyanobakterien in der klass. Systematik; einzellige od. kurz fadenart. unverzweigte Formen, in Spitze u. Basis, mit der

derma-, dermo- [v. gr. derma, Gen. dermatos = Haut, Fell, auch Leder, Schale an Früchten u. Tieren], in Zss. meist: Haut-.

Dermatophyten
Wichtige Gattungen, asexuelle Formen: (sexuelle Form ↗ *Onygenales*)
Trichophyton = *Keratinomyces* (= *Arthroderma*)
Microsporum (= *Nannizzia*)
Epidermophyton
Chrysosporium
(*Keratinophyton*)

Dermocarpales
Familien und wichtige Gattungen der Dermocarpales (Chamaesiphonales):
↗*Chamaesiphonaceae* (*Chamaesiphon*)
↗*Dermocarpaceae* (*Dermocarpa*)
↗*Siphononematacea* (*Siphononema*)

sie festsitzen, differenziert. In der neuen (bakteriellen) Klassifikation werden die knospende Gatt. *Chamaesiphon* den *Chroococcales* (↗*Chamaesiphonaceae*) u. die Gatt. mit mehrfacher Zerteilung der Zellen (↗*Dermocarpaceae*) den pleurocapsalen Cyanobakterien (Gruppe II, ↗*Pleurocapsales*) zugeordnet.

Dermochelyidae [Mz.; v. *dermo-, gr. chelys = Schildkröte], die ↗Lederschildkröten. [Kopf], die ↗Hautköpfe.

Dermocybe w [v. *dermo-, gr. kybē =

Dermogenys w [v. *dermo-, gr. genys = Kinnbacke], Gatt. der ↗Halbschnäbler.

Dermoglyphae [Mz.; v. *dermo-, gr. glyphai = Kerben], die ↗Hautleisten, ↗Daktyloskopie.

Dermophis m [v. *dermo-, gr. ophis = Schlange], Gatt. der ↗Blindwühlen.

Dermoplastik w [v. *dermo-, gr. plastikē = Bildhauerkunst], ↗Präparationstechnik.

Dermoptera [Mz.; v. gr. dermopteros = mit häutigen Flügeln], die ↗Riesengleiter.

Dero w [v. gr. deros = Haut], Gatt. der Oligochaeten-(Wenigborster-)Fam. *Naididae*; Kennzeichen: Kiemenapparat am Hinterende; *D. obtusa* lebt in Schleimröhren, die mit Detritus verstärkt sind.

Deroceras s [v. gr. deros = Haut, keras = Horn], Gatt. der ↗Ackerschnecken.

Derodontidae [Mz.; v. gr. deros = Haut, odous, Gen. odontos = Zahn], Fam. der polyphagen Käfer mit weltweit nur 12–15 Arten, in Dtl. 2 kleine Vertreter v. 2–3 mm; *Derodontus macularis* lebt in Baumschwämmen (v. a. *Ungulina fuliginosa*) in Gebirgswäldern; *Laricobius erichsoni* findet sich überall in Nadelwäldern, wo er gelegentl. in großen Mengen Blattläuse u. deren Eier (v. a. Tannen- u. Stammläuse der Gatt. *Dreyfusia* u. *Pineus*) vertilgt.

Derris w [gr., = Haut, Leder], Gatt. der Hülsenfrüchtler mit ca. 100 Arten in Asien u. Afrika; vielerorts gepflanzt wird *D. elliptica*, aus deren Wurzeln *Rotenon*, ein häufiger Bestandteil v. Mischpräparaten mit ↗Pyrethrum, gewonnen wird.

Derxia w, Gatt. der *Azotobacteraceae*, freilebende stickstoffixierende Bakterien, stäbchenförmig (1,0–1,2 × 3,0–3,6 μm), z. T. pleomorph, gramnegativ mit aerobem, chemoorganotrophem Stoffwechsel, auch H_2-verwertend. *D. gumosa* ist polar begeißelt u. kommt vorwiegend in trop. Böden, auch unter leicht sauren Bedingungen (pH 4,5–6,5) vor.

Desaminierung, Abspaltung v. Aminogruppen aus organ. Stickstoffverbindungen als Ammoniak, in der Zelle bes. die oxidative D. von α-Aminosäuren zu α-Ketosäuren, Wasserstoffperoxid u. Ammoniak. Die Reaktionen der ↗*Transaminierung* bewirken ebenfalls die D. v. Aminosäuren u. ihre Überführung in die entspr. α-Ketosäuren (☐ Aminosäuren), allerdings wird dabei Ammoniak nur auf andere Ketosäuren übertragen u. tritt nicht in freier Form auf, so daß die Transaminierungsreaktionen i. e. S. nicht unter den Begriff D. fallen. Die mit geringer Rate ohne Enzymeinwirkung, d. h. spontan ablaufende D. v. Nucleinsäurebasen führt zu den DNA-fremden Basen Hypoxanthin, Xanthin u. Uracil, die entweder durch Reparaturprozesse entfernt werden od. im Verlauf der Replikation zu Fehlpaarungen u. damit zur Auslösung v. spontanen Mutationen führen. Durch D. der seltenen Base 5-Methylcytosin entsteht Thymin (5-Methyluracil), das, als DNA-eigene Base, durch Reparaturprozesse nicht entfernt werden kann u. daher bes. häufig (trotz der relativen Seltenheit v. 5-Methylcytosin) zu Mutationen führt. Die D. v. Nucleinsäurebasen kann durch Nitrit, in geringem Maße auch durch erhöhte Temp., gesteigert werden, worauf die mutagene Wirkung v. Nitrit bzw. v. Temperaturerhöhungen beruht. ☐ Basenaustauschmutationen. ↗Mutationen.

Descartes [däkart], René (lat. *Renatus Cartesius*), frz. Philosoph u. Mathematiker, * 31. 3. 1596 La Haye (Touraine), † 11. 2. 1650 Stockholm; Ausbildung in der Jesuitenschule La Flèche; 1613–17 Studium in Paris; lebte nach langen Reisen seit 1628 in den Niederlanden, folgte 1649 der Einladung der Königin Christine nach Stockholm. Hauptbegr. der neueren Philosophie. In seiner phil. Lehre geht D. zunächst vom völligen Zweifel an allem aus, findet aber, daß der zweifelnde Mensch an seinem eigenen Dasein nicht zweifeln kann, denn „indem ich denke, bin ich" *(cogito, ergo sum)*. Von daher überwindet er auch den Zweifel an der Möglichkeit wahrer Erkenntnis, am Dasein der Dinge u. an Gott. Eine Grundlage seines Denkens ist ein strenger Dualismus zw. Geist u. Materie, dergestalt, daß beide nicht aufeinander einwirken können. Den Tieren spricht er jegl. Empfindung ab u. hält sie für belebte Maschinen. Die stärkste Wirkung in seiner Zeit hatte seine Korpuskularphilosophie, die versuchte, die Erscheinung der Materie aus den Bewegungen der kleinsten Bestandteile zu interpretieren. HW: „Discours de la méthode" (1637).

Descensus *m* [lat., = Abstieg], *D. testiculorum*, Hodenabstieg, ↗Hoden.

Deschampsia *w* [ben. nach dem frz. Botaniker J.-L.-A. Loiseleur-Deslongchamps (lºaselör-delönschán), 1774–1849], die ↗Schmiele.

Descurainia *s* [ben. nach dem frz. Apotheker F. Descuraine (deküräñ), 1658–1740], ↗Sophienkraut.

R. Descartes

Desaminierung
Im Stoffwechsel sind folgende D.en v. bes. Bedeutung:
a *dehydrierende D.*, durch welche Glutamat u. NAD$^+$ unter der katalyt. Wirkung v. Glutamat-Dehydrogenase zu α-Ketoglutarat, Ammoniak u. NADH umgesetzt werden;
b *eliminierende D.*, durch die primär die β-Substituenten der Aminosäuren Serin, Homoserin, Threonin (β-Hydroxyl) u. Cystein (β-SH) unter Ausbildung der entspr. α-β-ungesättigten Aminosäuren entstehen, die sich jedoch über die entspr. Iminosäuren zu den Endprodukten Pyruvat (aus Serin u. Cystein), α-Ketobutyrat (aus Homoserin u. Threonin) unter Freisetzung v. Ammoniak umlagern; diese Reaktionen erfolgen unter der katalyt. Wirkung v. Pyridoxalphosphat-abhängigen Desaminasen; Histidin kann Ammoniak unter Bildung v. Urocanat eliminieren;
c *oxidative D.*, durch die Aminosäuren, z. B. Glycin u. Lysin, in Ggw. v. Sauerstoff unter der katalyt. Wirkung v. Aminosäure-Oxidasen zu den entspr. α-Ketosäuren unter Freisetzung v. H$_2$O$_2$ u. Ammoniak reagieren;
d *hydrolyt. D.*, die den Abbau v. Adenin u. Guanin einleitet, wobei diese unter Freisetzung von Ammoniak zu Hypoxanthin bzw. Xanthin umgewandelt werden.

Desensibilisierung *w* [v. lat. de- = ent-, weg-, sensibilis = mit Empfindung begabt], *Hyposensibilisierung*; durch die Verabreichung sehr kleiner Antigenmengen (↗Antigene) in bestimmten Zeitabständen wird erreicht, daß das Antigen nur in geringem Ausmaß an den IgE-↗Antikörper v. Mastzellen bindet, so daß nicht genügend Mediatoren (z. B. Histamin, Heparin) freigesetzt werden, um es zu einer Überempfindlichkeitsreaktion kommen zu lassen (↗Allergie). Hierauf beruht die *akute D.*, die es ermöglicht, einer überempfindl. Person ein Medikament od. ein fremdes Serum zu verabreichen. Bei der *chronischen D.* gibt man dem überempfindl. Patienten stufenweise gesteigerte Dosen des anfallsauslösenden Allergens (z. B. polymerisiertes Pollenantigen in hochmolekularer Form) in wöchentl. Intervallen, so daß vom Organismus IgG als blockierender Antikörper produziert wird. Wenn eine solchermaßen desensibilisierte Person erneut dem Allergen ausgesetzt wird, binden die IgG-Antikörper das Allergen, bevor es mit den IgE-Antikörpern der Mastzellen komplexieren kann, und verhindern so eine allerg. Reaktion.

Desertifikation *w* [v. lat. desertum = Wüste, -ficare = machen], Ausbreitung v. Wüsten in Wüstenrandgebieten, häufig Folge der zu starken Nutzung der empfindl. Ökosysteme durch den Menschen; Wälder werden durch Brandrodung u. unkontrolliertes Sammeln v. Brennholz zerstört; Anbau ungeeigneter Pflanzenarten u. Überweidung ebenso wie Wechsel v. extremer Trockenheit u. gelegentl. Überflutungen tragen zu einer Zerstörung der Bodenstruktur bei, so daß die Erosion durch Wind u. Wasser eintreten kann. Die pflanzl. und tier. Produktivität verringert sich, und der Lebensstandard sinkt. Be-

Desertifikation

Mögliche Gegenmaßnahmen: Auffangen u. Konservierung der anfallenden Wassermassen zur Bewässerung v. Kulturen, Einsatz geeigneter Pflanzenarten zur Wiederherstellung der Pflanzendecke, Vermeidung v. Überweidung, Wiederaufforstung u. Einsatz v. Wind- u. Sonnenenergie. Ausschlaggebend für die Entstehung einer neuen, interdisziplinären Wiss., der *De*sertologie, war die Dürrekatastrophe im *Sahel* 1973/74. Damals beauftragte die UNO zahlr. Wissenschaftler der verschiedenen Disziplinen (wie Agronomie, Forstwirtschaft, Biologie, Klimatologie, Geophysik u. Entwicklungshilfe) mit der Erforschung der Ursachen u. Zusammenhänge der Wüstenbildung. Erste Ergebnisse wurden auf der UN Conference on Desertification (UNCOD) 1977 in Nairobi (Kenia) vorgetragen.

Desmarestiales

Desertifikation

Ausmaß der Desertifikation und der Wüsten auf der Erde (in km^2 bzw. – in Klammern – in %)

	Afrika	Asien	Australien	Europa	Nord- u. Mittelamerika	Südamerika	Erde gesamt
Hochgradige Desertifikation	1 725 200 *(5,7)*	790 300 *(1,8)*	307 700 *(4,0)*	49 000 *(0,5)*	163 200 *(0,7)*	414 200 *(2,3)*	3 449 600
Hohe Gefährdung	4 910 500 *(16,2)*	7 253 500 *(16,5)*	1 722 100 *(22,4)*	—	1 312 500 *(5,4)*	1 261 200 *(7,1)*	16 459 800
Mittlere Gefährdung	3 741 000 *(12,3)*	5 607 600 *(12,8)*	3 712 200 *(48,3)*	189 600 *(1,8)*	2 854 300 *(11,8)*	1 602 400 *(9,0)*	17 707 100
Von der Desertifikation insgesamt erfaßt bzw. gefährdet	10 376 700 *(34,2)*	13 651 400 *(31,1)*	5 742 000 *(74,7)*	238 600 *(2,3)*	4 330 000 *(17,9)*	3 277 800 *(18,4)*	37 616 500
Vorhandene Wüsten (Sand-, Steinwüste)	6 178 000 *(20,4)*	1 580 600 *(3,6)*	—	—	32 600 *(0,1)*	200 500 *(1,1)*	7 991 700

reits ⅓ der Fläche Afrikas u. ¾ Australiens sind v. der D. erfaßt bzw. gefährdet.

Desinfektion w [v. frz. désinfection (1630) = Entseuchung], Abtötung od. Inaktivierung v. Krankheitserregern an Organismen u. Gegenständen, aber auch v. Trinkwasser u. Nahrungsmitteln durch chem. Mittel *(D.smittel)* od. physikal. Verfahren, so daß keine Übertragung u. Infektion mehr erfolgen kann. Die D. ist somit i. d. R. nur eine selektive, gezielte Verminderung der Keimzahl im Ggs. zur ↗Sterilisation. Eine intensive Verminderung der Keimzahl, auch der saprophyt. Mikroorganismen, wird als Sa-

Einführung der Desinfektion in die Medizin	
J. Lister erkannte, daß Entzündungen u. Eiterungen, die wichtigsten Ursachen für Todesfälle nach chirurg. Eingriffen, durch eine Kontamination der Wunden entstehen (1867). Er führte die D. aller Instrumente mit Carbolsäure (Phenol) ein u. wurde somit Begr. der asept. Chirurgie. Carbolsäure wurde v. ihm auch zur	Wund-D. u. durch Versprühen zur Keimverminderung der Luft im Operationssaal verwendet. Bereits 1850 hatte I. Ph. Semmelweis darauf hingewiesen, daß Kindbettfieber übertragbar sei u. die Erkrankungen der Frauen durch Hände-D. der Ärzte u. Studenten mit Chlorkalkwasser sich stark vermindern ließen. Seine Beweise wurden aber v. den meisten Ärzten seiner Zeit nicht anerkannt.

nitation bezeichnet. Eine D. ist auch die Vernichtung v. krankheitsübertragendem Ungeziefer *(Desinsektion)* sowie die Keimverminderung im Boden (↗Bodendesinfektion).

deskriptive Biologie w [v. lat. descriptivus = beschreibend], oft negativ wertend als „nur beschreibende" der „experimentellen" Biol. gegenübergestellt. Dabei wird übersehen, daß sich die Qualität der komplexen Struktur v. Organismen oft „nur" beschreibend erfassen läßt. Durch Beschreibung und Vergleich v. komplexen Strukturen gelangt die vergleichende Biol. zu sog. eingeschränkten Allsätzen. Die Aussage, alle Säugetiere haben ein sekun-

Desinfektion

- Mechanische Desinfektion
  - Scheuern · Spülen Waschen
- Physikalische Desinfektion
  - Strahlung (UV, Ultraschall)
  - Trockene Hitze
  - Feuchte Hitze (Sterilisieren Pasteurisieren)
- Chemische Desinfektion
  - Desinfektionsmittel (eiweißfällend, ätzend auflösend, oxydierend, Tiefenwirkung auf Zellen)

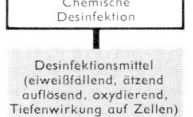

Die Wirkungen der *Desinfektionsmittel* sind sehr unterschiedlich; folgende Mechanismen werden angenommen:

Allgemeine Proteindenaturierung, Zerstörung der Cytoplasmamembran, Hemmung der Proteinsynthese (irreversible Blockierung der Sulfidbindungen v. Enzymen), Blockierung der Zellwandsynthese, Störung des Stoffwechsels durch falsche Reaktionspartner

Desmane
Bisamrüßler *(Desmana moschata)*

däres Kiefergelenk (Dentale-Squamosum-Gelenk), ist eine qualitative Gesetzesaussage, die ausschl. durch Beschreibung u. Vergleich (Homologisierung) zu ermitteln ist. Es gibt mit sehr großer Wahrscheinlichkeit kein Säugetier, auf das diese Aussage nicht zutrifft. Solche eingeschränkten Allsätze sind dadurch ausgezeichnet, daß bei ihnen eine mathemat. Formulierung nicht angemessen ist (H. Mohr). K. Lorenz nannte es einen mod. Irrglauben, auf Beschreibung verzichten zu können. ↗Erklärung in der Biologie.

desmale Knochen, die ↗Deckknochen.

Desmane, *Desmaninae,* U.-Fam. der Maulwürfe mit 2 Arten; nachtaktive Wassertiere mit Schwimmhäuten u. Schwimmborsten u. einer Moschusdrüse an der Unterseite der Schwanzwurzel; ihre Nahrung besteht aus kleinen Wassertieren. Der Russische Desman (Bisamrüßler, Bisamspitzmaus, *Desmana moschata;* Kopfrumpflänge 18–21 cm) lebte urspr. zahlr. im Gebiet v. Wolga, Don u. Uralfluß; fossil wurde er auch in W-Europa u. den Brit. Inseln gefunden. Durch Gewässerregulierung u. Bejagung (Pelztier: „Silberbisam") sind die Bestände sehr zurückgegangen. Der dunkelbraun gefärbte Pyrenäen-Desman *(Galemys pyrenaicus, Desmana pyrenaica;* Kopfrumpflänge 11–15 cm) lebt in Bergbächen der Pyrenäen N-Spaniens u. N-Portugals in 300–1200 m Höhe.

Desmarestiales [Mz.; ben. nach dem frz. Zoologen A.-G. Desmarest (demaräˊ), 1784–1838], Ord. der Braunalgen, Algen mit heteromorphem Generationswechsel; der Sporophyt ist dominierend; er besitzt schmalen, pseudoparenchymat. Thallus mit „berindeter" Zentralachse; die Seitentriebe liegen in einer Ebene. *Desmarestia aculeata,* der „Stacheltang", wird bis 180 cm lang, im Sommer mit kurzen dornart. Seitentrieben, im Frühjahr mit büschelart., gelbbraunen Assimilationsfäden. *D. viridis* mit büschelart. Endverzweigungen wird an der Luft schnell grün aufgrund der Zerstörung der Farbstoffe durch Schwefelsäure, die in Vakuolen gespeichert ist.

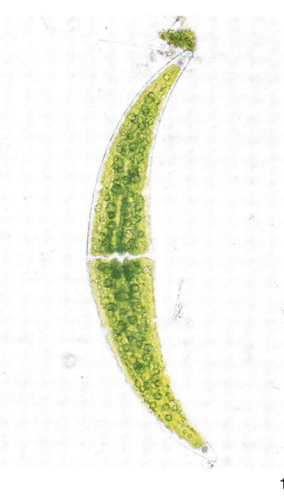

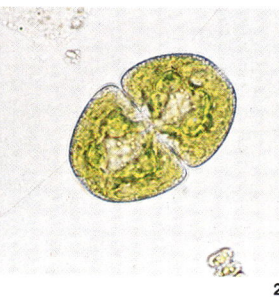

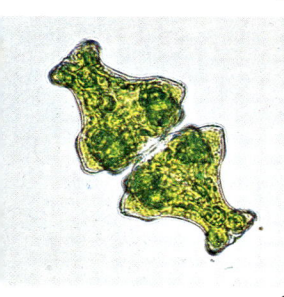

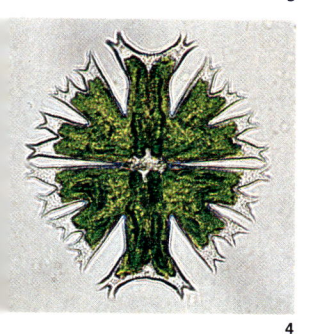

Desmen [Mz.; v. *desmo-], ↗Desmophorida.

Desmidiaceae [Mz.; v. gr. desmidion = kleines Band], *Zieralgen,* Fam. der *Zygnematales,* kokkale Grünalgen, einzeln od. in fäd. Kolonien; die Zellen bestehen aus 2 nahezu symmetr. Halbzellen, die – mit wenigen Ausnahmen – durch eine Einschnürung (Sinus) getrennt u. über eine mehr oder weniger breite Plasmabrücke (Isthmus) verbunden sind. Die Fam. zeichnet sich durch große Formenmannigfaltigkeit aus; ca. 4000 Arten sind beschrieben; es gibt keine marinen Formen. Die einfachste Gatt. *Penium* mit runden, zylindr. Zellen u. längsgestreiften Zellwänden weist keinen Sinus auf. Ebenso die ca. 300 Arten der Gatt. *Closterium,* deren meist bogenförm., sich zu den Enden verjüngenden Zellen eine längsgestreifte Zellwand u. in jeder Zellhälfte einen im Querschnitt sternförm. Chloroplasten besitzen; an den Zellenden je eine Vakuole mit kleinen Gipskristallen; besiedeln unterschiedliche Biotope, bevorzugt saure Moortümpel, z. B. *C. rostratum; C. acerosum* dagegen häufig in stärker verschmutzten Gewässern. Die langgestreckten Zellen der Gatt. *Pleurotaenium* sind am Isthmus leicht angeschwollen und besitzen an Zellenden auch Vakuolen mit Gipskristallen; *P. truncatum* bis 700 µm lang. Häufig in Moortümpeln sind die 4 Arten der Gatt. *Tetmemorus* zu finden, deren langgestreckte Zellen einen deutl. Sinus aufweisen; die zu den Enden hin sich verjüngenden Zellhälften besitzen an den Enden einen Einschnitt. Sehr artenreich ist die Gatt. *Cosmarium* (ca. 1000 Arten), deren flache Zellen einen deutl. Sinus u. eine porige Zellwand besitzen; sie sind kaum länger als breit. Die ebenfalls flachen, mit deutl. Sinus versehenen Arten der Gatt. *Euastrum* haben an den Enden der buchtig gelappten Halbzellen einen Einschnitt; *E. oblongum, E. elegans* u. a. bevorzugen saure Gewässer. Zu den schönsten D. gehören die Arten der Gatt. *Micrasterias* ([B] Algen II); die durch einen deutl. Sinus getrennten Halbzellen sind dreilappig u. besitzen noch weitere artspezif. Einschnitte; häufig in Hochmooren, z. B. *M. truncata, M. papillifera.* Die Arten der Gatt. *Xanthidium* besitzen 2 flache, durch tiefen Sinus getrennte Halbzellen, tragen an den Zellrändern meist gespaltene, stachelart. Fortsätze; *X. antilopaeum* ist häufig in Mooren. *Arthrodesmus* ähnelt Cosmarium, trägt am Rand der glatten Zellwand 2 od. 4 nach innen gebogene Stacheln; häufigste Art ist *A. convergens.* Die Zellen der *Staurastrum*-Arten sind in Frontalansicht 3-, 4- od. mehrkantig; die Zellwände laufen an den Enden in schmalen Fortsätzen aus u. sind meist warzig od. stachelig; sie kommen in verschiedenen Gewässertypen vor; *S. teliferum* oft in Mooren. Bei der Gatt. *Desmidium* bilden die Zellen spiralig gekrümmte, fäd. Kolonien mit deutl. Gallerthülle. In Frontalansicht sind die Zellen dreieckig od. elliptisch; *D. swarzii* häufig in Moortümpeln. Ebenfalls in Mooren kommen die fäd. Kolonien der Gatt. *Hyalotheca* mit zylindr. Zellen u. die Gatt. *Bambusina (= Gymnozyga)* mit tonnenförm. Zellen vor.

Desmin *s* [v. gr. desma = Band, Binde], ein Muskelprotein (relative Molekülmasse 51000), das die korrekte Aneinanderlagerung der ↗Actinfilamente steuern soll.

Desmocranium *s* [v. *desmo-, gr. kranion = Schädel], das ↗Dermatocranium.

Desmodium *s* [v. *desmo-], Gatt. der ↗Hülsenfrüchtler.

Desmodontidae [Mz.; v. *desmo-, gr. odontes = Zähne], die Echten ↗Vampire.

Desmodora *w* [v. *desmo-, gr. dora = abgezogene Haut], marine Gatt. der Fadenwürmer, namengebend für die Superfam. *Desmodoroidea* (etwa 50 Gatt., überwiegend marin, einige auch im Süßwasser); in manchen Klassifikationen sogar eine Ord. *Desmodorida.*

Desmognathus *m* [v. *desmo-, gr. gnathos = Kinnbacke], Gatt. der ↗Bachsalamander.

Desmolasen [Mz.; v. *desmo-], veraltete Sammel-Bez. für Enzyme, die in organ. Verbindungen C–C-Bindungen spalten; z. B. die Decarboxylasen, Aldolasen.

Desmomastix *w* [v. *desmo-, gr. mastix = Geißel, Peitsche], Gatt. der ↗Desmophyceae.

Desmomyaria [Mz; v. *desmo-, gr. mys = Muskel], *Salpida, Echte Salpen,* U-Kl. der Salpen, marine, pelag., transparente Manteltiere. Körper faß-, prismen- od. rautenförm.; haben ähnl. Grundorganisation wie ↗*Cyclomyaria,* Muskelbänder jedoch ventral offen; der Kiemendarm mit stark entwickelter Hypobranchialrinne hat nur 2 Kiemenspalten; dorsal am Dach des Gehirnbläschens Pigmentbecheraugen, aber keine Statocysten entwickelt. Leuchtfähigkeit ist allg. verbreitet; Darmknäuel sendet intensives, weißl. Licht aus, das v. symbiont. Leuchtbakterien stammt. Wie bei den *Cyclomyaria* läuft komplizierter Generationswechsel (↗Metagenese) ab: Gonozoide produzieren in Brutbeutel meist nur 1–2 Oozoide (Ammen), die frei werden u. sich ungeschlechtl. durch Knospung an einem geraden od. spiral. gewundenen Stolo prolifer vermehren. D. haben keinen Dorsalstolo; abgegebene Knospen (Blastozoide) sind oft artspezif. angeordnet; Reststücke des Stolo zw. den einzelnen

Desmidiaceae
1 *Closterium,*
2 *Cosmarium,*
3 *Euastrum,*
4 *Micrasterias*

Tieren werden resorbiert, u. die Blastozoide bilden Haken, welche die Tiere zusammenhalten (gregate Blastozoide, Kettensalpen); diese Ketten lösen sich ab u. schwimmen frei. Blastozoide entwickeln sich zu zwittr., protogynen Geschlechtstieren (Gonozoide); im Ovar reifende Eier werden v. eingestrudelten Fremdspermien befruchtet. Der Embryo ist über eine Art Placenta mit dem Muttertier verbunden u. wird über Blutsinus ernährt; reifes Oozoid schwimmt durch elterl. Ausstromöffnung heraus (Viviparie). Einzige Fam. *Salpidae*, mehrere Gatt. mit ca. 30 Arten; fast alle sind Hochseetiere der warmen Meere, einige kosmopolitisch u. auch in kalten Meeren zu finden, z. B. die im Mittelmeer sehr häuf. *Salpa democratica*, deren Kettensalpe als *S. mucronata* beschrieben wurde; Körperlänge solitärer Salpen ca. 3–8 cm, größte Art ist *Thethys vagina* mit 22 cm, kleinste *Brooksia rostrata* mit 0,8 cm; Kettensalpen bis 25 m.

Desmophorida [Mz.; v. *desmo-, gr. -phoros = -tragend], Ord. der tier. Schwämme, die v. Kambrium bis zum Tertiär zahlr. vertreten war; heute leben nur noch wenige Arten. Ihren Namen verdanken die D. ihren als *Desmen* ausgebildeten Skelettelementen (Skleriten), d. h., der vierachs. Sklerit ist an den Enden wurzelartig verzweigt u. kann so dichte Verflechtungen mit den Nachbarskleriten eingehen.

Desmophyceae [Mz.; v. *desmo-, gr. phykos = Tang], Kl. der Algen, Flagellaten mit Längsgeißel u. einer um den Vorderpol schwingenden Quergeißel; Zellen mit Pellicula od. zweiteil. Zellwand, mit Dinokaryon u. braunen bis braungrünen Plastiden; Systematik unklar, auch mitunter als Ord. der *Dinophyceae* (↗ *Pyrrhophyceae*) geführt. Die Gatt. *Prorocentrum* umfaßt ca. 30 marine Arten, deren herzförm. Zellen eine zweiteil. Zellwand besitzen. Bei *Desmomastix* besitzen die eiförm. Zellen eine Pellicula. Die 15–50 μm großen marinen *Exuviella*-Arten sind eiförmig u. haben 2 uhrglasförm. Zellwandteile; *E. baltica* kann in Küstengewässern rote Vegetationsfärbung („red tides") hervorrufen.

Desmoscolex *m* [v. *desmo-, gr. skōlēx = Wurm], sehr kleine, meist nur 0,2–0,3 mm lange Fadenwürmer; namengebend für die Superfam. *Desmoscolecoidea* mit über 20 Gatt., überwiegend marin, wenige auch limnisch u. terrestrisch; in manchen Klassifikationen sogar die Ord. *Desmoscolecida*. Auf der geringelten Cuticula haften Fremdkörper u. verleihen dem Tier ein für Fadenwürmer völlig untyp. Aussehen („pseudoannulat", weil keine echte, d. h. innere Segmentierung vorliegt). Ebenfalls sehr ungewöhnl. für Fadenwürmer ist die Fortbewegung mit Stelz- u. Haftborsten (☐ Fadenwürmer).

Desmose *w* [v. gr. desmoein = binden], *Centrodesmose*, bei der Teilung eines Centriols sich ausbildende, fibrilläre Plasmastruktur, die das alte u. neue Centriol miteinander verbindet.

Desmosin *s* [v. *desmo-], eine durch Kondensation v. vier Lysinresten abgeleitete Tetra-α-Aminocarbonsäure mit zentralem Pyridingerüst. Die vier zum D. zusammentretenden Lysinreste entstammen maximal vier einzelnen Elastinpolypeptidketten des Knorpelgewebes. Die Bildung eines D.rests führt so zu je einem kovalenten Verknüpfungspunkt zw. maximal vier Elastinpolypeptidketten. Durch die Bildung vieler D.reste wird daher die dreidimensionale Quervernetzung des ↗ Elastins verursacht.

Desmosomen [Mz.; v. *desmo-, gr. sōma = Körper], Haftstrukturen bei tier. Gewebe- u. Epithelzellen, über die feste Verbindung der Zellen miteinander erfolgt; der interzelluläre Spalt zw. den Zellen ist an diesen Stellen mit einer elektronendichten Kittsubstanz ausgefüllt; D. funktionieren im Ggs. zu den ↗ Schlußleisten als punktförm. Nietstellen zw. den Zellen; sie sind durch zahlr., strahlenförmig ins Plasma ziehende Tonofibrillen im Cytoplasma verankert.

Desmotubuli [Mz.; v. *desmo-, lat. tubuli = kleine Röhren], ↗ Mikrotubuli.

Desorsche Larve [ben. nach dem dt. Geologen u. Zoologen E. Desor, 1811–82], einer der 4 Larventypen der ↗ Schnurwürmer; entwickelt sich aus dem in Gallerthüllen abgelegten Ei, indem sie sich v. dem dem Ei beigegebenen Dotter ernährt. Beispiel *Lineus viridis*. ↗ Schmidtsche Larve.

Desosen [Mz.], die ↗ Desoxyzucker.

2'-Desoxyadenosin *s*, Abk. *dA* od. A_d, aus Adenin und Desoxyribose aufgebautes Desoxyribonucleosid. ↗ Desoxyribonucleoside.

5'-Desoxyadenosin-Cobalamin *s*, das Coenzym B_{12}; ↗ Cobalamin.

2'-Desoxyadenylsäure, die Säureform v. dAMP; ↗ 2'-Desoxyribonucleosidmonophosphate.

Desoxycholsäure, eine ↗ Gallensäure.

Desoxycorticosteron, Zwischenstufe der Biosynthese des ↗ Aldosterons in der Nebennierenrinde, die durch das Enyzm 21-Hydroxylase aus Progesteron entsteht. ↗ Corticosteroide.

2'-Desoxycytidin *s*, Abk. *dC* od. C_d, aus Cytosin und Desoxyribose aufgebautes Desoxyribonucleosid. ↗ Desoxyribonucleoside.

2'-Desoxycytidylsäure, die Säureform v. dCMP; ↗ 2'-Desoxyribonucleosidmonophosphate.

desmo- [v. gr. desmos = Band, Binde, Riemen; auch desma, Gen. desmatos], in Zss.: Band-, Binde-.

2'-Desoxyguanosin

2'-Desoxyguanosin s, Abk. *dG* od. *G*ᵈ, aus Guanin und Desoxyribose aufgebautes Desoxyribonucleosid. ↗ Desoxyribonucleoside.

2'-Desoxyguanylsäure, die Säureform v. dGMP; ↗ 2'-Desoxyribonucleosidmonophosphate.

Desoxyhämoglobin s, ↗ Hämoglobin ohne angelagerten molekularen Sauerstoff. Ggs.: Oxyhämoglobin.

6-Desoxy-L-galactose, die ↗ Fucose.
6-Desoxy-L-mannose, die ↗ Rhamnose.
Desoxynucleoside [Mz.], die ↗ Desoxyribonucleoside.
Desoxynucleotide [Mz.], die ↗ 2'-Desoxyribonucleosidmonophosphate.

Desoxyribonucleasen [Mz.], Abk. *DNasen,* Enzyme, durch welche die Phosphodiesterbindungen v. DNA hydrolyt. gespalten werden. Je nach Spezifität der jeweil. D. wird einzelsträngige od. doppelsträng. DNA abgebaut, entweder im Inneren der Ketten *(Endo-D.)* od. an den Enden *(Exo-D.).* Abbauprodukte sind entweder doppelsträng. DNA mit Einzelstrangbrüchen (engl. *nicks*) od. kürzeren Einzelstrangbereichen (engl. *gaps*), kürzere Doppel- od. Einzelstrangfragmente (Oligonucleotide) od. bei vollständigem Abbau die 2'-Desoxyribonucleosidmonophosphate.

Desoxyribonucleinsäuren, Abk. *DNS* u. *DNA* (engl.), hochpolymere Kettenmoleküle, in denen als monomere Bausteine fast ausschl. die 4 Standard-Desoxyribonucleosidmonophosphate 2'-Desoxyadenosin-5'-monophosphat (dAMP), 2'-Desoxycytidin-5'-monophosphat (dCMP), 2'-Desoxyguanosin-5'-monophosphat (dGMP) u. 2'-Desoxythymidin-5'-monophosphat (dTMP) in gebundener Form vorkommen; durch Veresterung der 5'-Phosphatgruppe jedes Grundbausteins mit der 3'-Hydroxylgruppe des jeweils benachbarten Monomeren bilden sich die stets unverzweigten DNA-Kettenmoleküle. Unter physiolog. Bedingungen liegt DNA nicht in der Säureform, sondern als Polyanion mit je einer negativen Ladung pro Nucleotidrest vor. Die zur Elektroneutralität erforderl. Kationen sind sowohl einfache anorgan. Kationen (Na^+, K^+, NH_4^+) als auch Amine (z. B. Spermidin) u. bas. Proteine (DNA-bindende Proteine, Histone). Aufgrund der linearen Verknüpfung der 4 Grundbausteine in nichtzufallsmäß. u. daher schriftart. Reihenfolge ist DNA Träger der *genet.* Information aller Organismen u. Viren (einzige Ausnahme bilden die sog. RNA-Viren u. RNA-Phagen, deren genet. Information in Form der Nucleotidsequenz v. RNA verschlüsselt ist). Die Hauptmenge v. DNA ist in den ↗ *Chromosomen* der kernhalt. Zellen (Eukaryoten) bzw. in den chromosomenähnl. Strukturen der Prokaryoten lokalisiert. Darüber hinaus kommt DNA *extrachromosomal* in Mitochondrien u. Plastiden vor. bildet als solche die Grundlage für den semiautonomen Charakter dieser Organellen bzw. für extrachromosomale, d.h. nicht den Mendelschen Regeln gehorchende Erbgänge bestimmter Merkmale. Auch Bakterien u. a. Mikroorganismen besitzen häufig extrachromosomale DNA, sog. *Plasmide,* die sich durch ihre Übertragbarkeit zw. einzelnen Stämmen auszeichnen; diese Übertragbarkeit zus. mit ihrer geringen Größe (meist nur wenige tausend Basenpaare) u. dem gehäuften Vorkommen v. Resistenzgenen auf Plasmiden hat zu ihrer Verwendung als Klonierungsvektoren im Rahmen der modernen ↗ Gentechnologie geführt. – Die DNAs mancher Viren u. Phagen enthalten anstelle v. Thymin die Base 5-Hydroxymethyluracil od. anstelle v. Cytosin die Base 5-Hydroxymethylcytosin. In sehr geringem Umfang (0,1% u. weniger) enthalten bakterielle DNA-Ketten auch Monomerbausteine mit den durch Methylierung modifizierten Basen 5-Methylcytosin u. N-6-Methyladenin (↗ Basenmethylierung). Da die Methylgruppen dieser Basen in der Zelle erst nach dem Aufbau der Ketten, d. h. postreplikativ, eingeführt werden, fungieren sie als Indikatoren zur Unterscheidung zw. elterl. (= bereits methylierten) DNA-Strängen u. DNA-Tochtersträngen (für begrenzte Zeit nach Replikation noch

Ausschnitt aus einem DNA-Einzelstrang

mit der Tetra-Nucleotidsequenz ACGT (in der konventionellen 5'→3'-Richtung, d. h. vom 5'-Ende zum 3'-Ende, gelesen). Man beachte, daß die waagerechten P-O-CH₂-Bindungen aus Gründen der räuml. Darstellung erhebl. überdehnt wiedergegeben sind u. in Wirklichkeit gleich lang wie die senkrechten P-O-Bindungen sind. Man vergleiche dazu das in [B] rechts wiedergegebene Kugelmodell, das die Atomabstände des Desoxyribose-Phosphat-Rückgrats korrekt wiedergibt (in dem jedoch die Bindungen zw. Desoxyribose u. den Basen überdehnt sind). Man beachte auch, daß in [B] rechts eine andere der 256 theoret. möglichen Tetranucleotidsequenzen, nämlich TGCA, gezeigt ist.

DESOXYRIBONUCLEINSÄUREN I

Ausschnitt der Primärstruktur

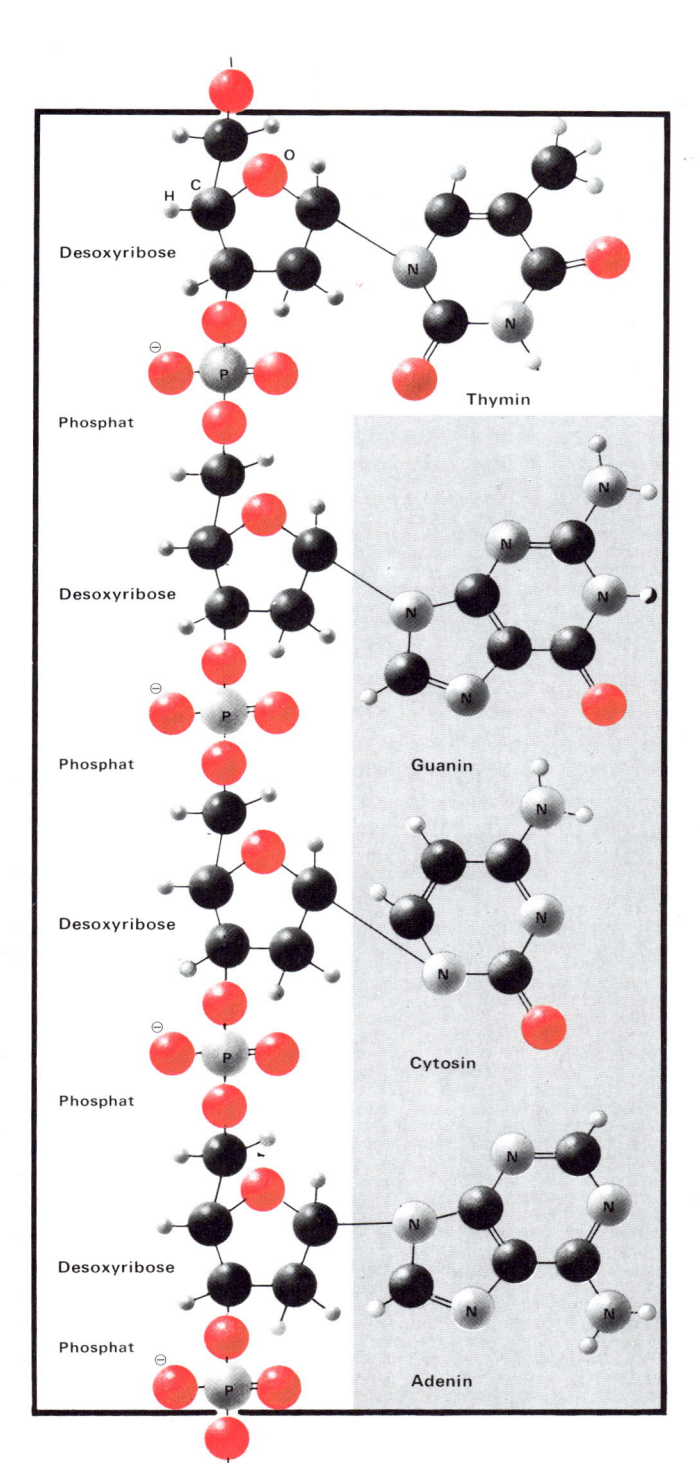

Desoxyribose
Phosphat
Desoxyribose
Phosphat
Desoxyribose
Phosphat
Desoxyribose
Phosphat

Thymin
Guanin
Cytosin
Adenin

Die Desoxyribonucleinsäuren sind im Vergleich zu allen anderen Molekülen der Zelle, auch gemessen an den Proteinen, überragend groß. Bakterienzellen enthalten als Genom nur ein einziges ringförmiges DNA-Molekül, eukaryote Zellen sehr wahrscheinlich immer nur eines in jedem ihrer Chromosomen. Bei unterschiedlicher und zum Teil sehr großer Länge (bis zu einigen cm) sind die fadenförmigen DNA-Moleküle einheitlich 2 nm dick.

Die Desoxyribonucleinsäure-Moleküle bestehen aus langen Ketten von monomeren Untereinheiten, den Nucleotiden, die weiter aus den Komponenten Phosphatgruppe und C_5-Zucker-Ring (Desoxyribose), sowie jeweils aus einer von vier Stickstoffbasen bestehen: Adenin, Guanin, Cytosin und Thymin.

Das kettenförmige Grundgerüst der Desoxyribonucleinsäure bilden die durch Esterbindungen verknüpften Phosphat- und Desoxyribosegruppen.

Bezogen auf die einzelnen C-Atome des Desoxyribose-Ringes — die Zählung beginnt jeweils rechts neben dem roten Ringsauerstoff mit dem Atom C_1' und läuft im Uhrzeigersinn fort — sind die verschiedenen Basen mit einem ihrer Stickstoffatome an das Atom C_1' angeknüpft, während die Atome C_3' und C_5' mit den brückenbildenden Phosphatgruppen verestert sind. Die Phosphatgruppen ihrerseits stehen immer zwischen einer C_3'- und einer C_5'-Bindung zweier Zuckerringe und führen damit eine *Polarität* herbei, also eine Richtung für den gesamten Kettenaufbau, vom *5'-Ende* (oben) zum *3'-Ende* (unten) des DNA-Stranges.

Ein solcher DNA-Einzelstrang lagert sich zusammen mit seinem komplementären DNA-Gegenstrang, und der daraus entstehende DNA-Doppelstrang nimmt die Konformation einer *Doppelhelix*, also einer Schraube mit doppelt geschnittenem Gewindegang, ein. Der Gegenstrang wird in der umgekehrten Polarität angelagert, also hier mit seinem 5'-Ende von unten zum 3'-Ende nach oben. Bei der Paarbildung verbindet sich durch Wasserstoffbrücken die Base Thymin in dem einen Strang mit der Base Adenin in dem Gegenstrang, und ebenso umgekehrt Adenin mit Thymin; und auch das zweite Paar zwischen Guanin und Cytosin kann in beiden Orientierungen eine Brücke zwischen den beiden DNA-Einzelsträngen spannen. Damit ist die Folge der Basen an der Phosphat-Desoxyribose-Kette von oben nach unten frei von chemischen Zwängen und nur von ihrer Funktion als Träger der genetischen Information bestimmt, die Anordnung der Basen im Gegenstrang ist dagegen mit der Wahl der *Nucleotidsequenz* in dem einen Strang vollkommen festgelegt. — Das Kugelmodell zeigt schematisch einen Ausschnitt von vier Nucleotiden aus einem DNA-Einzelstrang.

DESOXYRIBONUCLEINSÄUREN II

Vollständige Primärstruktur der DNA des Bakteriophagen ΦX174

1 Elektronenmikroskopische Aufnahme von ΦX174-Viruspartikeln.
2 Elektronenmikroskopische Aufnahme des DNA-Genoms des Bakteriophagen ΦX174.
3 Die DNA ist der Speicher genetischer Information. Die Nucleotidreihenfolge der DNA (abgekürzt durch A, T, C und G) gleicht einem Text, der die Anweisungen für alle Eigenschaften des jeweiligen Individuums enthält. Der Bakteriophage ΦX174 ist der erste Organismus, dessen gesamter genetischer Informationstext Nucleotid für Nucleotid entschlüsselt wurde. Sein DNA-Genom umfaßt insgesamt 5375 Nucleotide; das entspricht – wie die Abb. zeigt – eng gedruckt einer knappen Seite Text. Das mag wenig erscheinen, wenn man bedenkt, daß der „Inhalt" dieses Textes immerhin 12 Kapitel, d. h. die Anweisung für 12 verschiedene Proteine, enthält, dazu Absätze und Überschriften (Genregulationssignale). Eine Bakterien-DNA setzt sich aus rund vier Millionen Nucleotiden zusammen. Der Text eines Bakteriengenoms füllt somit ein Buch von etwa 400 Seiten. Und der Text der DNA einer menschlichen Eizelle, der 3 Milliarden Nucleotide lang ist, würde – wäre er bekannt – bereits 750 Bände zu je 400 Seiten füllen, also bereits eine kleine Bibliothek.

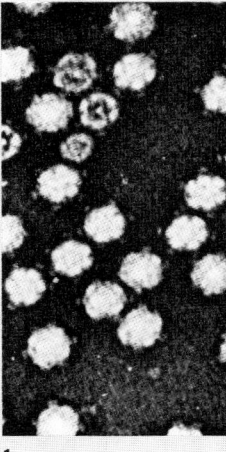

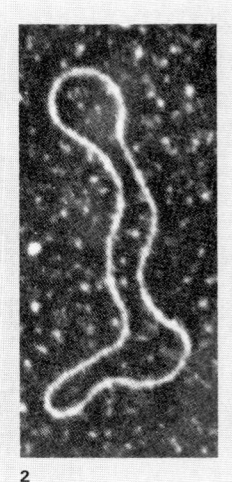

```
CCGTCAGGATTGACACCCTCCCAATTGTATGTTTTCATGCCTCCAAATCTTGGAGGCTTTTTTATGGTTCGTTCTTATTACCCTTCTGAATGTCACGCTG
ATTATTTTTGACTTTGAGCGTATCGAGGCTCTTAAACCTGCTATTGAGGCTTGTGGCATTTCTACTCTTTCTCAATCCCCAATGCTTGGCTTCCATAAGCA
GATGGATAACCGCATCAAGCTCTTGGAAGAGATTCTGTCTTTTCGTATGCAGGGCGTTGAGTTCGATAATGTGATATGTATGTTGACGGCCATAAGGCT
GCTTCTGACGTTCGTGATGAGTTTGTATCTGCTACTGAGAAGTTAATGGATGAATTGGCACAATGCTACAATGTGCTCCCCCAACTTGATATTAATAACA
CTATAGACCACCGCCCCGAAGGGGACGAAAAATGGTTTTTAGAGAACGAGAAGACGGTTACGCAGTTTTGCCGCAAGCTGGCTGCTGAACGCCCTCTTAA
GGATATTCGCGATGAGTATAATTACCCCAAAAAGAAAGGTATTAAGGATGAGTGTTCAAGATTGCTGGAGGCCTCCACTATGAAATCGCGTAGAGGCTTT
GCTATTCAGCGTTTGATGAATGCAATGCGACAGGCTCATGCTGATGGTTGGTTTATCGTTTTTGACACTCTCACGTTGGCTGACGACCGATTAGAGGCGT
TTTATGATAATCCCAATGCTTTGCGTGACTATTTTCGTGATATTGGTCGTATGGTTCTTGCTGCCGAGGGTCGCAAGGCTAATGATTCACACGCCGACTG
CTATCAGTATTTTTGTGTGCCTGAGTATGGTACAGCTAATGGCCGTCTTCATTTCCATGCGGTGCACTTTATGCGGACACTTCCTACAGGTAGGGCGTTGAC
CCTAATTTTGGTCGTCGGATACGCAATCGCCGCCAGTTAAATAGCTTGCAAAATACGTGGCCTTATGGTTACAGTATGCCCATCGCAGTTCGCTACACGC
AGGACGCTTTTTCACGTTCTGGTTGGTTGTGGCCTGTTGATGCTAAAGGTGAGCGCCTTAAAGCTACCAGTTATATGCCTGTTGGTTTCTATGTGGCTAA
ATACGTTAACAAAAAGTCAGATATGGACCTTGCTGCTAAAGGTCTAGGAGCTAAAGAATGGAACAACTCACTAAAACCAAGCTGTCGCTACTTCCCAAG
AAGCTGTTCAGAATCAGAATGAGCCGCAACTTCGGGATGAAAATGCTCACAATGACAAATCTGTCCACGGAGTGCTTAATCCAACTTACCAAGCTGGGTT
ACGACGCGACGCCGTTCAACCAGATATTGAAGCAGAACGCAAAAAGAGAGATGAGATTGAGGCTGGGAAAAGTTACTGTAGCCGACGTTTTGGCGGCGCA
ACCTGTGACGACAAATCTGCTCAAATTTATGCGCGCTTCGATAAAAATGATTGGCGTATCCAACCTGCAGAGTTTTTATCGCTTCCATGACGCAGAAGTTA
ACACTTTCGGATATTTCTGATGAGTCGAAAAATTATCTTGATAAAGACAGGAATTACTACTGCTTGTTTTACGAATTAAATCGAAGTGGACTGCTGGCGGAA
AATGAGAAAATTCGACCTATCCTTGGGCAGCTCGAGAAGCTCTTACTTTGCGACCTTTCGCCATCAACTAACGATTCTGTCAAAAACTGACGCGTTGGAT
GAGGAGAAGTGGCTTAATATGCTTGGCACGTTCGTCAAGGACTGGTTTAGATATGAGTCACATTTTGTTCATGGTAGAGATTCTCTTGTTGACATTTTAA
AAGAGCGTGGATTACTATCTGAGTCCGATGCTGTTCAACCACTAATAGGTAAGAAATCATGAGTCAAGTTACTGAACAATCCGTACGTTTCCAGACCGCT
TTGGCCTCTATTAAGCTCATTCAGGCTTCTGCCGTTTTGGATTTAACCGAAGATGATTTCGATTTTCTGACGAGTAACAAAGTTTGGATTGCTACTGACC
GCTCTCGTGCTCGTCGCTGCGTTGAGGCTTGCGTTTATGGTACGCTGGACTTTGTGGATACCCTCGCTTTCCTGCTCCTGTTGAGTTTATTGCTGCCGT
CATTGCTTATTATGTTCATCCCGTCAACATTCAAACGGCCTGTCTCATCATGGAAGGCGCTGAATTTACGGAAAACATTATTAATGGCGTCGAGCGTCCG
GTTAAAGCCGCTGAATTGTTCGCGTTTACCTTGCGTGTACGCGCAGGAAACACTGACGTTCTTACTGACGCAGAAGAAAACGTGCGTCAAAAATTACGTG
CGGAAGGAGTGATGTAATGTCTAAAGGTAAAAAACGTTCTGGCGCTCGCCCTGGTCGTCCGCAGCCGTTGCGAGGTACTAAAGGCAAGCGTAAAGGCGCT
CGTCTTTGGTATGTAGGTGGTCAACAATTTTAATTGCAGGGGCTTCGGCCCCTTACTTGAGGATAAATTATGTCTAATATTCAAACTGGCGCCGAGCGTA
TGCCGCATGACCTTTCCCATCTTGGCTTCCTTGCTGGTCAGATTGGTCGTCTTATTACCATTTCACCTTCCGCGGTCGCGGCTTCTTGGACAATATTCGAT
GGACGCCGTTGGCGCTCTTCCGTCTTCTCCATTGCGTCGTGGCCTTGCTATTGACTCTACTGTAGACATTTTTACTTTTTTATGTCCCTCATCGTCACGTT
TATGGTGAACAGTGGATTAAGTTCATGAAGGATGTGTTAATGCCACTCCTCTCCCGACTGTTAACACTACTGGTTATATTGACCATGCCGCTTTTCTTG
GCACGATTAACCCTGATACCAATAAAATCCCTAAGCATTTGTTTCAGGGTTATTTGAATATCTATAACAACTATTTTAAGCCGCCGTGGATGCCTGACCG
TACCGAGGCTAACCCTAATGAGCTTAATCAAGATGGCTCGTTATGGTTTCCGTTGCTGCCATCTCAAAAACATTTGGACTGCTCCGCTTCCTCCTGAG
ACTGAGCTTTCTGCCAAATGACGACTTCTACCACATCTATTGACATTATGGGTCTGCAAGCTGCTTATGCTAATTTGCATACTGACCAAGAACGTGATT
ACTTCATGCAGCGTTACCATGATGTTATTTCTTCATTTGGAGGTAAAAACCTCTTATGACGCTGACAACCGTCCTTTACTTGTCATGCGCTCTAATCTCTG
GGCATCTGGCTATGATGTTGATGGAACTGACCAAACGTCGTTAGGCCAGTTTTCTGGTCGTGTTCAACAGACCTATAAACATTCTGTGCCGCGTTTCTTT
GTTCCTGAGCATGGCACTATGTTTACTCTTGCGCTTGTTCGTTTTCCGCCTACTGCGACTAAAGAGATTCAGTACCTTAACGCTAAAGGTGCTTTGACT
ATACCGATATTGCTGGCGACCCTGTTTTGTATGGCAACTTGCCGCCGCGTGAAATTTCTATGAAGGATGTTTTCCGTTCTGGTGATTCGTCTAAGAAGTT
TAAGATTGCTGAGGGTCAGTGGTATCGTTATGCGCCTTCGTATGTTTCTCCTGCTTATCACCTTCTTGAAGGCTTCCCATTCATTCAGGAACCGCCTTCT
GGTGATTTGCAAGAACGCGTACTTATTCGCCAACATGATTATGACCAGTGTTTCCAGTCCGTTCAGTTGTTGCAGTGGAATAGTCAGGTTAGGTTTGGTTGTCAT
GACCGTTTATCGCAATCTGCCGACCACTCGCGATTCAATCATGACTTCGTGATAAAAGATTGAGTGTGAGGTTATAACGCCGAAGCGGTAAAAATTTTAA
TTTTTGCCGCTGAGGGGTTGACCAAGCGAAGCGCGGTAGGTTTTTCTGCTTAGGAGTTTAATCATGTTTCAGACTTTTATTTCTCGCCATAATTCAAACTT
TTTTTCTGATAAGCTGGTTCTCACTTCTGTTACTCCAGCTTCTTCGGCACCTGTTTTACAGACACCTAAAGCTACATCGTCAACGTTATATTTTGATAGT
TTGACGGTTAATGCTGGTAATGGTGGTTTTCTTCATTGCATTCAGATGGATACATCTGTCAACGCCGCTAATCAGGTTGTTTCTGTTGGTGCTGATATTG
CTTTTGATGCCGACCCTAAATTTTTTTGCCTGTTTGGTTCGCTTTGAGTCTTCTTCGGTTCCGACTACCCTCCCGACTGCCTATGATGTTTATCCTTTGAA
TGGTCGCCATGATGGTGGTTATTATACCGTCAAGGACTGTGTGACTATTGACGTCCTTCCCCGTACGCCGGGCAATAACGTTTATGTTGGTTTCATGGTTT
GGTCTAACTTTACCGCTACTAAATGCCGCGGATTGGTTTCGCTGAATCAGGTTATTAAAGAGATTATTTGTCTCCAGCCACTTAAGTGAGGTGATTTAT
GTTTGGTGCTATTGCTGGCGGTATTGCTTCTGCTCTTGCTGGTGGCGCCATGTCTAAATTGTTTGGAGGCGGTCAAAAAGCCGCCTCCGGTGGCATTCAA
GGTGATGTGCTTGCTACCGATAACAATACTGTAGGCATGGGTGATGCTGGTATTAAATCTGCCATTCAAGGCTCTAATGTTCCTAACCCTGATGAGGCCG
CCCCTAGTTTTGTTTCTGGTGCTATGGCTAAAGCTGGTAAAGGACTTCTTGAAGGTACGTTGCAGGCTGGCACTTCTGCCGTTTCTGATAAGTTGCTTGA
TTTGGTTGGACTTGGTGGCAAGTCTGCCGCTGATAAAGGAAAGGATACTCGTGATTATCTTGCTGCTGCATTTCCTGAGCTTAATGCTTGGGAGCGTGCT
GGTGCTGATGCTTCCTCTGCTGGTATGGTTGACGCCGGATTTGAGAATCAAAAAGAGCTTACTAAAATGCAACTGGACAATCAGAAAGAGATTGCCGAGA
TGCAAAATGAGACTCAAAAAGAGATTGCTGGCATTCAGTCGGCGACTTCACGCCAGAATACGAAAGACCAGGTATATGCACAAAATGAGATGCTTGCTTA
TCAACAGAAGGAGTCTACTGCTCGCGTTGCGTCTATTATGGAAAACACCAATCTTTCCAAGCAACAGCAGGTTTCCGAGATTATGCGCCAAATGCTTACT
CAAGCTCAAACGGCTGGTCAGTATTTTACCAATGACCAAATCAAAGAAATGACTCGCAAGGTTAGTGCTGAGGTTGACTTAGTTCATCAGCAAACGCAGA
ATCAGCGGTATGGCTCTTCTCATATTGGCGCTACTGCAAAGGATATTTCTAATGTCGTCACTGATGCTGCTTCTGGTGTGGTTGATATTTTTCATGGTAT
TGATAAAGCTGTTGCCGATACTTGGAACAATTTCTGGAAAGACGGTAAAGCTGATGGTATTGGCTCTAATTTGTCTAGGAAAATAACCGTCAGGATTGACA
CCCTCCCAATT
```

Desoxyribonucleinsäuren

Geschichte:

1869: Erstmalige Isolierung von DNA (damals als *Nuclein* bezeichnet) aus den Kernen v. Eiterzellen u. Fischspermien durch den Schweizer Biochemiker J. F. Miescher (Basel). Zur Aufklärung der Struktur u. zur Erkenntnis der biol. Bedeutung von DNA ist noch ein weiter Weg. Bis weit in die 40er Jahre unseres Jh.s werden Proteine als Träger der genet. Information vermutet bzw. favorisiert.
1944: Die Gruppe O. T. Avery, C. M. MacLeod u. M. Mc Carty (New York) erbringt mit Hilfe v. Transformationsexperimenten an Pneumokokken den ersten experimentellen Nachweis, daß DNA Träger der genet. Information ist, was 1952 v. A. D. Hershey und M. Chase durch Infektion v. Bakterien mit Isotopenmarkierten Bakteriophagen bestätigt wird.
1953: Postulierung der DNA-Doppelhelixstruktur durch J. D. Watson und F. H. C. Crick (Cambridge, England) mit Hilfe der von E. Chargaff entdeckten Regeln (A=T; G=C) u. anhand von eigenen und aus der Gruppe R. Franklin und M. Wilkins stammenden röntgenstrukturanalyt. Daten.
1958: Erstmalige Isolierung v. DNA-abhängiger DNA-Polymerase aus E. coli durch A. Kornberg (USA), womit der Grundstein zur Enzymologie der DNA-Replikation gelegt wird.
1967: Erste in-vitro-Replikation infektiöser Bakteriophagen-DNA (Phage ΦX174) durch M. Goulian, A. Kornberg und R. L. Sinsheimer.
1970: Erste Totalsynthese eines Gens (Gen für t-RNA^{Ala} aus Hefe) mit Hilfe organ.-chem. u. enzymat. Methoden durch die Arbeitsgruppe um H. G. Khorana (Madison, USA). Die Fortführung dieser Arbeiten am Gen für eine Suppressor-t-RNA^{Tyr} aus E. coli u. dessen Klonierung mit Hilfe der sich rasch entwickelnden Methoden der Gentechnologie führt 1976 zum ersten völlig synthetischen Gen mit Aktivität in der lebenden Zelle.
1975: Entwicklung von Methoden zur Sequenzanalyse v. DNA durch F. Sanger (Cambridge, England) u. A. Maxam und W. Gilbert (Harvard, USA); erstmalige Sequenzanalyse eines vollständigen Virus-Genoms (ΦX174) durch die Arbeitsgruppe um F. Sanger.

über RNA-Polymerase nicht kovalent an DNA gebundenen RNA-Ketten, die sich während der Transkription der genet. Information an DNA als Matrize bilden (↗Ribonucleinsäuren). – Mit Ausnahme der DNAs bestimmter Bakteriophagen, z. B. ΦX174 (B 398), fd u. M13, die einzelsträngig u. nur im Replikationsstadium doppelsträngig sind, besteht DNA aus zwei komplementären Ketten, die über Basenpaarungen zu einer *Doppelhelix*-Struktur vereinigt sind (B 400). Die künstl. Überführung doppelsträngiger DNA zu einzelsträngiger DNA, z. B. mit Hilfe v. Alkali, Säure, Wasserstoffbrücken sprengenden Agenzien (Harnstoff u. Formamid), bes. aber durch Temperaturerhöhung, wird als DNA-*Denaturierung* (im Falle v. Temperaturerhöhung auch als DNA-*Schmelzen*, ↗Schmelzen) bezeichnet. Wegen der stärkeren Bindung der G≡C-Basenpaare (3 Wasserstoffbindun-

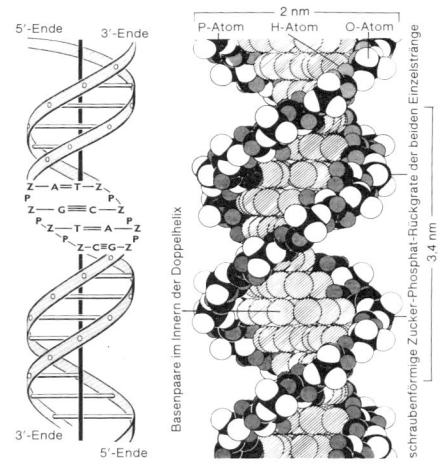

nicht methyliert) u. erlauben dadurch bei DNA-Reparaturprozessen die präferenzielle Reparatur v. DNA-Tochtersträngen (zur durch 5-Methylcytosin ausgelösten Mutation ↗Desaminierung). In der DNA eukaryot. Organismen ist Cytosin in erheblich stärkerem Umfang zu 5-Methylcytosin umgewandelt (bei Tieren bis zu 2%, bei Algen bis zu 3,5%, bei Pflanzen bis zu 10%, bezogen auf die Gesamtbasenzusammensetzung). Als Funktion dieser C-Methylierung eukaryot. DNA ist eine Wirkung auf den Regulationszustand der betreffenden Gene vorgeschlagen worden, jedoch steht die endgült. experimentelle Bestätigung noch aus. In Form v. kurzen, aus nur 3–20 Ribonucleotiden aufgebauten RNA-Primern, die zum Start der DNA-Replikation erforderl. sind, kommen in geringer Menge auch Ribonucleotide in DNA-Ketten vor; sie sind entweder nur vorübergehend eingebaut od. überdauern als „Replikationsrelikte". Sie sind zu unterscheiden v. den

Z = Pentosezucker 2-Desoxyribose
P = Phosphorsäure
A = Adenin
G = Guanin
C = Cytosin
T = Thymin

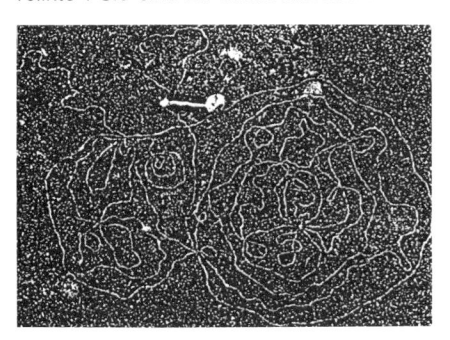

Elektronenmikroskopische Aufnahme eines „ausgelaufenen" DNA-Moleküls v. Bakteriophagen T2. Die Länge des DNA-Fadens beträgt 56 μm, was etwa 180 000 Basenpaaren entspricht.

Doppelstrangmodell (Doppelhelix) einer DNA
Links schematisch ein Ausschnitt v. 19 Basenpaaren (= fast 2 Windungen), rechts als Molekülmodell geringfügig vergrößert u. daher als etwas kleinerer Ausschnitt v. nur 16 Basenpaaren. Man beachte die beiden verschieden großen, parallel zu den beiden Zucker-Phosphat-Rückgraten verlaufenden Furchen, die als große bzw. kleine Furchen bezeichnet werden; durch diese sind die Basen trotz ihrer Verpackung im Inneren der Doppelhelix u. trotz der wechselseit. Paarung in erhebl. Maße v. außen zugänglich. Dies ist v. großer Bedeutung für die Interaktion v. regulatorisch wirksamen Proteinen (u. a. Repressoren, Aktivatoren, RNA-Polymerase), da so das „Abtasten" bzw. „Erkennen" spezif. Nucleotidsequenzen auch ohne Aufbrechen der Doppelhelix möglich ist. Die Dicke der Doppelhelix, entspr. der größten Breite des rechten Modells, beträgt 2 nm (= 2 · 10^{-6} mm); die Länge einer helikalen Windung, der zieml. genau 10 Basenpaaren entspricht, beträgt 3,4 nm. Die Länge einer unverknäuelten DNA v. 10^6 Basenpaaren berechnet sich daraus zu 3,4 · 10^5 nm = 0,34 mm, entsprechend mißt die ca. 4 · 10^6 Basenpaare umfassende DNA des Bakteriums *E. coli* in gestreckter Form etwa 1,3 mm. Die gesamte DNA einer einzigen menschl. Eizelle bzw. Samenzelle mit etwa 3 · 10^9 Basenpaaren summiert sich zu einer Länge v. etwa 1 m.

DESOXYRIBONUCLEINSÄUREN III

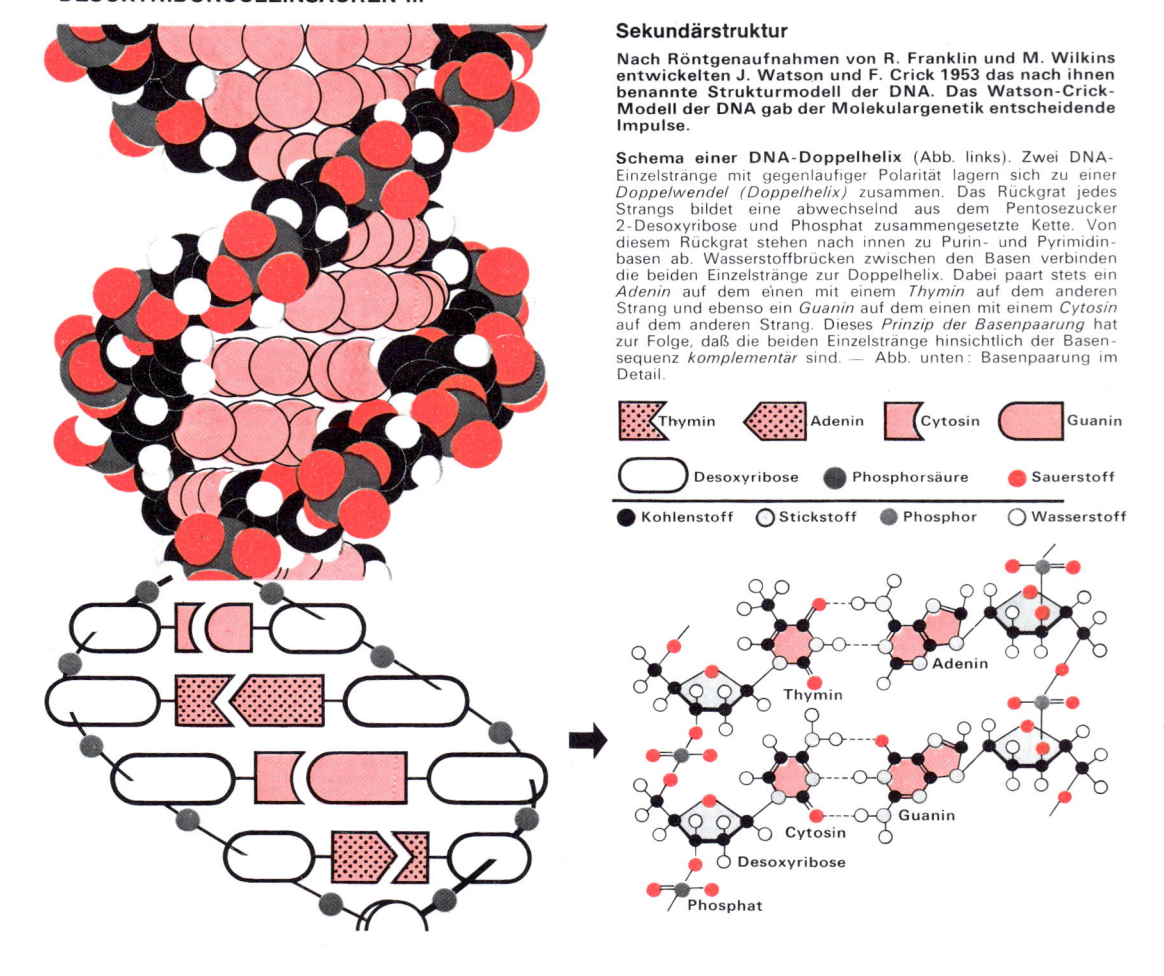

Sekundärstruktur

Nach Röntgenaufnahmen von R. Franklin und M. Wilkins entwickelten J. Watson und F. Crick 1953 das nach ihnen benannte Strukturmodell der DNA. Das Watson-Crick-Modell der DNA gab der Molekulargenetik entscheidende Impulse.

Schema einer DNA-Doppelhelix (Abb. links). Zwei DNA-Einzelstränge mit gegenläufiger Polarität lagern sich zu einer *Doppelwendel (Doppelhelix)* zusammen. Das Rückgrat jedes Strangs bildet eine abwechselnd aus dem Pentosezucker 2-Desoxyribose und Phosphat zusammengesetzte Kette. Von diesem Rückgrat stehen nach innen zu Purin- und Pyrimidinbasen ab. Wasserstoffbrücken zwischen den Basen verbinden die beiden Einzelstränge zur Doppelhelix. Dabei paart stets ein *Adenin* auf dem einen mit einem *Thymin* auf dem anderen Strang und ebenso ein *Guanin* auf dem einen mit einem *Cytosin* auf dem anderen Strang. Dieses *Prinzip der Basenpaarung* hat zur Folge, daß die beiden Einzelstränge hinsichtlich der Basensequenz *komplementär* sind. — Abb. unten: Basenpaarung im Detail.

gen) gegenüber A=T-Basenpaaren (2 Wasserstoffbindungen) erfordert die Denaturierung v. DNA mit hohem G-C-Gehalt (bzw. niedrigem A-T-Gehalt) schärfere Bedingungen (höhere Temperaturen, höhere Konzentrationen an Harnstoff usw.). In der Zelle wird DNA nur lokal u. vorübergehend, z. B. an den Replikationsgabeln, in den Zustand getrennter Einzelstränge überführt. Als Spezialfall ist die Bildung einzelsträngiger DNA mit Hilfe bes. DNA-bindender u. dadurch DNA-denaturierender Proteine im Infektionszyklus der einzelsträng. DNA-Phagen zu betrachten. – Neuerdings wurde neben der in B oben abgebildeten, klass., rechtsdrehenden DNA-Doppelhelix auch eine linksdrehende Form (sog. Z-DNA, da hier die beiden Zucker-Phosphat-Rückgrate eine – insgesamt jedoch wieder helikale – Zickzackform bilden) gefunden, deren Vorkommen u. Bedeutung in zellulären Systemen noch umstritten sind. Durch weitere, den Windungen der DNA-Doppelhelix überlagerte Spiralisierung entstehen sog. *supercoil*-Formen. Diese sind sowohl durch das die DNA umgebende Kationenmilieu als auch durch Bindung v. DNA an bestimmte Proteine, bei kernhalt. Zellen bes. an die Histone (↗Chromatin) bedingt u. führen so zu den stärker verdichteten Strukturen der ↗*Chromatiden* u. ↗*Chromosomen,* die nach Anfärbung bereits im Lichtmikroskop erkennbar sind. Man nimmt an, daß in jeder Chromatidfaser eines Chromosoms ein durchgehender DNA-Doppelstrang enthalten ist, dessen Länge je nach Größe des betreffenden Chromosoms zw. 2 Mill. u. 200 Mill. Basenpaaren, entspr. einer relativen Molekülmasse von 1,2 Mrd. bis 120 Mrd. liegt (der experimentelle Beweis dieser Annahme ist allerdings aufgrund der bes. Schwierigkeit, langkett. DNA unbeschädigt zu isolieren, bisher nur in wenigen Einzelfällen gelungen). Die *Kettenlänge* v. DNA-Molekülen übertrifft daher diejenigen der anderen in der Zelle vorkommenden linearen Makromoleküle (Polysaccharide, Proteine, RNA) um mehrere Größenordnungen. Schon in Anbetracht dieser außergewöhnl. Kettenlängen erscheint die Kapazität v. DNA zur Speicherung v. Information praktisch unbegrenzt. Hinzu kommt noch die einfache kombinator. Beziehung, die besagt, daß für eine aus 4 verschiedenen Elementen zusammengesetzte Kette mit n Kettengliedern 4^n mögl. Sequenzen, das heißt 16 ($= 4^2$) verschiedene Dinucleotidsequenzen, 64 ($= 4^3$) verschiedene Trinucleotidsequenzen, 256 ($= 4^4$) verschiedene Tetranucleotidsequenzen usw., existieren. Schon für die Kettenlänge eines durchschnittl. *Gens* v. 1000 Basenpaaren ergibt sich die unvorstellbar hohe Zahl v. 4^{1000} Sequenzmöglichkeiten u. entspr. riesige Größenordnungen für die aus mehreren Mill. Basenpaaren aufgebauten Genome der Organismen (vgl. Tab.). Daraus folgt, daß während der 3,5 Mrd. Jahre dauernden biol. Evolution sicher nur ein winziger Bruchteil der theoretisch mögl. Nucleotidsequenzen in Form v. DNA realisiert werden konnte, u. hiervon wiederum existiert nur ein kleiner Bruchteil in der Gesamtheit der heute lebenden Organismen. – Die *Größe* v. DNA-Ketten bewegt sich im Bereich zw. mehreren tausend (Plasmide, Phagen-DNAs, mitochondriale DNA, plastidäre DNA) u. mehreren Mill. (Bakterien, Pflanzen, Tiere, Mensch) Basenpaaren, wobei allerdings die Gesamt-DNA kernhalt. Organismen nicht in einer einzigen Kette, sondern verteilt auf mehrere Chromosomen – entspr. mehrere Ketten – vorliegt (hinzu kommen als getrennte Ketten meist noch die extrachromosomalen DNAs der Mitochondrien u. Plastiden, die in den betr. Organellen in größerer Kopienzahl vorliegen). – Typisch für DNA kernhalt. Organismen ist außerdem das Vorkommen repetitiver Sequenzen (Sequenzwiederholungen), deren Anteil an Gesamt-DNA je nach Spezies zw. 10% u. maximal 80% variiert. Die Sequenzanalyse einzelner repetitiver Sequenzen hat gezeigt, daß die sich wiederholenden Einheiten in einzelnen Positionen voneinander abweichen, so daß repetitive DNA-Sequenzen nicht als strenge Repetitionen, sondern eher als Variationen über bestimmte „Grundthemen" aufzufassen sind. Aufgrund ihres „monotonen" Charakters enthalten repetitive DNA-Sequenzen keine Gene (Ausnahme s. u.), u. trotz zahlr. Spekulationen muß die Frage nach mögl. anderen Funktionen repetitiver DNA bislang als unbeantwortet gelten. Dies hat u. a. zur Hypothese der sog. „*egoistischen*" DNA (engl. *selfish DNA*) geführt, wonach die Existenz bestimmter DNA-Sequenzen nicht zur Förderung der Überlebenschancen der betr. Spezies beiträgt (diese allerdings auch nicht od. nicht stark genug mindert, um ein Aussterben der betreffenden Spezies zu verursachen), so daß repetitive DNA – ebenso wie die in-

Mindest-DNA-Gehalt des haploiden Genoms (1 n) bei verschiedenen Organismengruppen

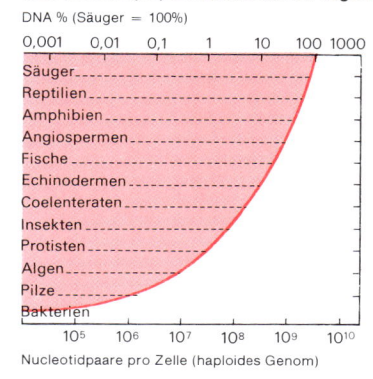

Den DNA-Gehalt des haploiden Genoms, also des einfachen Chromosomensatzes, bezeichnet man auch als C-Wert. Der C-Wert streut ziemlich: er kann z. B. bei bestimmten Amphibien höher als derjenige mancher Säugetiere sein. Hier wurde zum Vergleich jedoch nicht der C-Wert, sondern der in der jeweiligen Organismengruppe niedrigste aufgefundene C-Wert, d. h. der Mindest-DNA-Gehalt des haploiden Genoms, herangezogen. Dann ergibt sich ein markanter Anstieg von den Bakterien bis zu den Säugetieren.

Größen von DNA

DNA bzw. Organismus	Länge[+]	Basenpaare[+]	besondere Eigenschaften
Plasmid pBR 322 aus *Escherichia coli*	1,4 µm	4363*	zirkulär; Klonierungsvektor mit Genen für Ampicillin- u. Tetracyclinresistenz
Simian-Virus (SV 40)	1,7 µm	5243*	zirkulär
Bakteriophage ΦX174	1,7 µm	5375*	zirkulär einzelsträngig (vollständige Nucleotidsequenz vgl. B 398)
mitochondriale DNA des Menschen	5,6 µm	16569*	zirkulär
Bakteriophage T7	13,6 µm	39936*	linear
Bakteriophage λ	16,5 µm	48502*	linear
mitochondriale DNA aus Hefe	25 µm	ca. $75 \cdot 10^3$	zirkulär
Chloroplasten-DNA aus Mais	44 µm	ca. $140 \cdot 10^3$	zirkulär
Bakteriophagen T4 u. T2	61 µm	ca. $180 \cdot 10^3$	linear (☐ 399)
Escherichia coli	1,36 mm	ca. $4 \cdot 10^6$	zirkulär
Hefe (*Saccharomyces cerevisiae*)	4,6 mm	ca. $13,5 \cdot 10^6$	Diese DNAs sind entspr. der Anzahl u. Größe der einzelnen Chromosomen auf mehrere, verschieden lange Ketten verteilt. Die angegebenen Werte beziehen sich auf haploide Chromosomensätze.
Fruchtfliege (*Drosophila melanogaster*)	56 mm	ca. $160 \cdot 10^6$	
Seeigel (*S. purpuratus*)	ca. 170 mm	ca. $800 \cdot 10^6$	
Kröte (*Xenopus laevis*)	ca. 1 m	ca. $3 \cdot 10^9$	
Säugetiere u. Mensch	ca. 1 m	ca. $3 \cdot 10^9$	

[+] Die meist elektronenmikroskopisch ermittelten DNA-Längen u. die Anzahl der Basenpaare entsprechen häufig nur angenähert der Beziehung 340 nm ≙ 1000 Basenpaare (vgl. Text zu Abb. S. 399). Die Abweichungen sind bei den kürzeren DNA-Ketten durch die Unschärfe der Längenmessungen bedingt, bei den komplexeren DNAs aber auch durch die mit den Kettenlängen zunehmend ungenaueren Bestimmungen der Basenpaarzahlen.

* Nucleotidsequenz vollständig analysiert.

Desoxyribonucleinsäuren

Wichtige Parameter zur Charakterisierung von DNA

a Die durch die heterocycl. Basen bedingte *Absorption v. UV-Licht* der Wellenlänge 260 nm, die häufig zur opt. Messung v. DNA-Konzentrationen benutzt wird (☐ Absorptionsspektrum).
b ↗ *Basenzusammensetzung* (↗ AT-Gehalt, GC-Gehalt).
c *Schwebedichte* bei Cäsiumchlorid-Dichtegradientenzentrifugation (↗ Dichtegradientenzentrifugation). Die Schwebedichte, die für DNA im Bereich v. 1,647 g/cm³ (reine A-T-DNA) bis 1 795 g/cm³ (reine G-C-DNA) liegt, zeigt lineare Abhängigkeit vom G-C-Gehalt u. wird daher auch als Methode zur Bestimmung v. DNA-Basenzusammensetzungen eingesetzt. Häufig zeigen sich im Cäsiumchlorid-Dichtegradient neben einer Hauptbande eine od. mehrere Nebenbanden, die DNA-Fraktionen unterschiedl. G-C-Gehalts darstellen; sie werden als Satelliten-DNA bezeichnet. Anzahl u. Lage der Banden v. Satelliten-DNAs sind charakteristisch für jede DNA-Spezies.
d Häufigkeit von ↗ *Basennachbarschaften.*
e *Kettenlängen,* bestimmbar durch Elektronenmikroskopie (☐ 399, Ⓑ 398), durch das Laufverhalten bei Gelelektrophorese u. – heute weniger gebräuchlich – durch die Sedimentationsgeschwindigkeit bei Ultrazentrifugation. DNA-Kettenlängen werden vorwiegend in Anzahl v. Basenpaaren (Abk. bp) od. Kilobasenpaaren (Abk. kbp od. auch kb) angegeben, seltener durch die entsprechenden relativen Molekülmassen (wobei für ein Basenpaar eine durchschnittl. relative Molekülmasse von 660 einzusetzen ist).
f Häufigkeit u. Klassifizierung v. *Sequenzwiederholungen;* diese sind bestimmbar durch Abbau v. DNA mit Restriktionsendonucleasen zu den sich wiederholenden, aus wenigen od. bis zu mehreren hundert Basenpaaren bestehenden Sequenzeinheiten od. durch spezielle Hybridisierungstechniken. Zu letzterer zählt bes. die Messung der zeitl. Abhängigkeit u. der Konzentrationsabhängigkeit v. Renaturierung einzelsträngiger, d. h. denaturierter DNA zu doppelsträngiger DNA (sog. Renaturierungskinetik, ↗ Cot-Wert), da durch diese Methode die Bestimmung der Anteile an sog. „unique"-Sequenzen (in der betreffenden DNA nur einmal oder in wenigen Kopien – bis ca. 10mal – vertreten), mittelrepetitiven Sequenzen (Häufigkeit pro DNA 10^2–10^5) u. hochrepetitiven Sequenzen (Häufigkeit 10^6 bis $> 10^6$) möglich ist.
g Anzahl u. relative Lage v. *Schnittstellen für* ↗ *Restriktionsenzyme.* Die Aufstellung sog. Restriktionskarten ist durch die Vielzahl der heute verfügbaren Restriktionsenzyme zur Routinemethode geworden. Die relativ kleine DNA v. DNA-Viren u. -Phagen kann oft einer direkten Restriktionskartierung unterzogen werden, da sie je nach Art der eingesetzten Restriktionsenzyme zu nur wenigen Fragmenten führt, deren Einordnung zu einer Karte nur geringe Schwierigkeiten bereitet. Dagegen ist für die Kartierung v. DNA aus komplexeren Genomen eine vorherige Anreicherung durch Klonierung (↗ Gentechnologie) erforderlich.
h *Sequenzanalyse:* die erst in der zweiten Hälfte der siebziger Jahre entwickelten Methoden zur Sequenzanalyse v. DNA ermöglichen die Charakterisierung v. DNA auf der Ebene der Monomerbausteine u. damit eine Höchstauflösung bezügl. des Informationsgehalts. In Anbetracht der enormen Kettenlängen v. DNA war es bis vor wenigen Jahren nicht möglich, einzelne Abschnitte (Gene) direkt zu isolieren u. einer Sequenzanalyse zu unterziehen; den Weg dazu eröffneten die Methoden der Klonierung bzw. spezifischen Spaltung in definierte Fragmente mit Hilfe v. Restriktionsendonucleasen. Diese Methoden zus. mit den Methoden der Sequenzanalyse ermöglichen heute die strukturelle u. zunehmend auch funktionelle Feinanalyse v. DNA bzw. v. Genen im Rahmen der modernen ↗ Gentechnologie. Ihre Effizienz spiegelt sich in der Tatsache wider, daß in den wenigen Jahren seit ihrer Entwicklung mehr als 1 Mill. Basenpaare (Stand 1984), was mehr als 1000 Genen durchschnittlicher Größe entspricht, aus den verschiedensten Organismen bzw. Gengruppen sequenziert werden konnten. Als Beispiel ist in Ⓑ 398 die vollständige Nucleotidsequenz der DNA des Phagen ΦX174 wiedergegeben.

tervenierenden Sequenzen gespaltener Gene – ohne eine für die betr. Spezies sinnvolle Funktion, gleichsam als blinder Passagier, in deren DNA enthalten u. damit als nur für die eigene („egoistische") Replikation sorgend anzusehen ist. In der Fraktion der sog. „unique"-Sequenzen sind i. d. R. die Gene eines Organismus enthalten. Eine Ausnahme bilden die Gene für ribosomale RNA, die in 50–1000 Kopien im sog. Nucleolus-Organisator bzw. nach Amplifikation in vielen Tausenden v. Kopien in Nucleolus-DNA lokalisiert sind u. die daher in der Fraktion der mittelrepetitiven DNA-Sequenzen enthalten sind. Eine weitere Ausnahme bilden die für Histone codierenden Gene, die in 250–500 Kopien vertreten sind. DNAs kernloser Organismen, z. B. des Bakteriums *E. coli,* enthalten dagegen keine repetitiven Sequenzen, wobei als Ausnahmen extrachromosomale Plasmid-DNAs, deren Kopienzahlen bis zu 100 gehen können, u. Gene für ribosomale RNA, die z. B. bei *E. coli* in 7facher, bei *B. subtilis* in 10facher Ausführung vorkommen, zu nennen sind. – Die *Synthese* v. DNA erfolgt in der Zelle durch semikonservative ↗ Replikation unter der katalyt. Wirkung mehrerer Enzyme, bes. ↗ DNA-Polymerasen, DNA-Ligasen u. DNA-Gyrasen. Als aktivierte Monomerbausteine werden die 4 2′Desoxyribonucleosid-5′-triphosphate unter Abspaltung v. Pyrophosphat umgesetzt, wobei deren Mononucleotidreste schrittweise in 5′-3′-Richtung der wachsenden DNA-Einzelstränge aneinandergehängt werden. Außer bei der DNA-Replikation laufen DNA-Synthesen auch als Teilschritte bei bestimmten Prozessen der DNA-Reparatur u. der DNA-Rekombination ab; diese DNA-Synthesen beschränken sich jedoch auf kleinere Bereiche der DNA-Ketten. Mit Hilfe einer Kombination v. organ.-chem. und enzymat. Methoden sind DNA-Synthesen auch im Reagenzglas möglich u. werden neuerdings in zunehmendem Maße bei gentechnolog. Projekten eingesetzt (↗ Gentechnologie).

Der Abbau v. DNA erfolgt hydrolytisch unter der katalyt. Wirkung v. ↗ Desoxyribonucleasen. Im Reagenzglas kann DNA durch Säureeinwirkung, die vorzugsweise zur Abspaltung der Purinbasen (Adenin u. Guanin) unter Bildung v. Apurinsäure führt, u. anschließende Alkalihydrolyse an den purinfreien Positionen zu einem Gemisch verschiedener Desoxyoligonucleotide abgebaut werden. Dimethylsulfat u. andere alkylierende Agenzien führen vorzugsweise zur Alkylierung der Purine, am stärksten in der 7-Position v. Guanin; als Folge davon werden die N-glykosid. Bindungen der Purinbasen gelockert, so daß sich letztere vom Zucker-Phosphat-Rückgrat lösen u. dadurch zu Apurin-Positionen (bei vollständiger Reaktion zu Apurinsäure) führen. Hydrazin u. Hydroxylamin greifen dagegen die Pyrimidinbasen selektiv an u. führen zur Spaltung u. Ablösung des Pyrimidingerüsts unter Ausbildung v. Apyrimidinpositionen (bei vollständiger Reaktion zu Apyrimidinsäure). Sowohl an den Apurin- als auch bei den Apyrimidin-Positionen kann das Zucker-Phosphat-Rückgrat durch anschließende Alkalibehandlung gebrochen werden, was gleichbedeutend mit letztl. durch die gen. Reagenzien induzierten DNA-Einzelstrangbrüchen ist. Diese Reaktionsfolgen, die unter speziellen Bedingungen erhöhte Basenspezifität zeigen, bilden die Grundlage der v. Maxam u. Gilbert entwickelten Methode zur DNA-Sequenzanalyse (↗ Gentechnologie). Andererseits führen Reaktionen v. DNA in der Zelle mit diesen u. zahlr. anderen, jedoch mechanistisch ähnl. wirkenden chem. Agenzien zur Auslösung v. ↗ Mutationen.

H. K.

Desoxyribonucleohisto**n-Komplex,** die ↗ Nucleosomen.

Desoxyribonucleoside [Mz.], *Desoxynucleoside;* die wichtigsten Vertreter der D. sind die aus 2-Desoxyribose u. einer Nucleinsäurebase aufgebauten 2'-D.: *2'-Desoxyadenosin, 2'-Desoxycytidin, 2'-Desoxyguanosin* u. *2'-Desoxythymidin.* Durch Veresterung der 5'-Hydroxylgruppen mit Phosphorsäure leiten sich von diesen die *2'-Desoxyribonucleosid-5'-monophosphate* (↗ 2'-Desoxyribonucleosidmonophosphate) ab; aus diesen bilden sich durch sukzessive Phosphorylierungen die *2'-Desoxyribonucleosid-5'-diphosphate* u. die ↗ *2'-Desoxyribonucleosid-5'-triphosphate,* welche analog zu den Ribonucleosid-5'-diphosphaten bzw. Ribonucleosid-5'-triphosphaten, jedoch mit 2-Desoxyribose- (statt Ribose-)Resten aufgebaut sind. Ausgehend v. den 2'-Desoxyribonucleosid-5'-triphosphaten werden die vier 2'-D. in Form ihrer 5'-Monophosphatreste unter der katalyt. Wirkung v. DNA-Polymerasen in ↗ Desoxyribonucleinsäuren eingebaut, weshalb 2'-D. Grundbausteine der Desoxyribonucleinsäuren sind. Aus diesem Grund bilden 2'-D. sowohl in freier Form als auch in phosphorylierter bzw. in DNA eingebauter Form eine für alle Organismen essentielle Gruppe v. Zellinhaltsstoffen. Die Reduktion der 2'-Positionen von D.n bzw. der v. diesen abgeleiteten Nucleotide erfolgt auf der Stufe der 5'-Diphosphate (z. B. ADP→dADP) unter der katalyt. Wirkung des Enzyms Ribonucleosiddiphosphat-Reductase mit Thioredoxin als Coenzym. Bei der Synthese v. 2'-Desoxythymidin erfolgt diese Reduktion ausgehend von Uridin-5'-diphospat (UDP), wobei sich zunächst 2'-Desoxyuridin-5'-diphosphat (dUDP) bildet; erst nach Abspal-

2'-Desoxyadenosin   2'-Desoxycytidin   2'-Desoxyguanosin   2'-Desoxythymidin

Desoxyribonucleoside

Die 4 Hauptvertreter der Desoxyribonucleoside: 2'-Desoxyadenosin, 2'-Desoxycytidin, 2'-Desoxyguanosin und 2'-Desoxythymidin (bei 2'-Desoxyuridin steht anstelle der 5-Methylgruppe ein H-Atom).

2'-Desoxyribonucleosidmonophosphate (5'-Form)

2'-Desoxyribonucleosid-5'-triphosphate

tung einer Phosphatgruppe zu 2'-Desoxyuridin-5'-monophosphat (dUMP) erfolgt die Einführung der 5-Methylgruppe unter Bildung von 2'-Desoxythymidin-5'-monophosphat (dTMP), wobei Methylentetrahydrofolat als Methylgruppendonor fungiert. Neben den vier Standard-2'-D.n sind in DNA in geringer Menge auch die seltenen D. 6N-Methyl-2'-desoxyadenosin sowie 5-Methyl-2'-desoxycytidin enthalten, deren Methylgruppen erst nach dem Einbau v. 2'-Desoxyadenosin bzw. 2'-Desoxycytidin in DNA durch DNA-Methylierungen eingebaut werden. – Bestandteil des Vitamin-B$_{12}$-Coenzyms ist das einen 5'-Desoxyriboserest enthaltende 5'-Desoxyadenosin; dieses ist im B$_{12}$-Coenzym über die 5'-Position kovalent mit dem Kobaltatom des Vitamin-B$_{12}$-Komplexes verbunden (↗ Cobalamin). Als Vertreter der sehr seltenen 3'-D. ist das ↗ Cordycepin zu nennen. 2',3'-Didesoxyribonucleoside bzw. deren 5'-Triphosphate spielen eine bedeutende Rolle als Hilfsmittel zur DNA-Sequenzanalyse nach der sog. Didesoxy-Methode (↗ Gentechnologie).

2'-Desoxyribonucleosidmonophosphate [Mz.], *Desoxyribonucleotide, Desoxynucleotide, Desoxymononucleotide,* Abk. *dNMP,* Mononucleotide der Desoxy-Reihe, in denen die Nucleobasen Adenin, Cytosin, Guanin u. Thymin, seltener auch Uracil mit 5- od. 3-Phosphaten v. Desoxyribose (statt Ribose wie bei Ribonucleotiden) glykosidisch verbunden sind, z. B. 2'-Desoxyadenosin-5'-monophosphat (dAMP), 2'-Desoxycytidin-5'-monophosphat (dCMP), 2'-Desoxyguanosin-5'-monophosphat (dGMP), 2'-Desoxythymidin-5'-monophosphat (dTMP). D.-Reste sind die Grundbausteine v. DNA. Zum Einbau in DNA ist die Aktivierung der vier 2'-Desoxyribonucleosid-5'-monophosphate zu den entspr. ↗ 2'-Desoxyribonucleosid-5'-triphosphaten erforderlich. 2'-D. sind andererseits Produkte des enzymat. Abbaus v. DNA durch DNasen, wobei je nach Spezifität der DNasen die 5'- od. 3'-Phosphate entstehen.

2'-Desoxyribonucleosid-5'-triphosphate [Mz.], Abk. *dNTP,* Sammelbez. für die akti-

Desoxyribonucleotide

desulf-, desulfo- [v. lat. de- = ent-, weg-, sulfur = Schwefel].

offene Form

Furanose-Form

Desoxyribose

F. Dessauer

vierten Bausteine zur DNA-Synthese, 2'-Desoxyadenosin-5'-triphosphat (dATP), 2'-Desoxycytidin-5'-triphosphat (dCTP), 2'-Desoxyguanosin-5'-triphosphat (dGTP) und 2'-Desoxythymidin-5'-triphosphat (dTTP), die aus Nucleobase (Adenin, Cytosin, Guanin od. Thymin), Desoxyribose u. Triphosphat-Rest aufgebaut sind. D. bilden sich in der Zelle als energiereiche Verbindungen durch zwei aufeinanderfolgende Phosphorylierungsschritte aus 2'-Desoxyribonucleosid-5'-monophosphaten u. ATP als Phosphatgruppen-Donor. Beim schrittweisen Einbau in wachsende DNA-Ketten, der durch DNA-Polymerasen katalysiert wird, wirken D. als Substrate; dabei wird bei jedem Schritt die Bindung zw. der α- und β-Phosphatgruppe eines D.-Moleküls gelöst, gleichzeitig der 2'-Desoxyribonucleosid-5'-monophosphat-Rest in die wachsende DNA-Kette eingebaut u. die Pyrophosphatgruppe (β- und γ-Phosphate) freigesetzt.

Desoxyribonucleotide, die ↗2'-Desoxyribonucleosidmonophosphate.

Desoxyribose w, *2-Desoxy-D-ribose,* Abk. *dRib,* als Furanose-Form in Desoxyribonucleosiden, Desoxyribonucleotiden u. Desoxyribonucleinsäuren gebunden vorkommender Zucker. Die Reduktion v. Ribose zu D. erfolgt auf der Stufe der Nucleosid-5'-diphosphate (z. B. Adenosin-5'-diphosphat → 2'-Desoxyadenosin-5'-diphosphat).

2'-Desoxythymidin s, *Thymidin,* Abk. *dT* od. T_d, aus Thymin u. Desoxyribose aufgebautes Desoxyribonucleosid. ↗Desoxyribonucleoside.

Desoxythymidylsäure, die Säureform v. dTMP; ↗2'-Desoxyribonucleosidmonophosphate.

2'-Desoxyuridin, Abk. *dU* od. U_d; in Form von 2'-D.-5'-diphosphat (dUDP) und 2'-D.-5'-monophosphat (dUMP; Säureform ist Desoxyuridylsäure) ist 2'-D. Zwischenprodukt bei der Synthese v. 2'-Desoxythymidin-5'-monophosphat. ↗Desoxyribonucleoside.

Desoxyzucker [Mz.], *Desosen,* einige natürl., meist gebunden vorkommende Zucker, die anstelle einer od. mehrerer OH-Gruppen nur ein H-Atom haben. D. wie Fucose u. Rhamnose sind Zuckerkomponenten v. Glykosiden; 2-Desoxyribose ist Baustein der Desoxyribonucleinsäuren.

Dessauer, *Friedrich,* dt. Biophysiker und Philosoph, * 19. 7. 1881 Aschaffenburg, † 16. 2. 1963 Frankfurt a. M.; Prof. in Frankfurt a. M.; aus prakt. u. theoret. Forschungen auf den Anwendungsgebieten der Physik in der Medizin (Begr. der Quantenbiologie u. der Tiefentherapie mit Röntgenstrahlen, Förderung der Röntgenkinematographie) entstand sein philosoph. Anliegen, die Ergebnisse der modernen Natur-Wiss. aus christl.-theol. Sicht zu interpretieren.

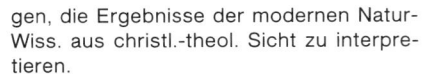

Destruenten [Mz.; v. lat. destruens = niederreißend, zerstörend], *Dekomponenten,* Mikroorganismen, die organ. Ausscheidungsprodukte der Organismen u. die beim Tode der Lebewesen anfallenden organ. Substanzen abbauen u. in einfache anorgan. Verbindungen überführen (mineralisieren), so daß sie wiederum Pflanzen als Nährstoffe dienen können. Unter aeroben Bedingungen sind D. hpts. Bakterien u. Pilze, unter Sauerstoffausschluß nur Bakterien. ↗Mineralisation, ↗Kohlenstoffkreislauf, ↗Stickstoffkreislauf.

Destruktionsfäule [v. lat. destructio = Niederreißen], die ↗Braunfäule.

Desulfonema s [v. *desulfo-, gr. nēma = Faden], ↗Sulfatreduzierer.

Desulfotomaculum s [v. *desulfo-, lat. tomaculum = Bratwurst], Gatt. der *Bacillaceae,* obligat anaerobe, stäbchenförm. Bakterien, die Endosporen bilden u. eine Sulfatatmung (↗Sulfatreduzierer) ausführen können. Die Zellen sind peritrich begeißelt, gramnegativ, enthalten Cytochrom b. *D. nigrificans* (aus dem Boden) u. *D. ruminis* (aus dem Pansen) oxidieren organ. Substrate in der Sulfatatmung nur bis zum Acetat, *D. acetoxidans* (aus dem Wasser) dagegen vollständig bis zum CO_2.

Desulfovibrio m [v. *desulfo-, lat. vibrare = zittern, schwingen], ↗Sulfatreduzierer.

Desulfuration w [v. *desulf-], Abspaltung v. Schwefelwasserstoff (H_2S) bei der Zersetzung schwefelhalt. Zellsubstanzen (z. B. Cystein, Methionin) durch anaerobe Bakterien im Zuge der Mineralisation; H_2S entsteht auch durch eine dissimilator. Sulfatreduktion in der ↗Sulfatatmung v. Bakterien.

Desulfurikanten [Mz.; v. *desulf-], die ↗Sulfatreduzierer.

Desulfurikation w [v. *desulf-], die ↗Sulfatatmung.

Desulfurococcus m [v. *desulf-, gr. kokkos = Kern, Beere], ↗Schwefelreduzierer.

Desulfuromonas w [v. *desulf-, gr. monas = Einheit], ↗Schwefelreduzierer.

Desynapsis w [v. lat. de- = ent-, weg-, gr. synapsis = Verbindung], die vorzeitige (vor Ende der Metaphase I) Trennung v. Paarungspartnern in der Meiose; führt wie die ↗Asynapsis meist zur Fehlverteilung der vorzeitig auseinanderweichenden Chromosomen im Verlauf der Meiose, da diese sich wie Univalente verhalten, was die Entstehung hypo- od. hyperploider Gameten zur Folge hat.

Desynchronisation w [v. lat. de- = ent-, weg-, gr. sygchronizein = gleichzeitig sein], ↗Chronobiologie.

Deszendenten [Mz.; v. lat. descendentes = Nachkommen], Bez. für die Nachkommen eines Elternpaares od. die in der ↗Cladogenese entstandenen Nachfolgearten einer Stammart.

Deszendenz w [v. lat. descendere = abstammen], Herkunft, Nachkommenschaft, ↗Abstammung.

Deszendenztheorie w [v. lat. descendere = abstammen], *Abstammungstheorie*, ↗Abstammungslehre, ↗Daseinskampf ↗Darwinismus.

Detergentien [Mz.; v. lat. detergere = abwischen, reinigen], urspr. im dt. Sprachgebrauch grenzflächenaktive Stoffe, für die heute der Begriff *Tenside* gilt, i. e. S. sind D. synthet. organ. Verbindungen, die die Oberflächenspannung des Wassers verringern, also Wasch- u. Reinigungsmittel. Man unterscheidet harte u. weiche D.: die harten können biol., d. h. durch Bakterien od. Pilze, nicht abgebaut werden, die weichen werden dagegen bis zu 80% biol. abgebaut. In der BR Dtl. sind seit dem 1. 12. 1962 nur noch letztere erlaubt.

Determinanten [Mz.; v. lat. determinare = abgrenzen], 1) Immunologie: *antigene D.*, ↗Antigene. 2) Entwicklungsphysiologie: ooplasmatische Determinanten sind Signale im Cytoplasma der Eizelle, die das Entwicklungsschicksal der einzelnen Tochterzellen bestimmen (↗Musterbildung). So enthält beispielsweise die Hinterpolregion mancher Insekteneier Determinanten für die Bildung der Keimbahnzellen (↗Polzellen).

Determination w [v. *determinat-], 1) Taxonomie: Bestimmung der Artzugehörigkeit eines Individuums. 2) Entwicklungsphysiol.: *Zell-D., primäre Differenzierung*, bei morpholog. undifferenzierten (embryonalen) Zellen reversible od. irreversible Festlegung auf eine spezielle Entwicklungsrichtung (z. B. Muskelzelle, Nervenzelle usw.). Die sekundäre od. sichtbare *Differenzierung* der Zellen od. ihrer Abkömmlinge kann in zeitl. Abstand folgen u. bedarf häufig der Auslösung durch zellexterne Faktoren, z. B. Hormone. Die ↗Imaginalscheiben der höheren Insekten bestehen aus embryonalen Zellen, die bereits zur Bildung spezif. Körperteile determiniert sind; im Versuch behalten sie ihren D.szustand häufig über die Zeitdauer vieler Generationen hinweg bei (↗in-vivo-Kultur von *Drosophila*-Imaginalscheiben). Unter bestimmten Bedingungen kann sich der D.szustand der Zellen eines Zellverbands sprunghaft ändern (↗Trans-D.). Die molekulare Basis der Zell-D. ist bisher nicht bekannt u. dürfte sehr vielschichtig sein. Vermutlich hängt der D.szustand vorwiegend v. Eigenschaften des Cytoplasmas ab, die die Genexpression beeinflussen. 3) fälschl. auch benutzt für ↗Musterbildung.

determinat- [v. lat. determinare = abgrenzen, bestimmen].

Determination

Der Biologe versteht unter Determination heute zweierlei: einmal die Bestimmung der systematischen Zugehörigkeit eines Lebewesens nach Art und Gattung, zum andern die notwendige oder gesetzmäßige Festlegung von Strukturen und Funktionen als zwangsläufige Folge vorgegebener Bedingungen. Man kann darunter aber auch die Herkunft der Zwecke und die Unabänderlichkeit der Ziele lebendiger Prozesse verstehen: von der Prädisposition über die Prädetermination bis zur Prädestination, Begriffe, die der Vorstellung von Zufall, von der Indetermination und von der Freiheit gegenüberstehen.

Es ist die Frage nach der Herkunft dieser Bestimmtheit der Welt gewesen, mit welcher sich alle Kulturen befaßten, und jene nach dem Verhältnis zwischen Vorbestimmung und Freiheit des Menschen, nach Schuld und Verantwortung, wie sie in den metaphysischen Systemen, in Religion und Philosophie am Beginn aller Hochkulturen steht.

In unserer, im klassischen Griechenland wurzelnden Kultur wurde die Determination der Welt auf die Absichten handelnder Demiurgen zurückgeführt. Und bereits in ihrer frühen Philosophie scheiden sich die Deterministen von den Indeterministen, je nachdem die Vorgänge und Zustände in der Natur sowie die Möglichkeiten und Handlungen des Menschen von der Seite der physischen Bedingtheit oder vom Erlebnis der Willensfreiheit her gesehen werden. Entsprechend wurde schon den Kirchenvätern die Beziehung von göttlicher Vorsehung und menschlicher Verantwortlichkeit zum Problem.

Determinismus – Evolutionismus

In der neuzeitlichen Wissenschaft wird der Determinismus der Schöpfungslehre, der Kreationismus, den noch *Cuvier* vertrat, durch die Vorstellung vom Artenwandel, den Evolutionismus von *Lamarck* und *Darwin* und *Wallace* ersetzt. Allerdings mit der Folgeproblematik, inwieweit nun Evolution selbst mechanistisch, aufgrund der Ausgangsbedingungen, determiniert wäre oder aber vitalistisch, aufgrund eines vorgegebenen Zieles.

Für die Individualentwicklung (Ontogenese) ist diese Frage erst in unserem Jahr-

Determination

hundert durch das Studium der Vorgänge bei der Keimesentwicklung dem Experiment zugänglich geworden. Dabei fand sich eine Entwicklungs-Mechanik *Roux'*, die sich auf Fälle von Mosaik- oder Determinations-Keimen stützte, dem Vitalismus *Drieschs* gegenüber, der, gestützt auf Beobachtungen von Fällen von Regulations-Keimen, ein teleologisches Prinzip vertrat. Die Klärung wurde durch *Spemanns* „graduellen Determinismus" eingeleitet.

Demgegenüber hat die Diskussion um die Prozesse der Stammesentwicklung (Phylogenese) zu jener Polarisierung der Auffassungen geführt, wie sie besonders durch *Monod* und *Teilhard de Chardin* bekannt wurden. Während ersterer das Zufällige und Indeterminierte in den Vordergrund stellt, betont der letztere die Gebundenheit und Ausrichtung des Prozesses auf ein vorgegebenes Ziel.

Betrachtet man den Schichtenzusammengang biologischer Determination, so erweist sich die „schöpferische" Funktion des Zufalls bereits im Mutationsgeschehen als unentbehrlich. Der Umstand, daß die Weitergabe der Erb-Determinanten, der Gene, der Anfälligkeit eines molekularen Fadens (der DNA) für stochastische (zufallsbedingte) Störungen anvertraut bleibt, ist auf die „Notwendigkeit des Zufalls" zurückzuführen *(Riedl)*. Er ist aus der Konkurrenz der Individuen um adaptiv erfolgreiche Treffer zu verstehen. Dieser Wettbewerb um Innovation muß freilich mit dem Wachstum der genetischen Information abgestimmt werden *(Eigen)*, weil deren funktionelle Bedeutung mit zu vielen Änderungsmöglichkeiten oder Mutations-Chancen zu zerfließen drohte. So reduzieren „Repair-Mechanismen" die mögliche auf die zuträgliche Zahl der Änderungen an der Erbsubstanz.

Im Differenzierungs-Prozeß von der befruchteten Eizelle zum fertigen Organismus (Ontogenese) hat man eine Omnipotenz der Blastomeren festgestellt: den Umstand also, daß zunächst jede Zelle des Embryos zur Herstellung des Ganzen befähigt ist. Die Determination auf die speziellen Strukturen der Zellen und die Funktionen der Gewebe und Organe erfolgt durch Suppression, durch Unterdrückung jeder andersartigen Genaktivität. Nur der Zeitpunkt der Suppression kann determinativ früh oder regulativ spät erfolgen.

Der Determinationsgrad der Organisation des fertigen Organismus, sein Ordnungsgehalt, erreicht, gerechnet nach der erforderlichen Lagebestimmungen der lebensnotwendigen Moleküle, beispielsweise eines Menschen, die enorme Höhe von 10^{28} bit Information *(Quastler)*, seine genetische Information liegt bei 10^{11} bit. Die Differenz ist auf die Redundanz, auf die oftmalig wiederholte Anwendung identischer Gesetzlichkeit, beispielsweise in den gleichartig differenzierten Zellen der Gewebe, zurückzuführen *(Riedl)*. Die verbleibenden Freiheitsgrade reicht man auf Zufälligkeiten im Ablauf der Gen-Wechselwirkungen (der „epigenetischen Landschaft", *Waddington*) zurück sowie auf physiologische Regelmechanismen, z. B. unserer Körpertemperatur oder unseres Wachstums und die ihnen vorgegebenen Toleranzen.

Die Determination des tierischen Verhaltens reicht von Bewegungsabläufen (Erbkoordinationen) und angeborenen Auslösemechanismen (Instinkte) bis zur Anleitung des explorativen Lernens und zur „Nachdetermination" durch die Prägung *(Lorenz)*.

Zur Diskussion steht noch der Determinationsgrad in den Abläufen der Stammesgeschichte. Während sich Trends, Richtungs-Determinanten oder -Grenzen in der Mikro-Evolution nur gelegentlich nachweisen lassen, beispielsweise durch Parallelentwicklungen, sind sie in der Makro-Evolution die Regel. Diskutiert wird die Ursache solch orthogenetischer Bahnung (Kanalisierung), inwieweit sie auf funktionelle Prädispositionen der Phäne oder auf Verschränkungen der Gen-Wechselwirkungen zurückzuführen wären, oder aber ob es sich um einen Wechselbezug zwischen beiden handelt.

Die Bedeutung der Determination der Organismen liegt in der stetigen Gesetzlichkeit ihres Milieus. In diesem Maße beruht der Lebenserfolg der Generationen auf möglichst identischer, gleichartig determinierter Replikation der bisher erfolgreichen Strukturen und Funktionen. Für die unmittelbare Zukunft bedeutet dies eine Antizipierbarkeit und richtige Reaktion auf kommende Lebensprobleme und gegenüber einer erst zu treffenden Entscheidung eine Entscheidungshilfe.

Die biologische Funktion der Indetermination dagegen ermöglicht Adaptierung, die Entwicklung neuer Reaktionen auf neue Situationen, wie sie sich im Kompliziertwerden der Milieubedingungen von den noch sehr stetigen anorganischen zu den immer variableren organischen, organismischen und sozialen ausweiten.

Diese Funktionen von Determination und Indetermination gelten auch für den Menschen. Von den weitgehend determinierten Reaktionsmöglichkeiten auf seine anorganischen und organischen Existenzbedingungen, bis hin zu seinen angeborenen Anschauungsformen als Vorbedingung seiner Vernunft *(Lorenz, Riedl)*, reicht seine vorgegebene Determination bis in die organismischen u. sozialen Bedingungen der nonverbalen *(Eibl-Eibesfeldt)* und verbalen Kommunikation *(Lenneberg).* Die Entscheidungshilfen, die er zusätzlich aufgreift, reichen von seinen sozialen Normen über seine kulturellen Einstellungen bis zum akzeptierten eines wissenschaftlichen Paradigma. Er wäre ohne dieselben ebenso verloren wie ohne seine biologischen Determinationen (angeborene Fähigkeiten).

Die dem Menschen gegebene Freiheit dagegen hat wenig mit den Funktionen des Zufalls zu tun. Dieser spielt nur mehr im Einfall, in der schöpferischen Idee eine Rolle. Die Entscheidungsfreiheit des Menschen und damit seine moralische Verpflichtung beruht vielmehr auf der ihm gegebenen bewußten Reflexion, der Abwägung von Folgen und Gründen.

Lit.: *Eibl-Eibesfeldt, I.:* Menschenforschung auf neuen Wegen. Wien – München – Zürich 1976. *Eigen, M., Winckler, R.:* Das Spiel. München – Zürich 1975. *Lenneberg, E.:* Biologische Grundlage der Sprache. Frankfurt (M.) 1972. *Lorenz, K.:* Die Rückseite des Spiegels. München – Zürich 1973. *Monod, J.:* Zufall und Notwendigkeit. München – Zürich 1971. *Quastler, H.:* The emergence of biological organisation. New Haven – London 1964. *Riedl, R.:* Die Ordnung des Lebendigen. Hamburg – Berlin 1975. *Riedl, R.:* Die Strategie der Genesis. München – Zürich 1976. *Riedl, R.:* Biologie der Erkenntnis. Hamburg – Berlin 1980. *Spemann, H.:* Experimentelle Beiträge zu einer Theorie der Entwicklung. Berlin 1936. *Teilhard de Chardin, P.:* Der Mensch im Kosmos. München 1959. *Waddington, C.:* The strategy of genes. London 1957.

Rupert Riedl

Determinationsfaktoren [v. *determinat-], *Determinatoren,* Faktoren, welche die Zelldifferenzierung in der Ontogenese beeinflussen, z. B. chem. od. physikal. Milieufaktoren, Kontakt mit anderen Zellen (↗Induktion) od. spezif. Faktoren im Eicytoplasma, die den Furchungszellen zugeteilt werden (↗Determinanten, ↗Furchung).

Determinationsmuster *s* [v. *determinat-], gesetzmäßige räuml. Anordnung v. unterschiedlich determinierten Zellen od. Zellgruppen. ↗Musterbildung.

Determinationsperiode *w* [v. *determinat-], Entwicklungsabschnitt, in dem sich eine bestimmte ↗Fehlbildung auslösen läßt.

Determinatoren [Mz.; v. *determinat-], die ↗Determinationsfaktoren.

Detritus *m* [lat., = das Abreiben], **1)** Biol.: i. w. S. organ. Abfallstoffe, Trümmer v. tier. u. pflanzl. Geweben, i. e. S. Bez. für feines, durch die Zersetzung v. Tier- u. Pflanzenresten entstehendes Material, wobei im Wasser noch die mineral. Sinkstoffe hinzugerechnet werden. D. dient den *D.fressern* od. *Detritivoren (Detritiphagen)* als Nahrungsquelle. Auf D. können sich D.-Nahrungsketten aufbauen (z. B. Mangroveblätter als Nahrungsquelle in der Brackwasserzone S-Floridas). Man unterscheidet *allochthonen D.,* der aus der näheren Umgebung ins Gewässer gelangt, v. *autochthonem D.,* der im Gewässer selbst entsteht. Unter der Bez. *D.regen* versteht man das Absinken v. D. in größere Meerestiefen. Der D.regen wurde fr. als die Hauptnahrungsquelle für die Tiefseebewohner angesehen. Heute weiß man, daß die Sinkgeschwindigkeit so gering ist, daß der v. der Oberfläche stammende D. völlig abgebaut ist, bevor er den Boden erreicht. **2)** Geologie: Gesteinsschutt.

Deuteranomalie *w* [v. *deuter-, gr. anōmalia = Ungleichheit], *Deuteroanomalie,* Form der ↗Farbenfehlsichtigkeit, bei der die Empfindung für Grün herabgesetzt ist; Sehschwäche für Rot: *Protanomalie.*

Deuteranopie *w* [v. *deuter-, gr. an- = ohne, ōps = Auge], *Deuteroanopie,* Form der ↗Farbenfehlsichtigkeit, bei der die Empfindung für Grün (Grünblindheit) stark u. für Rot weniger stark gestört ist. Bei einer wesentl. Beeinträchtigung der Rotempfindung bezeichnet man diese Störung als *Protanopie.*

Deuterencephalon *s* [v. *deuter-, gr. egkephalon = Gehirn], *Deutencephalon,* hinterer, von der Chorda unterlagerter Abschnitt der Gehirnanlage der Wirbeltiere.

Deuterium *s* [v. gr. deuterios = zweitrangig], *schwerer Wasserstoff,* chem. Zeichen D oder $^2_1$H, natürl. vorkommendes Wasserstoffisotop (Häufigkeit 0,0139–0,0151%) mit der doppelten Atommasse des Wasserstoffs, das gegenüber dem gewöhnl. Wasserstoff merkliche chem. u. physikal. Unterschiede zeigt. Chem. Verbindungen, in denen Wasserstoff ganz od. teilweise durch D. ersetzt ist, werden als *Deuteroverbindungen* bezeichnet. Das *D.oxid* (D_2O) ist das sog. *schwere Wasser.* Viele Stoffwechselreaktionen laufen in D_2O langsamer als in H_2O ab, weshalb D_2O zu cytolog. u. morpholog. Änderungen od. sogar zum Absterben v. Organismen führen kann. Aufgrund dieses Isotopieeffekts ist D_2O ein method. Hilfsmittel zum Studium der Rolle des Wassers in biol. Systemen.

Deuterocoel *s* [v. *deutero-, gr. koilōma = Höhlung], ↗Coelom.

Deuterohermaphroditen [Mz.; v. *deutero-, gr. hermaphroditos = Zwitter], gelegentl. auftretende Zwitter bei Pflanzen, die i. d. R. getrenntgeschlechtl. sind.

Deuteromycetes [Mz.; v. *deutero-, gr. mykētes = Pilze], die ↗Fungi imperfecti.

---

determinat- [v. lat. determinare = abgrenzen, bestimmen].

deuter-, deutero- [v. gr. deuteros = der zweite].

Deuteromycophyta [Mz.; v. *deutero-, gr. mykēs = Pilz, phyton = Gewächs], *Deuteromycota*, die ↗Fungi imperfecti.

Deuterostomier [Mz.; v. *deutero-, gr. stoma = Mund], *Deuterostomia, Zweitmünder, Neumünder, Rückenmarktiere, Notoneuralia*, auf K. Grobben (1908) zurückgehender Begriff, der die triploblast. Metazoa *(Bilateria)* in ↗ Proto- u. *Deuterostomia* gliederte. D. sind alle Triploblasten, bei denen der Blastoporus (Urmund) in Beziehung zum definitiven After steht, also die *Echinodermata, Hemichordata, Chordata* u. *Chaetognatha* sowie die erst 1914 entdeckten *Pogonophora*. Da das „Schicksal" des Urmundes sich inzwischen jedoch als keineswegs so eindeutig erwiesen hat, wie es Grobben schien, die Stellung der Chaetognatha u. Pogonophora unsicher ist u. es zudem unter den Protostomia Formen gibt, die sich ontogenet. wie Deuterostomia verhalten, werden heute vielfach die Proto- u. Deuterostomia als phylogenet. Einheiten in Zweifel gezogen. ↗Archicoelomatentheorie.

Deutocephalon *s* [v. *deuto-, gr. kephalē = Kopf], Kopfsegment (↗Kopf) der Gliederfüßer, das bei *Trilobitomorpha*, Krebsen, Tausendfüßern u. Insekten das 1. Fühlerpaar (1. Antennen) trägt; bei den *Chelicerata* („Fühlerlose") rudimentär.

Deutocerebrum *s* [v. *deuto-, lat. cerebrum = Hirn], Teil des ↗Oberschlundganglions der Gliederfüßer, dem Komplexgehirn angeschlossenes, durch eine Kommissur verbundenes Ganglienpaar des ↗Deutocephalons, das das 1. Antennenpaar innerviert. Bei den *Chelicerata* ist mit den fehlenden 1. Antennen auch das D. zurückgebildet.

Deutomerit *m* [v. *deuto-, gr. meros = Teil], ↗Polycystidae.

Deutometamerie *w* [v. *deuto-, gr. meta- = nach-, um-, meros = Teil], *Deutomerie*, das Auftreten eines in Deutometameren gegliederten ↗Coeloms. Durch sekundäre Untergliederung eines einheitl., von einem *Mesoteloblasten* gebildeten Mesodermstreifens entstehen simultan drei paarige Coelomsäckchen (Segmente), die *Deutometameren*. Am klarsten sieht man dies an der Trochophoralarve v. Anneliden u. der Naupliuslarve v. Crustaceen. Auch das Coelom der Mollusken gilt als ein Rest von Deutometameren. Diese gelten insgesamt als ausschl. homolog zum paar. Metacoel (hinteres Archimetamerenpaar) der ↗Archicoelomata. In das ↗Mixocoel der adulten Arthropoden sind Deuto- u. ↗Tritometameren eingegangen.

Deutonymphe *w* [v. *deuto-, gr. nymphē = Braut], Larvenstadium der ↗Pseudoskorpione u. der ↗Milben.

Devon

Das devonische System
345 Mill. Jahre vor heute

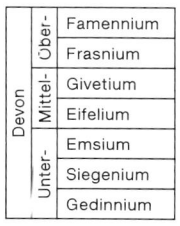

Devon	Ober-	Famennium
		Frasnium
	Mittel-	Givetium
		Eifelium
	Unter-	Emsium
		Siegenium
		Gedinnium

395 Mill. Jahre vor heute

Die Lebewelt des Devons

Besiedelung des festen Landes durch Pflanzen u. Tiere.

Pflanzen

Entwicklung der Kormophyten mit Gliederung in Wurzel-, Stengel- u. Blattorgane, Ausbildung v. Spaltöffnungen, Leitbündeln u. sekundärem Dickenwachstum.
Unterdevon. Typus: Psilophytenflora des Wahnbachtals bei Bonn mit Riesenalge *(Prototaxites)*, Nacktfarnen *(Taeniocrada, Zosterophyllum, Sciadophyton)* u. Bärlappgewächsen *(Drepanophycus, Protolepidodendron).*
Mitteldevon. Typus: Flora v. Elberfeld (Wuppertal) mit Bärlappgewächsen *(Protolepidodendron, Duisbergia)*, Schachtelhalmgewächsen *(Hyenia, Calamophyton)* u. Farnen *(Cladoxylon, Aneurophyton)*. In N-Schottland die Flora v. Rhynie mit *Rhynia, Asteroxylon* u.a.
Oberdevon. Typus: Flora der Bäreninsel mit vorwiegend baumförmigen Pteridophyten (z. B. *Archaeopteris)*. Abbauwürdige Fettkohlenflöze.

Deutoplasma *s* [v. *deuto-, gr. plasma = Geformtes], Sammel-Bez. für Einschlußkörper im Protoplasma, zum Beispiel Lipidtropfen, Dotterschollen und Pigmentkörnchen.

Deutsche Hochmoorkultur, Kulturmaßnahmen, bei denen mächtige Hochmoore ($>1,3$ m) ohne Abtorfung entwässert, gedüngt u. oberflächig umgebrochen werden. Die entstehenden Böden sind für Grünlandwirtschaft gut, für Ackerbau dagegen weniger geeignet.

Deutscher Bertram, der Korbblütler ↗Anacyclus.

Deutsche Schabe, *Blattella germanica*, ↗Blattellidae.

Deutzie *w* [ben. nach dem Amsterdamer Ratsherrn J. van der Deutz, † 1784?], *Deutzia*, Gattung der ↗Steinbrechgewächse.

Devastation *w* [v. lat. devastatio = Zerstörung], Zerstörung landw. Böden durch Raubbau od. falsche Bewirtschaftung. ↗Desertifikation.

Deviation *w* [v. lat. deviare = vom Weg abkommen, abirren], Abänderung eines ontogenet. Entwicklungsablaufs während der Evolution u. im Vergleich zu verwandten Arten. Dabei kann bis zu einer bestimmten Entwicklungsphase die Entwicklung gleichartig verlaufen, ehe sich Abweichungen ergeben. ↗Phänogenetik.

devolut [v. lat. devolutus = weggedreht], Bez. für die Form eines Schneckengehäuses, dessen Umgänge sich nicht berühren, sondern eine freie, meist unregelmäß. Spirale bilden; bei manchen Schnecken ist der Anfangsteil des Gehäuses normal gewunden (↗evolut), erst die späteren Umgänge werden devolut (z. B. ↗Wurmschnecken).

Devon *s* [ben. nach der Grafschaft Devonshire in SW-England], *devonisches System*, System od. Periode der ↗Erdgeschichte zw. Silur u. Karbon, Dauer ca 50 Mill. Jahre. Der Name wurde 1839 eingeführt v. Murchison u. Sedgwick, nachdem Lonsdale 1837 gezeigt hatte, daß in Devonshire Kalke, Grauwacken u. Schiefer unter der Steinkohlenformation nicht kambrisch, sondern nachsilurisch sind. *Stratigraph. Grenzen:* Untergrenze entspr. bed 20 im Grenzprofil v. Klonk bei Suchomasty (ČSSR) mit Einsetzen des *Monograptus uniformis;* Obergrenze = Top Famenne VI, *Wocklumeria*-Stufe (Ende der Clymenien). *Leitfossilien:* Korallen, Trilobiten, Conodonten, Fische, Pflanzen; speziell im Unter-D. Graptolithen, Brachiopoden u. Tentaculiten; Mittel- bis Ober-D. mit Goniatiten bzw. Clymenien, Ostracoden. *Gesteine:* rote Sandsteine, Arkosen u. Konglomerate mit Schrägschichtungen, Trokkenrissen u. Eindrücken v. Regentropfen in der kontinentalen Fazies (= F.); in mariner F. Sande u. Schiefer auf dem Schelf (rhein. F.), Kalke u. Kieselschiefer im pelag. Bereich (hercyn. F.); Vulkanite, Roteisensteinlager des Lahn-Dill-Gebietes. In Geosynklinalen Mächtigkeiten bis 7000 m. *Paläogeographie:* Die kaledon. Orogenese verschmolz an der Wende vom Silur zum D. die nordam., grönländ. u. die eur. Plattform zum Nordatlant. Kontinent. Er reichte im N bis Spitzbergen, im S über Mittelpolen, Belgien bis Cornwall u. S-Irland. Wegen seiner vielen Rotsedimente hat er den Namen Old-Red-Kontinent erhalten. Südlich, bis hin zur Franko-Alemannisch-Böhmischen Insel erstreckte sich ein geosynklinaler Meeresraum, aus dem später das Varisz. Gebirge hervorging. Die Mitteldt. Schwelle zerlegte ihn in zwei Teiltröge. Während des D.s näherte sich der Südkontinent Gondwanaland dem nördlichen. *Krustenbewegungen:* Im älteren D. transgressive Tendenz, ab Givetium Regression. Erste Phasen der varisz. Gebirgsbildung. *Klima:* Warmzeit auf der nördl., kühl, ohne sichere Spuren v. Vereisungen auf der südl. Halbkugel. Lage des Äquators im Bereich Osteur. Plattform – Skandinavien – Grönland; Südpol in S-Afrika.

dexiotrop [v. gr. dexios = rechts, tropē = Wendung], rechtsgewunden (z. B. bei Schneckenhäusern od. Windepflanzen), rechtsdrehend (↗ Spiralfurchung). Ggs.: lävotrop, leiotrop.

Dextrane [Mz.], verzweigte Polysaccharide, die aus bis zu mehreren tausend Glucoseeinheiten durch 1,6- u. 1,4- od. 1,3-glykosidische Verknüpfungen aufgebaut sind; D. sind Reservepolysaccharide in Hefen u. Bakterien u. werden aus diesen in techn. Maßstab isoliert. D. bilden in Wasser hochviskose, schleim. Lösungen. Nach künstl. Quervernetzung der Polysaccharidketten bilden D. mit wäßr. Lösungen Gele, deren Porenweite durch den jeweil. Vernetzungsgrad bedingt ist u. dadurch variiert werden kann. Diese als *Sephadex* bekannten Gele finden bei der Gel-↗ Chromatographie zur Auftrennung v. Makromolekülen vielfache Anwendung.

Dextrine [Mz.], Abbauprodukte v. Stärke; durch den Abbau mit α-Amylase entstehen die relativ großen *Amylo-D.;* der Abbau durch β-↗Amylasen führt zur vollständ. Spaltung der unverzweigt aufgebauten ↗Amylose. ↗Amylopektin kann dagegen an den Verzweigungsstellen nicht weiter abgebaut werden, so daß *Grenz-D.* entstehen. Amylo-D. ergeben eine blaue, Erythro-D. eine rote Iodreaktion; die niedermolekularen Achroo-D. geben keine Farbreaktion. Der techn. Abbau v. Stärke

Tiere
Bedeutende Radiation der Fische, erste Amphibien. Auf dem Old-Red-Kontinent tauchen die ersten flügellosen *(Rhyniella praecursor)* und geflügelten Insekten *(Eopterum)* auf. Limnische, zeitweise evtl. brackische Gewässer werden bewohnt von Süßwassermuscheln *(Archanodon),* Riesenkrebsen *(Gigantostracen),* kieferlosen Schalenhäutern *(Ostracodermata),* gnathostomen Stachelhaien *(Acanthodii),* Plattenhäutern *(Placodermi),* Lungenfischen *(Dipterus)* u. Quastenflossern *(Holoptychius, Porolepis, Osteolepis),* aus denen im obersten D. die ersten Amphibien hervorgegangen sind *(Elpistostege, Ichthyostega).* Riffe, aufgebaut aus Stromatoporen, Tabulaten u. Rugosen, säumen den Küstenschelf. Brachiopoden u. Cephalopoden (Goniatiten) erreichen die erste Blütezeit. Clymenien beginnen u. enden im Oberdevon. Seewalzen *(Holothurien)* setzen ein; Seelilien, See- u. Schlangensterne entfalten sich; Calcichordaten u. Cystoiden sterben ebenso aus wie die Graptolithen (außer den *Dendroidea)* u. Trilobiten (außer den Proetaceen).

deuter-, deutero- [v. gr. deuteros = der zweite].

deuto- [Kurzform v. gr. deuteros = der zweite].

(meist Kartoffelstärke) durch Säuren od. durch Rösten trockener Stärke bei 160–200 °C führt zu den sog. *Säure-D.n* bzw. *Röst-D.n,* die zur Herstellung v. Leim u. v. Appreturmitteln vielfach Verwendung finden. Abbau v. Stärke durch bestimmte Mikroorganismen, z. B. *Bacillus macerans,* führt zu den ringförm., aus 6–8 Glucoseeinheiten aufgebauten *Cyclo-D.n.* Diese bilden mit Molekülen von 0,5–0,8 nm ⌀ Einschlußverbindungen, was im techn. Maßstab zum Schutz gg. Abbau (sog. Mikroverkapselung) v. Pharmaka od. Schädlingsbekämpfungsmitteln ausgenützt wird.

Dextrose w [v. lat. dexter = rechts], (veraltete) Bez. für ↗ Glucose, da Glucoselösungen die Ebene v. polarisiertem Licht nach rechts drehen.

DFP, Abk. für ↗ Diisopropyl-Fluorphosphat.

dG, Abk. für ↗2'-Desoxyguanosin.

dGMP, Abk. für 2'-Desoxyguanosin-5'-monophosphat; ↗2'-Desoxyribonucleosidmonophosphate.

dGTP, Abk. für 2'-Desoxyguanosin-5'-triphosphat; ↗2'-Desoxyribonucleosid-5'-triphosphate.

D-Horizont, Gesteinsschicht unter dem B-od. C-Horizont, die an der Bodenbildung nicht beteiligt war. ↗Bodenhorizonte.

Dhurrin s, ein ↗cyanogenes Glykosid.

Diabetes m [gr., = Harnruhr], 1) *D. insipidus,* Wasserharnruhr, vermehrte Ausscheidung von Harn mit niedr. Dichte; Ursache: Mangel an antidiuret. Hormon (ADH, ↗Adiuretin) durch Hypophysenstörung od. mangelndes Ansprechen v. Osmorezeptoren auf ADH. 2) *D. mellitus, Zuckerharnruhr, Zuckerkrankheit,* erbliche chron. Erkrankung des Kohlenhydratstoffwechsels, die auf einem Mangel an ↗Insulin beruht. Symptome bei Krankheitsbeginn: Durst, große Harnmengen, Mattigkeit, Gewichtsabnahme, Hautjucken, Neigung zur Furunkelbildung, Zahnfleischveränderungen, vermehrte Infektanfälligkeit, Potenz- bzw. Menstruationsstörungen. Bei chron. Verlauf entwickeln sich Spätschäden: Spätsyndrom, das die Folge einer allg. Kapillarschädigung (Mikroangiopathie) ist; zusätzl. entwickelt sich eine allg. Arteriosklerose. Die Manifestationen des Spätsyndroms sind Nierenschädigung (Kimmelstiel-Wilson-Syndrom), die diabet. Retinopathie, die bis zur Blindheit führen kann, Durchblutungsstörungen der Extremitäten bis zur Gangrän; Nervenschädigung (diabet. Neuropathie), Wundheilungsstörungen u. die allg. Folgen der verstärkt auftretenden Arteriosklerose, die zu einer vermehrten Gefährdung des Diabetikers durch Hirn- u. Herzinfarkte führt. Unterschieden werden der *juvenile D.* (Typ I) u. der *Alters-D.* (Typ II). Der juvenile D.

Diabetes

Diabetes (Ergebnis einer Vorsorgeuntersuchung; nach einer BASF-Feldstudie)

Altersklasse		Insgesamt an der Studie beteiligte Personen	davon in mindest. 1 Test positiv
<21 Jahre	♂	1971	271
	♀	638	108
21–25	♂	1811	218
	♀	706	105
26–30	♂	3926	398
	♀	686	90
31–35	♂	4810	510
	♀	449	85
36–40	♂	4561	573
	♀	370	60
41–45	♂	3629	503
	♀	457	93
46–50	♂	2692	426
	♀	446	77
51–55	♂	2064	311
	♀	236	37
56–60	♂	2233	438
	♀	201	40
61 u. älter	♂	1418	277
	♀	52	11
Summe	♂	29115	3925
	♀	4241	706
insgesamt		33356	4631

entwickelt sich rasch u. muß meist schon bei Diagnosestellung mit Insulin behandelt werden. Jugendl. Diabetiker sind meist nicht übergewichtig u. neigen zur Ketoacidose. Der Alters-D. tritt langsamer, zumeist bei Übergewichtigen auf, ist weniger labil u. neigt weniger zur Ketoacidose. Die Ursache des D. ist noch nicht bekannt. Vermutet werden beim juvenilen D. eine Hypoplasie der β-Zellen (↗Langerhanssche Inseln), eine Zerstörung der β-Zellen durch immunpatholog. Vorgänge u. durch Viren. Beim Alters-D. werden als Ursache eine verminderte Durchblutung der Langerhansschen Inseln, eine Verdickung der Basalmembran der β-Zellen u. damit eine Sekretionsstarre vermutet. Durch ein extremes Übergewicht kommt es durch Bindung v. Insulin an das Fettgewebe oft nur zu einem relativen Insulinmangel. Ein D. kann sekundär auftreten nach Therapie mit Glucocorticoiden (Steroid-D.) od. in der Folge innersekretor. Störung durch Überproduktion von STH od. ACTH. Durch den Insulinmangel ist die Glucoseverwertung vermindert, der Organismus steigert deshalb die ↗Gluconeogenese, Folge ist eine Hyperosmolarität mit osmot. Diurese, die eine extra- u. intrazelluläre Dehydratation (Exsiccose) zur Folge hat. Durch den Ausfall der lipolysehemmenden Wirkung des Insulins kommt es zu einer gesteigerten Lipolyse, die teilweise das entstehende Energiedefizit ausgleicht. Durch die vermehrt anfallenden Ketosäuren (Acetessigsäure, β-Hydroxybuttersäure, Aceton) entsteht eine Übersäuerung des Organismus u. damit das lebensbedrohl. ketoacidotische *Coma diabeticum*. Beim Alters-D. tritt überwiegend das hyperosmolare Coma diabeticum auf, das die Folge der übermäßigen Flüssigkeitsausscheidung ist. Beide Formen führen schnell zu tiefer Bewußtlosigkeit. Als Folge des Wasserverlustes kommt es zu trockenen Schleimhäuten, weichen Augäpfeln u. beim ketoacidotischen Coma zum typ. Geruch nach Aceton u. der Kußmaul-Atmung (↗Atmungsregulation). Der Blutzuckerwert ist nicht immer mit der Schwere des Comas korreliert. Auslösend sind oft Infekte od., bei bereits behandelten Diabetikern, ein eigenmächt. Absetzen des Insulins. Durch die Therapie mit Insulin sterben heute weniger als 1% der Diabetiker am Coma. Der Krankheitsverlauf wird vielmehr durch die Spätkomplikationen bestimmt, die ganz wesentl. von einer konsequenten Therapie abhängen. Die *Therapie* erfolgt beim Typ I mit Diät u. Insulin, beim Typ II mit Gewichtsreduktion u. Diät. Berechnungsgrundlage der Diät ist die ↗Broteinheit. Erst wenn diese Maßnahmen nicht ausreichen, wird mit Sulfonylharnstoffen (z.B. Glibenclamid, Tolbutamid) behandelt. Das Wirkprinzip ist eine Vermehrung der Insulinausschüttung der β-Zellen. Erst bei weiterem Fortschreiten der Erkrankung wird beim Typ II Insulin eingesetzt. Es stehen rasch wirksame Alt- und Normalinsuline, langsamer wirkende sog. Depotinsuline sowie Kombinationen aus beiden zur Verfügung. Die Insuline stammen v. Schweinen u. vom Rind; seit 1983 steht auch humanes Insulin zur Verfügung (↗Insulin, ↗Gentechnologie). H. N.

Physiologie des Diabetes

Disposition: Genet. Faktoren mit multifaktorieller Vererbung (genet. Information mehrfach verändert).
Primäreffekt: Insulinmangel durch Störung der Insulinsekretion.
Manifestationsfaktoren: Überernährung mit Übergewicht, geringe körperl. Bewegung; Überproduktion v. hormonellen Gegenspielern des Insulins (Catecholamine, Glucagon, Glucocorticoide, Somatotropin); Pankreaserkrankungen; Pharmaka, z.B. Diuretika, die zu Kaliummangel führen u. die Ansprechbarkeit der Muskelzellen für Insulin reduzieren; evtl. auch Antikonzeptionsmittel.
Stoffwechselentgleisungen durch fehlenden Insulineinfluß:
Muskulatur – Fehlende Stimulation der Glykogensynthase, Glykogenverlust, Kaliumverlust, verminderte Glucoseaufnahme, verstärkter Abbau v. Fetten u. Proteinen bei reduzierter Aufnahme v. Fettsäuren u. Aminosäuren aus dem Blut; daher Muskelschwund.
Fettgewebe – Substratverarmung (Acetyl-CoA, reduzierte Coenzyme) für die Fettsäure- u. Triglyceridsynthese durch verminderte Glucoseaufnahme aus dem Blut u. damit reduzierter Glykolyse; verstärkter Abbau vorhandener Fette u. erhöhte Ausschüttung v. Glycerin u. Fettsäuren ins Blut, daher Schwund des Fettgewebes (juveniler Diabetes).
Blut – Durch die gen. Störungen Erhöhung der Konzentrationen v. Glucose, Aminosäuren, Fettsäuren u. Glycerin.
Leber – Verstärkte Aufnahme der im Blut vorhandenen Substrate. Mangelnde Glykogensynthese, Glykogenverlust (s. Muskulatur), aber erhöhte Gluconeogenese aus Aminosäuren u. Glycerin; daher vermehrte Synthese u. Exkretion v. Harnstoff. Unterschiedl. Nutzung des Angebots an Fettsäuren, z.T. Triglyceridsynthese (daher diabet. Fettleber) daneben aber Abbau u. damit Anhäufung v. Acetyl-CoA über das im Citratzyklus verwertbare Maß hinaus. Daher vermehrte Cholesterinsynthese (Erhöhung des Arterioskleroserisikos) u. Bildung v. Ketonkörpern (Acetoacetat, β-Hydroxybutyrat, Aceton). Vermehrte Bildung v. Lipoproteinen (VLDL) durch Bindung freier Fettsäuren an Protein u. Abgabe ans Blut (daher Hyperlipoproteinämie).

Diacetyl s, $CH_3-CO-CO-CH_3$, die der Butter ihr charakterist. Aroma verleihende Substanz; Zwischen- bzw. Endprodukt im Stoffwechsel einiger Bakterien. Im Verlauf des *2,5-Butandiol-Zyklus,* der bei Bacilli während der Sporulation abläuft, wird D. in Acetat gespalten (↗unvollständige Oxidation). Bei Milchsäurebakterien, Enterobakterien, *Veillonella*-Arten, *Clostridium sphenoides* u. *Rhodopseudomonas gelatinosa* wird D. als Endprodukt des anaeroben Abbaus v. Citrat gebildet (↗Citronensäuregärung).

Diachea w [wohl v. gr. diachein = ausgießen], Gatt. der ↗Stemonitaceae.

Diachore w [v. gr. diachōrein = auseinandergehen, sich trennen], ↗Rassenkreis.

Diacrisia w [v. gr. di- = zwei-, akris = Heuschrecke], Gatt. der ↗Bärenspinner.

Diadectomorpha [Mz.; v. gr. dia- = durch-, dēktēs = beißend, morphē = Gestalt], (Watson 1917), † U.-Ord. der *Cotylosauria* mit einem Mosaik altertüml. u. fortschrittl. Merkmale; ca. 43 Gatt.; *Dia-*

dectes aus dem Perm der USA bis 2,35 m lang u. stämmig. Verbreitung: Oberkarbon bis Obertrias.

Diademschildkröten, *Hardella,* Gatt. der ↗Sumpfschildkröten.

Diadem-Seeigel, *Diadema* u. a. Gatt. der *Diadematidae;* ben. nach blau reflektierenden Flecken (Iridiocyten über Melanophoren) an der Körperoberfläche; Verbreitung überwiegend tropisch u. subtropisch. Körper bis 10 cm ⌀; die schlanken Stacheln bis über 30 cm lang, hohl, mit winzigen Zähnchen besetzt, brechen leicht ab. Bisweilen suchen kleine Fische zw. den Stacheln Schutz vor Freßfeinden. Trotz der extremen Stacheln sind die D. nicht vollkommen geschützt: manche Drückerfische können sie mit einem Wasserstrahl aus dem Maul umdrehen u. dann in die normalerweise dem Substrat zugekehrte u. deshalb stachelfreie Mundregion beißen. □ Seeigel.

Diadumene *w* [v. gr. diadoumenos = mit einem Diadem geschmückt], Gatt. der ↗Mesomyaria.

Diaea, Gatt. der ↗Krabbenspinnen.

Diageotropismus *m* [v. gr. dia = durch, geō- = Erd-, tropē = Wendung], ↗Tropismus.

Diaglena *w* [v. gr. di- = zwei-, aglēnos = augenlos], *Triprion,* Gatt. der ↗Laubfrösche.

Diagnose *w* [v. gr. diagnōsis = Unterscheidung, Bestimmung], **1)** Medizin: Krankheitserkennung, die Voraussetzung jeder Therapie (Krankheitsbehandlung); die Lehre v. der D.stellung ist die *Diagnostik.* **2)** Systematik: kurze Beschreibung eines Taxons anhand seiner wesentl. (Schlüssel-)Merkmale; dient so v. a. der Abgrenzung gegenüber anderen Taxa, spricht man von *Differentialdiagnose.*

Diakinese *w* [v. gr. diakinēsis = leichte Bewegung], ein Stadium der ↗Meiose.

Dialekt *m* [v. gr. dialektos = Mundart], charakterist. Sonderform der Lautäußerung einer Tierart in einem bestimmten Gebiet, die sich v. derselben Lautäußerung dieser Art in einem anderen Gebiet unterscheidet. Ist ein D. weit verbreitet, spricht man v. *regionalem,* bei kleiner Verbreitung v. *lokalem* D. Am besten ist die D.-Bildung bei Singvögeln untersucht, z. B. tritt der bekannte „Regenruf" des Buchfinken selbst innerhalb einer Landschaft (z. B. entlang des Hochrheins u. Oberrheins) in sehr verschiedenen D.en auf. Aber auch die Rufe u. Lautäußerungen v. anderen Vögeln, v. Säugetieren, v. Fröschen u. Grillen können in D.e zerfallen. Die Funktion der D.e ist umstritten, es könnte sich um sexuelle ↗Isolationsmechanismen handeln, die verschieden angepaßte Teilpopulationen

Diabetes mellitus
Einteilung:
Prädiabetes: normale Suchtests, aber Risikofaktoren, z. B. beide Eltern od. mehrere Familienmitglieder Diabetiker
Latenter D.: pathol. Glucosetoleranztests bei Belastungen (Streß, Schwangerschaft, Übergewicht).
Subklinischer D.: Glucosetoleranztest pathologisch.
Klinischer D.: nüchtern Hyperglykämie, BZ (Blutzucker) >130 mg/100 ml, unter Glucosebelastung >160 mg/100 ml, sowie Nachweis von Glucose im Urin (Nierenschwelle ca. 180 bis 200 mg BZ/ 100 ml).

Suchtests:
Glucosetoleranztest: Prinzip: nach kohlenhydratreicher Ernährung werden 100 g Zucker in 300 ml Tee eingenommen. BZ-Bestimmungen nach 30, 60 u. 120 Min. Bleibt der BZ unter 160: normal, über 160: diabetisch.
Tolbutamidtest: T. stimuliert die Insulinausschüttung durch die β-Zellen. Nach intravenöser Verabreichung des T. muß es zu einem BZ-Abfall von 20–25% des Ausgangswertes kommen (Leucin- u. Glucagontests werden selten verwendet.)

einer Art teilweise gegeneinander abgrenzen. Auch eine Anpassung an äußere Bedingungen des Lebensraums kommt in Frage. Weiterhin muß insbes. ein auf Lernen beruhender D. nicht unbedingt eine ökolog. Funktion besitzen. Von Vögeln ist bekannt, daß die D.-Bildung durch das individuelle Erlernen der Laute erfolgt u. damit auf ↗Tradition beruht. Bei Grillen wurde umgekehrt festgestellt, daß die D.-Unterschiede genet. bedingt sind. Gelegentl. wird auch in bezug auf nichtakust. Signale v. D. gesprochen, z. B. von *chemischem* D. bei Sexuallockstoffen.

diallele Kreuzung [v. gr. diallēlos = reziprok, im Zirkelschluß], Verfahren zur Überprüfung des genotyp. Kreuzungswertes v. Inzuchtlinien; dazu wird eine Anzahl v. Inzuchtlinien in allen mögl. Kombinationen gekreuzt; die Nachkommenschaft gibt Auskunft über die Brauchbarkeit bestimmter Kombinationen hinsichtl. eines gegebenen Zuchtziels.

Dialypetalae [Mz.; v. gr. dialyein = auflösen, petalon = Blatt], fr. übliche Sammelbez. für alle Pflanzen-Fam., deren Perianth in Kelch u. freiblättr. Krone differenziert ist. Die Unterscheidung der Dikotyledonen in die 3 Gruppen der *Apetalae, Dialypetalae* u. *Sympetalae* wurde schon länger als ungünstig angesehen, da sich immer mehr herausstellte, daß diese 3 Taxa keine natürl. Verwandtschaftsgruppen sind; aus Tradition u. in Ermangelung eines besseren wurde dieses Einteilungsschema lange beibehalten. Erst in neuerer Zeit eröffnet sich aufgrund der Arbeiten v. Takhtajan u. Cronquist die Möglichkeit, eine allg. akzeptable, die bisher erkannten natürl. Verwandtschaftsverhältnisse beschreibende Einteilung vorzunehmen. Ggs. Monochlamydeae od. Apetalae, Sympetalae.

Dialyse *w* [v. gr. dialysis = Auflösung], Trennung gelöster Teilchen nach ihrer Größe infolge Diffusion bzw. Retention durch eine halbdurchlässige (semipermeable) Membran (sog. D.-Membran). Häufig eingesetzt wird die D. als Methode zur Trennung hochmolekularer Stoffe, wie Nucleinsäuren, Polysaccharide, Proteine (nicht durch Membranen diffundierbar), v. niedermolekularen, diffundierbaren Stoffen, wie Nucleotiden, Monosacchariden,

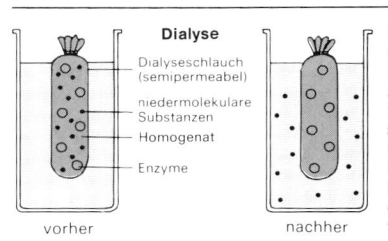

Dialyse
Dialyseschlauch (semipermeabel)
niedermolekulare Substanzen
Homogenat
Enzyme

vorher — nachher

Die Metaboliten diffundieren durch eine halbdurchlässige (semipermeable) Membran zu Orten niedrigerer Konzentration. Durch öfteres Wechseln des äußeren Mediums kann erreicht werden, daß im Dialyseschlauch nur noch die hochmolekularen Stoffe, d. h. die gesamte Enzymausstattung, zurückbleibt.

dialysepal

Aminosäuren, Salzen usw. Niedermolekulare Anionen bzw. Kationen können auch mit Hilfe eines elektr. Feldes durch die D.membran getrieben werden (sog. *Elektro-D.*). ↗Niere.

dialysepal [v. gr. dialyein = auflösen, lat. separare = trennend], ↗chorisepal.

Diamantbarsch, *Enneacanthus obesus*, ↗Sonnenbarsche.

Diamantkäfer, Vertreter der südam. Rüsselkäfer-Gatt. *Entimus*, die metallisch-grün beschuppt sind u. gelegentl. zu Schmuck verarbeitet werden.

Diamantschildkröten, *Malaclemys*, Gatt. der Sumpfschildkröten. Ihr gleichnam. Vertreter *M. terrapin* (Panzerlänge bis 25 cm) lebt in zahlr. U.-Arten im Brackwasser küstennaher Gewässer an der O-Küste N- u. Mittelamerikas. D. besitzen bes. Augendrüsen, mit deren Hilfe sie mit der Nahrung (v. a. Weichtiere) aufgenommenes, überschüssiges Salz ausscheiden können, u. dunkelbraune, facettenart., konzentr. gefurchte Rückenschilder (Name!). Ihr Fleisch war fr. sehr geschätzt; Bestand stark rückläufig, deshalb in einigen Gebieten der USA heute geschützt u. vielerorts in Teichen gezüchtet.

Diaminopimelinsäure, in Bakterien, Cyanobakterien, höheren Pflanzen u. bestimmten Pilzen Zwischenprodukt der Synthese v. L-Lysin aus Oxalacetat u. Pyruvat; bei gramnegativen u. einigen grampositiven Bakterien Bestandteil der Peptidseitenkette des ↗Mureins in der Zellwand.

Dianemaceae [Mz.; v. gr. dianēma = Faden], Fam. der *Trichiales* (Schleimpilze), deren Fruchtkörper (meist Plasmodiocarpien) ein Capillitium besitzen, das bei der Gatt. *Dianema* aus festen, fast geraden Fäden u. bei der Gatt. *Calomyxa* aus längeren, geschlängelten Fäden besteht.

Diantennata [Mz.; v. gr. di- = zwei, lat. antemna = Segelstange], systemat. Bez. für die durch den Besitz v. zwei Fühlerpaaren (Antennen) ausgezeichneten ↗Krebse. ↗Monantennata. [Virusgruppe.

Dianthovirus-Gruppe ↗Nelkenringflecken-

Dianthus *m* [v. gr. Zeus, Gen. Dios, anthos = Blume, Blüte], die ↗Nelke.

Diapause *w* [v. gr. diapausis = Zwischenpause], neben der ↗Quieszenz eine Form der ↗Dormanz, die bei Insekten u. verschiedenen anderen Wirbellosen eine zeitweil. Unterbrechung der Entwicklung mit einer drast. Einschränkung des Energie- u. Stoffbedarfs zur Überwindung ungünst. Klimaperioden bedeutet u. je nach Art in jedem Entwicklungsstadium des Organismus (Ei, Larve, Puppe, Imago) auftreten kann. In Analogie zu der photoperiodisch gesteuerten ↗Blühinduktion bei Pflanzen ist der induzierende Faktor offensichtl. in der Länge der tägl. Photophase zu sehen, wobei die Temp. modifizierend wirkt. Schon eine Änderung der Tageslänge um 15 Min. kann den Stoffwechsel einer Insektenpopulation auf D.bedingungen umstellen. Diese Ansprechbarkeit auf Tageslängen unterliegt aber einer normalverteilten genet. Variabilität, die gewährleistet, daß bei frühzeit. Einsetzen ungünst. Klimaverhältnisse wenigstens der Teil der Population überlebt, der „zu früh" (d. h. im aufsteigenden Ast der Normalverteilung) die D. begonnen hat. Einige Nachtpfauenaugen (Saturniiden) besitzen zur Perzeption des Lichts ein kleines durchsicht. Fenster in der Cuticula des Puppenkopfes, durch das das Gehirn die tägl. Helligkeitsdauer messen kann. Die Induktion der D. erfolgt dann über eine Umsetzung der photoperiod. Veränderungen in neurosekretor. Signale, die wiederum eine Veränderung des Hormonstatus im Organismus bewirken. So wird bei der *Imaginal-D.* das unter Kontrolle des Gehirns produzierte Juvenilhormon gespeichert u. erreicht nicht mehr die Corpora allata. Folge ist u. a. eine Muskeldegeneration u. Unterbrechung der Vitellogenese in den Ovarien. Demgegenüber kann bei vielen Schmetterlingen eine *Larval-D.* durch Gaben v. Juvenilhormon induziert werden. *Puppen-D.* wiederum wird eingeleitet durch einen Mangel an Ecdyson. Zur Beendigung der D. bedarf es einer Änderung der Umweltbedingungen; in den meisten Fällen spielt eine länger anhaltende niedrige Temp. die Rolle eines D.terminators. – Eine typische D. gliedert sich in 5 physiolog. voneinander abgrenzbare Phasen: 1. Die Vorbereitungsphase, in der die Perzeption der sich ändernden Photoperiode zu einer Akkumulation v. Reservestoffen u. einer Anhäufung v. „Frostschutzmitteln" wie Glycerin u. Sorbit führt. 2. Während der Induktionsphase kommt es zu einer Verminderung der Biosyntheseaktivität mit herabgesetzter Respiration u. zu einem Einstellen der neurosekretor. Tätigkeit. 3. In der Refraktärphase, einem etwa 3monat. Zeitraum, in dem die D. nicht gebrochen werden kann, sind alle Zellaktivitäten nahezu eingestellt, die DNA- u. RNA-Synthese ist gestoppt. Danach setzt ein Kältestimulus den Aktivierungsprozeß des Organismus wieder in Gang, das endokrine System tritt erneut in Funktion, es kommt zur 4. Aktivierten Phase, die im Ggs. zur Refraktärphase jederzeit zu beenden ist. Die 5. Endphase führt innerhalb v. etwa 2 Wochen zu einer Beendigung der D. Endokrinol. u. Stoffwechselfunktionen der Zellen setzen wieder ein, die Respiration steigt an.

L. M.

$$\begin{array}{c} \text{COOH} \\ | \\ H_2N-CH \\ | \\ CH_2 \\ | \\ CH_2 \\ | \\ CH_2 \\ | \\ H_2N-CH \\ | \\ \text{COOH} \end{array}$$

Diaminopimelinsäure

Diapause

Gemeinsamkeiten von Diapause und Winterschlaf:

Ansammlung von Nahrungsreserven *vor* Eintritt ungünstiger Umweltbedingungen, aktives Absenken der Atmung, hormonale Steuerung

Unterschiede:

Winterschlaf ist jederzeit beendbar, D. in der Refraktärphase nicht zu brechen,

Winterschlaf ist thermoreguliert, D. führt bei zu großer Kälte zum Tod,

Winterschlaf benötigt zur Beendigung einen Wärmestimulus, D. einen Kältestimulus,

Winterschlaf ermöglicht ein Aufwachen in Stunden, D. benötigt etwa 2 Wochen

Diapensiales [Mz.; v. gr. diapensia = Sanikel], Ord. der *Dilleniidae* mit der einzigen, den Steinbrechgewächsen wahrscheinl. relativ nahe verwandten Fam. *Diapensiaceae*, die 7 Gatt. mit ca. 20 Arten umfaßt (vgl. Tab.). Über die gemäßigten u. arkt. Gebiete der nördl. Halbkugel verbreitet, jedoch hpts. in den Gebirgen O-Asiens u. des atlant. N-Amerika beheimatete Kräuter u. Zwergsträucher. Die einfachen Blätter sind meist in Rosetten angeordnet; die einzeln od. in Trauben stehenden, radiären, zwittr. Blüten besitzen 5 mehr od. minder stark verwachsene Kelch- u. Kronblätter sowie meist 5 mit der Krone verwachsene Staubblätter. Der oberständ. Fruchtknoten besteht aus 3–5 verwachsenen Fruchtblättern u. enthält zahlr. Samenanlagen an zentralwinkelständ. Placenten. Die aus ihm hervorgehende Frucht ist eine vielsam., fachspalt. Kapsel. Einige Arten der *Diapensiaceae* werden als Zierpflanzen in Gärten gezogen.

Diaphana w [v. gr. diaphanēs = durchscheinend], Gatt. der *Diaphanidae*, Kopfschildschnecken mit bauchig-eiförm., dünnschal. Gehäuse ohne Deckel; das Tier kann sich vollständig in das Gehäuse zurückziehen; vorwiegend in kalten Meeren u. der Tiefsee.

Diaphanothek w [v. gr. diaphanēs = durchscheinend, thēkē = Behälter], meist heller gefärbte, durchscheinende Schicht in der Wand diaphanothekaler (d. h. mit D. ausgestatteter) ↗Fusulinen. Ggs.: Keriothek.

Diaphragma s [gr., = Zwerchfell], 1) allg.: Scheidewand, Membran (bes. teilweise durchlässige). 2) Scheidewand in röhrenförm. Pflanzenteilen, z. B. die quergestellten Scheidewände in den Knoten der Grashalme. 3) das ↗Zwerchfell. 4) horizontales, bindegewebiges Septum in der Leibeshöhle v. Gliedertieren. Meist ist ein dorsales u. ein ventrales D. vorhanden. Bes. im Abdominalbereich wird dadurch die Leibeshöhle in den Dorsalsinus (Perikardialsinus) mit dem Dorsalgefäß (Herz) u. den Ventralsinus (Perineuralsinus) mit dem Bauchmark u. dem dazwischenliegenden Perivisceralsinus mit Darm u. Geschlechtsorganen geteilt.

Diaphyse w [v. gr. diaphysis = Durchwachsen], *Knochenschaft*, zw. den Gelenkenden (↗Epiphyse) gelegener Hauptteil eines Knochens; entsteht, indem durch desmale Verknöcherung zunächst eine perichondrale Knochenmanschette gebildet wird, worauf die enchondrale Verknöcherung des eingeschlossenen Knorpels erfolgt. Bis zum Wachstumsende (beim Menschen um das 20. Lebensjahr) bleibt die D. von der Epiphyse durch die knorpel.

Diapensiales
Wichtige Gattungen und Arten der *Diapensiaceae*:
Diapensia: in Steingärten findet sich *D. lapponica*, ein polsterbildender Zwergstrauch mit kleinen derben Blättern u. Einzelblüten; zirkumpolar v. N-Amerika über Eurasien bis nach S-Korea verbreitet, Charakterart arkt. Zwergstrauchtundren.
Galax: die in N-Amerika heim. *G. aphylla* hat herzförm. Blätter u. zahlr., in traub. Blütenständen stehende kleine, weiße Blüten.
Weitere Gatt.:
Pyxidanthera
Schizocodon
Shortia

Epiphysenfuge getrennt, v. der das weitere Wachstum des Röhrenknochens ausgeht.

Diapophyse w [v. gr. dia = durch, apophysis = Auswuchs], *Processus transversus*, Querfortsatz am Wirbelkörper, Ansatzstelle des Rippenhöckers (Tuberculum).

Diaporthales [Mz.; v. gr. diaporthein = zerstören], Ord. der Schlauchpilze, auch als Fam. *Diaporthaceae* bei den *Sphaeriales* eingeordnet. Die inoperculaten Asci der D. bilden ein Hymenium (oft lose) u. verschleimen frühzeitig an der Basis; der Fruchtkörper ist ein Perithecium („*Pyrenomycetes*"), das einzeln od. im Stroma sitzt. D. sind Saprobien mit unauffäll. Wuchs auf Holzgewächsen; viele sind Pflanzenparasiten, die durch Wunden in die Wirte eindringen u. mit Hilfe v. Toxinen Gewebepartien abtöten od. sie verstopfen. Blattparasit ist *Mamiania fimbriata* auf Hainbuchen (*Carpinus betulus*); *Endothia parasitica* ist Erreger des Rindenkrebses der Edelkastanien (Kastanienkrebs) u. *Diaporthe perniciosa* des Triebsterbens der Obstbäume; *D. eres* wächst auf Ästen v. *Ulmus*-Arten.

diapsider Schädeltyp m [v. gr. di- = zwei-, apsis = Gewölbe], ↗Schläfenfenster.

Diaptomus m [v. gr. diaptōma = Fall, Irrtum], Gatt. der ↗Copepoda.

Diaptychus m [v. gr. diaptychē = Falte], veralteter Ausdruck für den aus zwei spiegelbildl. gleichen Hälften bestehenden ↗Aptychus der Ammoniten.

diarch [v. gr. di- = zwei-, archē = Leitung], Bez. für ein radiales Leitbündel der Wurzel mit 2 Xylem- u. 2 Phloemsträngen, z. B. die Wurzelleitbündel bei Lupinen u. Kreuzblütlern.

Diaspididae [Mz.; v. gr. di- = zwei-, aspis = Gewölbe], die ↗Deckelschildläuse.

Diasporen [Mz.; v. gr. diaspora = Zerstreuung], Bez. für die Ausbreitungseinheiten der Pflanzen; je nach Pflanzengruppe recht verschiedene Pflanzenteile, die aber alle für die Vermehrung u. Ausbreitung vom Pflanzenkörper abgetrennt werden. Beispiele sind: Sporen, Samen, Fruchtteile u. ganze Früchte, Fruchtstände, Brutkörper u. a.

Diastase w [v. gr. diastasis = Spaltung, Trennung], veraltete Bez. für β-Amylase, ein stärkespaltendes Enzym, bes. im keimenden Samen (Gerstenmalz) u. in Kartoffeln. D. wurde 1833 als erstes Enzym v. Payen u. Persoz aus Weizen in angereicherter Form isoliert.

Diastema s [gr., = Zwischenraum], *Diastem*, Zahnlücke, insbes. diejenige zw. Frontzähnen u. Prämolaren.

Diaster m [v. gr. di- = zwei-, astēr = Stern], mitot. Plasmastrahlung, die nach der Karyogamie v. Ei- u. Spermienkern durch die Teilung des aus dem Spermien-

Diastole

DIÄTFORMEN

Strenge Diät u. U. völliges Fasten, bei bestimmten akuten Magen-Darm-Krankheiten;
Abmagerungsdiät bei Übergewicht;
Diabeteskost, Verringerung der Kohlenhydrate; eiweißreiche D., zuckerarmes Obst, Salate;
Kochsalzarme Diät bei verschiedenen Nierenkrankheiten;
Fettarme Diät bei Pankreaserkrankungen;
Purinarme Diät keine inneren Organe, keine Eier bei Gicht;
Gallenschonkost fettarm, keine tier. Fette, keine gebratenen Speisen bei Cholecystitis.

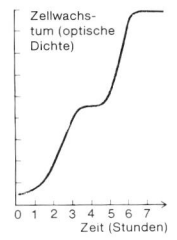

Diauxie

Wachstumskurve v. *Escherichia coli* in einer Nährlösung mit Glucose u. Sorbit. Erst nach Verbrauch der Glucose (3 Std.) adaptieren die Zellen an den Sorbitabbau (3–4 Std.), ehe das Wachstum mit diesem neuen Substrat beginnen kann (ab 4 Std.).

diatom- [v. gr. diatomē = Trennung, Spaltung; v. gr. diatemnein = durchschneiden, zerteilen].

dicho- [v. gr. dicha = zweifach, doppelt], in Zss.: doppel-, zwei-.

kopf stammenden Centriols ausgelöst wird; hierdurch wird die erste Furchungsteilung des Zygotenkerns eingeleitet.
Diastole w [gr., = Auseinanderziehen], ↗Blutdruck.
Diät w [v. gr. diaita = Lebensweise], *Krankenkost*, medizin. begründete Ernährung zur Therapie od. Vorbeugung v. Erkrankungen (vgl. Tab.). Die Lehre v. der D. ist die *Diätetik*.
Diäthyläther m, der *Äthyläther*, ↗Äther.
Diatoma w [v. *diatom-], Gatt. der ↗Pennales. [algen.
Diatomeae [Mz.; v. *diatom-], die ↗Kiesel-
Diatomeenerde [v. *diatom-], *Kieselerde, Kieselgu(h)r, Polierschiefer, Tripel, Bacillarienerde, Bacillariaceen-(Diatomaceen-)-Erde,* im Süßwasser od. im Meer entstandene biogene Sedimente vorwiegend aus Diatomeen (↗Kieselalgen), die sich mit zunehmendem Alter umwandeln können v. Opal in Chalcedon od. Quarz. Vorkommen in Dtl.: Lüneburger Heide, Vogelsberg, Berlin u. a. Früher verwendet für Bausteine od. als Adsorbens für Nitroglycerin (Dynamit); heute v. a. als Filtermasse in der Zucker-Ind., bei der Bier- u. Weinherstellung, in der Mikrobiol. u. Chemie u. zur Wasserreinigung.
Diatomeenschlamm [v. *diatom-], Meeressedimente des kühleren Wassers in 1000–4000 m Tiefe, die durch Anhäufung v. Diatomeen (↗Kieselalgen) gekennzeichnet sind u. ca. 8% des heut. Meeresbodens bedecken.
Diauxie w [v. gr. di- = zwei, auxē = Wachstum], zweiphas. Wachstum (doppelte Wachstumskurve, ↗mikrobielles Wachstum) v. Mikroorganismen bei Vorliegen v. zwei Substraten in der Nährlösung, die nicht gleichzeitig genutzt werden können. Das besser verwertbare Substrat induziert zunächst die Enzyme zum eigenen Abbau u. unterdrückt gleichzeitig regulativ das Enzymsystem zur Verwertung des zweiten Substrats *(Katabolitrepression)*. Erst nach Verbrauch des ersten adaptieren die Zellen neu an das noch nicht genutzte Substrat u. bilden die zum Abbau notwend. Enzyme.
Dibamidae [Mz.; v. gr. dibamos = zweifüßig], die ↗Schlangenschleichen.
Dibatag, die ↗Lamagazelle.
Dibothriocephalus m [v. gr. di- = zwei-, bothrion = kleine Grube, kephalē = Kopf], ↗Diphyllobothrium.
Dibotryum s [v. gr. di- = zwei-, botrys = Traube], der zusammengesetzte Blütenstand der *Doppeltraube*; hierbei stehen Trauben als Teilblütenstände ihrerseits in einer Traube zusammen. ↗Blütenstand.
Dibranchiata [Mz.; v. gr. di- = zwei-, bragchia = Kiemen], veraltete Bez. für die Co-

leoidea, die mit zwei Kiemen ausgestatteten Kopffüßer; Ggs.: Tetrabranchiata.
Dicaeidae [Mz.; v. gr. dikaios = gerecht, gesetzmäßig], die ↗Blütenpicker.
Dicamptodon m [v. gr. di- = zwei-, kamptein = krümmen, odōn = Zahn], Gatt. der Querzahnmolche, nur 1 Art, der Riesen-Querzahnmolch od. Pazifiksalamander *(D. ensatus);* große (bis 30 cm), plumpe Salamander, die in den feuchten Küstenwäldern im W N-Amerikas an od. in Bergbächen leben, aber auch an Baumstämmen u. im Gebüsch klettern. Stoßen bei Belästigung ein bellendes Geräusch aus. Die gestielten Eier werden einzeln an Holz od. Steinen unter Wasser abgelegt; die Larven entwickeln sich in Bergbächen.
Dicarbonsäuren [v. gr. di- = zwei-, lat. carbo, Gen. carbonis = Kohle], organ. Säuren mit 2 COOH-Gruppen; z.B. Weinsäure, Bernsteinsäure u. Oxalsäure.
Dicarbonsäurezyklus m, der in bestimmten Mikroorganismen mögl. oxidative Abbau v. Glyoxalat (O=C(H)–C(=O)(O$^\ominus$)); Startreaktion des D. ist die Vereinigung v. Glyoxalat u. Acetyl-Coenzym A zu Malat (anion. Form v. Apfelsäure, eine Dicarbonsäure, wonach der D. ben. ist.). Malat wird anschließend unter Bildung v. NADH zu Oxalacetat dehydriert, dieses durch ATP-abhängige Decarboxylierung zu CO_2 u. Phosphoenolpyruvat abgebaut; letzteres wird unter Übertragung des Phosphatrests auf ADP zu Pyruvat u. ATP umgewandelt; aus Pyruvat bilden sich schließl. durch oxidative Decarboxylierung CO_2, NADH u. Acetyl-Coenzym A; letzteres wird erneut in den D. eingeschleust, womit sich der Zyklus schließt. Insgesamt entstehen innerhalb eines Durchgangs durch den D. aus einem Molekül Glyoxalat je 2 Moleküle CO_2 u. NADH. In den D. kann auch Glykolat ($HOCH_2$–C(=O)(O$^\ominus$)) nach vorher. Dehydrierung zu Glyoxalat eingeschleust werden.
Dicentra w [v. gr. dikentros = mit 2 Spornen], Gatt. der ↗Erdrauchgewächse.
Dicerorhinus m [v. gr. dikerōs = zweihörnig, rhis, Gen. rhinos = Nase], Gatt. der ↗Nashörner.
Diceros m [v. gr. dikerōs = zweihörnig], Gatt. der ↗Nashörner.
Dichapetalaceae [Mz.; v. gr. dicha = zweifach, petalon = Blatt], Fam. der Spindelbaumartigen mit 4 Gatt. u. 250 Arten v. Holzgewächsen u. Kletterpflanzen, die in den gesamten Tropen mit Schwerpunkt Afrika verbreitet ist. *Dichapetalum cymosum* (S-Afrika) ist wegen seines Gehalts an Fluoressigsäure ein oft tödl. Weidegift. Die Samen v. *D. toxicarium* enthalten daneben

noch Fluorölsäure u. eignen sich daher zur Herstellung v. Rattengift.

Dichasium *s* [v. gr. dichasis = Hälfte], Form der Verzweigung bei sympodialen Sproßsystemen mit gegenüber der ↗ Abstammungsachse geförderten Seitensprossen. Beim D. setzen jeweils 2 Seitenzweige gleicher Ord., die sich zusätzlich mehr od. weniger gegenüberstehen, das Sproßsystem fort, während die Abstammungsachse als ruhende Knospe od. als Blüte endet od. sogar abstirbt. Die Seitenzweige verschiedener Ord. stehen dabei nicht nur in einer Ebene, so daß ein räuml. Verzweigungssystem entsteht. ↗ Blütenstand. Ggs.: Monochasium.

dichlamydeisch [v. gr. di- = zwei-, chlamys = Hülle], Bez. für Samenanlagen mit 2 Integumenten; Ggs.: monochlamydeisch.

Dichlor-Diphenyl-Trichloräthan ↗ DDT.

Dichlorphenoxyessigsäure, *2,4-D.*, Abk. *2,4-D*, das wichtigste der Phenoxycarbonsäure-Herbizide, einer Gruppe synthet. ↗ Auxine, die zum selektiven Abtöten v. Unkräutern auf Getreidebeständen u. Grünland eingesetzt werden. Die selektive Wirksamkeit der D. beruht auf der unterschiedl. Empfindlichkeit v. Monokotylen u. Dikotylen gegenüber diesem Herbizid. Während Gräser (z. B. Getreidearten) weitgehend resistent sind, reagieren breitblättrige, dikotyle Unkräuter (z. B. Ackersenf, Ackerwinde, Disteln, Hederich, Kornblumen, Wicken usw.) sehr sensitiv u. werden bereits bei niedr. D.-Konzentrationen stark geschädigt. Auch die Wurzeln dieser Pflanzen sind betroffen, da D. ähnl. wie Indol-3-essigsäure (IES) schnell in basipetaler Richtung transportiert wird. Für die Herbizid-Wirkung ist eine durch D. ausgelöste unspezif. u. übersteigerte DNA-, RNA- u. Proteinbiosynthese v. a. in Meristemen verantwortl.: die Pflanze „wächst sich tot". Für Mensch u. Tier ist D., die durch Bodenbakterien leicht abgebaut wird, harmlos. □ Auxine.

Dichobunoidea [Mz.; v. *dicho-, v. gr. bounoeīdēs = hügelig], (Weber 1904), † Ober-Familie der U.-Ord. *Suiformes* (Schweineartige); enthält die ältesten u. ursprünglichsten Paarhufer überhaupt u. gilt deshalb als deren Stammgruppe. Gliedmaßen 5- od. 4strahlig, Metapodien stets frei, nicht verschmolzen; Gebiß vollständig (44 Zähne), Orbita zentral, Bulla knorpelig. Verbreitung: Eozän bis Oligozän v. N-Amerika u. Eurasien. Typusgatt. *Dichobune* (Cuvier 1822) aus dem eur. Paläogen war klein u. ernährte sich überwiegend v. Pflanzen.

Dichogamie *w* [v. *dicho-, gr. gamos = Hochzeit], zeitl. getrenntes Reifsein von ♂ und ♀ Blütenteilen. ↗ Autogamie.

Dichasium (unten)
Ein sympodiales System mit zwei Achsen *(Dichasium)* ist bes. beim Flieder *(Syringa)* deutl. zu beobachten. Die Endknospen (E_1–E_3) sterben ab, das System wird durch jeweils 2 Seitenachsen (S_1–S_3) pro Jahr fortgesetzt. I–IV: Jahrestriebe.

dichotome Verzweigung (rechts)
Dichotome Verzweigung bei einer primitiven Farnpflanze.

Dichlorphenoxyessigsäure
D. wird im Frühjahr (zur Zeit des stärksten Wachstums) allein od. in Kombination mit anderen Herbiziden als Lösung v. 0,75–1,5 kg in 400–800 l Wasser pro Hektar trockenen Ackerlands versprüht. Es darf nur auf Getreidefeldern u. Grünland angewendet werden, da Kartoffeln, Rüben, Gemüse, Klee, Reben, Tabak, Hopfen, Obstbäume usw. durch D. geschädigt werden.
In Vietnam, wo D. zus. mit 2,4,5-Trichlorphenoxyessigsäure v. den USA in hohen Konzentrationen (bis zu 30 kg/ha) als Entlaubungsmittel zu militär. Zwecken verwendet wurde, sind durch diese Herbizide langanhaltende Schäden an der Vegetation verursacht worden.

Dichothrix *w* [v. *dicho-, gr. thrix = Haar], Gatt. der *Rivulariaceae*, Cyanobakterien mit Trichombildung, in Basis u. Spitze differenziert, deren Fäden in farblose Haare auslaufen; es werden falsche Verzweigungen u. Hormogonien gebildet; bei Stickstoffmangel treten interkalar Heterocysten auf. Schwammige, meist blaugrüne bis blaugraue Lager in bewegtem Wasser *(D. orsiniana, D. baueriana,* stärker verkalkt *D. gypsophila* u. *D. calcarea,* in Thermen *D. montana).* D. tritt auch als Flechtensymbiont auf (Gallertflechten).

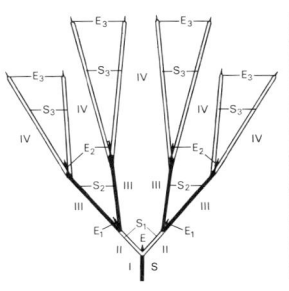

dichotome Verzweigung [v. gr. dichotomos = in zwei Teile gespalten], *Dichotomie*, eine Verzweigungsform der Faden- u. Gewebethalli bei Algen u. Moosen, der Telomsysteme der Urfarne u. des Sproßsystems bei den Gabelblatt- u. Bärlappgewächsen. Die Scheitelzelle bzw. das Scheitelmeristem teilen sich äqual u. längs in gleichwert. Scheitelzellen u. -meristeme, so daß gabelig geteilte Pflanzenkörper entstehen. Bei einigen Bärlapparten übergipfelt stets der eine Trieb den Schwestertrieb, so daß eine monopodiale Hauptachse vorgetäuscht wird *(Anisotomie).*

Dichotomosiphonaceae [Mz.; v. gr. dichotomos = in zwei Teile gespalten, siphon = Röhre], Fam. der *Bryopsidales*, Grünalgen mit mehrfach verzweigtem siphonalem Thallus, ähnelt *Vaucheria;* die einzige Gatt. *Dichotomosiphon* kommt weltweit im Süßwasser vor, z. B. *D. tuberosus.*

Dichromasie *w* [v. gr. dichrōmos = zweifarbig], X-chromosomal rezessiv vererbte Form der Farbenfehlsichtigkeit, bei der mit Hilfe v. zwei „Grundfarben" (anstatt drei) die Farbtöne des Farbraums (↗ Farbensehen) beschrieben werden, äußert sich z. B. in der Unfähigkeit, Komplementärfarben, wie Rot/Grün, zu unterscheiden.

Dichte *w*, in der Physik die Masse eines Stoffes pro Volumeneinheit; Einheit kg/m^3 oder g/cm^3; in der Biol. auch z. B. die Zahl der Individuen pro Flächen- od. Raumeinheit, ↗ Arten-D., ↗ Besiedlungs-D.

dichteabhängige Faktoren, populationsökol. Bez. für Faktoren, die sich mit der Individuendichte (Anzahl der Individuen pro Flächeneinheit) ändern, z. B. bei Dich-

Dichtegradienten-Zentrifugation

tezunahme Anhäufung v. Abfallprodukten, Raum- u. Nahrungsmangel, Streß durch dauernde Beunruhigung, Überflußangebot für Räuber u. Parasiten, erhöhte Verbreitungsgefahr für Kontaktkrankheiten. Folgen für das Individuum sind in diesem Falle z. B. geringere Körpergröße, organ. Störungen, Aggressivität, Konkurrenz u. Kannibalismus *(Dichteeffekte, „crowding effects")*.

Dichtegradienten-Zentrifugation *w,* Zentrifugationsmethode, bei der die Auftrennung v. Makromolekülen innerhalb eines Dichtegradienten des flüss. Mediums erfolgt, wobei der Dichtegradient kontinuierl. v. der geringeren Dichte des inneren Endes (geringere Zentrifugalkraft) zur größeren Dichte in Richtung zum äußeren Ende des Zentrifugationsgefäßes (maximale Zentrifugalkraft) verläuft. Nach den vorwiegend eingesetzten Dichteagenzien, Cäsiumchlorid u. Saccharose, u. dem durch diese bedingten Unterschied der zugrunde liegenden Trennprinzipien unterscheidet man die *Cäsiumchlorid-D.* und die *Saccharose-D.*

Dichteregulation *w,* rückgekoppelter Prozeß, der zur Stabilisierung der Populationsgröße auf ein den Umweltbedingungen u. den in der Population gegebenen Fakten entsprechendes Niveau führt. Die Regulation wird durch ↗dichteabhängige Faktoren bewirkt.

Dichteschichtung, Schichtung v. Wassermassen durch therm. oder chem. bedingte Dichteunterschiede. Wasser hat bei 3,94 °C seine größte Dichte, kühleres u. wärmeres Wasser sind leichter. Die therm. Dichteänderung ist für die Stabilität therm. geschichteter Wassermassen u. für Konvektionsströme in stehenden Gewässern verantwortlich. Chemisch bedingte Dichteunterschiede, die v. Gehalt an gelösten Stoffen im Wasser abhängen, können in stehenden Gewässern zu stabilen Schichtungen im Vertikalprofil führen.

dichteunabhängige Faktoren, populationsökolog. Bez. für ökolog. Faktoren, die v. der Anzahl der Individuen in einer Population (der Individuendichte) unabhängig sind, z. B. Wettereinflüsse (Temp., Niederschlagsmenge), Bodenbeschaffenheit u. Nahrungsqualität.

Dickblatt, *Crassula,* Gatt. der ↗Dickblattgewächse.

Dickblattgewächse, *Crassulaceae,* Fam. der *Rosidae* mit 35 Gatt. u. 1500 Arten, die weltweit in Trockengebieten (Schwerpunkt südl. Afrika) verbreitet sind, aber auch feuchte Standorte besiedeln können. Überwiegend ausdauernde, sukkulente Kräuter, Halbsträucher od. Sträucher. Die meist fleisch., nebenblattlosen Blätter stehen in Rosetten. Die Blütenorgankreise sind meist fünfzählig, 2 Staubblattkreise; Kelch-, Kron- u. Fruchtblätter frei od. in unterschiedl. Grad verwachsen; häufig Ausbildung v. Blütenständen; die zur Sammelfrucht zusammengesetzten Balgfrüchte enthalten sehr leichte, durch Wind od. Tiere verbreitbare Samen. Ausgeprägte vegetative Vermehrung aus oberird. Pflanzenteilen. Anpassungen an xerophytische Lebensweise: Sukkulenz verschiedener Blattorgane, wenige, eingesenkte Spaltöffnungen, verdickte Cuticula, Ausbildung v. Papillen, Haaren u. Stacheln; ↗diurnaler Säurerhythmus. Aus allen im folgenden gen. Gatt. stammen Zimmer- u. Gartenpflanzen. Das Brutblatt *(Bryophyllum),* Madagaskar, ist gekennzeichnet durch die sich aus Meristemen an den Blatträndern entwickelnden Adventivsprosse od. bereits komplett ausgebildeten Pflänzchen

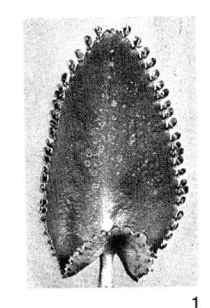

Dickblattgewächse
1 Brutblatt *(Bryophyllum),* Einzelblatt mit jungen Pflänzchen; 2 Dickblatt *(Crassula);* 3 Echeveria.

Dichtegradienten-Zentrifugation

Hauptmethoden der Dichtegradienten-Zentrifugation

Cäsiumchlorid-D.:
Zentrifugiert man wäßr. Lösungen v. Cäsiumchlorid (od. anderen Cäsiumsalzen, z. B. Cäsiumsulfat) bei hoher Umdrehungszahl, so bildet sich im Zentrifugenbecher nach einigen Stunden ein Dichtegradient aus, der auf einer zunehmenden Konzentration v. Cäsiumchlorid in Richtung der Zentrifugalkraft beruht. Zugesetzte Stoffe mit verschiedener Schwimmdichte sammeln sich in denjenigen Zonen, die ihrer Schwimmdichte entsprechen, z. B. ^{15}N-markierte DNA in einer Zone höherer Dichte als ^{14}N-markierte DNA (ebenso Bromuracil-markierte DNA in einer Zone höherer Dichte als normale, Thymin enthaltende DNA). Nach diesem Prinzip sind Cäsiumchlorid-Gradienten wichtige Hilfsmittel bei der Trennung hochmolekularer Zellbestandteile entweder aufgrund künstl. eingeführter Komponenten (^{15}N od. Bromuracil) od. aufgrund natürl. gegebener Dichteunterschiede, wie zw. DNA (einzelsträngig od. doppelsträngig), RNA (einzelsträngig od. durch Hybridisierung an DNA doppelsträngig), Proteinen u. Nucleoproteinen.

Saccharose-D.
(veraltet auch Sucrose-D.): Hier wird der Dichtegradient in Form zunehmender Saccharosekonzentration (z. B. v. 10% bis auf 30% Saccharose) schon vor Beginn der Zentrifugation eingestellt, wobei anstelle v. Saccharose auch andere Dichteagenzien, wie Glycerin, Perkoll usw., eingesetzt werden können. Die aufzutrennenden Stoffgemische werden als Oberschicht (nahe dem inneren, der Zentrifugenachse zugekehrten Ende des Zentrifugengefäßes) aufgelegt u. durchlaufen während der Zentrifugation Zonen steigender Dichte. Die Auftrennung der Stoffgemische erfolgt hier entspr. den S-Werten (Svedberg-Konstanten) der einzelnen Komponenten, wobei Moleküle mit hohem S-Wert rascher als solche mit geringerem S-Wert sedimentieren. Da die S-Werte annähernd proportional zu den Molekülmassen sind, erfolgt die Auftrennung hier vorwiegend nach Molekülgröße, wobei jedoch in gewissem Umfang auch andere Parameter, wie Dichte u. Molekülform (globulär gefaltete bzw. entfaltete lineare Kettenmoleküle), die S-Werte u. damit die Sedimentationsgeschwindigkeiten beeinflussen. Zwar beeinflußt hier der Dichtegradient den eigtl. Trennvorgang, d. h. die S-Werte der einzelnen Komponenten, kaum; der Dichtegradient ist jedoch essentiell als Hilfsmittel zur Stabilisierung der aufgetrennten Stoffe in den jeweil. Zonen, die sich ohne Gradient nach der Zentrifugation leicht wieder durchmischen würden. Die Saccharose-D. findet vielfach Anwendung als Methode zur analyt. u. präparativen Auftrennung der biol. Makromoleküle (DNA, RNA, Polysaccharide, Proteine) sowie ihrer Konjugate (Nucleosomen, Ribosomen usw.).

([B] asexuelle Fortpflanzung II). Zur Gatt. Dickblatt *(Crassula)* mit 300 Arten (vorwiegend südl. Afrika) gehört neben Xerophyten auch die echte Wasserpflanze *C. aquatica. Kalanchoë blossfeldiana* ([B] Afrika VIII), eine typ. Kurztagpflanze, ist ein in der Pflanzenphysiologie häuf. herangezogenes Versuchsobjekt.

Dickblättler, *Wachsblättler, Hygrophoraceae* Roze ex. Mrc., weichfleisch., zentralgestielte Hutpilze mit wachsart., dickl., entfernt stehenden, nicht spröden Blättern, die meist etwas am Stiel herablaufen; das Sporenpulver ist weiß, die Sporen glatt; der Hut kann trocken, oft aber schleimig od. schmierig sein. In Mitteleuropa kommen ca. 100 Arten vor. D. wachsen auf dem Erdboden, in Wäldern u. Wiesen, oft zw. Moosen (bes. Torfmoos); sie bilden selten eine Mykorrhiza aus.

Dickdarm, *Colon,* Abschnitt des ↗Darms der Wirbeltiere im Anschluß an den ↗Dünndarm mit einem zottenlosen, drüsenarmen, aber sehr resorptionsfähigen Epithel. An der Grenze zw. Dünn- u. Dickdarm findet sich eine mehr od. weniger entwickelte Aussackung, die bei Säugern zum ↗Blinddarm wird. Wesentl. Funktion des D.s ist die Resorption v. Wasser (beim Menschen tägl. 300 ml), Mineralstoffen u. wasserlösl. Vitaminen sowie in geringerem Maße auch Aminosäuren. Der in den D. gelangende Nahrungsbrei unterliegt einer Gärung u. einem Proteinabbau durch Bakterien (↗Darmflora).

Dickenwachstum, die Achsenverdickung v. Sproß u. Wurzel bei den Kormophyten. Die biolog. Bedeutung des D.s liegt v. a. in der Vermehrung der Leitungsbahnen u. in der Erhöhung der Stand- u. Biegefestigkeit für den größer u. blattreicher werdenden ↗Kormus. Dabei vergrößern 2 grundsätzl. verschiedene Wachstumsvorgänge den Querschnitt v. Sproß u. Wurzel: das *primäre* und das *sekundäre D.* Das primäre D. beruht auf Zellteilungen in unmittelbarer Nähe des Scheitelmeristems u. endet bereits nach einer relativ kleinen Zeitspanne. Die hierbei erzielte Achsenverdickung erfolgt aber ohne eine Zunahme an Leitungsbahnen, so daß die Blattanzahl kaum zunehmen kann. Pflanzen mit ausschl. primärem D., wie die Palmen, bleiben daher schlank u. tragen einen mehr oder weniger gleichbleibenden Blattschopf. Das sekundäre D. setzt erst nach Abschluß der Primärverdickung ein u. endet mit dem Tod des Pflanzenindividuums. Dadurch können sich bei langleb. Pflanzenarten mächt. Stämme u. Kronen entwickeln. Das sekundäre D. beruht auf der Tätigkeit eines zylinderförm. Bildungsgewebes in Sproß u. Wurzel, des Kambiums. Durch Zellteilungen werden v. ihm Zellen sowohl nach innen als auch nach außen abgegeben. Die nach innen abgegebenen Zellen verholzen zum größten Teil u. differenzieren sich zu Gliedern v. Leitungsbahnen mit gleichzeit. Festigungsfunktion *(Tracheen, Tracheiden),* die Wasser u. Mineralsalze transportieren, u. zu parenchymat. Markstrahlzellen. Die nach außen abgegebenen Zellen werden auch zu Leitungsbahnelementen, den Siebröhrengliedern, die die Assimilate transportieren. Darüber hinaus bilden sie Festigungselemente *(Bastfasern)* u. parenchymat. Rindenzellen. Mit der Achsenverdickung muß gleichzeitig die auftretende Umfangserweiterung durch Wachstumsvorgänge gewährleistet werden *(Dilatationswachstum).* Das sekundäre D. kommt hpts. bei den Gymnospermen u. bei den dikotylen Angiospermen vor. Bei den Monokotyledonen findet sich nur bei einigen baumart. Liliengewächsen ein sekundäres D., das zudem auch ganz anders abläuft. ↗Sproß, ↗Wurzel.

Dickfingergeckos, *Pachydactylus,* Gatt. der Geckos mit zahlr. Arten. Die bis 20 cm langen D. sind im südl. Afrika beheimatet u. besitzen an den Zehenspitzen verbreiterte Haftscheiben. Häufigste Art: Bibrons D. *(P. bibroni)* mit harten, kegelförm. Warzen am Körper; lebt oft gesellig in Felsspalten, aber auch in Hütten u. Häusern; ernährt sich v. Bodeninsekten. Nur etwa 12 cm lang wird der Gefleckte D. *(P. maculatus)* in SO-Afrika, der oft in Gemeinschaft mit Skorpionen u. Gürtelschweifen lebt.

Dickfüße, *Inoloma,* ↗Schleierling.

Dickfußröhrlinge, *Röhrlinge i. e. S., Boletus* Dill ex. Fr., Gatt. der *Boletaceae;* meist größere Pilze mit fleisch., kräft. Fruchtkörper, mit trockenem, feinfilz. od. kahlem Hut u. meist dickbauch. Stiel, der eine feinflokkige od. netzart. Oberfläche besitzt ([B] Pilze I); die Sporen sind spindlig u. glatt. In Europa sind etwa 30 Arten bekannt, ausgezeichnete Speisepilze, einige bittere Arten u. wenige schwach gift. Formen. Die D. zeigen keine strenge Bindung an bestimmte Wirtsbäume. Sie werden nach der Porenfarbe in 3 Sektionen unterteilt. 1. Formen mit orange bis roten (alt auch schmutzig grünen) Poren (Sektion *Luridi* Fr.); hierher der gift. ↗Satanspilz *(B. satanas),* der gift. Wolfsröhrling *(B. lupinus)* u. die verschiedenen ↗Hexenröhrlinge. Die Vertreter der 2. Sektion *(Calopodes* Fr.) haben Poren, die v. Jugend an gelb sind; die Hutfarbe reicht v. blaßgrau über gelb bis braun; Stiele u. Fleisch haben gelbl. Farbe; sie wachsen in Laub-, seltener in Nadelwäldern; einen wurzelnden Stiel besitzen der eßbare Anhängselröhrling *(B. appendiculatus)* u. der ungenießbare Wurzelnde Bitter-

---

Dickblattgewächse

Wichtige Gattungen:
Aeonium
Brutblatt
(Bryophyllum)
Cotyledon
Dickblatt *(Crassula)*
Echeveria (Mexiko bis S-Amerika)
↗Fetthenne *(Sedum)*
↗Hauswurz *(Sempervivum)*
Kalanchoë
Rochea

Dickblättler

Wichtige Gattungen:
↗Ellerlinge *(Camarophyllus)*
↗Saftlinge *(Hygrocybe)*
↗Schnecklinge *(Hygrophorus)*

Dickhornschaf

röhrling *(B. radicans);* einen bitteren Geschmack hat auch der Bittere Schönfußröhrling *(B. calopus);* ein vorzügl. Speisepilz ist dagegen der Königsröhrling *(B. regius).* In der 3. Sektion *(Boletus)* werden die ↗Steinpilze zusammengefaßt, die in der Jugend weiße, dann gelblichgrüne Poren besitzen.

Dickhornschaf, Bighorn (am.), *Ovis canadensis,* urspr. im westl. N-Amerika (mit Kanada) u. O-Asien verbreitetes, in Rudeln lebendes Wildschaf; etwas kleiner als das eigtl. Wildschaf *(O. ammon)* u. mitunter auch als eine U.-Art v. diesem angesehen. Die Größe der Hörner gilt bei den D.-Böcken als Zeichen der Rangordnung; nur Böcke mit etwa gleichgroßen Hörnern führen Rangordnungskämpfe miteinander. In vielen Gegenden sind D.e heute sehr bedroht; Audubons D. ist bereits ausgerottet. B Nordamerika II.

Dickichtvögel, *Atrichornithidae,* Fam. primitiver Sperlingsvögel mit bes. Körperbaumerkmalen: Gabelbein fehlt, Brustbein auffallend groß, sehr kräftige Stimmuskulatur; trotz äußerer Unähnlichkeit mit den Leierschwänzen nah verwandt. 2 Arten *(Atrichornis rufescens, A. clamosus)* im Busch- u. Waldland S-Australiens; braun, mit langem, oft gestelztem Schwanz; leben am Boden u. sind fast flugunfähig; sehr scheu, machen meist durch die laute Stimme auf sich aufmerksam; 1 od. 2 Eier in kugel. Bodennest mit seitl. Eingang.

Dickinsonia *w* [ben. nach W. Dickinson, am. Mineraloge, 19. Jh.], (Sprigg 1947), problemat. † Genus der jüngstpräkambr. ↗Ediacara-Fauna mit mehreren Arten; wird heute meist als Annelide gedeutet. Harrington u. Moore (1956) wiesen sie den Coelenteraten zu u. schufen die Kl. *Dipleurozoa* mit der einzigen Ord. *Dickinsoniida.*

Dickkopffalter, *Dickköpfe, Hesperiidae,* Schmetterlings-Fam. mit über 3000 weltweit, v. a. im trop. S-Amerika verbreiteten Arten. Oft zu den Tagfaltern gestellt, aber trotz der gekeulten Fühler u. der tagaktiven Lebensweise nicht näher mit diesen verwandt, sondern den Zünslern u. Fensterfleckchen nahestehend. Falter klein bis mittelgroß (maximal 70 mm Spannweite), Kopf mit breiter Stirn, Körper kräftig u. gedrungen, Fühler am Ende oft mit einem Häkchen. Färbung unscheinbar orangeschwarzbraun mit helleren od. dunklen Flecken, in den Tropen auch bunte Vertreter. In Ruhe Flügel dachförmig od. schräg nach hinten, etwas klaffend gelegt. Beim Männchen Duftschuppen in Randfalte des Vorderflügels od. als markanter Strich auf diesem stehend. Schwärmerartiger stürm. u. schwirrender schneller Flug, dennoch sehr ortstreu. Tagesaktivitätsmaxima bei vielen Arten vormittags u. am späteren Nachmittag, Falter sonnenliebend, eifr. Blütenbesucher mit relativ langen Rüsseln. Kenntnisse zur Biol. der ersten Stände oft noch lückenhaft. Eiablage einzeln an Futterpflanze (v. a. Gräser u. Leguminosen). Raupe spindelförm., kaum behaart, meist grün mit deutl. abgesetztem dunklem Kopf, lebt zw. zusammengesponnenen Blättern, überwiegend nachtaktiv, Überwinterung bei uns v. a. als ausgewachsene Larve. Puppe in lockerem Gespinstkokon am Boden, darin durch Gürtelfaden aufrecht gehalten. In Mitteleuropa etwa 26 Arten, fliegen in 1–2 Generationen. Der Malvenfalter *(Pyrgus malvae)* ist unscheinbar graubraun mit hellerer Fleckung, 2 Generationen, an warmen Stellen mit Beständen der Futterpflanzen (Malven, Eibisch u. a.), gilt nach der ↗Roten Liste als „gefährdet". Der Kommafalter *(Hesperia comma)* hat seinen Namen v. dem silbergekernten schwarzen Duftschuppenstrich des Vorderflügels (☐ Duftschuppen); Unterseite des Hinterflügels kontrastreich mit silbrigweißen Flecken auf olivbraunem Grund, Spannweite etwa 32 mm, 1 Generation von Juli – Sept., nur noch lokal an trokken-warmen Stellen; Larve an verschiedenen Grasarten. Ähnl. der etwas weiter verbreitete Rostfarbige D. *(Ochlodes venatus),* weniger kontrastreich u. ohne Silberzeichnung, Falter von Juni – Aug., Larve an Gräsern.

Dickkopffliegen, *Conopidae,* Fam. der Fliegen mit weltweit ca. 500, in Europa ca. 80 Arten; kleine bis mittelgroße, oft bunt od. wespenähnl. gefärbte Insekten, die oft mit Hautflüglern verwechselt werden. Typ. ist der dicke, aufgeblasen wirkende Kopf, die wespentaillenähnl. Einschnürung am Hinterleib, der etwas nach unten eingerollt ist. Die Imagines der D. leben v. Blütennektar; das Weibchen klebt seine Eier an Bienen u. Wespen, die Larven dringen in deren Hinterleib ein u. parasitieren in ihm. Die Puppe überwintert in der leergefressenen Hülle des Wirtstieres.

Dickkopfnattern, *Dipsas,* Gattung der ↗Schneckennattern.

Dickkopfschildkröten, Schwarze D., *Siebenrockiella,* Gatt. der ↗Sumpfschildkröten. [↗Rüsselkäfer.

Dickmaulrüßler, *Otiorrhynchus,* Gatt. der

Dickmuscheln, *Crassatelloidea,* Überfam. der Blattkiemermuscheln mit rundl.-dreieckiger od. längl. Schale, deren Oberfläche radial od. konzentr. skulptiert ist. Zu den D. gehören die Fam. *Astartidae, Carditidae, Crassatellidae* u. *Condylocardiidae.*

Dickschenkelkäfer, *Oedemera,* Gatt. der ↗Oedemeridae. [dae.

Dickschwanzskorpion, Gatt. der ↗Buthi-

Dickhornschaf
(Ovis canadensis)

Unterarten:

Felsengebirgs-D.
(O. c. canadensis)
Weißes D. *(O. c. dalli)*
Schwarzes D.
(O. c. stonei)
Kamtschatka-
Schneeschaf
(O. c. nivicola)
Audubons D. †
(O. c. audubonj)

Dickkopffalter

Einige einheimische Arten:

Malven-Würfelfleckfalter *(Pyrgus malvae)*
Roter Würfelfalter *(Spialia sertorius)*
Malvenfalter *(Carcharodus alceae)*
Dunkler D. *(Erynnis tages)*
Gelbwürfliger D. *(Carterocephalus palaemon)*
Schwarzkolbiger Braun-D. *(Thymelicus lineola)*
Ockergelber Braun-D. *(Thymelicus sylvestris)*
Kommafalter *(Hesperia comma)*
Rostfarbiger D. *(Ochlodes venatus)*

Dicksoniaceae [Mz.; ben. nach dem engl. Botaniker J. Dickson, 1738–1822], Fam. baumförm. leptosporangiater Farne (Ord. *Filicales*) mit je nach Umgrenzung 2–5 Gatt. Im Hinblick auf Bau, Habitus, Verbreitung u. ökolog. Ansprüche gleichen die D. weitgehend den *Cyatheaceae*, unterscheiden sich v. diesen aber durch das Fehlen v. Spreuschuppen u. die randständ. Sori, die sich in einer 2klapp. Tasche befinden (obere Hälfte = Blattzahn, untere Hälfte = Indusium). Wichtige Gatt. sind *Dicksonia* (25 Arten, überwiegend in Australien u. Polynesien, wenige neotrop.) u. *Cibotium* (13 Arten in SO-Asien u. Zentralamerika; einige Arten besitzen Spreuhaare am Blattgrund, die als Polstermaterial Verwendung finden). Zu den D. gestellt werden z.T. auch die Gatt. *Thyrsopteris* (1 endem. Art auf der Insel Juan Fernandez; fertile Fiederchen mit weitgehender Reduktion der Spreite) u. *Culcita* (10 Arten in Amerika, Australien u. atlant. Inseln); die letztgen. Gatt. bildet nur niederwüchs. Formen u. kommt mit 1 Art *(C. macrocarpa)* auch an 2 Stellen in S-Spanien vor. – Fossil sind die D. bereits aus dem Jura bekannt (z.B. *Coniopteris*); *Dicksonia* tritt erstmals in der Kreide auf, *Cibotium* im frühen Tertiär.

Dicnemonaceae [Mz.; v. gr. di- = zwei-, gr. knēmis = Beinschiene], Fam. der *Dicranales*; Laubmoose, die ausschl. auf der Südhalbkugel vorkommen; unterscheiden sich v. den übrigen *Dicranales* durch kriechenden Hauptsproß u. aufrechte Seitentriebe.

Dicondylia [Mz.; v. gr. dikondylos = zweigelenkig], Großgruppe der Insekten, bei denen die Mandibel über zwei Gelenke mit der Kopfkapsel verbunden ist. Hierher die Silberfischchen *(Zygentoma)* u. alle geflügelten Insekten *(Pterygota)*. Die übr. Insekten (Urinsekten) haben eine monocondyle Mandibel *(Monocondylia)*, wie übrigens fast alle übr. *Mandibulata* (Krebse, Tausendfüßer).

Dicotyledonae, *Dicotyledonae,* die ↗ Zweikeimblättrigen Pflanzen.

Dicranaceae [Mz.; v. *dicran-], *Gabelzahnmoose*, Fam. der *Dicranales* mit ca. 6 Gatt.; sehr unterschiedl. gestaltete Laubmoose, bes. auf der Nordhalbkugel vorkommend; Hauptteil der Moosvegetation auf sauren Böden v. Wäldern. Die Gatt. *Dicranum* ist mit ca. 50 Arten in borealen Nadelwäldern u. Tundren verbreitet; ebenso *Orthodicranum*; der höchste Fundort der häufigsten Art *D. scoparium*, des „Besenmooses", ist die Nockspitze in Tirol (3010 m ü.M.). Die Gatt. *Dicranella* umfaßt 3 Erdmoossorten, wovon *D. heteromalla* auf kalkfreien Mineralböden gedeiht. Die nahe verwandte Gatt. *Anisothecium* ist u.a. häufig Erstbesiedler vegetationsfreier Standorte. Die Arten der Gatt. *Campylopus* sind v.a. in den Tropen verbreitet.

Dicranales
Familien:
↗ *Dicnemonaceae*
↗ *Dicranaceae*
↗ *Ditrichaceae*
↗ *Leucobryaceae*

dicr-, dicro- [v. gr. dikroos = zweigeteilt, doppelt], in Zss.: zwei-, doppelt-.

Dicranaceae
Wichtige Gattungen:
Anisothecium
Campylopus
Dicranella
Dicranum
Orthodicranum

dicran- [v. gr. dikranos = zweiköpfig, zweizinkig].

Dicranales [Mz.; v. *dicran-], Ord. der Laubmoose, gehört zur U.-Kl. *Bryidae* mit 4 Fam.; Moose mit vorwiegend lanzettl. od. pfriemenförm. auslaufenden Blättern.

Dicrano-Pinion s [v. gr. dikranos = zweizinkig (Dicranum = Gabelzahnmoos!), lat. pinus = Kiefer], subkontinentale *Sand-Kiefernwälder*, Verb. der ↗ *Vaccinio-Piceetea*; Wälder auf sauren bis stark sauren Böden, meist silicatarmen Sanden unterschiedl. Herkunft. Die Assoz. Leucobryo-Pinetum (Sand-Kiefernwald) ist verbreitet in O-Dtl. u. W-Polen mit Exklaven in süddt. Sandgebieten.

Dicranum s [v. *dicran-], Gatt. der ↗ Dicranaceae.

Dicranura w [v. *dicran-, gr. oura = Schwanz], ↗ Gabelschwanz.

Dicrocoelium s [v. gr. dicro-, gr. koilos = hohl], Gatt. der Saugwürmer (Ord. Digenea). *D. dendriticum*, der Kleine Leberegel, ist weltweit verbreitet, bes. häufig in N-Afrika, Sibirien, S-Amerika; Endwirte sind Weidegänger auf kalkreichen Böden (Trockenrasen), wie Kaninchen, Rinder u. ganz bes. Schafe. 1. Zwischenwirt: Landschnecken *(Helicella, Zebrina)*; 2. Zwischenwirt: Ameisen *(Formica-Arten)*. Die Eier in den Gallengängen des Endwirts lebenden geschlechtsreifen Leberegel (4–9 mm lang) verlassen mit dem Kot den Wirt. Die in ihnen bereits entwickelte Larve (Miracidium) schlüpft erst, wenn eine Schnecke die Eier mit der Nahrung aufnimmt. In der Mitteldarmdrüse der Schnecke geht das Miracidium in das Sporocysten- u. Cercarienstadium über. Die Cercarien gelangen über das Blut in die Atemhöhle der Schnecke, von wo sie in Schleimballen verpackt ausgeschieden werden. Die Ameisen fressen die Schleimklümpchen u. infizieren sich so mit den Cercarien. Diese durchbohren den Kropf der Ameise u. reifen in der Leibeshöhle zu Metacercarien heran. Eine dieser Metacercarien wandert ins Unterschlundganglion u. beeinflußt als sog. „Hirnwurm" das Verhalten der Ameise derart, daß diese am Abend nicht in ihren Bau zurückkehrt, sondern sich an den Spitzen v. Grashalmen festbeißt u. in dieser bei Ameisen unüblichen, aber v. anderen Hymenopteren bekannten Schlafstellung in den fr. Morgenstunden v. weidendem Vieh leicht aufgenommen werden kann. Im Zwölffingerdarm des Endwirts werden die Metacercarien frei, kommen über das Blut in die Gallengänge u. beginnen nach 8–9 Wochen als adulte Egel mit der Eiablage. Wie aus dem Entwicklungszyklus hervorgeht, sind Infektionen beim

Dicrodon

dicr-, dicro- [v. gr. dikroos = zweigeteilt, doppelt], in Zss.: zwei-, doppelt-.

dictyo- [v. gr. diktyon = Netz], in Zss.: Netz-.

Dictyosiphonales

Wichtige Gattungen und Arten:
Petalonia fascia: flach lanzettl. Thallus bis 20 cm hoch u. 5 cm breit, Form sehr variabel. *Punctaria:* bandförm. Thallus bis 35 cm lang u. 1–5 cm breit, trägt farblose Haarbüschel u. ist meist mit Diatomeen besetzt (dadurch „Punktierung"); häufige Art *P. plantaginea. Scytosiphon:* röhrenförm. Thallus bis 70 cm lang mit 8 mm ⌀, mit charakterist., unregelmäßig angeordneten Einschnürungen; häufige Art *S. lomentaria.*

Entwicklungszyklus von Dictyostelium discoideum

Sobald die Nahrung knapp wird, kriechen die Amöben (**a** = Vermehrungsphase der frei lebenden Amöben) zus. (Aggregation, **b**); das Aggregat (Pseudoplasmodium) bildet einen senkrecht v. Substrat abstehenden Conus (**c**), der umkippt u. herumkriecht (Migrationsphase, **d**); danach bildet der Zellverband einen Sporenträger mit Stiel u. endständ. Sporenmasse (Culmination, **e–f**); dabei findet eine Differenzierung der Amöben in Sporenzellen (**g**) u. Stielzellen statt. Die Sporenzellen fallen auseinander u. können vom Wind verdriftet werden; aus ihnen schlüpfen, wenn sie geeignetes Substrat erreichen, wieder typ. Amöben (**h**); die Stielzellen sterben ab. Die Aggregation der Einzelindividuen erfolgt wahrscheinl. unter dem Einfluß einer chem. Substanz (Acrasin), die entweder selbst zyklisches Adenosinmonophosphat ist od. die Abgabe dieser Verbindung bedingt.

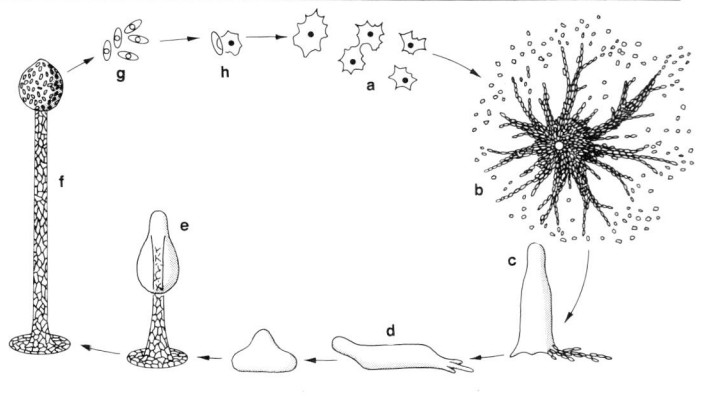

Menschen selten, können aber oral erfolgen, da sich infizierte Ameisen auch gelegentl. an Salat festbeißen.

Dicrodon *m* [v. *dicr-, gr. odōn = Zahn], Gatt. der ↗ Schienenechsen.

Dicroidium *s* [v. *dicr-, gr. ōidion = kleines Ei], Gatt.-Name für bestimmte Wedelblattformen der ↗ *Corystospermales.*

Dicrostichus *m* [v. *dicro-, gr. stichos = Zeile], Gatt. der ↗ Lassospinnen.

Dicruridae [Mz.; v. *dicr-, gr. oura = Schwanz], die ↗ Drongos. [tam.

Dictamnus *m* [v. gr. diktamnos =], ↗ Diptam.

Dictydium *s*, Gatt. der ↗ Cribrariaceae.

Dictynidae [Mz.], die ↗ Kräuselspinnen.

Dictyocaulus *m* [v. *dictyo-, gr. kaulos = Stiel], *D. filaria,* Schaf-Lungenwurm, Fadenwurm aus der Ord. ↗ *Strongylida;* bis 10 cm langer, weltweit verbreiteter Parasit in Schafen, Ziegen, Gemsen u. a. Entwicklung direkt ohne Zwischenwirt. Invasion des Endwirts durch Aufnahme des 3. Larvenstadiums.

Dictyoceratida [Mz.; v. *dictyo-, gr. keras = Horn], ↗ Hornschwämme.

Dictyocha *w* [v. *dictyo-, gr. ochos = Halter], Gatt. der ↗ Kieselflagellaten.

Dictyonema *s* [v. *dictyo-, gr. nēma = Faden], 1) ↗ Basidiomyceten-Flechten. 2) (Hall 1851); konisch-netzart. Kolonien dendroider Graptolithen; gelten als älteste Fossilien, deren Lebensgesch. in allen Einzelheiten bekannt ist. *D. flabelliforme* (Eichwald) ist Leitfossil des Tremadoc (unterstes Ordovizium).

Dictyophora *w* [v. *dictyo-, gr. -phoros = -tragend], ↗ Stinkmorchelartige Pilze.

Dictyosiphonales [Mz.; v. *dictyo-, gr. siphon = Röhre], Ord. der Braunalgen mit heteromorphem Generationswechsel, Sporophyt drehrund od. blattförmig, der parenchymat. Thallus wird aus interkalar wachsenden Zellreihen aufgebaut.

Dictyosom *s* [v. *dictyo-, gr. sōma = Körper], ↗ Golgi-Apparat.

Dictyosphaeria *w* [v. *dictyo-, gr. sphaira = Kugel], Gatt. der *Valoniaceae,* in wärmeren Meeren mit etwa 6 Arten vorkommende Grünalge, deren große, gewebeähnl. Thalli aus blas. Zellen zusammengesetzt sind.

Dictyosphaeriaceae [Mz.; v. *dictyo-, gr. sphaira = Kugel], Fam. der *Chlorococcales;* Zellen dieser Grünalge in Vierergruppen zu vielzell. Kolonien vereint, z. B. *Dictyosphaerium indicum.*

Dictyosphaerium *s* [v. *dictyo-, gr. sphaira = Kugel], Gatt. der *Chlorococcales,* kleinere, gallert. Zellverbände bildende Grünalgen, deren Zellen durch Reste der Mutterzellwände zusammengehalten werden. Die verbreitetsten Arten sind *D. pulchellum* u. *D. ehrenbergianum.*

Dictyostele *w* [v. *dictyo-, gr. stēlē = Säule], ↗ Stele.

Dictyostelium *s* [v. *dictyo-, gr. stēlē = Säule], häufig zu den Kollektiven Amöben gestellte Gatt. der Nacktamöben (*Amoebina*). Eine im Labor auf ihr Aggregationsverhalten gut untersuchte Art ist *D. discoideum,* die in der Natur wahrscheinl. auf verschiedenen saproben Substraten v. Bakterien lebt u. sich dort durch Zweiteilung vermehrt. In der Mykologie wird *D.* meist in der Gruppe der ↗ Zellulären Schleimpilze, neuerdings bei den ↗ Echten Schleimpilzen, eingeordnet.

Dictyotales [Mz.; v. gr. diktyōtos = gegittert], Ord. der Braunalgen, mit einer Fam. der *Dictyotaceae;* der aufrechte, band- od. blattart. Thallus ist vielfach gabelig verzweigt; die bevorzugt in wärmeren Meeren vorkommenden Algen sind mit einem Rhizoid im festen Untergrund verankert; ihre Ontogenie ist durch einen isomorphen Generationswechsel mit getrenntgeschlechtl. Gametophyten ausgezeichnet. Die Gatt. *Dictyota* ist mit ca. 20 Arten im Atlantik, Pazifik u. Ind. Ozean verbreitet; die bis 20 cm groß werdende Art *D. dichotoma* kommt bis Helgoland u. Skandinavien vor; *D. acutiloba* wird auf Hawaii in „Algengärten" kultiviert u. als Nahrungsmittel verwendet. Von den etwa 12 Arten der Gatt. *Padina* ist die Art *P. pavonia* im Mittelmeer sehr weit verbreitet; ihr ohrmuschelähnl. Thallus ist meist mit Calciumcarbonat (Aragonit) inkrustiert. Ebenso kommt v. der Gatt. *Dictyopteris* die bis zu 30 cm hohe Art *D. polypodioides* im Mittelmeer vor.

Dicumarol *s* [v. gr. di- = zwei-, ↗Cumarine], *Melitoxin, 3,3'-Methylenbis-4-hydroxy-cumarin,* ein dimeres Cumarin, das erstmals aus durch Gärung verdorbenem Süßklee (Alfalfa, ↗Schneckenklee) isoliert wurde, wo es aus Cumarin gebildet wird; kompetitiver Inhibitor des Vitamins K, verhindert die Bildung v. aktivem Prothrombin, beeinträchtigt dadurch die Blutgerinnung. Aufgrund dieser Eigenschaft wird D. med. als Antikoagulans gg. Thrombose (Thrombose-Prophylaxe) eingesetzt.

dicyclisch [v. gr. dikyklos = zweirädrig, zweikreisig], **1)** Bez. für eine ↗Blüte mit 2 Blütenblattkreisen, z. B. Blüte der Brennnessel mit einem Blumenkronenblattkreis u. einem Staubblatt- od. Fruchtblattkreis. **2)** *zweijährig,* ↗bienn.

Dicyclohexylcarbodiimid *s,* Abk. *DCC* od. *DCCD,* ↗Carbodiimide.

Dicyema *s* [v. gr. di- = zwei-, kyēma = Leibesfrucht], Gatt. der ↗*Mesozoa* (Ord. *Dicyemida*) mit mehreren Arten, die in den Nieren verschiedener Tintenfische parasitieren. Erwachsene Individuen der D. enthalten in ihrem Innern jeweils zwei verschiedene Typen v. Fortpflanzungsstadien.

Dicyemennea *s* [v. gr. di- = zwei-, kyēma = Leibesfrucht, ennea = neun], Gatt. der ↗*Mesozoa* (Ord. *Dicyemida*) mit mehreren Arten, die in den Nieren v. Tintenfischen parasitieren u. sich durch den Besitz v. 9 Polzellen v. den übrigen Gatt. der Dicyemida unterscheiden.

Dicypellium *s* [v. gr. di- = zwei-, kypellon = Becher], ↗Nelkenzimt.

Dicyrtomidae [Mz.; v. gr. di- = zwei-, kyrtōma = Buckel], Fam. der Springschwänze, ↗Kugelspringer.

Didelphia *w* [v. gr. di- = zwei-, delphys = Gebärmutter], ältere Bez. für *Marsupialia,* die ↗Beuteltiere.

Didelphidae [Mz.; v. gr. di- = zwei-, delphys = Gebärmutter], die ↗Beutelratten.

Diderma *s* [v. gr. di- = zwei-, derma = Haut], Gatt. der ↗*Physaraceae.*

Didiereaceae [Mz.; ben. nach dem frz. Botaniker M. G. Grandidier (grãndidjē), 1811–99], Fam. der *Caryophyllales,* mit 4 Gatt. u. 11 Arten nur in den trockenen Gebieten Madagaskars vorkommend; typ. für die Fam. ist das säulenförm., kaktusähnl. Aussehen der Pflanzen mit einfachen, gegenständ. Blättern. Die kleinen unscheinbaren Blüten sind zweihäusig verteilt. Die teilweise bis über 10 m hoch werdenden D. besitzen wie andere Nelkenartige als Inhaltsstoffe Betalaine. *Alluaudia* ist mit 6 Arten die größte Gatt. der Familie.

Didinium *s* [v. gr. di- = zwei-, dinos = Wirbel], *Nasentierchen,* zur U.-Ord. der *Gymnostomata* gehörige Gatt. der Wimpertierchen mit tonnenförm. Körper u. weit vorstehendem, erweiterungsfäh. Mundkegel; die Bewimperung ist auf 2 Gürtel beschränkt. D. ist auf Pantoffeltierchen als Nahrung spezialisiert, die ganz verschlungen od. ausgesaugt werden. Der Kontakt zur Beute wird v. speziellen Haftstiften (Haptocysten) hergestellt u. das Opfer dann mit Sekret aus Toxicysten gelähmt. Bekannteste Art ist *D. nasutum* (ca. 80–150 μm ⌀), das plankton. in leicht verunreinigten Teichen u. Seen sowie an der Kahmhaut v. Pfützen lebt.

Didosaurus *m* [ben. nach Dido = sagenhafte Gründerin Karthagos, v. gr. sauros = Eidechse], im 18. Jh. ausgestorbene Gatt. der Skinke mit dem ca. 70 cm langen Mauritiusskink *(D. mauritianus),* der zuletzt auf der Insel Rodriguez östlich v. Madagaskar lebte.

Didymascella *w* [v. *didym-,* gr. askos = Schlauch], Gatt. der ↗*Hemiphacidiaceae.*

Didymella *s* [v. *didym-*], Gatt. der ↗*Mycosphaerellaceae.*

Didymiaceae [Mz.; v. *didym-*], *Fellstäublinge,* Fam. der *Physarales* (Echte Schleimpilze) mit fast kugel., oft gestielten Fruchtkörpern, die durch kristallart. Kalkablagerungen auf der Sporangienmembran weißglimmerig erscheinen; das Capillitium ist dünnfädig, ohne Kalkknoten. Häufig, kosmopolit. kommt *Mucilago spongiosa,* der Schaumpilz, vor; das Plasmodium ist schaum.-weiß od. blaß gelbl., die Kalkkristalle sternförmig. *Didydium difforme,* eine der verbreitetsten Arten, bildet eine glatte Kruste aus den sitzenden Sporangien od. Plasmodiokarpien auf Laub, Ästchen, bes. auf Stengeln der Puffbohne u. an Kartoffelkraut. *D. melanospermum* besitzt einen Stiel u. eine kristallin. bepuderte Peridie; lebt auf Moos, auf Fichtennadeln am Boden u. an lebenden Fichten. *Lipidoderma tigrinum* hat kugelig bis abgeflachte, gestielte Sporangien (1–1,5 mm hoch); die Peridie sieht durch die gelben Flecken auf dunklem Untergrund getigert aus.

Didymoglossum *s* [v. *didymo-,* gr. glōssa = Zunge], Gatt. der ↗Hautfarne.

Didynamipus *m* [v. gr. di- = zwei-, dynamis = Kraft, pous = Fuß], Gatt. der ↗Kröten.

didynamisch [v. gr. di- = zwei-, dynamis = Kraft], Blüten mit zwei langen u. zwei kurzen Staubblättern, beispielsweise bei den Lippenblütlern.

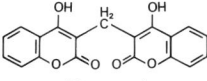

Dicumarol

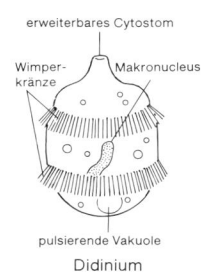

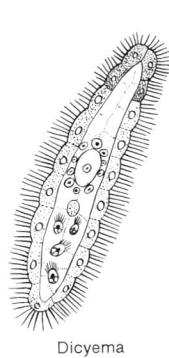

erweiterbares Cytostom
Wimperkränze
Makronucleus
pulsierende Vakuole
Didinium

Dicyema

didym-, didymo- [v. gr. didymos = doppelt], in Zss.: doppel-.

Diebsameise

Diebsameise, *Solenopsis fugax,* ↗ Knotenameisen.

Diebskäfer, Ptinidae, Fam. der polyphagen Käfer; v. den gut 500 Arten finden sich bei uns ca. 25. Die kugel. oder längl., bräunl. od. messingfarbenen, 2–5 mm großen Tiere leben v. pflanzl. od. seltener v. tier. Materialien. Kugel- od. Buckelkäfer *(Gibbium psylloides),* 3 mm, blasig aufgetriebener Hinterleib, der v. den bräunl. glänzenden Flügeldecken umschlossen ist; Kosmopolit, das ganze Jahr v. a. in alten Häusern, deren Böden eine Spreufüllung haben, in der sich die Larven entwickeln, aber auch in Getreidespeichern, Bäckereien od. alten Komposthaufen; zur Verpuppung bohrt sich die Larve ins Holz; die Tiere sind kaum als Schädlinge zu bezeichnen, werden bei Massenauftreten eher lästig. Messingkäfer *(Niptus hololeucus),* 4 mm, kugel. Hinterleib, Körper schön messingfarben od. golden, fein behaart; Lebensweise ähnl. der des Kugelkäfers; leben mehr v. stärkehalt. Substanzen (Getreide), aber auch v. Strohfüllungen alter Gemäuer, gelegentl. auch an alten Teppichen. Der verwandte Kleine Messingkäfer *(Tipnus unicolor)* findet sich synanthrop in Scheunen, Ställen u. ä., wo er v. Strohabfällen lebt; natürl. Lebensraum sind Kleinsäuger- u. Hummelnester. Die D. der Gatt. *Ptinus* enthalten 2–4 mm große, schlanke Arten, die vielfach körperlange Fühler besitzen; entwickeln sich an dürren Ästen, an altem Stroh (dann meist synanthrop) od. als Kommensalen in Nestern solitärer Bienen. Erwähnenswert ist der Gemeine D. *(Ptinus fur),* der gerne in Wohnungen, Vorratslagern, Hühner- u. Taubenställen lebt; fr. trat er auch in Apotheken u. Drogerien an dort gelagerten Tee- u. Kräutervorräten („Kräuterdieb") auf.

Diebskrabbe, der ↗ Palmendieb.

Diebsspinnen, bes. in den Tropen lebende Gruppe der Kugelspinnen, die als Nahrungsdiebe (Kleptoparasiten) in den Geweben großer Netzspinnen (z. B. *Nephila, Cyrtophora, Argiope)* leben; siedeln sich am Rande des Netzes an od. leben dort vagabundierend u. beteiligen sich an der Beute ihres Wirtes. Bekannteste Gatt. ist *Conopistha* (= *Argyrodes).*

Diebswespen, Cleptidae, Fam. der ↗ Hautflügler.

Dieffenbachia w [ben. nach dem dt. Naturforscher E. Dieffenbach, 1811–55], Gatt. der ↗ Aronstabgewächse.

Diegofaktor, ein bisher fast ausschl. bei Indianern u. Ostasiaten nachgewiesenes Antigen (Antigen Di[a]) der Erythrocyten, das dominant erbl. ist.

Dieldrin s, ein Pestizid aus der Gruppe der ↗ Chlorkohlenwasserstoffe.

didym-, didymo- [v. gr. didymos = doppelt], in Zss.: doppel-.

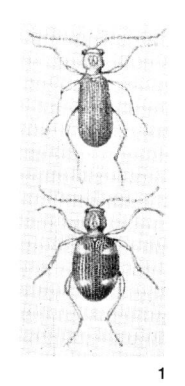

Diebskäfer
1 Gemeiner D. *(Ptinus fur),* oben Männchen, unten Weibchen.
2 Messingkäfer *(Niptus hololeucus).*

differentielle Genexpression
Unterschiedliche Ebenen, auf denen die differentielle Genexpression reguliert werden kann

Diels, 1) *Friedrich Ludwig Emil,* dt. Botaniker, * 24. 9. 1874 Hamburg, † 30. 11. 1945 Berlin; seit 1921 Prof. in Berlin u. Dir. des bot. Gartens; wichtige Arbeiten zur Morphologie, Systematik u. Pflanzengeographie. **2)** *Otto,* dt. Chemiker, Bruder von 1), * 23. 1. 1876 Hamburg, † 7. 3. 1954 Kiel; Prof. in Berlin u. Kiel; entdeckte das Sterangrundgerüst der Steroide; schrieb ein bekanntes Lehrbuch der organ. Chemie; 1950 Nobelpreis für Chemie (zus. mit seinem Schüler K. Alder) für seine Arbeiten zur Dien-Synthese. [↗ Wassermolche.

Diemictylus *m, Notophthalmus,* Gatt. der

Diencephalon s [v. gr. dia = zwischen, egkephalon = Hirn], das ↗ Zwischenhirn; ↗ Gehirn.

dieroistisches Ovar s [v. gr. diërēs = doppelt, lat. ovarius = Eier-], Bez. für einen Eierstock (Ovar) bei Insekten, bei dem die sonst übl. Gliederung in ↗ Ovariolen fehlt, z. B. bei Springschwänzen *(Collembola)* od. Erzwespen *(Braconidae).*

Differentialart ↗ Assoziation 1).

differentielle Genexpression, die v. Entwicklungszustand einer Zelle bzw. eines Gewebes abhängige, spezif. Expression einzelner Gene od. Gengruppen. In Anbetracht der für viele Zelltypen nachgewiesenen genet. ↗ Totipotenz ist d. G. eine notwend. Voraussetzung für die Ausbildung verschiedener Zelltypen (Differenzierung der Zellen), aus denen sich die Gewebe u. Organe eines vielzell. Organismus aufbauen. Die Regulation der Genexpression kann theoret. auf allen Ebenen bei der Umsetzung der in den betroffenen Genen codierten Information zu den entspr. Genprodukten, die einer Zelle ihre Spezifität verleihen, stattfinden. Bislang am besten untersucht sind Prozesse der *differentiellen Transkription.* Die Synthese eines Primärtranskriptes wird entweder, bei *negativer Kontrolle,* mit Hilfe v. Repres-

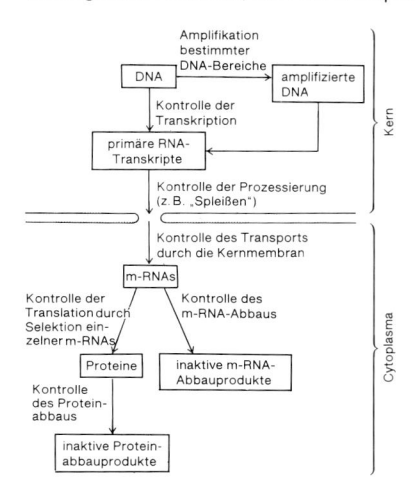

differentielle Genexpression

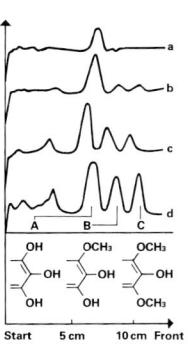

Differentielle Genexpression, abgelesen an einer Merkmalsbildung, der Anthocyansynthese. Die Anthocyane aus einer bestimmten Petunienrasse wurden mit Hilfe der Dünnschichtchromatographie voneinander getrennt u. dann photometrisch ausgemessen. Jeder Gipfel repräsentiert ein Anthocyan. Unten jeweils Ausschnitte aus der Strukturformel der betreffenden Anthocyane, ganz unten die Laufstrecke des Dünnschichtchromatogrammes (Start – Front), a ganz junge Blütenknospen, b mittelalte Blütenknospen, c alte Blütenknospen, d entfaltete Blüte. Man erkennt, daß die einzelnen Anthocyane nacheinander während der Knospenentwicklung auftreten, was die d. G. der Gene in Form der entspr. Enzymproteine widerspiegelt.

sor-Proteinen (z. B. durch den lac-Repressor bei *E. coli*) od., bei *positiver Kontrolle*, mit Hilfe v. Aktivatorproteinen (bei Eukaryoten überwiegend; z. B. über Steroidhormon induzierte Bindung eines Proteins an DNA) gesteuert (↗Genregulation). Inwieweit darüber hinaus auch Strukturveränderungen von DNA bzw. von Chromosomen, die möglicherweise durch die Wirkung spezif. Proteine induziert werden, für die d. G. von Bedeutung sind, ist noch nicht endgültig geklärt. Eine Voraussetzung für die Transkription der im Chromatin verpackten DNA v. Eukaryoten ist z. B., daß die aktiven Bereiche dekondensiert u. dadurch für RNA-Polymerase u. evtl. auch für Aktivatorproteine zugängl. werden. Genorte bes. intensiver Transkription sind z. B. die Puffs an den Riesenchromosomen v. Dipteren u. die Schleifen an den Lampenbürstenchromosomen der Amphibien. Beide prägen an den jeweiligen Chromosomen Muster aus, die für die Zellen eines bestimmten Entwicklungszustands spezif. sind, was den Zshg. zw. Zelldifferenzierung und d. G. belegt. Auch die Strukturumwandlungen v. fakultativem Heterochromatin (↗Chromatin) wird mit dem An- bzw. Abschalten der Transkription in den entspr. Bereichen in Zshg. gebracht, da die Menge an fakultativem Heterochromatin je nach Differenzierung der Zellen sehr unterschiedl. ist. Die spezif. Expression v. Genen kann weiterhin durch die Methylierungsgrad entspr. DNA-Regionen, durch Umorientierung bestimmter DNA-Segmente (z. B. die als *Phasen-Variation* bezeichnete Inversion eines DNA-Segments bei Salmonellen od. die bei der Entstehung bestimmter Tumore nachgewiesene Umlagerung v. DNA-Abschnitten), durch Herausschneiden einzelner DNA-Segmente (z. B. bei Genen für die Antikörperproduktion in Lymphocyten) od. durch selektive DNA-Amplifikation (↗Genamplifikation; z. B. Gene für 18S- und 28S-r-RNA in den Oocyten v. *Xenopus laevis*) reguliert werden. Derartige Regelzustände können bei der Mitose auch an die Tochterzellen weitergegeben werden. Neuere Untersuchungen zeigen, daß bei Eukaryoten die Synthese unterschiedl. Proteine auch u. unterschiedl. *Spleißen* (engl. splicing) eines gegebenen Primärtranskripts abhängig sein kann. Die Signalreaktionsketten, über welche die verschiedenen Umweltfaktoren (Licht, Wärme, soziale Umgebung u. ä.) auf die Regulation der Genexpression u. somit auf die Entwicklung eines Organismus (auch in bezug auf seine Verhaltensmuster) Einfluß nehmen, sind noch in den meisten Punkten ungeklärt. Ein System, an dem diese Fragestellung untersucht wird, ist die Einwirkung v. Licht auf die Morphogenese v. Pflanzen, bei der ↗Phytochrom eine Vermittlerrolle zw. Umweltreiz (Licht) u. Reaktion des Genoms (Aktivierung bestimmter Gene) spielt. [B] Genaktivierung. G. St.

differentielle Translation ↗Translation.

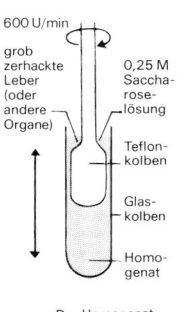

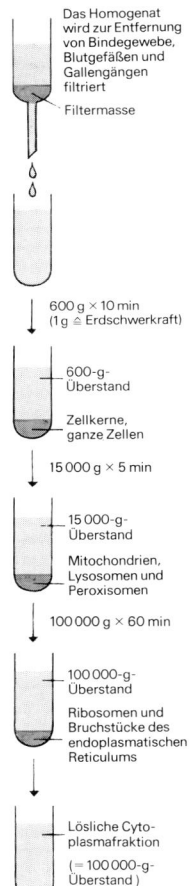

differentielle Zentrifugation, Zentrifugationsmethode, die auf der Anwendung stufenweise steigender Umdrehungszahlen u. dementsprechend stufenweise steigender Zentrifugationskräfte (ausgedrückt in g-Werten; 1 g = Erdbeschleunigung) beruht. Die d. Z. ist eine wicht. Methode zur analyt. u. präparativen Trennung v. Zellkomponenten. ↗Dichtegradienten-Zentrifugation.

Differenzierung *w* [v. lat. differre = sich unterscheiden], 1) *primäre D., Zelldetermination,* ↗Determination. 2) *sekundäre D., physiologisch-morphologische D., histologische D.,* Vorgänge, durch die Zellen od. Gewebe in einen neuen Funktionszustand überführt werden; i.d.R. verbunden mit der Synthese größerer Mengen u. spezif. Makromolekülen, die eine funktionelle Spezialisierung bedingen bzw. ermöglichen (z. B. Actin u. Myosin in Muskelzellen, Kristalline in Linsenzellen). Die strukturelle Komplexität kann durch nicht-zufäll. Anordnung der Moleküle erhöht werden, z. B. beim Zusammentreten v. Actin, Myosin u. weiteren Proteinen zum kontraktilen Apparat der quergestreiften Muskelfaser. 3) *räumliche D.,* Auftreten räuml. Verteilungsmuster v. verschieden differenzierten Zellen od. Zellverbänden in der Ontogenese. ↗Diversifizierung, ↗Musterbildung.

differentielle Zentrifugation

Differenzierungszentrum

Diffusion

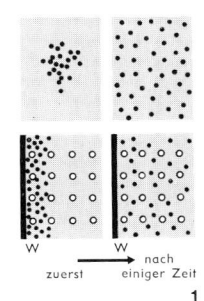

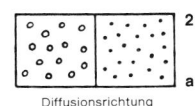

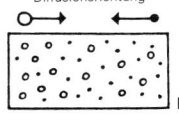

1 Zwei Beispiele für D. (W = Wand).
2 Abb. zum Fickschen D.sgesetz;
a Gase durch Wand getrennt, **b** Vermischung der Gase durch D. nach Entfernen der Trennwand.

In Abb. **2a** sind zwei Gase unterschiedl. Molekülmassen durch eine Wand getrennt. Nach Entfernen der Wand durchdringen sie sich. Die beiden Gasmolekülarten haben entsprechend ihren Konzentrationsgradienten entgegengesetzte D.srichtung. Die Gasmoleküle kleinerer Masse diffundieren schneller (**2b**). Die Zahl der bei einem stationären D.svorgang (Konzentrationsgradient bleibt zeitlich konstant) in der Zeitdauer Δt durch eine Fläche A tretenden Teilchen N berechnet sich aus:

$$N = D \cdot A \cdot \Delta t \cdot \frac{dc}{dx}$$

1. Ficksches Diffusionsgesetz

D = D.skonstante, SI-Einheit von D: = m^2/s; c gibt in dieser Formel die Teilchenkonzentration an (c = Teilchenanzahl/ Volumen, $[c] = 1/m^3$), dc/dx den Konzentrationsgradienten (x = Länge, Strecke).

424

Differenzierungszentrum s [v. lat. differre = sich unterscheiden], derjenige Bereich eines sich entwickelnden Organismus, in dem ein bestimmter Differenzierungsschritt zuerst sichtbar od. experimentell nachweisbar wird *(morpholoqisches D.)*. Er kann Bedingungen enthalten, v. denen die Differenzierungsschritte benachbarter Bereiche abhängen *(physiolog. D., Seidel)*.

Differenzierungszone w [v. lat. differre = sich unterscheiden], *Zone der Histogenese,* rückwärt. Abschnitt des pflanzl. Vegetationspunkts, in dem ↗Bildungsgewebe in ↗Dauergewebe umgewandelt wird. Diese Umwandlung *(Differenzierung)* erfolgt ganz allmählich durch unterschiedl. Streckungswachstum, Verdickung und chem. Veränderung der Zellwände sowie durch spezif. Ausgestaltung der Zellinhalte, bis schließl. die Teilungsfähigkeit ganz erlischt.

Difflugia w [v. lat. diffluere = auseinanderfließen], Gatt. der ↗Testacea.

Diffusion w [v. lat. diffusio = Auseinanderfließen, Ausbreitung], passiver Transport v. Molekülen v. Orten höherer Konzentration zu solchen mit niedrigerer Konzentration entlang einem Konzentrationsgefälle. Treibende Kraft für den Transport ist die Energie, die durch die therm. Bewegung der Moleküle (↗Brownsche Molekularbewegung) entsteht, d. h., es wird keine Stoffwechselenergie für den Transport benötigt. Die Geschwindigkeit der D. ist v. einer Reihe v. Faktoren abhängig, deren quantitative Beziehungen im *Fickschen D.sgesetz* zusammengefaßt sind. Es besagt, daß die Anzahl der pro Zeiteinheit durch eine Fläche einer definierten Schichtdicke hindurchtretenden Moleküle direkt proportional der Konzentrationsdifferenz der Moleküle vor u. hinter der D.sbarriere u. der Größe der Fläche, aber umgekehrt proportional der D.sstrecke ist. Der Proportionalitätsfaktor *(D.skoeffizient)* ist vom D.smedium u. von der Art des diffundierenden Moleküls (bes. seiner relativen Molekülmasse) abhängig. Ist der diffundierende Stoff ein Gas, wird häufiger mit Partialdruckgefällen als mit Konzentrationsgradienten gerechnet, da hier die unterschiedl. D.smedien, wie Luft u. Wasser bzw. Gewebe, in denen zwar die Gaspartialdrücke, nicht aber die Gaskonzentrationen im Gleichgewicht übereinstimmen, zu betrachten sind (↗Atmung). Der D.skoeffizient wird in diesem Fall als *Kroghsche D.skonstante* (Kroghscher D.skoeffizient, *D.sleitfähigkeit*) bezeichnet. Die beiden Atemgase O_2 u. CO_2 haben sehr unterschiedl. D.sleitfähigkeiten; CO_2 diffundiert 20–30mal schneller als O_2. Aus dem Fickschen D.sgesetz lassen sich die Bedingungen für eine Optimierung der Transportprozesse mittels D. ableiten: z. B. möglichst dünne D.sbarrieren mit möglichst großer Oberfläche u. gegebenenfalls dem Anschluß v. zu- u. abführenden Transportsystemen, um die Konzentrations- bzw. Partialdruckdifferenzen groß zu halten. Die vielfältigen Strukturen der ↗Atmungsorgane u. z. B. die mannigfalt. Oberflächenvergrößerungen transportierender Epithelien (↗Darm) zeigen, wie derart. Optimierungen als Anpassungen entwickelt wurden. Von *erleichterter D.* (erleichtertem Transport) spricht man, wenn Substanzen (z. B. D-Glucose, L-Aminosäuren) schneller durch die Zellmembran (z. B. Erythrocytenmembran) gelangen, als über eine normale D. zu berechnen wäre. Man nimmt für diesen Transportmechanismus die Mithilfe eines in die Zellmembran integrierten Carrier-Proteins (↗Carrier) an, das mit der zu transportierenden Substanz analog einem Enzym-Substrat-Komplex einen Dissoziationskomplex bildet. Die erleichterte D. zeigt demgemäß eine Sättigungscharakteristik, die auf die begrenzte Kapazität der Carrier-Moleküle zurückzuführen ist. Ferner kann diese Art der D. mit aktiven Transportprozessen gekoppelt sein (↗aktiver Transport). K.-G. C.

Diffusionspotential, 1) allg. die sich an der Phasengrenze zweier Elektrolytlösungen mit unterschiedl. Konzentration od. verschiedener Ionenzusammensetzung ausbildende Potentialdifferenz; Ursache ist die unterschiedl. Beweglichkeit u. die damit verschieden schnell ablaufende ↗Diffusion (☐ Brownsche Molekularbewegung) der Kationen u. Anionen. 2) Elektrophysiologie: Bez. für das sich entlang semipermeabler Membranen aufbauende ↗Membranpotential, dessen Ursache in den Permeabilitätseigenschaften der Membran u. den verschiedenen Ionenkonzentrationen u. -zusammensetzungen beiderseits der Membranen liegt.

Diffusionstest, der ↗Agardiffusionstest.

digametisch [v. gr. digamos = zweimal verheiratet], ↗heterogametisch.

Digenea w [v. spätgr. digenēs = von doppeltem Geschlecht], Ord. der Saugwürmer; haben als Endoparasiten in Land- u. Wassertieren am Vorderende fast immer einen den Mund umgreifenden Saugnapf ausgebildet, der sehr oft durch einen weiteren bauch- od. endständ. Saugnapf in seiner Haftwirkung ergänzt wird. Ihr Entwicklungsgang schließt einen Generationswechsel ein, der mit Wirtswechsel verbunden ist. Aufgrund der unterschiedl. Entstehung der Exkretionsblase der Cercarien werden 2 U.-Ord. mit vielen Fam. unterschieden (vgl. Tab.). Zur Diagnose

Digenea	
Man unterscheidet: 1. *Gasterostome:* Darm unverzweigt, sackartig; Zwitter. 2. *Monostome:* ein Saugnapf, meist der Bauchsaugnapf, reduziert; Zwitter. 3. *Distome:* Bauchsaugnapf an unterschiedl. Stellen der Ventralseite, Lage jedoch artspezifisch; Zwitter. 4. *Amphistome:* zweiter Saugnapf am hinteren Körperpol; Zwitter.	5. *Echinostome:* Mundsaugnapf durch Haken ergänzt; Zwitter. 6. *Holostome:* neben den beiden Saugnäpfen noch ein drittes Haftorgan ausgebildet; Zwitter. 7. *Schistosome:* getrenntgeschlechtlich; geschlechtsreifes, blattart. Männchen bildet durch Umfalten u. Verhaken seiner Seitenränder einen Canalis gynaecophorus, in dem es das Weibchen trägt, daher die dt. Bez. Pärchenegel.

adulter Formen der ca. 4900 Arten wird eine handlichere Einteilung verwendet (vgl. Tab. oben). Viele Distome und v. a. die Schistosomen sind als Parasiten v. Haustieren u. Mensch v. Bedeutung.

Digesti͟o͞n w [v. lat. digestio =], die ↗Verdauung.

Digesti͟o͞nsdrüsen [Mz.; v. lat. digestio = Verdauung], die Verdauungsdrüsen der insectivoren Pflanzen; ↗carnivore Pflanzen.

Digin͟i͞n s [v. *digi-], ↗Digitalisglykoside.

digital [v. lat. digitalis = finger-], Finger od. Zehen betreffend. [hut].

Digitalis w [v. lat. digitale =], der ↗Finger-

Digitalisglykoside [Mz.; v. *digi-], Gruppe v. herzwirksamen Glykosiden (↗Herzkoside) aus Fingerhut-(*Digitalis-*)blättern, deren Aglykone (*Digitoxigenin, Digoxigenin, Gitoxigenin* u. *Gitaloxigenin*) dem Cardenolid-Typ (↗Cardenolide) angehören. In den Zuckeranteilen, die über die Hydroxylgruppe in Position 3 der Aglykone (vgl. Abb.) gebunden u. untereinander β-glykosid. verknüpft sind, treten D-*Glucose*, D-*Digitoxose*, D-*Digitalose* u. *3-Acetyl-Digitoxose* auf. Hauptglykoside von *Digitalis*

Digitalisglykoside (Auswahl)

	Glykoside	Aglykone (Genine)	Zuckerkomponenten
aus *Digitalis purpurea*	Purpureaglykosid A	Digitoxigenin	-Dox-Dox-Dox-Glucose
	Digitoxin	Digitoxigenin	-Dox-Dox-Dox
	Purpureaglykosid B	Gitoxigenin	-Dox-Dox-Dox-Glucose
	Gitoxin	Gitoxigenin	-Dox-Dox-Dox
	Gitaloxin	Gitaloxigenin	-Dox-Dox-Dox
	Verodoxin	Gitaloxigenin	-Digitalose
aus *Digitalis lanata*	Lanatosid A	Digitoxigenin	-Dox-Dox-(Dox-Ac)-Glucose
	Lanatosid B	Gitoxigenin	-Dox-Dox-(Dox-Ac)-Glucose
	Lanatosid C	Digoxigenin	-Dox-Dox-(Dox-Ac)-Glucose
	Digoxin	Digoxigenin	-Dox-Dox-Dox
herzunwirksame Digitanolglykoside	Digipurpurin	Digipurpurogenin	-Dox-Dox-Dox
	Diginin	Diginigenin	-Diginose
	Digifolein	Digifologenin	-Diginose

digi- [Kürzung aus lat. digitale = Fingerhut].

Digenea

Unterordnungen und wichtige Familien:
1. U.-Ord.: *Anepitheliocystida*
   - Echinostomatidae
   - Fasciolidae
   - Paramphistomatidae
   - Schistosomatidae
2. U.-Ord.: *Epitheliocystida*
   - Dicrocoelidae
   - Opisthorchiidae
   - Prosthogonimidae
   - Troglotrematidae

Digitigrada

Folgende Säuger (alle aus der Ord. *Carnivora* = Raubtiere) setzen ihre Autopodien *digitigrad* auf:

Canidae (Hundeartige),
Felidae (Katzenartige),
Viverridae (Schleichkatzen),
Hyaenidae (Hyänen).

Die *Mustelidae* (Marderartige) setzen nur den Hinterfuß digitigrad auf, vorn sind sie plantigrad.

Digitalisglykoside

Aglykone:
Digitoxigenin: $R_1 = R_2 = -H$
Gitoxigenin: $R_1 = -OH, R_2 = -H$
Digoxigenin: $R_1 = -H, R_2 = -OH$
Gitaloxigenin: $R_1 = -O-C\overset{O}{\underset{H}{\diagup}}, R_2 = -H$

Zuckerkomponenten:
Links: *D-Digitalose*
Rechts: *Digitoxose* (Dox): R = -H
3-Acetyl-Digitoxose (Dox-Ac): R = Acetyl

purpurea (Roter Fingerhut), aus dem bisher über 30 D. isoliert wurden, sind die *Purpureaglykoside A* und *B* (ca. 60%), *Digitoxin* (12%), *Gitoxin* (ca. 10%) u. *Gitaloxin* (ca. 10%), von denen jedoch nur Digitoxin heute noch therapeut. Bedeutung besitzt. Weiterhin sind im Roten Fingerhut zwei Gruppen v. herzunwirksamen Glykosiden enthalten: die *Digitanolglykoside* (Pregnanglykoside), denen der Lactonring fehlt, mit den Vertretern *Diginin, Digipurpurin* u. *Digifolein* sowie die *Spirostanolglykoside* (↗Saponine), zu denen *Digitonin, Gitonin* u. *Tigonin* zählen. Unter den (bisher über 60) D.n aus *Digitalis lanata* (Wolliger Fingerhut) sind die Hauptvertreter *Lanatosid A* und *C* (ca. 50%), wobei Lanatosid C vorwiegend in jungen, Lanatosid A mehr in älteren Blättern zu finden ist. Therapeut. wichtig sind v. a. *Digoxin, Acetyl-Digoxin* und *Lanatosid A, B* und *C*.

Digitalo͟i͞de [Mz.; v. *digi-] ↗Herzglykoside. [↗Fingergras.

Digitaria w [v. lat. digitus = Finger], das

digitat [v. lat. digitatus = mit Fingern versehen], *fingerförmig*; Anwendung auf Fiederblätter, wenn deren Fiederblättchen wie Finger an einer Hand angeordnet sind (z. B. Roßkastanie).

Digitigrada [Mz.; v. lat. digitus = Finger, gradi = Schritte machen], *Zehengänger*, Sammelbez. für Säuger, deren Autopodium (Hand, Fuß) nur mit den Phalangen (Finger-, Zehenknochen) Bodenkontakt hat. Carpalia u. Metacarpalia sind abgehoben.

Digiton͟i͞n s [v. *digi-, gr. tonos = Spannung], ↗Digitalisglykoside, ↗Saponine.

Digitoxigen͟i͞n s [v. *digi-, gr. toxikon = Gift, gennan = erzeugen], ↗Digitalisglykoside.

Digitox͟i͞n s [v. *digi-, gr. toxikon = Gift], ↗Digitalisglykoside.

Digitox͟o͞se w [v. *digi-, gr. toxikon = Gift], ↗Digitalisglykoside.

Dignatha [Mz.; v. gr. di- = zwei-, gnathos = Kiefer], systematisch-taxonom. Bez. für die Arthropoden, die nur zwei Mundwerkzeugpaare besitzen; hierher die Doppelfü-

Digononta

ßer und Wenigfüßer, bei denen die 2. Maxillen reduziert sind.

Digon<u>o</u>nta [Mz.; v. gr. digonos = zweimal gebärend], die ↗Bdelloidea.

dig<u>y</u>n [v. gr. di- = zwei-, gynē = Frau], eine Blüte mit zwei Griffeln.

Dihaphase w [v. gr. di- = zwei-, haplōs = einfach, phasis = Erscheinung], die ↗Dikaryophase.

Dihybr<u>i</u>den [Mz.; v. gr. di- = zwei-, lat. hybrida, hibrida = Bastard], *dihybride Bastarde,* Organismen, die in bezug auf zwei Allelenpaare heterozygot sind; D. entstehen aus der *dihybriden Kreuzung* homozygoter Eltern, die sich in zwei Merkmalen unterscheiden (z. B. AABB × aabb).

Dihydrof<u>o</u>lsäure [v. *dihydro-], Zwischenprodukt bei der Synthese v. ↗Tetrahydrofolsäure aus Folsäure; die Salze der D. sind die *Dihydrofolate.*

Dihydroor<u>o</u>tsäure [v. *dihydro-], bildet sich aus Carbamylaspartat bei der Synthese v. Pyrimidin-Nucleotiden; reagiert in dieser Stoffwechselkette weiter zu ↗Orotsäure; die Salze der D. sind die *Dihydroorotate.*

Dihydrour<u>i</u>din [v. *dihydro-], das die seltene Base *Dihydrouracil* enthaltende Nucleotid; charakterist. für den sog. D-loop (Abk. für D.-loop) von t-RNA-Molekülen, in denen es durch Hydrogenierung v. Uridin gebildet wird; Dihydrouracil entsteht im Pyrimidinabbau aus Uracil durch das Enzym *Dihydrouracil-Dehydrogenase.*

Dihydroxyac<u>e</u>ton s [v. *dihydrox-], einfachste Ketose; in Form v. *D.phosphat* ist D. Zwischenprodukt beim Abbau v. Glucose (↗Glykolyse, ↗alkohol. Gärung), aber auch beim Aufbau der Glucose im Rahmen der ↗Gluconeogenese bzw. aus dem durch den ↗Calvin-Zyklus gebildeter Glycerinaldehyd-3-phosphat; auch innerhalb des Calvin-Zyklus ist D.phosphat ein Zwischenprodukt zur Regeneration v. Ribulose-1,5-diphosphat.

Dihydroxyacet<u>o</u>nphosphat s [v. *dihydrox-], ↗Dihydroxyaceton.

m-Dihydroxybenz<u>o</u>l [v. *dihydrox-], das ↗Resorcin.

o-Dihydroxybenz<u>o</u>l [v. *dihydrox-], das ↗Brenzcatechin.

Dihydroxyb<u>e</u>rnsteinsäure [v. *dihydrox-], die ↗Weinsäure.

Dihydroxyphenylalan<u>i</u>n s [v. *dihydrox-], Abk. *DOPA,* wicht. Zwischenprodukt bei der Bildung der Catecholamine Dopamin, Noradrenalin u. Adrenalin sowie des Pigmentfarbstoffs Melanin aus Tyrosin. Die Umwandlung v. Tyrosin über DOPA zum Melanin erfolgt in den Melanocyten unter der katalyt. Wirkung des Enzyms Phenoloxidase. Der Stoffwechselweg v. Tyrosin über DOPA zu den Catecholaminen erfolgt

Dihydrouridin
Zucker-Phosphat-Rest

Dihydroxyaceton
Dihydroxyacetonphosphat

Dihydroxyphenylalanin (DOPA)

Diisopropyl-Fluorphosphat

3,5-Diiodtyrosin

Dikdiks
Arten:
Eritreadikdik
(Madoqua saltiana)
Rotbauchdikdik
(Madoqua phillipsi)
Kleindikdik
(Madoqua swaynei)
Güntherdikdik
(Rhynchotragus guentheri)
Kirkdikdik
(Rhynchotragus kirki)

dagegen in Nervenzellen u. in der Nebennierenrinde unter der Wirkung eigener Enzyme, darunter der *DOPA-Decarboxylase,* einer aromatischen Aminosäure-Decarboxylase, welche die Umwandlung v. DOPA zu ↗Dopamin katalysiert.

3,5-Diiodtyrosin, *Dijodtyrosin, Iodgorgosäure,* Substanz aus der Schilddrüse; entsteht durch Iodierung aus Tyrosin u. wird anschließend in die Schilddrüsenhormone 3,5,3′-Triiodthyronin u. Thyroxin umgewandelt. Kommt auch in Proteinen der Korallen u. im Endostyl der Tunicaten vor, das der Thyreoidea teilweise homolog ist.

Diisopropyl-Fluorph<u>o</u>sphat s, Abk. *DFP,* Hemmstoff vieler Enzyme mit Hydroxylgruppe v. Serin im aktiven Zentrum. Die Hemmung beruht auf Veresterung der Serin-Hydroxylgruppe mit dem Diisopropylphosphat-Rest unter Freisetzung v. Fluorwasserstoff. Zu den gehemmten Enzymen gehört bes. die ↗Acetylcholin-Esterase des Nervensystems, weshalb D.-F. zu den hochtox. Nervengiften zählt.

Dik<u>a</u>ryon s [v. gr. di- = zwei-, karyon = Nuß, Kern], Zellen mit einem Kernpaar.

Dikaryoph<u>a</u>se w [v. gr. di- = zwei-, karyon = Nuß, Kern, phasis = Erscheinung], *Paarkernphase, Dihaplophase, Diplohaplophase,* Entwicklungsphase bei höheren ↗Pilzen, in der 2 haploide Kerne in einer Zelle liegen *(Dikaryon),* die sich bei Zellteilung synchron teilen.

dikary<u>o</u>tisch [v. gr. di- = zwei-, karyōtos = nußförmig], *paarkernig,* paarkernige Zellen der Asco- u. Basidiomyceten (↗Schlauchpilze, ↗Ständerpilze); entsprechen der sporophyt. Phase der Pflanzen mit Generationswechsel.

Dikdiks, *Windspielantilopen, Madoquini,* Gatt.-Gruppe der Böckchen; hierzu die Eigentlichen Windspielantilopen (Gatt. *Madoqua;* 3 Arten) u. die Tapirböckchen od. Rüssel-D. (Gatt. *Rhynchotragus;* 2 Arten). D. sind nur etwa hasengroße Kleinantilopen v. zierl. Gestalt; Kopfrumpflänge 45–80 cm, Schulterhöhe 30–45 cm; kurze Hörner der Böcke in Haarschopf versteckt; große Augen. Die D. leben meist paarweise im dichten Buschland O-Afrikas v. Äthiopien bis N-Kenia.

dikl<u>i</u>n [v. gr. di- = zwei-, klinē = Bett, Lager], ↗eingeschlechtig.

dik<u>o</u>ndyles Gelenk [v. gr. dikondylos = zweigelenkig], Gelenk, dessen eines Element zwei Condyli aufweist, z. B. bei Amphibien und Säugern das Hinterhauptsgelenk od. bei Insekten (außer Urinsekten) das Gelenk zw. Mandibel und Kopfkapsel.

Dikotyled<u>o</u>nen [Mz.; v. gr. di- = zwei-, kotylēdōn = Vertiefung, Becher], *Dikotylen,* die ↗Zweikeimblättrigen Pflanzen.

Dilatati<u>o</u>n w [v. lat. dilatatio = Erweiterung], in der Bot. das Umfangserweiterungswachstum der Gewebe während des sekundären ⁊Dickenwachstums v. Sproß u. Wurzel. Da bei diesem sekundären Dickenwachstum das Kambium auch fortlaufend Zellen nach innen abgibt, wird es selber mit der Dickenzunahme v. Sproß u. Wurzel immer weiter nach außen verlegt. Das hat zur Folge, daß sich der Umfang des Kambiums u. aller außerhalb v. ihm liegender Gewebe fortgesetzt vergrößern muß. Diese Umfangsvergrößerung wird durch Zellstreckung u. -vermehrung in tangentialer Richtung ermöglicht (D.swachstum).

Dilatator m [lat., = Verbreiter], *Erweiterer, Ausdehner, Musculus dilatator,* Muskel zur Vergrößerung v. Körperöffnungen. Ggs.: Sphinkter od. Konstriktor.

Dileptus m [v. gr. diléptos = doppeldeutig], artenreiche Gatt. der *Gymnostomata;* Wimpertierchen mit lanzettl. Gestalt u. rüsselförm. Vorderende. *D. anser* (Gänsehalstierchen) ist ein häufiger, bis 600 μm großer Räuber in sauberen Gewässern.

Dill, *Anethum graveolens,* Art der Doldenblütler; stammt wahrscheinl. aus dem östl. Mittelmeerraum u. Vorderen Orient. Kraut u. Früchte der einjähr. Pflanze enthalten ein aromat. äther. Öl u. werden als Gewürz verwendet. Da der D. eingemachten Gurken zugefügt wird, trägt er auch den Namen „Gurkenkraut". ⬛B Kulturpflanzen VIII.

Dillenia w, Gatt. der ⁊Dilleniaceae.

Dilleniaceae [Mz.; ben. nach J. J. ⁊Dillenius], *Rosenapfelgewächse,* Fam. der *Dilleniales* mit 18 Gatt., die ca. 530 Arten umfassen. In den Tropen u. Subtropen, v.a. in Asien u. Australien beheimatete Bäume, Sträucher u. Kletterpflanzen mit spiral. angeordneten, fast immer einfachen, oft behaarten oder rauhen, z.T. ledr. Laubblättern u. oft sehr dekorativen weißen oder gelben, zwittr. Blüten. Letztere stehen einzeln oder in Cymen, sind gewöhnl. radiär gebaut u. bestehen aus 5 bleibenden Kelchblättern, 5 freien, meist sehr hinfälligen Kronblättern sowie in Anzahl u. Form sehr variablen Staubblättern. Die meist zahlr. Fruchtblätter sind frei bis vollständig verwachsen u. enthalten eine od. mehrere Samenanlagen. Bei mehreren Gatt. entstehen Balgfrüchte od. Kapseln, während sich bei anderen die Kelchblätter nach der Blüte stark vergrößern, fleischig werden, den Fruchtknoten völlig umhüllen u. somit eine Scheinbeere bilden. Die Samen besitzen einen oft fleischig entwickelten, gefärbten Mantel (Arillus), der aus dem Stiel der Samenanlage hervorgeht u. mit der Samenschale verwachsen ist. Verschiedene Merkmale, bes. aber die geringe Spezialisierung des Holzes, lassen

dihydro- [v. gr. di- = zwei-, hydōr = Wasser].

dihydrox- [v. gr. di- = zwei, hydōr = Wasser, oxys = sauer].

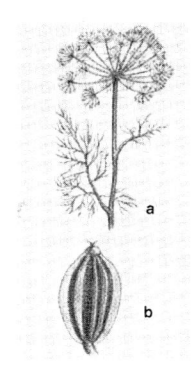

Dill
a Blütendolde,
b Frucht

Dilleniaceae
Wichtige Gattungen:
Curatella
Dillenia
Hibbertia

Dilleniales
Familien:
Crossomataceae
⁊*Dilleniaceae*
⁊*Pfingstrosengewächse (Paeoniaceae)*

Dilleniidae
Ordnungen:
⁊Brennesselartige *(Urticales)*
⁊*Diapensiales*
⁊*Dilleniales*
⁊Ebenholzartige *(Ebenales)*
⁊Heidekrautartige *(Ericales)*
⁊Kapernartige *(Capparales)*
⁊*Lecythidales*
⁊Malvenartige *(Malvales)*
⁊Schlüsselblumenartige *(Primulales)*
⁊*Theales*
⁊Veilchenartige *(Violales)*
⁊Weidenartige *(Salicales)*

die D. als eine relativ urspr. Fam. erscheinen. Bekannteste Gatt. ist *Dillenia,* der mit ca. 60 Arten v. Madagaskar über SO-Asien bis zu den Fidschiinseln verbreitete Rosenapfelbaum. *D. indica* ist ein Baum mit bis zu 15 cm breiten, sehr dekorativen weißen Blüten u. apfelgroßen, grünen, fleischig-saft., eßbaren Früchten, die wie Zitronen verwendet werden. Er wird in den Tropen seiner Früchte wegen sowohl als Nutzpflanze als auch, wie andere *Dillenia*-Arten, seiner Blüten wegen als Zierpflanze kultiviert. Manche *Dillenia*-Arten liefern auch Holz, das im Haus- und Schiffsbau verwendet wird. Ebenfalls von Madagaskar bis zu den Fidschiinseln verbreitet, jedoch am vielfältigsten in Australien vertreten ist die umfangreichste Gatt., *Hibbertia*. Einige ihrer Arten weisen als Elemente der savannenähnl. Buschsteppe eine Reihe v. Anpassungen an trockene Standorte auf. Die austr. Kletterpflanze *H. scandens* wird als Zierpflanze kultiviert. Die Gatt. *Curatella* umfaßt einige Arten, denen man durch Einschneiden der Stämme trinkbares Wasser entnehmen kann („Wasserlianen"). Die Blätter der in S-Amerika heim. *C. americana* besitzen auf ihrer Ober- u. Unterseite verkieselte Zähnchen, weswegen sie z.T. als Schmirgelpapier verwendet werden.

Dilleniales [Mz.; ben. nach J. J. ⁊Dillenius], *Rosenapfelartige,* Ord. der *Dilleniidae* mit 3 Fam., die zus. ca. 20 Gatt. mit rund 570 Arten umfassen; charakterist. für diese Pflanzengruppe ist das Vorhandensein von noch chorikarpen Gynözeen, sekundär polyandr. Andrözeen sowie Samen mit fleisch. Arillus, reichl. Endosperm u. kleinem Embryo.

Dilleniidae [Mz.; ben. nach J. J. ⁊Dillenius], U.-Kl. der *Dicotyledoneae* mit 12 Ord., die insgesamt 60 Fam. mit über 1500 Gatt. u. rund 27000 Arten umfassen. Pflanzen mit überwiegend einfachen (nicht zusammengesetzten) Blättern, neben synkarpen v.a. parakarpe Fruchtknoten mit zahlr. Samenanlagen u. einer zentrifugalen Anlage der Staubblätter bei sekundär polyandr. Blüten. Zur Rückbildung des Andrözeums auf nur einen Staubblattkreis bestehen nur schwache Tendenzen. Aus choripetalen Mitgliedern der D. haben sich mehrfach eng verwandte sympetale Gruppen herausgebildet.

Dillenius, *Johann Jakob,* dt. Botaniker, *22.12.1684 Darmstadt, † 13.4.1747 Oxford; seit 1734 Prof. in Oxford; beschrieb in seinem Werk „Historia muscorum" (1745, 85 Kupfer) als erster die Laubmoose ausführlich. Ein früheres Werk: „Hortus Elthamensis" (2 Bde. 1732, 324 Kupfer) entstammte seiner Tätigkeit als Dir. des bot. Gartens Eltham.

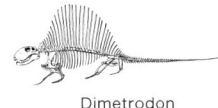

Dilsea, Gatt. der ⁊Dumontiaceae.

Diluvialböden [v. lat. diluvialis = Überschwemmungs-], *pleistozäne Böden,* aus eiszeitl. Ablagerungen (z. B. Kies, Geschiebemergeln, -tonen od. -sanden u. Löß) entstandene Böden.

Diluvium *s* [lat., = Überschwemmung, Wasserflut], (W. Buckland 1823), *Diluvialzeit,* älterer Ausdruck für ⁊Pleistozän. In der frühwiss. Periode schien durch das Studium der errat. Blöcke in N-Dtl. u. im alpinen Raum die Annahme einer sintflutart. Überschwemmung als Transportkraft in jüngerer erdgesch. Zeit (Quartär) im Sinne der Bibel notwendig. Mit Änderung des Kausalitätsverständnisses (Eis als Transportmittel) erhielt das Wort D. den Sinngehalt v. Eiszeit (Schimper 1837).

Dimerisation *w* [v. gr. dimerēs = zweiteilig], Vereinigung v. zwei gleichen Molekülen zu einem neuen, dem *Dimeren;* v. biol. Bedeutung ist die D. benachbarter Thymin-Reste 4. DNA unter der Wirkung v. UV-Licht zu den ⁊Thymin-Dimeren.

Dimethylallylpyrophosphat, Zwischenprodukt bei der Biosynthese der ⁊Terpene.

Dimethylsulfat *s,* Abk. *DMS,* $(CH_3O)_2SO_2$, farblose Flüssigkeit, wegen der leichten Übertragbarkeit der Methylgruppen ein starkes Methylierungsmittel; aufgrund der Methylierung v. Nucleinsäurebasen wirkt D. stark mutagen bzw. cancerogen. Die Methylierung v. DNA durch D. erfolgt vorwiegend an den Guanin- bzw. Adeninbasen; diese Reaktionsspezifität findet Anwendung bei der DNA-Sequenzierung (⁊Desoxyribonucleinsäuren).

Dimetrodon *m* [v. gr. dimetros = aus 2 Maßeinheiten bestehend, odōn = Zahn], (Cope 1878), *Bathyglyptus* (Case 1911), *Embolophorus* (Cope 1875 partim), † Gatt. synapsider, im U.-Perm v. N-Amerika sehr verbreiteter, bis 2,20 m langer Saurier, die sich durch ein mehr od. weniger stark entwickeltes „Segel" hoher Dornfortsätze der Rumpfwirbel auszeichnete; mehrere Arten. Im Rückensegel hat man – wohl zu Unrecht – ein sekundäres Geschlechtsmerkmal, aber auch ein Organ zur Regulation der Körpertemperatur sehen wollen.

dimiktisch [v. gr. di- = zwei, miktos = gemischt], Bez. für den Zirkulationstyp eines temperierten Sees der gemäßigten Zone, bei dem im Herbst u. im Frühjahr die gesamte Wassermasse durchmischt wird.

Dimorphismus *m* [v. gr. dimorphos = doppelgestaltig], *Dimorphie, Zweigestaltigkeit,* das regelmäßige Auftreten v. Individuen derselben Art in zwei verschiedenen Morphen (Erscheinungsformen), d. h. verschiedener Größe, Form, Färbung, od. allem zus. Hierbei werden die artüblichen Variationen deutl. überschritten. ⁊Saisondimorphismus, ⁊Sexualdimorphismus, ⁊Polymorphismus.

Dimorphodon *m* [v. gr. dimorphos = doppelgestaltig, odōn = Zahn], (Owen 1858), stratigraph. ältester, zur U.-Ord. *Rhamphorhynchoidea* gehörende Flugsauriergatt. aus dem untersten Lias v. Lyme Regis (S-England). Sie besaß bereits die fertig ausgebildete Flugsaurierhand u. eine sehr. Flughautverstärkung (Patagium), die auch die Hinterextremität bis zur verlängerten 5. Zehe einschloß. *D. macronyx* erreichte 1 m Länge; ca. je ein Viertel davon entfiel auf den hohen, in Leichtbauweise gestalteten Kopf u. den gedrungenen Rumpf, die restl. Hälfte auf den aus 30 Wirbeln bestehenden Schwanz; zwei unterschiedl. Zahntypen – große vorn, kleine hinten – begründen den Gatt.-Namen. Zwischen den Unterkieferhälften spannte sich ein Kehlsack, ähnl. dem des heut. Pelikans. 1. bis 3. Finger mit starken Krallen bewehrt; der sehr verlängerte 4. Finger war Träger des Flughaut; Fuß fünfstrahlig. Einige Primitivmerkmale, z. B. kleines Gehirn, steile Stellung des Quadratums u. langer Schwanz, erinnern an Pseudosuchier. D. war ein schlechterer Flieger als seine Nachfahren; sein Jagdrevier bildeten die Küsten- u. Strandregionen der Liasgewässer.

Dimya *w* [v. gr. di- = zwei-, mys = Muskel], Gatt. der *Dimyidae,* Faltenmuscheln mit kleiner, ungleichklapp. Schale; die Tiere setzen sich mit der rechten Klappe fest, Fuß u. Mundlappen sind rudimentär; die wenigen Arten leben in warmen Meeren.

Dimyaria [Mz.; v. gr. di- = zwei-, mys = Muskel], Muscheln mit einem vorderen u. einem hinteren Schließmuskel; die Muskeln können gleich groß (⁊*Homomyaria*) od. ungleich (⁊*Heteromyaria*) sein. Aus den D. haben sich stammesgeschichtl. die ⁊*Monomyaria* mit einem Schließmuskel entwickelt.

Dinaride [ben. nach den Dinarischen Alpen auf der Balkan-Halbinsel], *Dinarische Rasse,* Zweig der ⁊Europiden; gekennzeichnet durch eine hagere, hochwüchs. Gestalt u. einen kurzen, hohen Kopf mit meist steilem Hinterhaupt („planoccipitaler Steilkopf") sowie ein unten schmales Gesicht mit hoher Hakennase. Haut mittelhell; Haare u. Augen braun. Hauptverbreitungsgebiet: Balkan. [B] Menschenrassen.

Dinese *w* [v. gr. dinēsis = Drehung], Auslösung der auf Actomyosin-ähnl. Proteinen beruhenden Plasmaströmung in Zellen durch Licht *(Photo-D.),* chem. Reize *(Chemo-D.),* Wärme *(Thermo-D.)* od. Verwundung *(Traumato-D.).* ⁊Taxien.

Dingel, *Limodorum,* Gatt. der Orchideen. In Dtl. findet man selten u. nur in warmen

Dimetrodon

Dimorphismus

Dimorphismus bei Pflanzen: **1** Die vegetativen Triebe vom Meerrettich haben ganzrandige, die blühenden zerschlitzte Blätter; **2** beim Märzveilchen treten zuerst normale, unfruchtbare, später **3** dann kleistogame, fruchtbare Blüten auf

Gebieten den submediterran verbreiteten Violetten D. *(L. abortivum),* eine Charakterart der wärmeliebenden *Quercetalia pubescentis.* Die bis zu 50 cm hoch werdende Pflanze, die manchmal nur unterird. blüht, trägt am Stengel reduzierte Schuppenblätter; die Blütenähre besteht aus 4–8 schmutzigvioletten Blüten; nach der ↗ Roten Liste „vom Aussterben bedroht".

Dingo *m* [austral.], *Canis lupus familiaris dingo,* verwilderter Haushund Australiens v. beinahe Schäferhundgröße, der wahrscheinl. in erdgeschichtl. jüngster Zeit im Zuge der Einwanderung der Ureinwohner Australiens als Begleiter des Menschen mitgebracht wurde. Während der D. fr. fälschlicherweise als echter Wildhund angesehen wurde, erkennt man heute bei ihm wie auch beim Urwald-D. od. Neuguineahund *(C. l. f. hallstromi)* verwandtschaftl. Beziehungen zu indones. Haushunden. Vor Einführung der Schafzucht u. des eur. Kaninchens ernährten sich die D.s überwiegend v. Känguruhs u. a. Beuteltieren. Dem Schaden an Schafherden steht der Nutzen durch Reduzierung der Kaninchen gegenüber. Reinblütige D.s sind aufgrund starker Verfolgung durch Schaffarmer selten geworden. ▣ Australien II.

2,4-Dinitrofluorbenzol *s,* Abk. *DNFB,* wichtiges Reagens in der Peptid- u. Proteinchemie zur selektiven Markierung v. Aminogruppen, bes. v. endständ. Aminogruppen.

2,4-Dinitrophenol *s,* Abk. *DNP,* Hemmstoff (Entkoppler) der ↗ Atmungsketten-Phosphorylierung bei der Zellatmung.

2,4-Dinitrophenylhydrazin *s,* Carbonyl-Reagens zur Identifizierung v. Aldehyden u. Ketonen bes. in der Zuckerchemie.

Dinkel *m* [v. ahd. dinchel, thincil = Art Weizen], *Triticum spelta,* ↗ Weizen.

Dinobryonaceae [Mz.; v. *dino- 1), gr. bryon = Moos], Fam. der *Chrysomonadales,* freilebende od. festsitzende, dorsiventral gebaute Flagellaten, deren Zellen v. einem artspezifischen Cellulosegehäuse umgeben sind. Die ca. 17 Arten der Gatt. *Dinobryon* („Becherbäumchen") besitzen tütenförm. Gehäuse; sie bilden buschige Kolonien durch Festsetzen der Tochterzellen am Rande des Gehäuses der Mutterzelle; im Plankton v. Seen u. Teichen häufig *D. divergens, D. sertularia* und *D. stipitatum.* Die Gatt. *Epipyxis* mit ca. 7 Arten ähnelt D., sie leben aber einzeln, oft epiphytisch, u. ihr bräunl. Gehäuse ist aus feinen Schuppen zusammengesetzt. Ein tütenförm., aber glattes Gehäuse haben die ca. 16 Arten der Gatt. *Kephyrion,* die 10 Arten v. *Chrysococcus* besitzen ein dikkes, kugelart. Gehäuse; sie treten häufig im Frühjahr u. Herbst im Plankton v. Teichen auf.

2,4-Dinitrofluorbenzol
Markierung der N-terminalen Aminogruppe eines Peptids durch D.

2,4-Dinitrophenol

2,4-Dinitrophenylhydrazin

dino- 1) [v. gr. dinos = Wirbel, Drehung], in Zss.: Dreh-, Wirbel-.
dino- 2) [v. gr. deinos = furchtbar, schrecklich, gewaltig].

Dinocerata [Mz.; v. *dino- 2), gr. kerata = Hörner], (Marsh 1873), † Ord. alttertiärer, überwiegend neuweltl. Säugetiere umstrittener taxonom. Zuordnung; meist den ↗ *Amblypoda* od. *Paenungulata* angeschlossen. Die D. trugen auf dem Schädeldach 2–3 Paare hornart. Knochenprotuberanzen (Name) u. erreichten Elefantengröße. Verbreitung: Oberpaläozän bis Obereozän v. N-Amerika (z. B. *Uintatherium*) u. O-Asien (z. B. *Mongolotherium*).

Dinococcales [Mz.; v. *dino- 1), gr. kokkos = Kern, Beere], Ord. der Algen-Kl. *Pyrrhophyceae,* systemat. Stellung umstritten; Beziehung zu den Pyrrhophyceae durch gymnodiniumähnl. Fortpflanzungskörper; die Zellen besitzen im vegetativen Zustand eine feste Zellwand u. braune Plastiden. Bei der Gatt. *Cystodinium* mit ca. 19 Arten sind die Zellen spindel- od. halbmondförmig.

Dinocyon *m* [v. *dino- 2), gr. kyōn = Hund], (Jourdan 1861); spärl. belegter, † Carnivore v. der Größe des heut. Braunbären; trotz hundeart. Gebisses (Name) heute meist den Bären zugeordnet. Verbreitung: Mittelmiozän (Astaracium, Zone MN6) v. La Grive Saint-Alban.

Dinoflagellaten [Mz.; v. *dino- 1), lat. flagellum = Geißel], *Dinoflagellata,* die ↗ *Pyrrhophyceae.*

Dinomischus *m* [v. *dino- 1), gr. mischos = Blatt-, Fruchtstiel], fossiler Organismus unbekannter systemat. Zuordnung aus den kambr. Burgess-Schiefern (Kanada), wegen seiner kamptozoen-ähnl. Gestalt als Kamptozoon (Kelchwurm, ↗ Kamptozoa) gedeutet.

Dinomyidae [Mz.; v. *dino- 2), gr. mys = Maus], die ↗ Pakaranas.

Dinophilidae [Mz.; v. *dino- 1), gr. philos = Freund], Polychaeten-Fam. der Ord. *Archiannelida;* als Bewohner des Sandlükkensystems sehr kleine Tiere, die weder Borsten noch Parapodien tragen; Rüssel gewöhnl. vorstülpbar u. ohne Kiefer; Coelom nur in Form des Gonocoels vorhanden; Exkretionsorgane fehlen od. als Protonephridien; getrenntgeschlechtlich. Bekannte Art *Dinophilus gyrociliatus,* durch darmlose Zwergmännchen, die die Weibchen bereits im Eikokon begatten, gekennzeichnet.

Dinophyceae [Mz.; v. *dino- 2), gr. phykos = Tang], die ↗ *Pyrrhophyceae.*

Dinophysidales [Mz.; v. *dino- 2), gr. physa = Blase], *Dinophysiales, Dinophysales,* Ord. der Algen-Kl. *Pyrrhophyceae;* die ca. 200 Arten sind meist hochorganisierte Planktonflagellaten trop. Meere. Die aus polygonalen Celluloseplatten zusammengesetzte Zellwand weist neben der zum Apikalpol der Zelle hin verschobenen

Dinopidae

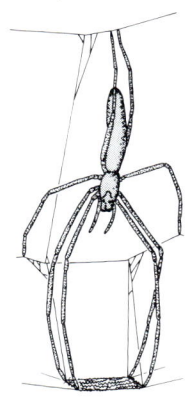

Dinopidae

Beutefangtechnik: Bei einbrechender Dunkelheit verankert sich die Spinne mit einigen losen Fäden in der Vegetation u. fertigt einen rechteck. Rahmen (Kantenlänge ca. 2 cm), der mit Fangfäden (Cribellumwolle) ausgefüllt wird. Diesen Rahmen hält sie mit den Spitzen des 1. und 2. Beinpaares jeweils an einer Ecke fest. 3. und 4. Beinpaar ruhen auf dem Netzgerüst. Nähert sich eine Beute (Nachtfalter), spreizt die Spinne die beiden vorderen Beinpaare, dehnt das Fangnetz auf mehr als das Doppelte u. drückt od. wirft es gg. die Beute. Während des Tages ruhen die Tiere. Das Netz wird jeden Abend neu gesponnen.

Die Abb. zeigt *Dinopis* in Lauerstellung.

dino- 1) [v. gr. *dinos* = Wirbel, Drehung], in Zss.: Dreh-, Wirbel-.

dino- 2) [v. gr. *deinos* = furchtbar, schrecklich, gewaltig].

Querfurche noch eine Vertikalfurche auf; die Ränder der Furchen sind häufig artspezif. erweitert. Die Gatt. *Dinophysis* ist mit ca. 50 Arten in allen Meeren verbreitet; z. B. *D. hostata*. Auffällig ist *Ornithocerus splendidus*, deren mehr od. weniger runde Zellen 2 trichterförmig verlaufende Gürtelleisten tragen. Weitere Gatt. sind *Triposolenia*, *Amphisolenia* u. *Histioneis*.

Dinopidae [Mz.; v. gr. deinōps, Gen. deinōpos = mit furchtbarem Blick], *Deinopidae*, Fam. der Webspinnen, die mit ca. 45 Arten bes. in den Tropen Australiens, S-Amerikas u. Afrikas vorkommt; der bis 4 cm lange Körper ist schlank, die Beine lang, u. die hinteren Mittelaugen sind riesig entwickelt. Bekannteste Gatt. ist *Dinopis*.

Dinosaurier [Mz.; v. *dino- 2), gr. sauros = Eidechse], *Dinosauria*, Schreck- od. Drachensaurier, Donnerechsen.

Nomenklatur u. Systematik: Der Name Dinosauria wurde 1842 schriftl. v. R. Owen vorgeschlagen für die damals unvollständig bekannten Genera *Iguanodon, Megalosaurus* u. *Hyaelosaurus*. Nach beträchtl. Kenntniserweiterung über die v. a. von Cope u. Marsh in N-Amerika entdeckten D. erkannte G. Seeley 1888, daß sie keine systemat. Einheit bilden, sondern sich aus zwei Gruppen zusammensetzen, die er in die Ord. *Saurischia* u. *Ornithischia* einteilte. Seither gilt das Taxon Dinosauria als „künstlich" u. wird in der wiss. Lit. entweder gemieden od. ohne systemat. Rang u. oft in der ugs. Form „Dinosaurier" verwendet. Dennoch gehören beide D.-Ord. derselben Reptil-U.-Kl. Archosaurier (Großsaurier) an u. stammen wahrscheinl. v. gemeinsamen untertriad. *Thecodontiern* (Urwurzelzähner) ab. Nächste lebende Verwandte der D. sind die Krokodile. Nach neueren Erkenntnissen waren viele D. im Ggs. zu heut. Reptilien Warmblüter. Man hat sie deshalb mit den ebenfalls endothermen Vögeln *(Aves)* zu einer Über-Kl. *Endosauropsida* zusammenfassen wollen. Paläontologisch ist ein solches Taxon nur schwer vertretbar.

Anatomie: D. waren vielgestalt. Tiere v. 0,3–25 m Länge. Hals u. Schwanz waren meist lang. Schädel mit unterer u. oberer Schläfenöffnung (diapsid); Gehirn klein,

---

Großgliederung der Dinosaurier

Kl. *Reptilia*, Kriechtiere (Oberkarbon bis heute)
  † U.-Kl. *Archosauria*, Großsaurier (? Oberperm bis Oberkreide)
    † Ord. *Thecodontia*, Urwurzelzähner (? Oberperm bis Obertrias)
    Ord. *Crocodilia*, Krokodile (Trias bis heute)
    † Ord. *Pterosauria*, Flugsaurier (Jura bis Kreide)
    † Ord. *Saurischia* ⎫
    † Ord. *Ornithischia* ⎬ Dinosauria

Ord. *Saurischia*, Echsenbecken-D. (Mitteltrias bis Kreide): zwei- od. vierfüßige D. mit Zähnen in Alveolen (thecodont), Beckengürtel reptilhaft (triradiat), kein Schlüsselbein, Haut unbewehrt, vordere Extremität fast immer länger als hintere.
  U.-Ord. *Theropoda*, Raubtierfuß-D. (Trias bis Kreide): carnivore, meist zweifüßige Saurischia, ca. 100 Gatt.
    Zw.-Ord. *Coelurosauria*, Hohlknochen-D. (Obertrias bis Oberkreide): Kleine, schnellfüßige, schlanke Räuber mit langen Hinterbeinen u. sehr dünnen Knochen, weltweit verbreitet; Beispiel: ↗ *Compsognathus*.
    Zw.-Ord. *Carnosauria*, Raubtierzahn-D. (Unterjura bis Oberkreide): primär zweifüßige, überwiegend carnivore Saurischia mit plumpem Kopf, kurzem Hals u. großem kräftigem Schwanz, Tendenz zur Dreizehigkeit; Höhepunkt der Carnosaurierevolution in ↗ *Tyrannosaurus (rex)*.
  U.-Ord. *Sauropodomorpha*, Elefantenfuß-D. (Mitteltrias bis Oberkreide): große bis riesige vierfüßige Pflanzen- od. Allesfresser, alle vier Beine gleich lang u. säulenförmig, ? aquatische Lebensweise.
    Zw.-Ord. *Prosauropoda*, Vorläufer der Elefantenfuß-D. (Mittel- bis Obertrias): in Bau u. Lebensweise intermediär zw. Theropoda u. Sauropoda, nicht aquatisch, nicht generell vierfüßig, Nahrung nicht sicher bekannt; Beispiel: ↗ *Plateosaurus*.
    Zw.-Ord. *Sauropoda*, Echte Elefantenfuß-D. (Unterjura bis Oberkreide): vermutlich sekundär zur vierfüßigen Lebensweise übergegangene, gewichtige Saurischia mit winzigem Gehirn, riesigem Schwanz u. vier gleich langen Beinen; Zähne schwach u. hpts. im vorderen Mundbereich; Pflanzen- od. Allesfresser; Beispiele: *Apatosaurus* (= ↗ *Brontosaurus*), ↗ *Diplodocus*, ↗ *Brachiosaurus*.

Ord. *Ornithischia*, Vogelbecken-D. (oberste Trias bis Oberkreide): zwei- od. vierfüßige, pflanzenfressende D. mit vogelartigem (tetraradiatem) Beckengürtel, weltweite Verbreitung.
  U.-Ord. *Ornithopoda*, Vogelfuß-D. (oberste Trias bis Oberkreide): zweifüßige Pflanzenfresser ohne Frontzähne, Vorderbeine kurz, Füße dreizehig; Beispiel: ↗ *Iguanodon* (B).
  U.-Ord. *Pachycephalosauria*, Dickkopf-D. (Oberkreide): lange Zeit taxonomisch umstrittene u. den Saurischia zugerechnete D.-Gruppe mit schwach entwickeltem Schambein, dickem, buckel. Schädeldach u. ungewöhnl. Augenstellung; Pflanzen- u. Insektenfresser; *Stegoceras* (= *Troodon*) besaß scharfe Zähne mit gesägten Schneidekanten, lebte vermutl. räuberisch.
  U.-Ord. *Stegosauria*, Stachel-D. (oberste Trias bis Unterkreide, vorwiegend Jura): sekundär vierfüßige, träge Pflanzenfresser mit extrem kleinem Gehirn; Körper mit großen Knochenplatten u. -stacheln bedeckt; Beispiel: ↗ *Stegosaurus* (B).
  U.-Ord. *Ankylosauria*, Panzer-D. (Kreide, meist Oberkreide): sekundär vierfüßige, träge Pflanzenfresser mit dorsoventral abgeflachtem Körper; Rücken mit einem Mosaik v. verwachsenen Knochenplatten gepanzert; Beispiel: ↗ *Ankylosaurus* (B).
  U.-Ord. *Ceratopsia*, Horn-D. (Oberkreide): sekundär vierfüßige, rhinocerosartige Pflanzenfresser mit dicker Haut, aber ohne Knochenplatten; Gesicht mit 1, 3 od. mehr Hörnern; Hals v. Nackenschild geschützt; Beispiel: ↗ *Triceratops* (B).

DINOSAURIER

Die heutigen Reptilien sind nur spärliche Überreste der Formen, die besonders im Mesozoikum die Erde beherrschten. Die im späten Paläozoikum aus den Amphibien hervorgehenden Stammreptilien haben sich in mehrere »Zweige« aufgespalten. Von ihnen blieben die Schildkröten seither wenig verändert. Zwei weitere Gruppen, die Ichthyosaurier und die Plesiosaurier, kehrten zur Lebensweise im Meer zurück; einer der Äste führt zu den Eidechsen und Schlangen.

Die wichtigste Gruppe der *Reptilien* sind die *Archosaurier*, heute nur noch durch *Krokodile* und *Alligatoren* vertreten, im Mesozoikum aber die *Gruppe der herrschenden Reptilien*. Ihre Ahnen sind die kleinen, räuberischen, sich zweibeinig (biped) fortbewegenden *Thecodontia* der Trias (ganz unten). Die aus ihnen hervorgehenden Linien führen nicht nur zu den *Crocodiliern*, sondern auch zu den *Vögeln*, den *Flugechsen (Pterosauriern)* und Dinosauriern.

Die *Dinosaurier* bilden zwei Hauptzweige: die *Saurischia* (mit Reptilienbecken) und die *Ornithischia* (mit Vogelbecken). Einige *Saurischia* waren pflanzenfressende Riesenformen, die *Sauropoden* (unten Mitte), andere Linien führen zu riesigen Raubtieren *(Theropoden)*, unter ihnen *Tyrannosaurus*, der gewaltigste Fleischfresser aller Zeiten (oben rechts).

Die *Ornithischia* sind ausschließlich Pflanzenfresser. Sie sind wie die *Saurischia* ursprünglich biped, wie es noch die *Ornithopoden* (z. B. *Iguanodon*) beibehielten (oben links). Andere Ornithischia kehrten zur vierfüßigen Lebensweise zurück. Sie zeigen verschiedene »Abwehreinrichtungen« gegen die Raubsaurier: *Triceratops* große Hörner, *Stegosaurus* Platten und Stacheln auf dem Rücken, *Ankylosaurus* eine schwere Bepanzerung an Rücken und Schwanz.

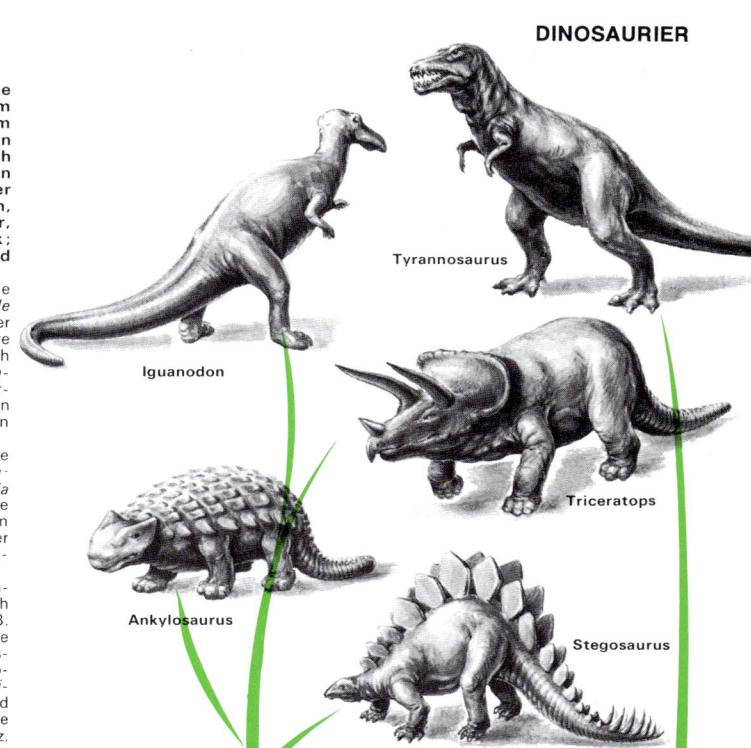

Iguanodon

Tyrannosaurus

Triceratops

Ankylosaurus

Stegosaurus

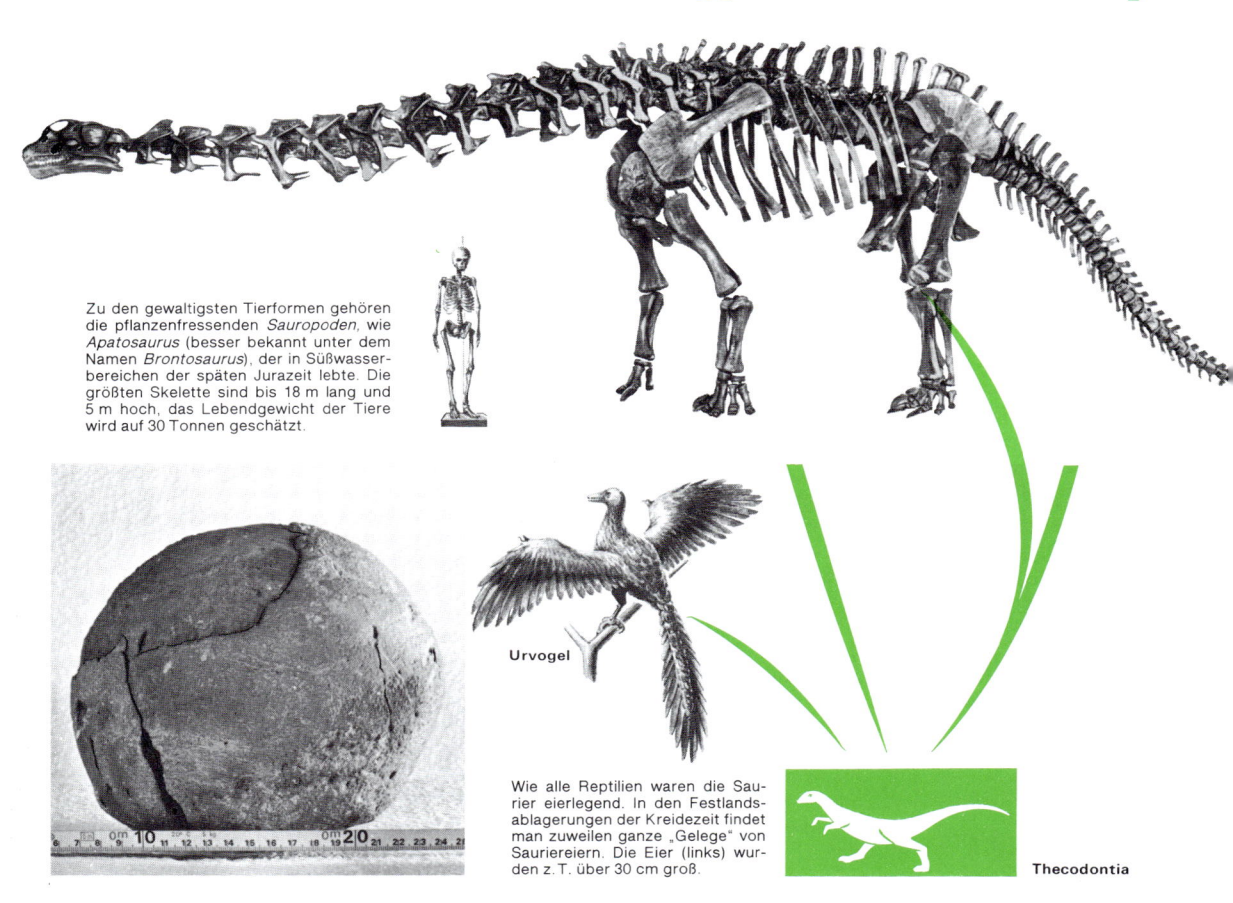

Zu den gewaltigsten Tierformen gehören die pflanzenfressenden *Sauropoden*, wie *Apatosaurus* (besser bekannt unter dem Namen *Brontosaurus*), der in Süßwasserbereichen der späten Jurazeit lebte. Die größten Skelette sind bis 18 m lang und 5 m hoch, das Lebendgewicht der Tiere wird auf 30 Tonnen geschätzt.

Urvogel

Wie alle Reptilien waren die Saurier eierlegend. In den Festlandsablagerungen der Kreidezeit findet man zuweilen ganze „Gelege" von Sauriereiern. Die Eier (links) wurden z. T. über 30 cm groß.

Thecodontia

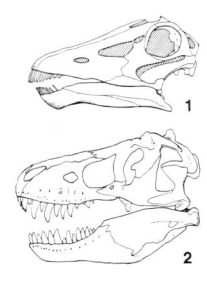

Dinosaurier

Dinosaurier
1 Schädel eines herbivoren *(Diplodocus)* u. 2 eines carnivoren *(Tyrannosaurus)* Saurischiers

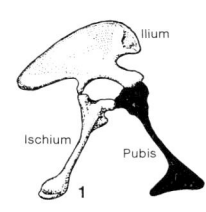

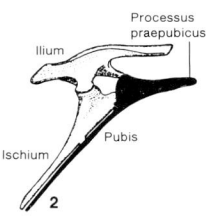

Dinosaurier
Bau des Beckens der *Saurischia* und der *Ornithischia*:
1 Bei den *Saurischia* bilden die drei Beckenknochen Ilium (Darmbein), Ischium (Sitzbein) u. Pubis (Schambein = schwarz, nach vorn gerichtet) ein dreistrahliges, „triradiates" Becken.
2 Bei den *Ornithischia* (Beispiel: *Thescelosaurus*) entsteht durch Ausbildung eines vorwärts gerichteten Schambeinfortsatzes (Processus praepubicus) ein vierstrahliges, „tetraradiates" Becken, das infolge Konvergenz dem der Vögel ähnelt.

Zähne verschieden u. z. T. auf Fleisch-, z. T. auf Pflanzenkost hindeutend. Sie bewegten sich auf zwei od. vier Beinen. Zweibeiner reduzierten die Größe der Vorderbeine u. bildeten die Hand zum Greiforgan um; urspr. fünffingerig u. fünfzehig. Hervorstechender Unterschied zw. beiden D.-Ord. ist der Bau des Beckens: *Saurischia* hatten ein triradiates (dreistrahliges) Becken wie die übrigen Reptilia mit einfachem, nach vorn gerichtetem Schambein (Pubis); der Schultergürtel war überdies stark reduziert, z. T. bis zum völligen Abbau. *Ornithischia* besaßen durch Ausbildung eines Schambeinfortsatzes (Processus praepubicus) ein tetraradiates Becken wie die Vögel. – Arten ohne Frontzähne dürften einen Hornschnabel gehabt haben. D. waren die größten Landtiere aller Zeiten, kleiner jedoch als der heutige Blauwal. Man kennt v. ihnen einzelne Knochen bis ganze Skelette, Haut(abdrücke), Fährten u. Eier, stellenweise ganze Gelege.

Lebensweise: Die meisten D. bewohnten flache Gebiete mit reicher Vegetation nahe od. gar in den Binnengewässern (Seen, Flüsse), viele konnten schwimmen. Bewegliche Formen bevölkerten auch bergige Gegenden. Die Nähe des Meeres wurde gemieden. Sie waren angepaßt an warmes, subtrop. Klima. Vierbeinig laufende D. waren überwiegend friedl. Pflanzenfresser, zweibeinige meist Räuber. Fleischfresser. Riesige Schachtelhalme u. *Cycas*-Palmen werden als Hauptnahrung gedient haben. Mit der Verdrängung immergrüner zugunsten laubabwerfender Büsche u. Bäume am Beginn der Kreidezeit verschlechterte sich das Nahrungsangebot in der kühleren Jahreszeit.

Aussterben: Ernährungsprobleme u. Übervölkerung, hormonale Störungen, Zunahme der Körpergröße – die größten Repräsentanten waren auch immer die letzten – u. die sich daraus ableitenden physiol. Konsequenzen könnten das Aussterben der D. am Ende der Kreidezeit begünstigt haben. Auffällig ist jedoch, daß ihr Verschwinden zusammenfällt mit dem Ende anderer Landbewohner u. ganzer Gruppen v. Meereslebewesen (z. B. *Cycas*-Palmen, Kalkschal. Meeresplankton, Ammoniten). Etwa die Hälfte aller Tier-Gatt. insgesamt starb während eines Zeitraums v. nur 2 Mill. Jahren aus. Zunächst suchte man die Ursache(n) in erkannten od. vermuteten geolog. Phänomenen des Erdkörpers selbst: alpidische Gebirgsbildungen, Meeresrückzug (Regression) am Ende der Kreidezeit, Auflösung des Gondwanakontinents u. Herausbildung der heut. Kontinentalblöcke, Schwankungen des Salzgehalts der Meere, Abkühlung des Klimas, Anreicherung v. Selen infolge v. Vulkanausbrüchen in Pflanzen u. langsame Vergiftung der Tierwelt. Die Auffindung großer Mengen v. D.-Eiern in S-Fkr. um 1960 u. das Studium der entspr. Sedimente machte eher ein rasches, evtl. plötzl. („katastrophisches") als ein langsames („gradualistisches") Ende der D. wahrscheinlich. Damit rückten außerird. Ursachen ins Blickfeld. Jüngste Untersuchungen im Grenzbereich oberste Kreide (Maastrichtium)/unterstes Tertiär (Danium) erbrachten Hinweise auf ein abruptes Ende der ausgestorbenen Gruppen: 1. weit überhöhte Konzentrationen v. Iridium u. anderen Elementen (Os, V, Cr, Co, Ni, Zn, As, Sb, Se) in den Grenzschichten, die nicht erdbürtig sein können; 2. Massensterben des ozean. Planktons im Grenzbereich innerhalb v. maximal 100000 Jahren. – Der Einschlag eines Meteoriten bzw. kleiner Asteroiden v. 5–16 km ⌀, der einer Explosion v. 100 Mrd. Kilotonnen TNT entspräche, würde die Anreicherung v. Platinmetallen erklärlich machen. Das Ereignis wäre begleitet gewesen v. einer plötzl. Temperaturerhöhung der Luft um 30 °C u. der Weltmeere um 1–5 °C. Staubwolken verursachten überdies mehrjährige Verdunkelung der Erde mit Aussetzen der Photosynthese u. dem Zusammenbrechen zahlr. Nahrungsketten. Großtiere wie die D. hatten dabei die geringste Chance zu überleben. – Andere Hypothesen gehen aus v. Einschlag eines Kometen od. Eisenmeteoriten auf der Erde. Die zu fordernde absolute Gleichzeitigkeit der vermuteten Katastrophe, die 63 Mill. Jahre vor heute den D.n den Tod gebracht haben soll, mit den Aussterbedaten anderer Taxa ist noch nicht hinreichend gesichert. Das extraterrestr. Ereignis selbst gilt manchen Forschern als unbezweifelbare Tatsache, andere – wie jüngst Rampino u. Reynolds – sehen in den Sedimenten der Kreide-/Tertiär-Grenze keinerlei Anzeichen einer exot. oder ungewöhnl. Mineralogie. B 431.

Lit.: *Alvarez, L. W.,* u.a.: Science 208, 1095, 1980. „Forschung" DFG, H. 4, S. 29, 1980. Nature 298, 5870, 123, 1982. *Charig, A.:* Dinosaurier. Rätselhafte Riesen der Urzeit. Hamburg 1982. *Desmond, A.:* Das Rätsel der Dinosaurier. Köln 1978. *Lambert, D.:* Dinosaurier. Heidelberg 1980. *Preiss, B.* (Hg.): Die Dinosaurier. München 1983. *Rampino M. R., Reynolds, R. C.:* Science, Febr. 4, 1983. *Ruge, K.:* Dinosaurier. München 1983. *Ruge, K.:* Dinosaurier – Geschöpfe der Urzeit. Deizisau. *Swinton, W. E.:* The Dinosaurs. London 1970. S. K.

Dinotherioidea [Mz.; v. *dino- 2), gr. thērion = Tier], (Osborn 1921, urspr. Schreibweise: *Deinotherioidea*), aus Afrika stammende †Überfam. der Ord. Rüsseltiere *(Proboscidea)* mit der einzigen Gatt. *D(e)inotherium* Kaup 1829. Im Körperbau, der dem der Elefanten ähnl. ist, besteht der auffälligste Unterschied zu diesen im Fehlen v. Oberkieferstoßzähnen; statt dessen knickt der Unterkiefer vorn rechtwinklig ab u. richtet 2 spitze Stoßzähne (zu deuten als 2. Incisiven) etwas rückwärts-abwärts; Backenzähne oligolophodont. Das burdigale *D. bavaricum* erreichte 2,50, das unterpliozäne *D. gigantissimum* 3,60 m Widerristhöhe. Verbreitung: Burdigal bis Oberpliozän v. Eurasien u. Afrika, Pleistozän v. Afrika. Die D. waren Bewohner lichter Sumpfwälder. Abstammung ungeklärt.

Dinotrichales [Mz.; v. *dino- 1), gr. triches = Haare], Ord. der Algen-Kl. *Pyrrhophyceae*, systemat. Stellung unklar; Beziehung zu den Pyrrhophyceae durch gymnodiniumähnl. Fortpflanzungskörper; die Zellen bilden im vegetativen Zustand kurze, trichale Fäden, besitzen Dinokaryon u. braune Plastiden. *Dinothrix paradoxa* aus Meerwasseraquarien beschrieben.

Dinucleotide [Mz.], bestehen aus zwei Mononucleotid-Einheiten, die durch Phosphorsäurebrücken miteinander kovalent verbunden sind. D. sind Produkte des enzymat. oder chem. Abbaus v. Nucleinsäuren (Desoxy-D. v. DNA, Ribo-D. v. RNA). Neben den aus Nucleinsäuren stammenden D.n mit 3′,5′-Phosphatdiester-Brücken kommen weit verbreitet als Coenzyme die D. ⤳ Nicotinamidadenindinucleotid (NAD), ⤳ Nicotinamidadenindinucleotidphosphat (NADP) und ⤳ Flavinadenindinucleotid (FAD) vor, in denen die beiden Mononucleotide durch 5′,5′-Pyrophosphat-Brücken verbunden sind.

Dioctophyme *w* [v. gr. di- = zwei-, oktō = acht, phyma = Gewächs, Auswuchs], *D. renale*, *Riesen-Palisadenwurm*, einer der größten Fadenwürmer, Weibchen bis 1 m lang, 12 mm dick; rot gefärbt; lebt im Nierenbecken u. in der Leibeshöhle v. a. in Raubtieren, sehr selten auch im Menschen. Zweifacher Wirtswechsel (1. Zwischenwirt: Ringelwürmer, 2. Zwischenwirt: Fische). Namengebend für eine eigene Superfam., wohl verwandt mit den *Dorylaimida* ([T] *Dorylaimus*).

Diodontidae [Mz.; v. gr. di- = zwei-, gr. odontes = Zähne], ⤳ Igelfische.

Diodora *w*, Gatt. der Lochschnecken, Altschnecken mit bilateralsymmetr., schüsselförm. Gehäuse, an dessen Spitze eine Öffnung für das ausströmende Wasser u. den After liegt; meist im flachen Wasser der Felsküsten warmer Meere.

Dioecocestus *m* [v. gr. dioikizein = trennen, kestos = Gürtel], getrenntgeschlechtl. Bandwurm-Gatt. der Fam. *Dioecocestidae* (Ord. *Cyclophyllidea*), lebt in Strandvögeln.

Diogeneskrebs, *Diogenes*, Gatt. der *Diogenidae*, ⤳ Einsiedlerkrebse.

Dinotherioidea
Rekonstruktion v. *Dinotherium*

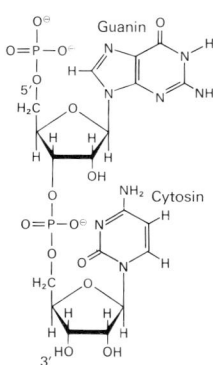

Dinucleotide
Das Ribo-Dinucleotid pGpC (auch als pG-C od. pGC abkürzbar). Durch Kombination der vier in Nucleinsäuren vorkommenden Nucleotide sind theoretisch insgesamt $4^2 = 16$ verschiedene D. möglich, die alle – wenn auch mit unterschiedl. Häufigkeiten – in Nucleinsäuren vorkommen.

dino- 1) [v. gr. dinos = Wirbel, Drehung], in Zss.: Dreh-, Wirbel-.
dino- 2) [v. gr. deinos = furchtbar, schrecklich, gewaltig].

Diomedeidae [Mz.; ben. nach dem gr. Helden Diomēdēs], die ⤳ Albatrosse.

Dionaea *w* [v. gr. Diōnaios = der Dione (= Mutter Aphrodites) geweiht], ⤳ Venusfliegenfalle. [Gatt. der ⤳ Cycadales.

Dioon *s* [v. gr. di- = zwei-, ōion = Ei],
Diopatra *w* [ben. nach einer gr. Frauennamen], Gatt. der ⤳ Onuphidae.

Diopsidae [Mz.; v. gr. diopsis = Wahrnehmung], die ⤳ Stielaugenfliegen.

Dioptrie *w* [v. gr. dioptreia = Vermessungsgerät zum Visieren], Kurzzeichen dpt, Einheit für die Brechkraft eines opt. Systems, definiert als der reziproke Wert einer in m gemessenen opt. Länge: Brechkraft = $1/f$ (dpt). So besitzt eine Linse (od. Linsensystem) mit der Brennweite $f = 1$ m die Brechkraft von 1 dpt; beträgt $f = 2$ m (bzw. 0,2 m), so ist deren Brechkraft 0,5 dpt (bzw. 5 dpt).

dioptrischer Apparat [⤳ Dioptrie], lichtbrechendes System im ⤳ Linsenauge der Wirbeltiere u. Kopffüßer sowie in den ⤳ Komplexaugen der Gliederfüßer. ⤳ Auge.

Dioscorea *w* [ben. nach ⤳ Dioskurides], der ⤳ Yams.

Dioscoreaceae [Mz.; ben. nach ⤳ Dioskurides], die ⤳ Yamsgewächse.

Dioscorin *s* [ben. nach ⤳ Dioskurides], ein Tropanalkaloid aus *Dioscorea*-Arten (⤳ Yams), z. B. der südostasiat. *D. hirsuta*, deren alkaloidhalt. Wurzelknolle zur Gewinnung v. Pfeilgiften verwendet wird.

Dioskurides (*Dioskorides*), *Pedanios*, griech. Arzt aus Anazarbos (Kilikien), lebte im 1. Jh. n. Chr.; Botaniker u. bedeutendster Pharmakologe der Antike, schrieb eine Arzneimittellehre in 5 Büchern mit über 600 Pflanzen u. über 1000 daraus bereiteten Drogen, das erste Lehrbuch der Arzneimittelbereitung; bis zur Renaissance ein Standardlehrbuch.

Diospyros *w* [v. gr. dios = göttlich, glänzend, pyros = Weizen], Gatt. der ⤳ Ebenaceae.

Diotocardia [Mz.; v. gr. diōtos = zweiohrig, kardia = Herz], Altschnecken mit zwei Herzvorhöfen (Name!) sowie je zwei Kiemen u. Nieren; hierzu die Meerohren, Rißschnecken u. Schlitzkreiselschnecken. Aus den D. haben sich die ⤳ *Monotocardia* entwickelt.

Dioxide [Mz.], Verbindungen, in denen wie im Kohlendioxid (O=C=O) od. Schwefeldioxid (O=S=O) 2 Sauerstoffatome an ein Atom gebunden sind.

Dioxin *s*, 2,3,7,8-Tetrachlordibenzo-paradioxin, ⤳ TCDD.

Diözie *w* [Bw. *diözisch;* v. gr. di- = zwei-, oikia = Haus], *Zweihäusigkeit*, **1)** Ausbildung staminater und karpellater Blüten getrennt auf verschiedenen Individuen einer Art; ⤳ Blüte. **2)** Bez. bei Pilzen, wenn ein

Dipeptidasen

Mycel bei allen Kopulationen immer die gleiche Funktion ausübt (entweder als Kernspender od. als Kernempfänger).
Dipeptidasen [Mz.], Gruppe v. Enzymen bes. des Magen-Darm-Trakts, durch die Dipeptide hydrolytisch zu Aminosäuren gespalten werden. D. bilden eine Untergruppe der Proteasen u. katalysieren im Verdauungstrakt durch die gen. Reaktion den letzten Schritt des Proteinabbaus. Einzelne D. unterscheiden sich durch ihre Substratspezifitäten, d. h. durch die v. ihnen bevorzugt spaltbaren Dipeptide.
Dipeptide [Mz.], aus zwei Aminosäuren aufgebaute Peptide; Produkte der enzymat. oder chem. Hydrolyse v. Peptiden u. Proteinen. Durch Kombination der 20 proteinogenen Aminosäuren sind theoret. 20^2 = 400 verschiedene D. möglich, die alle, wenngleich in unterschiedl. Anteilen, in Proteinen vorkommen.
Dipetalonema s [v. gr. di- = zwei-, petalon = Blatt, nēma = Faden], parasit. Fadenwurm aus der Gruppe der ↗Filarien.
dipharat [v. gr. di- = zwei-, pharetra = Köcher], Bez. für ein Larven- od. Puppenstadium, das bei Insekten v. den Cuticulae der beiden vorangegangenen Häutungen umhüllt ist. ↗coarctat.
diphasischer Generationswechsel [v. gr. diphasios = doppelt], *heterophasischer G., antithetischer G.,* Generationswechsel, bei dem sich die beiden Generationen im Entwicklungszyklus in ihrer Kernphase unterscheiden; eine haploide Gametophytengeneration wechselt mit einer diploiden Sporophytengeneration ab; dieser G. ist bei Algen u. Pilzen häufig, bei Moosen, Farnen u. Samenpflanzen die Regel; bei Tieren nur bei Foraminiferen mit Wechsel v. Gamont u. Agamont.
Diphasium s, Gatt. der ↗Bärlapprtigen.
1,3-Diphosphoglycerinsäure, nach der neueren Nomenklatur *1,3-Bisphosphoglycerinsäure,* energiereiche Verbindung, die sowohl bei der ↗Glykolyse als auch im ↗Calvin-Zyklus als Zwischenprodukt auftritt. Die Salze der 1,3-D. heißen *1,3-Diphosphoglycerate* (bzw. *1,3-Bisphosphoglycerate*).
Diphosphopyridinnucleotid, Abk. *DPN+,* unkorrekte, veraltete Bez. für ↗Nicotinamidadenindinucleotid.
Diphosphoribulose-Carboxylase w, die ↗Ribulose-1,5-diphosphat-Carboxylase.
Diphtherie w [v. gr. diphthera = Haut, Leder], durch *Corynebacterium diphtheriae* (↗D.bakterien) verursachte Infektionserkrankung. Die Übertragung erfolgt durch Tröpfchen- u. Schmierinfektion. Nach einer Inkubationszeit von 2–7 Tagen kommt es zur Schädigung der Mund- u. Halsschleimhäute durch das v. den Bakterien gebildete

Dipeptide
Das Dipeptid Valyl-Serin

1,3-Diphosphoglycerinsäure
1,3-D phosphoglycerat (ionische Form von 1,3-Diphosphoglycerinsäure)

Diphtherie
Die Wirkung des 1890 von E. v. ↗Behring entwickelten D.-Heilserums beruht darauf, daß der Organismus gg. das D.toxin (s. Spaltentext S. 435) ein Antitoxin (Gegengift) bildet. Zunächst wird das Pferd aktiv immunisiert; auf der Höhe der Immunisierung des Tieres wird das Serum aus einer Halsvene entnommen. Das D.-Heilserum kann noch zu Beginn der Erkrankung wirksam werden.
D.-Schutzimpfung: empfohlen wird im 6. Lebensmonat die Grundimmunisierung mit 2 bzw. 3 Injektionen (kombiniert mit Diphtherie, Tetanus, evtl. Keuchhusten). Auffrischungsimpfungen nach 1 Jahr oder vor der Einschulung. Später nur bei Epidemien.

Exotoxin A (*D.toxin,* ein Protein, das die Proteinsynthese an eukaryot. 80S-Ribosomen blockiert; ↗Bakterientoxine). Es entstehen Geschwüre u. durch Abwehrvorgänge sog. Pseudomembranen, die aus zugrundegegangenen Zellen, Fibrin, Bakterien u. Leukocyten bestehen. Die klin. Symptome sind: Fieber, Kopfschmerzen, kloßige Sprache, grauweiße Beläge an Hals- u. Mundschleimhaut, süßl. Mundgeruch, Lymphknotenschwellung, Heiserkeit. Greift die Pseudomembranbildung auf die Stimmbänder über (Krupp, Croup), kann es zu Erstickungsanfällen kommen. Gefährl. Komplikationen ergeben sich aus einer Einschwemmung der Toxine in das Blut; diese kann einen bedrohl. Kollaps od. eine schwere, oft tödl. verlaufende Herzmuskelentzündung *(Myocarditis diphtherica)* zur Folge haben. Ein Befall des Nervensystems führt zur *Polyneuritis diphtherica,* die sich typischerweise in einer Lähmung des Gaumensegels manifestiert. Neben dieser durch Heilserum-Injektionen meist gut therapierbaren Form gibt es die maligne primär tox. Form, die rascher u. aggressiver verläuft u. durch Serum meist nicht beeinflußt werden kann. Seltene Sonderformen sind die Wund-D. u. beim Säugling die Nabel-D. – Geheilte Patienten sind weitgehend immun gegen D. Eine Toxoidimpfung ab dem 4. Lebensmonat mit regelmäßigen Auffrischimpfungen kann das Erkrankungsrisiko deutl. senken. Typisch sind jahreszeitl. Häufungen (meist Nov.–Febr.).
Diphtheriebakterien [Mz.; v. gr. diphthera = Haut], *Corynebacterium diphtheriae* (↗coryneforme Bakterien), 1883–84 durch E. Klebs u. F. Löffler isoliert (daher auch *Klebs-Löffler-Bacillus* gen.); es werden 3 Unterarten, *C. gravis, mitis* u. *intermedius,* unterschieden. Tox. Stämme sind Erreger diphtherischer Erkrankungen (↗Diphtherie). D. sind unbewegliche, pleomorphe Stäbchen (0,3–0,8 × 0,8–8 μm) ohne Kapsel. Sie bilden Säure (aber kein Gas) aus Glucose. Das hochwirksame Exotoxin wird nur gebildet, wenn die D. von einem bestimmten Bakteriophagen (β^{tox+}) befallen sind. Bei Verlust des Phagen werden die Stämme avirulent, bei einer Phagenaufnahme vorher harmlose Stämme zu Krankheitserregern.
Diphyes m [gr., = aus 2 Individuen bestehend], Gatt. der ↗Calycophorae.
diphyletisch [v. gr. di- = zwei-, phylē = Stamm, Abteilung], eine systemat. Einheit (z. B. Gatt. od. Fam.), die sich nach Überprüfung der stammesgeschichtl. Entwicklung (phylogenet. ↗Systematik) als auf *zwei* verschiedene Vorfahren zurückführbar erwiesen hat. Das Taxon ist damit nicht

monophyletisch u. muß nach der konsequent phylogenet. Systematik in zwei taxonom. Einheiten aufgeteilt werden.

Diphyllidea [Mz.; v. gr. diphyllos = zweiblättrig], Ord. der Bandwürmer *(Eucestoda)*; Kennzeichen: sehr langer Skolex mit 4 Bothridien u. einem Fortsatz mit langen Haken am Vorderabschnitt u. Stacheln am Hinterabschnitt; im Darm v. Haien u. Rochen; bekannte Gatt. *Echinobothrium*.

Diphyllobothrium *s* [v. gr. diphyllos = zweiblättrig, bothrion = kleine Grube], *Dibothriocephalus*, Gatt. der Bandwurm-Ord. Pseudophyllidea. *D. latum*, der Fischbandwurm, ist mit 10–15 m Länge u. 3000–4000 Proglottiden der längste Bandwurm überhaupt (↗Bandwürmer). Er soll über 10, möglicherweise sogar über 30 Jahre alt werden; lebt adult im Darm fischfressender Säuger u. des Menschen, wo er sich mit den 2 Bothrien des Skolex an der Darmwand festheftet. Die reifen Proglottiden werden bis zu 2 cm breit, bleiben aber in der Länge unter 2 cm. Ihr Uterus mündet in einer Geburtsöffnung, durch die die Eier in den Wirtsdarm u. von hier mit dem Kot ins Freie gelangen. Mit jedem Stuhlgang werden gegebenenfalls 3–4 Mill. Eier abgegeben. Die 3–5 jeweils letzten, folgl. ältesten Proglottiden enthalten daher meist keine Eier mehr u. werden zusammenhängend abgestoßen. Erst wenn die Eier in Süß- od. Brackwasser gelangen, beginnt die Entwicklung zur Larve. Nach wenigen Tagen schlüpft ein bewimpertes u. also schwimmfähiges Coracidium, das als typ. Hakenlarve der Bandwürmer eine Oncosphaera enthält. Das Coracidium wird oral vom 1. Zwischenwirt, einem Kleinkrebs *(Cyclops)*, aufgenommen, in dessen Darm die Oncosphaera frei wird. Sie bohrt sich durch die Darmwand u. entwickelt sich in der Leibeshöhle zum Procercoid. Nachdem der Krebs v. einem Fisch (Barsch) als 2. Zwischenwirt gefressen worden ist, wächst das Procercoid in dessen Leber od. einem anderen Organ zum Plerocercoid heran, das dann die beiden Sauggruben u. das Nervensystem des Skolex ausbildet. Wird der Fisch vom Endwirt, einem Säuger, gefressen, heftet sich der Skolex an der Darmwand an u. beginnt Proglottiden zu erzeugen. Wird der Fisch dagegen v. einem Raubfisch (Hecht) verzehrt, dann ist dieser als 3. Zwischenwirt zu betrachten, der, da sich die Plerocercoide in ihm anreichern können, als Stapelwirt bezeichnet wird. B Plattwürmer.

diphyodont [v. gr. diphyēs = doppelgestaltig, odous, Gen. odontos = Zahn], nennt man Säugetiere mit zwei Zahngenerationen: ↗Milchgebiß u. ↗Dauergebiß. Ggs.: monophyodont, polyphyodont.

Diphtherie

Das *Diphtherietoxin* wurde 1890 von E. v. Behring u. S. Kitasato entdeckt. Die letale Dosis beträgt nur 0,1 µg pro kg Körpergewicht. Es ist ein hitzelabiles Polypeptid (Enzym) aus 2 Untereinheiten, A (relative Molekülmasse 24 000) u. B (38 000), die über Disulfidbrücken verbunden sind. B bindet wahrscheinl. an spezif. Rezeptoren der Wirtsmembran, Fragment A gelangt in die Zelle, wo es NAD$^+$ in Nicotinsäureamid u. ADP-Ribose spaltet, das in einem 2. Schritt an den Elongationsfaktor (EF-2) koppelt; dadurch wird die ribosomale Proteinsynthese blockiert. Wahrscheinlich genügt ein A-Fragment, um eine Zelle in 24 h abzutöten. Diphtherietoxin wirkt ähnlich wie das Choleratoxin.

Dipicolinsäure

dipl-, diplo- [v. gr. diploos, diplous = zweifach], in Zss.: doppel-.

Diphysciaceae [Mz.; v. gr. di- = zwei-, physkion = kleine Blase], Fam. der ↗Buxbaumiidae.

diphyzerk [v. gr. diphyēs = doppelgestaltig, kerkos = Schwanz], ↗Flossen.

Dipicolinsäure, Pyridin-2,6-dicarbonsäure, eine bei der Reifung hitzeresistenter bakterieller Endosporen gebildete Verbindung, die vermutl., da sie nur dort gefunden wird, für die Ausbildung v. Thermoresistenz erforderl. ist.

Diplanie [v. gr. di- = zwei, planos = umherschweifend], die Aufeinanderfolge v. 2 verschiedenen Zoosporenarten, z.B. bei dem Wasserpilz *Saprolegnia*; aus dem Sporangium werden eiförm., apikal begeißelte Sporen entlassen, die sich bald encystieren; aus dieser Cyste schlüpft eine nierenförm., seitl. begeißelte Zoospore.

Diplasiocoela [v. gr. diplasios = doppelt, koilos = hohl], ↗Froschlurche.

Dipleurozoa [Mz.; v. gr. di = zwei-, pleura = Seiten, zōon = Lebewesen], (Harrington u. Moore 1956), † Kl. der (?) Coelenterata; ↗Dickinsonia.

Dipleurula *w* [v. gr. di- = zwei-, pleura = Seiten], 1) Larvenstadium, das bei den meisten Stachelhäutern zw. Gastrula u. den jeweils klassenspezif. Larvenformen (Auricularia, Bipinnaria, Pluteus usw.) durchlaufen wird. □ Stachelhäuter. 2) Selten auch Oberbegriff für die gen. Larvenformen einschl. der Tornaria (Larve der Hemichordaten). 3) In manchen phylogenet. Theorien der hypothet. Ahne zumindest v. Stachelhäutern u. Hemichordaten: bilateralsymmetrisch, benthisch (kriechend), Mund u. After ventral, 3 Coelom-Paare, Axohydrocoel-Komplex beiderseits mit Hydroporus (offene Verbindung zw. Coelom u. Meerwasser).

Diplobiont *m* [v. *diplo-, gr. bioōn = lebend], Pflanze mit einem Generationswechsel; innerhalb eines Entwicklungszyklus wechselt eine (haploide) geschlechtszellenbildende Generation (Gametophyt) mit einer (diploiden) sporenbildenden Generation (Sporophyt) ab.

Diplocalamites *m* [v. *diplo-, gr. kalamos = Halm, Rohr], Gatt.-Name für einen Stammbautyp der ↗Calamitaceae.

Diplocalix *m* [v. *diplo-, gr. calix = Becher], Gatt. der Spirochäten; *D. calotermitidis* u. a. Arten kommen in Termiten vor *(Calotermes flavicollis, Reculitermes hesperus)*.

Diplocardia *w* [v. *diplo-, gr. kardia = Herz], Gatt. der Oligochaeten-(Wenigborster-)Fam. *Megascolecidae*; *D. communis* 30 cm lang, Bodenbewohner, Vorkommen in N-Amerika.

Diplocarpon *s* [v. *diplo-, gr. karpos = Frucht], Gatt. der ↗Dermateaceae.

Diplocaulus

Diplocaulus *m* [v. *diplo-, gr. kaulos = Stengel], *Breitschädellurch*, zur Ord. *Nectridea* gehörende † lepospondyle Amphibien-Gatt. aus dem Unterperm v. Texas (USA); Schädel bumerangartig verbreitert (Länge : Breite = 3:8), Körper lang u. schlank. D. gilt als hoch spezialisiert u. evtl. als Nachfahre v. *Batrachiderpedon*. 6 kleine bis mittelgroße Arten.

diplochlamydeisch [v. *diplo-, gr. chlamys, Gen. chlamydos = Hülle], Bez für Blüten mit doppelter Blütenhülle. ↗Blüte.

Diplochromosomen [v. *diplo-, ↗Chromosomen], Mitose-↗Chromosomen, die aus 4 (statt normalerweise 2) am Centromer zusammengehaltenen Chromatiden bestehen; die Entstehung von D. ist durch Bestrahlung, abnorme Temperatureinwirkung u. a. Umwelteinflüsse induzierbar u. ist Folge einer überzähligen identischen Reduplikation sonst normaler Mitosechromosomen.

Diplococcus *m* [v. *diplo-, gr. kokkos = Kern, Beere], veraltete Gatt.-Bez. für eine Reihe kokkenförm., paarig auftretender Bakterien; heute verschiedene andere Gatt.-Bez., z. B. ↗*Neisseria (meningitis)*, ↗*Streptococcus (pneumoniae)*, ↗*Peptococcus*.

Diplodocus *m* [v. *diplo-, gr. dokos = Balken], *Donnerechse*, bis 27 m Länge erreichender † Saurischier (↗Dinosaurier) aus dem oberen Jura v. N-Amerika mit winzigem Kopf, schwacher Bezahnung (Pflanzenfresser), S-förmig geschwungenem Hals u. langem peitschenförm. Schwanz; Sitz einer Art v. „Beckenhirn" war der vergrößerte Rückenmarkskanal in der Kreuzbeinregion. ☐ 432.

Diplogaster *m* [v. *diplo-, gr. gastēr = Magen, Bauch], Gatt. der Fadenwurm-Ord. ↗Rhabditida.

Diploglossus *m* [v. *diplo-, gr. glōssa = Zunge], Gatt. der ↗Schleichen.

Diplo-Haplonten [Mz.; v. *diplo-, gr. haploos = einfach], *Haplo-Diplonten*, Organismen, die in ihrem Entwicklungszyklus einen ↗diphas. bzw. heterophas. ↗Generationswechsel durchlaufen: viele Algen u. Pilze sowie alle höheren Pflanzen; bei den Tieren nur die Foraminiferen. B Algen V.

diplohomophasischer Generationswechsel [v. *diplo-, gr. homo- = gleich, phasis = Erscheinung], Aufeinanderfolge zweier diploider Generationen in der Ontogenie eines Organismus; verbreitet bei Protozoen mit Generationswechsel; Ausnahme sind die Foraminiferen. ↗Metagenese, ↗Heterogonie.

Diploidie *w* [v. *diplo-], *Disomie*, Bez. für das Stadium im Lebenszyklus v. Organismen, das durch das Vorhandensein v. zwei homologen (mütterl. u. väterl.) Chromosomensätzen in den Zellen gekennzeichnet ist (Ggs.: Haploidie, Polyploidie). D. ist das Ergebnis der Verschmelzung zweier haploider Gameten zur *diploiden* Zygote bei der ↗Befruchtung. Die Überführung v. haploiden zu diploiden Zellen *(Diploidisierung)* kann aber auch künstl. durch Einwirkung bestimmter Agenzien, wie Colchicin, erfolgen. Die Reduktion des Chromosomensatzes durch Meiose erfolgt bei *Diplonten*, *Haplonten* u. *Haplo-Diplonten* jeweils zu verschiedenen Zeitpunkten im Lebenszyklus. Die mögl. Selektionsvorteile einer ausgedehnten diploiden Phase (Diplophase) bei höheren Organismen im Vergleich zum haploiden Zustand (Haplophase) sind darin zu sehen, daß durch D. rezessive Defekt-Mutationen verdeckt werden od. daß sogar heterozygote Organismen auftreten, die durch Interaktion zw. den Allelen schwierigen Umweltsituationen bes. gut angepaßt sind *(Heterosis-Effekt)*.

Diplokokken [v. *diplo-, gr. kokkos = Kern, Beere], kugelförm., paarig angeordnete Bakterien. ↗Kokken, ☐ Bakterien.

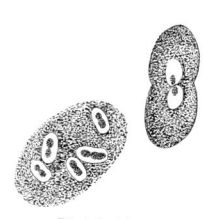

Diplolepis *w* [v. *diplo-, gr. lepis = Schuppe], Gatt. der ↗Gallwespen.

Diplomonadina [Mz.; v. *diplo-, gr. monas, Gen. monados = Einheit], *Doppeltierchen*, Ord. der Geißeltierchen mit bilateralsymmetrischem Körper, 2 Zellkernen u. 2 spiegelbildl. angeordneten Geißelgruppen; leben meist als Kommensalen im Darm verschiedenster Tiere. Bekannteste Art ist *Lamblia intestinalis*, ein häufiger Dünndarmbewohner des Menschen, der sich mit Hilfe einer Sauggrube an der Darmwand festheften kann; mit dem Stuhl werden Cysten abgegeben, die v. Fliegen verbreitet werden.

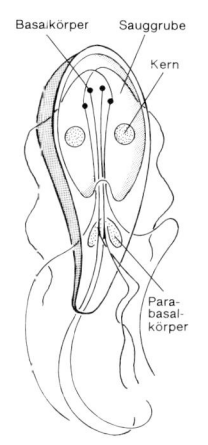

Diploneis *w* [v. *diplo-, gr. nēios = Schiffs-], Gatt. der ↗Naviculaceae.

Diplonten [Mz.; v. *diplo-], diploide (Kerne mit doppeltem Chromosomensatz) Organismen, in deren Ontogenie lediql. die Geschlechtszellen haploid sind. ↗Haplonten, ↗Diplo-Haplonten.

Diplophase *w* [v. *diplo-, gr. phasis = Erscheinung], ↗Diploidie.

Diplophyllum *s* [v. *diplo-, gr. phyllon = Blatt], Gatt. der ↗Scapaniaceae.

Diplopoda [Mz.; v. *diplo-, gr. podes = Füße], die ↗Doppelfüßer.

Diplopora *w* [v. *diplo-, gr. poros = Öffnung], Gatt. der ↗Dasycladales.

Diploporita [Mz.; v. *diplo-, gr. poros = Öffnung], (Joh. Müller 1854), mit Doppelporen ausgestattete Ord. der † Kl. *Cystoidea* (Beutelstrahler), z. B. *Aristocystites*; neuerdings manchmal in den Rang einer Kl. erhoben. Verbreitung: Ordovizium bis Silur.

Diplocaulus

Diplodocus

Diplokokken

Diplomonadina
Lamblia intestinalis

dipl-, diplo- [v. gr. diploos, diplous = zweifach], in Zss.: doppel-.

Diploria *w* [v. *diplo-], Gatt. der ↗Mäanderkorallen.

Diploschistes *m* [v. *diplo-, gr. schistos = gespalten], Gatt. der ↗Thelotremataceae.

Diplosegment *s* [v. *diplo-, lat. segmentum = Abschnitt], das ↗Doppelsegment.

Diplosom *s* [v. *diplo-, gr. sōma = Körper], ↗Centriol.

Diplospondylie *w* [v. *diplo-, gr. spondylos = Wirbelknochen], Besitz v. zwei Wirbelkörpern (Centra, Doppelwirbel) pro Körpersegment, die als homolog zu Hypo- u. Pleurozentrum gelten. Fossil bei *Stegocephalia*, rezent im Schwanz des Schlammfisches *Amia (Holostei).*

Diplosporie *w* [v. *diplo-, gr. spora = Saat], ↗Apomixis.

diplostemon [v. *diplo-, gr. stēmōn = Aufzug, Kette am Webstuhl], Bez. für Blüten mit doppeltem Staubblattkreis; hierbei stehen die äußeren Staubblätter auf Lücke zu den Kronblättern. Ggs.: obdiplostemon, haplostemon. ↗Blüte.

Diplotän *s* [v. *diplo-, gr. tainion = Band, Streifen], ein Stadium der ↗Meiose.

Diplotaxis *w* [v. *diplo-, gr. taxis = Anordnung, Reihe], der ↗Doppelsame.

Diplozoon *s* [v. *diplo-, gr. zōon = Lebewesen], Gatt. der Saugwurm-Ord. *Monogenea. D. paradoxum,* das Doppeltier, ist Ektoparasit auf den Kiemen v. Süßwasserfischen (z. B. Elritze); verursacht Blutarmut beim Wirt. Auf der Rückenseite durch einen Zapfen, auf der Bauchseite durch einen bes. Saugnapf ausgezeichnet. Adulte Tiere (6–10 mm lang) paaren sich, indem sie nach Überkreuzung ihrer Körper wechselseitig jeweils mit dem Bauchsaugnapf den Rückenzapfen des Partners umgreifen u. dann kopulieren. Über die Begattung hinaus bleiben die Tiere miteinander verbunden, sie verwachsen sogar an der Kreuzungsstelle u. vermehren ihre caudalen Saugnäpfe v. 1 auf 4 Paare. *D. paradoxum* ist ein Beispiel für eine Dauervereinigung v. Geschlechtspartnern bei solchen Tieren, bei denen aufgrund der Lebensweise (Sessilität, Parasitismus, Tiefseebewohner) das gegenseit. Auffinden problemat. ist. Andere Formen v. Dauervereinigungen: ↗*Bonellia, Bobyridae, Schistosoma, Syngamus, Edriolychnus.*

Diplura [Mz.; v. *dipl-, gr. oura = Schwanz], die ↗Doppelschwänze.

Dipluridae [Mz.; v. *dipl-, gr. oura = Schwanz], Fam. der Webspinnen, mit ca. 200 Arten über die Tropen u. Subtropen der Welt verbreitet; gehört zu den ↗Vogelspinnen i. w. S.; ihre Vertreter besitzen ein ungewöhnl. langes hinteres Spinnwarzenpaar (ähnl. den Trichterspinnen); höchstens 5 cm groß, meist kleiner; weben oft am Fuß v. Büschen u. Bäumen od. in Felsspalten ein Deckennetz, das in eine beidseitig offene Röhre übergeht; dort lauern die Tiere auf Beute.

Dipnoi [Mz.; v. gr. dipnoos = mit 2 Luftlöchern], die ↗Lungenfische.

Dipodascaceae [Mz.; v. gr. dipous, Gen. dipodos = zweifüßig, askos = Schlauch], Fam. der *Endomycetales;* die Pilze bilden ein echtes Mycel aus vielkern. Hyphen, die sich leicht in kurze Fortpflanzungszellen zergliedern (Arthrosporen); die Sporangien sind lang, kegelförm. mit vielen ei- od. bohnenförm. Ascosporen; *Dipodascus*-Arten leben saprophyt. im Blutungssaft v. Bäumen (z. B. *D. albidus*); *D.* (= *Dipodascopsis*) *uninucleatus (albidus)* besiedelt tote Insekten; *D. geotrichus* ist die sexuelle Form des Milchschimmels, ↗*Geotrichum (candidum).*

Dipodidae [Mz.; v. gr. dipous, Gen. dipodos = zweifüßig], die ↗Springmäuse.

Dipol *m* [v. gr. di- = zwei-, polos = Pol], *Dipolmolekül,* Molekül mit positivem u. negativem Pol. Schon einfache Moleküle wie H_2O u. HCl sind aufgrund der unterschiedl. Elektronegativität der beteiligten Atome D.e. Bei komplizierter aufgebauten Molekülen summieren sich die D.e einzelner funktioneller Gruppen wie HO–, H_2N– od. O=C< zu einem Gesamt-D.; D.moleküle bzw. D.gruppen beeinflussen sich gegenseitig, indem die positiv (negativ) polarisierten Enden eines Moleküls bzw. einer Molekülgruppe die negativ (positiv) polarisierten Enden eines Nachbarmoleküls bzw. einer benachbarten Molekülgruppe anziehen. Eine solche entsprechend der Dipolstärke mehr od. weniger schwache *Dipolbindung* (↗chemische Bindung) kann auch zwischen den D.en v. Makromolekülen, z. B. innerhalb einer Proteinkette, erfolgen. Auch ↗Wasserstoffbrücken(bindung) (u. damit die durch sie bedingten Sekundärstrukturen v. Nucleinsäuren, Polysacchariden u. Proteinen) sind teilweise durch den D.charakter der Gruppen HO–, H_2N–, O=C< bedingt. Der Doppelcharakter vieler Biomoleküle ist außerdem bes. durch ionische Gruppen bedingt. D.e sind z. B. aufgrund ihrer getrennten positiven u. negativen ionischen Ladungen die Aminosäuren (zwitterionische Form der ↗Aminosäuren), die Peptide (z. B. ↗Dipeptide) u. Lecithin.

Diporiphora *w* [v. gr. di- = zwei-, poros = Öffnung, -phoros = -tragend], Gatt. der ↗Agamen.

Diprionidae [Mz.; v. gr. di- = zwei-, priōn = Säge], *Lophyridae, Buschhorn-Blattwespen,* Fam. der Hautflügler mit ca. 20 mitteleur. Arten; ca. 4–11 mm lang, ohne Wespentaille, Sexualdimorphismus häufig in Größe u. Färbung, immer in der Form der

dipl-, diplo- [v. gr. diploos, diplous = zweifach], in Zss.: doppel-.

DISSIMILATION I

Durch den Abbau energiereicher organischer Moleküle (vor allem von Kohlenhydraten) gewinnt die Zelle freie chemische Energie für die Aufrechterhaltung der Lebensprozesse. Diese freie chemische Energie wird zunächst durch das Knüpfen bestimmter „energiereicher Bindungen" (z. B. Pyrophosphatbindungen des Adenosintriphosphats ATP) konserviert und steht in dieser Form für synthetische Stoffwechselprozesse und andere energiebedürftige Lebensvorgänge zur Verfügung.

Zunächst werden die Kohlenstoffketten der Kohlenhydrate an bestimmten Stellen aufgebrochen *(Glykolyse)*. Nach Abspaltung eines CO_2-Moleküls werden die Bruchstücke im *Citratzyklus* vollends zu CO_2 oxidiert. Bei dieser vollständigen Zerlegung der Kohlenhydrate wird an verschiedenen Stellen freie chemische Energie direkt in Form von ATP aufgefangen. Der größte Teil des ATP wird jedoch in der *Atmungskette* gebildet, welche den „aktiven Wasserstoff" (in Form von reduziertem Nicotinamidadenindinucleotid $NADH_2$) aus der Glykolyse und aus dem Citratzyklus aufnimmt und mit O_2 zu H_2O oxidiert. Das ATP wird bei den endergonischen Reaktionsvorgängen in ADP (Adenosindiphosphat) und Phosphat gespalten, welche im Verlauf der Dissimilation erneut zu ATP verknüpft werden können. In der lebenden Zelle findet daher ein ständiger Umsatz von ATP statt. ATP ist die „Energiewährung" der Zelle, das energetische Bindeglied zwischen der exergonischen Dissimilation und den endergonischen, aufbauenden Reaktionen. Außerdem liefert das ATP die Energie für viele andere Arbeitsleistungen der Zelle.

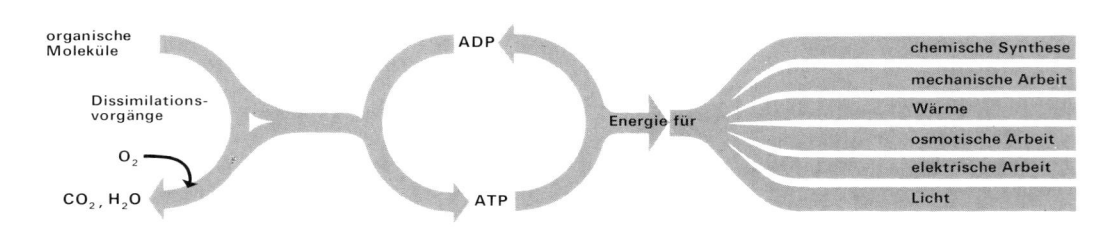

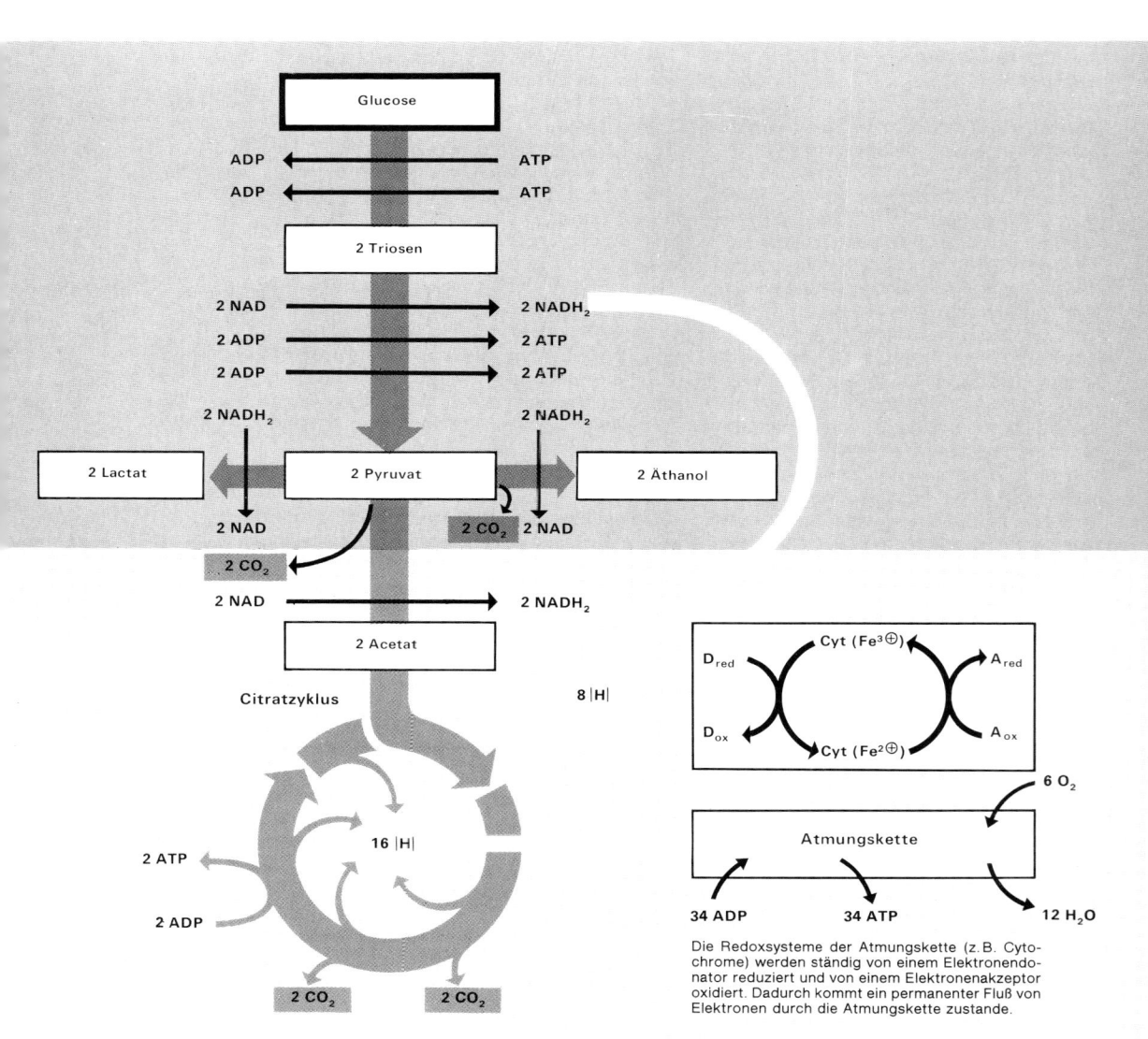

Die Redoxsysteme der Atmungskette (z. B. Cytochrome) werden ständig von einem Elektronendonator reduziert und von einem Elektronakzeptor oxidiert. Dadurch kommt ein permanenter Fluß von Elektronen durch die Atmungskette zustande.

DISSIMILATION II

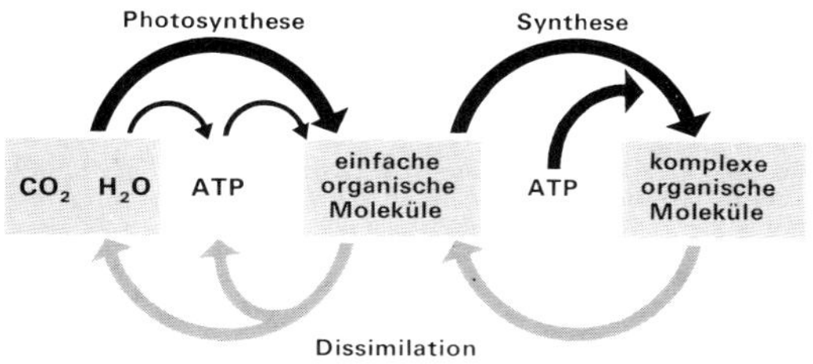

Abb. oben zeigt das Zusammenspiel zwischen den anabolischen und katabolischen Stoffwechselreaktionen der Zelle. Das Modell hebt die Bedeutung des ATP als „Energiewährung" der Zelle hervor.

Neben Kohlenhydraten dienen auch Fette zur Energiegewinnung. Sie müssen zunächst in eine transportierbare Molekülform umgewandelt werden. Als Transportmolekül dient vor allem Saccharose. Die *Gluconeogenese* aus Fett verläuft in einer komplizierten Folge von Umbaureaktionen (vereinfacht dargestellt). Der Glyoxylatzyklus kommt nur bei Pflanzen und Mikroorganismen vor. Bei Tieren und Menschen ist die Fettmobilisierung deshalb weniger leicht möglich als in den Fettspeicherorganen der Pflanze.

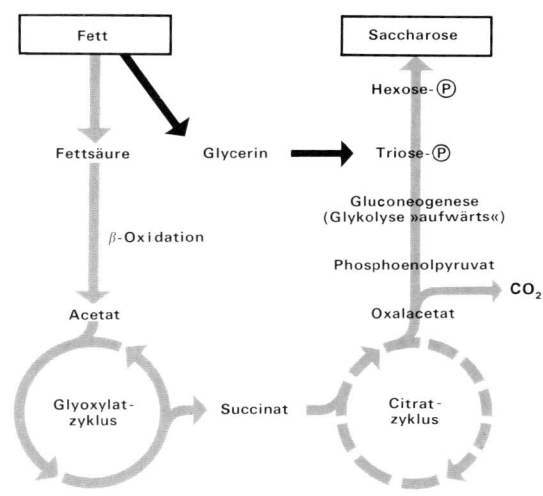

Die Dissimilation von Kohlenhydraten (hier als Beispiel Glucose) erfolgt in mehreren Abschnitten. Zunächst wird eine Hexose unter ATP-Verbrauch in zwei Triosephosphatmoleküle zerlegt. Diese werden im weiteren Verlauf der „Glykolyse" unter Energiegewinn (ATP, NADH$_2$) zu Pyruvat (Brenztraubensäure) oxidiert. Unter Sauerstoffabschluß wird das Pyruvat anaerob zum Endprodukt Äthanol (oder Lactat, Milchsäure) umgesetzt (Gärungen, Seitenzweige der Abb. links).

Abb. rechts zeigt die Reaktionskette der anaeroben Dissimilation.

Bei Anwesenheit von Sauerstoff erfolgt ein weiterer Abbau zu Acetat, das in den Citratzyklus eingeführt wird. In diesem Zyklus wird das Molekül vollends in CO$_2$ und aktiven, d. h. energiereichen, Wasserstoff zerlegt. Außerdem wird etwas ATP gebildet. Im weiteren Verlauf der oxidativen Dissimilation kann der aktive Wasserstoff, der bei der Glykolyse und im Citratzyklus gebildet wurde, über die *Atmungskette* mit Sauerstoff reagieren. Diese stark exergonische Reaktion liefert den überwiegenden Teil der bei der Dissimilation frei werdenden Energie. Sie erfolgt über einzelne Stufen von Redoxreaktionen.

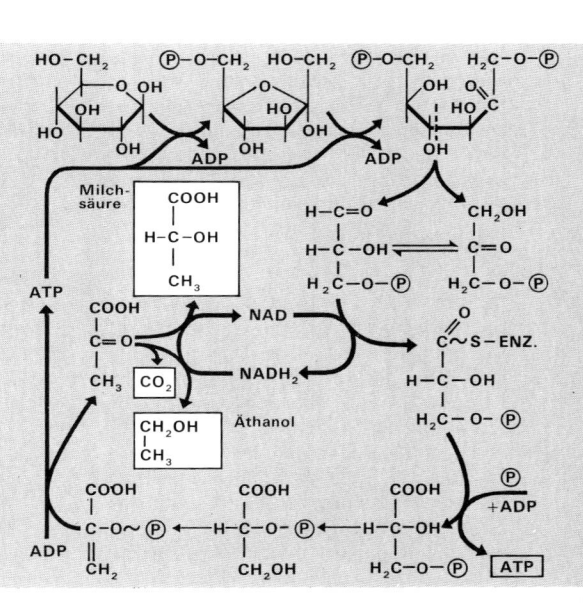

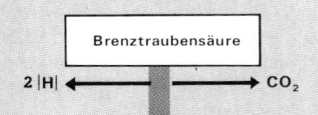

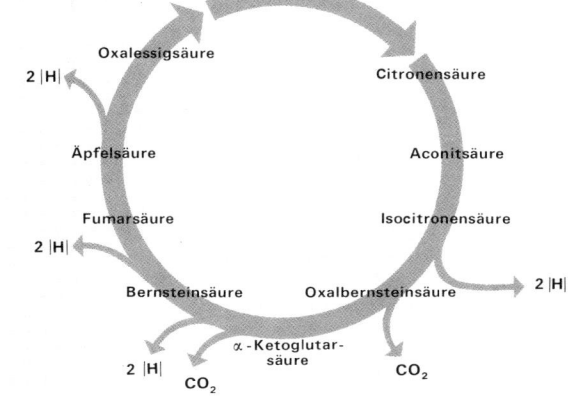

Der aktive Wasserstoff bzw. sein Elektron wandert in der Atmungskette über eine Reihe von Redoxsystemen (z. B. Cytochrome), deren Redoxpotential von Stufe zu Stufe abnimmt (also weniger negativ wird). Die dabei frei werdende Energie kann an drei Stellen zur Knüpfung einer energiereichen Pyrophosphatbindung (Bildung von ATP) verwendet werden. Das letzte Redoxsystem der Kette, die Cytochromoxidase, katalysiert die Übertragung der Elektronen auf das endgültige Akzeptormolekül O$_2$:

$(O_2 + 4e^\ominus \rightarrow 2\ O^{2\ominus},\ 2\ O^{2\ominus} + 4\ H^\oplus \rightarrow 2\ H_2O)$.

Abb. links zeigt die Einzelschritte des *Citratzyklus (Citronensäurezyklus, Krebszyklus)*. Dieser Zyklus wird häufig als die „Drehscheibe" des Stoffwechsels bezeichnet, da er nicht nur die Glykolyse mit der Atmungskette verknüpft, sondern außerdem Bausteine für eine ganze Reihe von wichtigen Synthesebahnen bereitstellt. Außerdem ist er an der Transformation von Fett in Kohlenhydrat beteiligt (vgl. rechts oben).

Dipsacaceae

Antennen: die Weibchen haben sägezahnart., die Männchen doppelt gekämmte Fühler. Die Larven sind Afterraupen mit 3 Paar Brustbeinen u. 8 Paar Afterfüßen; sie fressen die Nadeln auf die Mittelrippe; nach 5–7 Häutungen spinnen sie sich in einem Kokon ein. Bei Massenbefall können sie Kahlfraß verursachen. Bei uns häufig ist die Gatt. *Diprion* mit einem schwarzen Fleck über jedem Afterfuß.

Dipsacaceae [Mz.; v. ↗Dipsacus], die ↗Kardengewächse. [denartigen.

Dipsacales [Mz.; v. ↗Dipsacus], die ↗Kar-

Dipsacus *m* [v. gr. dipsakos =], die ↗Kardendistel.

Dipsadinae [Mz.; v. gr. dipsas = Giftschlange (deren Biß heftigen Durst erzeugt)], die ↗Schneckennattern.

Dipsosaurus *m* [v. gr. dipsa = Durst, sauros = Eidechse], Gatt. der ↗Leguane.

Diptam *m* [v. gr. diktamnos = Diptam], *Dictamnus albus,* Art der Rautengewächse; die bis meterhohe Staude ist in warmgemäßigten Gebirgen vom westl. Mittelmeer bis O-Asien verbreitet; bei uns nur an wenigen isolierten Vorposten, dort selten u. geschützt (nach der ↗Roten Liste „gefährdet"); Zier- u. Heilpflanze (bes. Wurzel). Bei heißer Witterung entweichen Mengen an äther. Ölen, die entzündbar sind; deshalb „Brennender Busch" genannt.

Diptera [Mz.; v. gr. dipteros = zweiflüglig], die ↗Zweiflügler.

Dipteridaceae [Mz.; v. gr. di- = zwei-, pteris = Farn], in ihren Merkmalen sehr urspr. Fam. der leptosporangiaten Farne (Ord. *Filicales*) mit nur 1 rezenten Gatt. (*Dipteris,* 5 Arten) als Relikt im indomalaiischen Gebiet. Die Wedel sind handförm. gegabelt; die zu Sori vereinigten, kurz gestielten Sporangien besitzen einen leicht schräg verlaufenden, fast vollständ. Anulus-Ring, ein Indusium fehlt. Fossil sind die D. seit dem oberen Jura bekannt.

Dipterocarpaceae [Mz.; v. gr. dipteros = zweiflügelig, karpos = Frucht], *Flügelfruchtgewächse,* Familie der *Theales* mit etwa 15 Gatt., die (je nach Lit.) zw. 58 und ca. 600 Arten umfassen. Im trop. Asien u. Afrika beheimatete Bäume mit oft sehr hohen, glatten, v. Brettwurzeln ausgehenden Stämmen, einfachen, ganzrand. Laubblättern u. kleinen, hinfäll. Nebenblättern. Die radiären, zwittr. Blüten sind in aus Ähren od. Trauben zusammengesetzten, risp. Blütenständen vereinigt u. bestehen aus 5 Kelch- u. ebensovielen Kronblättern sowie 5 bis zahlr. Staubblättern. In dem gewöhnl. aus 3 Fruchtblättern gebildeten, oberständ., 3fächer. Fruchtknoten reift nur ein Same, eine Nuß mit lederart. Schale, heran. Sie wird mehr od. minder vollständig v. bei

Dipterocarpaceae

Die auf Borneo u. Sumatra beschränkte Gatt. *Dryobalanops* u. zahlr. Arten der in Vorderindien, auf den Philippinen u. auf Neuguinea heim. Gatt. *Shorea* liefern ausgezeichnete Nutzhölzer. Wirtschaftl. wichtigste Art ist der auch forstl. kultivierte Salbaum *(S. robusta),* mit dauerhaftem, festem Holz, das als Bauholz genutzt wird. Das Holz v. *S. balangera,* mit rotbraunem Kern, gilt als eines der besten Borneos. Das leichte, helle Holz der Gatt. *Dipterocarpus* wird gern zu Sperrholz verarbeitet. Das in erster Linie v. dem auf Sumatra heim. Dammarbaum *(S. wiesneri),* aber auch v. anderen *Shorea-* u. *Hopea-*Arten sowie von *Vateria indica* stammende *Dammarharz* tritt nach Verletzung der Baumstämme in großen Mengen aus den Harzkanälen aus u. ist eine an der Luft schnell erhärtende, hellgelbe, durchsicht., schwach aromat. Substanz, die sich gut in Chloroform, Petroläther, Terpentinöl u. ä. löst u. als Bindemittel in Lacken u. Firnissen, zum Einbetten mikroskop. Präparate sowie zur Herstellung v. Pflastern verwendet wird. Neben dem D.-Dammarharz gibt es noch weitere, als Dammar bezeichnete Harze, die v. Vertretern anderer Familien stammen, z. B. das Schwarze Dammar aus der Burseraceen-Gatt. *Canarium.* Dünn- bis dickflüssige, sog. Holzbalsame (je nach Art und Alter der Bäume unterschiedl. Gemische von äther. Ölen, Harzsäuren, Harzen u. a. Substanzen, die an der Luft bald zu Harz erhärten) werden durch Anbohren der Stämme verschiedener *Dipterocarpus-*Arten gewonnen. Das sog. Holzöl dient seit alters her als Heilmittel gegen verschiedene Krankheiten u. ist Bestandteil v. Firnissen, Lacken u. Farben sowie Imprägnierungsmittel für Holz (Anstrich v. Häusern u. Schiffen). Von *Dryobalanops aromatica* stammt der Sumatra- od. Borneo-Campher, der in S- und O-Asien sowohl zu med. als auch rituellen Zwecken, z. B. Einbalsamierung, verwendet wurde.

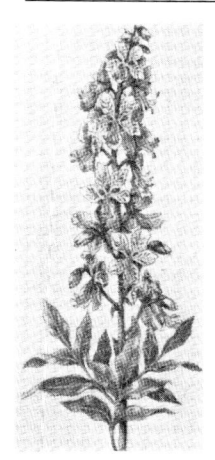

Diptam
(Dictamnus albus)

Dipterocarpaceae
Wichtigste Gattungen:
Dipterocarpus
Dryobalanops
Hopea
Shorea

der Fruchtreife zu großen, flügelartigen Verbreitungsorganen auswachsenden Kelchblättern eingeschlossen (Name der Fam.!). Bes. in den Tieflandregenwäldern S-Asiens, z. B. in den Monsungebieten Indiens und Burmas, gehören die D. zu den wichtigsten Gehölzen der Baumschicht.

Dipteryx *w* [v. gr. di- = zwei-, gr. pteryx = Flügel], Gatt. der ↗Hülsenfrüchtler.

Dipylidium *s* [v. gr. dipylos = zweitorig], Gattung der Bandwurm-Fam. *Dilepididae* (Ord. *Cyclophyllidea*). Bekannteste Art *D. caninum,* Gurkenkernbandwurm des Hundes, bis 20 cm lang, Skolex rund u. mit Hakenkranz, 2 Geschlechtssysteme pro Proglottis (↗Bandwürmer), reife Proglottiden gurkenkernartig (Name!), bis zu 30 Eier in Eipaketen v. gemeinsamer Kapsel umgeben. Endwirte Hund, Fuchs u. Katze, Zwischenwirte Hundefloh u. Hundehaarlinge, deren Larven die Eier aufnehmen. Finne tritt als Cysticercoid auf, das, da der Schwanzanhang nur vorübergehend vorhanden ist, als Cryptocystis bezeichnet wird.

Dira ↗Braunauge.

direkte Entwicklung, die ontogenet. Entwicklung unter direkter Herausbildung der Körperform, d. h. ohne zwischengeschaltete Larvenstadien. Bei Meerestieren nimmt der Anteil v. Arten mit direkter Entwicklung v. warmen zu kalten Meeren hin zu (Thorson). Ggs.: indirekte Entwicklung.

Dirina *w,* Gatt. der ↗Roccellaceae.

Dirofilaria *w* [v. gr. deirē = Hals, lat. filum = Faden], *D. immitis,* bis 30 cm langer, sehr schlanker Fadenwurm aus der Gruppe der ↗Filarien; parasitiert v. a. in Hunden (im Herzen), weltweit verbreitet.

Disaccharide [Mz.; v. gr. di- = zwei-, sakcharon = Zucker], Zuckerarten, wie Rohr-, Rüben-, Milch- u. Malzzucker, die aus zwei einfachen Zuckern (↗Monosaccharide) aufgebaut sind.

Disaggregation w [v. lat. dis- = auseinander-, aggregare = anhäufen], Zerlegung v. Zellverbänden in Einzelzellen, z. B. durch Enzyme (Trypsin) od. Entzug von Ca^{2+}-Ionen. Ggs.: Reaggregation. ↗Aggregation.

Discina w [v. *disc-], (Lamarck 1819), inarticulate Brachiopoden v. rundl.-irregulärem Umriß, Schale bikonvex bis konvex-konkav, Wirbel subzentral, konzentr. Anwachsstreifung. *D. striata*, rezent, W-Afrika.

Discinaceae [Mz.; v. *disc-], die ↗Scheibenlorcheln.

Discinisca w [v. *disc-], (Dall 1871), inarticulate Brachiopoden v. rundl. Umriß, Wirbel subzentral, Stielöffnung schlitzförm., Schale mit feiner lamellärer Anwachsstreifung. Verbreitung: Trias bis rezent in Europa, Japan, Amerika; rezent: *D. lamellosa*.

Disciotis w [v. *disc-, gr. ous, Gen. ōtos = Ohr], Gatt. der ↗Morcheln.

Disciseda w [v. *disc-, lat. sedes = Sitz, Sessel], Gatt. der ↗Weichboviste.

Discocelidae [Mz.; v. *disco-, gr. kēlis, Gen. kēlidos = Fleck], Fam. der Strudelwurm-Ord. *Polycladida*, 4 Gatt. mit 13 Arten, die in gemäßigten bis trop. Gewässern weit verbreitet sind.

Discoglossidae [Mz.; v. *disco-, gr. glōssa = Zunge], die ↗Scheibenzüngler.

Discolichenes [Mz.; v. *disco-, gr. leichēnes = Flechten], fr. verwendetes, unnatürl. Taxon, in dem alle diskokarpen Flechten vereinigt wurden.

Discomedusen [Mz.; v. *disco-, gr. Medousa = myth. Schreckensgestalt], *Scheibenquallen,* Medusen der ↗Scyphozoa.

Discomycetes [Mz.; v. *disco-, gr. mykētes = Pilze], *Discomyceten,* Bez. für Schlauchpilze, die Apothecien als Fruchtkörper ausbilden; D. ist eine künstl. Zusammenfassung, die aus prakt. Gründen noch übl. ist, aber für sich allein nichts über die Verwandtschaft der Pilze untereinander aussagt.

Disconanthae [Mz.; v. *disco-, gr. anthos = Blume, Blüte], *Chondrophora,* artenarme U.-Ord. der Staatsquallen, die scheibenförm., höchstens 8 cm ⌀ erreichende Hydrozoenstöcke darstellen. Die aborale Fläche besteht aus luftgefüllten Chitinkammern, die konzentr. angeordnet sind u. als „Schwimmfloß" dienen. Die Oralseite wird v. einem großen Nährpolypen eingenommen, der von zahlr. Blastozoiden (Geschlechtspolypen) u. am Rand stehenden Tentakelkränzen umgeben ist. Die Chitinkammern des aboralen Stockteils stehen mit der Außenwelt (Luft) u. untereinander

disc-, disco- [v. gr. diskos = Scheibe], in Zss.: Scheiben-.

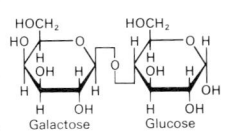

Galactose Glucose

Disaccharide

Lactose (Milchzucker) ist eine β-1,4-Verbindung zwischen Galactose und Glucose.

Discocelidae

Gattungen:
Adenoplana
Coronadena
Discocelis
Thalamoplana

Discomycetes

Wichtige Ordnungen der Schlauchpilze mit Apothecium-Fruchtkörper

*Caliciales
Cyttariales
Graphidales
Gyalactales
Helotiales
Lecanorales
Ostropales
Pezizales
Phacidiales
Tuberales*

disko- [v. gr. diskos = Scheibe], in Zss.: Scheiben-.

in Verbindung. Sie entsenden Röhren in den Körper u. versorgen so die Kolonie mit O_2. D. sind Hochseetiere, die an der Oberfläche driften u. durch Wasserströmungen u. Wind bewegt werden, ihre Färbung ist blau. Sie erzeugen große Medusenmengen (ähnl. Anthomedusen; Verwandtschaft mit Athecatae-Anthomedusae?), die v. den Blastozoiden abgeknospt werden. Diese sinken in die Tiefe (bis 1000 m), wo sie Sperma od. das einzige, am Mundrohr reifende Ei abgeben. Die Entwicklung beginnt in großen Tiefen u. wird während des passiven Emporsteigens (Fetttropfen) vervollständigt (Dauer im Mittelmeer ca. 6 Wochen). D. treten oft in großen Schwärmen auf (im Atlantik beobachtet: Schwarm von 260 km Länge; nach landwärts gerichteten Winden am Mittelmeer beobachtet: Strandsaum aus toten Quallen v. 0,5 m Höhe). Zu den D. gehören die ↗Segelqualle u. die Gatt. ↗*Porpita.* [schnecken.

Discus m [v. *disc-], die ↗Schüssel-

Disjunktion w [v. lat. disiunctio = Trennung], ↗Arealaufspaltung.

Disjunktionsschwelle, krit. Entfernung zw. zwei Teilarealen (↗Arealaufspaltung), ab der ein Austausch v. Individuen bzw. Ausbreitungseinheiten (Samen, Früchte) nicht mehr möglich ist. ↗Isolation.

Disk-Elektrophorese w [v. engl. disk = Scheibe], Art der Gel-↗Elektrophorese, bei der Gemische v. Proteinen oder Nucleinsäuren in kleinen Säulen aus Polyacrylamid-Gel (z. B. 350 × 50 mm) mit Hilfe eines pH-Gradienten entlang der Säule in sehr schmale Banden od. Scheibchen aufgetrennt werden. Bei entsprechender Verkleinerung der Geldurchmesser kann die Methode so verfeinert werden, daß z. B. das Proteinspektrum einer Nervenzelle aufgetrennt wird.

Disklimax w [v. gr. dis = zweimal, klimax = Stufenleiter, Steigerung], ↗Klimaxvegetation.

Diskoblastula w [v. *disko-, gr. blastē = Keim], bes. Form der ↗Blastula, Ergebnis der diskoidalen Furchung telolecithaler Eier, durch einen unter der gefurchten Keimscheibe deutl. Blastocoelspalt gekennzeichnet, bei Tintenfischen, Fischen u. Vögeln.

Diskoidalader w [v. gr. diskoeidēs = scheibenförmig], Teil des ↗Insektenflügels.

diskoidale Einrollung [v. gr. diskoeidēs = scheibenförmig], Art der Einrollung v. mikropygen u. isopygen Trilobiten *(Harpidae, Trinucleidae, Hapalopleuridae);* dabei faltet sich der Thorax in zwei Hälften zus. wie ein geschlossenes Buch. Ggs.: sphäroidale Einrollung, doppelte Einrollung.

diskoidale Furchung w [v. gr. diskoeidēs

Diskoidalzellen

disko- [v. gr. diskos = Scheibe], in Zss.: Scheiben-.

= scheibenförmig], Typ der ⁊Furchung, bei dem sich nur die am animalen Pol liegende Region (Keimscheibe, Blastodiskus) furcht. Diskoidalfurchung ist typ. für die dotterreichen Eier z. B. der Tintenfische (Cephalopoden), der meisten Fische (Selachier u. Teleostier) sowie der Sauropsiden (Reptilien, Vögel).

Diskoidalzellen [Mz.; v. gr. diskoeidēs = scheibenförmig], *Diskoidalfelder,* auf dem Flügel der Insekten durch Queradern zw. Cubitus u. Media (fr. *Diskoidalader* gen.) begrenzte Zellen od. Felder. Bei Wegfall des körpernahen Teils der Media können diese D. auch Queradern zw. Cubitus u. Radius bilden (sog. Mittelzellen vieler Schmetterlinge). Im Bereich dieser D. befindet sich gelegentl. ein Farbmuster *(Diskoidalfleck).* Zahl u. Lage der D. sind bei vielen Insekten wichtige Bestimmungsmerkmale. ⁊Insektenflügel.

diskokarp [v. *disko-, gr. karpos = Frucht], Fruchtkörperform bei Ascomyceten u. Ascomyceten-Flechten, durch (reif) offen ausgebreitete Scheibe ausgezeichnet.

diskontinuierliche Verbreitung, zerstreute Lage der Fundorte einer Sippe in der Art, daß sie kein eigtl. ⁊Areal besitzt. Beispiel: die im Wasser frei schwimmende insectivore Pflanze *Aldrovanda vesiculosa.*

Diskoplacenta *w* [v. *disko-, lat. placenta = Kuchen], ⁊Placenta.

Diskordanz *w* [v. lat. discordare = uneinig sein], Verschiedenheit v. ⁊Zwillingen in bezug auf quantitativ od. qualitativ erfaßbare Eigenschaften od. Merkmale; durch *D.analyse,* eine in der Humangenetik angewandte Methode, kann über Ein- od. Zweieiigkeit entschieden werden. Umgekehrt wird aus der D. eines bei eineiigen Zwillingen auftretenden Merkmals auf nicht erbl. Bedingtheit geschlossen. Ggs.: Konkordanz.

Diskus *m* [v. gr. diskos = Scheibe], *Discus,* **1)** in der Bot. Bez. für ringförm., Nektar sezernierende Verdickungen des Blütenbodens, z. B. bei Ahorngewächsen, einigen Doldenblütlern u. Citrusgewächsen. **2)** *Discus articularis,* blutgefäß- u. nervenfreie Gelenkscheibe aus Sehnengewebe u. Knorpelfasern, die in bestimmten Gelenkhöhlen Unebenheiten der Gelenkflächen ausgleicht u. der Gelenkpufferung dient, z. B. im Kiefergelenk. **3)** Bez. für das auf eine kleine Keimscheibe konzentrierte Ooplasma bei extrem telolecithalen Eiern, z. B. bei Spinnen, Fischen, Reptilien u. Vögeln.

Dislokation *w* [v. lat. dis- = auseinander-, weg-, locare = legen], eine durch Verlust od. Verlagerung v. Chromosomensegmenten entstehende erbl. Strukturveränderung v. Chromosomen od. die Trennung eines Chromosoms in zwei noch funktionsfähige Arme.

Dislokator *m* [v. lat. dis- = auseinander-, locare = stellen], die sog. *Stielzelle* im ♂ Gametophyten der Gymnospermen; ist einer sterilen Antheridiumzelle od. Antheridiumwandzelle homolog; durch ihre Auflösung werden die 2 Spermazellen, die der Gametophyt bildet, frei.

disomatisch [v. gr. disomatos = mit 2 Leibern], Eigenschaft v. Zellen od. Organismen mit *zwei* diploiden Chromosomensätzen, wodurch ein insgesamt *tetraploider* Chromosomensatz resultiert.

Disomidae [Mz.; v. gr. disōmos = zweigestaltig], Fam. der *Polychaeta* (Borstenwürmer); namengebende Gatt. *Disoma;* bekannte Art *D. multisetosum,* westl. Ostsee, Skagerrak.

Disomie *w* [v. gr. disōmos = zweigestaltig], **1)** die ⁊Diploidie; **2)** das Vorhandensein v. zwei homologen Chromosomen in haploiden Zellen (Gameten od. somat. Zellen) eines Organismus; Gameten bzw. Zellen dieser Konstitution werden als *disom* (in bezug auf das verdoppelte Chromosom) bezeichnet; sie entstehen durch non-disjunction in der Meiose od. Mitose.

Dispermie *w* [v. gr. di- = zwei-, sperma = Same], *Doppelbesamung,* Eindringen v. 2 Spermien in eine Eizelle. ⁊Polyspermie.

Dispersion *w* [Bw. *dispers;* v. lat. dispersio = Zerstreuung], **1)** die ⁊Verteilung der Individuen einer Organismenart im Raum. **2)** die sehr feine Verteilung v. Stoffen zu sog. *dispersen Systemen,* die aus 2 od. mehreren Phasen bestehen; in einem dispersen System ist die eine Formart, der *dispergierte Stoff* od. *Dispersum (disperse Phase),* in der anderen *(Dispergens* od. *D.smittel)* fein verteilt. Disperse Phase u. D.smittel können fest, flüssig od. gasförmig sein; z. B. feste Stoffe in einem Gas (Rauch), Flüssigkeitströpfchen in einem Gas od. in Flüssigkeit (Nebel bzw. Emulsion), feste Teilchen in einer Flüssigkeit (Suspension). Je nach *Dispersitätsgrad* (Zerteilungsgrad) der dispersen Phase unterscheidet man *grobdispers* (Teilchengröße über 100 nm), *kolloiddispers* (1–100 nm) u. *molekulardispers* (unter 1 nm). Die Lösungen biol. Makromoleküle fallen in den molekulardispersen bzw. bei größeren Komplexen, wie Ribosomen u. Nucleosomen, in den kolloiddispersen Bereich. Lösungen v. Makromolekülen bzw. Komplexen v. einheitl. Größe, Gestalt u. gleichen physikal. Eigenschaften werden *monodispers* genannt (z. B. Proteinlösungen); hingegen enthalten *polydisperse* Lösungen Teilchen unterschiedl. Größe, Gestalt u. anderer Eigenschaften. Als *paucidispers* bezeichnet man Lösungen v. Molekülen, die zur Aggregation neigen und daher im Gleichgewichtszustand als Gemische v. ganzzahligen Vielfachen (1M+2M+3M usw.) einer monomeren Grundeinheit (M) vorliegen.

Dispholidus *m* [v. gr. dis = zweimal, pholis = Schuppe], Gatt. der Trugnattern, ↗ Boomslang.

displacement loop *m* [displä¹ßment lup; engl., = Verschiebung, loop = Schleife], Abk. *D-loop,* einzelsträng., meist schleifenförm. Bereich einer sonst doppelsträng. DNA, der entweder durch lokale Replikation eines DNA-Strangs (z. B. während der Initiationsphase der Replikation) od. durch Einführung eines kürzeren Einzelstrangs (z. B. während der einleitenden Phase des Crossing over) zustande kommt. Der neu synthetisierte bzw. neu eingeführte Einzelstrang ist komplementär zu einem Teilbereich eines der beiden urspr. (zuvor gepaarten) Einzelstränge u. bindet an diesen durch Basenpaarungen, wobei der entspr. Teilbereich des anderen DNA-Strangs, der mit dem verdrängenden Strang sequenzgleich ist, als ungepaarte Schleife frei wird. Neben dem verdrängten Einzelstrangbereich (dem d. l. im eigtl. Sinn) ist ein d. l. durch den diesem gegenüberliegenden Doppelstrang u. durch die flankierenden Doppelstrangbereiche charakterisiert. d.l.s werden durch Elektronenmikroskopie sichtbar gemacht. Die Analyse von d.l.s ist ein wichtiges Hilfsmittel zur Untersuchung v. Replikations- u. Rekombinationsvorgängen. Eine Sonderform, bei der die Verdrängung eines DNA-Einzelstrangs durch RNA erfolgt, ist der sog. ↗ r-loop.

Disposition *w* [v. lat. dispositio = Einteilung, Anordnung], in der Psychologie die durch angeborene u. erworbene Eigenschaften geformte Struktur des körperl. und gefühlsmäß. Reagierens auf Umwelteinflüsse, die *psychophysische Struktur.*

Dissepimentarium *s* [v. lat. dissaepimentum = Scheidewand], (Lang u. Smith 1935), Randzone mancher Korallite (Polypare) v. Anthozoa *(Rugosa* u. *Scleractinia),* die gewöhnl. den Raum um das ↗ Tabularium mit ↗ Dissepimenten ausfüllen.

Dissepimente [Mz.; v. lat. dissaepimentum = Scheidewand], **1)** in der Bot. Bez. für falsche Scheidewände in den Fruchtknoten. **2)** bei Anthozoen: vorwiegend manchen *Rugosa* auftretende blasenförmige Skelettelemente, meist im Außenrandbereich der Interseptalräume (↗ Dissepimentarium). **3)** bei Bryozoen: meist nichtzell. Verbindungsstege zwischen benachbarten Ästen fenestrater Zoaria. **4)** bei Graptolithen: Peridermstränge zw. be-

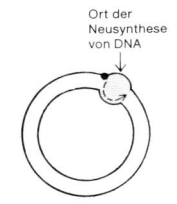

Ort der Neusynthese von DNA

displacement loop
displacement loop (graue Zone, hier Ort der Neusynthese von DNA) zu Beginn der Replikation eines mitochondrialen od. plastidären DNA-Moleküls

Dissoziation
D.senergien (für die D. benötigte Energien) einiger binärer Moleküle:
H_2	435,43 kJ/mol
O_2	498,23 kJ/mol
N_2	946,22 kJ/mol
Cl_2	247,02 kJ/mol
HCl	431,24 kJ/mol

nachbarten Ästen von dendroiden Kolonien, v. a. bei ↗ *Dictyonema.* **5)** bei ↗ Ringelwürmern Scheidewände, die v. den sich gegenseitig anliegenden Wänden aufeinanderfolgender Coelomsäcke gebildet werden u. die einzelne Segmente begrenzen.

Dissimilation *w* [v. lat. dissimulatio = das Unähnlichmachen], *Katabolismus,* der stufenweise, meist oxidative Abbau organ. Verbindungen durch die Enzymsysteme der lebenden Zellen. Durch D. wird Energie in Form energiereicher Phosphate, meist ATP, für energieverbrauchende biol. Prozesse (anabol. Stoffwechselreaktionen, Muskelarbeit usw.) frei. Unter aeroben Bedingungen werden die durch D. neben CO_2 freiwerdenden Reduktionsäquivalente (H-Atome, Elektronen) mit Luftsauerstoff zu Wasser oxidiert (↗ Atmung), unter anaeroben Bedingungen kann der Abbau durch ↗ Gärung od. ↗ anaerobe Atmung erfolgen. Ein Teil der gebildeten Monomeren (z. B. in der Glykolyse od. im Citronensäurezyklus) wird in anabolen Stoffwechselwegen (↗ Anabolismus) für Synthesen genutzt. Ggs.: ↗ Assimilation. B 438–439.

Dissogonie *w* [v. gr. dissogonein = zweimal gebären], bei Rippenquallen auftretende zweimalige geschlechtl. Fortpflanzung: eine erste im frühen Jugendstadium u. eine zweite im Erwachsenenstadium.

Dissoziation *w* [v. lat. dissociatio = Trennung], allg. reversible Spaltung einer Verbindung od. eines Komplexes in zwei (od. mehrere) Teilstücke bzw. Untereinheiten: AB⇌A+B; z. B. von Säuren in Protonen u. Säureanionen (SH⇌S⁻+H⁺), D. v. Enzym-Substrat-Komplexen, D. v. Proteinen in Untereinheiten, D. des molekularen Sauerstoffs v. Hämoglobin, D. v. Ribosomen in die großen (50–60 S) u. kleinen (30–40 S) Untereinheiten. Durch die *D.skonstante K* wird das Gleichgewicht v. D.sreaktionen unter bestimmten Standardbedingungen beschrieben, besonders bei der D. v. Säuren in Protonen u. Säureanionen, wobei *K* durch die Gleichung $K = [H^+] \cdot [S^-]/[SH]$ definiert ist. Ggs.: Assoziation.

distal [v. lat. distare = entfernt sein], **1)** Anatomie: Bez. für weiter v. Mittelpunkt od. der Mittelachse eines Körpers od. charakterist. Bezugspunkte entfernt liegende Teile; z.B. bei Gliedmaßen Hand od. Fuß, beim Blutkreislauf weiter v. Herzen entfernt liegende Blutgefäße. Ggs.: proximal. **2)** Genetik: Bez. für Bereiche od. Positionen eines Chromosoms, die in bezug auf andere, die als proximal bezeichnet werden, weiter v. Centromer entfernt sind. **3)** Molekularbiologie: Bez. für Bereiche od. Nucleotidpositionen eines Gens od. einer Signalstruktur, die 3'-terminal (= distal) zu anderen Genen od. Signalstrukturen desselben Operons liegen, im Ggs. zu proximalen Abschnitten, Positionen usw., die 5'-terminal lokalisert sind. Die Bez. 5'- bzw. 3'-terminal beziehen sich auf den RNA-ähnl. Strang der DNA od. auf die RNA selbst.

Dist<u>a</u>nz *w* [v. lat. distantia = Abstand, Entfernung], Entfernung zu einem für das Tier bedeutungsvollen Objekt bzw. Reizquelle. Die Messung der D. bildet eine Grundlage der ↗Raumorientierung allgemein u. der Aufrechterhaltung der sozialen D. zu Artgenossen im besonderen. ↗Individualdistanz, ↗Distanztier.

Distanztier, Tier, das zu Artgenossen eine deutl. ↗Individualdistanz einhält u. damit direkten Körperkontakt i.d.R. vermeidet (Ggs.: ↗Kontakttier). Zu den D.en gehören fast alle Schwarmfische, Forellenfische usw., viele Vogelarten (Möwen, Schwalben) u. die Mehrzahl der Huftiere. Die Unterscheidung zw. D. u. Kontakttier fällt nicht mit der Unterscheidung sozialer u. unsozialer Arten zusammen; viele D.e leben sozial. Bei Tieren mit komplexen Sozialstrukturen (z. B. den Primaten) hängt die Individualdistanz auch sehr stark v. der sozialen Rolle des jeweil. Partners ab: so halten die erwachsenen Männchen der Paviane meist Distanz voneinander, obwohl man die Primaten zu den Kontakttieren rechnet.

Distel, 1) *Carduus,* Gatt. der Korbblütler, die mit 120, z. T. schwer voneinander unterscheidbaren Arten über ganz Eurasien u. Afrika verbreitet ist. Krautige, ein- bis mehrjähr., bis 3 m hohe Pflanzen mit ungeteilten bis fiederspalt., dorn. Laubblättern u. röhr. Blüten mit tief 5spalt. Krone in endständ. mittelgroßen bis großen Köpfen. Letztere sind von mehrreihig-dachig angeordneten, lanzettl. bis linealen, spitz od. in einem Dorn auslaufenden Hüllblättern umgeben u. auf ihrem Boden dicht mit Spreublättern besetzt. Die verkehrt-eiförm. Früchte der D. besitzen einen Pappus aus einfachen Haaren. Die in Mitteleuropa häufigste Art, die bis 1 m hohe Nickende D. *(C. nutans),* besitzt tief fiederspalt., derbstachel. Blätter, die als dorn. Saum am Stengel herablaufen, u. purpurne, bis 6 cm breite, hängende Blütenköpfe, deren spitz zulaufende Hüllblätter nach außen gebogen sind. Sie wächst in Unkraut-Ges., an Wegen, Schuttplätzen u. Böschungen sowie als Unkraut auf Magerweiden. Blütezeit: Juli bis Sept. Die bis etwa 1,5 m hohe, ebenfalls an Wegen u. Schuttplätzen, aber auch in staudenreichen Unkrautfluren, an Ufern (in Auenwäldern) weit verbreitete

Distelfalter
(Cynthia cardui)

Krause Distel
(Carduus crispus)

Krause D. *(C. crispus)* besitzt einen breit geflügelten Stiel u. weichstachel., unterseits spinnwebig-filz. Blätter. Ihre nur 1–2 cm breiten, aufrechten, roten Blütenköpfe stehen meist zu mehreren zusammen. Ebenfalls weichstachel., unterseits aber kraus behaarte Blätter u. einzeln stehende, nickende, 1–2 cm große, purpurne Blütenköpfe besitzt die nur bis etwa 60 cm hohe Alpen-D. *(C. defloratus),* die zerstreut u. a. in sonn. Steinrasen der subalpinen Stufe, in Trockenrasen u. Kiefern-Trockenwäldern wächst. **2)** Die Bez. Distel wird ugs. auch für andere stachelige Korbblütler aus verschiedenen Gatt. verwendet, z. B. bei Eberwurz (mit Gold- u. Silber-D.), Esels-D., Gänse-D., Kratz-D., Kugel-D. und Marien-D.

Distelfalter, *Cynthia (Vanessa, Pyrameis) cardui,* bekannter Fleckenfalter, der im Engl. auch zutreffend „Cosmopolite" heißt, da er nur in S-Amerika fehlt. Berühmter Wanderfalter, der zu uns einzeln u. in Schwärmen ab Mai aus dem Mittelmeerraum u. N-Afrika einfliegt u. 2 Generationen bis Okt. hervorbringt, Falter wandern teilweise zurück, Überwinterung nördl. der Alpen selten. Spannweite um 55 mm, Flügel an der Spitze schwarz mit weißen Flecken, sonst bunt rosa u. gelbl. braun gefärbt. Rasanter Flieger, der jahrweise in unterschiedl. Zahl in Gärten, blütenreichem Ödland, an Wegen u. ä. anzutreffen ist, saugt gerne an Rotklee u. Disteln; Larven leben einzeln in zusammengesponnenen Blättern v. Disteln, Nesseln u. a.; variabel gefärbt, bräunl. bis dunkelgrün mit gelbl. Dornen.

dist<u>i</u>ch [v. gr. distichos = zweizeilig], Bez. für die Anordnung der Blätter in nur 2 entgegenstehenden Zeilen längs der Sproßachse mit nur einem Blatt pro Knoten, z. B. bei Gräsern. ↗Blattstellung.

Dist<u>i</u>chodus *m* [v. gr. distichos = zweizeilig, odous = Zahn], Gatt. der ↗Salmler.

Distichoph<u>y</u>llum *s,* Gattung der ↗Hookeriaceae.

Dist<u>o</u>rsio *w* [gr. = doppelt gedreht], Fam. der Tritonshörner, Mittelschnecken des trop. Atlantik u. Indopazifik mit oval-spindelförm., unregelmäßig gewundenem Gehäuse, dessen Oberfläche Spiral- u. Längswülste trägt. Die 5 Arten leben auf Sand- und Schlammboden und zwischen Korallen.

Distribuntion *w* [v. lat. distributio = Verteilung], die ↗Verbreitung einer Organismenart in der Biosphäre.

Disulf<u>i</u>d-Brücke ↗Cystin.

Disyr<u>i</u>nga *w* [v. gr. di- = zwei-, syrigx = Röhre], Gatt. der ↗Stellettidae.